油库加油站设计数据图表手册

邢科伟　马秀让　刘占卿　主编

中国石化出版社

内 容 提 要

本书分三篇共计18章。第一篇油库设计数据图表,共13章,分别为油库设计准备、选址、总体、油罐、油罐附件选择与安装、地面和掩体油罐区设计、铁路油品装卸、码头油品装卸、油泵站、输油管路、油罐和管路热力计算与保温、辅属工程、给水及油污水处理设计数据图表。第二篇汽车加(发)油站设计数据图表,共2章,分别为加油站、发油站设计数据图表。第三篇油库加油站安全设计数据图表,共3章,分别为油库加油站电气安全、消防、金属设备防腐设计数据图表。

本手册可作为油库、加油站设计者的工具书、指导书、资料库,也可供油库加油站勘察、施工、监理、管理者和大中专院校有关专业师生阅读使用。

图书在版编目(CIP)数据

油库加油站设计数据图表手册/邢科伟,马秀让,刘占卿主编. —北京:中国石化出版社,2014.12
ISBN 978-7-5114-3097-7

Ⅰ.①油… Ⅱ.①邢… ②马… ③刘… Ⅲ.①油库-建筑设计-手册 ②加油站-建筑设计-手册 Ⅳ.①TU249.6-62

中国版本图书馆 CIP 数据核字(2014)第 268446 号

未经本社书面授权,本书任何部分不得被复制、抄袭,或者以任何形式或任何方式传播。版权所有,侵权必究。

中国石化出版社出版发行
地址:北京市东城区安定门外大街58号
邮编:100011 电话:(010)84271850
读者服务部电话:(010)84289974
http://www.sinopec-press.com
E-mail:press@sinopec.com
北京科信印刷有限公司印刷
全国各地新华书店经销

*

787×1092 毫米 16 开本 51.75 印张 1296 千字
2015年2月第1版 2015年2月第1次印刷
定价:180.00元

《油库加油站设计数据图表手册》
编 委 会

主 任 委 员	万　全
副主任委员	侯军祥　温庆林　屈统强
委　　　员	刘占卿　刘晓华　吕向群　郑明强
	韩红艳　许志农　寇恩东
主　　　审	刘晓华
主　　　编	邢科伟　马秀让　刘占卿
副 主 编	邱小林　轩志勇　王立明

编　　写　（按姓氏笔划为序）

王天祥	王连华	任　刚	任　颖	许　勇
孙庆国	江红斌	江延明	刘岩云	陈　虹
陈小辉	张文想	张永华	张传农	张晓萍
李爱华	周东兴	杨林易	杨晓静	杨潞锋
易伟松	高　旭	高少鹏	徐元元	唐春梅
谢　军	曾　浩	彭青松	雷　刚	解宇仙

前言

本手册从油库、加油站设计者实际工作需要出发，收集、归纳、整理了国内外大量的数据、资料，吸收了国内外油库、加油站的科研成果和设计的新技术、新工艺、新标准、新规范、新设备、新材料，总结了国内油库、加油站设计的新经验、新方法，使本手册知识更新、内容更全、资料数据更多，提高了手册的先进性、实用性。

本手册的显著特点是：将油库、加油站设计所需要的"方针政策、规范标准、设计原则、公式系数、文字叙述、数据资料、设备材料、方法步骤、思路技巧、经验体会"以图表形式表现，全书很少文字叙述，共有989个表格、263幅图。表格比文字叙述更加形象生动、条理清晰、主从分明、层次清楚、系统性强、逻辑性强、可比性强、一目了然、好看好记、省时省力。设计时翻书查表，即可解决问题。

本手册按油库工程单项设计及专业性质分篇章，将本项工程及本专业设计应遵循的规范标准，应具备的设计资料、数据，应选用的设备材料都集中编写在本篇章，便于设计时集中思考，查阅资料。

依靠本手册可基本完成成品油库和加油站的设计，为提高设计效率、水平与质量创造条件。

本手册是油库、加油站设计者的工具书、指导书、资料库，也可供油库、加油站勘察、施工、监理、管理者和大中专院校有关专业师生阅读使用。

本手册的作者均为在油库设计第一线工作多年，具有坚实理论知识、丰富实践经验的专业技术人员。

本手册由总装备部工程设计研究总院组织编写，得到了单位和同行的大力支持；手册中参考选用了同类书籍和生产厂家的不少资料，在此一并表示衷心地感谢。

本手册涉及专业、学科面较宽，收集、归纳、整理的工作量大，加上时间仓促、水平有限，缺点错误在所难免，恳请广大读者批评指正。

编者

目 录

第一篇 油库设计数据图表

第一章 油库设计准备数据图表 (2)
第一节 油库设计基础资料收集 (2)
一、各专业设计应收集的基础资料 (2)
二、工艺设计必须具备的资料 (3)
三、工艺设计应提出的测量和钻探要求 (4)
第二节 油库设计通用资料收集 (5)
一、油品特性 (5)
二、常用材料的主要物理性质 (21)
三、土壤的特性 (23)
四、自然环境 (24)
五、常用几何图形计算公式 (41)
六、油库常用单位换算 (47)
七、制图常用图例 (52)
第三节 油库建设文件编制 (55)
一、油库建设项目建议书编制 (55)
二、油库建设项目可行性研究报告编制 (56)
三、油库设计任务书编制 (57)
四、油库建设文件编制参考资料 (59)
第四节 油库设计阶段划分及专业分工 (62)
一、油库设计分段及各段工作内容 (62)
二、油库设计分工 (64)

第二章 油库选址数据图表 (66)
第一节 选址原则与过程 (66)
第二节 对库址的基本要求 (67)
一、对库址区域环境的要求 (67)
二、对库址的其他要求 (69)

第三章 油库总体设计数据图表 (73)
第一节 总图设计 (73)
一、总图设计方法步骤及内容 (73)
二、总平面布置方法、原则及要点 (73)
三、总平面布置的技术数据和资料 (75)

I

  四、总立面布置的目的、原则及步骤……………………………………………（83）
  五、总图绘制的要求和方法步骤……………………………………………（84）
  六、总图设计举例及点评……………………………………………………（86）
 第二节 总工艺流程设计……………………………………………………………（89）
  一、总工艺流程设计原则及方法步骤………………………………………（89）
  二、油罐区工艺流程设计举例及点评………………………………………（91）
  三、油泵站工艺流程设计举例及点评………………………………………（91）
  四、装卸油工艺流程设计举例及点评………………………………………（94）
  五、总工艺流程图的表示方法、用途及绘制要点…………………………（96）
  六、总工艺流程图示要素及表现效果………………………………………（97）
  七、总工艺流程图设计举例及点评…………………………………………（98）
 第三节 总说明书编制……………………………………………………………（100）

第四章 金属油罐设计数据图表……………………………………………………（102）
 第一节 金属油罐分类及选择……………………………………………………（102）
  一、金属油罐的分类…………………………………………………………（102）
  二、金属油罐种类的选择……………………………………………………（102）
  三、金属油罐单罐容量的选择………………………………………………（103）
  四、金属油罐设计控制压力的选择…………………………………………（103）
  五、金属油罐几何尺寸的选择………………………………………………（104）
 第二节 国内常用金属油罐系列及结构数据……………………………………（105）
  一、国内常用金属立式油罐结构示意图……………………………………（105）
  二、国内金属立式油罐系列数据……………………………………………（106）
  三、国内金属卧式油罐系列…………………………………………………（112）
  四、国内几种特殊油罐的技术数据…………………………………………（115）
  五、国内金属立式油罐结构数据……………………………………………（116）
 第三节 国外金属油罐的主要技术参数…………………………………………（117）
  一、国外油罐罐底钢板厚度…………………………………………………（117）
  二、国外标准中油罐的最小壁厚……………………………………………（118）
  三、美国油罐主要技术数据…………………………………………………（118）
  四、原苏联油罐主要技术数据………………………………………………（119）
  五、日本油罐主要技术数据…………………………………………………（119）
  六、英国油罐主要技术数据…………………………………………………（120）
 第四节 金属立式油罐基础设计…………………………………………………（120）
  一、设计荷载的确定…………………………………………………………（120）
  二、油罐地基地质调查………………………………………………………（121）
  三、油罐基础基本要求及不良地基的处理…………………………………（122）
  四、《钢制储罐地基基础设计规范》GB 50473 规定摘编……………………（123）
  五、立式油罐基础分类、主要形式及适应条件……………………………（126）
 第五节 金属油罐工程检查验收…………………………………………………（130）
  一、立式油罐基础竣工验收…………………………………………………（130）

二、油罐罐体几何形状和尺寸检查……………………………………………………（131）
　　三、油罐焊接质量检查……………………………………………………………………（132）
　　四、油罐严密性和强度试验………………………………………………………………（134）
　　五、油罐水压整体试验……………………………………………………………………（135）
　　六、油罐基础沉降观测……………………………………………………………………（137）
　　七、内浮盘安装工程质量控制与检测……………………………………………………（139）
　　八、油罐防腐涂层质量检验………………………………………………………………（141）
　　九、立式油罐安装工程质量要求…………………………………………………………（142）
　　十、油罐工程竣工验收……………………………………………………………………（145）
　第六节　油罐常用钢材与焊接材料…………………………………………………………（147）
　　一、油罐常用钢材与焊接材料的选用……………………………………………………（147）
　　二、油罐常用钢材的规格及相关参数……………………………………………………（149）
第五章　油罐附件选择与安装数据图表…………………………………………………………（156）
　第一节　油罐附件的选择……………………………………………………………………（156）
　　一、油罐附件及其作用……………………………………………………………………（156）
　　二、油罐主要附件规格及配备数量………………………………………………………（157）
　　三、油罐附件系列产品……………………………………………………………………（160）
　　四、油罐附件结构图表……………………………………………………………………（162）
　第二节　油罐附件的安装……………………………………………………………………（177）
　　一、"油库设计其他相关规范"中规定……………………………………………………（177）
　　二、地面立式轻油罐附件的安装图表……………………………………………………（178）
　　三、掩体立式轻油罐附件的安装图表……………………………………………………（179）
　　四、立式黏油罐加热器的选择与安装……………………………………………………（180）
　　五、卧式油罐附件管路的安装……………………………………………………………（183）
　第三节　立式油罐罐体结合管（孔）及配件的安装…………………………………………（185）
　　一、立式油罐罐顶接合管的安装与补强…………………………………………………（185）
　　二、立式油罐罐壁接合管的安装与补强…………………………………………………（186）
　　三、立式油罐内部关闭阀的安装…………………………………………………………（189）
　　四、立式油罐罐前金属软管的安装………………………………………………………（191）
　　五、立式油罐罐顶人孔的安装与补强……………………………………………………（194）
　　六、立式油罐罐壁人孔的安装与补强……………………………………………………（195）
　第四节　立式油罐油位检测…………………………………………………………………（197）
　　一、油罐油位检测应用历史及分类和仪表性能…………………………………………（197）
　　二、油罐主要油位测量仪表介绍…………………………………………………………（198）
　　三、油罐油位测量仪表的选择……………………………………………………………（203）
第六章　地面和掩体油罐区设计数据图表………………………………………………………（205）
　第一节　地面和掩体油罐区的布置…………………………………………………………（205）
　　一、地面油罐区的布置……………………………………………………………………（205）
　　二、掩体油罐区的布置……………………………………………………………………（205）
　　三、油罐之间防火距离的规定……………………………………………………………（206）

四、地上立式油罐组布置举例 …………………………………………………(207)
　　五、掩体立式油罐组平面布置举例 ……………………………………………(212)
　　六、地上卧式油罐组布置举例 …………………………………………………(213)
　　七、掩体卧式油罐组布置举例 …………………………………………………(214)
　第二节　油罐组防火堤的设计 ……………………………………………………(215)
　　一、防火堤设置的规定 …………………………………………………………(215)
　　二、立式油罐组防火堤内有效容积和堤高的计算 ……………………………(216)
　　三、防火堤内排水设施设置的规定 ……………………………………………(217)
　　四、防火堤的其他要求 …………………………………………………………(219)
　第三节　高位(架)罐区设计 ………………………………………………………(220)
　　一、高位(架)罐设置的技术要求 ………………………………………………(220)
　　二、高架卧式罐的强度和稳定校核(以两支座为例) …………………………(221)
　第四节　零位罐(含放空罐)区设计 ………………………………………………(222)
　　一、零位罐区设计 ………………………………………………………………(222)
　　二、放空罐区设计 ………………………………………………………………(223)
　第五节　掩体油罐通道形式与护体结构 …………………………………………(226)
　　一、掩体立式油罐通道结构形式 ………………………………………………(226)
　　二、掩体立式油罐护体结构概要 ………………………………………………(227)
　　三、"油库设计其他相关规范"中对掩体卧式油罐的规定 ……………………(230)
第七章　铁路油品装卸作业区设计数据图表 …………………………………………(232)
　第一节　铁路专用线的布置 ………………………………………………………(232)
　　一、库外铁路专用线设计要点 …………………………………………………(232)
　　二、库内装卸作业线布置 ………………………………………………………(233)
　　三、货物装卸站台布置 …………………………………………………………(236)
　第二节　铁路装卸油作业区布置及栈桥设计 ……………………………………(236)
　　一、铁路装卸油作业区布置 ……………………………………………………(236)
　　二、铁路装卸油栈桥设计 ………………………………………………………(238)
　第三节　铁路油品装卸工艺设计 …………………………………………………(241)
　　一、铁路油罐车种类、技术参数及装油量 ……………………………………(241)
　　二、铁路装卸油能力的确定 ……………………………………………………(246)
　　三、铁路装卸油工艺流程 ………………………………………………………(247)
　　四、鹤管的选择、布置及连接 …………………………………………………(249)
　　五、集油管的管径选择及布设 …………………………………………………(255)
　　六、铁路油品装卸工艺设计举例 ………………………………………………(256)
第八章　码头油品装卸作业区设计数据图表 …………………………………………(258)
　第一节　油品装卸码头 ……………………………………………………………(258)
　　一、油品装卸码头的选址 ………………………………………………………(258)
　　二、油码头的种类及各类特点 …………………………………………………(260)
　　三、油码头的等级划分 …………………………………………………………(263)
　　四、不同吨位油船码头有关数据 ………………………………………………(263)

第二节　油船的主要技术数据…………………………………………………………（264）
　　　一、油船的分类…………………………………………………………………………（264）
　　　二、国内主要油船的结构及技术参数…………………………………………………（264）
　　第三节　码头油品装卸工艺设计………………………………………………………（267）
　　　一、码头油品装卸工艺设计有关数据、资料…………………………………………（267）
　　　二、码头油品装卸工艺流程设计………………………………………………………（269）
　　　三、码头油品装卸设备设施及装卸油设计要点………………………………………（269）

第九章　油泵站设计数据图表……………………………………………………………（274）
　　第一节　油泵站分类及形式选择………………………………………………………（274）
　　　一、油泵站分类…………………………………………………………………………（274）
　　　二、油泵站建筑形式选择………………………………………………………………（274）
　　第二节　油泵房(含泵棚)建筑要求及设备布置………………………………………（275）
　　　一、油泵房(棚)建筑要求及常选数据…………………………………………………（275）
　　　二、油泵站内设备管组布置及土建设计………………………………………………（276）
　　第三节　油泵站工艺流程设计…………………………………………………………（281）
　　　一、油泵站工艺流程设计任务和原则…………………………………………………（281）
　　　二、油泵站工艺流程设计举例…………………………………………………………（281）
　　　三、卸轻油泵站工艺流程新思路………………………………………………………（282）
　　　四、油泵吸入和排出管路的配置要求…………………………………………………（283）
　　第四节　油泵机组的选择………………………………………………………………（285）
　　　一、油泵的分类和初选泵参考资料……………………………………………………（285）
　　　二、离心泵选择的设计计算……………………………………………………………（290）
　　　三、容积泵的选择要点…………………………………………………………………（293）
　　第五节　泵机组基础设计………………………………………………………………（293）
　　　一、泵机组基础的作用、要求及类型…………………………………………………（293）
　　　二、泵机组基础设计计算………………………………………………………………（294）
　　第六节　油泵房通风设计………………………………………………………………（296）
　　第七节　常用泵机组样本摘编…………………………………………………………（297）
　　　一、GY、GYU型管道油泵……………………………………………………………（297）
　　　二、GZB、GZ型自吸管道泵…………………………………………………………（308）
　　　三、YA型单、两级离心油泵…………………………………………………………（312）
　　　四、DY、SDY型多级离心油泵………………………………………………………（312）
　　　五、IS型单级离心水泵………………………………………………………………（314）
　　　六、HGB、HGBW型滑片泵…………………………………………………………（317）
　　　七、LZB型螺旋转子泵………………………………………………………………（319）
　　　八、3G型三螺杆泵……………………………………………………………………（323）
　　　九、2CY型齿轮泵……………………………………………………………………（325）
　　　十、泵用机械密封材料的选择…………………………………………………………（326）

第十章　输油管路设计数据图表…………………………………………………………（328）
　　第一节　输油管路的选择及设计概要…………………………………………………（328）

V

一、输油管路的选线原则及勘察程序 ……………………………………………… (328)
　　二、输油管路的勘察方法与要求 …………………………………………………… (328)
　　三、输油管路的带状地形图和纵断面图设计举例 ………………………………… (331)
　　四、输油管路勘察应收集的资料 …………………………………………………… (332)
　　五、输油管路的设计文件及设计图 ………………………………………………… (332)
　第二节　输油管路的水力计算 …………………………………………………………… (335)
　　一、输油管路的管径选择 …………………………………………………………… (335)
　　二、输油管路摩擦阻力损失计算 …………………………………………………… (337)
　第三节　管路的壁厚设计 ………………………………………………………………… (369)
　　一、管壁厚计算及有关系数 ………………………………………………………… (369)
　　二、常用公称压力下的管壁厚 ……………………………………………………… (370)
　第四节　管路的布置及安装 ……………………………………………………………… (371)
　　一、国内油库设计规范中有关规定的摘编 ………………………………………… (371)
　　二、管路的布置与敷设 ……………………………………………………………… (373)
　　三、管路安装间距 …………………………………………………………………… (374)
　　四、管路穿跨越道路的距离及套管的选择 ………………………………………… (379)
　第五节　管路的支座 ……………………………………………………………………… (379)
　　一、管路支座跨度 …………………………………………………………………… (379)
　　二、管座(架)结构设计图例 ………………………………………………………… (391)
　第六节　管路的伸缩补偿 ………………………………………………………………… (398)
　　一、管路热伸长(冷缩短)计算公式及每米管长伸缩量 …………………………… (398)
　　二、管路补偿器比较及使用范围 …………………………………………………… (399)
　　三、管路补偿器的选择 ……………………………………………………………… (400)
　第七节　管路工程检查验收 ……………………………………………………………… (403)
　　一、管路工程检验 …………………………………………………………………… (403)
　　二、管路压力试验 …………………………………………………………………… (404)
　第八节　管材选择、管材规格及技术数据 ……………………………………………… (406)
　　一、管材选择 ………………………………………………………………………… (406)
　　二、管材规格及技术数据 …………………………………………………………… (408)
　第九节　阀门及其选择 …………………………………………………………………… (414)
　　一、"油库设计其他相关规范"对阀门选择的规定摘编 …………………………… (414)
　　二、阀门类型选择 …………………………………………………………………… (415)
　　三、阀门结构特点、适用范围及安装要求 ………………………………………… (416)
　　四、特殊阀门——双密封闸阀 ……………………………………………………… (417)
　　五、常用阀门型号、规格及结构尺寸 ……………………………………………… (418)
第十一章　油罐和管路热力计算与保温设计数据图表 …………………………………… (429)
　第一节　油品的加热 ……………………………………………………………………… (429)
　　一、油品加热方式 …………………………………………………………………… (429)
　　二、输油管道的加热方法 …………………………………………………………… (430)
　第二节　油罐加热计算 …………………………………………………………………… (431)

一、地上立式油罐总散热量计算公式及步骤 ………………………………………… (431)
　　二、其他类型油罐传热系数 K 值的分析计算 ………………………………………… (432)
　　三、排管加热器面积与蒸汽量的计算步骤 …………………………………………… (433)
　　四、局部加热器的计算 ………………………………………………………………… (436)
　　五、油罐加热计算的有关数据 ………………………………………………………… (437)
　第三节　黏油管路的加热设计计算 …………………………………………………………… (443)
　　一、黏油管路加热有关计算 …………………………………………………………… (443)
　　二、黏油管路伴随加热计算 …………………………………………………………… (446)
　第四节　蒸汽管路的设计计算 ………………………………………………………………… (449)
　　一、蒸汽管路的水力计算 ……………………………………………………………… (449)
　　二、蒸汽管路的热力计算 ……………………………………………………………… (450)
　　三、蒸汽管路的管径选择 ……………………………………………………………… (453)
　　四、疏水器的计算和选择 ……………………………………………………………… (453)
　第五节　油罐保温的设计计算 ………………………………………………………………… (457)
　　一、油罐保温计算 ……………………………………………………………………… (457)
　　二、油罐保温结构的种类及选择 ……………………………………………………… (458)
　　三、油罐保温结构材料的种类及选择 ………………………………………………… (459)
　第六节　管路保温的设计计算 ………………………………………………………………… (462)
　　一、管路保温层厚度确定 ……………………………………………………………… (462)
　　二、管路保温层结构的要求及结构形式 ……………………………………………… (464)
　　三、阀门的保温 ………………………………………………………………………… (467)
　　四、保温层制品规格 …………………………………………………………………… (467)
　　五、管路保温材料用量 ………………………………………………………………… (468)
　　六、常用保温材料的物理性能及适用范围 …………………………………………… (471)

第十二章　油库主要辅属工程设计数据图表 …………………………………………………… (474)
　第一节　油库辅属用房建设标准 ……………………………………………………………… (474)
　第二节　油料更生间(厂)设计图表 …………………………………………………………… (474)
　　一、油料更生间(厂)建筑要求 ………………………………………………………… (474)
　　二、油料更生工艺流程设计 …………………………………………………………… (475)
　　三、油料更生的主要设备 ……………………………………………………………… (478)
　　四、油料更生间(厂)设备平面布置 …………………………………………………… (480)
　第三节　洗修桶间(厂)设计数据图表 ………………………………………………………… (481)
　　一、"油库设计其他相关规范"规定的摘编 ………………………………………… (481)
　　二、洗修桶程序及方法表 ……………………………………………………………… (482)
　　三、油桶洗修作业程序框图 …………………………………………………………… (483)
　　四、洗桶设备及工艺流程图 …………………………………………………………… (484)
　　五、洗桶方法选择及设备选型 ………………………………………………………… (486)
　　六、洗修桶间(厂)设备平面布置 ……………………………………………………… (487)
　　七、洗修桶间(厂)规模确定的参考资料 ……………………………………………… (488)
　第四节　机修间设计图表 ……………………………………………………………………… (489)

一、"油库设计其他相关规范"的规定 ································· (489)
　　二、机修间平面布置举例 ··· (490)
第五节 油料化验室设计图表 ··· (491)
　　一、"油库设计其他相关规范"的规定 ································· (491)
　　二、油料化验室的建筑要求 ·· (492)
　　三、油料化验室平面布置举例 ······································ (493)
第六节 锅炉房设计图表 ··· (493)
　　一、锅炉房位置的选择和建筑要求 ·································· (493)
　　二、锅炉的选择 ·· (495)
第七节 桶装油品库房设计数据图表 ··································· (496)
　　一、桶装油品库房大小的确定 ······································ (496)
　　二、桶装油品库房(棚)的建筑要求 ·································· (497)
第八节 灌桶间设计数据图表 ··· (499)
　　一、《石油库设计规范》GB 50074 中的有关规定 ····················· (499)
　　二、油桶规格及灌装定量 ··· (499)
　　三、灌桶方法及设备 ·· (501)
　　四、灌桶流程及灌油栓数量确定 ···································· (503)
　　五、灌桶间的建筑要求 ··· (505)
　　六、灌桶间的室内布置举例 ······································· (505)

第十三章 油库给水及油污水处理设计数据图表 ························· (508)
第一节 油库给水设计数据图表 ······································· (508)
　　一、油库给水的一般规定 ··· (508)
　　二、油库用水水质标准 ··· (509)
　　三、油库用水量估算 ·· (511)
　　四、油库水源及供水系统 ··· (512)
　　五、油库用水净化及消毒 ··· (514)
　　六、供水管管径选择 ·· (515)
第二节 油库的污水处理设计数据图表 ································· (517)
　　一、含油污水的来源及污水量 ······································ (517)
　　二、含油污水的危害及排放 ······································· (518)
　　三、油库污水成分及处理方法 ······································ (519)
　　四、含油污水处理设备及构筑物 ···································· (521)

第二篇　汽车加(发)油站设计数据图表

第一章 汽车加油站设计数据图表 ····································· (526)
第一节 加油站分类分级及各类特点 ··································· (526)
　　一、加油站分类 ·· (526)
　　二、加油站分级 ·· (526)
　　三、各类加油站的特点 ··· (526)

第二节　加油站选址 (527)
一、选址的原则 (527)
二、选址的方法步骤 (531)

第三节　加油站规模的确定 (532)
一、加油站规模的主要参数确定 (532)
二、加油站建筑面积和占地面积估算 (533)

第四节　加油站总平面布置 (535)
一、加油站总平面布置原则 (535)
二、加油站总平面布置举例 (540)

第五节　加油站建(构)筑物的建筑要求 (546)
一、加油站建筑物的建筑要求 (546)
二、加油站构筑物的建筑要求 (548)

第六节　全封闭加油站与民用建筑合建的技术措施 (548)

第七节　加油站加油机的选择与安装 (549)
一、加油机的选择 (549)
二、加油机的选择与安装要点 (564)

第八节　新规范对加油站油(气)管路设计与安装的有关规定 (566)

第九节　加油站油(气)管路的工艺流程图表 (568)
一、油(气)管路的工艺流程图表 (568)
二、加油机吸油管路的选择 (569)
三、不同用途的管路安装要求 (570)

第十节　加油站的油气回收 (574)
一、国内外油气回收发展情况 (574)
二、国内加油站油气回收改造内容 (575)
三、国内加油站油气回收治理改造的技术要求 (577)
四、国内加油站油气回收的基本方法 (580)
五、国内加油站油气回收改造注意事项 (584)
六、汽车油罐车油气回收的改造 (585)

第十一节　油气回收后的处理 (588)
一、油气回收后处理方法的分类及各类简介 (588)
二、国内油气回收后的处理装置 (593)

第十二节　加油站新技术的应用 (598)
一、卧式油罐新结构形式 (598)
二、美国加油站地下油罐及管道泄漏的探测技术 (604)
三、美国加油站地下油罐及管道渗漏规律及防渗漏举措 (614)

第二章　汽车发油站设计数据图表 (619)
第一节　汽车油品灌装设计有关规定 (619)
第二节　汽车发油亭(站)形式及平面布局 (620)
一、常见汽车发油亭(站)形式 (620)
二、直通式汽车发油区平面布局例图 (620)

第三节　汽车发油亭建筑设计图表 …………………………………………………… (622)
　　一、汽车发油亭建筑设计要点 …………………………………………………… (622)
　　二、发油亭常见的结构形式 ……………………………………………………… (622)
第四节　汽车灌装油工艺设计图表 …………………………………………………… (624)
　　一、汽车灌装油工艺流程设计 …………………………………………………… (624)
　　二、发油工艺设备布置举例 ……………………………………………………… (626)
　　三、自动控制灌装工艺系统 ……………………………………………………… (627)
第五节　汽车灌装工艺设备 …………………………………………………………… (629)
　　一、汽车油罐车装油鹤管 ………………………………………………………… (629)
　　二、装油桶鹤管、耐油橡胶管和加油枪 ………………………………………… (630)
　　三、GF型汽车鹤管干式分离阀 …………………………………………………… (631)
　　四、流量计 ………………………………………………………………………… (631)
　　五、电液阀 ………………………………………………………………………… (640)
　　六、恒流阀 ………………………………………………………………………… (642)
　　七、消气过滤器 …………………………………………………………………… (643)
　　八、在线温度计 …………………………………………………………………… (644)
　　九、导静电连接器具 ……………………………………………………………… (645)
第六节　过滤器及其选择 ……………………………………………………………… (649)
　　一、粗过滤器的技术参数及安装尺寸 …………………………………………… (649)
　　二、细过滤器（轻油过滤器）的技术性能及使用维护 ………………………… (653)
　　三、二级过滤分离器 ……………………………………………………………… (653)

第三篇　油库加油站安全设计数据图表

第一章　油库加油站电气安全设计数据图表 …………………………………… (658)
第一节　油库加油站危险场所的等级划分 …………………………………………… (658)
　　一、三类八级危险场所划分标准 ………………………………………………… (658)
　　二、油库主要危险场所的等级划分 ……………………………………………… (658)
　　三、爆炸危险场所相邻场所的等级划分 ………………………………………… (659)
　　四、油库加油站爆炸危险区域等级范围划分 …………………………………… (659)
第二节　油库加油站危险场所的电气设备选择 ……………………………………… (664)
　　一、电气设备防爆原理、防爆类型及应用举例 ………………………………… (664)
　　二、防爆电气设备的分级分组 …………………………………………………… (664)
　　三、可燃气体或蒸气分类、分级、分组综合举例 ……………………………… (665)
　　四、防爆电气设备的标志 ………………………………………………………… (666)
　　五、防爆电气设备选型要点 ……………………………………………………… (667)
　　六、防爆电气设备选型示例 ……………………………………………………… (668)
　　七、防爆电器性能参数 …………………………………………………………… (671)
　　八、电气仪表技术要求 …………………………………………………………… (672)
第三节　油库加油站防雷设计 ………………………………………………………… (673)

一、《石油库设计规范》中规定 ·· (673)
　　二、油库防雷装置 ·· (675)
　　三、避雷针的数量、安装高度及总长度 ······································ (676)
　第四节　油库加油站防静电设计 ·· (677)
　　一、油库静电类型、引燃必备条件及着火规律 ······························ (677)
　　二、防止静电失火措施 ·· (678)
　　三、控制油品的流速 ·· (679)
　　四、油品在容器中静置时间 ·· (680)
　　五、防静电设备器材 ·· (680)
　　六、人体带静电及其导除 ·· (681)
　　七、防静电接地 ··· (682)
第二章　油库加油站消防设计数据图表 ·· (691)
　第一节　油库加油站火灾危险性与防火灭火技术 ································ (691)
　　一、火灾危险性分类 ·· (691)
　　二、燃烧必要和充分的条件与点火源 ··· (692)
　　三、影响燃烧速度的因素 ·· (692)
　　四、灭火原理及灭火方法 ·· (692)
　　五、油库常用灭火物的灭火原理及适用火灾 ································· (693)
　第二节　油库消防水源及水量 ·· (694)
　　一、消防水源及水量的要求 ·· (694)
　　二、消防水池的要求 ·· (695)
　第三节　油库消防给水管网设计 ·· (695)
　　一、油库设计规范对油库消防给水系统的要求 ······························ (695)
　　二、消防管道供水能力 ··· (697)
　　三、消防给水管道的水力计算 ·· (698)
　　四、消火栓的种类与设置 ·· (699)
　第四节　油罐区消防设计的一般规定 ··· (702)
　第五节　油罐区低倍数泡沫灭火和冷却水系统设计 ··························· (703)
　　一、低倍数泡沫的特性及设计规范的规定 ··································· (703)
　　二、规范对固定顶油罐低倍数泡沫灭火系统的规定 ······················· (703)
　　三、规范对油库其他场所的低倍数泡沫灭火系统的规定 ·················· (705)
　　四、泡沫灭火系统的水力计算 ·· (705)
　　五、不同罐型消防冷却水供水范围、供水强度和时间 ····················· (707)
　第六节　油罐区低倍数泡沫灭火和冷却水系统选择及图例 ·················· (708)
　　一、"油库设计其他相关规范"中规定 ······································· (708)
　　二、低倍数泡沫灭火和冷却水系统组合模式图例 ·························· (709)
　　三、低倍数空气泡沫产生器的选择、安装与使用维护 ···················· (711)
　　四、油罐液下喷射低倍数泡沫灭火系统设置要求 ·························· (714)
　第七节　油罐区中倍数泡沫灭火系统设计 ······································· (715)
　　一、中倍数泡沫灭火系统的特性和泡沫液产品性能 ······················· (715)

XI

二、《泡沫灭火系统设计规范》对油罐固定式中倍数泡沫灭火系统要求摘编 …… (716)
　　三、中倍数泡沫灭火系统分类及安装 (716)
第八节　油罐区低、中倍数泡沫灭火和冷却水系统计算 (717)
　　一、低、中倍数泡沫灭火和冷却水系统计算 (717)
　　二、立式油罐冷却水计算结果参考表 (719)
第九节　油罐烟雾自动灭火系统设计 (721)
　　一、《石油库设计规范》GB 50074 对油罐烟雾灭火的规定 (721)
　　二、烟雾灭火装置型号规格、技术性能及使用范围 (721)
　　三、烟雾灭火原理及装置安装示意图表 (721)
　　四、烟雾灭火装置使用和维护注意事项 (722)
第十节　油码头区消防及油库消防的其他规定 (723)
　　一、油码头区消防的规定 (723)
　　二、油库消防的其他规定 (724)
第十一节　油库消防站和消防泵站设计 (724)
　　一、"油库设计其他相关规范"对消防(泵)站规定摘编 (724)
　　二、消防泵站工艺设计 (726)
　　三、消防泵房设计举例 (729)
第十二节　油库消防灭火器的配置 (733)
　　一、油库灭火器配置的设计计算 (733)
　　二、油库灭火器配置的技术要求 (735)
　　三、油库灭火器的选择 (737)
　　四、油库常用灭火器的类型及规格 (739)
　　五、油库常用灭火器的结构和用途 (741)
　　六、油库灭火器的设置要求 (746)
第十三节　油库消防器材设备及消防车的配置 (746)
　　一、油库常用消防器材配置标准 (746)
　　二、部分消防器材设备性能参数 (753)
　　三、柴(汽)油机驱动的消防泵机组简介 (762)
　　四、油库消防车数量的确定 (763)
第十四节　油库消防工程检查验收 (764)
第三章　油库加油站金属设备防腐设计数据图表 (766)
第一节　金属腐蚀分类分级 (766)
　　一、金属腐蚀分类 (766)
　　二、金属腐蚀分级 (766)
　　三、影响腐蚀的因素 (767)
　　四、钢材表面除锈等级 (768)
第二节　防腐涂料的组成和分类 (769)
　　一、防腐涂料的组成 (769)
　　二、防腐涂料的分类 (770)
第三节　防腐技术及方法 (771)

一、各种防腐涂料对钢材表面除锈质量等级要求……………………………………（771）
　　二、防腐前金属表面处理………………………………………………………………（771）
　　三、钢材表面除锈后的除锈等级………………………………………………………（776）
　　四、防腐涂料的涂装施工………………………………………………………………（777）
　第四节　金属油罐涂料防腐………………………………………………………………（778）
　　一、金属油罐腐蚀情况…………………………………………………………………（778）
　　二、油罐防腐对涂层性能要求…………………………………………………………（779）
　　三、金属油罐内壁防腐涂料及结构选择………………………………………………（779）
　　四、金属油罐外壁防腐涂料及结构选择………………………………………………（780）
　第五节　金属管路涂料防腐………………………………………………………………（782）
　　一、地上管路防腐结构及材料用量……………………………………………………（782）
　　二、地下管路防腐结构、防腐施工及材料用量………………………………………（783）
　第六节　地下金属管路强制阴极保护……………………………………………………（788）
　　一、强制阴极保护的依据、原理、结构组成及示意图………………………………（788）
　　二、阴极保护基本参数的选择…………………………………………………………（789）
　　三、阴极保护的设计计算………………………………………………………………（790）
　　四、站址及阳极区的选择………………………………………………………………（794）
　　五、阴极保护的设备设置、结构示意图及其他注意事项……………………………（795）
　　六、控制干扰腐蚀………………………………………………………………………（796）
　第七节　地下金属管路牺牲阳极保护……………………………………………………（798）
　　一、牺牲阳极保护的特点、要求及系列选择与应用…………………………………（798）
　　二、镁阳极的性能及要求………………………………………………………………（799）
　　三、锌阳极的性能及要求………………………………………………………………（800）
　　四、铝阳极的性能及要求………………………………………………………………（801）
　　五、牺牲阳极设计计算…………………………………………………………………（802）
　　六、牺牲阳极保护的测试………………………………………………………………（803）
　第八节　油罐的阴极保护设计……………………………………………………………（803）
　　一、牺牲阳极类型的选择………………………………………………………………（803）
　　二、牺牲阳极设计计算…………………………………………………………………（803）
　　三、牺牲阳极应注意的问题……………………………………………………………（805）
　　四、牺牲阳极设计例图…………………………………………………………………（806）
参考文献………………………………………………………………………………………（807）
编后记…………………………………………………………………………………………（808）

XIII

第一篇　油库设计数据图表

第一章 油库设计准备数据图表

第一节 油库设计基础资料收集

一、各专业设计应收集的基础资料

各专业设计应收集的基础资料见表 1-1-1。

表 1-1-1 各专业设计应收集的基础资料

资料类型	资料内容
1. 位置及政治经济资料	指油库地点(如省、市、县、乡、沟名)及库址周围社会政治、经济条件,工、农、商业状况,征地搬迁情况等
2. 地形资料	地形指山形、相对高度、海拔高度、坡度、山体肥瘦、山腿长短及走向;沟形、沟长、沟底宽度、坡度及支沟布置;植物种类及分布;地形自然防护隐蔽程度等
3. 地质资料	地质资料是进行建(构)筑物的结构设计时,确定山洞、地下库储油区位置,决定施工方法和制定施工技术措施等的重要依据
(1)地质结构	岩层分布,岩石类型、性质、坚固系数,岩层年代、走向、褶曲、倾向、倾角等
(2)地质的稳定性	有无滑坡、溶洞、暗河、土崩、泥石流、雪崩、陷落等,分布的范围、高度和形成的原因
(3)岩层覆盖	岩层的土壤覆盖厚度、土壤密实状况,土壤名称、成分、特性及容许耐压力,土壤的冻结深度、冻胀情况
(4)岩层的完整性	节理裂隙的发育程度和分布;断层的位置、方向、类型、密度和充实情况;岩石露头及风化程度
(5)岩、土的物化性质	抗压、抗剪强度,承压力和弹性抗力系数,内摩擦角,容重和围岩分类
(6)地下水的特性	地层深水层深度,地下水的类型、流量、流向、渗透性、水位、水质,泉水的位置、数量和流量等
(7)地震	当地的地震历史,震级、烈度、震中、震源、地震断裂带、设防裂度等
(8)矿物	有无开采价值的矿藏
4. 交通资料	交通资料是考虑铁路专用线、公路和码头的修建,库内外联系方式的重要依据
(1)铁路	①预定接轨(中转)站名、站级、站况、货运量、机车牵引力、调车能力、调车方式、接轨站的平面及纵断面图 ②预定接轨点的轨面标高、车站与库址距离、线路坡度、曲率半径、路径地段的地形、地质以及是否需要建筑桥梁、隧道、涵洞等
(2)水运	①航运条件,包括历年平均最高水位和最低水位、最小通航保证深度、最大通行吨位、河流的封冻和开冻日期,历年每月雾日、雾日年平均天数、能见度及延时规律 ②沿岸地形地质资料,包括泥沙淤积和沿岸冲刷情况、水深、水速、波高及回流等情况 ③水质的化学性质;现有码头位置、结构及使用情况,新建码头的可能性,码头至库区距离及沿途地形情况等

续表

资料类型	资料内容
(3)公路	①库外原有公路的名称、性质(国防或民用)、起讫点、运输条件、公路等级、路基路面宽度、现有路面质量和养护情况;库外需建路段可能通过的沿线地形情况 ②库内需建路段的长度、坡度、工程量;库内与库外公路连接点的位置、标高、距库区距离;当地一般道路做法(结构层厚度及材料)、桥涵孔径等
5. 气象资料	气象资料是油库水力计算、热力计算,防洪排水措施,建(构)筑物基础与管线深埋、做法的依据
(1)气温	年最高温度与最低温度、气温平均最冷与最热月份、最热月平均温度、最冷月平均温度、绝对最高与最低温度及土壤温度、土壤冻结最大深度、冰冻期(-5℃以下)
(2)气压	累年平均气压、绝对最高气压与最低气压
(3)空气湿度	平均、最大、最小、相对湿度和绝对湿度,最大湿度持续时间,雨季和干燥季节等
(4)降雨量	多年平均降雨量、最大与最小降雨量,一昼夜最大降雨量,一次暴雨持续时间及最大雨量,本地区雨量计算公式及有关参数值
(5)降雪量	一次最大积雪厚度和平均积雪厚度
(6)风向风速	主导风向、风级、平均最大风速、绝对最大风速(附风玫瑰图)
(7)日照	日照角度、全年晴天及阴天日数、雾日天数
(8)所在山区局部小气象	风向、温度、湿度、雪量、雨量等
(9)土壤	冻结厚度、时间与开化时间,土壤性质及地下水位高度等
6. 给排水资料	供水方式(河水、井水、自来水)和水源地点,可能的最小供水量和水源的可靠程度,水质情况,历年洪水最高水位、泄洪沟的最大允许流量,作业及生活污水的排泄场地及对周围农田有无影响等
7. 电源资料	与外线电源距离,电压、容量、剩余容量、线路概况,电源性质(如工业用或农业用),供电的可靠性,电费规定,是否需要建变电所与备用电源等
8. 预算资料	建筑材料和设备价格,施工单位技术情况,交通单位运价,水电单价,建(构)筑物每平方米造价,地方工资、材料差价和换算率,当地的概(预)算定额等
9. 其他资料	(1)当地有关部门的有关规定和要求 (2)将调查所得的资料进行研究、整理、核算和评定 (3)结合具体工程,提出设计、施工所需的数据、要求和注意事项 (4)供总体布置、工艺设计及其他项目的设计、施工和编制工程概算时参考及应用

二、工艺设计必须具备的资料

工艺设计必须具备的资料见表1-1-2。

表 1-1-2 工艺设计必须具备的资料

资料类型	资料内容
1. 地形图	(1) 为满足设计要求,地形图应有 1:2000 或 1:5000 的比例,1~5m 等高距的库址地形图 (2) 1:500 或 1:1000 的比例,0.5~1m 等高距的油库区地形图 (3) 用于布置工艺管网、确定工艺计算中管线长度和管线起迄点标高等参数
2. 气象资料	月平均最高、最低气温,绝对最高、最低气温及土壤温度等。用于工艺计算、黏油系统的热力计算和管线热补偿计算
3. 地下水位高度及土壤冻结深度	(1) 地下水位高度及土壤冻结深度 (2) 用来确定工艺管线的允许埋设深度
4. 土壤性质	用来确定管路的防腐措施,计算热油管路的热损失等
5. 铁路运输资料	(1) 铁路干线上机车的牵引能力、列车编组特征等铁路运输资料 (2) 用来确定铁路装卸设备数量
6. 码头资料	(1) 码头允许停靠油船的最大吨位、油船型号以及油船上有无装卸设备等 (2) 用来确定水运码头的装卸能力
7. 设备与材料	机泵设备、钢材、管材等的型号、规格及供应情况

三、工艺设计应提出的测量和钻探要求

工艺设计应提出的测量和钻探要求见表 1-1-3。

表 1-1-3 工艺设计应提出的测量和钻探要求

项目	资料类型	资料内容
测量要求	1. 测量分阶段及用途	(1) 测量一般分为初测和精测两个阶段 (2) 初测一般要求用 1:2000 或 1:5000 的比例,1~5m 等高距来测库址地形图,供扩大初步设计用 (3) 精确根据扩大初步设计所提出的重点位置进行测量,一般要求用 1:500 或 1:1000 的比例,0.5~1m 的等高距来测油库分区地形图,供施工图设计用
	2. 测量说明书	说明测量方法、导线点、原建(构)筑物座标、地形图与位置图关系
	3. 库址地形图基本要求	(1) 测量范围 库址附近 50m 内的地形地物 (2) 控制点坐标网 ①库址控制点应与地区大三角网相连接 ②若距地区大三角网过远时可用假定座标系统 ③座标网格间距可视地形情况而定,一般用 50m 或 100m,但必须满足设计要求 (3) 高程测量 ①应采用国家统一绝对标高 ②如无统一水准点,可采用铁路高程系统;码头装卸的油库可采用水运部门的水准点 ③库址地形图的每个座标网交叉点和主要地物及显著的地形变化点都要测出标高

续表

项目	资料类型	资料内容
钻探要求	1. 洞库油罐	(1)钻探位置 洞库油罐位置的钻探以查明洞内地质性质和地下水为主 (2)探孔数目 不一定按罐位钻探,可按洞子纵向距离10~30m左右选钻孔一个
	2. 地上库油罐	(1)钻探位置 位置的钻探应视具体情况而定。一般地形地质条件较好时,可只在适当地段钻几个罐位,否则每个罐位均得钻探 (2)探孔数目 探孔数目应视罐径而定,一般15m直径的罐,约需钻孔3个
	3. 钻孔布置	钻孔位置成梅花形,深度一般要求20m左右。油罐探孔的具体要求,详见第四章第四节表1-4-40、表1-4-41及图1-4-10

第二节 油库设计通用资料收集

一、油品特性

(一)油品燃烧的特性

(1)油品的易燃性。油品的易燃性,主要以其闪点、燃点、自燃点来衡量,其数值愈小,则油品就愈易燃烧。

油品的闪点、燃点、自燃点定义对照见表1-1-4。

表1-1-4 油品的闪点、燃点、自燃点定义对照

名 称	定 义
闪点	在规定的试验条件下,石油产品蒸气与空气的混合物,当接近火焰时,闪出火花并立即熄灭的最低温度
燃点	在规定的试验条件下,石油产品蒸气与空气的混合物,当接近火焰时,着火并继续燃烧的最低温度
自燃点	在规定的试验条件下,石油产品不接近外界火源而自行着火的最低温度

注:在正常情况下,石油产品温度不可能达到自燃点。

(2)常用油品的燃烧速度见表1-1-5。

表1-1-5 常用油品的燃烧速度

液体名称	密度/(kg/cm^3)	燃烧速度	
		直线速度/(cm/h)	质量速度/[kg/(m^2·h)]
苯	0.875	18.9	165.37
航空汽油	0.73	12.6	91.98
车用汽油	0.73	10.5	76.65
煤油	0.835	6.6	55.11

(3)常用油品的热传播速度见表1-1-6。

表 1-1-6 常用油品的热传播速度   cm/h

油品名称		热传播速度
轻质原油	含水 0.3% 以下	38~90
	含水 0.3% 以上	43~127
重质原油和重油	含水 0.3% 以下	50~75
重油	含水 0.3% 以上	30~127

注：热传播速度系指由液面向液体深度热传播的速度。

(4) 油料燃烧时液面温度及油罐燃烧火焰高度分别见表 1-1-7 和表 1-1-8。

表 1-1-7 油料燃烧时液面温度 ℃

油料名称	油料表面温度
汽油	80
煤油	321~326
柴油	354~366
原油	300
重油	>300

表 1-1-8 油罐燃烧火焰高度 m

油罐直径	火焰高度
4	3.25
5.4	2.12
15.3	1.7
22.3	1.56
30	1.23

注：火焰高度为实测数据，仅供参考。

(二) 油品火灾危险性分类

国内设计规范对油品火灾危险性分类见表 1-1-9。

表 1-1-9 国内设计规范对油品火灾危险性分类

规范名称	类别		油品闪点 F_t/℃	油品举例
石油库设计规范 GB 50074	甲		$F_t < 28$	
	乙	A	$28 \leq F_t \leq 45$	
		B	$45 < F_t < 60$	
	丙	A	$60 \leq F_t \leq 120$	
		B	$F_t > 120$	
"油库设计其他相关规范"	甲		$F_t < 28$	汽油
	乙	A	$28 \leq F_t < 45$	1号、2号、3号喷气燃料、灯用煤油
		B	$45 \leq F_t < 60$	轻柴油
	丙	A	$60 \leq F_t \leq 120$	重柴油、舰(船)用锅炉燃料油
		B	$F_t > 120$	润滑油
	仓库类别	项别	储存物品火灾危险性特征	
建筑设计防火规范 GB 50016	甲	1	闪点小于 28℃ 的液体	
		2	爆炸下限小于 10% 的气体，以及受到水或空气中水蒸气的作用，能产生爆炸下限小于 10% 气体的固体物质	
		3	常温下能自行分解或在空气中氧化能导致迅速自燃或爆炸的物质	
		4	常温下受到水或空气中水蒸气的作用，能产生可燃气体并引起燃烧或爆炸的物质	
		5	遇酸、受热、撞击、摩擦以及遇有机物或硫磺等易燃的无机物，极易引起燃烧或爆炸的强氧化剂	
		6	受撞击、摩擦或与氧化剂、有机物接触时能引起燃烧或爆炸的物质	

续表

规范名称	类别		油品闪点 F_t/℃	油品举例
	仓库类别	项别	储存物品火灾危险性特征	
建筑设计防火规范 GB 50016	乙	1	闪点大于等于28℃，但小于60℃的液体	
		2	爆炸下限大于等于10%的气体	
		3	不属于甲类的氧化剂	
		4	不属于甲类的化学易燃危险固体	
		5	助燃气体	
		6	常温下与空气接触能缓慢氧化，积热不散引起自燃的物品	
	丙	1	闪点大于等于60℃的液体	
		2	可燃固体	
	丁		难燃烧物品	
	戊		不燃烧物品	

(三)油品分类

油品分类见表 1-1-10。

表 1-1-10 易燃液体和可燃液体的分类

类别	危险等级	闪点/℃	举例
易燃液体	1	<28	汽油、酒精等
	2	28~45	煤油类
可燃液体	3	46~120	柴油、锅炉燃料油等
	4	>120	润滑油、脂类、沥青等

(四)常用油品的闪点、燃点、自燃点、沸点、凝固点

常用油品的闪点、燃点、自燃点、沸点、凝固点见表 1-1-11。

表 1-1-11 常用油品的闪点、燃点、自燃点、沸点、凝固点 ℃

油品名称	闪点	燃点	自燃点	沸点	凝固点
汽油	−50~−35	一般比闪点高1~20℃	426	35~205	−60
其他汽油	−60~−20		390~530		−60
喷气燃料	>28		278	130~250	−60
灯用煤油	28~60		290~430		−40
轻柴油	>55		300~330		0~−50
汽油机油	>200				−35
柴油机油	>200				−35
航空机油	>140		306~380		−60
海军燃料油	>60		500~600		<0 或 <−47
齿轮油	≥150				−5~−20
变压器油	≥135				−45
汽轮机油	180				−7
酒精	12		510		
苯	−12		660~720	80	
乙醚	−41		193		
松节油			235	150~170	

(五)常用油品的饱和蒸气压

常用油品的饱和蒸气压见表1-1-12。

表1-1-12 常用油品的饱和蒸气压

温度/℃	-20		-10		0		10		20	
饱和蒸气压 油品	10^4 Pa	mmHg	10^4 Pa	mmHg	10^4 Pa	mmHg	10^4 Pa	mmHg	10^4 Pa	mmHg
车用汽油	1.0	73.5	1.4	102.9	2.0	147	2.8	2205.9	3.8	179
航空汽油	0.6	44.1	0.9	66.2	1.3	95.6	2.0	147	2.8	206
喷气燃料					0.09	6.62	0.14	10.3	0.28	20.6
灯用煤油										0.055
轻柴油			0.03	2.205						
水					0.06	4.4	0.12	8.82	0.24	17.6

温度/℃	30		40		50		65		70	
饱和蒸气压 油品	10^4 Pa	mmHg	10^4 Pa	mmHg	10^4 Pa	mmHg	10^4 Pa	mmHg	10^4 Pa	mmHg
车用汽油	5.1	375	7.0	515	9.2	676				
航空汽油	3.9	287	5.3	390	7.1	522				
喷气燃料	0.42	30.9	0.7	51.5	1.1	80.9				
灯用煤油	0.055	4.04	0.09	6.62	0.14	10.3	0.28	20.6	0.33	24.3
轻柴油			0.03				0.055	4.04	0.07	5.15
水	0.43	31.6	0.75	55.1	1.3	95.6				

注:同一牌号的油品,各厂生产和同厂各批生产的饱和蒸气压不一定相同,表中数值仅供参考。

(六)油品爆炸极限及爆炸压力

常用石油产品爆炸极限及爆炸压力分别见表1-1-13和表1-1-14。

表1-1-13 常用石油产品的爆炸极限

名 称	浓度极限/% (空气中可燃气体体积含量)		温度极限/℃	
	下限	上限	下限	上限
车用汽油蒸气	1.58	7.2	-36	-8
航空汽油蒸气	1.0	6.0	-34	-4
灯用煤油蒸气	1.4	7.5	45	86
喷气燃料蒸气	1.4	7.5		
溶剂油蒸气	1.4	6.0		
乙炔	2.6	80.0		
天然气	4.0	16.0		
甲烷	5.0	15.0		
乙烷	3.12	15.0		
丙烷	2.9	9.5		

续表

名　称	浓度极限/%（空气中可燃气体体积含量）		温度极限/℃	
	下限	上限	下限	上限
丁烷	1.9	6.5		
异乙烷	1.6	8.4		
戊烷	1.4	8.0		
苯	1.5	9.5	−14	19
甲苯	1.28	7.0	0	30
乙烯	3.0	34.0		
丙烯	2.0	11.1		
丁烯	1.7	9.0		
氢	9.5	66.3		
硫化氢	4.3	45.5		
一氧化碳	12.8	75.0		
乙醇	3.3	18.0		

表 1–1–14　汽油蒸气在不同浓度下的爆炸压力

油气在空气中的体积浓度/%	爆炸压力/kPa	油气在空气中的体积浓度/%	爆炸压力/kPa
1.15	不爆	3.00	819
1.36	不爆	3.08	809
1.58	545	3.14	780
1.60	573	3.16	775
1.68	569	3.24	796
1.84	663	3.24	697
1.88	716	3.34	809
2.04	736	3.40	791
2.08	786	3.64	774
2.20	732	3.27	778
2.24	742	3.86	588
2.40	749	3.96	738
2.42	783	3.98	661
2.58	770	4.02	716
2.70	841	4.24	765
2.70	796	4.28	650
2.78	809	4.40	526
2.78	791	4.44	212
2.92	785	4.70	491

续表

油气在空气中的体积浓度/%	爆炸压力/kPa	油气在空气中的体积浓度/%	爆炸压力/kPa
3.00	802	4.76	104
4.80	498	5.84	106
4.88	147	5.88	46.4
4.96	132	6.08	66.7
5.04	154	6.18	72
5.12	122	6.49	57
5.24	106	6.96	不爆
5.46	108	6.90	不爆
5.72	446		

（七）油罐储存油品损耗的影响因素

油罐损耗的影响因素是多方面的，表1-1-15~表1-1-17只是列举几种，表1-1-18是汽油损耗的例子。

表1-1-15　各种颜色涂料对损耗的影响　　　　　　%

涂　料	黑色	铝灰色	白色
吸收辐射热	100	88	59
气体呼出体积	100	85	50
油料损耗	100	75	42

表1-1-16　隔热层对油罐损耗的影响

油罐容量/m³	1000			2000			5000		
罐表面情况	无隔热层	有隔热层	降低/%	无隔热层	有隔热层	降低/%	无隔热层	有隔热层	降低/%
油料损耗量/kg	1.95	1.26	35.4	40.8	20.4	50	81.7	40.1	50

表1-1-17　微球对油罐损耗的影响

油　品	储存状况	微球厚度/mm	与无微球储存罐比较油品损耗减少/%
汽油	长期储存	25	0~30
	周转频繁	25~30	30~50
原油	长期储存	13	70~90
	周转频繁	25	50~70

表1-1-18　不同容积的油罐储存汽油的损耗情况

油罐容积/m³	200	400	1000	2000	5000	10000
年损耗量总计/%	5.75	5	4.25	3.75	3.25	2.75

(八)油品损耗标准

1.《散装液态石油产品损耗标准》(GB 11085)

(1)适用范围。本标准适用于市场用车用汽油、灯用煤油、柴油和润滑油,但不包括航空汽油、喷气燃料、液化气和其他军用油料。

(2)地区与季节划分。地区与季节划分见表1-1-19。

表1-1-19 地区与季节划分

地区的划分	季节的划分		省市归属
	春冬季	夏秋季	
A类地区	每年1~3月、10~12月	4~9月	江西、福建、广东、海南、云南、四川、湖南、贵州、台湾、广西
B类地区			河北、山西、陕西、山东、江苏、浙江、安徽、河南、湖北、甘肃、宁夏、北京、天津、上海
C类地区	每年1~4月、11~12月	5~10月	辽宁、吉林、黑龙江、青海、内蒙、新疆、西藏

(3)损耗标准

① 储存损耗率和海拔高度修正损耗率

a. 储存损耗率(按月计算)见表1-1-20。

表1-1-20 储存损耗率　　　　　　　　　　　　　　　%

地 区	立式金属油罐			地下罐、浮顶罐
	汽 油		其他油	不分油品、季节
	春冬季	夏秋季	不分季节	
A类	0.11	0.21	0.01	0.01
B类	0.05	0.12		
C类	0.03	0.09		

注:卧式罐的储存损耗率可以忽略不计。

b. 高原地区,根据油库所在地海拔高度按以下幅度修正储存损耗率见表1-1-21。

表1-1-21 海拔高度损耗修正率

海拔高度/m	增加损耗/%
1001~2000	21
2001~3000	37
3001~4000	55
4001以上	76

②装车(船)损耗率见表1-1-22。

表1-1-22 装车(船)损耗率　　　　　　　　　　　　　　　　%

地 区	汽油			其他油
	铁路罐车	汽车罐车	油轮、油驳	不分容器
A类	0.17	0.10		
B类	0.13	0.08	0.07	0.01
C类	0.08	0.05		

③卸车(船)损耗率见表1-1-23。

表1-1-23 卸车(船)损耗率　　　　　　　　　　　　　　　　%

地 区	汽油		煤、柴油	润滑油
	浮顶罐	其他罐	不分罐型	
A类		0.23		
B类	0.01	0.20	0.05	0.04
C类		0.13		

注：其他罐包括立式金属罐、隐蔽罐和卧式罐。

④输转损耗率见表1-1-24。

表1-1-24 输转损耗率　　　　　　　　　　　　　　　　%

地 区	汽油				其他罐
	春冬季		夏秋季		不分季节与罐型
	浮顶罐	其他罐	浮顶罐	其他罐	
A类		0.15		0.22	
B类	0.01	0.12	0.01	0.18	0.01
C类		0.06		0.12	

注：本表中的罐型均指输入罐的罐型。

⑤灌桶损耗率见表1-1-25。

表1-1-25 灌桶损耗率　　　　　　　　　　　　　　　　%

油品	汽 油	其他油
损耗率	0.18	0.01

⑥零售损耗率见表1-1-26。

表1-1-26 零售损耗率　　　　　　　　　　　　　　　　%

零售方式	加油机付油			量提付油	称重付油
油品	汽油	煤油	柴油	煤油	润滑油
损耗率	0.29	0.12	0.08	0.16	0.47

⑦散装运输损耗率见表1-1-27。

表 1-1-27　散装运输损耗率　　　　　　　　　　　　　　　　　%

运输方式	水运			铁路运输			公路运输	
里程/km 油品名称	≤500	501~1500	>1500	≤500	501~1500	>1500	≤50	>50
汽油	0.24	0.28	0.36	0.16	0.24	0.30	0.01	每增加50km增加0.01，不足50km按50km计算
其他油		0.15			0.12			

注：水运在途9天以上，自超过之日起，按同类油品立式金属罐的储存损耗率的超过天数计算。

2. 中国航油总公司制定的油料自然损耗标准

（1）油品运输途中的损耗率见表 1-1-28。

表 1-1-28　油品运输途中的损耗率　　　　　　　　　　　　　　%/批次

油　名	容　器	里程/km	春冬期	夏秋期
车用汽油 航空汽油	油槽车 油槽车 油槽车 200L 油桶	500 以内 2000 以内 2000 以上 120 以内	0.14 0.17 0.21 0.09	0.21 0.23 0.31 0.09
洗涤油 航空煤油	油槽车 油槽车 油槽车 200L 油桶	500 以内 2000 以内 2000 以上 120 以内	0.060 0.060 0.088 0.080	0.088 0.120 0.152 0.080
轻柴油 中柴油	油槽车 油槽车 油槽车 200L 油桶	500 以内 2000 以内 2000 以上 120 以内	0.045 0.045 0.066 0.048	0.066 0.090 0.114 0.048
润滑油 重柴油	油槽车 油槽车 220L 油桶	1000 以内 1000 以上 500 以上	0.050 0.100 0.150	0.050 0.100 0.200

（2）油品接收的损耗率见表 1-1-29。

表 1-1-29　油品接收的损耗率　　　　　　　　　　　　　　　%

油　名	收油容器	南部地区		中部地区		北部地区	
		春冬期	夏秋期	春冬期	夏秋期	春冬期	夏秋期
航空汽油车用汽油	油轮 油槽车	0.044 0.054	0.062 0.071	0.036 0.046	0.057 0.066	0.033 0.043	0.053 0.063
航空煤油洗涤油	油轮 油槽车	0.006 0.010	0.008 0.013	0.006 0.010	0.008 0.013	0.005 0.010	0.006 0.012
润滑油 重柴油	油轮 油槽车	0.010 0.018	0.010 0.018	0.010 0.018	0.010 0.018	0.010 0.018	0.010 0.018
轻柴油 中柴油	油轮 油槽车	0.003 0.005	0.003 0.005	0.003 0.005	0.003 0.005	0.003 0.005	0.003 0.005
润滑脂类	油轮 油槽车	0.010 0.025	0.010 0.025	0.010 0.025	0.010 0.025	0.010 0.025	0.010 0.025

(3) 油品发出的损耗率见表 1-1-30。

表 1-1-30 油品发出的损耗率　　　　　　　　　　　%

油 名	收油容器	南部地区		中部地区		北部地区	
		春冬期	夏秋期	春冬期	夏秋期	春冬期	夏秋期
喷气燃料	油罐 油轮	0.004 0.077	0.062 0.113	0.036 0.062	0.057 0.102	0.032 0.054	0.053 0.095
车用汽油	油槽车 汽车油槽车 小罐、油桶	0.119 0.149	0.174 0.206	0.097 0.127	0.158 0.190	0.086 0.117	0.0147 0.178
航空煤油	油罐 油轮	0.007 0.008	0.007 0.008	0.007 0.008	0.007 0.008	0.007 0.008	0.007 0.008
洗涤油	油槽车 汽车油槽车 小罐、油桶	0.015 0.055	0.015 0.055	0.015 0.055	0.015 0.055	0.015 0.055	0.015 0.055
润滑油 重柴油	各类型	0.005	0.005	0.005	0.005	0.005	0.005
轻柴油	油罐 油槽车	0.003 0.005	0.003 0.005	0.003 0.005	0.003 0.005	0.003 0.005	0.003 0.005
中柴油 润滑脂类	汽车油槽车 小罐、油桶	0.016 0.005	0.016 0.005	0.016 0.005	0.016 0.005	0.016 0.005	0.016 0.005

(4) 地上油罐储存的损耗率见表 1-1-31。

表 1-1-31 地上油罐储存的损耗率　　　　　　　　kg/(m³·月)

油品名称	储存方式	南部地区		中部地区		北部地区	
		春冬期	夏秋期	春冬期	夏秋期	春冬期	夏秋期
车用汽油	储存 常用	1.570 1.570	3.775 4.153	0.830 0.830	2.796 3.076	0.470 0.740	2.433 2.676
航空汽油	储存 常用	1.570 1.570	3.270 3.596	0.830 0.830	2.422 2.664	0.740 0.740	2.107 2.318
航空煤油	不分	0.060	0.250	0.460	0.210	0.028	0.160
洗涤油	不分	0.060	0.170	0.041	0.170	0.028	0.130
轻柴油、中柴油	不分	0.017	0.060	0.017	0.043	0.017	0.034
润滑油、重柴油	不分	0.032	0.070	0.020	0.040	0.018	0.040

(5) 地下油罐储存的损耗率见表 1-1-32。

表1-1-32 地下油罐储存的损耗率　　　　　　　　　　　　kg/(m³·月)

油品名称	储存方式	南部地区		中部地区		北部地区	
		春冬期	夏秋期	春冬期	夏秋期	春冬期	夏秋期
车用汽油	储存	0.452	1.073	0.304	0.950	0.297	0.832
	常用	0.496	1.180	0.333	1.049	0.333	0.916
航空汽油	储存	0.447	1.020	0.257	0.844	0.293	0.721
	常用	0.485	1.122	0.332	0.928	0.315	0.792
航空煤油	不分	0.060	0.074	0.043	0.132	0.026	0.111
洗涤油	不分	0.027	0.660	0.017	0.044	0.016	0.038
轻柴油、中柴油	不分	0.017	0.334	0.012	0.026	0.011	0.021
润滑油、重柴油	不分	0.017	0.334	0.012	0.026	0.010	0.021

(6) 半地下油罐储存的损耗率见表1-1-33。

表1-1-33 半地下油罐储存的损耗率　　　　　　　　　　　　kg/(m³·月)

油品名称	南部地区		中部地区		北部地区	
	春冬期	夏秋期	春冬期	夏秋期	春冬期	夏秋期
车用汽油	0.510	1.445	0.382	1.190	0.034	1.020
航空汽油	0.510	1.445	0.382	1.190	0.034	1.020
航空煤油	0.060	0.230	0.043	0.187	0.026	0.145
洗涤油	0.036	0.105	0.023	0.079	0.021	0.067
轻柴油、中柴油	0.017	0.060	0.017	0.043	0.016	0.034
润滑油、重柴油	0.027	0.039	0.017	0.039	0.016	0.039

(7) 半地上库房、桶装储存的损耗率见表1-1-34。

表1-1-34 半地上库房、桶装储存的损耗率　　　　　　　　　　　　%

油品名称	南部地区		中部地区		北部地区	
	春冬期	夏秋期	春冬期	夏秋期	春冬期	夏秋期
车用汽油	0.510	1.445	0.382	1.190	0.034	1.020
航空汽油	0.510	1.445	0.382	1.190	0.034	1.020
航空煤油	0.060	0.230	0.043	0.187	0.026	0.145
洗涤油	0.036	0.105	0.023	0.079	0.021	0.067
轻柴油、中柴油	0.017	0.060	0.017	0.043	0.016	0.034
润滑油、重柴油	0.027	0.039	0.017	0.039	0.016	0.039

(8) 地下库房或山洞桶装储存的损耗率见表1-1-35。

表 1-1-35 地下库房或山洞桶装储存的损耗率　　　　　　　　　　　　　　　　　　　　　　　　　%

油品名称	南部地区		中部地区		北部地区	
	春冬期	夏秋期	春冬期	夏秋期	春冬期	夏秋期
车用汽油	0.027	0.052	0.023	0.047	0.019	0.041
航空汽油	0.022	0.045	0.018	0.035	0.016	0.031
航空煤油	0.015	0.030	0.010	0.020	0.010	0.020
轻柴油、中柴油	0.017	0.015	0.005	0.010	0.005	0.010
润滑油、重柴油	0.017	0.015	0.005	0.010	0.005	0.010

(9)飞机加油的损耗率见表 1-1-36。

表 1-1-36　飞机加油的损耗率（按月计算）　　　　　　　　　　　　　　　　　　　　　　　　%

油品名称	喷气燃料	航空煤油	航空润滑油
损耗率	0.28	0.26	0.50

(10)清洗油罐、过滤器的损耗率见表 1-1-37。

表 1-1-37　清洗油罐、过滤器的损耗率　　　　　　　　　　　　　　　　　　　　　　　　　　%

油品名称	车用汽油、喷气燃料	航空煤油、柴油	润滑油
损耗率	2.80	2.10	1.40

(九)油品的密度及换算

(1)油品密度换算公式见表 1-1-38。

表 1-1-38　油品密度换算公式

计算公式	符号	符号含义	单位
$\rho_t = \rho_{20} - \gamma(t-20)$	ρ_t	油品温度为 t℃时，对应的油品密度	g/cm³
	ρ_{20}	油品的标准密度，即油品 20℃时的密度	g/cm³
	γ	油品密度温度系数	
	t	油品密度对应的温度	℃

(2)常用油品的标准密度见表 1-1-39。

表 1-1-39　常用油品的标准密度 ρ_{20}　　　　　　　　　　　　　　　　　　　　　　　　g/cm³

油品名称	密度(20℃)
车用汽油	0.700~0.760
航空汽油	0.745~0.750
溶剂油 NY-200	0.780~0.790
1号喷气燃料	0.775
2号喷气燃料	0.775
3号喷气燃料	0.775~0.830

续表

油品名称	密度(20℃)
4号喷气燃料	0.750
高闪点喷气燃料	0.788~0.845
灯用煤油	0.845
柴油	0.800~0.840
军舰用燃料油	0.970
鱼雷燃料	0.776
HP-8A航空润滑油	0.885
20号航空润滑油	0.895
14号合成航空润滑油	0.890
16号坦克机油	0.895
柴油机油	0.880~0.890

(3) 油品密度温度系数 γ 值见表1-1-40。

表1-1-40 油品密度温度系数 γ 值

密度(20℃)/(g/cm³)	γ	密度(20℃)/(g/cm³)	γ
0.6245~0.6295	0.00102	0.7710~0.7772	0.00077
0.6296~0.6347	0.00101	0.7773~0.7847	0.00076
0.6348~0.6400	0.00100	0.7848~0.7917	0.00075
0.6401~0.6453	0.00099	0.7918~0.7990	0.00074
0.6454~0.6506	0.00098	0.7991~0.8063	0.00073
0.6507~0.6560	0.00097	0.8064~0.8137	0.00072
0.6561~0.6615	0.00096	0.8138~0.8213	0.00071
0.6616~0.6670	0.00095	0.8214~0.8291	0.00070
0.6671~0.6726	0.00094	0.8292~0.8370	0.00069
0.6727~0.6782	0.00093	0.8371~0.8450	0.00068
0.6783~0.6839	0.00092	0.8451~0.8533	0.00067
0.6840~0.6896	0.00091	0.8534~0.8618	0.00066
0.6897~0.6954	0.00090	0.8619~0.8704	0.00065
0.6955~0.7013	0.00089	0.8705~0.8792	0.00064
0.7014~0.7072	0.00088	0.8793~0.8884	0.00063
0.7073~0.7132	0.00087	0.8885~0.8977	0.00062
0.7133~0.7193	0.00086	0.8978~0.9073	0.00061
0.7194~0.7255	0.00085	0.9074~0.9172	0.00060
0.7256~0.7317	0.00084	0.9173~0.9276	0.00059
0.7318~0.7380	0.00083	0.9277~0.9382	0.00058
0.7381~0.7443	0.00082	0.9383~0.9492	0.00057

续表

密度(20℃)/(g/cm³)	γ	密度(20℃)/(g/cm³)	γ
0.7444~0.7509	0.00081	0.9493~0.9609	0.00056
0.7510~0.7574	0.00080	0.9610~0.9729	0.00055
0.7575~0.7640	0.00079	0.9730~0.9855	0.00054
0.7641~0.7709	0.00078	0.9856~0.9951	0.00053

（十）油品的体积及换算

（1）油品体积换算公式见表1-1-41。

表1-1-41 油品体积换算公式

计算公式	符号	符号含义	单位
$V_{20} = V_t[1-f(t-20)]$	V_t	油品 t℃时的体积	m³
	V_{20}	油品 20℃时的体积	m³
	f	油品体积温度系数	1/℃
	t	油品 V_t 对应的温度	℃

（2）油品体积温度系数 f 见表1-1-42。

表1-1-42 油品体积温度系数 f

密度(20℃)/(g/cm³)	f	密度(20℃)/(g/cm³)	f	密度(20℃)/(g/cm³)	f
0.6000~0.6006	0.00179	0.6824~0.6845	0.00134	0.8043~0.8078	0.00090
0.6007~0.6022	0.00178	0.6846~0.6867	0.00133	0.8079~0.8114	0.00089
0.6023~0.6038	0.00177	0.6868~0.6890	0.00132	0.8115~0.8151	0.00088
0.6039~0.6054	0.00176	0.6891~0.6913	0.00131	0.8152~0.8188	0.00087
0.6055~0.6070	0.00175	0.6914~0.6936	0.00130	0.8189~0.8226	0.00086
0.6071~0.6086	0.00174	0.6937~0.6959	0.00129	0.8227~0.8265	0.00085
0.6087~0.6103	0.00173	0.6960~0.6982	0.00128	0.8266~0.8304	0.00084
0.6104~0.6119	0.00172	0.6983~0.7006	0.00127	0.8305~0.8343	0.00083
0.6120~0.6136	0.00171	0.7007~0.7029	0.00126	0.8344~0.8384	0.00082
0.6137~0.6152	0.00170	0.7030~0.7053	0.00125	0.8385~0.8425	0.00081
0.6153~0.6169	0.00169	0.7054~0.7077	0.00124	0.8426~0.8466	0.00080
0.6170~0.6186	0.00168	0.7078~0.7102	0.00123	0.8467~0.8509	0.00079
0.6187~0.6203	0.00167	0.7103~0.7127	0.00122	0.8510~0.8552	0.00078
0.6204~0.6220	0.00166	0.7128~0.7152	0.00121	0.8553~0.8596	0.00077
0.6221~0.6238	0.00165	0.7153~0.7177	0.00120	0.8597~0.8640	0.00076
0.6239~0.6255	0.00164	0.7178~0.7202	0.00119	0.8641~0.8686	0.00075
0.6256~0.6273	0.00163	0.7203~0.7228	0.00118	0.8687~0.8732	0.00074
0.6274~0.6290	0.00162	0.7229~0.7254	0.00117	0.8733~0.8779	0.00073
0.6291~0.6308	0.00161	0.7255~0.7280	0.00116	0.8780~0.8827	0.00072

续表

密度(20℃)/(g/cm³)	f	密度(20℃)/(g/cm³)	f	密度(20℃)/(g/cm³)	f
0.6309～0.6326	0.00160	0.7281～0.7307	0.00115	0.8828～0.8876	0.00071
0.6327～0.6344	0.00159	0.7308～0.7333	0.00114	0.8877～0.8926	0.00070
0.6345～0.6362	0.00158	0.7334～0.7360	0.00113	0.8927～0.8978	0.00069
0.6363～0.6381	0.00157	0.7361～0.7388	0.00112	0.8979～0.9030	0.00068
0.6382～0.6399	0.00156	0.7389～0.7415	0.00111	0.9031～0.9083	0.00067
0.6400～0.6418	0.00155	0.7416～0.7443	0.00110	0.9084～0.9138	0.00066
0.6419～0.6437	0.00154	0.7444～0.7472	0.00109	0.9139～0.9193	0.00065
0.6438～0.6456	0.00153	0.7473～0.7500	0.00108	0.9194～0.9251	0.00064
0.6457～0.6475	0.00152	0.7501～0.7529	0.00107	0.9252～0.9309	0.00063
0.6476～0.6494	0.00151	0.7530～0.7558	0.00106	0.9310～0.9369	0.00062
0.6495～0.6513	0.00150	0.7559～0.7588	0.00105	0.9370～0.9431	0.00061
0.6514～0.6533	0.00149	0.7589～0.7618	0.00104	0.9432～0.9494	0.00060
0.6534～0.6552	0.00148	0.7619～0.7648	0.00103	0.9495～0.9559	0.00059
0.6553～0.6572	0.00147	0.7649～0.7679	0.00102	0.9560～0.9626	0.00058
0.6573～0.6592	0.00146	0.7680～0.7710	0.00101	0.9627～0.9695	0.00057
0.6593～0.6612	0.00145	0.7711～0.7741	0.00100	0.9696～0.9766	0.00056
0.6613～0.6633	0.00144	0.7742～0.7773	0.00099	0.9767～0.9840	0.00055
0.6634～0.6653	0.00143	0.7774～0.7805	0.00098	0.9841～0.9916	0.00054
0.6654～0.6674	0.00142	0.7806～0.7837	0.00097	0.9917～0.9994	0.00053
0.6675～0.6694	0.00141	0.7838～0.7870	0.00096	0.9995～1.0076	0.00052
0.6695～0.6715	0.00140	0.7871～0.7904	0.00095	1.0077～1.0100	0.00051
0.6716～0.6737	0.00139	0.7905～0.7938	0.00094		
0.6738～0.6758	0.00138	0.7939～0.7972	0.00093		
0.6759～0.6779	0.00137	0.7973～0.8007	0.00092		
0.6780～0.6801	0.00136	0.8008～0.8042	0.00091		
0.6802～0.6823	0.00135				

(十一)几种油品受热体胀系数

几种油品受热体胀系数见表1-1-43。

表1-1-43　几种油品受热体胀系数

油品名称	体胀系数
汽　油	0.0012
煤　油	0.0010
柴　油	0.0009

(十二)常用油品的运动黏度

常用油品的运动黏度见表1-1-44。

表 1-1-44 常用油品的运动黏度　　　　　　　　　　　　　　　　mm²/s

油品名称	温度/℃							
	-20	-12	0	10	20	30	40	50
70 号航空汽油	1.05	0.90	0.83	0.78	0.73	0.70	0.66	
车用汽油	1.30	1.05	0.95	0.88	0.80	0.75	0.70	
1 号喷气燃料	2.80	2.20	1.70	1.40	1.20	100	0.95	
3 号喷气燃料	3.30				1.50			
-10 号军用柴油			7.41		3.867		2.538	2.18
-20 号轻柴油	23.00	14.00	9.40	6.80	3.99	3.90	3.10	
0 号轻柴油		30.00	18.00	12.00	8.20	6.00	4.00	
20 号航空润滑油			3840	1700	660	350		135.51
45 号汽轮机油			1670	660	275	134	74	44
30 号汽轮机油			840	340	160	82	48	30
舰用防锈汽轮机油			1017		250.5		73.20	45.15
军舰用燃料油				505	210		115	19.78

(十三) 油品储存年限

油品储存年限是指从生产厂出厂日起，至储存终止的总时间。其储存年限因生产厂家、储存条件、油品牌号不同而有差异。油品储存年限规定见表 1-1-45。

表 1-1-45 油品储存年限规定

类　别	油料名称	储存年限
燃料油	航空汽油	5, (10)
	车用汽油	5, (8)
	喷气燃料	5, (15)
	军用柴油	15
	轻柴油	8
	军舰用燃料油	8
润滑油	8 号喷气机润滑油	10
	8 号合成航空润滑油	8
	20 号航空润滑油	15
	汽油机、柴油机润滑油	15
	稠化机油	8
	汽轮机油	8
	机械油、压缩机油	12
	齿轮油、双曲线齿轮油	10
仪表油	4 号、5 号、14 号、16 号精密仪表油	8
	8 号航空仪表油	15

续表

类　别	油料名称	储存年限
液压油	10号航空液压油	10
	舰艇液压油	5
	合成锭子油	8
	合成刹车油	5
	植物刹车油	3
润滑脂	钙基、钠基、锂基和钙钠基润滑脂	5
	铝基润滑脂、防锈润滑脂	5
	7007、7008航空润滑脂，特7号精密仪表脂	5
	烃基润滑脂	10

注：此表为1988年总后油料部对军用油料的储存规定年限。( )内数字系地下、半地下罐储存油品年限。

二、常用材料的主要物理性质

常用材料的主要物理性质见表1-1-46。

表1-1-46　常用材料的主要物理性质

材料名称	体积质量/(kg/m³)	导热系数/(kJ/m·h·℃)	比热容/(kJ/kg·℃)
1. 天然石材			
(1) 花岗岩	2500~2800	11.76	0.92
(2) 石灰岩	1700~2400	2.1~5.04	0.92
(3) 大理石	2790	12.6	0.92
(4) 石面质凝灰岩	1300	1.89	0.92
2. 散粒材料			
(1) 干砂	1500~1700	1.64~2.1	0.80
(2) 黏土	1600~1800	1.68~1.93	0.76
(3) 卵石	1400~1700	17.64	0.84
(4) 锅炉煤渣	700~1100	0.67~1.09	—
(5) 石灰砂浆	1600~1800	1.60~2.02	0.84
3. 砖			
(1) 普通粘土砖	1600~1900	1.68~2.44	0.92
(2) 耐火砖	1840	3.78	0.88~1.01
(3) 多孔绝缘砖	600~1400	0.59~1.34	—
(4) 硅藻土砖	900~1300	0.80~1.22	0.71
4. 混凝土			
(1) 普通混凝土	2000~2400	4.62~5.59	0.84
(2) 矿渣混凝土	1000~1700	1.47~2.52	0.76~0.84
(3) 钢筋混凝土	2200~2400	5.59	0.84
(4) 陶粒混凝土	1400	1.47	—
(5) 泡沫混凝土	400~1000	0.48~1.06	0.84

续表

材料名称	体积质量/(kg/m³)	导热系数/(kJ/m·h·℃)	比热容/(kJ/kg·℃)
5. 木材			
(1)松木	500~600	2100~2520	2.74
(2)柞木	700~900	2940~3780	1.09
(3)软木	100~300	420~1260	0.97
(4)树脂梢板	300	1260	1.89
(5)胶合板	600	2520	2.52
6. 金属			
(1)钢	7850	163.8	0.48
(2)铸铁	7220	226.8	0.50
(3)铝	2670	732	0.92
(4)青铜	8000	231	0.38
(5)黄铜	8600	308.7	0.38
(6)铜	8800	1386	0.38
(7)镍	9000	210	0.46
(8)锡	7230	231	0.23
(9)汞	13600	31.5	0.14
(10)铅	11400	126	0.13
(11)银	10500	1655	0.24
(12)锌	7000	420	0.39
(13)球墨铸铁	7300	—	—
(14)硬铅	11070	—	—
(15)不锈钢	7900	63	0.50
7. 塑料			
(1)低压聚乙烯	940	1.05	2.56
(2)中压聚乙烯	920	9.92	2.23
(3)聚四氟乙烯	2100~2300	0.88	1.05
8. 其他			
(1)有机玻璃	1180~1190	0.50~0.71	—
(2)玻璃	2500	2.69	0.67
(3)石英玻璃	2210	—	0.84
(4)瓷器	2400	3.74	1.09
(5)石棉水泥瓦和板	1600~1900	1.26	—
(6)油毛毡	200~300	0.15~0.21	—
(7)耐酸陶制品	2200~2300	3.36~3.78	0.76~0.80
(8)橡胶	1200	0.59	1.39
(9)耐酸砖和板	2100~2400	—	—
(10)耐酸搪瓷	2300~2700	3.57~3.78	0.84~1.25

续表

材料名称	体积质量/(kg/m³)	导热系数/(kJ/m·h·℃)	比热容/(kJ/kg·℃)
(11)辉绿岩板	2900~3000	3.57	1.05
(12)电机石墨	1400~1600	420~462	0.64
(13)不透性石墨	1800~1900	378~462	—
(14)煤			1.30
(15)水	1000	2.1	4.2
(16)冰	900	8.4	2.12

三、土壤的特性

土壤的特性见表1-1-47和表1-1-48。

表1-1-47 土壤的容重、内摩擦角等系数

土壤种类	体积质量/(t/m³)	内摩擦角/(°)	坚实系数 f_{kp}	凝聚力/ 10^2 kPa	弹性系数/(kg/cm²)	与管体的摩擦系数 μ	[σ]/(kg/cm²)
干亚黏土	1.6	45	0.8	0.4~0.6	15~150	0.4~0.47	3.3~7
稍湿亚黏土	1.7	40	0.7	0.2		0.55	3~4
潮湿亚黏土	1.7~1.8		0.6	0.05~0.1		0.14~0.45	1.5~2
重亚黏土、黄土	1.4~1.7	38~45	0.8	0.5~0.8	15~150	0.2~0.36	2.5~4
密实黏土	1.8~2.0	45	1.0	0.5~0.6	20~200	0.47	2~3
硬黏土		45~56	1.0~1.5	0.6			3~7
干有机土（耕土）	1.5		0.6	0.15	20~120	0.2~0.4	2.0~4
湿有机土	1.6~1.7			0.02			1.5~3
泥炭质土壤	0.4~0.9	5~25			5~80		1.0
淤泥质土壤	1.6~1.8	15~30			10~100		<1.0
沼泽土、泥浆		6~16	0.1~0.3			0.1~0.2	
流砂		6~16	0.1~0.2			0.1~0.2	1~2.5
干粉砂	1.6	15	—		50~200	0.38~0.57	1.5~3
干细砂	1.7	27	0.5	—	50~200	0.64	1.5~3.5
湿细砂	1.5~1.6	30				0.32	3~4.5
稍湿砂（中粗）	1.8~1.9		0.5		50~200		4~5
潮湿砂	1.9~2.0	31	0.6				3.5
含石灰质干砂	1.6	35				0.63	
含石灰质湿砂							
干砂砾	1.7	30	0.5~0.7		100~300	0.46~0.7	3.5~5
湿砂砾		35	0.6~0.8			0.44~0.5	3~4.5

续表

土壤种类	体积质量/ (t/m³)	内摩擦角/ (°)	坚实系数 f_{kp}	凝聚力/ 10^2 kPa	弹性系数/ (kg/cm²)	与管体的摩擦系数 μ	$[\sigma]$/ (kg/cm²)
卵石(堆石)碎石土、片石	1.9~2.1	56	1.5		100~300	0.65~1.1	5~8.5
软片岩、软石灰岩白垩、冻土、泥炭岩		63	2.0				3.5~5.5
片岩、石灰岩	1.9~2.2	71	3.0				
硬片岩、非硬质砂岩及石英	2.1~2.5	76	4.0				

表1-1-48 土壤的导热系数

土壤湿度	土壤名称	$\lambda \times 1.16 /(\text{W/m·K})$
干燥土	土	0.15
		0.20
未保温管线烘干土 ($t=100℃$)	土	0.60
	砂子	0.80
	砂质黏土	1.00
	黏土	1.2
潮湿土(中等饱和度)	土	1.80
	黏土	1.20
	砂质黏土	1.20
	砂子	1.50
地下水位下(过饱和)	土	1.20
	黏土	1.60
	砂质黏土	1.60
	砂子	2.00

四、自然环境

(一)主要城市的气象资料

主要城市的气象资料见表1-1-49。

表1-1-49 主要城市的气象资料

地名	海拔高度/m	夏季平均气压/10^5Pa	日照率/% 全年	日照率/% 冬季	温度/℃ 年平均	温度/℃ 极端最高	温度/℃ 极端最低	温度/℃ 最热月平均最高	温度/℃ 最冷月平均最低	计算相对湿度/% 冬季空气调节	计算相对湿度/% 最热月平均	降雨量/mm 平均年总量	降雨量/mm 一日最大	降雨量/mm 一小时最大	平均风速/(m/s) 冬季	平均风速/(m/s) 夏季	夏季折算距成地面2m处/(m/s)	最大冻土深度/cm	最大积雪深度/cm
黑龙江																			
爱辉	165.8	985.8	60	68	−0.4	37.7	−44.5	26.0	−28.9	72	79	519.9	107.1	53.9	3.6	3.2	2.3	298	33
嫩江	242.2	976.6	60	64	−0.4	37.4	−47.3	26.5	−32.1	75	78	478.7	83.2	47.7	2.6	4.0	2.9	252	31
北安	269.7	973.9	59	64	0.2	37.6	−42.2	26.2	−29.4	76	79	523.7	101.5	53.7	2.2	2.9	2.1	250	23
伊春	231.3	978.6	53	58	0.4	35.1	−43.1	26.6	−30.7	75	78	630.8	90.2	51.8	2.1	2.2	1.6	290	40
海伦	239.2	977.6	61	65	1.3	37.7	−40.3	26.6	−27.4	75	77	549.6	112.7	57.0	2.2	3.1	2.2	231	24
齐齐哈尔	145.9	987.7	64	70	3.2	40.1	−39.5	28.0	−25.0	71	73	415.5	83.2	40.3	2.8	3.2	2.3	225	24
鹤岗	227.7	979.2	57	65	2.8	36.2	−34.5	26.0	−21.8	62	77	599.5	74.7	50.8	3.3	3.2	2.3	238	40
富锦	64.2	998.4	56	61	2.5	36.1	−37.8	27.1	−25.0	70	77	522.8	100.0	54.3	3.9	3.2	2.2	228	28
佳木斯	81.2	996.0	57	62	2.9	35.4	−41.1	27.4	−25.6	71	78	535.3	88.5	56.7	3.4	3.0	2.2	220	48
绥化	179.6	984.4	63	69	2.1	38.3	−41.8	27.3	−27.5	75	74	531.2	94.1	65.0	3.3	3.4	2.5	221	21
安达	149.3	987.3	64	68	3.2	38.3	−39.3	28.1	−25.5	71	81	432.9	104.6	63.3	3.5	3.5	2.5	214	21
虎林	100.2	994.7	55	62	2.8	34.6	−36.1	26.1	−24.1	70	77	566.0	98.8	43.7	3.4	3.1	2.2	187	46
哈尔滨	171.7	985.1	60	63	3.6	36.4	−38.1	28.0	−24.8	74	78	523.3	104.8	59.1	3.8	3.5	2.5	205	41
鸡西	232.3	979.4	62	69	3.6	37.1	−35.1	27.3	−22.4	67	77	533.3	121.8	66.6	3.7	2.3	1.6	255	60
牡丹江	241.4	978.7	58	63	3.5	36.5	−38.3	27.8	−24.6	71	76	531.9	129.2	62.5	2.3	2.1	1.5	191	39
吉林																			
长春	236.8	977.9	60	66	4.9	38.0	−36.5	27.9	−21.6	68	78	593.8	130.4	69.7	4.2	3.5	2.5	169	22

续表

地名	海拔高度/m	夏季平均气压/10²Pa	日照率/% 全年	日照率/% 冬季	温度/℃ 年平均	温度/℃ 极端最高	温度/℃ 极端最低	温度/℃ 最热月平均最高	温度/℃ 最冷月平均最低	计算相对湿度/% 冬季空气调节	计算相对湿度/% 最热月平均	降雨量/mm 平均年总量	降雨量/mm 一日最大	降雨量/mm 一小时最大	平均风速/(m/s) 冬季	平均风速/(m/s) 夏季	夏季折算距地面2m处/(m/s)	最大冻土深度/cm	最大积雪深度/cm
四平	164.2	986.3	63	70	5.9	36.6	-34.6	28.4	-20.2	68	78	659.6	154.1	86.3	3.1	2.9	2.1	148	19
延吉	176.8	986.5	53	60	5.0	37.6	-32.7	26.9	-20.1	60	80	504.0	105.3	52.6	2.9	2.3	1.7	200	58
安图松江	591.4	941.1	54	58	2.2	34.4	-42.6	26.3	-26.5	72	84	669.7	120.6	62.0	2.4	1.8	1.3	186	41
通化	402.9	960.7	53	54	4.9	35.5	-36.3	27.1	-22.2	72	80	881.7	129.1	65.8	1.3	1.7	1.2	133	39
长白	1016.7	895.2	56	67	2.0	32.5	-36.3	24.1	-22.7	71	82	695.3	93.5	32.8	2.4	1.8	1.3	>250	36
白城	155.4	986.5	66	73	4.4	40.6	-36.9	28.8	-23.3	61	73	411.4	119.2	56.2	3.5	3.2	2.3	143	13
辽宁																			
抚顺章党	118.1	992.4	57	60	6.6	36.3	-35.2	28.8	-20.6	69	80	804.2	177.7	72.7	2.8	2.6	1.9	148	26
沈阳	41.6	1000.7	58	58	7.8	38.3	-30.6	29.2	-17.3	64	78	734.5	215.5	89.0	3.1	2.9	2.1	144	20
黑山	37.5	1001.1	63	69	7.9	37.1	-27.6	28.7	-16.0	52	81	568.4	151.3	67.7	4.1	3.6	2.6	135	15
朝阳	168.7	985.7	65	72	8.4	40.6	-31.1	30.1	-17.4	44	73	486.1	232.2	68.8	2.8	2.6	1.9	149	17
本溪	185.2	985.5	54	55	7.8	37.3	-32.3	28.7	-17.5	65	75	793.7	228.6	56.5	2.6	2.4	1.8	113	35
锦州	65.9	997.4	62	68	9.0	41.8	-24.7	28.6	-13.9	50	80	573.9	144.1	72.6	3.9	3.8	2.7	118	23
鞍山	77.3	997.1	58	60	8.8	36.9	-30.4	29.4	-15.5	61	76	713.5	236.8	93.5	3.5	3.1	2.2	111	26
营口	3.3	1005.4	66	70	8.8	35.3	-27.3	28.5	-14.5	63	78	667.4	218.5	73.8	3.5	3.5	2.5	88	21
丹东	15.1	1005.3	57	65	8.5	34.3	-28.0	27.5	-12.6	58	86	1019.1	414.4	66.8	3.8	2.5	1.8	93	31
大连	92.8	994.7	63	66	10.2	35.3	-21.1	27.0	-8.2	58	83	658.7	171.4	67.8	5.8	4.3	3.1	165	37
铁岭	58.2	998.5	60	64	7.3	35.8	-34.3	28.8	-19.6	63	76	683.0	134.2		2.8	2.7	1.9	140	20
阜新	144.0	989.0	65	71	7.5	40.6	-28.4	29.5	-17.3	53	76	539.3	131.8	50.0	2.3	2.1	1.5		16

续表

地名		海拔高度/m	夏季平均气压/10⁵Pa	日照率/%		温度/℃				计算相对湿度/%		降雨量/mm			平均风速/(m/s)		夏季折算距地面2m处	最大冻土深度/cm	最大积雪深度/cm
				全年	冬季	年平均	极端最高	极端最低	最热月平均最高	最冷月平均最低	冬季空气调节	最热月平均	平均年总量	一日最大	一小时最大	冬季	夏季			
北京		31.5	998.6	63	67	11.5	40.6	-27.4	30.8	-9.9	45	78	644.2	244.2	75.3	2.8	1.9	1.4	85	24
天津		3.3	1004.8	61	62	12.2	39.7	-22.9	30.7	-8.2	53	78	569.9	158.1	92.9	3.1	2.6	1.9	69	20
内蒙古	通辽	178.5	984.3	68	75	6.0	39.1	-30.9	29.4	-19.9	56	73	394.7	108.4	87.7	3.4	3.1	2.2	179	14
	赤峰	571.1	940.9	66	72	6.8	42.5	-31.4	29.3	-17.6	44	65	361.0	108.0	50.2	2.4	2.1	1.5	201	25
	呼和浩特	1063.0	889.4	67	69	5.8	37.3	-32.8	28.1	-18.9	56	64	417.5	210.1	64.3	1.6	1.5	1.1	143	30
	海拉尔	612.8	935.5	63	67	-2.1	36.7	-48.5	25.5	-32.4	71	78	344.7	57.4	27.3	2.6	3.2	2.3	242	39
	包头	1067.2	888.4	71	74	6.5	38.4	-31.4	29.5	-18.5	54	58	308.9	100.8	33.1	3.2	3.3	2.4	>175	21
河北	承德	375.2	962.8	65	70	8.9	41.5	-23.3	29.9	-14.6	46	72	559.7	151.4	52.9	1.4	1.1	0.8	126	27
	张家口	723.9	924.4	65	67	7.8	40.9	-25.7	29.2	-14.9	43	67	427.1	100.4	75.9	3.6	2.4	1.7	136	31
	唐山	25.9	1002.2	60	62	11.1	39.6	-21.9	30.1	-10.4	52	79	623.9	179.2	65.9	2.6	2.3	1.7	73	22
	保定	17.2	1002.6	59	60	12.3	43.3	-22.0	31.8	-9.2	55	76	566.6	185.6	62.6	2.1	2.1	1.5	55	23
	沧州	9.6	1003.8	66	66	12.5	42.9	-20.6	31.4	-8.3	55	77	630.6	274.3	69.3	3.3	3.1	2.2	52	21
	石家庄	80.5	995.6	62	66	12.9	42.7	-26.5	31.9	-7.8	52	75	549.9	200.2	92.9	1.8	1.5	1.1	54	19
	邢台	76.8	995.8	58	60	13.1	41.8	-22.4	32.0	-8.3	59	77	555.2	304.3	68.2	1.9	2.0	1.4	44	15
	秦皇岛	1.8	1005.3	63	69	10.1	39.9	-21.5	27.9	-10.7	49	82	683.6	215.4	72.2	3.1	2.5	1.8	85	13
山西	大同(燕北)	1066.7	888.7	64	67	6.5	37.7	-29.1	28.1	-17.0	50	66	384.0	67.0	45.2	3.0	2.4	1.7	186	22

续表

地名	海拔高度/m	夏季平均气压/10^5Pa	日照率/% 全年	日照率/% 冬季	温度/℃ 年平均	温度/℃ 极端最高	温度/℃ 极端最低	温度/℃ 最热月平均最高	温度/℃ 最冷月平均最低	计算相对湿度/% 冬季空气调节	计算相对湿度/% 最热月平均	降雨量/mm 平均年总量	降雨量/mm 一日最大	降雨量/mm 一小时最大	平均风速/(m/s) 冬季	平均风速/(m/s) 夏季	夏季折算成距地面2m处	最大冻土深度/cm	最大积雪深度/cm
五台山	2895.8	716.3	61	72	-4.1	20.0	-44.8	12.9	-21.9	63	84	913.3	112.5		13.0	6.2	4.5		29
原平	836.7	912.7	63	70	8.4	40.4	-27.2	29.4	-14.7	48	69	453.7	101.8	51.3	2.6	1.9	1.3	110	11
阳泉	741.9	922.7	62	68	10.8	40.2	-19.1	29.4	-8.8	42	71	576.4	261.5	48.0	2.4	1.5	1.1	68	23
太原	777.9	919.2	60	64	9.5	39.4	-25.5	29.5	-13.0	51	72	459.5	183.5	88.1	2.6	2.1	1.5	77	16
介休	748.8	922.4	60	63	10.4	38.6	-24.5	30.0	-10.8	50	72	493.8	120.5	47.0	2.6	1.6	1.2	69	20
运城	376.0	962.8	51	49	13.6	42.7	-18.9	32.6	-7.3	57	69	553.9	149.4	69.6	2.6	3.4	2.5	43	18
临汾	449.5	953.5	55	56	12.2	41.9	-25.6	32.0	-9.9	56	71	515.7	104.4	44.3	2.0	2.1	1.5	62	13
新疆																			
克拉玛依	427.0	958.9	61	50	8.0	42.9	-35.9	33.5	-20.7	77	32	105.3	26.7		1.5	5.1	3.7	197	25
伊宁	662.5	933.5	63	54	8.4	37.9	-40.4	30.2	-16.5	78	58	257.5	41.64	26.1	1.7	2.5	1.8	62	89
乌鲁木齐	917.9	906.7	61	50	5.7	40.5	-41.5	29.6	-20.3	80	44	277.6	57.7	13.4	1.7	3.1	1.1	133	48
吐鲁番	34.5	997.7	68	63	13.9	47.6	-28.0	39.9	-14.5	59	31	16.4	36.0		1.0	2.3	1.6	83	17
哈密	737.9	921.1	76	74	9.8	43.9	-32.0	34.5	-17.7	63	34	34.6	18.9		2.3	3.1	2.2	127	16
喀什	1288.7	865.9	63	55	11.7	40.1	-24.4	32.2	-11.4	67	40	61.5	32.7		1.2	2.5	1.8	66	46
和田	1374.6	856.5	59	57	12.2	40.6	-21.6	32.6	-10.3	53	40	33.4	26.6	6.6	1.6	2.3	1.7	67	14
青海																			
祁连	2787.4	727.1	65	74	0.7	30.5	-31.1	20.6	-21.2	44	68	391.4	35.8		1.6	2.1	1.5	250	9

续表

地名	海拔高度/m	夏季平均气压/10^5Pa	日照率/% 全年	日照率/% 冬季	温度/℃ 年平均	温度/℃ 极端最高	温度/℃ 极端最低	温度/℃ 最热月平均最高	温度/℃ 最冷月平均最低	计算相对湿度/% 冬季空气调节	计算相对湿度/% 最热月平均	降雨量/mm 平均年总量	降雨量/mm 一日最大	降雨量/mm 一小时最大	平均风速/(m/s) 冬季	平均风速/(m/s) 夏季	夏季折算成距地面2m处/(m/s)	最大冻土深度/cm	最大积雪深度/cm
西宁	2261.2	773.5	62	70	5.7	33.5	−26.6	24.4	−15.1	48	65	368.2	62.2		1.7	1.9	1.4	134	18
都兰	3191.1	691.4	70	75	2.7	31.9	−29.8	21.5	−16.1	42	46	179.1	31.4		3.1	2.9	2.1	201	18
格尔木	2807.7	724.0	70	71	4.2	33.1	−33.6	24.9	−18.4	41	36	38.8	32.0	30.1	2.6	3.5	2.5	88	5
甘肃																			
玉门镇	1526.0	841.8	74	75	6.9	36.7	−28.2	28.3	−15.8	54	45	61.8	32.1	4.0	4.7	3.6	2.6	>150	16
敦煌	1138.7	879.6	73	72	9.3	40.8	−28.5	32.8	−15.6	50	43	36.8	27.1	18.8	2.1	2.2	1.6	144	8
酒泉	1477.2	847.0	68	71	7.3	38.4	−31.6	28.7	−15.6	55	52	85.3	39.0	52.0	2.1	2.3	1.7	132	14
兰州	1517.2	843.1	59	61	9.1	39.1	−21.7	29.2	−12.6	58	61	327.7	96.8	29.3	0.5	1.3	1.0	103	10
天水	1131.7	880.7	46	49	10.7	37.2	−19.2	28.4	−6.9	62	72	531.0	88.1	41.0	1.3	1.2	0.9	61	15
武都	1079.1	885.8	43	48	14.5	37.6	−8.1	30.2	−1.0	56	67	474.6	59.9		1.1	1.9	1.3	11	7
宁夏																			
银川	1111.5	883.5	69	75	8.5	39.3	−30.6	29.6	−15.0	58	64	202.8	66.8	29.6	1.7	1.7	1.2	88	17
陕西																			
宝鸡	612.4	936.1	44	45	12.9	41.6	−16.7	30.8	−4.6	63	70	679.1	169.7	36.0	1.0	1.4	1.0	29	16
略阳	794.2	917.2	37	35	13.3	37.7	−11.2	29.6	−2.0	61	78	825.9	160.9	59.9	2.0	1.8	1.3	16	9
汉中	508.4	947.4	41	34	14.3	38.0	−10.1	30.3	−1.4	77	81	871.8	117.8	67.3	0.9	1.1	0.8	7	10
安康	290.8	971.3	39	35	15.7	41.7	−9.5	32.9	−0.7	68	75	799.3	161.9	59.1	1.4	1.5	1.1		9
延安	957.6	900.2	55	63	94	39.7	−25.4	29.8	−12.3	54	72	550.0	98.1	62.1	2.1	1.6	1.2	79	17
西安	396.9	959.2	46	43	13.3	41.7	−20.6	32.4	−5.0	67	72	580.2	92.3	39.4	1.8	2.2	1.6	45	22

续表

地名	海拔高度/m	夏季平均气压/10^5Pa	日照率/% 全年	日照率/% 冬季	温度/℃ 年平均	温度/℃ 极端最高	温度/℃ 极端最低	温度/℃ 最热月平均最高	温度/℃ 最冷月平均最低	计算相对湿度/% 冬季空气调节	计算相对湿度/% 最热月平均	降雨量/mm 平均年总量	降雨量/mm 一日最大	降雨量/mm 一小时最大	平均风速/(m/s) 冬季	平均风速/(m/s) 夏季	夏季折算距地面2m处/(m/s)	最大冻土深度/cm	最大积雪深度/cm
山东																			
烟台	46.7	1001.2	60	56	12.5	38.0	-13.1	28.0	-4.0	59	81	737.0	208.0	85.4	4.7	3.2	2.3	46	29
德州	21.2	1002.4	61	61	12.9	43.4	-27.0	32.1	-8.0	60	76	590.1	179.4	78.9	2.8	2.7	1.9	48	25
淄博	34.0	1001.0	58	57	12.9	42.1	-23.0	32.0	-8.2	60	76	630.3	179.3	64.4	2.6	2.3	1.6	48	33
济南	51.6	998.5	62	61	14.2	42.5	-19.7	32.1	-5.4	54	73	685.0	298.4	96.0	3.2	2.8	2.0	44	19
昌潍(潍坊)	44.1	999.7	62	62	12.3	40.5	-21.4	30.9	-7.9	61	81	671.5	188.8	71.0	3.5	3.2	2.3	50	20
泰山	1533.7	842.6	65	73	5.3	28.6	-27.5	20.6	-11.6	48	87	1132.0	201.8	67.7	7.5	5.5	4.0		39
青岛	76.0	997.2	56	61	12.2	35.4	-15.5	28.5	-4.1	64	85	775.6	269.6	105.8	5.7	4.9	3.5		27
兖州	51.6	998.8	59	58	13.5	41.0	-19.0	31.7	-6.5	65	80	723.2	180.8	80.6	2.8	2.6	1.9	48	19
上海	4.5	1005.3	45	43	15.7	38.9	-10.1	31.8	0.3	75	83	1123.7	204.4	91.9	3.1	3.2	2.3	8	14
江苏																			
徐州	41.0	1000.7	52	53	14.2	40.6	-22.6	31.6	-4.1	64	81	848.1	180.0	75.7	2.8	2.9	2.1	24	25
清江(淮阴)	15.5	1003.4	51	50	14.0	39.5	-21.5	31.0	-3.6	73	85	958.8	207.9	74.6	3.6	3.2	2.3	23	24
南通	5.3	1005.1	50	48	15.0	38.2	-10.8	31.1	-0.5	76	86	1074.1	287.1	86.9	3.3	3.1	2.2	12	16
南京	8.9	1004.0	49	46	15.3	40.7	-14.0	32.2	-1.6	73	81	1031.3	172.5	68.2	2.6	2.6	1.9	9	51
武进	9.2	1004.9	47	45	15.4	39.4	-15.5	32.2	-0.9	75	82	1076.1	172.1	79.3	3.1	3.1	2.2	10	15
安徽																			
蚌埠	21.0	1002.3	49	47	15.1	41.3	-19.4	32.6	-2.8	71	80	905.4	154.0	68.7	2.6	2.3	1.7	15	35
阜阳	30.6	1001.0	52	49	14.9	41.4	-20.4	32.4	-3.3	69	80	889.1	220.2	68.4	2.9	2.6	1.9	13	26

续表

地名	海拔高度/m	夏季平均气压/10⁵Pa	日照率/% 全年	日照率/% 冬季	温度/℃ 年平均	温度/℃ 极端最高	温度/℃ 极端最低	温度/℃ 最热月平均最高	温度/℃ 最冷月平均最低	计算相对湿度/% 冬季空气调节	计算相对湿度/% 最热月平均	降雨量/mm 平均年总量	降雨量/mm 一日最大	降雨量/mm 一小时最大	平均风速/(m/s) 冬季	平均风速/(m/s) 夏季	夏季折算成距地面2m处/(m/s)	最大冻土深度/cm	最大积雪深度/cm
滁县	25.3	1002.0	50	49	15.2	41.2	-23.8	32.0	-2.0	71	81	1031.2	176.7	75.1	2.7	2.7	1.9	13	43
合肥	29.8	1001.0	49	46	15.7	41.0	-20.6	32.4	-1.2	75	81	988.4	129.6	69.6	2.5	2.6	1.9	11	45
芜湖	14.8	1002.9	47	42	16.0	39.5	-13.1	32.7	-0.5	77	80	1169.2	233.2	84.1	2.4	2.3	1.7		25
安庆	19.8	1002.9	45	40	16.5	40.2	-12.5	32.9	0.4	74	79	1389.2	262.3	100.8	3.5	2.8	2.0	13	31
屯溪	145.4	989.0	44	38	16.3	41.0	-10.9	33.8	0.1	78	79	1670.1	173.8	61.7	1.2	1.3	0.9		27
浙江																			
杭州	41.7	1000.5	43	39	16.2	39.9	-9.6	33.3	0.7	77	80	1398.9	189.3	68.9	2.3	2.2	1.6		23
宁波(鄞县)	4.2	1005.8	47	41	16.2	38.7	-8.8	32.6	0.9	78	83	1374.7	235.9	100.9	2.9	2.9	2.0		20
衢县	66.9	997.9	46	38	17.3	40.5	-10.4	34.1	1.9	78	76	1666.7	148.1	88.0	3.0	2.5	1.8		35
温州	6.0	1005.5	41	38	17.9	39.3	-4.5	31.9	4.4	75	85	1694.6	247.7	74.7	2.2	2.1	1.5		10
江西																			
九江	32.2	1000.9	43	35	17.0	40.2	-9.7	33.5	14	75	76	1412.3	248.6	74.7	3.0	2.4	1.7		25
庐山	1164.5	880.3	43	43	11.5	32.0	-16.8	25.9	-3.2	69	83	1917.9	329.9	77.0	4.8	5.5	4.0		37
景德镇	61.5	998.2	45	39	17.0	41.8	-10.9	34.0	0.6	76	79	1763.5	228.5	62.8	2.0	2.0	1.4		24
南昌	46.7	999.1	43	34	17.5	40.6	-9.3	34.0	2.0	74	75	1596.4	289.0	57.8	3.8	2.7	1.9		15
吉安	76.4	995.8	41	30	18.3	40.2	-8.0	34.8	3.0	78	73	1457.5	198.8	81.6	2.3	2.4	1.8		13
赣州	123.8	990.9	43	33	19.4	41.2	-6.0	34.6	4.7	75	70	1434.3	200.8	92.0	2.1	2.0	1.4		
福建																			
福州	83.8	996.5	42	36	19.6	39.8	-1.2	34.0	7.6	74	78	1343.7	167.6	64.3	2.9	2.9	2.1		

31

续表

地名	海拔高度/m	夏季平均气压/10^5Pa	日照率/% 全年	日照率/% 冬季	温度/℃ 年平均	极端最高	极端最低	最热月平均最高	最冷月平均最低	计算相对湿度/% 冬季空气调节	最热月平均	降雨量/mm 平均年总量	一日最大	一小时最大	平均风速/(m/s) 冬季	夏季	夏季折算成距地面2m处	最大冻土深度/cm	最大积雪深度/cm
上杭	205.4	983.4	45	41	19.9	39.7	-4.8	33.6	5.9	73	77	1604.1	175.0	70.5	2.0	2.0	1.4		5
漳州(龙溪)	30.0	1002.8	47	44	21.0	40.9	-2.1	33.5	9.2	76	80	1521.4	215.9	83.9	1.6	1.6	1.2		
厦门	63.2	999.1	51	47	20.9	38.5	2.0	32.4	9.9	73	81	1143.5	239.7	88.1	3.5	3.0	2.2		10
南平	125.6	991.3	39	31	19.3	41.0	-5.8	34.9	5.4	78	76	1663.9	180.4	64.3	1.1	0.9	0.7		11
邵阳	191.5	983.7	39	33	17.7	40.4	-7.9	33.9	2.8	78	81	1783.2	187.7	70.6	1.3	1.1	0.8		9
台湾																			
台北	9.0	1005.3			22.1	38.1	-2.0	33.7	12.2	82	77	1869.9	400.0		3.7	2.8	2.0		
河南																			
安阳	75.5	995.9	57	57	13.6	41.7	-21.7	31.9	-6.5	61	78	606.1	180.5	105.9	2.4	2.3	1.7	35	23
新乡	72.7	996.0	54	54	14.0	42.7	-21.3	32.1	-5.2	61	78	606.7	200.5	69.8	2.7	2.3	1.7	28	19
开封	72.5	996.2	51	49	14.0	42.9	-16.0	32.1	-4.6	64	79	634.4	176.5	53.8	3.6	3.0	2.1	26	30
郑州	110.4	991.7	54	53	14.2	43.0	-17.9	32.4	-4.7	60	76	640.9	189.4	79.2	3.4	2.6	1.9	27	23
洛阳	154.5	987.6	52	51	14.6	44.2	-18.2	32.6	-4.1	57	75	601.1	110.7	74.2	2.5	2.1	1.5	21	25
商丘	50.1	999.1	57	55	13.9	43.0	-18.9	32.1	-4.5	70	81	711.9	193.3	86.3	3.2	2.9	2.1	32	22
许昌	71.9	996.2	49	47	14.7	41.9	-17.4	32.6	-3.5	63	79	728.3	177.2	64.3	2.7	2.2	1.6	18	38
南阳	129.8	989.6	48	45	14.9	41.4	-21.2	32.1	-3.5	69	80	805.8	212.9	97.1	2.6	2.4	1.7	12	27
信阳	114.5	990.9	49	40	15.1	40.9	-20.0	32.3	-2.1	74	80	1109.1	147.9	85.1	2.1	2.1	1.5	8	44
湖北																			
巴东	294.5	970.9	37	27	17.4	41.4	-9.4	33.6	2.9	64	73	1117.6	193.3	59.3	2.5	1.8	1.3	33	13

续表

地名	海拔高度/m	夏季平均气压/10⁵Pa	日照率/%		温度/℃					计算相对湿度/%		降雨量/mm			平均风速/(m/s)		夏季折算成距地面2m处	最大冻土深度/cm	最大积雪深度/cm
			全年	冬季	年平均	极端最高	极端最低	最热月平均最高	最冷月平均最低	冬季空气调节	最热月平均	平均年总量	一日最大	一小时最大	冬季	夏季			
宜昌	133.1	989.1	39	31	16.8	41.4	-9.8	33.1	1.4	73	80	1164.1	166.6	101.6	1.6	1.7	1.2	—	20
武汉	23.3	1001.7	46	39	16.3	39.4	-18.1	33.0	-0.9	76	79	1204.5	317.4	98.6	2.7	2.6	1.9	10	32
荆州	34.7	1000.2	43	35	16.1	38.6	-14.9	32.3	-0.2	77	83	1114.6	174.3	66.4	2.5	2.3	1.7	8	21
恩施	437.2	955.3	29	16	16.3	41.2	-12.3	32.3	2.4	84	80	1439.4	227.5	72.6	0.4	0.5	0.4	6	19
黄石	19.6	1002.0	46	40	17.0	40.3	-11.0	33.7	0.8	77	78	1382.6	204.7	90.7	2.1	2.2	1.6	—	23
湖南																			
石门	116.9	991.2	38	30	16.8	40.9	-13.0	33.2	2.0	71	75	1359.2	170.3	95.5	2.0	2.2	1.6	—	23
岳阳	51.6	998.2	41	32	17.0	39.3	-11.8	32.7	1.5	77	75	1302.4	246.1	58.3	2.8	3.1	2.2	—	23
常德	35.0	1000.2	39	29	16.7	40.1	-13.2	33.3	1.3	79	75	1346.5	176.8	81.2	1.9	2.1	1.5	—	18
长沙	44.9	999.4	38	27	17.2	40.6	-11.3	34.0	1.6	81	75	1396.1	192.5	82.5	2.8	2.6	1.9	5	20
邵阳	248.6	976.7	34	23	17.1	39.5	-10.5	33.3	2.2	78	75	1327.5	214.6	69.2	1.5	1.6	1.1	5	16
衡阳	103.2	992.8	38	25	17.9	40.8	-7.9	34.9	2.8	80	71	1337.4	149.3	91.5	1.7	2.3	1.6	—	16
郴州	184.9	984.2	37	25	17.8	41.3	-9.0	34.5	2.6	83	70	1469.8	180.0	63.7	1.5	1.9	1.3	—	20
怀化	254.1	976.5	33	19	16.4	39.6	-10.7	32.9	1.4	81	78	1423.9	166.3	—	1.8	2.0	1.4	—	21
广东																			
韶关	69.3	997.1	42	36	20.3	42.0	-4.3	34.3	6.3	72	75	1537.4	208.8	72.3	1.8	1.5	1.1	—	—
梅县	77.5	996.8	46	43	21.2	39.5	-7.3	34.2	7.3	76	78	1441.4	2244	81.6	0.8	1.0	0.7	—	—
汕头	1.2	1005.5	47	44	21.3	37.9	0.4	31.6	10.1	79	84	1554.9	297.4	83.0	2.9	2.5	1.8	—	—
广州	6.6	1004.5	43	40	21.8	38.7	0.0	32.6	9.7	70	83	1004.1	284.9	83.9	2.2	1.8	1.3	—	—

续表

地名	海拔高度/m	夏季平均气压/10⁵Pa	日照率/% 全年	日照率/% 冬季	温度/℃ 年平均	温度/℃ 极端最高	温度/℃ 极端最低	温度/℃ 最热月平均最高	温度/℃ 最冷月平均最低	计算相对湿度/% 冬季空气调节	计算相对湿度/% 最热月平均	降雨量/mm 平均年总量	降雨量/mm 一日最大	降雨量/mm 一小时最大	平均风速/(m/s) 冬季	平均风速/(m/s) 夏季	夏季折算成距地面2m处	最大冻土深度/cm	最大积雪深度/cm
惠阳	21.5	1003.5	47	46	21.7	38.9	-1.9	32.8	9.2	70	82	1699.0	405.3	69.0	3.1	1.9	1.3		
湛江	25.3	1001.1	44	35	23.1	38.1	2.8	32.5	12.9	79	81	1567.3	351.5	118.0	3.4	2.9	2.1		
阳江	23.3	1002.5	46	42	22.3	37.0	-1.4	31.5	11.0	74	85	2252.8	405.5	127.5	3.0	2.6	1.8		
深圳	18.2	1003.4	50	48	22.0	38.7	0.2	32.0	10.5	72	83	1926.7	303.1	99.4	3.0	2.1	1.5		
海南省																			
海口	14.1	1002.4	51	39	23.8	38.9	2.8	33.2	14.6	85	83	1684.5	283.0	89.0	3.4	2.8	2.0		
广西																			
桂林	161.8	986.1	38	27	18.8	39.4	-4.9	32.9	5.0	71	78	1900.3	255.9	69.5	3.2	1.5	1.1		3
柳州	96.9	993.3	37	27	20.5	39.2	-3.8	33.5	7.1	73	78	1489.1	178.6	87.1	1.7	1.4	1.0		4
南宁	72.2	996.0	41	30	21.6	40.4	-2.1	33.0	9.6	75	82	1300.6	198.6	87.2	1.8	1.9	1.4		
梧州	119.2	991.4	43	35	21.1	39.5	-3.0	33.9	8.1	73	80	1503.6	334.5	87.5	1.7	1.5	1.1		
玉林	81.8	995.2	41	32	21.8	38.0	-2.1	33.0	9.7	77	80	1581.2	373.5	72.2	1.9	1.6	1.2		
河池	213.9	980.1	34	25	20.3	39.7	-2.0	32.8	7.7	72	80	1490.4	209.6	73.6	1.3	1.1	0.8		
四川																			
阿坝	3275.1	684.7	53	65	3.3	28.0	-33.9	19.8	-16.2	53	77	712.0	67.8	40.4	1.3	1.3	1.0		18
松潘	2850.7	720.6	41	51	5.7	31.3	-21.1	22.4	-11.4	53	74	729.7	45.6		1.1	1.2	0.9		15
巴中	358.9	962.7	33	22	17.1	40.3	-5.3	32.3	2.6	79	78	1119.8	263.8	79.6	0.6	1.0	0.7		6
马尔康	2664.4	735.5	50	60	8.6	34.8	-17.5	25.2	-7.9	44	75	760.9	44.8	33.4	1.1	1.2	0.9	26	11
甘孜	3393.5	674.9	60	68	5.6	31.7	-28.7	21.2	-11.9	43	71	636.0	38.1	15.9	1.6	1.7	1.2	95	18

续表

地名	海拔高度/m	夏季平均气压/10⁵Pa	日照率/%		温度/℃				计算相对湿度/%		降雨量/mm			平均风速/(m/s)		夏季折算成距地面2m处	最大冻土深度/cm	最大积雪深度/cm
			全年	冬季	年平均	极端最高	极端最低	最热月平均最高	最冷月平均最低	冬季空气调节	最热月平均	平均年总量	一日最大	一小时最大	冬季	夏季			
绵阳	470.8	951.3	29	24	16.3	37.0	−7.3	30.5	1.5	77	83	963.2	306.0	80.7	0.8	1.0	0.7		4
达县	310.4	968.2	33	19	17.3	42.3	−4.7	32.9	3.2	81	79	1192.5	194.1	55.7	1.1	1.4	1.0		4
南充	297.7	969.4	31	17	17.6	41.3	−2.8	32.7	4.2	81	74	1020.1	161.7	61.0	0.8	1.1	0.8		5
万县	186.7	982.1	34	17	18.1	42.1	−3.7	34.1	4.0	83	80	1185.4	197.1	58.6	0.6	0.6	0.5		5
成都	505.9	947.7	28	21	16.2	37.3	−5.9	30.0	2.4	80	85	947.0	195.2	67.5	0.9	1.1	0.8		5
康定	2615.7	742.1	39	44	7.1	28.9	−14.7	20.5	−6.2	63	80	804.5	48.0	18.7	3.1	2.8	2.0		24
雅安	627.6	934.8	24	17	16.2	37.7	−3.9	29.9	3.7	78	79	1774.3	339.7	85.7	1.5	2.3	1.6		7
涪陵	273.0	972.2	29	13	18.2	42.2	−2.2	34.0	5.2	81	74	1073.5	113.1	78.2	0.8	1.2	0.8		4
峨眉山	3047.4	703.0	32	44	3.0	23.4	−20.9	15.5	−9.7	75	88	1922.8	214.8	82.6	3.6	2.9	2.1		28
重庆	351.1	963.9	26	10	17.8	40.2	−1.8	32.9	5.6	83	71	1151.5	195.3	69.7	1.3	1.6	1.1		2
宜宾	340.8	964.9	26	14	18.0	39.5	−3.0	31.8	5.7	82	82	1177.3	191.8	74.3	0.8	1.3	0.9		0
雷波	1474.9	847.4	28	21	12.0	34.3	−8.9	25.9	−0.1	84	82	852.5	130.4	65.2	1.6	1.5	1.1		20
西昌	1590.7	834.8	55	70	17.0	36.5	−3.8	27.7	3.6	51	75	1013.1	135.7	52.7	1.7	1.2	0.8		9
渡口	1108.0	882.1	61	76	20.3	40.7	−1.4	33.3	5.0	68	48	761.6	106.3		0.9	0.9	0.6		
贵州																			
遵义	843.9	911.5	26	10	15.2	38.7	−7.1	30.5	2.0	82	77	1097.8	141.3	78.0	1.0	1.1	0.8		18
毕节	1510.6	844.1	31	20	12.8	33.8	−10.9	27.2	0.1	85	78	954.2	115.8	76.6	0.9	1.1	0.8		13
贵阳	1071.2	887.9	31	19	15.3	37.5	−7.8	28.7	2.2	78	77	1174.7	133.9	76.0	2.2	2.0	1.4		18
安顺	1392.9	855.6	29	19	14.0	34.3	−7.6	26.2	1.6	82	82	1361.4	185.7	63.8	2.4	2.2	1.6		

续表

地名		海拔高度/m	夏季平均气压/10⁵Pa	日照率/%		温度/°C					计算相对湿度/%		降雨量/mm			平均风速/(m/s)		夏季折算距地面2m处	最大冻土深度/cm	最大积雪深度/cm
				全年	冬季	年平均	极端最高	极端最低	最热月平均最高	最冷月平均最低	冬季空气调节	最热月平均	平均年总量	一日最大	一小时最大	冬季	夏季			
云南	昭通	1949.5	801.8	43	44	11.6	33.5	-13.3	25.2	-2.3	72	78	738.2	93.2	43.1	2.9	1.9	1.4		12
	沾益	1898.7	807.1	47	58	14.5	33.1	-9.2	24.9	2.0	67	81	1008.9	155.1	75.8	3.1	2.2	1.6		24
	腾冲	1647.8	831.3	49	72	14.8	30.5	-4.2	24.4	0.5	71	89	1463.8	89.7	49.3	1.6	1.6	1.2		
	昆明	1891.4	808.0	56	72	14.7	31.5	-5.4	24.0	1.4	68	83	1006.5	153.3	57.1	2.5	1.8	1.3		17
	文山	1246.3	867.9	46	51	17.8	34.7	-3.0	27.5	6.4	77	83	996.7	148.6	54.6	3.2	2.2	1.6		2
	思茅	1302.1	865.0	49	65	17.7	35.7	-2.5	26.1	5.7	80	88	1522.6	145.1	60.1	1.0	0.9	0.7		
	丽江	2393.2	761.1	57	77	12.6	32.3	-7.5	23.2	-0.5	45	81	949.5	105.2	42.8	3.9	2.2	1.6		9
西藏	昌都	3306.0	681.4	52	58	7.5	33.4	-19.3	24.1	-10.7	37	64	477.7	55.3	20.2	1.0	1.4	1.0		10
	拉萨	3648.7	652.4	68	77	7.5	29.4	-16.5	22.5	-10.2	28	54	444.8	41.6	28.9	2.2	1.8	1.3		11
	日喀则	3836.0	638.3	73	82	6.3	28.2	-25.1	22.1	-13.1	27	53	431.2	44.3	27.3	1.9	1.5	1.1		8
香港																				

(二)风级划分及风压变化系数
风级划分及风压变化系数见表1-1-50和表1-1-51。

表1-1-50 风级划分

风级	风名	相当风速/(m/s)	地面上物体的象征
0	无风	0~0.2	炊烟直上,树叶不动
1	软风	0.3~1.5	风信不动,烟能表示风向
2	轻风	1.6~3.3	脸感觉有微风,树叶微响,风信开始转动
3	微风	3.4~5.4	树叶及微枝摇动不息,旌旗飘
4	和风	5.5~7.9	地面尘土及纸片飞,树的小枝摇动
5	清风	8.0~10.7	小树摇动,水面起波
6	强风	10.8~13.8	大树枝摇动,电线呼呼作响,举伞困难
7	疾风	13.9~17.1	大树摇动,迎风步行感到有阻力
8	大风	17.2~20.7	可折断树枝,迎风步行感到阻力很大
9	烈风	20.8~24.4	屋瓦吹落,稍有破坏
10	狂风	24.5~28.4	树木连根拔起或摧毁建筑物,陆上少见
11	爆风	28.5~32.6	有严重破坏力,陆上很少见
12	飓风	32.6以上	摧毁力极大,陆上极少见

表1-1-51 风压变化系数

距地面高度/m	5	6	8	10	20	30	40	50	60	70	80	90	100
风压变化系数	0.618	0.644	0.738	0.797	1	1.128	1.226	1.302	1.367	1.423	1.471	1.515	1.558

(三)降雨量强度划分
降雨量强度划分见表1-1-52。

表1-1-52 降雨量强度划分

强度	雨量标准/mm	
	以1h降水量计算	以24h降水量计算
小雨	<2.5	<10
中雨	2.5~8.0	10~25
大雨	8.0~16	25~50
暴雨	>16	>50
阵雨	12h内积累下雨时间不到3h	

(四)室内采暖计算温度和通风换气次数
室内采暖计算温度和通风换气次数见表1-1-53。

表1-1-53 室内采暖计算温度和通风换气次数

房间名称	室内计算温度/℃	换气次数/(次/h)	备注
有采暖要求的轻油泵房,阀室和油罐间	12(通风时≥5)	8~10	排气
黏油泵房,油罐间,卸油暖房及调油间	18	4	排气
仪表间,化验室,计量室	18	3	送风或排气
蒸洗,焊桶间	16	3	排气
机修间	16	—	
消防泵房,消防车库,汽车库	12	—	
污水泵房	5	3	排气
深井泵房,空压机间	5		
仓库(有采暖要求时)	5		
办公室,传达室,值班室,警卫室,宿舍	18	—	
食堂,会议室	16		
门厅走廊,楼梯间,盥洗间,厕所	14		
厨房	10	0.5~1	操作间排气
浴室,更衣室	25		

(五)油库各建筑物采光系数

油库各建筑物采光系数见表1-1-54。

表1-1-54 油库各建筑物采光系数

建筑名称	采光系数
油泵房,化验室,消防泵房等	1/6~1/8
油罐间,机修间,整修桶间	1/4~1/6
仪表控制室	1/3~1/5
调油间,卸油泵房,变配电间	1/8~1/10
仓库,材料库,储存间	1/10~1/12
行政,食堂,宿舍	1/6~1/10

注：采光系数为窗口面积与室内地面面积之比。

(六)主要城市雷暴日

主要城市雷暴日见表1-1-55。

表1-1-55 主要城市雷暴日

省 份	地名	雷暴日数/(d/a)	地名	雷暴日数/(d/a)	地名	雷暴日数/(d/a)
直辖市	北京市	36.3	天津市	29.3	上海市	28.4
	重庆市	36.0				
河北省	石家庄市	31.2	保定市	30.7	邢台市	30.2
	唐山市	32.7	秦皇岛市	34.7		

续表

省　份	地名	雷暴日数/(d/a)	地名	雷暴日数/(d/a)	地名	雷暴日数/(d/a)
山西省	太原市	34.5	大同市	42.3	阳泉市	40.0
	长治市	33.7	临汾市	31.1		
内蒙古自治区	呼和浩特市	36.1	包头市	34.7	海拉尔市	30.1
	赤峰市	32.4				
辽宁省	沈阳市	26.9	大连市	19.2	鞍山市	26.9
	本溪市	33.7	锦州市	28.8		
吉林省	长春市	35.2	吉林市	40.5	四平市	33.7
	通化市	36.7	图们市	23.8		
黑龙江省	哈尔滨市	27.7	大庆市	31.9	伊春市	35.4
	齐齐哈尔市	27.7	佳木斯市	32.2		
江苏省	南京市	32.6	常州市	35.7	苏州市	28.1
	南通市	35.6	徐州市	29.4	连云港市	29.6
浙江省	杭州市	37.6	宁波市	40.0	温州市	51.0
	丽水市	60.5	衢州市	57.6		
安徽省	合肥市	30.1	蚌埠市	31.4	安庆市	44.3
	芜湖市	34.6	阜阳市	31.9		
福建省	福州市	53.0	厦门市	47.4	漳州市	60.5
	三明市	67.5	龙岩市	74.1		
江西省	南昌市	56.4	九江市	45.7	赣州市	67.2
	上饶市	65.0	新余市	59.4		
山东省	济南市	25.4	青岛市	20.8	烟台市	23.2
	济宁市	29.1	潍坊市	28.4		
河南省	郑州市	21.4	洛阳市	24.8	三门峡市	24.3
	信阳市	28.8	安阳市	28.6		
湖北省	武汉市	34.2	宜昌市	44.6	十堰市	18.8
	恩施市	49.7	黄石市	50.4		
湖南省	长沙市	46.6	衡阳市	55.1	大庸市	48.3
	邵阳市	57.0	郴州市	61.5		
广东省	广州市	76.1	深圳市	73.9	湛江市	94.6
	茂名市	94.4	汕头市	52.6	珠海市	64.2
	韶关市	77.9				
广西壮族自治区	南宁市	84.6	柳州市	67.3	桂林市	78.2
	梧州市	93.5	北海市	83.1		
四川省	成都市	34.0	自贡市	37.6	攀枝花市	66.3
	西昌市	73.2	绵阳市	34.9	内江市	40.6
	达州市	37.1	乐山市	42.9	康定县	52.1

续表

省 份	地名	雷暴日数/(d/a)	地名	雷暴日数/(d/a)	地名	雷暴日数/(d/a)
贵州省	贵阳市	49.4	遵义市	53.3	凯里市	59.4
	六盘水市	68.0	兴义市	77.4		
云南省	昆明市	63.4	东川市	52.4	个旧市	50.2
	景洪市	120.8	大理市	49.8	丽江	75.8
	河口	10.8				
西藏自治区	拉萨市	68.9	日喀则市	78.8	那曲县	85.2
	昌都县	57.1				
陕西省	西安市	15.6	宝鸡市	19.7	汉中市	31.4
	安康市	32.3	延安市	30.5		
甘肃省	兰州市	23.6	酒泉市	12.9	天水市	16.3
	金昌市	19.6				
青海省	西宁市	31.7	格尔木市	2.3	德令哈市	19.3
宁夏回族自治区	银川市	18.3	石嘴山市	24.0	固原县	31.0
新疆维吾尔自治区	乌鲁木齐市	9.3	库尔勒市	21.6	伊宁市	27.2
	克拉玛依市	31.3				
海南省	海口市	104.3	三亚市	69.9	琼中	115.5
香港特别行政区	香港	34.0				
台湾省	台北市	27.9				

注：本表摘自《建筑物电子信息系统防雷技术规范》GB 50343。

（七）地震震级与烈度

地震震级与烈度见表 1-1-56 和表 1-1-57。

表 1-1-56 地震震级

震 级	能 量/J
0	1×10^5
1	2×10^6
2.5	4×10^8
5	2×10^{12}
6	6×10^{13}
7	2×10^{15}
8	6×10^{16}
8.5	4×10^{17}
8.9	1×10^{18}

表 1-1-57 地震烈度

烈 度	主要标志
Ⅰ 无感	只有用仪器才能测出
Ⅱ 很弱	在完全静止中感觉到
Ⅲ 弱	类似马车驰过的震动
Ⅳ 中度	地板、窗、器皿发出响声,类似载重卡车疾驰而过的震动
Ⅴ 相当强	室内震动较强,个别窗玻璃破坏
Ⅵ 强	书籍、器皿翻倒坠落,灰泥裂开,轻的家具受震移动
Ⅶ 很强	旧房屋显著破坏,井中水位变化,土石有时崩落
Ⅷ 破坏	人难站住,房屋多有破坏,人、畜有伤亡
Ⅸ 毁坏	大多数房屋倾倒破坏
Ⅹ 毁灭	坚固建筑亦遭破坏,土地变形,管道破裂
Ⅺ 灾难	地层发生大断裂,景观改变
Ⅻ 大灾难	地形强烈改变,所有建筑物严重破坏,动植物遭到毁灭

(八) 大气压力与海拔高度的关系

大气压力与海拔高度的关系见表 1-1-58。

表 1-1-58 大气压力与海拔高度的关系

大气压力	海拔高度/m											
	0	100	200	300	500	600	700	800	1000	1200	1500	2000
10^5 Pa	10330	10200	10100	9900	9700	9600	9500	9400	9300	8900	8600	8100
mH_2O	10.33	10.2	10.1	9.9	9.7	9.6	9.5	9.4	9.3	8.9	8.6	8.1
mmHg	760	751	742	733	716	707	699	690	674	658	635	596

五、常用几何图形计算公式

(一) 平面图形的面积计算

平面图形的面积计算见表 1-1-59。

表 1-1-59 平面图形的面积计算公式

名称及符号意义	图形	面积 F	重心位置 G 及有关数值	其他计算公式
任意三角形 h—底边高 s—半周长 a、b、c—边长		$F = \dfrac{bh}{2} = \dfrac{1}{2}ab\sin\phi = \sqrt{s(s-a)(s-b)(s-c)}$ $s = \dfrac{1}{2}(a+b+c)$	$GD = \dfrac{1}{3}BD$ $AD = CD$	$\angle A + \angle B + \angle C = 180°$

续表

名称及符号意义	图 形	面积 F	重心位置 G 及有关数值	其他计算公式
直角三角形 a、b—直角边 c—斜边		$F = \dfrac{1}{2} a \cdot b$ $= \dfrac{1}{4} c^2 \sin 2\phi$	$DG = \dfrac{1}{3} DC$ $AD = BD$	$\angle A + \angle B = 90°$ $c = \sqrt{a^2 + b^2}$
长方形 a、b—边长 L—对角线长 α—对角线交角		$F = ab$ $= \dfrac{1}{2} L^2 \sin\alpha$	G 在对角线的交点上	
正方形 a—边长 L—对角线长		$F = a^2 = \dfrac{1}{2} L^2$ $L = \sqrt{2} a = 1.414 a$	G 在对角线的交点上	$a = 0.707 L$
平行四边形 a、b—边长 h—对边间距离		$F = ah$ $= a \cdot b \cdot \sin\beta$ $= \dfrac{AC \cdot BD}{2} \sin\alpha$	G 在对角线的交点上	
梯形 a、b—底 h—高 m—中线		$F = \dfrac{a+b}{2} h = m \cdot h$	$HG = \dfrac{h}{3} \cdot \dfrac{a+2b}{a+b}$ $GM = \dfrac{h}{3} \cdot \dfrac{2a+b}{a+b}$	$m = \dfrac{a+b}{2}$ HM 为两底中点的连线
等边菱形 l_1、l_2—对角线长 a—边长 h—对边间距离		$F = a^2 \sin\phi$ $= \dfrac{l_1 l_2}{2} = a \cdot h$	G 在对角线的交点上	$l_2 = 2a\cos\dfrac{\phi}{2}$
圆环形 r、R—内、外半径 d、D—内、外直径 e—平均直径 b—环宽		$F = \pi(R^2 - r^2)$ $= \dfrac{\pi}{4}(D^2 - d^2)$ $= 2\pi eb$ $e = \dfrac{1}{2}(D + d)$ $b = R - r$	G 在圆心上	

续表

名称及符号意义	图形	面积 F	重心位置 G 及有关数值	其他计算公式
截圆形 r—半径 b—弧长 ϕ—弧 b 对应中心角 s—b 的弦长		$F = \dfrac{1}{2}br$ $= \dfrac{\phi}{360}\pi r^2$ $= 0.008727 r^2 \cdot \phi$	$GM = \dfrac{2}{3} \dfrac{rs}{b}$ $= \dfrac{r^2 b}{3F}$ $= \dfrac{2}{3}\sin\alpha \dfrac{180r}{2\pi}$	$b = \dfrac{\phi\pi}{180}r$ $= 0.01745 r \cdot \phi$
圆弓形 r—半径 b—弧长 ϕ—中心角 s—弦长 h—弓高		$F = \dfrac{r^2}{2}\left(\dfrac{\phi\pi}{180} - \sin\phi\right)$ $= \dfrac{r(b-s)+sh}{2}$	$MG = \dfrac{1}{12} \cdot \dfrac{s^3}{F}$ $= \dfrac{2}{3} \cdot \dfrac{r^3 \sin 3\alpha}{F}$ $= \dfrac{4}{3} \cdot \dfrac{r \cdot \sin 3\alpha}{\dfrac{\alpha}{90}\pi - \sin\alpha}$	$r = \dfrac{s^2}{8h} + \dfrac{h}{2}$ $b = r\dfrac{\pi\phi}{180}$ $= 0.01745 r\phi$ $s = 2r\sin\dfrac{\phi}{2}$ $= 2\sqrt{h(2r-h)}$ $h = r - r\cos\dfrac{\phi}{2}$
椭圆形 a—长轴长之半 b—短轴长之半		$F = \pi a \cdot b$	G 在 a、b 轴的交点上	
扇形 R—大半径 r—小半径 ρ—平均半径 b—扇宽 ϕ—中心角		$F = \dfrac{\phi\pi}{360}(R^2 - r^2)$ $= \dfrac{\phi\pi\rho b}{180}$	$GM = \dfrac{2}{3}\dfrac{R^3 - r^3}{R^2 - r^2}\sin\dfrac{\phi}{2}$ $\dfrac{180}{\dfrac{\phi}{2}\pi} = 76.4 \times \dfrac{R^3 - r^3}{R^2 - r^2}$ $\left(\sin\dfrac{\phi}{2}\right)\dfrac{1}{\phi}$	$\rho = \dfrac{1}{2}(R + r)$ $b = R - r$
圆形 r—半径 D—直径 S—周长		$F = \pi r^2 = \dfrac{\pi D^2}{4}$ $= \dfrac{1}{4}S \cdot D$ $= 0.785 D^2$	G 在圆心上	$S = \pi D$

（二）多面体的体积、面积计算

多面体的体积、面积计算见表 1-1-60。

表 1-1-60 多面体的体积(V)、表面积(O)、侧面积(M)及底面积(A)

名称及符号意义	图形	V O M A	重心 G 位置	其他计算公式
长方柱体 a、b、h—棱长 d—对角线		$V = a \cdot b \cdot h = A \cdot h$ $M = 2h(a + b)$ $A = a \cdot b$ $O = 2(ah + bh + ab)$	G 在对角线的交点上	$d = \sqrt{a^2 + b^2 + h^2}$

续表

名称及符号意义	图形	$V\ O\ M\ A$	重心 G 位置	其他计算公式
圆柱和空心圆柱 R—外半径 r—内半径 ρ—平均半径 b—柱壁厚 d—外直径 h—柱高		圆柱：$V = \pi R^2 h$ $= Ah = \dfrac{\pi d^2}{4}h$ $M = 2\pi Rh = \pi dh$ $A = \pi R^2$ 空心圆柱： $V = \pi h(R^2 - r^2) = 2\pi \rho bh$ $= \pi bh(2R - b)$ $M = 2\pi(R + r)h$ $A = \pi(R^2 - r^2)$	$OG = \dfrac{1}{2}h$	圆柱： $O = 2\pi R(h + R)$
直圆锥 r—底面半径 h—高 l—母线		$V = \dfrac{1}{3}\pi r^2 h = 1.0472 r^2 h$ $M = \pi r \sqrt{r^2 + h^2} = \pi rl$ $A = \pi r^2$ $l = \sqrt{r^2 + h^2}$	$OG = \dfrac{h}{4}$	$O = \pi r(l - r)$
圆台 R—下底面半径 r—上底面半径 h—高 l—母线		$V = \dfrac{\pi h}{3}(R^2 + r^2 + Rr)$ $= \dfrac{h}{4}[\pi(R+r)^2 +$ $\dfrac{1}{3}\pi(R-r)^2]$ $M = \pi l(R + r)$ $O = M + \pi(R^2 + r^2)$ $l = \sqrt{(R-r)^2 + h^2}$	$OG = \dfrac{h}{4} \cdot$ $\dfrac{R^2 + 2Rr + 3r^2}{R^2 + Rr + r^2}$	
球缺 h—弓形高 r—球半径 S—底面直径		$V = \dfrac{\pi h^2}{3}(3r - h)$ $= \dfrac{\pi h}{6}\left(\dfrac{3}{4}S^2 + h^2\right)$ $M = 2\pi rh = 6.2842 rh$ $= \dfrac{1}{4}\pi(S^2 + 4h^2)$ $O = M + A = M + \dfrac{\pi D^2}{4}$	$OG = \dfrac{3}{4} \cdot \dfrac{(2r-h)^2}{3r-h}$	
球带（台） R_1—下底半径 R_2—上底半径 h—腰高 r—球半径		$V = \dfrac{\pi h}{6}(3R_1^2 + 3R_2^2 + h^2)$ $M = 2\pi rh$ $O = M + \pi(R_1^2 + R_2^2)$ $r^2 = R_1^2 + \left(\dfrac{R_1^2 - R_2^2 - h^2}{2h}\right)^2$	$OG =$ $\dfrac{h(2R_1^2 + 4R_2^2 + h^2)}{2(3R_1^2 + 3R_2^2 + h^2)}$	

续表

名称及符号意义	图 形	$V\ O\ M\ A$	重心 G 位置	其他计算公式
椭圆球 a—长半轴 b—短半轴 c—旋转半径		$V = \dfrac{4}{3}\pi abc$ 当 $b = c$ 时， $V = \dfrac{4}{3}\pi ab^2$ （旋转椭球体）	重心 G 在轴交点上	
球 r—半径 d—直径		$V = \dfrac{4}{3}\pi r^3 = 4.18879 r^3$ $= 0.5236 d^3$ $O = 4\pi r^2 = \pi d^2$ $r = 3\sqrt[3]{\dfrac{3V}{4\pi}} = 0.62035\sqrt[3]{V}$	重心 G 在球心上	

(三) 几种储罐内液体容积计算

(1) 平底圆柱形卧式油罐容积计算见表 1-1-61。

表 1-1-61　平底圆柱形卧式油罐容积计算

计算公式	符号	符号含义	单位	示意图
$V = \dfrac{\pi}{4} d^2 L K$	V	油罐容积	m³	
	d	油罐内径	m	
	L	油罐的长度	m	
	K	系数，按 h/d 值查表 1-1-62		

表 1-1-62　系数 K

h/d	K	h/d	K	h/d	K	h/d	K	h/d	K
0.02	0.005	0.22	0.163	0.42	0.399	0.62	0.651	0.82	0.878
0.04	0.013	0.24	0.185	0.44	0.424	0.64	0.676	0.84	0.897
0.06	0.025	0.26	0.207	0.46	0.449	0.66	0.700	0.86	0.914
0.08	0.038	0.28	0.229	0.48	0.475	0.68	0.724	0.88	0.932
0.10	0.052	0.30	0.252	0.50	0.500	0.70	0.748	0.90	0.948
0.12	0.069	0.32	0.276	0.52	0.526	0.72	0.771	0.92	0.963
0.14	0.085	0.34	0.300	0.54	0.551	0.74	0.793	0.94	0.976
0.16	0.103	0.36	0.324	0.56	0.576	0.76	0.816	0.96	0.987
0.18	0.122	0.38	0.349	0.58	0.601	0.78	0.837	0.98	0.995
0.20	0.142	0.40	0.374	0.60	0.627	0.80	0.858	1.00	1.000

(2) 碟型头盖圆柱形卧式油罐容积计算见表 1-1-63。

表 1-1-63　碟型头盖圆柱形卧式油罐容积计算

计算及说明				示意图
(1)说明	①这种油罐由两部分组成 ②一是平底圆柱形卧式油罐，它的的容积 V_1 计算方法同上表 1-1-61 内公式 ③一是两端的碟型头盖部分，这部分容积按下式计算 ④总容积按式计算			
(2)计算				
公式	符号	符号含义	单位	
$V_2 = 0.2155h^2(1.5d-h)$ $V = V_1 + V_2$	V_1	平底圆柱形卧式油罐容积	m³	
	V_2	两端的碟型头盖部分容积	m³	
	V	总的容积	m³	
	d	油罐内径	m	
	h	油罐内储油高度	m	

(3)平底椭圆形的卧式储油罐(汽车油槽车)容积计算见表 1-1-64。

表 1-1-64　平底椭圆形的卧式储油罐(汽车油槽车)容积计算

计算公式	符号	符号含义	单位	示意图
$V = 0.7854adLK$	V	油罐容积	m³	
	a	椭圆油罐长半径(内壁)	m	
	d	椭圆油罐短半径(内壁)	m	
	L	长度	m	
	K	系数，按 h/d 值查表 1-1-62		

(4)圆球形油罐容积计算见表 1-1-65。

表 1-1-65　圆球形油罐容积计算

计算公式	符号	符号含义	单位	示意图
$V = 0.5236d^2K$	V	油罐容积	m³	
	d	圆球形油罐内直径	m	
	h	罐内储油高度	m	
	K	系数，按 h/d 值查表 1-1-62		

(5)扁球形油罐容积计算见表 1-1-66。

表 1-1-66 扁球形油罐容积计算

计算公式	符号	符号含义	单位	示意图
$V = 0.5236C^2 dK$	V	油罐容积	m³	
	C	油罐内径	m	
	d	油罐的高度	m	
	h	罐内储油高度	m	
	K	系数，按 h/d 值查表 1-1-67		

表 1-1-67 系数 K

h/d	K	h/d	K	h/d	K	h/d	K	h/d	K
0.02	0.00118	0.22	0.12390	0.42	0.38102	0.62	0.67654	0.82	0.91446
0.04	0.00467	0.24	0.14515	0.44	0.41043	0.64	0.70451	0.84	0.93141
0.06	0.01037	0.26	0.16765	0.46	0.44013	0.66	0.73181	0.86	0.94669
0.08	0.01818	0.28	0.19130	0.48	0.47002	0.68	0.75833	0.88	0.96025
0.10	0.02800	0.30	0.21600	0.50	0.500	0.70	0.78400	0.90	0.97200
0.12	0.03974	0.32	0.24166	0.52	0.52998	0.72	0.80870	0.92	0.98182
0.14	0.05331	0.34	0.26819	0.54	0.55986	0.74	0.83255	0.94	0.98963
0.16	0.06861	0.36	0.29549	0.56	0.58957	0.76	0.85485	0.96	0.99533
0.18	0.08554	0.38	0.32346	0.58	0.61898	0.78	0.87608	0.98	0.99882
0.20	0.10400	0.40	0.35200	0.60	0.64800	0.80	0.89600	1.00	1.0000

（6）平底椭圆柱形卧式油罐（汽车油槽车）容积计算见表 1-1-68。

表 1-1-68 平底椭圆柱形卧式油罐（汽车油槽车）容积计算

（1）示意图		
（2）计算公式	若装油高度 $h \leq \dfrac{a-H}{2}$ 时	$V = 0.7854 \dfrac{a^2 b}{\sqrt{a^2 - H^2}} LK$，m³
	若装油高度为 $\dfrac{a+H}{2} > h > \dfrac{a-H}{2}$ 时	$V = [0.7854 \dfrac{a^2 b}{\sqrt{a^2 - H^2}} K + (h - \dfrac{a-H}{2})b]L$，m³
	若装油高度 $h > \dfrac{a+H}{2}$ 时	$V = [(2K_1 - K_2)\dfrac{0.7854 a^2 b}{\sqrt{a^2 - H^2}} + Hb]L$，m³
（3）符号含义及查找	① 上列各式中的系数 K、K_1、K_2，分别按 h/a、$\dfrac{a-H}{2a}$ 和 $\dfrac{a-H}{a}$ 之值查表 1-1-62	
	② 公式内其他符号见示意图	

六、油库常用单位换算

油库及其设计常用统一计量单位主要有长度、质量（重量）、体积、面积、压力、流量、速度、功率、温度等见表 1-1-69～表 1-1-80。

表 1-1-69 统一公制计量单位

类别	采用的单位名称	代号	对主单位的比	折合市制
长度	微米	μm	百万分之一米(1/1000000 米)	
	忽米	cmm	十万分之一米(1/100000 米)	
	丝米	dmm	万分之一米(1/10000 米)	
	毫米	mm	千分之一米(1/1000 米)	1mm 等于 3 市厘
	厘米	cm	百分之一米(1/100 米)	1cm 等于 3 市分
	分米	dm	十分之一米(1/10 米)	1dm 等于 3 市寸
	米	m	主单位	1m 等于 3 市尺
	十米	dam	米的十倍(10 米)	10m 等于 3 市丈
	百米	hm	米的百倍(100 米)	
	千米(公里)	km	米的千倍(1000 米)	1 公里等于 2 市里
重量(质量单位名称同)	毫克	mg	百万分之一千克(1/1000000 千克)	
	厘克	cg	十万分之一千克(1/100000 千克)	
	分克	dg	万分之一千克(1/10000 千克)	1dg 等于 2 市厘
	克	g	千分之一千克(1/1000 千克)	1g 等于 2 市分
	十克	dag	百分之一千克(1/100 千克)	10g 等于 2 市钱
	百克	hg	十分之一千克(1/10 千克)	100g 等于 2 市两
	千克	kg	主单位	1kg 等于 2 市斤
	公担	q	千克的百倍(100 千克)	1q 等于 2 市担
	吨	t	千克的千倍(1000 千克)	
容量	毫升	mL	千分之一升(1/1000 升)	
	厘升	cL	百分之一升(1/100 升)	
	分升	dL	十分之一升(1/10 升)	1dL 等于 1 市合
	升	L	主单位	1L 等于 1 市升
	十升	daL	升的十倍(10 升)	10L 等于 1 市斗
	百升	hL	升的百倍(100 升)	100L 等于 1 市石
	千升(米^3)	kL	升的千倍(1000 升)	

注：1μm = 1000mμm(毫微米)；1mμm = 10Å(埃)；1Å = 10^{-8}cm。

表 1-1-70 长度单位换算

公里 (km)	米 (m)	毫米 (mm)	英寸 (in)	英尺 (ft)	码 (yd)	哩(英里) (mile)	浬(海里) M(n·mile)
1	10^3	10^6	3.937×10^{-4}	3.2808×10^3	1.0936×10^3	0.6214	0.53996
10^{-3}	1	10^3	39.37	3.2808	1.0936	6.214×10^{-4}	5.3996×10^{-4}
10^{-6}	10^{-3}	1	3.937×10^{-2}	3.2808×10^{-3}	1.0936×10^{-3}	6.214×10^{-7}	5.3996×10^{-7}
2.54×10^{-5}	2.54×10^{-2}	25.4	1	8.333×10^{-2}	2.778×10^{-2}	1.578×10^{-5}	1.3715×10^{-5}
3.048×10^{-4}	0.3048	3.048×10^2	12	1	0.3333	1.8939×10^{-4}	1.6458×10^{-4}

续表

公里 (km)	米 (m)	毫米 (mm)	英寸 (in)	英尺 (ft)	码 (yd)	哩(英里) (mile)	浬(海里) M(n·mile)
9.144×10^{-4}	0.9144	9.144×10^2	36	3	1	5.682×10^{-4}	4.9374×10^{-4}
1.6093	1.6093×10^3	1.6093×10^6	6.336×10^4	5.28×10^3	1.76×10^3	1	0.86895
1.852	1.852×10^3	1.852×10^6	7.2913×10^4	6.076×10^3	2.0253×10^3	1.1508	1

表1-1-71 面积单位换算

平方公里	公顷	市亩	英亩	平方哩	平方米	平方市尺	平方英尺	平方码	平方厘米	平方市寸	平方英寸
1	100.00	1500.00	247.12	0.3861	1	9.0000	10.7643	1.1960	1	0.0900	0.1550
0.0100	1	15.00	2.4712	0.0039	0.1111	1	1.1960	0.1329	11.111	1	1.7222
0.0007	0.0667	1	0.1647	0.0003	0.0929	0.8361	1	0.1111	6.4516	0.5806	1
0.0040	0.4047	6.0716	1	0.0016	0.8361	7.5251	9.0000	1			
2.5900	259.00	3885.0	640.00	1							

表1-1-72 质量单位换算

吨	市担	英吨	美吨	千克	市斤	磅	克	市两	英两
1	20.000	0.9842	1.1023	1	2.0000	2.2046	1	0.0320	0.0353
0.0500	1	0.0492	0.0551	0.5000	1	1.1023	31.25	1	1.1023
1.0161	20.321	1	1.1200	0.4536	0.9072	1	28.35	0.9072	1
0.9072	18.144	0.8929	1						

表1-1-73 体积、容积单位换算

米³ (m^3, kL)	升 (L)	立方英尺 (ft^3)	立方英寸 (in^3)	加仑(美) (gal)	加仑(英) (gal)	石油桶(美) (bbl)
1	10^3	35.315	61024	264.18	220.09	6.29
0.001	1	0.035315	61.024	0.2642	0.2201	6.29×10^{-3}
0.0283	28.3168	1	1.728×10^3	7.481	6.23	0.1781
0.0164	1.64×10^{-5}	5.787×10^{-4}	1	4.329×10^{-3}	3.605×10^{-3}	1.0307×10^{-4}
3.7853×10^{-3}	3.7854	0.1337	2.31×10^2	1	0.8325	2.381×10^{-2}
4.546×10^{-3}	4.5435	0.1606	2.7746×10^2	1.2011	1	2.8584×10^{-2}
0.15898	158.98	5.6145	9.702×10^3	42	34.9726	1

表1-1-74 压力单位换算

工程大气压/(kg/cm^2)	物理大气压/atm	水柱高度/mH_2O	水银柱高度/mmHg	磅/平方英寸
1	0.9678	10.0003	735.56	14.223
1.0332	1	10.334	760.00	14.696

续表

工程大气压/(kg/cm²)	物理大气压/atm	水柱高度/mH₂O	水银柱高度/mmHg	磅/平方英寸
0.10	0.0968	1	73.56	1.4223
0.00136	0.001316	0.0136	1	0.01934
0.0703	0.0680	0.703	51.715	1

表1-1-75　流量单位换算

立方米/秒	立方英尺/秒	立方码/秒	升/秒	英加仑/秒
1	35.3132	1.3079	1000	220.00
0.0283	1	0.0370	28.3150	6.2279
0.7645	27.0000	1	764.5134	168.1533
0.0010	0.0353	0.0013	1	0.2201
0.0045	0.1607	0.0059	4.5435	1

表1-1-76　速度单位换算

米/秒	英尺/秒	码/秒	公里/小时	英里/小时	海里/小时
1	3.2808	1.0936	3.6000	2.2370	1.944
0.3048	1	0.3333	1.0973	0.6819	0.5925
0.9144	3	1	3.2919	2.0457	1.7775
0.2778	0.9114	0.3038	1	0.6214	0.5400
0.4470	1.4667	0.4889	1.6093	1	0.8689
0.5144	1.6881	0.5627	1.8520	1.1508	1

表1-1-77　功率单位换算

千瓦	公斤米/秒	英尺磅/秒	千卡/秒	英马力	英热单位/秒	公制马力
1	102.04	737.56	0.2389	1.3410	0.9480	1.3596
0.0098	1	7.233	0.002341	0.01315	0.009291	0.01333
0.00136	0.1383	1	0.00032	0.00182	0.00129	0.00184
4.186	426.90	3087	1	5.6140	3.9680	5.6910
0.7457	76.04	550	0.17814	1	0.7070	1.0139
1.0548	107.63	778.50	0.2520	1.4145	1	1.4341
0.7355	75.00	542.47	0.1757	0.9863	0.6973	1

表1-1-78　温度单位换算

开氏绝对温度/K	摄氏温度/℃	华氏温度/℉	列氏温度/°R
$K = C + 273.16$	$C = \frac{5}{4}R = \frac{5}{9}(F - 32)$	$F = \frac{9}{5}C + 32 = \frac{9}{4}R + 32$	$R = \frac{4}{5}C = \frac{4}{9}(F - 32)$
水冰点：273.16	0	32	0
水沸点：373.16	100	212	80

表 1-1-79 度数化为弧度数

度数	弧度数	度数	弧度数	度数	弧度数	分数	弧度数	分数	弧度数
0	0.0000	35	0.6109	70	1.2217	0	0.0000	30	0.0087
1	0.0175	36	0.6283	71	1.2392	1	0.0003	31	0.0090
2	0.349	37	0.6458	72	1.2566	2	0.0006	32	0.0093
3	0.0524	38	0.6632	73	1.2741	3	0.0009	33	0.0096
4	0.0698	39	0.6807	74	1.2915	4	0.0012	34	0.0099
5	0.0873	40	0.6981	75	1.3090	5	0.0015	35	0.0102
6	0.1047	41	0.7156	76	1.3265	6	0.0017	36	0.0105
7	0.1222	42	0.7330	77	1.3439	7	0.0020	37	0.0108
8	0.1396	43	0.7505	78	1.3614	8	0.0023	38	0.0111
9	0.1571	44	0.7679	79	1.3788	9	0.0026	39	0.0113
10	0.1745	45	0.7854	80	1.3963	10	0.0029	40	0.0116
11	0.1920	46	0.8029	81	1.4137	11	0.0032	41	0.0119
12	0.2094	47	0.8203	82	1.4312	12	0.0035	42	0.0122
13	0.2269	48	0.8378	83	1.4486	13	0.0038	43	0.0125
14	0.2443	49	0.8552	84	1.4661	14	0.0041	44	0.0128
15	0.2618	50	0.8727	85	1.4835	15	0.0044	45	0.0131
16	0.2793	51	0.8901	86	1.5010	16	0.0047	46	0.0134
17	0.2967	52	0.9076	87	1.5184	17	0.0049	47	0.0137
18	0.3142	53	0.9250	88	1.5359	18	0.0052	48	0.0140
19	0.3316	54	0.9425	89	1.5533	19	0.0055	49	0.0143
20	0.3491	55	0.9599	90	1.5708	20	0.0058	50	0.0145
21	0.3665	56	0.9774	91	1.5882	21	0.0061	51	0.0148
22	0.3840	57	0.9948	92	1.6057	22	0.0064	52	0.0151
23	0.4014	58	1.0123	93	1.6232	23	0.0067	53	0.0154
24	0.4189	59	1.0297	94	1.6406	24	0.0070	54	0.0157
25	0.4363	60	1.0472	95	1.6581	25	0.0073	55	0.0160
26	0.4538	61	1.0647	96	1.6755	26	0.0076	56	0.0163
27	0.4712	62	1.0821	97	1.6930	27	0.0079	57	0.0166
28	0.4887	63	1.0996	98	1.7104	28	0.0081	58	0.0169
29	0.5061	64	1.1170	99	1.7279	29	0.0084	59	0.0172
30	0.5236	65	1.1345	100	1.7453				
31	0.5411	66	1.1519	180	3.1416				
32	0.5585	67	1.1694	200	3.4907				
33	0.5760	68	1.1868	300	5.2360				
34	0.5934	69	1.2043	360	6.2802				

表 1-1-80 弧度数化为度数

弧度数	度数与分数	弧度数	度数与分数	弧度数	度数与分数	弧度数	度数与分数	弧度数	度数与分数
1	57°18′	0.1	5°44′	0.01	0°34′	0.001	0°03′	0.0001	0°00′
2	114°35′	0.2	11°28′	0.02	1°09′	0.002	0°07′	0.0002	0°01′
3	171°53′	0.3	17°11′	0.03	1°43′	0.003	0°10′	0.0003	0°01′
4	229°11′	0.4	22°55′	0.04	2°18′	0.004	0°14′	0.0004	0°01′
5	286°29′	0.5	28°39′	0.05	2°52′	0.005	0°17′	0.0005	0°02′
6	343°46′	0.6	34°23′	0.06	3°26′	0.006	0°21′	0.0006	0°02′
7	401°04′	0.7	40°06′	0.07	4°01′	0.007	0°24′	0.0007	0°02′
8	458°22′	0.8	45°50′	0.08	4°35′	0.008	0°28′	0.0008	0°03′
9	515°40′	0.9	51°34′	0.09	5°09′	0.009	0°31′	0.0009	0°03′

七、制图常用图例

油库设计制图常用图例见表 1-1-81～表 1-1-84。

表 1-1-81 总图及运输图例

图例	名称	备注
	新设计的建筑物	
	原有的建筑物	
	计划扩建的预留地或建筑物	
	其他材料露天堆场或露天作业场	
	储罐或水塔	
	烟囱	
	原有道路	
	计划道路	
	公路桥梁	
	铁路桥梁	
	设计的填挖边坡	较长的可在一头或两头表示
$R=9$ 6 101.00 150.00	新设计的道路（R 为转弯半径，150.00 为路面中心标高）	⟨为断面形状，6 为纵向坡度，101.00 为变坡点间距离

表1-1-82　建筑主要图例

图例	名称	图例	名称
	自然土壤		花纹钢板
	素土夯实		金属网
	砂、灰土及粉刷材料		玻璃
	砂、砾石及碎石三合土		木材
	混凝土		坑槽
	钢筋混凝土		孔、洞
未剖 剖	普通砖(硬质砖)		长坡道
未剖 剖	方整石(条石)		台阶(箭头方向为下坡)
未剖 剖	毛石	x=105.00 y=425.00 / A=135.00 B=128.00	测量坐标 / 建筑坐标

表1-1-83　油库设施及附件图例

图例	名称	图例	名称	图例	名称
	地面管线		导向滑动管托		套管式伸缩器
	地沟管线		橡胶软管		波纹伸缩器
	埋地管线		给排水管井，排水沟井		Ω形伸缩器
	架空管线		消火栓井		Π形伸缩器
	承插管		地上消火栓		有固定点的管道式伸缩器
	法兰短管		大小头		折皱伸缩器
	法兰连接管		偏心大小头		带保温套的管道温度计
	螺纹连接管		盲板		不带保温套的管道温度计
	承插连接管		8字盲板(眼圈盲板)		法兰闸板阀
	焊接连接管		管帽		丝扣闸板阀
	保温管		丝堵		法兰截止阀
	热伴随管		活接头		丝扣截止阀
	固定支架		管堵		法兰转心阀
	滑动管托	i=0.001	管道坡度、坡向		丝扣转心阀(考克)

续表

图例	名称	图例	名称	图例	名称
	法兰气动阀		真空表		存水弯管
	法兰电动阀		压力表		油泵
	放水龙头		减压阀		离心水泵
	放气阀		带滤网吸入阀		手摇泵
	排液阀		滤尘器		离心通风机
	止回阀		过滤器		轴流通风机
	密闭式弹簧安全阀		疏水器		钢质立式油罐
	开放式弹簧安全阀		水分离器		立式离空油罐
	管底标高		油分离器		钢筋混凝土油罐
	管中标高		散热器		钢板帖壁油罐
	管顶标高		热交换器		钢质卧式油罐
	室外整平标高		蛇形加热管		梳形加温管
	室内地坪标高		流量表		乙字管

表 1-1-84　管路代号（GB140）

管路种类	代号	管路种类	代号	管路种类	代号
上水管	S	乙炔管	YI	煤油管	Y7
循环水管	XH	鼓风管	GF	灯油管	Y8
热水管	R	通风管	TF	重油管	Y9
冷冻水管	L	真空管	ZK	溶剂油管	Y10
下水管	X	油管	Y	润滑油管	Y11
凝结水管	N	原油管	Y1	汽缸油管	Y12
化工管	H	煤焦油管	Y2	车轴油管	Y13

续表

管路种类	代号	管路种类	代号	管路种类	代号
蒸汽管	Z	车用汽油管	Y3	沥青管	Y14
煤气管	M	航空汽油管	Y4	透平油管	Y15
压缩空气管	YS	燃料油管	Y5	绝缘油管	Y16
氧气管	YQ	柴油管	Y6	润滑脂管	Y17

注：如还有其他油管路，可自行编制代号，但不能与国家规定重复，并在设计图或说明书上注明。

第三节 油库建设文件编制

一、油库建设项目建议书编制

油库建设项目建议书重点是阐明建库的必要性，是建库单位根据石油经营发展及国防现代化建设长远规划要求，经过调查预测，结合本地区、本企业具体情况，或者战略方针和区域的战略地位，提出拟建油库项目，申报上级审批的技术文件。其主要内容见表1-1-85。

表1-1-85 油库建设项目建议书编制内容及要点

序号	包含主要内容	叙述方法及要点
1	区域油库现状和建库的必要性	(1) 分析拟建库区现有油库的分布、容量、储油品种及油品消耗情况和保障程度 (2) 预测区域今后油品消耗的增长情况 (3) 说明建库与否对地区经济发展或国防现代化建设的影响
2	建库规模和内容	(1) 根据计划经营任务量或应达到的储备和供应量，按照规定的周转系数（周转次数），计算出各种油品的理论容量，再考虑适当的安全系数，得出油库建设规模 (2) 根据油库规模，经营或储备性质和任务，确定主要辅助项目、编制人员，以及行政管理和生活福利设施
3	库址选择	(1) 库址选择是否适宜，对油库建设成本及建成后的安全运行、运行和经营费用、社会和军事效益等有较大的影响 (2) 因此，库址选择必须慎重，要符合地区发展规划 环境保护和安全要求，征得有关部门的支持，办理选址批复会签手续
4	平面布置方案及工艺流程	(1) 按照拟建库的规模和内容，简单绘制平面布置图、工艺流程方案 (2) 平面布置图应能标明拟建库方位，友邻单位情况，交通道路状况，与电力、水源距离等 (3) 图上无法标明者，应用文字说明
5	筹建机构和人员配备	筹建机构和人员配备，涉及筹建管理费用，而投产后机构人员编制是计算行政管理和确定生活设施的依据，也是考核经济效益的一项内容
6	主要设备和材料及投资估算	(1) 根据拟建库的各个项目及工程量，按照现行地方概算、预算定额及市场价格 (2) 概算主要设备和材料的数量 (3) 估算拟建各个项目的投资，并进行汇总

续表

序号	包含主要内容	叙述方法及要点
7	资金来源及手续	(1)按照现行体制和制度,资金来源有国拨(含国防费)、银行借贷、自筹(含上级单位和本单位自筹)、利用外资等,或者两种、多种资金来源结合 (2)在申报建库项目建议书时,可提出建设资金来源的请求 (3)若有国外引进项目,必须专门办理申请手续
8	建库项目工期安排	(1)说明从开始设计、开工日期及竣工投产的计划日期 (2)建库项目建议书中不必将施工计划编写得太具体
9	经济效益分析	(1)建库项目建议书对项目经济效益应作出粗略评估 (2)经济效益应包括单位效益、社会效益,军用油库应说明军事效益
10	建库项目建议书附件	(1)建库的各个项目及投资估算表 (2)主要设备和材料汇总表 (3)筹建组织及人员编制表 (4)地理位置及地形图 (5)总平面规划方案图 (6)工艺流程图 (7)主要建筑简图

二、油库建设项目可行性研究报告编制

油库建设项目可行性研究报告编制见表1-1-86。

表1-1-86 油库建设项目可行性研究报告编制

1.可研报告的含义、作用、要点	(1)含义。油库建设可行性研究,是在"油库建设项目建议书"的基础上,重点对油库建设可行性的进一步论证。油库建设单位根据可行性研究结论,报请上级审批的报告,即谓油库建设项目可行性研究报告
	(2)作用。可行性研究报告是油库建设项目能否成立的主要依据,也是指导、审核建库项目勘察选址、设计施工、运行投产的根本依据
	(3)要点。可行性研究报告,应对建设的必要性和可行性,建库设定方案的先进性、适用性、经济性、合理性、安全性、可靠性,以及建设项目的经济、社会效益进行研究和评估
2.阐明建库的必要性	(1)预测分析建设项目的必要性和依据 ①在"油库建设项目建议书"的基础上,进一步预测分析建库对国防建设和工农业发展的需要,肯定和充实建设项目的必要性和依据 ②对扩、改建的油库,还要说明油库现有概况及存在问题,阐明对油库扩、改建的必要性 (2)论述该供应范围内的年销售量及今后发展远景,阐明建设规模和产品方案 ①说明全国或某一地区油库供应网点(或储备点)的合理布局 ②详细调查该供应范围内的年销售量及今后发展远景 ③根据前3年经营(生产)实绩,提示后5年发展规划,及资源、货源(原料)和运输流向情况 ④阐明经营地区内其他兄弟企业 ⑤对扩、改建的油库还应说明本油库原有设备能力,同拟建油库建设项目的关系和影响

续表

2. 阐明建库的必要性	(3) 阐明油库建设规模及业务范围 ①油库的总容量和储存油品的种类及各自的储油容量（或各自的年周转量及年周转数） ②散装油品和整装油品的比例（包括储存和发放） ③散装油品的装卸能力和桶装油品的灌装能力 ④辅助作业内容及处理量
3. 阐明建库的可行性	(1) 选址方案及建库条件 ①建库地址多方案比较与选择意见 ②库址的地理位置和社会政治经济现状 ③库址的气象、水文、地质、地形条件 ④库址的交通运输、水、电、气等现状条件和发展规划、趋势 ⑤职工生活福利的安排设想 ⑥对扩、改建的油库还应说明原有房屋建筑、设备的利用改造、拆迁意见 (2) 主要协作条件落实情况 ①城建、规划、消防、环保等部门，对征用土地、选址、消防、"三废"等有关方面的书面意见 ②所需公用设施的数量（如水、电、气）、供应方式的有关协议 ③交通、铁路、航运部门对公路走向、铁路专用线接轨、修建码头等协作条件的协议文件 ④其他协作条件和有关部门的协议文件
4. 阐明建库内容的设定方案	(1) 总体布置方案的选定、占地面积 (2) 主体工程、配套工程及公用辅助设施的容量、面积、数量的确定 (3) 工艺流程、主要设备选型和有关技术经济指标 (4) 环境保护、城市规划、防震、防洪、文物保护等按照规定应采取的措施 (5) 有关工程土石方工程量的估算 (6) 企业组织机构、劳动定员和人员配备设想 (7) 建库进度和工期 (8) 投资概算及利用外汇额，应将主体工程、配套工程、生活福利设施分项估算，利用外资项目和引进技术项目，应说明用外汇额及外汇来源和折合人民币金额 (9) 经营流动资金和经营费用（分项）估算 (10) 企业经济效益和社会效益估算 (11) 投资的回收年限及回收方式
5. 附图及附表	(1) 库址的位置图、地形图、总平面布置图、铁路专用线接轨方案图、工艺管线布置图 (2) 项目概算表，包括项目名称、结构、工程量、投资额、设备购置及金额等 (3) 有关项目所需的其他附表 (4) 钢材、木材、水泥需要量估算表

三、油库设计任务书编制

油库设计任务书编制方法、内容及要点见表 1-1-87。

表1-1-87 油库设计任务书编制方法、内容及要点

包含主要内容	叙述方法及要点
1. 编制单位及作用	(1)油库设计任务书应由油库建设单位负责编制,也可委托设计单位协助编制,但成果应以建设单位名义上报审批 (2)油库设计任务书是油库建设单位对油库设计提出的技术要求,是设计单位进行设计的主要依据,也是油库建设单位考查设计完成情况和设计质量的依据
2. 编制依据	(1)上级批准的油库建设项目建议书或可行性研究报告,军用油库主要是依据总参谋部和总后勤部下达的建库任务 (2)油库建设前有关会议纪要、上级指示等 (3)与油库设计有关的合同、协议 (4)《石油库设计规范》及其他有关设计规范、规定、标准等 (5)油库设计有关基础资料等
3. 主要内容	(1)建库战略意图和设计指导思想 ①根据经济建设或国防建设的需要,进一步预测、分析、肯定和充实建设项目的必要性和可能性 ②对扩建、改建工程还应说明现有油库的现状及新旧工程项目的有机联系 ③阐明建库战略和社会意图 ④根据国家的方针政策和行业的建库要求,提出对设计的指导思想 (2)建库依据。同2. 编制依据 (3)建库地点。说明库址位置、相邻单位和占地面积及征地和拆迁情况 (4)建库条件 ①油库地理位置、地形、地质、气象、水文、交通、水电及材料供应等情况 ②当地社会政治、经济现状;临近单位和企业可协作的项目及消防力量等 (5)建库规模 ①油库总容量 ②储油品种及各种油品储量或储存比例 ③罐装和桶装的分别储量或储存比例 ④罐装油料的装卸能力和桶装油料灌装能力 ⑤辅助作业的项目容量及建筑面积 ⑥办公生活用房的面积 ⑦油库体制和人员编制等 (6)主要建、构筑物结构形式及建筑装修标准。如:油罐、油泵站、铁路收发油栈桥、桶装库、器材库、化验室等结构形式、装修标准 (7)主要系统的设计方案或设计要求 ①油工艺系统: 铁路收发油流程;码头收发油流程;飞机加油流程;汽车发油和油桶灌装流程等的设计方案或设计要求 ②给排水及消防系统: 水源、水量、水压及水管网布置和水处理等设计方案或设计要求 ③供热及黏油加热系统: 热源选择、黏油加热方式、管网敷设等设计方案或设计要求 ④供电及通讯系统: 电源选择、配电分区、通讯网络等设计方案或设计要求 ⑤洗修桶系统: 日洗修桶量、洗修桶方式及设备选择等设计方案或设计要求 ⑥信息化、自动化、机械化系统: 油库信息化、自动化、机械化设计程度和要求等 ⑦环保与防护系统: 油库库区绿化、环境保护及抗震、人防等技术要求

续表

包含主要内容	叙述方法及要点
3. 主要内容	(8)建库进度，设计、施工单位落实情况，设计期限及开工、竣工时间 (9)投资总概算及分期投资控制额，概算定额选择及取费标准 ①设计分段 a. 油库设计通常分为扩大初步设计和施工图设计两个阶段 b. 大型或复杂的油库工程应分为初步设计、技术设计和施工图设计三个阶段 c. 小型或简单的油库工程可分为方案设计和施工图设计两个阶段 ②设计时间 设计总的完成时间和分阶段大体时间划分 ③人员及质量 设计人员素质及设计质量保证措施 ④文件的审批 设计文件的审批程序及要求 ⑤保密要求 对设计文件的保密要求 (10)其他需要说明问题

四、油库建设文件编制参考资料

(一)油库占地面积的确定

(1)油库占地面积估算见表1-1-88。

表1-1-88 油库占地面积估算

项 目	数 据			
(1)用地原则	油库建设用地，必须贯彻执行国务院有关在基本建设中节约用地的指示，节约用地，尽量不占良田			
(2)用地估算	估算公式	符号	符号含义	单位
	$S = \dfrac{\sum F}{K}$	S	油库占地面积	m^2
		$\sum F$	油库全部建构筑物占地面积总和	m^2
		K	建筑系数，一般取 0.15~0.2	
(3)油库占地面积参考表	油库容量/m^3	占地面积/hm^2	备注	
	30000以下	一般不超过8	①全部或部分采用非金属罐的油库，占地面积可适当增加 ②上表系指地势平坦、地形简单的地区，若地形复杂的地区应适当增加	
	30000~60000	一般不超过12		
	60000~100000	一般不超过16		

(2)中国石油油库库区用地指标参考数见表1-1-89。

表1-1-89 库区用地指标参考数　　　　　　　　　公顷/亩

地 形	平原、微丘					山区、重丘				
油库规模/($\times 10^4 m^3$)	50	30	10	5	2	10	5	3	2	1
管道、铁路、公路型	14.3/215	12.0/180	7.3/110	4.7/70	2.7/40	8.7/130	5.0/75	3.7/55	3.0/45	2.7/40
管道、公路型	13.3/200	11.0/165	6.3/95	3.7/55	1.7/25	7.3/110	4.0/60	2.7/40	2.0/30	1.7/25

续表

地形	平原、微丘					山区、重丘				
水运、铁路、公路型	14.0/210	11.7/175	7.0/105	4.3/65	2.3/35	8.0/120	4.7/70	3.3/50	2.7/40	2.3/35
水运、公路型	13.0/195	10.7/160	6.0/90	3.3/50	1.3/20	6.7/100	3.7/55	2.3/35	1.7/25	1.3/20
铁路、公路型			7.0/105	4.3/65	2.3/35	8.0/120	4.7/70	3.3/50	2.7/40	2.3/35

(3)国家物资储备局的油库用地指标参考数见表1-1-90。

表1-1-90 油库用地指标参考数

功能分区		用地指标
储油区	地面油罐	$0.35 \sim 0.5 \text{hm}^2/10^4 \text{m}^3$
	覆土油罐	$2.0 \sim 2.5 \text{hm}^2/10^4 \text{m}^3$
	洞库油罐	$1.5 \sim 2.0 \text{hm}^2/10^4 \text{m}^3$
装卸区	铁路装卸区	$4.0 \sim 6.0 \text{hm}^2$
	公路装卸区	$1.5 \sim 3.0 \text{hm}^2$
	水运装卸区	$1.5 \sim 2.0 \text{hm}^2$
	管道装卸区	$1.5 \sim 2.0 \text{hm}^2$
行政管理区		$0.5 \sim 1.0 \text{hm}^2$
警卫营区		$0.8 \sim 1.2 \text{hm}^2$

(二)油库生产用房建筑面积的确定

(1)"油库设计其他相关规范"对生产用房建筑面积控制参考数见表1-1-91。

表1-1-91 油库生产用房建筑面积控制参考数

建筑物名称	建筑面积/m²	备注
灌桶间	12m^2/每1个灌油嘴	灌桶间宽一般为5~6m
桶装库	在设计任务书中规定	任务书中未规定时可参见本手册第十三章第七节确定
空桶库	在设计任务书中根据需要规定	
器材间	300~400	
油料化验室	150~200	
危险品间	60 左右	
机修间	160~230	
洗修桶间	300~500	化学洗桶300m²,机械洗桶500m²
油料到更生间	300~350	
消防泵房	40	
监控测试中心	40	

(2) 地方油库生产用房建筑面积控制参考数见表 1-1-92。

表 1-1-92　地方油库生产用房建筑面积参考数

建筑面积/m² \ 油库容量/m³ \ 建筑名称	150000	100000	50000~80000	30000	10000~20000	6000	3000	备注
轻油泵房	190	170	150	135	120	100	80	
黏油泵房				100	80			
轻油灌桶间				200	200	160	120	
黏油灌桶间				80	60			
桶装库				1500	1000	1000	150	
串桶间				80	60	60	60	
变配电间	100	100	80	80	60	30	30	
油料化验室	180	180	180	100	100	60	60	
机修间	180	180	180	100	100	60	60	
洗修桶间				300	240			
器材间	200	160	120	100	80	60	60	
消防泵房	80	80	60	60	60	40	30	
消防器材间	60	60	60	60	40	40	40	
水泵房	20	20	20	20	20	20	20	
电石氧气间	15	15	15	15	15	15	15	
计量室	20	20	20	20	20	20	20	
工人休息室	40	40	30	30	30	20	20	
锅炉房		100	80	60				
发电间		150	100	80				

注：本表摘自石油院校教科书。

(3) 中国石化油库建筑物面积参考见表 1-1-93。

表 1-1-93　各功能设施建筑面积参考数　　　　　　　　　　　　　　　　　　m²

| 用途 | 建筑物名称 | 油库等级 | | 备注 |
		一、二级	三、四级	
辅助设施	变配电间	120~150	90~120	含发电机间
	消防泵房	230~360	180~200	包括值班室、器材库，一、二级含车库
	化验室	150~280	100~150	B 级
	计量室	30	20	采用自动计量设施的油库不设计量室
	维修间	40	20	
	器材库	45	30	

续表

用途	建筑物名称	油库等级 一、二级	油库等级 三、四级	备注
管理设施	办公用房	400~600	200~400	包括楼梯、走道、卫生间、会议室面积
	值班室	5/人	5/人	房间净面积
	警消宿舍	12/人	15/人	包括厕所、盥洗室、活动室面积
	食堂	80~150	40~60	包括厨房、餐厅
	浴室	30~50	30	包括淋浴室、更衣室
	控制室	60~80	50~60	不包括管道站控室面积
	发油管理室	180~220	120~170	含业务室、控制室、配电间、厕所

(4)国家物资储备局附属用房建筑面积参考数见表1-1-94。

表1-1-94 附属用房建筑面积参考数

建筑物名称	计算单位	建筑面积/m²	附注
办公楼	m²/人	18	建筑面积宜为1200~2000m²
警消楼	m²/人	15	不包括消防车库面积
值班宿舍	m²/人	15	人数按一个作业班计算。建筑面积宜为300~500m²
食堂	m²/人	2.6	包括餐厅、厨房、主副食储藏室
备品库		200~250	
值班室		20~36	
化验室		150~200	
计量室		20~30	

第四节 油库设计阶段划分及专业分工

油库工程设计与普通工业和民用建筑设计有相同之共性,也有不同之特性。油库设计既专业面广,又专业性强。需要有工艺、总图、建筑、结构、供电、给排水、暖通等专业设计人员共同完成。

一、油库设计分段及各段工作内容

油库设计分段及各段工作内容见表1-1-95。

表1-1-95 油库设计分段及各段工作内容

分段	各段工作内容
1.设计分步分段	(1)分步 油库工程设计程序一般分为三步: ①领会设计任务书意图 ②收集设计基础资料 ③进行设计

续表

分段	各段工作内容
1. 设计分步分段	(2)分段 ①按照国家建委关于颁发试行的《设计文件编制与审批办法》的通知,一般建设项目按两个阶段进行设计,即初步设计和施工图设计 ②对于技术上特别复杂又缺乏设计经验的项目,经主管部门指定,可增加技术设计阶段,即初步设计、技术设计和施工图设计 ③目前国内油库用的主要设备大部分已定型化、系列化,油库设计单位已有不少定型图纸可以利用,因此油库大多采用初步设计和施工图设计等两段设计
2. 初步设计工作内容	(1)初步设计文件可分为说明书、概算、设备材料表和图纸四部分 (2)说明书一般应包括以下主要内容 ①设计依据和设计指导思想 ②建设规模 ③基础资料(地理位置、地形、地质、水文、气象、地震烈度、水、电、交通、通讯、环境污染等) ④总平面布置、占地面积和土地使用情况 ⑤建筑工程规划、方案和重大问题的决策 ⑥主要建筑物、构筑物的建筑结构形式 ⑦工艺流程 ⑧主要设备选型及配置 ⑨新技术、新材料、新设备的采用情况 ⑩环境保护、抗震和人防设施 ⑪外部协作配合情况 ⑫设备和主要材料规格数量 ⑬工程总概算 ⑭各项技术经济指标 ⑮建设顺序和进度安排 ⑯扩(翻)建工程,应说明原有工程情况及新旧工程的关系 (3)图纸主要有:油库工艺总流程图、总平面布置图及油泵站、作业区等主要单体设计平面图
3. 技术设计工作内容	(1)目的。技术设计的目的是在选定库址上作出技术上可行的方案,并提出投资额和主要设备材料,供领导审批 (2)作用。经领导批准的技术设计是施工图设计的主要依据 (3)深度。在技术设计中,必须对油库的总体布置、工艺流程、主要设备及辅助生产设施等作出基本的技术决定,同时提出经济指标、工程概算和主要设备材料单 (4)内容。技术设计,一般包括文字资料,并附上总平面布置图、主要单体设计平面图和工艺流程、热力系统、消防系统、给排水系统等主要系统方面的图纸。其中文字资料以说明书的形式表达,主要内容参见本书第三章第三节总说明的编制
4. 施工图设计工作内容	(1)依据与作用。施工图设计是依据批准的初步设计或技术设计来完成的,它是指导施工的技术文件 (2)深度。详细程度应满足施工的要求,对工程任何一个细节都必须用图纸或文字说明表达清楚 (3)专业。施工图设计由各专业设计人员共同完成,因此在施工图设计中应特别注意各个专业之间的联系 (4)重复利用。在整个设计中,施工图的工作量是很大的,为了减少设计工作量,缩短设计时间,在条件允许的情况下,应尽量重复利用现成的图纸或定型图与标准详图 (5)内容。油库工艺施工图设计文件应包括油库工艺设计总说明、油库总平面图、总工艺流程图、油罐施工图、工艺管线施工图、业务用房工艺设备布置图等

分段	各段工作内容
5. 绘制竣工图	(1) 施工图设计结束时,应组织设计、施工、使用等有关单位会审 (2) 施工完毕后,一般应当绘制竣工图 (3) 竣工图反映了油库主要设备的竣工情况。在施工过程中对原设计的修改,均应反映在竣工图上 (4) 竣工图是油库设备管理和维修的重要资料

二、油库设计分工

油库设计应由多个专业人员密切配合才能完成,各专业分工及主要工作内容见表1-1-96,供参考。

表1-1-96 油库主要单项设计专业分工及工作内容

设计项目	各专业主要工作内容						
	工艺	总图	建筑	结构	给排水	供电	暖通
1. 总平面图	油系统图,并协助绘总图	绘图			水系统图	供配电系统图	供暖系统图
2. 总工艺流程	设计,绘图						
3. 油泵房	流程图、设备安装平剖面图		建筑图	结构图	上、下水图	动力、照明供电图	通风、采暖图
4. 铁路收发区	平面布置、工艺管路平剖面			栈桥	消防系统	探照灯或灯塔	黏油加热蒸汽系统
5. 码头收发区	平面布置、管路及收发油口工艺图			管沟及盖板	消防及给水排水管系统	照明供电	黏油加热系统
6. 发(加)油站	流程、设备安装平剖面		建筑图	结构图	消防及给水排水管系统	动力照明供电自控	
7. 地面油罐区	平面布置、油罐附件及工艺管线安装图			油罐结构,防火堤	油罐区消防及给水排水系统		
8. 储油洞库	平立面布置、油罐附件、主支坑道工艺管线			罐室及坑道开挖、被覆图	上水系统	动力、照明供电、通讯系统	通风、黏油加热系统
9. 输油管线	平面、纵横断面图、抽空点及阀井安装图			穿跨越及抽空点、阀井土建		阴极保护及自控	

续表

设计项目	各专业主要工作内容					
	工 艺	总图	建筑	结构	给排水	供电	暖通

设计项目	工 艺	总图	建筑	结构	给排水	供电	暖通
10. 桶装库	平面使用布置并提出库房长、宽、高尺寸		建筑图	结构图		照明供电	
11. 装备器材库	平面使用布置并提出库房长、宽、高尺寸		建筑图	结构图		照明供电	
12. 机修间	设备选型、平面布置及长、宽、高尺寸确定		建筑图	结构图	上、下水设计图	动力、照明供电	供暖设计
13. 更生间	工艺流程、设备安装图		建筑图	结构图	上、下水设计图	动力、照明供电	供暖设计
14. 洗修桶厂	工艺流程、设备安装图		建筑图	结构图	上、下水设计图	动力、照明供电	供暖设计
15. 油料化验室	平、立面布置		建筑图	结构图	上、下水设计图	动力、照明供电	采暖通风
16. 消防给水系统					消防给水系统流程及安装图	动力、照明供电	采暖通风
17. 给水排水及水泵房			建筑图	结构图	给排水流程及安装图	动力、照明供电	采暖图
18. 柴油发电站	供油系统		建筑图	结构图	上、下水	设备选型及平剖面图	采暖、通风图
19. 变、配电间			建筑图	结构图	上、下水	设备选型及安装图	采暖图
20. 锅炉房			建筑图	结构图	上、下水	动力、照明供电	设备选型及安装图
21. 办公、生活建(构)筑物			建筑图	结构图	上、下水	动力、照明供电	采暖、空调

65

第二章 油库选址数据图表

第一节 选址原则与过程

选址原则与过程见表 1-2-1。

表 1-2-1 选址原则与过程

项目	内容
1. 选址原则	(1)方针政策。认真贯彻国家有关基本建设的各项方针政策,正确处理选址中出现的各种矛盾,达到技术先进,经济合理,生产安全,管理方便,节约能源 (2)节约用地。必须贯彻执行节约用地的原则。选择库址时应尽量不占或少占耕地,尽可能利用荒地及坏地。与当地主管部门配合,在油库规划和建设中照顾到当地农业的发展 (3)隐蔽安全。建库地点应力求隐蔽,军用油库应处理好平时与战时的关系,既要有利于平时使用,又要考虑到战时的隐蔽和安全 (4)周围环境。选择库址时要注意周围环境,符合城镇发展计划,贯彻国家有关安全防火和环境保护的规定
2. 选址过程	(1)图上选点。根据建库任务书中指定的地区范围,在比例尺通常为 1:50000 或 1:100000 的地图上选 2~3 个宜建库的场址 (2)初勘 ①单位。初勘一般是由建库单位或建库单位委托设计单位来做 ②任务。对地形图上的初选点逐一进行初步现场踏勘 ③目的。核实地形图上所载的地形地貌,并对库址的基本要求进行全面调查了解 ④工作内容: a. 在初勘中一般不作地址钻探分析 b. 现场踏勘时对库址内岩石的露头情况,土壤分层情况,在库址内及附近有无崩塌、断层、滑坡等工程地质问题应作详细的调查和记录 c. 在初勘中,应根据现场踏勘的情况,对初选点做现场总体布置方案,绘制出初选点总体布置示意图 ⑤成果 a. 初勘结束后,应写出初勘报告,报上级审议 b. 初勘报告的主要内容包括: ⓐ勘察依据 ⓑ勘察方向与地区 ⓒ勘察时间与参加人员 ⓓ至少有两个勘察点的地形、地质、交通、水电等情况 ⓔ拟建油库的容量、型式与主要建(构)筑物概况 ⓕ对勘察点的总体布置、优缺点与存在问题的处理意见,并附以总体布置示意图

续表

项 目	内 容
2. 选址过程	（3）复勘 ①目的： a. 初勘报告经上级审议后，为了对有使用价值的库址进行更全面的研究，进一步修订和充实总体布置方案 b. 对某些重大问题的处理提出具体意见 c. 以便在初勘的基础上选出更为合适的库址，这时就要进行复勘工作 ②重要性 初勘是选择库址的基础，复勘是选择库址的关键 ③参加人员 复勘时除参加初勘的人员必须到场外，有关主管部门也应参加 ④工作内容： a. 复勘中一般应进行地形测量和地质勘探 b. 设计单位应根据设计方案提出地形测量和地质勘探的重点和要求 （4）定点 ①通过复勘，根据有关部门的指示，对总体布置方案再做某些必要的修订，整理好各种技术资料，并对油库建设提出意见，报请有关领导审批 ②领导同意建库的库址后，编制油库建设项目建议书，报请有权审批的部门审核批准定点，列入基本建设计划

第二节 对库址的基本要求

一、对库址区域环境的要求

对库址区域环境的要求见表1-2-2。

表1-2-2 对库址区域环境的要求

项 目	要 求
1. 符合批示	按照上级批准的设计任务书，根据油库规模等级，估算出油库大体的占地面积，在指定的地域内进行库址选择
2. 远离重要建筑	油库的位置应尽量远离大中型城市、大型水库、重要的交通枢纽、机场、电站、重点工矿企业和军事战略等目标，以免相互影响
3. 符合防火安全距离	（1）油库和临近住宅区、工矿企业以及各种建（构）筑物之间应满足一定的安全防火距离 （2）按照《石油库设计规范》的规定，油库按其储油容量分为五个等级，详见表1-2-3，各级油库与周围居住区、工矿企业及交通线等的安全距离不得小于表1-2-4的规定 （3）按照"油库设计其他相关规范"的规定，非商业用油库的分级及各级油库与周围建（构）筑物的安全距离与国标有所不同，详见表1-2-5、表1-2-6，设计非商业用油库时可作依据
4. 遇江河湖	当库址选在靠近江河、湖泊或水库的滨水地段时，通常布置在码头、水电站、桥梁和城市的下游
5. 设计标高	库区场地的最低设计标高，应高于计算最高洪水位0.5m。当有防止油库受淹的可靠措施，且技术经济合理时，库址亦可选在低于计算最高洪水位的地段
6. 机场库要求	油库与机场的距离，应符合各机场对净空的要求
7. 风向要求	油库的位置最好是处于邻近住宅区的下风方向，以免油蒸气刮向居民区
8. 商业库要求	商业油库最好靠近城市或基本用户。这样不但有利于缩短用户到油库取油的汽车运输里程，而且油库建设时也可利用城市条件，减少水、电、交通等建设投资

表1-2-3 油库等级划分

等级	油库总容量 TV / m^3
一级	$TV \geq 100000$
二级	$30000 \leq TV < 100000$
三级	$10000 \leq TV < 30000$
四级	$1000 \leq TV < 10000$
五级	$TV < 1000$

注：①表中总容量 TV 系指油库油品储罐和桶装油品设计存放量之总和，不包括零位罐和放空罐的容量。
②油库储存液化石油气时，液化石油气罐的容量应计入油库总容量。

表1-2-4 油库与周围居住区、工矿企业、交通线等的安全距离　　　　　　　　　　　　m

序号	名称	油库等级				
		一级	二级	三级	四级	五级
1	居住区及公共建筑物	100	90	80	70	50
2	工矿企业	60	50	40	35	30
3	国家铁路线	60	55	50	50	50
4	工业企业铁路线	35	30	25	25	25
5	公路	25	20	15	15	15
6	国家一、二级架空通信线路	40	40	40	40	40
7	架空电力线路和不属于国家一、二级的架空通信线路	1.5倍杆高	1.5倍杆高	1.5倍杆高	1.5倍杆高	1.5倍杆高
8	爆炸作业场地（如采石场）	300	300	300	300	300

注：①序号1~7的安全距离，从油库的油罐区或油品装卸区算起；有防火堤的油罐区从防火堤中心线算起；无防火堤的覆土油罐从罐室内壁算起；油品装卸区从装卸车（船）时鹤管口的位置或泵房算起；序号8的安全距离从油库围墙算起。
②对于有装油作业的油品装卸区，序号1~6的安全距离可减少25%，但不得小于15m；对于仅有卸油作业的油品装卸区以及单罐容量小于或等于100m³的埋地卧式油罐，序号1~6的安全距离可减少50%，但不得小于15m，序号7的安全距离可减少为1倍杆高。
③四、五级油库仅储存丙A类油品或丙A和丙B类油品时，序号1、2、5的安全距离可减少25%；四、五级油库仅储存丙B类油品时，可不受本表限制。
④少于1000人或300户的居住区与二、三、四、五级油库的距离可减少25%；少于100人或30户的居住区与一级油库的安全距离可减少25%，与二、三、四、五级油库的距离可减少50%，但不得小于35m。居住区包括油库的生活区。
⑤注②~注④的折减不得叠加。
⑥对于电压35kV及以上的架空电力线路，序号7的距离除应满足本表要求外，且不应小于30m。
⑦铁路附属油库与国家铁路线及工业企业铁路线的距离，可按表第三章表1-3-8铁路机车走行线的规定执行。
⑧当两个油库或油库与工矿企业的油罐区相毗邻建设时，其相邻油罐之间的防火距离可取相邻油罐中较大罐直径的1.5倍，但不应小于30m；其他建筑物、构筑物之间的防火距离可按第三章表1-3-8的规定增加50%。
⑨非油库用库外埋地电缆与油库围墙的距离不应小于3m。

表 1-2-5 非商业用油库的等级划分

级 别	储存油品的总容量 TV/m³
一级	$TV \geqslant 100\ 000$
二级	$50\ 000 \leqslant TV < 100\ 000$
三级	$25\ 000 \leqslant TV < 50\ 000$
四级	$10\ 000 \leqslant TV < 25\ 000$
五级	$TV < 10\ 000$

注：储存油品的总容量 TV 系指油罐公称容量和设计桶装油品存放量之和，不包括零位罐、放空罐、中继罐、高位罐以及油库自用油品储罐的容量。

表 1-2-6 非商业用油库与周围建(构)筑物之间的最小安全距离　　　　　　　　　m

序号	库外建(构)筑物		油库等级			
			一级	二、三级	四级	五级
1	居住区、公共建筑物		100	90	80	70
2	工矿企业		60(70)	50(70)	40(60)	35(50)
3	国家铁路线		60(70)	55(70)	50(60)	50(60)
4	工矿企业铁路线		35(50)	30(50)	25(50)	25(50)
5	公路		25(50)	20(50)	15(50)	15(50)
6	架空通信线路	国家一、二级	40(50)			
7		一般	1.5 倍杆高(50)			
8	架空电力线路	>35kV	1.5 倍杆高，且不小于 30(50)			
9		≤35kV	1.5 倍杆高(50)			
10	爆破作业场地(如采石场)		300			

注：①序号 2~9 括号内的距离为新建储油洞库应执行的最小安全距离。
②与序号 1~9 的最小安全距离，储油洞库从洞口算起；地上油罐从防火堤中心线算起；覆土立式油罐从罐室内壁及其通道进出口算起；覆土卧式油罐从罐壁及其罐头阀门操作间算起；油品装卸设施从装卸油车(船)停靠位置及油泵房(油泵棚、露天油泵站从泵的外缘)算起；与序号 10 的安全距离从油库围墙算起。
③装卸油设施与序号 1~6 的最小安全距离可减少 25%，但不得小于 15m；单罐容量不大于 100m³ 的覆土卧式油罐，与序号 1~6 的最小安全距离可减少 50%，但不得小于 15m。
④地上油罐、覆土立式油罐及其收发油设施等，与居住区的最小安全距离按 GB 50074 执行。
⑤后方油库与飞机场和重要军事设施之间的最小安全距离，应符合国家及军队有关标准的规定。

二、对库址的其他要求

对库址的其他要求见表 1-2-7。

表 1-2-7 对库址的其他要求

要求项目	要求内容
1. 对地形的要求	(1) 总要求 ①不同类型的油库对库址地形的要求有所不同 ②其主要相同之处是所选的地形有利于减少油库的经营和投资费用,并且符合安全隐蔽要求 (2) 平原地要求 ①平原地区建库,库址最好具有较明显的缓坡地形 ②以利于油品的自流作业,而且使油库易于排水 (3) 山区建库要求 ①山区建库要尽量利用地形高低的特点,实现油品自流作业 ②最理想的地形是铁路油罐车由较高地段入库区,利用自流将油品卸向储油罐,再从储油罐向位置更低的灌桶间或用户发油,全部作业完全自流。这样的地形不但可以减少经营费用,还能保证生产不间断进行,不受外电源影响 (4) 洞式油库要求 洞式油库,应选择山体肥厚的山沟和既有利于隐蔽又有利于建设的地段,利用山体地势的阻隔和遮挡减少目标 (5) 防淹没 库址尚需注意不要位于低洼地段,以免在雨季遭受淹没
2. 对地质的要求	(1) 工程地质 ①库址应具备良好的地质条件,不得选在有土崩、断层、滑坡、沼泽、流沙和泥石流的地区以及地下矿藏开采后可能塌陷的地区 ②最宜于建库的土质是沙土层,这种土壤坚固,易排水,腐蚀性小,沉陷均匀 ③杂土和黏土 a. 杂土层大多是多空性结构,不稳定,当土壤湿度大时,沉陷增加,地耐压力显著降低 b. 黏土层虽然坚固,但冬季容易发生隆起现象,破坏建筑物的基础,而春秋两季,建筑物又可能沿结冰层滑动 c. 因此杂土和黏土层上都不宜建库,特别是储油罐区,更应予以注意 ④库址的耐压力必须满足相应油罐的荷载要求,具有足够的承载能力和稳定性 ⑤一、二、三级油库的库址,不宜选在地震基本烈度九度及以上的地区 (2) 水文地质 ①库址应选在既无地上浸水,而地下水位又低的地方 ②最高地下水位一般不得超过油库建筑物基础的底面。对于地下建筑多的油库更应注意这个问题 ③山区建库 a. 必须将多雨季节、洪水期的汇水面积、水位以及泄洪沟等情况调查清楚 b. 一般以山腰建库为宜 ④洪水频率 计算最高洪水位采用的洪水频率,应符合下列规定: 一、二、三级油库为 50 年一遇;四、五级油库为 25 年一遇

续表

要求项目	要求内容
2. 对地质的要求	（3）山洞库的特殊要求 ①要求山体高而肥厚，山坡最好大于30°。这样可以缩短引洞长度，扩大储油容量，提高洞库防护能力 ②防护层的厚度要求应按防护等级和岩石强度决定 ③要求地质构造简单，岩性均一，结构完整，石质坚硬，普氏系数在6以上 ④要求油罐区尽量避开断层和密集的破碎带
3. 对交通运输要求	（1）油库的库址，应选在交通方便的地方，以利于接卸和输转油品 （2）以铁路运输为主的油库 ①应靠近有条件接轨的地方 ②铁路专用线的长度一般不应超过3km ③铁路专用线经过的地区，地形要尽量简单 ④避免架设桥梁和开挖隧道等重大工程 （3）以公路运输为主的油库 ①应尽量设置在现有公路附近，以便将道路以较短的距离引入油库 ②同时也要注意引入公路时不要穿越铁路和河渠 （4）以水运为主的油库 ①除使油库库址靠近有条件建设装卸油品码头的地方外 ②还应了解和收集有关河床的水文地质资料以及有关船舶的规格、载重量和吃水深度，特别是码头地区的水深和冲刷情况
4. 对水电供应要求	（1）水源和电源 ①油库库址应具备生产、消防、生活所需的水源和电源的条件，还应具备排水的条件 ②因此需要调查库址附近在用及设计中的上水道情况，并与有关部门联系，掌握确切的水源资料，了解天然水源及地下水情况，打井取水的可能性以及水质、水量情况 （2）接线的可能性 查明附近动力线和通讯线路的接线位置和接线的可能性，并了解清楚现有线路的容量、负荷，油库接线后是否需要换线等 （3）排水 油库的排水问题，特别是含油污水的排放，要征得环境保护部门的同意
5. 对附属油库选址的特殊要求	（1）机场附属油库 ①机场附属油库是为机场用油服务的机场下属单位，它的选址应考虑既方便飞机加油又保证机场的安全，应以机场为中心考虑问题 ②为此常把机场油库分为消耗油库和储备油库两个分库 ③消耗油库容量小，库址靠近机场，便于给飞机供油 ④储备油库容量较大，库址远离机场，以保证机场安全 ⑤两库通常用输油管线连接 ⑥当储备油库远离铁路专用线时，还应在专用线附近专设接收油库

续表

要求项目	要求内容
5. 对附属油库选址的特殊要求	(2)码头附属油库 ①码头附属油库是为舰船用油服务的港区基地下属单位，它的选址应考虑既方便舰船加油又保证基地的安全，应以基地为中心考虑问题 ②因此储油区常远离加油码头，用油管直接通至码头加油口 ③若此油管需要放空或考虑待修的舰船需要退油时，在码头附近的岸边需设放空罐或退油罐及相应的配套设施 (3)长距离输油管线配套油库 ①随着我国石油事业的蓬勃发展，成品油长输管线已成为我国成品油输送的重要工具。长距离输油管线配套油库，是为满足长输管线输油接力油泵站转输油品而设置的长输管线的配套工程，一般应与长输管线同步建设 ②它的库址一般就是输油接力油泵站的站址，总平面布置应与该油泵站统一考虑 ③若遇到此库(站)址确实不合理时，可重新选择前面油泵站的油泵，使其改变输油扬程，调整油泵站间距，使库(站)址满足油库选址的基本要求

第三章 油库总体设计数据图表

油库总体设计包括总图设计、总流程设计和总说明编制，这是对油库各种设施综合考虑的结果。它先行于各项目的单体设计，但又受各单体设计的制约。随着各单体设计的逐步深入，总体设计尚需不断做相应局部调整。因此总体设计的定稿，往往又在各单体设计之后。即总体设计贯穿于油库设计的全过程。

第一节 总图设计

一、总图设计方法步骤及内容

总图设计方法步骤及内容见表1-3-1。

表1-3-1 总图设计方法步骤及内容

项目	内容
设计方法	油库总图设计应采取由粗到细、由浅到深、分段考虑、逐步完成的方法
设计步骤	一般可按方案设计、初步设计和施工设计三步进行，产生三种不同深度的总图
设计内容	(1)油库总图设计内容包括总平面配置和立面布置 (2)确定油库各建(构)筑物的平面座标和标高，库区道路布置及库区绿化、美化等布局
各段设计内容	方案设计总图 (1)应初步反映设计意图、总平面布局特点和分区情况及交通运输、储输油、给排水、供电、供热等系统的选择和概况 (2)图面不必过细，但应做多方面比较。如比较油库与周围单位的相互协作和影响，土地利用率，地形、地貌利用情况，油罐等主要设备设施所占场址的地质条件，油库施工难易程度和工期长短，一次投资费用，油库经营管理费用及使用管理难易程度等，以供审核方案优劣时参考 初步设计总图 (1)应按规定图例分别绘出原有、拟建及将来扩建的建(构)筑物的位置，并注明座标及设计标高 (2)对于油罐区防火堤、库区道路、围墙、各种管路走向、库区绿化美化等都应予以表示 (3)为指导整体施工和协调各单体设计关系提供遵循的依据 施工设计总图 (1)要求与初步设计总图基本相同 (2)在初步设计总图的基础上，进一步详细准确地表示 (3)根据各项单体设计结果，不断修正初步设计总图，使其上各建(构)筑物的形状、大小及平面、立面位置都应与各单体设计相符合

二、总平面布置方法、原则及要点

总平面布置方法、原则及要点见表1-3-2。

表 1-3-2 总平面布置方法、原则及要点

项 目	内 容
1. 布置方法	(1)总平面布置，应在进行实地勘察、深入调查、充分了解和熟悉现场实际的基础上 (2)根据设计任务书确定的规模、性质和任务进行设计
2. 布置原则	(1)保证油库与周围单位的安全距离不小于表1-2-4或表1-2-6的规定，避免相互影响。特别是储油区和油库有爆炸危险的场所，须避开有明火的邻居或重要公共企事业单位 (2)分区应明显，划区要合理，避免非生产人员和车辆往返穿行储存和作业区域。油库分区及各区建(构)筑物见表1-3-4、表1-3-5 (3)严格控制油库内各区建(构)筑物的防火安全距离，使其不小于表1-3-6、表1-3-7、表1-3-8的规定，以提高油库安全度 (4)油库内的建(构)筑物，在符合生产使用和安全防火的要求下，宜合并建造 (5)充分利用地形，造成便于自流收发作业的条件，提高油料供应保障可靠程度，减少经营费用 (6)合理利用地形、地貌，尽量利用自然环境，做好库区隐蔽伪装 (7)充分利用土地面积和地质条件，尽量不占农田、良地和果园，并使油罐等重型构筑物建在地质良好的场地 (8)铁路装卸和汽车灌装区尽可能靠近交通线，使铁路专用线和公路支线尽量减短 (9)有密切联系的建(构)筑物(如：洗修桶间、堆桶场、灌桶间、桶装库等)，应按生产顺序合理布置流向，避免往返交叉。并在满足防火安全距离的前提下，尽量靠近，缩短运距 (10)变配电间及锅炉房等辅助设施，要尽量靠近主要用电、用汽单位，以使节省建设投资和经营费用 (11)行政管理和业务用房一般应在出入门口附近，并宜与生产作业区用栏杆墙隔开 (12)生活区一般宜布置在库外附近 (13)考虑到油库今后的发展，应适当留有扩建余地 (14)绿化 ①库内绿化既考虑美化环境，又不影响安全 ②除行政管理区外不应栽植油性大的树种 ③防火堤内严禁植树，但在气温适宜地区可铺设高度不超过0.15m的四季常绿草皮 ④在消防道路与防火堤之间，不宜种树 ⑤库内绿化，不应妨碍消防操作 (15)围墙 ①油库应设高度不低于2.5m的非燃烧材料的实体围墙 ②山区或丘陵地带的油库，可设置镀锌铁丝网围墙 ③企业附属油库与企业毗邻一侧的围墙高度不宜低于1.8m
3. 主要建构筑物平面布置要点	(1)铁路装卸区布置要点 ①装卸区的方位须与铁路专用线进库方向一致，并尽量布置在库区边缘地带，应避免与库内道路交叉 ②装卸区布置应兼顾到油泵房、器材库、桶装库等相关建筑布置的可行性 ③装卸区与周围建(构)筑物的安全防火距离除满足表1-3-8的要求外，还应满足以下常用的安全系数 a. 装卸油鹤管距油库围墙的铁路大门，不应小于20m b. 铁路专用线的中心线距油库铁路大门边缘，有附挂调车作业时不应小于3.2m，无附挂调车作业时不应小于2.44m c. 中心线距装卸油暖库大门边缘，不得小于2m，暖库大门的净空高度(自轨面算起)不应小于5m

续表

项目	内　容
3. 主要建构筑物平面布置要点	(2)水运装卸区布置要点 ①内河油码头应建在其他相邻码头或建(构)筑物的下游,如确有困难时,在设有可靠的安全设施条件下,亦可建在上游 ②海港(含河口港)装卸油码头,不宜与其他码头建在同一港区水域内 ③油码头与其他码头或建(构)筑物的安全距离不小于表1-8-2~表1-8-5的规定 (3)公路装卸区布置要点 ①装卸区应布置在油库面向公路的一侧,油库出入口附近,并尽量靠近公路干线 ②人员和车辆来往较多的区域,宜设栏杆墙与其他各区隔开,并应设单独的出入口 ③装卸区的场地要根据来车的车型大小和来车量,规划行车路线、倒车和回车面积,出入口外应设停车场 ④有拖拉机提运油的油库,必须设专门的拖拉机灌装场 (4)储油区布置要点 ①须满足设计任务书要求的防护能力。如要求建洞库,应选择高度和宽度能布足够容量的山体;如要求建掩体地下罐,则应选择丘陵或坡地 ②须满足与周围建(构)筑物的安全防火距离,见表1-3-6~表1-3-9 ③应使收发油作业方便、可靠、省动力,既满足泵送能力,又尽量能自流发油,并尽量使输油管路短,管路施工简单 ④尽量选择地质条件好的位置 (5)库内道路的布置要点 ①一级油库油罐区和装卸区消防道路的路面宽度不应小于6m,转弯半径不宜小于12m;其他级别油库的油罐区和装卸区消防道路的路面宽度不应小于4m ②油罐区应设环行消防道,油罐组之间宜设3.5m宽消防道与环行消防道相连。四、五级油库、山区或丘陵地带的油库亦可设有回车场的尽头式消防道 ③铁路装卸区应设消防道,并宜与库内道路构成环行道,也可设有回车场的尽头式道路 ④油库通向公路的车辆出入口(公路卸区的单独出入口除外),一、二、三级油库不宜少于两处,四、五级油库可设一处 (6)库内各种管道、线路布置要点 ①库内各种管道、线路的布置应综合考虑,由总图设计协调平衡,划定走向与范围,统一布置 ②管道、线路尽量平行布置,减少交叉 ③管道、线路尽量避免穿越跨建(构)筑物 ④管道、线路之间的垂直和平行净距应符合有关规范和规定的要求 ⑤管道、线路布置尽量缩短长度,节省投资

三、总平面布置的技术数据和资料

(1)油库内生产性建筑物和构筑物的耐火等级不得低于表1-3-3。

表1-3-3　油库内生产性建筑物和构筑物的最低耐火等级

序号	建筑物和构筑物	油品类别	耐火等级
1	油泵房、阀门室、灌油间(亭)、铁路油品装卸暖库	甲、乙	二级
		丙	三级
2	桶装油品库房及敞棚	甲、乙	二级
		丙	三级

续表

序号	建筑物和构筑物	油品类别	耐火等级
3	化验室、计量室、仪表室、锅炉房、变配电间、修洗桶间、汽车油罐车库、润滑油再生间、柴油发电机间、空气压缩机间、高架罐支座(架)	—	二级
4	机修间、器材库、水泵房、铁路油品装卸栈桥、汽车油品装卸站台、油品码头栈桥、油泵棚、阀门棚	—	三级

注：①建筑物和构筑物的燃烧性能和耐火极限应符合现行国家标准《建筑设计防火规范》的规定。
②三级耐火等级的建筑物和构筑物的构件不得采用可燃材料建造。
③桶装甲、乙类油品敞棚承重柱的耐火极限不应低于2.5h；敞棚顶承重构件及顶面的耐火极限可不限，但不得采用可燃材料建造。
④本表摘自《石油库设计规范》(GB 50074)。

(2)地方油库分区及其主要建(构)筑物见表1-3-4。

表1-3-4 地方油库分区及其主要建(构)筑物

序号	分 区		区内主要建筑物和构筑物
1	储油区		油罐、防火堤、油泵站、变配电间等
2	油品装卸区	铁路油品装卸区	铁路油品装卸栈桥、站台、油泵站、桶装油品库房、零位罐、变配电间等
		水运油品装卸区	油品装卸码头、油泵站、灌油间、桶装油品库房、变配电间等
		公路油品装卸区	高架罐、灌油间、油泵站、变配电间、汽车油品装卸设施、桶装油品库房、控制室等
3	辅助生产区		修洗桶间、消防泵房、消防车库、变配电间、机修间、器材库、锅炉房、化验室、污水处理设施、计量室、油罐车库等
4	行政管理区		办公室、传达室、汽车库、警卫及消防人员宿舍、集体宿舍、浴室、食堂等

注：①企业附属油库的分区，尚宜结合该企业的总体布置统一考虑
②对于四级油库，序号3、4的建筑物和构筑物可合并布置；对于五级油库，序号2、3、4的建筑物和构筑物可以合并布置。
③本表摘自《石油库设计规范》(GB 50074)。

(3)非商业用油库分区及其主要建(构)筑物见表1-3-5。

表1-3-5 非商业用油库分区及其主要建(构)筑物

分区			区内主要建(构)筑物
储油区			油罐、油泵站、配电间、消防设施、警卫用房等
作业区	油品收发区	铁路油品收发区	铁路油品收发油栈桥、油泵站、放空罐、零位罐、变(配)电间、桶装油品库房、装备器材库房、作业值班室、消防设施等
		水运油品收发区	收发油码头、油泵站、放空罐、变(配)电间、桶装油品库房、作业值班室、消防设施等
		公路油品收发区	汽车油罐车收发油设施、收发油控制室、灌桶设施、高位罐、桶装油品库房、装备器材库房、消防设施等

续表

分区		区内主要建(构)筑物
作业区	辅助作业区	修洗桶厂、滑油更生设施、机修间、器材间、发电间、变(配)电间、油料化验室、污水处理设施、油罐车库、消防设施等
	行政生活区	办公楼(室)、门卫室、汽车库、浴室、食堂、文化活动中心、宿舍及招待用房等

注:①小型油库的油料收发区与辅助作业区内的建(构)筑物可以合并布置。
②消防车库也可布置在辅助作业区。
③化验室也可布置在行政生活区。
④以储存轻质油品为主的油库,其黏油罐可靠近油料收发区布置,或与油料收发区同区布置。

(4)"油库设计其他相关规范"中规定:油库各区间最小安全距离见表1-3-6,洞口距其他建(构)筑物的距离见表1-3-7。

表1-3-6 油库各区之间的最小安全距离   m

区域	储油区			
	一级	二、三级	四级	五级
油品收发区、辅助作业区	60	50	40	35
行政生活区	75	70	60	55

注:①表中储油区的级别按在同一储油区或同一军事禁区内的储油总容量计算。
②地上油罐区与油品收发区相邻各建(构)筑物之间的距离,可按GB 50074规定的防火距离执行。
③行政生活区与油品收发区、辅助作业区,以及辅助作业区与油品收发区相邻各建(构)筑物之间的距离,不宜小于50m。
④储油区、油品收发区的计算起讫点,可按表1-2-4中注②执行;行政生活以办公用房、集体宿舍、住宅、文化活动用房、汽车库,以及锅炉房、食堂等有明火的建筑和散发火花的地点算起。

表1-3-7 油库洞口与其他建(构)筑物之间的最小安全距离   m

名称		洞口		油罐通气管口	
		甲、乙类油品	丙类油品	甲、乙类油品	丙类油品
油罐通气管口	甲、乙类油品	20	20	—	—
	丙类油品	8	5	—	—
油泵站	甲、乙类油品	15	15	10	5
	丙类油品	12	—	10	—
通风系统排风口		20	20	8	5	#

注:①油泵站与通风系统排风口的距离,不应小于10m。
②通风系统排风口和甲、乙类油品的油罐通气管口,不宜设在洞口的正前方和主导风向侧。

(5)《石油库设计规范》GB50074中规定的油库内建(构)筑物安全、防火距离
①油库内建(构)筑物间的防火距离,不得小于表1-3-8的规定。
②企业附属油库与本企业建(构)筑物、交通线等的安全距离,不得小于表1-3-9的规定。

表1-3-8 油库内建（构）筑物间的防火距离

序号	建筑物和构筑物名称		油罐（V为单罐容量）/m³				高架油罐	油泵房		灌油间		汽车灌油鹤管		铁路油品装卸设施		油品装卸码头		桶装油品库房		隔油池	
			V>50000	5000<V≤50000	1000<V≤5000	V≤1000		甲、乙类油品	丙类油品	甲、乙类油品	丙类油品	甲、乙类油品	丙类油品	甲、乙类油品	丙类油品	甲、乙类油品	丙类油品	甲、乙类油品	丙类油品	150m³及以下	150m³以上
			1	2	3	4	5	6	7	8	9	10	11	12	13	14	15	16	17	18	19
5	高架油罐		19	15	11.5	7.5															
6	油泵房	甲、乙类油品	19	15	11.5	9	12	12													
7		丙类油品	14.5	11.5	9	7.5	10	12	10												
8	灌油间	甲、乙类油品	24	19	15	11.5	10	12	12	12											
9		丙类油品	19	15	11.5	9	8	12	10	12	10										
10	汽车灌油鹤管	甲、乙类油品	24	19	15	11.5	10	15	15	15	15										
11		丙类油品	19	15	11.5	9	8	15	12	15	12	15									
12	铁路油品装卸设施	甲、乙类油品	24	19	15	11.5	15	8	8	15	15	15	15								
13		丙类油品	19	15	11.5	9	12	8	8	15	12	15	12								

续表

序号	建筑物和构筑物名称		油罐（V为单罐容量）/m³				高架油罐	油泵房		灌油间		汽车灌油鹤管		铁路油品装卸设施		油品装卸码头		桶装油品库房		隔油池	
			V>50000	5000<V≤50000	1000<V≤5000	V≤1000		甲、乙类油品	丙类油品	甲、乙类油品	丙类油品	甲、乙类油品	丙类油品	甲、乙类油品	丙类油品	甲、乙类油品	丙类油品	甲、乙类油品	丙类油品	150m³及以下	150m³以上
			1	2	3	4	5	6	7	8	9	10	11	12	13	14	15	16	17	18	19
14	油品装卸码头	甲、乙类油品	47	37.5	30	26.5	20	15	15	15	15	15	15	20	20		15	16	17		
15		丙类油品	33	26.5	22.5	22.5	15	15	12	15	12	15	12	20	15						
16	桶装油品库房	甲、乙类油品	24	19	15	11.5	15	12	12	12	12	15	15	8	8	15	12	12			
17		丙类油品	19	15	11.5	9	12	12	10	12	10	15	12	8	8	15					
18	隔油池	150m³及以下	24	19	15	11.5	15	15	15	20	15	20	15	25	20	25	20	20	15		
19		150m³以上	28	22.5	19	15	20	20	10	25	20	25	20	30	25	30	25	20	15		
20	消防泵房、消防车库		33	26.5	22.5	19	20	12	10	12	10	15	12	15	12	25	20	20	15	20	25
21	露天变配电所	10kV及以下	19	15	15	15	20	15	10	20	10	20	10	20	10	20	10	15	10	15	20
22	变压器	10kV以上	29	23	23	23	30	20	15	30	20	30	20	30	20	30	20	20	10	20	30

续表

序号	建筑物和构筑物名称	油罐（V为单罐容量）/m³				高架油罐	油泵房		灌油间		汽车灌油鹤管		铁路油品装卸设施		油品装卸码头		桶装油品库房		隔油池	
		V>50000	5000<V≤50000	1000<V≤5000	V≤1000		甲乙类油品	丙类油品	甲乙类油品	丙类油品	甲乙类油品	丙类油品	甲乙类油品	丙类油品	甲乙类油品	丙类油品	甲乙类油品	丙类油品	150m³及以下	150m³以上
		1	2	3	4	5	6	7	8	9	10	11	12	13	14	15	16	17	18	19
23	独立变配电间和中心控制室	19	15	11.5	11.5	15	12	10	15	10	15	10	15	10	15	10	12	10	18	19
24	铁路机车走行线	24	19	19	19	20	15	12	20	15	20	15	20	15	20	15	15	15	15	20
25	有明火及散发火花的建筑物及地点	33	26.5	26.5	26.5	30	20	20	30	20	30	20	30	20	40	30	30	20	30	40
26	油罐车库	28	22.5	19	15	20	15	12	15	12	20	15	20	15	20	15	15	10	15	20
27	围墙	14.5	11.5	7.5	6	8	10	5	10	5	5	5	15	5	—	—	5	5	10	10
28	其他建筑物、构筑物	24	19	15	11.5	12	12	10	12	10	15	10	15	10	15	12	12	10	15	15

注：①序号1、2、3、4的油罐，系指储存甲类和乙A类油品的浮顶油罐或内浮顶油罐，储存丙类油品，容量大于50m³的立式固定顶油罐。对于储存乙B类油品的立式固定顶油罐，序号4的距离应增加30%；对于容量等于或小于50m³的卧式油罐，序号1、2、3、4的油罐间距可不受本表限制。

②储油区油泵站采用棚式或露天泵棚或露天油品泵棚式，甲、乙、丙A类油品泵应布置在防火堤外，其他序号1、2、3、4的油罐间距可不受本表限制，与其他建筑物、构筑物间距以油泵外缘按本表规定计算。丙B类油品泵可布置在丙B类油罐组的防火堤内。

③灌油间与高架油罐、其他建筑物、构筑物邻近的一侧，如无门窗和无门孔洞时，两者之间的距离不受限制。

④密闭式隔油池与建筑物、构筑物的距离可减少50%；油罐组内的隔油池与油罐的距离可减少25%。

⑤四、五级石油库内各建筑物、构筑物之间的防火距离，除序号1、2、3、4外，可减少25%。

⑥序号1、2、3、4储存甲、乙类油品的油罐至河（海）岸边的防火距离，当单罐容量等于或小于1000m³时，不应小于20m；当单罐容量大于1000m³时，不应小于30m。储存丙类油品的油罐

⑦仅用于卸车作业的甲、乙类油品铁路油品装卸线，本表距离可减少25%。
⑧与油品泵房相毗邻的变配电间至油库内各建筑物、构筑物的防火距离与油品泵房相同。
⑨上述折减不得叠加。

罐至河（海）岸边的距离：当单罐容量等于或小于 500 m³ 时，不应小于 12m；当单罐容量大于 500 m³ 时，不应小于 15m。其他各序号的建筑物和构筑物（序号 27 号除外）至河（海）岸边的距离不应小于 10m。

表 1-3-9 企业附属油库与本企业建(构)筑物、交通线等的安全距离   m

安全距离 油品类别 库内建(构)筑物		企业建(构)筑物等	甲类生产厂房	甲类物品库房	乙、丙、丁、戊类生产厂房及物品库房耐火等级			明火或散发火花的地点	厂内铁路	厂内道路	
					一、二	三	四			主要	次要
油罐(TV为罐区总容量)/m³	TV≤50	甲、乙	25	25	12	15	20	25	25	15	10
	50<TV≤200		25	25	15	20	25	30	25	15	10
	200<TV≤1000		25	25	20	25	30	35	25	15	10
	1000<TV≤5000		30	30	25	30	40	40	25	15	10
	TV≤250	丙	15	15	12	15	20	20	20	10	5
	250<TV≤1000		20	20	15	20	25	25	20	10	5
	1000<TV≤5000		25	25	20	25	30	30	20	15	10
	5000<TV≤25000		30	30	25	30	40	40	25	15	10
油泵房 灌油间		甲、乙	12	15	12	14	16	30	20	10	5
		丙	12	12	10	12	14	15	12	8	5
桶装油品库房		甲、乙	15	20	15	20	25	30	30	10	5
		丙	12	15	10	15	20	20	15	8	5
汽车灌油鹤管		甲、乙	14	14	12	15	16	30	20	15	15
		丙	10	10	10	12	14	20	10	8	5
其他生产性建筑物		甲、乙、丙	12	12	10	12	14	15	10	3	3

注：①当甲、乙类油品与丙类油品混存时，丙类油品可按其容量的20%折算计入油罐区总容量。
②对于埋地卧式油罐和储存丙B类油品的油罐，本表距离(与厂内次要道路的距离除外)可减少50%，但不得小于10m。
③表中未注明的企业建(构)物与库内建(构)筑物的安全距离，应按现行国家标准《建筑设计防火规范》规定的防火距离执行。
④企业附属油库的甲、乙类油品储罐总容量大于5000m³，丙类油品储罐总容量大于25000 m³时，企业附属油库与本企业建(构)筑物、交通线等的安全距离，应符合第二章表1-2-4的规定。

(6)油库内道路的主要技术指标见表1-3-10。

表 1-3-10 油库内道路的主要技术指标   m

路面宽度	单车道	3.5
	双车道	6.0
最小竖曲率半径	凸形	300
	凹形	100
交叉口最小转弯半径	载重汽车	9~12
	载重汽车带一拖车	12~18
行车不频繁的单车道，最小转弯半径		9.0
车间引道的最小转弯半径		6.0
最大纵向坡度/%		8.0
路肩宽度		1.0~1.5

(7)油库内道路边缘与建(构)筑物的最小距离见表1-3-11。

表1-3-11 油库内汽车道路边缘与建(构)筑物的最小距离　　　　　m

相邻建(构)筑物名称	最小距离
1. 建筑物外墙面	
(1)当建筑物面向一侧无出入口时	1.50
(2)当建筑物面向一侧有出入口,但无汽车引道时	3.00
(3)当建筑物面向一侧有出入口和汽车引道时	6.00~8.00
标准轨铁路中心	3.75
窄轨铁路中心	3.00
2. 围墙	
(1)当围墙有汽车出入口时	6.00
(2)当围墙无汽车出入口,但围墙边有照明灯杆时	2.00
(3)当围墙无汽车出入口,且围墙边不设照明灯杆时	1.50
3. 树木	
(1)乔木	1.00
(2)灌木	0.50

四、总立面布置的目的、原则及步骤

总立面布置的目的、原则及步骤见表1-3-12。

表1-3-12 总立面布置的目的、原则及步骤

项目	内容
1. 布置目的	(1)合理确定各建(构)筑物和管线的标高,保证油库有良好的作业条件 (2)合理利用地形地貌,平衡土石方挖、填土,减少工程投资 (3)全面规划库内地势,便于排泄地面水,保证管线及道路坡度均匀,美化库内环境
2. 布置的原则	(1)为了使各建筑物内保持干燥,各建筑物室内的地坪最好高出最高地下水位0.3~0.5m (2)为了延缓管线的腐蚀和减少散热量,各种埋地管线宜敷设在最高地下水位以上,管顶距地面不应小于0.5~0.8m,水管应敷设在冰冻线以下 (3)铁路作业线专为用来卸油的,最好布置在油库最高处;专为装油的则最好布置在油库最低处,以便实现自流作业 (4)库内铁路作业线应为平坡段,其轨面标高应与库外专用线的技术条件相适应 (5)公路装卸区的场地标高,应与库外公路专用线的技术条件相适应,并最好低于储油区标高,以便实现自流灌装 (6)对于铁路或公路运输相联系的建(构)筑物,应根据交通工具及运送的物品来决定其标高。如桶装站台的地坪标高应比轨顶高出1.1m;桶装库、桶装站台等在竖向布置上,还要照顾到重桶走向,防止出现重桶上坡现象 (7)地面储油区一般应布置在较高的地方,油罐基础顶面应高出设计地面0.5m以上 (8)山洞库和覆土隐蔽库的罐标高,宜高于铁路、水路和公路装卸区,以利实现自流作业和输油管的放空 (9)要充分利用地形、地势,减少和平衡挖、填方工程量,一般挖方应稍多于填方,力求就近平衡。沿山坡布置建(构)筑物时,要顺着等高线布置 (10)立面布置需要大开挖、大削坡时,需详细核对地形、地貌和地质资料,注意防止滑坡、塌方等情况发生,尽可能减少挡土墙、护坡等附属工程量 (11)立面布置应保证场地雨水迅速排除,场地平整应有3‰~5‰的坡度 (12)运输及消防道路纵高坡度为4%~8%

续表

项 目	内 容
3. 布置的步骤	油库内各设备、设施是有机的整体，标高是相互影响、相互制约的，总立面布置的步骤如下： (1) 参照与铁路干线接轨处轨顶的标高、专用线长度和坡度，确定铁路装卸作业线轨顶标高 (2) 确定储油区油罐罐底的标高 (3) 确定作业区泵房的标高 (4) 确定与管线相联系的其他建(构)筑物的标高 (5) 确定与管线无联系的其他建(构)筑物的标高 确定标高后，须在总平面布置图上每个建(构)筑物标出地坪设计标高，洞口地坪中心线标高，铁路、公路中心线变坡点标高、坡度，排水构筑物的坡度等

五、总图绘制的要求和方法步骤

总图的绘制的要求和方法步骤见表 1 – 3 – 13。

表 1 – 3 – 13　总图绘制的要求和方法步骤

项 目	内 容
1. 总图含义	油库总平面布置的成果标绘在库址地形图上，称为油库总平面布置图(如：图 1 – 3 – 1、图 1 – 3 – 2 所示)。在油库总平面布置图上再标绘出油库立面布置的成果，即为油库总图
2. 总图绘制要求	(1) 全面规划图幅，合理安排建(构)筑物的尺寸、标高、图例、注释等的位置和大小 (2) 测量坐标网绘制应准确无误 (3) 图纸分幅时，前后测量坐标线应衔接(即后幅重合前幅同一座标线)，不能断开 (4) 各建(构)筑物绘制比例要和地形图比例大小一致，项目齐全，位置准确(若因建、构筑物很小，不能按比例画出，而只能示意时，应在附注中加以说明) (5) 地形图等高线(包括测量控制桩和测点)描绘清晰，位置准确，线形圆滑，中间无断头 (6) 图面尺寸、标高单位，统一用"m"表示
3. 总图绘制步骤和方法	(1) 定比例，分图幅 ①比例 a. 一般是利用原测地形图进行制作，其比例和原测地形图一致 b. 总图的比例根据油库的规模和分散程度而定，一般为(1:2000)~(1:5000) ②图幅 a. 总图应尽量布置在一张图纸上，以便通观全貌 b. 但是库区较大时往往做不到，此时应考虑图幅划分 c. 在划分图幅时，要注意使每张图所要表示的主要建(构)筑物(如洞库、铁路站台等)能较完整地表示在该图幅的明显位置上 (2) 分画坐标网，标定测量控制点 ①分画坐标网 a. 为便于图纸拼接，统一方位和标定地形、地物、测点、测站的位置，测绘的地形图都绘有测量坐标网，一般坐标网是按南北向布置的 b. 绘制总图坐标网，一般和地形图上的测量坐标网一致 c. 也有的根据布置主要建(构)筑物的方便需要自行分画坐标网(一般绘制间距为 50m 或 100m 的坐标方格网)，此时需要标明与地形图上测量坐标网的角度关系，以便前后联系 d. 为减少图中线条，保持图纸清晰，坐标网可不贯通，仅在纵横坐标相交处准确画出十字线(线长约 2cm 左右) e. 同时在图纸边四周或纵横各一边的坐标网上方和左侧注明坐标数值，便于查对 ②标定测量控制点 一张图纸分画好坐标网后，即可根据测量资料或按相应的地形图底图准确地标定测量控制点(包括建、构筑物定位桩)

续表

项目	内 容
3. 总图绘制步骤和方法	（3）绘制建（构）筑物。总图应绘制的内容有 ①地形。画出原地形等高线、测点高程、控制桩、地貌地物等 ②方位。画出测量网坐标、指北方向、原河沟水流方向、原公路与铁路的去向 ③洞子 　a. 绘出洞子建筑位置、轮廓线和中心线 　b. 洞子的排水方向 　c. 洞子地面标高和纵向坡度 　d. 主洞与支洞的交角 　e. 洞子各部位的尺寸线与尺寸 　f. 洞口的坐标和高程 　g. 洞口控制桩或转角 ④地面建筑物 　a. 画出油泵房、修洗桶间、桶装库、灌装罐、放空罐、锅炉房、器材库、滑油更生间、机修间、发（配）电房、水泵房、化验室、办公室、值班室、汽车库、消防车库等 　b. 定位坐标（或边角控制关系）、室内标高、室外标高 　c. 建筑轮廓线 　d. 各主要部位的尺寸线及尺寸 　e. 排水沟的流向和劈坡线等 ⑤铁路　铁路作业线股数，铁路线、站台、作业场地的轮廓线，各部位坐标和标高，纵、横坡度，主要尺寸线与尺寸，排水沟的排水方向等 ⑥公路　公路轮廓线，纵向坡度，坡长，变坡点的标高，转角点编号，桥涵的位置、孔径及标高，里程桩等 ⑦管线　输油管线、供水管线、蒸汽管线和回水管线等的数量、直径、管线轮廓线，走向，变化点标高，特殊管座，主要阀门，管线位置的控制排列尺寸，鹤管位置及轮廓线等 ⑧构筑物　画出排洪沟、截洪沟、挡土墙、护坡等的位置、标高及尺寸，堆渣场范围线、标高，水池、水井、消防栓的位置和标高，绿化伪装位置等 ⑨其他 　a. 编写与绘制必要的图例与说明，建（构）筑物的编号与注释等 　b. 上列内容，根据油库具体情况的不同，其项目会有增减 　c. 绘制建（构）筑物的基本顺序是铁路→公路→洞子→地面建筑物→管线→构筑物 　d. 绘制建（构）筑物的基本方法，是根据现场定点定位的实测资料和计算座标值，在新图纸上按比例标画出建（构）筑物的位置和轴线。然后按已定的建（构）筑物的形状、尺寸等资料准确地画出各建（构）筑物的平面图（即建筑轮廓线）。再标注尺寸、标高、座标、编号和注释等（标注方法按国家现行总图绘制标准） （4）绘制指北针和图例 ①指北针 画法按国家现行总图绘制标准规定绘制 ②图例 　a. 为了统一，均执行 GBJ1 规定，但洞库我们习惯用实线表示 　b. 图例一般布置在图纸的左上方 （5）绘制原地形等高线 ①以原地形图的底图做蓝本来描绘 ②描绘的顺序是：先描绘测量控制桩和测点，其次是描绘地物，最后是描绘地形等高线 ③在描绘地形等高线时也应先写控制等线高程数字；再次是描绘控制等高线（地形图中用粗线表示，一般常以 5m 或 10m 为一根，此线测绘较准确），最后描绘一般等高线 （6）编写说明 示图不能表示的，用文字说明 （7）书写图标及图纸编号 ①图标即标题栏，一般放在图幅的右下角 ②图纸编号一般分专业编 （8）校对及会签 ①总图反映油库工程的全貌，是各专业共同的设计依据 ②为了保证设计质量、图纸质量和各专业设计的统一，应认真校对和会签。这一步是各专业设计的一次会审，一定要做好

六、总图设计举例及点评

油库总图设计是油库总平面设计和立面设计的综合，按照设计深度和用途，可分为方案设计总图、施工图设计总图和管理使用总图。

(一)方案设计总图举例

1. 方案设计总图举例

方案设计总图举例见图1-3-1。

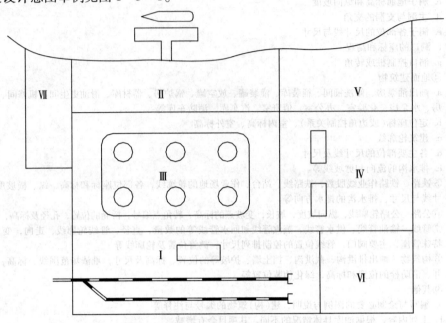

图1-3-1　油库分区示意图(方案图)
Ⅰ—铁路收发区；Ⅱ—汽车零发油区；Ⅲ—储油区；Ⅳ—行政管理区；
Ⅴ—辅助作业区；Ⅵ—码头收发区；Ⅶ—油污水处理区

2. 方案设计总图点评

该图仅达到方案设计阶段的深度，主要表明油库分区。

图示分区合理，达到油库分区理想化的程度。考虑到生产作业、经营管理、安全环保、布置紧凑、节约用地等总图布置应考虑的要素。

(二)施工图设计总图举例

1. 施工图设计总图举例1

(1)举例1见图1-3-2。

(2)举例1点评。该图是地面油库的总平面图，图示内容全面，包括了施工图总图应有的要素，为各专业单项设计提供了依据，完全满足施工要求，是标准的油库施工图设计阶段的总图。

2. 施工图设计总图举例2

(1)举例2见图1-3-3。

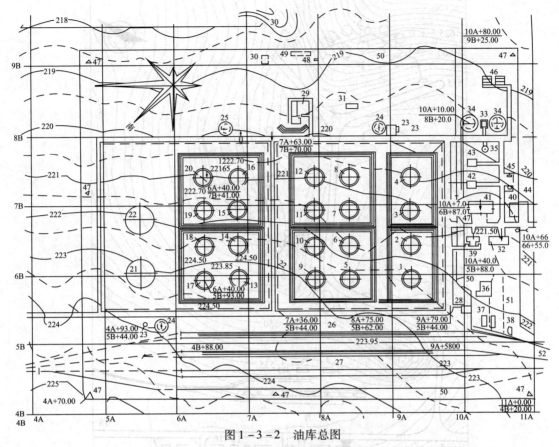

图1-3-2 油库总图

1~4—柴油罐；5~12—煤油罐；13~20—车用汽油罐；21、22—集气罐；
23、24—泡沫站的储水池和泡沫粉色库；25、34—储水池；
26、27—铁路装卸栈桥；28—工人休息室；29—装油泵站房；30—阀井；
31—变电所；32—机修厂和汽车库；33—水泵房；35—水塔；
36—锅炉房；37—煤场；38—灰场；39—浴室；40—办公室；
41—消防车库；42—警卫宿舍；43—电话室；44—化验室；45—油样库；46—警犬棚；
47—警卫室；48—滤砂池；49—隔油池；50—围墙；51—运渣轨道；52—铁路

(2) 举例2点评。该图是洞式油库的总平面施工图。洞库储油区分三个区，其位置在最高的山顶，洞口设在山沟，且有道路直通。铁路收发作业区在低的平地，便于专用线与外线连接，也便于发油自流。辅助作业区集中布置在铁路收发作业区的另一侧，并与行政管理区相邻，便于管理。生活区靠近库外，不干扰作业。

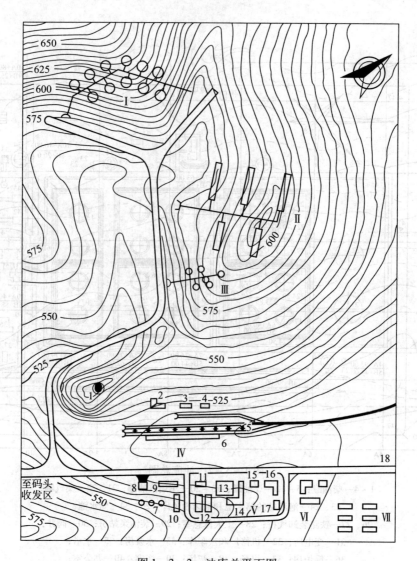

图1-3-3 油库总平面图

Ⅰ—航空煤油储存区；Ⅱ—柴油储存区；Ⅲ—润滑油储存区；Ⅳ—铁路收发区；
Ⅴ—辅助作业区；Ⅵ—行政管理区；Ⅶ—生活区
1—水池；2—轻油泵站；3—润滑油泵站；4—化验室；5—鹤管；6—站台；7—高架计量罐；
8—汽车装车场；9—轻油灌桶间；10—轻油桶装库；11—润滑油灌桶间；12—润滑油桶装库；
13—堆桶场；14—修桶间；15—锅炉房；16—机修间；17—变电站；18—公路

(三)管理使用总图举例

(1)举例见图1-3-4。

(2)举例点评。该图选了与图1-3-3同一个图，但图1-3-4无等高线，因为两图用于不同的设计阶段和不同的用途。图1-3-3是在初步设计(或技术设计)阶段或施工图设计的前期，这阶段是各专业根据地形特征反复进行平、立面布置的阶段，因此反应地形的等高线必须绘制出来。在施工图设计后期，各建构筑物的平面和标高已经确定不变，为了使图面清晰不乱，这时可以不划或少划地形等高线，特别是为管理使用的总图，更不需要划等高线，还可以对建构筑物涂以不同色彩，使图面更加清晰鲜明。

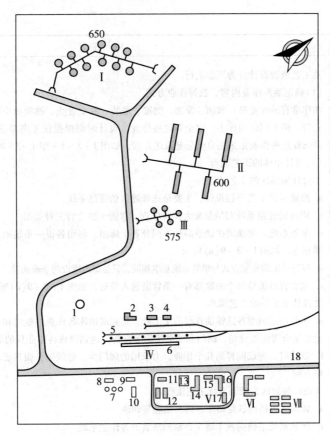

图 1-3-4 油库总平面图(管理使用图)
Ⅰ—航空煤油储存区；Ⅱ—柴油储存区；Ⅲ—润滑油储存区；Ⅳ—铁路收发区；
Ⅴ—辅助作业区；Ⅵ—行政管理区；Ⅶ—生活区
1—水池；2—轻油泵站；3—润滑油泵站；4—化验室；5—鹤管；6—站台；7—高架计量罐；
8—汽车装车场；9—轻油灌桶间；10—轻油桶装库；11—润滑油灌桶间；12—润滑油桶装库；
13—堆桶场；14—修桶间；15—锅炉房；16—机修间；17—变电站；18—公路

第二节 总工艺流程设计

一、总工艺流程设计原则及方法步骤

总工艺流程设计原则及方法步骤见表 1-3-14。油品收发流程见图 1-3-5～图 1-3-8。油罐区管线系统见图 1-3-9。

表 1-3-14 总工艺流程设计原则及方法步骤

项　目	内　容
1. 设计原则	(1)必须满足油库主要作业的工艺要求 (2)充分利用地形高差，实现自流作业 (3)根据油品性质和质量要求，考虑管线、油泵专用或分组互用 (4)在满足工艺要求的前提下，尽量减少管路、阀门，简化流程，以达到操作方便、节约投资、经济合理 (5)在安全可靠的前提下，能满足紧急情况的需要

续表

项 目	内 容
2. 设计方法步骤	总工艺流程设计分为三步进行 (1)确定油库作业内容,选择作业方式 油库常有的作业是:收油、发油、倒罐、灌装、放空管线、抽吸放空罐中油、真空引油和扫仓等,但不同的油库不一定全有这些作业,设计时则根据任务书要求而确定具体作业内容,并选择这些作业是采用自流还是泵送方式,如图 1-3-5~图 1-3-8 所示 (2)设计单体的工艺流程 ①设计油罐区的工艺流程 a. 油罐区的工艺流程设计,主要是选择罐区的管路系统 b. 罐区的管路系统归纳起来大体有单管、双管、独立管三种类型 c. 单管系统是将油罐按储油品种不同分若干罐组,每组各设一条输油管,在每个罐附近与油罐相连,如图 1-3-9(a)所示 d. 双管系统的安装方式与单管系统基本相同,只是每组罐设两条输油管,如图 1-3-9(b)所示 e. 独立管系统是每个油罐都有一条管道通入泵房,如图 1-3-9(c)所示 ②设计油泵站的工艺流程 a. 油泵站是油库各路输油管线的交汇处,是完成油库各作业的枢纽和动力。油泵站工艺流程设计是合理配置管组、阀门和油泵机组等设备,达到完成各作业目的的过程 b. 设计时,完成同样的几个作业,力求用的阀门少、管线短,而且要求施工简单,操作及维修方便 ③设计装卸区、灌装系统工艺流程 a. 装卸区包括向铁路罐车、码头油船装卸油 b. 灌装系统系指向汽车罐车、油桶灌装油等作业系统 (3)汇总各单体工艺流程 把各单体工艺流程有直接关系的管线连接起来,成为有机的整体,即成油库总工艺流程

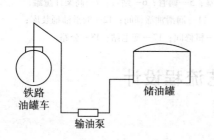

图 1-3-5 泵收泵发油流程示意图

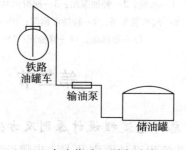

图 1-3-6 自流收油、泵发油流程示意图

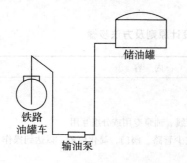

图 1-3-7 泵收油自流发油流程示意图

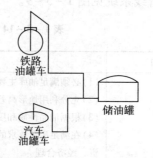

图 1-3-8 自流收发油流程示意图

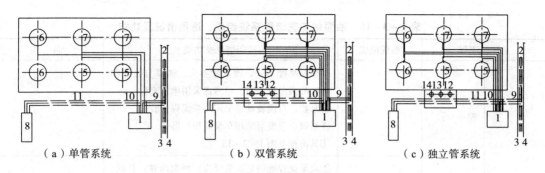

(a) 单管系统　　　　　　(b) 双管系统　　　　　　(c) 独立管系统

图 1-3-9　罐区管线系统图

1—油泵站；2—卸油鹤管；3—集油管；4—铁路专用线；5—煤油罐；6—汽油罐；7—柴油罐；
8—灌桶间；9—装卸油管；10—输油管；11—灌油管；12—柴油灌装罐；13—煤油灌装罐；14—汽油灌装罐

二、油罐区工艺流程设计举例及点评

油罐区工艺流程设计举例及点评见表 1-3-15 和图 1-3-10～图 1-3-12。

表 1-3-15　油罐区工艺流程设计举例及点评

种　类	特　征	优缺点
1. 单管系统	油罐按储油品种不同分为若干罐组，每个罐组各设一条输油管，在每个油罐附近分别与油罐相连，如图 1-3-10(a) 所示	优点　布置清晰，管材耗量少，省投资 缺点　同组罐无法输转，管道发生故障时同组罐均不操作
2. 双管系统	每个罐组各有两根输油干管，每个油罐分别有两根进出管与干管连接，如图 1-3-10(b) 所示	优点　同组油罐可以倒罐，操作比单管系统方便 缺点　管材耗量和投资比单管系统大
3. 独立管系统	每个油罐都有一根单独管道通入泵房，如图 1-3-10(c) 所示。卸油管也按不同品种分别进入泵房	优点　布置清晰，专管专用，不需排空，检修时也不影响其他油罐的操作 缺点　管材消耗较双管系统还多，泵房内管组及管件也相应增多，投资大

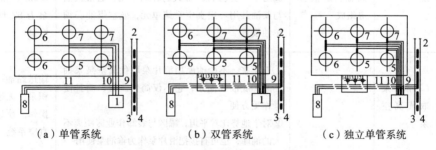

(a) 单管系统　　　　　　(b) 双管系统　　　　　　(c) 独立单管系统

图 1-3-10　罐区管路系统

1—油泵站；2—卸油鹤管；3—集油管；4—铁路专用线；5—煤油罐；
6—汽油罐；7—柴油罐；8—灌桶间；9—装卸油管；10—输油管；11—灌油管；
12—柴油灌装罐；13—煤油灌装罐；14—汽油灌装罐

三、油泵站工艺流程设计举例及点评

(1) 油泵站工艺流程系统组成、适用情况及功能见表 1-3-16。

表 1-3-16 油泵站工艺流程系统组成、适用情况及功能

系统及流程		系统组成	适用情况及功能	备 注
1. 输油系统	(1) 单泵流程		①油料品种单一、收发量不大，油罐与装卸作业区的高差较小时，可考虑采用单泵流程 ②泵收、自流发油可采用单泵流程 a 形式 ③泵收、泵发可采用单泵流程 b 形式 ④其流程见图 1-3-13	
	(2) 双泵流程		①双泵流程能满足泵收泵发，两泵串联、并联、互为备用等多种用途 ②适用于储油区比较分散，各油罐之间高差比较大，泵房与各油罐之间的管道长度相差比较大的油库 ③采用此流程可同时输送两种不同油品，互不影响 ④其流程见图 1-3-14	
	(3)"三油四泵"流程		①该流程是各类油库传统采用的一种工艺流程，也称"万能"流程 ②其特点是：专管专用、专泵专用；泵卸油、自流装油；可同时装卸汽、煤、柴三种油品而互不干扰，某一台泵发生故障时，其他任何一台均能代用 ③流程的不足之处是各泵吸入系统连通，某一泵的吸入系统密封不严，会影响另外的泵正常启动和运行 ④其流程见图 1-3-15	
2. 引油扫底油系统	(1) 真空系统	由真空泵、真空罐、汽水分离器、阻液器等组成	①泵站真空系统的作用，一是在启动离心泵前，为离心泵及其吸入系统抽真空引油；二是抽吸油罐车的底油 ②对于"三油四泵"形式的轻油泵站，通常汽油与柴油共用一组真空系统单元，航空煤油必须单独设置	真空罐的容量可由油库的收油量确定，定型的真空罐约为 $1.8m^3$。常用的真空泵为 SZ 型水环式真空泵
	(2) 滑片泵取代真空泵		①近年来，不少油库用滑片泵取代真空泵来抽油罐车底油和灌泵，它不仅简化流程，而且使操作更方便 ②对地势比较平坦，罐区与装卸作业区距离不大的油库，也可直接把滑片泵作为输油泵使用	输送黏油一般采用容积泵，无须进行灌泵操作。所以，可不设真空系统
3. 放空系统		放空系统主要由放空罐、管道及附件等组成	①设置放空系统目的是防止混油、跑油、凝油、胀油等事故 ②放空罐一般设在泵房附近 ③其数量应根据储存油品的品种和牌号确定。一般每种牌号油品至少设一个放空罐	放空罐的容量以管道容积的 1.5 倍为宜

(2)油泵站工艺流程图举例见图1-3-11~图1-3-15。

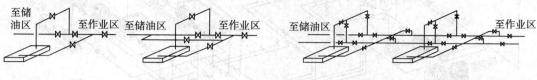

图1-3-11 单泵流程　　　　　　　　图1-3-12 双泵流程

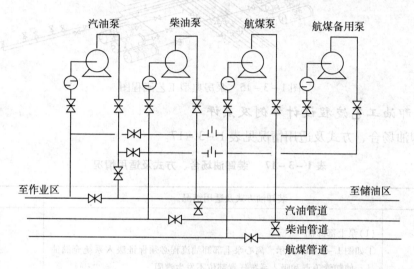

图1-3-13 三油四泵工艺流程示意图

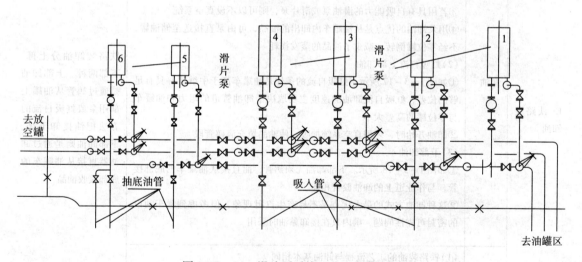

图1-3-14 滑片泵系统工艺流程示意图

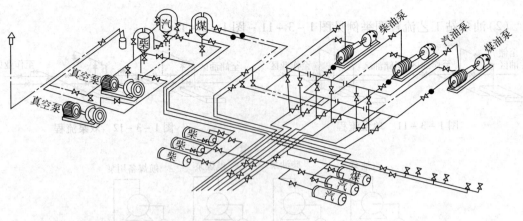

图 1-3-15 泵房典型工艺流程图

四、装卸油工艺流程设计举例及点评

(1) 装卸油场合、方式及适用情况见表 1-3-17。

表 1-3-17　装卸油场合、方式及适用情况

装卸油场合		装卸油方式及适用情况	备注
1. 铁路装卸油	卸油	(1) 泵上部卸油 ①如图 1-3-16 所示。离心泵上部卸油流程必须保证吸入系统充满油品，使鹤管顶点和吸入系统任意部位不发生汽阻 ②所以，离心泵卸油必须配置真空系统，用于引油灌泵 ③若用具有自吸能力的潜油泵或滑片泵，则可以不设真空系统 ④用泵卸油的优点是从油罐车内卸出的油品，可由泵直接送至储油罐，不经零位罐倒转，减少了油品的蒸发损耗 (2) 虹吸自流上部卸油 ①如图 1-3-17 所示。虹吸自流的条件是油罐车高于中继罐并具有足够的位差，虹吸自流卸油的速度主要取决于卸油管道的阻力和油罐车与零位罐的高差大小 ②卸油开始时，须用真空系统抽吸，使油品填充满鹤管段 (3) 下部卸油 ①如图 1-3-18 所示。下部卸油无须鹤管，而直接从油罐车的底部接管，与作业道上的卸油胶管相连 ②这种卸油方式的最大优点是不易产生汽阻现象，但考虑到罐车油口的密封可靠性问题，国内只在接卸黏油时采用	铁路装卸油分上部、下部两种。上部卸油是通过鹤管从油罐上部用泵或虹吸自流的方法把油接卸下来。下部卸油则是通过卸油器直接从油罐车的底部接收油品
	装油	(1) 铁路装油的工艺流程与卸油基本相同 (2) 主要有泵装油和自流装油，自流装油可以是储油罐直接自流或通过中继罐自流 (3) 这几种装油的工艺流程如图 1-3-19 所示	
2. 公路装、卸油		(1) 公路装卸通常是指油库远离铁路、水路，完全依靠汽车油罐车运输油品的情况 (2) 装卸油方法主要有双自流和泵卸油自流装油 (3) 在地形条件具备的情况下，可采用装卸油双自流的工艺流程（见图 1-3-20） (4) 若受地形限制，则考虑采用卸油泵自流装油的工艺流程（见图 1-3-21）	

续表

装卸油场合	装卸油方式及适用情况	备注
3. 码头装、卸油	(1) 从油船卸油可用船上的泵,若储油区至码头的距离不长、高差不大,可用油船上的泵直接将油品输送至储油区 (2) 若储油区与码头高差较大或距离较远时,一般在岸上设置缓冲罐,利用船上的泵先将油品输入缓冲罐中,然后再由中继泵将缓冲罐中的油品输送至储油区。码头装卸油工艺流程如图 1-3-22 所示 (3) 向油船装油一般采用自流方式。某些港口地面油库,因油罐与油船高差小、距离大时,则用泵装油 (4) 油船装卸时,每种油品单独设置一组装卸油管道,在集油管线上设置若干分支管道,分支管道的数量应根据油船的尺寸、容量和装卸油速度具体条件确定	
4. 汽车灌装油	(1) 汽车灌装根据地形条件的不同分自流和泵送两种方式。山区油库应尽量利用适当地形采用自流灌装,如图 1-3-22 所示 (2) 平原油库无自然高差可利用,一般可先用泵将油品送到储油罐或中继罐,然后再利用高差自流灌装,如图 1-3-23 所示 (3) 汽车灌装系统包括泵、过滤器、流量表、恒流阀、流量控制阀、鹤管等,其工艺流程如图 1-3-25 所示	

(2) 装卸油工艺流程设计举例

装卸油工艺流程设计举例,见图 1-3-16 ~ 图 1-3-23。

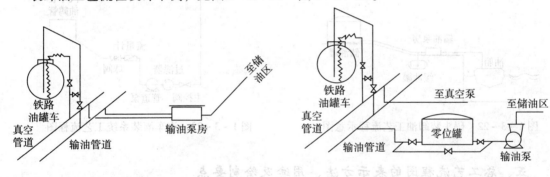

图 1-3-16 铁路泵上部卸油工艺流程示意图   图 1-3-17 铁路虹吸自流上部卸油示意图

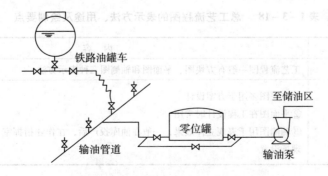

图 1-3-18 铁路下部卸油流程示意图

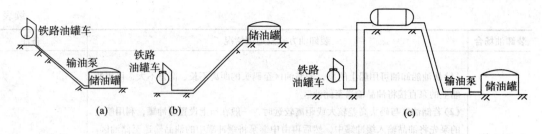

图 1-3-19 铁路装油工艺流程示意图

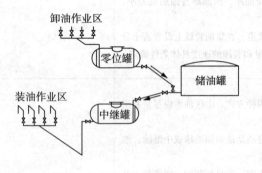

图 1-3-20 公路装卸油双自流的工艺流程

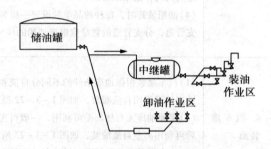

图 1-3-21 公路泵卸油自流装油的工艺流程

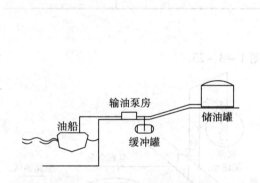

图 1-3-22 码头装卸油工艺流程示意图

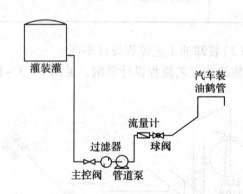

图 1-3-23 汽车灌装系统工艺流程图

五、总工艺流程图的表示方法、用途及绘制要点

总工艺流程图的表示方法、用途及绘制要点见表 1-3-18。

表 1-3-18 总工艺流程图的表示方法、用途及绘制要点

项目	内容
表示方法	工艺流程图一般有方块图、平面图和轴侧图三种表示方法
用途	①方块图多用于方案设计 ②平面图在工程设计时常用 ③轴侧图用于表现立体效果,一般在油库投产后,在作业指挥室、油泵站、洞库等作业现场设置

续表

项目		内容
定义及绘制要点	工艺流程方块图（方案图）	(1)定义 ①工艺流程方块图是一种示意图，它反映油库业务情况，供方案汇报时用 ②一般将轻、黏油分别绘制。如图1-3-24所示为轻油工艺流程方案图 (2)绘制要点 ①以方块图表示其设备和设施 ②管路尽量平行绘制；拐弯处用直角，尽量避免管路交叉，必须交叉时断线绘制；不同用途的管路用不同线型或不同颜色表示 ③管路、设备和设施应标明名称、规格、用途、流向等 ④对业务流量注以说明 ⑤绘制图例
	工艺流程平面图	(1)定义 ①工艺流程平面图是将有关的设备、管线在平面上连接起来的示意图 ②它既不按比例表示出设备大小和管线长度，又不表示设备和管线的实际相对位置 ③图1-3-25为轻油工艺流程平面图举例 (2)绘制要点 ①按图例表示其设备、设施和管件，用不同线型或不同颜色表示不同油品的管线 ②设备、设施的绘制位置与实际大体相似，管线尽量平行绘制，如实反映与设备的连接关系 ③标出设备、设施及管路的名称、规格、用途、流向等 ④绘制图例 ⑤对流程注以简要说明
	工艺流程轴侧图	(1)定义 ①工艺流程轴侧图是无比例的设备、管线连接图 ②它具有立体感，是指导安装、操作的主要技术图纸，也是供领导、外单位参观指导时介绍业务情况用的 ③轻油、黏油的工艺流程轴侧图一般均分别绘制。图1-3-26为轻油工艺流程轴侧图 (2)绘制要点 ①遵守轴侧投影的制图原理 ②管线与设备相对位置与实际位置大体一致 ③管线及附件采用单线画法；不同用途的管路用不同线型或不同颜色表示 ④绘制图例等

六、总工艺流程图示要素及表现效果

总工艺流程图示要素及表现效果见表1-3-19。

表1-3-19　总工艺流程图示要素及表现效果

项目		内容
1.制图常规		工艺流程图无比例、无方位，标出设备设施、管道、管件等即可
2.表现技巧	图示要素	标出设备设施、管道、管件，还应标出管径、设备设施名称、大小及编号，储输油种、油品流向，图例、标题栏及说明
	表现效果	为了提高表现效果，工艺流程图绘制时，提出以下表现技巧： ①工艺流程图可以无比例，但应将设备设施分出大小，不宜将小的设备设施画得比大的还大 ②工艺流程图可以无准确方位，但最好与平面布置图的方位相对应，便于读图 ③图示因素应尽量全，并采取适当的标注方法，图面不乱、表示清楚、一目了然 ④宜将储油区、油泵站、放空罐组、发油站、铁路收发区等用细线框起来，便于与平面布置图相对应，也保证图面整洁不乱 ⑤不同油品管道宜用不同颜色，或不同线形，或线条用不同粗细，加以区别。管道之间的距离应适当，管排不宜太宽，否则不美观 ⑥图面布置应美观，图幅大小应适宜，图例、说明插空布置，标题栏应在图的右下角

七、总工艺流程图设计举例及点评

（一）工艺流程方案图设计举例

(1) 工艺流程方案图设计举例见图1-3-24轻油工艺流程方案图。

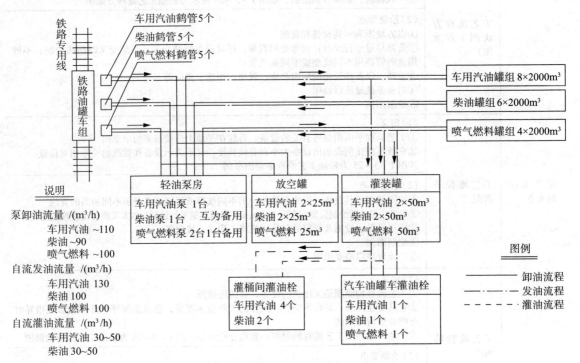

图1-3-24 油库轻油工艺流程方案图

(2) 工艺流程方案图点评。本图用方框表示了场所及其内部的设备规格、数量及输油品种。用不同线形表示出相应输油管组的流向及流动关系，而控制阀门在此图中未予表示。可见方块流程图仅在方案设计阶段应用，不能用来指导施工和管理。

本图以轻油为例绘制，黏油与此大同小异。

（二）工艺流程平面图设计举例

(1) 工艺流程平面图设计举例见图1-3-25轻油工艺流程平面图。

(2) 工艺流程平面图点评。本图用图例表示了设备设施及阀门等管件，并表示出其规格、数量及储输油品种，用不同线形和管件表示出相应输油管组的流向及其流动关系。它可指导施工和管理的操作。

本图以轻油为例绘制，黏油与此大同小异。

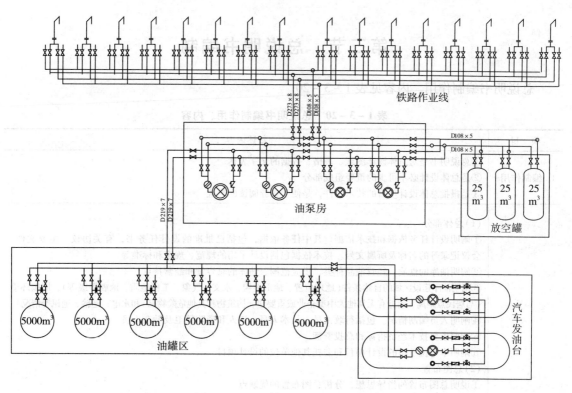

图1-3-25 轻油工艺流程平面图

(三) 工艺流程轴侧图设计举例

(1) 工艺流程轴侧图设计举例见图1-3-26轻油工艺流程轴侧图。

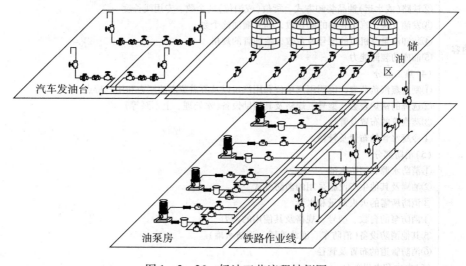

图1-3-26 轻油工艺流程轴侧图

(2) 工艺流程轴侧图点评。本图与平面工艺流程图的表示内容相同,只是绘制时有45°用投视角度,使图有立体感,形象好看,适用于指导操作。

本图以轻油为例绘制,黏油与此大同小异。

99

第三节 总说明书编制

总说明书编制作用、内容见表1-3-20。

表1-3-20 总说明书编制作用、内容

项　目	叙述内容
1. 编制作用	①总说明书是对总体设计图纸、表格、数据的文字表达 ②是总体设计必不可少的重要组成部分 ③是报批总体设计项目的技术文件，是便于领导阅读的形式
2. 编制内容	(1) 总体部分 ①阐明设计任务依据和技术依据。其中任务依据，包括已批准的设计任务书，有关协议、主要文件、会议记录等的名称及所属文号。技术依据包括设计采用的规范、规定和标准等 ②阐明油库的性质、经营油品种类、供应范围、油库的总容量和经营特点 ③阐明油库建设区域的自然条件(地理位置、地形地貌、水文、气象、工程地质、地震等级等)、周围环境(与居民点距离、附近有无其他大中型企业或重要建、构筑物和其他危险物品)和水电、运输、通讯等情况 ④阐明人员编制情况。包括行政人员、技术人员、工人和消防警卫及勤杂人员 ⑤阐明主要技术经济指标和总投资额 ⑥阐明本单位承担的设计项目和委托其他单位的设计项目 (2) 总图布置 ①说明总图布置的指导思想，分析总图布置的优缺点 ②竖向设计的特点 ③油罐区的布置、油罐的结构类型、单个容积 ④库内运输方式 (3) 工艺部分 ①工艺流程说明 ②铁路(或水运)油品装卸方式、货位(或泊位)的个数、专用线长度 ③发油方式，汽车装油的鹤管数，桶装灌油栓个数 ④装卸油泵及机组的型号及台数，输油管的规格 ⑤油库的装卸能力 (4) 热工部分 ①制定蒸汽负荷表，说明用汽单位和用汽量以及所需蒸汽的压力和用汽特点 ②选择的锅炉台数、型号、规格及其辅助设备(水处理、上水泵等) ③蒸汽管的布置及管径 ④冷凝水管的布置及管径 (5) 消防部分 ①消防水源和消防水池 ②油罐及其他生产设施采用的消防方式 ③消防所需的灭火剂量和水量 ④消防泵的台数、型号、规格及其使用的动力 ⑤其他消防设备(消防车、泡沫液罐、消防水罐) ⑥消防管道的布置及管径 (6) 电力和电讯部分 ①油库用电(动力和照明)负荷一览表，注明各部门(输油、消防、热工、机修等)用电负荷和时间 ②油库配电方式，高压或低压计量，变压器的台数、容量、型号和规格 ③进线和架线方式及线路布置 ④通讯系统综合说明(包括选用的交换台门数和电话的设置台数) ⑤防雷、防静电接地及电器设备接地、接零保护措施

续表

项　目	叙述内容
2. 编制内容	(7)给排水部分 ①水源及取水方法 ②供水系统的设备(水泵、水塔等)及水管规格和布置 ③各部门的用水量及库区排水 ④污水处理流程及设备 (8)通风部分 ①洞库、化验室、泵房的通风要求 ②通风方式及设备 (9)土建部分 ①油库建(构)筑物一览表。注明各建(构)筑物的名称、结构形式、面积、层数、单位面积造价等 ②道路的等级、宽度、路面结构及造价 ③油库挖、填土石方量及平衡状况 ④洞库或隐蔽库的结构形式、工程量 (10)技术经济指标部分 ①占地面积及利用率 ②总投资及单位容量造价 ③三材的总用量及单位储油容量的用量 ④油库生产和非生产投资比例

注：以上为文字说明部分的大致内容，阐明时应根据建库的具体情况，予以增减，并提出每一部分的概算和主要设备、材料清单。

第四章 金属油罐设计数据图表

第一节 金属油罐分类及选择

一、金属油罐的分类

金属油罐分类尚无统一规定，可以从不同角度分类。常规分类方法见图 1-4-1。

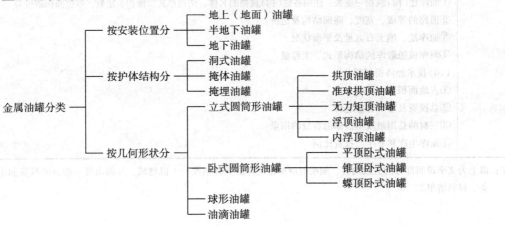

图 1-4-1 油罐分类图

二、金属油罐种类的选择

金属油罐种类选择的原则及个例见表 1-4-1。

表 1-4-1 金属油罐种类选择的原则及个例

项 目	内 容
1. 选择油罐的原则	应综合考虑油库性质、储油品种、单罐容量、建造材料、结构形式、隐蔽防护、建设投资等多种因素
2. 选择的个例	(1) 从油库性质考虑 ①对于商用中转油库、分配油库及一般企业附属油库，应选用地上油罐 ②国家为军队储备的油库、某些军用油库，宜选用山洞油罐或地下油罐或半地下油罐 (2) 从储油品种考虑。储存甲类和乙A类油品的地上油罐应选用浮顶油罐或内浮顶油罐 (3) 从单罐容量考虑 ①单罐容量大于或等于 100 m³，应选用立式油罐 ②小于或等于 100 m³ 的油罐，可选用卧式油罐 (4) 从建造材料考虑。《石油库设计规范》规定，成品油库应选用钢油罐 (5) 从结构形式考虑。储存甲类油品的覆土油罐和洞式油罐及储存其他油品的油罐，宜选用固定顶油罐 (6) 从隐蔽防护考虑。宜选用山洞油罐或地下油罐或半地下油罐 (7) 从建设投资考虑。根据具体情况，进行技术经济比较，选择性价比高的油罐

三、金属油罐单罐容量的选择

（1）"油库设计其他相关规范"中规定：非商业用油库新建钢制油罐的单罐容量，应根据油库的等级、各油品的储存量以及地质、地形条件等因素合理确定，但不应大于表1-4-2的规定。地方油库根据具体情况确定。

表1-4-2 非商业用油库新建钢制油罐的单罐容量　　　　　　　　　　　　　　　m³

洞库内立式油罐	覆土立式油罐	地上立式油罐	卧式油罐	
			地上式	覆土式
10000	10000	20000	200	500

注：表中单罐容量指公称容量。

（2）金属油罐单罐质量见表1-4-3。

表1-4-3 金属油罐单罐质量

公称容积/m³	计算容积/m³	拱顶油罐/t	浮顶油罐/t	内浮顶油罐/t
100	110	4.84		6.30
200	220	7.40		9.22
300	330	9.55		11.59
400	440	11.40		
500	550	14.72		17.00
700	770	18.31		21.15
1000	1100	26.40		30.20
2000	2200	45.03		51.34
3000	3300	62.83	73.51	72.21
5000	5500	111.65	122.20	107.54
10000	10700	212.10	197.21	219.50
20000	21300		324.89	
30000	32100		504.10	
50000	53200		894.97	

四、金属油罐设计控制压力的选择

（一）立式固定顶罐的设计压力要求

在《立式圆筒形钢制焊接油罐设计技术规定》中，对立式固定顶罐的设计内压、外压的规定见表1-4-4。

表1-4-4 金属立式固定顶油罐的设计压力

项目	要求
设计内压	(1)柱支承锥顶罐。设计内压不应超过罐顶板单位面积的重量 (2)自支承拱顶和自支承锥顶罐。设计内压采用1.2倍呼吸阀开启压力减去罐顶单位面积的重量 (3)内浮顶油罐的固定顶。设计内压为零
设计外压	(1)设计外压取值的考虑。固定顶罐的设计外压应取罐顶自重与附加荷载之和 (2)罐顶自重。当罐顶有隔热层时,罐顶自重应计入隔热层的重量 (3)附加荷载 ①取1.2倍呼吸阀的吸阀开启压力加活荷载 ②活荷载取雪荷载与检修荷载二者中的较大值 ③在任何情况下,固定顶油罐的罐顶附加荷载不得小于$1.2 \times 10^7 Pa$;内浮顶油罐的罐顶附加荷载不得小于$7 \times 10^6 Pa$

(二)国内油罐常用的控制压力

油罐的控制压力是根据油罐本身的设计允许承受压力来确定的,因油罐不同而有所区别。油罐控制压力及代号见表1-4-5,常用油罐的设计允许承受压力见表1-4-6。

表1-4-5 油罐控制压力及代号

控制压力				代号
正压(呼出压力)		负压(吸入压力)		
Pa	mmH$_2$O	Pa	mmH$_2$O	
355	36	295	30	A
980	100	295	30	B
1765	180	295	30	C

表1-4-6 常用油罐的设计允许承受压力

油罐类型	设计允许承受压力(正压)		设计允许承受真空度(负压)	
	mmH$_2$O	kPa	mmH$_2$O	kPa
地上立式罐	20~25	0.196~0.245	20~25	0.196~0.245
半地下立式罐	200~400	1.96~3.92	20~25	0.196~0.245
卧式罐	2500~5000	24.5~49.0	200~400	1.96~3.92
洞库球顶立式罐	200	1.96	60	0.588

五、金属油罐几何尺寸的选择

金属油罐几何尺寸的选择见表1-4-7。

表1-4-7 金属油罐几何尺寸的选择

几何尺寸选择的原则	(1)设计油罐时,应本着结构安全、耗材量少、节省经费、减少占地的原则,通过全面技术经济指标比较,选取经济合理的油罐尺寸 (2)为了简化油罐设计,加速油库建设,便于订货、施工和管理,同一油库应尽量选用同型式、同容量的定型钢质油罐		
油罐高、径组合方案	(1)多种组合。一定容量下的油罐,可以按不同的直径和高度有许多种组合 (2)最省料或费用方案。经过研究,油罐尺寸在下表情况时材料最省或费用最低 (3)省料或费用前提。但需指出,下表是不考虑地基的地面油罐 (4)若地面罐的罐基承载能力很低时,就会限制罐高,这就不能单纯考虑最低钢材用量,还应考虑地基处理的可能性和费用 (5)若建洞式油罐和地下掩体油罐应综合考虑钢材用量和开挖被覆总的最低费用来决定罐高和罐径		
材料最省费用最低的油罐高、径尺寸见右表	油罐形式	材料最省尺寸	费用最低的尺寸
	等壁敞口小容量油罐	$H \cong R$	$H \cong R$
	等壁封闭小容量油罐	$H \cong 2R$	$H \cong 2R$
	变壁封闭大容量油罐	$H \cong \sqrt{\alpha\lambda}$	$H \cong \dfrac{C_2 + C_3}{2C_1} R$
高、径表中符号及其含义	符号	符号含义	单位
	H	油罐高度	m
	R	油罐半径	m
	α	$\alpha = [\sigma]\Phi/\gamma$	
	$[\sigma]$	钢材许用应力	
	Φ	焊缝系数	
	γ	储液重量	
	λ	$\lambda = \delta_1 + \delta_2$	
	δ_1	罐顶厚度	m
	δ_2	罐底厚度	m
	C_1, C_2, C_3	分别为罐壁、罐底、罐顶单位面积每年平均费用(罐顶面积按水平投影计)	m
拱顶、准球顶油罐的曲率半径	(1)在气体压力作用下,拱顶及准球顶和罐壁厚度相同时,球形顶强度是罐壁强度的2倍 (2)为了使其强度相等,罐顶的曲率半径 R 应等于油罐的直径,一般取: $R = (0.8 \sim 1.2)D$ (3)拱顶以包边角钢与罐壁相联接,为了减少罐顶与罐壁连接处的边缘径向应力,准球顶与罐壁以小圆弧匀调转角方式联接,其曲率半径 ρ 取: $\rho = 0.1R$		

第二节 国内常用金属油罐系列及结构数据

一、国内常用金属立式油罐结构示意图

国内常用的金属立式油罐系列其结构,如图1-4-2立式圆柱形拱顶油罐结构示意图、图1-4-3立式圆柱形准球形拱顶油罐结构示意图、图1-4-4浮顶罐结构示意图、图1-4-5内浮顶油罐结构示意图。

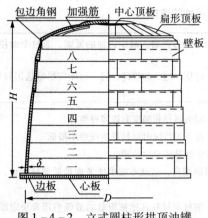

图1-4-2 立式圆柱形拱顶油罐结构示意图   图1-4-3 立式圆柱形准球形拱顶油罐结构示意图

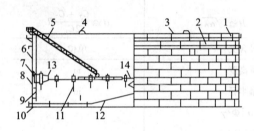

图1-4-4 浮顶罐结构示意图
1—抗风卷；2—加强环；3—包边角钢；4—泡沫消防挡板；5—转动扶梯；6—罐壁；7—密封装置；8—刮蜡板；9—量油管；10—底板；11—浮顶立柱；12—排水折管；13—浮船；14—单盘板

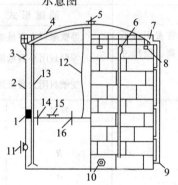

图1-4-5 内浮顶油罐结构示意图
1—密封装置；2—罐壁；3—高液位报警装置；4—固定罐顶；5—罐顶通气孔；6—泡沫消防装置；7—罐顶人孔；8—罐壁通气孔；9—液面计；10—罐壁人孔；11—带芯人孔；12—静电导出线；13—量油管；14—浮盘；15—浮盘人孔；16—浮盘立柱

二、国内金属立式油罐系列数据

(一) 军队某建筑规划设计研究院立式油罐系列

军队某建筑规划设计研究院立式油罐系列见表1-4-8~表1-4-10。

表1-4-8 地上立式拱顶油罐系列

名义容积/m³		100	300	500	1000	2000	3000	3500	5000	10000
实际容积/m³		110	314	573	1072	2178	3155	3664	5195	10603
几何尺寸/mm	直径	5400	7300	9000	11400	15200	17000	18000	21000	30000
	壁高	4800	7500	9000	10500	12000	13900	14400	15000	15000
	拱高	723	978	1206	1528	2037	2278	2412	2814	4020
	总高	5524	8478	10206	12028	14037	16178	16812	17814	19020
钢板总重/t		6.632	12.121	17.563	23.673	45.388	69.586	80.229	104.958	198.074
单位容积耗钢量/(kg/m³)		66.32	40.40	35.13	23.67	22.69	23.19	22.92	20.99	19.81

表1-4-9 半地下立式拱顶油罐系列

名义容积/m³		1000	2000	3000	3500	5000
实际容积/m³		1072	2178	3130	3629	5226
几何尺寸/mm	直径	11400	15200	18000	19000	22800
	壁高	10500	12000	12300	12800	12800
	拱高	1528	2037	2412	2546	3055
	总高	12028	14037	14712	15346	15855
钢板总重/t		28.378	48.509	70.379	79.592	106.821
单位容积耗钢量/(kg/m³)		28.38	24.25	23.46	22.74	21.36

表1-4-10 立式内浮顶油罐系列

名义容积/m³		500	1000	2000	3000	3500	5000	10000
实际容积/m³		535	1040	2141	3178	3664	5195	10603
几何尺寸/mm	直径	8900	11400	15200	17000	18000	21000	30000
	壁高	9600	11200	12800	15000	15400	16000	16000
	拱高	1193	1528	2037	2278	2412	2814	4020
	总高	10793	12728	14837	17278	17812	18814	20020
钢板总重/t		17.967	29.389	50.183	68.161	82.227	108.324	205.884
单位容积耗钢量/(kg/m³)		35.93	29.39	25.09	22.72	23.49	21.67	20.59

(二)军队某工程设计研究总院立式油罐系列数据

(1)立式拱顶油罐系列数据见表1-4-11。

表1-4-11 立式拱顶油罐系列数据

油罐名称	风压值/Pa	抗震烈度	几何尺寸/mm				筋板	包边角钢	油罐总重/t
			罐内直径	罐壁高度	油罐拱高	油罐总高			
1. 地上拱顶油罐									
(1)100m³拱顶油罐	1050	7	5000	6426	686	7112		L100×63×8	8.400
(2)500m³拱顶油罐	400	7	9000	8510	1217	9727		L63×6	16.896
(3)500m³拱顶油罐	650	7	9000	9030	1217	10247		L80×8	20.307
(4)500m³拱顶油罐	120	9	9400	8800	1170	9970	—	L75×6	29.000
(5)700m³拱顶油罐	350	8	9000	12228	1215	13443	—	L63×6	22.614
(6)1000m³拱顶油罐	550	7	12000	9610	1622	11232	8×80	L75×8	29.407
(7)1000m³拱顶油罐	300	8	12000	9610	1622	11232	8×80	L75×8	31.439
(8)1000m³拱顶油罐	450	8	12000	10630	1620	12250	8×80	L100×63×8	40.200
(9)2000m³拱顶油罐	550	7	14500	12814	1955	14769	8×80	L75×8	47.779
(10)2000m³拱顶油罐	850	7	15000	12500	1640	14140	10×50	L75×8	60.000

续表

油罐名称	风压值/Pa	抗震烈度	几何尺寸/mm				筋板	包边角钢	油罐总重/t
			罐内直径	罐壁高度	油罐拱高	油罐总高			
(11)2500m³拱顶油罐	450	8	17000	13034	2294	15328	8×80	L100×63×8	92.700
(12)3000m³拱顶油罐	700	7	17000	15016	2294	17310	8×80	L75×8	77.286
(13)3000m³拱顶油罐	550	8	17000	15038	2294	17332	8×80	L100×12	76.416
(14)4000m³拱顶油罐	350	8	18000	16000	2427	18427	8×80	L100×10	96.363
(15)4500m³拱顶油罐	350	8	18000	17600	2427	20027	8×80	L100×10	106.332
(16)5000m³拱顶油罐	500	8	21000	15200	2805	18005	10×50	L100×10	128.079
(17)5000m³拱顶油罐(洞库)	—	7	22500	13125	3177	16302	8×80	L100×100×12	116.000
(18)5000m³拱顶油罐	650	8	19500	17600	2628	20228	8×80	L125×80×8	122.000
(19)10000m³拱顶油罐	400	6	30000	16056	4000	20056	8×80	120×18	238.480
(20)10000m³拱顶油罐	300	8	30000	16056	4000	20056	8×80	120×20	254.856
(21)10000m³拱顶油罐	800	7	30000	15812	3260	19072	8×80	L100×12	210.607
(22)20000m³拱顶油罐	700	7	40500	16059	5412	21471	12×100	190×18	389.890
2. 覆土拱顶油罐									
(1)500m³拱顶油罐(覆土)	—	7	9000	8530	1179	9709	—	L63×6	21.020
(2)2000m³拱顶油罐(覆土)	—	7	14500	14036	1923	15959	8×80	L100×80×8	63.000
(3)3000m³拱顶油罐(覆土)	—	7	19000	11834	2284	14118	8×80	L125×80×8	89.800
(4)5000m³拱顶油罐(覆土)	—	7	25000	11434	3005	14439	8×80	L140×100×12	137.000
(5)5000m³拱顶油罐(覆土)	—	6	22800	13612	3384	16996	8×80	L100×12	130.000
(6)10000m³拱顶油罐(覆土)	—	6	30000	15812	3900	19712	8×80	L100×12	239.000
(7)10000m³拱顶油罐(覆土)	—	7	32000	13024	4290	17314	8×80	L100×12	238.000
(8)10000m³拱顶油罐(覆土)	—	7	30000	15300	3261	18561	8×80	L180×110×16	210.991

(2)立式内浮顶、网壳顶及外浮顶油罐系列数据见表1-4-12。

表 1-4-12 立式内浮顶、网壳顶及外浮顶油罐系列数据

油罐名称	风压值/Pa	抗震烈度	几何尺寸/mm					筋板	包边角钢	油罐总重/t	备注
			罐内直径	罐壁高度	油罐拱高	油罐总高				
1. 内浮顶油罐										
(1) 500m³ 内浮顶油罐	400	7	9000	9130	1217	10347		L63×6	18.051	环向通气孔 4 个
(2) 800m³ 内浮顶油罐	450	8	10500	10142	1420	11562		L75×8	25.205	环向通气孔 4 个
(3) 1000m³ 内浮顶油罐	550	7	12000	10612	1622	12234	8×80	L75×8	32.262	环向通气孔 4 个
(4) 1000m³ 内浮顶油罐	300	8	12000	10612	1622	12234	8×80	L75×8	34.156	环向通气孔 4 个
(5) 1000m³ 内浮顶油罐	450	8	12000	10012	1622	11634	8×80	L125×80×8	33.800	环向通气孔 4 个
(6) 2000m³ 内浮顶油罐	550	7	14500	14016	1955	15971	8×80	L75×8	50.645	环向通气孔 5 个
(7) 2000m³ 内浮顶油罐	650	7	14500	14000	1965	15965	8×80	L90×8	64.000	环向通气孔 8 个
(8) 3000m³ 内浮顶锥罐	550	8	17000	16038	2294	18332	8×80	L100×12	78.916	环向通气孔 5 个
(9) 3000m³ 内浮顶锥罐	550	7	14500	18038	1955	19993	8×80	L125×80×8	62.600	环向通气孔 8 个
(10) 4000m³ 内浮顶油罐	350	8	18000	17000	2427	19427	8×80	L125×80×8	116.000	环向通气孔 8 个
(11) 4500m³ 内浮顶油罐	350	8	18000	17600	2427	20027	8×80	L100×10	106.186	环向通气孔 8 个
(12) 5000m³ 内浮顶油罐	500	8	21000	16440	2802	19242	8×80	L90×10	123.828	环向通气孔 8 个
(13) 5000m³ 内浮顶油罐	650	8	19500	18040	2628	20668	8×80	L125×80×8	127.300	环向通气孔 8 个
(14) 10000m³ 内浮顶油罐	700	7	30000	16017	4000	20017	8×80	120×18	213.528	14、12、10、10、8 为 16MnR
(15) 10000m³ 内浮顶油罐	750	7	30000	16057	4000	20057	8×80	120×18	233.000	环向通气孔 10 个
(16) 10000m³ 内浮顶油罐	300	8	30000	16856	4000	20856	8×80	120×20	262.045	环向通气孔 10 个
(17) 20000m³ 内浮顶油罐	700	7	40500	17021	5412	22433	12×100	190×18	397.685	18、16、14、12、10、8、8 为 16MnR
(18) 30000m³ 内浮顶油罐	850	7	44000	20000	6650	26650	—	锥板-20×300 16MnR	610.000	环向通气孔 14 个

109

续表

油罐名称	风压值/Pa	抗震烈度	几何尺寸/mm 罐内直径	罐壁高度	油罐拱高	油罐总高	筋板	包边角钢	油罐总重/t	备注
2. 拱顶网壳油罐										
(1)20000m³拱顶网壳汽油罐	650	7	40500	17250	4856	22106	8×80	锥板-20×300	414.760	罐顶为子午线网壳(环向通气孔16个)
(2)25000m³拱顶网壳燃料油罐	450	8	42000	19020	6347	25367	—	锥板-22×300	523.800	罐顶为子午线网壳(环向通气孔32个,罐体保温,加热)
(3)25000m³拱顶网壳燃料油罐	550	7	42000	19020	6347	25367	8×80	锥板-22×300 Q235B	513.340	罐顶为子午线网壳(环向通气孔32个)罐保温,加热
(4)30000m³拱顶网壳柴油罐	650	7	46000	19800	6846	26646	—	锥板-20×300	638.720	罐顶为子午线网壳(环向通气孔16个)
3. 内浮顶网壳油罐										
(1)20000m³内浮顶网壳油罐	700	7	37000	20700	4942	25642	8×80	锥板-16×350	431.000	罐顶为子午线网壳(环向通气孔12个)
(2)20000m³内浮顶网壳油罐	650	7	40500	17250	4856	22106	—	锥板-20×300 16MnR	411.730	罐顶为子午线网壳(环向通气孔32个)
(3)20000m³内浮顶网壳油罐	970	7	40500	17818	5454	23272	—	锥板-16×350 16MnR	420.500	罐顶为子午线网壳(环向通气孔32个)
(4)20000m³内浮顶网壳燃料油罐	550	7	40500	17456	5418	22874	12×100	190×18 加筋板	451.000	罐顶为子午线网壳(环向通气孔32个)罐保温,加热
(5)50000m³内浮顶网壳油罐	700	7	60000	19800	9720	29520	—	锥板-30×350 16MnR	127.300	罐顶为子午线网壳(环向通气孔32个)
4. 外浮顶油罐										
(1)55000m³外浮顶油罐	850	7	60000	20000	—	20000	—	L100×10	1300.00	抗风圈2个
(2)100000m³双盘外浮顶燃料油罐	970	7	80000	21800	—	21800	—	L100×10	2084.00	抗风圈2个
(3)100000m³双盘外浮顶燃料油罐	700	7	80000	21800	—	21800	—	L100×10	2100.00	抗风圈2个

(三) 国内的外浮顶油罐系列

国内的外浮顶油罐系列见表 1-4-13。

表 1-4-13 国内的外浮顶油罐技术数据

结构形式	公称容积/m³	油罐尺寸/mm 内径 D	高度 H_1	高度 H	计算容积/m³	罐壁厚度/mm 底圈	第二圈	第三圈	第四圈	第五圈	第六圈	第七圈	第八圈	第九圈	第十圈	第十一圈	顶圈	罐底厚度/mm 底板	边板	船舱底板	罐顶厚度/mm 船舱顶板	单盘顶板
双盘式	1000	12180	9563	11563	1080	6	6	6	6	6	6	6					6	6	6	4.5	4.5	6
双盘式	3000	16240	14322	16322	2940	10	9	8	7	6	6	6					6	6	8	4.5	4.5	6
双盘式	5000	22272	14313	16313	5380	14	12	10	9	8	6	6	6				6	6	9	4.5	4.5	6
双盘式	5000	22272	14313	16313	5380	10	10	9	8	6	6	6	6				6	6	9	4.5	4.5	6
浮船式	10000	28422	15895	17935	9957	18	16	14	12	10	9	8	6	6			6	6	9	6	4.5	6
浮船式	20000	40632	15895	17895	20400	24	22	20	18	16	12	10	8	8			8	6	9	6	4.5	6
浮船式	20000	40632	15895	17895	20400	22	20	18	16	14	12	10	8	8			8	6	9	6	4.5	6
浮船式	30000	44660	19071	21071	29400	24	22	20	18	16	14	12	10	9	9	8	8	6	12	6	4.5	6
浮船式	30000	44660	19071	21071	29400	36	32	30	28	24	20	16	14	12	9	8	8	6	12	6	4.5	6
浮船式	50000	58920	19071	21071	51988	30	28	25	21	30	18	16	12	10	8	8	8	6	12	6	4.5	6

(四)国内单盘式浮顶油罐结构尺寸

我国应用最广泛的浮顶油罐是单盘式浮顶油罐,其常用的结构尺寸见表1-4-14。

表1-4-14 单盘式浮顶油罐结构尺寸

油罐容积/m³	油罐内径/cm	浮船外径/cm	浮船内径/cm	内边缘板/cm		外边缘板/cm		浮船顶板/cm		浮船底板/cm
				宽度b_1	板厚	宽度b_2	板厚	宽度b_3	板厚	宽度b_4
10000	2850	2810	2510	75	0.8	80	0.6	150	0.45	150
20000	4050	4010	3610	74	0.8	80	0.6	200	0.45	200
30000	4600	4500	4060	72	1.0	80	0.8	250	0.45	250
70000	6800	6750	6050	69	—	—	—	350	0.45	350
100000	8100	8050	7250	68	—	—	—	400	0.45	400

(五)钢油罐单位容积所需钢材净质量

钢油罐单位容积所需钢材净质量见表1-4-15。

表1-4-15 钢油罐单位容积所需钢材净质量

油罐容量/m³	单位容积所需钢材/(kg/m³)	油罐容量/m³	单位容积所需钢材/(kg/m³)
5000	26.2	50000	19.2
10000	23.0	100000	15.0
20000	21.5	200000	10.0

三、国内金属卧式油罐系列

(1)解放军某工厂生产的卧式罐系列见表1-4-16和表1-4-17及图1-4-6和图1-4-7。

表1-4-16 地上螺旋卧式油罐系列表

公称容积/m³	实际容积/m³	尺寸/mm						加强环
		D	R	Y	H	I	L	
10	11.78	φ2100	2100	210	411	2803	3652	∠75×50×6 角钢
15	16.38	φ2100	2100	210	406	4130	4942	
20	21.05	φ2540	2540	250	492	8430	4414	
25	24.50	φ2540	2540	250	497	4140	5134	∠90×56×6 角钢
35	34.85	φ2540	2540	250	497	6160	7154	
50	52.15	φ2540	2540	250	497	9620	10614	
80	79.15	φ2540	2540	250	497	15110	16104	

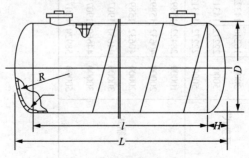

图1-4-6 地上螺旋卧式油罐示意图

表 1-4-17 地下卧式油罐系列表

型式	公称容量/m³	实际容量/m³	罐身节数 大径	罐身节数 小径	主要尺寸/mm D	R	r	H	L	L+2H	加强圈角钢	板厚 罐身	板厚 罐头	质量/kg
蝶形	10	11.9	2	1/2	2100	2100	210	407	2925	3739	75×50×5	5	5	1203
	25	25.6	2	1	2540	2540	254	490	4430	5410	90×56×6	6	6	2520
	50	51.7	4	3	2540	2540	254	490	9590	10570	90×56×6	6	6	4723
	75	79.2	6	5	2540	2540	254	490	15050	16030	90×56×6	6	6	7039
平顶	10	10.3	2	1/2	2100			30	2925	2985	75×50×5	5	5	1176
	25	22.6	2	1	2540			36	4430	4502	90×56×6	6	6	2439
	50	48.7	4	3	2540			36	9590	9662	90×56×6	6	6	4641
	75	76	6	5	2540			36	15050	15122	90×56×6	6	6	6956
	100	99.3	5	4	3200			46	12320	12412	100×63×6	6	6	7531
	150	143.2	7	6	3200			46	17780	17872	100×63×6	6	6	10459
	200	186.8	9	8	3200			46	23240	23332	100×63×6	6	6	13351

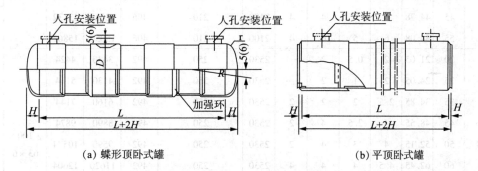

(a) 蝶形顶卧式罐　　　　　(b) 平顶卧式罐

图 1-4-7 地下卧式罐示意图

(2) 地方卧式油罐系列

地方卧式油罐系列见表 1-4-18 和表 1-4-19。

表 1-4-18 平头盖卧式罐技术数据

公称容量/m³	8	15	30	40	50	60
实际容量/m³	8.5	15.6	31	39	53	60
直径/m	1.9	2.2	2.2	2.2	2.55	2.55
长度/m	3.0	4.09	8.19	10.34	10.34	11.77
身板厚度/mm	4	4	4	4	4	4
头盖厚度/mm	4	5	5	5	4.5	4.5
加强环角钢	∠50×5	∠75×6	∠75×6	∠75×6	∠80×8	∠80×8
加强环数	1	3	5	0	0	7
罐头加强环角钢	∠75×6	∠90×8	∠90×8	∠90×8	∠90×8	∠90×8
头盖处三角撑	—	—	—	—	∠50×5	∠50×5
钢材总用量/kg	906	1569	2553	3067	3670	4107

113

表 1-4-19 蝶形头盖卧式罐技术数据

公称直径/mm	公称容积/m³	实际容积/m³	罐身节数 大径	罐身节数 小径	加强环个数 大径	加强环个数 小径	结构尺寸/mm 头盖半径	结构尺寸/mm 头盖与管壁过渡处曲率半径	结构尺寸/mm 头盖深度	结构尺寸/mm 管壁长度	结构尺寸/mm 罐总长	结构尺寸/mm 角钢环	罐体重量/kg
Φ1750	10	11.20	2	1	2	—	1750	175	345	4130	4820	∠70×45×5	1103
	15	16.08	2.5	2	2	2	1750	175	345	6160	6850		1555
	20	22.54	4	2.5	4	2	1750	175	345	8890	9580		2153
	25	24.92	4	3	4	2	1750	175	345	9590	10280		2283
	30	30.92	5	4	4	4	1750	175	345	12320	13010		2872
	35	35.82	6	4.5	6	4	1750	175	345	14350	15040		3330
Φ2100	10	11.78	2	—	2	—	2100	210	406	2802	3614	∠90×56×5.5	1074
	15	16.38	2	1	2	—	2100	210	406	4130	4942		1400
	25	25.88	3	2	2	2	2100	210	406	6860	7672		2134
	35	35.28	4	3	4	2	2100	210	406	9590	10402		2865
	45	44.78	5	4	4	4	2100	210	406	12320	13132		3596
	55	54.08	6	5	6	4	2100	210	406	15050	15862		4335
Φ2540	20	21.05	2	0.5	2	—	2530	250	492	3430	4424	∠100×63×6	1554
	25	24.05	2	1	2	2	2530	250	492	4130	5114		1758
	35	34.85	2.5	2	2	2	2530	250	492	6160	7144		2468
	45	48.55	4	2.5	4	2	2530	250	492	8890	9874		3368
	50	52.15	4	3	4	2	2530	250	492	9590	10574		3568
	60	62.45	4.5	4	4	2	2530	250	492	11620	12604		4288
	65	66.15	5	4	4	4	2530	250	492	12320	13304		4488
	75	76.15	6	4.5	4	4	2530	250	492	14350	15360		5188
	80	79.15	6	5	6	4	2530	250	492	15050	16060		5388
Φ3200	40	40.56	2	1	2	—	3200	320	625	4130	5380	∠125×80×7	3248
	55	56.76	2.5	2	2	2	3200	320	625	6160	7410		4470
	60	62.40	3	2	2	2	3200	320	625	6800	8110		4800
	75	78.40	4	2.5	4	2	3200	320	625	8890	10410		6022
	85	84.26	4	3	4	2	3200	320	625	9590	10840		6352
	100	102.66	4.5	4	4	2	3200	320	625	11620	12870		7574
	105	106.66	5	4	4	4	3200	320	625	12320	13570		7904
	120	122.46	6	4.5	6	4	3200	320	625	14350	15000		9126

注：①表中所列油罐均可埋于地下，覆土厚度不大于2m。
②罐壁圈板均用宽1.4m钢板。
③0.5节指宽度为0.7m。
④罐身和头盖厚度除Φ3200油罐为6mm外，其余均为4.5mm。
⑤钢板用A3F。
⑥油罐的设计内压为0.1MPa，负压为0.5kPa。

四、国内几种特殊油罐的技术数据

(一)球形油罐主要技术数据

球形油罐主要技术数据见表 1-4-20。

表 1-4-20 球形油罐主要技术数据

序号	公称容积/m³	计算容积/m³	罐直径/m
1	50	52	4.60
2	120	119	6.10
3	200	188	7.10
4	400	408	9.20
5	650	640	10.70
6	1000	975	12.3
7	2000	2025	15.70

注：①计算容积为近似值。
②上述球形储罐按其设计压力(绝)可分为：0.42MPa、7.45MPa、1.723MPa 和 2.06MPa 4 个标准等级。

(二)滴状油罐主要技术数据

滴状油罐主要技术数据见表 1-4-21。

表 1-4-21 滴状油罐主要技术数据

指标	油罐容量/m³						
	400	800	1600	2000	3200	4000	4000
工作压力/MPa	0.1	0.1	0.1	0.04	0.1	0.04	0.1
直径/m	9.93	12.16	16.15	18.45	20.32	22.97	22.97
高度/m	7.7	9.91	12.01	9.94	14.63	14.26	14.30
罐板厚度/mm	5~8	5~10	6~12	4~6	7~14	6~8	7~18

(三)500m³ 圆筒卧式复合壁油罐主要技术数据

500m³ 圆筒卧式复合壁油罐主要技术数据见表 1-4-22。

表 1-4-22 500 m³ 圆筒卧式复合壁油罐主要技术数据

名义容量/m³	实际容量/m³	平均直径/m	长度/m	选用材质	
				内壁	外壁
500	519	5.7	20.336	钢板	混凝土

注：①本罐为总后建筑规划设计研究院设计研究成果,已用于工程实践。
②本罐可用于地下掩埋罐。

(四)软体油罐主要技术数据

软体油罐主要技术数据见表 1-4-23。

表1-4-23 软体油罐主要技术数据

项目	油罐规格/m³		
	5	25	50
最大容量/m³	5	25	50
空罐外形尺寸(长×宽)/mm	3900×2700	9000×3750	13000×5000
装满油后外形尺寸(长×宽×高)/mm	3800×2500×700	9000×3400×1000	13000×4700×1000
空罐重量/kg(不含附件)	55	120	215
包装箱外形尺寸(长×宽×高)/mm	860×730×650	1100×860×650	1400×1100×720
包装后总重/kg	110	180	280
解放牌载重汽车装空罐数/个	36	24	12

注：①5m³软体油罐在寒、热区装油试验，在气温-42℃时仍可正常使用。
②在气温-35℃以下，罐壁变硬，空罐折叠较困难，折叠后比常温下体积增大一倍。
③在气温+42℃时，经日晒后，罐壁表面温度到+75℃，可正常使用。

五、国内金属立式油罐结构数据

（1）立式油罐罐顶结构数据见表1-4-24和表1-4-25。

表1-4-24 罐径与拱顶结构形式

罐径 D/m	拱顶形状
$D < 12$	光面球壳
$12 \leq D < 30$	带肋球壳
$D \geq 30$	网球壳

表1-4-25 油罐包边角钢最小尺寸

罐类别	罐内径 D/mm	包边角钢最小尺寸/mm
固定顶罐	$D \leq 5$	50×50×5
	$5 < D \leq 10$	63×63×6
	$10 < D \leq 20$	75×75×8
	$20 < D \leq 60$	90×90×9
	$D > 60$	100×100×12
浮顶罐	$D \leq 20$	75×75×8
	$20 < D \leq 60$	90×90×9
	$D > 60$	120×120×12

（2）立式油罐罐壁结构数据见表1-4-26。

表1-4-26 罐壁钢板最小厚度表

油罐内径 D/m	罐壁钢板最小厚度/mm	
	碳素钢	不锈钢
$D < 16$	5	4
$16 < D \leq 35$	6	5

续表

油罐内径 D/m	罐壁钢板最小厚度/mm	
	碳素钢	不锈钢
$35 < D \leq 60$	8	
$60 < D \leq 75$	10	
$D > 75$	12	

（3）立式油罐罐底结构及数据见图 1-4-8、表 1-4-27 和表 1-4-28。

油罐底板的结构有两种形式，一种是油罐内径小于 12.5m 时，罐底可不设环形边缘板的底板，如图 1-4-8(a) 所示；另一种是油罐内径大于或等于 12.5m 时，罐底宜设环形边缘板的底板，如图 1-4-8(b) 所示，也可采用图 1-4-8(c)、(d) 的排板方式。

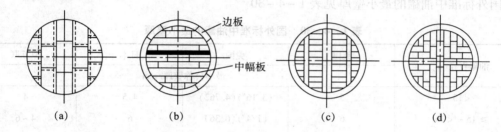

图 1-4-8 几种底板的拼排方式

表 1-4-27 边缘板最小厚度（不含腐蚀裕量） mm

底圈壁板厚	边缘板厚		底圈壁板厚	边缘板厚	
	碳素钢	不锈钢		碳素钢	不锈钢
≤6	6	与底圈壁板等厚	21~25	10	
7~10	6	6	>25	12	
11~20	8	7			

表 1-4-28 中幅板的最小厚度（不含腐蚀裕量）

罐内径/m	中幅板厚/mm		罐内径/m	中幅板厚/mm	
	碳素钢	不锈钢		碳素钢	不锈钢
$D \leq 10$	5	4	$D > 20$	6	4.5
$D \leq 20$	6	4			

第三节 国外金属油罐的主要技术参数

一、国外油罐罐底钢板厚度

国外油罐罐底钢板厚度见表 1-4-29。

表 1-4-29 国外油罐罐底钢板厚度

国家			英国	美国	日本	原苏联
油罐直径/m	D≤12.5	底板形	矩形、异形、环形底板			
		底板厚/mm	6	6.35	6	4
	D>12.5	底板形	罐壁板下的环形底板			
		罐壁板厚/m δ≤19	8	7.94(5/16″)	7.94(5/16″)	6~7
		32≥δ>19	10	9.5(3/8″)	9.5(3/8″)	8
		δ>32	11	11.11(7/16″)	11.11(7/16″)	10

二、国外标准中油罐的最小壁厚

国外标准中油罐的最小壁厚见表 1-4-30。

表 1-4-30 国外标准中油罐的最小壁厚

油罐直径/m	英国	美国	日本	原苏联
	最小公称壁厚/mm			
<15	5	(3/16″)(4.762)	4.5	4
≥15~<36	6	(1/4″)(6.36)	6	4~6
≥36~<60	8	(5/16″)(7.94)	8	10
≥60	10	(3/8″)(9.53)	10	—

三、美国油罐主要技术数据

美国油罐主要技术数据见表 1-4-31。

表 1-4-31 美国油罐主要技术数据

油罐容量/m³		490	1070	2170	4320	12000	19300	34000	51200
直径/m		9.15	12.20	15.20	18.3	30.5	36.60	48.80	67.00
高度/m		7.30	9.15	12.80	16.5	16.5	18.30	18.30	14.60
罐壁厚度/mm	1	4.8(3/16″)	4.8(3/16″)	6.4(1/4″)	6.4	6.4	7.9(5/16″)	7.9	9.5(3/8″)
	2	4.8(3/16″)	4.8	6.4	6.4	6.4	7.9	7.9	9.5
	3	4.8(3/16″)	4.8	6.4	6.4	6.4	7.9	10.2	14.0
	4	4.8(3/16″)	4.8	6.4	6.4	8.8	10.2	13.7	18.8
	5		4.8	6.6	6.6	10.9	13.0	17.3	24.0
	6			7.7	7.9	13.0	15.8	20.8	28.8
	7				9.2	15.2	18.3	24.4	33.7
	8				10.4	17.6	21.2	28.0	
	9					20.0	23.8	31.61	
	10						26.2	35.20	

注：美国所用的钢板宽度为 1.83m。

四、原苏联油罐主要技术数据

原苏联油罐主要技术数据见表1-4-32。

表1-4-32 原苏联油罐主要技术数据

油罐容量/m³		421	1056	2135	4832	10950	19500
直径/m		8.53	12.33	15.18	22.79	34.20	45.64
高度/m		7.38	8.85	11.31	11.83	11.92	11.92
罐壁厚度/mm	1	4	4	4	5	6	10
	2	4	4	4	5	6	10
	3	4	4	4	5	6	10
	4	4	4	4	5	7	10
	5	4	4	5	6	9	10
	6		5	6	7	11	10
	7			7	8	12	12
	8				10	14	14

五、日本油罐主要技术数据

日本油罐主要技术数据见表1-4-33。

表1-4-33 日本油罐主要技术数据

油罐容量/m³		540	940	2290	5800	10100	15700	28460	40000	48483
直径/m		8.71	11.64	15.50	23.24	29.04	34.87	46.49	55.21	58.12
高度/m		9.14	10.66	12.18	13.70	15.22	16.74	16.74	16.74	18.26
罐壁厚度/mm	1	4.5	4.5	4.5	6.0	6.0	6.0	8.0	8.0	8.0
	2	4.5	4.5	4.5	6.0	6.0	6.0	8.0	8.0	8.0
	3	4.5	4.5	4.5	6.0	6.0	6.0	8.0	8.0	9.0
	4	4.5	4.5	4.5	6.0	8.0	9.0	11.0	13.0	13.0
	5	4.5	4.5	6.0	8.0	9.0	11.0	14.0	16.0	16.0
	6		4.5	6.0	9.0	11.0	13.0	17.0	19.0	19.0
	7		6.0	8.0	10.0	13.0	15.0	20.0	22.0	22.0
	8			8.0	12.0	14.0	17.0	23.0	25.0	25.0
	9				13.0	16.0	19.0	25.0	29.0	29.0
	10					18.0	22.0	28.0	32.0	32.0
	11							31.0	35.0	35.0
	12									38.0

注:①油罐直径$D \leq 11m$时,采用1524mm×3048mm规格的钢板。
②$18 \geq D > 11m$时,采用1524mm×6096mm规格的钢板。
③$58 \geq D > 18m$时,采用1829mm×9144mm规格的钢板。
④$D > 58m$时,采用2438mm×9144mm规格的钢板。

六、英国油罐主要技术数据

英国油罐主要技术数据见表1-4-34。

表1-4-34 英国油罐主要技术数据

油罐容量/m³		549	1104	2120	5026	11309	16285	25446	42411
直径/m		10.0	12.5	15.0	20.0	30.3	36.0	45.0	60.0
高度/m		7.0	9.0	12.0	16.0	16.0	16.0	16.0	15.0
罐壁厚度/mm	1	5	5	6	6	6	6	8	8
	2	5	5	6	6	6	6	8	8
	3	5	5	6	6	6	7	9	13
	4	5	5	6	6	8	10	12	17
	5	5	5	6	7	10	12	15	21
	6		5	6	8	13	15	19	25
	7			7	10	15	17	22	30
	8			11	17	19	25	35	
	9				13	19	22	28	
	10							25	31

注：① 油罐直径 $D \leqslant 12m$ 时，采用 4800mm×1520mm 规格的钢板。
② $D > 12m$ 时，采用 7700mm×1830mm 规格的钢板。

第四节 金属立式油罐基础设计

一、设计荷载的确定

设计荷载的确定见表1-4-35。

表1-4-35 设计荷载的确定

项目	计算及推荐数值			
	计算公式	符号	符号含义	单位
1. 设计荷载的计算	$q = \dfrac{q_{罐} + q_{水} + q_{基} + q_{活}}{S_{底}} \times 1.1$	q	设计荷载	t/m²
		$q_{罐}$	油罐罐体及其附件的自重	t
		$q_{水}$	油罐达安全液面时罐内液重，按水重计	t
		$q_{基}$	油罐高出地面的基础重量	t
		$q_{活}$	人和积雪等活载荷	t
		$S_{底}$	油罐底面积	m²
		1.1	安全系数	
2. 不同油罐的设计荷载(即油罐要求地基的承载力)	不同油罐的设计荷载				
	罐容/m³	100	200	300	500	700	1000	2000	3000	5000	10000
	罐底圈外径/m	5.008	6.508	7.508	9.008	10.008	12.45	15.514	18.018	22.024	28.534
	设计荷载/(t/m²)	9	9	9	11	11	11	14	14	18	20

二、油罐地基地质调查

(一)调查的主要内容

调查的主要内容见表1-4-36。

表1-4-36 调查的主要内容

项目	内 容
收集建罐现场基本资料	收集建罐现场的地史、地形、地质、挖井记录,附近和原有建筑的基础资料 ①如以前是否为湖沼地带 ②有无回填、垫土、挖掘等 ③原来有无建(构)筑物以及拆除的时间,特别要注意地下有无墓葬、洞穴或埋置物 ④附近有无影响罐底下土层的大型构筑物
弄清油罐区域内的地层结构	如:各层土质的软硬、地下水位等资料
在建罐地址钻取试样	进一步准确判断罐址地层结构,并根据土工试验求得土质的力学物理性质

(二)简易贯入试验钻孔数、钻孔深及钻孔布置

简易贯入试验钻孔数、钻孔深及钻孔布置见表1-4-37。

表1-4-37 单个油罐基础钻孔(贯入)数量深度

油罐容量/m³	直径/m	高度/m	钻孔 中心 数量	钻孔 中心 深度/m	钻孔 圆周 数量	钻孔 圆周 深度/m	简易贯入试验 圆周 数量	简易贯入试验 圆周 深度/m
100000	82	22	1	80	8	50		
70000	72	18	1	70	8	45		
50000	60	18	1	60	4	35		
40000	55	18	1	55	4	35		
30000	45	18	1	45	4	30		
20000	43	15	1	45	4	30		
15000	38	15	1	40	3	25		
10000	30	15	1	35	3	25		
5000	24	12	1	30	3	20		
3000	18	12	1	25	0		4	20
2000	15	10.5	1	25	0		4	20
1000	12	10.5	1	20	0		3	20
500	9	7.5	1	20	0		3	15
300~100			1	20	0		1~3	15

(三)油罐基础最少钻孔数及位置

油罐基础最少钻孔数及位置见表1-4-38,罐区钻孔位置见图1-4-9。

表1-4-38 油罐基础最少钻孔数及位置

油罐直径/m	钻孔数	位置
$D \leqslant 30$	2~3座罐钻1个孔	
$30 < D \leqslant 45$	每座罐钻1个孔	罐中心附近
$45 < D \leqslant 55$	每座罐钻2个孔	罐壁附近
$55 < D \leqslant 70$	每座罐钻3个孔	罐壁附近
$D > 70$	每座罐钻4个孔	3个在罐壁,1个在中心

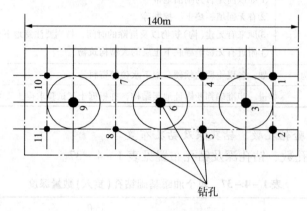

图1-4-9 罐区钻孔位置

三、油罐基础基本要求及不良地基的处理

油罐基础基本要求及不良地基的处理见表1-4-39。

表1-4-39 油罐基础基本要求及不良地基的处理

项 目	内 容
1. 基本要求	(1)当油罐基础下地基土为软土地基,有不良地质现象的山区地基、特殊土地基或地震时地基土有液化可能,地基土的承载能力值或沉降差不满足设计要求时,均应对地基进行处理,采取相应的技术措施 (2)油罐基础下有未经处理的耕土层、人工填土、生活垃圾、工业废料等稳定性差的土层,均不得作为持力层 (3)油罐基础下不得有膨胀性土或湿陷性土,如必须采用时,应采取相应的处理措施,以消除其对油罐基础的影响 (4)油罐基础下有局部软弱土层,以及暗塘、暗沟等时,均应清除,并用素土、级配砂石或灰土分层压(夯)实,处理后地基土的物理力学性能应力求与同基础未经处理的土层相一致,当清除有困难时,应采取有效的处理措施,如强夯实等使其能满足使用要求 (5)油罐基础应避免建在部分坚硬、部分松软的地基土上,必须建设在此种地基上时,要采取有效的处理措施,使其能满足建设油罐的要求
2. 不良地基的处理	(1)处理条件 ①当油罐位于斜坡、沼泽地带,地表下是腐殖土或塑性黏土处,靠近水源处、附近有重大构筑物可能影响罐底下的土层处,可能遭受洪水而导致地基滑坡处等特殊地域时,油罐地基必需进行专门的处理,否则便会出现严重不均匀沉陷以及滑坡等 ②油罐地基不能承受满罐载荷时,如果仅改变罐底下面浅层结构是不能根本改变地基状况的。此时,可以采用下面的一种或几种方法来改善地基的承载能力

续表

项　目	内　容
2. 不良地基的处理	(2)处理方法 ①除掉土质不好的土壤，另用合适的材料代替 ②用适当材料作为预加载荷，将软弱地基压实 ③采用化学方法或喷射水泥薄浆使软弱地基固化 ④打入支撑桩，把载荷支撑在较稳定的地层上，或者把基础的支柱建立于稳定的地基上。这应包括在桩上建一钢筋混凝土承台来承担罐底的载荷 ⑤建筑特殊形式的基础，以便把载荷分散到软地基的足够大的面积上，从而将载荷强度限制在允许限度之内，而不发生严重的下沉

四、《钢制储罐地基基础设计规范》GB 50473 规定摘编

(1)每台储罐地基勘探点数量见表1-4-40。

表 1-4-40　每台储罐地基勘探点数量

1. 位置	储罐中心及边缘宜布置勘探点						
2. 点数确定的因素	①勘探点数量应根据储罐的型式、容积、地基复杂程度等确定 ②详细勘察阶段每台储罐地基勘探点数量也可按下表采用 ③其中控制性勘探点的数量宜取勘探点总数的1/5～1/3						
3. 每台储罐地基勘探点数量见右表	地基复杂程度	储罐公称容积/m³					
		≤5000	10000	20000~30000	50000	100000	150000
	简单场地	3	3~5	5	5~9	10~13	13~16
	中等复杂场地	3~4	5~7	5~9	9~13	13~21	16~25
	复杂场地	4~5	6~9	9~12	13~18	21~25	25~30

(2)勘探孔深度见表1-4-41。

表 1-4-41　勘探孔深度

	储罐公称容积/m³	一般地基/m	软土地基/m
1. 一般性勘探孔深度可根据地基情况和储罐的容积按右表确定，或到基岩顶面（D_t为储罐罐壁底圈内直径）	≤5000	1.0~1.2 D_t	1.2~1.5 D_t
	10000	1.0~1.2 D_t	1.2~1.5 D_t
	20000~30000	0.9~1.0 D_t	1.0~1.1 D_t
	50000	0.7~0.8 D_t	0.8~0.9 D_t
	≥100000	0.6~0.7 D_t	0.7~0.8 D_t
2. 控制性勘探孔深度	①土质地基	应按一般性勘探孔的深度加10m	
	②岩质地基	应按一般性勘探孔的深度加5m，并宜进入中风化基岩不小于1m	

(3)按规范规定基础分类及选型见表1-4-42。

表 1-4-42 按规范规定基础分类及选型表

基础型式	储罐基础的形式可分为护坡式基础、环墙式基础、外环墙式基础和桩基础	
选型依据	储罐基础选型应根据储罐的型式、容积、场地地质条件、地基处理方法、施工技术条件和经济合理性等综合确定	
选型	场地和地质条件	应选型式
	第一种情况：当天然地基承载力特征值大于或等于基底平均压力、地基变形满足表1-4-43规定的允许值且场地不受限制时	宜采用护坡式基础（见图1-4-10）。也可采用环墙式或外环墙式基础（见图1-4-11和图1-4-12）
	第二种情况：当天然地基承载力特征值小于基底平均压力，但地基变形满足表1-4-43规定的允许值，且经过地基处理后或经充水预压后能满足承载力的要求时	宜采用环墙式基础（见图1-4-11，也可采用外环墙式基础或护坡式基础（见图1-4-12和图1-4-10）
	第三种情况：当天然地基承载力特征值小于基底平均压力，地基变形不能满足下表1-4-43规定的允许值，地震作用下地基有液化土层，经过地基处理或充水预压后能满足承载力的要求和本规范第6.1.3条规定的允许值要求或液化土层消除程度满足有关规定时	宜采用环墙式基础（见图1-4-11）；当地基处理有困难或不做处理时，宜采用桩基础（见图1-4-13）
	第四种情况：当建筑场地受限制及储罐设备有特殊要求时	应采用环墙式基础（见图1-4-11）

(4)储罐地基变形允许值见表1-4-43。

表 1-4-43 储罐地基变形允许值

罐地基变形特征	储罐型式	储罐底圈内直径/m	沉降差允许值
整体倾斜（任意直径方向）	浮顶罐与内浮顶罐	$D_t \leq 22$	$0.0070 D_t$
		$22 < D_t \leq 30$	$0.0060 D_t$
		$30 < D_t \leq 40$	$0.0050 D_t$
		$40 < D_t \leq 60$	$0.0040 D_t$
		$60 < D_t \leq 80$	$0.0035 D_t$
		$D_t > 80$	$0.0030 D_t$
	固定顶罐	$D_t \leq 22$	$0.015 D_t$
		$22 < D_t \leq 30$	$0.010 D_t$
		$30 < D_t \leq 40$	$0.009 D_t$
		$40 < D_t \leq 60$	$0.008 D_t$
罐周边不均匀沉降	浮顶罐与内浮顶罐	—	$AS/L \leq 0.0025$
	固定顶罐		$AS/L \leq 0.0040$
储罐中心与储罐周边的沉降差	沉降稳定后≥0.008		
备注	①D_t为储罐罐壁底圈内直径，m ②AS为储罐周边相邻测点的沉降差，mm ③L为储罐周边相邻测点的间距，mm		

(5)规范中各型基础图示见图1-4-10~图1-4-13。

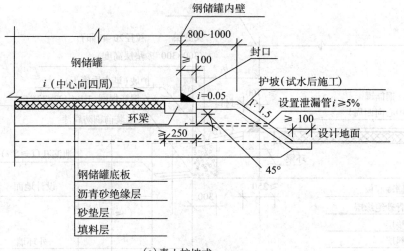

(a)素土护坡式

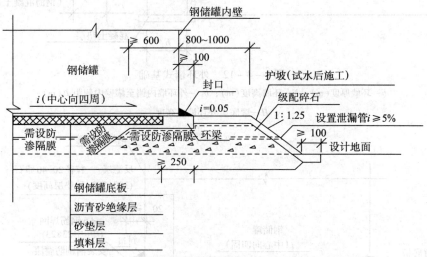

(b)碎石环墙护坡式

图1-4-10 护坡式基础

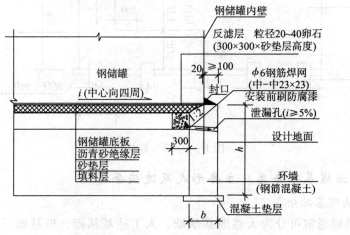

图1-4-11 环墙式基础
b—环墙厚度(m);h—环墙高度(m)

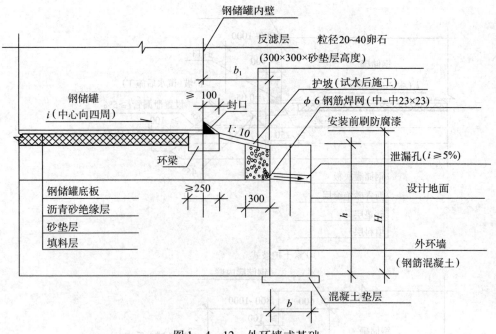

图1-4-12 外环墙式基础

b—环墙厚度(m);h—环墙高度(m);b_1—外环墙内侧至罐壁内侧距离(m);
H—罐底至外环墙底高度

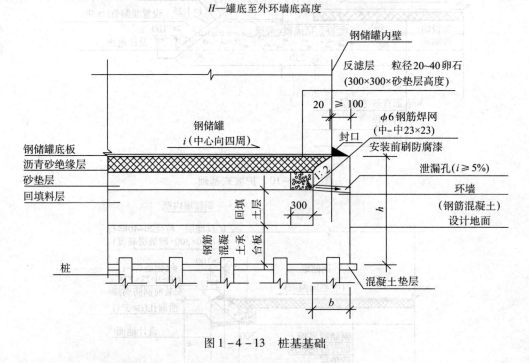

图1-4-13 桩基基础

五、立式油罐基础分类、主要形式及适应条件

(一)立式油罐基础分类

立式油罐基础通常可分为天然地基基础、人工地基基础、桩基础三大类,其形式有多种,常见的有9种,见图1-4-14。

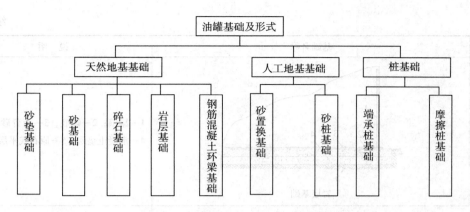

图 1-4-14 油罐基础种类方框图

(二)立式油罐基础常用形式图示

立式油罐基础常用形式图示见表 1-4-44。

表 1-4-44 立式油罐基础常用形式图示

序号	基础名称	说 明
1	砂垫层基础	1—罐壁;2—罐底;3—沥青砂绝缘层;4—砂垫层;5—卵石护坡;6—回填土
2	砂基础	1—罐壁;2—沥青砂;3—卵石护坡;4—钢筋混凝土环梁;5—粗砂
3	碎石基础	1—罐壁;2—罐底;3—夯实的碎石、筛渣、细砾石和净砂或类似材料(最小厚75mm);4—粗石子、砾石或碎石;5—充分夯实的砾石、粗砂或稳定的材料

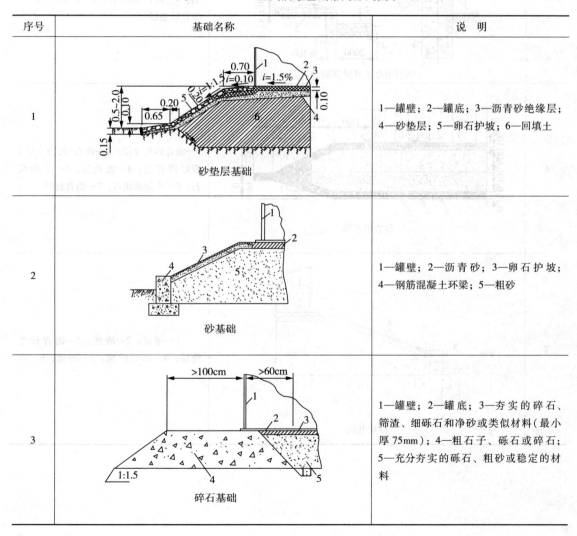

127

续表

序号	基础名称	说 明
4	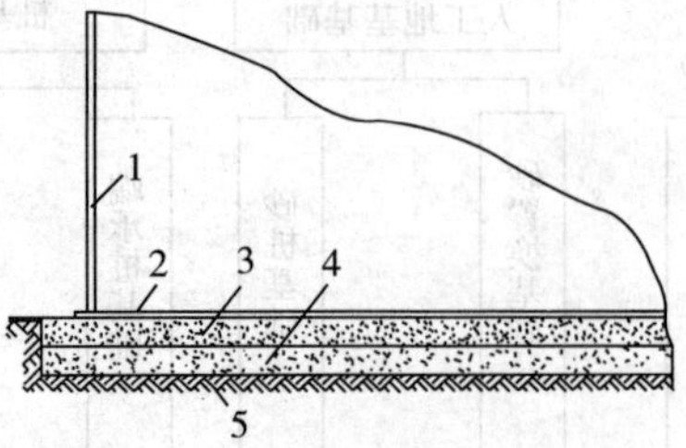 岩层基础	1—罐壁；2—罐底；3—沥青砂绝缘层；4—混凝土垫层；5—原石找平层
5	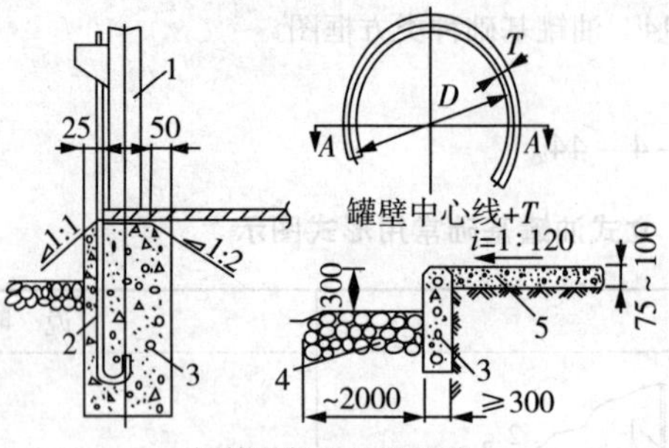 钢筋混凝土环梁基础	1—罐壁；2—锚栓；3—钢筋混凝土环梁；4—粗石或碎石；5—碎石、细石、沥青砂垫层
6	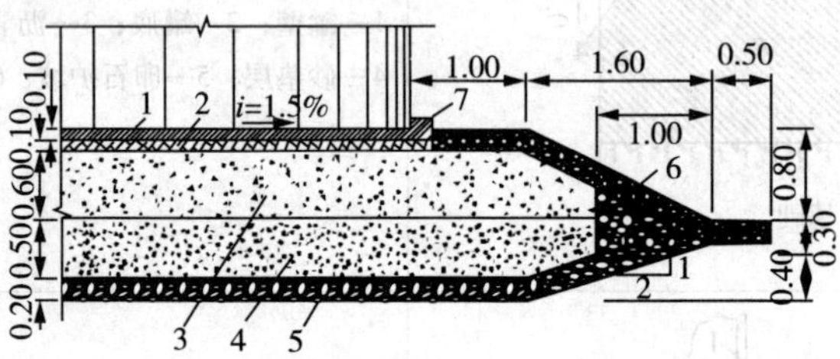 砂置换基础	1—沥青砂绝缘层；2—碎石层；3—3:1粗砂碎石层；4—置换层；5—干砌块石；6—水泥砌块石；7—沥青封口
7	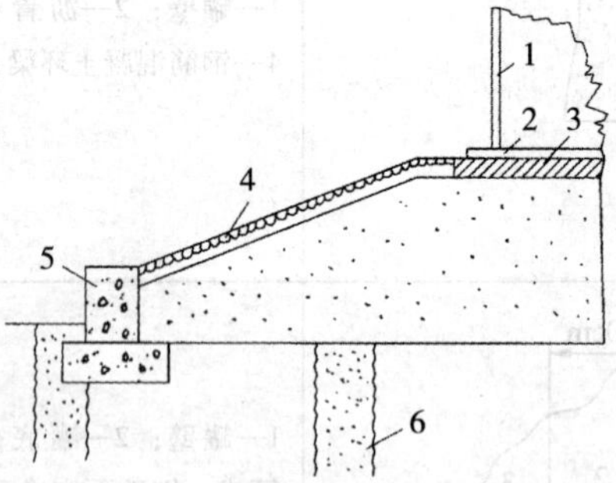 砂桩基础	1—罐壁；2—罐底；3—沥青砂绝缘层；4—砾石护坡；5—环梁；6—砂桩

续表

序号	基础名称	说　明
8	端承桩基础	1—罐壁；2—罐底；3—沥青砂绝缘层；4—砾石护坡；5—环梁；6—块石；7—端承桩
9	摩擦桩基础	1—罐壁；2—罐底；3—沥青砂绝缘层；4—砾石护坡；5—环梁；6—混凝土垫层；7—摩擦桩

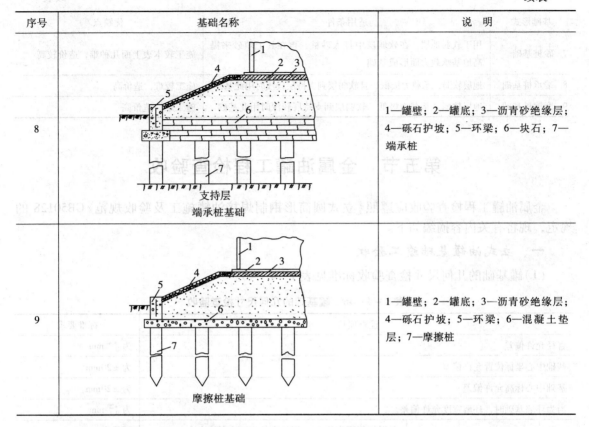

(三) 各形式油罐基础适用条件

各形式油罐基础适用条件见表1-4-45。

表1-4-45　各形式油罐基础适用条件

基础形式	适用条件	优缺点
1. 砂垫基础	适用于有足够地耐压、沉陷少的地基。一般小型油罐普遍采用	做法简单，造价低
2. 砂基础	用于允许产生不损坏油罐的均匀沉陷，特别是沉陷量大的大型油罐。日本广泛选用	做法简单，属软基础，造价低
3. 碎石基础	用于土质较好、较均匀，不会产生不均匀沉陷的地方。适用于一般油罐	做法简单，造价低，碎石以支持罐壁板传来的载荷
4. 岩层基础	用于结构均匀、无断层、裂纹、滑坡等缺陷的岩石地基，洞式油罐常为这种基础	做法简单，造价低
5. 钢筋混凝土环梁基础	用于地基耐力高、不产生不均匀沉陷的地方，最适用需设锚栓的压力罐。欧美使用多	环梁以支持罐壁板传来的载荷，使集中载荷分散。环梁最小厚度为30cm
6. 砂置换基础	用于地表附近有较浅的软弱层时，可将软弱层除去，用良好砂土等材料置换	做法简单，造价低

续表

基础形式	适用条件	优缺点
7. 砂桩基础	用于软弱地层。在软弱层中打入砂桩,再在其上填砂来提高地基承载力而形成基础	施工较本表上面几种难,造价较高
8. 端承桩基础	地层软弱,承载力极低,且软弱层到支持层较浅时用此基础	施工较难,造价高
9. 摩擦桩基础	地层软弱,承载力极低,软弱层到支持层较深时用此基础	施工难,造价高

第五节 金属油罐工程检查验收

金属油罐工程检查验收应遵照《立式圆筒形钢制焊接油罐施工及验收规范》GB50128 的规定,现将有关内容摘编如下。

一、立式油罐基础竣工验收

(1)罐基础的几何尺寸检查验收标准见表 1-4-46。

表 1-4-46 罐基础的几何尺寸检查验收

检查项目			标准要求
直径允许偏差			为 $^{+30}_{0}$ mm
基础中心坐标位置允许偏差			为 ±20mm
基础中心标高允许偏差			为 ±20mm
当为环墙基础时,环墙宽度允许偏差			为 $^{+20}_{0}$ mm
基础表面(罐壁内外100mm)高差	有环墙时	在周长范围内每 10m 周长内任意两点的高差	不得大于 6mm
		整体圆周长度任意两点的高差	不得大于 12mm
	无环墙时	每 3m 周长任意两点的高差	不得大于 6mm
		整体圆周长度任意两点的高差	不得大于 20mm
钢筋混凝土环墙要求		钢筋混凝土环墙的最大允许裂缝宽度不得超过 0.3mm。当超过 0.3mm 时,必须进行处理	

(2)沥青砂绝缘层检查验收标准见表 1-4-47。

表 1-4-47 沥青砂绝缘层检查验收标准

检查项目	标准要求
总体要求	沥青砂绝缘层的表面应平整、密实、无裂纹、无分层
表面平整度要求	当罐直径 <25m 时 (1)可由基础中心向基础周边拉线测量,基础表面凹凸度不得大于 25mm (2)测点数为基础表面每 100m² 范围内不少于 10 点(小于 100m² 的基础按 100m² 计算) 当罐直径 ≥25m 时 (1)以基础中心为圆心,以不同半径作同心圆,在各圆周等分点测量沥青砂层的标高,同一圆周上的测点其测量标高与设计标高之差不得大于 12mm (2)同心圆的直径和各圆周上最少测量点数应符合有关规定的要求

二、油罐罐体几何形状和尺寸检查

(一)检验样板的要求

储罐在预制、组装及检验过程中所使用的样板,应符合表1-4-48的规定。

表1-4-48 油罐检验样板要求

被检部位及样板类型		对样板的要求
曲率半径	≤12.5m	被检部位的曲率半径小于或等于12.5m时,弧形样板的弦长不应小于1.5m
	>12.5m	被检部位的曲率半径大于12.5m时,弧形样板的弦长不应小于2m
直线样板		所有直线样板的长度不应小于1m,其偏差不得超过±0.3mm
测量焊缝角变形的弧形样板		测量焊缝角变形的弧形样板,其弦长不得小于1m
对样板的总要求		所有部件的放样样板必须经过验收,其偏差不得超过0.5mm

(二)罐体几何形状和尺寸检测

罐体几何形状和尺寸检测见表1-4-49。

表1-4-49 罐体几何形状和尺寸检测

部位及项目			要 求				
罐壁组装焊接后,几何形状和尺寸的要求	罐壁高度的允许偏差		不应大于设计高度的0.5%				
	罐壁铅垂的允许偏差		不应大于罐壁高度的0.4%,且不得大于50mm				
	罐壁的局部凹凸变形	相邻两壁板上口水平的允许偏差	不应大于2mm				
		在整个圆周上任意两点水平的允许偏差	不应大于6mm				
		壁板的铅垂允许偏差	不应大于3mm				
	在底圈罐壁1m高处,表面任意点半径的允许偏差/mm	油罐直径 D/m	D≤12.5	±13			
			12.5<D≤45	±19			
			45<D≤76	±25			
			D>76	±32			
	罐壁上的工卡具焊迹		应清除干净,焊疤应打磨平滑				
罐底组装焊接后,几何形状和尺寸的要求	罐底焊接后,其局部凹凸变形的深度		不应大于变形长度的2%,且不应大于50mm				
	罐底外形轮廓的水平状况允许偏差/mm	项目标准		油罐未装油时		油罐装满油时	
				间隔6m两点间偏差	任何两点间偏差	间隔6m两点间偏差	任何两点间偏差
		油罐容量/m³	<700	±10	±25	±20	±40
			700~1000	±15	±40	±30	±60
			2000~5000	±20	±50	±30	±80
			10000~20000	±20	±50	±30	±80
罐顶组装焊接后,几何形状和尺寸的要求	浮顶的局部凹凸变形	浮舱顶板的局部凹凸变形	应用直线样板测量,不得大于15mm				
		单盘板的局部凹凸变形	用目测及充水试验,不应影响外观及浮顶排水				
	固定顶的局部凹凸变形		应采用弧形样板检查,间隙不得大于15mm				

(三) 油罐附件几何尺寸检验

油罐附件几何尺寸检验见表1-4-50。

表1-4-50 油罐附件几何尺寸检验

附件名称	几何尺寸检验要求
抗风圈、加强圈、包边角钢	抗风圈、加强圈、包边角钢等弧形构件加工成型后,用弧形样板检查,其间隙不得大于2mm;其翘曲变形不得超过构件长度的1‰,且不得大于4mm
罐体开孔接管	罐体开孔接管中心位置偏差不得大于10mm,外伸长度允许偏差应为±5mm
量油导向管	量油导向管垂直度允许偏差,不得大于管高的1‰,且不得大于10mm
转动浮梯	转动浮梯中心线的水平投影,应与轨道中心线重合,允许偏差不应大于10mm

三、油罐焊接质量检查

(一) 焊缝表面质量要求及检验方法

焊缝表面质量要求及检验方法见表1-4-51。

表1-4-51 焊缝表面质量要求及检验方法

项目			允许值/mm	检验方法
对接焊缝	咬边	深度	<0.5	用焊接检验尺检查罐体各部位焊缝
		连续长度	≤100	
		焊缝两侧总长度	≤10%L	
	凹陷	环向焊缝 深度	≤0.5	
		环向焊缝 长度	≤10%L	
		环向焊缝 连续长度	≤100	
		纵向焊缝	不允许	
壁板焊缝 变形角	$\delta \leq 12$		≤12	纵焊缝的角变形用1m长弧形样板检查,环焊缝的角变形用1m长直线样板检查
	$12 < \delta \leq 25$		≤10	
	$\delta > 25$		≤8	
对接接头的错边量	纵向焊缝	$\delta \leq 10$	≤1	用刻槽直尺和焊接检验尺检查
		$\delta > 10$	≤0.1倍δ且≤1.5	
	环向焊缝	$\delta \leq 8$(上圈壁板)	≤1.5	
		$\delta > 8$(上圈壁板)	≯0.2倍δ且≯2	
角焊缝焊脚	搭接焊缝 罐底与罐壁连接的焊缝 其他部位的焊缝		按设计要求	用焊接检尺检查
焊缝宽度:坡口宽度两侧各增加			1~2	
浮顶内浮顶储罐对接焊缝余高	壁板内侧焊缝		≤1	用刻槽直尺和焊接检验尺检查
	纵向焊缝	$\delta \leq 12$	≤1.5	
		$12 < \delta \leq 25$	≤2.5	
		$\delta > 25$	≤3	
	环向焊缝	$\delta \leq 12$	≤2	
		$12 < \delta \leq 25$	≤3	
		$\delta > 25$	≤3.5	
	罐底缝余高	$\delta \leq 12$	≤2.0	
		$12 < \delta \leq 25$	≤3.0	

注:δ—板厚,mm;L—长度。

本表摘自《立式圆筒形钢制焊接油罐施工与验收规范》GB 50128—2005。

(二)油罐焊缝无损检测及质量标准

(1)油罐焊缝无损检测见表1-4-52。

表1-4-52 油罐焊缝无损检测

焊缝的部位		焊缝形式	检测方法及要求
(1)油罐底板	屈服强度大于390MPa的边缘板	对接焊缝	①在根部焊道焊接完毕后,应进行渗透检测 ②在最后一层焊接完毕后,应再次进行渗透检测或磁粉检测
	$\delta \geqslant 10mm$ 的边缘板	对接焊缝	每条焊缝的外端300mm,应进行射线检测
	$\delta < 10mm$ 的边缘板		每个焊工施焊的焊缝,应按上述方法至少抽查一条
	三层钢板重叠部分	搭接焊缝和丁字焊缝	①根部焊道焊完后,在沿三个方向各200mm范围内,应进行渗透检测 ②全部焊完后,应进行渗透检测或磁粉检测
(2)油罐壁板	底圈壁板 $\delta \leqslant 10mm$	纵向焊缝	应从每条纵向焊缝中任取300mm进行射线检测
	底圈壁板 $10mm < \delta \leqslant 25mm$	纵向焊缝	应从每条纵向焊缝中任取2个300mm进行射线检测,其中一个位置应靠近底板
	底圈壁板 $\delta > 25mm$	纵向焊缝	每条焊缝应进行100%射线检测
	其他各圈壁板 $\delta < 25mm$	纵向焊缝	①每个焊工焊接的每种板厚(板厚差不大于1mm时可视为同等厚度),在最初焊接的3m焊缝的任意部位取300mm进行射线检测 ②以后不考虑焊工人数,对每种板厚在每30m焊缝及其尾数内的任意部位取300mm进行射线检测
	其他各圈壁板 $\delta \geqslant 25mm$	纵向焊缝	每条纵向焊缝应100%射线检测
		环向对接焊缝	①每种板厚(以较薄的板厚为准),在最初焊接的3m焊缝的任意部位取300mm进行射线检测 ②以后对于每种板厚,在每60m焊缝及其尾数内的任意部位取300mm进行射线检测 ③上述检查均不考虑焊工人数
		除丁字焊缝外	①可用超声波检测代替射线检测 ②但其20%的部位应采用射线检测进行复验

注:本表根据《立式圆筒形钢制焊接油罐施工及验收规范》GB50128—2005摘编。

(2)罐壁对接焊缝射线(或超声波)探伤检查质量标准(内含管路的检查)见表1-4-53。

表1-4-53 超声波探伤质量标准

焊接缺陷	质量标准	返修要求
裂缝	不允许	割除
未焊透焊缝	深度不超过壁厚的15%,长度不限。深度为管壁厚的15%~20%,连续长度不大于周长的1/8	割除
单个夹渣	不大于壁厚的30%	铲除修补
夹渣总长	每100mm的焊缝内不大于一个管壁厚度	铲除修补

续表

焊接缺陷	质量标准	返修要求
厚度方向条形夹渣	不大于壁厚的20%	铲除修补
圆周方向条形夹渣	不大于壁厚	铲除修补
单个气孔	不大于壁厚的30%	铲除修补
厚度方向条形气孔	不大于壁厚的20%	铲除修补
圆周方向条形气孔	不大于壁厚	铲除修补
密集或网状气孔	不允许	割除
链状气孔	不允许	割除
塌陷	深度不超过壁厚的20%，总长度不大于圆周长的1/8	割除

四、油罐严密性和强度试验

油罐严密性和强度试验见表1-4-54。

表1-4-54 油罐严密性和强度试验

	(一)罐底的严密性试验
1. 试验条件		试验前应清除焊缝周围一切杂物，除净焊缝表面的锈泥
2. 试验方法及注意事项	(1)真空试漏法	①在罐底板焊缝表面刷上肥皂水或亚麻子油，将真空箱扣在焊缝上，其周边应用玻璃腻子密封 ②真空箱通过胶管连接到真空泵上，进行抽气，观察经检校合格的真空表，当真空度达到0.053MPa时，所检查的焊缝表面如果无气泡产生则为合格 ③若发现气泡，作好标记进行补焊，补焊后再进行真空试漏直至合格
	(2)氨气渗漏法	①沿罐底板周围用黏土将底板与基础间的间隙堵死，但应对称留出4~6个孔洞(以检查氨气分布情况) ②在罐底板中心及周围均匀地开出3~5个 $\phi18$~$\phi20mm$ 的孔，焊上 $\phi20$~$\phi25mm$ 的钢管，用胶管接至氨气瓶的分气缸 ③在底板焊缝上涂以酚酞—酒精液。其成分按质量比为：酚酞4%，工业酒精40%，水56%。天气寒冷时，应适当提高酒精浓度 ④向底板下通入氨气，用试纸在底板周围留好的孔洞处检查，验证氨气在底板下已分布均匀后即开始检查焊缝表面(此时在焊缝上刷酚酞—酒精溶液)，如其表面呈现红色，则表示有氨气漏出(即此处焊缝漏气)，在漏气处作好标记 ⑤底板通氨气时，严禁在附近动火。底板补焊前，必须用压缩空气把氨气吹净，并经检验合格后方可进行补焊 ⑥试验完毕后，底板上的孔洞应用与底板同材质同厚度的钢板盖上焊好
	(二)罐壁严密性和强度试验(即充水试验)
1. 试验条件		①充水试验前，所有附件及其他与罐体焊接的构件，应全部完工 ②充水试验前，所有与严密性试验有关的焊缝，均不得涂刷油漆 ③充水试验应采用淡水，罐壁采用普通碳素钢或16MnR钢板时，水温不应低于5℃。罐壁使用其他低合金钢时，水温不低于15℃。对于不锈钢储罐，水中氯离子含量不得超过 25×10^{-6}。铝浮顶试验用水不应对铝有腐蚀作用

续表

2. 试验方法及注意事项	①在向罐内充水过程中，应对逐节壁板和逐条焊缝进行外观检查。充水到最高操作液位后，应持压48h，如无异常变形和渗漏，罐壁的严密性和强度试验即为合格 ②在充水过程中，容积大于3000m³的储罐，其充水速度不宜超过以下规定：下部1/3罐高为400 mm/h；罐高中部为300mm/h；上部为200mm/h。放水时应打开罐顶透光孔自流排水，注意不要使基础浸水 ③试验中罐壁上若有少量渗漏处，修复后可采用煤油渗漏法复验；对于有大量渗漏及显著变形的部位，修复后应重新作充水试验。修复时应将水位降至渗漏处300mm以下
（三）罐顶固定顶严密性和强度试验	
1. 试验条件	①罐顶试验时，要注意由于气温骤变而造成罐内压力的波动 ②应随时注意控制压力，确保试验安全
2. 试验方法及注意事项	①固定顶的严密性试验和强度试验按如下方法进行：在罐顶装U形压差计，当罐内充水高度低于最高操作液位1m时，将所有开口封闭继续充水，罐内压力（通过观察U形压差计）达到设计规定的压力后，暂停充水。在罐顶焊缝表面上涂以肥皂水，如未发现气泡，且罐顶无异常变形，则罐顶的严密性和强度试验即为合格 ②固定顶的稳定性试验：通过充水到设计最高操作液位，用放水方法来进行。试验时，关闭所有开口进行放水，当罐内压力达到设计规定的负压值时，罐顶无异常变形和破坏现象，则认为罐顶稳定性试验合格

五、油罐水压整体试验

油罐水压整体试验，简称注水试验，它是在施工过程中，质量检查基础上，对油罐设计、安装进行全面质量检查的重要手段。其试验内容方法见表1-4-55。

表1-4-55 油罐水压整体试验内容方法

项 目	内 容
1. 注水试验的主要检查内容	(1)检查油罐基础沉降情况 (2)检查油罐顶板强度、稳定性及其严密性 (3)检查罐壁板强度、稳定性及其严密性 (4)检查内浮顶油罐浮盘严密性、强度、密封程度及其升降、沉没试验 (5)检查部分或大部分消除焊接安装中产生的内应力，使油罐各部尺寸趋于稳定，提高测量编表的精度
2. 注水试验的准备工作	(1)注水试验的前提条件 ①注水试验是在施工过程中进行质量检查（含顶板、壁板、底板各部尺寸和严密性检验，以及焊缝无损伤检查等）的基础上进行的 ②注水试验是在油罐安装完毕，初验油罐、附件达到技术要求之后进行的 ③注水试验是在油罐防护处理之前进行的。 这三个前提条件是保证注水试验顺利进行及注水试验质量的必要而充分的条件 (2)进一步检查油罐及其附件，以及进出油管、排污管的技术状况，使之符合技术要求 (3)清理现场，使其道路、排水畅通，现场无影响注水试验正常作业的障碍 (4)确定注水试验的水源及排水的去向。注意排水积存对油库其他建筑或设施的影响 (5)准备并安设注水试验中检查压力、真空度的"U"压力计，以及带短管的法兰盲板 (6)确定注水方法和注水工艺流程，准备注水设备，并将其安装就位，检查技术状况，使其符合运行的技术要求

续表

项 目	内 容
2. 注水试验的准备工作	(7) 按照安全系统工程的方法，预测注水试验中可能出现的危险和问题，并研究解决的措施 (8) 确定水准点(参考点)和观察点。水准点应距油罐或其他建筑50m以上，不受外界影响的地方，埋深不小于1m，且在当地冻土层以下。观察点通常设4~8个，沿油罐圆周布置，间距角度90°或45°。可用60mm×30mm×6mm钢板焊在罐下部 (9) 准备好测量、检查仪器和工具，设计、印制记录表格和记录簿 (10) 组织参加注水试验人员学习注水试验的方法步骤、目的要求、注意事项、岗位职责，并进行严密分工，明确每个岗位的职责和要求 (11) 必要时可组织参加注水试验人员进行模拟操作的训练，按可能出现的危险和问题及采取的措施进行演练
3. 注水试验	(1) 注水前再次检查罐顶三孔(采光孔、呼吸系统短管口孔、测量短管口孔)，使其至少有一个孔口与大气相通，通常情况下都将采光孔打开，以防罐内升压翘底 (2) 注水要求 ①注水速度应控制在100~150m/h，不应超过150m/h ②注水高度至1.0~1.5m时，进行罐顶各项检验 ③注水高度每上升2.5m时，暂停注水，对油罐各部进行检查，测量罐基下沉情况 ④注水过程中，若发现油罐渗漏应作出标志，并停止注水，将水位降至渗漏部位以下，进行修焊 (3) 油罐顶部的检验 ①罐顶注水检验是在施工中对顶板用煤油喷射方法或其他方法检查严密性的基础上进行的。注水高度至1.0~1.5m时，进行罐顶板的质量检查 ②注水高度1.0~1.5m时，安装带测量短管的法兰盲板，将呼吸短管或测量短管封闭，并将"U"压力计与短管连接，其他孔口全部密封 ③准备就绪后，向罐内缓慢注水。试验压力为控制设计压力的1.2~1.25倍，但不得超过1.25倍。如设计压力为1.96kPa(200mmH$_2$O)时，试验压力应为2.35~2.45kPa(240~250mmH$_2$O)。如试验压力过高油罐会发生翘底 ④达到试验压力后，检查顶板是否有异常变形，同时用肥皂水涂刷焊缝。如有气泡出现，说明漏气，应做出标志待修。焊缝全部检查完后，打开罐顶密封孔口，修焊渗漏部位。然后重新检漏 ⑤罐顶板无异常变形、无渗漏，即认为强度和严密性合格 ⑥检漏完成后，打开放水阀(部分打开)缓慢排水降低罐内液位。当罐内真空度达到设计真空度的1.2~1.25倍时，立即关闭排水阀，真空度稳定后检查顶板。如设计真空度为0.49kPa(50mmH$_2$O)时，试验真空度应为0.588~0.613kPa(60~63 mmH$_2$O) ⑦罐顶板无异常变形，则认为稳定性合格。这里留意的是，罐内真空度过大会将油罐吸瘪，必须十分注意 (4) 油罐基础沉降检查 ①油罐基础沉降检查，通常罐内注满水后保持48~72h，如有下沉现象应继续观察，直到沉陷趋于稳定为止。整个沉陷过程中，基础不均匀下沉量应不超过直径的1.5‰，但最大不超过40mm为合格 ②油罐注水之前应测量水准点和观察点的原始高程，并记录于设计的表格内。可用相对高程，即将水准点高程定为±0.00，读数应精确到毫米 ③罐内每注水2.5m高都应按规定进行测量，直到罐内注满水为止。拱顶罐注水至顶板上沿加强角钢，球顶罐注水至球顶矢高的2/3。停止注水时测量一次 ④油罐注满水后，每隔1h测量一次，共测4次；再每隔3h测量一次，共测2次；然后每隔6h测量一次，直至沉陷趋于稳定为止 ⑤油罐下沉稳定后(不少于48 h)，即可开始分次卸水，每卸2.5m高的水测量一次高程，以便掌握地基回弹情况 ⑥每次测量的高程必须如实记录。如出现读数异常时，应查明原因，重新测量 ⑦基础沉降测量应延续至油罐投入运行之后。即油罐投用后，半年内每月测量1次，以后每半年测量1次，每次大暴雨后都应测量。每次腾空油罐后也应测量，至少3次。这样就可以全面了解基础情况

续表

项　目	内　容
3. 注水试验	(5)油罐壁板检查 ①油罐壁板检查是在施工中质量和严密性检查的基础上进行的。即其垂直度、椭圆度、凸凹不平度，以及焊缝质量符合技术要求，严密性检查不渗不漏的基础上进行的 ②这项检验是在检查顶板及基础沉降检查的过程中，每次进行检查、测量时都应对壁板进行检查。如整个检查中壁板未发生渗漏及异常变形，则认为强度、稳定性、严密性合格 ③这里应注意的是如出现较大的渗漏或多处渗漏及显著变形，修复后应重新进行注水试验；如个别渗漏，且修焊质量可以保证时，可用其他方法检漏 (6)浮盘升降检查 ①内浮顶油罐除顶板检查改为浮盘检查外，壁板、基础沉降检查同上所述。浮盘检查主要是检验浮盘在升降过程中有无卡涩、倾斜现象，油罐每圈壁板与密封板的密封程度，以及浮盘的强度、浮船（浮筒）的密封性和浮盘的沉没试验 ②内浮顶油罐进水前应严格检查油罐的垂直度和椭圆度；对浮船或浮筒检查其密封性，保证这两项符合技术要求。确认无误后才能注水试验 ③每次注水或卸水过程中应有两人在浮盘上进行观察、检查，跟踪浮盘升降情况。应对浮船、浮顶各部焊缝、密封装置、导向装置等进行详细观察和检查。如发现卡涩、突升、突降现象应查明原因，排除后重新试验 ④浮盘升降过程中应用 3mm×50mm×1000mm 塞尺检查每圈壁板与密封板间的密封程度。密封板与罐壁内表面应紧密相贴，其密封面长度不得小于圆周长度的 90%。如塞尺能自由落下者为不密封，不密封处最大间隙不应超过 6mm ⑤浮盘在整个升降过程中，升降均匀平稳，密封程度良好，导向部无卡涩现象，整个浮顶无异常情况，则认为强度、密封程度合格 ⑥沉没试验，一般是在浮顶注入 250mm 深的水，检查浮盘有无变形，焊缝有无破裂，升降是否平稳，各部零件是否符合要求。这项有的规定可不做。如何处理应根据设计要求进行
4. 注意事项	(1)注水试验前焊缝不应有焊渣，且不应进行防腐处理，以免形成假象 (2)注水试验过程中，水的温度不应低于5℃，当地气温也应在5℃以上 (3)注水过程中，始终应在严密监视下进行，各岗位人员必须坚守，认真按要求进行检查 (4)注水试验中，与油罐相连的管路应用柔性连接，以免油罐基础沉降时折断管线，或者拉坏罐壁 (5)油罐卸水时，必须将罐顶三孔打开，以免发生吸瘪油罐事故 (6)如有需修焊的地方，必须将原焊缝铲除后再修焊，不得在焊缝上再焊 (7)整个注水试验的情况，必须详细记录，如各种异常情况及处理方法、措施，各种测量试验数据，以及岗位人员、测量试验人员和时间等 (8)注水试验结束后，应将记录进行整理，连同原始记录，作为验收资料移交，验收后应作为技术档案长期保存到油罐报废拆除

六、油罐基础沉降观测

(一)沉降观测要求

基础沉降观测要求见表1-4-56。

表1-4-56　基础沉降观测要求

项　目	观测要求
1. 沉降观测要点	(1)应及时掌握罐基础在充水预压时的地基变形特征，严格控制基础的不均匀沉降量 (2)并应在整个充水预压和投产使用前期，对罐基础进行地基变形观测
2. 沉降观测时间	罐基础施工完成后、充水前、充水过程中、充满水后、稳压阶段、放水后等全过程的各个阶段

续表

项 目	观测要求
3. 沉降观测内容	(1) 充水预压地基除进行沉降观测外 (2) 对软土地基尚宜进行水平位移观测、倾斜观测及孔隙水压力测试等,防止加压过程中土体突然失稳破坏
4. 沉降观测方法	沉降观测应设专人定期进行,每天不少于1次,并认真作好记录,测量精度宜用Ⅱ级水准测量
5. 沉降观测注意事项	充水预压过程中如发现罐基础沉降有异常,应立即停止充水,待处理后方可继续充水

(二) 沉降观测点的设置

沉降观测点的设置见表1-4-57。

表1-4-57 沉降观测点的设置

项 目	要 求				
1. 总要求	每台罐基础,应按要求设置沉降观测点,进行沉降观测				
2. 布置	罐基础的沉降观测点,宜沿罐周长约10m设置一点,并沿圆周方向对称均匀设置				
3. 罐基础沉降观测点设置数量	(1) 沉降观测点的设置,应按设计要求进行 (2) 当设计无要求时可按下表设置				
	罐公称容积/m³	沉降观测点数量/个	罐公称容积/m³		沉降观测点数量/个
	1000及以下	4	20000		16
	2000	4	30000		16
	3000	8	50000		24
	10000	12	150000		24

(三) 地基沉降允许值及其他数值要求

地基沉降允许值及其他数值要求见表1-4-58。

表1-4-58 地基沉降允许值及其他数值要求

项 目	要 求			
1. 顶面高	储罐基础顶面高出地面不得小于300mm,排水管应高于地面			
2. 边桩水平位移	边桩水平位移量不应大于4mm/d			
3. 任意直径方向的沉降差允许值不得超过右表规定	地基变形允许值表			
	储罐地基变形特征	储罐形式	罐底圈内直径/m	沉降差允许值
	平面倾斜 (任意直径方向)	浮顶罐与 内浮顶罐	$D_t \leq 22$	$0.007 D_t$
			$22 < D_t \leq 30$	$0.006 D_t$
			$30 < D_t \leq 40$	$0.005 D_t$
			$40 < D_t \leq 60$	$0.004 D_t$
		固定顶罐	$D_t \leq 22$	$0.015 D_t$
			$22 < D_t \leq 30$	$0.010 D_t$
			$30 < D_t \leq 40$	$0.009 D_t$
			$40 < D_t \leq 60$	$0.008 D_t$

续表

项 目	要 求		
3. 任意直径方向的沉降差允许值不得超过右表规定	非平面倾斜(罐周边不均匀沉降)	浮顶罐与内浮顶罐	$\Delta S/L \leq 0.0025$
		固定顶罐	$\Delta S/L \leq 0.0040$
	罐基础锥面坡度		≥ 0.008
	表中符号	表中符号含义	表中符号单位
	D_t	储罐底圈内直径	m
	ΔS	罐周边相邻测点的沉降差	mm
	L	罐周边相邻测点的间距	mm
4. 罐基础沉降观测记录	罐基础沉降观测结束后,并提供下列记录 (1)沉降观测成果记录 (2)罐基础变形纵横剖面图、环墙变形测量记录 (3)罐基础修复时的施工技术方案和修复记录		

七、内浮盘安装工程质量控制与检测

(一)内浮盘油罐安装前的检测

内浮盘油罐安装前的检测见表1-4-59。

表1-4-59 内浮盘油罐安装前的检测

项 目		检测内容及要求		
1. 产品质量检验重点	(1)包括内容	产品质量检验包括原材料进厂质量检验、预制加工件质量检验、安装工作质量检验、专用部件质量检验,以及产品交付使用单位的验收质量检验等		
	(2)主要检验	其中最主要的是产品质量检验,从不同角度、不同方面、不同内容全面地鉴定产品的综合性能和质量水准		
	(3)检验指导书	零部件半成品预制加工时的质量检验指导书中,应重点提出产品验收的内容、要求与质量标准		
2. 内浮盘油罐的现场检测项目	(1)现场检测目的	①掌握待装浮盘的油罐实际情况,制定相应的安装措施 ②遇有个别项目实测数据偏差时,便于查找原因,制定对应方案 ③能及时向建设单位反映情况,相互协商解决问题,为浮盘制作加工提供依据		
	(2)油罐现场实测数据见右表	观测项目	标准值	实测值
		①罐体焊接形式	分搭接式和对接式	
		②罐体实际内径	客户提供内径	ϕ m
		③罐体与罐底的垂直度	最大垂直偏差为罐壁全高的5‰	‰
		④罐体的椭圆度	最大偏差为±30mm	± mm
		⑤量油管与罐底的垂直度	最大垂直偏差为油管全高的3‰	‰
		⑥罐底坡度	不大于15‰	‰
		⑦罐内壁打磨情况	应无焊瘤、毛刺,表面光滑不划手	

(二)内浮盘安装过程中质量检测

内浮盘安装过程中质量检测见表1-4-60。

表 1-4-60　内浮盘安装过程中质量检测

项目内容		标准值	检测手段及方法
1. 检测油罐（浮盘安装前需要复查的内容）	①罐壁与罐底的垂直度	最大垂直偏差为壁高的5‰	线锤、直尺
	②罐壁的椭圆度	最大偏差±30mm	卷尺，测量任意直径处
	③量油管与底板的垂直度	最大偏差为量油管高的3‰	线锤、直尺
	④罐壁是否打磨光滑	无焊瘤、焊疤、毛刺，表面光滑	目测、手感
2. 找罐底的中心点		最大偏差±20mm	卷尺、圆规、样冲、榔头
3. 骨架、圈梁、浮子、支腿装配	①骨架的椭圆度	最大偏差±30mm	卷尺
	②骨架的水平度	最大偏差±20mm	水平仪
	③圈梁的垫梁与罐壁间隙	190±40mm	直尺
	④支腿与罐底板的垂直度	垂直偏差±10mm	线锤、直尺
	⑤紧固件固紧	以压平弹簧垫圈为准	目测、扳手试拧、手感
4. 量油装置安装	①密封橡胶垫和量油管接触情况	浮盘上下运行时，应无明显间隙，贴附可靠	目测
	②无量油管的量油装置	确保量杯和量尺操作自如	实际操作试验
5. 通气阀安装	①通气阀杆活动是否自如	活动自如，应无卡住及阻滞现象	将阀杆提高200mm，自由落下时下滑顺利
	②通气阀盖和阀座的密封	不漏光	打开手电筒，从阀壳体下部向上照，上部应看不到手电光
	③阀盖与阀座的接触	由于橡胶垫的作用，相互作用时应无金属碰撞	目测、耳听
	④当浮盘在油罐最低位置时	通气阀杆应高出浮盘30mm以上，完全通气	目测、尺检
6. 铝盖板铺设	①铝盖板搭接处是否有耐油橡胶条，搭接处铝板面是否涂有专用粘接胶液（是确保密封关键）	铺设均匀，保证水（严）密，铆接牢固	目测
	②铝盖板的水平度	最大偏差±10mm	粉线、直尺
	③做好行走标记	准确，不漏标识	目测
	④铝铆钉间距	均匀，铆接可靠，铆钉间距不大于100mm	目测
	⑤操作人员有无乱踩踏铝盖板的现象	铝盖板上不允许有较严重变形、脚印	目测
7. 防转装置安装（至少有6点可能卡住浮盘）	①找正浮盘与油罐的同心度	同心度的允许偏差10mm；浮盘四周用专用工具卡住，与罐壁保持相对固定	线垂、直尺、专用定位工具
	②检查罐顶所开圆孔与浮盘防转装置中心的偏移度	允差±5mm	线锤和直尺
	③防转钢丝绳的松紧程度	钢丝绳的摆幅±50mm	手握住钢丝绳摆动，目测
	④钢丝绳头是否锁紧	应无松动现象	扳手，手感

续表

项目内容		标准值	检测手段及方法
8. 舌形橡胶带安装	①接头工艺是否符合规程	按胶带生产厂家提供的资料要求和胶液接口粘接	目测
	②舌形橡胶带在上下运行时应能翻转自如	无不翻转区段	目测
	③舌形橡胶带的安装尺寸是否符合要求	舌形橡胶带舌尖部搭在罐壁上的尺寸 50mm±20mm	直尺
	④舌形橡胶带的密封性	密封度大于90%	将1mm钢直尺插入舌形橡胶带与罐壁之间,直尺不会滑落
9. 浮盘接地测试	①接头是否可靠	应无松动现象	扳手、手感
	②接地电阻	<10Ω	接地电阻测试仪、导线、扳手
	③接触电阻	<0.03Ω	
备注	①按上述各项测试要求,必须逐项进行实测,将实测数据分别编入浮盘安装施工现场检测记录内,并从中归纳总结出测试结论作为浮盘竣工交验的主要依据资料 ②在进行项目数据检测时,应请建设单位和监理单位人员到场,并对测试数据予以确认		

(三)编写内浮盘交验竣工资料

通过编写浮盘竣工验收资料,全面反映所安装浮盘的质量。其竣工验收资料见表1-4-61。

表1-4-61 竣工验收资料

资料类别	资料名称
1. 主要技术资料	(1)浮盘安装开工报告 (2)浮盘安装施工现场检测记录 (3)浮盘充水试验升降、间隙(密封带与罐壁的间隙)检测记录表 (4)浮盘安装竣工报告 (5)单项工程竣工验收证明书 (6)安装过程质量控制及验收参数(要求)检测表 (7)内浮盘安全注意事项备忘录 (8)内浮盘制造安装综合质量评语 (9)浮盘使用、保养、维护守则
2. 质量证明文件,当建设单位需求时,提供复印件	(1)金属构件材质合格证明书(分析单) (2)浮子质量合格及测试项目检验合格证明书 (3)舌形橡胶带及耐油橡胶板、专用铝板粘合胶液质量合格证明书 (4)预制构件加工检验出厂合格证 (5)铝制盖板卷材出厂证明书 (6)其他材料、标准件采购合格证明书(包含商品标签)

八、油罐防腐涂层质量检验

油罐防腐涂层质量要求及检测方法见表1-4-62。

表 1-4-62　油罐防腐涂层质量要求及检测方法

项 目	要　　求		
1. 防腐涂层质量要求	(1)涂料种类、名称、牌号，涂装的道数和厚度应符合设计要求 (2)涂层厚度用涂层测厚仪检测，每道、每罐检测不少于 20 处（底板 10 处，壁板、顶板各 5 处）。如果检测点中，厚度有 4 处不合格时，应再抽测 10 处；仍有不合格点时，则认为不合格，应采取补救措施 (3)外观检查。涂层表面平整，色泽均匀、光洁，无流挂、起皱、气泡、针孔、脱皮等缺陷 (4)涂层厚度达到设计、说明书、合同规定的厚度，允许偏差在 $-25\mu m$ 以内 (5)涂层附着力应不低于 2 级		
2. 检测方法	涂装质量具体要求和检测方法		
	检查项目	质量要求	检查方法
	脱皮、漏刷、泛锈、气泡、透底	不允许	目测
	针孔	不允许	5～10 倍放大镜检查
	流挂、皱皮	不允许	目测
	光亮与光滑	光亮，均匀一致	目测
	分色界线	允许偏差为 ±3mm	钢尺
	颜色、刷痕	颜色一致，刷纹顺畅	目测
	涂层厚度	不小于设计厚度	涂层测厚仪检测
	附着力	不低于 2 级	见附录 B
	备注	①涂刷银色时，漆膜应均匀一致，具有光亮色泽；无光漆，可不检查此项 ②涂层总厚度偏差 $-25\mu m$ 以内		
3. 附着力的检测	(1)方法	涂层附着力检测有多种方法，其中划圈法和划格法较为方便，还有一种由此演变而来的双线相交法	
	(2)两线相交法检验涂层附着力	①适用范围　适用于在施工现场检验油罐涂料防腐涂层附着力 ②检查方法　在防腐涂层上面用刀尖划两条相交线，将防腐涂层切割透，在两切割线相交处用刀尖挑防腐涂层，判断附着力是否合格 ③检验步骤：用刃口锋利的尖刀在防腐涂层上划两条每边长约 40mm 的 V 形切割线，两线交角为 30°～45° a. 切割时，应使刀尖和检查面垂直，并做到切削平稳无晃动。仔细检查切口，应确保防腐涂层切割透 b. 用锋利的刀尖在两切割线交角处，挑防腐涂层，检查切割线所围区域内 c. 防腐涂层和基材的粘接情况 d. 记录检验结果 ④结果评定 a. 防腐涂层实干后只能在刀尖作用处被局部挑起，而其他部位防腐涂层和钢板表面仍然粘接良好，不得出现防腐涂层被成片挑起和层间剥离的情况 b. 固化 1 个月后用刀尖很难将防腐涂层挑起，视为合格	

九、立式油罐安装工程质量要求

为方便查阅与使用，根据相关规范与技术标准将立式油罐安装工程质量要求，对本章所涉及的质量检查要求进行综合，分为保证项目、基本项目、允许偏差项目，整理成表 1-4-63 供参考。

表 1-4-63 油罐工程质量要求

项 别	项 目	质量标准	检验方法	检查数量
1. 保证项目	(1)施工资质	(1)单位。具有油罐安装施工资质 (2)焊工。具有相应焊接项目资质 (3)无损检测。具有相应无损伤检测项目资质	检查复印件或原件	按各种容积油罐的座数各抽查10%，但不少于2座，其中均应包括最大容积的油罐
	(2)试压	严密性、强度、浮顶升降、沉没及密封程度试验等，必须符合设计要求和《立式圆筒形钢制焊接油罐施工及验收规范》	检查试验记录	
	(3)焊接	表面不应有夹渣、气孔等缺陷；焊缝表面及热影响区不得有裂纹；有特殊要求的焊缝必须符合设计要求和规范规定	用小锤轻击和放大镜观察检查。有特殊要求的检查焊缝试验记录	
	(4)浮顶油罐密封	密封装置的密封接触面长度必须大于90%，不密封处的间隙不得大于6mm	用 3mm × 50mm × 1000mm 的塞尺检查或检查施工记录	
2. 基本项目	(1)焊缝	表面不应有夹渣、气孔等缺陷	用小锤轻击和放大镜检查	
	(2)浮顶油罐排水管	排水管安装位置应正确、牢固严密、升降灵活，水压试验符合设计要求	观察并检查试验记录	
	(3)浮顶油罐导向架	导向架中心线与伸缩管中心线应在同一水平线上	观察检查	
	(4)附件安装	安全阀、液位计、呼吸阀、泡沫产生器等附件，在安装前应按设计要求进行试验检查；安装后位置应正确、牢固严密，操作机构灵活，位置准确	逐个用拉动或观察检查，并检查试验记录	
	(5)油罐加热器	罐内加热管的坡度和水压试验应符合设计要求和规范规定	用水准仪或水平尺、拉线和尺检查，或检查测量记录，检查水压试验记录	
	(6)梯子、平台、栏杆	安装位置应符合设计要求，横平竖直、角度正确，焊接牢固，平台表面应平整	观察检查	
	(7)油漆	铁锈、污垢应清除干净；油漆应涂刷均匀，无漏涂，附着良好	观察检查并检查检测记录	

续表

项别	项目	质量标准		检验方法	检查数量
3. 允许偏差项目	(1)油罐基础	中心位置标高允许领头	±20mm	检查施工记录	
		基础表面倾斜度允许偏差	≤15mm		
	(2)油罐几何尺寸	罐壁高度的允许偏差	<0.5%设计高度	尺检	
		罐壁垂直度的允许偏差	<0.4%罐壁高度，且≤50mm	吊垂线、尺量或经纬仪检测	
		罐壁焊缝变形/mm	$\delta \leq 12$: ≤12 $12 < \delta \leq 25$: ≤10 $\delta > 25$: ≤8	检查施工记录	
		罐壁局部凸凹变形	$\delta \leq 12$: $\delta \leq 15$ $12 < \delta \leq 25$: ≤13 $\delta > 25$: ≤10		
		底圈壁内半径允许偏差/mm	$D \leq 12.5$: ±13 $12.5 < D \leq 45$: ±19 $45 < D \leq 76$: ±25 $D > 76$: ±32		
		罐壁焊迹	清除干净，焊疤打磨平滑	目视检查	
	(3)浮顶安装	罐底中心点允许最大偏差	±15mm	检查安装施工记录	
		骨架椭圆度的允许最大偏差	±30mm		
		骨架水平度的允许最大偏差	±20mm		
		舌形橡胶带	密封度大于90%	将1mm钢直尺插入舌形橡胶带与罐壁之间，直尺不会滑落	
	(4)焊缝质量	对接焊缝 咬边 深度	<0.5	用焊接检验尺，检查罐体各部位焊缝	
		对接焊缝 咬边 连续长度	≤100		
		对接焊缝 咬边 焊缝两侧总长度	≤10%L		
		凸陷 环向焊缝 深度	≤0.5		
		凸陷 环向焊缝 长度	≤10%L		
		凸陷 环向焊缝 连续长度	≤100		
		凸陷 纵向焊缝	不允许		
		壁板焊缝 变形角	$\delta \leq 12$: ≤12 $12 < \delta \leq 25$: ≤10 $\delta > 25$: ≤8	用1m长样板检查	

续表

项别	项目			质量标准		检验方法	检查数量
3. 允许偏差项目	(4)焊缝质量	对接接头错边量	纵向焊缝	$\delta \leq 10$	≤ 1	用刻槽直尺和焊缝检验尺检查	
				$\delta > 10$	≤ 0.1 倍 δ，且 ≤ 1.5		
			环向焊缝	$\delta \leq 8$（上圈壁板）	≤ 1.5		
				$\delta > 8$（上圈+壁板）	≤ 0.2 倍，且 ≤ 2		
		角焊缝焊脚		搭接焊缝	按设计要求	用焊接检验尺检查	
				罐底与罐壁连接的焊缝			
				其他部位的焊缝			
		焊缝宽度，坡口宽度两侧各增加			$1 \sim 2$		
		浮顶油罐对接焊缝余高	壁板内侧焊缝		≤ 1	用刻槽直尺和焊缝检验尺检查	
			纵向焊缝	$\delta \leq 12$	≤ 1.5		
				$12 < \delta \leq 25$	≤ 2.5		
				$\delta > 25$	≤ 3.0		
			环向焊缝	$\delta \leq 12$	≤ 2.0		
				$12 < \delta \leq 25$	≤ 3.0		
				$\delta > 25$	≤ 3.5		
			壁底板焊缝	$\delta \leq 12$	≤ 2.0		
				$12 < \delta \leq 25$	≤ 3.0		
	(5)油罐防腐	漆膜厚度允许偏差			最大偏差 $\leq -25\mu m$	漆膜厚度检测仪检查	
		漆膜附在面上力			2级	划格法、两线交叉法、划圈法	
		漆膜缺陷（脱皮、漏刷、泛锈、气泡、透底、针孔、流挂、皱皮等）			不允许	目测、5~10倍放大镜检查	

十、油罐工程竣工验收

油罐工程竣工验收内容见表1-4-64。

表 1-4-64 油罐工程竣工验收内容

项 目	内 容
1. 竣工验收的重要性	油罐安装工程的竣工验收，是将油罐工程从施工单位移交到建设（使用）单位的法定程序，是确保油库安全、使用可靠的重要环节。通过验收可为油库管理提供有利条件和基础资料
2. 竣工验收的条件	（1）油罐主体、附（部）件安装、充水试验、涂料防腐等全部完工，施工单位自验（或与监理共检）、试验合格，监理、设计、油库出具同意交工验收意见 （2）油罐内外、周围场地清理干净 （3）施工单位向建设单位上报"工程质量自检情况"和"交工验收申请报告" （4）油罐施工资料进行了整理
3. 竣工验收的组织	（1）单位组成。竣工验收工作由设计、施工、监理、建设和使用单位及上级主管业务部门的人员，共同组成竣工验收委员会 （2）成员组成。委员会成员中应有参加设计、施工、监理的人员及建设（使用）单位的技术人员 （3）分组。委员会下可设工艺、资料、财务等专业小组，其成员至少应有50%具有相应专业职称
4. 验收方法、程序及具体内容	（1）方法。油罐竣工验收采取听汇报、现场检测、查阅核对资料等方法对油罐工程进行全面检验 （2）程序。验收程序是：准备工作→听取施工情况汇报→现场检查→工程质量评定及问题处理→签署工程验收书→移交工程档案资料 （3）具体内容 ①准备工作 a. 油罐竣工验收委员会拟定好验收方案 b. 施工单位准备好工程情况介绍，对尚存问题的处理意见，验收证件和施工技术资料、图纸、签证、施工记录等材料 c. 建设（使用）单位准备好参与施工管理的情况，对尚存问题的处理意见，以及相关文件、资料等 d. 为便于验收顺利进行，应备齐所需工具、仪器（如电气仪表、转速表、水准仪、卷尺、皮尺等）及验收所需表格 ②听取施工等单位汇报。要着重汇报施工合同执行情况，施工过程中工程质量检查，特别是隐蔽工程施工验收情况，施工中对设计的重大变更，先进施工方法和新工艺、新设备、新材料的采用等内容 ③实施现场检查 a. 分工及顺序。现场检查由各专业组按计划分工负责实施。一般检查顺序是先罐内后罐外 b. 外观检查。在外观上检查内浮盘及附件、焊缝、防腐涂层有无明显的施工缺陷，质量是否完好；油罐附件（如人孔、采光孔、通风孔、进出油短管、排污短管、泡沫产生器……）是否完好齐全，并对工程质量作出鉴定 c. 测试数据。用仪器、仪表检查（检测）相关技术数据。如接地电阻、涂层厚度、坡度、标高、相对位置等 d. 查阅核对施工、验收资料。根据施工图纸、技术要求与单项工程验收记录，对有关土建和安装情况进行全面核查，了解施工质量情况，以便从中发现问题，正确估价工程质量 e. 调查。向有关单位了解工程的某些问题，弄清事情的本来面目，以便做出正确结论 f. 提出验收意见。各专业组按验收方案检查核对完毕，提出检查验收意见 ④评定质量 在现场检查的基础上，对油罐安装进行整体评定，作出结论，写入记录

续表

项 目	内 容
4. 验收方法、程序及具体内容	⑤存在问题处理意见 a. 对个别未完工程项目和检查、检测中发现质量问题,认真、慎重地研究协商,明确具体处理意见、完成时间和复验方法等。问题汇总见下表 b. 油罐竣工验收存在问题汇总表 | 序号 | 存在问题名称 | 问题部位 | 处理意见 | 完成时限 | 复验方法 | |---|---|---|---|---|---| | | | | | | | | | | | | | | | | | | | | | ⑥签署。按照一定格式的验收证明书,填写油罐安装工程质量与验收意见,建设、监理、质检、施工单位负责人签名、单位盖章。油罐安装工程证明书,见油罐竣工验收证明书
5. 油罐竣工验收资料	(4)施工单位应向建设单位提交如下竣工资料 a. 油罐交工验收证明书 b. 竣工图或施工图附设计修改文件及排版图 c. 材料和附件出厂质量合格证书或检验报告 d. 油罐基础检查记录 e. 油罐罐体几何尺寸检查记录 f. 隐蔽工程检查记录 g. 焊缝射线探伤报告 h. 焊缝超声波探伤报告 i. 焊缝磁粉探伤报告 j. 焊缝渗透探伤报告 k. 焊缝返修记录(附标注缺陷位置及长度的排版图) l. 强度及严密性试验报告 m. 基础沉降观测记录

第六节 油罐常用钢材与焊接材料

一、油罐常用钢材与焊接材料的选用

(一)油罐常用钢板标准及使用范围

油罐常用钢板标准及使用范围见表1-4-65。

表1-4-65 油罐常用钢板标准及使用范围

序号	钢 号	钢板标准	使用范围		力学性能检查项目	备注
			许用温度/℃	许用最大板厚度/mm		
1	Q235-A·F	GB/T 710 GB/T 3274	>-20	12		①
2	Q235-A	GB/T 709 GB/T 3274	>-20 >0	12 20	按相应钢材标准规定	—
3	Q235-B	GB/T 700 GB/T 3274	>-20 >0	12 24		—

续表

序号	钢号	钢板标准	使用范围 许用温度/℃	使用范围 许用最大板厚度/mm	力学性能检查项目	备注
4	Q235-C	GB/T 700 GB/T 3274	>-20 >0	16 30	按相应钢材标准规定	—
5	20R	GB/T 713	>-20	34		—
6	Q345-B	GB/T 1591 GB/T 3274	>-20 >0	12 20		—
7	Q345-C	GB/T 1591 GB/T 3274	>-20 >0	12 24		—
8	16MnR	GB 713	>-20	34		—
9	16MnDR	GB 3531	>-40	16		—
10	15MnNbR	GB 713	>-20	34		②
11	12MnNiVR	GB 19189	>-20	34		—
12	07MnNiCrMoVDR	GB 19189	>-40	16		—

注：①设计温度低于0℃时，仅适用于厚度由刚度所决定的罐壁板以及罐顶板、中幅板。
②当满足CB50341的4.2.5条规定时，许用温度可低至-25℃，但许用厚度不得大于16mm。

（二）油罐常用钢板许用应力

油罐常用钢板许用应力见表1-4-66。

表1-4-66 油罐常用钢板许用应力

钢号	板厚/mm	常温强度指标/MPa σ_b	常温强度指标/MPa σ_s	下列温度下的许用应力/MPa 大气温度值/℃ 90	150	200	250
Q235-A·F	≤16	375	235	157	137	130	121
Q335-A	≤16	375	235	157	137	130	121
	17~40	375	225	150	130	124	114
20R	6~16	400	245	163	140	130	117
	17~25	400	235	157	134	124	111
	26~36	400	225	150	127	117	108
16Mn	≤16	510	345	230	196	183	167
	17~25	490	325	217	183	170	157
16MnR	6~16	510	345	230	196	183	167
	17~25	490	325	217	183	170	157
	26~36	490	305	203	173	160	147
	38~60	470	285	190	163	150	140

（三）油罐常用钢号推荐选用的焊接材料

油罐常用钢号推荐选用的焊接材料见表1-4-67。

表1-4-67 油罐常用钢号推荐选用的焊接材料

钢 号	手工电弧焊	埋弧焊		气电立焊	二氧化碳气体保护焊
	焊条型号	焊丝钢号	焊剂型号	焊丝牌号	焊丝钢号
Q235-A	E4303	H08	HJ401-H08A（HJ431）	DWS-43G（日本）	H08Mn2Si
20R	E4316、E4315	H08A H08MnA	HJ401-H08A（HJ431）	DWS-43G（日本）	H08Mn2Si
16MnR	E5016、E5015	H10MnSi	HJ401-H08A（HJ431）	DWS-43G（日本）	H08Mn2SiA
15MnVR	E5016、E5015	H10MnSi	HJ401-H08A（HJ431）	DWS-43G（日本）	H08Mn2Si

二、油罐常用钢材的规格及相关参数

(一)常用钢板理论质量

常用热轧钢板理论质量见表1-4-68。

表1-4-68 常用热轧钢板理论质量(GB/T 709)

厚度/mm	理论质量/(kg/m²)	厚度/mm	理论质量/(kg/m²)	厚度/mm	理论质量/(kg/m²)
0.20	1.570	1.50	11.78	12	94.20
0.25	1.963	1.60	12.56	13	102.10
0.30	2.355	1.80	14.13	14	109.90
0.35	2.748	2.00	15.70	15	117.80
0.40	3.140	2.50	19.63	16	125.60
0.45	3.533	3.00	23.55	17	133.50
0.50	3.925	3.50	27.48	18	141.30
0.55	4.318	4.00	31.40	19	149.20
0.60	4.710	4.50	35.33	20	157.00
0.70	5.495	5.00	39.25	22	172.70
0.80	6.280	5.50	43.18	24	188.40
0.90	7.065	6	47.10	25	196.25
1.00	7.85	7	54.95	26	204.10
1.10	8.64	8	62.80	28	219.80
1.20	9.42	9	70.65	30	235.50
1.25	9.81	10	78.50	32	251.20
1.40	10.99	11	86.35	34	266.90

注：①表中数据也可用公式 $M = 7.85\delta$ (kg/m²)求得，δ 为钢板厚。但高合金钢(如高合金不锈钢)的密度不同，理论质量不适合用本公式及本表数据。

②冷轧钢板的标准为BG/T 708，理论质量同本表。

(二)热轧圆钢、方钢、六角钢理论质量

热轧圆钢、方钢、六角钢理论质量见表 1-4-69。

表 1-4-69　热轧圆钢、方钢(GB/T702)、六角钢(GB/T705)理论质量　　kg/m

$d(a)$/mm	○ d	□ a	⬡ a	$d(a)$/mm	○ d	□ a	⬡ a
5	0.154	0.196		32	6.31	8.04	6.96
6	0.222	0.283		34	7.13	9.07	7.86
7	0.302	0.385		35	7.55	9.62	
8	0.395	0.502	0.435	36	7.99	10.17	8.81
9	0.499	0.636	0.551	38	8.90	11.24	9.82
10	0.617	0.785	0.680	40	9.87	12.56	10.88
12	0.888	1.130	0.979	42	10.87	13.85	11.99
13	1.040	1.330	1.150	45	12.48	15.90	13.77
14	1.210	1.540	1.330	48	14.21	18.09	15.66
15	1.39	1.77	1.53	50	15.42	19.63	16.99
16	1.58	2.01	1.74	53	17.32	22.05	19.10
17	1.78	2.27	1.96	56	19.33	24.61	21.32
18	2.00	2.54	2.20	58	20.74	26.40	22.87
19	2.23	2.83	2.45	60	22.19	28.26	24.50
20	2.47	3.14	2.72	63	24.47	31.16	26.98
21	2.72	3.46	3.00	65	26.05	33.17	28.72
22	2.98	3.80	3.29	68	28.51	36.30	31.43
24	3.55	4.52	3.92	70	30.21	38.47	33.30
25	3.85	4.91	4.25	75	34.68	44.16	
26	4.17	5.31	4.59	80	39.46	50.24	
27	4.49	5.72	4.96	85	44.55	56.72	
28	4.83	6.15	5.33	90	49.94	63.59	
30	5.55	7.06	6.12	95	55.64	70.85	

(三)角钢规格及相关参数

(1)热轧等边角钢规格及相关参数(GB/706)见表 1-4-70。

b—边宽　　　d—边厚
r—内圆弧半径　i—惯性半径
z_0—重心距离　W—截面系数
J—惯性矩

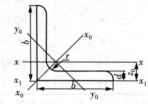

150

表1-4-70 热轧等边角钢的尺寸、截面面积、理论质量及参考数值

号 数		3	4	5	6.3	7	7.5	8	9	10	12.5	14
截面面积/cm²		2.27	3.08	4.80	7.28	9.42	11.53	12.30	17.16	19.26	28.91	32.51
理论质量/(kg/m)		1.78	2.42	3.77	5.72	7.39	9.03	9.65	13.47	15.12	22.69	25.52
尺寸/mm	b	30	40	50	63	70	75	80	90	100	125	140
	d	4	4	5	6	7	8	8	10	10	12	12
	r	4.5	5	5.5	7	8	9	9	10	12	14	14
$x-x$	J_x	1.84	4.60	11.21	27.12	43.09	59.96	73.49	128.58	179.51	423.16	603.68
	i_x	0.90	1.22	1.53	1.93	2.14	2.28	2.44	2.74	3.05	3.83	4.31
	W_x	0.87	1.60	3.13	6.00	8.59	11.20	12.83	20.07	25.06	41.17	59.80
x_0-x_0	J_x	2.92	7.29	17.79	43.03	68.35	95.07	116.6	203.9	284.68	671.44	958.79
	i_x	1.13	1.54	1.92	2.43	2.69	2.88	3.08	3.45	3.84	4.82	5.43
	W_{x0}	1.37	2.58	5.03	9.66	13.81	17.93	20.61	32.04	40.26	75.96	96.85
y_0-y_0	J_x	0.77	1.91	4.64	11.20	17.82	24.86	30.39	53.26	74.35	174.88	248.57
	i_x	0.58	0.79	0.98	1.24	1.38	1.47	1.57	1.76	1.96	2.46	2.76
	W_{y0}	0.62	1.19	2.31	4.46	6.34	8.19	9.46	14.52	18.54	35.03	45.02
x_1-x_1	J_{x1}	3.63	8.56	20.9	50.14	80.29	112.9	136.9	244.07	334.48	783.42	1099.3
z_0/mm		0.89	1.13	1.42	1.78	1.99	2.15	2.27	2.59	2.84	3.53	3.90

(2) 热轧不等边角钢规格及相关参数(GB/706)见表1-4-71和表1-4-72。

B—长边宽　　　b—短边宽
d—边厚　　　　r—内圆弧半径
i—惯性半径　　J—惯性矩
x_0—重心距离　y_0—重心距离
$\text{tg}u$—轴倾斜角度

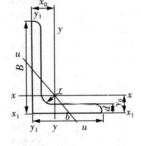

表1-4-71 热轧不等边角钢的尺寸、截面面积、理论质量及参考数值

型号	尺寸/mm				截面面积/cm²	理论质量/(kg/m)	参考数值			
							$x-x$		$y-y$	
	B	b	d	R			J_x	i_x	J_y	i_y
4/2.5	40	25	4	4	2.467	1.936	3.93	1.26	1.18	0.69
4.5/2.8	45	28	4	5	2.801	2.203	5.68	1.42	1.69	0.78
5/3.2	50	32	4	5.5	3.171	2.494	7.98	1.59	2.56	1.90
5.6/3.6	56	36	4	6	3.58	2.818	11.4	1.78	3.70	1.02
			5		4.41	3.466	13.8	1.77	4.48	1.01

续表

型号	尺寸/mm				截面面积/cm²	理论质量/(kg/m)	参考数值			
							$x-x$		$y-y$	
	B	b	d	R			J_x	i_x	J_y	i_y
6.3/4.0	63	40	4	7	4.042	3.185	16.3	2.01	5.16	1.13
			5		4.982	3.920	19.9	2.00	6.26	1.12
			6		5.902	4.638	23.3	1.99	7.28	1.11
7/4.5	70	45	4.5	7.5	5.066	3.977	25.3	2.25	8.25	1.28
			5		5.594	4.403	27.8	2.23	9.05	1.27
7.5/5	75	50	5	8	6.106	4.808	34.8	2.39	12.5	1.43
			6		7.246	5.699	40.9	2.28	14.6	1.42
			8		9.466	7.431	52.4	2.35	18.5	1.40
8/5	80	50	5	8	6.356	5.005	41.6	2.56	12.7	1.41
			6		7.546	5.935	49.0	2.55	14.8	1.40
9/5.6	90	56	5.5	9	7.862	6.172	65.3	2.88	19.7	1.58
			6		8.535	6.717	70.6	2.88	21.0	1.58
			8		11.174	8.779	90.9	2.85	27.1	1.56
10/6.3	100	63	6	10	9.588	7.550	98.3	3.2	30.6	1.79
			7		11.088	8.722	113	3.19	35	1.78
			8		12.568	9.878	127	3.18	39.2	1.77
			10		15.468	12.142	154	3.15	47.1	1.75
11/7	110	70	6.5	10	11.445	8.985	142	3.53	45.6	2
			7		12.278	9.656	152	3.52	48.7	1.99
			8		13.928	10.946	172	3.51	54.6	1.98
12.5/8	125	80	7	11	14.061	11.066	227	4.01	73.7	2.29
			8		15.961	12.551	256	4.00	83.0	2.28
			10		19.701	15.474	312	3.98	100	2.26
			12		23.361	18.330	365	3.95	117	2.24
14/9	140	90	8	12	18.00	14.13	364	4.49	120	2.58
			10		22.24	17.459	444	4.47	146	2.56
16/10	160	100	9	13	22.873	17.966	606	5.15	186	2.85
			10		25.283	19.847	667	5.13	204	2.84
			12		30.043	23.584	784	5.11	239	2.82
			14		34.723	27.259	897	5.08	272	2.8
18/11	180	110	10	14	28.326	22.236	952	5.8	276	3.12
			12		33.686	26.443	1123	5.77	324	3.1
20/12.5	200	125	11	14	34.866	27.370	1449	6.45	446	3.58
			12		37.886	29.740	1566	6.43	482	3.57
			14		43.866	34.435	1801	6.41	551	3.54
			16		49.466	39.066	2076	6.38	617	3.52
25/16	250	160	12	18	48.301	37.916	3147	8.07	1032	4.52
			16		63.581	49.911	4091	8.02	1333	4.58
			18		71.541	55.814	4545	7.99	1475	4.56
			20		78.541	61.655	4987	7.97	1613	4.53

表 1-4-72 角钢通常长度

型号	长度/m	型号	长度/m
4/2.5~5/3.2	3~9	10/6.3~16/10	4~19
5.6/3.6~9/5.6	4~12	≥18/11	6~19

（四）热轧扁钢规格及理论质量

热轧扁钢规格及理论质量见表 1-4-73。

表 1-4-73 热轧扁钢规格及理论质量（GB/T 702） kg/m

质量 厚/mm 宽/mm	3	4	5	6	7	8	9	10	11	12	14	16	18	20
20	0.47	0.63	0.78	0.94	1.10	1.26	1.41	1.57	1.73	1.88				
22	0.52	0.69	0.86	1.04	1.21	1.38	1.55	1.73	1.90	2.07				
25	0.59	0.78	0.98	1.18	1.37	1.57	1.77	1.96	2.16	2.36	2.75	3.14		
28	0.66	0.88	1.10	1.32	1.54	1.76	1.98	2.20	2.42	2.64	3.08	3.53		
30	0.71	0.94	1.18	1.41	1.65	1.88	2.12	2.36	2.59	2.83	3.30	3.77	4.24	4.71
32	0.75	1.01	1.26	1.51	1.76	2.01	2.26	2.55	2.76	3.01	3.52	4.02	4.52	5.02
36	0.85	1.13	1.41	1.69	1.97	2.26	2.51	2.82	3.11	3.39	3.95	4.52	5.09	5.65
40	0.94	1.26	1.57	1.88	2.20	2.51	2.83	3.14	3.45	3.77	4.40	5.02	5.65	6.28
45	1.06	1.41	1.77	2.12	2.47	2.83	3.18	3.53	3.89	4.24	4.95	5.65	6.36	7.07
50	1.18	1.57	1.96	2.36	2.75	3.14	3.53	3.93	4.32	4.71	5.50	6.28	7.07	7.85
60	1.41	1.88	2.36	2.83	3.30	3.77	4.24	4.71	5.18	5.65	6.59	7.54	8.48	9.42
63	1.48	1.98	2.47	2.97	3.46	3.95	4.45	4.94	5.44	5.93	6.92	7.91	8.90	9.69
65	1.53	2.04	2.55	3.06	3.57	4.08	4.59	5.1	5.61	6.12	7.14	8.16	9.19	10.21
70	1.65	2.20	2.75	3.30	3.85	4.40	4.95	5.50	6.04	6.59	7.69	8.79	8.89	10.99
75	1.77	2.36	2.94	3.53	4.12	4.71	5.30	5.89	6.48	7.07	8.24	9.42	10.6	11.78
80	1.88	2.51	3.14	3.77	4.40	5.02	5.65	6.28	6.91	7.54	8.79	10.05	11.30	12.56
85	2.00	2.67	3.34	4.00	4.67	5.34	6.01	6.67	7.34	8.01	9.34	10.68	12.01	13.34
90	2.12	2.83	3.53	4.24	4.95	5.65	6.36	7.07	7.77	8.48	9.89	11.3	12.72	14.14
95	2.24	2.98	3.73	4.47	5.22	5.97	6.71	7.46	8.20	8.95	10.44	11.93	13.42	14.92
100	2.36	3.14	3.92	4.71	5.50	6.28	7.06	7.85	8.64	9.42	10.99	12.56	14.13	15.70
105	2.47	3.3	4.12	4.95	5.77	6.59	7.42	8.24	9.07	9.89	11.54	13.19	14.84	16.48
120	2.83	3.77	4.71	5.65	6.59	7.54	8.48	9.42	10.36	11.30	13.19	15.07	16.96	17.84

（五）槽钢规格及相关参数

槽钢规格及相关参数见表 1-4-74。

J——惯性矩
W——截面系数
i——惯性半径

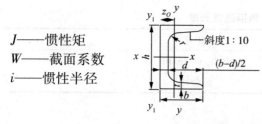

表 1-4-74 热轧普通槽钢规格及相关参数（GB/T 707）

号　　数		5	6.3	8	10	12.6	14a	16a	18a	20a	22a	25a
截面面积/cm²		6.95	8.44	10.24	12.74	15.69	18.51	21.95	25.69	28.83	31.84	34.91
理论质量/(kg/m)		5.44	6.63	8.04	10	12.32	14.53	17.24	20.17	22.63	24.99	27.41
尺寸/mm	H	50	63	80	100	126	140	160	180	200	220	250
	B	37	40	43	48	53	58	63	68	73	77	78
	D	4.5	4.8	5	5.3	5.5	6	6.5	7	7	7	7
	T	7	7.5	8	8.5	9	9.5	10	10.5	11	11.5	12
	R	7	7.5	8	8.5	9	9.5	10	10.5	11	11.5	12
$x-x$	J_x	26	50.78	101.3	198.3	391.46	563.7	866.2	1272.7	1780.4	2393.9	3369.6
	I_x	1.94	2.45	3.15	3.95	4.95	5.52	6.28	7.04	7.86	8.67	9.82
	W_x	10.4	16.12	25.3	39.7	62.13	80.5	108.3	141.4	178	217	269.6
$y-y$	J_y	8.3	11.87	16.6	25.6	37.99	53.2	73.3	98.6	128	157.8	175.5
	I_y	1.1	1.18	1.27	1.41	1.59	1.70	1.83	1.96	2.11	2.23	2.24
	W_y	3.55	4.5	5.79	7.8	10.24	13.01	16.3	20.03	24.2	28.17	30.6
y_1-y_1	J_{y1}	20.9	28.38	37.4	54.9	77.09	107.1	144.1	189.7	244	298.2	322.3
z_0/cm		1.35	1.36	1.43	1.52	1.59	1.71	1.8	1.88	2.01	2.1	2.07

（六）热轧轻型工字钢规格及相关参数

热轧轻型工字钢规格及相关参数见表 1-4-75。

J——惯性矩
W——截面系数
i——惯性半径

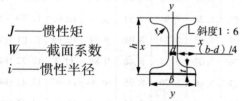

表 1-4-75 热轧轻型工字钢规格及相关参数

号　　数		10	12	14	16	18	20	22	24	27	30	33
截面面积/cm²		12	14.7	17.4	20.2	23.4	26.8	30.6	34.8	40.2	46.9	53.8
理论质量/(kg/m)		9.46	11.5	13.7	15	18.4	21	24	27.3	31.5	36.5	42.2
尺寸/mm	h	100	120	140	160	180	200	220	240	270	300	330
	b	55	64	73	81	90	100	110	115	125	135	140
	d	4.5	4.8	4.9	5	5.1	5.2	5.4	5.6	6	6.5	7
	t	7.2	7.3	7.5	7.8	8.1	8.4	8.7	9.5	9.8	10.2	11.2
	r	7	7.5	8	8.5	9	9.5	10	10.5	11	12	13

续表

号 数		10	12	14	16	18	20	22	24	27	30	33
$x-x$	J_x	198	350	572	873	1290	1840	2550	3460	5010	7080	9840
	i_x	4.06	4.88	5.73	6.57	7.42	8.28	9.13	9.97	11.2	12.3	13.5
	W_x	39.7	58.4	81.7	109	143	184	232	289	371	472	597
$y-y$	J_y	17.9	27.9	41.9	58.6	82.6	115	157	198	260	337	419
	i_y	1.22	1.38	1.55	1.70	1.88	2.07	2.27	2.37	2.54	2.69	2.79
	W_y	6.49	8.72	11.6	14.5	18.6	23.1	28.6	34.5	41.5	49.9	59.9

第五章 油罐附件选择与安装数据图表

第一节 油罐附件的选择

一、油罐附件及其作用

(一)立式油罐附件及其作用

立式油罐附件及其作用见表1-5-1。

表1-5-1 立式油罐附件及其作用

类 别	设备名称	型 式	安装位置	作 用
收发油设备	进出油短管	单管式	罐身下层圈板,管中心线离罐底30cm	进出油料
		双管式		
	罐内封闭阀	直接操作式	进出油短管末端	防止进出油短管或罐前阀损坏漏油
	升降管	操纵式	安装在润滑油罐或航空油料罐的进出油短管上	可分层发油
		浮桶式		
	胀油管		两头分别与输油管路和罐身顶部相连	保证输油管的安全
	进气支管		安装在罐前输油管路阀门的外侧	供管路放空油料用
	排水系统	集水槽	油罐底板下	排放罐底污水、污油
		虹吸式	罐身下层圈板,中心线离罐底约30cm	
		放水管		
调节气压设备	机械呼吸阀		罐顶	减少油料蒸发损耗,保证油罐安全
	液压安全阀		罐顶	减少油料蒸发损耗,保证油罐安全
	呼吸管路		罐顶	供坑道油罐和润滑油罐大小呼吸
安全设备	阻火器	金属波纹板式	在油罐与呼吸阀之间	防止明火进入油罐
	防静电装置		油罐底板上	导走静电
量油采样设备	测量孔		罐顶	测量油高,采取油样
	水银比压计测量装置			监测油高
	液位测量仪表			测量油高

续表

类别	设备名称	型式	安装位置	作用
清洗排污设备	人孔		罐身下层圈板	供洗罐、检修用
	采光孔		罐顶	采光和通风
加温设备		蛇形管加热器 梳状管加热器	润滑油罐内	给润滑油加热

(二)卧式油罐附件及其作用

卧式油罐附件及其作用见表1-5-2。

表1-5-2 卧式油罐附件及其作用

类别	设备名称	型式	位置	作用
检查设备	人孔		罐颈盖上	进、出人员检查维修用
	测量孔		罐颈盖上	测量油高、采取油样
收发设备	进出油管	单管式 双管式	罐头下部,距底部15~20cm,罐头或罐颈上部	进出油料
	底阀		出油管上	便于油泵抽吸油料
调节气压设备	机械呼吸阀	弹簧式	燃料油罐上	减少油料损耗,保护油罐安全
	油气管	风帽式 弯管式	润滑油罐上	平衡罐内外压力,保护油罐安全
安全防火设备	阻火器		燃料油罐上,呼吸阀下面	防火,保证油料和油罐安全
	接地装置		燃料油罐上	导走静电,防止着火
加温设备	梳状管加热器		润滑油罐内	给润滑油加热
放水设备	放水管		在油罐底部	排出罐内水分和底油

二、油罐主要附件规格及配备数量

(一)金属油罐主要附件规格及配备数量

(1)金属油罐主要附件规格及配备数量参考表1-5-3。

表1-5-3 金属油罐主要附件规格及配备数量参考

名称 容积/m³	轻油罐						重油罐					
	带放水管排污孔		透光孔		人孔		清扫孔		透光孔		人孔	
	放水管直径/mm	个数	直径/mm	个数	直径/mm	个数	规格/mm	个数	直径/mm	个数	直径/mm	个数
100~700	50	1	500	1	600	1	500×700	1	500	1	600	1
1000~2000	80	1	500	2	600	1	500×700	1	500	1	600	1
3000	100	1	500	2	600	2	500×700	2	500	1	600	1
5000~10000	100	1	500	3	600	3	500×700	2	500	3	600	1

注:一般情况可选用Φ600人孔,如罐内安装浮筒式升降管时,人孔的规格应根据浮筒的大小加以选用。

(2)"油库设计其他相关规范"中规定。金属油罐主要附件配备数量及规格,应符合表1-5-4的规定。

表1-5-4 量油口、罐顶人孔、罐壁人孔、排污槽及排水管的设置个数及规格

油罐直径/m	量油口个数	罐顶人孔个数	罐壁人孔个数	排污槽(或清扫口)个数	排水管个数×公称直径/mm
$D \leqslant 12$	1	1或2	1或2	1	1×80
$12 < D \leqslant 15$	1	2	2	1	1×80(或100)
$15 < D \leqslant 30$	1	2或3	2	1	1×100
$D > 30$	1	3	2	2	2×100(或150)

注:①表中D指油罐直径。
②量油口公称直径不应小于100mm;罐顶人孔和罐壁人孔的公称直径宜为600mm。
③洞内油罐和覆土立式油罐的罐壁人孔不应少于2个,排污槽、排水管可各设1个。洞内油罐的罐顶人孔可设1个。
④丙类油品储罐应采用清扫口。
⑤内浮顶油罐的通气孔等附件的设置,应符合GB 50341的相关规定。

(二)油罐呼吸阀控制压力及通气量
(1)油罐呼吸阀控制压力代号见表1-5-5。

表1-5-5 油罐呼吸阀控制压力代号

控制压力				代号
正压(呼出压力)		负压(吸入压力)		
Pa	mmH$_2$O	Pa	mmH$_2$O	
355	36	295	30	A
980	100	295	30	B
1765	180	295	30	C

(2)油罐呼吸阀控制压力条件下的通气量见表1-5-6。

表1-5-6 油罐呼吸阀控制压力条件下的通气量

公称通径/mm		50	100	150	200	250
压力等级		通气量/(m³/h)				
A	+355Pa	25	90	190	340	550
	-295Pa	20	75	160	280	450
B	+980Pa	30	100	200	380	600
	-295Pa	20	75	160	280	450
C	+1765Pa	40	140	280	500	800
	-295Pa	20	75	160	280	450

(三)非金属油罐主要附件配备数量及规格
非金属油罐主要附件配备数量及规格见表1-5-7。

表1-5-7 非金属油罐主要附件配备数量及规格

名称\附件\容积/m³	轻油罐、重油罐					
	带放水管排污孔		透光孔		罐顶带梯子人孔	
	放水管直径/mm	数量/个	直径/mm	数量/个	直径/mm	数量/个
3000	100	1	800	3	800	1
5000	100	1	800	4	800	1
10000~15000	100	1	800	4	800	1

注：①轻油罐包括：汽油、煤油、喷气燃料、轻柴油等油品储罐。
②重油罐包括：原油、常压渣油、重柴油、农用柴油、重污油、燃料油、催化原料、焦化原料、润滑油原料及成品等储罐。

（四）轻油配呼吸阀、黏油配通气管直径选择

轻油配呼吸阀、黏油配通气管直径选择见表1-5-8和表1-5-9。

表1-5-8 轻油呼吸阀直径

最大输出量/(m³/h)	数量/个×公称直径/mm
<25	1×50
<60	1×80
60~100	1×100
101~150	1×150
151~250	1×200
251~300	1×250
>300	2×200 或 2×250

表1-5-9 黏油通气管直径

进出油接合管的直径/mm	通气管直径/mm
80~150	150
200~250	200
>300	250

（五）呼吸阀、通气管口金属丝网的选择

呼吸阀、通气管口金属丝网的选择见表1-5-10。

表1-5-10 金属丝网选择

附件名称	网号	丝径/mm	孔径/cm
呼吸阀封口	19.8	0.56	16
	16.4	0.46	22
通风管封口	11	0.31	50
	10.2	0.27	64
	0.78	0.27	90

（六）呼吸阀操作温度及代号表

呼吸阀操作温度及代号表见表1-5-11。

表 1-5-11 操作温度及代号

产品结构形式	操作温度/℃	代号
全天候型	-30~60	Q
普通型	0~60	P

（七）呼吸阀规格及安装尺寸

呼吸阀规格及安装尺寸见表 1-5-12。

表 1-5-12 呼吸阀规格及安装尺寸   mm

| 规格 | A | B | C | D | 螺栓 | | 单重/kg |
					数量 n	螺纹 M	
DN50	140	110	180	260	4	12	5.6
DN100	205	170	232	280	4	16	9.5
DN150	260	225	287	300	8	16	12
DN200	315	280	351	328	8	16	25
DN250	370	335	415	330	12	16	35

（八）液压安全阀型号规格及安装尺寸

液压安全阀型号规格及安装尺寸见表 1-5-13。

表 1-5-13 液压安全阀型号规格及安装尺寸   mm

| 型号规格 | D | D_1 | D_2 | D_3 | L | H | 螺孔 | | 单重/kg |
							n	d	
GYA-DN80	80	125	150	185	376	424	4	18	36
GYA-DN100	105	145	170	205	500	605	4	18	42
GYA-DN150	148	200	225	260	650	705	8	18	66
GYA-DN200	210	255	280	315	900	755	8	18	98
GYA-DN250	246	310	335	370	1050	885	12	18	140

（九）呼吸阀挡板型号规格

呼吸阀挡板型号规格见表 1-5-14。

表 1-5-14 呼吸阀挡板型号规格   mm

型号规格	A	B	单重/kg
FCI-DN80	198	299	2
FCI-DN100	228	379	3
FCI-DN150	318	459	5
FCI-DN200	438	549	8
FCI-DN250	546	649	11

三、油罐附件系列产品

油罐附件系列产品表见表 1-5-15。

表 1-5-15 油罐附件系列产品表

名称	型号	规格	材质	安装位置	用途
1. 罐顶透气孔	GTQ系列 TQG	DN100、150、200、250、300、500	碳钢	安装在重质油罐和浮顶油罐顶部	起呼吸作用
2. 罐壁通气孔	GFG型		碳钢	安装在内浮顶油罐顶部	起通风作用
3. 人孔	(1)普通人孔 (2)回转盖人孔	DN600、750	碳钢	安装在油罐壁下部；根据需要还有带芯人孔、垂直吊盖人孔	供人员进出油罐；在事故状态下起溢流作用
4. 排污孔	GPW系列	DN50、80、100、150	碳钢	安装在轻质油罐底部	排出罐底污水
5. 采光孔	(1)A、B型 (2)快开型	DN500	碳钢	安装在油罐顶部	供罐内采光用
6. 清扫孔	(1)回转盖式 (2)垂直吊盖式	DN50、80、100；400×500、500×700	碳钢；碳钢	安装在重质油罐底部	排出罐底污水及清扫罐底污泥
7. 机械呼吸阀	GFP-Ⅱ	DN50、100、150、200、250	铸铁、铜	安装在轻油罐顶部	供油罐大小呼吸
8. 浮球式全天候呼吸阀	GFQ-Ⅰ	DN100、150、200、250	铝合金	安装在轻油罐顶部	供油罐大小呼吸,适用于寒冷地区
9. 全天候阻火呼吸阀	(1)QZF-89-Ⅰ型 (2)GFZ-Ⅱ型	DN100、150、200、250；DN50、100、150、200、250	铝合金	它将阻火器和呼吸阀合为一体,安装在轻油罐顶部	供呼吸、阻火的作用。它可在-35～+60℃范围内正常工作
10. 弹簧呼吸阀	XZ-50型	DN50	碳钢、铸铁	安装在油罐顶部	用于不超过75m³油罐小呼吸
11. 量油孔	(1)脚踏式 (2)带锁侧开式	DN100、150；DN100、150	铝合金、铸铁、不锈钢	安装在油罐顶部	用于测量罐内油高、温度及取样等
12. 阻火透气帽	STE-50	DN50	铝合金、不锈钢	安装在油罐顶部	用于小型油罐阻火透气
13. 液压安全阀	GYA系列	DN80、100、150、200、250	碳钢	安装在轻油罐顶部	与呼吸阀配套使用,呼吸阀失灵时起安全作用
14. 波纹阻火器	ZGB-Ⅱ	DN50、100、150、200、250	铝合金、铸铁、不锈钢	安装在轻油罐顶部	起阻火的作用,常与呼吸阀配套使用
15. 浮动式吸油装置	GFX系列	DN50、100、150、200、250、300、350、400	碳钢、铝合金、不锈钢	安装在拱顶油罐内	随罐内油位上下浮动,从而使发出的油品全部是油罐上层纯净油品

续表

名称	型号	规格	材质	安装位置	用途
16. 内浮盘	(1)铝浮盘 (2)不锈钢浮盘	用于1000、2000、5000、10000m^3油罐的规格	(1)铝合金 (2)不锈钢	安装在内浮顶油罐内	减少油气损耗
17. HB枢轴式中央排水装置	ZPZ系列	DN100、150、200、250	碳钢、铝合金、不锈钢	安装在外浮顶油罐内	用于排放罐顶积水，同时可用于灭火泡沫的输送
18. 罐内封闭阀	GNF	DN200、300、400	铸铁、碳钢	安装在油罐内底部	防止跑油
19. 空气泡沫产生器	PC型系列	PC4、PC8、PC16、PC24	铸铁、碳钢	安装在轻油罐壁顶部	用于灭火

四、油罐附件结构图表

(一)油罐通用附件结构图表

1. 量油孔

量油孔见表1-5-16。

表1-5-16 量油孔

说 明		结构图
1. 直径	公称直径一般为DN150	（型号规格：GLY-150 质量：7.6kg）脚踏式量油孔图 1—手轮；2—孔盖；3—压杆；4—壳体；5—导向槽
2. 安装位置	它安装在固定顶罐靠近罐壁附近的顶部，往往在透光孔附近；如果同时设有液位计时，则应装在盘梯平台附近，用于测量罐内油品的标高和温度及取样等	
3. 安装要求	量油孔的正下方应避开加热器或其他设备，其法兰要水平安装	
4. 结构特点	为了使量油孔严密，盖内侧刻有一圈特制的凹槽，槽中填入聚氯乙烯填料或橡胶垫圈。为了测量准确，量油口上必须有固定的测深点，因此有的量油孔内设置导向槽	

2. 内部关闭阀

内部关闭阀见表1-5-17。

表1-5-17 内部关闭阀

1. 结构形式	内部关闭阀的结构有两种，一种是不带均压装置，如图1-5-1所示；一种是带均压装置，如图1-5-2所示 ①不带均压装置的用于罐高≤6m ②带均压装置的用于罐高>6m。这种阀开启时，需先打开小阀，使进出油管内充满油料，大阀两边（进出油管与罐内）的压力趋于平衡后，再打开大阀，从而使大阀开启比较轻松 也可采用不带均压装置的内部关闭阀，但应加设旁通管，如图1-5-3所示，当需开阀时，先开旁通阀，使静压平衡后，再打开内部关闭阀
2. 作用	内部关闭阀是安装在罐内防止跑油的装置
3. 操作形式	内部关闭阀的操纵装置一直是个难题，到目前为止，主要有3种形式 ①一种是在罐侧壁用绞盘操纵，如图1-5-3所示，这种方法最致命的缺陷是绞盘穿过罐壁的密封处容易渗漏 ②另一种是在罐顶安装操纵装置，如图1-5-4所示，这种方法虽然不易渗漏，但是操作需上罐顶，劳动强度大 ③近年来新研制成功的一种方法克服了前两者的缺点，它是用杠杆原理，在进出油管内操纵，如图1-5-5所示

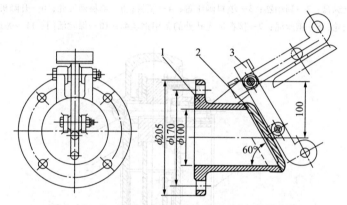

图1-5-1 不带均压装置的 DN100 内部关闭阀
1—阀体；2—阀盖；3—连杆

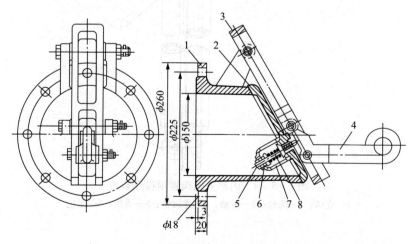

图1-5-2 带均压装置的 DN150 内部关闭阀
1—阀体；2—阀盖；3—连杆；4—杠杆；5—小阀；6—弹簧座；7—阀架；8—弹簧

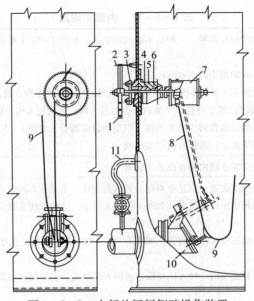

图1-5-3 内部关闭阀侧壁操作装置

1—操纵盘；2—制动器；3—填料函压盖；4—填料；5—填料函外壳；6—升降机油；
7—鼓轮；8—钢丝绳；9—接在透光孔处的备用钢丝绳；10—保险活门；11—旁通管

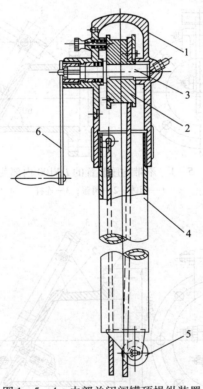

图1-5-4 内部关闭阀罐顶操纵装置

1—壳体；2—绳轮；3—转轴；4—连接管；5—滑轮；6—摇把

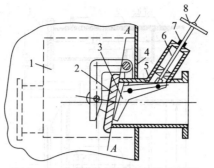

图1-5-5 罐外操纵的内部关闭阀
1—联通器；2—阀盖；3—杠杆；4—罐壁；5—阀体；6—丝杆；7—密封装置；8—手轮

3. 排污放水装置

(1)排污放水装置的组成及种类见表1-5-18。

表1-5-18 排污放水装置的组成及种类

组成	排污放水装置由排污放水管(图1-5-6)及排水槽组成
种类	(1)排水槽按形式分为两种： 深型排水槽，如图1-5-7(a)所示，浅型排水槽，如图1-5-7(b)所示 (2)排水槽按弯管位置分为两种： 下弯管，如图1-5-8所示；平管，如图1-5-9所示
阀门	排污放水管上的阀门设置与进出油管类似，通常卧式油罐和立式小型油罐设一个阀，较大的立式油罐设两个阀
材质	阀的作用及材料与进出油管上的阀门相同

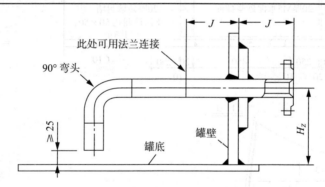

图1-5-6 排污放水管

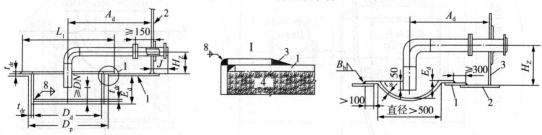

(a) 深型排水槽　　　　　　　　　　　(b) 浅型排水槽
1—罐底；2—罐壁；3—不等边角焊缝；4—罐基础　　1—中幅板；2—边缘板；3—罐壁

图1-5-7 油罐排水槽

165

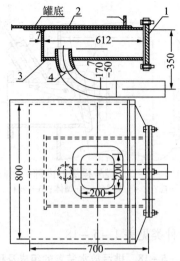

图1-5-8 弯管排污放水孔
1—盖板；2—加强板；3—半圆管；4—放水管

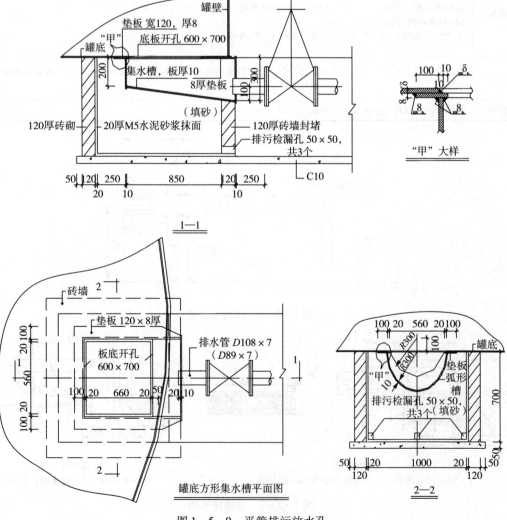

图1-5-9 平管排污放水孔

（2）排污放水装置的评述见表1-5-18。

油罐排污系统是油罐必不可少的重要系统。在清洗油罐时可由此排放污水；在储油过程中可由此排放油罐底水。它对保证油料质量至关重要。但目前国内不少油库的油罐排污系统尚存在一些问题，特别是排污系统的集水槽问题更多，集水槽又是油罐排污系统的主要部件，故此处评述。

①图1-5-8下弯管与图1-5-9平管这两种排污形式比较。图1-5-9平管较好。它是自流排放式，它既可排除储油过程中油罐的底水；又可排放腾空油罐后清洗油罐的污水。而图1-5-8下弯管，它是虹吸排放式，仅能在储油过程中，依靠油位的静压力排除油罐的部分底水，油位低到不能造成虹吸后，底水无法排出；油罐腾空后清洗油罐的污水更无法排除。

②对自流排放式集水槽结构形式的改进。据调查原自流排放式集水槽，在结构上还存在一些问题，值得探讨改进，此处推荐采用如图1-5-9所示的新集水槽。

a. 原集水槽钢板未特殊加厚，板厚通常只有6mm。钢板防腐也未采取特殊措施，致使水槽容易锈蚀、穿孔，留下了跑油的隐患。

新集水槽钢板加厚到10mm，并加8mm厚的加强垫板与罐底板焊接。集水槽安装焊接完毕，槽内装煤油试漏合格后，对槽内外用3道环氧树脂2道玻璃布加强防腐，减少了锈蚀、穿孔、跑油的隐患。

b. 原集水槽槽头用半圆法兰和法兰盖，加工困难，难以严密。

新集水槽取消半圆法兰和法兰盖，改用钢板焊死，不但减小加工安装的难度，减少加工费用，同时保证了集水槽的严密性。

c. 原集水槽槽体为半圆形，且无坡度，底水难以排净。

新集水槽改为半圆锥状弧形槽，有向外的坡度，使底水可完全排净。

d. 原集水槽的排水管由集水槽的下部接出，不但造成此管检查维修困难，而且降低了排水管的标高，进而会降低全程排污系统管路的标高，致使施工困难，投资增加。

新集水槽排水管由槽头底部接出，便于检查维修，且提高了系统标高，减少了施工困难和施工费用。

e. 原集水槽安装处的罐底槽坑局部悬空太大，容易造成油罐局部沉陷。

新集水槽在集水槽的坑内填满干燥的沙子，并用120mm厚墙砌封堵。一者解决罐底板局部悬空太大的问题；二者隔绝集水槽与空气的直接接触，减少腐蚀。为了检查集水槽是否锈穿渗漏，在砌墙封堵时预留3个排污检渗孔。若有渗漏，即从排污检渗孔流出，可将砌墙封堵拆除，铲除填沙，及时修补。

4. 人孔、透光孔、排水阻油器见表1-5-19。

表1-5-19 人孔、透光孔、排水阻油器

附件名称	规格、用途、安装位置	
（1）人孔	①规格	通常直径为$DN800$、$DN600$
	②用途	供人员进出油罐用
	③安装位置	安装在油罐壁下，孔中心距罐底约700~600

续表

附件名称	规格、用途、安装位置	
（2）透光孔	①规格	通常直径为 $DN500$、$DN600$
	②用途	供采光和通风用
	③安装位置	安装在油罐顶，通常应与油罐壁下人孔相对应
（3）排水阻油器	①规格	见专门设计
	②用途	油罐排水阻油器是只能排水、不能排油的装置
	③安装位置	通常安装在油罐排污放水管双阀后或排污放水总管上
	④示意图	结构与安装示意图如图1-5-10和图1-5-11所示

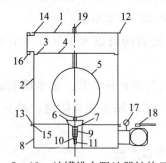

图1-5-10 油罐排水阻油器结构示意图
1—盖板；2—分液筒；3—定位栓；4—定位横杆；
5—浮体；6—阀体；7—阀口密封圈；8—排水筒；
9—配重块；10—锁紧螺母；11—导杆；12—上盖螺栓；
3—中法兰螺栓；14—上盖密封圈；15—中法兰密封圈；
16—可旋法兰；17—压力计；18—球阀；19—排流阀

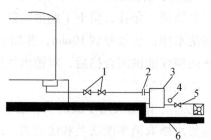

图1-5-11 油罐排水阻油器安装示意图
1—闸阀；2—连接法兰；3—排水阻油器；
4—压力表；5—球阀；6—集污井

（二）轻油罐专用附件结构图表

（1）机械呼吸阀的用途、安装位置、分类及工作原理见表1-5-20。结构图见图1-5-12～图1-5-16。

表1-5-20 机械呼吸阀

（1）用途	油罐呼吸阀是用来控制油罐最大正、负工作压力的安全保护装置，同时兼有降低油品蒸发损耗的作用
（2）安装位置	油罐呼吸阀通常安装在油罐顶部中央，并与阻火器组合安装
（3）结构形式分类	①按照其压力控制方法分为重力式、弹簧式 ②按照阀座的相互位置分为分列式、重叠式
（4）工作原理及性能改进	①重力式机械呼吸阀是靠阀盘本身的重量与罐内外压差产生的上举力相平衡而工作的，如图1-5-12和图1-5-13所示 ②弹簧式机械呼吸阀是靠弹簧的变形力与罐内外压差产生的推力相平衡而工作的，如图1-5-14所示 ③图1-5-15是一种全天候机械呼吸阀，为阀座相互重叠的重力式结构，其特点是阀盘与阀座之间采用带空气的软接触（见图1-5-16），因而气密性好，不容易结霜冻结，特别适宜于寒冷地区使用

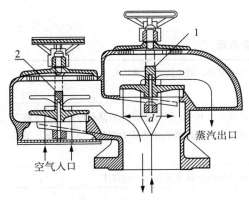

图1-5-12 重力式机械呼吸阀
1—压力阀阀盘；2—真空阀盘

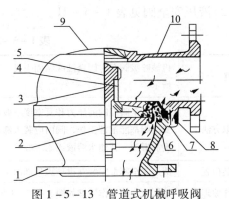

图1-5-13 管道式机械呼吸阀
1、10—阀体；2—导杆；3—真空阀盘；4—真空弹簧；
5—真空弹簧座；6—密封圈；7—压力阀盘；8—重块；9—阀盖

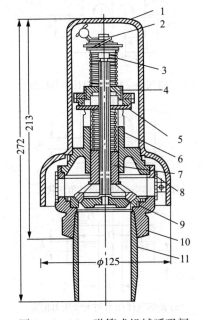

图1-5-14 弹簧式机械呼吸阀
1—阀罩；2—压力弹簧；3、6—支架；
4—上阀盘；5—阀座；7—下阀盘；
8—真空弹簧；9—阀体；10—阀套；11—接管

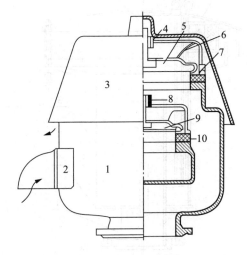

图1-5-15 全天候机械呼吸阀
1—阀体；2—空气吸入口；3—阀罩；4—压力阀导架；
5—压力阀阀盘；6—接地导线；7—压力阀阀座；
8—真空阀导架；9—真空阀阀盘；10—真空阀阀座

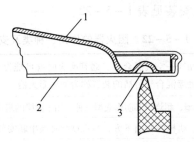

图1-5-16 软接触密封的呼吸阀盘
1—阀盘骨架；2—氟膜片；3—空气垫

(2)液压安全阀见表 1-5-21。

表 1-5-21 液压安全阀

1. 用途	机械呼吸阀有时因锈蚀冻结而失灵，为了保证油罐的安全，罐上还装设液压安全阀，如图 1-5-17 所示
2. 采取方法	液压安全阀控制的压力和真空度一般都比机械呼吸阀高出 10%。为了保证在较高和较低气温下液压安全阀都能正常工作，阀内应装入沸点高、不易挥发、凝固点低的液体作为液封，如轻柴油、低黏度润滑油、甘油水溶液或乙二醇等
3. 安装位置	液压安全阀常安装在拱顶罐顶部的中央，并与机械呼吸阀并联安装在同一高度上
4. 工作原理	液压安全阀工作原理如图 1-5-18 所示

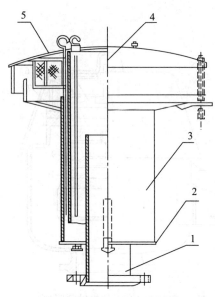

图 1-5-17 液压安全阀
1—中心管；2—阀底；3—阀体；4—阀盘；5—保护网

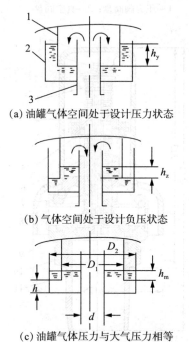

(a) 油罐气体空间处于设计压力状态

(b) 气体空间处于设计负压状态

(c) 油罐气体压力与大气压力相等

图 1-5-18 液压安全阀工作原理图
1—悬式隔板；2—盛液槽；3—连接管

(3)阻火器

①阻火器的作用、种类及安装见表 1-5-22。

表 1-5-22 阻火器的作用、种类及安装

1. 作用	经呼吸阀从油罐排出的油气—空气混合气，遇到明火时就可能发生爆炸或燃烧。为避免出现"回火"现象，阻止火焰向罐内未燃爆混合气传播的装置称为油罐阻火器
2. 种类	阻火器按功能可分为防爆型、耐烧型和防爆震型三种。用于油罐的阻火器通常为防爆型(如图 1-5-19 所示)
3. 安装	阻火器安装在油罐顶部、机械呼吸阀下方，与机械呼吸阀串联安装
4. 示图	①防爆型阻火器见图 1-5-19 ②防爆震型阻火器见图 1-5-20

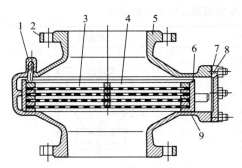

图 1-5-19 防爆型阻火器

1—密封螺帽；2—小方头紧固螺帽；3—铜丝网；4—铸铝压板；
5—壳体；6—铸铝防火盒；7—手柄；8—盖板；9—软垫

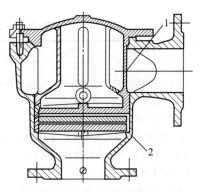

图 1-5-20 防爆震型阻火器

1—挡板；2—滤芯

②ZGB—I 新型波纹阻火器简介见表 1-5-23。

表 1-5-23 ZGB—I 新型波纹阻火器简介

说明	规格及外型尺寸表/mm				
	规格	A	B	C	D
ZGB—I 型波纹阻火器，符合 GB 5908 规定，该产品规格及外形尺寸见下左图和右表，压降曲线见下右图	DN50	140	110	230	236
	DN80	185	150	280	270
	DN100	205	170	325	274
	DN150	260	225	427	288
	DN200	315	280	496	316
	DN250	370	335	593	330

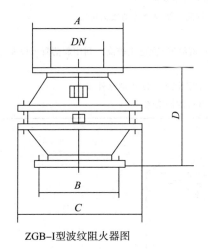

ZGB-I 型波纹阻火器图

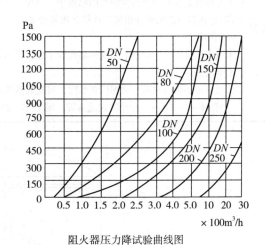

阻火器压力降试验曲线图

③JZ—I 型防爆罩波纹阻火器简介见表 1-5-24。

表 1-5-24　JZ—Ⅰ型防爆罩波纹阻火器简介

说　　明	示意图
（1）这是新型波纹阻火器和防爆罩结成一体的新产品，起防水、防尘、防爆、阻火等作用 （2）符合 GB 5908 规定 （3）它安装在洞库油气呼吸管末端、加油站卧式油罐通气管上。也可和管道式呼吸阀配套使用，装在地面、半地下油罐顶 （4）该产品外形尺寸及规格见下表和右图	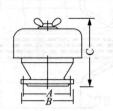 JZ—Ⅰ防爆罩波纹阻火器图

规格及尺寸表

规格	A	B	C
DN50	110	140	162
DN80	150	185	200

（三）重油和润滑油专用附件

（1）通气短管、起落管见表 1-5-25。

表 1-5-25　通气短管、起落管

1. 通气短管	（1）通气短管装在罐顶中央，使油罐直接同大气相通，作为油罐收发作业时气体的呼吸通道 （2）通气管的直径可参照机械呼吸阀口选用或者选用和进出油管相同的直径 （3）通气管截面上应装有铜丝网或其他金属丝网
2. 起落管	（1）适用 ①起落管多装设于润滑油罐 ②起落管也经常用于航空油品的储罐中，以保证发出油品的质量要求 （2）起落管与进出油管相接，连接处用转动接头，使起落管能方便地绕转动接头旋转 （3）作用 ①由于沉降作用，油罐上部的油品比较干净，加热时上部油品的温度也比较高，利用起落管可以发出油罐上部的油品 ②当进出油管道或其控制阀门破坏时，可把起落管提升至油面以上，防止油品外流 （4）图 1-5-21 是一种浮筒式起落管。图 1-5-22 是起落管的构造图

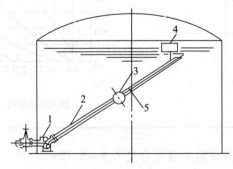

图 1-5-21　油罐起落管安装示意图

1—旋转接头；2—起落管；3—固定浮桶；4—活动浮桶；5—注油小孔

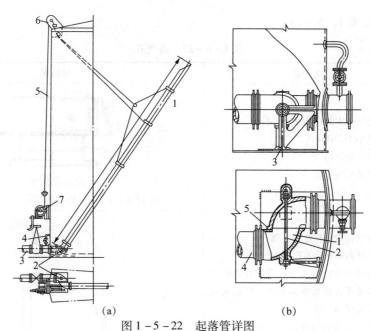

图1-5-22 起落管详图

(a)安装示意图：1—起落管；2—转动接头；3—进出油接合管；
4—旁通管；5—钢丝绳；6—滑轮；7—卷扬器；
(b)起落管的转动接头图：1—弯头；2—拉紧螺栓；
3—转动接头支架；4—起落管；5—密封槽

(2)黏油量油通气帽见表1-5-26。

表1-5-26 黏油量油通气帽

说 明	结构图
(1)黏油罐量油帽套装在量油孔内供量油取样用 (2)帽内装有呼吸通风铜丝网 (3)由于黏油罐不易挥发，故通常不设专门的呼吸装置，量油孔就兼供通风、呼吸用 (4)结构如右图所示	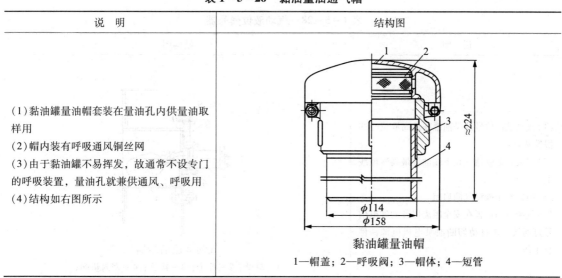 黏油罐量油帽 1—帽盖；2—呼吸阀；3—帽体；4—短管

(3)加热装置。黏油罐内设有加热装置。军用油库采用的加热装置有：全面加热器、局部加热器和局部加热箱等。详见本章第二节。

(四)浮顶油罐专用附件

1. 内浮顶油罐专用附件

(1) 通气孔见表 1-5-27。

表 1-5-27　通气孔

名　称	说　明	结构图
(1) 罐顶通气孔	①罐顶通气孔安装在罐顶中心位置 ②孔径不小于 250mm ③周围安装金属网 ④顶部有防雨防尘罩	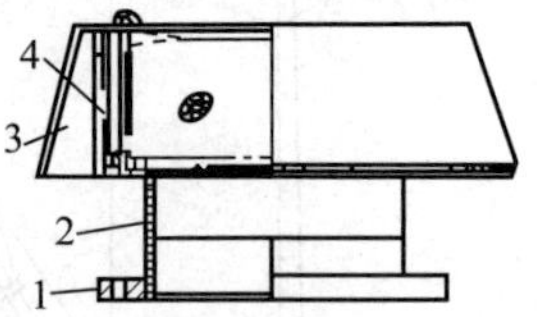 罐顶通气孔 1—平焊法兰；2—接管；3—罩壳；4—不锈钢丝网
(2) 罐壁通气孔	①罐壁通气孔安装在壁板上部 ②通气孔环向距离应不小于 10m ③每个油罐至少应设 4 个；总的开孔面积要求每米油罐直径 0.06㎡ 以上；气孔出入口安装有金属丝护罩 ④为使其空气充分对流，降低油罐内浮盘与拱顶空间的油气浓度，罐壁通气孔应为偶数并对称设置 ⑤罐壁通气孔在储油液位超过允许高度和自动报警失灵时，还兼有溢流作用	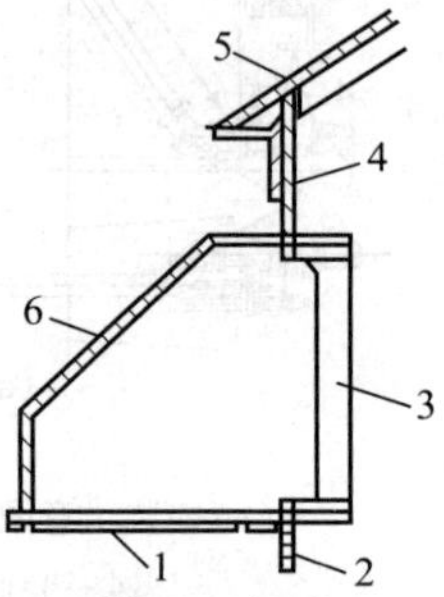 罐壁通气孔 1—不锈钢丝网及压条；2、4—罐壁；3—壁板开孔；5—罐顶；6—罩板

(2) 气动液位信号器　见表 1-5-28。

表 1-5-28　气动液位信号器

说　明	结构图
(1) 气动液位信号器是油罐在最高液位时的报警装置 (2) 安装在罐壁通气孔下端油罐最高液位线上 (3) 由其浮子操纵气源启闭 (4) 气源管与设置在安全距离以外的气电信号灯通接，能自动切断油泵电机电源，停止工作	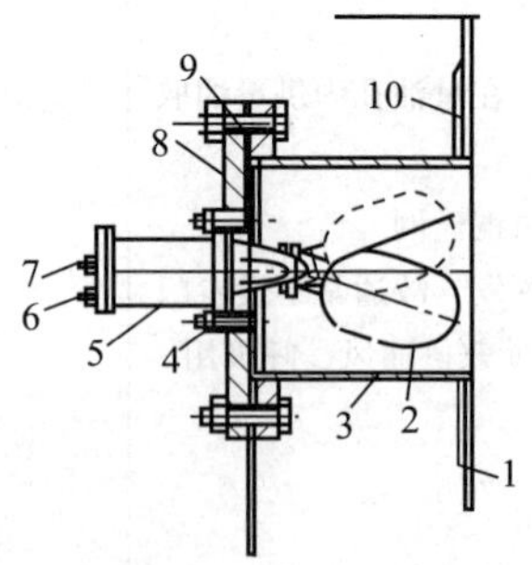 气动液位信号器 1—罐壁；2—浮子；3—接管；4—密封垫圈； 5—气动液位信号器；6—出气管；7—进气管； 8—法兰；9—密封垫圈；10—补强板

(3) 量油导向管见表 1-5-29。

表1-5-29 量油导向管

说 明	导向管安装示意图
①内浮顶油罐的量油、取样都在导向管内进行，因此导向管也是量油管 ②导向管上端接罐顶量油孔，垂直穿插过浮盘，直达罐底，兼起浮盘定位导向作用 ③为防止浮盘升降过程中摩擦产生火花，在浮盘上安装有导向轮座和铜制导向轮 ④为防止油品泄漏，导向轮座与浮盘连接处、导向管与罐顶连接处安装有密封填料盒	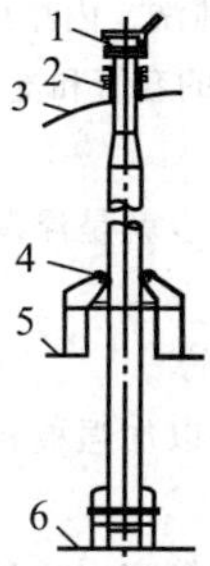 量油导向管 1—量油孔；2—填箱；3—罐顶； 4—导向轮；5—内浮顶；6—罐底板

(4)静电导出装置及带芯人孔见表1-5-30。

表1-5-30 静电导出装置及带芯人孔

(1)静电导出装置	①内浮顶油罐由于浮盘与罐壁之间多采用橡胶、塑料等作密封材料。浮盘容易积聚静电，且不易通过罐壁消除。因此在浮盘与罐壁之间必须安装导静电连接线 ②安装在浮盘上的导静电连接线，一端与浮盘连接，另一端连接在罐顶的采光孔上 ③其选材、截面积、长度、根数由油罐容量确定	
	说 明	示意图
(2)带芯人孔	①一般油罐的人孔与罐壁结合的筒体是穿过罐壁的，这种人孔不利于浮盘升降和密封 ②带芯人孔是在人孔盖内加设一层与罐壁弧度相等的芯板，并与罐壁齐平 ③为方便启闭，在孔口结合筒体上还有转轴 ④操作时，人孔盖不离开油罐，其结构如上右图所示	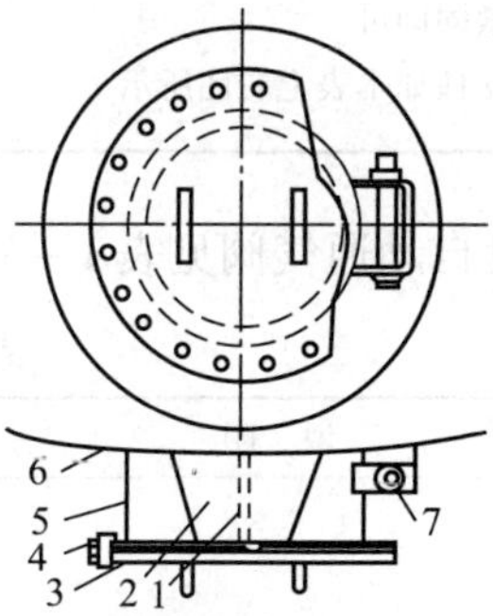 带芯人孔 1—立板；2—筋板；3—盖板；4—密封垫圈； 5—筒体；6—补强板；7—转轴
	⑤内浮顶油罐人孔一般不少于2个	一个设在距罐底板约700mm，用于清洗油罐及检修时人员出入
		一个设在距离油罐底板约2400mm处，方便操作人员进入浮盘上部

(5)浮盘支柱套管和支柱见表1-5-31。

表1-5-31 浮盘支柱套管和支柱

说 明	结构图
(1)为方便对浮盘检修和油罐清洗,内浮顶油罐的浮盘通常设有支撑浮盘于两个高度的套管和支柱 (2)第一高度 ①第一高度距离罐底900mm,也就是浮盘下降的下限高度 ②支撑在这一高度的是浮盘套管 ③浮盘支柱套管穿过浮盘,并以加强板和筋板与浮盘连接 ④在浮盘周围堰板处的支柱套管高出浮盘900mm。其余部位的支柱套管高出浮盘400mm ⑤支柱套管高出浮盘的一端设有法兰和盲板,平时用密封垫片、螺栓、螺母紧固密封。浮盘下部为500mm	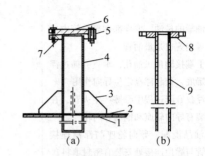 支柱套管和支柱 1—浮盘板;2—补强板;3—筋板;4—支柱套管; 5—密封垫圈;6—盲板;7、8—法兰;9—支柱
(3)第二高度 ①第二高度距离罐底板1800mm ②支撑浮盘第二高度的支柱用外径小于支柱套内管的无缝钢管制作 ③在浮盘堰板周围支柱套管的长度为2700mm,其余的为2200mm ④在其端部设有与支柱套管相同的法兰,作为清洗、检修备用支柱 (4)清洁、检修 ①在油罐清洗、检修时,把浮盘从第一高度抬高到第二高度 ②抬高时向罐内注水,使浮盘上升到带芯人孔下缘部位 ③打开人孔进入浮盘上面,取下支柱套管顶端的盲板,将备用的钢管支柱插入套管,并将支柱上的法兰与套管上的法兰用螺栓连接紧固即可 ④支柱套管和支柱如本表上右图所示	

(6)浮盘自动通气阀见表1-5-32。

表1-5-32 浮盘自动通气阀

说 明	结构示意图
浮盘在距离罐底500mm支撑位置时,为保证浮盘下面进出油品的正常呼吸,防止油罐浮盘下部出现憋压或抽空,在浮盘中部设有自动通气阀,如右图所示	浮盘自动通气阀 1—阀杆;2—浮盘;3—阀体;4—密封圈; 5—阀盖;6—定位销;7—补强圈;8—滑轮

2. 外浮顶油罐专用附件见表 1-5-33。

表 1-5-33 外浮顶油罐专用附件

	外浮顶油罐的附件除了与内浮顶油罐的附件相同的外,还有以下专用附件
(1) 中央排水管	①外浮顶油罐的浮顶暴露于大气中,降落在浮顶上的雨雪如不及时排除,就有可能造成浮顶沉没。中央排水管就是为了及时排放积存在浮顶上的雨水而设置的 ②中央排水管由几段浸于油品中的 $DN100$ 钢管组成,管段与管段之间用活动接头连接,可随浮顶的高度而伸直和折曲,所以又称排水折管 ③根据油罐直径的大小,每个罐内设 1~3 根排水折管
(2) 紧急排水口	①紧急排水口是排水管的备用安全装置 ②如果排水管失灵或雨水过大来不及排水,浮顶的雨水聚积到一定高度时,则积水可由紧急排水口流入罐内 ③以防浮顶由于负载过重沉没
(3) 转动扶梯	①转动扶梯是为了操作人员从盘梯顶部平台下到浮顶上而设置的 ②转动扶梯的上端可以绕平台附近的绞链旋转,下端可以通过滚轮沿导轨滑动,以适应浮顶高度的变化 ③浮顶到最低位置时,转动扶梯的仰角不得大于 60°

第二节 油罐附件的安装

一、"油库设计其他相关规范"中规定

"油库设计其他相关规范"中规定见表 1-5-34。

表 1-5-34 "油库设计其他相关规范"中规定

附 件	规 定
1. 量油口	(1) 储存甲、乙类油品覆土立式油罐 量油口不应设在罐室内 (2) 其余油罐 量油口应设在罐顶梯子平台附近,与罐壁的距离宜为 1.0m
2. 罐顶人孔	(1) 地上拱顶油罐 宜设在距罐壁 0.8~1.0m 处(以罐顶人孔中心计),并与罐壁人孔相对应 (2) 覆土立式油罐 应有一个设在罐顶中央板上,其余宜靠近罐室采光通风口
3. 油罐低位罐壁人孔	应沿罐壁环向均布设置
4. 油罐正常使用的排水管	宜靠近油罐进出油接合管设置
5. 仪表安装孔	(1) 公称直径 不应小于 400mm (2) 安装位置 油罐宜在罐顶上设置仪表安装孔。其中心与罐壁和人孔、排水槽、进出油接合管等罐内附件的水平距离,不应小于 1.0m
6. 地上固定顶罐和覆土立式油罐的通气管设置规定	(1) 油罐的通气接合管,应尽可能地设在罐顶的最高处,且覆土立式油罐的通气管管口必须引出罐室外,并宜高出覆土面 1.0~1.5m (2) 储存甲、乙、丙 A 类油品的地上固定顶油罐和覆土立式油罐的每根通气管上,必须装设与通气管相同直径的阻火器 (3) 储存甲、乙类油品固定顶油罐的通气管上,尚应装设与通气管相同直径的呼吸阀,其控制压力不得超过油罐的设计工作压力。当呼吸阀所处的环境温度可能低于或等于 0℃时,应选用全天候式呼吸阀

附 件	规 定
6. 地上固定顶油罐和覆土立式油罐的通气管设置规定	(4)通气管直径、流速和根数 ①通气管的最小公称直径,不应小于80mm ②通气管内的流速按油品进、出油罐的最大流量计算,安装呼吸阀的油罐不应超过1.4m/s,未安装呼吸阀的油罐不应超过2.2m/s ③当安装呼吸阀的油罐进、出油流量大于170m^3/h,未安装呼吸阀的油罐进、出罐流量大于300m^3/h时,该罐应设2根相同直径的通气管,且每根通气管的流速不应超过本款①项的相应规定值

二、地面立式轻油罐附件的安装图表

地面立式轻油罐附件的安装见表1-5-35和图1-5-23与图1-5-24。

表1-5-35 地面立式轻油罐附件的安装

1. 基本附件	地面立式油罐罐体的基本附件有人孔、采光孔、量油孔、旋梯(或爬梯)、栏杆等
2. 油工艺系统	(1)工艺系统有输油系统、排污系统、涨油补气系统、呼吸系统等 (2)黏油罐尚有加热用的蒸汽、回水系统
3. 其他系统	(1)此外还有防雷防静电系统和消防系统,这些分别由供电和给排水专业设计 (2)有的单位在罐顶上还装了液面测量装置 (3)在采光孔上装了U型管压力计 (4)在罐内最高液位装了最高液位报警控制器
4. 图示	(1)地面立式固定顶油罐的罐体附件安装见图1-5-23 (2)地面立式内浮顶油罐的罐体附件安装见图1-5-24

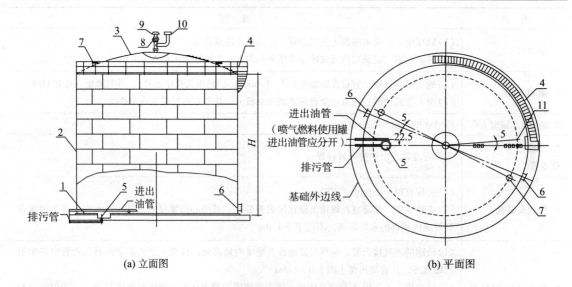

图1-5-23 地面立式固定顶油罐罐体附件安装图样
1—罐底;2—罐壁;3—罐顶;4—旋梯与栏杆;5—排污槽;6—罐壁人孔;
7—采光孔;8—阻火器;9—机械呼吸阀;10—液压安全阀;11—量油孔

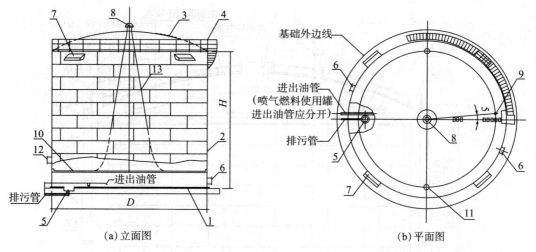

图1-5-24 地面立式内浮顶油罐罐体附件安装图
1—罐底；2—罐壁；3—固定罐顶；4—旋梯与栏杆；5—排污槽；
6—罐壁人孔；7—罐壁通气孔；8—罐顶通气孔；9—量油孔；
10—内浮盘；11—采光孔；12—带芯人孔；13—静电导线

三、掩体立式轻油罐附件的安装图表

掩体立式轻油罐附件的安装见表1-5-36和图1-5-25与图1-5-26。

表1-5-36 掩体立式轻油罐附件的安装

1. 相同点	掩体立式油罐与地面立式油罐的基本附件和工艺设计系统基本相同
2. 不同点	所不同的就是因为掩体罐增加了操作间，离壁衬砌掩体罐还增加了罐室，使罐体附件和工艺系统的安装位置和安装方法上发生了变化
3. 变化	（1）人孔、输油系统、涨油补气系统、排污系统等均集中安装在操作间内 （2）罐顶采光孔加大变成进料孔及量油孔 （3）呼吸系统伸至覆土层外
4. 示图	（1）贴壁衬砌掩体罐附件安装见图1-5-25 （2）离壁衬砌掩体罐附件安装见图1-5-26

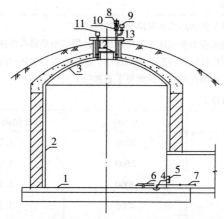

图1-5-25 贴壁衬砌掩体罐附件安装图
1—钢罐底板；2—钢罐壁板；3—钢罐顶板；4—排污槽；5—罐壁人孔；6—进出油管；7—排污管；
8—机械呼吸阀；9—液压安全阀；10—阻火器；11—量油孔；12—采光孔；13—进料孔

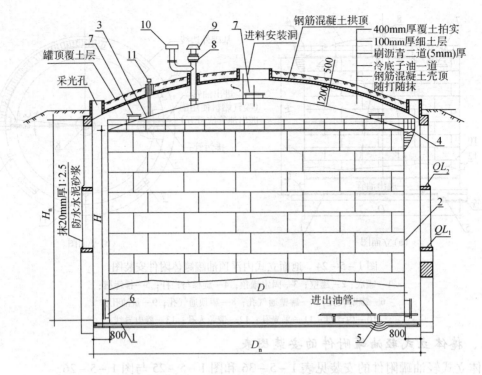

图 1-5-26 离壁衬砌掩体罐附件安装图

1—罐底；2—罐壁；3—罐顶；4—旋梯与栏杆；5—排污槽；6—罐壁人孔；
7—采光孔；8—阻火器；9—机械呼吸阀；10—液压安全阀；11—量油孔

四、立式黏油罐加热器的选择与安装

（1）立式黏油罐加热器的选择与安装见表1-5-37。

表1-5-37 立式黏油罐加热器的选择与安装

1. 加热方法	（1）立式黏油罐加热方法，国内主要有蒸汽加热和电加热两种 （2）目前国内仍多用蒸汽加热 （3）蒸汽加热所需的热量、蒸汽量、加热器的面积在第十一章中专门介绍，此处仅介绍蒸汽加热器的选择与安装图例
2. 蒸汽加热器的选型	（1）蒸汽加热器有全面加热器和局部加热器两种 （2）全面加热器是由多个单元排管加热器组成；局部加热器有圆筒式和箱式两种形式 （3）加热器的选型应按油罐容积、油品性质、加热温度和加热时间等因素经加热计算确定 （4）军队某工厂生产的产品技术数据见下表和图1-5-27～图1-5-31 （5）排管加热器规格表 | 代号	L/mm	加热面积/m²	质量/kg
---	---	---	---
PYK—1	2000	1.70	50.9
PYK—2	2500	2.06	60.5
PYK—3	3000	2.42	70.5
PYK—4	4000	3.14	90.1
PYK—5	5000	3.86	109.3
PYK—6	6000	4.56	129.3	

2. 蒸汽加热器的选型	(6)局部加温箱 ①用途 a. 适用于300~1000m³润滑油罐或其他黏性油品的局部加温 b. 加热排管可采用$\phi26\times3$圆翼形钢管,亦可采用$d50(\phi60\times3.5)$水煤气管制作,但加热排管数量和结构形式不变 ②操作条件 a. 加热油品由初温15℃升至45℃,绝对升温30℃ b. 加热油品输送量为40m³/h c. 如加热排管用$\phi26\times3$圆翼形钢管制作时,其加热面积为70m²,蒸汽绝对压力0.7MPa,耗汽量1500kg/h;如加热排管采用$d50(\phi60\times3.5)$水煤气管制作时,其加热面积为55m²,蒸汽绝对压力0.7MPa,耗汽量1000kg/h ③技术要求 a. 加热排管及配气管全部焊接,试验压力为1MPa,以不渗不漏为合格 b. 进出油管点焊接在箱体上 c. 试验合格后内外表面全涂(浸)643防锈油
3. 产品结构及安装示意图	(1)排管加热器见图1-5-27 (2)局部加热器见图1-5-28 (3)局部加温箱见图1-5-29 (4)蒸汽排管加热器安装平面见图1-5-30 (5)蒸汽蛇形管加热器安装平剖视图见图1-5-31

(2)产品结构及安装示意图见图1-5-27~图1-5-31。

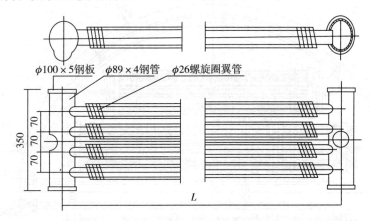

图1-5-27 排管加热器

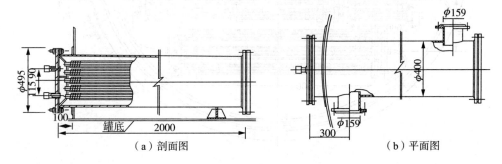

(a)剖面图 (b)平面图

图1-5-28 局部加热器

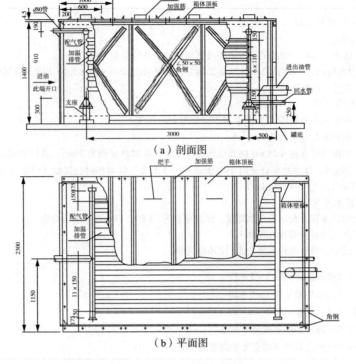

图 1-5-29 局部加温箱

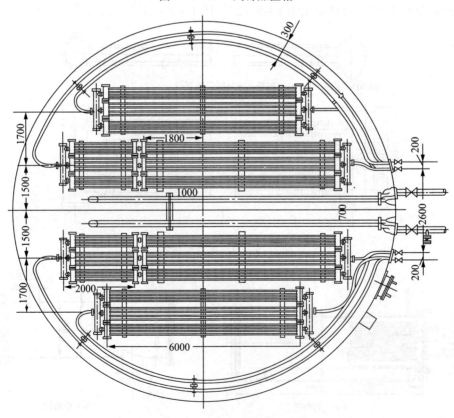

图 1-5-30 蒸汽排管加热器安装平面

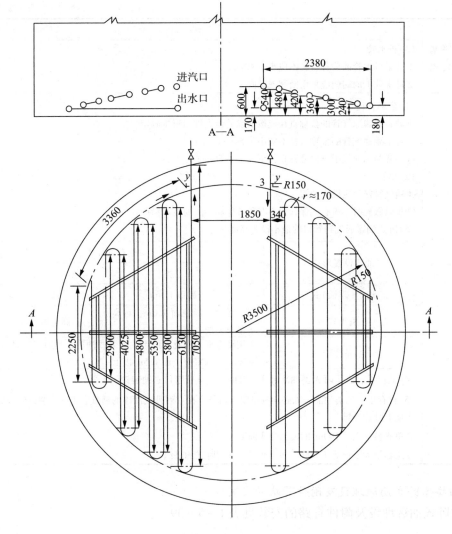

图 1-5-31 蒸汽蛇形管加热器安装平剖视图

五、卧式油罐附件管路的安装

(一)"油库设计其他相关规范"中规定

"油库设计其他相关规范"中规定见表 1-5-38。

表 1-5-38 "油库设计其他相关规范"中规定

项 目	规 定
1. 卧式油罐基本附件设置规定	(1)人孔 ①油罐的人孔直径宜为 600~700mm ②罐筒长度小于 6m 的,可设 1 个人孔 ③罐筒长度 6~12m 的,应设 2 个人孔 ④罐筒长度大于 12m 的,不应少于 3 个人孔 (2)量油孔及液位测量装置 ①量油孔及液位测量装置,应设置在油罐正顶部的纵向轴线上,并宜设在人孔盖上 ②储存甲、乙类油品的卧式油罐,其量油孔下部的接合管管口宜伸至罐内距罐底 0.2m 处

续表

项 目	规 定
1. 卧式油罐基本附件设置规定	(3)排水管 ①油罐排水管的公称直径不应小于40mm ②排水管上的阀门应采用闸阀或球阀
2. 卧式油罐的通气管设置规定	(1)公称直径 ①卧式油罐通气管的公称直径应按油罐的最大进出流量确定 ②且单罐通气管的公称直径不应小于50mm ③多罐共用通气干管的公称直径不应小于80mm (2)横管 ①通气管横管应坡向油罐 ②难以做到时，应有确保管内不存积液体和污渣的技术措施 (3)卧式油罐通气管管口的最小设置高度（见下表） (4)储存甲、乙、丙A类油品卧式油罐的通气立管管口必须装设阻火器 (5)储存甲、乙类油品，除必须装设阻火器外，在右列卧式油罐的通气管上尚应装设呼吸阀 ①地上卧式油罐 ②单罐容量大于100m³的覆土卧式油罐 ③总容量大于或等于200m³共用通气干管的卧式油罐组

油罐设置形式	储存油品类别	
	甲、乙类	丙 类
地上(露天)式	高于罐顶1.5m	高于罐顶0.5m
覆土式	高于罐组周围地面4.0m，且高于覆土面层1.5m	高于覆土面层1.5m
备注	采用罐室形式设置的丙类油品卧式油罐，其通气管管口应高于罐室屋面或罐室覆土面1.5m以上	

(二)掩体卧式油罐埋设及附件管路的安装

掩体卧式油罐埋设及附件管路的安装见表1-5-39。

表1-5-39 掩体卧式油罐埋设形式

(1)掩体卧式油罐埋设形式，应根据卧式油罐的不同用途选择不同的安装方案	
(2)埋设形式	①单排布置其安装形式有：露头式、阀井式、操作间式，分别见图1-5-32、图1-5-33、图1-5-34 ②双排布置其安装形式有：露天双排式、房间双排式，分别见图1-5-35和图1-5-36

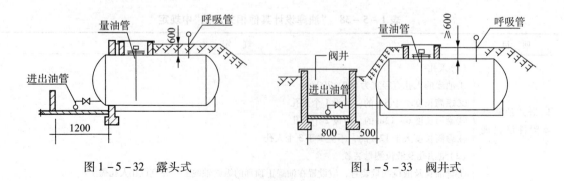

图1-5-32 露头式　　　　　　　　图1-5-33 阀井式

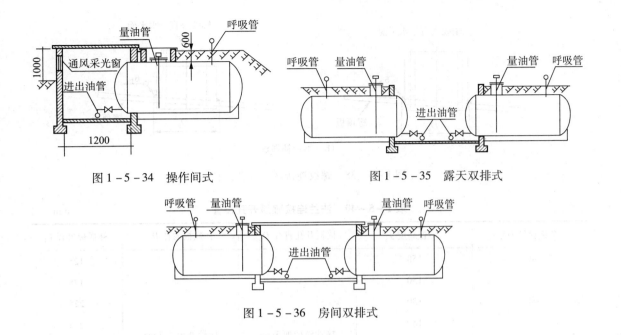

图 1-5-34 操作间式

图 1-5-35 露天双排式

图 1-5-36 房间双排式

第三节 立式油罐罐体结合管(孔)及配件的安装

一、立式油罐罐顶接合管的安装与补强

罐顶接合管安装与补强，宜符合图 1-5-37、图 1-5-38 和表 1-5-40、表 1-5-41 的要求。公称直径不大于 150mm 的开孔可不补强。

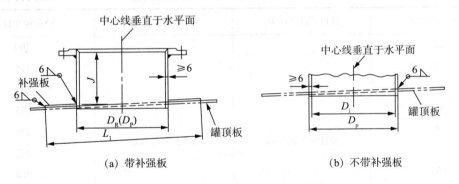

图 1-5-37 法兰连接罐顶开孔接管

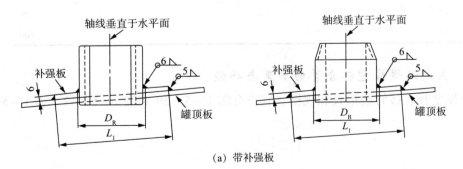

(a) 带补强板

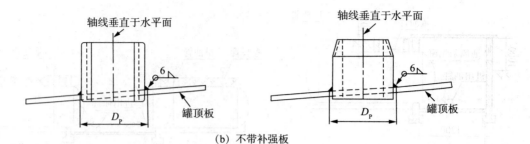

(b) 不带补强板

图 1-5-38 螺纹连接罐顶开孔接管

表 1-5-40 法兰连接罐顶开孔接管　　　　　　　　　　　　　mm

公称直径 DN	接管高度 J	顶板开孔直径 D_p	补强板内径 D_R	补强板外径 L_1
40	150			125
50	150			175
80	150			225
100	150	接管外径加 3mm	接管外径加 3mm	275
150	150			380
200	150			450
250	200			550
300	200			650

表 1-5-41 螺纹连接罐顶开孔接管　　　　　　　　　　　　　mm

公称直径 DN	罐顶开孔直径 D_p	补强板内径 D_R	补强板外径 L_1
20			100
25			115
40			125
50			175
80	接管外径加 3mm	接管外径加 3mm	225
100			275
150			380
200			450
250			550
300			600

二、立式油罐罐壁接合管的安装与补强

（1）罐壁开孔接管的形式和规格，宜符合图 1-5-39 和表 1-5-42、表 1-5-43 的要求。

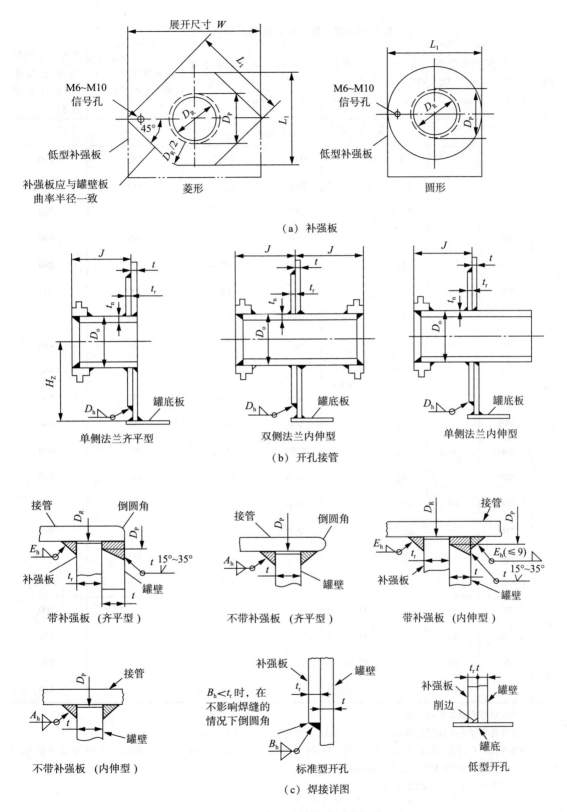

图 1-5-39 法兰连接罐壁开孔接管

表 1-5-42　罐壁开孔接管及补强板尺寸

连接	接管公称直径 DN/mm	接管外径 D_o/mm	接管厚度 t_n/mm	补强板孔径 D_R/mm	补强板尺寸 L_1/mm	补强板水平方向展开长度 W/mm	罐外壁到法兰面最小尺寸 J/mm	开孔中心到罐底最小高度 H_N/mm（见标注3）
				标准型				
法兰连接	40	—	5	接管外径加3~4mm	见注2	见注2	150	150
	50	—	5.5		见注2	见注2	150	180
	80	—	7.5		265	340	180	200
	100	—	8.5		305	385	180	230
	150	—	11		400	495	200	280
	200	—	12		408	590	200	330
	250	—	12		585	715	230	380
	300	—	12		685	840	230	430
	350	—	12		750	915	255	460
	400	—	12		850	1035	255	510
	450	—	12		950	1160	255	560
	500	—	12		1055	1280	280	610
	600	—	12		1255	1525	305	710
	700	—	见注1		1440	1745	305	810
	800	—	见注1		1645	1995	330	910
	900	—	见注1		1845	2235	355	1020
	1000	—	见注1		2050	2480	380	1120
螺纹连接	20	35	—	38 见注2				100
	25	44	—	47 见注2				130
	40	64	—	67 见注2				150
	50	76	—	79 见注2				180

注：①接管厚度见表 1-5-43。
②开孔直径小于或等于 50mm 时，不需补强，此时 D_R 表示罐壁开孔直径。
③开孔中心到罐底的最小高度为标准规定的最低屈服强度小于或等于 390MPa 时的数值。当壁板标准规定的最低屈服强度大于 390MPa 时，不允许采用低型开孔。
④厚度尺寸不含厚度附加量。

表 1-5-43　罐壁开孔、接管及焊缝尺寸　　　　　　　　　　　　　　mm

罐壁板及补强	DN700~DN1000	罐壁板开孔	焊脚尺寸	开孔公称直径 20~50	焊脚尺寸
板厚度 t、t_r	开孔接管最小壁厚 t_n	直径 D_p	B_h	焊脚尺寸 A_h	E_h
5	12	有补强板时，开口接管外径12mm 为最小值，加焊脚尺寸 E_h 的2倍为最大值，无补强板时，见表1-5-42注2	5	5	6
6	12		6	6	6
8	12		6	6	6
9	12		7	6	6
10	12		7	6	6
12	12		9	8	6
14	12		10	8	6
16	12		12	8	8
19	12		14	8	8
22	12		15	8	10
25	12		18	8	11
28	14		20	8	11
32	16		22	8	13
36	19		25	8	14
38	19		27	8	14
40	20		27	8	14
42	22		27	8	16
45	22		27	8	16

注：①公称直径 80~60mm，E_h 值不应大于 t_n（t_n 见表 1-5-42）。
②厚度尺寸不含厚度附加量。

（2）当开孔接管中心线不垂直于罐壁安装时，补强板尺寸应加大，加大量应等于罐壁上所开椭圆孔的长径与表 1-5-43 中规定尺寸 D_P 之差，且在沿垂面内倾角不应大于15°。

三、立式油罐内部关闭阀的安装

防止油罐跑油的措施及内部关闭阀介绍见表 1-5-44。

表 1-5-44　防止油罐跑油的措施及内部关闭阀介绍

设备	介绍
1. 保险阀	为防止油罐跑油，过去采用在罐内加保险阀，但因保险阀关闭不严和操作困难而逐渐被陶汰
2. 双阀	现规定在罐前装两道阀门，第一道常开不用，作为第二道阀门检修时备用。但因普通阀门质量问题，常有渗油串罐现象，因此对不经常收发油的储罐，罐前两道阀门通常都全关，起不到备用作用
3. "双密封闸阀"	近几年生产的新产品"双密封闸阀"，严密，几乎不渗漏，俗称"0 泄漏阀"。但价格高，可作为罐前第二道阀，则第一道阀可选用普通的铸钢阀，作为常备用阀。双密封阀的性能规格及安装尺寸见第十一章输油管路设计

续表

设备	介绍
3. 罐内关闭阀	(1) 措施　在罐内装罐内关闭阀，罐外只加一道阀门 (2) 安装　罐内关闭阀安装在油罐进出油管的位置，带有阀盖的一侧伸入罐内，阀盖与阀口形成封闭面，处于常闭状态 (3) 操作　向罐内输油时，泵的压力顶开阀盖即可完成，不需要专门的操作。向罐外发油时，需用操作装置打开阀盖，发油完毕再行使阀盖回位保持常闭状态 (4) 备注　罐内关闭阀的安装总体尺寸见图1-5-40、表1-5-45。罐内关闭阀的连接短管及加强板与罐体的安装尺寸见图1-5-41、表1-5-46和表1-5-47。表1-5-45~表1-5-47中数据为浙江某股份有限公司的产品，其他厂家的产品请见相应的说明书

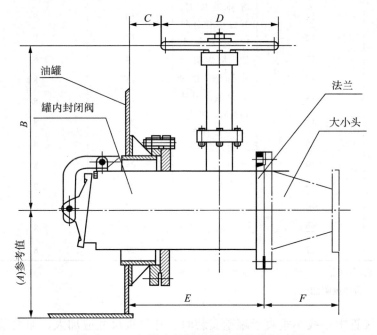

图1-5-40　罐内关闭阀的安装总体尺寸图

表1-5-45　罐内封闭阀的安装尺寸表　　　　　　　　　　　　　　　　mm

连接尺寸	FBS250			FBS350			FBC500		
	DN100	DN150	DN200	DN250	DN300	DN350	DN400	DN450	DN500
A		360			410			600	
B		575			645			790	
C		107			115			252	
D		400			400			400	
E		466			469			571	
F		250			250			350	
法兰/压力	DN250/1.6MPa			DN350/1.6MPa			DN500/1.6MPa		
大小头	DN250	DN250	DN250	DN350	DN350		DN500	DN500	
	DN100	DN150	DN200	DN250	DN250		DN400	DN450	

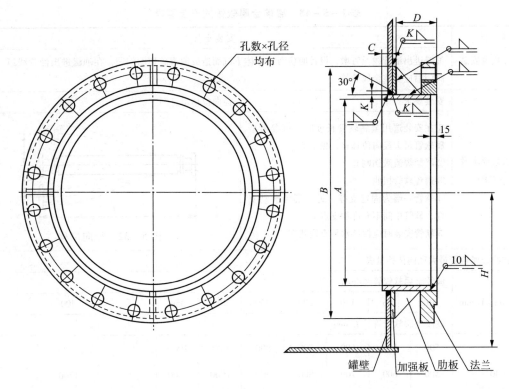

图 1-5-41 连接短管及加强板与罐体的安装尺寸图

表 1-5-46 连接短管及加强板与罐体的安装尺寸表　　　　　　　　　　　mm

罐内封闭阀型号	FBS250	FBS350	FBC500
A	353	456	600
B	520	620	950
C	15	15	20
D	100	100	150
法兰公称通径 DN	350	450	600
法兰公称压力		1.6MPa	
$n \times \Phi d$	$16 \times \Phi 26$	$20 \times \Phi 30$	$20 \times \Phi 36$

注：K 值等于加强板厚度的值；H 由工程设计决定；法兰采用 GB/T 9113—1988 标准。

表 1-5-47 加强板厚度

罐容/m^3	10000	5000	3000	2000	1000	700	500	300	200	100
厚度/mm	18	12	10	8	6	6	6	4	4	4

四、立式油罐罐前金属软管的安装

（1）罐前金属软管的安装要求见表 1-5-48。

表 1-5-48　罐前金属软管的安装要求

项　目	安装要求	
(1)作用及安装位置	油罐进出油管线及管墩，设计时应考虑罐体下沉而造成油罐破坏的问题，在油罐进出油管线第一个阀门后应安装金属软管	
(2)安装要求及位移示意图	安装要求	径向位移示意图
	①在安装选用金属软管长度时，可参考金属软管最大径向位移量，见下表 ②严禁焊渣溅伤网套 ③避免软管扭曲 ④软管一端为固定支撑，另一端为滑动支撑，软管中间不允许加支点 ⑤软管安装时应保持水平直线状态	图 5-32　径向位移

(3)波纹金属软管最大径向位移量表

径向位移 Y/mm	波纹金属软管管径/mm							
	50	100	150	200	250	300	350	400
	波纹金属软管管长 L/mm							
32	500	500	600	700	800	900	1000	1100
40	500	600	700	800	900	1000	1100	1200
50	500	700	800	900	1000	1100	1200	1300
65	500	700	900	1000	1100	1200	1300	1400
80	600	800	1000	1100	1200	1300	1400	1500
100	700	900	1100	1200	1300	1400	1500	1600
125	800	1000	1200	1300	1400	1500	1600	1800
150	900	1100	1300	1500	1600	1700	1800	1900
200	900	1200	1400	1500	1700	1800	1900	2100
250	1000	1300	1500	1700	2000	2100	2200	2300
300	1100	1400	1700	1900	2200	2300	2500	2600
350	1200	1500	1800	2000	2200	2400	2600	2800
400	1300	1600	2000	2200	2500	2700	2900	3200

(2)罐前金属软管的选用系列见表 1-5-49。

表 1-5-49 罐前金属软管的选用系列

公称压力 PN/MPa	公称通径 DN/mm	软管代号 碳钢法兰A	软管代号 不锈钢法兰F	法兰连接 螺栓孔中心圆直径 D/mm	法兰连接 螺栓孔 直径/mm	法兰连接 螺栓孔 数量/个	法兰标准	最小弯曲半径 静态 R_j	最小弯曲半径 动态 R_d	实验压力 P_s/MPa	爆破压力 P_b/MPa
0.6	32	0.6JR32A	0.6JR32F	90	14	4	GB 9121.1	≥7DN	≥2R_j	1.5PN	4PN
	40	0.6JR40A	0.6JR40F	100							
	50	0.6JR50A	0.6JR50F	110							
	65	0.6JR65A	0.6JR65F	130							
	80	0.6JR80A	0.6JR80F	150							
	100	0.6JR100A	0.6JR100F	170				≥6DN			
	125	0.6JR125A	0.6JR125F	200	13	8					
	150	0.6JR150A	0.6JR150F	225							
	200	0.6JR200A	0.6JR200F	280							
	250	0.6JR250A	0.6JR250F	335			GB 9119.6				
	300	0.6JR300A	0.6JR300F	395		12		≥5DN			
	350	0.6JR350A	0.6JR350F	445	22						
	400	0.6JR400A	0.6JR400F	495		16					
1.0	32	1.0JR32A	1.0JR32F	100	18	4	GB 9121.2	≥7DN	≥2R_j	1.5PN	4PN
	40	1.0JR40A	1.0JR40F	110							
	50	1.0JR50A	1.0JR50F	125							
	65	1.0JR65A	1.0JR65F	145							
	80	1.0JR80A	1.0JR80F	160							
	100	1.0JR100A	1.0JR100F	180				≥6DN			
	125	1.0JR125A	1.0JR125F	210		8					
	150	1.0JR150A	1.0JR150F	240							
	200	1.0JR200A	1.0JR200F	295							
	250	1.0JR250A	1.0JR250F	350	22	12	GB 9119.7				
	300	1.0JR300A	1.0JR300F	400				≥5DN			
	350	1.0JR350A	1.0JR350F	460		16					
	400	1.0JR400A	1.0JR400F	515	26						

续表

公称压力 PN /MPa	公称通径 DN/mm	软管代号 碳钢法兰A	软管代号 不锈钢法兰F	法兰连接 螺栓孔中心圆直径 D/mm	法兰连接 螺栓孔直径 /mm	法兰连接 螺栓孔数量 /个	法兰标准	最小弯曲半径 静态 R_j	最小弯曲半径 动态 R_d	实验压力 P_s/MPa	爆破压力 P_b/MPa
1.6	32	1.6JR32A	1.6JR32F	100	18	4	GB 9121.3	≥7DN	≥2R_j	1.5PN	4PN
	40	1.6JR40 A	1.6JR40 F	110							
	50	1.6JR50 A	1.6JR50 F	125							
	65	1.6JR65 A	1.6JR65 F	145							
	80	1.6JR80 A	1.6JR80 F	160							
	100	1.6JR100 A	1.6JR100 F	180		8		≥6DN			
	125	1.6JR125 A	1.6JR125 F	210							
	150	1.6JR150 A	1.6JR150 F	240	22						
	200	1.6JR200 A	1.6JR200 F	295							
	250	1.6JR250 A	1.6JR250 F	315		12	GB 9119.8				
	300	1.6JR300 A	1.6JR300 F	410	26			≥5DN			3PN
	350	1.6JR350 A	1.6JR350 F	470		16					
	400	1.6JR400 A	1.6JR400 F	525	30						
2.5	32	2.5JR32A	2.5JR32F	100	18	4	GB 9121.1	≥7DN	≥2R_j	1.5PN	4PN
	40	2.5JR40 A	2.5JR40 F	110							
	50	2.5JR50 A	2.5JR50 F	125							
	65	2.5JR65 A	2.5JR65 F	145							
	80	2.5JR80 A	2.5JR80 F	160							
	100	2.5JR100 A	2.5JR100 F	180	22	8		≥6DN			
	125	2.5JR125 A	2.5JR125 F	220							
	150	2.5JR150 A	2.5JR150 F	250	26		GB 9119.6				3PN
	200	2.5JR200 A	2.5JR200 F	310		12		≥5DN			
	250	2.5JR250 A	2.5JR250 F	370	30						

五、立式油罐罐顶人孔的安装与补强

立式油罐罐顶人孔的安装与补强见图1-5-42和表1-5-50。

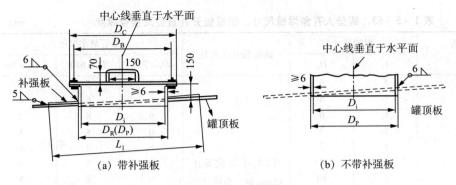

(a) 带补强板　　　　　　　　(b) 不带补强板

图 1-5-42　罐顶人孔

表 1-5-50　罐顶人孔安装与补强　　　　　　　　　mm

人孔内径 D_i	螺栓孔中心圆直径 D_B	人孔盖外径 D_C	螺栓 规格	螺栓 数量/个	螺栓 孔径	垫片内外直径	补强板内外径 D_R/L_1
500	600	660	M16	16	18	500/600	515/1070
610	700	760	M16	20	18	610/760	625/1170
760	850	910	M16	24	18	760/910	775/1370

六、立式油罐罐壁人孔的安装与补强

立式油罐罐壁人孔的结构及尺寸，宜符合表 1-5-51～表 1-5-53 和图 1-5-43 的要求。

表 1-5-51　罐壁人孔法兰盖、法兰及补强板尺寸　　　　　　　　　mm

人孔内径 D_i	螺栓孔中心圆直径 D_B	人孔法兰盖及法兰直径 D_C	补强板 纵向长度或直径 L_1	补强板 横向宽度 W	补强板 圆角半径 R_r
500	667	730	1170	1400	307
610	768	832	1370	1650	347
760	921	984	1675	2010	433

表 1-5-52　罐壁人孔法兰盖及法兰最小厚度　　　　　　　　　mm

设计最高液位 H_w/m	人孔法兰盖最小厚度 t_v/mm			法兰最小厚度 t_r/mm		
	$D_i=500$	$D_i=610$	$D_i=760$	$D_i=500$	$D_i=610$	$D_i=760$
6.5	8	10	12	6	7	10
8	9	11	13	6	8	11
9.5	10	12	14	7	9	12
12	11	13	15	8	10	13
13.5	12	14	16	9	11	14
16.5	13	15	18	10	12	15
20	15	16	19	11	13	16
23	16	18	21	13	15	18

注：①当储液相对密度大于 1.0 时，设计最高液位应乘以储液相对密度，然后查表。
②中间数值可用线性内插法计算。
③厚度尺寸不含厚度附加量。

表1-5-53 罐壁人孔角焊缝尺寸、罐壁板开孔直径及接管厚度　　　　mm

罐壁及补强板厚度 t 及 t_r	焊脚尺寸		罐壁板开孔直径	接管最小厚度 t_n		
	A_h	D_p		$D_i=500$	$D_i=610$	$D_i=760$
5	5	5		5	5	5
6	6	6		6	6	6
8	6	6		6	8	8
9	6	7		6	8	8
10	6	7		6	8	8
12	6	9	当 $2A_h$ 小于或等于	6	8	8
14	6	10	12mm 时，为接管外	6	8	8
16	8	12	径加12mm；当 $2A_h$	6	8	8
19	8	14	大于 12mm 时，最	8	8	8
22	11	15	小值为接管外径加	10	10	10
25	11	18	12mm，最大值为接	11	11	11
28	11	20	管外径加 $2A_h$	13	13	13
32	13	22		16	16	16
36	14	25		17	17	17
38	14	27		19	19	19
40	16	27		19	19	19
42	16	27		22	22	22
45	16	27		22	22	25

注：①中间数值可用线性内插法计算。
②厚度尺寸不含厚度附加量。

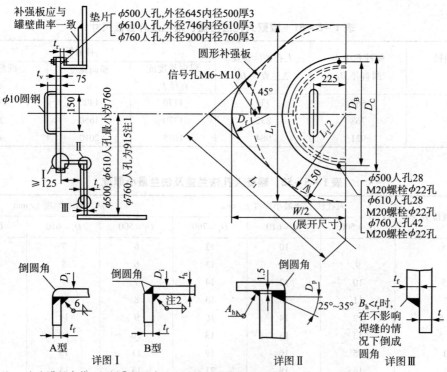

图1-5-43 罐壁人孔

第四节 立式油罐油位检测

一、油罐油位检测应用历史及分类和仪表性能

(一)油罐油位检测仪表应用历史

油罐油位检测仪表应用历史见表1-5-54。

表1-5-54 油罐油位检测仪表应用历史

年 代	液位仪	温度	密度	用 途
1970	钢带式 静压式	点温度	静压密度	液位报警
1980 1990	静压式 伺服式 雷达式	点温度	静压密度	库存管理
2000年以后	伺服式 雷达式 磁致伸缩式	平均温度	伺服密度 混合密度	库存管理 计量交接

(二)油罐油位计量仪表分类和主要技术性能

油罐油位计量仪表分类和主要技术性能见表1-5-55和表1-5-56。

表1-5-55 油罐油位计量仪表分类和主要技术性能(一)

	形 式	直读式		压力式			浮力式		电学式	
	名 称	玻璃管式液位计	玻璃板式液位计	压力式液位计	差压式液位计	油罐称重仪	钢带浮子式液位计	杠杆浮球式液位计	电阻式液位计	电容式液位计
仪表	测量范围/m	<1.5	<3	20			20			4
	误差	±0.2%	±0.2%	±0.1%			±0.3%	+1.5%	±10mm	±2%
	可动部件	无	无	无	无	有	有	有	无	无
	接触介质	接触	接触	接触	接触	接触	接触	接触	接触	接触
输出方式	连续测量或限位检测	连续	连续	连续	连续	连续	连续	连续、定点	定点	连续、定点
	操作条件	就地目视	就地目视	远传、显示调节	远传、指示记录、调节	数字显示远传	计数远传	报警	定点报警控制	指示
被测对象	工作压力/MPa	<1.6	<4.0	常压			常压	1.6		3.2
	介质温度/℃	100~150	100~150	-20~200			<150			-200~200
	防爆要求	本安	本安	隔爆			本安、隔爆	本安、隔爆		
	对粘性介质			法兰式可用	法兰式可用	钟罩式可用				

表1-5-56 油罐油位计量仪表分类和主要技术性能(二)

	形式	声学式			振动式	核辐射式		激光式	雷达式
	名称	气介式超声波液位计	液介式超声波液位计	超声波液位讯号器	音叉式液位开关	γ射线液位计	中子液位计	激光式液位计	雷达式液位计
仪表	测量范围/m	30	10			15			60
	误差	±3%	±5mm	±2mm	mm级	±2%			±5mm
	可动部件	无	无	无	无	无		无	无
	接触介质	不接触	接触	不接触	接触	不接触	不接触	不接触	不接触
输出方式	连续测量或限位测量	连续	连续	定点	定点	连续、定点		定点	连续
	操作条件	数字显示	数字显示	报警、控制	报警、控制	要防护、指示、远传	要防护	报警、控制	数字显示、远传
被测对象	工作压力/MPa				常压			常压	
	介质温度/℃	<200			-40~150	<1000		<1500	-40~80
	防爆要求								
	对粘性介质	适用	适用	适用	100cm²/s	适用	适用	适用	适用

二、油罐主要油位测量仪表介绍

(一)浮子钢带液位仪

浮子钢带液位仪介绍见表1-5-57。

表1-5-57 浮子钢带液位仪介绍

项 目		介　绍
1. 原理	(1)原理介绍	①浮子钢带储罐检测系统(FTG's)。FTG's是以浮子为检测元件,根据力平衡原理进行液位自动测量 ②当浮子在液体中处于某一平衡位置时,浮子的重力W_1、重锤的重力W_2、浮力F和整个系统的摩擦力f的矢量和等于零 ③当液位上升时,液体浮力F增大,浮子在重锤W_2的作用下,沿导向钢丝上浮,使信息码带与液位同步上升。这时取样器将信号码带上的光码读出来,变成电码送至放大器,经放大后送给安装在控制室的二次仪表,将格雷码翻译成十进制BCD码,再用LED数码管显示出液位高度的变化 ④同理,当液位下降时,仪表指示出下降后的液位
	(2)以UBG-Ⅰ型光电钢带编码浮子液位仪为例,其原理结构见右图	

项 目	介 绍
2. 安装	(1) 20世纪60年代末至80年代初，国外主要研制和使用的是各种浮子钢带液位计，大多是每个罐独立安装，现场显示。这类仪表主要缺点是机械摩擦影响计量精度，精度一般在±(3~5)mm (2) 现在多将二次仪表安装在远离储罐的自控室，在自控室即可显示油位读数。一台二次仪表可以监控多台一次仪表

(二) 伺服马达电子液位仪

伺服马达电子液位仪介绍见表1-5-58。

表1-5-58　伺服马达电子液位仪介绍

项 目	介 绍
1. 发展史	伺服马达储罐检测系统(STG's)20世纪80年代中期，随着对计量精度要求的不断提高，出现了伺服马达式液位计
2. 优点	由于使用了伺服马达，大大消除了因机械摩擦而引起的误差，提高了灵敏度和复现性
3. 原理结构	国产BJY-1型防爆伺服马达电子液位仪为例，其原理结构见下图 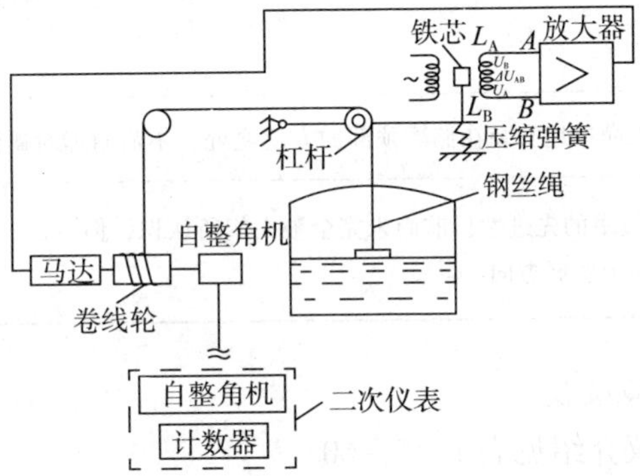 BJY-1型防爆伺服马达电子液位仪图
4. 前联邦德国KROHNE公司	(1) 特性 这是一种多功能的伺服马达式液位计 (2) 原理功能及适用性 1989年前联邦德国KROHNE公司推出了"BM-60储罐测量系统"，应用阿基米德定律，根据步进电机的转角和测量钢丝的张力，可测得同一罐内4种不同介质的液位、密度和界面位置，测量精度液位为±1mm+(0.02%×液位)，密度为±0.5%，可适用于固定顶罐、浮顶罐或球形罐
5. 荷兰ENRAF公司	同期，荷兰ENRAF公司推出的"854ATG"，也具有上述功能，测量精度为±1mm
6. 结论	这两个系统代表了当今世界STG's的发展水平

(三) 雷达液位仪

雷达液位仪介绍见表1-5-59。

表 1-5-59　雷达液位仪介绍

项　目	介　　绍	结构原理示意图
1. 优点	(1) 雷达储罐检测系统(RTG's)不与被测介质接触，不受被测介质的影响，也不影响被测介质 (2) 因而适用范围广泛，能用于接触式测量仪表不能满足的特殊场合，如高黏度、腐蚀性强、污染性强、易结晶的介质	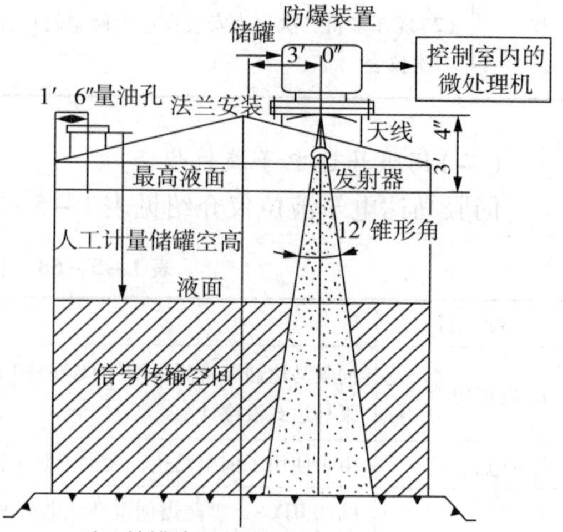 雷达储罐检测系统图（RTG's）
2. 原理	雷达计量的主要装置是一个雷达传输器(由标准电源供电)，它发射出 9~10GHz 的调频连续微波信号，该信号可以完全不受外部干扰(如蒸气、湿气和大气阻尼)的影响，到达罐内液面后再反射回接收天线。发射信号和反射回的信号间的频率差与天线到液面的距离相对应，由此，能从雷达计量器直接读出储罐空高(罐内液面高度)	
3. 安装	雷达装置可以简单地安装在储罐顶部的方便之处，不需附加对罐体的改动处理	
4. 发展前景	尽管RTG's技术的先进性目前尚未完全被人们所认识，但雷达、超声波、激光等非接触式测量代表了今后液位测量的一个发展方向	

(四) 磁致伸缩液位仪

磁致伸缩液位仪介绍见表 1-5-60。

表 1-5-60　磁致伸缩液位仪介绍

项　目	介　　绍
1. 发展史及优点	(1) 1990 年，磁致伸缩技术开始用于卧式罐液位测量。磁致伸缩测量技术是近年来发展起来的一种新型位移测量技术，正在被越来越广泛地采用 (2) 磁致伸缩液位计是磁致伸缩测量技术在液位测量中的应用，可用于长距离的位移测量，仪表具有结构简单、测量精度高(精度可达±1mm)等优点
2. 美国MTS公司的产品	美国 MTS 公司的 M 系列磁致伸缩液位计主要特点有： ①高精度、多功能；安装方便，维护无需清罐，无需定期标定； ②结构高度模块化，低功耗电路设计，全数字总线接口，通信协议开放，网络扩展能力强，抗干扰能力强； ③可应用在介质黏度小于 400mPa·s 的液位测量；④主要性能指标见下表
3. 不足之处	对软管磁致伸缩液位计，底部的固定装置本身有一定厚度，因此，液位计底端不可避免会有一段死区；由于采用浮子作为液位和油水界面的感应元件，因而介质密度的变化也会给测量精度带来影响

项 目	介 绍	
4. 示意图	磁致伸缩液位计结构	磁致伸缩液位计安装

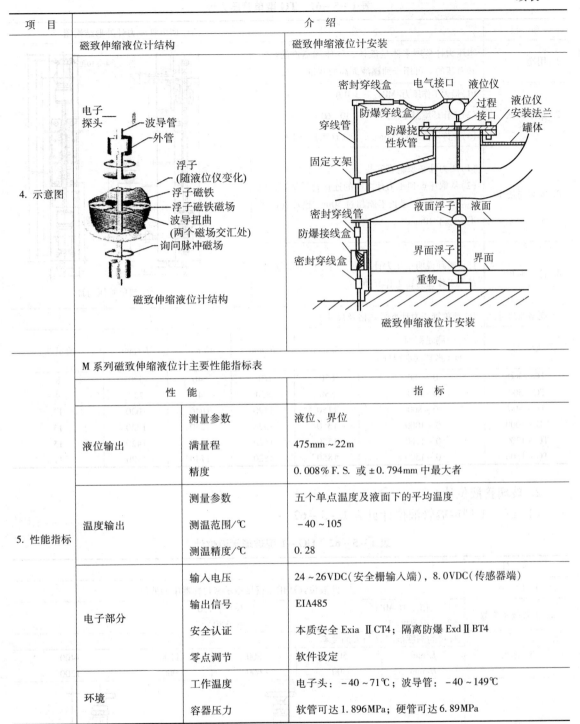

5. 性能指标	\multicolumn{3}{l}{M 系列磁致伸缩液位计主要性能指标表}
	性 能		指 标
	液位输出	测量参数	液位、界位
		满量程	475mm~22m
		精度	0.008% F.S. 或 ±0.794mm 中最大者
	温度输出	测量参数	五个单点温度及液面下的平均温度
		测温范围/℃	-40~105
		测温精度/℃	0.28
	电子部分	输入电压	24~26VDC(安全栅输入端),8.0VDC(传感器端)
		输出信号	EIA485
		安全认证	本质安全 Exia ⅡCT4;隔离防爆 Exd ⅡBT4
		零点调节	软件设定
	环境	工作温度	电子头:-40~71℃;波导管:-40~149℃
		容器压力	软管可达 1.896MPa;硬管可达 6.89MPa

(五) 油罐直读式油位测量计

1. TG 型单管压力计见表 1-5-61。

表1-5-61 TG型单管压力计

项 目	介 绍		TG型单管压力计外形结构图
1. 用途	本压力计是用来测量液体、气体和蒸汽的压力和差压的。可用于油罐液面高的测量		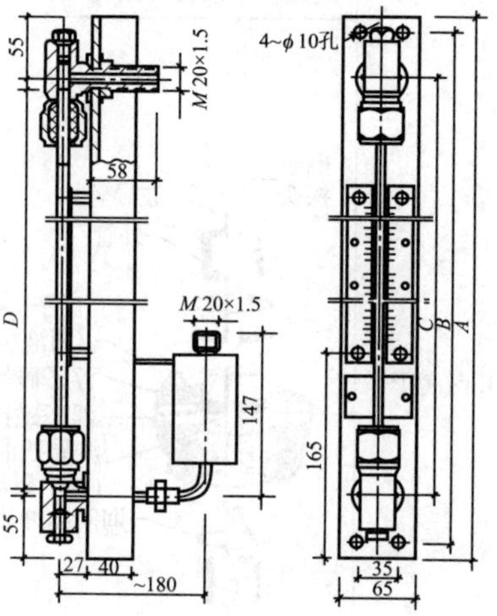
2. 技术数据	(1)最大工作压力/MPa	0.6	
	(2)工作环境温度/℃	10~60	
	(3)允许示值偏误差/mm	±1(水柱或汞柱)	
3. 安装与使用	(1)压力计必须垂直安装 (2)从取压点到压力计之间的连接管尽量短,但不应少于3m,最长不能超过50m。连接管内径不应小于10mm		
4. 订货须知	订货时须说明:压力计名称、型号;测量范围;最大工作压力;工作介质		

5. 规格及尺寸	TG型单管压力计型号规格及尺寸					
型 号	测量范围/ mm水柱或水银柱	A/mm	B/mm	C/mm	D/mm	质量/kg
TG-300	0~300	650	620	540	520	8
TG-500	0~500	850	820	740	720	9
TG-800	0~800	1150	1120	1040	1020	12
TG-1000	0~1000	1350	1320	1240	1220	13
TG-1200	0~1200	1550	1520	1440	1420	15
TG-1500	0~1500	1850	1820	1740	1720	17

2. 玻璃管液位计

(1)UG-1型玻璃管液位计见表1-5-62。

表1-5-62 UG-1型玻璃管液位计

项 目	介 绍			
1. 用途	此液位计适用于直接指示密封容器中的液位			
2. 主要技术参数	(1)工作压力/MPa	不大于1.6		
	(2)工作温度/℃	小于80		
3. 标尺	标尺的刻度范围H与L的关系			
	L/mm	500	800	1100	1400
	H/mm	300	600	900	1200
4. 示意图	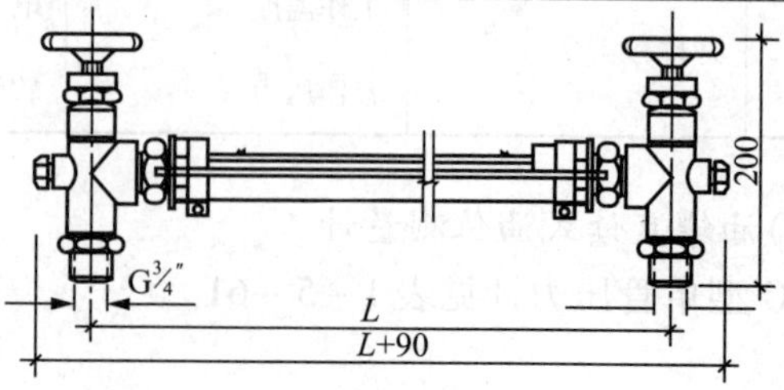 UG-1型玻璃管液位计			

(2)UBZ-4型玻璃管液位计见表1-5-63。

表1-5-63 UBZ-4型玻璃管液位计

项 目	介 绍		UBZ-4型玻璃管液位计安装示意图
1. 用途	此液位计适用于直接指示密封容器中的液位		
2. 主要技术数据	工作压力/MPa	≤0.5	
	工作温度/℃	≤100	
3. 生产厂	开封仪表厂		UBZ-4型玻璃管液位计安装示意图
4. 标尺的刻度范围 H 与 L 的关系			
阀体中心距 L/mm	500	600	800	1000	1200	1400
标尺刻度范围 H/mm	0~280	0~380	0~580	0~780	0~980	0~1180

三、油罐油位测量仪表的选择

(一)常用油罐油位测量仪表性能比分析

常用油罐油位测量仪表性能比分析见表1-5-64。

表1-5-64 常用油罐油位测量仪表性能比分析

序号	项 目	浮子钢带式	伺服式	雷达式	磁致伸缩式
1	原理	机械力平衡	机械力平衡	微波反射式	磁致伸缩
2	测量功能	液位	液位、油水界位、密度	液位	液位、油水界位、温度
3	测量实时性	间隔命令	间隔命令	实时	实时
4	安装是否清罐	必须清罐	必须清罐	不需清罐	对拱顶罐无需清罐
5	附件	需安装导管	需安装导管	对浮盘罐需安装导向管	无需附件
6	安装成本	低	很高	很高	高
7	产品结构	零部件式	零部件式	零部件式	高度模块化
8	维护	定期维护	定期维护	定期维护	无需定期维护
9	活动部件	浮子、传动轮、钢丝绳、重锤	伺服马达、鼓、丝线	无	浮子
10	标定	定期标定	定期标定	定期标定	一次标定
11	供电	24VDC	110VAC 或 220VAC	24VDC(高精度雷达)	24VDC
12	安全认证	隔爆	隔爆	本安	本安与隔爆

续表

序号	项目	浮子钢带式	伺服式	雷达式	磁致伸缩式
13	使用问题	完全机械结构、传动部件多，易发生机械事故，日常维护量大	导向管的变形或倾斜会造成液位仪无法使用	被测介质的相对介电常数、液位的湍流状态、介质中气泡的大小均对测量结果产生影响	软管磁致伸缩液位仪存在测量死区，测量介质密度的变化会给测量精度带来影响
14	适用储油罐类型	精度低，将逐渐被淘汰	大型半地下罐	大型洞库罐	中继或放空罐等小型罐

（二）油罐常用油位测量仪表选择考虑因素

选择考虑因素见表1-5-65。

表1-5-65 选择考虑因素

考虑因素		相关条件
油库主要任务		是储备库、转运库还是中转库
油罐类型	建造方式	地面罐、地下/半地下罐、洞库罐
	圈板配置	交互式、套筒式、对接式、混合式
	结构	立式罐、卧式罐
	容量	大型、中型、小型
安装环境		仪表安装、施工作业条件，是新建罐还是旧罐改造
油品特性		油品密度、温度、黏度、介电常数等，罐内雾化情况，油蒸气状况，储油罐底部有无水
测量要求	测量参数	着重关心哪些参数指标
	测量目的	①库存管理（过程监控）：选用可靠性、稳定性高的仪表，同时要考虑仪表可扩展性、可集成性 ②计量交接：可靠性、稳定性、精度、重复性、安全性，易维护性，是否满足相关计量标准，同时要考虑仪表可扩展性、可集成性
	测量方式	HTG、ATG、混合法，连续测量还是间歇测量，测油品高度还是罐上部空间高度
经费		仪表购置费、附件购置费、安装费、运行维护费等

（三）油罐油位测量主要仪表的选型

油罐油位测量主要仪表的选型见表1-5-66。

表1-5-66 油罐油位测量主要仪表的选型

仪表名称	适用场所及油罐
1. 伺服液位计 854ATG	（1）该产品在储罐计量领域应用广泛，经过了我国和国际计量部门的认证和防爆检验，测量精度高，是立式轻质油料大罐测量的首选产品之一 （2）因854ATG是隔爆型产品，适用于1级危险场所，因此将其安装在覆土立式储油罐被覆顶外侧的大气环境中
2. 雷达液位计 TA840	（1）该产品具有本安防爆性能，适用于0级危险场所 （2）雷达天线为扁平结构的平面天线，其高度不到10cm，特别适合油料洞库罐顶空间狭小的安装环境。因此，选用该雷达液位计作为洞库罐的测量仪表
3. 磁致伸缩液位计 USTD	（1）该产品具有本安防爆性能，结构为刚性直杆，特别适用于5m以下的中继卧式及放空罐液位测量，在国内外加油站卧式罐测量方面占据很大市场份额 （2）可同时测量油位、温度和油水界面，性价比高

第六章 地面和掩体油罐区设计数据图表

第一节 地面和掩体油罐区的布置

一、地面油罐区的布置

(1)《石油库设计规范》GB50074 对地面油罐区的布置要求见表 1-6-1。

表 1-6-1 地面油罐区的布置要求

同一油罐组的组合规定	①甲、乙和丙 A 类油品储罐可布置在同一油罐组内；甲、乙和丙 A 类油品储罐不宜与丙 B 类油品储罐布置在同一油罐组内 ②沸溢性油品储罐不应与非沸溢性油品储罐同组布置 ③地上立式油罐、高架油罐、卧式油罐、覆土油罐不宜布置在同一个油罐组内	
同一油罐组内的储油总容量/m³	固定顶油罐组	不应大于 120000m³
	固定顶油罐和浮顶、内浮顶油罐的混合罐组	不应大于 120000m³
	浮顶、内浮顶油罐组	不应大于 600000m³
同一油罐组内的油罐个数/个	单罐容量≥1000m³	不应多于 12 座
	单罐容量＜1000m³	油罐数量不限
	储存丙 B 类油品的油罐	油罐数量不限
油罐组的布置形式	单罐容量＜1000m³、储存丙 B 类油品的油罐	不应超过 4 排
	其他油罐	不应超过 2 排
油罐组排与排间防火距离/m	立式油罐	除满足油罐间防火距离外，尚 — 不应小于 5m
	卧式油罐	不应小于 3m

(2)防火堤内油罐组的布置。防火堤内油罐组的布置，应按规范要求保证油罐之间及油罐壁与防火堤的防火距离，油罐壁与防火堤的距离见表 1-6-2。

表 1-6-2 油罐壁与防火堤的距离

油罐与防火堤的形式	油罐壁与防火堤的距离
地面立式油罐壁与防火堤内堤脚线	不应小于罐壁高度的 1/2
地面卧式油罐壁与防火堤内堤脚线	不应小于 3.0m
山体兼作防火堤时，罐壁至山体	不得小于 1.5m

注：根据《石油库设计规范》GB 50074 整理。

二、掩体油罐区的布置

掩体油罐区的布置，"油库设计其他相关规范"要求见表 1-6-3。

表 1-6-3 掩体油罐区的布置要求

1. 罐组布置形式及防火间距	罐组布置形式		掩体立式油罐应采用独立的罐室及出入通道
	防火间距	甲、乙类油品立式储罐	不应小于相邻两罐罐室直径之和的1/2
		丙类油品立式储罐	可不小于相邻较大罐室直径的0.4倍
2. 罐室与金属罐的距离	(1) 罐室的净空间应满足油罐等设备的安装、使用和检修要求 (2) 且罐室内衬或被覆拱顶的内表面,应高于金属罐顶1.2m (3) 内衬墙面与罐壁之间的环形走道宽度不得小于0.8m		
3. 罐室顶采光通风孔的设置	孔的个数	罐室直径≤12m	不应少于2个
		罐室直径>12m	应设4个
	孔的直径或边长		不应小于0.6m
	其口部高出覆土面层		宜为0.25~0.35m,并应装设带锁的孔盖
4. 罐室出入通道	断面	宽度	不宜小于1.5m
		高度	不宜小于2.2m
	通道形式	(1) 储存甲、乙、丙A类油品的覆土立式油罐,其罐室出入通道应采用向上的斜通道 (2) 且通道口高于罐室地坪不应小于罐壁高度的1/3 (3) 罐室及出入通道的墙体应保证在油罐出现跑油事故时不泄漏	
5. 门的设置	(1) 罐室的出入通道口,应设向外开启的并满足通道口部紧急时刻封堵强度要求的防火密闭门 (2) 其耐火极限不得低于1.5h (3) 通道口部的设计,应有利于在紧急时刻采取封堵措施		
6. 罐室顶部的覆土厚度	(1) 不应小于0.5m (2) 顶部覆土放坡线超出罐室的距离,不应小于1.5m (3) 周围覆土面坡度不应大于65%,并对覆土面层采取栽种草皮等相应的稳固措施		

三、油罐之间防火距离的规定

(1)《石油库设计规范》GB 50074 对油罐间防火距离的规定见表 1-6-4。

表 1-6-4 油罐之间的防火距离

油品类别	单罐容量V/m³	油罐型式	固定顶油罐		浮顶油罐、内浮顶油罐	卧式油罐
			地上式	覆土式		
甲、乙A类	不限		—	0.4D	0.4D	0.8m
乙B类	V>1000		0.6D	0.4D	0.4D	
	V≤1000	消防采用固定冷却方式	0.6D			
		消防采用移动冷却方式	0.75D			
丙A类	不限		0.4D	不限	—	
丙B类	V>1000		5m			
	V≤1000		2m			

注:①表中 D 为相邻油罐中较大油罐的直径,单罐容量大于1000m³的油罐 D 取直径或高度的较大值。
②储存不同油品的油罐、不同型式的油罐之间的防火距离,应采用较大值。
③高位罐之间的防火距离,不应小于0.6m。
④单罐容量不大于300m³、总容量不大于1500m³的立式油罐组,油罐之间的防火距离,可不受本表限止,但不应小于1.5m。
⑤浮顶油罐、内浮顶油罐之间的防火距离按0.4D计算大于20m时,特殊情况下最小可取20m,但应符合《石油库设计规范》12.2.7条第3款和12.2.8条第4款的规定。
⑥丙A类油品固定顶油罐之间的防火距离、覆土式油罐之间的防火距离按0.4D计算大于15m时,最小可取15 m。
⑦浅盘式内浮顶油罐与固定顶油罐等同。

(2)国外油罐间防火距离见表1-6-5供参考。

表1-6-5 国外油罐之间的防火距离

国家及规范名称	油品闪点及罐容	油罐类型		备注
		固定顶油罐	浮顶油罐	
原苏联《石油和石油制品仓库设计标准》	≤45℃	≥0.75D 并≥30m	≥0.55~0.65D 并≤20~30m	
	>45℃	≥0.5D 并≤20m		
英国石油学会《销售安全规范》1978年版	<21℃	0.5D_1;D_2;或15m,三者取最小值,但不得小于10m	见注	D_1—相邻大罐直径 D_2—相邻小罐直径
	≥21℃	不限	不限	
法国《安全规范和劳动保护规范》1967年批准	<55℃	≥0.5D	≥0.5D	储存温度高于闪点的油品,按闪点<55℃者对待
	55~100℃	0.2D 并≥2m		
	≥100℃	≥1.5m		
日本有关危险品法令	<21℃;>400 m^3	≥$D/3$ 或≥$H/3$ 或5m		D—相邻大罐直径 H—相邻大罐高度,当容量小于规定值时为3~5m
	21~70℃;>2000m^3			
	>70℃;>8000m^3			
美国国家防火协会1972年	不分闪点,不稳定油品及采油区内原油罐除外	1/6(D_1+D_2)		D_1—相邻大罐直径; D_2—相邻小罐直径; D_2<1/2D_1时为1/2D_2
比利时文献资料	原油和闪点<65.5℃	≥0.5D;或≥35英尺		
	闪点>65.5℃	≥0.5D;≥≮10英尺		

注:对于D_1≤45m的罐:油罐间防火距离10m;对于D_1>45m的罐:油罐间防火距离15m。

四、地上立式油罐组布置举例

(一)地上立式油罐组设计图举例

(1)地上立式单排油罐组设计效果图举例见图1-6-1。

(2)地上立式单排油罐组设计平面图举例见图1-6-2。

图1-6-1 单排油罐组设计效果图举例

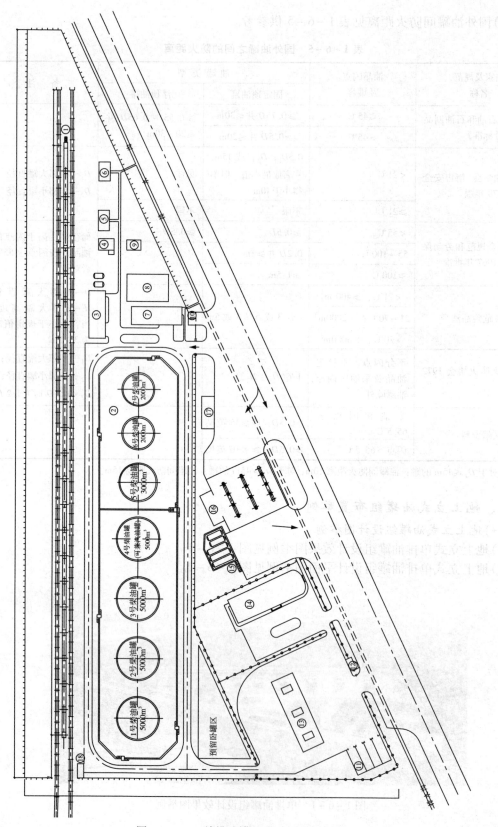

图1-6-2 单排油罐组设计平面图举例

(3)地上立式双排油罐组设计效果图举例见图1-6-3。

图1-6-3 双排油罐组设计效果图举例

(4)地上立式双排油罐组设计平面图举例见图1-6-4。

(二)地上立式油罐组平面布置举例

地上立式油罐组平面布置举例见表1-6-6和图1-6-5、图1-6-6与图1-6-7。

表1-6-6 地上立式油罐组平面布置举例

1. 图号与图名	(1)图1-6-5 同容量油罐单排布置 (2)图1-6-6 同容量油罐双排布置 (3)图1-6-7 不同容量油罐双排混合布置				
2. 相同点	图1-6-5、图1-6-6、图1-6-7为储存甲、乙类油品的地上立式拱顶油罐的布置				
3. 不同点	(1)图1-6-5为同容量、同直径的油罐在狭长地带成单排布置 (2)图1-6-6为同容量、同直径的油罐在较宽地带成双排布置 (3)图1-6-7为不同容量、不同直径的油罐双排混合布置				
4. 不同前提的变化	(1)若油罐选用内浮顶时,油罐间距可为$0.4D$,$L_1 = 1.4n - 0.4$ (2)若油罐设在油库区域内时,则可不设罐区边界				
5. 图中符号及含义	符号	D	H	n	S
	含义	油罐直径	油罐壁高	油罐个数	油罐区边界(例如围墙)至油罐壁的距离
6. S取值	(1)一般用$S = 10 + 0.5H$计算确定(有防火堤、消防道的情况)				
	(2)但依据油罐容量不同其值最小不应分别小于如右要求	$V_d > 5000 m^3$ $V_d = 1000 \sim 5000\ m^3$ $V_d < 1000\ m^3$			$S = 18m$ $S = 14m$ $S = 11m$

209

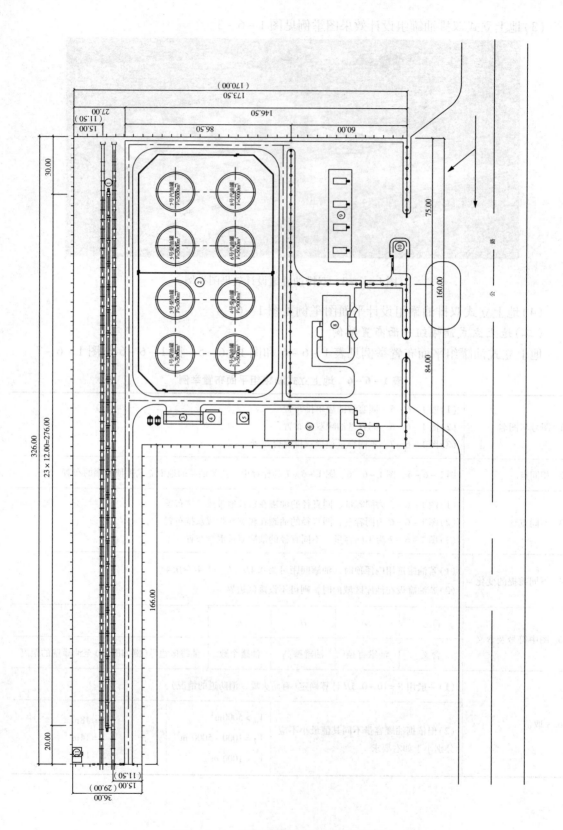

图1-6-4 双排油罐组设计平面图举例

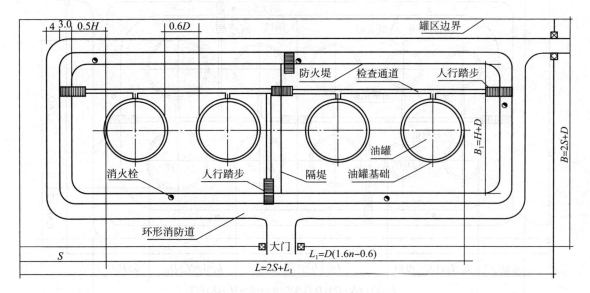

图 1-6-5 同容量油罐单排布置

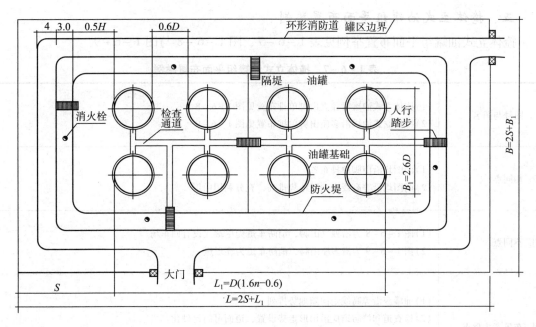

图 1-6-6 同容量油罐双排布置

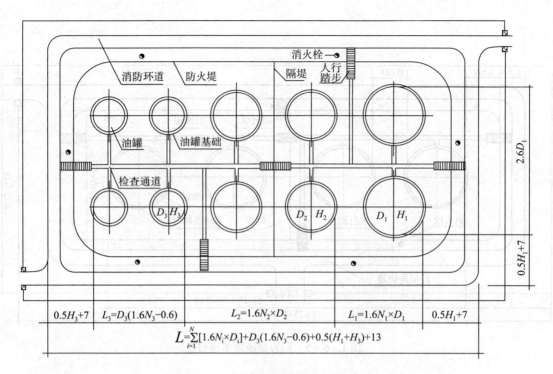

图 1-6-7 不同容量油罐双排混合布置

五、掩体立式油罐组平面布置举例

掩体立式油罐组平面布置举例见表1-6-7、图1-6-8与图1-6-9。

表1-6-7 掩体立式油罐组平面布置举例

1. 图号与图名	(1)掩体立式油罐沿独立山脚单排布置见图1-6-8 (2)掩体立式油罐沿多座山脚单排布置见图1-6-9
2. 相同点	(1)两图均沿山脚单排布置 (2)两图均沿等高线走向随地势排列，充分利用山形
3. 不同点	(1)图1-6-8为沿独立山脚，消防车道为尽端式设有回车场 (2)图1-6-9为沿多座山脚，消防车道为环形道
4. 布置考虑要点	(1)油罐应沿等高线走向随地势排列 (2)检查道和消防道应沿山形走势设置，道面可简易硬化 (3)尽端式消防车道应设回车场 (4)油罐间距应符合"油库设计其他相关规范"要求

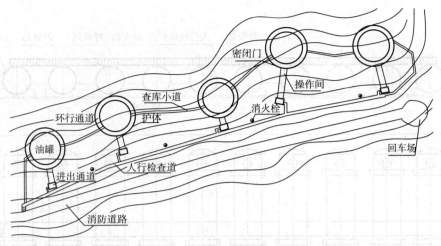

图 1-6-8 掩体立式油罐沿独立山脚单排布置

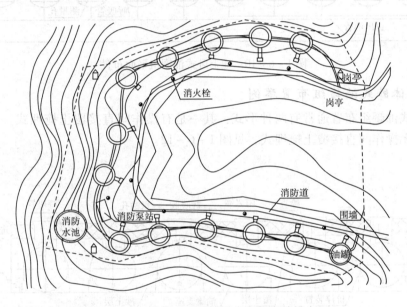

图 1-6-9 掩体立式油罐沿多座山脚单排布置

六、地上卧式油罐组布置举例

地上卧式油罐组布置举例见表 1-6-8 和图 1-6-10。

表 1-6-8 地上卧式油罐组布置举例

1. 图示内容	(1)卧式油罐组及支座 (2)罐组防火堤 (3)上下罐组的梯子和罐组上的栏杆 (4)油罐罐体附件等
2. 布置要求	(1)地上卧式油罐之间的防火距离为 0.8m (2)若双排布置时，排与排之间的距离不小于 3m
3. 防火堤内有效容积应不小于其中一个最大罐的容量	
4. 油罐支座应根据罐的大小计算确定	

213

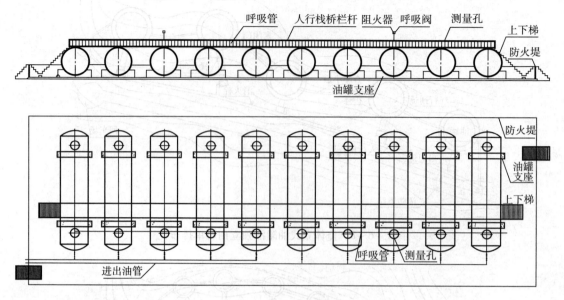

图1-6-10 地上卧式油罐组平面布置

七、掩体卧式油罐组布置举例

掩体卧式油罐组布置通常有两种形式：其一是有操作间直接覆土掩埋式，见图1-6-11；其二是无操作间直接覆土掩埋式，见图1-6-12。

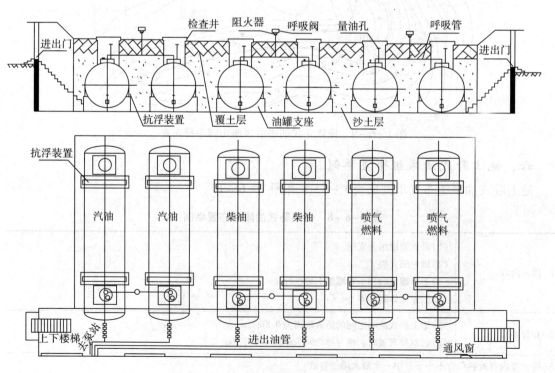

图1-6-11 有操作间直接覆土掩埋式

214

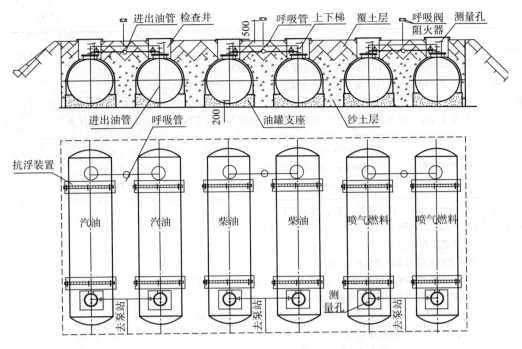

图1-6-12 无操作间直接覆土掩埋式

第二节 油罐组防火堤的设计

油罐组防火堤的设计计算应遵循《石油库设计规范》(GB 50074)和《储罐区防火堤设计规范》(GB 50351)的规定,现将有关规定摘编如下。

一、防火堤设置的规定

防火堤设置的规定见表1-6-9。

表1-6-9 防火堤设置的规定

项 目	规 定
1. 一般规定	(1) 防火堤应采用非燃烧材料建造 (2) 应能承受所容纳油品的静压力且不应泄漏 (3) 立式油罐防火堤的计算高度应保证堤内有效容积需要 (4) 防火堤的实高 ①防火堤的实高应比计算高度高出0.2m ②防火堤的实高不应低于1m(以防火堤内侧设计地坪计) ③且不应高于2.2m(以防火堤外侧道路路面计) ④卧式油罐防火堤内外侧高不应低于0.5m (5) 防火堤的宽度 如采用土质防火堤,堤顶宽度不应小于0.5m (6) 防火堤结构 ①严禁在防火堤上开洞 ②管道穿越防火堤处应采用非燃烧材料严密填实 (7) 雨水沟要求 在雨水沟穿越防火堤处,应采取排水阻油措施 (8) 踏步要求 防火堤的人行踏步不应少于两处,且应处于不同的方位上

续表

项　目	规　定
2. 防火堤内有效容量的规定	(1) 固定顶油罐不应小于油罐组内一个最大油罐的容量 (2) 浮顶油罐或内浮顶油罐不应小于油罐组内一个最大油罐容量的一半 (3) 当固定顶油罐与浮顶油罐或内浮顶油罐布置在同一油罐组内时应取以上两款规定的较大值 (4) 覆土油罐　防火堤内有效容量规定同上，但油罐容量应按其高出地面部分的容量计算
3. 立式油罐罐组内隔堤设置的规定	(1) 当单罐容量　①$V<5000m^3$时　隔堤内的油罐数量　不应多于6座 ②$5000m^3 \leq V < 20000m^3$　不应大于4座 ③$V \geq 20000m^3$　不应多于2座 (2) 隔堤内沸溢性油品储罐　数量不应多于2座 (3) 非沸溢性的丙B类油品储罐　可不设置隔堤 (4) 隔堤顶面标高 ①应比防火堤顶面标高低0.2~0.3m ②立式油罐组隔堤高度宜为0.5~0.8 m (5) 隔堤材质　隔堤应采用非燃烧材料建造 (6) 隔堤耐压力　应能承受所容纳油品的静压力，且不应泄漏
4. 防火堤内地面设计规定	(1) 防火堤内的地面坡度宜为0.5% (2) 防火堤内场地土为湿陷性黄土、膨胀土或盐渍土时应根据其危害的严重程度采取措施，防止水害 (3) 在有条件的地区防火堤内可种植高度不超过150mm常绿草皮 (4) 当储罐泄漏物有可能污染地下水或附近环境时堤内地面应采取防渗漏措施 (5) 油罐组防火堤内设计地面宜低于堤外消防道路路面或地面

二、立式油罐组防火堤内有效容积和堤高的计算

堤内有效容积和堤高的计算见表1-6-10。

表1-6-10　堤内有效容积和堤高的计算

项　目	计　算			
1. 防火堤内有效容积计算	依据	根据GB 50315—2005规范的规定		
	公式	符号	符号含义	单位
	$V = AH_j - (V_1 + V_2 + V_3 + V_4)$	V	防火堤有效容积	m^3
		A	由防火堤中心线围成的水平投影面积	m^2
		H_j	设计液面高度	m
		V_1	防火堤内设计液面高度内的一个最大油罐的基础体积	m^3
		V_2	防火堤内除最大油罐以外的其他油罐在防火堤设计液面高度内的液体体积和油罐基础体积之和	m^3
		V_3	防火堤中心线以内设计液面高度内的防火堤体积和内培土体积之和	m^3
		V_4	防火堤内设计液面高度内的隔堤、配管、设备及其他构筑物体积之和	m^3

续表

项目	计算		
	方法	公式	
2. 防火堤高度计算	(1)由防火堤有效容积 V 计算	$h_{计} = V_{大}/V$	
	(2)直接计算 $h_{计}$	$h_{计} = \dfrac{V_{大}}{a \cdot b - 0.785(D_1^2 + D_2^2 + D_3^2 + \cdots + D_n^2)}$	
	(3)防火堤实际高度	$h_{实} = h_{计} + 0.2$	
	(4)公式内符号含义	符号 / 符号含义 / 单位	
		$h_{计}$ / 防火堤计算高度 / m	
		$V_{大}$ / 同一防火堤内一个最大油罐的容积 / m³	
		a / 分别为防火堤内的长 / m	
		b / 防火堤内的宽 /	
		$D_1、D_2、\cdots D_n$ / 分别为防火堤内除1个最大油罐外的油罐的底圈板外直径 / m	
	备注	当实高小于1m时，堤高取1m；当实高大于2.2m时，应加大防火堤内的面积，重新计算防火堤的高度，使防火堤实高不大于2.2m	

三、防火堤内排水设施设置的规定

防火堤内排水设施设置的规定见表1-6-11。

表1-6-11 防火堤内排水设施设置的规定

1. 应设置	防火堤内应设置集水设施。连接集水设施的雨水排放管道应从防火堤内设计地面以下通出堤外，并应设置安全可靠的截油排水装置	
2. 可不设	在年降雨量不大于200mm或降雨在24h内可渗完且不存在环境污染的可能时	可不设雨水排除设施
3. 自动截油排水器产品	(1)厂家研制出"HB型罐区自动截油排水器"。其外形见下图，结构尺寸见下表 (2) 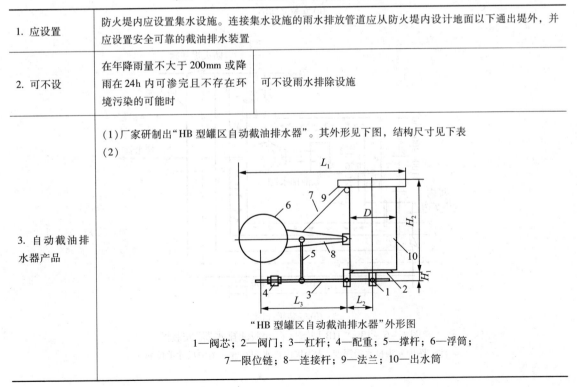 "HB型罐区自动截油排水器"外形图 1—阀芯；2—阀门；3—杠杆；4—配重；5—撑杆；6—浮筒； 7—限位链；8—连接杆；9—法兰；10—出水筒	

续表

4. "HB 型罐区自动截油排水器"结构尺寸表

mm

型 号	通 径	压力/MPa	D	L_1	L_2	L_3	H_1	H_2
HB-200	DN200	0.25	219	942	150	480	105	450
HB-250	DN250	0.25	273	992	177	480	105	450
HB-300	DN300	0.25	325	1050	203	480	105	450
HB-400	DN400	0.25	426	1150	253	480	105	450

5. 产品安装
（1）本产品直接安装在油罐区防火堤沉沙井内，直接与排水管管头连接
（2）详见中石化工业通用图《总图运输通用图集》SH 104-99 中"油品罐区水封阀安装图"
（3）或参考图 1-6-13 安装

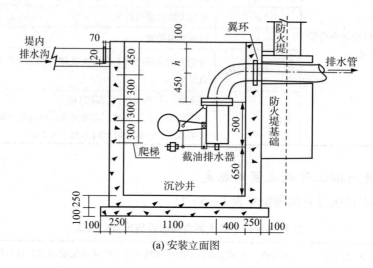

(a) 安装立面图

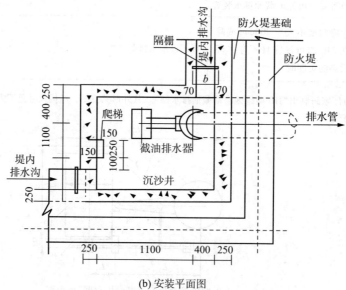

(b) 安装平面图

图 1-6-13 "HB 型罐区自动截油排水器"安装图

注：图中 h 为排水沟深度，b 为堤内排水沟宽度，图中尺寸单位 mm。

四、防火堤的其他要求

防火堤的其他要求见表 1-6-12。

表 1-6-12 防火堤的其他要求

内　容	要　求
1. 油罐组内的越堤车行通道	(1) 单罐容量大于或等于 50000 m³ 时，宜设置进出罐组的越堤车行通道 (2) 该道路可为单车道，应从防火堤顶部通过 (3) 弯道纵坡不宜大于 10% (4) 直道纵坡不宜大于 12%
2. 防火堤选型的规定	(1) 土筑防火堤　在占地、土质等条件能满足需要的地区，应选用土筑防火堤 (2) 钢筋混凝土防火堤 ①一般地区均可采用 ②在用地紧张地区、大型油罐区及储存大宗化学品的罐区可优先选用钢筋混凝土防火堤 (3) 浆砌毛石防火堤　在抗震设防烈度不大于 6 度且地质条件较好、不易造成基础不均匀沉降的地区可选用浆砌毛石防火堤 (4) 砖、砌块防火堤　一般地区均可采用这种防火堤 (5) 两边砌砖中心填土防火堤
3. 防火堤、防护墙埋置深度	(1) 防火堤、防护墙埋置深度，应根据工程地质、建筑材料、冻土深度和稳定性计算等因素确定 (2) 除岩石地基外，基础埋深不宜小于 0.5 m；对于土堤，地面以下 0.5 m 深度范围内的地基土的压实系数不应小于 0.95
4. 浆砌毛石防火堤构造的规定	(1) 堤身及基础最小厚度应由强度及稳定性计算确定，且不应小于 500mm (2) 基础构造应符合现行国家标准《建筑地基基础设计规范》(GB 50007) 的规定 (3) 毛石强度等级不应低于 MU30，砂浆强度等级不宜低于 M10，浆砌必须饱满密实 (4) 堤顶应做现浇钢筋混凝土压顶，压顶在变形缝处应断开。压顶厚度不宜小于 100mm，混凝土强度等级不宜低于 C20，压顶内纵向钢筋直径不宜小于 φ10，钢筋间距不宜大于 200mm (5) 堤身应做 1:1 水泥砂浆勾缝
5. 砖、砌块防火堤构造的规定	(1) 防火堤堤身厚度应由强度及稳定性计算确定，且不应小于 300mm，堤外侧宜用水泥砂浆抹面 (2) 砖、砌块的强度等级不应低于 MU10，砌筑砂浆强度等级不应低于 M7.5；基础为毛石砌体时，毛石强度等级不应低于 MU30，浆砌必须饱满密实并不得采用空心砖砌体 (3) 堤顶应做现浇钢筋混凝土压顶，压顶在变形缝处应断开。压顶厚度不宜小于 100mm，混凝土强度等级不宜低于 C20，压顶内宜配置不少于 3 根 φ10 纵向钢筋 (4) 抗震设防烈度大于或等于 7 度的地区或地质条件复杂、地基沉降差异较大的地区宜采取加强整体性的结构措施
6. 两边砌砖中心填土防火堤的构造要求	(1) 两侧砖墙厚度不宜小于 200mm (2) 沿堤长每隔 1.5~2.0m 设不小于 200mm 厚拉结墙与两侧墙咬搓砌筑 (3) 中间填土厚度 300~500mm，并分层夯实 (4) 堤顶应设厚度不小于 100mm 的现浇钢筋混凝土压顶，混凝土强度等级不宜低于 C20，压顶内纵向钢筋直径不宜小于 φ10，钢筋间距不宜大于 200mm
7. 隔堤、隔墙构造的规定	(1) 砖、砌块隔堤、隔墙 ①厚度不宜小于 200mm ②宜双面用水泥砂浆抹面 ③堤顶宜设钢筋混凝土压顶，压顶构造同前所述 (2) 毛石隔堤、隔墙 ①厚度不宜小于 400mm ②宜双面用水泥砂浆勾缝 ③堤顶宜设钢筋混凝土压顶，压顶构造同前所述 (3) 钢筋混凝土隔堤、隔墙 ①厚度不宜小于 100mm ②可按构造配单层钢筋网

续表

内　容	要　求
8. 防火堤(土堤除外)的保护措施	(1)防火堤内侧培土的要求 ①防火堤内侧培土高度与堤同高 ②培土顶面宽度不应小于300mm ③培土应分层压实,坡面应拍实,压实系数不应小于0.85 ④培土表面应做面层,面层应能有效地防止雨水冲刷、杂草生长和小动物破坏,面层可采用砖或预制混凝土块铺砌,在南方四季常青地区,可用高度不超过150mm的人工草皮做面层 (2)防火堤内侧喷涂隔热防火涂料的要求 ①防火涂层的抗压强度不应低于1.5MPa ②与混凝土的粘结强度不应小于0.15MPa ③耐火极限不应小于2h ④冻融实验15次强度无变化 ⑤防火涂层应耐雨水冲刷并能适应潮湿工作环境

第三节　高位(架)罐区设计

油罐底标高比周围地坪高,能满足自流发油或灌装的油罐称为高位罐,其中利用人工支座或支架造成的高位罐,可专称高架罐。

一、高位(架)罐设置的技术要求

高位(架)罐设置的技术要求见表1-6-13。

表1-6-13　高位(架)罐设置的技术要求

项　目	技术要求
1. 高位(架)罐的位置	(1)高位(架)罐的位置在满足防火距离要求的前提下应尽量选在距发油或灌装对象较近,且地势较高的地方 (2)轻质油品的高架罐,严禁设在建筑物的顶部或室内,亦不能双层架设 (3)润滑油高架罐,可设在润滑油灌桶间上部或室内
2. 防火堤	(1)高架罐周围的地面上,应设防火堤 (2)高架罐罐壁与防火堤内坡脚线的水平距离,不应小于2m
3. 罐型	高位油罐可以是立式或卧式钢油罐。通常高架罐采用卧式钢油罐
4. 高位罐容量、个数确定	(1)高位罐其容量和数量应确定得当 ①容量不应过大。容量大了不但占地面积大,基本建设费用增加,而且也不安全 ②容量小了,向高架罐输送油次数多,操作频繁,亦不合理 (2)考虑到小型油库电源可靠性较差的实际情况 (3)因而规定每种油品总容量 ①一、二级油库　不应大于:　日灌装量的一半 ②三、四级油库　不应大于:　日灌装量
5. 高位罐罐底标高确定	(1)应根据管路直径、油料黏度和同时灌装的最大流量等确定 (2)一般高于地面3~8m (3)容量200L的油桶,灌桶时间,每桶0.5~1min灌满为宜

续表

项 目	技术要求		
	管径确定		示意图
6. 高位罐工艺管路设计	依据	可根据高位罐的高度，同时灌装油桶的最大流量（由灌油嘴数目和每个灌油嘴灌油速度求得），油料黏度及经济流速计算确定	汽车油罐车灌装系统图 1—支座；2—高架罐；3—流量计；4—灌油口
	一般情况	可采用 DN80~DN100 钢管，且有一定的坡度坡向灌油嘴，以便灌桶时能放空管路中的油料	

二、高架卧式罐的强度和稳定校核（以两支座为例）

（一）强度计算

强度计算见表1-6-14。

表1-6-14 强度计算

计算部位	高架卧式罐两支座的结构图			
以罐下部轴向拉应力最大的部位作为计算依据	（结构图）			注：①一般 $B=0.2L$ 较适合； ②这种结构形式，只有在缺电的地区才采用。随着技术的进步，电力保障增强，以及减少危险点的大呼吸损耗、环保的需求，这种形式一般用泵输代替
1. 应力校核计算	(1) 计算公式			
	$\sigma_{轴}$ 计算公式	σ_1 计算公式	$\sigma_{弯}$ 计算公式	W 计算公式
	$\sigma_{轴}=\sigma_1+\sigma_{弯}$	$\sigma_1=\dfrac{pR}{2\delta}$	$\sigma_{弯}=\dfrac{M}{W}$	$W=0.8D_{外}^2\delta$
	(2) 公式内符号含义及单位			
	符号	符号含义		单位
	$\sigma_{轴}$	罐下部最大部位的轴向拉应力		kgf/cm²
	σ_1	内压产生的轴向拉应力		kgf/cm²
	P	油罐内压，$P=0.25\sim0.5$		kgf/cm²
	R	油罐外半径		cm
	δ	罐壁厚度		cm
	$\sigma_{弯}$	罐自重和液重引起的弯矩所产生的轴向拉应力		kgf/cm²
	W	油罐截面系数		
	$D_{外}$	罐外直径		cm
	M	最大弯矩		kgf/cm²

续表

计算部位	高架卧式罐两支座的结构图			
2. 弯矩计算校核	计算条件、危险截面处及计算公式			
	当 $B > 0.207L$ 时	危险截面在支座处		$M = \dfrac{qB^2}{2}$
	当 $B < 0.207L$ 时	危险截面在两支座中间		$M = \dfrac{qL(L-4B)}{8}$
	当 $B = 0.207L$ 时	支座处和两支座中间的弯矩相等		$M = \dfrac{qL^2}{47}$
	注	q—单位长荷重(包括油罐自重和液重)		
3. 强度满足的条件	计算公式		含义	为罐壁钢材的许可压应力
	$\sigma_1 + \sigma_弯 \leq [\sigma]$	$[\sigma]$	取值	最大不超过 1480 kgf/cm² 对于旧罐,取$[\sigma] = 800$ kgf/cm²

(二)稳定性计算

稳定性计算见表 1-6-15。

表 1-6-15 稳定性计算

项 目	稳定性计算			
	计算公式	符号	符号含义	单位
1. 稳定满足的条件	$\sigma_弯 = \dfrac{\sigma_{临界}}{m}$ $\sigma_{临界} = 1.37E\left(\dfrac{\delta}{R}\right)^2$	$\sigma_{临界}$	—临界压应力	kgf/cm²
		m	稳定安全系数,$m = 2.5$	
		R	油罐外半径	cm
		δ	油罐壁板厚度	cm
		E	2.1×10^6	kgf/cm²
		$\sigma_弯$	轴向拉应力	kgf/cm²
2. 不能满足稳定要求的处理及计算	(1)处理方法	①	增加油罐的罐壁厚度	
		②	增加油罐下的支座数目	
		③	增加油罐内的加强环	
	(2)增加加强环后 $\sigma_{临界}$ 的计算变为 $\sigma_{临界}'$	计算公式		I_{max}值
		$\sigma_{临界}' = 0.0605E\delta^2\left(\dfrac{9}{8}\cdot\dfrac{l^2}{R^4} + \dfrac{7}{6}\cdot\dfrac{\pi^4}{l^2}\right)$		加强环的最大间距 $I_{max} = 1.009\pi R$

第四节 零位罐(含放空罐)区设计

一、零位罐区设计

零位罐用于自流卸铁路油罐车,主要起缓冲作用,罐中油品边进边出。零位罐区设计计算见表 1-6-16。

表 1-6-16 零位罐区设计计算

项目	零位罐区设计计算				
1. 零位罐区位置要求	应靠近收油泵站与铁路装卸油品作业线,距铁路装卸油品作业线中心线之间的距离,不应小于6m				
2. 零位罐容量、个数确定		依 据	计算公式	符 号	符号含义	单 位
	(1)油罐总容量	按国家标准,总容量一般不应大于一次卸车量	$V \leq V_车 n$	V	每种油品零位罐总容量	m^3
				$V_车$	一辆油罐车的计算容量	m^3
				n	该种油品一次到库的最大油罐车数量	辆
	(2)油罐个数 ①单罐容量推荐 在设计、建造实践中,对于成品油库大多采用单个罐容量为 300~500m^3 的立式油罐作零位罐 ②油罐个数推荐 一般情况下,汽油、煤油、柴油及海军燃料油每种油品各设一座零位罐					
3. 零位罐的罐底标高确定	(1)考虑的因素 ①既要考虑自流卸铁路油罐车的要求 ②又要考虑泵能抽吸零位罐低液位的油 ③还要考虑被地下水位浸没而采取的安全措施等因素 (2)通常在一定容量下,零位罐的高度较小而直径较大,罐中最高液面低于附近地面以统一解决上述矛盾				
4. 零位罐工艺管路设计	(1)零位罐工艺管路设计应遵循油管路设计的一般技术原则(见本书第十章) (2)应从其所处的特殊位置考虑,其进出油管路管径都应大于(至少等于)与之相连接的输油泵出口管路管径 (3)应有跨越零位罐直接收油入储油罐的阀门和管组 (4)在满足工艺要求的前提下,管路应尽可能短些				

二、放空罐区设计

(一)放空罐的位置、容量和个数

放空罐的位置、容量和个数确定见表 1-6-17。

表 1-6-17 放空罐的位置、容量和个数确定

项 目	确 定
1. 作用	放空罐是为放空管路内存油而设置的
2. 罐型	放空罐一般采用卧式金属罐
3. 平面位置	(1)为自流放空管路,通常将放空罐的位置设在管路的最低处 (2)与其他设备设施的距离应符合安全要求
4. 罐底标高确定	(1)埋地下采用自流放空管线的方法 ①两方面考虑 a. 要从既能将管中存油放空 b. 又能用泵将罐中油品全部抽出 ②缺点 放空罐需埋设较深,这既难以防地下水,又加重了油罐的腐蚀,还不便检查维修油罐,施工费用亦高 (2)地面上 ①泵送。现在有主张利用泵站内油泵来放空输油管路 ②优点。这样放空罐即可在地面敷设,克服了上述缺点
5. 放空罐容积和个数	(1)根据输油管内存油数量和油料品种确定的 (2)通常以管内存油1.5~2倍确定容量,每种油品一个罐

(二)埋地卧式罐的抗浮设计计算

当埋地卧式油罐被地下水浸泡时,应考虑校核空罐时的抗浮问题。

(1)无混凝土支墩或无梁板式钢筋混凝土基础锚固时的抗浮校核见表1-6-18。

表1-6-18 无锚固抗浮校核

抗浮条件计算公式	符号	符号含义	单位
	G_Z	油罐的总自重	t
	V_S	油罐埋入地下水部分的体积	m^3
$G_Z + G_\pm \geq V_S \cdot \gamma_S \cdot K$	γ_S	水的密度,$\gamma_S = 1$	t/m^3
	K	安全系数,$K = 1.1 \sim 1.5$	
	$G_\pm$	油罐水平直径以上覆土总质量	t
油罐水平直径以上覆土总质量计算公式	D	油罐的外直径	m
	L	油罐的总长度	m
$G_\pm = (D \cdot L \cdot H - V/2)\gamma_\pm$	H	油罐水平轴至回填土表面的距离	m
	V	油罐的体积	m^3
	$\gamma_\pm$	土壤的密度,$\gamma_\pm = 1.5\ t/m^3$	t/m^3

结论	(1)条件	由上两公式按表1-4-17地下卧式油罐的几何尺寸,分别对$10m^3$、$25\ m^3$、$50\ m^3$卧式油罐进行计算
	(2)结果	油罐顶覆土0.6 m,不加抗浮锚固,而空罐不被浮起的最高地下水位,对于$10\ m^3$罐应低于1 m,$25\ m^3$与$50\ m^3$罐应低于1.5 m
示意图		(示意图)

(2)加混凝土支墩和扁钢锚固计算。经过计算,若不满足上式的抗浮条件,即不满足$G_Z + G_\pm \geq V_S \cdot \gamma_S \cdot K$时,则空油罐即会被浮起,则必须加混凝土支墩和扁钢锚固,如图1-6-14和图1-6-15(A-A剖面)所示。

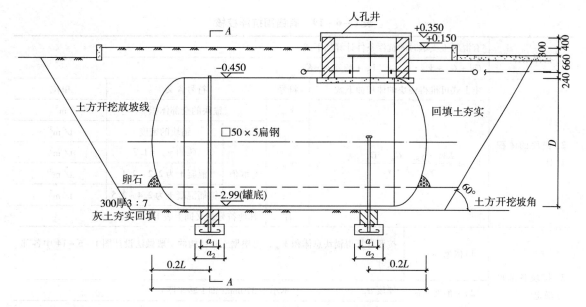

图 1-6-14 加混凝土支墩和扁钢锚固

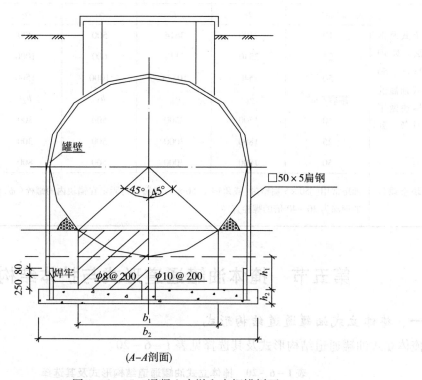

图 1-6-15 混凝土支墩和扁钢锚剖面

有混凝土支墩时的抗浮条件计算如表 1-6-19 所示。

表 1-6-19　有锚固抗浮校核

1. 抗浮条件	有混凝土支墩时的抗浮条件计算如下式 $G_Z + G_\pm + V_m \cdot \gamma_m \geq (V_S + V_m)\gamma_S \cdot K$				
2. 锚块的体积计算	由上式可推得锚块的体积如下式 $V_m \geq \dfrac{KV_S \cdot \gamma_S - G_Z - G_\pm}{\gamma_m - K \cdot \gamma_S}$	符号	符号含义		单位
		V_m	锚块的全部体积		m³
		γ_m	①含义	锚块的密度	t/m³
			②取值	砖的 $\gamma_m = 1.7$	t/m³
				混凝土为 2.2~2.4	t/m³
				钢筋混凝土为 2.4~2.5	t/m³
		注	其他符号含义同上表 1-6-18		
3. 锚块各部尺寸确定	(1) 依据	按照计算得锚块总体积 V_m，再根据土建结构的一般做法设计图 1-6-14 中各部尺寸			
	(2) 一般要求砖支座	厚度 a_1	不小于 370mm（即 1 砖半厚）		
		砖支座包角 α	一般为 90~120°		
	(3) 混凝土支座	宽度 b_2	一般应比罐直径至少大 15%		
4. 由上式及常规做法，对 10 m³、25 m³、50 m³ 卧式油罐的抗浮锚块做了设计计算，列右表	罐容/m³	D	L	a_1	a_2
	10	2100	3614	500	800
	25	2540	5114	600	1000
	50	2540	10574	1000	1500
	罐容/m³	b_1	b_2	h_1	h_2	支墩个数
	10	1500	2500	500	300	2
	25	1800	3000	500	300	2
	50	1800	3000	500	800	4
5. 锚块金属件规格	油罐常用□50×5 扁钢带（或角钢 ∠50×5）锚箍，与固定在锚块内的螺栓（$\phi 20~\phi 22$）连接，螺栓的埋深为 30~40 倍的螺栓直径				

第五节　掩体油罐通道形式与护体结构

一、掩体立式油罐通道结构形式

掩体立式油罐通道结构形式及其选择见表 1-6-20。

表 1-6-20　掩体立式油罐通道结构形式及其选择

项目	结构形式及其选择
1. 结构形式	掩体立式油罐通道形式有水平通道、斜通道、竖直通道 3 种，如图 5-16~图 15-18 所示。通常应选用斜通道，如选用水平通道时，应有可靠的防跑油措施。竖直通道进出罐室不便，很少采用，只有地形、位置受限时采用

续表

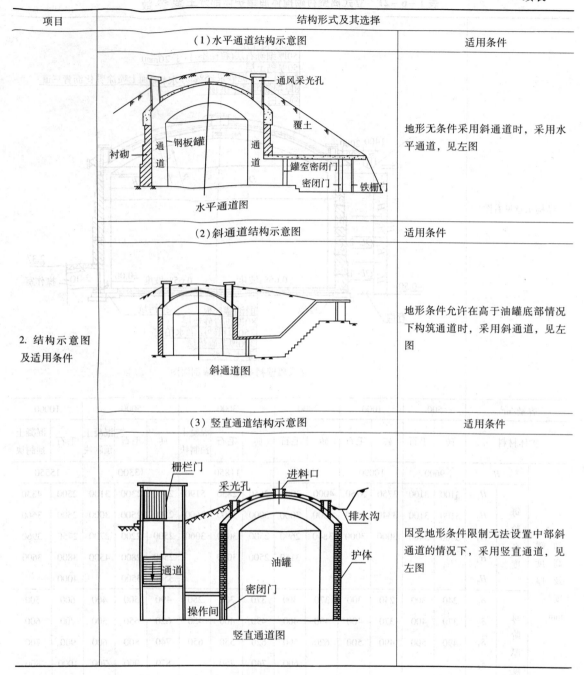

二、掩体立式油罐护体结构概要

(一) 立式离壁衬砌掩体油罐

立式离壁衬砌掩体油罐的护体内几何尺寸，是根据钢油罐的几何尺寸确定，而护体结构尺寸及配筋应根据护体几何尺寸进行结构设计计算确定，下图表为立式离壁衬砌掩体油罐的剖面图及其相应的参数，供设计参考见表 1-6-21。

表 1-6-21 立式离壁衬砌掩体油罐护体部分主要参数

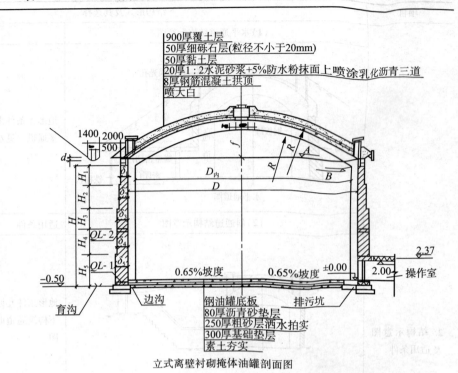

立式离壁衬砌掩体油罐剖面图

结构示意见右图

容量/m³	500		1000		2000		3000			5000			10000	
护体材料	砖	毛石	砖	毛石	砖	毛石	砖	毛石	混凝土预制块	砖	毛石	混凝土预制块	毛石	混凝土预制块
H	9600		10090		11840		11850			13300			15550	
H_1	3100	3100	3750	3750	4000	3000	3850	2850	5190	2300	2300	3100	2500	4330
H_2	3100	3100	3340	3340	4000	3000	3000	3000	3600	2500	2500	3000	2500	3660
H_3	3400	3400	3000	3000	3840	2690	2500	3000	3060	2500	2200	2700	2750	3960
H_4					3150	2500	3000			2500	2800	4500	3800	3600
H_5										3500	3500		4000	
δ_1	240	300	240	300	370	300	370	300	250	490	500	400	600	500
δ_2	370	400	370	400	490	400	490	400	450	620	650	500	700	600
δ_3	490	500	490	500	620	500	620	550	650	740	800	600	900	700
δ_4							600	740	750	870	900	700	1000	800
δ_5											990	1000	1200	
护体内径 D/mm	10400		13800		16900		20700			24600			31300	31600
钢罐顶圈内径/mm	8500		11989		15100		18920			22690			29280	
壳顶曲率半径 R/mm	8500		11310		15100		16900			20290			29280	
油罐矢高 f/mm	1739		2350		2587		3490			4149			4531	

油罐高度及厚度/mm — 每阶高度 ($H_1 \sim H_5$)、每阶厚度 ($\delta_1 \sim \delta_5$)

注：本表摘自原商业部设计院《石油库工艺设计手册》。

（二）立式贴壁衬砌掩体油罐

1. 立式离壁与立式贴壁衬砌掩体油罐的技术经济比较

立式离壁与立式贴壁衬砌掩体油罐的技术经济比较（按1995年的物价计算）见表1-6-22。

表1-6-22　立式离壁与立式贴壁衬砌掩体油罐的技术经济比较

油罐容量/m³ 结构形式	500		1000		2000		3000	
	离壁式	贴壁式	离壁式	贴壁式	离壁式	贴壁式	离壁式	贴壁式
实际容量/m³	504	504	1096	1096	2012	2012	3158	3158
砌砖量/m³	121	86	161	121	318	255	421	339
混凝土量/m³	16	11	21	19	30	24	59	49
钢筋用量/t	12	10	21	18	37	31	60	52
沥青砂量/m³	6	6	12	12	18	18	29	29
粗砂量/m³	20	15	37	29	56	45	84	73
灰土量/m³	24	18	45	35	67	54	101	87
回填土方量/m³	1450	1120	1370	926	4250	3600	4365	3570
土建费比/%	100	77.2	100	76.4	100	82.9	100	83
离壁比贴壁多占地面积/m²	28		37		45		56	
罐体耗钢量/t	12	12	20	20	35	35	54	54
单罐总造价/万元	15.5	13.7	22.9	20.8	43.9	40.6	63.1	58.8
每m³油造价/(元/m³油)	310	274	229	208	220	203	210	196
30年内离壁比贴壁防腐多耗费/万元	6		8		8.7		11.7	

2. 立式离壁与立式贴壁衬砌掩体油罐结构示意及优缺点比较

由这两种油罐的技术经济指标比较及结构示意图，可以看出立式贴壁比立式离壁衬砌掩体油罐有如下优点，见表1-6-23。

表1-6-23　立式离壁与立式贴壁衬砌掩体油罐结构示意及优缺点比较

	立式离壁衬砌掩体油罐结构示意图	立式贴壁衬砌掩体油罐结构示意图
（1）结构示意图	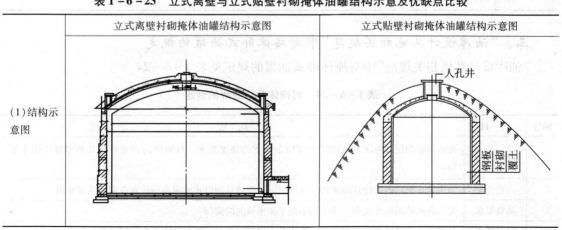	

续表

(2)贴壁衬砌结构特点	立式贴壁衬砌掩体油罐,见上右图。其特点是钢板油罐与其掩体紧贴,去掉两者离空的空间	
(3)立式贴壁比立式离壁的优点	①省单罐造价。在整体配置、对空隐蔽、防护能力完全相同而单罐容量相等的情况下,其单罐造价、立式贴壁比立式离壁结构降低7%~12% ②省建筑材料。在相同情况下,立式贴壁比立式离壁建筑材料省;耗钢筋混凝土量立式贴壁比立式离壁结构省13%~17%;耗混凝土量省10%~13%,耗砖量省20%~29% ③省回填土方量。在相同情况下,立式贴壁比立式离壁结构回填土方量也减少18%~32% ④缩短施工周期。由于立式贴壁比立式离壁结构建筑工程量减少,土方量减少,因而施工周期立式贴壁比立式离壁结构缩短 ⑤提高了安全度。由于立式贴壁结构去掉金属罐体和土建护体间的离空空间,因而不会产生油气集聚,对油罐的安全储油极为有利 ⑥减少了管理工作量。立式贴壁结构去掉离空空间后,免去了人员沿金属罐周检查,减少了管理工作量,也保证了人身安全 ⑦省维修保养费。一般情况下,油罐外壁5年左右需维修保养一次,若油罐寿命按30年计算,共需维修保养6次,其维修保养费是一笔较大数字	
(4)立式贴壁比立式离壁的缺点	这两种结构比较,其立式贴壁比立式离壁结构只有一条缺点,即立式离壁结构可以从金属罐外直观检查油罐是否渗漏,发现渗漏也便于处理,而立式贴壁结构不能直观检查,渗漏后也难以处理	
(5)缺点分析	①比洞库立式贴壁容易获得一次施工成功 其实不必担心这个问题,因为半地下贴壁掩体油罐的施工条件大大优于洞式贴壁油罐,它可以采用掘开覆土、金属罐安装与土建护体砌筑完全分开的施工方法。这样,金属罐的安装、焊接、检漏、试压等全过程,完全可以采用地面施工的一套成熟的方法,保证一次成功,不渗漏。金属罐检查验收合格后,再在金属罐外砌墙、筑钢筋混凝土顶。金属罐和土建砌筑完成后,可先装满储油,再次检查是否渗漏油,并观察油罐是否沉降。罐体无渗漏,无沉降后,最后再覆土掩埋,整理现场。这样的施工方法,做到万无一失,在使用中不必沿罐周检查 ②贴壁油罐钢板外表面的腐蚀也不必担心。实践证明,只要油罐钢板与罐外护体紧贴,隔绝钢板与空气接触,钢板就不易被腐蚀。我国多数钢板贴壁罐已经使用近40年,最长的已使用50多年,至今仍正常使用。国内有的输水管道内涂水泥砂浆防腐层,已达60~70年,仍在正常使用,美国类似的水管已使用130多年,这都是充分的论据	

三、"油库设计其他相关规范"中对掩体卧式油罐的规定

"油库设计其他相关规范"中对掩体卧式油罐的规定见表1-6-24。

表1-6-24 对掩体卧式油罐的规定

编号	项 目	规 定
1.	强度及壁厚	卧式油罐的设计应满足其设置和使用条件下的强度要求,且罐壁的钢板标准规格厚度不应小于5mm
2.	设置位置	除设置在洞库内的卧式油罐外,储存甲、乙类油品的卧式油罐不得设置在房间或罐室内
3.	防腐要求	覆土卧式油罐的外表面,应采用不低于加强级的防腐层
4.	抗浮要求	当覆土卧式油罐受地下水或雨水作用有上浮的可能时,应对油罐采取抗浮措施

续表

编号	项 目	规 定
5.	环保措施	建在水源保护区内或可能出现渗漏对地下建(构)筑物有不安全因素的覆土卧式油罐,应对油罐采取防渗漏扩散的保护措施,并应设置检漏设施。当油罐采用地下箱式混凝土防护构造时,应确保箱体不渗漏,且油罐与箱体之间的间隙应采用干沙或细土填充
6.	设置形式	(1)总要求。储存甲、乙类油品的覆土卧式油罐组,不宜设置罐头阀门操作间 (2)必须设置时,其阀门操作间应符合下列规定 ①阀门操作间的总长度不应大于40m ②阀门操作间应设不少于两个向外开门的安全出口。对于长度小于或等于20m的阀门操作间可设一个安全出口 ③地下或半地下式阀门操作间的安全出口,宜设在操作间的两端部,且安全出口不应采用直爬梯或与地面夹角大于60°的斜梯 ④地上阀门操作间的门槛,宜高于其室内地坪100mm ⑤阀门操作间应具备良好的通风条件
7.	回填土要求	覆土卧式油罐的回填土应分层压实,每层回填土的厚度不应大于0.3m。罐体周围应回填不小于0.2m厚的干净沙子或细土。顶部不得采用机夯或重夯

第七章 铁路油品装卸作业区设计数据图表

第一节 铁路专用线的布置

一、库外铁路专用线设计要点

库外铁路专用线设计要点见表1-7-1。

表1-7-1 库外铁路专用线设计要点

项 目	内 容				
1. 库外铁路专用线选线原则	(1)要尽量少搬迁、少占耕地;并应避开大中型建筑,如厂矿、水库、桥梁、隧道等 (2)要尽量减少土石方工程,避免穿越自然障碍;并尽量不建桥梁、隧道和涵洞 (3)要尽量避开滑坡、断层等不良地质条件 (4)尽量靠近附近铁路干线的车站,缩短专用线长度,其长度一般不宜超过5km (5)出岔接轨 ①不得在干线中途出岔,只能在车站出岔 ②在专用线与车站线路接轨处,应设安全线,长度一般为50m				
2. 库外铁路专用线主要设计参数	(1)库外铁路线等级应符合右表	库外铁路线等级			
		铁路等级	重车方向货运量/(10^4t/a)		
		Ⅰ	400 以上		
		Ⅱ	150~400		
		Ⅲ	150 以下		
	(2)库外铁路线最大坡度应符合右表	库外铁路线最大坡度 /‰			
		铁路等级	限制坡度		加力牵引坡度	
			蒸汽机车	内燃电力机车	蒸汽机车	内燃电力机车
		Ⅰ级	15	20	20	30
		Ⅱ级	20	25	25	30
		Ⅲ级及限期使用的铁路	25	30	25	30
	(3)库外铁路线最小曲率半径应符合右表	库外铁路线最小曲率半径			
		铁路等级	一般地段		困难地段
		Ⅰ级	600		350
		Ⅱ级	350		300
		Ⅲ级及限期使用的铁路	250		200

二、库内装卸作业线布置

(一)库内装卸作业线布置形式及股道选择

库内装卸作业线布置形式及股道选择见表1-7-2。

表1-7-2 库内装卸作业线布置形式及股道选择

布置形式	装卸线布置形式一般有三股、双股、单股三种形式,如下图所示		
股道数	三股	双股	单股
适用油库	有黏油散装收发的大、中型库宜设三股线	大、中型油库一般应设双股线	车位为12个以下的小型油库设单股线
轻油和黏油同时收发的单股线	应将黏油收发作业段放在装卸线的尾部,轻油放在前面		
铁路装卸油车位和股道设置,见右表	铁路装卸油车位和股道设置		
	月收油量/m³	装卸车位/个	股道
	2500至5000以下	24	双
	500至2500以下	12	双或单
	500以下	4~6	单
相邻装卸线的间距及库内专用线布置见下图			

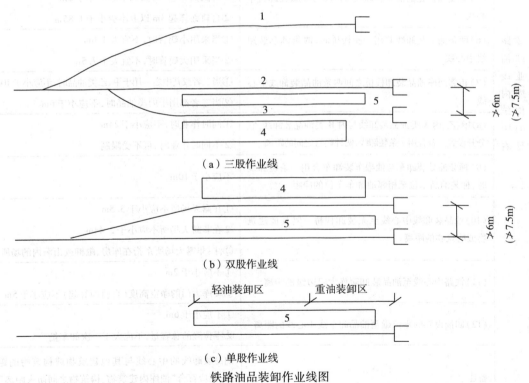

(a) 三股作业线

(b) 双股作业线

(c) 单股作业线

铁路油品装卸作业线图

1—黏油作业线;2—轻油作业线;3—轻油与桶装油品共用作业线;4—装卸站台;5—装卸油品栈桥

(二)《石油库设计规范》对装卸线设置的规定摘编

《石油库设计规范》对装卸线设置的规定摘编见表1-7-3。

表 1-7-3 《石油库设计规范》对装卸线设置的规定摘编

项目	规定摘编	
1. 布置要求	(1) 装卸线应为尽头式	
	(2) 装卸线应为平直线,股道直线段的始端至装卸栈桥第一鹤管的距离,不应小于进库油罐车长度的 1/2。装卸线设在平直线上确有困难时,可设在半径不小于 600m 的曲线上	
	(3) 装卸线上油罐车列的始端车位车钩中心线至前方铁路道岔警冲标的安全距离,不应小于 31m;终端车位车钩中心线至装卸线车挡的安全距离应为 20m	
2. 铁路装卸油作业线与库内建构筑物的距离见右表	铁路装卸油作业线与库内建(构)筑物的距离	
	建(构)筑物	距离
	(1) 油品装卸线中心线至石油库内非罐车铁路装卸线中心线	①装甲、乙类油品的不应小于 20m ②卸甲、乙类油品的不应小于 15m ③装卸丙类油品的不应小于 10m
	(2) 铁路中心线至石油库铁路大门边缘	①有附挂调车作业时,不应小于 3.2m ②无附挂调车作业时,不应小于 2.44m
	(3) 铁路中心线至油品装卸暖库大门边缘	不应小于 2m
	(4) 油品装卸鹤管至石油库铁路大门	不应小于 20m
	(5) 新建和扩建的油品装卸栈桥边缘与油品装卸线中心线	①自轨面算起 3m 及以下不应小于 2m ②自轨面算起 3m 以上不应小于 1.85m
	(6) 两条油品装卸线共用一座栈桥时,两条油品装卸线中心线	①当采用小鹤管时,不宜大于 6m ②当采用大鹤管时,不宜大于 7.5m
	(7) 相邻两座油品装卸栈桥之间两条油品装卸线中心线	①当二者或其中之一用于甲、乙类油品时,不应小于 10m ②当二者都用于丙类油品时,不应小于 6m
	(8) 甲、乙、丙 A 类油品装卸线与丙 B 类油品装卸线,宜分开设置。若合用一条装卸线,两种鹤管之间的距离	①同时作业时,不应小于 24m ②不同时作业时,可不受限制
	(9) 桶装油品装卸车与油罐车装卸车合用一条装卸线时,桶装油品车位至相邻油罐车车位的净距	不应小于 10m
	(10) 油品装卸线中心线至无装卸栈桥一侧其他建筑物或构筑物的距离	①在露天场所不应小于 3.5m ②在非露天场所不应小于 2.44m ③注:非露天场所系指在库房、敞棚或山洞内的场所
	(11) 铁路中心线至油品装卸暖库大门边缘的距离	①不应小于 2m ②暖库大门的净空高度(自轨面算起)不应小于 5m
	(12) 卸油设施的零位罐至油品卸车线中心线的距离	①不应小于 6m ②零位罐的总容量,不应大于一次卸车量
	备注	油品装卸线的中心线与其他建筑物或构筑物的距离,尚应符合"油库内建筑物、构筑物之间防火距离"(即第三章表 1-3-8)的规定

(三) 装卸线长度的确定

装卸线长度的确定见表 1-7-4。

表 1-7-4　装卸线长度的确定

项目	长度确定计算			
1.定义	装卸线长度是指某股装卸线停车车位长度与安全线长度的总和			
2.示意见右图	作业线长图			

	计算公式	符号	符号含义	单位
3.常见的双股装卸线且同时只收发轻油的作业线长度计算	$L = L_1 + L_2 + L_3$ $L_3 = 1/2 n L_车$	L	装卸线单股长度	m
		L_1	装卸线警冲标至第一辆油罐车始端车位车钩中心线的距离,规范要求 $L_1 \geq 31m$	m
		L_2	装卸线最后车位的末端车位车钩中心线至车挡的距离,规范要求 $L_2 = 20m$	m
		L_3	装卸线单股停车车位的总长度	m
		n	一次到库的最多油罐车总数	辆
		$L_车$	一辆油罐车的计算长度,一般取 $L_车 = 12.2m$	m

	条件	简化公式
4.简化公式	(1) 双股装卸线同时只收发轻油的作业线单股长的计算公式可简化为	$L_{双单} \geq 51 + 6.1n$
	(2) 在双股装卸线的某股装卸线上同时收发轻油和黏油时,此股装卸线的计算公式可简化为	$L_{双混} \geq 63 + 6.1n$
	(3) 对于单股作业时,没有警冲标,$L_1 = 0$,对于只收发轻油的单股作业线长的计算可简化为	$L_单 = 20 + 6.1n$
	(4) 对于同时收发轻油和黏油的单股作业线长的计算可简化为	$L_{单混} = 32 + 6.1n$

	非商业用油库 n 数		地方油库 n 数		
5.一次到库最多油罐车总数 n 的选择	油库等级	n 数	油库规模	轻油	黏油
	一级	40	大、中型油库	20~30	5~10
	二、三级	30	小型油库	10~15	3~5
	四级	20	注:具备水上运油条件的,一次停靠的油罐车节数可根据情况适当减少		
	五级	10			

6.另外要求	非商业用油库装卸甲、乙类油品的铁路作业线,应距其停车位20m以外设置供移动油泵连接的应急装卸油接口,其公称直径不应小于150mm

三、货物装卸站台布置

货物装卸站台布置见表1-7-5。

表1-7-5 货物装卸站台布置

项 目			货物装卸站台布置要求	
1. 货物装卸站台的布置要求	(1)功能		货物装卸站台主要是装卸桶装油料和油料器材等	
	(2)位置		①它的位置应选在装卸线一侧靠近桶装仓库和器材仓库的一边	
			②若有可能与油罐车同时装卸时,则站台应布置在装卸线的尾端	
	(3)高差		站台面高出铁轨顶面的高差不应小于1.1m	
	(4)斜坡道		站台与道路衔接处的端头应设坡度不大于1:10的斜坡道,便于车辆上下	
	(5)距离		①站台面高出轨面1.1m时	站台边缘与装卸线中心线的距离不应小于1.75m
			②站台面高出轨面超过1.1m时	站台边缘与装卸线中心线的距离不应小于1.85m
2. 货物装卸站台尺寸	(1)根据		装卸站台的尺寸应根据货物装卸量确定	
	(2)推荐尺寸		①长一般站台为50~100m	
			②宽一般站台为6~15m	

第二节 铁路装卸油作业区布置及栈桥设计

一、铁路装卸油作业区布置

铁路装卸油作业区布置见表1-7-6。

表1-7-6 铁路装卸油作业区布置

项 目	布置方案
1. 单股作业线布置方案	(1)示意图 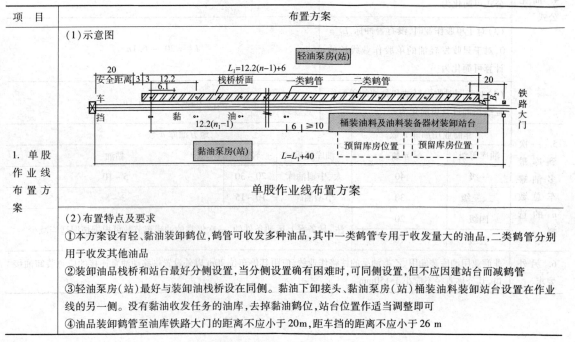 单股作业线布置方案 (2)布置特点及要求 ①本方案设有轻、黏油装卸鹤位,鹤管可收发多种油品,其中一类鹤管专用于收发量大的油品,二类鹤管分别用于收发其他油品 ②装卸油品栈桥和站台最好分侧设置,当分侧设置确有困难时,可同侧设置,但不应因建站台而减鹤管 ③轻油泵房(站)最好与装卸油栈桥设在同侧。黏油下卸接头、黏油泵房(站)桶装油料装卸站台设置在作业线的另一侧。没有黏油收发任务的油库,去掉黏油鹤位,站台位置作适当调整即可 ④油品装卸鹤管至油库铁路大门的距离不应小于20m,距车挡的距离不应小于26m

续表

项　目	布置方案
2. 尽头式双股作业线布置方案	(1)示意图 尽头式双股作业线布置方案 (2)布置特点及要求 ①本方案设有轻、黏油装卸鹤位,鹤管可收发多种油品,其中一类鹤管专用于收发量大的油品,二类鹤管分别用于收发其他油品 ②两股装卸线,一般宜将装卸栈桥布置在两股装卸线的中间。两股装卸线中心线的距离,当采用小鹤管时,不宜大于6m;当采用大鹤管时,不宜大于7.5m ③轻油泵房(站)单独设置于作业线一侧,黏油下卸接头、黏油泵房(站)和装卸油料站台设置在作业线的另一侧,没有黏油收发任务的油库,去掉黏油鹤位,站台位置作适当调整即可 ④当分侧设置确有困难时,轻油泵房(站)也可与黏油泵房(站)同侧设置
3. 贯通式双股作业线布置方案	(1)示意图 贯通式双股作业线布置方案 (2)布置特点及要求 ①本方案设有轻、黏油装卸鹤位,鹤管可收发多种油品,其中一类鹤管专用于收发量大的油品,二类鹤管分别用于收发其他油品 ②轻油泵房(站)单独设置于作业线一侧,黏油下卸接头、黏油泵房(站)和桶装油料装卸站台设置在作业线的另一侧。没有黏油收发任务的油库,去掉黏油鹤位,站台位置作适当调整即可 ③当分侧设置确有困难时,轻油泵房(站)也可与黏油泵房(站)同侧设置

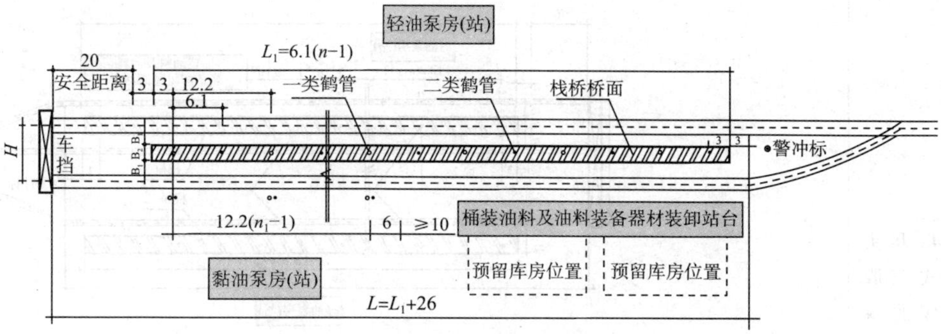

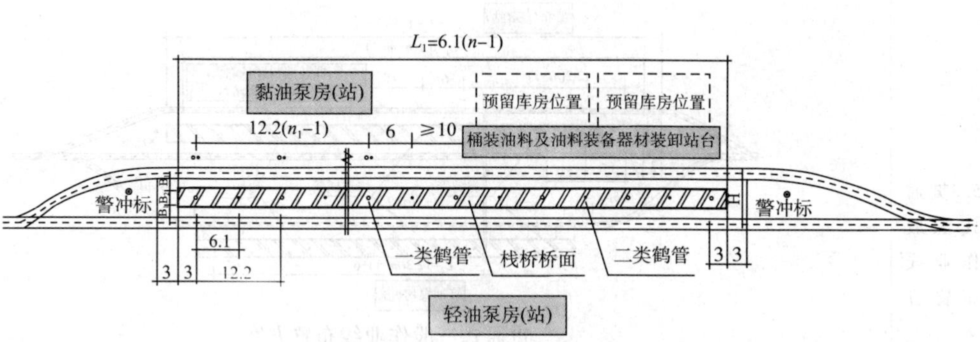

续表

项目	布置方案
4. 尽头式三股作业线布置方案	(1) 示意图 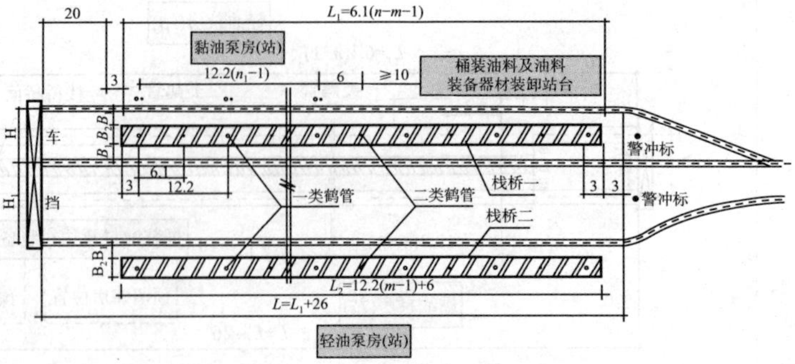 尽头式三股作业线布置方案 (2) 布置特点及要求 ①本方案设有轻、黏油装卸鹤位，三股作业线均可收发轻油，其中一股作业线可收发黏油 ②鹤管可收发多种油品，其中一类鹤管专用于收发量大的油品，二类鹤管分别用于收发其他油品 ③轻油泵房（站）单独设置于作业线一侧，黏油下卸接头、黏油泵房（站）和桶装油料装卸站台设置在作业线的另一侧。没有黏油收发任务的油库，去掉黏油鹤位，站台位置作适当调整即可 ④当分侧设置确有困难时，轻油泵房（站）也可与黏油泵房（站）同侧设置 ⑤两座装卸栈桥相邻时，相邻两座装卸栈桥之间的两条装卸线中心线的距离，当二者或其中之一用于甲、乙类油品装卸时，不应小于10m；当两者都用于丙类油品装卸时，不应小于6m
5. 贯通式三股作业线布置方案	(1) 示意图 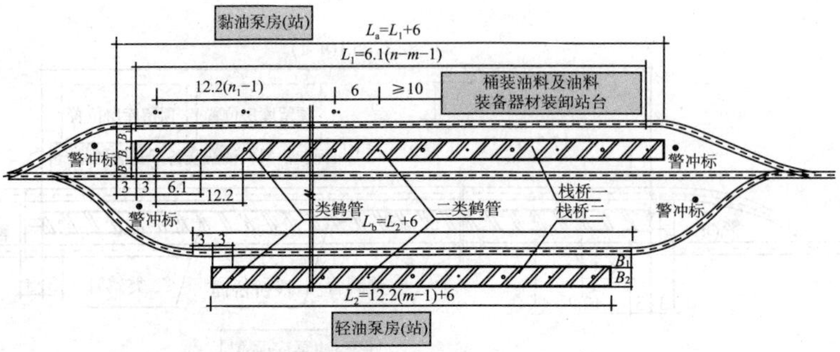 贯通式三股作业线布置方案 (2) 布置特点及要求 ①本方案设有轻、黏油装卸鹤位，三股作业线均可收发轻油，其中一股作业线可收发黏油 ②鹤管可收发多种油品，其中一类鹤管专用于收发量大的油品，二类鹤管分别用于收发其他油品 ③轻油泵房（站）单独设置于作业线一侧，黏油下卸接头、黏油泵房（站）和桶装油料装卸站台设置在作业线的另一侧。没有黏油收发任务的油库，去掉黏油鹤位，站台位置作适当调整即可 ④当分侧设置确有困难时，轻、黏油泵房（站）可同侧设置

二、铁路装卸油栈桥设计

(一) 栈桥设计概要

栈桥设计概要见表1-7-7。

表 1-7-7 栈桥设计概要

项 目	内 容
1. 栈桥形式及优劣	形式优劣 (1)钢筋混凝土结构根据使用实践,钢筋混凝土结构比钢结构好,减少了维修保养的工作量 (2)钢结构易生锈,维护工作量大,费用高。不推荐采用 (3)活动栈桥的特点是采用了阻尼平衡器,过桥起落缓慢无冲击,轻松省力;工作角度大,可低于水平面25°,能适应不同类型的油罐车与栈桥间搭过桥;平行活动的杆状扶手使行人有可靠保护;转动铰接点采用不锈钢销和尼龙套,不生锈,无需润滑;安装简单,只需用 M16 螺栓连接
2. 相关规范规定	(1)装卸甲、乙类油品的铁路作业线,应设装卸油栈桥。装卸丙类油品的铁路作业线,应设油品下卸接口 (2)铁路作业线为单股道时,装卸油栈桥宜设在与装卸油泵站的相邻侧 (3)装卸油栈桥应采用混凝土结构或钢结构。装卸油栈桥面宜高于轨顶 3.5m,桥面宽度宜为 1.8~2.2m
3. 栈桥附属设备	(1)按规范要求栈桥两端和沿栈桥每隔 60~80 m 处应设上下栈桥的梯子 (2)桥面周边设高约 80 cm 的栏杆,保护人员安全 (3)在安装鹤管的位置留缺口并设吊梯,供上下油罐车使用,吊梯倾角不应大于 60° (4)在上栈桥的梯子处应设导静电手握体
4. 钢筋混凝土结构	(1)桥面用钢筋混凝土预制板或现浇钢筋混凝土 (2)立柱 ①形式 钢筋混凝土栈桥宜采用"T"型结构 ②间距 立柱的间距应尽量与鹤管一致,一般为 6.1m 或 12.2m

(二)栈桥的尺寸确定

栈桥的尺寸确定见表 1-7-8。

表 1-7-8 栈桥的尺寸确定

项 目	尺寸确定			
1. 长度计算	栈桥长度计算示意图 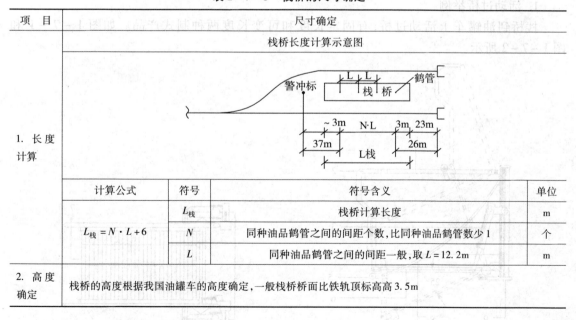			
	计算公式	符号	符号含义	单位
		$L_栈$	栈桥计算长度	m
	$L_栈 = N \cdot L + 6$	N	同种油品鹤管之间的间距个数,比同种油品鹤管数少1	个
		L	同种油品鹤管之间的间距一般,取 $L=12.2m$	m
2. 高度确定	栈桥的高度根据我国油罐车的高度确定,一般栈桥桥面比铁轨顶标高高 3.5m			

项　目		尺寸确定
3. 宽度确定	(1)考虑因素 ①栈桥的宽度根据铁路收发油的频繁程度及一次到库的罐车数 ②两条平行装卸线中心线之间距确定 ③应满足栈桥结构边缘及依附栈桥架设的管线、管架等凸出物不超过建筑接近界限右图的规定 ④单侧使用的可窄些，双侧使用的可宽些	标准轨距铁路接近限界 ×—×—信号机、水鹤的建筑接近限界(正线不适用); —·—·—站台建筑接近限界(正线不适用); ———各种建筑物的基本接近限界; — — —适用于电力机车牵引的线路的跨线桥、天桥及雨棚等建筑物; ………电力机车牵引的线路的跨线桥在困难条件下的最小高度
	(2)规范要求。装卸线的中心线与栈桥边缘的距离,自轨面算起3m及以下不应小于2m;3m以上不应小于1.85m	
	(3)非商业用。油库栈桥宽度一般宜为1.8~2.2m,特殊情况下不小于1.0m	

(三)栈桥的结构设计举例

1. 活动过桥举例

栈桥到油罐车上活动过桥,有固定长度和可变长度两种制式产品。如图1-7-1和图1-7-2所示。

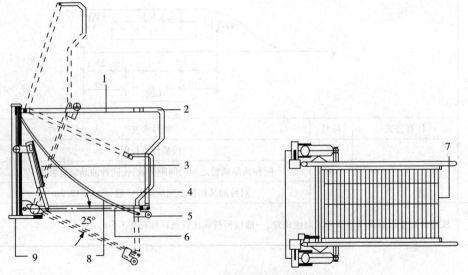

图1-7-1　固定长度活动过桥
1—连杆;2—弯头杆;3—平衡器;4—立柱;5—橡胶轮;6—踏板梁;7—踏板组合;8—尼龙绳;9—连接底板

240

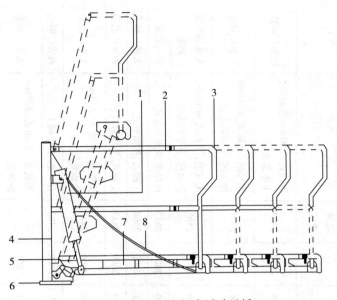

图 1-7-2 可变长度活动过桥
1—平衡器；2—连杆；3—弯头杆；4—立柱；5—踏板梁；6—底板；7—踏板组合；8—尼龙绳

2. 栈桥整体结构设计举例

栈桥整体结构设计举例见图 1-7-3。

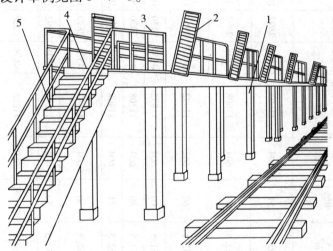

图 1-7-3 铁路栈桥示意图
1—立柱；2—活动过桥；3—保护栏杆；4—作业平台；5—斜梯

第三节 铁路油品装卸工艺设计

一、铁路油罐车种类、技术参数及装油量

(一) 铁路油罐车种类、技术参数

铁路油罐车是铁路运输散装油料的专用车辆。按其装载油料的性质，可分为轻油、黏油罐车两类。其载重量为 30t、50t、60t、80t 多种类型。目前国内使用的大多数是 50t、60t 的。各种油罐车的基本类型尺寸见表 1-7-9。

表 1-7-9 主型铁路油罐车主要技术参数

罐车类型车型	类别（用途）	重量参数/t			容积参数			最大尺寸/mm				罐体尺寸/mm			结构特点	备注
		自重/t	标记载重/t	总容积/m³	有效容积/m³	容量计表	罐车长度（罐车两端车钩内侧距离）	罐车高度	罐车宽度	车底架 长×宽	长度	直径	罐体中心线距轨面高度		
G12	黏油	23.3	50	52.5	51	604	11608	4638	2892	10700×2830	10028	2600	2463	下卸式 φ100mm 排油阀，下半部夹层	沈阳厂制造
G12B	黏油	23.8	50	52.5	51	604	11608	4838	2892	10700/2830	10026	2600	2463	无气泡，下卸式 φ100mm 排油阀，下半部夹层	大连厂制造
G17	黏油	22.2	52	62.1	60	662	11992	4477	2950	11050×2880	10410	2800	2565	无气泡，下卸式 φ100mm 排油阀，下半部夹层	大连和西安厂制造
G18	轻油	24	50	61.5	60	604	11832	4650	3130	10800×2830	10000	2800	2673	1973年改为上卸式	罗马尼亚
G50	轻油	22	50	51.5	50	604	11708	4633	3020	10800×2830	9800	2600	2468	上卸式，抽油管	大连厂制造
G50	轻油	21.5	50	52.5	51	604	11408	4612	3020	10500×2600	10020	2600	2437	上卸式，抽油管	大连厂制造
G50	轻油	19.8	50	52.5	50	604	11542	4528	2890	10634×2830	10160	2600	2445	无气泡，上卸式，φ75mm 抽油管	大连厂制造
G50	轻油	20.8	50	52.5	50	604	11608	4638	2892	10700×2830	1026	2600	2463	有气泡，其他同上	西安厂制造
G63	轻油	20.6	52	60.8	58.39	660	11865	4676	3220	—	9810	2800		无底架，上卸式，φ75mm 抽油管	大连厂制造
G60	轻油	20	52	62.1	60	660	11992	4477	2912	11050×2880	10410	2800	2567	上卸式，φ100mm 抽油管	西安厂制造
G60	轻油	21	52	62.1	60	662	11958	4747	3100	11050×2880	10410	2800		无气泡，上卸式，φ75mm 抽油管	大连厂制造
G60A	轻油	18.5	52	62.1	60	662	11992	4442	2910	—	10410	2800	2530	无底架，无气泡，上卸式，φ75mm 抽油管	大连厂制造

(二)铁路油罐车及配件结构示意图

1. 轻油罐车及配件结构示意见图1-7-4~图1-7-7。

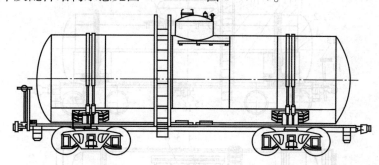

图1-7-4 G50型50m³铁路油罐车

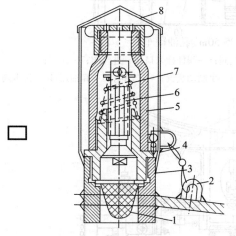

图1-7-5 罐车进气阀

1—过滤器;2—铅封环;3—连接短管;4—阀座;
5—阀体;6—阀芯;7—弹簧;8—阀罩

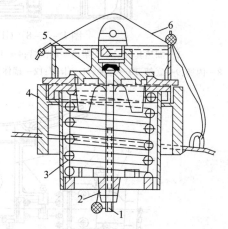

图1-7-6 罐车出气阀

1—螺杆;2—螺帽;3—弹簧;4—连接短管;
5—阀座;6—阀罩

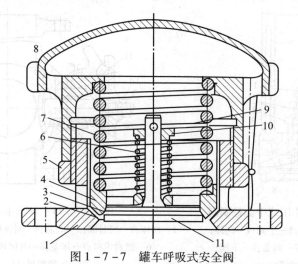

图1-7-7 罐车呼吸式安全阀

1—阀体;2、3—O型垫圈;4—呼出阀;5—锁紧螺母;6—吸入阀弹簧;7—呼出阀弹簧;8—阀盖;
9—开口销;10—上弹簧座;11—吸入阀

注:呼吸式安全阀,由于它结构简单,因而取代了进气阀和出气阀。

2. 黏油罐车及配件结构示意见图1-7-8～图1-7-11。

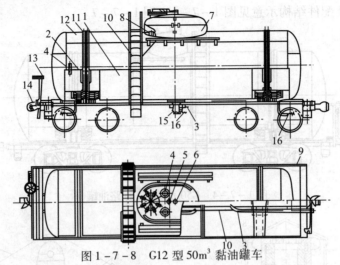

图1-7-8　G12型50m³黏油罐车

1—加热套板；2—支架；3—蒸汽管；4—出气阀；5—阀杆插入口；6—进气阀；7—罐颈；
8—内梯；9—底架；10—外梯；11—卡带；12—罐体；13—手制动装置；14—车钩；15—卸油器；16—排水阀

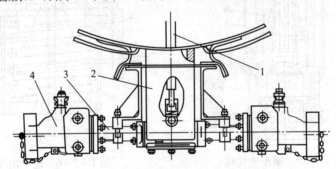

图1-7-9　G12型黏油罐车排油装置

1—阀杆；2—中心排油阀；3—排油阀；4—侧排油阀

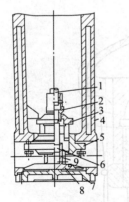 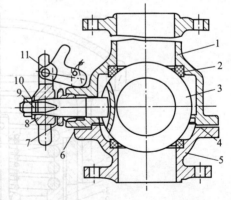

图1-7-10　双作用式中心控制阀　　　　　图1-7-11　球形中心控制阀

1—开闭轴；2—阀套；3—上阀；4—阀体；　　1—阀体；2—密封圈；3—阀芯；4—耐油橡胶石棉垫片；5—阀盖；
5—阀座；6—阀杆；7—阀盖；8—下阀；　　6—轴封填料；7—压盖；8—开闭轴扳手；9—开闭轴；
9—导向肋　　　　　　　　　　　　　　　　10—压紧螺母；11—锁铁

注：双作用式的排油装置结构复杂、通路小、卸油速度慢。近几年来，在G17型油罐车上安装了一种球阀排油装置（图1-7-10）。这种阀的零件少、重量轻、通道大、卸油快、操作简便。开启时，只需将带通道的球形阀芯转90°，液体即可流出。

(三)铁路油罐车最大装油量及装油高度

1. 铁路油罐车最大装油量见表1-7-10。

表1-7-10 铁路油罐车最大装油量

装油量/t 油品	吨位、车型 30t	50t				
	500型	4型	600型	601型	604型	605型
车用汽油	22	37	39	38	38	39
喷气燃料	23	39	41	40	40	41
轻柴油	25	42	44	42	43	44

注:此表系未考虑温差情况下的最大装油量,仅供估计参考。

2. 铁路油罐车最大装油高

铁路油罐车最大装油高,与油罐车运输途中最高油温有关。全国铁路油罐车运输途中最高油温见表1-7-11,几种铁路油罐车按温差装载油高见表1-7-12。

表1-7-11 全国铁路油罐车运输途中最高油温

地区范围	季节划分					
	冬春		雨季		夏秋	
	月份	最高油温/℃	月份	最高油温/℃	月份	最高油温/℃
东北地区(山海关以北)	12~2	2	3~5	28	6~11	33
长江北地区(武汉、成都以北)	12~2	17	3~5	34	6~11	39
长江南地区(武汉、成都南)	12~2	24	3~5	24	6~11	39

表1-7-12 几种铁路油罐车按温差装载油高

油高/cm 始终温差/℃	车型、吨位 500型	4型	601型	600型	604型	605型
	30吨位	50吨位				
1	261	296	298	296	296	252
2	258	293	296	294	293	251
3	255	289	295	289	289	251
4	251	285	293	285	285	250
5	248	282	291	283	281	249
6	245	278	289	277	277	248

续表

始终温差/℃ \ 油高/cm \ 车型、吨位	500型	4型	601型	600型	604型	605型
	30吨位			50吨位		
7	242	274	287	273	273	248
8	239	271	285	269	270	247
9	235	267	283	265	266	247
10	233	263	282	261	262	246
11	230	259	280	258	259	246
12	227	257	278	257	256	245
13	223	255	276	256	255	244
14	220	255	274	255	254	244
15	217	254	272	254	253	243
16	214	252	271	253	252	243
17	211	252	269	252	251	242
18	207	251	267	251	251	242
19	204	250	265	250	250	241
20	202	250	263	250	249	241
21	201	249	261	249	248	240
22	201	249	259	248	248	240
23	201	248	257	248	247	239
24	200	247	256	247	247	238
25	199	247	255	246	246	238
26	198	246	254	246	245	237
27	198	245	254	245	245	237
28	198	245	253	245	244	236
29	197	244	252	245	243	236
30	196	243	252	244	243	235

注：本表按汽油的膨胀系数1.3‰编制的，适用于装运汽油、煤油、柴油。

二、铁路装卸油能力的确定

（一）装卸车限制流速

《石油库设计规范》(GB 50074)中要求鹤管内的油品流速，不应大于4.5m/s。表1-7-13的数据可供参考。

表1-7-13 装车、卸车限制流速

操作项目	控制流速 v/(m/s)	
铁路油罐车装卸油	要求满足下式：$v^2 D \leqslant 0.8$	鹤管直径为80mm，$v \leqslant 3.1$
		鹤管直径为100mm，$v \leqslant 2.8$
		鹤管直径为150mm，$v \leqslant 2.3$

注：D为管内径。

(二)同时装卸罐车数及装卸时间、流量

同时装卸罐车数及装卸时间、流量见表1-7-14。

表1-7-14 同时装卸罐车数及装卸时间、流量

油库容量/m³	同时进行作业的罐车数		铁路装卸流量/(m³/h)		装卸车时间/h	
	轻油	黏油	轻油	黏油	一般情况	日到车数超过一列龙车时
1500以下	1	1	120~280	30~50	4~8(每日装卸1次)	8~16(每日装卸1~2次)
1500~6000	2~4	1				
6000~30000	5~8	2				
30000以上	油罐车的冷却数或一半的罐车数					

三、铁路装卸油工艺流程

(一)装卸油工艺流程分类及各类特点

装卸油工艺流程分类及各类特点见表1-7-15。

表1-7-15 装卸油工艺流程分类及各类特点

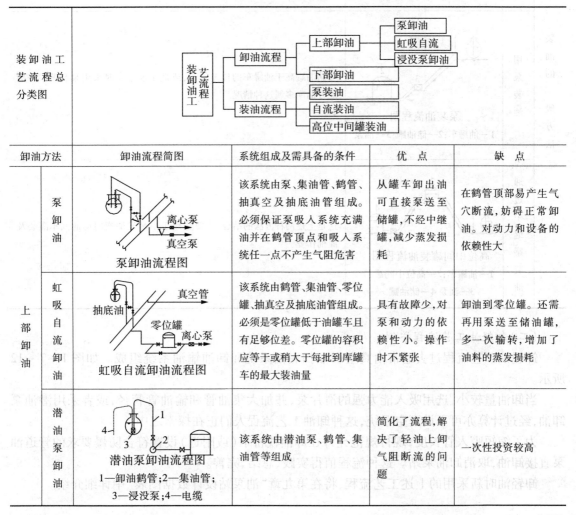

卸油方法		卸油流程简图	系统组成及需具备的条件	优点	缺点
上部卸油	泵卸油	泵卸油流程图	该系统由泵、集油管、鹤管、抽真空及抽底油管组成。必须保证泵吸入系统充满油并在鹤管顶点和吸入系统任一点不产生气阻危害	从罐车卸出油可直接泵送至储罐,不经中继罐,减少蒸发损耗	在鹤管顶部易产生气穴断流,妨碍正常卸油。对动力和设备的依赖性大
	虹吸自流卸油	虹吸自流卸油流程图	该系统由鹤管、集油管、零位罐、抽真空及抽底油管组成。必须是零位罐低于油罐车且有足够位差。零位罐的容积应等于或稍大于每批到库罐车的最大装油量	具有故障少,对泵和动力的依赖性小。操作时不紧张	卸油到零位罐,还需再用泵送至储油罐,多一次输转,增加了油料的蒸发损耗
	潜油泵卸油	潜油泵卸油流程图 1—卸油鹤管;2—集油管;3—浸没泵;4—电缆	该系统由潜油泵、鹤管、集油管等组成	简化了流程,解决了轻油上卸气阻断流的问题	一次性投资较高

续表

卸油方法	卸油流程简图	系统组成及需具备的条件	优 点	缺 点
下部卸油	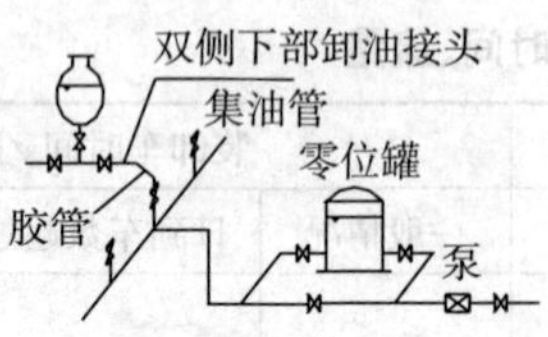 下部卸油流程图	该系统由下卸器、卸油管、集油管、输油管和零位罐或输油泵组成	取消了鹤管和抽真空系统也不会产生气阻断流,亦不用抽底油管清罐车,设备隐蔽简单,操作方便	因下卸器经常开关,及途中震动而难以保证严密不漏,运输中不安全

装油方法		装油流程简图	必须具备条件和适用性
装油的一般方法	自流装油	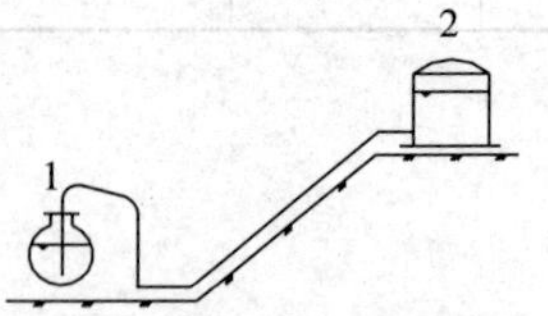 自流装油流程图 1—油罐车；2—储油罐	储油罐高于油罐车且有足够的位差时可采用自流装油。一般靠山建造的山洞油罐多数属这种情况
	用泵装油	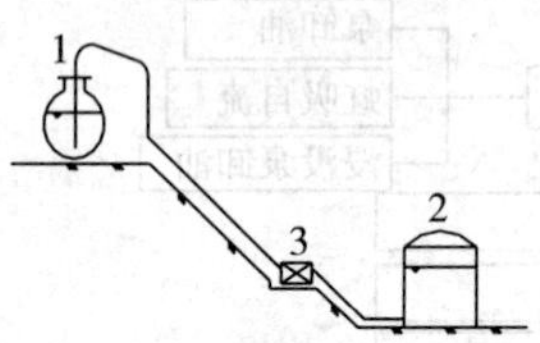 泵装油流程图 1—油罐车；2—储油罐；3—油泵	当储油罐高于油罐车的位差很小,或低于油罐车时采用泵装油。一般地方油库多属这种情况
	通过中继罐装油	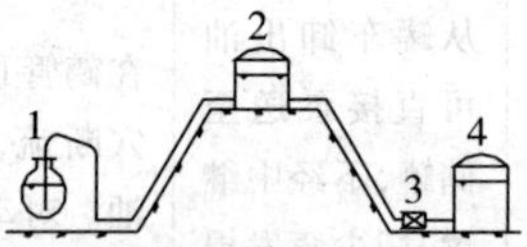 高位中间罐装油流程图 1—油罐车；2—高位中间罐；3—油泵 4—储油罐	这是上述两种方法的结合,主要适用于小量发油或向运油汽车灌装及灌桶作业

(二)卸轻油工艺流程举例

卸轻油工艺流程过去通常由真空引油扫底油系统和卸油输油系统组成。如图 1-7-12 所示。

当卸油量较小,选用吸入能力强的滑片泵,并加大集油管和输油管管径,或者采用潜油泵卸油,经过计算亦可不设真空系统,这种卸油工艺流程人们正在探索之中。

为了缩短吸入管长度,现行规范允许在卸油栈桥下(或附近)设置符合防爆要求的管道油泵直接卸油,取消卸油泵站。这种流程值得实践、总结、完善。

卸轻油时新采用的上述工艺流程,将在第九章"油泵站设计数据图表"中详细介绍。

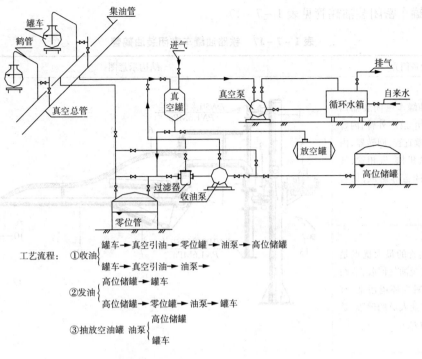

图 1-7-12 过去常用工艺流程

四、鹤管的选择、布置及连接

(一)常用装卸油鹤管介绍

1. 上部装卸油鹤管

(1)弹簧力矩平衡鹤管见表 1-7-16。

表 1-7-16 弹簧力矩平衡鹤管

设备简介		结构示意图
组成	弹簧力矩平衡鹤管,是由立柱、平衡器、回转器、内外臂及其锁紧装置、垂直管(铝管制)等组成,见右图	(a)旋转360°的弹簧力矩平衡鹤管 (b)旋转180°的弹簧力矩平衡鹤管 弹簧力矩平衡鹤管 1—安装底板;2—立柱;3—内臂锁紧机构;4—法兰接口;5—回转器;6—内臂;7—外臂锁紧装置;8—平衡器;9—外臂;10—垂直管
原理	它采用压缩弹簧平衡器与鹤管自重力矩平衡	
性能	平衡器力矩与鹤管自重力矩在各个角度及部位均能达到平衡,故能上下自如,操纵轻便灵活。这种鹤管配有回转器,能水平旋转360°或180°,俯仰角范围为0~80°,工作距离为3.3~4.4m(或3.3~5.6m)	
特点	对位方便,转动力矩小、操作方便,减轻了劳动强度,可以避免它与油罐车碰撞时产生火花	

(2) 铁路油罐车密闭装油鹤管见表1-7-17。

表1-7-17 铁路油罐车密闭装油鹤管

设备简介		结构示意图
组成	铁路油罐车密闭装油鹤管,是由立柱、外臂、内臂组合、垂直管、回转器、内臂锁紧机构、气相管、气缸、密闭盖等组成,见右图	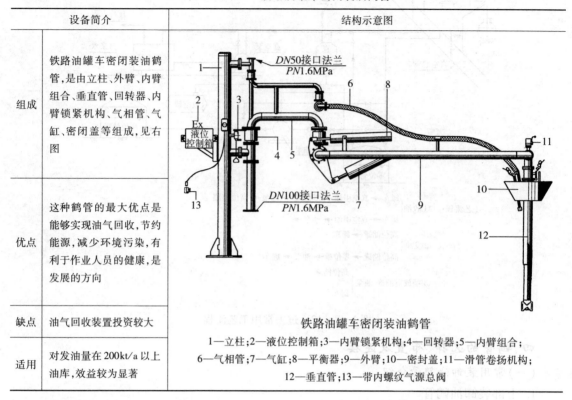 铁路油罐车密闭装油鹤管 1—立柱;2—液位控制箱;3—内臂锁紧机构;4—回转器;5—内臂组合;6—气相管;7—气缸;8—平衡器;9—外臂;10—密封盖;11—滑管卷扬机构;12—垂直管;13—带内螺纹气源总阀
优点	这种鹤管的最大优点是能够实现油气回收,节约能源,减少环境污染,有利于作业人员的健康,是发展的方向	
缺点	油气回收装置投资较大	
适用	对发油量在200kt/a以上油库,效益较为显著	

(3) 铁路油罐车防溢装油鹤管见表1-7-18。

表1-7-18 铁路油罐车防溢装油鹤管

设备简介		结构示意图
组成	铁路油罐车防溢装油鹤管,组成与弹簧力矩平衡鹤管的结构基本相同,所不同的是增加了液位探头、液位控制箱、防误操作探头、气缸或液压缸等。它分为一级防溢和二级防溢两种	(a) 一级防溢液位报警鹤管 (b) 二级防溢液位报警鹤管 铁路油罐车防溢装油鹤管 1—立柱;2—液位控制箱;3—法兰接口;4—回转器;5—内臂;6—平衡器;7—外臂;8—外臂锁紧机构;9—高位液面探头;10—垂直管;11—低位液位探头;12—操纵阀;13—防误操作探头;14—气缸或液压缸
特点	可防止误操作和油罐车冒油,见右图	

（4）气动潜油泵油罐车卸油鹤管见表1-7-19。

表1-7-19 气动潜油泵油罐车卸油鹤管

设备简介		结构示意图
组成	气动潜油泵油罐车卸油鹤管，是由压缩空气接头、气动三联体、气压管、回转、气动潜油泵等组成，见右图	气动潜油泵油罐车卸油鹤管 1—压缩空气接头；2—气动三联体；3—气压软管；4—鹤管法兰接口；5—回转器； 6—气压软管；7—气压硬管；8—气动潜油泵
特点	较好地解决了夏季卸油难的问题，相对于液压潜油泵安全性较差	

（5）液动潜油泵油罐车卸油鹤管见表1-7-20。

表1-7-20 液动潜油泵油罐车卸油鹤管

设备简介		结构示意图
组成	液动潜油泵油罐车卸油鹤管，是由立柱、液压控制阀、高压软管、液压站、回转器、液压软管、液动潜油泵等组成，见右图	液动潜油泵油罐车卸油鹤管 1—立柱；2—液压控制阀；3—高压软管；4—液压站；5—回转器； 6—液压软管；7—液压硬管；8—液压潜油泵
特点	较好地解决了夏季卸油易产生气阻的问题，相对于气动潜油泵安全性较好	
YQY、YQYB介绍	YQY型是一种液动卸火车槽车潜油泵，YQYB为其改进型，具有扫舱及装卸两用功能。YQY、YQYB型泵的设计制造符合美国石油协会API610《石油、重化学和天然气工业用离心泵》标准、国家GB/T 3125—1982《炼厂、化工及石油化工流程用离心泵通用技术条件》。产品性能见下表，安装见右图及产品样本	YQY、YQYB型卸槽系统示意 1—液压站；2—压油管；3—回油管；4—栈桥；5—操纵元件；6—鹤管； 7—胶管；8—槽车；9—潜油泵

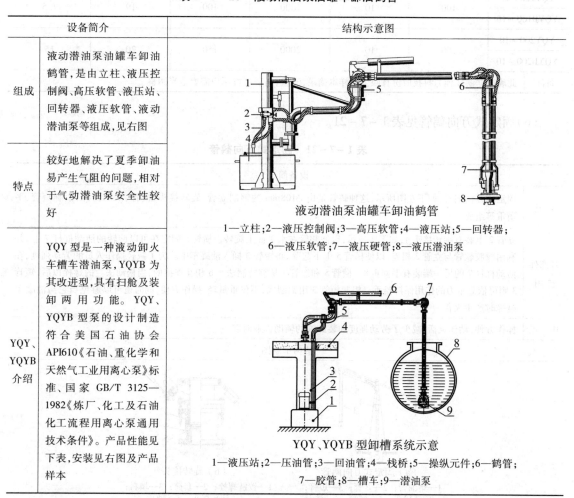

续表

YQY、YQYB型液动卸槽车泵性能参数

设备简介		结构示意图				
泵型号	流量 Q/(m^3/h)	扬程 H/m	转速 n/(r/min)	泵口径/mm	质量（单泵）/kg	功率/kW
YQY50-6	50	6	1650	90	17	3
YQYB50-6						
YQY60-10	60	10	1800	90	17	5.5
YQYB60-10						
YQY60-25	60	25	2300	90	18	11
YQYB60-25						
YQY60-40	60	40	2850	90	18	18.5
YQYB60-40						
YQY50-60	50	60	2850	90	19	22
YQYB50-60						
YQY100-10	100	10	1800	100	19	7.5
YQYB100-10						
YQY200-10	200	10	2000	150	20	15
YQYB200-10						
备注	此表根据浙江佳力科技股份有限公司样本摘录，流量、扬程可按用户需要适当调整					

（6）固定式万向鹤管见表1-7-21。

表1-7-21　固定式万向鹤管

	设备简介
组成	固定式万向鹤管，如下左图所示，这种鹤管是由ϕ108mm的钢制立管、旋转接头、横管、活动杠杆、铝制短管、平衡重等组成
各部件作用	立管2上装有旋转接头4，如下图所示，以便鹤管在水平面上旋转。横管5固定在可以旋转的活动杠杆7上，并利用橡胶软管与立管2相连，以便横管5上下起落，将短管3插入油罐车中。为了减轻操作人员的劳动强度，在活动杠杆7的另一端装有平衡重8。横管5和短管3是靠特制法兰6相互连接的，当松动法兰的螺栓以后，短管3则可依靠重力的作用保持铅垂。铝制短管3用铝制成，不仅重量轻、操作方便，同时也可以避免当它与油罐车碰撞时产生火花
优点	操作方便，动作灵活，减少了劳动强度和装卸油的辅助作业时间
结构示意图	

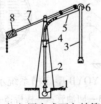 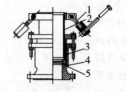

（a）固定式万向鹤管　　　　　　（b）旋转接头

1—集油管；2—立管；3—短管；　　　1—铰链螺栓；2—套筒；3—填料；
4—旋转接头；5—横管；6—法兰；　　4—旋转接头；5—轴承
7—活动杠杆；8—平衡重

(7)自重力矩平衡鹤管见表1-7-22。

表1-7-22 自重力矩平衡鹤管

设备简介	
原理	自重力矩平衡鹤管,如下图所示。它采用压缩弹簧平衡器与鹤管自重力矩平衡
性能	经精密计算,平衡器力矩与鹤管自重力矩在各个角度及部位均能达到平衡,故能上下自如,操作轻便灵活。这种鹤管配有回转器,能旋转360°,故其俯仰角范围为0~80°;为了解决鹤管对准油罐车货位,配有水平活节及垂直活节。另外还配有调节对位距离的小臂。小臂完全收拢时,工作距离为3.25m,小臂完全展开时,工作距离为5.15m
结构示意图	

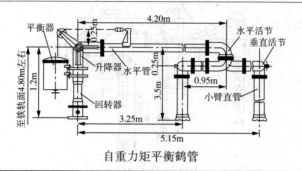

自重力矩平衡鹤管

(8)$DN100-1$型轻油装卸鹤管见表1-7-23。

表1-7-23 $DN100-1$型轻油装卸鹤管

设备简介	
原理	$DN100-1$型轻油装卸鹤管,如下图所示,这种鹤管系"位移配重式"铁路油罐车轻油装卸鹤管
组成	它主要由吸油管1、半径管2、位移配重3、加长管4和内部结构相同的A、B、C型转动接头等部件组成
功能	其基本动作是操作"位移配重式",可使鹤管上下移动,再通过转动接头C与A的配合转动,可使吸油管自如地进出油罐车,并能旋转360°进行双面作业。鹤管与油罐车的对位,采用加长管调整旋转半径的方式完成
特点	①操作轻便灵活。一名操作人员在油罐车上或栈桥上均可单独操作 ②密封结构合理。密封材料采用聚四氟乙烯,并在密封圈内填加V型弹簧,具有能自动补偿、防锈蚀、密封可靠、使用寿命长等优点 ③鹤管升降方式采用新颖的"位移配重式"。具有结构简单、能使鹤管在任意位置调整、安全可靠等优点 ④转动接头采用了标准轴承,规格统一,旋转灵活,使用寿命长,便于制造

结构示意图

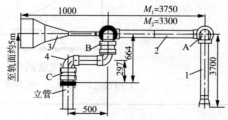

$DN100-1$型轻油装卸鹤管
1—吸油管;2—半径管;3—位移配重;4—加长管;A、B、C—转动接头

(9) DN100-79 型轻油装卸鹤管见表 1-7-24。

表 1-7-24　DN100-79 型轻油装卸鹤管

	设备简介
原理	这种鹤管系"重锤平衡式"铁路油罐车轻油装卸鹤管
功能	这种鹤管的最大工作范围为 8m，水平转动范围为 360°
适用	它适用于两股铁路装卸线中心距为 6.5m 的栈桥平台上，装卸各种轻油用

结构示意图

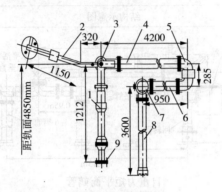

DN100-79 型鹤管

1—旋转接头；2—重锤平衡器；3—"S"型摆动接头；4—长横臂管；5—水平回转活节；6—短横臂管；
7—竖回转活节；8—竖吸油臂；9—连接法兰

(10) 气动鹤管见表 1-7-25。

表 1-7-25　气动鹤管

设备简介	结构示意图
气动鹤管，如右图所示，它的起落是以压缩空气为动力的。当需要鹤管提起时，首先向汽缸 1 内通入压缩空气，汽缸里的活塞在压缩空气的推动下移动，并使与活塞杆铰接的活动臂围绕旋转轴转动，从而带动鹤管使其升起。装卸油品时，放走汽缸里的空气，鹤管在自身重力的作用下垂入油罐车。鹤管的前后位置靠延伸滚轮 3 在活动臂 4 上滚动来调节，活动臂 4 还可以和汽缸 1 一起围绕着支点作水平方向的转动	气动鹤管 1—汽缸；2—软管；3—延伸滚轮；4—活动臂

2. 下部卸油鹤管

下部卸油鹤管见表 1-7-26。

表 1-7-26 下部卸油鹤管

(1)卸油臂简介		结构示意图
功能	卸油臂,它是一种用于下部卸油的设备,与上部装卸油鹤管的作用相同。能适应各种不同类型油罐车编组的需要	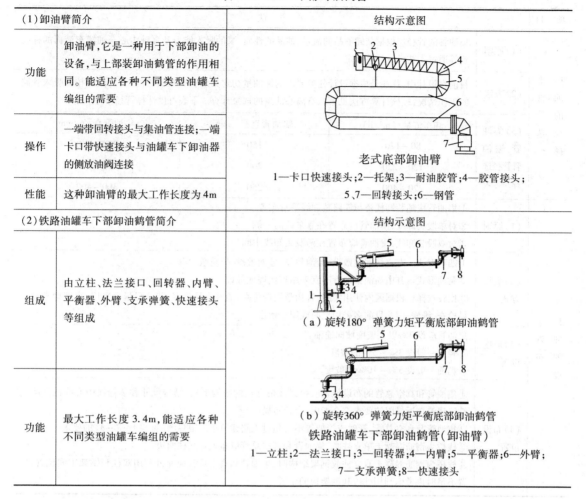 老式底部卸油臂 1—卡口快速接头;2—托架;3—耐油胶管;4—胶管接头; 5、7—回转接头;6—钢管
操作	一端带回转接头与集油管连接;一端卡口带快速接头与油罐车下卸油器的侧放油阀连接	
性能	这种卸油臂的最大工作长度为4m	
(2)铁路油罐车下部卸油鹤管简介		结构示意图
组成	由立柱、法兰接口、回转器、内臂、平衡器、外臂、支承弹簧、快速接头等组成	(a)旋转180° 弹簧力矩平衡底部卸油鹤管 (b)旋转360° 弹簧力矩平衡底部卸油鹤管 铁路油罐车下部卸油鹤管(卸油臂) 1—立柱;2—法兰接口;3—回转器;4—内臂;5—平衡器;6—外臂; 7—支承弹簧;8—快速接头
功能	最大工作长度3.4m,能适应各种不同类型油罐车编组的需要	

(二)鹤管的布置

鹤管的布置见表 1-7-27。

表 1-7-27 鹤管的布置

项 目	布 置
1. 布置原则及间距	轻油鹤管的布置应以装卸量大的油品为主,在栈桥上全线设置;间距为12.2m,其余油品鹤管分别穿插在已布两鹤管的中间,使不同油品的鹤管间距为6.1 m,这就充分利用了栈桥长度
2. 不同油品的要求	(1)喷气燃料喷气燃料必须采用专用鹤管和集油管 (2)汽、柴油汽、柴油若不同时来车装卸时,可共用鹤管,但集油管必须分开专用 (3)黏油卸油臂一般设在桶装油品站台同侧靠作业线终端,终端卸油臂与车挡应有26m 的安全距离

五、集油管的管径选择及布设

集油管的管径选择及布设见表 1-7-28。

表1-7-28 集油管的管径选择及布设

项 目		方 法
1. 集油管的管径选择	(1)原则	集油管的管径应根据装卸油品的流量、油品的性质、泵的吸入能力及泵轴中心至油罐车液面的标高差等通过工艺设计计算确定
	(2)方法	目前在设计中,往往是根据设计任务要求的卸油量初定集油管和输油管的管径,然后校核吸入管路的工作情况,校核计算方法见第八章离心油泵的选泵计算。下表可供选择管径参考
	(3)集油管、输油管管径选择参考表	卸车流量/(m³/h)　　　输油管直径/mm　　　集油管直径/mm 80~120　　　　　　　150　　　　　　　　200~250 120~220　　　　　　　200　　　　　　　　250~300 220~400　　　　　　　250　　　　　　　　300~400
2. 集油管的布设	(1)原则	①集油管应随装卸栈桥与铁路装卸线平行布置 ②对单股装卸线,集油管应布置在靠泵站的一侧 ③对双股装卸线,集油管应布置在两股装卸线中间
	(2)敷设方式	①四种形式。有直接埋地敷设、管沟敷设、地面敷设、架空敷设等 ②黏油形式。其中黏油集油管不宜采用直接埋地敷设 ③比较选择。根据国内使用实践,管沟敷设造价高、油气容易集聚,建议尽量少采用;直埋地敷设不易检查、维修;因此目前多采用地面或架空敷设
	(3)坡度设置	集油管应设3‰以上坡度坡向输油管 ①轻油一般设3‰~5‰的坡度 ②黏油一般设5‰~10‰的坡度
	(4)布设位置	①集油管和真空总管的布设位置应根据栈桥立柱的结构形式、结构尺寸和装卸线中心线的间距及铁路建筑接近界限的要求综合考虑、合理布局 ②集油管及真空总管、管礅或管架等不得超过铁路建筑接近界限图(见表1-7-8)的要求 ③栈桥为钢筋混凝土单立柱时,集油管和真空总管应布置在立柱两边 ④栈桥为钢筋混凝土双立柱或钢架结构时,集油管和真空总管应充分利用双柱和钢架中间位置,位置不足时再考虑利用柱边和钢架边的位置

六、铁路油品装卸工艺设计举例

(一)铁路油品装卸常规工艺设计举例

铁路油品装卸常规工艺见图1-7-13。

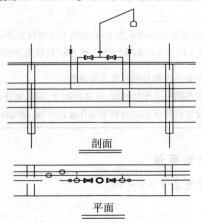

图1-7-13 铁路油品装卸常规工艺设计

(二)铁路油品潜油泵卸油工艺设计举例

铁路油品潜油泵卸油工艺见图1-7-14。

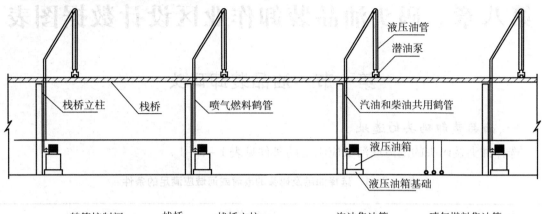

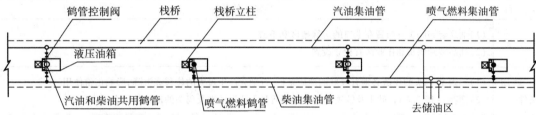

图1-7-14 铁路油品潜油泵卸油工艺设计

(三)栈桥下安装油泵的工艺设计举例

栈桥下安装油泵的工艺见图1-7-15。

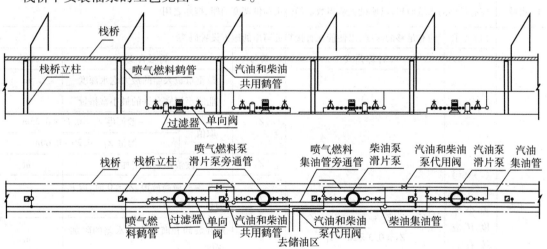

图1-7-15 栈桥下安装油泵的工艺设计

第八章 码头油品装卸作业区设计数据图表

第一节 油品装卸码头

一、油品装卸码头的选址

选择油港及码头的港湾或河域应满足的条件见表 1-8-1。

表 1-8-1 选择油港及码头的港湾或河域应满足的条件

项目	应满足的条件			
1. 位置	(1)油品装卸码头宜布置在港口的边缘地区和下游 (2)油品装卸码头和作业区宜独立设置			
2. 地质条件	(1)原则 油码头的建造必须有较好的地质条件,否则会产生过大的位移或沉降,影响正常使用 (2)推荐 一般选岩石、砂土及较硬的黏土或砂质黏土选做油港及码头的地基较为合适			
3. 防波条件	(1)码头应可靠地遮住海风,尽可能保护其不受波浪的冲击,最好设在河湾或海湾 (2)如无这种条件,则尽可能采用透空式结构的码头,以减少波浪的反射影响 (3)也可设置专用的防波堤和围栅保护油港			
4. 水域	应有足够的水域面积,以便设置适当数量的码头和供调度油船、拖船之用			
5. 水深	(1)要求	应有足够的深度,以便能在直接靠近河岸的地方设置码头		
	(2)在码头处的最小深度 H 应按右式计算	计算公式	符号	符号含义	单位
		$H = T + Z_1 + Z_2 + Z_3 + Z_4$ $Z_2 = 0.3 \times 2h - Z_1$	T	载重量最大船的最大吃水深度	m
			Z_1	船底至河底允许的最小富裕量	m
				取值 — 一般河港 $Z_1 = 0.15 \sim 0.25$m	
				海港 $Z_1 = 0.20 \sim 0.60$m	
			Z_2	波浪影响的附加深度	m
			h	码头附近最高波浪,$Z_2 \leq 0$ 时,取 h 为 0	m
			Z_3	船在装卸和航行中吃水差的附加深度	m
				一般取值 — 河港 $Z_3 = 0.3$m	
				海港 $Z_3 = Kv$m	
			K	与长度有关的系数	
			v	航速	km/h
			Z_4	考虑江、河、海泥沙淤积的增加量	m
			取值	一般取 $Z_4 = 0.4$m	

续表

项目	应满足的条件
6. 油港	在油港内应尽量避免冲积泥砂,以免经常进行河底疏通工程
7. 码头	(1) 油码头应与其他货运码头、客运码头及桥梁等建筑离开一定距离,并尽可能设置在它们的下游,以免发生火灾时危及这些建筑的安全。如确有困难时,在设有可靠的安全设施条件下,亦可建在上游 (2) 油品装卸码头与相邻客运、货运码头及公路桥梁、铁路桥梁等建筑物、构筑物的安全距离,不应小于表 1-8-2~表 1-8-5 的规定

表 1-8-2 油品装卸码头与相邻港口客运码头的安全距离

油品装卸码头位置	客运站级别	油品类别	安全距离/m
沿 海	一、二、三、四	甲、乙	300
		丙 A	200
内河客运站码头的下游	一、二	甲、乙	300
		丙 A	200
	三、四	甲、乙	150
		丙 A	100
内河客运站码头的上游	一	甲、乙	3000
		丙 A	2000
	二	甲、乙	2000
		丙 A	1500
	三、四	甲、乙	1000
		丙 A	700

注:①油品装卸码头与相邻客运站码头的安全距离,系指相邻两码头所停靠设计船型首尾间的距离。
②停靠小于 500t 油船的码头,安全距离可减少 50%。
③客运站级别划分应符合现行国家标准《河港工程设计规范》GB 50192 的规定。
④本表摘自《石油库设计规范》(GB 50074)。

表 1-8-3 油品装卸码头与相邻货运码头的安全距离

油品装卸码头位置	油品类别	安全距离/m
沿海、河口内河货运码头上游	甲、乙	150
	丙 A	100
内河货运码头下游	甲、乙	75
	丙 A	50

注:①表中安全距离系指相邻两码头所停靠设计船型首尾间的净距。
②本表摘自《石油库设计规范》(GB 50074)。

表1-8-4　油品装卸码头与公路、铁路桥梁等建(构)筑物的安全距离

油品装卸码头位置	油品类别	安全距离/m
公路、铁路桥梁的下游	甲、乙	150
	丙A	100
公路、铁路桥梁的上游	甲、乙	300
	丙A	200
内河大型船队锚地、固定停泊所、城市水源取水口的上游	甲、乙、丙A	1000

注：①停靠小于500t油船的码头，安全距离可减少50%。
　　②本表摘自《石油库设计规范》（GB50074）。

油品装卸码头之间或油品装卸码头相邻两泊位的船舶安全距离，不应小于表1-8-5的规定。

表1-8-5　油品装卸码头之间或油品装卸码头相邻两泊位的船舶安全距离　　　　m

船长	<110	110~150	151~182	183~235	236~279
安全距离	25	35	40	50	55

注：①船舶安全距离系指相邻油品泊位设计船型首尾间的净距。
　　②当相邻泊位设计船型不同时，其间距应按吨级较大者计算。
　　③当突堤或栈桥码头两侧靠船时，可不受上述船舶间距的限制，但对于装卸甲类油品泊位，船舷之间的安全距离不应小于25m。
　　④1000吨级及以下油船之间的防火距离，可取船长的0.3倍。
　　⑤本表摘自《石油库设计规范》（GB50074）。

二、油码头的种类及各类码头特点

油码头的种类及各类特点见表1-8-6。

表1-8-6　油码头的种类及各类码头的特点

油码头的种类

```
                          ┌─ 固定码头
           ┌─ 近岸式码头 ─┤
           │              └─ 浮码头
油码头种类 ─┼─ 栈桥式固定码头
           │                  ┌─ 浮筒式单点系泊设施
           └─ 外海油轮系泊码头─┼─ 浮筒式多点系泊设施
                              └─ 岛式系泊设施
```

260

续表

各类码头的特点

1. 近岸式码头	近岸式码头多利用天然海湾或建筑防护设施而建成,常见的近岸式油码头有固定码头和浮动码头两种 (1)近岸式固定码头 ①组成。一般利用自然地形顺海岸建筑,主要有上部结构、墙身、基床、墙背减压棱体等几部分组成 ②适用坚实的岩石、砂土和坚硬的黏性土壤地基 ③优点。整体性好,结构坚固耐久,抵抗船舶水平载荷的能力大,施工作业比较简单 ④缺点。港内波浪较大时,岸壁前的波浪反射将影响港内水域的平稳,不利于油船停靠和作业,这种码头由于作业量小,对新建的海湾油港已很少采用 (2)近岸式浮动码头 ①条件。对于水位经常变动(如涨落潮)的港口,应设置可以随水位升降的浮码头(又称趸船) ②组成。浮码头是由趸船、趸船的锚系和支撑设施、引桥、护岸部分、浮动泵站及输油管等组成 ③特点。浮码头的特点是趸船随水位涨落而升降,所以作为码头面的趸船甲板面与水面的高差基本上为一定值,它与船舶间的联系在任何水位均一样方便 ④种类及优劣。常用的趸船有钢质趸船和水泥趸船两类。钢质趸船抵抗水力冲击的能力较强,水密性好,船体不易破损,但造价高,易锈蚀,须定期维修。因此,一般在水流急、回水大的地区才采用。目前我国正在大力推广钢筋混凝土趸船和钢丝网水泥趸船 ⑤长度。确定趸船的长度根据停靠船只的长度以及水域条件的好坏来定,一般以趸船长与船长之比等于0.7~0.8设计。如果水域条件好,流速较小,无回水,则趸船可以小些。如果水域条件差,对靠岸不利,则趸船应大些 ⑥活动引桥 a. 坡度活动引桥的坡度随水位而变化,一般在低水位时,人行桥的坡度要求不陡于1:3 b. 宽度活动引桥若行人时宽度不应小于2.0m c. 结构活动引桥通常采用钢结构 d. 要求引桥在趸船和岸上的支座构造一方面要能在垂直面内充分转动,还要在水平面内稍有转动;另一方面,当趸船有纵向和横向位移时,要求均不把水平力传给引桥来承受 ⑦固定引堤当趸船离岸较远时,则除了活动引桥外还可有固定引堤 (3)近岸式码头示意图如下 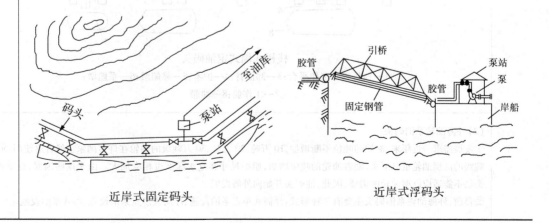 近岸式固定码头　　　　近岸式浮码头

261

续表

	各类码头的特点
2. 栈桥式固定码头	(1)栈桥式固定码头 ①适用性。近岸式固定码头和浮码头供停泊的油船吨位均不大，随着船舶的大型化，目前万吨以上的油轮多采用栈桥式固定油码头，如下图所示 ②优缺点。这种码头借助引桥将泊位引向深水处，它停靠的船只多，但修建困难，受潮汐影响大，破坏后修复慢 ③组成。栈桥式固定码头一般由引桥、工作平台和靠船墩等部分组成 ④各部分作用 a. 引桥作为人行和敷设管道之用 b. 工作平台为装卸油品操作之用 c. 靠船墩为靠船系船之用 d. 在靠船墩上使用护木或橡胶防护设备来吸收靠船能量 ⑤栈桥设置要求 a. 油品管道栈桥宜独立设置 b. 当油品码头与邻近的货运码头共用一座栈桥时，油品管道通道和货运通道应分别设置在栈桥两侧，两者中间应布置宽度不小于2m的检修通道 ⑥栈桥式固定油码头示意图如下 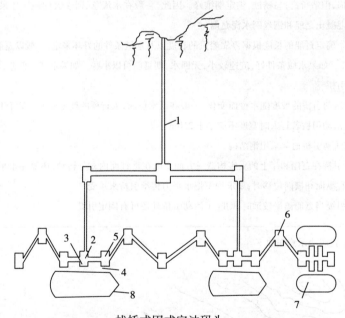 栈桥式固式定油码头 1—栈桥；2—工作平台；3—卸油臂；4—护木；5—靠船墩；6—系船墩； 7—工作船；8—油船 (2)外海油轮系泊码头 ①发展需求。近年来，油轮的吨位不断增加，10万吨、20万吨、30万吨级的油轮在许多国家已经普遍使用，50万吨级的巨型油轮也已下水，随着油轮的吨位增加，船型尺寸和吃水深度也相应加大。由于这些因素，近岸式码头已不能适应巨型油轮的需要，因此，油码头开始向外海发展 ②目前，外海油轮系泊码头主要有三种形式：浮筒式单点系泊设施、浮筒式多点系泊设施、岛式系泊设施

三、油码头的等级划分

油码头的等级划分见表1-8-7。

表1-8-7 油码头的等级划分

等级	沿海/t	内河/t	等级	沿海/t	内河/t
一级	10000及以上	5000及以上	三级	1000~3000以下	100~1000以下
二级	3000~10000以下	1000~5000以下	四级	1000以下	100以下

四、不同吨位油船码头有关数据

不同吨位油船码头有关数据见表1-8-8。

表1-8-8 不同吨位油船码头有关数据

载重吨级	船长/m	泊位长/m	净距/m	净距/船长
700	48	60	12	0.25
1000	53	70	17	0.32
2000	68	85	17	0.25
3000	81	100	19	0.235
4000	92	110	18	0.196
5000	102	120	18	0.177
6000	111	130	19	0.171
8000	126	145	19	0.151
10000	140	165	25	0.179
12000	150	175	25	0.167
15000	163	185	22	0.135
17000	170	195	25	0.147
20000	178	200	22	0.124
25000	190	210	20	0.105
30000	200	220	20	0.10
35000	208	230	22	0.106
40000	215	240	25	0.116
45000	223	250	27	0.121
50000	230	255	25	0.109
65000	250	280	30	0.120
85000	260	290	30	0.116
100000	285	315	30	0.105

第二节　油船的主要技术数据

一、油船的分类

油船的分类见表1-8-9。

表1-8-9　油船的分类

分类	各类特征
1.分类依据	根据油船有无自航能力和用途,可把油船分为油轮、油驳和储油船
2.分类	(1)油轮 ①特征有动力设备,可以自航 ②设备一般还有输油、扫舱、加热以及消防等设备 ③种类国内海运和内河使用的油轮,可分为万吨以上,3000t以上和3000t以下几种 ④用途 a.万吨以上油轮主要用于海上原油运输 b.成品油的海运和内河运输,多以3000t以下油轮为主 (2)油驳 ①特征油驳是指不带动力设备,不能自航的油船,它必须依靠拖船牵引航行 ②设备利用油库的油泵和加热设备装卸、加热,也有的油驳上带有油泵和加热设备 ③种类油驳按用途来分有海上和内河两类 (3)储油船 ①用途近年来,在海上开采石油越来越多,离岸太远时,则利用储油船代替海上储油罐,用来储存和调拨石油 ②特征储油船一般要比停靠的油船吨位大。它除了没有主机不能自航外,其余设备都与一般油船相似

二、国内主要油船的结构及技术参数

(1)国内油轮的结构。国内沿海和内河航行的油轮有万吨以上、3000t以上和3000t以下几种。万吨以上油轮主要用于沿海原油运输。成品油的沿海和内河运输多以3000t以下的油轮为主。图1-8-1为常见的油轮结构示意图。

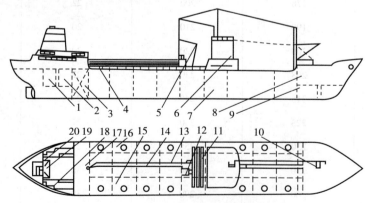

图1-8-1　油轮结构示意图

1、19—锅炉舱;2、17—引擎舱;3—燃油舱;4—栈桥;5—泵房;6—驾驶台;7—油舱;8—干货舱;9—压载舱;10—水泵房;11—管组;12—泵房;13—油舱(中间舱);14—输油管;15—油舱(边舱);16—油舱;18—生活间;20—冷藏间

（2）国内主要油船的技术参数见表1-8-10~表1-8-14。

表1-8-10 油船的规格性能（1）

船号	载重量/t	船型尺寸 （长×宽×高）/m	吃水深度/m	主机功率/马力	备注
411	600	58.78×9.4×4.2	3.85	980	
401	800	83.2×12.5×3.6	3.2	2200	
404 405	1000	62.45×9.14×4.12	3.6	630	
1	1500	67×11×4	4.1		卸油能力200t/h，压力0.5MPa
407	2400	100.35×13.8×4.8	4.1	1960	
402 403	3000	99.9×15.24×7.67	4.8	1800	
22	3000	96×13.6×6.33	5.65		卸油能力320t/h，压力0.5MPa
406	4000	123.5×16.03×5.51	4.5	1600	
24	4500	110×14.78×6.8	6.3		卸油能力500t/h，压力0.6MPa
10 15	16000	154×20.5×11.3	9.0		卸油能力700t/h，压力0.4MPa
28	15700	160×20.6×11.15	8.9		卸油能力1100t/h，压力0.8MPa
26	18000	180×21.6×12	9.7		卸油能力700t/h，压力0.4MPa
16	19000	170×21×12	9.5		卸油能力900t/h，压力0.8MPa
17	19300	177×21.8×11.78	9.4		卸油能力2000t/h，压力0.8MPa
33	20000	170×21.85×12.2	9.7		卸油能力2500t/h，压力3.5MPa
	600	54.35×9.4×4.12	3.57	1×800	沿海油轮
	300	43.43×8.2×3.5	3.0	1×250	沿海油轮
	75	26.7×4.9×1.9	1.83	1×150	内河油轮

表1-8-11 油船的规格性能（2）

船 型		300t沿海油轮	600t油船
几何尺寸/m	总长	43.5	58.7
	设计水线长	40.4	
	型宽	8.2	9.4
	型深	3.5	
	设计吃水深	3.0	最大吃水深为3.67
排水量/t	空载		516
	满载	约600	1230.3
船自身/t	装燃油量	15.83/m³	40
	装淡水量	26.42/m³	37.5

续表

船型		300t 沿海油轮	600t 油船
船上泵浦性能	泵型	"2LB$_2$"卧式双螺杆泵(2台)	螺杆泵(2台)
	吸、排管径	$d100$ 管($Q=80\text{m}^3/\text{h}$)	吸管 $d175$、排出管 $d150$($Q=100\text{m}^3/\text{h}$)
	扬程(出口压力)/m	40	80
	$H_允$/m	4	4.8
	功率/kW	轴功率 185	34.5
	转速/(r/min)	1450	
航速/节①		9	10

注：① 1 节 = 1.852km/h。

表 1-8-12 驳船的规格性能

用途	载货量/t	外形尺寸(长×宽×深)/m	吃水/m	船质	备注
运油	50	23.8×4.4×1.85	1.25	钢	7.5万元
运油	100	29×5.7×1.55	1.2	钢	11.4万元
运油	300	37.76×7.6×2.5	1.1	钢	
运油	600	50.6×8.53×2.9	2.5	钢	
运油	1200	60.2×11×3.5	3.0	钢	53.5
运油,油421	400	40×8×2.7		钢	
运油,油501	545	49.72×8.84×2.64		钢	
运油,油601	640	50.6×8.53×2.9		钢	
运油,油605	600	56×10×2		钢	
运油,油901	900	56.34×10.19×3.05		钢	
运油,油1012	1300	62×11×3.5		钢	
运油,油1014	1000	62×11×3.5	2.76	钢	汽油驳
运油,油1019	1500	75×13×3.5	2.6	钢	渣油驳
运油,油3003	3000	86.5×15.6×4	3.3	钢	原油驳

表 1-8-13 拖轮的规格性能表

船名	船质	燃料	功率/马力	主要尺寸(长×宽×高)/m	吃水/m	备注
长江3001	钢	油	3400	46.2×10×3.7	2.9	
长江3002	钢	油	3400	46.2×10×3.7	2.9	
长江3003	钢	油	3400	46.2×10×3.7	2.9	
长江3005	钢	油	3400	46.2×10×3.7	2.6	
长江4002	钢	油	4000	49.6×10×3.7	2.6	
	钢	油	2×150	25.95×5.21×1.4	0.9	
长江3003	钢	油	2000	49.75×8.84×3.2	3.0	120万元
	钢	油	2×400	31.05×7.4×3.4	2.3	

续表

船名	船质	燃料	功率/马力	主要尺寸(长×宽×高)/m	吃水/m	备注
	钢	油	1800	38.84×10×3.7	2.8	
	钢	油	1000	33.95×8.2×4.4	3.2	
	钢	油	2×400	30.58×7.6×3.6	2.4	101万元
	钢	油	2×540	45.79×9.4×5.0	3.92	226万元
长江703	钢	油	500	35×7.2×3.3	2.4	82.5万元

注：1马力＝0.735kW。

表1-8-14 趸船的一般规格性能表

名称	主要尺寸(长×宽×高)/m	吃水/m 空载	吃水/m 满载	载重/t	备注
24m装配式钢筋混凝土趸船	24×7.1×1.7	0.85	0.95	20	4.5万元
40m装配式钢筋混凝土趸船	40×9×2.3	1.15	1.42	100	14万元
65m装配式钢筋混凝土趸船	65×13×2.8	1.25	1.85	500	36万元
20m钢质趸船	20×8×1.5				15万元
30m钢结构趸船	30×7×1.8				10.4万元
37m钢结构趸船	37×5.5×1.5				7.3万元
钢质趸船	39.6×9.2×2.3	1.44			400t货趸25万元
钢质趸船	60×12×2.5				40万元
钢质趸船	74×14×3	1.6			1000t货趸74万元
钢质趸船	80×14×3				60万元
钢质趸船	90×14×2	0.6			74.6万元
钢质趸船	100×16×3.5				75万元

第三节　码头油品装卸工艺设计

一、码头油品装卸工艺设计有关数据、资料

（一）码头装卸油速度及时间

码头装卸油速度及时间见表1-8-15。

表1-8-15 码头装卸油速度及时间

项目	数据			
1.装卸油设备	沿海及内河油轮均装有蒸汽往复泵或透平泵,卸油可用船上泵。内河油驳有的带泵,有的不带泵。不带泵的油驳用设在趸船上(或岸上)的泵卸油			
2.卸油速度	油轮卸油速度表			
	油轮吨位/t	≤1500	1500～5000	>5000	≥10000
	卸油速度/(t/h)	150	300	300～400	400～600

续表

项　目	数　据
3. 装卸油规定	我国港口工程规范中,规定了10万吨级以下的原油码头油轮净装卸油的时间,见下表

装油港泊位净装时间

油轮泊位吨级	10000	20000	30000	50000	80000	100000
净装油时间/h	10	10	10	10	13～15	13～15

注:装油方式有油泵装和自流装两种,装油速度因具体情况而异,目前最大可达1500t/h,装船时间不超过16h。

卸油港泊位净卸时间

油轮泊位吨级	10000	20000	30000	50000	80000	100000
净卸油时间/h	24～18	27～24	30～26	36～32	36～31	36～21

(二)油船扫线方式

油轮装卸油完毕后,放空油管线,并清扫管内残油、存水,即为扫线,扫线方式见表1-8-16。

表1-8-16　油船扫线方式

扫线方式	用蒸汽扫	用压缩空气扫	用蒸汽扫后,再用压缩空气吹	一般可不扫
适用油品	原油、柴油、燃料油等特种燃料油、一般润滑油	重质油、喷气燃料、	寒冷地区的油	煤油

注:清扫蒸汽和压缩空气的压力为0.3～0.6MPa,最低为0.2MPa。

(三)油轮供水及耗汽量

油轮供水及耗汽量见表1-8-17。

表1-8-17　油轮供水量及耗汽量(参考)

油轮吨位/t	生活用水及锅炉用水/t	卸重质油时岸上辅助供汽及扫线用汽量/(t/h)
5000	120	1～2
≥10000	250～300	2～3

(四)油船在主航线上的航行周期

油船在主航线上的航行周期见表1-8-18。

表1-8-18　油轮、油驳在主航线上的航行周期

起迄港	航行周期/d	备　注
大连→上海	6	沿海
大连→南京	9	沿海、长江
青岛→上海	4	沿海
上海→杭州	4.5～5	内河
南京→陆城	10	长江
青岛→南京	7	沿海、长江

二、码头油品装卸工艺流程设计

码头油品装卸工艺流程设计见表 1-8-19。

表 1-8-19　码头油品装卸工艺流程设计

1. 工艺流程设计原则	(1)应能满足油港装卸作业和适应多种作业的要求 (2)同时装卸几种油品时不互相干扰 (3)管线互为备用,能把油品调度到任一条管路中去,不致因某一条管路发生故障而影响操作。但对航空油料等要求严格的油品,管路应专用 (4)泵能互为备用,当某台泵出现故障时,能照常工作,必要时数台泵可同时工作 (5)发生故障时能迅速切断油路,并考虑有效放空措施
2. 常用工艺流程介绍	(1)油船上的泵卸油 ①直接至储油区　若储油区与码头距离不长、高差不大,可用油船上的泵直接将油输送至储油区 ②经缓冲油罐　若储油区与码头高差较大或距离较远时,一般在岸上设置缓冲油罐,利用船上的泵先将油品输入缓冲罐中,然后再用中继泵将缓冲罐中的油品输送至储油区 (2)装油 ①自流装　向油船装油一般采用自流方式 ②泵装油　某些港口地面油库,因油罐与油船高差小、距离大,需用泵装油 (3)管组 ①要求　油船装卸必须在码头上设置装卸油管路,每组油品单独设置一组装卸油管 ②组成 a. 集油管 b. 集油管在线上设置若干分支管路,支管间距一般为 10m 左右 ③管径确定　分支管路的数量和直径,集油管、泵吸入管的直径等,应根据油轮油驳的尺寸、容量和装卸油速度等具体条件确定 ④管组设置　在具体配置上,一般将不同油品的几个分支管路(即装卸油短管)设置在一个操作井或操作间内。平时将操作井盖上盖板,使用时打开盖板,接上耐油胶管 ⑤黏油管　装卸黏油时,在操作井内还应配置蒸汽短管
3. 常用工艺流程	常用工艺流程图 1—分支装卸油管;2—集油管;3—泵吸入管

三、码头油品装卸设备设施及装卸油设计要点

(一)油船泊位输油臂的选择及技术参数

(1)收发量大的油码头,一般应装输油臂。船用输油臂的选型见表 1-8-20。

表 1-8-20 船用输油臂的选型(参考)

臂形式	操作方法	2 臂尺寸/in	臂长度/m	油轮大小/DWT
FB	手动	4、6	7.5~10.0	100~3000
DC、RC	手动	8、10、12	10~18.0	3000~200000
DC、RC	机动	8、10、12	12~18.0	3000~200000
DC、RC	机动	10、12、16、24	14~28	30000~500000

注:①工作压力为 1.6MPa。
②流量:(输成品油汽油、煤油、柴油等)6in 为 500m^3/h;8in 为 900m^3/h;10in 为 1400m^3/h;12in 为 2000m^3/h。
③风速:a. 静止(收容)状态短时间承受风速≤30m/s;b. 操作状态长时间承受风速≤16m/s。
④1in=25.4mm。
⑤本表摘自生产厂的《产品样本》。

(2)全液压输油臂的主要技术数据见表 1-8-21。

表 1-8-21 全液压输油臂的主要技术数据

项 目		DN250	DN300	DN350	DN400
工作介质		汽油、煤油、柴油、原油、石脑油、压仓水等			
流速 /(m/s)		6~8			
输油量 /(m^3/h)		1200	1600	2700	3400
设计压力 /MPa		1.0			
平衡方式		旋转平衡			
驱动型式		液压驱动			
操作方式		手控、电控、遥控			
遥控距离 /m		50			
液压系统压力 /MPa		10.0			
电动机功率 /kW		5.5			
防爆等级		DⅡBT4			
抗风能力 /Pa	工作状态	<186(7级风)			
	非工作状态	>186~687(12级风)			
	需防护	>687~1471			
最高工作位置(至码头)/m		10~18			
最低工作位置(至码头)/m		0~-6			
最大伸距(至立柱中心)/m		10~15.5			
最小伸距(至立柱中心)/m		5~6			
垂岸漂移 /m		1~3			
顺岸漂移 /m		±3~±4			
内臂长 /m		7~10.5			
外臂长 /m		8~11.5			

续表

项　　目		DN250	DN300	DN350	DN400
内臂允许回转角度/(°)	后仰(以垂线为基准)	0~40			
	下俯(以水平为基准)	0~18			
外臂对内臂回转角度/(°)		8~130			
水平允许回转角/(°)		±30			
外形尺寸(主机)/mm	长	2150	3600	3780	4600
	宽	1900	2200	2118	2200
	高	15200	16200	16758	21600
	液压站	1700×1140×1410			
	液压分站	655×496×778			
	电控柜	830×460×1810			
	遥控发射器	165×67×30			
质量/kg	主机	10600	13180	15800	23300
	液压站	900			
	液压分站	195			
	电控柜	600			
	按钮台	100			
	遥控发射器	0.7			

(3) 油船泊位输油臂及布置参数见表1-8-22。

表1-8-22　油船泊位输油臂及布置参数

油船泊位吨级 DWT/t	输油臂口径/mm	输油臂台数/台	输油臂中心与操作平台边缘距离/m	输油臂间距/m	输油臂驱动方式
10000	DN200	2~3	1.5	2.0~2.5	手动
20000	DN200~250	3	2.0	2.0~2.5	手动或液压驱动
30000	DN250	3	2.0	2.5~3.0	手动或液压驱动
50000	DN300	3~4	2.0~2.5	3.0~3.5	液压驱动
80000	DN300	4	2.0~2.5	3.0~3.5	液压驱动
100000	DN300 或 DN400	4	2.0~2.5	3.5	液压驱动
150000	DN400	4	2.5	3.5	液压驱动
200000	DN400	4	2.5	3.5	液压驱动
≥250000	DN400	4~5	2.5	3.5	液压驱动

注：①对卸油港,输油臂台数可按表列数字减少1台。
②以上数表引自GB 50253《输油管道工程设计规范》。

(4) 拉索式金属输油臂介绍见表1-8-23。

表 1-8-23 拉索式金属输油臂介绍

部 件	介 绍
1. 立柱	(1) 双层套管立柱为双层套管,内层套管用以输送流体,外层套管用作支撑结构 (2) 底部立柱底部有一弯管,其法兰与岸上输油管相连 (3) 头部立柱的头部与一竖直回转接头相连
2. 回转接头	在液压缸的作用下,回转接头的上部结构可作水平方向转动
3. 内臂	内臂为一钢管,输送的油品从其中通过,同时也起支撑作用。在液压缸的作用下,内臂可绕垂直立柱的水平轴作回转运动,以满足工作需要
4. 外臂	外臂也是一钢管,油品从其中通过,其一端(顶部)通过一回转接头由驱动缸带动大绳轮作上下旋转运动,另一端的静电绝缘法兰与三通回转接头相连
5. 三向回转接头	三向回转接头是外臂端部与船舶接油口法兰连接部分,接头由三段弯管分别与二个互相垂直的回转接头组焊而成,可在三个方向自由回转,以满足船舶运动的需要
6. 接管器	接管器是与船舶接油口法兰连接的部分,接管器的形式很多,最简单的为法兰盘式,用螺栓和油轮接油口的法兰连接
7. 拉索式金属输油臂	拉索式金属输油臂如下图 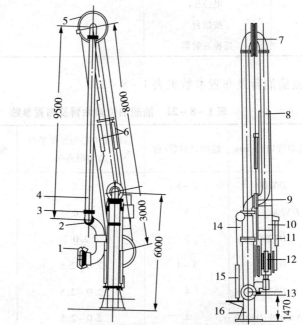 拉索式金属输油臂结构 1—快速接管器;2—三向回转接头;3—静电绝缘法兰;4—外臂;5—头部大绳轮;6—内臂驱动油缸; 7—头部回转接头;8—内臂;9—中间回转接头;10—旋转配重;11—外臂驱动油缸;12—固定配重; 13—输油臂连接法兰;14—竖向回转接头;15—旋转驱动油缸;16—立柱

(二) 码头装卸油设计要点

码头装卸油设计要点见表 1-8-24。

表 1-8-24 码头装卸油设计要点

项 目	设计要点
1. 引桥、码头输油管布置要点	在引桥和码头的表面不应布置输油管,以免阻碍通行和作业。有条件设管沟时,可将油管敷设在管沟中。在引桥上也可将油管设在引桥旁边
2. 在码头上收发油口布置要点	在码头上收发油口的布置,应根据舰船的尺寸和舰船加油口和发油口的位置确定,使之尽量缩短收发油胶管的长度
3. 卸油井、加油井设计要点	(1)作用及定义　为了操作使用方便和安全管理,每个加油口和发油口做成阀门井的形式,称谓加油井和卸油井 (2)井内设备　井内集中安装有阀门、流量计、过滤器及快速接头等,有的将加油用的软管也放在井内 (3)井顶标高　井顶应高于码头面 20 cm 左右,以防雨水进入 (4)加盖、加锁　井口加盖、加锁,不使用时上锁,防止无关人员随意操作 (5)设置形式　多数码头加油井和卸油井两者合一,只有油船和舰艇尺寸差别太大,才将两井分开

第九章 油泵站设计数据图表

第一节 油泵站分类及形式选择

一、油泵站分类

油泵站的分类是根据其建筑形式、输油品种、泵站功能及相对位置等情况确定的,见图 1-9-1。

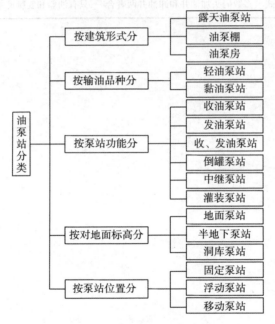

图 1-9-1 油泵站分类框图

二、油泵站建筑形式选择

油泵站建筑形式选择见表 1-9-1。

表 1-9-1 油泵站建筑形式选择

项　目	形式选择要求
1.《石油库设计规范》GB 50074 中规定	(1)标高要求油泵站宜采用地上式 (2)建筑形式及考虑因素 ①考虑因素建筑形式应根据输送介质特点、运行条件及当地气象条件等综合考虑确定 ②建筑形式可采用房间式(泵房)、棚式(泵棚),亦可采用露天式 (3)栈桥、站台下泵站 油品装卸区不设集中油泵站时,油泵可设置在铁路装卸栈桥或汽车油罐车装卸站台之下,但油泵四周应是敞开的,且油泵基础顶面不应低于周围地坪

续表

项 目	形式选择要求
2."油库设计其他相关规范"中规定	(1)形式　油泵站可采用油泵房(间)、油泵棚或露天油泵站 (2)宜建露天油泵站或油泵棚条件 ①油库所处的位置风沙较小,且所输油品的黏度不会因冬季气温较低而影响油泵的正常作业 ②油泵站的建设位置能够满足自然排水和自然通风的条件 ③可建泵站的地坪能够满足油泵所输油品的吸入要求 (3)输送甲、乙类油品的油泵站不宜与输送丙类油品的油泵站合并建设
3.《石油化工企业储运系统泵房设计规范》SH/T 3014—2002 中规定	(1)建泵房的条件　在极端最低气温低于 -30℃ 的地区(包括东北、内蒙古、西北大部地区),考虑到在这样严寒地区泵机组运行及管理的实际困难,要设置泵房 (2)建泵房或泵棚的条件　极端最低气温在 -20 ~ -30℃ 的地区应根据输送介质的性质(黏度、凝固点)、运行情况(是长时间连续运行,还是非长时间连续运行)、泵体材料以及风沙对机泵运转及操作的影响因素,考虑设泵房或泵棚 (3)建泵棚的条件 ①气温、雨量在极端最低气温高于 -20℃、累计平均年降雨量在 1000mm 以上的地区,要设置泵棚 ②气温高每年最热月的月平均气温高于 32℃ 的地区,宜设泵棚 ③历年平均降雨量历年平均降雨量 1000mm 以上的地区应设置泵棚 (4)建露天泵站的条件上述以外的地区,可采用露天布置
4. 其他要求	(1)建筑要求 ①应单建轻油、黏油泵站原则上应分开单独建造 ②合建的原因及要求 a. 个别小型油库,输油品种少,油泵少 b. 或因地形、位置所限,分建泵站有困难时,可考虑轻、黏油泵站合建 c. 但合建泵站防爆防火要求须按轻油泵站考虑 (2)功能要求 ①油泵站的功能应根据设计任务书要求确定 ②在可能情况下,尽量一泵多用,功能合并 ③在地形、位置能满足工艺设计的前提下,尽量不按功能分设泵站 (3)位置及标高 ①油泵站宜优先选用地面式 ②只有工艺计算需要或军用油库防护要求时,才考虑选择半地下或地下(含洞库)泵站 (4)泵站形式 ①固定泵站陆上固定油库一般应选用固定泵站 ②浮动泵站江河、海上码头卸油泵站,且水位变化大时,才选用浮动泵站 ③移动泵站军用野战油库或开设临时补给点时,宜选用移动泵站

第二节　油泵房(含泵棚)建筑要求及设备布置

一、油泵房(棚)建筑要求及常选数据

油泵房(棚)建筑要求及常选数据见表 1-9-2。

表 1-9-2　油泵房(棚)建筑要求及常选数据

项　目	建筑要求及常选数据
1. 建造材料及建筑层数	(1) 建造材料油泵房(棚)必须用耐火材料建造 (2) 建筑层数宜建成单层建筑
2. 房间(棚)的长、宽、高确定	(1) 长度泵房的长度由设备布置确定 (2) 跨度 ①单排布置泵时不宜小于6m ②双排布置泵时宜为9m (3) 净空高 ①油泵房(棚)的净空不应低于3.5m ②跨度≥9m时,净空不宜小于4m ③跨度≥12m时,净空不宜低于4.5m
3. 门的设置	(1) 开向油泵房应设外开门 (2) 个数 ①不宜少于两个 ②建筑面积小于60m² 时可设一个门 (3) 大小两个门中一个应能满足泵房内最大设备进出需要。一般不宜小于1.2m×2m(宽×高)
4. 地面要求	(1) 地面须用不燃烧和受金属撞击时不产生火花的材料铺设 (2) 油泵站的地面应防滑、耐油、易擦洗 (3) 油泵房(含泵棚、露天泵站)地面应设1%的坡度,坡向排水沟及集油坑
5. 采光面积及通风	(1) 地上油泵房门窗采光面积,不宜小于其建筑面积的15%,并应满足通风要求。窗台高度相对室外地坪不应小于0.9m (2) 黏油泵房和地上轻油泵房不设机械通风时,应在离室外地面0.3m高处设置活动铁百叶通风窗或花格墙等常开孔口
6. 基础要求	(1) 泵及其他设备基础高出泵房(棚)地坪不应小于0.1m (2) 且不应与墙壁基础连为一体
7. 泵房要求	(1) 要求泵房地坪低于地下水位时,须做防水处理 (2) 常采用两种方法 ①做室外排水沟 ②在泵房内做整体式防水层
8. 甲、乙类油品泵房(间)与变配电间相毗邻设置时	(1) 应使变配电间的室内环境不处于爆炸危险场所 (2) 应符合相应规范的要求 (3) 变配电间地坪标高应比油品泵房(间)高0.6m (4) 两房之间的隔墙上孔洞应严密封堵,窗应设密封窗

注:本表根据《石油库设计规范》GB 50074 及"油库设计其他相关规范"摘编。

二、油泵站内设备管组布置及土建设计

(一)油泵站设备管组布置要求及常选数据见表 1-9-3。

表1-9-3　油泵站设备管组布置要求及常选数据

项　目		布置的要求及常选数据
1. 油泵房内设备、管组布置要求	(1) 布置的总原则	①油泵房内设备、管组的布置应符合工艺流程设计，合理利用泵房的地面和空间，并与门窗设置相协调 ②设备、管组布置应便于设备管组的施工安装、维修保养，满足设备的操作使用 ③油泵机组、阀门、管件及其他设备的布置尽量整齐、美观
	(2) 油泵机组的布局	①布置 a. 泵机组台数少时，可沿墙单排布置，在电机端至墙壁(柱)间应留有不小于1.5m宽的通道 b. 泵机组台数较多时，可顺两面墙排成两排，中间留出不小于2m宽的通道 c. 泵机组台数多，且管组较复杂时，可将泵机组与管组用隔墙分开，建单管组间，并设独立向外的出口 ②间距 a. 泵机组机座间的净距相邻泵机组机座间的净距不应小于较大泵机组机座宽度的1.5倍 b. 泵机组距墙的距离不得小于1m c. 泵和管组离泵房门不得小于1m
	(3) 真空系统布置	①位置 a. 真空泵、气水分离器及真空罐一般应集中布置在泵房的一侧 b. 真空罐一般靠墙布置，且尽量靠近放空罐 ②标高其地坪标高宜高于离心泵的地坪，有利于真空罐向放空罐放空。
	(4) 油气排放管的设置	①管口应设在泵房(棚)外 ②管口应高出周围地坪4m及以上 ③设在泵房(棚)顶面上方的油气排放管，其管口应高出泵房(棚)顶面1.5m及以上 ④管口与配电间门、窗的水平路径不应小于5m ⑤管口应装设阻火器
2. 油泵棚和露天泵站布置要求		(1) 油泵棚和露天油泵站内设备、管组布置原则上与油泵房相同 (2) 只是泵棚和露天油泵站周围设矮墙或不设墙，也不设窗户，泵机组布置时受限制更小。

注：本表根据《石油库设计规范》GB 50074及"油库设计其他相关规范"摘编。

(二) 油泵站设备管组布置及土建设计举例

例1　油泵房设备管组布置及土建设计举例

油泵房设备管组布置及土建设计举例见表1-9-4、图1-9-2和图1-9-3。

表1-9-4　油泵房设备管组布置及土建设计举例

1. 图号与图名	(1) 图1-9-2　油泵房设备管组布置 (2) 图1-9-3　油泵房土建图
2. 设备布置特点	(1) 本方案由4台离心泵和2台滑片泵组成 (2) 用4台离心泵，收3种油品，可完成泵收油、自流发油、并联输送、自流放空、泵抽送放空罐中油品的流程。汽油、柴油各1台，专泵专用，并互为备用 喷气燃料共2台，专泵专用，并互为备用 (3) 2台滑片泵为离心泵灌泵和扫舱 (4) 设备排列整齐美观，便于操作 (5) 充分利用地面及空间 (6) 符合规范要求

3. 土建设计特点	(1)本方案是油泵房和配电间及值班室的建筑组合 (2)土建为一层砖混结构 (3)窗采用铝塑材料 (4)室内窗台板为磨石面 (5)墙面不宜做高档装修 (6)门应有两个 (7)外墙可做水刷石或贴瓷砖,颜色自定 (8)标高经计算后确定。L、B、L_1、B_1 分别表示输油泵、滑片泵基础的长度和宽度,n 为输油管的根数,D 为输油管直径
4. 电压为10kV 及以下的变配电间可与泵站相毗邻,但应符合防爆设计要求	

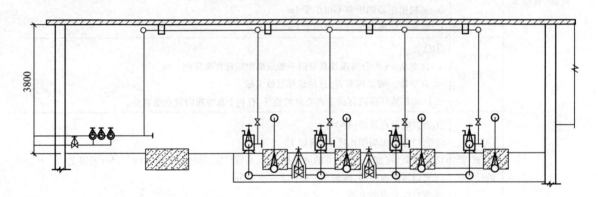

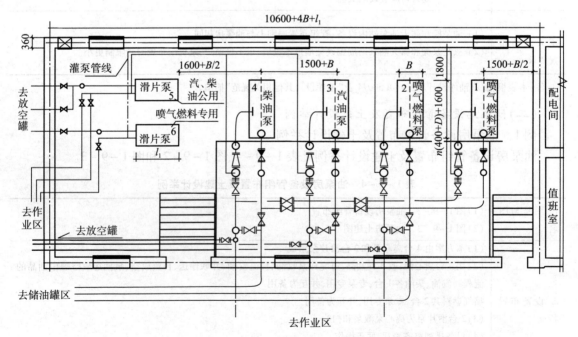

图 1-9-2 油泵房设备管组布置

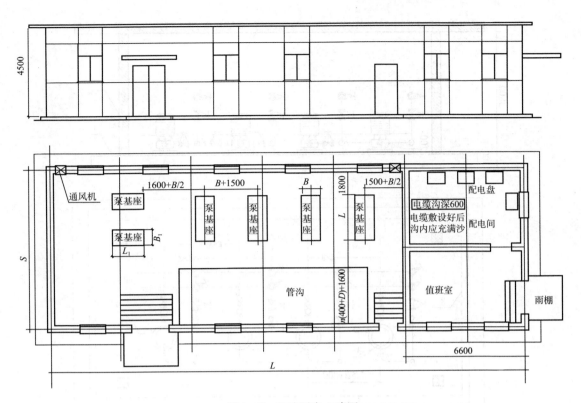

图 1-9-3 油泵房土建图

例 2 油泵棚设备管组布置及土建设计举例

油泵棚设备管组布置及土建设计举例见表 1-9-5、图 1-9-4 和图 1-9-5。

表 1-9-5 油泵棚设备管组布置及土建设计举例

1. 图号与图名	(1)图 1-9-4 油泵棚设备管组布置 (2)图 1-9-5 油泵棚土建图
2. 设备布置特点	(1)本方案由 4 台离心泵组成 (2)用 4 台离心泵,收 3 种油品,可完成泵收油、自流发油、并联输送、自流放空、泵抽送放空罐中油品的流程。 汽油、柴油各 1 台,专泵专用,并互为备用 喷气燃料共 2 台,专泵专用,并互为备用 (3)设备排列整齐美观,便于操作 (4)充分利用地面及空间 (5)符合规范要求
3. 土建设计特点	(1)本方案不与配电间及值班室建筑组合 (2)本方案土建采用混凝土顶棚,顶棚也可采用组装式金属结构,则可工厂预制后运至现场组装 (3)雨棚立柱可为金属或混凝土,依据雨棚尺寸大小设四至六个立柱 (4)地坪应采用不燃且金属撞击不产生火花的材料,比周围地坪标高高出 0.3m (5)围栏应采用金属等不燃材料,高度应根据需要确定 (6)依据泵棚面积大小设一至两个门 (7)泵基础应高出地坪 0.15~0.2m,管道泵为圆形基础,卧式泵的巨型基础应平行排布,大小不一时应外端对齐 图中 B 为油泵基础宽度

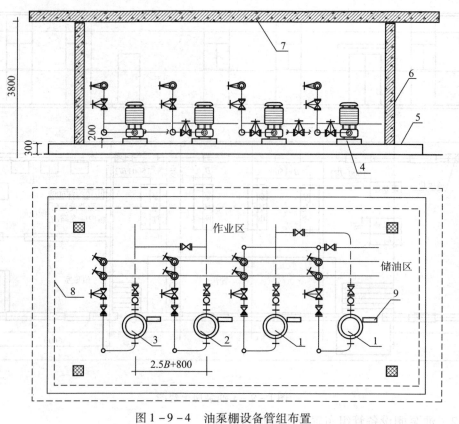

图1-9-4 油泵棚设备管组布置
1—喷气燃料泵;2—汽油泵;3—柴油泵;4—管道泵基础;5—混凝土地坪;6—立柱;7—混凝土雨棚;
8—金属围栏;9—防爆启动器

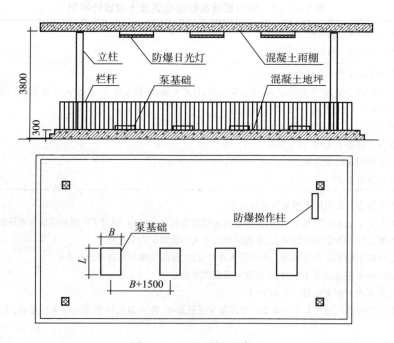

图1-9-5 油泵棚土建图

第三节 油泵站工艺流程设计

一、油泵站工艺流程设计任务和原则

油泵站工艺流程设计任务和原则见表1-9-6。

表1-9-6 油泵站工艺流程设计任务和原则

1. 任务	油泵站工艺流程应根据油库业务,分别满足收油、发油(包括用泵发油和自流发油)、输转、倒罐、放空以及油罐车、船舱和放空罐的底油清扫等要求
2. 设计应遵循的原则	(1) 满足主要业务要求,保质保量完成收、发油任务 (2) 操作方便、调度灵活 ① 同时装卸几种油品,不互相干扰 ② 根据油品的性质,管线互为备用,能把油品调度到备用管路中去,不致因某一条管路发生故障而影响操作 ③ 泵互为备用,不致因某一台发生故障而影响作业,必要时还可以数台泵同时工作 ④ 发生故障时,能迅速切断油路,并有充分的放空设施 (3) 经济节约能以少量设备去完成多种任务,并能适应多种作业要求

二、油泵站工艺流程设计举例

油泵站工艺流程设计举例见表1-9-7。

表1-9-7 油泵站工艺流程设计举例

名称	流程特点	流程示图
1. 轻油泵站工艺流程	(1) 专管专用,专泵专用 (2) 可同时装卸4种油品,而互不干扰 (3) 喷气燃料和航空汽油泵,车用汽油与柴油泵可双双互为备用泵,还可相互并联或串联 (4) 可自流发油,又可用泵发油,但泵发油时需互用管线 (5) 操作灵活,但设备多、阀门多、管路多,不够经济,不适用于储备油库	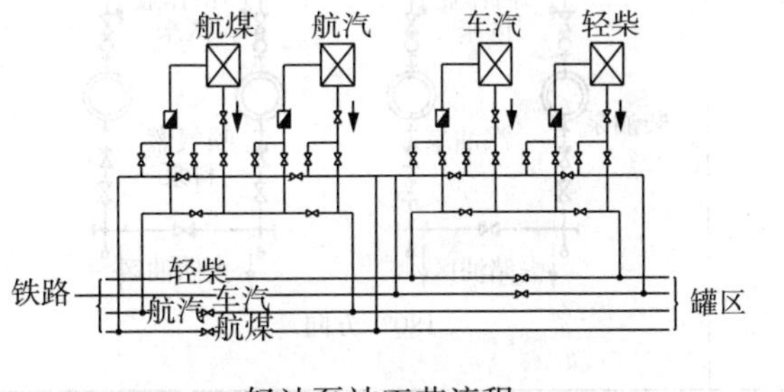 轻油泵站工艺流程
2. 润滑油泵站工艺流程	(1) 专管专用,专泵专用 (2) 各泵互为备用,即可用任意一台泵装卸任一种油品 (3) 可同时装、卸4种油品而互不干扰 (4) 可自流发油或用泵发油 (5) 操作灵活,但设备多、阀门多、管路多,不够经济,不适用于储备油库	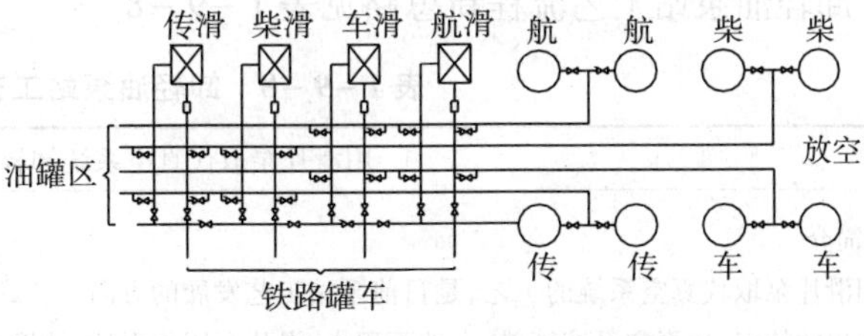 润滑油泵站工艺流程

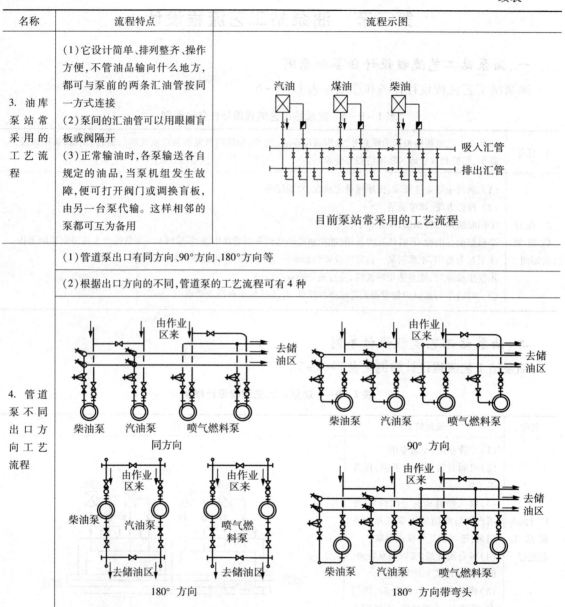

三、卸轻油泵站工艺流程新思路

卸轻油泵站工艺流程新思路见表1-9-8。

表1-9-8 卸轻油泵站工艺流程新思路

1. 用滑片泵取代真空系统卸轻油的流程图例

(1)简介
①用滑片泵取代真空系统的工艺,是目前泵站工艺发展的方向
②流程的特点:比真空系统简单;占用地面积小;滑片泵用作引油、抽槽车底油、放空输油管入高位放空罐,放空罐标高可提高,不必埋入地下。高位放空罐中的油,可在下次发油时,先放进输油管再发往槽车

(2)示图如下	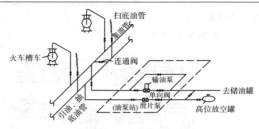 滑片泵代真空系统图
2. 在卸油栈桥下设泵,取代轻油泵站的工艺流程图例	
(1)简介 ①将卸同泵设于栈桥下,是一种新工艺,在新建、改建油库已有使用,投资省,效果好 ②流程的特点 a. 在卸油栈桥下直接装泵,不但缩短了油泵吸入管,改善了泵吸入效果,而且去掉油泵站,节省了费用 b. 利用滑片泵引油、抽槽车底油,比真空系统简单 c. 利用滑片泵放空输油管线,放空罐可以提高到地面上,不必埋深。放空罐中的油可在下次发油时,先放进输油管再发往槽车	
(2)示图如下	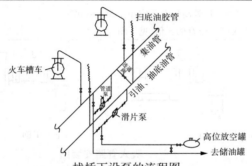 栈桥下设泵的流程图
3. 用带潜油泵系统的鹤管	
(1)简介 ①在每个鹤管的吸入口安装 1 台潜油泵,直接伸入油槽车底部吸油经鹤管输至输油管,彻底解决夏季卸轻油难的问题 ②国内此产品的流量为 $50\sim200\text{m}^3/\text{h}$、扬程为 $6\sim60\text{m}$,所以这种泵还可单独或与输油泵串联卸油料 ③这种鹤管价格较高,因此此鹤管多用于收汽油 (2)示图。带潜油泵系统的鹤管安装参见本篇第七章表 1-7-20	

四、油泵吸入和排出管路的配置要求

油泵吸入和排出管路的配置要求见表 1-9-9。

表 1-9-9 油泵吸入和排出管路的配置要求

项 目	管路配置要求
1. 管路配置通常要求	(1)所有与泵连接的管路应具有独立、牢固的支承,以消减管路的振动和防止管路的重量压在泵上 (2)吸入和排出管路的直径不应小于泵的入口和出口直径 (3)当采用变径管时,变径管的长度不应小于大小管直径差的 5~7 倍 (4)工艺流程和检修所需阀门按需要设置 (5)两台及以上的泵并联时,每台泵的出口均应装设止回阀

续表

项 目	管路配置要求
2. 吸入管路的要求	(1) 吸入管路宜短且宜减少弯头 (2) 吸入管路内不应有积存气体的地方,见下图 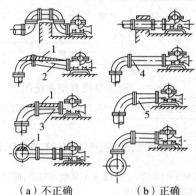 (a) 不正确　　　　(b) 正确 吸入管路正确与不正确安装图 1—空气团;2—向水泵下降;3—同心变径管;4—向水泵上升;5—偏心变径管 (3) 油泵前吸入管的直管段 ①直管段应有倾斜度(泵的入口处高),并不宜小于5‰~20‰ ②直管段长度不应小于入口直径 D 的 3 倍,见下图 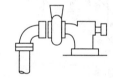　　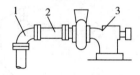 (a) 不正确　　　　(b) 正确 吸入管路安装图 1—弯管;2—直管段;3—泵 (4) 泵安装位置高于吸入液面 ①吸入管路的任何部分都不应高于泵的入口 ②泵的入口直径 <350mm 时,应设置底阀 ③泵的入口直径 ≥350mm 时,应设置真空引水装置 (5) 吸入管口浸入水面下的要求,见下面表和图 | 符号	符号含义	符号值	
---	---	---	---
a	水面下深度	≮入口直径 D 的	1.5~2 倍,且≮500mm
b	管口距池底		1~1.5 倍且≮500mm
c	管口中心距池壁距离		1.25~1.5 倍
d	相邻两泵吸入间距		2.5~3 倍	 吸入池尺寸图 (6) 吸入管路装滤网时 ①滤网的总过流面面积不应小于吸入管口面积的 2~3 倍 ②为防止滤网堵塞,可在吸水池进口或吸入管周围加设拦污网或拦污栅

续表

项 目	管路配置要求
3. 排出管路	(1) 应装设闸阀,其内径不应小于管子内径 (2) 当扬程大于 20m 时,应装设止回阀 (3) 螺杆泵管路配置尚应有的要求 ①宜在每台泵的止回阀前设置旁路管 ②在旁路管上设回流阀或安全阀 ③吸入管口应装设过滤器 a. 滤网的规格应根据工作情况和介质确定,可采用 40~80 目 b. 滤网总过流面积不得小于进口面积的 20 倍 (4) 水环式真空泵管路 ①其调节阀应设置在靠近泵入口的吸入管路上 ②当采用水环压缩机时,其调节阀应设在分离器的排出管路上

第四节 油泵机组的选择

一、油泵的分类和初选泵参考资料

(一) 泵的分类

泵的分类见图 1-9-6。

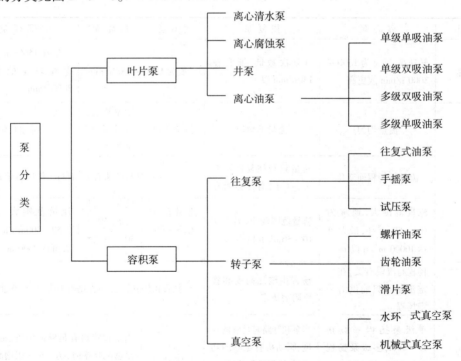

图 1-9-6 泵的分类

(二) 选泵的原则

选泵的原则见表 1-9-10。

表 1-9-10 选泵的原则

项目	原则
1. 应选择国家和行业认定的正规厂家生产的有合格证的产品	
2. 应根据所输油品性质选择泵的类型	(1) 输送轻质油品应选离心泵 (2) 输送黏油宜选用容积泵 (3) 为离心泵灌泵或抽吸运油容器底油亦宜选用容积泵
3. 泵性能选择	应根据输油流量及管径、高差等工况,经过计算比较后确定

4. 按照《石油库设计规范》GB 50074 的要求,输油泵和备用泵的设置尚应符合下列规定	(1) 输送有特殊要求的油品时,应设专用输油泵和备用泵
	(2) 连续输送同一种油品的油泵
	① 当同时操作的油泵不多于 3 台时,可设 1 台备用泵
	② 当同时操作的油泵多于 3 台时,备用泵不应多于 2 台
	(3) 不应(宜)设备用油泵
	① 经常操作但不连续运转的油泵不宜单独设置备用泵
	  a. 可与输送性质相近油品的油泵互为备用
	  b. 或共设 1 台备用泵
	② 不经常操作的油泵不应设置备用泵

(三) 泵初选时参考资料

(1) 油库常用泵比较表见表 1-9-11~表 1-9-13。

表 1-9-11 油库常用泵工作性能比较表

项目	离心泵	往复泵	滑片泵	齿轮泵	螺杆泵
转速	转速高,通常为 1500~3000 r/min 或更高	往复次数低,通常在 140r/min 以下	一般为 1500~2000r/min		一般在 1500r/min 以下,某些较小的泵可达 3000r/min
流量	流量均匀	流量不均匀	流量均匀	流量均匀,但比离心泵差些	流量均匀
	流量随扬程而变化	流量只与往复次数有关,而与工作压力无关	流量只与转速有关,而与工作压力无关		
	流量范围大,通常为 10~350 m³/h,最大可达 10000 m³/h 以上	流量范围较小,通常在 10~50m³/h 以内	流量范围大,3~200 m³/h	流量小,通常在 10~50m³/h 之间	流量范围大,通常在 0.52~300m³/h 之间,最大可达 2000 m³/h
扬程	扬程与流量有关,在一定流量下只能供给一定扬程	扬程由输送高度和管路阻力决定	扬程由输送高度和管路阻力决定,与流量无关		
	单级泵扬程一般在 10~80m,多级泵扬程可达 300m 以上	当泵和管路有足够的强度、原动机有足够的功率时,扬程可无限增高	工作压力一般 (2~8)×10⁵Pa	当泵和管路有足够的强度、原动机有足够的功率时,扬程可无限增高	
	工作压力一般为 10×10⁵Pa	使用工作压力一般在 10×10⁵Pa 以下		工作压力较低,一般在 4×10⁵Pa 以下	一般工作压力在 (4~40)×10⁵Pa,最大工作压力可达 40×10⁶Pa

续表

项目	离心泵	往复泵	滑片泵	齿轮泵	螺杆泵
功率	功率范围大,一般可达500kW以内,最大可达1000kW以上	功率小,一般在20kW以内	功率范围2.2~55kW	功率小,一般在10kW以内	功率范围很大,一般在500kW以内,最大可达2000kW以上
效率	效率较高,一般为0.50~0.90;在额定流量下效率最高,随着流量变化,效率也降低	效率一般为0.72~0.93;在不同压力下,效率仍保持较大值	效率一般为0.45~0.85	效率一般为0.60~0.90;工作压力很高时,效率会降低	效率高,一般为0.80~0.90
允许吸入真空高度	一般为5~7m,最大可达8m以上	一般可达8m	一般可达5~9m	一般在6.5m以上	一般为4.5~6m

表1-9-12 油库常用泵操作使用比较表

操作使用 \ 泵类型	离心泵	往复泵、齿轮泵和螺杆泵
开泵	不能自吸,开泵前必须先灌泵;开泵前必须先关闭排出阀	能自吸,第一次使用前往泵内加入少量油料起润滑和密封作用即可;开泵前必须打开排出系统的所有阀门
运转	可短时间关闭排出阀运转;管路堵塞时泵不致损坏	不允许关闭排出阀运转;管路堵塞时泵可能损坏
流量调节	调节排出阀;调节转速(有可能时);个别情况下也可采用回流调节	调节回流管的回流阀;调节泵转速(往复泵适当调节往复次数)
油料黏度对泵工作的影响	适合输送轻油;输送黏油时,效率迅速降低,甚至不能工作	往复泵和螺杆泵适合输送黏油,也可输送柴油,且效率变化不大;齿轮泵适合输送黏油,输送黏度小的油品时效率降低;不适宜输送汽油、煤油
吸入系统漏气对泵工作的影响	少量漏气即会使泵工作中断	少量漏气,泵仍能工作,但效率降低
停泵	若泵的排出端未装逆止阀,停泵前须先关闭排出阀	停泵后才能关闭排出管路阀门

表1-9-13 油库常用泵主要优缺点及适用范围

油泵类型	离心泵	往复泵	齿轮泵	螺杆泵
优点	结构简单,体积小,价格便宜;故障少,使用维修方便;能与原动机直接连接;流量均匀,工作可靠;流量和扬程范围很大	能自吸;允许吸入真空高度大,一般可达8m;效率高;能够输送黏油,效率变化不大	能自吸;结构简单,体积小;故障少,使用方便;能与原动机直接连接;流量较均匀;能够输送黏油	能自吸;结构简单,体积小;故障少,使用方便;能与原动机直接连接;工作平稳,流量均匀;流量和扬程范围很大,效率高;能够输送黏油和轻油

续表

油泵类型	离心泵	往复泵	齿轮泵	螺杆泵
缺 点	不能自吸；不能输送黏油；小型泵效率较低	结构复杂，体积大，价格贵；工作时振动大，流量不均匀；往复次数低；不能与原动机直接连接；零件多，故障多，检修困难；不宜于输汽油、煤油	零件加工要求高，价格贵；流量和扬程范围较小，不宜于输汽油、煤油	零件加工要求高，价格高；对输送介质要求很严，不能含有固体颗粒；不宜于输汽油、煤油
适用范围	输送汽油、煤油、柴油和清水；流量和扬程范围很大	输送润滑油、锅炉燃料油和柴油；抽吸油罐车底油（小型泵）；适合高压下输送少量液体	能输送润滑油和锅炉燃料油；适合流量和扬程小的场合	输送润滑油、锅炉燃料油和柴油；流量和扬程范围很大，在高扬程、大流量下工作时效率高

（2）油泵使用情况调研及评价见表1-9-14~表1-9-17。

表1-9-14 油泵使用调研情况

项 目	调研情况
（1）1986年受中国石化销售公司委托，由株州石油储存研究所、黑龙江商学院、中南石油公司、营口制桶厂和商业部设计院等5个单位联合组成油泵调研课题组	
（2）调研了62个油库、17个厂家，634台油泵	
（3）取得了宝贵资料，分析整理撰写出《油泵使用情况调研报告》	
（4）时间已过去了20多年，目前油库用泵情况有较大的的改善，但报告提出的问题及油泵的评价仍有参考价值	
现将主要内容摘编如下	
（1）油库中油泵较普遍存在问题	①油泵种类多，型号杂，生产厂家多，产品规格不配套，没有适用油库各种作业的专用系列 ②代用泵多：用水泵代油泵的约占40%，几乎所有的轻油发油泵或库内转输泵都用水泵；用耐腐蚀泵及其他泵代油泵的约占20% ③很多油泵使用期已很长，结构陈旧、性能差、效率低、能耗大、经营费用高 ④有些油库的油泵选型不合理，"大马拉小车"，泵工作系统效率低 ⑤油泵密封不良，泄漏较严重 ⑥泵机组噪音大 ⑦泵的维修保养管理不完善，无维修记录及设备档案
（2）	对石油库几种主要油泵的评价，见表1-9-15~表1-9-17

表1-9-15 叶片式泵使用情况评价表

泵 类	使用情况	主要优缺点	倾向性结论
Y型油泵	原设计为炼厂用，但在油库中曾被广泛采用，目前约占轻油卸油泵的70%	老式泵进出口朝上，对吸入及工艺安装不利，普遍反映不理想。目前已有进出口水平布置产品。Y型泵效率低，只有31%~79%左右，能耗偏大	不理想，今后不应再选用
YS单极双吸离心油泵	目前一些油库或新建库都选用轻油卸油、转输泵	它具有结构紧凑、体积小、重量轻、中开式、维修方便，效率高达74%~81%，居我国现有离心油泵之首，允许吸程一般5m左右，与Y型泵差不多，目前缺轻油发油用的系列产品	是目前国内较理想油泵，建议作为油库轻油泵系列产品

续表

泵 类	使用情况	主要优缺点	倾向性结论
SH 型单极双吸水泵	目前油库也有用作轻油卸油泵,但为数不多	它具有 YS 型泵同样的结构性能,效率在 74%~82%,最高达 86%,接近我国国际标准的 IS 新水泵系列的水平	
B、BA 型水泵、BY 型油泵	这三种泵广泛用于油库轻油发油及输转作业	这三种泵均属 B 型泵,BY 型是水泵改油泵。允许吸程用于水泵为 5~6m,最高达 7~8m,用于油泵要低的多。效率:当吸入口径 50mm(2")以下时达 50%~65%;75~150mm(3"~6")时,65%~75%;200mm(8")以上达 80%左右,比新产品 IS 系列水泵低	这三种泵均被 IS 型泵取代,今后不得选用
F 型耐腐蚀泵	曾被选作轻油泵,但油库中选用此泵不合理	结构简单,吸入方便,耐酸、碱腐蚀。但效率不高,只有 40%~78%	油库中当泵不宜继续选用
自吸泵	这种泵可用作活动泵	有一定自吸能力,吸程高达 6~7.5m,但效率低,只有 38%~74%。造价较高	不宜作为油库常规用泵
YG 型管道离心油泵	一些油库作为轻油收发及输转用泵	结构简单,占地面积小,可露天设置及配有机械密封。效率低,仅 30%~75%左右,允许吸程 4.5~8m。更换机械密封不方便	可望作为露天的首选油泵之一

表 1-9-16 容积式泵使用情况评价表

泵 类	使用情况	主要优缺点	倾向性结论
DS 型电动柱塞往复泵	多数油库用作黏油卸油泵	这种泵缸数少,一般为 2 个,少数 3 个。流量不均匀,波动大,易振动。允许吸程只有 4~5.5m。效率低,只有 40%~55%,噪音大,笨重,造价高	油库不宜再选用
CY 型齿轮泵	用作黏油收发作业,以发油多	效率低,只有 40%~55% 左右,允许吸程 5~7m,个别的只有 3m。噪音大	油库不选用为宜
螺杆油泵	适用于黏油输送,在一些油库已有使用	此泵输送液体的黏度范围大,有的用于柴油;压力选择范围亦宽,工作平稳;有一定自吸能力;噪音大;允许吸程一般为 4m。效率比上两种泵都高,当排量在 $5m^3/h$ 以下时,效率为 50%~70%,排量在 10~100m^3/h 为 70%~82%。它对介质过滤要求较严,一般不允许带机械杂质和铁锈等	在油库黏油装卸中优先选用此泵

表 1-9-17 油泵常用密封性能比较表

比较项目	密封形式		
	机械密封	耐油橡胶骨架密封	填料密封
泄漏量/(mL/h)	小于 10	小	大
连续使用寿命	1 年以上	800~2000h	2~3 个月

续表

比较项目	密封形式		
	机械密封	耐油橡胶骨架密封	填料密封
间断使用寿命	2~3年	1.5~2年	
允许工作温度/℃	-45~2005	-40~100	-50~600
结构	复杂	简单	简单
装拆	不便	不便	简便
安装技术要求	高	低	低
价格	高	便宜	低廉
与轴摩擦功率损耗	小	较大	大
轴磨损	微小	较大	大

二、离心泵选择的设计计算

(一)离心泵选择的步骤及方法

离心泵选择的步骤及方法见表1-9-18。

表1-9-18 离心泵选择的步骤及方法

步 骤	方 法			
1. 确定泵的流量Q	根据收发油任务,确定所需泵的流量Q(一般在任务书中已给定)			
2. 计算泵所需要的总扬程H	计算公式	符号	符号含义	单位
	$H = (h_{损} + \Delta H_{位差}) \times$ $[1 + (5\% \sim 15\%)]$	$h_{损}$	吸入管和排出管的沿程阻力与局部阻力之和	m
		$\Delta H_{位差}$	吸入罐最低液位到排出罐最高液位间的几何高度差	m
		$5\% \sim 15\%$	选泵时对总扬程所取的安全系数	
3. 初选泵	根据Q、H在泵样本上初选泵			
4. 校核泵的工作点	将油库管路的特性曲线(全部作业的管路,至少是主要作业的管路)与泵的特性曲线绘在同一座标上,两种特性曲线相交得工作点,若工作点在泵的高效区,则此泵选得好,若不在高效区,需重新选泵			
5. 确定泵的安装高度	首先计算或换算泵的允许吸入真空高度,然后再计算泵的安装高度			

(二)离心泵选择的计算

离心泵选择的计算见表1-9-19。

表 1-9-19 离心泵选择的计算

项目	计算			
	计算公式	符号	符号含义	单位
1. 选用油泵时按右式计算	$H_{S允} = \dfrac{p_{大气}}{\rho g} - \dfrac{p_{蒸}}{\rho g} + \dfrac{v_{吸}^2}{2g} - \Delta h_{允}$	$H_{S允}$	允许吸入真空高度	m
		$p_{大气}$	油库所在地区的大气压	Pa
		$p_{蒸}$	所输送油料的饱和蒸汽压	Pa
		$v_{吸}$	泵吸入口处液体流速	m/s
		ρ	所输送油料的密度	kg/m³
		g	重力加速度	m/s²
		$\Delta h_{允}$	允许汽蚀余量,可由泵样本查得	m

2. 选用水泵时	在样本上载有该泵在大气压为 9.8×10^4 Pa,输送20℃的清水时的允许吸入真空高度 $H_{S允}$,应按下式换算为泵工作条件下的允许吸入真空高度 $H'_{S允}$,m			
	计算公式	符号	符号含义	
	$H'_{S允} = \dfrac{p_{大气}}{\rho g} - \dfrac{p_{蒸}}{\rho g} + H_{S允} - 10$ $H_{\delta}(\text{m 液柱}) = \dfrac{H_{\delta}(\text{mH}_2\text{O})}{\rho g} \times 1000$	$\dfrac{p_{大气}}{\rho g}$	油库所在地区的大气压力(m液柱),由所在地的海拔高度,查得相应的大气压力(mH₂O),再用下式加以换算	
		$\dfrac{p_{蒸}}{\rho g}$	泵送液体的饱和蒸汽压(m液柱),由所在地的最高气温(可为卸油的最高油温),查得相应的饱和蒸汽压(mH₂O),再用左公式换算为(m液柱)	

3. 泵的安装高度 $h_{安}$ 按右式计算	计算公式	符号	符号含义	单位
	$h_{安} = H'_{S允} - \dfrac{v_{吸}^2}{2g} - h_{吸损}$	$H'_{S允}$	对油泵是按上上左式计算而得,对水泵是按上左式换算而得	m
		$v_{吸}$	泵吸入口处液体流速	m/s
		g	重力加速度	m/s²
		$h_{吸损}$	是泵吸入管的阻力损失,当鹤管从铁路油罐车收油时,$h_{吸损}$ 是吸入管、集油管和鹤管阻力损失之总和	m

4. 鹤管汽阻校核	用鹤管从油罐车上部卸油时,从鹤管最高点至油罐车液面,在保证最高点处油料不产生汽阻时的最大垂直高度按下式计算			
	计算公式	符号	符号含义	单位
	$[h_x] \leq \dfrac{p_{大气}}{\rho g} - \dfrac{p_{蒸}}{\rho g} - \dfrac{v_{鹤}^2}{2g} - h_{损}$	$[h_x]$	最大垂直高度	m
		$v_{鹤}$	鹤管中的液体流速	m/s
		$h_{损}$	从鹤管下部进油口至最高点处管段的阻力损失	m
		注	其余符号意义同上	

(三)用图解法校核离心泵吸入系统的正常工作(即绘制真空—剩余压力图)

用图解法校核离心泵吸入系统的正常工作(即绘制真空—剩余压力图)见表 1-9-20。

表 1-9-20 用图解法校核离心泵吸入系统的正常工作

1. 离心泵吸入系统正常工作的条件为下式	符号	符号含义	单位
$\dfrac{P_{绝}}{\rho g} \geq \dfrac{P_{蒸}}{\rho g}$ 以及 $H_{S允} \leq H_S$ 其中:$\dfrac{P_{绝}}{\rho g} = \dfrac{P_{大气}}{\rho g} - \Delta h - \dfrac{V^2}{2g} - h_{损}$ $H_S = \dfrac{P_{大气}}{\rho g} - \dfrac{P_{绝}}{\rho g} = \Delta h + \dfrac{V^2}{2g} + h_{损}$	$\dfrac{P_{绝}}{\rho g}$	泵的吸入系统中,任一点的绝对压力(在卸油系统中又称剩余压力)	m
	Δh	计算点与油罐车液面的标高差。计算点高于罐车液面时,Δh 为正值,反之为负值	m
	V	计算点处的管中油品流速	m/s
	$h_{损}$	由鹤管进油口至计算点的阻力损失	m
	H_S	吸入系统中任一点的真空度	m
	注	其余符号含意同前	

2. 绘制真空—剩余压力图时,应以油罐车液面最低时的不利条件为基准,并可省略"$V^2/2g$"这一项,见下左图和下右图

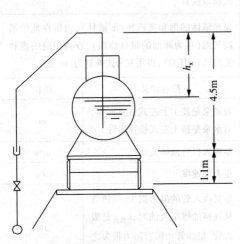

用鹤管从油罐车上部卸油示意图　　　　　　真空—剩余压力图

用鹤管从油罐车上部卸油示意图

1. 绘制和校核步骤	①计算出吸入管各段的阻力损失
	②按比例绘制卸油管路纵断面图(图中纵横座标的比例可不同)
	③由油罐车最底液面向上截取当地大气压所换算的油柱高 $P_{大气}/\rho g$
	④在 aa' 截取 ab',使其等于管段 ab 的阻力损失 h_1
	⑤分别在通过管路上 $c、d、e、f$ 各点的垂线上,从 $P_{大气}/\rho g$ 中截取 $ac、ad、ae$ 和 af 的阻力损失,得 $c'、d'、e'$ 和 f'。图中所示 $h_2、h_3、h_4、h_5$ 分别为管路 $bc、cd、de、ef$ 各段的阻力损失
	⑥连接 $a'、b'、c'、d'、f'$ 诸点所得的折线即为压力下降线。管路中任一点至压力下降线之间的纵座标高度,代表了该点处油料的剩余压力(即绝对压力)
	⑦将压力下降线向下平移距离 $P_{蒸}/\rho g$,得蒸气压力线

项 目	

2. 分析及采取措施	①蒸汽压力线若与管路相交,则在交点处管路就可能发生汽阻
	②将压力下降线向下平移距离 $P_{大气}/\rho g$,得真空线 $a''b''c''d''e''f''$。真空线至管路任一点之间的纵座标高度,等于该处油料的真空度 H_S。在泵吸入口处的 H_S 小于泵的允许吸入真空高度 $H_{S允}$时,吸入系统才能正常工作
	③如果蒸汽压力线与管路相交,或者管中油料的 $H_S > H_{S允}$时,可采取右措施予以克服
	  a. 改变鹤管形式,降低鹤管的高度(如图中虚线所示)
	  b. 将可能发生汽阻的管路前段直径加大,以减少管路的阻力损失
	  c. 在可能条件下,将泵的位置向油罐车方向移动或降低泵的标高

三、容积泵的选择要点

容积泵的选择要点见表 1-9-21。

表 1-9-21 容积泵的选择要点

项 目	选择要点
1. 用途及种类	油库中输送黏度较高的油品(如润滑油、锅炉燃料油等),主要采用容积泵,有往复泵、齿轮泵、螺杆泵等
2. 各类泵的特点	(1)往复泵 ①优点具有效率高,并且黏度增高时对效率影响不大的特点。由于往复泵是以泵内容积变化来工作的,不仅能抽油,而且能抽气,所以它有较强的"干吸"能力。开泵之前,即使泵及吸入管有空气,它也能把油品吸上来 ②缺点主要缺点是结构复杂,排量不均匀,不能与电动机、柴油机等直接连接,输送介质不能有任何杂质 (2)齿轮泵主要适用于小流量黏油的输送 (3)螺杆泵 是用来输送黏油最好的一种泵,它具有结构简单、尺寸小、排量均匀、没有脉动现象,能与电动机直接连接,效率高($\eta = 0.85 \sim 0.90$)等优点
3. 目前常选用的泵	(1)油库装卸油选用螺杆泵多 (2)流量小或灌装油桶时,选用齿轮泵 (3)现在也有选用高黏滑片泵的

第五节 泵机组基础设计

一、泵机组基础的作用、要求及类型

泵机组基础的作用、要求及类型见表 1-9-22。

表 1-9-22 泵机组基础的作用、要求及类型

项 目	内 容
1. 作用	(1)根据生产工艺上的要求,将泵机组牢固地固定在一定的位置上(符合设计的标高和设计的中心线位置) (2)承受泵机组的全部重量,以及工作时由于作用力所产生的负荷,并将它均匀地传布到土壤中去 (3)吸收和隔离由于动力作用所产生的振动,防止发生共振现象

项 目	内 容
2. 对基础的要求	(1) 有足够的强度、刚度和稳定性 (2) 能耐介质的腐蚀 (3) 不发生下沉、偏斜和倾覆 (4) 能吸收和隔离振动 (5) 同时又要节省材料及费用 (6) 基础质量差,不仅影响泵机组的正常运行,而且常常使设备的寿命缩短
3. 基础的类型	(1) 静力负荷的基础(设备基础) ① 这类基础不仅承受机器本身重量的静力负荷的作用 ② 有时(在室外的)还需要考虑风力载荷对其产生倾覆力矩 (2) 动力负荷的基础(机器的基础) ① 这类基础不仅承受机器本身重量的静力负荷的作用 ② 而且还受到机器中运动部件不平衡的惯性力所引起的动力负荷的作用 ③ 如工作时产生很大惯性力的电动机、离心泵、离心式鼓风机等

二、泵机组基础设计计算

泵机组基础一般可从相应的手册中查得,在缺乏这方面的资料时,也可按下述方法中的任一种进行设计计算。参见表1-9-23。

表1-9-23 基础设计计算方法

方 法	计 算
1. 重量比值法(经验法:只适用于小型泵机组)	(1) 概述 重量比值法,就是使基础重量不小于泵机组重量一定倍数的方法。这种设计基础的方法是最简便的,但也是很粗略的。对于一些小型泵机组的基础设计,这种方法是可行的,因而目前使用相当广泛 (2) 计算公式 <table><tr><th>基础长度</th><th>基础宽度</th><th>基础重量</th><th>基础体积</th><th>基础高度</th></tr><tr><td>$L = L' + (100 \sim 150)$</td><td>$b = b' + (100 \sim 150)$</td><td>$G_j \geq \alpha W$</td><td>$V = \dfrac{G_j}{g\rho_j}$</td><td>$h = \dfrac{V}{Lb}$</td></tr></table> (3) 公式符号 <table><tr><th>符号</th><th>符号含义</th><th>单位</th><th>符号</th><th>符号含义</th><th>单位</th><th>取值</th></tr><tr><td>L</td><td>基础长度</td><td>mm</td><td>L'</td><td>泵机组底盘长度</td><td>mm</td><td></td></tr><tr><td>b</td><td>基础宽度</td><td>mm</td><td>b'</td><td>泵机组底盘宽度</td><td>mm</td><td></td></tr><tr><td>G_j</td><td>基础重量</td><td>kg</td><td>α</td><td>比值系数</td><td></td><td>$\alpha = 5 \sim 6$</td></tr><tr><td>V</td><td>基础体积</td><td>m³</td><td>W</td><td>泵机组重量</td><td>kg</td><td></td></tr><tr><td>h</td><td>基础高度</td><td>mm</td><td>ρ_j</td><td>基础的密度</td><td>kg/m³</td><td>砖砌基础 $\rho_j = 1800$; 混凝土基础 $\rho_j = 2400$</td></tr></table> (4) 一般小型离心泵机组基础高度约为600～700mm,很少有超过800mm的

续表

方法	计 算
2. 控制基底面积法（简化法：只适用于离心泵机组）	(1) 概述 控制基底面积法既考虑了泵机组的工作转速、基础形状及地基好坏，同时又对计算公式作了恰当的简化，是较方便实用的
	(2) 基础长度 L 按上式计算
	(3) 基础宽度 b 按上式计算
	(4) 基础高度 h，根据地脚螺栓的埋深（一般为 400～600mm），地脚螺栓底部至基础底面高一般为 200mm，故基础高度一般取 $h = 600 \sim 800$mm
	(5) 基础底面面积：$A_P = bL'$ m², 式中 b、L——基础的长和宽, m
	(6) 所需基础地面面积：$A_t = \dfrac{WK\beta}{C_Z}$

符号及符号含义	单位	取值
W——泵机组重量	kg	
K——基础底面积计算系数		由表 1-9-24 取值
β——基础形状系数		由表 1-9-25 取值
C_Z——土壤弹性均匀压缩系数	10kN/m³	由表 1-9-26 取值

(7) 若 $A_P \geq A_t$ 则基础安全可用；若 $A_P < A_t$ 则应调整 L、b、h 的数值

表 1-9-24　基础底面积计算系数 K

基础高/m \ 泵转速/(r/min)	1000	1500	2000	2500	3000
0.5	1900	1190	670	520	520
0.75	1280	670	410	330	330
1	730	460	300	240	240
1.3	390	290	190	160	160
2	270	210	140	120	120

表 1-9-25　基础形状系数 β

α① \ ρ②	1	1.5	2	2.5	3	4	5
1.2	6.0	3.2	2.3	1.8	1.6	1.3	1.2
1.5	7.3	3.8	2.6	2.0	1.7	1.4	1.3
2	9.3	4.7	3.1	2.3	1.9	1.5	1.3
2.5	11.4	5.6	3.6	2.6	2.2	1.7	1.4
3	13.5	6.6	4.1	3.0	2.4	1.8	1.5

注：① 系指机器主轴中心至基础底面的高度 H 与基础高度 h 之比，即 $\alpha = \dfrac{H}{h}$
② 垂直于主轴方向的基底边长 a 与基础高度 h 之比，即 $\rho = \dfrac{a}{h}$

表 1-9-26　土壤弹性均匀压缩系数 C_Z

土壤等级	土壤特征	土壤允许耐压力/kPa	$C_Z/(10\text{N/cm}^3)$
I	松软的（塑性状态的黏土和沙质黏土，中密的沙粉）	150	3
II	中密的（塑性以上的黏土和沙质黏土，砂）	150～350	3～5
III	坚硬的（坚硬状态的黏土和沙质黏土，砾石和砾沙，黄土和黄土质沙质黏土）	350～500	5～10
IV	岩石地基	>500	>10

第六节 油泵房通风设计

油泵房通风设计见表1-9-27。

表1-9-27 油泵房通风设计

项目		设计
1. 油泵房通风的一般规定	(1)规范规定	《石油库设计规范》中规定,易燃油品的泵房,除采用自然通风外,尚应设置机械排风进行定期排风,其换气次数不应小于10次/h
	(2)计算	计算换气量时,房间高度高于4m时按4m计算
	(3)不设置机械排风的条件	但地上泵房的外墙下部设有百叶窗或花格墙等常开孔口时,易燃油泵房可不设置机械排风设施
2. 油泵房自然通风设施	(1)自然通风的设置	泵房自然通风,主要靠泵房的门、窗来进行。所以合理设置门、窗的位置和大小不但是人员和设备进出、采光的需要,而且也是自然通风的需要
	(2)门的要求	《石油库设计规范》要求油泵房应设外开门,且不宜少于两个。建筑面积小于$60m^2$的油泵房,可设一个外开门。门的宽度应考虑设备中最大尺寸的部件能出入
	(3)窗的要求	油泵房的窗台高一般为1.2m左右。窗户的布置一般为前后墙对称布置,这样不但美观、整齐,而且便于通风换气
	(4)百叶通风窗要求	①为了满足泵房停用而门窗又关闭时的自然通风,应在离室外地面高0.3m处设置活动铁百叶通风窗 ②百叶窗的数量和位置与普通窗相对应
3. 油泵房机械通风设计	(1)通风设计任务	油泵房的机械通风设计,主要就是选择风管、风机及风机风管的布置安装
	(2)风管选择与安装	①管径选择为了使泵房内布局整齐美观,便于操作和通行,风管的管径一般不大于$\phi 300mm$,或用$200mm \times 400mm$的矩形风管 ②风管安装风管拟靠墙布置,排风口离室内地坪面高为0.4~0.5m,这样便于排除油气
	(3)通风机选择与安装	①风量通风机选择由风量和风压两个参数确定。风量由泵房内空间的体积乘以换风次数10次/h求得 ②风压风压由风管的摩擦阻力和局部阻力计算求得 ③安装形式通风机的形式有两种,安装形式亦有两种 ④轴流风机的安装防爆轴流风机一般均安装在墙上,风机两边接风管,一边向下伸至地坪面上0.4~0.5m高处设置风口,另一边向上伸至屋顶1m以上设风管防雨罩 ⑤离心风机的安装离心风机一般安装在室外距油泵房有一定距离的风机房内,铺设一条风管到泵房内以负压吸风,其优点是吸出油气,减少油气扰动,通风效果好
	下图是可供参考的两种不同安装形式 轴流风机的安装形式图　　离心风机的安装形式图 1—进风口;2—排风口;3—风机; 4—油泵;5—风机室;6—油泵房	

第七节 常用泵机组样本摘编

一、GY、GYU 型管道油泵

(1) GY、GYU 型管道油泵简介见表 1-9-28。

表 1-9-28 GY、GYU 型管道油泵简介

项目	简 介	
1. 标准	GY、GYU 型便拆式管道泵为国家专利产品,设计制造符合美国石油协会 API610《石油、重化学和天然气工业用离心泵》的有关规定	
2. 适用性	泵可输送清洁的或含有少量固体物的石油、液化油气等介质,特别是输送易燃、易爆或有毒的液体	
3. 形式	该泵为立式、单级单吸离心泵	GY 型泵吐出口与吸入口的中心线在同一水平面的直线上
		GYU 型泵吸入口和吐出口的中心线相互平行在同一水平面上,且位于泵体同一侧,泵体呈 U 字形
4. 性能	(1) 工作压力	该泵的工作压力为 2.5MPa
	(2) 输送介质温度	输送介质的温度为 -35~105℃,装冷却系统后,输送介质的最高温度为 350℃
	(3) 性能范围(按设计点)	流量为 5.3~1500(m^3/h)
		扬程为 10.8~200m
5. 其他	其性能参见表 1-9-29,安装尺寸见表 1-9-30 和表 1-9-31	

表 1-9-29 GY、GYU 型泵性能参数表

型 号		流量/(m^3/h)	扬程/m	转速/(r/min)	效率/%	电机功率/kW	汽蚀余量/m	质量/kg
65GY20	65GYU20	25	20	2900	65	3	2.5	108
65GY20A	65GYU20A	21.25	14.5	2900	64	2.2	2.5	98
65GY32	65GYU32	25	32	2900	60	4	2.5	151
65GY32A	65GYU32A	21.25	23.1	2900	58	3	2.5	108
65GY50	65GYU50	25	50	2900	52.1	11	2.5	203
65GY50A	65GYU50A	21.25	36.1	2900	52	5.5	2.5	195
65GY95	65GYU95	25	95	2900	42.1	18.5	2.5	270
65GY95A	65GYU95A	21.25	68.6	2900	41	15	2.5	252
65GY95B	65GYU95B	19.5	57.8	2900	39	11	2.5	241
80GY15	80GYU15	50	15.5	2900	68.8	4	3	138
80GY15A	80GYU15A	42.4	10.8	2900	64.5	3	3	127
80GY25	80GYU25	50	26	2900	68.7	5.5	3	175
80GY25A	80GYU25A	42.5	18	2900	67	4	3	138

型 号		流量/(m³/h)	扬程/m	转速/(r/min)	效率/%	电机功率/kW	汽蚀余量/m	质量/kg
80GY32	80GYU32	50	32	2900	67.2	7.5	3	183
80GY32A	80GYU32A	42.5	23.1	2900	66	5.5	3	174
80GY50	80GYU50	50	50	2900	63.1	15	3	258
80GY50A	80GYU50A	42.5	36.1	2900	62	11	3	215
80GY80	80GYU80	50	80	2900	57	22	3	296
80GY80A	80GYU80A	42.5	57.8	2900	55	15	3	235
80GY125	80GYU125	50	125	2900	49	45	3	496
80GY125A	80GYU125A	42.5	90	2900	48	30	3	420
80GY150	80GYU150	50	150	2900	48	55	3	565
80GY150A	80GYU150A	45.5	125	2900	48	45	3	496
80GY150B	80GYU150B	40	96	2900	48	30	3	326
80GY200	80GYU200	50	200	2900	38.8	90	3	895
80GY200A	80GYU200A	42.5	144.5	2900	37.5	75	3	825
100GY25	100GYU25	100	25	2900	73	11	4	340
100GY25A	100GYU25A	85	18.1	2900	71	7.5	4	262
100GY40	100GYU40	100	40	2900	72.5	18.5	4	340
100GY40A	100GYU40A	85	28.9	2900	71	11	4	302
100GY60	100GYU60	100	60	2900	70.3	30	4	440
100GY60A	100GYU60A	85	43.4	2900	67.5	22	4	360
100GY95	100GYU95	100	95	2900	64.9	45	4	550
100GY95A	100GYU95A	85	68.6	2900	64.5	30	4	460
100GY125	100GYU125	100	125	2900	61.5	75	4	825
100GY125A	100GYU125A	85	90	2900	60	45	4	840
100GY150	100GY150	100	150	2900	58.8	90	4	910
100GY150A	100GY150A	85	108	2900	55.8	55	4	649
100GY200	100GYU200	100	200	2900	53	132	4	960
100GY200A	100GYU200A	85	144.5	2900	52	90	4	1290
125GY32	125GYU32	200	32	1450	80	30	3	610
125GY32A	125GYU32A	180	24	1450	77	22	3	520
125GY50	125GYU50	200	50	1450	74	55	3	871
125GY50A	125GYU50A	180	38	1450	71.5	37	3	701
125GY80	125GYU80	200	80	1080	68	90	3	1080

续表

型　号		流量/ (m³/h)	扬程/ m	转速/ (r/min)	效率/ %	电机功率/ kW	汽蚀余量/ m	质量/ kg
125GY80A	125GYU80A	180	61	1450	66	75	3	950
125GY125	125GYU125	200	125	2900	74	110	5	1350
125GY125A	125GYU125A	180	97	2900	71.5	90	5	1150
125GY150	125GYU150	150	150	2900	64.5	110	5	1380
125GY150A	125GYU150A	127.5	108	2900	63	75	5	1060
125GY200	125GYU200	200	200	2900	68	200	5.2	2100
125GY200A	125GYU200A	180	155	2900	66	160	5.2	1850
150GY25	150GYU25	200	25	1450	76	22	2.5	464
150GY25A	150GYU25A	170	18.1	1450	72	15	2.5	403
150GY40	150GYU40	200	40	1450	73.2	37	2.5	730
150GY40A	150GYU40A	170	28.9	1450	70	22	2.5	560
150GY60	150GYU60	200	60	1450	68.6	55	2.5	946
150GY60A	150GYU60A	170	43.4	1450	65.5	45	2.5	795
150GY95	150GYU95	200	95	2900	73.7	90	5.5	1115
150GY95A	150GYU95A	170	68.6	2900	70.5	55	5.5	854
150GY150	150GYU150	200	150	2900	68	132	5.5	1390
150GY150A	150GYU150A	170	108	2900	66	90	5.5	960
200GY25	200GYU25	360	25	1450	79.1	37	3.6	710
200GY25A	200GYU25A	306	18.1	1450	75	22	3.6	584
200GY40	200GYU40	360	40	1450	78.5	55	3.6	880
200GY40A	200GYU40A	306	28.9	1450	76	37	3.6	710
200GY60	200GYU60	360	60	1450	75.9	90	3.6	1130
200GY60A	200GYU60A	306	43.4	1450	72.9	55	3.6	880
200GY95	200GYU95	360	95	1450	70.9	160	3.6	1450
200GY95A	200GYU95A	306	68.6	1450	69.9	90	3.6	1130
200GY125	200GYU125	300	125	1450	63.7	185	3.6	1950
200GY125A	200GYU125A	255	90	1450	62.5	132	3.6	1450
200GY200	200GYU200	300	200	1450	56.3	355	3.6	4750
200GY200A	200GYU200A	255	144.5	1450	55	220	3.6	3150

注：本表摘自浙江佳力科技股份有限公司产品样本的部分产品。

(2) GY型管道泵安装尺寸见表1-9-30。

表1-9-30 GY型管道泵安装尺寸

mm

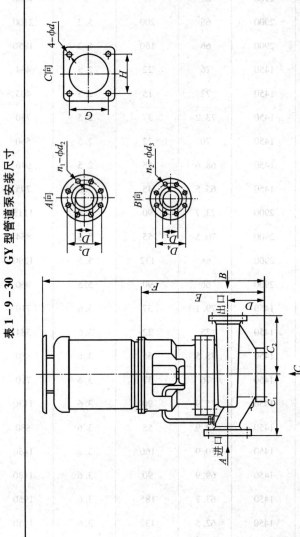

GY型管道泵安装尺寸图

型号	电机机座号	功率/kW	C_1、C_2	D	F	G	H	ϕd_1	铸铁法兰尺寸				钢法兰尺寸			
									D_1	D_2	D_3	D_4	D_1	D_2	D_3	D_4
65GY20	100L-2	3	230	160	808	200	200	$\phi19$	$\phi65$	$\phi145$	$\phi65$	$\phi145$	$\phi65$	$\phi145$	$\phi65$	$\phi145$
65GY20A	90L-2	2.2	230	160	763	200	200	$\phi19$	$\phi65$	$\phi145$	$\phi65$	$\phi145$	$\phi65$	$\phi145$	$\phi65$	$\phi145$
65GY32	112M-2	4	230	160	925	210	130	$\phi19$	$\phi65$	$\phi145$	$\phi65$	$\phi145$	$\phi65$	$\phi145$	$\phi65$	$\phi145$
65GY32A	100L-2	3	230	160	895	210	130	$\phi19$	$\phi65$	$\phi145$	$\phi50$	$\phi145$	$\phi65$	$\phi145$	$\phi65$	$\phi145$
65GY50	160M1-2	11	230	160	1055	200	200	$\phi19$	$\phi65$	$\phi145$	$\phi50$	$\phi125$	$\phi65$	$\phi145$	$\phi50$	$\phi125$
65GY50A	132S1-2	5.5	230	160	940	200	200	$\phi19$	$\phi65$	$\phi145$	$\phi50$	$\phi125$	$\phi65$	$\phi145$	$\phi50$	$\phi125$
65GY95	160L-2	18.5	230	160	1155	200	200	$\phi19$	$\phi65$	$\phi145$	$\phi50$	$\phi125$	$\phi65$	$\phi145$	$\phi50$	$\phi125$
65GY95A	160M2-2	15	230	160	1115	200	200	$\phi19$	$\phi65$	$\phi145$	$\phi50$	$\phi125$	$\phi65$	$\phi145$	$\phi50$	$\phi125$

续表

型号	电机机座号	功率/kW	C_1、C_2	D	F	G	H	ϕd_1	铸铁法兰尺寸				钢法兰尺寸			
									D_1	D_2	D_3	D_4	D_1	D_2	D_3	D_4
65GY95B	160M1-2	11	230	160	1115	200	200	$\phi19$	$\phi65$	$\phi145$	$\phi50$	$\phi125$	$\phi65$	$\phi145$	$\phi50$	$\phi125$
80GY15	112M-2	4	280	190	920	220	90	$\phi19$	$\phi80$	$\phi160$	$\phi80$	$\phi160$	$\phi80$	$\phi160$	$\phi80$	$\phi160$
80GY15A	100L-2	3	280	190	860	220	90	$\phi19$	$\phi80$	$\phi160$	$\phi80$	$\phi160$	$\phi80$	$\phi160$	$\phi80$	$\phi160$
80GY25	132S1-2	5.5	280	190	960	220	90	$\phi19$	$\phi80$	$\phi160$	$\phi80$	$\phi160$	$\phi80$	$\phi160$	$\phi80$	$\phi160$
80GY25A	112M-2	4	280	190	910	220	90	$\phi19$	$\phi80$	$\phi160$	$\phi80$	$\phi160$	$\phi80$	$\phi160$	$\phi80$	$\phi160$
80GY32	132S2-2	7.5	280	190	960	220	90	$\phi19$	$\phi80$	$\phi160$	$\phi80$	$\phi160$	$\phi80$	$\phi160$	$\phi80$	$\phi160$
80GY32A	132S1-2	5.5	280	190	960	220	90	$\phi19$	$\phi80$	$\phi160$	$\phi80$	$\phi160$	$\phi80$	$\phi160$	$\phi65$	$\phi145$
80GY50	160M2-2	15	280	190	1085	220	140	$\phi19$	$\phi80$	$\phi160$	$\phi65$	$\phi145$	$\phi80$	$\phi160$	$\phi65$	$\phi145$
80GY50A	160M1-2	11	280	190	1085	220	140	$\phi19$	$\phi80$	$\phi160$	$\phi65$	$\phi145$	$\phi80$	$\phi160$	$\phi65$	$\phi125$
80GY80	180M-2	22	280	190	1170	220	220	$\phi19$	$\phi80$	$\phi160$	$\phi50$	$\phi125$	$\phi80$	$\phi160$	$\phi50$	$\phi125$
80GY80A	160M2-2	15	280	190	1095	220	220	$\phi22$	$\phi80$	$\phi160$	$\phi50$	$\phi125$	$\phi80$	$\phi160$	$\phi50$	$\phi125$
80GY125	225M-2	45	300	190	1405	240	240	$\phi22$	$\phi80$	$\phi160$	$\phi65$	$\phi145$	$\phi80$	$\phi160$	$\phi65$	$\phi145$
80GY125A	200L1-2	30	300	190	1370	240	240	$\phi22$	$\phi80$	$\phi160$	$\phi65$	$\phi145$	$\phi80$	$\phi160$	$\phi65$	$\phi145$
80GY150	250M-2	55	300	190	1470	240	240	$\phi22$	$\phi80$	$\phi160$	$\phi65$	$\phi145$	$\phi80$	$\phi160$	$\phi65$	$\phi145$
80GY150A	225M-2	45	300	190	1375	240	240	$\phi22$	$\phi80$	$\phi160$	$\phi65$	$\phi145$	$\phi80$	$\phi160$	$\phi65$	$\phi145$
80GY150B	200L1-2	30	300	190	1340	240	240	$\phi22$	$\phi80$	$\phi160$	$\phi65$	$\phi145$	$\phi80$	$\phi160$	$\phi65$	$\phi145$
80GY200	280M-2	90	300	190	1745	240	240	$\phi22$	$\phi80$	$\phi160$	$\phi65$	$\phi145$	$\phi80$	$\phi160$	$\phi65$	$\phi145$
80GY200A	280S-2	75	300	190	1695	240	240	$\phi20$	$\phi80$	$\phi160$	$\phi65$	$\phi145$	$\phi80$	$\phi160$	$\phi65$	$\phi145$
100GY25	160M1-2	11	300	200	1155	240	240	$\phi20$	$\phi100$	$\phi180$	$\phi100$	$\phi180$	$\phi100$	$\phi190$	$\phi100$	$\phi190$
100GY25A	132S2-2	7.5	300	200	1010	240	240	$\phi20$	$\phi100$	$\phi180$	$\phi100$	$\phi180$	$\phi100$	$\phi190$	$\phi100$	$\phi190$
100GY40	160L-2	18.5	300	200	1225	240	210	$\phi20$	$\phi100$	$\phi180$	$\phi100$	$\phi180$	$\phi100$	$\phi190$	$\phi100$	$\phi190$
100GY40A	160M1-2	11	300	200	1185	240	210	$\phi20$	$\phi100$	$\phi180$	$\phi100$	$\phi180$	$\phi100$	$\phi190$	$\phi100$	$\phi190$
100GY60	200L1-2	30	300	172	1358	300	180	$\phi20$	$\phi100$	$\phi180$	$\phi100$	$\phi180$	$\phi100$	$\phi190$	$\phi100$	$\phi190$

续表

型号	电机机座号	功率/kW	C_1、C_2	D	F	G	H	ϕd_1	铸铁法兰尺寸				钢法兰尺寸			
									D_1	D_2	D_3	D_4	D_1	D_2	D_3	D_4
100GY60A	180M-2	22	300	172	1310	300	180	φ20	φ100	φ180	φ100	φ180	φ100	φ190	φ100	φ190
100GY95	225M-2	45	350	200	1390	304	304	φ22	φ100	φ190	φ80	φ160	φ100	φ190	φ80	φ160
100GY95A	200L1-2	30	350	200	1355	304	304	φ22	φ100	φ190	φ80	φ160	φ100	φ190	φ80	φ160
100GY125	280S-2	75	350	200	1629	304	304	φ22	φ100	φ190	φ80	φ160	φ100	φ190	φ80	φ160
100GY125A	225M-2	45	350	200	1489	304	304	φ22	φ100	φ190	φ80	φ160	φ100	φ190	φ80	φ160
100GY150	280M-2	90	350	200	1680	304	304	φ22	φ100	φ190	φ80	φ160	φ100	φ190	φ80	φ160
100GY150A	250M-2	55	350	200	1555	304	304	φ22	φ100	φ190	φ80	φ160	φ100	φ190	φ80	φ160
100GY200	315M1-2	132	350	200	2220	304	304	φ22	φ100	φ190	φ80	φ160	φ100	φ190	φ80	φ160
100GY200A	280M-2	90	350	200	1790	304	304	φ22	φ100	φ190	φ80	φ160	φ100	φ190	φ80	φ160
125GY32	200L-4	30	450	310	1535	304	304	φ22	φ125	φ220	φ125	φ220	φ125	φ220	φ125	φ220
125GY32A	180L-4	22	450	310	1480	304	304	φ22	φ125	φ220	φ125	φ220	φ125	φ220	φ125	φ220
125GY50	250M-4	55	450	310	1680	304	304	φ22	φ125	φ220	φ125	φ220	φ125	φ220	φ125	φ220
125GY50A	225S-4	37	450	310	1505	304	304	φ22	φ125	φ220	φ125	φ220	φ125	φ220	φ125	φ220
125GY80	280M-4	90	520	310	1805	318	318	φ22	φ125	φ220	φ100	φ190	φ125	φ220	φ100	φ190
125GY80A	280S-4	75	520	310	1775	318	318	φ28	φ125	φ220	φ100	φ190	φ125	φ220	φ100	φ190
125GY125	315S-2	110	520	310	2083	350	350	φ28	φ125	φ220	φ100	φ190	φ125	φ220	φ100	φ190
125GY125A	280M-2	90	520	310	1783	350	350	φ28	φ125	φ220	φ100	φ190	φ125	φ220	φ100	φ190
125GY150	315S-2	110	520	310	2090	350	350	φ28	φ125	φ220	φ100	φ190	φ125	φ220	φ100	φ190
125GY150A	280S-2	75	520	310	1740	350	350	φ28	φ125	φ220	φ100	φ190	φ125	φ220	φ100	φ190
125GY200	315L2-2	200	520	310	2390	350	350	φ28	φ125	φ220	φ100	φ190	φ125	φ220	φ100	φ190
125GY200A	315M2-2	160	520	310	2220	350	350	φ28	φ125	φ220	φ100	φ190	φ125	φ220	φ100	φ190
150GY25	180L-4	22	450	310	1480	304	304	φ22	φ150	φ240	φ150	φ240	φ150	φ250	φ150	φ250
150GY25A	160L-4	15	450	310	1430	304	304	φ22	φ150	φ240	φ150	φ240	φ150	φ250	φ150	φ250

续表

型号	电机机座号	功率/kW	C_1, C_2	D	F	G	H	ϕd_1	铸铁法兰尺寸				钢法兰尺寸			
									D_1	D_2	D_3	D_4	D_1	D_2	D_3	D_4
150GY40	225S-4	37	450	310	1585	304	304	$\phi22$	$\phi150$	$\phi240$	$\phi150$	$\phi240$	$\phi150$	$\phi250$	$\phi150$	$\phi250$
150GY40A	180L-4	22	450	310	1560	304	304	$\phi22$	$\phi150$	$\phi240$	$\phi150$	$\phi240$	$\phi150$	$\phi250$	$\phi150$	$\phi250$
150GY60	250M-4	55	520	310	1680	304	304	$\phi22$	$\phi150$	$\phi240$	$\phi100$	$\phi180$	$\phi150$	$\phi250$	$\phi100$	$\phi190$
150GY60A	225M-4	45	520	310	1595	304	304	$\phi22$	$\phi150$	$\phi240$	$\phi100$	$\phi180$	$\phi150$	$\phi250$	$\phi100$	$\phi190$
150GY95	280M-2	90	520	310	1889	304	304	$\phi22$	$\phi150$	$\phi250$	$\phi100$	$\phi190$	$\phi150$	$\phi250$	$\phi100$	$\phi190$
150GY95A	250M-2	55	520	310	1764	304	304	$\phi22$	$\phi150$	$\phi250$	$\phi100$	$\phi190$	$\phi150$	$\phi250$	$\phi100$	$\phi190$
150GY150	315M-2	132	520	310	2260	350	350	$\phi28$	$\phi150$	$\phi250$	$\phi100$	$\phi190$	$\phi150$	$\phi250$	$\phi100$	$\phi190$
150GY150A	280M-2	90	520	310	1970	350	350	$\phi28$	$\phi150$	$\phi250$	$\phi100$	$\phi190$	$\phi150$	$\phi250$	$\phi100$	$\phi190$
200GY25	225S-4	37	650	350	1605	450	450	$\phi32$	$\phi200$	$\phi295$	$\phi200$	$\phi295$	$\phi200$	$\phi320$	$\phi200$	$\phi320$
200GY25A	180L-4	22	650	350	1510	450	450	$\phi32$	$\phi200$	$\phi295$	$\phi200$	$\phi295$	$\phi200$	$\phi320$	$\phi200$	$\phi320$
200GY40	250M-4	55	650	350	1785	450	450	$\phi32$	$\phi200$	$\phi295$	$\phi200$	$\phi295$	$\phi200$	$\phi320$	$\phi200$	$\phi320$
200GY40A	225S-4	37	650	350	1700	450	450	$\phi32$	$\phi200$	$\phi295$	$\phi200$	$\phi295$	$\phi200$	$\phi320$	$\phi200$	$\phi320$
200GY60	280M-4	90	675	350	1910	450	450	$\phi32$	$\phi200$	$\phi295$	$\phi200$	$\phi295$	$\phi200$	$\phi320$	$\phi200$	$\phi320$
200GY60A	250M-4	55	675	350	1785	450	450	$\phi32$	$\phi200$	$\phi295$	$\phi200$	$\phi295$	$\phi200$	$\phi320$	$\phi200$	$\phi320$
200GY95	315M2-4	160	675	350	2353	450	450	$\phi32$	$\phi200$	$\phi295$	$\phi150$	$\phi240$	$\phi200$	$\phi320$	$\phi150$	$\phi250$
200GY95A	280M-4	90	675	350	2103	450	450	$\phi32$	$\phi200$	$\phi295$	$\phi150$	$\phi240$	$\phi200$	$\phi320$	$\phi150$	$\phi250$
200GY125	315L1-4	185	700	350	2770	495	495	$\phi40$	$\phi200$	$\phi295$	$\phi150$	$\phi240$	$\phi200$	$\phi320$	$\phi150$	$\phi250$
200GY125A	315M1-4	132	700	350	2600	495	495	$\phi40$	$\phi200$	$\phi295$	$\phi150$	$\phi240$	$\phi200$	$\phi320$	$\phi150$	$\phi250$
200GY200	450S2-4	355	720	375	3140	565.5	565.5	$\phi40$	$\phi200$	$\phi295$	$\phi150$	$\phi240$	$\phi200$	$\phi320$	$\phi150$	$\phi250$
200GY200A	315M1-4	220	720	375	2970	565.5	565.5	$\phi40$	$\phi200$	$\phi295$	$\phi150$	$\phi240$	$\phi200$	$\phi320$	$\phi150$	$\phi250$

(3) GYU型管道泵安装尺寸见表1-9-31。

表1-9-31 GYU型管道泵安装尺寸

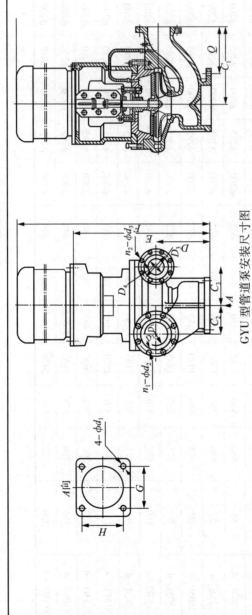

GYU型管道泵安装尺寸图

mm

型号	电机机座号	功率/kW	C_1	C_2	C_3	D	F	G	H	Q	d_1	铸铁法兰尺寸				钢法兰尺寸			
												D_1	D_2	D_3	D_4	D_1	D_2	D_3	D_4
65GYU20	100L-2	3	230	100	110	160	816	200	240	90	19	ϕ65	ϕ145	ϕ65	ϕ145	ϕ65	ϕ145	ϕ65	ϕ145
65GYU20A	90L-2	2.2	230	100	110	160	769	200	240	90	19	ϕ65	ϕ145	ϕ65	ϕ145	ϕ65	ϕ145	ϕ65	ϕ145
65GYU32	112M-2	4	30	100	110	160	925	200	210	85	19	ϕ65	ϕ145	ϕ65	ϕ145	ϕ65	ϕ145	ϕ65	ϕ145
65GYU32A	100L-2	3	230	100	110	160	895	200	210	85	19	ϕ65	ϕ145	ϕ65	ϕ125	ϕ65	ϕ145	ϕ65	ϕ125
65GYU50	160M1-2	11	230	100	110	160	1055	200	240	90	19	ϕ65	ϕ145	ϕ50	ϕ125	ϕ65	ϕ145	ϕ50	ϕ125
65GYU50A	132S1-1	5.5	230	100	110	160	940	200	240	90	19	ϕ65	ϕ145	ϕ50	ϕ125	ϕ65	ϕ145	ϕ50	ϕ125
65GYU95	160L-2	18.5	230	100	110	160	1155	200	240	90	19	ϕ65	ϕ145	ϕ50	ϕ125	ϕ65	ϕ145	ϕ50	ϕ125
65GYU95A	160M2-2	15	230	100	110	160	1115	200	240	90	19	ϕ65	ϕ145	ϕ50	ϕ125	ϕ65	ϕ145	ϕ50	ϕ125
65GYU95B	160M1-2	11	230	100	110	160	1115	200	240	90	19	ϕ65	ϕ145	ϕ50	ϕ125	ϕ65	ϕ145	ϕ50	ϕ125

续表

型号	电机机座号	功率/kW	C_1	C_2	C_3	D	F	G	H	Q	d_1	铸铁法兰尺寸				钢法兰尺寸			
												D_1	D_2	D_3	D_4	D_1	D_2	D_3	D_4
80GYU15	112M-2	4	280	100	130	190	920	220	220	105	19	φ80	φ160	φ80	φ160	φ80	φ160	φ80	φ160
80GYU15A	100L-2	3	280	100	130	190	860	220	220	105	19	φ80	φ160	φ80	φ160	φ80	φ160	φ80	φ160
80GYU25	132S1-2	5.5	280	100	130	190	960	220	220	105	19	φ80	φ160	φ80	φ160	φ80	φ160	φ80	φ160
80GYU25A	112M-2	4	280	100	130	190	910	220	220	105	19	φ80	φ160	φ80	φ160	φ80	φ160	φ80	φ160
80GYU32	132S2-2	7.5	280	105	130	190	960	220	250	140	19	φ80	φ160	φ80	φ160	φ80	φ160	φ80	φ160
80GYU32A	132S1-2	5.5	280	105	130	190	960	220	250	140	19	φ80	φ160	φ80	φ160	φ80	φ160	φ80	φ160
80GYU50	160M2-2	15	280	100	120	190	1085	220	250	140	19	φ80	φ160	φ65	φ145	φ80	φ160	φ65	φ145
80GYU50A	160M1-2	11	280	100	120	190	1085	220	250	140	19	φ80	φ160	φ65	φ145	φ80	φ160	φ65	φ145
80GYU80	180M-2	22	280	90	125	190	1230	220	250	140	22	φ80	φ160	φ50	φ125	φ80	φ160	φ50	φ125
80GYU80A	160M2-2	15	280	90	125	190	1155	220	250	140	22	φ80	φ160	φ50	φ125	φ80	φ160	φ50	φ125
80GYU125	225M-2	45	350	133	165	210	1393	220	320	140	30	φ80	φ160	φ65	φ145	φ80	φ160	φ65	φ145
80GYU125A	200L1-2	30	350	133	165	210	1358	110	320	140	30	φ80	φ160	φ65	φ145	φ80	φ160	φ65	φ145
80GYU150	250M-2	55	400	133	165	190	1514	304	304	248	30	φ80	φ160	φ65	φ145	φ80	φ160	φ65	φ145
80GYU150A	225M-2	45	400	133	165	190	1419	304	304	248	30	φ80	φ160	φ65	φ145	φ80	φ160	φ65	φ145
80GYU150B	200L1-2	30	400	133	165	190	1384	304	304	248	30	φ80	φ160	φ65	φ145	φ80	φ160	φ65	φ145
80GYU200	280M-2	90	400	133	165	190	1745	304	304	248	30	φ80	φ160	φ65	φ145	φ80	φ160	φ65	φ145
80GYU200A	280S-2	75	400	133	165	190	1695	304	304	248	30	φ80	φ160	φ65	φ145	φ80	φ160	φ65	φ145
100GYU25	160M1-2	11	300	120	150	200	1155	240	300	120	22	φ100	φ190	φ100	φ190	φ100	φ190	φ100	φ190
100GYU25A	132S2-2	7.5	300	120	150	200	1010	240	300	120	22	φ100	φ190	φ100	φ190	φ100	φ190	φ100	φ190
100GYU40	160L-2	18.5	300	120	150	200	1225	240	300	120	22	φ100	φ190	φ100	φ190	φ100	φ190	φ100	φ190
100GYU40A	160M1-2	11	300	120	150	200	1185	240	300	120	22	φ100	φ190	φ100	φ190	φ100	φ190	φ100	φ190
100GYU60	200L1-2	30	300	120	150	172	1358	300	350	100	30	φ100	φ190	φ100	φ190	φ100	φ190	φ100	φ190
100GYU60A	180M-2	22	300	120	150	172	1310	300	350	100	30	φ100	φ190	φ100	φ190	φ100	φ190	φ100	φ190

续表

型号	电机机座号	功率/kW	C_1	C_2	C_3	D	F	G	H	Q	d_1	铸铁法兰尺寸 D_1	D_2	D_3	D_4	钢法兰尺寸 D_1	D_2	D_3	D_4
100GYU95	225M-2	45	350	160	190	200	1390	304	360	142	30	φ100	φ190	φ80	φ160	φ100	φ190	φ80	φ160
100GYU95A	200L1-2	30	350	160	190	200	1355	304	360	142	30	φ100	φ190	φ80	φ160	φ100	φ190	φ80	φ160
100GYU125	280S-2	75	350	160	190	200	1629	304	360	142	30	φ100	φ190	φ80	φ160	φ100	φ190	φ80	φ160
100GYU125A	225M-2	45	350	160	190	200	1489	304	360	142	30	φ100	φ190	φ80	φ160	φ100	φ190	φ80	φ160
100GYU150	280M-2	90	400	160	190	200	1640	304	400	152	30	φ100	φ190	φ80	φ160	φ100	φ190	φ80	φ160
100GYU150A	250M-2	55	400	160	190	200	1524	304	400	152	30	φ100	φ190	φ80	φ160	φ100	φ190	φ80	φ160
100GYU200	315M1-2	132	450	160	200	200	2220	304	400	202	30	φ100	φ190	φ80	φ160	φ100	φ190	φ80	φ160
100GYU200A	280M-2	90	450	160	200	200	1790	304	400	202	30	φ100	φ190	φ80	φ160	φ100	φ190	φ80	φ160
125GYU32	200L-4	30	450	140	200	310	1535	350	490	135	30	φ125	φ220	φ125	φ220	φ125	φ220	φ125	φ220
125GYU32A	180L-4	22	450	140	200	310	1480	350	490	135	30	φ125	φ220	φ125	φ220	φ125	φ220	φ125	φ220
125GYU50	250M-4	55	450	140	200	310	1680	350	490	135	30	φ125	φ220	φ125	φ220	φ125	φ220	φ125	φ220
125GYU50A	225S-4	37	450	140	200	310	1505	350	490	135	30	φ125	φ220	φ125	φ220	φ125	φ220	φ125	φ220
125GYU80	280M-4	90	520	140	200	310	1805	350	490	205	30	φ125	φ220	φ100	φ190	φ125	φ220	φ100	φ190
125GYU80A	280S-4	75	520	140	200	310	1775	350	490	205	30	φ125	φ220	φ100	φ190	φ125	φ220	φ100	φ190
125GYU125	315S-4	110	520	160	220	310	2169	350	490	205	30	φ125	φ220	φ100	φ190	φ125	φ220	φ100	φ190
125GYU125A	280M-2	90	52	160	220	310	1869	350	490	205	30	φ125	φ220	φ100	φ190	φ125	φ220	φ100	φ190
125GYU150	315S-4	110	520	160	220	310	2090	350	490	205	30	φ125	φ220	φ100	φ190	φ125	φ220	φ100	φ190
125GYU150A	280S-2	75	520	160	220	310	1740	350	490	205	30	φ125	φ220	φ100	φ190	φ125	φ220	φ100	φ190
125GYU200	315L2-2	200	520	190	260	310	2390	350	490	205	30	φ125	φ220	φ100	φ190	φ125	φ220	φ100	φ190
125GYU200A	315M2-2	160	520	190	260	310	2220	350	490	205	30	φ125	φ220	φ100	φ190	φ125	φ220	φ100	φ190
150GYU25	180L-4	22	450	160	220	310	1480	350	490	135	30	φ150	φ250	φ150	φ250	φ150	φ250	φ150	φ250
150GYU25A	160L-4	15	450	160	220	310	1430	350	490	135	30	φ150	φ250	φ150	φ250	φ150	φ250	φ150	φ250
150GYU40	225S-4	37	450	190	260	310	1585	350	490	135	30	φ150	φ250	φ150	φ250	φ150	φ250	φ150	φ250

续表

型号	电机机座号	功率/kW	C_1	C_2	C_3	D	F	G	H	Q	d_1	铸铁法兰尺寸 D_1	D_2	D_3	D_4	钢法兰尺寸 D_1	D_2	D_3	D_4
150GYU40A	180L-4	22	450	190	260	310	1560	350	490	135	30	φ150	φ250	φ150	φ250	φ150	φ250	φ150	φ250
150GYU60	250M-4	55	520	191	261	318	1778	350	490	205	30	φ150	φ250	φ100	φ190	φ150	φ250	φ100	φ190
150GYU60A	225M-4	45	520	191	261	318	1693	350	490	205	30	φ150	φ250	φ100	φ190	φ150	φ250	φ100	φ190
150GYU95	280M-2	90	520	191	261	310	1889	350	490	205	30	φ150	φ250	φ100	φ190	φ150	φ250	φ100	φ190
150GYU95A	250M-2	55	520	191	261	310	1764	350	490	205	30	φ150	φ250	φ100	φ190	φ150	φ250	φ100	φ190
150GYU150	315M1-2	132	520	160	220	310	2305	350	490	205	30	φ150	φ250	φ100	φ190	φ150	φ250	φ100	φ190
150GYU150A	280M-2	90	520	160	220	310	2015	350	490	205	30	φ150	φ250	φ100	φ190	φ150	φ250	φ100	φ190
200GYU25	225S-4	37	650	180	250	350	1605	450	625	250	30	φ200	φ310	φ200	φ310	φ200	φ310	φ200	φ310
200GYU25A	180L-4	22	650	180	250	350	1510	450	625	250	30	φ200	φ310	φ200	φ310	φ200	φ310	φ200	φ310
200GYU40	250M-4	55	650	180	250	350	1785	450	625	250	30	φ200	φ310	φ200	φ310	φ200	φ310	φ200	φ310
200GYU40A	225S-4	37	650	180	250	350	1700	450	625	250	30	φ200	φ310	φ200	φ310	φ200	φ310	φ200	φ310
200GYU60	280M-4	90	675	180	250	350	1910	450	625	275	30	φ200	φ310	φ150	φ250	φ200	φ310	φ150	φ250
200GYU60A	250M-4	55	675	180	250	350	1785	450	625	275	30	φ200	φ310	φ150	φ250	φ200	φ310	φ150	φ250
200GYU95	315M2-4	160	675	200	300	350	2353	450	625	275	30	φ200	φ310	φ150	φ250	φ200	φ310	φ150	φ250
200GYU95A	280M-4	90	675	200	300	350	2103	450	625	275	30	φ200	φ310	φ150	φ250	φ200	φ310	φ150	φ250
200GYU125	315L1-4	185	700	200	300	350	2770	495	625	322	40	φ200	φ310	φ150	φ250	φ200	φ310	φ150	φ250
200GYU125A	315M1-4	132	700	200	300	350	2600	495	625	322	40	φ200	φ310	φ150	φ250	φ200	φ310	φ150	φ250
200GYU200	450S2-4	355	720	200	320	375	3140	495	625	342	40	φ200	φ310	φ150	φ250	φ200	φ310	φ150	φ250
200GYU200A	315M1-4	220	720	200	320	375	2970	495	625	342	40	φ200	φ310	φ150	φ250	φ200	φ310	φ150	φ250

二、GZB、GZ 型自吸管道泵

GZB、GZ 型自吸管道泵简介见表1-9-32,性能参数见表1-9-33,安装尺寸见表1-9-34。

表1-9-32 GZB、GZ 型自吸管道泵简介

项 目	简 介
1. 概况	GZB、GZ 两种泵均可自吸,其中 GZB 型为便拆式自吸管道泵,是浙江义乌市某石油化工泵厂最新研制生产的新型产品
2. 适用性	用来输送黏度小于 $1cm^2/s$ 的易燃易爆的石油产品(汽油、煤油、柴油、航空油料等)和无腐蚀性的化工产品
3. 性能范围(按设计点以常温清水为介质)	(1)介质温度 -20 ~ +180℃范围内 (2)流量 Q 6.25 ~ 1000 m^3/h (3)扬程 H 20 ~ 120m。可根据用户要求生产二节叶轮泵,最高扬程为240m(120×2)
4. 其他	其性能见表1-9-33,安装尺寸见表1-9-34

表1-9-33 GZB、GZ 型自吸管道泵主要性能参数

型 号	流量 Q		扬程 H	转速 n	效率 η	配套功率 P	汽蚀余量 $NPSH$	自吸5m时间 t	最大自吸高度 h	泵进出口径 ϕ
	m^3/h	L/s	m	r/min	%	kW	m	min	m	mm
50GZB-20	12.5	3.47	20	2950	50	2.2	2.5	1.8	6.5	50×50
50GZB-25	25	6.95	25	2950	55	3	2.5	1.5	7	50×50
50GZB-32	12.5	3.47	32	2950	50	3	2.5	1.5	7	50×50
50GZB-50	12.5	3.47	50	2950	49	5.5	2.5	1.2	7.5	50×50
50GZB-75	12.5	3.47	75	2950	42	11	2.5	1.2	7.5	50×50
50GZB-80	12.5	3.47	80	2950	43	11	2.5	1.2	7.5	50×50
50GZB-100	12.5	3.47	115	2950	68	15	2.5	0.7	7.5	50×50
50GZB-120	12.5	3.47	120	2950	70	15	2.5	0.7	7.5	50×50
65GZB-25	25	6.95	25	2950	56	4	2.5	1.5	7	65×65
65GZB-32	25	6.95	32	2950	58	4	3	1.5	7	65×65
80GZ-15	50	13.9	15	2950	68	4	3.5	0.7	7.5	80×65
80GZ-20	50	13.9	20	2950	68	5.5	3.5	0.7	7.5	80×65
80GZ-25	50	13.9	25	2950	60	5.5	3.5	1.5	7	80×80
80GZ-32	50	13.9	32	2950	62	7.5	3.5	1.5	7	80×80
80GZ-45	50	13.9	45	2950	55	11	3.5	1.2	7.5	80×80
80GZ-50	50	13.9	50	2950	56	15	3.5	1.2	7.5	80×80
80GZ-50	60	16.68	55	2950	60	15	2.5	1.2	7.5	80×80
80GZ-75	50	13.9	75	2950	50	22	3.5	1.2	7.5	80×80
80GZ-80	50	13.9	80	2950	50	22	3.5	1.2	7.5	80×80
80GZB-95	50	13.9	80	2950	55	30	3.5	1.2	7.5	80×80

续表

型　号	流量 Q		扬程 H	转速 n	效率 η	配套功率 P	汽蚀余量 NPSH	自吸5m 时间 t	最大自吸高度 h	泵进出口径 φ
	m³/h	L/s	m	r/min	%	kW	m	min	m	mm
80GZB-100	50	13.9	95	2950	53	30	3.5	1.2	7.5	80×80
80GZB-115	50	13.9	100	2950	52	37	3.5	1.2	7.5	80×80
80GZB-120	50	13.9	115	2950	50	45	3.5	1.2	7.5	80×80
80GZB-125	50	13.9	120	2950	52	45	3.5	1.2	7.5	80×80
100GZ-15	100	27.8	15	2950	75	7.5	4.5	0.8	7	100×80
100GZ-20	100	27.8	20	2950	76	11	4.5	0.8	7	100×80
100GZB-25	100	27.8	25	2950	68	15	4.5	1.5	7	100×100
100GZB-32	100	27.8	32	2950	68	15	4.5	2	6.5	100×100
100GZB-40	100	27.8	40	1450	67	18.5	3.5	2	6.5	100×100
100GZB-45	100	27.8	45	1450	66	22	3.5	1.5	7	100×100
100GZB-50	100	27.8	50	2950	65	22	4.5	15	7	100×100
100GZB-75	100	27.8	75	2950	60	37	4.5	1.5	7.5	100×100
100GZB-80	100	27.8	80	2950	60	45	4.5	1.5	7.5	100×100
100GZB-100	100	27.8	100	2950	61	55	4.5	1.5	7.5	100×100
100GZB-115	100	27.8	115	2950	62	75	4.5	1.2	7.5	100×100
100GZB-120	100	27.8	120	2950	62	75	4.5	1.2	7.5	100×100
100GZB-125	100	27.8	125	2950	55	75	4.5	1.2	7.5	100×100
125GZB-45	180	50	40	2950	70	37	4.8	2	6.5	125×125
125GZB-50	180	50	50	2950	70	45	4.8	2	6.5	125×125
125GZB-90	160	44.5	90	2950	68	55	1.8	1.5	7	125×125
125GZB-100	160	44.5	100	2950	64	55	4.8	1.2	8	125×125
125GZB-110	160	44.5	110	2950	63	75	4.8	1.2	8	125×125
125GZB-115	160	44.5	115	1450	60	75	4	1.2	8	125×125
125GZB-120	160	44.5	120	1450	62	90	4	1.2	8	125×125
125GZB-125	160	44.5	125	1450	64	90	4	1.2	8	125×125
150GZ-20	230	55.6	20	1450	75	22	4	0.8	8	150×125
150GZ-25	230	55.6	25	1450	75	30	4	0.8	8	150×125
150GZ-30	230	55.6	30	1450	75	30	4	0.8	8	150×125
150GZB-45	200	55.6	45	2950	70	37	5	2	7	150×150
150GZB-50	200	55.6	50	2950	70	45	5	2	7	150×150
150GZB-60	200	55.6	60	1450	62	55	4	2	7	150×150
150GZB-65	200	55.6	65	1450	65	55	4	1.5	7	150×150
150GZB-75	200	55.6	75	2950	68	75	5	1.5	7	150×150
150GZB-80	200	55.6	80	2950	68	75	5	1.5	7	150×150
150GZB-100	200	55.6	100	1450	70	90	4	1.5	7	150×150

续表

型号	流量 Q		扬程 H	转速 n	效率 η	配套功率 P	汽蚀余量 NPSH	自吸5m时间 t	最大自吸高度 h	泵进出口径 φ
	m³/h	L/s	m	r/min	%	kW	m	min	m	mm
150GZB-115	200	55.6	115	1450	73	90	4	1.2	7.5	150×150
150GZB-120	200	55.6	120	1450	73	110	4	1.2	7.5	150×150

表1-9-34 GZB、GZ型自吸管道泵安装尺寸 mm

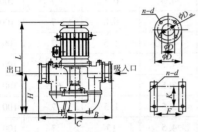

GZB型自吸管道泵外形安装示意图

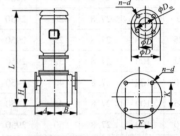

GZ型自吸管道泵外形安装示意图

型号	L	H	A	B	F	K	d_3	进口法兰			出口法兰			电机机座号	电机功率/kW	质量/kg
								$D\phi$	$D_m\phi$	$D_e\phi$	$D\phi$	$D_m\phi$	$D_e\phi$			
50GZB-20	746	341	196	319	220	180	14	50	110	140	50	110	140	YB90L-2	2.2	153
50GZB-25	880	380	340	340	230	200	18	50	110	140	50	110	140	YB112M-2	4	258
50GZB-32	850	380	340	340	230	200	18	50	100	140	50	110	140	YB100L-2	3	210
50GZB-50	893	401	241	369	300	240	18	50	125	160	50	125	160	YB132S_1-2	5.5	290
50GZB-75	940	430	373	382	324	280	18	50	125	160	50	125	160	YB132S_2-2	7.5	311
50GZB-80	1045	430	373	382	324	280	18	50	125	160	50	125	160	YB160M_1-2	11	380
50GZ-100	1200	301	225	275	156	156	14	50	125	160	50	125	160	YB160M_2-2	15	430
50GZ-120	1200	301	225	275	156	156	14	50	125	160	50	125	160	YB160M_2-2	15	430
65GZB-25	802	385	225	347	230	200	18	65	130	160	65	130	160	YB100L-2	3	205
65GZB-32	847	385	225	347	230	200	18	65	130	160	65	130	160	YB112M-2	4	225
80GZ-15	763	353	225	260	237	237	18	80	150	185	65	145	185	YB112M-2	4	295
80GZ-20	813	353	225	260	237	237	18	80	150	185	65	145	185	YB132S_1-2	5.5	420
80GZB-25	865	401	246	364	275	200	18	80	150	185	80	150	185	YB132S_1-2	5.5	250
80GZB-32	905	401	246	364	275	260	18	80	150	185	80	150	185	YB132S_2-2	7.5	253
80GZB-45	1211	464	300	430	365	260	18	80	150	185	80	150	185	YB160M_1-2	11	415
80GZB-50	1211	464	300	430	365	200	18	80	150	185	80	150	185	YB160M_2-2	15	424
80GZB-75	1393	622	431	431	380	280	18	80	160	195	80	160	195	YB180M-2	22	436
80GZB-80	1393	622	431	431	380	280	18	80	160	195	80	160	195	YB180M-2	22	536
80GZB-95	1395	558	321	421	350	320	18	80	160	195	80	160	195	YB200L_1-2	30	560
80GZB-100	1392	558	321	421	350	320	18	80	160	195	80	160	195	YB200L_1-2	30	560

续表

型号	L	H	A	B	F	K	d_3	进口法兰			出口法兰			电机机座号	电机功率/kW	质量/kg
								$D\phi$	$D_m\phi$	$D_e\phi$	$D\phi$	$D_m\phi$	$D_e\phi$			
80GZB-115	1392	513	321	421	350	320	18	80	160	195	80	160	195	YB200L_2-2	37	725
80GZB-120	1397	513	321	421	350	320	18	80	160	195	80	160	195	YB225M-2	45	790
80GZB-125	1397	513	321	421	350	320	18	80	160	195	80	160	195	YB225M-2	45	800
100GZ-15	948	245	255	305	262	262	18	100	180	215	80	160	200	YB132S_1-2	5.5	295
100GZ-20	988	245	255	305	262	262	18	100	180	215	80	160	200	YB132S_2-2	7.5	440
100GZB-25	1085	450	280	380	250	240	18	100	180	215	100	180	215	YB160M_1-2	11	431
100GZB-32	1085	450	280	380	250	240	18	100	180	215	100	180	215	YB160M_2-2	15	440
100GZB-40	1395	636	435	565	600	560	23	100	180	215	100	180	215	YB160L-4	18.5	710
100GZB-45	1425	636	435	565	600	560	23	100	180	215	100	180	215	YB180M-4	22	750
100GZB-50	1330	498	305	435	400	280	18	100	180	215	100	180	215	YB180M-2	22	550
100GZB-75	1521	606	524	524	420	340	22	100	180	215	100	180	215	YB200L_2-2	37	795
100GZB-80	1526	606	524	524	420	340	22	100	180	215	100	180	215	YB225M-2	45	860
100GZB-100	1580	620	530	530	420	340	22	100	180	215	100	180	215	YB225M-2	45	1050
100GZB-115	1632	642	539	539	440	380	22	100	180	215	100	180	215	YB250M-2	55	1096
100GZB-120	1707	642	539	539	440	380	22	100	180	215	100	180	215	YB280S-2	75	1220
100GZB-125	1708	645	539	539	440	380	22	100	180	215	100	180	215	YB280S-2	75	1220
125GZB-45	1370	494	362	500	500	310	22	125	210	245	100	180	215	YB200L_1-2	30	745
125GZB-50	1410	494	362	500	500	310	22	125	210	245	125	210	215	YB200L_2-2	37	800
125GZB-90	1680	655	418	583	460	350	22	125	210	245	125	210	245	YB250M-2	55	1100
125GZB-100	1820	720	620	630	570	470	22	125	210	245	125	210	245	YB280S-2	75	1200
125GZB-115	1876	776	680	680	600	500	22	125	210	245	125	210	245	YB280S-2	75	1250
125GZB-110	1800	655	428	575	510	335	22	125	210	245	125	210	245	YB280M-4	75	1900
125GZB-120	1800	655	428	575	510	335	22	125	210	245	125	210	245	YB280M-4	90	1900
125GZB-125	1800	655	428	575	510	335	22	125	210	245	125	210	245	YB280M-4	90	1900
150GZ-20	1245	435	405	470	417	417	18	150	240	280	125	210	250	YB160M_2-4	15	790
150GZ-25	1285	435	405	470	417	147	18	150	240	280	125	210	250	YB160L-4	18.5	925
150GZ-30	1615	505	445	510	470	470	18	150	240	280	125	210	250	YB180M-4	22	1010
150GZB-45	1530	494	362	500	500	310	22	150	240	280	150	240	280	YB200L_2-4	37	775
150GZB-50	1535	494	362	500	500	310	22	150	240	280	150	240	280	YB225M-2	45	840
150GZB-60	1752	805	528	656	670	440	23	150	240	280	150	240	280	YB250M-4	55	1100
150GZB-65	1752	805	528	656	670	440	23	150	240	280	150	240	280	YB250M-4	55	1100
150GZB-75	1490	655	418	583	460	350	23	150	240	280	150	240	280	YB280S-2	75	1210
150GZB-80	1490	655	418	583	460	350	23	150	240	280	150	240	280	YB280S-2	75	1210
150GZB-100	1850	720	620	630	570	470	26	150	240	280	150	240	280	YB280M-4	90	1600
150GZB-115	1885	766	680	680	600	500	26	150	240	280	150	240	280	YB280M-4	90	1900
150GZB-120	2105	776	680	680	600	500	26	150	240	280	150	240	280	YB315S-4	110	2200

三、YA 型单、两级离心油泵

YA 型单、两级离心油泵性能参数见表 1-9-35。

表 1-9-35　YA 型离心泵性能参数

研制开发厂家	YA 型系列油泵，产品符合《石油、重化学和天然气工业用离心泵》GB/T 3215，基本符合 API610 规范，外形尺寸见厂家样本
性能参数范围	流量：50～600 m³/h；扬程（H）30～300 m
适用性	适于输送高温、高压、易燃、易爆及有毒的液体

YA 型离心泵性能参数

泵型号	流量 Q/(m³/h)	扬程 H/m	转速 n/(r/min)	效率 η/%	汽蚀余量/m	功率 P/kW 轴功率	功率 P/kW 电机功率
80YA60	50	60		63	3.2	13	18.5
80YA60A	45	49		61	3.2	9.9	15
80YA60B	40	38		60	3.1	6.9	11
80YA100	50	100		56	3.1	24.3	37
80YA100A	45	85		55	3.1	19	30
80YA100B	40	73		54	2.9	14.7	22
100YA60	100	60		71	4.1	23	30
100YA60A	90	49		68	4.1	17.7	30
100YA60B	79	38		65	3.7	12.4	18.5
100YA120	100	120		64	4.3	51.1	75
100YA120A	93	108		62	4	44.1	55
100YA120B	86	94		60	3.8	36.7	45
100YA120C	79	75	2950	50	3.6	27.8	37
150YA75	180	75		75	4.5	49.1	75
150YA75A	160	62		73	4.5	37	45
150YA75B	145	44		70	4.4	24.8	37
150YA150	180	150		70	4.5	105	160
150YA150A	168	130		69	4.5	86.3	110
150YA150B	155	110		68	4.5	68.3	90
150YA150C	140	90		67	4.4	51.2	75
65YA100×2	25	200		47	2.8	29	45
65YA100×2A	23	175		46	2.8	23.8	37
65YA100×2B	22	150		45	2.7	20	30
65YA100×2C	20	125		43	2.7	15.8	22
80YA100×2	50	200		57	3.6	47.8	75

四、DY、SDY 型多级离心油泵

DY、SDY 型多级离心油泵简介见表 1-9-36，性能参数见表 1-9-37。

表 1-9-36 DY、SDY 型多级离心油泵简介

项目	简介
1. 标准	DY、SDY 型多级离心油泵,设计与制造符合标准:《石油、重化学和天然气工业用离心泵》GB/T3215 和《输油离心泵型式与基本参数》JB/T 10114
2. 适用性	适用于输送汽、煤、柴油及不含颗粒的石油产品或类似于水的其他介质
3. 形式	DY 型泵入口管与出口管均垂直向上 SDY 型泵入口管水平布置,出口管垂直向上
4. 性能范围	适用温度/℃ -45 ~ +400 流量范围/(m³/h) 1.6 ~ 85 扬程范围/m 32 ~ 600
5. 其他参见	性能参数见表 1-9-37,外形尺寸见厂家样本

表 1-9-37 DY、SDY 型多级离心油泵性能参数表

泵型号	级数	流量 Q /(m³/h)	流量 Q /(L/s)	扬程 H/m	转数 n/(r/min)	轴功率/kW	配带功率 功率/kW	配带功率 电机型号	效率 η/%	必须汽蚀余量/m	泵的重量/kg
DY46-50 SDY46-50	3	30	8.34	166.5	2950	24.8	37	YB200L$_2$-2	56	3	380
		46	12.78	150		29.8	30	YB200L$_1$-2	63	3.5	
		54	15.0	138		32.35	18.5	YB160L-2	60	4	
	4	30	8.34	222		32.8	45	YB225M-2	56	3	400
		46	12.78	200		39.8	37	YB200L$_2$-2	63	3.5	
		54	15.0	184		43.1	30	YB200L$_1$-2	60	4	
	5	30	8.34	277.5		40.12	55	YB250M-2	56	3	420
		46	12.78	250		49.7	45	YB225M-2	63	3.5	
		54	15.0	230		53.92	30	YB200L$_1$-2	60	4	
	6	30	8.34	333		48.14	75	YB280S-2	56	3	440
		46	12.78	300		59.7	55	YB250M-2	63	3.5	
		54	15.0	276		64.71	37	YB200L$_2$-2	60	4	
	7	30	8.34	338.5		56.17	75	YB280S-2	56	3	460
		46	12.78	350		69.6	55	YB250M-2	63	3.5	
		54	15.0	322		75.49	45	YB225M-2	60	4	
	8	30	8.34	440		64.19	90	YB280M-2	56	3	480
		46	12.78	400		79.5	75	YB280S-2	63	3.5	
		54	15.0	368		86.27	45	YB225M-2	60	4	
	9	30	8.34	499.5		71.78	110	YB315S-2	56	3	500
		46	12.78	450		89.5	75	YB280S-2	63	3.5	
		54	15.0	414		97.06	55	YB250M-2	60	4	

续表

泵型号	级数	流量Q /(m³/h)	流量Q /(L/s)	扬程 H/m	转数 n/(r/min)	轴功率/kW	配带功率 功率/kW	配带功率 电机型号	效率 η/%	必须汽蚀余量/m	泵的重量/kg
DY46-50 SDY46-50	10	30	8.34	555		80.24	110	YB315S-2	56	3	520
		46	12.78	500		99.4	90	YB280M-2	63	3.5	
		54	15.0	460		107.84	55	YB250M-2	60	4	
	11	30	8.34	610.5		88.26	132	YB315M₁-2	56	3	540
		46	12.78	550		109.4	90	YB280M-2	63	3.5	
		54	15.0	506		118.36	75	YB280S-2	60	4	
	12	30	8.34	666		96.3	132	YB315M₁-2	56	3	560
		46	12.78	600		119.3	110	YB315S-2	63	3.5	
		54	15.0	552		129.41	75	YB280S-2	60	4	
DY85-45 SDY85-45	3	54	15	150	2950	35.58	55	YB250M-2	62	3.2	250
		85	23.6	135		42.96	45	YB225M-2	68	4.9	
		97	27	120		45.29	30	YB200L₁-2	70	5.8	
	4	54	15	200		47.53	75	YB280S-2	62	3.2	275
		85	23.6	180		61.27	55	YB250M-2	68	4.9	
		97	27	160		60.37	37	YB200L₂-2	70	5.8	
	5	54	15	250		59.29	90	YB280M-2	62	3.2	300
		85	23.6	225		76.59	55	YB250M-2	68	4.9	
		97	27	200		75.47	55	YB250M-2	70	5.8	
	6	54	15	300		71.16	110	YB315S-2	62	3.2	325
		85	23.6	270		91.92	90	YB280M-2	68	4.9	
		97	27	240		90.56	55	YB250M-2	70	5.8	
	7	54	15	350		83	132	YB315M₁-2	62	3.2	350
		85	23.6	315		107.2	90	YB280M-2	68	4.9	
		97	27	280		105.67	75	YB280S-2	70	5.8	
	8	54	15	400		94.88	160	YB315M₂-2	62	3.2	375
		85	23.6	360		122.55	110	YB315S-2	68	4.9	
		97	27	320		120.76	75	YB280S-2	70	5.8	
	9	54	15	450		106.7	160	YB315M₂-2	62	3.2	400
		85	23.6	405		137.87	132	YB315M₁-2	68	4.9	
		97	27	360		135.85	90	YB280M-2	70	5.8	

五、IS 型单级离心水泵

IS 型单级离心水泵简介见表 1-9-38，性能参数见表 1-9-39。

表 1-9-38　IS 型单级离心水泵简介

项　目	简　　介
1. 标准	ISO 2858 系列单级离心水泵,采用了 ISO 标准进行设计制造
2. 适用性	本系列泵用来输送不含固体颗粒、物理化学性质类似于水的液体,适用于工厂、矿山、城市给排水,农田排灌、加热和冷却、增压系统
3. 订货注明	订货时可提出改变材质、匹配标准型或简易型机械密封,用于化工、化纤、冶金、医药、造纸、石油化工流程、酿造等行业
4. 性能范围	(1) 介质最高温度/℃　不超过 80 (2) 流量/(m³/h)　3~420 (3) 扬程/m　5~125
5. 成套供应范围	泵、原动机、底座、附件(吐出锥管、闸阀、底阀、止回阀)、备件(轴套)
6. 结构特性	(1) 离心泵为卧式、轴向吸入单级、单吸蜗壳式 (2) 泵的标准性能采用 ISO 2858-1975(E) (3) 装机械密封和软填料的空腔尺寸采用 ISO 3069-1974(E) (4) 底座尺寸和安装尺寸采用 ISO 3661-1977(E) (5) 泵体进出口法兰尺寸采用 ISO 2084(1.6MPa 一级) (6) 后开门结构不需拆管路系统,即可拆卸转子部件进行检修 (7) 泵出口及其管线位于泵脚中间的正上方,泵体受力均匀、振动小、噪音低 (8) 两种额定转数,允许在不高于 3300r/min 以下的转数范围内升速或降速运行
7. 其他	性能参数见表 1-9-39,外形尺寸见厂家样本。

表 1-9-39　IS 型单级离心水泵性能参数

泵型号	流量 Q		扬程 H	转速 n	泵效率 η	功率 P/kW		允许汽蚀余量/m	泵重量/kg
	m³/h	L/s	m	r/min	%	轴功率	电机功率		
80-65-125	30	8.33	22.5	2900	64	2.87	5.5	3.0	101.7
	50	13.9	20		75	3.63		3.0	
	60	16.7	18		74	3.98		3.5	
80-65-125A	44.7	12.42	16	2900	75	2.6	4		
80-65-160	30	8.33	36	2900	61	5.82	7.5	2.5	134.3
	50	13.9	32		73	5.97		2.5	
	60	16.7	29		72	6.59		3.0	
80-65-160A	46.8	13	28	2900	72	4.96	7.5		
80-65-160B	43.3	12.04	24	2900	71	3.99	5.5		
80-50-200	30	8.33	53	2900	55	7.87	15	2.5	121.3
	50	13.9	50		69	9.87		2.5	
	60	16.7	47		71	10.8		3.0	
80-50-200A	46.8	13	44	2900	68	8.24	11		

续表

泵型号	流量 Q		扬程 H	转速 n	泵效率 η	功率 P/kW		允许汽蚀	泵重
	m³/h	L/s	m	r/min	%	轴功率	电机功率	余量/m	量/kg
80-50-200B	43.3	12.04	38	2900	68	6.59	11		
80-50-250	30	8.33	84	2900	52	13.2	22	2.5	162.1
	50	13.9	80		63	17.3		2.5	
	60	16.7	75		64	19.2		3.0	
80-50-250A	46.8	13	70	2900	62	14.38	18.5		
80-50-250B	43.3	12.04	60	2900	61	11.6	15		
80-50-315	30	8.33	128	2900	41	25.2	37	2.5	171.1
	50	13.9	125		54	31.5		2.5	
	60	16.7	123		57	35.3		3.0	
80-50-315A	47.7	13.25	114	2900	53	27.9	37		
80-50-315B	45.4	12.6	103	2900	52	24.5	30		
80-50-315C	42.9	11.9	92	2900	51	21.1	30		
100-80-125	60	16.7	24	2900	67	5.86	11	5.0	149.2
	100	27.8	20		78	7.00		4.5	
	120	33.3	16.5		74	7.28		5.0	
100-80-125A	89.4	24.83	16	2900	77	5.06	7.5		
100-80-160	60	16.7	36	2900	70	8.42	15	3.5	141.2
	100	27.8	32		78	11.2		4.0	
	120	33.3	28		75	12.2		5.0	
100-80-160A	93.5	26	28	2900	77.5	9.21	15		
100-80-160B	86.6	24.1	24	2900	77	7.36	11		
100-65-200	60	16.7	54	2900	65	13.6	22	3.0	130
	100	27.8	50		76	17.9		3.6	
	120	33.3	47		77	19.9		4.8	
100-65-200A	93.5	26	44	2900	75	14.95	18.5		
100-65-200B	86.6	24.1	38	2900	74	12.13	15		
100-65-250	60	16.7	87	2900	61	23.4	37	3.5	184.6
	100	27.8	80		72	30.3		3.8	
	120	33.3	74.5		73	33.3		4.8	
100-65-250A	93.5	26	70	2900	71	25.1	30		
100-65-250B	86.6	24.1	60	2900	70	20.3	30		
100-65-315	60	16.7	133	2900	55	39.5	75	3.0	285.4
	100	27.8	125		66	51.6		3.6	
	120	33.3	118		67	57.5		4.2	
100-65-315A	95.5	26.5	114	2900	65	45.6	55		
100-65-315B	90.8	25.2	103	2900	64	39.8	55		

续表

泵型号	流量 Q		扬程 H	转速 n	泵效率 η	功率 P/kW		允许汽蚀余量/m	泵重量/kg
	m³/h	L/s	m	r/min	%	轴功率	电机功率		
100-65-315C	85.8	23.8	92	2900	63	34.1	45		
125-100-200	120	33.3	57.5	2900	67	28.0	45	4.5	210.2
	200	55.5	50		81	33.6		4.5	
	240	66.7	44.5		80	36.4		5.0	
125-100-200A	187	52	44	2900	80	28.0	37		
125-100-200B	173	48.1	38	2900	79	22.7	30		

六、HGB、HGBW 型滑片泵

HGB、HGBW 型滑片泵简介见表 1-9-40；HGB 型滑片泵性能参数见表 1-9-41，安装尺寸见表 1-9-42；HGBW 型滑片泵性能参数表见表 1-9-43，安装尺寸见表 1-9-44。

表 1-9-40 HGB、HGBW 型滑片泵简介

项 目	简 介
1. 概况	HGB、HGBW 型滑片泵是引进国外先进技术经消化吸收而设计的新一代容积泵
2. 适用性	可输送、充装、倒卸液化石油气、汽油、煤油、柴油、航空油、黏油或物理、化学性质类似的其他介质，介质温度为 -40~80℃
3. 结构形式	(1) HGB 型　滑片泵为管道泵，采用立式结构，可直接装在管路上，可在室外工作 (2) HGBW 型　滑片泵为卧式结构
4. 性能安装参见	(1) HGB 型　其性能和安装尺寸见表 1-9-41 和表 1-9-42 (2) HGBW 型　其性能和安装尺寸见表 1-9-43 和表 1-9-44

表 1-9-41 HGB 型滑片管道泵性能参数

型 号	流 量	工作压差	最高工作压力	吸入极限真空度	自吸性能	效率	转速	电机功率	质量
	m³/h	MPa	MPa	MPa	s(5m)	%	r/min	kW	kg
HGB10-6	10	0.6	2.5	0.06~0.09	<60	68	1440	4	110
HGB12-6	12.5	0.6	2.5	0.06~0.09	<60	68	1440	4	110
HGB15-6	15	0.6	2.5	0.06~0.09	<60	70	1440	5.5	130
HGB20-6	20	0.6	2.5	0.06~0.09	<60	70	960	5.5	272
HGB25-6	25	0.6	2.5	0.06~0.09	<60	72	970	7.5	312
HGB30-6	30	0.6	2.5	0.06~0.09	<60	72	970	11	328
HGB40-6	40	0.6	2.5	0.06~0.09	<60	74	730	11	460
HGB50-6	50	0.6	2.5	0.06~0.09	<60	75	730	15	530
HGB60-6	60	0.6	2.5	0.06~0.09	<60	76	730	18.5	580
HGB80-6	80	0.6	4	0.06~0.09	<60	76	460	22	720
HGB100-6	100	0.6	4	0.06~0.09	<60	78	460	30	810

表 1-9-42 HGB 型滑片管道泵安装尺寸　　mm

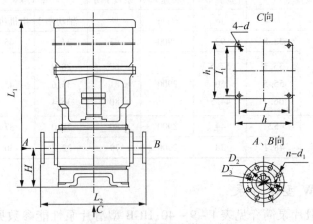

HGB 型滑片管道泵安装尺寸图

型号	电机座号	L_1	L_2	H	h	h_1	I	I_1	$D_1\phi$	$D_2\phi$	$D_3\phi$	$4-d\phi$
HGB10-6	YB132M_1-6	900	400	180	250	250	215	215	50	125	160	16
HGB12-6	YB132M_1-6	900	400	180	250	250	215	215	50	125	160	16
HGB15-6	YB132M_{12}-6	965	400	180	250	250	215	215	50	125	160	16
HGB20-6	YB132M_2-6	1055	578	200	320	320	280	280	65	145	185	16
HGB25-6	YB160M-6	1160	578	200	320	320	280	280	65	145	185	16
HGB30-6	YB160L-6	1200	578	200	320	320	280	280	65	145	185	16
HGB40-6	YB180L-8	1333	718	248	400	400	350	350	80	160	200	20
HGB50-6	YB200L-8	1388	718	248	400	400	350	350	80	160	200	20
HGB60-6	YB225S-8	1428	718	248	400	400	350	350	80	160	200	20
HGB80-6	YB180L-4	1345	810	278	520	520	460	460	100	190	230	25
HGB100-6	YB200L-4	1400	810	278	520	520	460	460	100	190	230	25

表 1-9-43 HGBW 型滑片泵性能参数

型号	流量	工作压差	最高工作压力	吸入极限真空度	自吸性能	效率	转速	电机功率	质量
	m³/h	MPa	MPa	MPa	s(5m)	%	r/min	kW	kg
HGBW10-6	10	0.6	2.5	0.06~0.09	<60	68	960	4	160
HGBW12-6	12.5	0.6	2.5	0.06~0.09	<60	68	960	4	160
HGBW15-6	15	0.6	2.5	0.06~0.09	<60	70	960	5.5	182
HGBW20-6	20	0.6	2.5	0.06~0.09	<60	70	960	5.5	260
HGBW25-6	25	0.6	2.5	0.06~0.09	<60	72	970	7.5	300
HGBW30-6	30	0.6	2.5	0.06~0.09	<60	72	970	11	316
HGBW40-6	40	0.6	2.5	0.06~0.09	<60	74	730	11	440
HGBW50-6	50	0.6	2.5	0.06~0.09	<60	75	730	15	510

续表

型号	流量	工作压差	最高工作压力	吸入极限真空度	自吸性能	效率	转速	电机功率	质量
	m³/h	MPa	MPa	MPa	s(5m)	%	r/min	kW	kg
HGBW60-6	60	0.6	2.5	0.06~0.09	<60	76	730	18.5	560
HGBW80-6	80	0.6	4	0.06~0.09	<60	76	460	22	740
HGBW100-6	100	0.6	4	0.06~0.09	<60	78	460	30	830
HGBW150-10	150	1.0	4	0.06~0.09	<60	82	300	55	1540
HGBW200-10	200	1.0	4	0.06~0.09	<60	85	300	75	1760

表 1-9-44　HGBW 型滑片泵安装尺寸　　mm

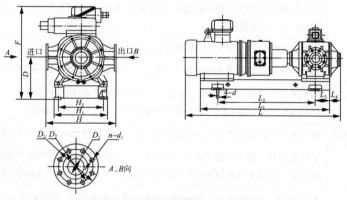

HGBW 型滑片泵安装尺寸图

型号	电机座号	L	L₁	L₂	L₃	L₄	D	F	H	H₁	H₂	D₁φ	D₂φ	D₃φ	4-dφ
HGBW10-6	YB132M₁-6	888	630	410	65	88	200	538	320	340	300	50	125	160	14
HGBW12-6	YB132M₁-6	888	630	410	65	88	200	538	320	340	300	50	125	160	14
HGBW15-6	YB132M₂-6	888	630	410	65	88	200	538	320	340	300	50	125	160	14
HGBW20-6	YB132M₂-6	955	695	560	85	90	230	568	400	400	360	65	145	180	18
HGBW25-6	YB160M-6	1060	775	560	85	90	230	568	400	400	360	65	145	180	18
HGBW30-6	YB160L-6	1100	820	560	85	90	230	600	400	400	360	65	145	180	18
HGBW40-6	YB180L-8	1225	926	720	108	102	280	665	450	418	380	80	160	200	20
HGBW50-6	YB200L-8	1278	960	720	108	102	300	725	450	418	380	80	160	200	20
HGBW60-6	YB225S-8	1320	992	720	108	102	325	770	450	418	380	80	160	200	20
HGBW80-6	YB180L-4	1400	1127	860	140	70	350	735	560	520	480	100	190	230	20
HGBW100-6	YB200L-4	1450	1280	860	140	70	350	775	560	520	480	100	190	230	20
HGBW150-10	YB280M-6	2010	1608	1200	165	132	420	970	586	545	500	150	250	300	24
HGBW200-10	YB315S-6	2080	1670	1270	165	132	455	1140	586	545	500	150	250	300	24

七、LZB 型螺旋转子泵

1. LZB 型螺旋转子泵适用范围及性能特点见表 1-9-45。

表1-9-45 LZB型螺旋转子泵适用范围及性能特点

适用范围		LZB型系列螺旋转子泵根据制作材料的不同,适用于输送流体的各种领域。不仅适用于输送加注-40~80℃温度范围内汽油、煤油、柴油、喷气燃料等轻质油品,而且适用于原油、润滑油(剂)高黏性介质和其他各种化工介质等输送和加注。特别是在我国铁路油罐车、水运油船(油轮)等油品接卸中,一泵可集卸油、抽吸底油和扫仓等功能于一体,大大简化了工艺流程,减少了设备投资,是较理想的铁路油罐车、水运油船(油轮)等油品接卸、输转用泵
性能特点	高效节能	特殊的螺旋转子和结构设计使泵效率在全工作范围内高达0.75~0.85
	真空度及自吸能力	超高的吸上真空度和超强的自吸能力。最高真空度达0.095MPa;5m垂直高度自吸时间不大于10s
	两相流输送特性	液体、气体单相或气—液两相均可输送
	介质黏度输送范围	超宽的介质黏度输送范围。从低黏度到超高黏度介质均可方便输送,特别是在输送高黏度和固体含量高的场所更可发挥其特长
	干转特性	良好的耐干转特性。特殊的密封结构设计,保证了泵对空运转的不敏感性,即使其空运转30min也不致造成损害
	输量范围	泵的输量随转速正比例线性可调,每种规格泵的输量范围很宽
	密封性能	密封可靠。滑动环多重机械密封结构,自动补偿磨损,寿命长,保证不泄露
	结构特点	结构紧凑。变速箱、传动箱与泵壳均采用整体积木式,结构紧凑。 结构完全对称布置,泵进、出口任意变换,可简单实现正反向输送
	防污染及使用寿命	中间隔离腔使输送腔和传动腔分离,被输介质不接触传动轴,防污染,寿命长
	运行费用	运行费用低。转子尖部按介质适应性制造,耐磨损,易更换,保证了整机的长寿命;泵壳体特殊硬化工艺或加特殊材料耐磨衬,可单独快速更换,大大降低了运转成本
	维护保养	维护简便。无须将泵从系统拆卸,可快速拆装的泵端盖,使维修极为方便,延长了泵的使用寿命

2. LZB型系列螺旋转子泵,其性能见表1-9-46,安装尺寸见表1-9-47。

表1-9-46 LZB 螺旋转子泵性能

型号	轴功率/kW 压差 流量/(m³/h)	进出口压力差/MPa									
		0.2	0.3	0.4	0.5	0.6	0.7	0.8	0.9	1.0	1.1	1.2
LZB25	1	0.11	0.16	0.21	0.25	0.30	0.36	0.42	0.48	0.54	0.60	0.67
	1.5	0.16	0.24	0.31	0.37	0.45	0.54	0.63	0.72	0.82	0.90	1.00
	2.5	0.27	0.40	0.51	0.62	0.74	0.90	1.05	1.20	1.36	1.50	1.67
	3.5	0.38	0.56	0.72	0.87	1.04	1.26	1.47	1.68	1.91	2.10	2.33
	5	0.54	0.80	1.03	1.24	1.49	1.80	2.09	2.40	2.72	3.00	3.33
	5.5	0.60	0.88	1.13	1.36	1.63	1.98	2.30	2.64	3.00	3.30	3.67
LZB40	6	0.65	0.96	1.23	1.51	1.78	2.16	2.51	2.94	3.27	3.59	3.92
	8	0.87	1.28	1.64	2.02	2.38	2.88	3.35	3.92	4.36	4.79	5.23

续表

型号	轴功率/kW 流量/(m³/h)	进出口压力差/MPa									
		0.2	0.3	0.4	0.5	0.6	0.7	0.8	0.9	1.0	1.1	1.2
LZB40	10	1.09	1.60	2.06	2.52	2.97	3.60	4.19	4.90	5.45	5.99	6.54
	12	1.31	1.92	2.47	3.03	3.57	4.32	5.03	5.88	6.54	7.19	7.84
	14	1.53	2.24	2.88	3.53	4.16	5.04	5.87	6.86	7.63	8.39	9.15
	16	1.74	2.56	3.29	4.03	4.75	5.75	6.70	7.84	8.71	9.59	10.46
LZB50	15	1.49	2.04	2.51	3.14	3.77	4.61	5.45	6.23	6.92	7.88	6.68
	18	1.78	2.45	3.02	3.77	4.52	5.53	6.54	7.48	8.31	9.46	8.02
	21	2.08	2.86	3.52	4.40	5.28	6.46	7.63	8.72	9.69	11.04	9.36
	24	2.38	3.27	4.02	5.03	6.03	7.38	8.71	9.97	11.08	12.61	10.70
	27	2.67	3.68	4.52	5.66	6.79	8.30	9.80	11.22	12.46	14.19	12.03
LZB65	24	2.18	3.16	3.84	4.67	5.37	6.54	7.36	8.53	9.61	10.73	12.07
	27	2.45	3.56	4.33	5.25	6.04	7.35	8.29	9.59	10.81	12.07	13.57
	30	2.72	3.95	4.81	5.84	6.72	8.17	9.21	10.66	12.01	13.41	15.08
	36	3.27	4.74	5.77	7.00	8.06	9.80	11.05	12.79	14.42	16.10	18.10
	42	3.81	5.53	6.73	8.17	9.40	11.44	12.89	14.92	16.82	18.78	21.12
	48	4.36	6.33	7.69	9.34	10.74	13.07	14.73	17.05	19.22	21.62	24.13
LZB80	48	4.02	5.60	6.70	8.17	9.68	11.58	13.76	15.90	18.67	20.84	23.41
	54	4.52	6.30	7.54	9.19	10.89	13.03	15.48	17.89	21.01	23.44	26.34
	60	5.03	7.00	8.38	10.21	12.10	14.48	17.20	19.87	23.34	26.05	29.27
	70	5.87	8.17	9.78	11.91	14.12	16.89	20.07	23.18	27.23	30.39	34.14
	80	6.70	9.34	11.17	13.62	16.14	19.30	22.93	26.50	31.12	34.73	39.02
LZB100	81	5.88	8.71	11.03	13.29	15.96	19.07	22.34	25.78	28.65	32.35	36.26
	90	6.54	9.67	12.25	14.76	17.72	21.18	24.82	28.65	31.83	35.95	40.29
	100	7.26	10.75	13.62	16.41	19.69	23.53	27.58	31.83	35.37	39.94	44.77
	110	7.99	11.82	14.98	18.05	21.66	25.89	30.34	35.01	38.90	43.94	49.24
LZB125	109	7.92	11.42	14.84	17.88	20.71	25.03	29.68	34.25	39.06	43.54	48.14
	124	9.01	12.99	16.88	20.34	23.56	28.48	33.77	38.96	44.43	49.53	54.76
	140	10.17	14.66	19.06	22.97	26.60	32.15	38.13	43.99	50.17	55.92	61.83
	155	11.26	16.24	21.11	25.43	29.45	35.60	42.21	48.71	55.54	61.91	68.45
LZB150	150	10.89	13.93	20.42	24.61	28.50	34.45	40.85	47.13	52.37	57.61	62.85
	163	11.84	15.13	22.19	26.74	30.97	37.44	44.39	51.22	56.91	62.60	68.29
	186	13.51	17.27	25.33	30.51	35.34	42.72	50.65	58.45	64.94	71.43	77.93
	200	14.52	18.57	27.23	32.81	38.00	45.94	54.47	62.85	69.83	76.81	83.79

续表

型号	轴功率/kW 流量/(m³/h) 压差	进出口压力差/MPa									
		0.2	0.3	0.4	0.5	0.6	0.7	0.8	0.9	1.0	1.1	1.2
LZB 200	200	14.52	20.95	27.23	32.81	38.00	45.94	53.14	61.27	69.83	78.83	87.15
	218	15.83	22.83	29.68	35.76	41.42	50.07	57.92	66.79	76.11	85.93	94.99
	249	18.08	26.08	33.91	40.85	47.31	57.19	66.16	76.29	86.94	98.15	108.50
	280	20.33	29.33	38.13	45.94	53.20	64.31	74.39	85.78	97.76	110.37	122.00
	310	22.51	32.47	42.21	50.86	58.90	71.20	82.36	94.98	108.23	122.19	135.08
LZB 250	310	24.12	33.77	42.21	50.86	58.90	69.52	81.37	94.98	108.23	122.19	135.08
	330	25.68	35.95	44.93	54.14	62.70	74.01	86.62	101.10	115.22	130.07	143.79
	360	28.01	39.22	49.02	59.06	68.40	80.74	94.50	110.29	125.69	141.90	156.86
	395	30.73	43.03	53.79	64.80	75.05	88.59	103.68	121.02	137.91	155.69	172.11
LZB 300	400	31.12	43.57	54.47	64.08	76.00	91.87	108.93	122.55	139.66	153.62	145.24
	435	33.85	47.39	59.23	69.68	82.65	99.91	118.46	133.27	151.88	167.06	157.95
	470	36.57	51.20	64.00	75.29	89.30	107.95	128.00	144.00	164.10	180.51	170.66
	500	38.90	54.47	68.08	80.10	95.00	114.84	136.17	153.19	174.57	192.03	181.55
	550	42.79	59.91	74.89	88.11	104.50	126.32	149.78	168.50	192.03	211.23	199.71
LZB 350	554	43.11	60.35	71.00	87.72	104.05	127.24	150.87	174.08	201.16	221.28	241.39
	647	50.34	70.48	82.92	102.44	121.52	148.60	176.20	203.31	234.93	258.42	281.92
	740	57.58	80.61	94.84	117.17	138.98	169.96	201.53	232.53	268.70	295.57	322.44
	800	62.25	87.15	102.52	126.67	150.25	183.74	217.86	251.38	290.49	319.54	348.58

表1-9-47 LZB螺旋转子泵安装尺寸

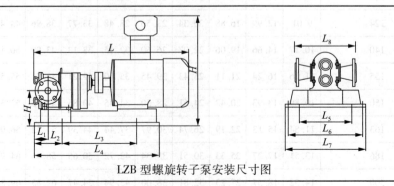

LZB型螺旋转子泵安装尺寸图

续表

型号	功率/kW	尺寸/mm										
		L	L_1	L_2	L_3	L_4	L_5	L_6	L_7	L_8	H	H_1
LZB25	1.1	673	45	95	400	604	175	182	255	250	442	142
	1.5	688	45	95	400	604	175	182	255		442	142
	2.2~3	732	45	95	400	604	175	182	255		457	142
LZB40	2.2~3	889	59	134	475	725	175	182	255	395	496	178
	2.2~3	889	59	134	475	725	175	182	255		503	178
	4	889	59	134	475	725	175	182	255		553	178
LZB50	4	960	77	177	475	770	175	182	255	400	553	198
	5.5	1010	77	177	475	815	175	182	255		553	198
	11	1272	90	200	712	1123	175	182	255		503	198
LZB65	5.5	1113	75	155	638	904	240	340	400	540	628	245
	7.5	1147	75	155	650	950	240	340	400		628	245
	11	1272	90	200	712	1123	240	340	400		670	255
LZB80	11	1272	90	200	712	1123	240	340	400	540	670	255
	15	1320	90	200	712	1123	240	340	400		670	255
	18.5	1350	90	200	712	1123	240	340	400		705	255
LZB100	15	1420	135	235	750	1257	240	340	400	540	690	275
	18.5	1420	135	235	750	1257	240	340	400		705	275
	22	1477	135	235	750	1257	240	340	400		705	275
	30	1530	135	235	800	1287	240	340	400		747	275
LZB125	30	1572	110	261	800	1340	290	405	455	720	842	340
	45	1620	109	259	880	1400	290	405	455		867	356
LZB150	37	1687	143	310	880	1470	290	405	455	740	870	350
	45	1712	143	310	880	1470	290	405	455		870	350
	55	1777	143	310	880	1529	290	405	455		975	380
	90	1926	153	333	1000	1661	290	405	455		1048	422
LZB200	55	1819	160	349	880	1568	290	405	455	740	975	380
	75	1894	160	349	880	1645	290	405	455		1006	380
	90	1945	160	349	880	1645	290	405	455		1006	380
LZB250	75	1965	193	412	880	1706	420	470	555	740	1006	380
	90	2007	193	412	880	1759	420	470	555		1006	380
LZB300	75	2270	177	377	1300	1995	420	470	555	920	1156	515
	90	2321	177	377	1300	2046	420	470	555		1156	515
LZB350	90	2404	223	423	1337	2129	420	470	555	960	1156	515
	110	2614	223	423	1337	2248	420	470	555		1290	515

八、3G 型三螺杆泵

3G 型三螺杆泵简介见表 1-9-48,性能范围见表 1-9-49,性能参数见表 1-9-50。

表 1-9-48 3G 型三螺杆泵简介

项 目	简 介
1. 概况	三螺杆泵是转子式卧式单吸容积泵。3G 为通用型，3GC 为船用型
2. 适用性	该泵可输送各种不含固体颗粒、无腐蚀性油类及类似油的润滑性液体，所输液体黏度为 1.2~50°E(2.8~380mm^2/s)，高黏度液体亦可经过加热降黏后输送，其温度不超过 150℃
3. 性能范围	流量范围 为 0.2~590m^3/h 最高工作压力可达 10MPa
4. 其他	各系列性能范围见表 1-9-49，性能参数见表 1-9-50。安装尺寸见厂家样本

表 1-9-49 3G、3GC 型三螺杆泵各系列性能范围

系列代号	油类	黏度/°E	温度/℃	流量/(m^3/h)	最高工作压力/MPa
3G、3GC	润滑油	3~20	≥80	0.3~94	6
3GR、3GCR	重质燃油	3~50	≥120	0.3~94	6
3Gr	轻质燃油	1.2~5	≥120	0.3~90	1
3GCr	轻质燃油	1.2~5	≥80	0.3~90	1

表 1-9-50 3G 型三螺杆泵性能参数

泵型号	流量/(m^3/h)	压力/MPa	转速/(r/min)	功率 轴功率 kW	功率 电动机功率/kW	允许吸上真空高度/m	吸入口直径 D_1/mm	排出口直径 D_2/mm	泵质量/kg	电动机型号
3G 3GC 100×2 3GR 3GCR	70	0.6	1450	20	22	4	150	100		Y180L-4(B3) YH180L-4(B3)
	68	1	1450	27.7	30					Y200L-4(B3) YH200L-4(B3)
	45	0.6	970	13.8	15	4.5				Y180L-6(B3) YH180L-6(B3)
	43	1	970	18.2	22					Y200L2-6(B3) YH200L2-6(B3)
3Gr 100×2 3GCr	68	0.4	1450	12.7	15	4				Y160L-4(B3) YH160L-4(B3)
	42	0.4	970	7.5	11					Y160L-6(B3) YH160L-6(B3)
3G 3GC 100×4 3GR 3GCR	70	1.6	1450	40	55	4	150	100		Y250M-4(B3) YH250M-4(B3)
	68	2.5	1450	60	75					Y280S-4(B3) YH280S-4(B3)
	45	1.6	970	29.5	37	4.5				Y250M-4(B3) YH250M-4(B3)
	43	2.5	970	39	45					Y280S-6(B3) YH280S-6(B3)
3Gr 100×4 3GCr	68	1	1450	28	30	4				Y200L-6(B3) YH200L-6(B3)
	42	1	970	20	22					Y200L2-6(B3) YH200L2-6(B3)

续表

泵型号	流量/ (m³/h)	压力/ MPa	转速/ (r/min)	功率 轴功率/kW	功率 电动机功率/kW	允许吸 上真空 高度/m	吸入口 直径 D_1/mm	排出口 直径 D_2/mm	泵质 量/kg	电动机 型号
3G 3GC 110×2 3GR 3GCR	94	0.6	1450	23	30	4	200	150	125	Y200L-4(B3) YH200L-4(B3)
	90	1	970	34	45					Y225M-4(B3) YH225M-4(B3)
	60	0.6	1450	17.3	18.5	4.5				Y200L1-6(B3) YH200L1-6(B3)
	56	1	970	27.7	30					Y225M-6(B3) YH225M-6(B3)
3Gr 110×2 3GCr	90	0.4	1450	16.8	18.5	4				Y180M-4(B3) YH180M-4(B3)
	56	0.4	970	13.9	15					Y180L-6(B3) YH180L-6(B3)
3G 3GC 110×4 3GR 3GCR	94	1.6	1450	53	75	4	200	150	325	Y280S-4(B3) YH280S-4(B3)
	90	2.5		80	90					Y280M-4(B3) YH280M-4(B3)
	60	1.6	970	36	45	4.5				Y280S-6(B3) YH280S-6(B3)
	56	2.5		48	55					Y280M-6(B3) YH280M-6(B3)
3Gr 110×4 3GCr	90	1	1450	34	45	4				Y225M-4(B3) YH225M-4(B3)
	56	1	970	23	30					Y225M-6(B3) YH225M-6(B3)
3GS100×2	146	0.6	1450	35	45	4	250	150	—	Y225M-4(B3)
	140	1		50	55					Y250M-4(B3)
	132	1.6		80	90					Y280M-4(B3)
	90	0.6	970	26	30					Y225M-6(B3)
	86	1		32.5	37					Y250M-6(B3)
	80	1.6		43	55					Y280M-6(B3)
3GS110×2	196	0.6	1450	46	55	4	250	200	—	Y250M-4(B3)
	190	1		66	75					Y280S-4(B3)
	182	1.6		98	110					
	124	0.6	970	32	37					Y250M-6(B3)
	118	1		48	55					Y280M-6(B3)
	110	1.6		65	75					—

九、2CY 型齿轮泵

2CY 型齿轮泵性能参数见表 1-9-51,安装尺寸见表 1-9-52。

表1-9-51　2CY型齿轮泵性能参数

形　式	齿轮泵是转子式容积泵。2CY型泵是卧式外啮合齿轮油泵,泵的出入口为水平方向互成180°
用　途	供输送温度低于60℃、黏度为10~200°E,不含固体颗粒和纤维物、无腐蚀性的黏油、柴油及其他油类,不适于输送汽油

2CY型齿轮泵性能参数

泵型号	吸入及排出管口径	流量/(m^3/h)	排出压力/MPa	吸入真空高度/m	电动机		
					转速/(r/min)	型号	功率/kW
2CY-1.1/14.5-1	3/4 in	1.1	1.45	5	1430	JO3-100S4	2.2
2CY-2/14.5-1	3/4 in	2	1.45	5	1440	JO3-100L4	3
2CY-3.3/3.3-1	1 in	3.3	0.33	5	1430	JO3-100S4	2.2
2CY-5/3.3-1	1 1/2 in	5	0.33	5	1440	JO3-100L4	3
2CY-18/3.6-1	φ70mm	18	0.36	6.5	1000	JO3-140S6	5.5
2CY-29/3.6-1	φ70mm	29	0.36	5	1500	JO3-140M6	11
2CY-38/2.8-1	φ70mm	38	0.28	7	1000	JO3-160S6	11

表1-9-52　2CY型齿轮泵安装尺寸　　　　　　　　　　　　　　　　　mm

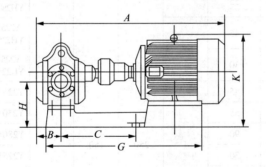 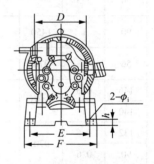

2CY型齿轮泵安装尺寸图

泵型号	泵安装尺寸									
	A	B	C	D	E	F	G	H	K	2-φᵢ
2CY-18/3.6-1	833	116	250	234	280	320	646	180	417	2-19
2CY-29/3.6-1	893						684			
2CY-38/2.8-1	1049	145	440	280	286	334	843	238	475	2-19

十、泵用机械密封材料的选择

在选用机械密封材料时,要根据介质的压力、温度、腐蚀性等具体条件,综合考虑各种因素。正确分析各种因素的影响,分清主次,得出最合理的结论,从而定出最合适的机械密封型号。表1-9-53供选用时参考。

表 1-9-53 机械密封材料选择表

介质 名称	浓度	温度	动环	静环	密封圈	弹簧
清水、河水、海水	含有泥砂	常温	9Cr18、陶瓷、45号钢、堆焊铬基1号、酚醛塑料	磷青铜、石墨浸渍金属、石墨浸酚醛树脂	丁腈橡胶	1Cr13 2Cr13 青铜
			碳化钨、陶瓷	碳化钨		
		100℃以上过热水	9Cr18、45号钢、灰堆焊铬基1号、不锈钢	石墨浸渍树脂、石墨浸渍铅青铜、石墨浸渍锡青铜	硅橡胶、聚四氟乙烯	
汽油、润滑油、液态烃等油类	无腐蚀、无毒	常温	3Cr13、堆焊铬基1号、灰口铸铁、球墨铸铁	石墨浸渍树脂、石墨浸渍金属	丁腈橡胶	4Cr13 60Si12Mn
		高温	碳化钨、3Cr13堆焊铬基1号	石墨浸渍树脂、石墨浸渍磷青铜	硅橡胶、聚四氟乙烯	
	有腐蚀		高硅铸铁、碳化钨、1Cr18Ni12MoTi	石墨浸渍呋喃树脂、陶瓷、聚四氟乙烯填充玻璃纤维	氟橡胶、聚四氟乙烯	1Cr18Ni12Mo2Ti 1Cr18Ni9Ti
	含有悬浮颗粒		碳化钨、3Cr13、1Cr13堆焊铬基1号	陶瓷、石墨浸巴氏合金	丁腈橡胶	4Cr13 60Si2Mn

第十章 输油管路设计数据图表

第一节 输油管路的选择及设计概要

一、输油管路的选线原则及勘察程序

输油管路的选线原则及勘察程序见表1-10-1。

表1-10-1 输油管路的选线原则及勘察程序

项 目	内 容
1. 选线原则	(1)线路尽可能取直,坡度小,施工条件好,长度一般以不超过航空测量直线的5%为宜 (2)通过山谷、公路、铁路、江河、湖泊、沼泽地、居民区的大型穿(跨)越工程要尽可能少。并应选那些工程量小、技术上可能而又安全、施工方便的地点 (3)尽可能避开不良地质条件地段、强地震区和影响其他矿藏开采的地区 (4)不占或少占耕地,不破坏或尽量少拆迁已有的建筑物和民房,并要有利于改土造田,发展农业 (5)有利于安全,线路与铁路干线、城镇、工矿企业等建(构)筑物应保持一定距离 (6)为便于施工、物资供应、动力供应和投产后管道的维修与巡线,管线应尽量靠近和可利用现有公路和电网,以少建专用公路和电力线路 (7)综合考虑通过地区的开发、油气供应和对地方工农业的支援 (8)尽量不经过低洼易积水地带、盐碱地及其他对管路腐蚀性强的地区 (9)注意生态平衡、三废治理和生态保护 (10)大型穿(跨)越地点和输油站址的确定是选线中最重要的工作之一。所以,大型穿(跨)越点和输油站址的选择应服从线路的总走向,在这个前提下,线路的局部走向应服从穿(跨)越点和站址的确定
2. 勘察程序	(1)踏勘 ①时间。在正式设计任务书下达之前,根据上级下达的文件或指示进行 ②目的。为了进行可行性研究(编制方案设计),进而决定是否建设该输油管道,并为拟定设计任务书提供必要的资料和素材 (2)初步设计勘察(初测) ①时间。在设计任务书下达以后,初步设计开始之前进行 ②目的。根据踏勘报告选择的线路方案,作技术经济比较,确定最优方案 (3)施工图设计勘察(定测) ①时间。施工图阶段勘察又称定测,它是在初步设计批准后,施工图设计前进行 ②目的。主要是根据批准的初步设计和上级审批意见,对全线进行复查、修改、定线和地形测量,并作工程地质和水文地质勘察,尤其要进行输油站和穿(跨)越点的地形测量和地质勘察,取得有关资料,作为施工设计的依据

二、输油管路的勘察方法与要求

输油管路的勘察方法与要求见表1-10-2。

表 1-10-2　输油管路的勘察方法与要求

勘察阶段		方法与要求
1. 踏勘	(1) 室内作业	①在室内首先拟定踏勘纲要 ②收集资料 ③在比例尺尽可能大(一般为1:5万~1:10万)的地形图上选择一条或几条线路方案 ④求出线路的概略长度、穿(跨)越次数和地点 ⑤绘出油(气)田、交通线路、重大工程建筑(如水库)和工矿的位置
	(2) 室内工作基础上进行实地踏勘,调查研究	①实地勘察 a. 选定一条或几条线路 b. 目测记录高山、河流、深沟等地形高差、长度、宽度 c. 进行工程地质测绘和调查 d. 补充收集资料 ②在上述工作结束后,将各项资料分析整理、研究讨论,编写出踏勘报告,作为方案报告的依据,其主要内容如下
	(3) 方案报告的主要内容如右	①踏勘工作依据 ②工作时间及人员组成 ③自然地理概况:地理位置、行政区、交通、气候、山脉、水系等 ④线路介绍:各方案的走向和长度,推荐意见,沿线的工程地质概况,土石方分布,水文地质和自然地质现象之描述,沿线植物覆盖情况,占用耕地数量,穿(跨)越工程概况和次数等 ⑤交通及动力供应情况 ⑥水文、气象资料 ⑦附图:踏勘示意图(1:100万~1:200万);线路平面图(1:5万~1:20万);踏察像集
2. 初步设计勘察	(1) 初步设计勘察工作先在室内进行	①在收集来的平面图、地形图、地质图和交通图上根据设计任务的规定和选线原则及其他收集到的基础资料,参照地形及公路、铁路的走向,标出管线可能通过的几个方案 ②量出各方案的线路长度 ③然后,再到现场对重点地区进行实地勘察,再在室内调整线路走向,并对方案作出技术经济比较
	(2) 野外勘察工作包括右边主要内容	①了解沿线地貌 ②线路工程地质调查和测绘 ③沿线每1~3km测土壤电阻率一次 ④穿越枯水期水面宽度在50m以上的大型河流时,在线路中线左右各100~200m范围内进行地形测量,测出穿越处河深及河床纵断面(边界至最大洪水位以上)。若为不稳定冲刷河流,则测量宽度应增加一倍。 在选定穿越中线上进行工程地质钻探。搜集有关水文资料,并实测水流速度和水面坡降等 ⑤线路穿越大冲沟时,凡确定架空穿越的,在线路左右各50m内进行地形测量,测出穿越处线路纵断面图。并在线路穿越处进行工程地质调查。若穿越的是发展性冲沟,则上述测量宽度应增加一倍 ⑥注:野外勘察阶段,一般不使用仪器,当遇到大的山、河等障碍物时才使用仪器,并确定穿越地点

续表

勘察阶段	方法与要求		
2. 初步设计勘察	(3)本勘察可以不出专门综合报告书，有关内容可编在初步设计总说明	(1)勘察中收集的资料整理汇集后，与测量成果表和工程地质报告书一并存档备用 (2)编入的主要内容 ①勘察工作的依据、时间和条件 ②线路介绍：走向、起终点、长度、沿线地形地貌、水文地质和工程地质情况 ③沿线农作物及植被情况 ④天然和人工障碍物穿(跨)越工程次数统计和描述 ⑤沿线交通情况 ⑥沿线建筑材料产地及价格 ⑦沿线供给施工和生活用的水源与电源、通信线路及其利用的可能性 ⑧线路平面图，比例尺为1:5万～1:10万		
3. 施工图设计勘察	(1)定线和测量	①方法 在沿线打下里程桩、平面转角桩、纵向变坡桩，测量线路的高程、座标、转角。同时，在沿线每隔一定距离(一般是1000m)挖探坑(深2～3m)取样，穿越点根据工程大小和地质条件钻孔1～3个，或3个以上，进行取样，以便在穿越中心线连成地质剖面图，取得工程地质和水文地质资料。沿线每隔500m取土壤电阻率和导热系数 ②成果 最后得出沿线带状地形图和纵断面图。勘察之后应交付综合勘察报告，主要内容如下		
	(2)带状地形图	①比例尺 视管线的长度和地形复杂情况而定，一般为1:2000～1:10000或更小 ②宽度 线路中心线左右各50～100m，其中线左右各50m为正规的地形图，而外侧之50～100m仅测地物 ③图中内容 标明线路的走向、转角、测量桩和变坡桩的座标、里程、自然标高，自然和人工障碍(河流、湖泊、山谷、冲沟、公路、铁路等)，沿线的地物、建筑物和电力、通讯线，并注明河流流向，距路线最近的公路、铁路的里程和起迄点		
	(3)纵断面图	①比例尺 横向为1:2000～1:10000或更小，纵向为1:200～1:1000 ②图中内容 图上应标明土壤名称、工程分类和腐蚀等级，地面自然标高、里程、线路转角桩号和测量桩号，包括中心线左右25m内地物的平面示意图。纵断面图上还应预留管沟沟底标高、绝缘层等级、管材和土石方工程量等栏，为设计线路施工图提供方便		
	(4)穿跨越的比例尺选择见右表	穿(跨)越名称	地形图	纵断面图比例尺
			比例尺	等高距/m	范围	横	纵
		铁路、公路、大型渠道	1:200～1:500	0.25～0.5	50m×50m~100m×100m	1:200～1:500	1:20～1:50
		中小型河流、冲沟	1:200～1:500	0.25～0.5	100m×100m或中心线左右各100m，前后测至最高洪水位	1:200～1:500	1:20～1:50
		大型河流、深沟	1:500～1:2000	0.25～1.0	上游100～200m，下游200m，前后测至最高洪水位以外50m	1:500～1:2000	1:50～1:200

续表

勘察阶段	方法与要求					
3. 施工图设计勘察	(4)穿跨越的比例尺选择见右表	滑坡崩塌地区	1:200~1:500	0.25~0.5	视实地情况而定	1:200~1:500	1:20~1:50
	(5)测量成果及说明,各项协议文件					
	(6)沿线探坑所得的工程地质及水文地质资料,沿线土壤的电阻率和导热系数					
	(7)输油站的地形图(比例尺1:500~1:2000)和地质资料					

三、输油管路的带状地形图和纵断面图设计举例

(1)带状地形图设计举例见图1-10-1。

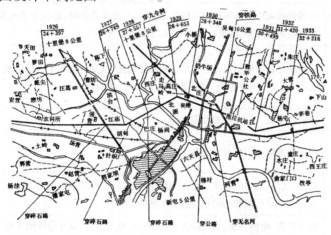

图1-10-1 输油管道带状地形图(1:50000)

(2)纵断面图设计举例见图1-10-2。

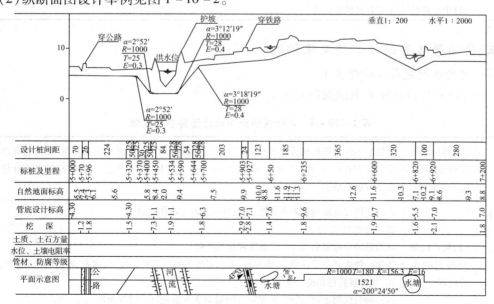

图1-10-2 输油管路纵断面图

四、输油管路勘察应收集的资料

输油管路勘察应收集的资料见表1-10-3。

表1-10-3 输油管路勘察应收集的资料

资料类别		资料内容
1. 地理、气象及水文地质方面	(1)地理资料	1:5万、1:50万或1:100万地形图,交通图和行政区域图
	(2)气象资料	如气温、地温、气压、风向、风速、降雨量、蒸发量、土壤冻结深度等
	(3)水文资料	主要河流的长度、水位变化幅度(洪水位、枯水位、正常水位)、洪水特性及延续期、洪水淹没范围、河水冻结与开冻期等
	(4)水文地质资料	通过地区的主要含水层、供水量、地下水流动规律、地下水对管道的影响等
	(5)区域性地质及地形地貌	区域性的地质剖面图和地质构造、地层岩石特性等资料:沿线地形地貌主要类型及其与地质构造的关系、地形的险峻程度、土石方分布情况等
	(6)滑坡崩塌地区的形态和发育	滑坡地带及山体崩塌地区的形态和发育情况,以及与风和水有关的地质现象:风丘、岩溶、河流侵蚀作用、河岸冲刷、河道变迁、山洪冲积、泥石流等
	(7)地震资料	地震的震级、裂度、震源及震中等
	(8)植物覆盖情况	耕地及沿线植物覆盖情况等
2. 经济建设方面	(1)交通运输	公路、铁路、航道的线路质量,桥梁情况,运输量,可能通过能力,车站和码头的吞吐量,车、船数量及当地可能使用的小型运输车辆情况等
	(2)动力供应	电站位置、电网性质、供电能力、电压质量、电力负荷,以及沿线地区其他燃料的供应情况等
	(3)工程及工矿	通过地区的重要工程建筑物及大型工矿
	(4)劳力	劳动力情况
	(5)生活资料	生活资料供应能力

五、输油管路的设计文件及设计图

(一)可行性研究与设计任务书

可行性研究与设计任务书的编制见表1-10-4。

表1-10-4 可行性研究与设计任务书的编制

1. 可行性研究的编制	(1)可行性研究编制的依据及任务	是根据国民经济长期规划和地区规划、行业规划的要求,对建设项目在技术、工程和经济上是否合理和可行,进行全面分析、论证,作多方案比较,提出评价,为编制和审批设计任务书提供可靠的依据
	(2)可行性研究编制的主要内容	①论述建设该输油管的必要性,并与其他运输方法作比较 ②油源概况 ③油品的分配原则及分配的近期和远景规划 ④油品的物理化学性质,主要包括:不同温度下的比重和黏度、凝固点、初剪力、初馏点、蒸汽压、热处理特性和流变性等 ⑤输油管线路走向、长度、大型穿(跨)越方案及该地区的建筑条件 ⑥主要工艺方案(输油量、管径、输油压力、温度、输油站数)

项 目		内 容
1. 可行性研究的编制	(2)可行性研究编制的主要内容	⑦输油配套的自动控制、通讯、热工、供水、供电、机修等设施的论述和方案 ⑧主要建筑物和构筑物的名称、面积、结构形式和防火等级 ⑨与输油管有关的新工艺、新技术的研究、发展概况及应用的可能性 ⑩技术经济论证:阐明该输油管在国民经济中的作用和意义,各方案的建设经济效果分析,主要包括总投资、输油成本、投资回收年限、静态及动态经济效果分析、人员组织定额,最后确定推荐方案 ⑪三大材料(钢材和钢管、木材、水泥)和主要设备(机、泵、阀)汇总表 ⑫环境状况,预测输油管对环境的影响,提出环境保护和三废治理的初步方案 ⑬建设年限和程序 ⑭社会及经济效果评价
	(3)可行性研究说明书除阐明上述问题外,还应附上工艺流程图和概算表	
2. 设计任务书的编制	(1)编制依据	①根据可行性研究报告 ②上级指示和建设单位的意见 ③国家和行业的相关规范标准
	(2)包括内容	①管道的起迄地点及年输送量 ②线路的主要走向及必须经过的几个主要地点 ③所输油品的品种 ④管道直径、主要设备型号 ⑤管道的发展远景 ⑥管道的设计期限和建设期限

(二)初步设计文件

初步设计文件的编制见表1-10-5。

表1-10-5 初步设计文件的编制

项 目	内 容
1. 初步设计主要依据	(1)输油管的设计主要是根据国家建设的总方针和石油工业建设的具体政策 (2)批准的设计任务书 (3)国家和行业的相关规范标准
2. 初步设计主要任务	(1)根据下达的设计任务书来确定线路走向 (2)选择工艺方案和输油站 (3)确定管道的敷设方式 (4)保温和防腐措施 (5)管道穿(跨)越各种障碍的建设方案 (6)全线的主要设备和材料
3. 初步设计的深度	以满足设计审查、主要材料设备定货、控制投资以及施工准备等方面的需要
4. 初步设计的文件	(1)包括说明书和计算书 (2)相应的图纸:如线路走向平面图、工艺流程图、通讯系统图、各穿(跨)越工程和其他附属工程(如阴极保护、水电、机修、热工等)的方案图等

项 目	内 容
5. 初步设计说明书的内容	(1) 设计的指导思想 (2) 设计的依据 (3) 线路走向及沿线地形、地质概况 (4) 管道工艺方案(流程、管径、压力、温度、埋深等)的选择和依据,并说明推荐方案 (5) 水力和热力计算成果 (6) 输油站和加热站的站址确定,流程和平面布置,输油泵、原动机和加热设备的选型 (7) 管道敷设原则,特殊地段处理和大中型穿(跨)越方案 (8) 管材选择,管道的强度计算成果,热应力补偿措施 (9) 管道的保温、防腐绝缘和阴极保护 (10) 站内自动化和全线遥控、遥测方案 (11) 水、电、道路、通讯、建筑、暖通、机修等有关辅助设施及生活福利设施 (12) 设计所采用的主要新技术、新工艺的成果和经济对比 (13) 组织机构和人员编制 (14) 主要技术经济指标:每 km 管道的投资(万元/km),每 km 管道的钢材消耗量(t/km),输油成本(元/t·km) (15) 占地面积,改土造田支援农业的措施 (16) 环境保护及治理三废的具体方案及措施 (17) 概算 (18) 材料、设备汇总表

(三) 施工图设计文件

施工图设计文件的编制见表 1-10-6。

表 1-10-6　施工图设计文件的编制

项 目	内 容	
1. 按批准和修改后的初步设计,组织施工图阶段的勘察工作,修改或补充原初步设计		
2. 进行线路设计	(1) 确定各区段管子的壁厚	
	(2) 确定防腐绝缘层和保温层的结构与厚度	
	(3) 确定线路变坡与转角结构	
	(4) 确定管沟挖深	
	(5) 设计各穿(跨)越工程的结构	
	(6) 设计线路阀室等	
3. 进行输油站设计	(1) 站址和工艺流程的最后确定	
	(2) 平、立面布置设计	
	(3) 各单体(如泵房、罐区、加热炉等)的安装设计与计算	
4. 绘制施工图	(1) 设计深度　施工图必须详尽至全部工程项目的每一个需要建筑安装的部分	
	(2) 泵站施工图　主要包括总平面图、竖向布置图、站内工艺管网安装图、泵房和阀室的平面及立面安装图、油罐制造图及站内各配套工程设施的施工图	
	(3) 线路施工图	①主要包括线路平面图、纵断面图、各穿(跨)越工程的平、立面图和安装详图、线路阀室安装图、阴极保护及其他附设工程的施工图

续表

项目		内　容
4. 绘制施工图	(3)线路施工图	②线路平面图是在沿线带状地形图上绘制的。该图上应表明线路走向、沿线各测量桩、变坡桩、转角桩的桩号、座标、里程、转角角度、穿(跨)越工程位置和图号，线路阀室、输油站、加热站的位置和图号，阴极保护检查桩的桩号、位置和处理设施的图号 ③线路施工纵断面图是在测量提供的线路纵断面图上绘制的。图上除绘上管沟沟底高程线外，还应补充标出管沟挖深、沟底标高、管堤顶标高、各段的管材规格(材质、管径、壁厚)、防腐绝缘等级和保温结构、各穿(跨)越工程位置和图号等。在平面示意图上还应标明管道中心线、转角桩号及角度、弹性敷设段落的长度等 ④各穿(跨)越工程的施工图主要是平面图、纵断面图、结构和安装详图
5. 提出材料、设备明细表		
6. 和施工单位共同编制的施工技术要求和施工组织设计		

第二节　输油管路的水力计算

一、输油管路的管径选择

(一)输油管路的管径选择计算

输油管路的管径选择计算见表1–10–7。

表1–10–7　输油管路的管径选择计算

方法	计算			
用泵输送的管路管径 d 计算	计算公式	符号	符号含义	单位
	$d = 1.13\sqrt{Q/V}$	d	管径	m
		Q	流量	m³/s
		V	经济平均流速，见下表	m/s
自流管路管径 d 的计算	$d = \sqrt{0.0827\lambda \cdot Q \cdot L_{计}/H}$ 注:对于自流管路，要根据发油的任务流量和实际地形计算管径	d	管径	m
		λ	沿程阻力系数	
		Q	任务流量	m³/s
		H	高位罐与发油点液面的高差	m
		$L_{计}$	管路的计算长度	m
		注	自流发油管路系统，往往具有分支状，实际计算时，应与分支管配合计算	

管内油品经济平均流速范围表

恩氏黏度°E	运动黏度/(mm²/s)	泵吸入管线流速/(m/s)		泵排出管线流速/(m/s)	
		范围	常取值	范围	常取值
1~2	1~11.4	0.5~2.0	1.5	1.0~3.0	2.5
2~4	11.4~28.4	0.5~1.8	1.3	0.8~2.5	2.0
4~10	28.4~74	0.3~1.5	1.2	0.5~2.0	1.5
10~20	74~148.2	0.3~1.2	1.1	0.5~1.5	1.2
20~60	148.2~444.6	0.3~1.0	1.0	0.5~1.2	1.1
60~120	444.6~889.2	0.3~0.8	0.8	0.5~1.0	1.0

(二)输油管直径选择参考表

输油管直径选择除按公式计算外,也可参考表 1-10-8~表 1-10-10 选择。

表 1-10-8 各级油库轻油管管径选择参考

油库容量 /m³	单管输送流量/(m³/h)	输油管公称直径/mm	
		排出管	吸入管和集油管
3000~6000	5~20	50	65
	20~40	100	125
10000	40~50	100	125
	50~70	125	150
20000	70~110	150	200
30000	100~125	150	200
50000	150~200	150~200	200~250
80000	160~220	200	250
100000	180~250	200	250
150000	250~350	250	300

表 1-10-9 黏油管管径选择参考

泵送量/(m³/h)	输油管公称直径/mm	
	排出管	吸入管
20	80~100	100
30	100~125	125
50	125~150	150

表 1-10-10 输油管管径选择

流量 Q/(m³/h) \ 流速 V/(m/s) \ 管径 DN/mm	25	32	40	50	70	80	100	125	150	200
1	0.57	0.35	0.22	0.14						
2	1.13	0.69	0.44	0.28						
3	1.70	1.04	0.66	0.42						
4	2.26	1.38	0.88	0.57	0.29					
5	2.83	1.72	1.10	0.71	0.36					
6	3.40	2.07	1.33	0.85	0.43					
7		2.42	1.55	0.99	0.51	0.39				
8		2.76	1.77	1.13	0.58	0.44				
9		3.11	1.99	1.27	0.85	0.50	0.32			

续表

流量 Q/(m³/h) \ 流速 V/(m/s) \ 管径 DN/mm	25	32	40	50	70	80	100	125	150	200
10		3.45	2.21	1.41	0.72	0.55	0.35			
15			3.31	2.12	1.08	0.83	0.53	0.34		
20			4.42	2.83	1.44	1.11	0.71	0.45	0.31	
25				3.54	1.80	1.38	0.88	0.57	0.39	
30				4.24	2.17	1.66	1.06	0.68	0.47	0.26
35					2.53	1.93	1.24	0.79	0.55	0.31
40	油品黏度		最优流速 u/(m/s)		2.89	2.21	1.41	0.91	0.63	0.35
45	°E	ν/(mm²/s)	吸入管	排出管	3.25	2.49	1.59	1.03	0.71	0.40
50	1~2	1~12	1.5	2.5	3.61	2.76	1.77	1.13	0.79	0.44
60	2~4	12~28	1.3	2.0	4.34	3.32	2.12	1.36	0.94	0.53
70	4~10	28~72	1.2	1.5		3.86	2.48	1.58	1.10	0.62
80	10~20	72~146	1.1	1.2		4.42	2.83	1.81	1.26	0.71
90	20~60	146~438	1.0	1.1			3.18	2.04	1.41	0.80
100	60~120	438~877	0.8	1.0			3.54	2.26	1.57	0.88

注:用表提示:
①由输油温度 $t_{油} \to \nu \to u$(最优流速)。
②参考 u 由 ν、$Q \to$ 优先在粗框内选择 DN。

二、输油管路摩擦阻力损失计算

(一)输油管路摩擦阻力损失公式计算

1. 输油管路的沿程摩擦阻力损失计算见表 1-10-11。

表 1-10-11 输油管路的沿程摩擦阻力损失计算

计算公式	符号	符号含义	单位
达西公式: $h = \lambda \dfrac{L_y}{d} \cdot \dfrac{V^2}{2g}$ $Re = \dfrac{dv}{\nu} = \dfrac{4q}{\pi d \nu}$ $e = 2K/d$	h	管道的沿程摩擦阻力损失	m 液柱
	L_y	管道计算长度	m
	d	管道内径	m
	V	流体在管道中的平均流速	m/s
	g	重力加速度,取 9.81	m/s²
	λ	管路的水力摩擦阻力系数,是雷诺数 Re 与管内壁相对粗糙度 e 的函数,钢管道的 λ 应按表 1-10-12 中的 Re 划分流态范围,选择相应公式计算	
	ν	输送平均温度下的流体运动黏度	m²/s
	q	输送平均温度下的体积流量	m³/s
	K	钢管内壁当量粗糙度,见表 1-10-13	m

2. 输油管路的水力摩阻系数 λ 计算

（1）输油钢管路的水力摩阻系数 λ 计算见表 1-10-12，钢管内壁当量粗糙度 K 见表 1-10-13。

表 1-10-12　钢管的水力摩擦阻力系数 λ 计算

流态		划分范围	$\lambda = f(Re, e)$
层流区		$Re \leq 2000$	$\lambda = \dfrac{64}{Re}$
层流到紊流过渡区		$2000 < Re < 3000$	$\lambda = \dfrac{0.16}{Re^{0.25}}$
紊流	水力光滑区	$3000 \leq Re \leq \dfrac{59.7}{e^{\frac{8}{7}}} = Re_1$	$\lambda = \dfrac{0.3164}{Re^{0.25}}$
	混合摩擦区	$Re_1 < Re \leq \dfrac{665 - 765\lg e}{e} = Re_2$	$\dfrac{1}{\sqrt{\lambda}} = 1.8\lg\left[\dfrac{6.8}{Re} + \left(\dfrac{e}{7.4}\right)^{1.11}\right]$
	粗糙区	$Re > \dfrac{665 - 765\lg e}{e} = Re_2$	$\lambda = \dfrac{1}{(1.74 - 2\lg e)^2}$

注：① Re_1——由光滑区向混合区过渡的临界雷诺数；
② Re_2——由混合区向粗糙区过渡的临界雷诺数。

表 1-10-13　钢管内壁当量粗糙度 K　　　　　　　　　　　　　　　　m

管子类别	当量粗糙度 $K/\times 10^{-4}$	管子类别	当量粗糙度 $K/\times 10^{-4}$
新的无缝钢管	0.04~0.17	生锈的铸铁管	1.00~1.50
正常使用的无缝钢管	0.20	结水垢的铸铁管	1.50~5.00
腐蚀较严重的旧无缝钢管	0.60~2.00	清洁的无缝钢管、铅管	0.005~0.01
钢板卷管	0.33	光滑的水泥管	0.30~0.80
新铸铁管	0.30	粗糙的水泥管	1.00~2.00
正常使用的铸铁管	0.50~0.85	橡胶软管	0.01~0.03

（2）输油胶管路的水力摩擦阻力系数 λ 计算

胶管的摩擦阻力系数，依据胶管的特点由公式计算，见表 1-10-14。

表 1-10-14　输油胶管路的水力摩擦阻力系数 λ 计算

胶管类别	计算公式	符号	符号含义	单位
螺旋钢丝胶管的摩擦阻力系数	$\lambda_1 = \lambda + 16f^2/d \cdot s$	λ	一般钢管的摩擦阻力系数	
		f	螺旋钢丝凸出胶管的高度	mm
		d	胶管内径	mm
		s	钢丝圈的间距	mm
平滑胶管的摩擦阻力系数	$\lambda = 0.01113 + 0.917 Re^{-0.41}$	Re	雷诺数，与管内壁相对粗糙度有关	

（二）输油管路摩擦阻力损失查表计算

为提高设计效率，按上述公式进行计算，将计算结果列于表 1-10-15。已知输油管管径、油品黏度（可查第一篇第一章表 1-1-44 或相关资料求得）、输油流量，即可在表中查得相应水力坡降值，即管路沿程摩擦阻力损失。

管件、阀件的局部阻力系数和当量长度可查表 1-10-16~表 1-10-19。

表1-10-15 输油管水力坡降表

$D32 \times 3$ 输油管水力坡降值（m液柱/m管长）

$Q/(m^3/h)$	$V/(m/s)$	黏度/(mm^2/s)															
		0.50	0.75	1.00	1.25	1.50	1.75	2.00	2.50	3.00	4.00	5.00	6.00	7.00	8.00	9.00	10.00	15.00
0.6	0.314	0.00697	0.00731	0.00644	0.00681	0.00712	0.00740	0.00765	0.00809	0.00428	0.00460	0.00758	0.00910	0.01061	0.01213	0.01365	0.01516	0.02274
0.8	0.419	0.01205	0.01254	0.01300	0.01126	0.01179	0.01225	0.01266	0.01339	0.01402	0.00762	0.00805	0.01213	0.01415	0.01617	0.01820	0.02022	0.03033
1.0	0.523	0.01850	0.01914	0.01974	0.02031	0.01742	0.01810	0.01871	0.01979	0.02071	0.02226	0.01190	0.01245	0.01769	0.02022	0.02274	0.02527	0.03791
1.5	0.785	0.04062	0.04163	0.04260	0.04353	0.04443	0.04529	0.04612	0.04023	0.04211	0.04525	0.04784	0.05007	0.02632	0.02721	0.02802	0.02877	0.05686
2.0	1.046	0.07128	0.07267	0.07402	0.07532	0.07657	0.07779	0.07898	0.08126	0.06966	0.07486	0.07915	0.08284	0.08610	0.08902	0.09168	0.04760	0.07582
2.5	1.308	0.11047	0.11225	0.11398	0.11565	0.11728	0.11887	0.12042	0.12340	0.12627	0.11062	0.11697	0.12242	0.12723	0.13155	0.13548	0.13910	0.07784
3.0	1.570	0.15821	0.16037	0.16248	0.16453	0.16654	0.16850	0.17042	0.17413	0.17770	0.18448	0.16092	0.16843	0.17505	0.18099	0.18640	0.19137	0.10710
3.5	1.831	0.21448	0.21703	0.21952	0.22196	0.22434	0.22668	0.22897	0.23342	0.23772	0.24590	0.21076	0.22058	0.22925	0.23703	0.24412	0.25063	0.27737
4.0	2.093	0.27929	0.28223	0.28510	0.28792	0.29069	0.29340	0.29607	0.30127	0.30630	0.31592	0.32502	0.27865	0.28960	0.29943	0.30838	0.31661	0.35039
4.5	2.354	0.35264	0.35596	0.35923	0.36243	0.36558	0.36867	0.37172	0.37766	0.38343	0.39451	0.40503	0.41508	0.35589	0.36797	0.37897	0.38908	0.43059
5.0	2.616	0.43453	0.43824	0.44189	0.44548	0.44901	0.45248	0.45591	0.46261	0.46913	0.48166	0.49362	0.50506	0.42795	0.44247	0.45570	0.46786	0.51777
6.0	3.139	0.62392	0.62840	0.63283	0.63719	0.64149	0.64573	0.64992	0.65814	0.66616	0.68166	0.69652	0.71081	0.72459	0.73791	0.62697	0.64370	0.71237
7.0	3.662	26.32004	0.85272	0.85792	0.86305	0.86812	0.87313	0.87809	0.88783	0.89737	0.91587	0.93368	0.95087	0.96749	0.98361	0.99926	0.84302	0.93296

$Q/(m^3/h)$	$V/(m/s)$	黏度/(mm^2/s)															
		20.00	25.00	30.00	40.00	50.00	60.00	70.00	80.00	90.00	100.0	125.0	150.0	200.0	300.0	400.0	500.0	1000.0
0.6	0.314	0.03033	0.03791	0.04549	0.06065	0.07582	0.09098	0.10614	0.12130	0.13647	0.15163	0.18954	0.22745	0.30326	0.45489	0.60652	0.75816	1.51631
0.8	0.419	0.04043	0.05054	0.06065	0.08087	0.10109	0.12130	0.14152	0.16174	0.18196	0.20217	0.25272	0.30326	0.40435	0.60652	0.80870	1.01087	2.02175
1.0	0.523	0.05054	0.06318	0.07582	0.10109	0.12636	0.15163	0.17690	0.20217	0.22745	0.25272	0.31590	0.37908	0.50544	0.75816	1.01087	1.26359	2.52719
1.5	0.785	0.07582	0.09477	0.11372	0.15163	0.18954	0.22745	0.26535	0.30326	0.34117	0.37908	0.47385	0.56862	0.75816	1.13723	1.51631	1.89539	3.79078
2.0	1.046	0.10109	0.12636	0.15163	0.20217	0.25272	0.30326	0.35381	0.40435	0.45489	0.50544	0.63180	0.75816	1.01087	1.51631	2.02175	2.52719	5.05437
2.5	1.308	0.12636	0.15795	0.18954	0.25272	0.31590	0.37908	0.44226	0.50544	0.56862	0.63180	0.78975	0.94769	1.26359	1.89539	2.52719	3.15898	6.31796
3.0	1.570	0.11509	0.18954	0.22745	0.30326	0.37908	0.45489	0.53071	0.60652	0.68234	0.75816	0.94769	1.13723	1.51631	2.27447	3.03262	3.79078	7.58156

339

续表

$Q/(m^3/h)$	$V/(m/s)$	黏度/(mm^2/s)															
		20.00	25.00	30.00	40.00	50.00	60.00	70.00	80.00	90.00	100.0	125.0	150.0	200.0	300.0	400.0	500.0	1000.0
3.5	1.831	0.15072	0.22113	0.26535	0.35381	0.44226	0.53071	0.61916	0.70761	0.79606	0.88451	1.10564	1.32677	1.76903	2.65354	3.53806	4.42257	8.84515
4.0	2.093	0.19040	0.20132	0.30326	0.40435	0.50544	0.60652	0.70761	0.80870	0.90979	1.01087	1.26359	1.51631	2.02175	3.03262	4.04350	5.05437	10.10874
4.5	2.354	0.46270	0.24741	0.25894	0.45489	0.56862	0.68234	0.79606	0.90979	1.02351	1.13723	1.42154	1.70585	2.27447	3.41170	4.54893	5.68617	11.37233
5.0	2.616	0.55638	0.29750	0.31137	0.50544	0.63180	0.75816	0.84451	1.01087	1.13723	1.26359	1.57949	1.89539	2.52719	3.79078	5.05437	6.31796	12.63593

$Q/(m^3/h)$	$V/(m/s)$	黏度/(mm^2/s)															
		20.00	25.00	30.00	40.00	50.00	60.00	70.00	80.00	90.00	100.0	125.0	150.0	200.0	300.0	400.0	500.0	1000.0
6.0	3.139	0.76549	0.80941	0.42840	0.46034	0.75816	0.90979	1.06142	1.21305	1.36468	1.51631	1.89539	2.27447	3.03262	4.54893	6.06525	7.58156	15.16311
7.0	3.662	1.00253	1.06005	1.10948	0.60289	0.84451	1.06142	1.23832	1.41522	1.59213	1.76903	2.21129	2.65354	3.53806	5.30709	7.07612	8.84515	17.69030

$D38 \times 3.5$ 输油管水力坡降值(m液柱/m管长)

$Q/(m^3/h)$	$V/(m/s)$	黏度/(mm^2/s)															
		0.50	0.75	1.00	1.25	1.50	1.75	2.00	2.50	3.00	4.00	5.00	6.00	7.00	8.00	9.00	10.00	15.00
1.0	0.368	0.00748	0.00781	0.00682	0.00722	0.00755	0.00785	0.00812	0.00858	0.00898	0.00488	0.00516	0.00750	0.00875	0.01000	0.01125	0.01251	0.01876
1.5	0.552	0.01630	0.01683	0.01734	0.01781	0.01536	0.01596	0.01650	0.01745	0.01826	0.01962	0.02075	0.01098	0.01141	0.01180	0.01688	0.01876	0.02814
2.0	0.736	0.02848	0.02922	0.02993	0.03060	0.03125	0.03187	0.03246	0.02886	0.03021	0.03246	0.03433	0.03593	0.03734	0.01952	0.02011	0.02064	0.03752
2.5	0.920	0.04402	0.04497	0.04589	0.04676	0.04761	0.04842	0.04922	0.04265	0.04464	0.04797	0.05072	0.05309	0.05518	0.05705	0.05875	0.03050	0.04689
3.0	1.104	0.06292	0.06409	0.06521	0.06629	0.06734	0.06836	0.06934	0.07124	0.06142	0.06600	0.06979	0.07304	0.07591	0.07849	0.08083	0.08299	0.04645
3.5	1.288	0.08518	0.08656	0.08789	0.08918	0.09043	0.09165	0.09284	0.09514	0.09733	0.08644	0.09140	0.09566	0.09942	0.10279	0.10587	0.10869	0.06083
4.0	1.472	0.11080	0.11239	0.11393	0.11543	0.11689	0.11832	0.11971	0.12240	0.12499	0.10919	0.11546	0.12084	0.12559	0.12985	0.13373	0.13730	0.15195
5.0	1.840	0.17210	0.17412	0.17609	0.17801	0.17990	0.18174	0.18354	0.18705	0.19043	0.19686	0.17061	0.17857	0.18559	0.19189	0.19762	0.20290	0.22454
6.0	2.208	0.24684	0.24929	0.25169	0.25404	0.25634	0.25860	0.26083	0.26516	0.26935	0.27737	0.28497	0.24568	0.25534	0.26400	0.27189	0.27915	0.30893
7.0	2.576	0.33501	0.33789	0.34072	0.34349	0.34622	0.34891	0.35155	0.35672	0.36174	0.37137	0.38054	0.38931	0.33440	0.34575	0.35609	0.36559	0.40459
8.0	2.944	0.43662	0.43993	0.44318	0.44638	0.44954	0.45265	0.45572	0.46172	0.46757	0.47885	0.48962	0.49994	0.50988	0.43677	0.44982	0.46183	0.51110

续表

Q/(m³/h)	V/(m/s)	黏度/(mm²/s)																
		0.50	0.75	1.00	1.25	1.50	1.75	2.00	2.50	3.00	4.00	5.00	6.00	7.00	8.00	9.00	10.00	15.00
9.0	3.312	0.55166	0.55539	0.55908	0.56271	0.56629	0.56983	0.57332	0.58017	0.58686	0.59978	0.61218	0.62409	0.63558	0.64668	0.55279	0.56754	0.62809
10.0	3.680	22.29198	0.68429	0.68841	0.69247	0.69648	0.70044	0.70436	0.71206	0.71959	0.73418	0.74820	0.76172	0.77479	0.78744	0.79972	0.68245	0.75526

Q/(m³/h)	V/(m/s)	黏度/(mm²/s)																
		20.00	25.00	30.00	40.00	50.00	60.00	70.00	80.00	90.00	100.0	125.0	150.0	200.0	300.0	400.0	500.0	1000.0
1.0	0.368	0.02501	0.03126	0.03752	0.05002	0.06253	0.07503	0.08754	0.10004	0.11255	0.12505	0.15631	0.18758	0.25010	0.37515	0.50020	0.62525	1.25050
1.5	0.552	0.03752	0.04689	0.05627	0.07503	0.09379	0.11255	0.13130	0.15006	0.16882	0.18758	0.23447	0.28136	0.37515	0.56273	0.75030	0.93788	1.87575
2.0	0.736	0.05002	0.06253	0.07503	0.10004	0.12505	0.15006	0.17507	0.20008	0.22509	0.25010	0.31263	0.37515	0.50020	0.75020	1.00040	1.25050	2.50100
2.5	0.920	0.06253	0.07816	0.09379	0.12505	0.15631	0.18758	0.21884	0.25010	0.28136	0.31263	0.39078	0.46894	0.62525	0.93788	1.25050	1.56313	3.12625
3.0	1.104	0.07503	0.09379	0.11255	0.15006	0.18758	0.22509	0.26261	0.30012	0.33764	0.37515	0.46894	0.56273	0.75030	1.12545	1.50060	1.87575	3.75150
3.5	1.288	0.08754	0.10942	0.13130	0.17507	0.21884	0.26261	0.30637	0.35014	0.39391	0.43768	0.54709	0.65651	0.87535	1.31303	1.75070	2.18838	4.37675
4.0	1.472	0.08257	0.12505	0.15006	0.20008	0.25010	0.30012	0.35014	0.40016	0.45018	0.50020	0.62525	0.75030	1.00040	1.50060	2.00080	2.50100	5.00200
5.0	1.840	0.12201	0.12901	0.18758	0.25010	0.31263	0.37515	0.43768	0.50020	0.56273	0.62525	0.78156	0.93788	1.25050	1.87575	2.50100	3.12625	6.25250
6.0	2.208	0.33197	0.17750	0.18578	0.30012	0.37515	0.45018	0.52521	0.60024	0.67527	0.75030	0.93788	1.12545	1.50060	2.25090	3.00120	3.75150	7.50300

Q/(m³/h)	V/(m/s)	黏度/(mm²/s)																
		20.00	25.00	30.00	40.00	50.00	60.00	70.00	80.00	90.00	100.0	125.0	150.0	200.0	300.0	400.0	500.0	1000.0
7.0	2.576	0.43476	0.45971	0.24331	0.35014	0.43768	0.52521	0.61275	0.70028	0.78782	0.87535	1.09419	1.31303	1.75070	2.62605	3.50140	4.37675	8.75350
8.0	2.944	0.54921	0.58072	0.60780	0.33028	0.50020	0.60024	0.70028	0.80032	0.90036	1.00040	1.25050	1.50060	2.00080	3.00120	4.00160	5.00200	10.00400
9.0	3.312	0.67493	0.71365	0.74693	0.40588	0.42917	0.67527	0.78782	0.90036	1.01291	1.12545	1.40681	1.68818	2.25090	3.37635	4.50180	5.62725	11.25450
10.0	3.680	0.81158	0.85814	0.89816	0.48806	0.51606	0.75030	0.87535	1.00040	1.12545	1.25050	1.56313	1.87575	2.50100	3.75150	5.00200	6.25250	12.50500

$D45 \times 4$ 输油管水力坡降值(m 液柱/m 管长)

$Q/(m^3/h)$	$V/(m/s)$	黏度/(mm^2/s)														
		0.50	0.75	1.00	1.25	1.50	1.75	2.00	2.50	3.00	4.00	5.00	6.00	7.00	8.00	9.00	10.00	15.00
1.0	0.258	0.00304	0.00274	0.00294	0.00311	0.00326	0.00339	0.00350	0.00370	0.00388	0.00211	0.00308	0.00370	0.00431	0.00493	0.00555	0.00616	0.00924
2.0	0.517	0.01140	0.01178	0.01214	0.01249	0.01096	0.01139	0.01178	0.01246	0.01304	0.01401	0.01481	0.01550	0.00815	0.00842	0.00868	0.01232	0.01849
3.0	0.775	0.02502	0.02564	0.02623	0.02679	0.02732	0.02784	0.02395	0.02532	0.02650	0.02848	0.03012	0.03152	0.03276	0.03387	0.03488	0.01811	0.02773
4.0	1.033	0.04391	0.04476	0.04558	0.04637	0.04713	0.04786	0.04858	0.04994	0.04385	0.04712	0.04982	0.05215	0.05420	0.05604	0.05771	0.05925	0.03316
5.0	1.292	0.06807	0.06915	0.07020	0.07122	0.07221	0.07317	0.07410	0.07590	0.07762	0.06963	0.07362	0.07706	0.08009	0.08280	0.08528	0.08756	0.09690
6.0	1.550	0.09748	0.09880	0.10009	0.10134	0.10256	0.10374	0.10490	0.10715	0.10930	0.09580	0.10130	0.10602	0.11019	0.11393	0.11733	0.12046	0.13331
7.0	1.808	0.13216	0.13372	0.13524	0.13672	0.13817	0.13959	0.14098	0.14367	0.14626	0.15118	0.13266	0.13885	0.14430	0.14920	0.15366	0.15776	0.17459
8.0	2.067	0.17210	0.17389	0.17565	0.17737	0.17906	0.18071	0.18232	0.18547	0.18851	0.19430	0.19977	0.17540	0.18229	0.18848	0.19411	0.19929	0.22055
9.0	2.325	0.21730	0.21933	0.22133	0.22328	0.22520	0.22708	0.22894	0.23254	0.23603	0.24271	0.24903	0.21555	0.22402	0.23162	0.23854	0.24491	0.27104
10.0	2.583	0.26776	0.27003	0.27226	0.27446	0.27661	0.27873	0.28081	0.28488	0.28883	0.29640	0.30360	0.31046	0.26938	0.27852	0.28684	0.29450	0.32592
12.0	3.100	0.38447	0.38722	0.38993	0.39259	0.39522	0.39781	0.40036	0.40536	0.41023	0.41962	0.42858	0.43718	0.44545	0.38320	0.39465	0.40518	0.44841
14.0	3.617	0.52222	0.52545	0.52863	0.53177	0.53487	0.53794	0.54096	0.54690	0.55270	0.56392	0.57469	0.58505	0.59505	0.60473	0.61410	0.53065	0.58726
16.0	4.134	23.56072	0.68473	0.68839	0.69200	0.69558	0.69911	0.70261	0.70949	0.71622	0.72930	0.74189	0.75404	0.76581	0.77721	0.78829	0.79906	0.74185

$Q/(m^3/h)$	$V/(m/s)$	黏度/(mm^2/s)														
		20.00	25.00	30.00	40.00	50.00	60.00	70.00	80.00	90.00	100.0	125.0	150.0	200.0	300.0	400.0	500.0	1000.0
1.0	0.258	0.01232	0.01541	0.01849	0.02465	0.03081	0.03697	0.04313	0.04930	0.05546	0.06162	0.07703	0.09243	0.12324	0.18486	0.24648	0.30810	0.61620
2.0	0.517	0.02465	0.03081	0.03697	0.04930	0.06162	0.07394	0.08627	0.09859	0.11092	0.12324	0.15405	0.18486	0.24648	0.36972	0.49296	0.61620	1.23241
3.0	0.775	0.03697	0.04622	0.05546	0.07394	0.09243	0.11092	0.12940	0.14789	0.16637	0.18486	0.23108	0.27729	0.36972	0.55458	0.73944	0.92430	1.84861
4.0	1.033	0.04930	0.06162	0.07394	0.09859	0.12324	0.14789	0.17254	0.19718	0.22183	0.24648	0.30810	0.36972	0.49296	0.73944	0.98592	1.23241	2.46481
5.0	1.292	0.05265	0.07703	0.09243	0.12324	0.15405	0.18486	0.21567	0.24648	0.27729	0.30810	0.38513	0.46215	0.61620	0.92430	1.23241	1.54051	3.08101
6.0	1.550	0.07244	0.07660	0.11092	0.14789	0.18486	0.22183	0.25881	0.29578	0.33275	0.36972	0.46215	0.55458	0.73944	1.10916	1.47889	1.84861	3.69722
7.0	1.808	0.18761	0.10032	0.10500	0.17254	0.21567	0.25881	0.30194	0.34507	0.38821	0.43134	0.53918	0.64701	0.86268	1.29403	1.72537	2.15671	4.31342

续表

Q/(m³/h)	V/(m/s)	黏度/(mm²/s)															
		20.00	25.00	30.00	40.00	50.00	60.00	70.00	80.00	90.00	100.0	125.0	150.0	200.0	300.0	400.0	500.0	1000.0
8.0	2.067	0.23700	0.25060	0.13263	0.19718	0.24648	0.29578	0.34507	0.39437	0.44367	0.49296	0.61620	0.73944	0.98592	1.47889	1.97185	2.46481	4.92962
9.0	2.325	0.29125	0.30796	0.16299	0.17515	0.27729	0.33275	0.38821	0.44367	0.49912	0.55458	0.69323	0.83187	1.10916	1.66375	2.21833	2.77291	5.54582
10.0	2.583	0.35022	0.37031	0.38758	0.21061	0.30810	0.36972	0.43134	0.49296	0.55458	0.61620	0.77025	0.92430	1.23241	1.84861	2.46481	3.08101	6.16203
12.0	3.100	0.48185	0.50949	0.53325	0.28977	0.30639	0.44367	0.51761	0.59155	0.66550	0.73944	0.92430	1.10916	1.47889	2.21833	2.95777	3.69722	7.39443
14.0	3.617	0.63105	0.66726	0.69837	0.75045	0.40127	0.41998	0.60388	0.69015	0.77642	0.86268	1.07835	1.29403	1.72537	2.58805	3.45074	4.31342	8.62684
16.0	4.134	0.79717	0.84291	0.88221	0.94800	1.00239	0.53054	0.55138	0.78874	0.88733	0.98592	1.23241	1.47889	1.97185	2.95777	3.94370	4.92962	9.85924

$D57 \times 4$ 输油管水力坡降值（m 液柱/m 管长）

Q/(m³/h)	V/(m/s)	黏度/(mm²/s)														
		0.50	0.75	1.00	1.25	1.50	1.75	2.00	2.50	3.00	4.00	5.00	6.00	7.00	8.00	9.00	10.00	15.00
3.0	0.442	0.00587	0.00609	0.00629	0.00561	0.00587	0.00610	0.00631	0.00667	0.00698	0.00750	0.00793	0.00830	0.00863	0.00451	0.00465	0.00477	0.00901
4.0	0.589	0.01022	0.01053	0.01082	0.01109	0.00971	0.01009	0.01043	0.01103	0.01155	0.01241	0.01312	0.01373	0.01427	0.01476	0.01520	0.00789	0.01202
5.0	0.737	0.01577	0.01617	0.01654	0.01690	0.01725	0.01757	0.01542	0.01630	0.01706	0.01834	0.01939	0.02029	0.02109	0.02181	0.02246	0.02306	0.01290
6.0	0.884	0.02251	0.02300	0.02347	0.02391	0.02434	0.02475	0.02515	0.02243	0.02348	0.02523	0.02668	0.02792	0.02902	0.03000	0.03090	0.03172	0.01775
7.0	1.031	0.03044	0.03102	0.03158	0.03211	0.03263	0.03313	0.03361	0.03454	0.03075	0.03304	0.03494	0.03657	0.03800	0.03929	0.04047	0.04155	0.04598
8.0	1.178	0.03956	0.04024	0.04089	0.04151	0.04212	0.04270	0.04327	0.04436	0.03884	0.04174	0.04413	0.04619	0.04801	0.04964	0.05112	0.05248	0.05808
9.0	1.326	0.04988	0.05064	0.05138	0.05210	0.05280	0.05347	0.05413	0.05539	0.05659	0.05129	0.05423	0.05676	0.05899	0.06100	0.06282	0.06450	0.07138
10.0	1.473	0.06138	0.06224	0.06308	0.06388	0.06467	0.06543	0.06618	0.06761	0.06898	0.06168	0.06522	0.06826	0.07094	0.07335	0.07554	0.07756	0.08583
12.0	1.768	0.08797	0.08902	0.09003	0.09103	0.09199	0.09294	0.09386	0.09565	0.09736	0.10061	0.08973	0.09391	0.09760	0.10091	0.10393	0.10670	0.11809
14.0	2.062	0.11932	0.12055	0.12176	0.12294	0.12409	0.12521	0.12632	0.12846	0.13053	0.13445	0.13814	0.12299	0.12782	0.13216	0.13611	0.13974	0.15465
16.0	2.357	0.15544	0.15686	0.15825	0.15961	0.16095	0.16226	0.16354	0.16605	0.16847	0.17309	0.17745	0.15537	0.16147	0.16695	0.17194	0.17653	0.19536
18.0	2.651	0.19632	0.19793	0.19951	0.20106	0.20258	0.20407	0.20554	0.20841	0.21119	0.21651	0.22156	0.22637	0.19843	0.20517	0.21130	0.21694	0.24008
20.0	2.946	0.24197	0.24377	0.24553	0.24727	0.24897	0.25065	0.25230	0.25554	0.25868	0.26471	0.27045	0.27593	0.28119	0.24671	0.25408	0.26086	0.28869

续表

Q/(m³/h)	V/(m/s)	黏度/(mm²/s)																	
		20.00	25.00	30.00	40.00	50.00	60.00	70.00	80.00	90.00	100.0	125.0	150.0	200.0	300.0	400.0	500.0	1000.0
3.0	0.442	0.01202	0.01502	0.01803	0.02404	0.03005	0.03606	0.04207	0.04808	0.05409	0.06010	0.07512	0.09015	0.12020	0.18030	0.24040	0.30050	0.60099
4.0	0.589	0.01603	0.02003	0.02404	0.03205	0.04007	0.04808	0.05609	0.06411	0.07212	0.08013	0.10017	0.12020	0.16026	0.24040	0.32053	0.40066	0.80132
5.00	0.737	0.02003	0.02504	0.03005	0.04007	0.05008	0.06010	0.07012	0.08013	0.09015	0.10017	0.12521	0.15025	0.20033	0.30050	0.40066	0.50083	1.00165
6.0	0.884	0.01908	0.03005	0.03606	0.04808	0.06010	0.07212	0.08414	0.09616	0.10818	0.12020	0.15025	0.18030	0.24040	0.36059	0.48079	0.60099	1.20198
7.0	1.031	0.02498	0.02642	0.04207	0.05609	0.07012	0.08414	0.09816	0.11218	0.12621	0.14023	0.17529	0.21035	0.28046	0.42069	0.56092	0.70116	1.40231
8.0	1.178	0.03156	0.03337	0.04808	0.06411	0.08013	0.09616	0.11218	0.12821	0.14424	0.16026	0.20033	0.24040	0.32053	0.48079	0.64106	0.80132	1.60264
9.0	1.326	0.07670	0.04101	0.04292	0.07212	0.09015	0.10818	0.12621	0.14424	0.16227	0.18030	0.22537	0.27045	0.36059	0.54089	0.72119	0.90149	1.80297
10.0	1.473	0.09223	0.04932	0.05161	0.08013	0.10017	0.12020	0.14023	0.16026	0.18030	0.20033	0.25041	0.30050	0.40066	0.60099	0.80132	1.00165	2.00330
12.0	1.768	0.12689	0.13417	0.07101	0.07631	0.12020	0.14424	0.16828	0.19232	0.21636	0.24040	0.30050	0.36059	0.48079	0.72119	0.96158	1.20198	2.40396
14.0	2.062	0.16619	0.17572	0.18391	0.09994	0.10567	0.16828	0.19632	0.22437	0.25242	0.28046	0.35058	0.42069	0.56092	0.84139	1.12185	1.40231	2.80462
16.0	2.357	0.20993	0.22198	0.23233	0.12625	0.13349	0.19232	0.22437	0.25642	0.28848	0.32053	0.40066	0.48079	0.64106	0.96158	1.28211	1.60264	3.20528

Q/(m³/h)	V/(m/s)	黏度/(mm²/s)																	
		20.00	25.00	30.00	40.00	50.00	60.00	70.00	80.00	90.00	100.0	125.0	150.0	200.0	300.0	400.0	500.0	1000.0
18.0	2.651	0.25799	0.27279	0.28551	0.30680	0.16405	0.17170	0.25242	0.28848	0.32453	0.36059	0.45074	0.54089	0.72119	1.08178	1.44238	1.80297	3.60594
20.0	2.946	0.31022	0.32802	0.34332	0.36892	0.19726	0.20646	0.21457	0.32053	0.36059	0.40066	0.50083	0.60099	0.80132	1.20198	1.60264	2.00330	4.00660

D73×4 输油管水力坡降值(m 液柱/m 管长)

Q/(m³/h)	V/(m/s)	黏度/(mm²/s)												
		0.50	0.75	1.00	1.25	1.50	1.75	2.00	2.50	3.00	4.00	5.00	6.00	7.00	8.00	9.00	10.00	15.00
4.0	0.335	0.00240	0.00251	0.00229	0.00242	0.00254	0.00264	0.00273	0.00288	0.00302	0.00324	0.00343	0.00359	0.00373	0.00195	0.00201	0.00206	0.00388
6.0	0.502	0.00523	0.00540	0.00556	0.00493	0.00516	0.00536	0.00554	0.00586	0.00613	0.00659	0.00697	0.00729	0.00758	0.00784	0.00807	0.00829	0.00464
8.0	0.670	0.00913	0.00937	0.00960	0.00982	0.01003	0.00887	0.00917	0.00970	0.01015	0.01091	0.01153	0.01207	0.01254	0.01297	0.01336	0.01371	0.00767

续表

$Q/(m^3/h)$	$V/(m/s)$	黏度/(mm²/s)														
		0.50	0.75	1.00	1.25	1.50	1.75	2.00	2.50	3.00	4.00	5.00	6.00	7.00	8.00	9.00	10.00	15.00
10.0	0.837	0.01411	0.01442	0.01472	0.01501	0.01528	0.01554	0.01355	0.01433	0.01500	0.01611	0.01704	0.01783	0.01853	0.01916	0.01974	0.02026	0.02242
12.0	1.005	0.02015	0.02054	0.02091	0.02127	0.02161	0.02194	0.02226	0.01971	0.02063	0.02217	0.02344	0.02454	0.02550	0.02637	0.02715	0.02788	0.03085
14.0	1.172	0.02728	0.02774	0.02818	0.02861	0.02902	0.02941	0.02980	0.03054	0.02702	0.02904	0.03070	0.03213	0.03340	0.03453	0.03556	0.03651	0.04041
16.0	1.339	0.03547	0.03601	0.03652	0.03702	0.03750	0.03797	0.03842	0.03929	0.04012	0.03668	0.03878	0.04059	0.04219	0.04362	0.04492	0.04612	0.05104
18.0	1.507	0.04474	0.04535	0.04593	0.04650	0.04705	0.04759	0.04811	0.04912	0.05008	0.04508	0.04766	0.04988	0.05184	0.05360	0.05521	0.05668	0.06273
20.0	1.674	0.05508	0.05576	0.05642	0.05706	0.05769	0.05829	0.05889	0.06003	0.06112	0.05420	0.05731	0.05999	0.06234	0.06446	0.06638	0.06816	0.07543
22.5	1.883	0.06952	0.07029	0.07104	0.07177	0.07248	0.07318	0.07386	0.07518	0.07644	0.07883	0.07043	0.07372	0.07661	0.07921	0.08158	0.08376	0.09269
25.0	2.093	0.08563	0.08649	0.08734	0.08816	0.08896	0.08975	0.09052	0.09201	0.09345	0.09617	0.08469	0.08864	0.09212	0.09525	0.09810	0.10072	0.11146
27.5	2.302	0.10342	0.10437	0.10531	0.10622	0.10712	0.10799	0.10885	0.11052	0.11213	0.11519	0.11808	0.10473	0.10885	0.11254	0.11590	0.11900	0.13169
30.0	2.511	0.12289	0.12393	0.12496	0.12596	0.12695	0.12791	0.12886	0.13071	0.13249	0.13590	0.13912	0.12196	0.12675	0.13105	0.13497	0.13857	0.15335
32.5	2.721	0.14403	0.14517	0.14628	0.14738	0.14846	0.14951	0.15055	0.15258	0.15454	0.15829	0.16184	0.16522	0.14581	0.15076	0.15526	0.15940	0.17641
35.0	2.930	0.16685	0.16808	0.16929	0.17048	0.17164	0.17279	0.17392	0.17612	0.17826	0.18236	0.18625	0.18996	0.16600	0.17163	0.17676	0.18148	0.20084

$Q/(m^3/h)$	$V/(m/s)$	黏度/(mm²/s)														
		20.00	25.00	30.00	40.00	50.00	60.00	70.00	80.00	90.00	100.0	125.0	150.0	200.0	300.0	400.0	500.0	1000.0
4.0	0.335	0.00518	0.00647	0.00776	0.01035	0.01294	0.01553	0.01811	0.02070	0.02329	0.02588	0.03235	0.03882	0.05176	0.07764	0.10351	0.12939	0.25878
6.0	0.502	0.00776	0.00970	0.01165	0.01553	0.01941	0.02329	0.02717	0.03105	0.03494	0.03882	0.04852	0.05823	0.07764	0.11645	0.15527	0.19409	0.38818
8.0	0.670	0.00825	0.01294	0.01553	0.02070	0.02588	0.03105	0.03623	0.04141	0.04658	0.05176	0.06470	0.07764	0.10351	0.15527	0.20703	0.25878	0.51757
10.0	0.837	0.01219	0.01288	0.01941	0.02588	0.03235	0.03882	0.04529	0.05176	0.05823	0.06470	0.08087	0.09704	0.12939	0.19409	0.25878	0.32348	0.64696
12.0	1.005	0.03315	0.01773	0.01855	0.03105	0.03882	0.04658	0.05434	0.06211	0.06987	0.07764	0.09704	0.11645	0.15527	0.23291	0.31054	0.38818	0.77635
14.0	1.172	0.04342	0.04591	0.02430	0.03623	0.04529	0.05434	0.06340	0.07246	0.08152	0.09057	0.11322	0.13586	0.18115	0.27172	0.36230	0.45287	0.90574
16.0	1.339	0.05485	0.05800	0.03070	0.03298	0.05176	0.06211	0.07246	0.08281	0.09316	0.10351	0.12939	0.15527	0.20703	0.31054	0.41405	0.51757	1.03514

续表

Q/(m³/h)	V/(m/s)	黏度/(mm²/s)																
		20.00	25.00	30.00	40.00	50.00	60.00	70.00	80.00	90.00	100.0	125.0	150.0	200.0	300.0	400.0	500.0	1000.0
18.0	1.507	0.06740	0.07127	0.07460	0.04053	0.05823	0.06987	0.08152	0.09316	0.10481	0.11645	0.14557	0.17468	0.23291	0.34936	0.46581	0.58226	1.16453
20.0	1.674	0.08105	0.08570	0.08970	0.04874	0.05154	0.07764	0.09057	0.10351	0.11645	0.12939	0.16174	0.19409	0.25878	0.38818	0.51757	0.64696	1.29392
22.5	1.883	0.09960	0.10532	0.11023	0.11845	0.06334	0.06629	0.10190	0.11645	0.13101	0.14557	0.18196	0.21835	0.29113	0.43670	0.58226	0.72783	1.45566
25.0	2.093	0.11977	0.12664	0.13255	0.14243	0.07616	0.07971	0.11322	0.12939	0.14557	0.16174	0.20217	0.24261	0.32348	0.48522	0.64696	0.80870	1.61740
27.5	2.302	0.14151	0.14963	0.15661	0.16829	0.08998	0.09418	0.09788	0.14233	0.16012	0.17791	0.22239	0.26687	0.35583	0.53374	0.71166	0.88957	1.77914
30.0	2.511	0.16479	0.17424	0.18237	0.19597	0.20721	0.10967	0.11398	0.11785	0.17468	0.19409	0.24261	0.29113	0.38818	0.58226	0.77635	0.97044	1.94088
32.5	2.721	0.18956	0.20044	0.20979	0.22543	0.23836	0.12616	0.13112	0.13557	0.18924	0.21026	0.26283	0.31539	0.42052	0.63079	0.84105	1.05131	2.10262
35.0	2.930	0.21581	0.22820	0.23884	0.25665	0.27137	0.28403	0.14927	0.15434	0.15895	0.22644	0.28304	0.33965	0.45287	0.67931	0.90574	1.13218	2.26436

D89×4 输油管水力坡降值(m 液柱/m 管长)

Q/(m³/h)	V/(m/s)	黏度/(mm²/s)																
		0.50	0.75	1.00	1.25	1.50	1.75	2.00	2.50	3.00	4.00	5.00	6.00	7.00	8.00	9.00	10.00	15.00
6.0	0.323	0.00170	0.00152	0.00164	0.00173	0.00181	0.00188	0.00195	0.00206	0.00216	0.00232	0.00245	0.00256	0.00267	0.00276	0.00144	0.00147	0.00241
8.0	0.431	0.00295	0.00305	0.00271	0.00287	0.00300	0.00312	0.00322	0.00341	0.00357	0.00383	0.00405	0.00424	0.00441	0.00456	0.00470	0.00482	0.00270
10.0	0.539	0.00453	0.00467	0.00481	0.00424	0.00443	0.00461	0.00476	0.00504	0.00527	0.00567	0.00599	0.00627	0.00652	0.00674	0.00694	0.00712	0.00399
15.0	0.809	0.00997	0.01020	0.01041	0.01062	0.01081	0.01100	0.00969	0.01072	0.01152	0.01218	0.01275	0.01325	0.01370	0.01411	0.01448	0.01603	
20.0	1.078	0.01751	0.01783	0.01813	0.01842	0.01870	0.01896	0.01922	0.01694	0.01773	0.01906	0.02015	0.02109	0.02192	0.02266	0.02334	0.02396	0.02652
25.0	1.348	0.02716	0.02756	0.02795	0.02833	0.02869	0.02904	0.02938	0.03003	0.03065	0.02816	0.02978	0.03117	0.03239	0.03349	0.03449	0.03541	0.03919
30.0	1.617	0.03891	0.03941	0.03988	0.04034	0.04079	0.04123	0.04165	0.04247	0.04325	0.03874	0.04097	0.04288	0.04456	0.04608	0.04745	0.04872	0.05392
35.0	1.887	0.05277	0.05335	0.05392	0.05446	0.05500	0.05552	0.05603	0.05702	0.05796	0.05974	0.05365	0.05616	0.05836	0.06034	0.06215	0.06381	0.07061
40.0	2.156	0.06873	0.06940	0.07006	0.07069	0.07131	0.07192	0.07252	0.07367	0.07478	0.07689	0.06778	0.07094	0.07373	0.07623	0.07851	0.08060	0.08920
45.0	2.426	0.08680	0.08756	0.08830	0.08902	0.08973	0.09043	0.09111	0.09244	0.09372	0.09615	0.09844	0.08718	0.09060	0.09368	0.09648	0.09905	0.10962
50.0	2.695	0.10697	0.10782	0.10865	0.10946	0.11026	0.11104	0.11181	0.11331	0.11476	0.11752	0.12014	0.12262	0.10895	0.11264	0.11601	0.11911	0.13181
55.0	2.965	0.12925	0.13018	0.13110	0.13200	0.13289	0.13376	0.13462	0.13629	0.13791	0.14101	0.14395	0.14675	0.12872	0.13309	0.13707	0.14073	0.15574

续表

$Q/(m^3/h)$	$V/(m/s)$	黏度/(mm²/s)																
		20.00	25.00	30.00	40.00	50.00	60.00	70.00	80.00	90.00	100.0	125.0	150.0	200.0	300.0	400.0	500.0	1000.0
6.0	0.323	0.00322	0.00402	0.00483	0.00644	0.00805	0.00966	0.01127	0.01288	0.01449	0.01610	0.02012	0.02415	0.03219	0.04829	0.06439	0.08048	0.16097
8.0	0.431	0.00429	0.00537	0.00644	0.00859	0.01073	0.01288	0.01502	0.01717	0.01932	0.02146	0.02683	0.03219	0.04293	0.06439	0.08585	0.10731	0.21463
10.0	0.539	0.00428	0.00671	0.00805	0.01073	0.01341	0.01610	0.01878	0.02146	0.02415	0.02683	0.03354	0.04024	0.05366	0.08048	0.10731	0.13414	0.26828
15.0	0.809	0.01722	0.00921	0.00964	0.01610	0.02012	0.02415	0.02817	0.03219	0.03622	0.04024	0.05030	0.06036	0.08048	0.12073	0.16097	0.20121	0.40242

$Q/(m^3/h)$	$V/(m/s)$	黏度/(mm²/s)																
		20.00	25.00	30.00	40.00	50.00	60.00	70.00	80.00	90.00	100.0	125.0	150.0	200.0	300.0	400.0	500.0	1000.0
20.0	1.078	0.02850	0.03013	0.01595	0.01714	0.02683	0.03219	0.03756	0.04293	0.04829	0.05366	0.06707	0.08048	0.10731	0.16097	0.21463	0.26828	0.53656
25.0	1.348	0.04211	0.04453	0.04660	0.02532	0.02678	0.04024	0.04695	0.05366	0.06036	0.06707	0.08384	0.10061	0.13414	0.20121	0.26828	0.33535	0.67070
30.0	1.617	0.05794	0.06126	0.06412	0.06890	0.03684	0.03856	0.05634	0.06439	0.07244	0.08048	0.10061	0.12073	0.16097	0.24145	0.32194	0.40242	0.80484
35.0	1.887	0.07588	0.08023	0.08397	0.09023	0.09541	0.05050	0.05248	0.07512	0.08451	0.09390	0.11737	0.14085	0.18780	0.28170	0.37559	0.46949	0.93898
40.0	2.156	0.09585	0.10135	0.10608	0.11399	0.12053	0.06379	0.06630	0.06855	0.09658	0.10731	0.13414	0.16097	0.21463	0.32194	0.42925	0.53656	1.07313
45.0	2.426	0.11779	0.12455	0.13036	0.14008	0.14812	0.15502	0.08147	0.08424	0.08676	0.12073	0.15091	0.18109	0.24145	0.36218	0.48291	0.60363	1.20727
50.0	2.695	0.14164	0.14977	0.15675	0.16844	0.17811	0.18641	0.19374	0.10130	0.10432	0.10711	0.16768	0.20121	0.26828	0.40242	0.53656	0.67070	1.34141
55.0	2.965	0.16735	0.17695	0.18521	0.19902	0.21043	0.22025	0.22890	0.23667	0.12326	0.12655	0.18444	0.22133	0.29511	0.44266	0.59022	0.73777	1.47555

$D108\times5$ 输油管水力坡降值(m液柱/m管长)

$Q/(m^3/h)$	$V/(m/s)$	黏度/(mm²/s)																
		0.50	0.75	1.00	1.25	1.50	1.75	2.00	2.50	3.00	4.00	5.00	6.00	7.00	8.00	9.00	10.00	15.00
10.0	0.368	0.00154	0.00161	0.00147	0.00156	0.00163	0.00169	0.00175	0.00185	0.00194	0.00208	0.00220	0.00230	0.00240	0.00248	0.00255	0.00262	0.00147
15.0	0.552	0.00337	0.00347	0.00357	0.00317	0.00331	0.00344	0.00356	0.00376	0.00394	0.00423	0.00448	0.00469	0.00487	0.00503	0.00519	0.00532	0.00589
20.0	0.737	0.00589	0.00604	0.00617	0.00631	0.00643	0.00570	0.00589	0.00623	0.00652	0.00700	0.00741	0.00775	0.00806	0.00833	0.00858	0.00881	0.00975
25.0	0.921	0.00910	0.00929	0.00948	0.00965	0.00981	0.00997	0.00870	0.00920	0.00963	0.01035	0.01094	0.01145	0.01190	0.01231	0.01268	0.01301	0.01440
30.0	1.105	0.01301	0.01325	0.01347	0.01369	0.01389	0.01409	0.01428	0.01266	0.01325	0.01424	0.01506	0.01576	0.01638	0.01693	0.01744	0.01791	0.01982

续表

$Q/(m^3/h)$	$V/(m/s)$	黏度/(mm²/s)														
		0.50	0.75	1.00	1.25	1.50	1.75	2.00	2.50	3.00	4.00	5.00	6.00	7.00	8.00	9.00	10.00	15.00
35.0	1.289	0.01762	0.01790	0.01816	0.01842	0.01867	0.01891	0.01914	0.01959	0.01736	0.01865	0.01972	0.02064	0.02145	0.02218	0.02284	0.02345	0.02595
40.0	1.473	0.02292	0.02324	0.02355	0.02385	0.02414	0.02443	0.02470	0.02522	0.02572	0.02356	0.02491	0.02607	0.02710	0.02802	0.02885	0.02962	0.03278
45.0	1.657	0.02891	0.02928	0.02963	0.02998	0.03031	0.03064	0.03095	0.03156	0.03214	0.02895	0.03061	0.03204	0.03330	0.03443	0.03546	0.03641	0.04029
50.0	1.841	0.03560	0.03601	0.03641	0.03680	0.03718	0.03754	0.03790	0.03859	0.03925	0.03481	0.03681	0.03853	0.04004	0.04140	0.04264	0.04378	0.04845
55.0	2.025	0.04299	0.04344	0.04389	0.04432	0.04474	0.04515	0.04555	0.04632	0.04706	0.04846	0.04349	0.04552	0.04731	0.04892	0.05038	0.05172	0.05724
60.0	2.210	0.05106	0.05156	0.05205	0.05253	0.05299	0.05345	0.05389	0.05475	0.05557	0.05713	0.05065	0.05301	0.05509	0.05696	0.05866	0.06023	0.06665
65.0	2.394	0.05984	0.06038	0.06092	0.06143	0.06194	0.06244	0.06293	0.06387	0.06478	0.06650	0.06812	0.06098	0.06337	0.06553	0.06748	0.06929	0.07668
70.0	2.578	0.06931	0.06990	0.07047	0.07104	0.07159	0.07213	0.07266	0.07369	0.07468	0.07657	0.07834	0.06942	0.07215	0.07460	0.07683	0.07888	0.08729
75.0	2.762	0.07947	0.08010	0.08072	0.08133	0.08193	0.08251	0.08309	0.08420	0.08528	0.08733	0.08927	0.07833	0.08141	0.08417	0.08669	0.08900	0.09850
80.0	2.946	0.09033	0.09101	0.09167	0.09232	0.09296	0.09359	0.09421	0.09541	0.09657	0.09879	0.10089	0.10288	0.09114	0.09424	0.09705	0.09964	0.11027

$Q/(m^3/h)$	$V/(m/s)$	黏度/(mm²/s)														
		20.00	25.00	30.00	40.00	50.00	60.00	70.00	80.00	90.00	100.0	125.0	150.0	200.0	300.0	400.0	500.0	1000.0
10.0	0.368	0.00231	0.00289	0.00346	0.00462	0.00577	0.00693	0.00808	0.00924	0.01039	0.01155	0.01444	0.01732	0.02310	0.03465	0.04619	0.05774	0.11549

$Q/(m^3/h)$	$V/(m/s)$	黏度/(mm²/s)														
		20.00	25.00	30.00	40.00	50.00	60.00	70.00	80.00	90.00	100.0	125.0	150.0	200.0	300.0	400.0	500.0	1000.0
20.0	0.737	0.01047	0.00560	0.00586	0.00924	0.01155	0.01386	0.01617	0.01848	0.02079	0.02310	0.02887	0.03465	0.04619	0.06929	0.09239	0.11549	0.23097
25.0	0.921	0.01548	0.01637	0.00866	0.00931	0.01444	0.01732	0.02021	0.02310	0.02598	0.02887	0.03609	0.04331	0.05774	0.08661	0.11549	0.14436	0.28872
30.0	1.105	0.02129	0.02252	0.02357	0.01281	0.01354	0.02079	0.02425	0.02772	0.03118	0.03465	0.04331	0.05197	0.06929	0.10394	0.13858	0.17323	0.34646
35.0	1.289	0.02789	0.02949	0.03086	0.03316	0.01773	0.01856	0.02829	0.03234	0.03638	0.04042	0.05053	0.06063	0.08084	0.12126	0.16168	0.20210	0.40420
40.0	1.473	0.03523	0.03725	0.03899	0.04189	0.02240	0.02345	0.02437	0.03696	0.04158	0.04619	0.05774	0.06929	0.09239	0.13858	0.18478	0.23097	0.46195
45.0	1.657	0.04329	0.04578	0.04791	0.05148	0.05444	0.02881	0.02994	0.04158	0.04677	0.05197	0.06496	0.07795	0.10394	0.15591	0.20788	0.25984	0.51969
50.0	1.841	0.05206	0.05505	0.05761	0.06191	0.06546	0.03465	0.03601	0.03723	0.05197	0.05774	0.07218	0.08661	0.11549	0.17323	0.23097	0.28872	0.57743
55.0	2.025	0.06151	0.06504	0.06807	0.07315	0.07734	0.08095	0.04254	0.04399	0.04530	0.06352	0.07940	0.09528	0.12703	0.19055	0.25407	0.31759	0.63517

续表

$Q/(m^3/h)$	$V/(m/s)$	黏度/(mm²/s)														
		20.00	25.00	30.00	40.00	50.00	60.00	70.00	80.00	90.00	100.0	125.0	150.0	200.0	300.0	400.0	500.0	1000.0
60.0	2.210	0.07162	0.07573	0.07927	0.08518	0.09006	0.09426	0.09797	0.05122	0.05275	0.05416	0.08661	0.10394	0.13858	0.20788	0.27717	0.34646	0.69292
65.0	2.394	0.08239	0.08712	0.09118	0.09798	0.10361	0.10844	0.11270	0.05892	0.06069	0.06231	0.09383	0.11260	0.15013	0.22520	0.30026	0.37533	0.75066
70.0	2.578	0.09380	0.09919	0.10381	0.11155	0.11795	0.12345	0.12830	0.13266	0.06909	0.07093	0.10105	0.12126	0.16168	0.24252	0.32336	0.40420	0.80840
75.0	2.762	0.10584	0.11191	0.11713	0.12587	0.13309	0.13930	0.14477	0.14968	0.07795	0.08004	0.08463	0.12992	0.17323	0.25984	0.34646	0.43307	0.86615
80.0	2.946	0.11850	0.12530	0.13114	0.14092	0.14900	0.15595	0.16208	0.16758	0.17259	0.08961	0.09475	0.13858	0.18478	0.27717	0.36956	0.46195	0.92389

D133×5 输油管水力坡降值(m 液柱/m 管长)

$Q/(m^3/h)$	$V/(m/s)$	黏度/(mm²/s)														
		0.50	0.75	1.00	1.25	1.50	1.75	2.00	2.50	3.00	4.00	5.00	6.00	7.00	8.00	9.00	10.00	15.00
15.0	0.351	0.00117	0.00104	0.00112	0.00118	0.00124	0.00129	0.00133	0.00141	0.00147	0.00158	0.00167	0.00175	0.00182	0.00188	0.00194	0.00199	0.00111
20.0	0.468	0.00203	0.00210	0.00185	0.00196	0.00205	0.00213	0.00220	0.00233	0.00244	0.00262	0.00277	0.00290	0.00301	0.00312	0.00321	0.00329	0.00365
25.0	0.584	0.00313	0.00322	0.00331	0.00289	0.00303	0.00315	0.00326	0.00344	0.00360	0.00387	0.00409	0.00428	0.00445	0.00460	0.00474	0.00487	0.00539
30.0	0.701	0.00447	0.00458	0.00468	0.00478	0.00417	0.00433	0.00448	0.00474	0.00496	0.00533	0.00563	0.00590	0.00613	0.00633	0.00652	0.00670	0.00741
35.0	0.818	0.00603	0.00617	0.00629	0.00641	0.00653	0.00567	0.00587	0.00620	0.00649	0.00698	0.00738	0.00772	0.00802	0.00830	0.00854	0.00877	0.00971
40.0	0.935	0.00784	0.00799	0.00814	0.00828	0.00841	0.00854	0.00741	0.00784	0.00820	0.00881	0.00932	0.00975	0.01014	0.01048	0.01079	0.01108	0.01226
45.0	1.052	0.00987	0.01005	0.01022	0.01038	0.01054	0.01069	0.01083	0.00963	0.01008	0.01083	0.01145	0.01199	0.01246	0.01288	0.01326	0.01362	0.01507
50.0	1.169	0.01214	0.01234	0.01253	0.01272	0.01289	0.01306	0.01323	0.01158	0.01212	0.01302	0.01377	0.01441	0.01498	0.01549	0.01595	0.01638	0.01812
55.0	1.286	0.01465	0.01487	0.01508	0.01529	0.01549	0.01568	0.01586	0.01622	0.01432	0.01539	0.01627	0.01703	0.01770	0.01830	0.01884	0.01935	0.02141
60.0	1.403	0.01738	0.01763	0.01787	0.01809	0.01831	0.01853	0.01873	0.01913	0.01667	0.01792	0.01895	0.01983	0.02061	0.02131	0.02194	0.02253	0.02493
65.0	1.520	0.02036	0.02062	0.02088	0.02113	0.02137	0.02161	0.02184	0.02227	0.02269	0.02061	0.02179	0.02281	0.02371	0.02451	0.02524	0.02592	0.02868
70.0	1.636	0.02356	0.02385	0.02413	0.02441	0.02467	0.02493	0.02517	0.02565	0.02611	0.02347	0.02481	0.02597	0.02699	0.02791	0.02874	0.02951	0.03265
75.0	1.753	0.02700	0.02732	0.02762	0.02791	0.02820	0.02848	0.02875	0.02927	0.02976	0.02648	0.02800	0.02930	0.03045	0.03149	0.03243	0.03329	0.03684
80.0	1.870	0.03068	0.03102	0.03134	0.03166	0.03196	0.03226	0.03256	0.03312	0.03366	0.02964	0.03134	0.03280	0.03409	0.03525	0.03630	0.03727	0.04125

续表

$Q/(m^3/h)$	$V/(m/s)$	黏度/(mm²/s)														
		0.50	0.75	1.00	1.25	1.50	1.75	2.00	2.50	3.00	4.00	5.00	6.00	7.00	8.00	9.00	10.00	15.00
85.0	1.987	0.03459	0.03495	0.03530	0.03563	0.03596	0.03628	0.03660	0.03720	0.03778	0.03887	0.03485	0.03648	0.03791	0.03920	0.04037	0.04145	0.04587
90.0	2.104	0.03873	0.03911	0.03948	0.03985	0.04020	0.04054	0.04088	0.04152	0.04215	0.04332	0.03852	0.04031	0.04190	0.04332	0.04461	0.04581	0.05069
95.0	2.221	0.04311	0.04351	0.04391	0.04429	0.04466	0.04503	0.04539	0.04608	0.04674	0.04800	0.04234	0.04431	0.04606	0.04762	0.04904	0.05035	0.05572
100.0	2.338	0.04772	0.04815	0.04856	0.04897	0.04937	0.04975	0.05013	0.05087	0.05157	0.05291	0.04632	0.04848	0.05038	0.05209	0.05365	0.05508	0.06096
110.0	2.572	0.05765	0.05812	0.05858	0.05903	0.05947	0.05991	0.06033	0.06115	0.06194	0.06345	0.06486	0.05728	0.05953	0.06155	0.06339	0.06508	0.07202
120.0	2.805	0.06851	0.06903	0.06954	0.07003	0.07052	0.07099	0.07146	0.07237	0.07325	0.07492	0.07650	0.06670	0.06932	0.07167	0.07381	0.07578	0.08387
130.0	3.039	0.08031	0.08088	0.08143	0.08197	0.08250	0.08302	0.08353	0.08453	0.08549	0.08734	0.08909	0.09074	0.07974	0.08245	0.08491	0.08718	0.09648

$Q/(m^3/h)$	$V/(m/s)$	黏度/(mm²/s)														
		20.00	25.00	30.00	40.00	50.00	60.00	70.00	80.00	90.00	100.0	125.0	150.0	200.0	300.0	400.0	500.0	1000.0
15.0	0.351	0.00120	0.00189	0.00227	0.00303	0.00378	0.00454	0.00530	0.00605	0.00681	0.00757	0.00946	0.01135	0.01514	0.02271	0.03027	0.03784	0.07568
20.0	0.468	0.00198	0.00209	0.00303	0.00404	0.00505	0.00605	0.00706	0.00807	0.00908	0.01009	0.01261	0.01514	0.02018	0.03027	0.04036	0.05046	0.10091
25.0	0.584	0.00579	0.00310	0.00324	0.00505	0.00631	0.00757	0.00883	0.01009	0.01135	0.01261	0.01577	0.01892	0.02523	0.03784	0.05046	0.06307	0.12614
30.0	0.701	0.00797	0.00842	0.00446	0.00479	0.00757	0.00908	0.01060	0.01211	0.01362	0.01514	0.01892	0.02271	0.03027	0.04541	0.06055	0.07568	0.15137
35.0	0.818	0.01043	0.01103	0.01154	0.00627	0.00663	0.01060	0.01236	0.01413	0.01589	0.01766	0.02207	0.02649	0.03532	0.05298	0.07064	0.08830	0.17659
40.0	0.935	0.01318	0.01393	0.01458	0.00792	0.00838	0.01211	0.01413	0.01615	0.01816	0.02018	0.02523	0.03027	0.04036	0.06055	0.08073	0.10091	0.20182
45.0	1.052	0.01619	0.01712	0.01792	0.01926	0.01030	0.01078	0.01589	0.01816	0.02043	0.02271	0.02838	0.03406	0.04541	0.06812	0.09082	0.11353	0.22705
50.0	1.169	0.01947	0.02059	0.02155	0.02316	0.01238	0.01296	0.01347	0.02018	0.02271	0.02523	0.03153	0.03784	0.05046	0.07568	0.10091	0.12614	0.25228
55.0	1.286	0.02301	0.02433	0.02546	0.02736	0.02893	0.01531	0.01591	0.02220	0.02498	0.02775	0.03469	0.04163	0.05550	0.08325	0.11100	0.13875	0.27751
60.0	1.403	0.02679	0.02833	0.02965	0.03186	0.03369	0.01783	0.01853	0.01916	0.02725	0.03027	0.03784	0.04541	0.06055	0.09082	0.12109	0.15137	0.30273
65.0	1.520	0.03082	0.03259	0.03411	0.03665	0.03876	0.04056	0.02132	0.02204	0.02270	0.03280	0.04100	0.04919	0.06559	0.09839	0.13118	0.16398	0.32796
70.0	1.636	0.03509	0.03710	0.03883	0.04173	0.04412	0.04618	0.02427	0.02509	0.02584	0.02653	0.04415	0.05298	0.07064	0.10596	0.14128	0.17659	0.35319
75.0	1.753	0.03959	0.04186	0.04382	0.04708	0.04978	0.05211	0.05415	0.02831	0.02916	0.02994	0.04730	0.05676	0.07568	0.11353	0.15137	0.18921	0.37842
80.0	1.870	0.04433	0.04687	0.04905	0.05271	0.05574	0.05834	0.06063	0.03170	0.03265	0.03352	0.05046	0.06055	0.08073	0.12109	0.16146	0.20182	0.40365

续表

$Q/(m^3/h)$	$V/(m/s)$	黏度/(mm²/s)																		
		20.00	25.00	30.00	40.00	50.00	60.00	70.00	80.00	90.00	100.0	125.0	150.0	200.0	300.0	400.0	500.0	1000.0
85.0	1.987	0.04929	0.05211	0.05455	0.05861	0.06198	0.06487	0.06741	0.06970	0.03630	0.03727	0.05361	0.06433	0.08577	0.12866	0.17155	0.21444	0.42887
90.0	2.104	0.05447	0.05760	0.06028	0.06478	0.06850	0.07169	0.07451	0.07704	0.04012	0.04119	0.04355	0.06812	0.09082	0.13623	0.18164	0.22705	0.45410
95.0	2.221	0.05988	0.06331	0.06627	0.07121	0.07529	0.07880	0.08190	0.08468	0.08721	0.04528	0.04788	0.07190	0.09587	0.14380	0.19173	0.23966	0.47933
100.0	2.338	0.06550	0.06926	0.07249	0.07789	0.08236	0.08620	0.08959	0.09263	0.09540	0.04953	0.05237	0.07568	0.10091	0.15137	0.20182	0.25228	0.50456
110.0	2.572	0.07739	0.08183	0.08565	0.09203	0.09731	0.10185	0.10585	0.10945	0.11272	0.11573	0.06188	0.06476	0.11100	0.16650	0.22201	0.27751	0.55501
120.0	2.805	0.09012	0.09529	0.09973	0.10717	0.11332	0.11860	0.12326	0.12745	0.13126	0.13476	0.07206	0.07542	0.12109	0.18164	0.24219	0.30273	0.60547
130.0	3.039	0.10367	0.10962	0.11473	0.12328	0.13036	0.13644	0.14180	0.14661	0.15099	0.15502	0.08289	0.08676	0.13118	0.19678	0.26237	0.32796	0.65592

D159×6输油管管水力坡降值（m液柱/m管长）

$Q/(m^3/h)$	$V/(m/s)$	黏度/(mm²/s)																
		0.50	0.75	1.00	1.25	1.50	1.75	2.00	2.50	3.00	4.00	5.00	6.00	7.00	8.00	9.00	10.00	15.00
20.0	0.327	0.00082	0.00074	0.00079	0.00084	0.00088	0.00091	0.00094	0.00100	0.00105	0.00112	0.00119	0.00124	0.00129	0.00134	0.00138	0.00141	0.00156
30.0	0.491	0.00179	0.00185	0.00190	0.00171	0.00179	0.00186	0.00192	0.00203	0.00213	0.00228	0.00242	0.00253	0.00263	0.00272	0.00280	0.00287	0.00318
40.0	0.655	0.00313	0.00321	0.00329	0.00336	0.00296	0.00307	0.00318	0.00336	0.00352	0.00378	0.00400	0.00418	0.00435	0.00449	0.00463	0.00475	0.00526
50.0	0.818	0.00483	0.00494	0.00504	0.00513	0.00522	0.00454	0.00470	0.00497	0.00520	0.00558	0.00591	0.00618	0.00642	0.00664	0.00684	0.00702	0.00777
60.0	0.982	0.00690	0.00704	0.00716	0.00728	0.00739	0.00750	0.00760	0.00683	0.00715	0.00768	0.00812	0.00850	0.00884	0.00914	0.00941	0.00966	0.01069
70.0	1.146	0.00935	0.00950	0.00965	0.00979	0.00993	0.01006	0.01019	0.00895	0.00936	0.01006	0.01064	0.01114	0.01157	0.01197	0.01232	0.01265	0.01400
80.0	1.309	0.01215	0.01233	0.01251	0.01267	0.01284	0.01299	0.01314	0.01343	0.01183	0.01271	0.01344	0.01407	0.01462	0.01512	0.01557	0.01598	0.01769
90.0	1.473	0.01533	0.01554	0.01573	0.01593	0.01611	0.01629	0.01646	0.01679	0.01711	0.01562	0.01652	0.01729	0.01797	0.01858	0.01913	0.01964	0.02174
100.0	1.637	0.01887	0.01910	0.01933	0.01954	0.01975	0.01996	0.02015	0.02053	0.02089	0.02089	0.01986	0.02079	0.02161	0.02234	0.02301	0.02362	0.02614
110.0	1.800	0.02278	0.02304	0.02329	0.02353	0.02376	0.02399	0.02421	0.02464	0.02504	0.02219	0.02347	0.02456	0.02553	0.02639	0.02718	0.02791	0.03088
120.0	1.964	0.02706	0.02735	0.02762	0.02788	0.02814	0.02839	0.02864	0.02911	0.02957	0.03042	0.02733	0.02860	0.02973	0.03073	0.03165	0.03250	0.03596
130.0	2.128	0.03171	0.03202	0.03232	0.03261	0.03289	0.03317	0.03344	0.03396	0.03446	0.03540	0.03144	0.03290	0.03419	0.03536	0.03641	0.03738	0.04137

续表

$Q/(m^3/h)$	$V/(m/s)$	黏度/(mm²/s)														
		0.50	0.75	1.00	1.25	1.50	1.75	2.00	2.50	3.00	4.00	5.00	6.00	7.00	8.00	9.00	10.00	15.00
140.0	2.291	0.03672	0.03706	0.03738	0.03770	0.03800	0.03831	0.03860	0.03917	0.03972	0.04075	0.03579	0.03746	0.03893	0.04025	0.04145	0.04256	0.04710
150.0	2.455	0.04211	0.04246	0.04281	0.04315	0.04349	0.04381	0.04413	0.04475	0.04535	0.04647	0.04753	0.04227	0.04393	0.04542	0.04677	0.04802	0.05315
160.0	2.619	0.04786	0.04824	0.04861	0.04898	0.04934	0.04969	0.05003	0.05070	0.05134	0.05256	0.05371	0.04732	0.04918	0.05085	0.05237	0.05376	0.05950
170.0	2.782	0.05397	0.05438	0.05478	0.05517	0.05556	0.05593	0.05630	0.05702	0.05771	0.05902	0.06026	0.05261	0.05468	0.05654	0.05823	0.05978	0.06616
180.0	2.946	0.06046	0.06089	0.06132	0.06173	0.06214	0.06254	0.06294	0.06370	0.06444	0.06585	0.06718	0.06844	0.06043	0.06249	0.06435	0.06607	0.07312

$Q/(m^3/h)$	$V/(m/s)$	黏度/(mm²/s)														
		20.00	25.00	30.00	40.00	50.00	60.00	70.00	80.00	90.00	100.0	125.0	150.0	200.0	300.0	400.0	500.0	1000.0
20.0	0.327	0.00085	0.00124	0.00148	0.00198	0.00247	0.00297	0.00346	0.00396	0.00445	0.00495	0.00618	0.00742	0.00989	0.01484	0.01979	0.02473	0.04946
30.0	0.491	0.00342	0.00183	0.00191	0.00297	0.00371	0.00445	0.00519	0.00594	0.00668	0.00742	0.00927	0.01113	0.01484	0.02226	0.02968	0.03710	0.07420
40.0	0.655	0.00565	0.00598	0.00625	0.00340	0.00495	0.00594	0.00692	0.00791	0.00890	0.00989	0.01237	0.01484	0.01979	0.02968	0.03957	0.04946	0.09893
50.0	0.818	0.00835	0.00883	0.00924	0.00993	0.00531	0.00556	0.00866	0.00989	0.01113	0.01237	0.01546	0.01855	0.02473	0.03710	0.04946	0.06183	0.12366
60.0	0.982	0.01149	0.01215	0.01272	0.01366	0.00731	0.00765	0.00795	0.01187	0.01336	0.01484	0.01855	0.02226	0.02968	0.04452	0.05936	0.07420	0.14839
70.0	1.146	0.01505	0.01591	0.01665	0.01789	0.01892	0.01001	0.01041	0.01076	0.01558	0.01731	0.02164	0.02597	0.03462	0.05194	0.06925	0.08656	0.17312
80.0	1.309	0.01901	0.02010	0.02104	0.02261	0.02390	0.02502	0.01315	0.01359	0.01400	0.01979	0.02473	0.02968	0.03957	0.05936	0.07914	0.09893	0.19786
90.0	1.473	0.02336	0.02470	0.02585	0.02778	0.02937	0.03074	0.03195	0.01671	0.01720	0.01766	0.02782	0.03339	0.04452	0.06678	0.08904	0.11129	0.22259
100.0	1.637	0.02809	0.02970	0.03109	0.03340	0.03532	0.03697	0.03842	0.03972	0.02069	0.02124	0.03092	0.03710	0.04946	0.07420	0.09893	0.12366	0.24732

$Q/(m^3/h)$	$V/(m/s)$	黏度/(mm²/s)														
		20.00	25.00	30.00	40.00	50.00	60.00	70.00	80.00	90.00	100.0	125.0	150.0	200.0	300.0	400.0	500.0	1000.0
110.0	1.800	0.03319	0.03509	0.03673	0.03947	0.04173	0.04368	0.04539	0.04693	0.02444	0.02510	0.02654	0.04081	0.05441	0.08162	0.10882	0.13603	0.27205
120.0	1.964	0.03865	0.04086	0.04277	0.04596	0.04860	0.05086	0.05286	0.05465	0.05629	0.02922	0.03090	0.04452	0.05936	0.08904	0.11871	0.14839	0.29679
130.0	2.128	0.04446	0.04701	0.04920	0.05287	0.05590	0.05851	0.06081	0.06287	0.06475	0.06648	0.03555	0.03720	0.06430	0.09646	0.12861	0.16076	0.32152
140.0	2.291	0.05061	0.05352	0.05601	0.06019	0.06364	0.06661	0.06923	0.07158	0.07372	0.07568	0.04047	0.04236	0.06925	0.10387	0.13850	0.17312	0.34625
150.0	2.455	0.05711	0.06039	0.06320	0.06791	0.07181	0.07516	0.07811	0.08076	0.08318	0.08540	0.04566	0.04779	0.07420	0.11129	0.14839	0.18549	0.37098

续表

Q/(m³/h)	V/(m/s)	黏度/(mm²/s)																
		20.00	25.00	30.00	40.00	50.00	60.00	70.00	80.00	90.00	100.0	125.0	150.0	200.0	300.0	400.0	500.0	1000.0
160.0	2.619	0.06394	0.06761	0.07076	0.07603	0.08040	0.08415	0.08745	0.09042	0.09312	0.09561	0.10109	0.05351	0.07914	0.11871	0.15829	0.19786	0.39571
170.0	2.782	0.07109	0.07517	0.07868	0.08454	0.08939	0.09356	0.09724	0.10054	0.10355	0.10631	0.11241	0.05949	0.06393	0.12613	0.16818	0.21022	0.42045
180.0	2.946	0.07857	0.08308	0.08695	0.09344	0.09880	0.10341	0.10747	0.11112	0.11444	0.11749	0.12423	0.06575	0.07066	0.13355	0.17807	0.22259	0.44518

D219×7 输油管水力坡降值(m 液柱/m 管长)

Q/(m³/h)	V/(m/s)	黏度/(mm²/s)																
		0.50	0.75	1.00	1.25	1.50	1.75	2.00	2.50	3.00	4.00	5.00	6.00	7.00	8.00	9.00	10.00	15.00
40.0	0.337	0.00057	0.00051	0.00055	0.00058	0.00061	0.00063	0.00065	0.00069	0.00072	0.00078	0.00082	0.00086	0.00090	0.00093	0.00095	0.00098	0.00108
50.0	0.421	0.00088	0.00091	0.00081	0.00086	0.00090	0.00094	0.00097	0.00102	0.00107	0.00115	0.00122	0.00127	0.00132	0.00137	0.00141	0.00145	0.00160
60.0	0.505	0.00125	0.00129	0.00112	0.00118	0.00124	0.00129	0.00133	0.00141	0.00147	0.00158	0.00167	0.00175	0.00182	0.00188	0.00199	0.00220	0.00220
70.0	0.589	0.00169	0.00173	0.00178	0.00155	0.00162	0.00169	0.00174	0.00184	0.00193	0.00207	0.00219	0.00229	0.00238	0.00247	0.00254	0.00261	0.00289
80.0	0.673	0.00219	0.00224	0.00229	0.00234	0.00205	0.00213	0.00220	0.00233	0.00244	0.00262	0.00277	0.00290	0.00301	0.00311	0.00321	0.00329	0.00364
90.0	0.757	0.00275	0.00281	0.00287	0.00293	0.00252	0.00262	0.00271	0.00286	0.00300	0.00322	0.00340	0.00356	0.00370	0.00383	0.00394	0.00405	0.00448
100.0	0.842	0.00338	0.00345	0.00352	0.00358	0.00364	0.00315	0.00325	0.00344	0.00360	0.00387	0.00409	0.00428	0.00445	0.00460	0.00474	0.00487	0.00539
110.0	0.926	0.00407	0.00415	0.00423	0.00430	0.00437	0.00443	0.00385	0.00407	0.00426	0.00457	0.00483	0.00506	0.00526	0.00544	0.00560	0.00575	0.00636
120.0	1.010	0.00483	0.00492	0.00500	0.00508	0.00516	0.00523	0.00448	0.00473	0.00496	0.00532	0.00563	0.00589	0.00612	0.00633	0.00652	0.00670	0.00741
130.0	1.094	0.00565	0.00575	0.00584	0.00593	0.00601	0.00609	0.00617	0.00545	0.00570	0.00613	0.00648	0.00678	0.00705	0.00728	0.00750	0.00770	0.00852
140.0	1.178	0.00654	0.00664	0.00674	0.00684	0.00693	0.00702	0.00711	0.00620	0.00649	0.00697	0.00737	0.00772	0.00802	0.00829	0.00854	0.00877	0.00970
150.0	1.262	0.00749	0.00760	0.00771	0.00782	0.00792	0.00801	0.00811	0.00700	0.00732	0.00787	0.00832	0.00871	0.00905	0.00936	0.00964	0.00989	0.01095
160.0	1.347	0.00850	0.00863	0.00874	0.00886	0.00896	0.00907	0.00917	0.00936	0.00820	0.00881	0.00931	0.00975	0.01013	0.01048	0.01079	0.01108	0.01226
170.0	1.431	0.00958	0.00971	0.00984	0.00996	0.01008	0.01019	0.01030	0.01051	0.00912	0.00980	0.01036	0.01084	0.01127	0.01165	0.01200	0.01232	0.01363
180.0	1.515	0.01073	0.01087	0.01100	0.01113	0.01125	0.01137	0.01149	0.01172	0.01007	0.01083	0.01145	0.01198	0.01245	0.01287	0.01326	0.01361	0.01506
190.0	1.599	0.01193	0.01208	0.01223	0.01236	0.01250	0.01262	0.01275	0.01299	0.01322	0.01190	0.01258	0.01317	0.01369	0.01415	0.01457	0.01496	0.01656

续表

Q/(m³/h)	V/(m/s)	黏度/(mm²/s)													
		0.50	0.75	1.00	1.25	1.50	1.75	2.00	2.50	3.00	4.00	5.00	6.00	7.00	8.00	9.00	10.00	15.00
200.0	1.683	0.01321	0.01336	0.01351	0.01366	0.01380	0.01394	0.01407	0.01433	0.01457	0.01302	0.01376	0.01441	0.01497	0.01548	0.01594	0.01637	0.01811
210.0	1.767	0.01454	0.01471	0.01487	0.01502	0.01517	0.01532	0.01546	0.01573	0.01599	0.01418	0.01499	0.01569	0.01631	0.01686	0.01736	0.01783	0.01973
220.0	1.851	0.01595	0.01612	0.01629	0.01645	0.01661	0.01676	0.01691	0.01720	0.01747	0.01538	0.01626	0.01702	0.01769	0.01829	0.01884	0.01934	0.02140

Q/(m³/h)	V/(m/s)	黏度/(mm²/s)													
		0.50	0.75	1.00	1.25	1.50	1.75	2.00	2.50	3.00	4.00	5.00	6.00	7.00	8.00	9.00	10.00	15.00
230.0	1.936	0.01741	0.01759	0.01777	0.01794	0.01811	0.01827	0.01843	0.01873	0.01902	0.01662	0.01758	0.01840	0.01912	0.01977	0.02036	0.02090	0.02313
240.0	2.020	0.01894	0.01913	0.01932	0.01950	0.01967	0.01984	0.02001	0.02033	0.02063	0.01791	0.01894	0.01982	0.02060	0.02130	0.02194	0.02252	0.02492
250.0	2.104	0.02054	0.02074	0.02093	0.02112	0.02130	0.02148	0.02165	0.02199	0.02231	0.02291	0.02034	0.02129	0.02212	0.02288	0.02356	0.02419	0.02677
260.0	2.188	0.02219	0.02240	0.02260	0.02280	0.02299	0.02318	0.02336	0.02371	0.02405	0.02468	0.02178	0.02280	0.02370	0.02450	0.02523	0.02591	0.02867
270.0	2.272	0.02392	0.02413	0.02435	0.02455	0.02475	0.02495	0.02514	0.02550	0.02586	0.02652	0.02327	0.02436	0.02531	0.02617	0.02696	0.02768	0.03063
280.0	2.356	0.02571	0.02593	0.02615	0.02636	0.02657	0.02678	0.02697	0.02736	0.02773	0.02842	0.02480	0.02596	0.02698	0.02789	0.02873	0.02949	0.03264
290.0	2.441	0.02756	0.02779	0.02802	0.02824	0.02846	0.02867	0.02888	0.02928	0.02966	0.03039	0.02637	0.02760	0.02869	0.02966	0.03055	0.03136	0.03471
300.0	2.525	0.02947	0.02972	0.02995	0.03018	0.03041	0.03063	0.03084	0.03126	0.03166	0.03242	0.02798	0.02929	0.03044	0.03147	0.03241	0.03328	0.03683
310.0	2.609	0.03145	0.03171	0.03195	0.03219	0.03242	0.03265	0.03288	0.03331	0.03373	0.03452	0.03526	0.03102	0.03224	0.03333	0.03433	0.03524	0.03900
320.0	2.693	0.03350	0.03376	0.03401	0.03426	0.03450	0.03474	0.03497	0.03542	0.03586	0.03668	0.03745	0.03279	0.03408	0.03524	0.03629	0.03726	0.04123
330.0	2.777	0.03561	0.03588	0.03614	0.03640	0.03665	0.03689	0.03713	0.03760	0.03805	0.03890	0.03970	0.03461	0.03597	0.03719	0.03830	0.03932	0.04351
340.0	2.861	0.03778	0.03806	0.03833	0.03860	0.03885	0.03911	0.03936	0.03984	0.04031	0.04119	0.04203	0.03646	0.03789	0.03918	0.04035	0.04143	0.04585
350.0	2.946	0.04002	0.04031	0.04059	0.04086	0.04113	0.04139	0.04165	0.04215	0.04263	0.04355	0.04441	0.03836	0.03987	0.04122	0.04245	0.04358	0.04823

Q/(m³/h)	V/(m/s)	黏度/(mm²/s)													
		20.00	25.00	30.00	40.00	50.00	60.00	70.00	80.00	90.00	100.0	125.0	150.0	200.0	300.0	400.0	500.0	1000.0
40.0	0.337	0.00116	0.00062	0.00065	0.00105	0.00131	0.00157	0.00183	0.00209	0.00235	0.00262	0.00327	0.00392	0.00523	0.00785	0.01046	0.01308	0.02616
50.0	0.421	0.00172	0.00182	0.00096	0.00103	0.00163	0.00196	0.00229	0.00262	0.00294	0.00327	0.00409	0.00490	0.00654	0.00981	0.01308	0.01635	0.03270
60.0	0.505	0.00237	0.00250	0.00262	0.00142	0.00151	0.00235	0.00275	0.00314	0.00353	0.00392	0.00490	0.00589	0.00785	0.01177	0.01569	0.01962	0.03923

续表

Q/(m³/h)	V/(m/s)	黏度/(mm²/s)															
		20.00	25.00	30.00	40.00	50.00	60.00	70.00	80.00	90.00	100.0	125.0	150.0	200.0	300.0	400.0	500.0	1000.0
70.0	0.589	0.00310	0.00328	0.00343	0.00369	0.00197	0.00206	0.00320	0.00366	0.00412	0.00458	0.00572	0.00687	0.00915	0.01373	0.01831	0.02289	0.04577
80.0	0.673	0.00392	0.00414	0.00433	0.00466	0.00249	0.00261	0.00366	0.00418	0.00471	0.00523	0.00654	0.00785	0.01046	0.01569	0.02092	0.02616	0.05231
90.0	0.757	0.00481	0.00509	0.00533	0.00572	0.00605	0.00320	0.00333	0.00471	0.00530	0.00589	0.00736	0.00883	0.01177	0.01766	0.02354	0.02943	0.05885
100.0	0.842	0.00579	0.00612	0.00640	0.00688	0.00728	0.00385	0.00400	0.00414	0.00589	0.00654	0.00817	0.00981	0.01308	0.01962	0.02616	0.03270	0.06539
110.0	0.926	0.00684	0.00723	0.00757	0.00813	0.00860	0.00900	0.00473	0.00489	0.00504	0.00719	0.00899	0.01079	0.01439	0.02158	0.02877	0.03596	0.07193
120.0	1.010	0.00796	0.00842	0.00881	0.00947	0.01001	0.01048	0.00551	0.00569	0.00586	0.00602	0.00981	0.01177	0.01569	0.02354	0.03139	0.03923	0.07847
130.0	1.094	0.00916	0.00968	0.01014	0.01089	0.01152	0.01205	0.01253	0.00655	0.00675	0.00693	0.01063	0.01275	0.01700	0.02550	0.03400	0.04250	0.08501
140.0	1.178	0.01043	0.01103	0.01154	0.01240	0.01311	0.01372	0.01426	0.01475	0.00768	0.00789	0.01144	0.01373	0.01831	0.02746	0.03662	0.04577	0.09155
150.0	1.262	0.01177	0.01244	0.01302	0.01399	0.01479	0.01548	0.01609	0.01664	0.00867	0.00890	0.00941	0.01471	0.01962	0.02943	0.03923	0.04904	0.09809
160.0	1.347	0.01317	0.01393	0.01458	0.01567	0.01656	0.01734	0.01802	0.01863	0.01919	0.00996	0.01053	0.01569	0.02092	0.03139	0.04185	0.05231	0.10462
170.0	1.431	0.01465	0.01549	0.01621	0.01742	0.01842	0.01928	0.02003	0.02071	0.02133	0.01108	0.01171	0.01667	0.02223	0.03335	0.04447	0.05558	0.11116
180.0	1.515	0.01619	0.01712	0.01792	0.01925	0.02036	0.02130	0.02214	0.02289	0.02358	0.02421	0.01294	0.01355	0.02354	0.03531	0.04708	0.05885	0.11770

Q/(m³/h)	V/(m/s)	黏度/(mm²/s)															
		20.00	25.00	30.00	40.00	50.00	60.00	70.00	80.00	90.00	100.0	125.0	150.0	200.0	300.0	400.0	500.0	1000.0
190.0	1.599	0.01779	0.01882	0.01969	0.02116	0.02238	0.02342	0.02434	0.02517	0.02592	0.02661	0.01423	0.01489	0.02485	0.03727	0.04970	0.06212	0.12424
200.0	1.683	0.01947	0.02058	0.02154	0.02315	0.02448	0.02562	0.02662	0.02753	0.02835	0.02911	0.01556	0.01629	0.02616	0.03923	0.05231	0.06539	0.13078
210.0	1.767	0.02120	0.02242	0.02346	0.02521	0.02666	0.02790	0.02900	0.02998	0.03088	0.03170	0.01695	0.01774	0.02746	0.04120	0.05493	0.06866	0.13732
220.0	1.851	0.02300	0.02432	0.02545	0.02735	0.02892	0.03027	0.03146	0.03253	0.03350	0.03439	0.03636	0.01925	0.02877	0.04316	0.05754	0.07193	0.14386
230.0	1.936	0.02486	0.02629	0.02751	0.02956	0.03126	0.03272	0.03400	0.03516	0.03621	0.03717	0.03931	0.02080	0.03008	0.04512	0.06016	0.07520	0.15040
240.0	2.020	0.02678	0.02832	0.02964	0.03185	0.03368	0.03525	0.03663	0.03788	0.03901	0.04005	0.04235	0.02241	0.02408	0.04708	0.06277	0.07847	0.15694
250.0	2.104	0.02876	0.03042	0.03183	0.03421	0.03617	0.03786	0.03934	0.04068	0.04190	0.04301	0.04548	0.02407	0.02587	0.04904	0.06539	0.08174	0.16348
260.0	2.188	0.03081	0.03258	0.03410	0.03664	0.03874	0.04055	0.04214	0.04357	0.04487	0.04607	0.04871	0.02578	0.02770	0.05100	0.06801	0.08501	0.17002
270.0	2.272	0.03291	0.03480	0.03642	0.03914	0.04138	0.04331	0.04502	0.04654	0.04794	0.04922	0.05204	0.05447	0.02960	0.05297	0.07062	0.08828	0.17655

续表

$Q/(m^3/h)$	$V/(m/s)$	黏度/(mm^2/s)															
		20.00	25.00	30.00	40.00	50.00	60.00	70.00	80.00	90.00	100.0	125.0	150.0	200.0	300.0	400.0	500.0	1000.0
280.0	2.356	0.03507	0.03709	0.03882	0.04171	0.04410	0.04616	0.04797	0.04960	0.05109	0.05245	0.05546	0.05804	0.03154	0.05493	0.07324	0.09155	0.18309
290.0	2.441	0.03730	0.03944	0.04128	0.04435	0.04690	0.04908	0.05101	0.05274	0.05432	0.05577	0.05897	0.06172	0.03354	0.05689	0.07585	0.09482	0.18963
300.0	2.525	0.03958	0.04185	0.04380	0.04706	0.04976	0.05208	0.05413	0.05597	0.05764	0.05918	0.06257	0.06549	0.03559	0.05885	0.07847	0.09809	0.19617
310.0	2.609	0.04191	0.04432	0.04638	0.04984	0.05270	0.05516	0.05733	0.05927	0.06105	0.06267	0.06627	0.06936	0.03769	0.06081	0.08108	0.10136	0.20271
320.0	2.693	0.04431	0.04685	0.04903	0.05269	0.05571	0.05831	0.06060	0.06266	0.06453	0.06626	0.07006	0.07332	0.03984	0.06277	0.08370	0.10462	0.20925
330.0	2.777	0.04676	0.04944	0.05175	0.05561	0.05880	0.06154	0.06396	0.06613	0.06810	0.06992	0.07393	0.07738	0.04205	0.06474	0.08632	0.10789	0.21579
340.0	2.861	0.04927	0.05209	0.05452	0.05859	0.06195	0.06484	0.06739	0.06967	0.07176	0.07367	0.07790	0.08153	0.04430	0.06670	0.08893	0.11116	0.22233
350.0	2.946	0.05183	0.05480	0.05736	0.06164	0.06517	0.06821	0.07089	0.07330	0.07549	0.07751	0.08195	0.08577	0.09217	0.05158	0.09155	0.11443	0.22887

$D273\times8$ 输油管水力坡降值（m 液柱/m 管长）

$Q/(m^3/h)$	$V/(m/s)$	黏度/(mm^2/s)														
		0.50	0.75	1.00	1.25	1.50	1.75	2.00	2.50	3.00	4.00	5.00	6.00	7.00	8.00	9.00	10.00	15.00
60.0	0.321	0.00040	0.00036	0.00038	0.00040	0.00042	0.00044	0.00045	0.00048	0.00050	0.00054	0.00057	0.00060	0.00062	0.00064	0.00066	0.00068	0.00075
80.0	0.428	0.00069	0.00071	0.00063	0.00067	0.00070	0.00073	0.00075	0.00080	0.00083	0.00089	0.00095	0.00099	0.00103	0.00106	0.00110	0.00113	0.00125
100.0	0.535	0.00106	0.00109	0.00112	0.00099	0.00103	0.00108	0.00111	0.00118	0.00123	0.00132	0.00140	0.00146	0.00152	0.00157	0.00162	0.00166	0.00184
120.0	0.643	0.00151	0.00155	0.00159	0.00136	0.00142	0.00148	0.00153	0.00162	0.00169	0.00182	0.00192	0.00201	0.00209	0.00216	0.00223	0.00229	0.00253
140.0	0.750	0.00204	0.00209	0.00213	0.00217	0.00186	0.00194	0.00200	0.00212	0.00222	0.00238	0.00252	0.00264	0.00274	0.00283	0.00292	0.00300	0.00332
160.0	0.857	0.00265	0.00270	0.00276	0.00280	0.00285	0.00245	0.00253	0.00268	0.00280	0.00301	0.00318	0.00333	0.00346	0.00358	0.00369	0.00379	0.00419
180.0	0.964	0.00334	0.00340	0.00346	0.00351	0.00357	0.00362	0.00311	0.00329	0.00344	0.00370	0.00391	0.00409	0.00425	0.00440	0.00453	0.00465	0.00515
200.0	1.071	0.00410	0.00417	0.00424	0.00430	0.00437	0.00442	0.00448	0.00396	0.00414	0.00445	0.00470	0.00492	0.00512	0.00529	0.00545	0.00559	0.00619
220.0	1.178	0.00495	0.00503	0.00510	0.00517	0.00524	0.00531	0.00537	0.00467	0.00489	0.00526	0.00556	0.00582	0.00604	0.00625	0.00644	0.00661	0.00731
240.0	1.285	0.00587	0.00596	0.00604	0.00612	0.00620	0.00627	0.00634	0.00544	0.00570	0.00612	0.00647	0.00677	0.00704	0.00728	0.00750	0.00770	0.00852

续表

$Q/(m^3/h)$	$V/(m/s)$	黏度/(mm²/s)													
		0.50	0.75	1.00	1.25	1.50	1.75	2.00	2.50	3.00	4.00	5.00	6.00	7.00	8.00	9.00	10.00	15.00
260.0	1.392	0.00687	0.00697	0.00706	0.00715	0.00723	0.00732	0.00739	0.00754	0.00655	0.00704	0.00744	0.00779	0.00810	0.00837	0.00862	0.00885	0.00980
280.0	1.499	0.00796	0.00806	0.00816	0.00826	0.00835	0.00844	0.00852	0.00869	0.00746	0.00801	0.00847	0.00887	0.00922	0.00953	0.00982	0.01008	0.01115
300.0	1.606	0.00912	0.00923	0.00934	0.00944	0.00954	0.00964	0.00973	0.00991	0.01008	0.00904	0.00956	0.01001	0.01040	0.01075	0.01108	0.01137	0.01258
320.0	1.714	0.01036	0.01048	0.01059	0.01070	0.01081	0.01092	0.01102	0.01122	0.01140	0.01012	0.01071	0.01120	0.01165	0.01204	0.01240	0.01273	0.01409
340.0	1.821	0.01168	0.01180	0.01193	0.01205	0.01216	0.01228	0.01239	0.01260	0.01280	0.01126	0.01190	0.01246	0.01295	0.01339	0.01379	0.01416	0.01567
360.0	1.928	0.01307	0.01321	0.01334	0.01347	0.01359	0.01372	0.01383	0.01406	0.01427	0.01244	0.01316	0.01377	0.01431	0.01480	0.01524	0.01565	0.01731
380.0	2.035	0.01455	0.01469	0.01483	0.01497	0.01510	0.01523	0.01536	0.01560	0.01583	0.01368	0.01446	0.01514	0.01573	0.01626	0.01675	0.01720	0.01903
400.0	2.142	0.01610	0.01626	0.01641	0.01655	0.01669	0.01683	0.01696	0.01722	0.01746	0.01793	0.01582	0.01656	0.01721	0.01779	0.01832	0.01881	0.02082
420.0	2.249	0.01774	0.01790	0.01806	0.01821	0.01836	0.01850	0.01864	0.01892	0.01918	0.01967	0.01723	0.01803	0.01874	0.01938	0.01996	0.02049	0.02268
440.0	2.356	0.01945	0.01962	0.01979	0.01995	0.02010	0.02026	0.02041	0.02070	0.02097	0.02149	0.01869	0.01956	0.02033	0.02102	0.02165	0.02223	0.02460
460.0	2.463	0.02124	0.02142	0.02160	0.02177	0.02193	0.02209	0.02225	0.02255	0.02284	0.02339	0.02020	0.02115	0.02198	0.02272	0.02340	0.02403	0.02659
480.0	2.570	0.02312	0.02330	0.02348	0.02366	0.02383	0.02400	0.02417	0.02449	0.02480	0.02538	0.02177	0.02278	0.02368	0.02448	0.02521	0.02588	0.02865
500.0	2.677	0.02507	0.02526	0.02545	0.02564	0.02582	0.02599	0.02617	0.02650	0.02683	0.02744	0.02801	0.02447	0.02543	0.02629	0.02708	0.02780	0.03077
520.0	2.784	0.02709	0.02730	0.02750	0.02769	0.02788	0.02806	0.02825	0.02860	0.02894	0.02958	0.03018	0.02621	0.02724	0.02816	0.02900	0.02978	0.03295
540.0	2.892	0.02920	0.02941	0.02962	0.02982	0.03002	0.03021	0.03040	0.03077	0.03112	0.03180	0.03243	0.02800	0.02910	0.03008	0.03098	0.03181	0.03520
560.0	2.999	0.03139	0.03161	0.03182	0.03203	0.03224	0.03244	0.03264	0.03302	0.03339	0.03409	0.03475	0.02984	0.03101	0.03206	0.03302	0.03390	0.03752

$Q/(m^3/h)$	$V/(m/s)$	黏度/(mm²/s)													
		20.00	25.00	30.00	40.00	50.00	60.00	70.00	80.00	90.00	100.0	125.0	150.0	200.0	300.0	400.0	500.0	1000.0
60.0	0.321	0.00081	0.00086	0.00045	0.00049	0.00079	0.00095	0.00111	0.00127	0.00143	0.00159	0.00199	0.00238	0.00318	0.00477	0.00635	0.00794	0.01588
80.0	0.428	0.00134	0.00141	0.00148	0.00080	0.00085	0.00127	0.00148	0.00169	0.00191	0.00212	0.00265	0.00318	0.00424	0.00635	0.00847	0.01059	0.02118
100.0	0.535	0.00198	0.00209	0.00219	0.00235	0.00126	0.00132	0.00185	0.00212	0.00238	0.00265	0.00331	0.00397	0.00529	0.00794	0.01059	0.01324	0.02647
120.0	0.643	0.00272	0.00288	0.00301	0.00324	0.00342	0.00181	0.00188	0.00195	0.00286	0.00318	0.00397	0.00477	0.00635	0.00953	0.01271	0.01588	0.03177
140.0	0.750	0.00356	0.00377	0.00394	0.00424	0.00448	0.00469	0.00246	0.00255	0.00262	0.00371	0.00463	0.00556	0.00741	0.01112	0.01482	0.01853	0.03706

续表

$Q/(m^3/h)$	$V/(m/s)$	黏度/(mm²/s)																	
		20.00	25.00	30.00	40.00	50.00	60.00	70.00	80.00	90.00	100.0	125.0	150.0	200.0	300.0	400.0	500.0	1000.0
160.0	0.857	0.00450	0.00476	0.00498	0.00535	0.00566	0.00592	0.00616	0.00322	0.00332	0.00340	0.00529	0.00635	0.00847	0.01271	0.01694	0.02118	0.04236
180.0	0.964	0.00553	0.00585	0.00612	0.00658	0.00696	0.00728	0.00757	0.00782	0.00407	0.00418	0.00596	0.00715	0.00953	0.01430	0.01906	0.02383	0.04765
200.0	1.071	0.00665	0.00703	0.00736	0.00791	0.00836	0.00875	0.00910	0.00941	0.00969	0.00503	0.00532	0.00794	0.01059	0.01588	0.02118	0.02647	0.05295
220.0	1.178	0.00786	0.00831	0.00870	0.00935	0.00988	0.01034	0.01075	0.01111	0.01145	0.01175	0.00628	0.00658	0.01165	0.01747	0.02330	0.02912	0.05824
240.0	1.285	0.00915	0.00968	0.01013	0.01088	0.01151	0.01204	0.01252	0.01294	0.01333	0.01368	0.00732	0.00766	0.01271	0.01906	0.02541	0.03177	0.06353
260.0	1.392	0.01053	0.01113	0.01165	0.01252	0.01324	0.01385	0.01440	0.01489	0.01533	0.01574	0.00842	0.00881	0.01377	0.02065	0.02753	0.03441	0.06883
280.0	1.499	0.01199	0.01267	0.01326	0.01425	0.01507	0.01577	0.01639	0.01695	0.01746	0.01792	0.01895	0.01003	0.01482	0.02224	0.02965	0.03706	0.07412

$Q/(m^3/h)$	$V/(m/s)$	黏度/(mm²/s)																	
		20.00	25.00	30.00	40.00	50.00	60.00	70.00	80.00	90.00	100.0	125.0	150.0	200.0	300.0	400.0	500.0	1000.0
300.0	1.606	0.01352	0.01430	0.01497	0.01608	0.01700	0.01780	0.01850	0.01912	0.01970	0.02022	0.02138	0.01132	0.01216	0.02383	0.03177	0.03971	0.07942
320.0	1.714	0.01514	0.01601	0.01676	0.01800	0.01904	0.01993	0.02071	0.02141	0.02205	0.02264	0.02394	0.01267	0.01361	0.02541	0.03389	0.04236	0.08471
340.0	1.821	0.01683	0.01780	0.01863	0.02002	0.02117	0.02216	0.02303	0.02381	0.02452	0.02517	0.02662	0.02786	0.01514	0.02700	0.03600	0.04500	0.09001
360.0	1.928	0.01861	0.01967	0.02059	0.02213	0.02340	0.02449	0.02545	0.02631	0.02710	0.02782	0.02942	0.03079	0.01673	0.02859	0.03812	0.04765	0.09530
380.0	2.035	0.02045	0.02163	0.02263	0.02432	0.02572	0.02692	0.02797	0.02892	0.02979	0.03058	0.03234	0.03385	0.01839	0.03018	0.04024	0.05030	0.10060
400.0	2.142	0.02237	0.02366	0.02476	0.02661	0.02813	0.02944	0.03060	0.03164	0.03259	0.03346	0.03537	0.03702	0.02012	0.03177	0.04236	0.05295	0.10589
420.0	2.249	0.02437	0.02577	0.02697	0.02898	0.03064	0.03207	0.03333	0.03446	0.03549	0.03644	0.03853	0.04032	0.02191	0.03336	0.04447	0.05559	0.11119
440.0	2.356	0.02643	0.02795	0.02925	0.03144	0.03324	0.03479	0.03616	0.03738	0.03850	0.03953	0.04180	0.04374	0.04701	0.02631	0.04659	0.05824	0.11648
460.0	2.463	0.02857	0.03021	0.03162	0.03398	0.03593	0.03760	0.03908	0.04041	0.04161	0.04273	0.04518	0.04728	0.05081	0.02843	0.04871	0.06089	0.12177
480.0	2.570	0.03078	0.03255	0.03407	0.03661	0.03871	0.04051	0.04210	0.04353	0.04483	0.04603	0.04867	0.05094	0.05474	0.03063	0.05083	0.06353	0.12707
500.0	2.677	0.03306	0.03496	0.03659	0.03932	0.04157	0.04351	0.04522	0.04676	0.04815	0.04944	0.05227	0.05471	0.05879	0.03290	0.05295	0.06618	0.13236
520.0	2.784	0.03541	0.03744	0.03919	0.04211	0.04453	0.04660	0.04843	0.05008	0.05157	0.05295	0.05599	0.05860	0.06297	0.03524	0.05506	0.06883	0.13766
540.0	2.892	0.03783	0.04000	0.04186	0.04498	0.04757	0.04978	0.05174	0.05350	0.05509	0.05657	0.05981	0.06260	0.06727	0.03765	0.05718	0.07148	0.14295
560.0	2.999	0.04031	0.04263	0.04461	0.04794	0.05069	0.05306	0.05514	0.05701	0.05872	0.06028	0.06374	0.06671	0.07169	0.04012	0.05930	0.07412	0.14825

D325×9 输油管水力坡降值(m 液柱/m 管长)

Q/(m³/h)	V/(m/s)	黏度/(mm²/s)														
		0.50	0.75	1.00	1.25	1.50	1.75	2.00	2.50	3.00	4.00	5.00	6.00	7.00	8.00	9.00	10.00	15.00
100.0	0.375	0.00043	0.00037	0.00040	0.00042	0.00044	0.00046	0.00048	0.00051	0.00053	0.00057	0.00060	0.00063	0.00065	0.00068	0.00070	0.00071	0.00079
125.0	0.469	0.00066	0.00068	0.00059	0.00063	0.00066	0.00068	0.00071	0.00075	0.00078	0.00084	0.00089	0.00093	0.00097	0.00100	0.00103	0.00106	0.00117
150.0	0.563	0.00094	0.00097	0.00099	0.00086	0.00090	0.00094	0.00097	0.00103	0.00108	0.00116	0.00122	0.00128	0.00133	0.00137	0.00142	0.00145	0.00161
175.0	0.657	0.00127	0.00130	0.00133	0.00113	0.00118	0.00123	0.00127	0.00135	0.00141	0.00151	0.00160	0.00167	0.00174	0.00180	0.00185	0.00190	0.00211
200.0	0.751	0.00164	0.00168	0.00172	0.00175	0.00150	0.00155	0.00161	0.00170	0.00178	0.00191	0.00202	0.00212	0.00220	0.00227	0.00234	0.00240	0.00266
225.0	0.844	0.00207	0.00211	0.00215	0.00219	0.00223	0.00191	0.00198	0.00209	0.00219	0.00235	0.00248	0.00260	0.00270	0.00279	0.00288	0.00295	0.00327
250.0	0.938	0.00254	0.00259	0.00264	0.00268	0.00272	0.00276	0.00238	0.00251	0.00263	0.00283	0.00299	0.00313	0.00325	0.00336	0.00346	0.00355	0.00393
275.0	1.032	0.00307	0.00312	0.00317	0.00322	0.00327	0.00331	0.00281	0.00297	0.00311	0.00334	0.00353	0.00369	0.00384	0.00397	0.00409	0.00420	0.00465
300.0	1.126	0.00364	0.00370	0.00376	0.00381	0.00386	0.00391	0.00396	0.00346	0.00362	0.00389	0.00411	0.00430	0.00447	0.00462	0.00476	0.00489	0.00541
325.0	1.220	0.00426	0.00432	0.00439	0.00445	0.00450	0.00456	0.00461	0.00398	0.00416	0.00447	0.00473	0.00495	0.00514	0.00532	0.00548	0.00562	0.00622
350.0	1.313	0.00493	0.00500	0.00507	0.00513	0.00520	0.00526	0.00532	0.00453	0.00474	0.00509	0.00538	0.00563	0.00586	0.00605	0.00623	0.00640	0.00708
375.0	1.407	0.00565	0.00572	0.00580	0.00587	0.00594	0.00600	0.00607	0.00619	0.00535	0.00574	0.00607	0.00636	0.00661	0.00683	0.00703	0.00722	0.00799
400.0	1.501	0.00641	0.00650	0.00657	0.00665	0.00673	0.00680	0.00687	0.00700	0.00598	0.00643	0.00680	0.00712	0.00740	0.00765	0.00788	0.00809	0.00895

Q/(m³/h)	V/(m/s)	黏度/(mm²/s)														
		0.50	0.75	1.00	1.25	1.50	1.75	2.00	2.50	3.00	4.00	5.00	6.00	7.00	8.00	9.00	10.00	15.00
425.0	1.595	0.00723	0.00732	0.00740	0.00748	0.00756	0.00764	0.00771	0.00786	0.00665	0.00715	0.00756	0.00791	0.00822	0.00850	0.00876	0.00899	0.00995
450.0	1.689	0.00809	0.00819	0.00828	0.00837	0.00845	0.00853	0.00861	0.00877	0.00891	0.00790	0.00836	0.00875	0.00909	0.00940	0.00968	0.00994	0.01100
475.0	1.782	0.00900	0.00910	0.00920	0.00929	0.00939	0.00947	0.00956	0.00972	0.00988	0.00869	0.00919	0.00961	0.00999	0.01033	0.01064	0.01092	0.01209
500.0	1.876	0.00996	0.01007	0.01017	0.01027	0.01037	0.01046	0.01055	0.01073	0.01089	0.00950	0.01005	0.01052	0.01093	0.01130	0.01164	0.01195	0.01322
525.0	1.970	0.01097	0.01109	0.01120	0.01130	0.01140	0.01150	0.01160	0.01178	0.01196	0.01035	0.01094	0.01145	0.01190	0.01231	0.01268	0.01301	0.01440
550.0	2.064	0.01203	0.01215	0.01227	0.01238	0.01248	0.01259	0.01269	0.01289	0.01307	0.01123	0.01187	0.01243	0.01291	0.01335	0.01375	0.01412	0.01562
575.0	2.158	0.01314	0.01326	0.01338	0.01350	0.01361	0.01372	0.01383	0.01404	0.01424	0.01461	0.01283	0.01343	0.01396	0.01443	0.01486	0.01526	0.01689
600.0	2.252	0.01430	0.01443	0.01455	0.01467	0.01479	0.01491	0.01502	0.01524	0.01545	0.01584	0.01382	0.01447	0.01504	0.01555	0.01601	0.01644	0.01819

续表

$Q/(m^3/h)$	$V/(m/s)$	黏度/(mm²/s)														
		0.50	0.75	1.00	1.25	1.50	1.75	2.00	2.50	3.00	4.00	5.00	6.00	7.00	8.00	9.00	10.00	15.00
625.0	2.345	0.01550	0.01564	0.01577	0.01590	0.01602	0.01614	0.01626	0.01649	0.01671	0.01712	0.01485	0.01554	0.01615	0.01670	0.01720	0.01766	0.01954
650.0	2.439	0.01675	0.01690	0.01703	0.01717	0.01730	0.01743	0.01755	0.01779	0.01802	0.01845	0.01590	0.01664	0.01730	0.01789	0.01842	0.01891	0.02093
675.0	2.533	0.01806	0.01820	0.01835	0.01849	0.01862	0.01876	0.01889	0.01914	0.01938	0.01983	0.01699	0.01778	0.01848	0.01911	0.01968	0.02020	0.02236
700.0	2.627	0.01941	0.01956	0.01971	0.01986	0.02000	0.02014	0.02027	0.02053	0.02079	0.02126	0.01811	0.01895	0.01969	0.02036	0.02097	0.02153	0.02383
725.0	2.721	0.02081	0.02097	0.02112	0.02127	0.02142	0.02156	0.02171	0.02198	0.02224	0.02274	0.02320	0.02015	0.02094	0.02165	0.02230	0.02289	0.02534
750.0	2.814	0.02226	0.02242	0.02258	0.02274	0.02289	0.02304	0.02319	0.02347	0.02375	0.02426	0.02475	0.02138	0.02222	0.02298	0.02366	0.02429	0.02689
775.0	2.908	0.02375	0.02392	0.02409	0.02425	0.02441	0.02457	0.02472	0.02502	0.02530	0.02584	0.02635	0.02264	0.02353	0.02433	0.02506	0.02573	0.02847

$Q/(m^3/h)$	$V/(m/s)$	黏度/(mm²/s)														
		20.00	25.00	30.00	40.00	50.00	60.00	70.00	80.00	90.00	100.0	125.0	150.0	200.0	300.0	400.0	500.0	1000.0
100.0	0.375	0.00085	0.00090	0.00094	0.00051	0.00054	0.00078	0.00091	0.00104	0.00117	0.00130	0.00163	0.00195	0.00260	0.00390	0.00520	0.00650	0.01300
125.0	0.469	0.00126	0.00133	0.00139	0.00149	0.00080	0.00084	0.00087	0.00130	0.00146	0.00163	0.00203	0.00244	0.00325	0.00488	0.00650	0.00813	0.01625
150.0	0.563	0.00173	0.00183	0.00191	0.00205	0.00217	0.00115	0.00120	0.0012040	0.00176	0.00195	0.00244	0.00293	0.00390	0.00585	0.00780	0.00975	0.01950
175.0	0.657	0.00226	0.00239	0.00250	0.00269	0.00285	0.00298	0.00157	0.00162	0.00167	0.00171	0.00284	0.00341	0.00455	0.00683	0.00910	0.01138	0.02275
200.0	0.751	0.00286	0.00302	0.00316	0.00340	0.00359	0.00376	0.00391	0.00204	0.00211	0.00216	0.00325	0.00390	0.00520	0.00780	0.01040	0.01300	0.02600
225.0	0.844	0.00351	0.00371	0.00389	0.00418	0.00442	0.00462	0.00481	0.00497	0.00259	0.00266	0.00281	0.00439	0.00585	0.00878	0.01170	0.01463	0.02925
250.0	0.938	0.00422	0.00447	0.00468	0.00502	0.00531	0.00556	0.00578	0.00597	0.00615	0.00319	0.00338	0.00488	0.00650	0.00975	0.01300	0.01625	0.03250
275.0	1.032	0.00499	0.00528	0.00552	0.00594	0.00628	0.00657	0.00683	0.00706	0.00727	0.00746	0.00399	0.00418	0.00715	0.01073	0.01430	0.01788	0.03575
300.0	1.126	0.00581	0.00615	0.00643	0.00691	0.00731	0.00765	0.00795	0.00822	0.00847	0.00869	0.00465	0.00486	0.00780	0.01170	0.01560	0.01950	0.03900
325.0	1.220	0.00669	0.00707	0.00740	0.00795	0.00841	0.00880	0.00915	0.00946	0.00974	0.01000	0.00535	0.00560	0.00845	0.01268	0.01690	0.02113	0.04225
350.0	1.313	0.00761	0.00805	0.00842	0.00905	0.00957	0.01002	0.01041	0.01077	0.01109	0.01138	0.01204	0.00637	0.00685	0.01365	0.01820	0.02275	0.04550
375.0	1.407	0.00859	0.00908	0.00951	0.01021	0.01080	0.01130	0.01175	0.01215	0.01251	0.01284	0.01358	0.00719	0.00772	0.01463	0.01950	0.02438	0.04875
400.0	1.501	0.00962	0.01017	0.01064	0.01144	0.01209	0.01266	0.01315	0.01360	0.01401	0.01438	0.01520	0.01591	0.00865	0.01560	0.02080	0.02600	0.05200

续表

Q/(m³/h)	V/(m/s)	黏度/(mm²/s)																		
		20.00	25.00	30.00	40.00	50.00	60.00	70.00	80.00	90.00	100.00	125.0	150.0	200.0	300.0	400.0	500.0	1000.0
425.0	1.595	0.01069	0.01131	0.01183	0.01272	0.01344	0.01407	0.01462	0.01512	0.01557	0.01599	0.01691	0.01769	0.00962	0.01658	0.02210	0.02763	0.05525
450.0	1.689	0.01182	0.01250	0.01308	0.01405	0.01486	0.01555	0.01616	0.01671	0.01721	0.01767	0.01868	0.01956	0.01063	0.01755	0.02340	0.02925	0.05850
475.0	1.782	0.01299	0.01374	0.01438	0.01545	0.01633	0.01710	0.01777	0.01837	0.01892	0.01942	0.02054	0.02150	0.01168	0.01853	0.02470	0.03088	0.06175
500.0	1.876	0.01421	0.01503	0.01573	0.01690	0.01787	0.01870	0.01944	0.02010	0.02070	0.02125	0.02247	0.02352	0.01278	0.01950	0.02600	0.03250	0.06501
525.0	1.970	0.01548	0.01636	0.01713	0.01840	0.01946	0.02037	0.02117	0.02189	0.02254	0.02314	0.02447	0.02561	0.02752	0.01540	0.02730	0.03413	0.06826
550.0	2.064	0.01679	0.01775	0.01858	0.01997	0.02111	0.02210	0.02296	0.02374	0.02445	0.02511	0.02655	0.02778	0.02986	0.01671	0.02860	0.03575	0.07151
575.0	2.158	0.01815	0.01919	0.02008	0.02158	0.02282	0.02388	0.02482	0.02566	0.02643	0.02714	0.02869	0.03003	0.03227	0.01806	0.02990	0.03738	0.07476
600.0	2.252	0.01955	0.02067	0.02164	0.02325	0.02458	0.02573	0.02674	0.02765	0.02847	0.02923	0.03091	0.03235	0.03477	0.01946	0.03120	0.03900	0.07801
625.0	2.345	0.02100	0.02220	0.02324	0.02497	0.02640	0.02764	0.02872	0.02970	0.03058	0.03140	0.03320	0.03475	0.03734	0.02090	0.03250	0.04063	0.08126
650.0	2.439	0.02249	0.02378	0.02489	0.02675	0.02828	0.02960	0.03076	0.03181	0.03276	0.03363	0.03556	0.03722	0.03999	0.02238	0.03380	0.04225	0.08451
675.0	2.533	0.02403	0.02540	0.02659	0.02857	0.03021	0.03162	0.03286	0.03398	0.03499	0.03593	0.03799	0.03976	0.04272	0.02391	0.03510	0.04388	0.08776
700.0	2.627	0.02560	0.02707	0.02834	0.03045	0.03220	0.03370	0.03502	0.03621	0.03729	0.03829	0.04048	0.04237	0.04553	0.02548	0.02738	0.04550	0.09101
725.0	2.721	0.02723	0.02879	0.03013	0.03238	0.03423	0.03583	0.03724	0.03850	0.03965	0.04071	0.04305	0.04506	0.04842	0.02710	0.02912	0.04713	0.09426
750.0	2.814	0.02889	0.03055	0.03197	0.03436	0.03633	0.03802	0.03952	0.04086	0.04208	0.04320	0.04568	0.04781	0.05137	0.02875	0.03090	0.04875	0.09751
775.0	2.908	0.03060	0.03235	0.03386	0.03639	0.03847	0.04027	0.04185	0.04327	0.04456	0.04575	0.04838	0.05063	0.05441	0.03045	0.03272	0.05038	0.10076

D377×10 输油管水力坡降值（m 液柱/m 管长）

Q/(m³/h)	V/(m/s)	黏度/(mm²/s)												
		0.50	0.75	1.00	1.25	1.50	1.75	2.00	2.50	3.00	4.00	5.00	6.00	7.00	8.00	9.00	10.00	15.00
125.0	0.347	0.00031	0.00027	0.00029	0.00031	0.00032	0.00033	0.00034	0.00036	0.00038	0.00041	0.00043	0.00045	0.00047	0.00049	0.00050	0.00052	0.00057
150.0	0.416	0.00044	0.00045	0.00040	0.00042	0.00044	0.00046	0.00047	0.00050	0.00053	0.00056	0.00060	0.00062	0.00065	0.00067	0.00069	0.00071	0.00079
175.0	0.486	0.00059	0.00060	0.00052	0.00055	0.00058	0.00060	0.00062	0.00066	0.00069	0.00074	0.00078	0.00082	0.00085	0.00088	0.00091	0.00093	0.00103
200.0	0.555	0.00076	0.00078	0.00080	0.00070	0.00073	0.00076	0.00079	0.00083	0.00087	0.00093	0.00099	0.00103	0.00107	0.00111	0.00114	0.00117	0.00130

续表

$Q/(m^3/h)$	$V/(m/s)$	黏度/(mm²/s)															
		0.50	0.75	1.00	1.25	1.50	1.75	2.00	2.50	3.00	4.00	5.00	6.00	7.00	8.00	9.00	10.00	15.00
225.0	0.624	0.00095	0.00098	0.00100	0.00086	0.00090	0.00093	0.00096	0.00102	0.00107	0.00115	0.00121	0.00127	0.00132	0.00136	0.00141	0.00144	0.00160
250.0	0.694	0.00117	0.00120	0.00123	0.00125	0.00108	0.00112	0.00116	0.00123	0.00128	0.00138	0.00146	0.00153	0.00159	0.00164	0.00169	0.00173	0.00192
275.0	0.763	0.00141	0.00144	0.00147	0.00150	0.00128	0.00133	0.00137	0.00145	0.00152	0.00163	0.00172	0.00180	0.00187	0.00194	0.00200	0.00205	0.00227
300.0	0.833	0.00167	0.00171	0.00174	0.00177	0.00180	0.00154	0.00160	0.00169	0.00177	0.00190	0.00201	0.00210	0.00218	0.00226	0.00232	0.00239	0.00264
325.0	0.902	0.00196	0.00200	0.00203	0.00207	0.00210	0.00178	0.00184	0.00194	0.00203	0.00218	0.00231	0.00242	0.00251	0.00260	0.00267	0.00275	0.00304
350.0	0.971	0.00226	0.00231	0.00235	0.00238	0.00242	0.00245	0.00209	0.00221	0.00231	0.00249	0.00263	0.00275	0.00286	0.00296	0.00304	0.00313	0.00346
375.0	1.041	0.00259	0.00264	0.00268	0.00272	0.00276	0.00280	0.00236	0.00249	0.00261	0.00281	0.00297	0.00310	0.00323	0.00334	0.00344	0.00353	0.00390
400.0	1.110	0.00294	0.00299	0.00304	0.00308	0.00312	0.00317	0.00320	0.00279	0.00292	0.00314	0.00332	0.00348	0.00361	0.00373	0.00385	0.00395	0.00437

$Q/(m^3/h)$	$V/(m/s)$	黏度/(mm²/s)															
		0.50	0.75	1.00	1.25	1.50	1.75	2.00	2.50	3.00	4.00	5.00	6.00	7.00	8.00	9.00	10.00	15.00
425.0	1.179	0.00332	0.00337	0.00342	0.00347	0.00351	0.00355	0.00360	0.00310	0.00325	0.00349	0.00369	0.00386	0.00402	0.00415	0.00428	0.00439	0.00486
450.0	1.249	0.00371	0.00377	0.00382	0.00387	0.00392	0.00397	0.00401	0.00343	0.00359	0.00386	0.00408	0.00427	0.00444	0.00459	0.00473	0.00485	0.00537
475.0	1.318	0.00413	0.00419	0.00424	0.00430	0.00435	0.00440	0.00445	0.00377	0.00395	0.00424	0.00449	0.00469	0.00488	0.00504	0.00520	0.00533	0.00590
500.0	1.388	0.00457	0.00463	0.00469	0.00475	0.00480	0.00486	0.00491	0.00501	0.00432	0.00464	0.00491	0.00514	0.00534	0.00552	0.00568	0.00584	0.00646
525.0	1.457	0.00503	0.00509	0.00516	0.00522	0.00528	0.00534	0.00539	0.00549	0.00470	0.00505	0.00534	0.00559	0.00581	0.00601	0.00619	0.00636	0.00703
550.0	1.526	0.00551	0.00558	0.00565	0.00571	0.00578	0.00584	0.00589	0.00600	0.00510	0.00548	0.00580	0.00607	0.00631	0.00652	0.00672	0.00689	0.00763
575.0	1.596	0.00602	0.00609	0.00616	0.00623	0.00629	0.00636	0.00642	0.00654	0.00552	0.00593	0.00627	0.00656	0.00682	0.00705	0.00726	0.00745	0.00825
600.0	1.665	0.00654	0.00662	0.00670	0.00677	0.00684	0.00690	0.00697	0.00709	0.00721	0.00638	0.00675	0.00707	0.00734	0.00759	0.00782	0.00803	0.00888
625.0	1.734	0.00709	0.00717	0.00725	0.00733	0.00740	0.00747	0.00754	0.00767	0.00779	0.00686	0.00725	0.00759	0.00789	0.00816	0.00840	0.00862	0.00954
650.0	1.804	0.00767	0.00775	0.00783	0.00791	0.00799	0.00806	0.00813	0.00827	0.00840	0.00734	0.00777	0.00813	0.00845	0.00873	0.00900	0.00924	0.01022
675.0	1.873	0.00826	0.00835	0.00843	0.00851	0.00859	0.00867	0.00875	0.00889	0.00903	0.00785	0.00830	0.00868	0.00902	0.00933	0.00961	0.00987	0.01092
700.0	1.943	0.00888	0.00897	0.00906	0.00914	0.00922	0.00931	0.00938	0.00953	0.00968	0.00836	0.00884	0.00925	0.00962	0.00994	0.01024	0.01051	0.01164
725.0	2.012	0.00951	0.00961	0.00970	0.00979	0.00988	0.00996	0.01004	0.01020	0.01035	0.00889	0.00940	0.00984	0.01023	0.01057	0.01089	0.01118	0.01237

续表

Q/(m³/h)	V/(m/s)	黏度/(mm²/s)														
		0.50	0.75	1.00	1.25	1.50	1.75	2.00	2.50	3.00	4.00	5.00	6.00	7.00	8.00	9.00	10.00	15.00
750.0	2.081	0.01017	0.01027	0.01037	0.01046	0.01055	0.01064	0.01072	0.01089	0.01104	0.00943	0.00998	0.01044	0.01085	0.01122	0.01156	0.01186	0.01313
775.0	2.151	0.01086	0.01096	0.01106	0.01115	0.01125	0.01134	0.01143	0.01160	0.01176	0.00999	0.01057	0.01106	0.01149	0.01188	0.01224	0.01256	0.01390
800.0	2.220	0.01156	0.01167	0.01177	0.01187	0.01197	0.01206	0.01215	0.01233	0.01250	0.01282	0.01117	0.01169	0.01215	0.01256	0.01294	0.01328	0.01470
825.0	2.289	0.01229	0.01240	0.01250	0.01261	0.01271	0.01281	0.01290	0.01309	0.01326	0.01359	0.01179	0.01234	0.01282	0.01326	0.01365	0.01402	0.01551
850.0	2.359	0.01304	0.01315	0.01326	0.01337	0.01347	0.01357	0.01367	0.01386	0.01404	0.01439	0.01242	0.01300	0.01351	0.01397	0.01439	0.01477	0.01634
875.0	2.428	0.01381	0.01393	0.01404	0.01415	0.01426	0.01436	0.01446	0.01466	0.01485	0.01521	0.01307	0.01367	0.01421	0.01469	0.01513	0.01554	0.01720
900.0	2.498	0.01460	0.01472	0.01484	0.01495	0.01506	0.01517	0.01528	0.01548	0.01568	0.01605	0.01373	0.01437	0.01493	0.01544	0.01590	0.01632	0.01806
925.0	2.567	0.01542	0.01554	0.01566	0.01578	0.01589	0.01601	0.01612	0.01633	0.01653	0.01691	0.01440	0.01507	0.01566	0.01620	0.01668	0.01712	0.01895
950.0	2.636	0.01626	0.01638	0.01651	0.01663	0.01675	0.01686	0.01697	0.01719	0.01740	0.01780	0.01509	0.01579	0.01641	0.01697	0.01748	0.01794	0.01986
975.0	2.706	0.01712	0.01725	0.01737	0.01750	0.01762	0.01774	0.01785	0.01808	0.01830	0.01870	0.01579	0.01653	0.01718	0.01776	0.01829	0.01878	0.02078
1000.0	2.775	0.01800	0.01813	0.01826	0.01839	0.01852	0.01864	0.01876	0.01899	0.01921	0.01963	0.02003	0.01727	0.01795	0.01856	0.01912	0.01963	0.02172
1025.0	2.844	0.01890	0.01904	0.01917	0.01931	0.01943	0.01956	0.01968	0.01992	0.02015	0.02059	0.02099	0.01804	0.01875	0.01938	0.01996	0.02049	0.02268
1050.0	2.914	0.01983	0.01997	0.02011	0.02024	0.02038	0.02050	0.02063	0.02088	0.02111	0.02156	0.02198	0.01881	0.01955	0.02022	0.02082	0.02138	0.02366
1075.0	2.983	0.02078	0.02092	0.02106	0.02120	0.02134	0.02147	0.02160	0.02185	0.02210	0.02256	0.02299	0.01961	0.02038	0.02107	0.02170	0.02228	0.02465

Q/(m³/h)	V/(m/s)	黏度/(mm²/s)														
		20.00	25.00	30.00	40.00	50.00	60.00	70.00	80.00	90.00	100.00	125.0	150.0	200.0	300.0	400.0	500.0	1000.0
125.0	0.347	0.00061	0.00065	0.00068	0.00073	0.00039	0.00041	0.00062	0.00071	0.00080	0.00089	0.00111	0.00133	0.00178	0.00267	0.00355	0.00444	0.00889
150.0	0.416	0.00084	0.00089	0.00093	0.00100	0.00054	0.00056	0.00058	0.00085	0.00096	0.00107	0.00133	0.00160	0.00213	0.00320	0.00427	0.00533	0.01066

Q/(m³/h)	V/(m/s)	黏度/(mm²/s)														
		20.00	25.00	30.00	40.00	50.00	60.00	70.00	80.00	90.00	100.00	125.0	150.0	200.0	300.0	400.0	500.0	1000.0
175.0	0.486	0.00111	0.00117	0.00122	0.00131	0.00139	0.00074	0.00076	0.00079	0.00112	0.00124	0.00156	0.00187	0.00249	0.00373	0.00498	0.00622	0.01244
200.0	0.555	0.00140	0.00148	0.00155	0.00166	0.00176	0.00184	0.00097	0.00100	0.00103	0.00142	0.00178	0.00213	0.00284	0.00427	0.00569	0.00711	0.01422
225.0	0.524	0.00172	0.00181	0.00190	0.00204	0.00216	0.00226	0.00235	0.00123	0.00126	0.00130	0.00200	0.00240	0.00320	0.00480	0.00640	0.00800	0.01600

续表

Q/(m³/h)	V/(m/s)	黏度/(mm²/s)																		
		20.00	25.00	30.00	40.00	50.00	60.00	70.00	80.00	90.00	100.0	125.0	150.0	200.0	300.0	400.0	500.0	1000.0
250.0	0.694	0.00206	0.00218	0.00228	0.00245	0.00259	0.00272	0.00282	0.00292	0.00152	0.00156	0.00222	0.00267	0.00355	0.00533	0.00711	0.00889	0.01777
275.0	0.763	0.00244	0.00258	0.00270	0.00290	0.00307	0.00321	0.00333	0.00345	0.00355	0.00184	0.00195	0.00293	0.00391	0.00587	0.00782	0.00978	0.01955
300.0	0.833	0.00284	0.00300	0.00314	0.00338	0.00357	0.00374	0.00388	0.00401	0.00413	0.00215	0.00227	0.00320	0.00427	0.00640	0.00853	0.01066	0.02133
325.0	0.902	0.00327	0.00345	0.00361	0.00388	0.00411	0.00430	0.00447	0.00462	0.00476	0.00488	0.00261	0.00273	0.00462	0.00693	0.00924	0.01155	0.02311
350.0	0.971	0.00372	0.00393	0.00411	0.00442	0.00467	0.00489	0.00508	0.00526	0.00541	0.00556	0.00297	0.00311	0.00498	0.00747	0.00995	0.01244	0.02488
375.0	1.041	0.00419	0.00444	0.00464	0.00499	0.00527	0.00552	0.00574	0.00593	0.00611	0.00627	0.00335	0.00351	0.00533	0.00800	0.01066	0.01333	0.02666
400.0	1.110	0.00470	0.00497	0.00520	0.00558	0.00590	0.00618	0.00642	0.00664	0.00684	0.00702	0.00743	0.00393	0.00569	0.00853	0.01138	0.01422	0.02844
425.0	1.179	0.00522	0.00552	0.00578	0.00621	0.00657	0.00687	0.00714	0.00738	0.00761	0.00781	0.00826	0.00437	0.00470	0.00907	0.01209	0.01511	0.03022
450.0	1.249	0.00577	0.00610	0.00639	0.00686	0.00726	0.00759	0.00789	0.00816	0.00841	0.00863	0.00912	0.00483	0.00519	0.00960	0.01280	0.01600	0.03199
475.0	1.318	0.00634	0.00671	0.00702	0.00754	0.00798	0.00835	0.00868	0.00897	0.00924	0.00949	0.01003	0.01050	0.00570	0.01013	0.01351	0.01689	0.03377
500.0	1.388	0.00694	0.00734	0.00768	0.00825	0.00873	0.00913	0.00949	0.00981	0.01011	0.01038	0.01097	0.01148	0.00624	0.01066	0.01422	0.01777	0.03555
525.0	1.457	0.00756	0.00799	0.00836	0.00899	0.00950	0.00995	0.01034	0.01069	0.01101	0.01130	0.01195	0.01251	0.00680	0.01120	0.01493	0.01866	0.03733
550.0	1.526	0.00820	0.00867	0.00907	0.00975	0.01031	0.01079	0.01121	0.01160	0.01194	0.01226	0.01296	0.01357	0.00737	0.01173	0.01564	0.01955	0.03910
575.0	1.596	0.00886	0.00937	0.00981	0.01054	0.01114	0.01166	0.01212	0.01253	0.01291	0.01325	0.01401	0.01467	0.00797	0.01226	0.01635	0.02044	0.04088
600.0	1.665	0.00955	0.01010	0.01057	0.01135	0.01201	0.01257	0.01306	0.01350	0.01391	0.01428	0.01510	0.01580	0.00859	0.01280	0.01706	0.02133	0.04266
625.0	1.734	0.01025	0.01084	0.01135	0.01219	0.01289	0.01350	0.01403	0.01450	0.01494	0.01533	0.01621	0.01697	0.01824	0.01021	0.01777	0.02222	0.04444
650.0	1.804	0.01098	0.01161	0.01215	0.01306	0.01381	0.01445	0.01502	0.01553	0.01600	0.01642	0.01737	0.01818	0.01953	0.01093	0.01849	0.02311	0.04621
675.0	1.873	0.01173	0.01241	0.01298	0.01395	0.01475	0.01544	0.01605	0.01659	0.01709	0.01754	0.01855	0.01942	0.02086	0.01168	0.01920	0.02400	0.04799
700.0	1.943	0.01250	0.01322	0.01384	0.01487	0.01572	0.01646	0.01710	0.01768	0.01821	0.01870	0.01977	0.02069	0.02224	0.01244	0.01991	0.02488	0.04977
725.0	2.012	0.01330	0.01406	0.01471	0.01581	0.01672	0.01750	0.01819	0.01880	0.01937	0.01988	0.02102	0.02200	0.02364	0.01323	0.02062	0.02577	0.05155
750.0	2.081	0.01411	0.01492	0.01561	0.01678	0.01774	0.01857	0.01930	0.01995	0.02055	0.02110	0.02231	0.02335	0.02509	0.01404	0.02133	0.02666	0.05332
775.0	2.151	0.01494	0.01580	0.01654	0.01777	0.01879	0.01966	0.02044	0.02113	0.02176	0.02234	0.02363	0.02473	0.02657	0.01487	0.02204	0.02755	0.05510
800.0	2.220	0.01580	0.01670	0.01748	0.01878	0.01986	0.02079	0.02160	0.02234	0.02301	0.02362	0.02497	0.02614	0.02809	0.01572	0.02275	0.02844	0.05688

续表

$Q/(m^3/h)$	$V/(m/s)$	黏度/(mm^2/s)																		
		20.00	25.00	30.00	40.00	50.00	60.00	70.00	80.00	90.00	100.0	125.0	150.0	200.0	300.0	400.0	500.0	1000.0
825.0	2.289	0.01667	0.01763	0.01845	0.01982	0.02096	0.02194	0.02280	0.02357	0.02428	0.02493	0.02636	0.02759	0.02964	0.01659	0.01783	0.02933	0.05866
850.0	2.359	0.01756	0.01857	0.01944	0.02089	0.02208	0.02311	0.02402	0.02484	0.02558	0.02626	0.02777	0.02907	0.03123	0.01748	0.01878	0.03022	0.06043
875.0	2.428	0.01848	0.01954	0.02045	0.02197	0.02323	0.02432	0.02527	0.02613	0.02691	0.02763	0.02922	0.03058	0.03286	0.01839	0.01976	0.03111	0.06221
900.0	2.498	0.01941	0.02052	0.02148	0.02308	0.02441	0.02555	0.02655	0.02745	0.02827	0.02903	0.03069	0.03212	0.03452	0.01932	0.02076	0.03199	0.06399
925.0	2.567	0.02036	0.02153	0.02254	0.02422	0.02561	0.02680	0.02785	0.02880	0.02966	0.03045	0.03220	0.03370	0.03621	0.04008	0.02178	0.03288	0.06577

$Q/(m^3/h)$	$V/(m/s)$	黏度/(mm^2/s)																		
		20.00	25.00	30.00	40.00	50.00	60.00	70.00	80.00	90.00	100.0	125.0	150.0	200.0	300.0	400.0	500.0	1000.0
950.0	2.636	0.02134	0.02256	0.02361	0.02537	0.02683	0.02808	0.02918	0.03018	0.03108	0.03191	0.03374	0.03531	0.03794	0.04199	0.02282	0.03377	0.06754
975.0	2.706	0.02233	0.02361	0.02471	0.02655	0.02808	0.02939	0.03054	0.03158	0.03252	0.03339	0.03531	0.03695	0.03971	0.04394	0.02388	0.03466	0.06932
1000.0	2.775	0.02334	0.02468	0.02583	0.02776	0.02935	0.03072	0.03193	0.03301	0.03400	0.03490	0.03691	0.03863	0.04151	0.04594	0.02496	0.03555	0.07110
1025.0	2.844	0.02437	0.02577	0.02697	0.02898	0.03065	0.03208	0.03334	0.03447	0.03550	0.03644	0.03854	0.04033	0.04334	0.04796	0.02606	0.02756	0.07288
1050.0	2.914	0.02542	0.02688	0.02813	0.03023	0.03197	0.03346	0.03477	0.03595	0.03703	0.03801	0.04020	0.04207	0.04521	0.05003	0.02719	0.02875	0.07465
1075.0	2.983	0.02649	0.02801	0.02932	0.03150	0.03331	0.03486	0.03623	0.03746	0.03858	0.03961	0.04189	0.04384	0.04711	0.05213	0.02833	0.02995	0.07643

$D426 \times 12$ 输油管水力坡降值（m液柱/m管长）

$Q/(m^3/h)$	$V/(m/s)$	黏度/(mm^2/s)															
		0.50	0.75	1.00	1.25	1.50	1.75	2.00	2.50	3.00	4.00	5.00	6.00	7.00	8.00	9.00	10.00	15.00
150.0	0.328	0.00024	0.00021	0.00023	0.00024	0.00025	0.00026	0.00027	0.00029	0.00030	0.00032	0.00034	0.00036	0.00037	0.00038	0.00039	0.00040	0.00045
200.0	0.438	0.00042	0.00043	0.00038	0.00040	0.00042	0.00043	0.00045	0.00047	0.00049	0.00053	0.00056	0.00059	0.00061	0.00063	0.00065	0.00067	0.00074
250.0	0.547	0.00064	0.00066	0.00056	0.00059	0.00061	0.00064	0.00066	0.00070	0.00073	0.00079	0.00083	0.00087	0.00090	0.00093	0.00096	0.00099	0.00109
300.0	0.657	0.00091	0.00093	0.00096	0.00081	0.00085	0.00088	0.00091	0.00096	0.00101	0.00108	0.00114	0.00120	0.00124	0.00128	0.00132	0.00136	0.00150
350.0	0.766	0.00123	0.00126	0.00128	0.00131	0.00111	0.00115	0.00119	0.00126	0.00132	0.00141	0.00150	0.00157	0.00163	0.00168	0.00173	0.00178	0.00197
400.0	0.875	0.00160	0.00163	0.00166	0.00169	0.00172	0.00145	0.00150	0.00159	0.00166	0.00179	0.00189	0.00198	0.00206	0.00212	0.00219	0.00225	0.00249

续表

$Q/(m^3/h)$	$V/(m/s)$	黏度(mm^2/s)													
		0.50	0.75	1.00	1.25	1.50	1.75	2.00	2.50	3.00	4.00	5.00	6.00	7.00	8.00	9.00	10.00	15.00
450.0	0.985	0.00201	0.00205	0.00208	0.00212	0.00215	0.00218	0.00185	0.00195	0.00204	0.00220	0.00232	0.00243	0.00253	0.00261	0.00269	0.00276	0.00306
500.0	1.094	0.00248	0.00252	0.00256	0.00259	0.00263	0.00266	0.00222	0.00235	0.00246	0.00264	0.00279	0.00292	0.00304	0.00314	0.00323	0.00332	0.00367
550.0	1.204	0.00299	0.00303	0.00308	0.00312	0.00316	0.00320	0.00323	0.00277	0.00290	0.00312	0.00330	0.00345	0.00359	0.00371	0.00382	0.00392	0.00434
600.0	1.313	0.00354	0.00360	0.00364	0.00369	0.00374	0.00378	0.00382	0.00323	0.00338	0.00363	0.00384	0.00402	0.00418	0.00432	0.00445	0.00457	0.00506
650.0	1.423	0.00415	0.00421	0.00426	0.00431	0.00436	0.00441	0.00445	0.00454	0.00389	0.00418	0.00442	0.00462	0.00481	0.00497	0.00512	0.00525	0.00582
700.0	1.532	0.00480	0.00486	0.00492	0.00498	0.00503	0.00508	0.00514	0.00523	0.00443	0.00476	0.00503	0.00527	0.00547	0.00566	0.00583	0.00598	0.00662
750.0	1.641	0.00550	0.00557	0.00563	0.00569	0.00575	0.00581	0.00586	0.00597	0.00500	0.00537	0.00568	0.00594	0.00617	0.00638	0.00657	0.00675	0.00747
800.0	1.751	0.00625	0.00632	0.00639	0.00646	0.00652	0.00658	0.00664	0.00676	0.00686	0.00601	0.00636	0.00665	0.00691	0.00715	0.00736	0.00756	0.00836
850.0	1.860	0.00705	0.00712	0.00720	0.00727	0.00734	0.00740	0.00747	0.00759	0.00771	0.00668	0.00707	0.00740	0.00769	0.00795	0.00818	0.00840	0.00930
900.0	1.970	0.00789	0.00797	0.00805	0.00813	0.00820	0.00827	0.00834	0.00847	0.00860	0.00739	0.00781	0.00817	0.00850	0.00878	0.00905	0.00929	0.01028
950.0	2.079	0.00879	0.00887	0.00895	0.00903	0.00911	0.00919	0.00926	0.00940	0.00953	0.00812	0.00858	0.00899	0.00934	0.00966	0.00994	0.01021	0.01130
1000.0	2.189	0.00972	0.00981	0.00990	0.00999	0.01007	0.01015	0.01023	0.01038	0.01052	0.00888	0.00939	0.00983	0.01022	0.01056	0.01088	0.01117	0.01236
1050.0	2.298	0.01071	0.01081	0.01090	0.01099	0.01108	0.01116	0.01124	0.01140	0.01155	0.01184	0.01023	0.01071	0.01113	0.01150	0.01185	0.01216	0.01346
1100.0	2.407	0.01175	0.01185	0.01194	0.01204	0.01213	0.01222	0.01231	0.01248	0.01264	0.01294	0.01110	0.01161	0.01207	0.01248	0.01285	0.01319	0.01460
1150.0	2.517	0.01283	0.01293	0.01304	0.01314	0.01323	0.01333	0.01342	0.01360	0.01377	0.01409	0.01199	0.01255	0.01305	0.01349	0.01389	0.01426	0.01578

$Q/(m^3/h)$	$V/(m/s)$	黏度(mm^2/s)																
		0.50	0.75	1.00	1.25	1.50	1.75	2.00	2.50	3.00	4.00	5.00	6.00	7.00	8.00	9.00	10.00	15.00
1200.0	2.626	0.01396	0.01407	0.01418	0.01428	0.01438	0.01448	0.01458	0.01476	0.01494	0.01528	0.01292	0.01352	0.01405	0.01453	0.01497	0.01537	0.01700
1250.0	2.736	0.01514	0.01525	0.01536	0.01547	0.01558	0.01568	0.01578	0.01598	0.01617	0.01652	0.01388	0.01452	0.01510	0.01561	0.01607	0.01650	0.01826
1300.0	2.845	0.01636	0.01648	0.01660	0.01671	0.01682	0.01693	0.01704	0.01724	0.01744	0.01782	0.01816	0.01556	0.01617	0.01672	0.01722	0.01768	0.01956
1350.0	2.955	0.01764	0.01776	0.01788	0.01800	0.01812	0.01823	0.01834	0.01856	0.01876	0.01915	0.01952	0.01662	0.01727	0.01786	0.01839	0.01888	0.02090

续表

$Q/(m^3/h)$	$V/(m/s)$	黏度/(mm^2/s)																	
		20.00	25.00	30.00	40.00	50.00	60.00	70.00	80.00	90.00	100.00	125.00	150.00	200.0	300.0	400.0	500.0	1000.0
150.0	0.328	0.00048	0.00051	0.00053	0.00057	0.00031	0.00032	0.00046	0.00053	0.00060	0.00066	0.00083	0.00099	0.00133	0.00199	0.00265	0.00332	0.00663
200.0	0.438	0.00079	0.00084	0.00088	0.00094	0.00100	0.00053	0.00055	0.00057	0.00080	0.00088	0.00111	0.00133	0.00177	0.00265	0.00354	0.00442	0.00884
250.0	0.547	0.00117	0.00124	0.00130	0.00140	0.00148	0.00154	0.00161	0.00084	0.00086	0.00089	0.00138	0.00166	0.00221	0.00332	0.00442	0.00553	0.01106
300.0	0.657	0.00162	0.00171	0.00179	0.00192	0.00203	0.00213	0.00221	0.00228	0.00119	0.00122	0.00129	0.00199	0.00265	0.00398	0.00531	0.00663	0.01327
350.0	0.766	0.00212	0.00224	0.00234	0.00252	0.00266	0.00278	0.00289	0.00299	0.00308	0.00316	0.00169	0.00177	0.00310	0.00464	0.00619	0.00774	0.01548
400.0	0.875	0.00267	0.00283	0.00296	0.00318	0.00336	0.00352	0.00365	0.00378	0.00389	0.00400	0.00214	0.00224	0.00354	0.00531	0.00708	0.00884	0.01769
450.0	0.985	0.00328	0.00347	0.00363	0.00390	0.00413	0.00432	0.00449	0.00464	0.00478	0.00491	0.00519	0.00275	0.00398	0.00597	0.00796	0.00995	0.01990
500.0	1.094	0.00395	0.00417	0.00437	0.00470	0.00496	0.00520	0.00540	0.00558	0.00575	0.00590	0.00624	0.00330	0.00355	0.00663	0.00884	0.01106	0.02211
550.0	1.204	0.00467	0.00493	0.00516	0.00555	0.00587	0.00614	0.00638	0.00660	0.00679	0.00698	0.00738	0.00772	0.00420	0.00730	0.00973	0.01216	0.02432
600.0	1.313	0.00543	0.00574	0.00601	0.00646	0.00683	0.00715	0.00743	0.00768	0.00791	0.00812	0.00859	0.00899	0.00489	0.00796	0.01061	0.01327	0.02653
650.0	1.423	0.00625	0.00661	0.00692	0.00743	0.00786	0.00822	0.00855	0.00884	0.00910	0.00934	0.00988	0.01034	0.00562	0.00862	0.01150	0.01437	0.02874
700.0	1.532	0.00711	0.00752	0.00787	0.00846	0.00895	0.00936	0.00973	0.01006	0.01036	0.01064	0.01125	0.01177	0.01265	0.00708	0.01238	0.01548	0.03095
750.0	1.641	0.00803	0.00849	0.00888	0.00955	0.01009	0.01056	0.01098	0.01135	0.01169	0.01200	0.01269	0.01328	0.01428	0.00799	0.01327	0.01658	0.03317
800.0	1.751	0.00899	0.00950	0.00995	0.01069	0.01130	0.01183	0.01229	0.01271	0.01309	0.01344	0.01421	0.01487	0.01598	0.00894	0.01415	0.01769	0.03538
850.0	1.860	0.00999	0.01057	0.01106	0.01188	0.01257	0.01315	0.01367	0.01413	0.01455	0.01494	0.01580	0.01654	0.01777	0.00995	0.01504	0.01879	0.03759
900.0	1.970	0.01104	0.01168	0.01222	0.01313	0.01389	0.01454	0.01511	0.01562	0.01609	0.01652	0.01746	0.01828	0.01964	0.01099	0.01592	0.01990	0.03980
950.0	2.079	0.01214	0.01284	0.01344	0.01444	0.01527	0.01598	0.01661	0.01717	0.01768	0.01815	0.01920	0.02009	0.02159	0.01208	0.01298	0.02100	0.04201
1000.0	2.189	0.01328	0.01404	0.01470	0.01579	0.01670	0.01748	0.01817	0.01878	0.01934	0.01986	0.02100	0.02198	0.02362	0.01322	0.01420	0.02211	0.04422
1050.0	2.298	0.01446	0.01529	0.01601	0.01720	0.01819	0.01904	0.01978	0.02046	0.02107	0.02163	0.02287	0.02394	0.02572	0.02847	0.01547	0.02322	0.04643
1100.0	2.407	0.01569	0.01659	0.01737	0.01866	0.01973	0.02065	0.02146	0.02219	0.02285	0.02346	0.02481	0.02597	0.02790	0.03088	0.01678	0.02432	0.04864
1150.0	2.517	0.01696	0.01793	0.01877	0.02017	0.02133	0.02232	0.02320	0.02399	0.02470	0.02536	0.02682	0.02807	0.03016	0.03338	0.01814	0.01918	0.05085
1200.0	2.626	0.01827	0.01932	0.02022	0.02173	0.02298	0.02405	0.02499	0.02584	0.02661	0.02732	0.02889	0.03024	0.03249	0.03596	0.01954	0.02066	0.05306
1250.0	2.736	0.01963	0.02075	0.02172	0.02334	0.02468	0.02583	0.02684	0.02775	0.02858	0.02935	0.03103	0.03248	0.03490	0.03862	0.02099	0.02219	0.05528
1300.0	2.845	0.02102	0.02223	0.02326	0.02500	0.02643	0.02766	0.02875	0.02973	0.03061	0.03143	0.03324	0.03478	0.03738	0.04137	0.02248	0.02377	0.05749

表 1-10-16 管路配件的当量长度 $L_{当}$ 及局部阻力系数表

管件名称		图式	管路配件的当量长度 $L_{当}$/m						ξ
			DN50	DN65	DN80	DN100	DN150	DN200	
无保险阀的油罐进出口	进油管		1.15	1.44	1.73	2.30	3.45	4.60	0.50
	出油管		2.30	2.88	3.46	4.60	6.90	9.20	1.00
有保险阀的油罐进出口	进油管		2.00	2.50	3.00	4.00	6.00	8.00	0.90
	出油管		3.15	3.94	4.73	6.30	9.45	12.60	1.30
有升降管的油罐进出口	进油管		5.00	6.25	7.50	10.00	15.00	20.00	2.20
	出油管		6.15	7.69	9.23	12.30	18.45	24.60	2.70
圆弯头	$R=3d$		1.15	1.44	1.73	2.30	3.45	4.60	0.50
	$R=4d$		0.80	1.00	1.20	1.60	2.40	3.20	0.35
90°焊接弯头	单焊缝	① ②	3.00	3.75	4.50	6.00	9.00	12.00	1.30
	双焊缝	③	1.50	1.88	2.25	3.00	4.50	6.00	0.65
45°焊接弯头			0.70	0.88	1.05	1.40	2.10	2.80	0.30
通过三通	Ⅰ		0.10	0.13	0.15	0.20	0.30	0.40	0.04
	Ⅱ		0.23	0.28	0.34	0.45	0.68	0.90	0.10
	Ⅲ		0.90	1.15	1.35	1.80	2.70	3.60	0.40
闸阀			0.50	1.13	1.35	1.80	2.70	3.60	0.40
截止阀			16.00	20.00	24.00	32.00	48.00	64.00	7.00
转心阀			1.15	1.44	1.73	2.30	3.45	4.60	0.50
带滤网底阀			8.00	10.00	12.00	16.00	24.00	32.00	3.50
单向阀	升降式		18.00	22.50	27.00	36.00	54.00	72.00	8.00
	旋启式		4.10	5.12	6.15	8.20	12.30	16.40	1.80
过滤器	轻油		3.84	4.82	5.77	7.70	11.55	15.40	1.70
	黏油		5.00	6.25	7.50	10.00	15.00	20.00	2.20
流量表	活塞或齿轮式		23.00	28.80	34.50	46.00	69.00	92.00	10.00
	盘式		34.50	43.20	51.70	69.00	103.5	138.0	15.00
转弯三通	Ⅰ		3.00	3.75	4.50	6.00	9.00	12.00	1.30
	Ⅱ		2.00	2.50	3.00	4.00	6.00	8.00	0.90
	Ⅲ		2.25	2.82	3.38	4.50	6.76	9.00	1.00
	Ⅳ		1.15	1.44	1.73	2.30	3.45	4.60	0.50
	Ⅴ		6.80	8.50	10.20	13.60	20.40	27.20	3.00
伸缩器	填料筒式		0.70	0.88	1.05	1.40	2.16	2.80	0.30
	波纹式		0.70	0.88	1.05	1.40	2.16	2.80	0.30
	曲管式		4.50	5.62	6.75	9.00	13.05	18.00	2.00

表1-10-17 突然扩大(缩小)式大小头的当量长度　　　　　　　　　　　　　　　　m

扩大或缩小前的管径/mm	扩大或缩小后的管径/mm					
	DN50	DN65	DN80	DN100	DN150	DN200
DN50		0.38	1.05	2.55	5.37	7.85
DN65	0.52		0.32	1.68	4.63	7.40
DN75	0.73	0.58		0.88	3.83	6.68
DN100	0.94	0.98	0.91		2.11	5.10
DN150	1.06	1.29	1.41	1.46		1.76
DN200	1.09	1.33	1.57	1.88	1.83	

表1-1-18 变径管式大小头的 ξ 及当量长度 $L_当$　　　　　　　　　　　　　　　　m

扩大或缩小前管径/mm		扩大或缩小后的管径/mm					
		DN50	DN65	DN80	DN100	DN150	DN200
DN50	ξ		0.14	0.23	0.31	0.37	0.39
	$L_当$		0.41	0.78	1.41	2.52	3.55
DN65	ξ	0.995		0.13	0.25	0.34	0.35
	$L_当$	0.022		0.44	1.14	2.32	3.18
DN80	ξ	0.0128	0.0083		0.17	0.31	0.35
	$L_当$	0.029	0.024		0.77	2.11	3.15
DN100	ξ	0.0149	0.0133	0.011		0.23	0.39
	$L_当$	0.034	0.039	0.038		1.57	3.55
DN150	ξ	0.0157	0.0155	0.0149	0.0128		0.17
	$L_当$	0.036	0.046	0.051	0.058		1.55
DN200	ξ	0.0160	0.0159	0.0157	0.0149	0.0109	
	$L_当$	0.037	0.047	0.054	0.068	0.075	

注：①变径管大小头，在流动是缩小时，局部阻力是很小的，在计算时可以忽略不计。
②表中除进入油罐的当量长度规定计入进罐前的管路外，其余均计入进入配件后的管路。
③查表求得的 ξ 及 $L_当$ 只适用于紊流情况，层流时它的数值应随 Re 减少而增大。
$L_{当层} = \phi L_当, \xi_层 = \phi \xi$。$\phi$ 值见表1-10-19。

表1-10-19 ϕ 值

Re	200	400	600	800	1000	1200	1400	1600	1800	2000	2200	2400	2600	2800
ϕ	4.2	3.81	3.53	3.37	3.22	3.12	3.01	2.95	2.90	2.84	2.48	2.26	2.12	1.98

第三节 管路的壁厚设计

一、管壁厚计算及有关系数

管壁厚计算及有关系数见表1-10-20。

表 1-10-20 管壁厚的计算

计算公式	符号	符号含义	单位
	δ	管壁厚	mm
	P	管路工作压力	MPa
	D	管线的内直径	mm
$\delta = \dfrac{P \cdot D}{2.3[\sigma]\phi} + C$ 符号含义、单位及数值,见右表	C	考虑钢管公差和腐蚀余量,据管路工作条件取 $C=0\sim2$mm	
	焊缝系数 ϕ 值见下表			

管材及焊缝形式	无缝钢管	有缝(含螺纹)钢管	
		双面焊	单面焊
			A_3F / 16Mn
ϕ	1.00	0.85	0.75 / 0.65

钢管许用应力 $[\sigma]$ 见下表

钢管种类	无缝(或有缝)钢管			螺旋钢管	
材质	优质碳素钢			碳素钢	低合金钢
	10	20	30	A_3F	16Mn
$[\sigma]$/MPa	146	174	208	146	224

二、常用公称压力下的钢管壁厚

常用公称压力下的钢管壁厚见下表 1-10-21。

表 1-10-21 常用公称压力下的钢管壁厚

公称直径 DN/mm	管子外径/mm	管壁厚度/mm					备注
		$PN=1.6$/MPa	$PN=2.5$/MPa	$PN=4.0$/MPa	$PN=6.4$/MPa	$PN=10$/MPa	
15	18	2.5	2.5	2.5	2.5	3	
20	25	2.5	2.5	2.5	2.5	3.5	
25	32	2.5	2.5	2.5	3	3.5	
32	38	2.5	2.5	3	3	4.5	
40	45	2.5	3	3	3.5	4.5	
50	57	2.5	3	3	3.5	5	无缝钢管直径为 DN40 及 DN40 以下为冷拔管,DN50 至 DN300 为热轧管
70	76	3	3.5	3.5	4.5	6	
80	89	3.5	3.5	3.5	5	6	
100	108	4	4	4	6	8	
125	133	4	4	4.5	7	10	
150	159	4.5	4.5	5	8	10	
200	219	6	6	6	10	13	
250	273	7	7	7	11	16	
300	325	8	8	9	12	20	
350	377	9	9	10	15	22	
400	426	9	10	11	16	25	
450	480	9	10	12	18		

第四节　管路的布置及安装

一、国内油库设计规范中有关规定的摘编

(一)《石油库设计规范》GB 50074 中有关规定摘编

《石油库设计规范》GB 50074 中有关规定摘编见表 1-10-22。

表 1-10-22　输油管道敷设有关规定

项　目	有关规定
管道的敷设方式	①石油库围墙以内的输油管道，宜地上敷设；热力管道，宜地上或管沟敷设 ②地上或管沟内的管道，应敷设在管墩或管架上，保温管道应设管托 ③管沟在进入油泵房、灌油间和油罐组防火堤处，必须设隔断墙 ④地上或管沟内的管道以及埋地管道的出土端（包括局部管沟、套管内的管道及非弹性敷设管道的转弯部分等可能产生伸缩管段），均应进行热应力计算，并应采取补偿和锚固措施
埋地输油管道的埋深规定	在耕种地段不应小于 0.8m，在其他地段不应小于 0.5m
管道与铁路、道路平行布置的要求	其突出部分距铁路不应小于 3.8m（装卸油品栈桥下面的管道除外），距道路不应小于 1m
管道穿越铁路和道路	管道穿越铁路和道路处，其交角不宜小于 60°，并应采取涵洞或套管或其他防护措施。套管的端部伸出路基边坡不应小于 2m，路边有排水沟时，伸出排水沟不应小于 1m。套管顶距铁路轨面不应小于 0.8m，距道路路面不应小于 0.6m
管道跨越电气化铁路时	轨面以上的净空高度不应小于 6.6m。管道跨越非电气化铁路时，轨面以上的净空高度不应小于 5.5m。管道跨越消防道路时，路面以上的净空高度不应小于 5m。管道跨越车行道路时，路面以上的净空高度不应小于 4.5m。管架立柱边缘距铁路不应小于 3m，距道路不应小于 1m
管道跨越段上要求	管道的穿越、跨越段上，不得装设阀门、波纹管或套筒补偿器、法兰螺纹接头等附件
管道的连接	管道之间的连接应采用焊接方式。有特殊需要的部位可采用法兰连接
管道上阀门的选择	输油管道上的阀门，应选用钢制阀门
管道的防护规定	①钢管及其附件的外表面，必须涂刷防腐涂层；埋地钢管尚应采取防腐绝缘或其他防护措施 ②不放空、不保温的地上输油管道，应在适当位置设置泄压装置 ③输送易凝油品的管道，应采取防凝措施。管道的保温层外，应设良好的防水层
专用管道	输送有特殊要求的油品，应设专用管道

(二)"油库设计其他相关规范"中规定摘编

"油库设计其他相关规范"中规定摘编见表 1-10-23。

表 1-10-23　"油库设计其他相关规范"中规定摘编

项　目	有关规定
管材选择规定	输油管道的公称直径大于或等于 50mm 时，应采用无缝钢管；公称直径小于 50mm 且设计压力不超过 0.6MPa 的非埋地管道，可采用焊接钢管。在土壤对钢管有严重腐蚀地段的埋地管道，也可采用耐油、耐腐蚀和满足导静电要求的复合管道

续表

项 目			有关规定	
输油管道的敷设规定	管径、壁厚及承压能力		输油管道的直径和壁厚应经计算确定,设计最小承压能力不得小于0.6MPa	
	敷设方式		洞库和覆土油罐区内的室外管道应埋地敷设。丙类油品管道和不便开挖检修段的甲、乙类油品管道,可采用管沟敷设	
	埋地管道的管顶埋深		埋地管道的管顶埋深,在耕种地段不应小于0.8m,在其他地段不应小于0.5m	
	不得同沟敷设规定		甲、乙类油品管道,不得与电缆、热力及加温管道敷设在同一个管沟内。难以避免时,必须采取相应的安全措施	
	地上管道与铁路、道路平行敷设的间距		地上管道与铁路、道路平行敷设时,其凸出部分距铁路中心线不应小于3.8m(卸油栈桥下面的管道除外),距道路不应小于1.0m	
	埋地输油管道与其他设施最小净距/m		与设施平行或同向敷设	与设施交叉敷设
		建筑物外缘	3.00	不得穿越与其无关的建筑
		铁路	路基坡脚线外2.00	距轨顶0.80
		道路	路肩外1.00	硬化路面0.40 非硬化路面0.60
		电力电缆	1.00	0.50
		信息电缆	埋地输油管道与信息电缆的距离不应小于0.2m	
		给排水管道	1.50	0.25
		附注	当输油管道设有套管时,其与表中各设施的距离以套管外壁计,并与电缆和给排水管道的距离可适当减少	
	管道敷设的坡度坡向		管道应有一定的坡度坡向放空罐或放空点。甲、乙类油品管道的坡度不宜小于2‰,丙类油品管道的坡度不应小于3‰	
	埋地管道的地面标记		埋地管道的拐弯处、分支处应设地面标记	
管道套管设置	管道穿墙套管		管道穿墙处应设钢套管,套管端部与管道之间的空隙应密封	
	埋地管道设防护套管的部位		①与铁路和道路交叉处以及不易采取开挖方式进行检修的部位 ②受外荷载作用,可能造成输油管道断裂的部位 ③出现渗漏时,可能对附近地下设施构成不安全的部位	
	埋地管道的防护套管设置规定		①套管直径应比管道大两个规格,并应满足防护和所受荷载的强度要求 ②套管端部伸出路基边坡坡脚线的距离不应小于2.0m。路边有排水沟时,伸出排水沟的距离不应小于1.0m ③套管端部伸过附近防护点(段)的距离,不应小于1.5m ④套管内的管道不宜有接口,并应采用不低于加强级的防腐保护层	
管道敷设其他规定	管沟与其建筑、场所的接合要求		管沟在与油泵房(间)、油罐防火堤、覆土油罐室、储油洞库、阀门操作间等操作场所的接合处,必须设置防火密闭隔墙	
	管道放空		输油管道的低凹处,应有管道放空措施	
	管道防腐		地上和管沟内的钢管道及其金属附件的外表面,应做防腐处理。埋地钢管应采用不低于加强级的防腐保护层	
	管道胀油的泄压		地上管道应有防胀油的泄压措施	
	管道伸缩的补偿		地上或管沟内的管道,以及埋地管道的出土端等可能产生伸缩的管段,均应进行热应力计算,并应采取补偿和锚固措施	

二、管路的布置与敷设

(一)管路布置的原则

管路布置的原则见表 1-10-24。

表 1-10-24 管路布置的原则

1. 工程管线布置中的一般避让原则	(1)临时性的让永久性的管线 (2)管径小的让管径大的管线 (3)有压的让自流的管线 (4)新设计的让已有的管线 (5)软的让硬的管线
2. 平行架空管道	(1)应尽可能集中 (2)尽可能不利用工业建筑墙壁及构筑物等作为支架的支撑 (3)支撑点位置和支架净空高度不妨碍运输、行人与门窗
3. 低支架敷设管道	低支架敷设管道与人流、货流集中的道路平交时应采取措施,保证道路畅通
4. 山区低支架敷设管线	(1)要尽可能沿地形等高线布置 (2)但要保证管线不受山洪冲刷的影响
5. 地下管线交叉时的一般处理原则	(1)煤气管、易燃、可燃液体管线在其他管线上面 (2)给水管在污水管上面 (3)电力电缆在热力管和电讯电缆下面,但是应在其他管线上面 (4)氧气管低于乙炔管、高于其他管道 (5)热力管在电缆、煤气、给水管上面
	(6)下列管线不应敷设在同一地沟或地槽内 ①热力管与易燃液体管 ②电缆、氧气管与易燃、可燃液体管 ③乙炔管与氧气管 ④煤气管与石油管 ⑤乙炔管、氧气管、煤气管与电缆

(二)管路敷设及管沟开挖要求

1. 输油管路敷设的坡度及坡向见表 1-10-25。

表 1-10-25 输油管路敷设的坡度及坡向

坡度	常用坡度		0.005
	最小坡度	轻油管	0.002
		黏油管	0.003
坡向	集油管宜自两端(或一端)向下坡向卸油管接口		
	卸油管宜向下坡向泵房		
	输油管宜向下坡向泵房		
	分甲乙区的油库,甲区及区间输油管应尽量采用一个坡向,并向下坡向乙区卸油泵房(或甲区输转泵房)		

2. 输油管路的埋设深度见表1-10-26。

表1-10-26 输油管路的埋设深度　　　　　　　　　　　m

库内管道的埋深	轻油	≥0.5
	黏油	≥0.7
库外管道的埋深	水田下	≥0.8
	旱田下	≥0.7
穿越溪沟下		≥1.0

3. 埋地敷设管路管沟开挖沟边允许坡度见表1-10-27。

表11-27 埋地敷设输油管路管沟边坡允许坡度

土壤种类	允许坡度	
	沟深小于3m	沟深3~6m
填土,砂类土,碎石土	1:1.25	1:1.50
黏质砂土	1:0.67	1:1.00
砂质黏土	1:0.60	1:0.75
黏土	1:0.50	1:0.67
黄土	1:0.50	1:0.75
松散岩石类土壤	1:0.10	1:0.25
坚实岩石类土壤	1:0.00	1:0.10

三、管路安装间距

(一)管路平行排列的中心间距

管路平行排列的中心间距见表1-10-28~表1-10-30。

表1-10-28 法兰并列时不保温管路中心距　　　　　　　　　　　mm

DN	≤25	40	50	80	100	150	200	250
≤25	250							
40	270	280						
50	280	290	300					
80	300	320	330	350				
100	320	330	340	360	375			
150	350	370	380	400	410	450		
200	400	420	430	450	460	500	550	
250	430	440	450	480	490	530	580	600

表 1-10-29 无法兰平行排列不保温管路管中心距

mm

DN	管中心距墙或沟壁的距离	没有法兰的管线（焊接及丝口连接）													法兰参差排列的管线		
		500	450	400	350	300	250	200	150	100	80	50	40	25	20	←DN	
20	110	360	330	310	280	260	230	200	180	150	140	120	120	110	110	680	470	500
25	120	360	340	310	290	260	230	210	180	150	140	130	120	110	630	660	440	450
40	120	370	340	320	290	270	240	210	190	160	150	130	130	590	600	630	430	400
50	130	380	350	320	300	270	250	220	190	170	160	140	520	570	580	600	390	350
80	150	390	370	340	310	290	260	230	210	180	170	470	500	540	550	580	360	300
100	160	400	380	350	330	300	270	250	220	190	410	440	470	520	530	550	320	250
150	180	430	400	380	350	330	300	270	250	350	380	420	450	490	500	530	290	200
200	210	460	430	400	380	350	330	300	280	320	360	390	470	460	470	500	250	150
250	240	480	460	430	410	380	350	220	260	300	330	360	420	440	450	470	220	100
300	260	510	480	460	430	410	190	210	250	280	320	350	380	420	440	460	200	80
350	290	530	510	480	460	160	180	200	230	270	300	340	370	410	420	450	180	50
400	310	560	530	510	150	150	170	190	220	260	300	330	360	400	410	440	170	40
450	340	590	560	130	140	150	170	180	220	260	290	320	350	400	410	430	160	25
500	370	610	120	120	140	140	160	180	210	250	290	320	350	390	400	430	150	20
DN→		20	25	40	50	80	100	150	200	250	300	350	400	450	500		管中心距墙或沟壁的距离	↑DN

表 1-10-30　无法兰平行排列保温管路（介质温度≤250℃）中心距

单位：mm

DN	管中心距墙或沟壁的距离	20	25	40	50	80	100	150	200	250	300	350	400	450	500
20	160	190	—	—	—	—	—	—	—	—	—	—	—	—	—
25	170	190	190	—	—	—	—	—	—	—	—	—	—	—	—
40	170	200	200	210	—	—	—	—	—	—	—	—	—	—	—
50	180	200	210	210	220	—	—	—	—	—	—	—	—	—	—
80	200	220	220	230	240	250	—	—	—	—	—	—	—	—	—
100	210	230	230	240	250	260	270	—	—	—	—	—	—	—	—
150	230	260	260	270	270	290	300	330	—	—	—	—	—	—	—
200	260	280	290	290	300	320	330	350	380	—	—	—	—	—	—
250	300	320	320	330	340	350	360	390	420	450	—	—	—	—	—
300	320	350	350	360	360	380	390	420	440	480	510	—	—	—	—
350	350	370	380	380	390	400	420	440	470	510	530	560	—	—	—
400	370	400	400	410	410	430	440	470	490	530	560	580	610	—	—
450	400	420	430	430	440	460	470	490	520	560	580	610	630	660	—
500	430	450	450	460	470	480	490	520	550	580	610	630	660	690	710

(二) 多种管道、线路（沟）及其他建（构）筑物之间距离

多种管道、线路（沟）及其他建（构）筑物之间距离见表 1-10-31 和表 1-10-32。

表 1-10-31 多种管道、线路（沟）及其他建（构）筑物之间水平净距

m

管线（沟）名称	建筑物基础外缘	通讯电缆	电力电缆	仪表管缆沟	热力管沟	压缩空气管	给水管	排水管（雨水、污水）	石油管
通讯电缆	0.60	—	0.5	1.00	1.00	0.50	1.00	1.00	1.00
电力电缆	0.60	0.50	—	1.00	2.00	0.50	1.00	1.00	1.00
仪表管缆沟	1.20	0.75	0.75	—	1.50	1.00	1.00	1.50	1.50
热力管沟	3.00	1.00	2.00	1.50	—	1.50	1.50	1.50	1.50
压缩空气管	3.00	0.50	0.50	1.00	1.50	—	1.00	1.50	1.50
给水管	3.00	1.00	1.00	1.50	1.50	1.00	—	—	1.50
排水管（雨水、污水）	3.00	1.00	1.00	1.50	1.50	1.50	—	1.50	—
石油管	3.00	0.50	0.50	1.50	1.50	1.50	1.50	—	1.50
地上管架基础外缘	2.00	0.50	0.50	1.50	1.50	1.50	1.50	2.00	1.00
照明弱电电杆	1.50	1.50	1.50	1.50	1.50	1.50	1.00	1.50	1.50
道路的边沟或边缘	—	—	—	—	—	—	—	—	—
铁路中心	—	3.75	3.75	3.75	3.75	3.75	3.75	—	3.75
灌木	1.00	0.75	0.75	1.00	2.00	2.00	不限	不限	2.00
乔木	2.00	2.00	2.00	2.00	2.00	2.00	1.50	1.50	2.00

注：① 本表间距只适用于非湿陷性黄土地区一般情况下的管线、管沟间距。

② 湿陷性黄土地区，各种管道之间或不漏水的雨水明沟与管道之间的防护距离，不应小于 2.5～3.5m，未铺砌的雨水明沟与管路之间的防护距离，不应小于 5m。

③ 湿陷性黄土层内有砂类土层时，各种防护距离应参照勘察资料，适当加大。

④ 水管道与管道间的距离，如不能符合上述各项规定时，则应采取相应的防水措施。

表 1-10-32 多种管道、线路(沟)及其他建(构)筑物之间立交时最小净距

m

上部设施 下部设施	道路路基底	铁路轨底	明沟沟底	通讯电缆	石油管	电力电缆	压缩空气管	热力管沟	给水管	排水管	仪表管缆沟
给水管	0.50	1.00	0.5	0.5	0.25	0.50	0.15	0.15	0.10	—	0.15
排水管	0.50	1.00	0.5	0.5	0.25	0.50	0.15	0.15	0.40	—	0.15
热力管沟	0.50	1.00	0.5	0.5	—	0.50	0.15	—	0.15	—	0.10
压缩空气管	0.50	1.00	0.5	0.5	0.50	0.50	—	0.15	0.10	0.15	0.15
电力电缆	0.50	1.00	0.5	0.5	0.50	—	—	—	0.50	0.50	0.30
通讯电缆	0.50	1.00	0.5	0.5	—	—	—	—	0.50	0.50	0.30
石油管	0.50	1.00	0.5	0.5	—	0.30	0.3	0.30	0.25	0.25	0.50

注:本表只适用于油库范围以内的铁路、道路及管道等以及库外的铁路、公路专用线,管道跨越国家铁路或公路时,应按国家的有关规定处理。

四、管路穿跨越道路的距离及套管的选择

(1)有关规范关于管路跨越道路的距离见表 1-10-33。

表 1-10-33 管路跨越道路时管线至路面距离的规定 m

规范名称	管底至路面的距离
炼油化工企业设计防火规范(炼油篇)	4.5
炼油化工企业设计防火规范(石油化工篇)	4.5
炼油厂全厂性工艺热力管线设计技术规定	主要道路5.5,一般道路4.5
(海港总体及工艺设计规范)—第三章原油装卸工艺	主要道路4.5,一般道路4.0
油田建设设计防火规定	4.5
城市煤气设计规定	4.5
石油库设计规范	4.5
气油建设设计防火规定	主要道路5.5,一般道路4.5

(2)管路穿越铁路和公路套管的选择。管路穿越铁路和公路的套管直径及壁厚可参照表 1-10-34 选择。

表 1-10-34 管路穿越铁路和公路的套管直径及壁厚 mm

管路公称直径	套管直径	套管壁厚	
		钢套管	砼套管
50	150	8	25
65	150	8	25
80	200	10	27
100	200	10	27
125	250	7	28
150	300	7	30
200	350	7	33
250	400	8	35

第五节 管路的支座

一、管路支座跨度

(一)管路滑动支座跨度计算见表 1-10-35。

表 1-10-35 管路滑动支座跨度计算

1. 支座概述	(1)支座种类:管路支座种类很多,对于油库来说,根据用途分为滑动、导向、固定、弹簧支座四类 (2)跨度取决因素:管路支座允许跨度取决于管材的强度、管子截面刚度、外荷载的大小、管道敷设的坡度以及管道允许的最大挠度 (3)跨度的计算及取值:管道支架允许跨度的计算应按强度和刚度两个条件进行,取两者中较小值作为推荐的最大允许跨度

续表

	计算条件			
2. 按强度条件计算管道支架允许跨度	管道自重弯曲应力不应超过管材的许用外载弯曲应力值,以保证管道的安全 对于连续敷设,均布荷载的水平直管、支架最大允许跨度按下式计算			
	计算公式	符号	符号含义	单位
	$L_{max} = 2.24\sqrt{\dfrac{1}{q}W\phi[\sigma]^t}$	L_{max}	管道支架最大允许跨度	m
		q	管道单位长度计算荷载,q = 管材重 + 保温重 + 附加重,见表1-10-36 和表1-10-37	N/m
		W	管道截面抗弯距,见表1-10-39	cm³
		ϕ	管道横向焊缝系数,见表1-10-38	
		$[\sigma]^t$	钢管热态许用应力,见表1-10-40	MPa
3. 按刚度条件确定管道支座允许跨度	计算条件 管道在一定跨度下总有一定的挠度,由管道自重产生的弯曲挠度不应超过支架跨度的0.005(当流水,放水坡度 i_o = 0.002时) 对于连续敷设均布荷载的水平直管支架最大允许跨度按下式计算			
	计算公式	符号	符号含义	单位
	$L_{max} = 0.19\sqrt[3]{\dfrac{100}{q}E_t \cdot J \cdot i_o}$	q	管道单位长度计算荷载,q = 管材重 + 保温重 + 附加重,见表1-10-36 和表1-10-37	N/m
		E_t	在计算温度下钢材弹性模量,见表1-10-41	MPa
		J	管道断面惯性距,见表1-10-39	cm⁴
		i_o	管道放水坡度,$i_o \geqslant 0.002$	
4. 水平弯管道支架允许跨度确定	水平90°弯管两支架间的管道展开长度,不应大于水平直管段上支架最大允许跨度的0.73倍			
5. 尽端直管支架允许跨度确定	尽端直管两支架间的管道长度不应大于水平直管段上支架最大允许跨度的0.81倍			
6. 管路滑动支座跨度计算有关数据,分别见表1-10-36~表1-10-41	(1)表1-10-36 不保温管单位长度计算荷载 (2)表1-10-37 保温管道保温结构单位长度质量 (3)表1-10-38 管子强度焊缝系数 (4)表1-10-39 管道计算数据 (5)表1-10-40 钢管许用应力 (6)表1-10-41 常用钢材的弹性模数和线膨胀系数			

表 1−10−36　不保温管单位长度计算荷载

公称通径/mm	外径×壁厚/mm	管道质量/(kg/m)	凝结水质量/(kg/m)	管内充满水质量/(kg/m)	不保温管单位计算荷载 气体管/(N/m)	不保温管单位计算荷载 液体管/(N/m)
25	32×3	2.15	0.11	0.53	22.16	26.28
	32×3.5	2.46	0.10	0.49	25.10	28.93
32	38×3	2.59	0.16	0.80	26.97	33.25
	38×3.5	2.98	0.15	0.76	30.69	36.67
40	45×3	3.11	0.24	1.20	32.85	42.27
	45×3.5	3.58	0.224	1.13	37.31	46.19
50	57×3.5	4.62	0.39	1.96	49.13	64.53
	57×4	5.19	0.38	1.88	54.63	69.34
65	73×3.5	6.00	0.68	3.42	65.51	92.38
	73×4	6.81	0.66	3.32	73.25	99.33
80	89×4	8.38	1.03	5.15	92.28	132.68
100	108×4	10.26	1.18	7.85	112.19	177.60
125	133×4	12.73	1.84	12.27	142.88	245.17
150	159×4.5	17.15	2.65	17.67	194.17	341.46
200	219×6	31.52	5.05	33.65	358.62	639.09
250	273×7	45.92	7.90	52.69	527.79	967.03
300	325×8	62.54	11.25	74.99	723.62	1348.69
350	377×7	63.87	15.52	103.5	778.54	1641.32
	377×8	72.80	15.35	102.4	864.45	1718.11
	377×9	81.68	15.15	101.0	949.57	1791.46
400	426×7	72.33	20.0	133.3	905.44	2016.52
	426×8	82.47	19.80	132.0	1002.92	2103.21
	426×9	92.55	19.61	130.70	1099.91	2189.32
450	478×7	81.31	25.40	169.20	1046.46	2456.64
	478×8	92.73	25.20	168.00	1156.49	2556.86
	478×9	104.10	25.0	166.50	1266.02	2653.65
500	529×7	90.11	31.25	208.30	1190.12	2926.37
	529×8	102.81	31.00	206.70	1312.20	3035.21
	529×9	115.42	30.76	205.10	1433.52	3143.19
600	630×11	167.91	43.52	290.0	2073.40	4362.84
	630×9	137.81	44.10	294.0	1783.91	
	630×10	152.89	43.80	292.0	1928.85	4234.57	4490.52

注：表中，不保温管计算荷载为气体管＝(管材质量＋凝结水质量)×9.81，液体管＝(管材质量＋管内充满水质量)×9.81。

表1-10-37 保温管道保温结构单位长度质量

公称通径/mm	外径×壁厚/mm	保温结构单位长度质量/(kg/m)															
		密度150/(kg/m³)					密度250/(kg/m³)					密度350/(kg/m³)					
		100℃	150℃	200℃	250℃	300℃	100℃	150℃	200℃	250℃	300℃	100℃	150℃	200℃	250℃	300℃
25	32×3	0.99	1.02	2.18	2.88	3.72	1.65	2.58	4.80	6.15	7.68	2.31	3.61	10.75	13.06	15.61
32	38×3	1.11	1.11	3.06	3.06	3.89	1.75	2.78	5.10	8.05	8.05	3.89	5.39	11.27	16.28	18.90
40	45×3	1.20	1.20	3.26	4.13	4.13	2.00	2.98	5.43	8.48	8.48	4.17	5.78	14.35	17.05	19.95
50	57×3.5	1.37	2.01	3.59	4.52	5.73	2.28	3.35	7.53	9.23	11.1	4.69	6.44	15.54	21.42	24.68
65	73×4	1.59	2.33	5.04	6.15	6.15	3.88	5.23	8.40	12.23	14.38	5.43	9.45	20.13	23.35	30.45
80	89×4	1.83	2.63	5.58	6.75	8.01	4.38	5.85	11.25	13.35	15.63	8.19	10.5	25.27	28.91	32.73
100	108×4	2.1	2.99	6.20	7.47	8.49	4.98	6.6	12.40	17.25	19.7	9.24	11.76	27.58	35.35	39.73
125	133×4	2.52	3.45	8.40	9.89	11.45	5.75	7.58	14.00	19.08	21.85	10.61	16.38	34.69	38.85	48.34
150	159×4.5	3.95	5.16	9.39	10.98	12.68	6.58	8.6	18.30	24.1	24.85	15.12	18.41	38.15	47.6	57.89
200	219×6	5.09	6.57	11.66	15.45	17.57	10.98	13.63	25.85	29.25	32.90	19.08	27.20	51.31	62.65	74.59
250	273×7	6.12	7.85	15.83	18.0	20.34	13.08	16.18	30.08	38.0	42.18	22.65	31.92	65.10	78.05	91.56
300	325×8	7.07	9.08	18.03	20.55	25.73	15.13	18.63	34.18	43.0	47.48	31.29	36.40	77.0	94.5	109.69
350	377×9	8.06	10.29	20.24	25.8	28.66	16.65	21.08	42.95	52.75	57.95	35.18	47.25	88.59	103.95	120.54
400	426×9	8.94	11.45	22.31	28.35	31.44	17.58	26.38	47.18	57.75	68.33	38.96	52.15	96.64	121.8	139.86
450	478×9	9.96	12.68	27.71	31.05	37.86	21.13	30.75	51.68	63.0	69.05	42.95	57.05	114.0	132.3	151.31
500	529×9	10.92	13.88	30.11	33.60	40.98	23.13	33.50	56.08	68.25	81.18	46.87	62.30	123.0	142.45	172.94
600	630×11	12.83	19.80	34.90	43.0	47.2	27.1	39.0	71.63	85.78	93.1	54.64	72.24	151.41	173.39	196.28

计算依据
① 100~150℃为室外架空热水采暖管道
② 200~300℃为室外架空蒸汽管道
③ 经济保温厚度热价按7元/10⁶ KJ

表 1-10-38 管子强度焊缝系数

横向焊缝系数		纵向焊缝系数	
焊接情况	ϕ	焊接情况	ϕ
手工有垫环对焊	0.9	直缝焊接钢管	0.8
手工无垫环对焊	0.7	螺旋焊接钢管	0.6
手工双面加强焊	0.95	无缝钢管	1.0
自动双面焊	1.0		
自动单面焊	0.8		

表 1-10-39 管道计算数据

公称通径 DN/mm	外径×壁厚 $\phi \times \delta$/mm	管壁截面积 f/cm²	流通截面积 F/cm²	单位长度外表面积 /(m²/m)	惯性矩 J/cm⁴	截面系数 W/cm³
普通低压流体输送焊接钢管						
25	33.5×3.25	3.09	5.73	0.105	3.58	2.14
32	42.3×3.25	3.99	10.06	0.133	7.65	3.62
40	48×3.5	4.89	13.20	0.150	12.18	5.07
50	60×3.5	6.21	22.05	0.188	24.87	8.29
65	75.5×3.75	8.45	36.30	0.237	54.52	14.44
80	88.5×4	10.62	50.87	0.278	94.9	21.46
100	114×4	13.85	88.20	0.358	209.2	36.71
125	140×4	17.08	136.8	0.440	395.3	56.47
150	165×4.5	22.68	191	0.518	730.8	88.6
无缝钢管						
25	32×2.5	2.32	5.72	0.10	2.54	1.59
	32×3	2.73	5.31	0.10	2.90	1.81
32	38×2.5	2.79	8.55	0.119	4.42	2.32
	38×3	3.30	8.04	0.119	5.09	2.68
40	45×2.5	3.34	12.56	0.141	7.56	3.38
	45×3	3.96	11.94	0.141	8.77	3.90
50	57×3.5	5.88	19.63	0.179	21.13	7.41
65	73×3.5	7.64	34.14	0.229	46.27	12.68
	73×4	8.67	33.15	0.229	51.75	14.18
80	89×3.5	9.40	52.78	0.279	86.07	19.34
	89×4	10.68	51.50	0.279	96.9	21.71
	89×4.5	11.90	50.24	0.279	106.9	24.01
100	108×4	13.1	78.54	0.339	176.9	32.75
	108×5	16.2	75.4	0.339	215.0	39.81

续表

公称通径 DN/mm	外径×壁厚 $\phi \times \delta$/mm	管壁截面积 f/cm²	流通截面积 F/cm²	单位长度外表面积 /(m²/m)	惯性矩 J/cm⁴	截面系数 W/cm³
125	133×4	16.2	122.7	0.418	337.4	50.73
	133×5	20.1	118.8	0.418	412.2	61.98
150	159×4.5	21.8	176.7	0.499	651.9	82.0
	159×6	28.8	169.6	0.499	844.9	106.3
200	219×6	40.1	336.5	0.688	2278	208
	219×7	46.6	332	0.688	2620	239
250	273×7	58.5	526.6	0.857	5175	379
	273×8	66.6	518.5	0.857	5853	429
300	325×8	79.63	749.5	1.02	10016	616
	325×9	89.30	739.3	1.02	11164	687
350	377×9	104.0	1012	1.18	17629	935
	377×10	115	1000	1.18	19431	1031
400	426×9	118	1307	1.34	25640	1204
	426×10	131	1294	1.34	28295	1328
一般低压流体输送用螺旋缝埋弧焊钢管							
200	219.1×6	40.1	336.5	0.688	2278	208
	219.1×7	46.6	332	0.688	2620	239
250	273×6	50.3	535	0.857	4485	329
	273×7	58.5	527	0.857	5175	379
300	323.9×6	59.9	764	1.02	7574	468
	323.9×7	69.7	754	1.02	8755	541
350	377×6	69.9	1046	1.18	12029	638
	377×7	81.4	1034	1.18	13922	739
	377×8	92.7	1023	1.18	15796	838
400	426×7	92.1	1333	1.34	20227	950
	426×8	105	1320	1.34	22953	1078
	426×9	118	1307	1.34	25640	1204
500	529×8	132	2067	1.66	44439	1680
	529×9	147	2051	1.66	49710	1879
600	630×8	156	2961	1.98	75612	2400
	630×9	176	2942	1.98	84658	2688

表 1-10-40 钢管许用应力

钢号	钢管标准	壁厚/mm	常温强度指标 σ_b/MPa	常温强度指标 σ_s/MPa	在下列温度(℃)下的许用应力/MPa ≤20	100	150	200	250	300	350	400	425	450	475
10	GB8163 GB9948 GB6479	≤10	335	205	112	112	108	101	92	83	77	71	69	61	41
		≤16	335	205	112	112	108	101	92	83	77	71	69	62	41
		≤16	335	209	112	112	108	101	92	83	77	71	69	62	41
		17~40	335	195	112	110	104	98	89	79	74	68	66	61	41
20	GB8163 GB9948 GB6479	≤10	390	245	130	130	130	123	110	101	92	86	83	61	41
		≤16	410	245	137	137	132	123	110	101	92	86	83	61	41
		≤16	410	245	137	137	132	123	110	101	92	86	83	61	41
		17~40	410	235	137	132	126	116	104	95	86	79	78	61	41
16Mn	GB6479	≤16	490	320	163	163	163	159	147	135	126	119	93	66	43
		17~40	490	310	163	163	163	153	141	129	119	116	93	66	43

注：中间温度的许用压力，可按本表的应力值用内插法求得。

表 1-10-41 常用钢材的弹性模数和线膨胀系数

钢号		Q235A	10	20 20g	16Mn 16Mng	15MnV 15MnVg	Q235A	10	20 20g	16Mn 16Mng	15MnV 15MnVg
		弹性模量/($\times 10^5$ MPa)					线膨胀系数/[$\times 10^{-4}$ cm/(m·℃)]				
设计温度/℃	20	2.100	2.020	2.020	2.100	2.100	—	—	—	—	—
	100	2.040	1.950	1.870	2.050	2.050	12.20	11.90	11.16	8.31	8.31
	150	2.000	1.900	1.830	1.990	1.990	12.60	12.25	11.64	9.65	9.65
	158	1.994	1.892	1.824	1.981	1.981	12.66	12.31	11.72	9.86	9.86
	200	1.960	1.850	1.790	1.930	1.930	13.00	12.60	12.12	10.99	10.99
	220	1.944	1.830	1.772	1.914	1.914	13.09	12.64	12.25	11.26	11.26
	230	1.936	1.820	1.763	1.906	1.906	13.14	12.66	12.32	11.39	11.39
	240	1.928	1.810	1.754	1.898	1.898	13.18	12.68	12.38	11.52	11.52
	250	1.920	1.800	1.745	1.890	1.890	13.23	12.70	12.45	11.60	11.60
	260	1.912	1.790	1.736	1.882	1.882	13.27	12.72	12.52	11.78	11.78
	270	1.904	1.780	1.727	1.874	1.874	13.32	12.74	12.59	11.91	11.91
	280	1.896	1.770	1.718	1.866	1.866	13.36	12.76	12.65	12.05	12.05
	290	1.888	1.760	1.709	1.858	1.858	13.41	12.78	12.72	12.18	12.18
	300	1.880	1.750	1.700	1.850	1.850	13.45	12.80	12.78	12.31	12.31
	310		1.735	1.691	1.840	1.840		12.82	12.89	12.40	12.40
	320		1.720	1.682	1.830	1.830		12.84	12.99	12.49	12.49
	330		1.705	1.673	1.820	1.820		12.86	13.10	12.58	12.58
	340		1.690	1.667	1.810	1.810		12.88	13.20	12.68	12.68
	350		1.675	1.655	1.800	1.800		12.90	13.31	12.77	12.77
	360		1.660	1.645	1.790	1.790		12.92	13.41	12.86	12.86
	370		1.645	1.637	1.780	1.780		12.94	13.52	12.95	12.95
	380		1.630	1.628	1.770	1.770		12.96	13.62	13.04	13.04

(二)管路滑动支座允许跨度

管路滑动支座允许跨度,见表 1-10-42 ~ 表 1-10-47。

表 1-10-42 不保温管路支座最大允许跨度

公称通径 /mm	外径×壁厚 /mm	气体管最大允许跨距/m				液体管最大允许跨距/m			
		管道计算荷载 /(N/m)	强度条件计算	刚度条件计算	推荐值	管道计算荷载 /(N/m)	强度条件计算	刚度条件计算	推荐值
25	32×3	22.16	5.66	3.29	3.3	26.28	5.20	3.11	3.1
32	38×3	26.97	6.22	3.71	3.7	33.25	5.61	3.46	3.4
40	45×3	32.85	6.80	4.17	4.2	42.47	5.98	3.83	3.8
50	57×3.5	49.13	7.66	4.89	4.9	64.53	6.69	4.46	4.4
65	73×4	73.25	8.69	5.77	5.8	99.34	7.47	5.21	5.2
80	89×4	92.28	9.57	6.58	6.6	132.68	6.46	5.83	5.8
100	108×4	112.19	10.68	7.54	7.5	177.60	8.49	6.47	6.4
125	133×4	142.88	11.77	8.62	8.6	245.16	8.99	7.20	7.2
150	159×4.5	194.17	12.83	9.70	9.7	341.46	9.68	8.03	8.0
200	219×6	358.63	15.04	12.00	12.0	639.09	11.26	9.89	9.9
250	273×7	527.79	16.74	13.86	13.8	967.02	12.37	11.33	11.3
300	325×8	723.63	18.22	15.55	15.5	1348.69	13.35	12.64	12.6
350	377×9	949.57	19.59	17.15	17.1	1791.46	14.26	13.88	13.9
400	426×9	1099.9	20.66	18.5	18.5	2189.31	14.64	14.71	14.6
450	478×9	1266.03	21.66	19.84	19.8	2653.65	14.96	15.50	15.0
500	529×9	1433.52	22.61	21.12	21.1	3143.20	15.27	16.26	15.3
600	630×11	2073.40	24.71	23.75	23.7	4490.52	16.79	18.36	16.8

注:①管子横向焊缝系数 $\phi=0.7$。
②管材许用应力 $[\sigma]^t=111\text{MPa}$(10 号钢)。
③钢材弹性模数 $E_t=1.98\times10^5\text{MPa}$(10 号钢)。
④放水坡度 $i_o=0.002$。

表 1-10-43 保温液体管路支座最大允许跨度表（$t=100℃$）

公称通径 /mm	外径×壁厚 /mm	管道单位长度计算荷载/(N/m)			强度条件计算最大跨距/m			刚度条件计算最大跨距/m			允许最大跨距推荐值/m		
		密度150	密度250	密度350	密度150	密度250	密度350	密度150	密度250	密度350	密度150	密度250	密度350
25	32×3	35.98	42.46	48.93	4.44	4.09	3.81	2.81	2.66	2.53	2.8	2.6	2.5
32	38×3	44.14	50.41	71.4	4.87	4.55	3.83	3.16	3.03	2.69	3.1	3.0	2.7
40	45×3	54.04	61.88	83.16	5.30	4.96	4.28	3.54	3.39	3.07	3.5	3.4	3.0
50	57×3.5	77.96	86.89	110.52	6.08	5.76	5.11	4.20	4.05	3.74	4.2	4.0	3.7
65	73×4	114.92	137.38	152.58	6.94	6.35	6.02	4.98	4.69	4.53	5.0	4.7	4.5
80	89×4	150.63	175.63	213.00	7.49	6.94	6.30	5.60	5.32	4.99	5.6	5.3	5.0
100	108×4	198.19	226.43	268.21	8.03	7.51	6.90	6.26	5.99	5.66	6.2	6.0	5.7
125	133×4	269.88	301.56	349.22	8.57	8.10	7.53	7.0	6.74	6.42	7.0	6.7	6.4
150	159×4.5	380.20	405.99	489.74	9.17	8.87	8.08	7.78	7.61	7.15	7.8	7.6	7.1
200	219×6	689.01	746.77	826.20	10.85	10.42	9.91	9.68	9.43	9.11	9.7	9.4	9.1
250	273×7	1027.04	1095.29	1189.14	12.00	11.62	11.15	11.14	10.91	10.61	11.1	10.9	10.6
300	325×8	1418.03	1497.07	1654.56	13.02	12.67	12.05	12.47	12.24	11.84	12.5	12.2	11.8
350	377×9	1870.50	1954.74	2136.45	13.96	13.66	13.06	13.72	13.52	13.13	13.7	13.5	13.1
400	426×9	2276.98	2361.71	2571.38	14.36	14.10	13.51	14.57	14.39	13.99	14.3	14.1	13.5
450	478×9	2751.33	2860.86	3074.84	14.69	14.40	13.90	15.37	15.17	14.81	14.7	14.4	13.9
500	529×9	3250.28	3370.02	3620.83	15.02	14.75	14.23	16.13	15.94	15.56	15.0	14.8	14.2
600	630×11	4616.34	4756.3	5026.3	16.56	16.31	15.87	18.25	18.07	17.74	16.5	16.3	15.8

注：① 管道保温材料密度单位：kg/m^3。
② 管道横向焊缝系数 $\phi=0.7$。
③ 管材许用应力 $[\sigma]^t=111MPa$（Q235-A）。
④ 钢材弹性模数 $E_t=2.0\times10^5 MPa$。
⑤ 放水坡度 $i_0=0.002$。

表 1-10-44　保温液体管路支座最大允许跨度（$t=150℃$）

公称通径/mm	外径×壁厚/mm	管道单位长度计算荷载/(N/m)			强度条件计算最大跨距/m			刚度条件计算最大跨距/m			允许最大跨距推荐值/m		
		密度150	密度250	密度350	密度150	密度250	密度350	密度150	密度250	密度350	密度150	密度250	密度350
25	32×3	36.28	51.58	61.68	4.42	3.71	3.39	2.78	2.47	2.33	2.8	2.5	2.3
32	38×3	44.14	60.51	86.11	4.87	4.16	3.48	3.14	2.83	2.51	3.1	2.8	2.5
40	45×3	54.04	71.49	98.95	5.30	4.61	3.92	3.52	3.21	2.88	3.5	3.2	2.9
50	57×3.5	84.24	97.38	127.68	5.85	5.44	4.75	4.07	3.88	3.54	4.1	3.9	3.5
65	73×4	122.18	150.62	192.00	6.73	6.06	5.37	4.85	4.52	4.17	4.9	4.5	4.2
80	89×4	158.47	190.05	235.65	7.31	6.67	5.99	5.47	5.15	4.79	5.5	5.1	4.8
100	108×4	206.92	242.32	292.93	7.86	7.26	6.61	6.13	5.81	5.46	6.1	5.8	5.4
125	133×4	279.00	319.5	405.8	8.43	7.87	6.99	6.87	6.57	6.07	6.9	6.6	6.1
150	159×4.5	392.06	425.8	522.0	9.03	8.66	7.83	7.65	7.44	6.95	7.6	7.4	7.0
200	219×6	703.51	772.75	905.83	10.74	10.24	9.46	9.55	9.26	8.78	9.5	9.2	8.8
250	273×7	1044.01	1125.7	1280.06	11.90	11.46	10.75	11.0	10.73	10.28	11.0	10.7	10.3
300	325×8	1437.73	1531.39	1705.65	12.93	12.53	11.87	12.33	12.07	11.64	12.3	12.1	11.6
350	377×9	1892.37	1998.18	2254.82	13.88	13.51	12.71	13.58	13.33	12.81	13.6	13.3	12.7
400	426×9	2301.60	2418.6	2700.73	14.28	13.93	13.18	14.42	14.18	13.67	14.3	13.9	13.2
450	478×9	2778.0	2955.2	3213.11	14.62	14.17	13.59	15.22	14.91	14.50	14.6	14.2	14.0
500	529×9	3279.30	3471.71	3754.14	14.95	14.53	13.97	15.98	15.67	15.27	15.0	14.5	14.0
600	630×11	4684.7	4873.0	5199.0	16.44	16.12	15.6	18.04	17.81	17.42	16.4	16.1	15.6

注：①管道保温材料密度单位：kg/m^3。
②管道横向焊缝系数 $\phi=0.7$。
③管材许用应力 $[\sigma]^t=111MPa(Q235-A)$。
④钢材弹性模数 $E_t=1.96×10^5 MPa$。
⑤放水坡度 $i_0=0.002$。

表1-10-45 保温蒸汽管路支座最大允许跨度（$p=1.3\text{MPa}, t=200℃$）

公称通径/mm	外径×壁厚/mm	管道单位长度计算荷载/(N/m)			强度条件计算最大跨距/m			刚度条件计算最大跨距/m			允许最大跨距推荐值/m		
		密度150	密度250	密度350	密度150	密度250	密度350	密度150	密度250	密度350	密度150	密度250	密度350
25	32×3	43.54	69.23	125.13	3.85	3.05	2.27	2.55	2.18	1.79	2.5	2.2	1.8
32	38×3	56.98	77.98	137.49	4.08	3.51	2.63	2.81	2.54	2.09	2.8	2.5	2.1
40	45×3	64.82	8.61	173.57	4.62	4.01	2.82	3.23	2.94	2.32	3.2	2.9	2.3
50	57×3.5	84.34	122.97	201.52	5.58	4.62	3.61	3.96	3.49	2.96	4.0	3.5	3.0
65	73×4	122.67	155.63	270.66	6.41	5.69	4.31	4.72	4.36	3.62	4.7	4.3	3.6
80	89×4	147.00	202.60	340.09	7.24	6.16	4.76	5.46	4.91	4.13	5.4	4.9	4.1
100	108×4	172.99	233.79	382.65	8.20	7.05	5.51	6.33	5.73	4.86	6.3	5.7	4.8
125	133×4	225.26	280.17	483.07	8.94	8.02	6.11	7.19	6.68	5.57	7.2	6.7	5.6
150	159×4.5	286.25	373.63	568.29	10.08	8.82	7.15	8.27	7.57	6.58	8.2	7.6	6.6
200	219×6	472.96	612.12	861.79	12.49	10.98	9.25	10.62	9.74	8.69	10.6	9.7	8.7
250	273×7	683.03	822.77	1166.2	14.04	12.79	10.74	12.35	11.61	10.33	12.3	11.6	10.3
300	325×8	900.43	1058.81	1478.72	15.58	14.37	12.16	14.03	13.29	11.89	14.0	13.3	11.9
350	377×9	1148.05	1370.76	1818.33	17.00	15.56	13.51	15.62	14.72	13.4	15.6	14.7	13.4
400	426×9	1318.69	1562.58	2047.61	18.0	16.53	14.44	16.90	15.97	14.60	16.9	16.6	14.4
450	478×9	1537.76	1772.82	2383.97	18.74	17.46	15.05	18.05	17.21	15.59	18.0	17.2	15.0
500	529×9	1728.80	1983.47	2639.73	20.48	18.34	15.89	19.26	18.40	16.72	19.2	18.4	15.9
600	630×11	2415.65	2775.8	3558.2	21.84	20.37	17.99	21.91	20.92	19.25	21.8	20.3	19.2

注：①管道保温材料密度单位：kg/m^3
②管道横向焊缝系数 $\phi=0.7$
③管材许用应力 $[\sigma]^t=101\text{MPa}$（10号钢）
④钢材弹性模数 $E_t=1.81\times10^5\text{MPa}$
⑤放水坡度 $i_0=0.002$

表1-10-46 保温蒸汽管路支座最大允许跨度（$p=1.3$MPa,$t=250$℃）

公称通径/mm	外径×壁厚/mm	管道单位长度计算荷载/(N/m)			强度条件计算最大跨距/m			刚度条件计算最大跨距/m			允许最大跨距推荐值/m		
		密度150	密度250	密度350	密度150	密度250	密度350	密度150	密度250	密度350	密度150	密度250	密度350
25	32×3	50.4	82.47	150.23	3.74	2.92	2.16	2.38	2.02	1.65	2.4	2.0	16
32	38×3	56.98	105.91	186.62	4.26	3.13	2.36	2.76	2.24	1.86	2.7	2.2	1.8
40	45×3	73.35	116.01	200.05	4.53	3.60	2.74	3.04	2.61	2.17	3.0	2.6	2.2
50	57×3.5	93.46	139.64	259.19	5.53	4.52	3.32	3.76	3.29	2.67	3.7	3.3	2.6
65	73×4	133.56	193.18	301.25	6.41	5.33	4.27	4.50	3.98	3.43	4.5	4.0	3.4
80	89×4	158.47	223.2	375.79	7.27	6.13	4.72	5.23	4.67	3.92	5.2	4.6	3.9
100	108×4	185.44	281.35	458.85	8.27	6.71	5.26	6.07	5.28	4.49	6.0	5.3	4.5
125	133×4	239.87	330.00	523.86	9.05	7.71	6.12	6.91	6.21	5.32	6.9	6.2	5.3
150	159×4.5	301.85	430.51	660.96	10.24	8.58	6.92	7.97	7.08	6.14	8.0	7.1	6.1
200	219×6	510.13	645.46	973.00	12.55	11.16	9.09	10.16	9.39	8.19	10.1	9.3	8.2
250	273×7	704.31	900.43	1293.19	14.43	12.76	10.65	11.99	11.05	9.79	12.0	11.0	9.8
300	325×8	925.14	1145.3	1650.34	16.04	14.42	12.01	13.64	12.71	11.25	13.6	12.7	11.2
350	377×9	1202.58	1466.87	1968.96	17.33	15.69	13.55	15.09	14.12	12.8	15.1	14.1	12.8
400	426×9	1377.93	1666.24	2294.35	18.37	16.71	14.24	16.34	15.34	13.79	16.3	15.3	13.8
450	478×9	1570.51	1883.83	2563.43	19.36	17.67	15.15	17.58	16.55	14.94	17.6	16.5	15.0
500	529×9	1763.02	2102.82	2830.46	20.3	18.59	16.02	18.77	17.70	16.03	18.7	17.7	16.0
600	630×11	2495.1	2914.6	3773.76	22.42	20.75	18.23	21.27	20.19	18.53	21.2	20.2	18.2

注：① 管道保温材料密度单位：kg/m³。
② 管道横向焊缝系数 $\phi=0.7$。
③ 管材许用应力 $[\sigma]^t=110$MPa（20号钢）。
④ 钢材弹性模数 $E_t=1.71\times10^5$MPa。
⑤ 放水坡度 $i_o=0.002$。

表 1-10-47 常用管路支座允许跨度范围表

支座间距/m \ 管径/mm \ 管路类型	15	20	25	32	40	50	75	80	100	125	150	200	250
无保温层管路	2.5	3	4	4	5	3.5~6	4~7	6	4.5~9	5.5~10	6~12	7.5~13	17.2
有保温层管路	1.5	2	2	2.5	3	3~4	3.5~5	4	4~7	5~8	5.5~9	6.5~10	16.1

(三) 管路固定支座间最大距离

管路固定支座间最大距离见表 1-10-48。

表 1-10-48 管路固定支座间的最大距离 L   m

补偿器类型 \ 管径/mm \ 敷设方式	40	50	70	80	100	125	150	200	150	300
Π型	管沟、地上	45	50	55	60	65	70	80	90	100	115
Ω型	管沟、地上	45	50	55	60	65	70	80	90	100	115
套筒型	管沟、地上						50	55	60	70	80
波纹管式	管沟、地上	15	15	15	15	20					

注:(1)表中波纹管伸缩器是按4个波圈考虑的,通常每个波圈的补偿量为10mm左右,安装时应根据实际波圈数伸缩量计算
(2)安装套筒式补偿器时,在所有情况下应根据其补偿能力来检查L的距离。被补偿管段的长度可用下式求出

计算公式	符号	符号含义	单位
$L = \dfrac{L_{max}}{\Delta + L_{min}}$, m;	L_{max}	套筒补偿器本身最大的补偿能力	cm
	Δ	单位管长的膨胀量,$\Delta = 0.0012(t_{用} - t_{安})$	cm/m
	L_{min}	考虑管路可能因冷却缩短的安装裕度,$L_{min} = 0.0012(t_{用} - t_{min})$	cm/m
	$t_{用}$	使用中的温度	℃
	$t_{安}$	补偿器安装时的温度	℃
	t_{min}	使用中可能达到的最低温度,一般可采用当地最低温度	℃

二、管座(架)结构设计图例

管座(架)结构设计图例见表 1-10-49。

表 1-10-49 管座(架)结构设计图例

分类方法	名称	管座(架)的主要功能	结构与材料简述
(1)按作用分(这是基本的分类)	滑动管座(架)	滑动支座对管路起支撑作用,允许管路轴向和横向位移。其布置位置由计算确定	支墩可由混凝土或砖、石等材料制作,顶面预埋扁铁。也可用钢型材或混凝土作悬臂梁或三角支撑梁
	导向管座(架)	导向支座用于防止管路横向位移而允许其轴向移动。设置在曲管式补偿器两边、自体补偿器的管路拐弯处	其支墩与地板做法同滑动支座。挡板可用角钢
	固定管座(架)	固定支座防止管路轴向位移,以保护与之相连的设备。设置在补偿器补偿管段的两边、自体补偿管段的两边、分支管处、管路与设备相连处、管路的起始和终点	支墩可采用混凝土或砖、石砌筑,尺寸应经计算确定。支墩顶面应予埋钢底板。用管卡固定时,应预埋固定螺栓
(2)按安装位置分	管沟管座(架)	设在管沟内,功能按作用定	管沟内应用托梁时,托梁可采用钢筋混凝土或型钢,梁的两端应预埋在管沟壁内
	露天管座(架)	露天设置,功能按作用定	管沟内应用托梁时,托梁可采用钢筋混凝土或型钢,梁的两端应预埋在管沟壁内
(3)按管座(架)高低分	高管座(架)	功能按作用定	可采用钢筋混凝土、或钢型材按功能设计结构
	低管座(架)		结构按功能参考(1)中相应管座(架)确定
(4)按结构形式分	管座	功能按作用定	可采用钢筋混凝土、或钢型材按功能设计结构
	管架		结构按功能参考(1)中相应管座(架)确定
	弹簧支座	是允许管路在一定范围内有轴向、横向和垂直方向位移的支座。其主要作用是支撑管路,防止设备设施位移而管路不动造成损坏。如油罐前的阀门处使用固定支座,而不使用弹簧支座,将会对油罐壁板造成损伤,且柔性金属软管也会失去调节作用	结构参见"图 1-10-11 弹簧支座"
(5)按用途分	支撑导向管座(架)	功能按作用定	结构按功能参考(1)中相应管座(架)确定
	绝缘管座(架)	在阴极保护管路上的固定支座应考虑绝缘保护,可在管卡与管路间和管卡与挡块间设置酚醛树脂压板垫片	
(6)按管道油品分	轻油管座(架)	功能按作用定	结构按功能参考(1)中相应管座(架)确定
	黏油管座(架)		

续表

分类方法	名称	管座(架)的主要功能	结构与材料简述
备注	①管座(架)的结构,特别是固定管座(架)和高架管座(架)的结构,需进行专业结构计算。下面对油库常见的滑动管座(架)和低位管的固定管座提供一些图例及结构尺寸表,供设计参考		
	②图名图号与表名表号	图名图号	表名表号
		图1-10-3 管沟管道的滑动管座	表1-10-50 管沟管道的滑动管座结构尺寸
		图1-10-4 露天管道的滑动管座	表1-10-51 露天管道的滑动管座结构尺寸
		图1-10-5 轻油露天管道的导向管座	
		图1-10-6 轻油管沟管道的导向管座	
		图1-10-7 轻油露天管道的固定管座	
		图1-10-8 黏油露天管道的固定管座	
		图1-10-9 管沟管道的固定管座	
		图1-10-10 阴极保护管道的固定管座	
		图1-10-11 弹簧支座	
		图1-10-12 单管单梁墙架(一)	表1-10-52 单管单梁墙架(一)
		图1-10-13 单管单梁墙架(二)(用于有砖垛凸出的地方,$A \leq 250mm$)	表1-10-53 单管单梁墙架(二)
		图1-10-14 圆钢制"U"型管卡	表1-10-54 圆钢制"U"型管卡
		图1-10-15 圆钢制"Γ"型管卡	表1-10-55 圆钢制"Γ"型管卡

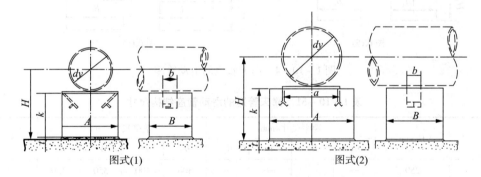

图1-10-3 管沟管道的滑动管座

表1-10-50 管沟管道的滑动管座结构尺寸

| dy | H/mm | 管座尺寸/mm ||||| 图 式 |
		A	B	a	b	k	
100(108×4)	200	200	150	200	50	130	(1)
	250	200	150	200	50	180	(1)
	300	200	150	200	50	230	(1)
150(159×5)	200	200	150	200	50	105	(1)
	250	200	150	200	50	155	(1)
	300	200	150	200	50	205	(1)

续表

dy	H/mm	管座尺寸/mm					图式
		A	B	a	b	k	
200(219×7)	250	300	150	200	50	125	(2)
	300	300	150	200	50	175	(2)
	350	300	150	200	50	225	(2)
250(273×8)	300	350	150	250	60	150	(2)
	350	350	200	250	60	200	(2)
	400	350	250	250	60	250	(2)

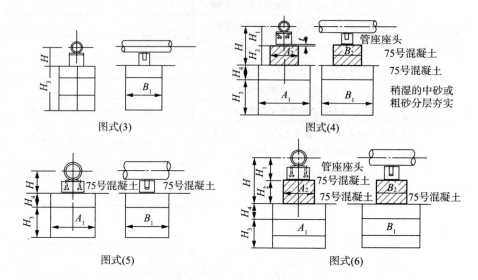

图 1-10-4　露天管道的滑动管座

表 1-10-51　露天管道的滑动管座结构尺寸

dy	H/mm	管座尺寸/mm				基础尺寸/mm				图式
		H_1	H_2	A_2	B_2	H_3	H_4	A_1	B_1	
100(108×4)	250	—	—	—	—	300	100	350	350	(3)
	250-1000	250	H-250	240	240	300	100	350	350	(4)
	1000-2000	250	H-250	240	360	300	100	350	450	(4)
150(159×5)	300	—	—	—	—	300	100	350	350	(3)
	300-1000	300	H-300	240	240	300	100	350	350	(4)
	1000-2000	300	H-300	240	360	300	100	350	450	(4)
200(219×7)	300	—	—	—	—	300	100	450	350	(5)
	300-1000	300	H-300	360	240	300	100	450	350	(6)
	1000-2000	300	H-300	360	360	300	100	450	450	(6)
250(273×8)	350	—	—	—	—	300	100	450	350	(5)
	300-1000	350	H-350	360	240	300	100	450	350	(6)
	1000-2000	350	H-350	360	360	300	100	450	450	(6)

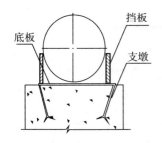
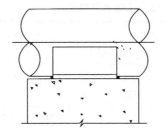

图1-10-5 轻油露天管道的导向管座　　　　图1-10-6 轻油管沟管道的导向管座

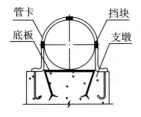
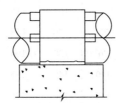
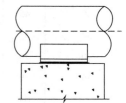

图1-10-7 轻油露天管道的固定管座　　　　图1-10-8 黏油露天管道的固定管座

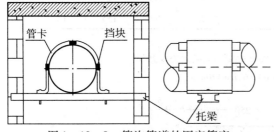
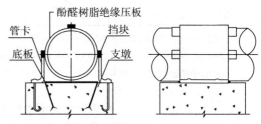

图1-10-9 管沟管道的固定管座　　　　图1-10-10 阴极保护管道的固定管座

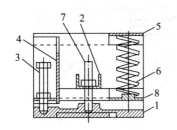
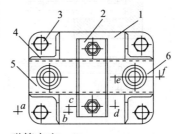

图1-10-11 弹簧支座

1—底座；2—定位压板；3—调节螺栓；4—翼板；5—托管；6—弹簧；7—定位螺栓；8—弹簧座

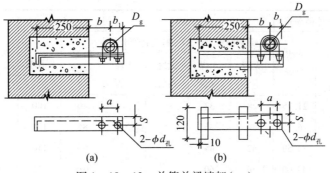

图1-10-12 单管单梁墙架（一）

表1-10-52 单管单梁墙架(一)

公称直径DN	管子外径/mm		a/mm				b/mm		b_1/mm	$d_{孔}$/mm	S/mm
	无缝钢管	水煤气管	圆钢制管卡		扁钢制管卡		不保温管	保温管			
			无缝钢管	水煤气管	无缝钢管	水煤气管					
15	18	21.25	28	32			80	100	40	10	30
20	25	26.75	34	36			85	105	45	10	30
25	32	33.50	42	44			90	110	50	10	30
40	45	48.00	56	60			105	115	60	12	30
50	57	60.00	70	72	76	78	120	150	65	12	30
70	76	75.50	90	90	96	96	130	160	75	14	30
80	89	88.50	104	104	112	110	140	165	85	14	40
100	108	114.0	122	128	130	136	150	175	100	14	40
125	133	140.0	148	156	156	164	175	210	110	14	40
150	159	165.0	178	184	186	190	190	220	130	18	28
200	219		238		240		220	260	155	18	28

注:①图(a)用于DN≤125,图(b)用于DN=150、200。
②图(a)中角钢(1)的规格为:DN≤70,采用50×50×5;70<DN≤125,采用75×75×8。
图(b)中槽钢(2)的规格为:80×43×5;扁钢(1)规格为60×6,L=120mm。

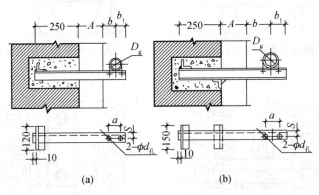

图1-10-13 单管单梁墙架(二)

表1-10-53 单管单梁墙架(二)(用于有砖垛凸出的地方,A≤250mm)

公称直径DN	管子外径/mm		a/mm				b/mm		b_1/mm	$d_{孔}$/mm	S/mm
	无缝钢管	水煤气管	圆钢制管卡		扁钢制管卡		不保温管	保温管			
			无缝钢管	水煤气管	无缝钢管	水煤气管					
15	18	21.25	28	32			80	100	40	10	30
20	25	26.75	34	36			85	105	45	10	30
25	32	33.50	42	44			90	110	50	10	30
40	45	48.00	56	60			105	115	60	12	30

续表

公称直径 DN	管子外径/mm		a/mm				b/mm		b_1/mm	$d_孔$/mm	S/mm
	无缝钢管	水煤气管	圆钢制管卡		扁钢制管卡		不保温管	保温管			
			无缝钢管	水煤气管	无缝钢管	水煤气管					
50	57	60.00	70	72	76	78	120	150	65	12	30
70	76	75.50	90	90	96	96	130	160	75	14	40
80	89	88.50	104	102	112	110	140	165	85	14	40
100	108	114.0	122	128	130	136	150	175	100	14	30
125	133	140.0	148	156	156	164	175	210	110	14	30
150	159	165.0	178	184	186	192	190	220	130	18	30

注：①图(a)用于 $DN \leqslant 100$，图(b)用于 $DN = 150、125$。
②图(a)中角钢(2)的规格为：$DN \leqslant 50$，采用 $50 \times 50 \times 5$，$50 < DN \leqslant 100$，采用 $75 \times 75 \times 8$；角钢(1)的规格为 $40 \times 40 \times 5$，$L = 120mm$。
③图(b)中槽钢(2)的规格为 $120 \times 53 \times 5$；角钢(1)规格为 $40 \times 40 \times 5$，$L = 150mm$。

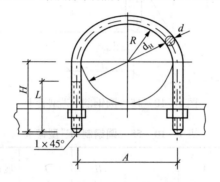

图 1-10-14 圆钢制"U"型管卡

表 1-10-54 圆钢制"U"型管卡   mm

管径	DN	80		100		125		150		200	250	300
	d_H	89	88.5	108	114	133	140	159	165	219	273	325
管卡部分	R	46	46	56	60	68	72	81	85	113	140	167
	d		12				16				20	
	A	104	104	128	136	152	156	178	186	245	300	350
	H		180		95		105		120	155	185	210
	L		40				70				80	
	展开长度	325	325	390	400	450	460	520	530	700	840	975
	质量/kg	0.288	0.288	0.62	0.63	0.72	0.75	0.82	0.83	1.73	2.09	2.4

续表

螺母2个	d	BM12	BM16						BM20		
	共重/kg	0.033	0.065						0.125		
装配后总重/kg		0.321	0.321	0.650	0.695	0.785	0.815	0.885	0.895	1.96	2.33	2.66

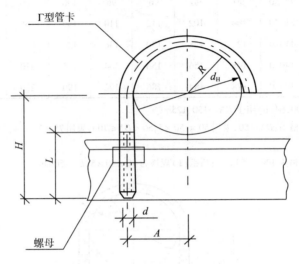

图 1-10-15 圆钢制"Γ"型管卡

表 1-10-55 圆钢制"Γ"型管卡

管径		R	A	d	H	L	展开长度	螺母1个 d	装配后总质量
DN	d_H								
10	17	10	15	10	40	30	85	BM10	0.064
15	22	12	17	10	40	30	85	BM10	0.068
20	27	15	20	10	45	30	105	BM10	0.070
25	33.5	20	25	10	50	30	130	BM10	0.090
40	48	24	32	12	60	40	160	BM12	0.158
50	60	32	38	12	65	40	185	BM12	0.180

注：①图表中尺寸以 mm 计，质量以 kg 计。
②管卡材料 G4F，螺母材料 G3F，按 GB41—58 制造。
③安装时不需将管子卡紧，以使管子能沿轴向自由移动。

第六节 管路的伸缩补偿

一、管路热伸长(冷缩短)计算公式及每米管长伸缩量

(一)管路热伸长(冷缩短)计算

管路热伸长(冷缩短)计算见表 1-10-56。

表 1-10-56 管路热伸长(冷缩短)计算

计算公式	符号	符号含义	单位
$\Delta L = \alpha \cdot L \cdot (t_y - t_p)$	ΔL	地上自由放置的管线的伸缩量	m
	α	管材的线膨胀系数,见下表	
	L	管路长度	m
	t_y	管路安装时的温度(取安装时的气温,常取 -5℃)	
	t_p	管路使用时的温度(取管路运行的最高油温)	

各种管材的膨胀系数 α 值

管道材料	α 值/(m/m·℃)	管道材料	α 值/(m/m·℃)
不锈钢	1.03×10^{-5}	铸铁	1.1×10^{-5}
碳素钢	1.17×10^{-5}	聚氯乙烯	7.0×10^{-5}
铜	1.596×10^{-5}	聚乙烯	10.0×10^{-5}
青铜	1.8×10^{-5}	玻璃	0.5×10^{-5}

(二)每米管长伸缩量

每米管长伸缩量见表 1-10-57。

表 1-10-57 每米管长伸缩量　　　　　　　　　　　　　　mm

温度差/℃	钢　管	铁　管	生铁管	铜　管
10	0.13	0.12	0.11	0.16
30	0.38	0.37	0.33	0.47
50	0.63	0.62	0.56	0.80
70	0.97	0.97	0.78	1.12
100	1.26	1.24	1.11	1.60
120	1.41	1.40	1.33	1.91
150	1.88	1.85	1.66	2.40
170	2.26	2.10	1.88	2.71
200	2.52	2.47	2.22	3.20
220	2.74	2.72	2.42	3.51
250	3.15	3.10	2.77	3.70
270	3.50	3.33	3.00	3.91
300	3.77	3.71	3.33	4.69
320	4.03	3.95	3.53	5.00
350	4.40	4.32	3.88	5.49
370	4.97	4.57	4.17	5.80
400	5.03	4.94	4.44	6.38

二、管路补偿器比较及使用范围

管路补偿器比较及使用范围见表 1-10-58。

表 1-10-58 管路补偿器比较及使用范围

形式	优点	缺点	使用范围
波纹管式	结构简单、紧凑、体积小,严密性好,不需检修	补偿能力小,使用压力低,一般为 $1.96 \times 10^5 \sim 4.9 \times 10^5$ Pa;易积锈渣	现在油库较少应用,不宜用于小口径管上
填料筒式	结构简单、紧凑,补偿能力大,可到 200～250mm 以上	严密性较差,必须定期更换填料,有时有卡住的危险	一般用于 9.8×10^5 Pa 以下,管径在 DN150 以上
曲管式	制造安装容易,使用方便,补偿能力大,通常可达 400mm,推力很小	尺寸大,安装受地形、管沟条件的限制	用于温度和压力较高的管路上

三、管路补偿器的选择

(一)波纹补偿器的选择

波纹补偿器的选择与安装见表 1-10-59 和表 1-10-60。

表 1-10-59 波纹补偿器的选择与安装

波纹管补偿器的安装要求	波纹管补偿器尺寸图
在直管段上任意两固定支架之间只能安装一只波纹补偿器	
波纹补偿器应靠近固定支架安装,如下图所示,其中 L_1 为 4 倍公称通径,L_2 为 14 倍公称通径,L_3 按滑动支架间距布置	

波纹补偿器安装示意见下图

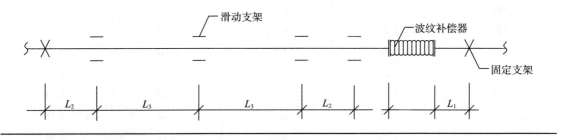

表 1-10-60 波纹管规格及参考技术数据

波纹管公称直径 DN/mm	80	125	150	200	250	300	209/237	400
管道外径 D_H/mm	89	133	159	219	270	325	273	426
波纹管内径 D_1/mm	73	113	149	195	246	292	237	402
波纹管外径 D_2/mm	109	158	197	250	310	360	309	470
壁厚 δ/mm	1、1.2	1、1.2	1.2、1.5	1.2	1.2、1.5	1.5	1、1.2、1.5、2	1、1.2、1.5、2

续表

波纹管公称直径 DN/mm	80	125	150	200	250	300	209/237	400
波高 h/mm	18	22	24	27.6	32	34	36	35
波数(n)个	14	11、14	10、13	8、12	7	7	9、10	7
波距 W	20	32	36	40	44	37	52	
每波补偿量/mm	3~4	3~4	4.8~6.4	5.4~7.2	6~8	6.6~8.3	5.5~7.4	8.4~11.28
端长 L/mm	20	20	20	20	20	20	20	20
波峰半径 R/mm	5	5	8	9	10	11	9	13
波谷半径 r/mm	5	5	8	9	10	11	9	13
加强环外径 D_A/mm	258	284	364	416	502	366		610

注：①波纹管采用薄壁不锈钢或碳钢，直缝氩弧焊接，用液压方法制造成型。
②可用于管道中作位移补偿及温度补偿和吸收震动。
③使用条件：温度为300℃以下的各种管道；工作压力为1.6×10^5 Pa。

（二）Γ型自体补偿管段短臂长度的计算与选择

Γ型自体补偿管段短臂长度的计算与选择见表1-10-61。

表1-10-61 "Γ"型自体补偿管段短臂长度的计算与选择

	简介	计算			
		计算公式	符号	符号含义	单位
1. Γ型自体补偿	当管路弯管的转角小于150°时，可以作为Γ型自体补偿	$l = 1.1 \times \sqrt{\dfrac{\Delta L \cdot D}{300}}$	l	短臂长	m
2. Γ型自体补偿的要求	（1）一般Γ型自体补偿的管段臂长不应超过20~25m		ΔL	长臂 L 的伸（缩）量	mm
	（2）弯曲应力不应超过80MPa		D	管路外径	mm
Γ型补偿示意图		Γ型补偿器选用图（α=90°）			

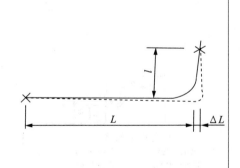

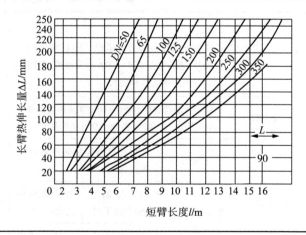

注：Γ型自体补偿管段短臂长 l 如上左图，按上公式计算，亦可由上右图查得。

（三）Z型自体补偿管段短臂长度的计算与选择

Z型自体补偿管段短臂长度的计算与选择见表1-10-62。

表 1−10−62　Z 型自体补偿管段短臂长度的计算与选择

计算公式	符号	符号含义	单位
$l = \left[\dfrac{6 \cdot \Delta t \cdot E \cdot D}{10^3 [\sigma_{弯}](1+1.2K)}\right]^{\frac{1}{2}}$	l	短臂长	m
	Δt	计算温差	℃
	E	管路材料的弹性模数	MPa
	D	管路外径	mm
	K	等于 L_1/L_2	
	$[\sigma_{弯}]$	弯曲许用应力，$[\sigma_{弯}]=80\text{MPa}$	

Z 型补偿示意图	Z 型补偿器选用图

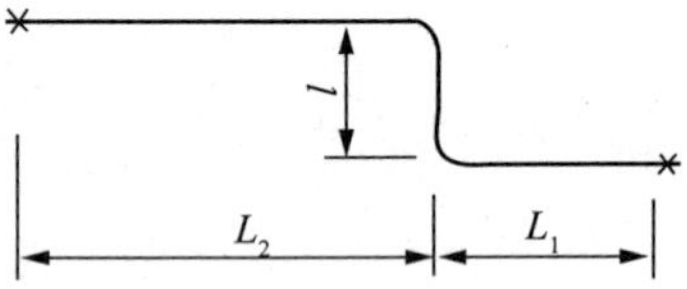

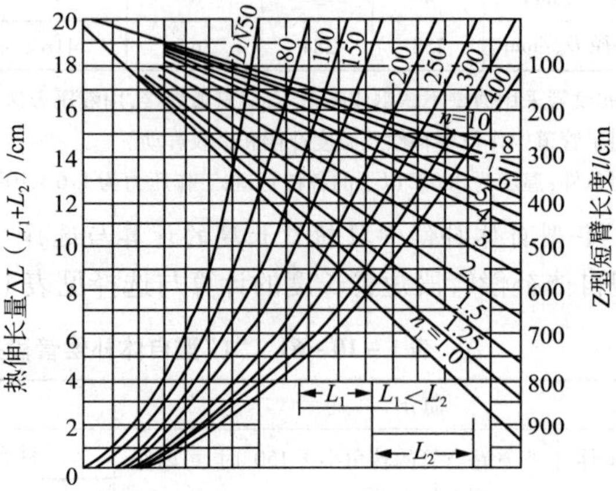

注：Z 型自体补偿管段如上左图，其短臂长 L 按上公式计算，亦可由上右图查得

（四）Π 型补偿器的选择

Π 型补偿器的选择见表 1−10−63。

表 1−10−63　Π 型补偿器的选择

简介			Π 型补偿器如下图
1. 类型		Π 型补偿器是动力管道设计中最常用的一种补偿器，它是由 4 个 90°弯头组成，常用的如右图所示的 4 种类型	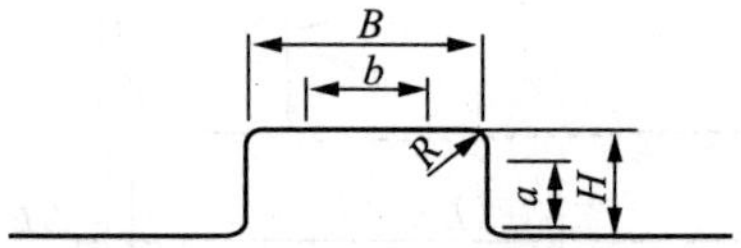 矩(方)形补偿器 1 型($b=2a$)　2 型($b=a$) 3 型($b=0.5a$)　4 型($b=0$)
2. 自由臂		Π 型补偿器的自由臂（导向支架至补偿器外伸臂的距离），一般为 40 倍公称通径的长度	
3. 安装	(1)	Π 型补偿器安装时一般必须预拉伸	
	(2) 预拉伸值	当介质温度 250℃ 以下时	为计算热伸长量的 50%
		当介质温度 250~400℃ 时	为计算热伸长量的 70%

续表

补偿能力 ΔL /mm	型号	公称通径 DN /mm											
		20	25	32	40	50	65	80	100	125	150	200	250
		外伸臂长 $H = a + 2R$ /mm											
30	1	450	520	570	—	—	—	—	—	—	—	—	—
	2	530	580	630	670	—	—	—	—	—	—	—	—
	3	600	760	820	850	—	—	—	—	—	—	—	—
	4	—	760	820	850	—	—	—	—	—	—	—	—
50	1	570	650	720	760	790	860	930	1000	—	—	—	—
	2	690	750	830	870	880	910	930	1000	—	—	—	—
	3	790	850	930	970	970	980	980	—	—	—	—	—
	4	—	1060	1120	1140	1050	1240	1240	—	—	—	—	—
75	1	680	790	860	920	950	1050	1100	1220	1380	1530	1800	—
	2	830	930	1020	1070	1080	1150	1200	1300	1380	1530	1800	—
	3	980	1060	1150	1220	1180	1220	1250	1350	1450	1600	—	—
	4	—	1350	1410	1430	1450	1450	1350	1450	1530	1650	—	—
100	1	780	910	980	1050	1100	1200	1270	1400	1590	1730	2050	—
	2	970	1070	1170	1240	1250	1330	1400	1530	1670	1830	2100	2300
	3	1140	1250	1360	1430	1450	1470	1500	1600	1750	1830	2100	—
	4	—	1600	1700	1780	1700	1710	1720	1730	1840	1980	2190	—
150	1	—	1100	1260	1270	1310	1400	1570	1730	1920	2120	2500	—
	2	—	1330	1450	1540	1550	1660	1760	1920	2100	2280	2630	2800
	3	—	1560	1700	1800	1830	1870	1900	2050	2230	2400	2700	2900
	4	—	—	—	2070	2170	2200	2200	2260	2400	2570	2800	3100
200	1	—	1240	1370	1450	1510	1700	1830	2000	2240	2470	2840	—
	2	—	1540	1700	1800	1810	2000	2070	2250	2500	2700	3080	3200
	3	—	—	2000	2100	2100	2220	2300	2450	2670	2850	3200	3400
	4	—	—	—	—	2720	2750	2770	2780	2950	3130	3400	3700
250	1	—	—	1530	1620	1700	1950	2050	2230	2520	2780	3160	—
	2	—	—	1900	2010	2040	2260	2340	2560	2800	3050	3500	3800
	3	—	—	—	2370	2500	2600	2800	3050	3300	3700	3800	
	4	—	—	—	—	3000	3100	3230	3450	3640	4000	4200	

注：①表中 ΔL 是按安装时冷拉 ΔL/2 计算的。
②如采用折皱弯头，补偿能力可增加 1/3～1 倍。

第七节 管路工程检查验收

一、管路工程检验

管路工程检验见表 1-10-64。

表 1-10-64　管路工程检验

1. 一般规定	(1) 施工单位应通过其质检人员对施工质量进行检验 (2) 建设单位或其授权机构,应通过其质检人员对施工质量进行监督和检查
2. 外观检验	(1) 外观检验应包括对各种管道组成件、管道支承件的检验以及在管道施工过程中的检验 (2) 管道组成件及管道支承件、管道加工件、坡口加工及组对、管道安装的检验数量和标准应符合规范的有关规定 (3) 除焊接作业指导书有特殊要求的焊缝外,应在焊完后立即除去渣皮、飞溅,并应将焊缝表面清除干净,进行外观检验 (4) 管道焊缝的外观检验质量应符合现行国家标准《现场设备、工业管道焊接工程施工及验收规范》的有关规定
3. 焊缝表面无损检验	(1) 焊缝表面应按设计文件的规定,进行磁粉或液体渗透检验 (2) 有热裂纹倾向的焊缝应在热处理后进行检验 (3) 磁粉检验和液体渗透检验应按国家现行标准《压力容器无损检验》的规定进行 (4) 当发现焊缝表面有缺陷时,应及时消除,消除后应重新进行检验,直至合格
4. 射线照相检验和超声波检验	(1) 管道焊缝的内部质量,应按设计文件的规定进行射线照相检验或超声波检验。射线照相检验或超声波检验的方法和质量分级标准应符合现行国家标准《现场设备、工业管道焊接工程施工及验收规范》的规定 (2) 管道焊缝的射线照相检验或超声波检验应及时进行。当抽样检验时,应对每一焊工所焊焊缝按规定的比例进行抽查,检验位置由施工单位和建设单位的质检人员共同确定 (3) 焊缝射线照相检验数量 ①输送设计压力小于1MPa且设计温度小于400℃的非可燃流体管道、无毒流体管道的焊缝,可不进行射线照相检验 ②其他管道应进行抽样射线照相检验,抽检比例不得低于5%,其质量不得低于Ⅲ级。抽检比例和质量等级应符合设计文件的要求 (4) 经建设单位同意,管道焊缝的检验可采用超声波检验代替射线照相检验,其检验数量应与射线照相检验相同 (5) 对不要求进行内部质量检验的焊缝,质检人员应全部进行外观检验 (6) 当检验发现焊缝缺陷超出设计文件和规范规定时,必须进行返修,焊缝返修后应按原规定方法进行检验 (7) 抽样检验未发现需要返修的焊缝缺陷时,则该次抽样所代表的一批焊缝应认为全部合格;当抽样检验发现需要返修的焊缝缺陷时,除返修焊缝外,还应采用原规定方法按下面规定进一步检验 ①每出现一道不合格焊缝应再检验两道该焊工的同一批焊缝 ②当这两道焊缝均合格时,应认为检验所代表的这一批焊缝合格 ③当这两道焊缝又出现不合格时,每道不合格焊缝应再检验两道该焊工的同一批焊缝 ④当再次检验的焊缝均合格时,可认为检验所代表的这一批焊缝合格 ⑤当再次检验又出现不合格时,应对该焊工所焊的同一批焊缝全部进行检验

二、管路压力试验

管路压力试验见表 1-10-65。

表 1－10－65　管路压力试验

项　目	具体要求
1. 压力试验前应具备的条件	(1) 试验范围内的管道安装工程除涂漆、绝热外，已按设计图纸全部完成，安装质量符合有关规定 (2) 焊缝及其他待检部位尚未涂漆和绝热 (3) 管道上的膨胀节已设置了临时约束装置 (4) 试验用压力表已经校验，并在周检期内，其精度不得低于 1.5 级，表的满刻度值应为被测最大压力的 1.5 倍，压力表不得少于两块 (5) 符合压力试验要求的液体或气体已经备齐 (6) 按试验的要求，管道已经加固 (7) 待试管道与无关系统已用盲板或采取其他措施隔开 (8) 待试管道上的安全阀、爆破板及仪表元件等已经拆下或加以隔离 (9) 试验方案已经过批准，并已进行了技术交底
2. 压力试验规定	(1) 试验条件管道安装完毕，热处理和无损检验合格后，应进行压力试验 (2) 试验介质　压力试验应以液体为试验介质。当管道设计压力≤0.6MPa 时，也可采用气体为试验介质，但应采取有效安全措施。脆性材料严禁使用气体进行压力试验 (3) 代替方法 ①当现场条件不允许使用液体或气体进行压力试验时，经建设单位同意，可采用下列方法代替 ②所有焊缝（包括附着件上的焊缝），用液体渗透法或磁粉法进行检验 ③对接焊缝用 100% 射线照相进行检验 (4) 当进行压力试验时，应划定禁区，无关人员不得进入 (5) 压力试验完毕，不得在管道上进行修补 (6) 建设单位应参加压力试验。压力试验合格后，应和施工单位一同填写"管道系统压力试验记录"
3. 液压试验应遵守右列规定	(1) 液压试验应使用洁净水。对奥氏体不锈钢管道或对连有奥氏体不锈钢管道或设备的管道进行试验时，水中氯离子含量不得超过 25×10^{-6}。当采用可燃液体介质进行试验时，其闪点不得低于 50℃ (2) 试验前，注液体时应排尽空气 (3) 试验时，环境温度不宜低于 5℃，当环境温度低于 5℃时，应采取防冻措施 (4) 试验时，应测量试验温度，严禁材料试验温度接近脆性转变温度 (5) 承受内压的地上钢管及有色金属管道试验压力应为设计压力的 ±1.5 倍，埋地钢管道试验压力应为设计压力的 1.5 倍，且不得低于 0.4MPa (6) 当管道与设备作为一个系统进行试验，管道的试验压力等于或小于设备的试验压力时，应按管道的试验压力进行试验；当管道的试验压力大于设备的试验压力，且设备的试验压力不低于管道设计压力的 1.5 倍时，经建设单位同意，可按设备的试验压力进行试验 (7) 承受内压的埋地铸铁管道的试验压力，当设计压力≤0.5MPa 时，应为设计压力的 0.5MPa (8) 对位差较大的管道，应将试验介质的静压计入试验压力中。液体管道的试验压力应以最高点的压力为准，但最低点的压力不得超过管道组成件的承受力 (9) 对承受外力的管道，其试验压力应为设计内、外压力之差的 1.5 倍，且不得低于 0.2MPa (10) 夹套管内管的试验压力应按内部或外部设计压力的高者确定。夹套管外管的试验压力应按第"5"项的规定进行

续表

项 目	具体要求				
3. 液压试验应遵守右列规定	(11)液压试验应缓慢升压,待达到试验压力后,稳压10min,再将试验压力降至设计压力,停压30min,以压力不降、无渗漏为合格				
	(12)试验结束后,应及时拆除盲板、膨胀节限位设施,排尽积液。排液时应防止形成负压,并不得随地排放				
	(13)当试验过程中发现泄漏时,不得带压处理。消除缺陷后,应重新进行试验				
	(14)管道设计温度高于试验温度时,试验压力应按右式计算	计算公式	符号	符号含义	单位
		$Ps = 1.5P[\sigma]_1/[\sigma]_2$ 注:当 Ps 在试验温度下,产生超过屈服强度的应力时,应将试验压力降至不超过屈服强度时的最大压力	Ps	试验压力(表压)	MPa
			P	设计压力(表压)	MPa
			$[\sigma]_1$	试验温度下,管材的许用应力	MPa
			$[\sigma]_2$	设计温度下,管材的许用应力	MPa
			当 $[\sigma]_1/[\sigma]_2 > 6.5$ 时,取6.5		
4. 气压试验规定	(1)承受内压钢管及有色金属管的试验压力应为设计压力的1.15倍,真空管道的试验压力应为0.2MPa。当管道的设计压力>0.6MPa时,必须有设计文件规定或经建设单位同意,方可用气体进行压力试验				
	(2)严禁使试验温度接近金属的脆性转变温度				
	(3)试验前必须用空气进行预试验,试验压力宜为0.2MPa				
	(4)试验时,应逐步缓慢加压力,当压力升至试验压力的50%时,如未发现异常或泄漏,继续按试验压力的10%逐级升压,每级稳压3min,直至试验压力。稳压10min,再将压力降至设计压力,停压时间应根据查漏工作需要而定。以发泡检验不泄漏为合格				
5. 泄漏性试验	(1)输送剧毒流体、有毒流体、可燃流体的管道必须进行泄漏性试验。泄漏性试验应按下列规定进行				
	(2)泄漏性试验应在压力试验合格后进行,试验介质宜采用空气				
	(3)泄漏性试验应为设计压力				
	(4)泄漏性试验压力可结合试车工作,一并进行				
	(5)泄漏性试验应重点检验阀门填料函、法兰或螺纹连接处、放空阀、排气阀、排水阀等。以发泡剂检验不泄漏为合格				
	(6)经气压试验合格,且在试验后未经拆卸过的管道可不进行泄漏性试验				
6. 真空系统在压力试验合格后,还应按设计文件规定进行24h的真空度试验,增压率不应大于5%					

第八节 管材选择、管材规格及技术数据

一、管材选择

管材选择见表1-10-66。

表1-10-66 管材选择

1. 钢管选择	(1)常用钢管材质	油库中输送油、蒸汽和水的管线一般都是采用碳素钢管 通常碳素钢管都是采用沸腾钢制造	
	(2)温度适用范围	①沸腾钢	0~300℃
		②优质碳素钢	-45~450℃
		③16Mn 钢	-40~475℃
		④水煤气管	0~140℃

续表

	常用钢管材料选用如下				
	钢管名称	钢管标准	钢管公称直径/mm	钢号	适用温度范围/℃
1. 钢管选择	无缝钢管（热轧）	YB231	10～500	10	-40～450
				20	-40～450
				16Mn	-40～475
	螺旋焊缝电焊钢管	SYB10004	200～700	A3F	0～300
				16Mn	-40～450
	钢板卷管		≥500	A3F	0～300
				10	-40～450
				20	-40～450
				20	-40～470
	水、煤气输送管（有缝钢管）	YB234	10～65	B3F（B2F、BJ2、BJ3）	0～140

2. 铸铁管	(1) 铸铁管按使用压力分三种	低压	压力/MPa	0.45
		中压（普压）		0.75
		高压		1
	(2) 直径、管长。公称直径从75～1500mm，管长3～4m			
	(3) 优点。铸铁管耐腐蚀性好，作为地下管路非常合适			

3. 非金属管路	(1) 种类 主要指混凝土管、石棉水泥管、缸瓦管和塑料管		
	(2) 混凝土管、石棉水泥管和缸瓦管的特点和用途见下表		
	管子种类	特点	用途
	混凝土管	耐碱性好，耐酸性差；管子连接困难；大管径容易制造，省钢材，价格低；抗压好，抗拉差，承受内压不良，但作地下埋管很有效	排水管、穿越衬管等
	石棉水泥管	耐碱性好，耐酸性差；管内表面光滑，不积水垢；与混凝土管比，强度高，能承受内压；管子连接困难	油管、气管、排水管、供水管等
	缸瓦管	耐药性好，摩阻小；强度低，特别是耐弯曲和冲击强度低	排水管，特别是修洗桶间的排水管
	(3) 塑料管的优缺点		
	① 塑料管的优点。使用塑料管的优点是节约钢材，耐腐蚀，不生水锈，摩擦系数小，导热系数小，重量轻		
	② 塑料管的缺点。其缺点是强度随温度变化，不能用于高温，线膨胀系数大		
	(4) 各种塑料管的特性和用途表见下表		
	名称	性能	用途
	硬质聚氯乙烯管	耐药性好，强度高；连接方便；低温脆性较显著	除高温高压外都能用
	聚乙烯管	有硬质和软管两种，耐寒性好；强度为聚氯乙烯的1/2，有应力裂纹的可能	适用于寒冷地区的管；临时铺设管道
	聚丙烯管	与聚乙烯有相反的性能，能耐100℃左右高温；无应力裂纹的可能	热水管，空气管

续表

4. 耐油胶管	(1) 种类 ①按结构分有耐油夹布胶管、耐油螺旋胶管、输油钢丝编织胶管 3 种 ②按用途分为压力、吸入和排吸 3 种 (2) 材质均由丁腈橡胶制成 (3) 选择 ①正压输送的介质应选耐压胶管 ②负压下输送则选吸入胶管 ③有可能出现正负压力时则需选排吸胶管 (4) 性能 耐压胶管的内径为 13～152mm，管长为 7.8～20m。工作压力为 0.3～1MPa

二、管材规格及技术数据

(一) 无缝钢管

无缝钢管的规格及技术数据见表 1-10-67。

表 1-10-67　无缝钢管的规格及技术数据

公称直径/mm	外径/mm	内径/mm	壁厚/mm	每m管长外表面积/m²	金属截面积/cm²	净断面积/cm²	每m管长容积/m³	每m质量/(kg/m)	最高耐压力/kPa
32	38	31	3.5	0.1194	3.79	7.55	0.00076	2.98	28714
40	45	38	3.5	0.1414	4.56	11.34	0.00113	3.58	23422
	57	50	3.5	0.1791	5.88	19.64	0.00196	4.62	17836
50	60	53	3.5	0.1885	6.21	22.06	0.00221	4.88	16856
	60	52	4.0	0.1885	7.04	21.24	0.00212	5.52	19600
65	73	65	4.0	0.2293	8.67	33.18	0.00332	6.81	15680
	76	68	4.0	0.2388	9.05	36.32	0.00363	7.10	14994
80	89	81	4.0	0.2796	10.68	51.53	0.00515	8.40	12544
	108	100	4.0	0.3393	13.07	78.54	0.00785	10.30	10192
100	114	106	4.0	0.3581	13.82	88.25	0.00883	10.85	9604
	133	125	4.0	0.4178	16.21	122.72	0.01227	12.73	8134
125	140	130	5.0	0.4398	21.21	132.73	0.01327	16.65	9800
	159	150	4.5	0.4995	21.84	176.72	0.01767	17.15	7644
150	159	149	5.0	0.4995	24.19	174.37	0.01748	18.99	8526
	194	182	6.0	0.6095	35.44	260.16	0.02602	27.82	8428
200	219	207	6.0	0.6880	40.15	336.54	0.03365	31.52	7350
	219	203	8.0	0.6880	53.03	323.66	0.03237	41.63	9996
250	273	259	7.0	0.8577	58.50	526.85	0.05269	45.92	6860
	273	257	8.0	0.8577	66.60	518.75	0.05188	52.28	7938
300	325	309	8.0	1.021	79.67	749.91	0.07500	62.54	8526
350	377	359	9.0	1.184	104.05	1012.23	0.10122	81.63	6370
400	426	408	9.0	1.338	117.90	1307.41	0.13074	92.55	6566

(二) 水煤气钢管

水煤气钢管规格及技术数据见表 1-10-68。

表 1-10-68 水煤气钢管规格及技术数据

公称直径 mm	公称直径 in	外径/mm	普通管 壁厚/mm	普通管 质量/(kg/m)	普通管 净断面积/cm²	普通管 每m管长的体积质量/kg	加厚管 壁厚/mm	加厚管 质量/(kg/m)	加厚管 净断面积/cm²	加厚管 每m管长体积质量/kg	每m管长外表面积/m²
6	1/8	10	2	0.39	0.28	0.028	2.5	0.46	0.20	0.020	0.0314
8	1/4	13.5	2.25	0.62	0.64	0.064	2.75	0.73	0.50	0.050	0.0424
10	3/8	17	2.25	0.82	1.23	0.123	2.75	0.97	1.04	0.104	0.0534
15	1/2	21.25	2.75	1.25	1.95	0.195	3.25	1.44	1.71	0.171	0.0668
20	3/4	26.75	2.75	1.63	3.55	0.335	3.5	2.01	3.06	0.306	0.0840
25	1	33.5	3.75	2.42	5.73	0.573	4	2.91	5.11	0.511	0.1052
32	5/4	42.25	3.25	3.13	10.04	1.004	4	3.77	9.21	0.921	0.1327
40	3/2	48	3.5	3.84	13.20	1.320	4	4.58	12.25	1.225	0.1508
50	2	60	3.5	4.88	22.06	2.206	4.5	6.16	20.43	2.043	0.1885
70	5/2	75.5	3.75	6.64	36.32	3.632	4.5	7.88	34.73	3.473	0.2372
08	3	88.5	4	8.34	50.90	5.090	4.75	9.81	49.02	4.902	0.2780
100	4	114	4	10.85	88.25	8.825	4	13.44	84.95	8.495	0.3581
125	5	140	4.5	15.04	134.78	13.478	5.5	18.24	130.70	13.070	0.4398
160	6	165	4.5	17.81	191.13	19.113	5.6	21.63	186.27	18.627	0.5184

(三) 螺旋缝埋弧焊钢管

螺旋缝埋弧焊钢管规格见表 1-10-69。

表 1-10-69 螺旋缝埋弧焊钢管规格

公称直径 D/mm	公称壁厚 t/mm											
	5	6	7	8	9	10	11	12	13	14	15	16
	每米理论质量 G/(kg/m)											
219.1	26.90	32.03	37.11	42.15	47.13							
244.5	30.03	35.79	41.50	47.16	52.77							
273.0	33.55	40.01	46.42	52.78	59.10							
323.9	—	47.54	55.21	62.82	70.39							
355.6	—	52.23	60.68	69.08	77.43							
377	—	55.40	64.37	73.30	82.18							
406.4	—	59.75	69.45	79.10	88.70	98.26						
426	—	62.65	72.83	82.97	93.05	103.09						
457	—	67.23	78.18	89.08	99.94	110.74	121.49	132.19	142.85			
508	—	74.78	86.99	99.15	111.25	123.31	135.32	147.29	159.20			
529	—	77.89	90.61	103.29	115.92	128.49	141.02	153.50	165.93			
559	—	82.33	95.79	109.21	122.57	135.8	149.16	162.38	175.55			
610	—	89.87	104.60	119.27	133.89	148.47	162.99	177.47	191.90			
630	—	92.83	108.05	123.22	138.33	153.40	168.42	183.39	198.31			
660	—	97.27	113.23	129.13	144.99	160.80	176.56	192.27	207.93			
711	—	104.82	122.03	139.20	156.31	173.38	190.39	207.36	224.28	—	—	—
720	—	106.15	123.59	140.97	158.31	175.60	192.84	210.02	227.16	—	—	—
762	—	—	130.84	149.26	167.63	185.95	204.23	222.45	240.63	258.76	—	—
813	—	—	139.64	159.32	178.95	198.53	218.06	237.55	256.98	276.36	—	—
820	—	—	140.85	160.70	180.50	200.26	219.96	239.62	259.22	278.78	298.29	317.75
914	—	—	—	179.25	201.37	223.44	245.46	267.44	289.36	311.23	333.06	354.84
920	—	—	—	180.43	202.70	224.92	247.09	269.21	291.28	313.31	335.28	357.20
1016	—	—	—	199.37	224.01	248.59	273.13	297.62	322.06	346.45	370.79	395.08
1020	—	—	—	200.16	224.89	249.58	274.22	298.81	323.34	347.83	372.27	396.66

续表

公称直径 D/mm	公称壁厚 t/mm											
	5	6	7	8	9	10	11	12	13	14	15	16
	每米理论质量 G/(kg/m)											
1220	—	—	—	—	—	298.90	328.47	357.99	387.46	416.88	446.26	475.58
1420	—	—	—	—	—	348.23	382.73	417.18	451.58	485.93	520.24	554.50
1620	—	—	—	—	—	397.55	436.98	476.37	515.70	544.99	594.23	633.41
1820	—	—	—	—	—	446.87	491.24	535.56	579.82	624.04	668.21	712.33
2020	—	—	—	—	—	496.20	545.49	594.74	643.94	693.09	742.19	791.25
2220	—	—	—	—	—	545.52	599.75	653.93	708.15	762.15	816.18	870.16

注：① 括号内尺寸为保留直径。
② D>1420mm 的钢管和不在本表所列的其他尺寸钢管，须供需双方协商。
③ 承压流体输送用螺旋缝埋弧焊钢管 SY 5036—83 的规格为公称外径为 323.9~2220。

（四）铸铁管规格及性能

铸铁管规格及性能，见表 1-10-70~表 1-10-73。

表 1-10-70 铸铁承插直管规格及性能

类 型	工作压力/kPa	试验压力/kPa	
		DN≥500mm	DN≤450mm
低压直管	不大于 441	980	1470
普压直管	不大于 735	1470	1960
高压直管	不大于 980	1960	2450

表 1-10-71 低压承插直管规格及性能

公称内径/mm	实际外径/mm	砂型立式承插直管				
		壁厚/mm	实内径/mm	有效长/mm	质量/kg	
					直部/(kg/m)	总质量
75	95.0	9.0	75.0	3000	17.1	58.5
100	118.0	9.0	100.0	3000	22.2	75.5
125	143.0	9.0	125.0	4000	27.3	119.0
150	169.0	9.0	151.0	4000	32.6	143.0
200	220.0	9.4	201.2	4000	44.8	196.0
250	271.6	9.8	252.0	4000	58.0	254.0
300	322.8	10.2	302.4	4000	72.1	315.0
350	374.0	10.6	352.8	4000	87.1	382.0
400	425.6	11.0	405.6	4000	103.0	453.0

注：总重包括承插口突部与插口突部的重量。

表 1-10-72 普压承插直管规格及性能

公称内径/mm	实际外径/mm	砂型立式承插直管				
		壁厚/mm	实内径/mm	有效长/mm	质量/kg	
D	D_2	T	D_1	L	直部/(kg/m)	总质量
75	95.0	9.0	75	3000	17.1	58.5
100	118.0	9.0	100	3000	22.2	75.5

续表

公称内径/mm	实际外径/mm	砂型立式承插直管				
		壁厚/mm	实内径/mm	有效长/mm	质量/kg	
					直部/(kg/m)	总质量
D	D_2	T	D_1	L		
125	143.0	9.0	125	4000	27.3	119.0
150	169.0	9.0	150	4000	34.3	149.0
200	220.0	10.0	200	4000	47.5	207.7
250	271.0	10.8	250	4000	63.7	377.0
300	322.0	11.4	300	4000	80.3	348.0
350	374.0	12.0	350	4000	98.3	425.0
400	425.6	12.8	400	4000	120.0	519.0
450	476.8	13.4	450	4000	140.0	610.0

表1-10-73 高压承插直管规格及性能

公称内径/mm	实际外径/mm	砂型立式承插直管				
		壁厚/mm	实内径/mm	有效长/mm	质量/kg	
					直部/(kg/m)	总质量
D	D_2	T	D_1	L		
150	169.0	9.5	150	5000	34.3	183.0
200	220.0	10.0	200	5000	47.5	255.0
250	271.0	10.0	250	5000	63.7	341.0
300	322.8	11.4	300	5000	80.3	428.0
				6000		509.0
350	374.0	12.0	350	6000	98.3	623.0
400	425.6	12.8	400	6000	120.0	760.0
450	476.8	13.4	450	6000	140.0	888.0
500	528.0	14.0	500	6000	163.0	1032.0

(五)硬聚氯乙烯管规格

硬聚氯乙烯管规格见表1-10-74。

表1-10-74 硬聚氯乙烯管规格

公称直径/mm	管外径/mm	轻型管		重型管	
		管壁厚/mm	近似质量/(kg/m)	管壁厚/mm	近似质量/(kg/m)
20	25.0	2	0.20		
25	32.0	3	0.38		
32	40.0	3.5	0.56	3	0.29
40	51.0	4	0.88	4	0.49
50	65.0	4.5	1.17	5	0.77
45	76.0	5	1.56	6	1.19
80	98.0	6	2.20	7	1.74
100	114.0	7	3.30	8	2.34
125	140.0	8	4.54		
150	166.0	8	5.60		
200	218.0	10	7.50		

(六)软聚氯乙烯管

软聚氯乙烯管规格见表1-10-75。

表1-10-75 软聚氯乙烯管规格

内径/mm	管壁厚度/mm	质量/(kg/m)	长度/m	使用压力不超过/MPa	备注
8.0±0.5	3.2±0.6	0.15	10	0.25	
10.0±0.5	3.9±0.6	0.23	10	0.25	

内径/mm	管壁厚度/mm	质量/(kg/m)	长度/m	使用压力不超过/MPa	备注
14.0 ± 0.5	4.1 ± 0.6	0.29	10	0.2	
16.0 ± 0.8	3.1 ± 0.6	0.33	10	0.2	
20.0 ± 1.0	3.9 ± 0.6	0.40	10	0.2	
25.0 ± 1.0	3.9 ± 0.6	0.48	10	0.2	
34.0 ± 1.3	4.7 ± 0.8	0.77	10	0.2	
36.0 ± 1.3	4.7 ± 0.8	0.81	10	0.2	
40.0 ± 1.3	4.7 ± 0.8	0.89	10	0.2	
50	5	1.17	10	0.2	

(七) 有机玻璃管

有机玻璃管规格见表 11-76。

表 1-10-76 有机玻璃管规格 (HG-2-343-66)

外径/mm	外径公差/mm	轻型			中型			重型			备注
		壁厚/mm	壁厚公差/mm	质量/(kg/m)	壁厚/mm	壁厚公差/mm	质量/(kg/m)	壁厚/mm	壁厚公差/mm	质量/(kg/m)	
20	±1.5	1.5	±0.5	0.108	2.0	±0.6	0.15	2.5	±0.6	0.20	①质量为参考数;
25	±1.5	1.5	±0.5	0.130	2.0	±0.6	0.20	3.0	±0.7	0.245	②常温下,允许
27	±1.5	2.0	±0.6	0.185	2.5	±0.6	0.23	3.0	±0.7	0.27	长期工作压力:
32	±1.5	2.5	±0.6	0.270	3.0	±0.7	0.325	4.0	±0.8	0.40	轻型:0.3 MPa
36	±1.5	2.5	±0.6	0.31	3.0	±0.7	0.365	4.0	±0.8	0.475	中型:0.6 MPa
39	±1.5	3.0	±0.7	0.40	3.5	±0.7	0.465	5.0	±0.9	0.545	重型:1 MPa
51	±2.0	3.0	±0.7	0.53	4.0	±0.8	0.695	6.0	±0.9	1.00	③主要生产厂有:
64	±2.0	3.5	±0.7	0.785	4.5	±0.8	0.985	7.0	±0.9	1.48	上海珊瑚化工厂,
74	±2.0	4.0	±0.8	1.035	5.0	±0.9	1.275	8.0	±1.0	1.96	苏州安利化工厂,
76	±2.0	4.0	±0.8	1.05	5.0	±0.9	1.31	8.0	±1.0	2.00	南京永丰化工厂

(八) 钢丝网骨架塑料 (聚乙烯) 复合管

钢丝网骨架塑料 (聚乙烯) 复合管规格 (CJ/T 189) 见表 1-10-77 和表 1-10-78。

表 1-10-77 普通系列钢丝网骨架塑料 (聚乙烯) 复合管规格

公称外径/mm		110	140	160	200	250	315	400	500
最小壁厚/mm		8.5	9	9.5	10.5	12.5	13.5	15.5	22
用途	用途符号	公称压力 / MPa							
冷水、特种流体	L、T	1.6				1.0			
热水	R	1.25				0.8			
燃气	Q	0.8				0.6			

注:复合管标准长为 6m、8m、10m、12m。用户有特殊要求时,也可由供需双方商定。

表 1-10-78 加强系列钢丝网骨架塑料 (聚乙烯) 复合管规格

公称外径/mm		110	140	160	200	250	315	400	500
最小壁厚/mm		10	10	11	13	14	17	19	24
用途	用途符号	公称压力 / MPa							
冷水、特种流体	L、T	3.5			2.5	2.0			1.6
热水	R	2.5			2.0	1.6			1.0
燃气	Q	1.0				0.8			

注:复合管标准长为 6m、8m、10m、12m。用户有特殊要求时,也可由供需双方商定。

（九）耐油胶管

耐油胶管的规格和技术数据,见表1-10-79～表1-10-81。

表1-10-79 一般耐油胶管规格和技术数据

内径		夹布输油胶管				夹布输水胶管		夹布蒸汽胶管		夹布空气胶管		夹布输酸碱胶管		夹布输硫酸胶管		胶管长度/m
		供输送常温汽油、柴油、滑油等				输送常温水及中性液体		输送温度150℃以下饱和蒸汽	输送温度150℃以下过热水	供输送常温空气及惰性气体		供输送常温下浓度40%以下的碱溶液		供输送常温下浓度40%以下的硫酸溶液		
/mm	/in	工作压力/kPa														
13	1/2	—	—	—	—	294	—	343	588~784	588	980	—	—	—	—	20
16	5/8	—	—	—	—	294	—	343	588~784	588	980	—	—	—	—	20
19	3/4	490	588	686	784	294	686	343	588~784	588	980	588	686	588	686	20
22	7/8	490	588	686	784	294	686	343	588~784	588	980	—	—	—	—	20
25	1	490	588	686	784	294	686	343	588~784	588	980	490	588	490	686	20
32	5/4	490	588	686	784	294	686	343	588~784	588	980	490	588	490	686	20
38	3/2	490	588	—	784	294	686	343	588~784	588	980	490	588	490	686	20
45	7/4	490	588	686	784	294	686	343	588~784	588	980	490	588	490	686	20
51	2	490	588	686	784	294	686	343	588~784	588	980	490	588	490	686	20
64	5/2	490	588	686	784	294	686	343	588~784	588	980	490	588	490	686	20
76	3	490	588	686	784	294	686	343	588~784	588	980	490	588	490	686	20
89	31/3	294	588	686	784	294	686	—	—	588	980	490	588	490	686	7;8;9
102	4	294	588	686	784	294	686	—	—	588	980	490	588	490	686	7;8;9
127	5	294	588	686	784	294	686	—	—	588	—	490	588	—	—	7;8
152	6	294	588	686	784	294	686	—	—	588	—	490	588	—	—	7;8

表 1-10-80 吸引胶管的品种规格

内径	/mm	25,32,38	44,51,64	79,89,162	127,152,208	254,305,357
	/in	1,5/4,3/2	7/4,2,5/2	3,7/2,4	5,6,8	10,12,14
胶管长度/m		7,9	7,9	7,9	7,9 7,9 7,8	7,8 7,8 7
接头长度/m		75	75,100,100	100,100,125	125,150,200	200,250,250
允许弯曲的最小半径/mm		250,320,380	380,500,640	760,980,1060	1270,1580,2000	2500,3000,3500

注：在负压输送介质时应选用吸引胶管。

表 1-10-81 排吸胶管的品种规格

内径		工作压力/kPa									管接头长度/mm	胶管长度/m
/mm	/in	排吸水胶管					排吸油胶管					
51	2	—	588	—	882	980	1176	588	—	882	980	100	7,9
64	5/2	—	588	784	882	980	1176	588	784	882	980	100	7,9
76	3	—	588	784	882	980	1176	588	784	882	980	100	7,9
89	7/2	—	588	784	882	980	1176	588	784	882	980	100	7,9
102	4	—	588	784	882	980	1176	588	784	882	980	125	7,9
127	5	—	588	784	882	—	1176	588	784	882	—	125	7,9
152	6	—	588	784	882	—	1176	588	784	882	—	150	7,9
203	8	392	588	—	882	—	—	588	—	882	—	200	7,8
254	10	392	588	—	882	—	—					200	7,8
305	12	392	588									250	8

注：在正压和负压两种条件下交替输送介质，应选用排吸胶管。

第九节 阀门及其选择

一、"油库设计其他相关规范"对阀门选择的规定摘编

"油库设计其他相关规范"对阀门选择的规定摘编见表 1-10-82。

表 1-10-82 "油库设计其他相关规范"对阀门选择的规定摘编

项 目	要 求
1. 材质选择	油品管道上的阀门应采用钢制阀门
2. 类型参数选择	阀门的类型和使用参数，应满足使用和控制要求，但不宜采用蝶阀
3. 压力直径选择	(1) 阀门的公称压力不应小于设计工作压力 (2) 且公称直径大于或等于 50mm 的阀门，其公称压力不应小于 1.6MPa (3) 公称直径小于 50 mm 的阀门，其公称压力不应小于 1.0MPa
4. 电液阀选择	用于油品定量灌装、灌桶或加注的自动控制阀门 (1) 操作温度下不会凝固的油品，宜采用电液阀 (2) 操作温度下可能凝固的油品，不得采用电液阀
5. 操作方法选择	公称直径大于或等于 250mm 且操作频繁的阀门 (1) 宜采用蜗杆传动阀门 (2) 或具备手动开启功能的电动阀门

二、阀门类型选择

油库常用阀门性能和选型见表 1-10-83~表 1-10-85。

表 1-10-83 油库常用截断阀性能比较

项目＼类型	闸阀	截止阀	球阀	碟阀	旋塞阀
密封性能	好	较好	优	较好	较差
可靠性能	好	好	好	较好	较好
启闭性能	速度慢	速度慢	轻便、迅速	轻便、迅速	迅速
适用介质	水、蒸汽、油品	水、蒸汽、油品	水、蒸汽、油品	水、蒸汽、油品	水、蒸汽
介质流向	双向	单向	双向	双向或单向	双向
摩擦阻力损失(ζ)	小(0.1~1.5)	大(4~10)	极小(<0.2)	可调(0.2~0.6)	可调
结构特点	较复杂	简单	较复杂	简单	简单
维修难点	较难	容易	难	容易	较难
使用寿命	长	较长	较长	较短	较短
价格	较贵	较便宜	贵	便宜	便宜
使用注意	严禁节流	不宜节流	严禁节流	可以节流	可以节流

表 1-10-84 阀门类型选择（一）

阀门		流束调节形式			介质				
类别	型号	截止	节流	换向分流	无颗粒	带悬浮颗粒		滞性	清洁
						带腐蚀性	无腐蚀性		
闭合式	截止形								
	直通式	可用	可用		可用				
	角式	可用	可用		可用	特用	特用		
	斜叉式	可用	可用		可用	特用			
	多通式			可用					
	柱塞式	可用	可用		可用	特用	特用		
滑动式	平行闸板形								
	普通式	可用			可用				
	带沟道闸门式	可用			可用	可用	可用		
	楔型闸板式	可用	特用		可用	可用	可用		
	楔型闸板形								
	底部有凹槽								
	底部无凹槽（橡胶阀座）	可用	适当可用		可用				
旋转式	非润滑的	可用	适当可用	可用	可用				可用

415

续表

阀门		流束调节形式			介 质			
旋塞形	润滑的	可用		可用	可用	可用	可用	
	偏心旋塞	可用	适当可用	可用	可用	可用	可用	
	提升旋塞	可用		可用	可用	可用	可用	
	球形	可用	适当可用	可用	可用	可用		
	蝶形	可用	可用	特用	可用	可用		可用
挠曲式	夹紧形	可用	可用	特用	可用	可用	可用	
	隔膜形							
	堰式	可用		可用	可用	可用	可用	可用
	直通式	可用	适当可用	可用	可用	可用	可用	可用

表 1-10-85 阀门类型选择(二)

使用条件		阀门基本形式			
		球阀	闸阀	旋塞	蝶阀
压力、温度	常温~高压	○	●	▲	◆
	常温~低压	○	●	○	○
	中温~中压	●	○	●	●
公称直径	300~500	▲	○	◆	○
	<300	●	○	▲	●
	<50	○	●	●	▲

注:符号表示:○适用;● 可用;▲ 适当可用;◆ 不适用。

三、阀门结构特点、适用范围及安装要求

阀门结构特点和适用范围及安装要求见表1-10-86。

表 1-10-86 阀门结构特点和适用范围及安装要求

阀 名		结构特点和适用范围	安装要求
1. 闸阀	(1)适用性	阀座与闸板平行,摩擦损失较小。闸阀除用于蒸汽、油品等介质外,尚适用于在含有粒状固体及黏度大的流体条件下工作。主要用于全开或全闭,不作调节流量用	(1)单闸板阀,可任意位置安装;双闸板阀宜直立铅垂安装,手轮在顶部; (2)带传动机构的闸阀,按产品说明书安装; (3)手轮、手柄或传动机构不得当起吊用; (4)带旁通阀的闸阀,开启前应先打开旁通阀
	(2)不同闸阀的特点	①楔式单板闸阀。高温时密封性能不如弹性闸板阀和双闸板阀好	
		②楔式双闸板阀。这种闸密封性能较好。适用于开闭频繁的部位及对密封面磨损较大的介质	
		③平行式双闸板阀,闸板为两块平行板组成。密封面的加工及检修比其他形式闸阀简单,但密封性较其他形式差。适用于温度及压力较低的介质	
		④弹性闸板阀。沿闸板周边厚度中部掏一环形槽或由两块闸板从背面中间部分组焊而成,比楔式单闸板密封性能好	

续表

阀 名		结构特点和适用范围	安装要求
2. 截止阀	(1)特点	阀芯是垂直落于阀座上,阀座与管路中心平行,流体在阀中流动成 S 形,流体阻力比较大	(1)可安装在任何位置。带传动机构的截止阀按产品说明书安装; (2)安装时注意使介质流向与阀体上所示箭头方向一致; (3)手轮、手柄或传动机构不得当起吊用
	(2)适用	截止阀一般只供全开、全关,也可以用来调节流量。适用于蒸汽等介质,不宜用于黏度较大、易沉淀的介质。多用在输送非黏性油品、水和蒸汽的小口径(DN100 以下)管路中	
3. 转心阀（旋塞）	(1)特点	转芯阀开关迅速、操作方便,旋转 90°即可开闭。并具有阻力小、零件少、重量轻等特点。它还可将旋塞作成三通或四通,用作三通或四通阀	(1)可任意位置安装,但位置应易于观察方头顶端之沟槽及方便操作; (2)三通、四通旋塞宜直立或小于 90°安装在管路上
	(2)适用	适用于温度较低、黏度较大的介质及要求开关迅速的部位。一般不宜用于蒸汽和温度较高的介质及压力或管径大的管路。直通阀做启闭用,在一定程度内做节流用。三通、四通阀用于分配和换向用	
4. 球阀	(1)特点	体积小,结构紧凑,操作灵活,开关迅速	(1)可任意方向安装; (2)带传动机构的球阀,应直立安装
	(2)适用	多用于要求快速开关的管路	
5. 蝶阀	(1)特点	体积小,结构紧凑,操作灵活,开关迅速	可在任意方向安装
	(2)适用	多用于要求快速开关的管路	
6. 止回阀	(1)种类	止回阀有升降式和旋启式两类	(1)升降式垂直瓣止回阀,安装在垂直管道上 (2)水平瓣止回阀和旋启式止回阀宜安装在水平管道上; (3)介质流向应与阀体所示箭头方向一致
	(2)比较	旋启式与升降式相比,旋启式流动阻力小,而升降式密封性能较好	
	(3)原理	它们都是利用液体的背压来防止流体的逆向流动	
7. 调节阀	(1)特点	调节阀随用途不同,结构多样,种类多种	
	(2)适用	可用于需要调节流量或压力的管路上	
8. 安全阀	(1)种类	安全阀常用的有弹簧式、杠杆式、重锤式三种	(1)弹簧式安全阀宜直立安装; (2)安全阀的出口应无阻力或避免产生压力现象; (3)若在出口处装排污管道,管径应不小于安全阀出口通径
	(2)适用	各种结构虽不相同,但都用于需要控制最高压力的容器或管路上	

四、特殊阀门—双密封闸阀

特殊阀门—双密封闸阀简介见表 1-10-87。

表 1-10-87 特殊阀门—双密封闸阀简介

项 目	内 容
1. 不同的名称	双密封闸阀在不同的生产厂家,有不同的名称。如:北京世纪兴石化设备有限公司称"分动式双密封闸阀",浙江佳力科技股份有限公司称"双重密封阀",武汉英格森阀门制造有限公司称"零泄漏阀",中远集团连云港远洋流体装卸设备公司称"双密封导轨阀"

417

续表

项 目	内 容
2. 共同的特点	(1) 软、硬双密封,基本做到无泄漏 (2) 启动过程中,密封面脱离接触,基本无磨损,使用寿命长 (3) 不用将阀门拆下,即可维修
3. 启动的方式	多数用手动,也有用蜗轮带动,还有用电动
4. 公称压力及外形尺寸	公称压力多数为 1.6MPa、2.5MPa,有的单位做到 4.0MPa、6.0MPa。外形尺寸随规格、压力不同而异,同规格、同压力不同单位的产品,外形尺寸也不相同
5. 适用范围	此阀门制造复杂、成本高,各厂家虽然做了很大努力,在售价上有所差异,但售价最低的也比同规格、同压力的普通闸阀高的多。所以目前该闸阀只适用于管线的关键部位,如油罐进出油管的第一或第二道阀门

五、常用阀门型号、规格及结构尺寸

常用阀门的型号、规格及结构尺寸,见图 1-10-16 及表 1-10-88～表 1-10-96。

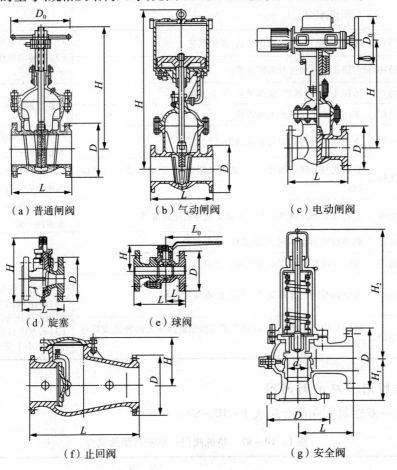

(a) 普通闸阀　　(b) 气动闸阀　　(c) 电动闸阀

(d) 旋塞　　(e) 球阀

(f) 止回阀　　(g) 安全阀

图 1-10-16　常见阀门尺寸图例

注:图中 D 表示法兰连接的阀门的法兰外径,螺纹连接的阀门无法兰;D_0 表示手轮、手柄直径;L 表示阀门结构长;H 表示阀门开启后的高度;L_0 表示阀的板手长度。

表 1−10−88　闸阀型号、规格及结构尺寸

名　称	型　号	公称压力/MPa	公称通径/mm	主要结构尺寸/mm				适用范围		阀体材料
				L	H	D	D_0	温度/℃	介质	
内螺纹暗杆楔式闸阀	Z11W-10	1.0	15	60	108		55	≤100	煤气、油品	灰铸铁
			20	65	120		55			
			25	75	135		65			
			32	85	162		65			
	Z15T-10		40	95	177		80	≤120	水	
			50	110	209		100			
			65	120	237		120			
明杆平行式双闸板阀	Z44W-10	1.0	50	180	337	160	180	≤100	油品	灰铸铁
			65	195	388	180	180			
			80	210	440	195	200			
			100	230	520	215	200			
			125	255	624	245	240			
			150	280	730	280	240			
	Z44T-10		200	330	948	335	320	≤200	蒸汽、水	
			250	380	1140	390	320			
			300	420	1330	440	400			
			350	450	1508	500	400			
			400	480	1714	565	500			
明杆楔式单板闸阀	Z41H-16C	1.6	50	250	420	165	200	≤425	油、水、蒸汽	铸钢
			65	270	~450	185	200			
			80	280	530	200	240			
			100	300	~620	220	280			
			125	325	~740	250	360			
			150	350	840	285	360			
			200	400	1075	340	400			
			250	450	1098	405	450			
			300	500	1232	460	560			
			350	550	1419	520	640			
			400	600	1600	580	720			
明杆楔式单板闸阀	Z41H-25	2.5	50	250	438	160	240	≤350	油、水、蒸汽	铸钢
			65	270	452	180	240			
			80	280	530	195	280			
			100	300	620	230	320			
			125	328	756	270	360			
			150	350	845	300	360			

续表

名称	型号	公称压力/MPa	公称通径/mm	主要结构尺寸/mm				适用范围		阀体材料
				L	H	D	D_0	温度/℃	介质	
明杆楔式单板闸阀	Z41H-25	2.5	200	400	1041	360	400	≤350	油、水、蒸汽	铸钢
			250	450	1244	425	450			
			300	500	1474	485	560			
			350	550	1663	550	640			
			400	600	1886	610	720			
明杆楔式单板闸阀	Z41H-40	4.0	50	250	438	160	240	≤425	油、水、蒸汽	铸钢
			65	280	548	180	240			
			80	310	600	195	280			
			100	350	684	230	320			
			125	400	776	270	360			
			150	450	900	300	360			
			200	550	1110	375	450			
			250	650	1348	445	560			
			300	750	1348	510	560			
			350	850	1706	570	720			
			400	950	2050	655	~800			
明杆楔式单板闸阀	Z41H-64	6.4	50	250	504	175	280	≤425	油、水、蒸汽	铸钢
			65	280	593	200	320			
			80	310	637	210	320			
			100	350	716	350	360			
			125	400	772	400	400			
			150	450	926	450	450			
			200	550	1157	550	560			
			250	650	1372	650	560			
			300	750	1680	750	640			
			350	850	1754	850	800			

表1-10-89 气动闸阀型号、规格及结构尺寸

名称	型号	公称压力/MPa	公称通径/mm	主要结构尺寸/mm				适用范围		阀体材料
				L	H	D	D_0	温度/℃	介质	
气动楔式闸阀	Z640H-16C	1.6	300	500	1485	460		≤425	油、水、蒸汽	碳钢
			350	550	1640	520				
			400	600	1870	580				
	Z640H-25	2.5	300	500	1485	485				
			350	550	1640	555				
			400	600	1870	600				

续表

名 称	型 号	公称压力/MPa	公称通径/mm	主要结构尺寸/mm				适用范围		阀体材料
				L	H	D	D_0	温度/℃	介质	
气动楔式闸阀	Z640H-40	4.0	300	750	1485	510		≤425	油、水、蒸汽	碳钢
			350	850	1640	570				
气动带手动楔式闸阀	Z6sⅡ40F-16C	1.6	50	250	1095	160		≤200	油、水	碳钢
			80	280	1125	195				
			100	300	1285	215				
			150	350	1630	280				
			200	400	1820	335				
			250	450	2125	405				
			300	500	2500	460				
	Z6sⅡ40F-25	2.5	50	250	1095	160		≤200	油、水	碳钢
			80	280	1125	195				
			100	300	1285	230				
			150	350	1630	300				
			200	400	1820	360				
			250	450	2125	425				
			300	500	2500	485				

注：表中 H 为阀门关闭高度，其他符号同前闸阀。

表 1-10-90　电动闸阀型号、规格及结构尺寸

名 称	型 号	公称压力/MPa	公称通径/mm	主要结构尺寸/mm				适用范围		阀体材料
				L	H	D	D_0	温度/℃	介质	
电动楔式闸阀	Z940H-16C	1.6	50	250	625	160	200	≤425	油、水、蒸汽	铸钢
			80	280	700	195	200			
			100	300	760	215	200			
			125	325	860	245	250			
			150	350	1010	280	250			
			200	400	1075	335	320			
			250	450	1265	405	500			
			300	500	1480	460	500			
			350	550	1665	520	500			
			400	600	1930	580	500			
	Z940H-25	2.5	50	250	625	160	200	≤425	油、水、蒸汽	铸钢
			65	265	630	180	200			
			80	280	710	195	200			
			100	300	745	230	200			

续表

名称	型号	公称压力/MPa	公称通径/mm	主要结构尺寸/mm				适用范围		阀体材料
				L	H	D	D_0	温度/℃	介质	
电动楔式闸阀	Z940H-25	2.5	125	325	860	270	320	≤425	油、水、蒸汽	铸钢
			150	350	925	300	320			
			200	400	1115	360	320			
			250	450	1465	425	500			
			300	500	1465	485	500			
			350	550	1670	550	500			
			400	600	1933	610	500			
	Z940H-40	4.0	50	250	685	160		≤425	油、水、蒸汽	铸钢
			80	310	725	195				
			100	350	865	230				
			125	400	860	270				
			150	450	960	300				
			200	550	1150	375				
			250	650	1440	445				
			300	750	1510	510				
			350	850	1820	570				
			400	950	2050	655				

表 1-10-91 截止阀型号、规格及结构尺寸

名称	型号	公称压力/MPa	公称通径/mm	主要结构尺寸/mm				适用范围		阀体材料
				L	H	D	D_0	温度/℃	介质	
内螺纹截止阀	J11T-16	1.6	15	90	118		55	≤100	油	灰铸铁
			20	100	118		55			
			25	120	146		80			
			32	140	171		100			
	J11W-16		40	170	187		100	≤200	水、蒸汽	
			50	200	206		120			
			65	260	231		140			
法兰截止阀	J41W-16	1.6	25	160	146	115	80	≤100	油	灰铸铁
			32	180	171	135	100			
			40	200	198	145	100			
			50	230	230	160	120			
	J41T-16		65	290	239	180	140	≤200	水、蒸汽	
			80	310	386	195	200			
			100	350	433	215	240			

续表

名称	型号	公称压力/MPa	公称通径/mm	主要结构尺寸/mm				适用范围		阀体材料
				L	H	D	D_0	温度/℃	介质	
法兰截止阀	J41T-16	1.6	125	400	486	245	280	≤200	水、蒸汽	灰铸铁
			150	480	566	280	320			
	J41H-25	2.5	25	160	205	115	160	≤425	油、水、蒸汽	铸钢
			32	180	290	135	160			
			40	200	317	145	160			
			50	230	346	160	180			
			65	290	370	180	200			
			80	310	402	195	240			
			100	350	505	230	280			
	J41H-40	4.0	25	160	295	125	160	≤425	油、水、蒸汽	铸钢
			32	190	308	135	160			
			40	200	345	145	200			
			50	230	396	160	240			
			65	290	428	180	280			
			80	310	462	195	320			
			100	350	506	230	360			
			125	400	556	270	400			
			150	480	683	300	450			

表 1-10-92 旋塞阀型号、规格及结构尺寸

名称	型号	公称压力/MPa	公称通径/mm	主要结构尺寸/mm				适用范围		阀体材料
				L	H	D	D_0	温度/℃	介质	
内螺纹旋塞	X13W-10	1.0	15	80	99			≤100	油、水、蒸汽	灰铸铁
			20	90	124					
			25	110	133					
	X13T-10	1.0	32	130	152					
			40	150	202					
			50	170	260					
法兰旋塞	X43W-10	1.0	25	110	150	115		≤100	油、水、蒸汽	灰铸铁
			32	130	170	135				
			40	150	210	145				
			50	170	240	160				
			65	220	295	180				
	X43T-10	1.0	80	250	332	195				
			100	300	425	215				

续表

名 称	型 号	公称压力/MPa	公称通径/mm	主要结构尺寸/mm				适用范围		阀体材料
				L	H	D	D_0	温度/℃	介质	
法兰旋塞	X43T-10	1.0	125	350	482	245		≤100	水、蒸汽	灰铸铁
			150	400	510	280				
			200	460	705	335				

表1-10-93 球阀型号、规格及结构尺寸

名 称	型 号	公称压力/MPa	公称通径/mm	主要结构尺寸/mm				适用范围		阀体材料
				L	H	L_0	D	温度/℃	介质	
内螺纹球阀	Q11F-16	1.6	15	90	80	160		≤150	油、水、蒸汽	灰铸铁
			20	100	85	160				
			25	115	92	160				
			32	130	118	250				
			40	150	120	250				
			50	170	145	350				
			65	200	154					
	Q11F-25	2.5	15	90	76			≤150	油、水、蒸汽	碳钢
			20	100	81					
			25	115	92					
			32	130	114					
			40	150	125					
			50	170	144					
			65	200	154					
法兰球阀	Q41F-16C	1.6	25	160	103	160	115	≤150	油、水、蒸汽	WCB
			32	165	103	160	135			
			40	180	122	250	145			
			50	200	132	250	160			
			65	220	157	300	180			
			80	250	177	300	195			
			100	280	203	400	215			
	Q41F-25	2.5	32	165	134	250	135	≤150	油、水、蒸汽	WCB
			40	185	140	250	145			
			50	200	155	300	160			
			65	220	160	300	180			
			80	250	200	400	195			
			100	320	222	400	215			
			150	400	295	1200	280			

注：L_0为板手长度。

表 1-10-94 蝶阀型号、规格及结构尺寸

名称	型号	公称压力/MPa	公称通径/mm	主要结构尺寸/mm			适用范围		阀体材料
				L	H	L_0	温度/℃	介质	
手动调节型对夹式蝶阀	DTD71F-10	1.0	40	50	167	173	≤200	油、水、煤气、蒸汽	铸铁
			50	51	177	193			
			65	57	198	221			
	DTD71F-10P		80	63	205	241		酸、碱、氨	1Cr18Ni9Ti
			100	67	215	275			
			125	73	240	315			
			150	84	260	355			
			200	94	293	425			
	D73H-16C	1.6	40	50	168	178	<400	油、水、蒸汽	碳钢
			50	52	178	198			
	D73Y-16P		65	58	199	226			1Cr18Ni9Ti
			80	64(49)	207	246			
	DTD71F-16C		100	68(56)	225	280	≤200	海水、污水、煤气、蒸汽	碳钢
			125	75(64)	260	320			
	DTD71H-16C		150	86(70)	275	360	≤400		
	(D71H-16C)		200	96	310	430	<425		
	D73H-25C	2.5	40	51	168	178	<400	油、水、蒸汽	碳钢
			50	53	178	198			
	D73Y-25P		65	59	199	228			1Cr18Ni9Ti
	DTD71H-25		80	65(49)	207	246	<400	海水、污水、煤气、蒸汽	碳钢
			100	70(56)	225	280	≤200		
	DTD71F$_1$-25		125	77(64)	260	320			
			150	88(70)	275	360	<425		
	(D71H-25)		200	98	310	430			

注：( )内数字为不同厂家的产品尺寸。

表 1-10-95 止回阀型号、规格及结构尺寸

名称	型号	公称压力/MPa	公称通径/mm	主要结构尺寸/mm			适用范围		阀体材料
				L	H	D	温度/℃	介质	
内螺纹升降式止回阀	H11W-16	1.6	32	140	74		≤100	油、煤气	灰铸铁
	H11W-16K		40	170	90				可锻铸铁
	H11T-16		50	200	100		≤200	水、蒸汽	灰铸铁
			65	260	145				
法兰升降式止回阀	H41W-16	1.6	50	230	150	165	≤100	油	灰铸铁
			65	290	160	185			
			80	310	185	200			

续表

名 称	型 号	公称压力/MPa	公称通径/mm	主要结构尺寸/mm			适用范围		阀体材料
				L	H	D	温度/℃	介质	
法兰升降式止回阀	H41H-16	1.6	100	350	200	220	≤200	水、蒸汽	灰铸铁
			125	400	232	250			
			150	480	268	285			
			200	600	312	340			
	H41H-25	2.5	50	230	155	160	≤400	油、水、蒸汽	碳钢
			65	290	165	180			
			80	310	180	195			
	(H41H-40)	4.0	100	350	200	230			
			125	400	225	270			
			150	480	265	300			
			200	600	318	360(375)			
法兰立式升降式止回阀	H42H-25	2.5	40	125		145	≤400	油、水、蒸汽	碳钢
			50	140		160			
			65	160		180			
			80	185		195			
			100	210		230			
			125	275		270			
			150	300		300			
法兰旋启式止回阀	H44W-10	1.0	50	230	137	160	≤100	油、煤气	灰铸铁
			65	290	142	180			
			80	310	161	195			
			100	350	178	215			
			150	480	233	280			
	H44T-10		200	500	262	335	≤200	水、蒸汽	
			250	600	299	390			
			300	700	350	440			
			350	800	396	500			
			400	900	448	565			
	H44H-25	2.5	50	230	177	160	≤400	油、水、蒸汽	碳钢
			65	290	185	180			
			80	310	195	195			
			100	350	217	230			
			150	480	290	300			
			200	550	300	360			
			250	650	401	435			
			300	750	441	485			

续表

名称	型号	公称压力/MPa	公称通径/mm	主要结构尺寸/mm			适用范围		阀体材料
				L	H	D	温度/℃	介质	
法兰旋启式止回阀	H44H-25	2.5	350	850		550	≤400	油、水、蒸汽	碳钢
			400	950	510	610			
	H44H-40	4.0	50	230	160	160	≤425	油、水、蒸汽	碳钢
			65	290	192	180			
			80	310	200	195			
			100	350	220	230			
			150	480	276	300			
			200	550	342	375			
			250	650	401	445			
			300	750	440	510			
			350	850	454	576			
			400	950	510	655			

表 1-10-96 安全阀型号、规格及结构尺寸

名称	型号	公称压力/MPa	公称通径/mm	主要结构尺寸/mm			适用范围		阀体材料
				L	H_1	H_2	温度/℃	介质	
弹簧微启封闭式安全阀	CA41H-16C	1.6	25	100	85	194	≤300	油、水、空气	碳钢
			32	115	100	266			
			40	120	105	318			
			50	130	115	350			
			80	160	135	385			
			100	170	160	525			
	A41H-25 法兰入口 D25 出口 D16	2.5	25	100	85	194	≤300	油、水、空气	碳钢
			32	115	100	266			
			40	120	105	318			
	A41H-40 法兰入口 D40 出口 D16	4.0	50	130	115	350			
			80	160	135	570			
			100	170	160	580			
弹簧全启封闭式安全阀	CA42Y-16C	1.6	32	115	100	285	≤300	油、空气	碳钢
			40	120	110	278			
			50	135	120	332			
			80	170	135	478			
			100	205	160	590			
			150	255	230	650			
			200	300	260				

续表

名称	型号	公称压力/MPa	公称通径/mm	主要结构尺寸/mm			适用范围		阀体材料
				L	H_1	H_2	温度/℃	介质	
弹簧全启封闭式安全阀	A42Y-40	4.0	32	115	100	285	≤300	油、空气	碳钢
			40	130	120	278			
			50	145	130	332			
			80	170	150	478			
			100	205	185	590			
			150	255	230	650			
			200	300	260				

第十一章 油罐和管路热力计算与保温设计数据图表

第一节 油品的加热

一、油品加热方式

油品加热方式见表 1-11-1。

表 1-11-1 油品加热方式

1. 油品加热的热源	油品加热常用的热源有水蒸气、热水、热空气和电能等 (1) 水蒸汽 ①水蒸气是目前最常用的热源,它具有热焓高、易于制备和输送、使用比较安全等优点 ②油库加热作业一般采用表压 $3 \times 10^5 \sim 8 \times 10^5$ Pa 的水蒸气 (2) 热水和热空气 ①热水和热空气的热焓较低,因此用量必然很大,制备和输送都相应要求比较庞大的设备,使用不甚方便 ②在有工业废热水或废热气可供利用的特殊情况下才考虑采用 (3) 电能 ①利用电能作为热源具有设备简单、操作方便、有利于环境保护等突出优点 ②近年来在国外已逐步得到推广使用,在国内也有使用,但还不太多
2. 油罐等储油容器的加热方法	(1) 蒸汽直接加热法 ①这种方法是将饱和水蒸气直接通入待加热的油品中,此方法虽然操作方便,热效率高 ②但由于冷凝水留存于油品中而影响油品质量,因此一般不允许采用 ③只有燃料油和农用柴油等含水量要求不严格的油品,在缺乏其他加热方法时才偶尔采用 (2) 蒸汽间接加热法 ①这种方法是将水蒸气通过油罐中的管式加热器或罐车的加热套,用加热器或加热套来加热油品,蒸汽与油品不直接接触 ②这种方法适用于一切油品的加热,目前得到广泛的应用。本章将着重讨论这种方法的设计和计算 (3) 热水垫层加热法 ①这种方法是依靠油品下面的热水垫层向油品传热。热水垫层的热量可以靠通入蒸汽来补充 ②如有工业废热水或其他热水来源时,也可对水垫层不断补充热水并排走降温后的"冷水"来保持水垫层的温度 ③这种方法使用较少,常在有方便的热水来源时才采用,而且不能应用于不容许存在水迹的油品的加热 (4) 热油循环法 ①这种方法是从储油容器中不断抽出一部分油品,在容器外加热到低于闪点温度 15~20℃,再用泵打回容器中去和冷油混合 ②由于热油循环过程中存在着机械搅拌作用,因此返回容器的热油很快地把热量传给冷油,使容器中的油温逐步提高

2. 油罐等储油容器的加热方法	③这种方法虽然要增设循环油泵、换热器(或加热炉)等设备,但罐内不再需要装设加热器,因此就避免了加热器的锈蚀和随之而来的检修工作,而且完全杜绝了因加热器漏水而影响油品质量的问题。由于这种方法有这些优点,近年来受到国内外的普遍重视,并逐步在生产实践中推广使用 (5)电加热法 ①电加热法有电阻加热、感应加热和红外线加热3种方法 ②其中红外线加热法设备简单、热效率高、使用方便,适用于小容量和油罐车的加热

二、输油管道的加热方法

输油管道的加热方法见表1-11-2。

表1-11-2 输油管道的加热方法

1. 加热方法	(1)蒸汽伴随加热法。此法可分为 ①内伴随 ②外伴随 (2)管路电热法。可分为 ①直接加热 ②间接加热 ③感应加热
2. 蒸汽伴随加热法	(1)内伴随方法 ①内伴随是把蒸汽管安装在油管内部 ②这种方法的优点是热能利用率高,加热所需的时间短 ③缺点是蒸汽管的温度较高,应力补偿不易处理;蒸汽管发生漏损时不易发现和维修;蒸汽管安装在油管内部增大了油流的水力摩阻等。因此,内伴随很少采用 (2)外伴随方法 ①外伴随是用保温材料把一根或数根蒸汽管和油管包扎在一起,或把蒸汽管和油管敷设在同一管沟中 ②外伴随加热虽然热效率低一些,但施工与维修都比较方便,因此,使用比较广泛 (3)油库通常采用的方法 ①库内管道一般都不长,热油在管路中输送不会有很大的温降,油品不至于在管路中凝固,所以一般情况下不需要进行伴随加热 ②只是对于间歇作业的不放空的黏油和凝固点低于周围介质最低温度的油品管路才采用伴随加热
3. 管路电热法	(1)直接加热法 ①直接加热法是对管路直接通电,是管路自体发热而加热管内油品 ②此法比较简单,但管路应包以良好的电绝缘材料,以减少电流损失和保证安全 (2)间接加热法。间接加热法是把有良好电绝缘的电热导线和油管用保温材料包扎在一起,电热导线通电后发热,将热量传给油管以加热管内油品 (3)感应加热法。感应加热法是把线圈和油管用保温材料包扎在一起,线圈通交流电后产生交变磁场,输油管在交变磁场中诱发产生感应电流而升温,使管内油品被加热

第二节 油罐加热计算

一、地上立式油罐总散热量计算公式及步骤

地上立式油罐总散热量计算公式及步骤见图1-11-1。

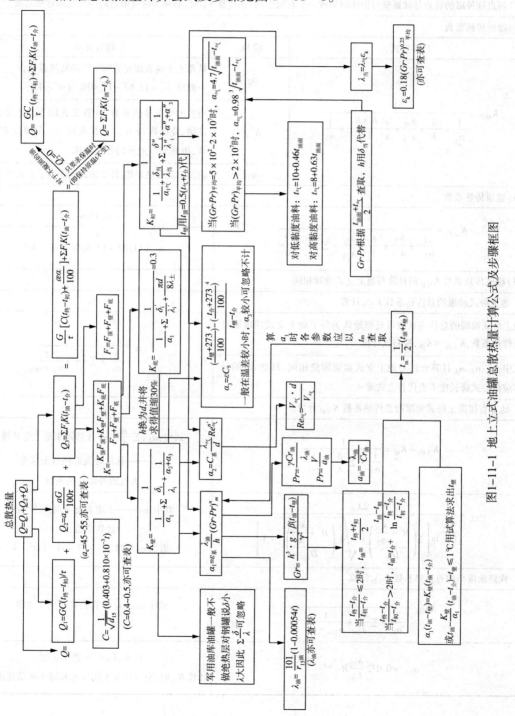

图1-11-1 地上立式油罐总散热量计算公式及步骤框图

二、其他类型油罐传热系数 K 值的分析计算

其他类型油罐传热系数 K 值的分析计算见表 1-11-3。

表 1-11-3 其他类型油罐传热系数 K 值的分析计算

1. 地下覆土护体内立式钢油罐的总传热系数 $K_{护}$ 计算

(1) 特点 这种罐的特点是油罐壁与护体间形成一个有限空间,在计算 $K_{护}$ 时,必须考虑有限空间中空气的自然对流

(2) 罐壁传热系数

计算公式	符号	符号含义
$K_{壁护} = \dfrac{1}{\dfrac{1}{\alpha_1} + \dfrac{\delta}{\lambda} + \dfrac{\delta'_{当}}{\lambda'_{当}} + \dfrac{\delta^1}{\lambda^1}\dfrac{H+\delta_{土}}{2\lambda_{土}} + \dfrac{1}{\alpha_2}}$	α_2	从覆土土壤表面向周围空气的放热系数,一般取:$\alpha_2 = 11.63 \sim 17.40 \text{W}/(\text{m}^2 \cdot \text{K})$
	$\lambda'_{当}$	空气的当量导热系数,计算公式同于地上立式钢油罐,特征数 Gr 中之 h 按夹层空气的厚度 $\delta'_{当}$ 计算,Pr 按空气的平均温度计算
	α_1	内部对流放热系数,计算公式同于地上立式钢油罐

(3) 罐顶传热系数

计算公式	符号含义
$K_{顶护} = \dfrac{1}{\dfrac{1}{\alpha_{1气}} + \dfrac{\delta_{当}}{\lambda_{当}} + \dfrac{\delta}{\lambda} + \dfrac{\delta'_{当}}{\lambda'_{当}} + \sum \dfrac{\delta'_{i护}}{\lambda'_{i护}} + \dfrac{1}{\alpha_2}}$	式中:α_2 $\alpha_2 \cong 11.63 \sim 17.40 \text{W}/(\text{m}^2 \cdot \text{K})$

(4) 罐底传热系数 $K_{底护}$ 的计算与地上立式油罐相同

2. 地上卧式油罐的总传热系数 $K_{上卧}$ 计算

地上卧式油罐的总传热系数可近似地认为等于地上立式油罐罐壁的传热系数,$K_{上卧} \approx K_{壁}$,按右式计算	$K_{上卧} = \dfrac{1}{\dfrac{1}{\alpha_1} + \sum \dfrac{\delta_i}{\lambda_i} + \dfrac{1}{\alpha_2 + \alpha_3}}$
式中:α_1、α_2、α_3 计算公式与地上立式油罐罐壁相同,只是 α_2 的计算应以卧式罐长度 L 去代替立式罐 d	

3. 地下直接覆土卧式油罐的总传热系数 $K_{下卧}$ 计算

计算公式	符号含义
$K_{下卧} \approx K_{壁} = \dfrac{1}{\dfrac{1}{\alpha_1} + \sum \dfrac{\delta}{\lambda} + \dfrac{1}{\alpha_{2土}}}$	式中:α_1、$\sum \dfrac{\delta}{\lambda}$——计算同于地上立式罐 $\alpha_{2土}$——从油罐表面经过土壤至大气的外部放热系数
$\alpha_{2土} = \dfrac{2\lambda_{土}}{D_{卧} \ln\left[2\left(\dfrac{H' + \dfrac{\lambda_{土}}{\alpha_2}}{D_{卧}}\right) + \sqrt{4\left(\dfrac{H' + \dfrac{\lambda_{土}}{\alpha_2}}{D_{卧}}\right)^2 - 1}\right]}$	其中:α_2——土壤表面至周围空气的放热系数,一般取 $\alpha_2 \approx 11.63 \sim 17.40 \text{W}/(\text{m}^2 \cdot \text{K})$

4. 铁路油罐车的总传热系数 $K_{车卧}$ 计算

计算公式	符号含义
$K_{车卧} \approx \dfrac{1}{\dfrac{1}{\alpha_1} + \sum \dfrac{\delta_i}{\lambda_i} + \dfrac{1}{\alpha_{2车} + \alpha_3}}$	式中:α_1、α_3 计算公式同地上立罐
$\alpha_{2车} = 0.032 \dfrac{\lambda_{气}}{L_{车}} R_{气}^{0.8}$	其中:$L_{车}$——罐车长度 计算 $R_{气}$ 时,空气速度采用风速和罐车运动速度之和

三、排管加热器面积与蒸汽量的计算步骤

排管加热器面积与蒸汽量的计算步骤见图 1-11-2。

油罐全面加热计算符号、名称及单位见表 1-11-4。

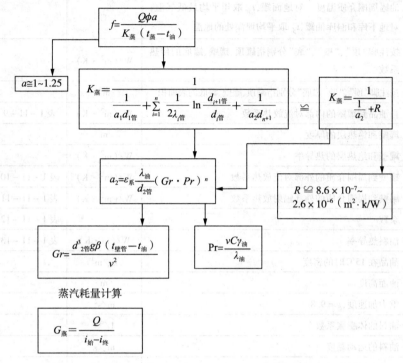

图 1-11-2 排管加热器面积与蒸汽量的计算公式及步骤框图

表 1-11-4 油罐全面加热计算符号、名称及单位

符号	名称	单位	附表	页次
Q	油品加热所需要的总热量	J/h		
Q_1	油品升温所需热量	J/h		
Q_2	融化凝结油料所需的热量	J/h		
Q_3	在加热过程中散失于周围介质中的热量	J/h		
G	油罐中油料质量	kg		
C	油品比热（即质量热容），近似可取 0.4~0.5	J/kg·K	表 1-11-7	
d_{15}	油品在 15℃时的比重			
t	油品温度	℃		
$t_终$	油品加热后温度	℃		
$t_初$	油品加热前温度	℃		
t	加热时间	h	表 1-11-6	
a_e	石蜡的融化潜热，与油品凝固点有关，约为 45~55	J/kg	表 1-11-8	
a	油品中含蜡百分数	%		
$\sum F_j$	油罐的表面积	m²		
K	油罐的总传热系数	W/(m²·K)		

续表

符号	名称	单位	附表	页次
$t_{油}$	罐内油品的平均温度	℃		
$t_{介}$	油罐周围介质温度。对地面罐,$t_{介}$取年平均最低气温;对地下库和洞库油罐,$t_{介}$取平均埋深处的地温	℃		
K(下脚)	按注脚"顶"、"壁"、"底"分别指罐顶、罐壁、罐底的传热系数	W/(m²·K)		
F(下脚)	按注脚"顶"、"壁"、"底"分别指罐顶、罐壁、罐底的表面积	m²		
α_1	自油品到罐壁的内部对流放热系数	W/(m²·K)	表1-11-9	
δ_i	罐壁和绝热层的厚度	m		
λ_i	罐壁和绝热层的热导率	W/(m²·K)		
α_2	罐壁到周围介质的外部对流放热系数	W/(m²·K)	表1-11-10	
α_3	罐壁到周围介质的外部辐射放热系数	W/(m²·K)	表1-11-11	
$\varepsilon_{系}, n$	系数		表1-11-12	
$\lambda_{油}$	油料热导率	W/(m·K)	表1-11-13	
$\gamma_{15油}$	油品在15℃时的密度	kg/m³		
h	油面高度	m		
g	重力加速度,$g=9.8$	m/s²		
β	油料的体膨胀系数	1/℃		
ν	油料的运动黏度	m²/s		
$\gamma_{油}$	油品的密度	kg/m³		
$\alpha_{油}$	油料的导温系数	m²/h		
$\lambda_{气}$	空气热导率	W/(m·K)		
d	立式油罐直径	m		
$Re_{气}$	空气的雷诺数			
$v_{气}$	风速,按最大风速计	m/s		
$\nu_{气}$	空气黏度			
$C_{系} \cdot n'$	系数		表1-11-14	
ε	罐壁黑度		表1-11-15	
C_s	常数 $C_s = 5.768$	W/(m²·K)		
α'_1	油品到罐底的内部对流放热系数	W/(m²·K)		
$\sum \dfrac{\delta'_i}{\lambda'_i}$	罐底的热阻之和			
$\lambda_{土}$	土壤的导热系数	W/(m·K)		
$\alpha''_1气$	从油面至罐内气体空间的内部放热系数	W/(m²·K)	表1-11-16	
$\delta_{当}$	罐内气体空间的高度	m		
$\lambda_{当}$	罐内气体空间的当量导热系数	W/(m·K)		
$\sum \dfrac{\delta''_i}{\lambda''_i}$	罐顶和污垢等的热阻总和			
α''_2	从罐顶到周围介质的外部放热系数	W/(m²·K)		

续表

符 号	名 称	单 位	附 表	页 次
α_3''	从罐顶到周围介质的辐射放热系数	$W/(m^2 \cdot K)$		
$t_{油面}$	罐内油面温度	℃		
$t_{气}$	罐内气体空间的温度	℃	表1-11-17	
ε_k	对流系数		表1-11-18	
$\alpha_{2洞}$	洞库立式钢油罐壁的外部放热系数	$W/(m^2 \cdot K)$		
$\alpha_{2洞}''$	洞库立式钢油罐顶的外部放热系数	$W/(m^2 \cdot K)$		
$t_{顶}$	油罐顶的温度	℃		
$K_{护}$	地下覆土护体内立式钢油罐的总传热系数	$W/(m^2 \cdot K)$		
$K_{壁护}$	地下覆土护体内立式钢油罐壁传热系数	$W/(m^2 \cdot K)$		
$\dfrac{\delta}{\lambda}$	钢罐壁的热阻			
$\delta'_{当}$	钢罐壁与护体内壁之间空气夹层的厚度	m		
$\lambda'_{当}$	空气的当量导热系数	$W/(m \cdot K)$		
$\dfrac{\delta'}{A'}$	护体壁的热阻			
H	罐的埋深	m		
$\delta_{土}$	罐壁处护体的覆土厚度	m		
$K_{顶护}$	地下覆土护体内立式钢油罐顶传热系数	$W/(m^2 \cdot K)$		
$\sum \dfrac{\delta'_{j护}}{\lambda'_{j护}}$	护体混凝土拱顶与覆土的热阻总和			
$K_{底护}$	地下覆土护体内立式钢油罐底传热系数	$W/(m^2 \cdot K)$		
$K_{上卧}$	地上卧式钢油罐总传热系数	$W/(m^2 \cdot K)$		
$K_{洞卧}$	洞库内金属卧式罐的总传热系数	$W/(m^2 \cdot K)$		
$K_{车卧}$	铁路油罐车的总传热系数	$W/(m^2 \cdot K)$		
$\alpha_{2车}$	铁路油罐车的外部对流放热系数	$W/(m^2 \cdot K)$		
$K_{下卧}$	地下直接覆土卧式钢油罐的总传热系数	$W/(m^2 \cdot K)$		
$\alpha_{2土}$	从油罐表面经过土壤至大气的外部放热系数	$W/(m^2 \cdot K)$		
$D_{卧}$	卧式油罐直径	m		
H'	卧式罐中心轴线至地面的深度	m		
f	排管加热器面积	m^2		
α	安全系数,一般取 $\alpha = 1 \sim 1.25$			
$K_{蒸}$	蒸汽经加热器到油料的传热系数	$W/(m^2 \cdot K)$		
$t_{蒸}$	蒸汽进入加热器时的温度	℃		
ψ	冷凝水过冷系数		表1-11-19	
$d_{1管}$	加热器管子内径	m		
$\lambda_{i管}$	管子、水垢、油料沉积物等的导热率 根据经验　钢管的 $\lambda_1 = 40 \sim 50$ 　　　　　水垢的 $\lambda_2 = 1.1$ 　　　　　油料沉积物的 $\lambda_3 = 0.4$	$W/(m \cdot K)$		

符号	名称	单位	附表	页次
$d_{i管}$	管子计入水垢层的内径	m		
$d_{i+1管}$	管子计入管外壁上油料沉积物后的外径	m		
R	对传热有影响的附加热阻	$m^2 \cdot K/W$		
$d_{2管}$	加热器管子外径	m		
$t_{壁管}$	加热器管壁的平均温度	℃		
$G_{蒸}$	蒸汽的消耗量			
$i_{始}$	蒸汽进入加热器时的压力、温度下的焓	J/kg	表1-11-20	
$i_{终}$	蒸汽离开加热器时的压力、温度下的焓	J/kg	表1-11-20	

四、局部加热器的计算

局部加热器的计算见图1-11-3。

局部加热器的计算公式符号、名称及单位见表1-11-5。

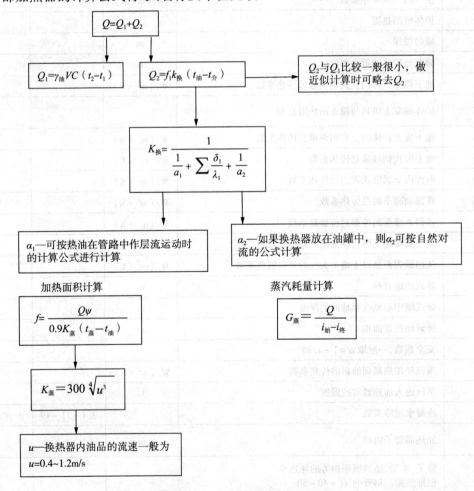

图1-11-3 局部加热器计算框图

表 1-11-5　局部加热器的计算公式符号、名称及单位

符号	名称	单位
Q	局部加热器的总耗热量	J/h
Q_1	使油料升温所需的热量	J/h
Q_2	被加热的油通过换热器壳向油罐中冷油散失的热量	J/h
V	被加热的油料的体积流量	m³/h
t_1	油料进入加热器的温度	℃
t_2	油料离开加热器的温度	℃
f_1	换热器外表面积,一般为 3~10m²	m²
$K_{换}$	从换热器内热油到外部介质的传热系数	W/(m²·K)
α_1	热油向换热器壁的放热系数	W/(m²·K)
$\sum \delta_i/\lambda_i$	器壁与油料污垢层的热阻之和	
α_2	换热器壁向外部介质的放热系数	W/(m²·K)
f	换热器所需加热面积	m²

五、油罐加热计算的有关数据

油罐加热计算的有关数据见表 1-11-6 ~ 表 1-11-23。

表 1-11-6　油品升温所需的时间 τ 值

应用条件	τ/h
$t_终 - t_初 \leq 25℃$;$V \leq 1000m^3$;操作周期 $\geq 60h$	≥24
$t_终 - t_初 \leq 25 \sim 30℃$;$V \leq 2000 \sim 3000m^3$;操作周期 $\geq 100h$	≥36
$t_终 - t_初 > 30℃$;$V \geq 5000m^3$;操作周期 $\geq 150h$	≥48

注:选用 τ 时,应以操作周期为首要条件,并参与其他两条件。

表 1-11-7　油品质量热容 c 值

油品平均温度 t_{cp}/℃	油品的质量热容 $c \times 4186.8$J/(kg·K)	油品平均温度 t_{cp}/℃	油品的质量热容 $c \times 4186.8$J/(kg·K)	油品平均温度 t_{cp}/℃	油品的质量热容 $c \times 4186.8$J/(kg·K)
0	0.405	80	0.467	150	0.519
10	0.413	90	0.474	160	0.527
20	0.420	100	0.482	170	0.534
30	0.428	110	0.489	180	0.542
40	0.436	120	0.497	190	0.551
50	0.444	130	0.504	200	0.559
60	0.451	140	0.512		
70	0.459				

注:本表根据 $c = 0.482 + 0.00077(t_{cp} - 100℃)$ 计算所得。

表1-11-8 石蜡溶解热 a_e 值

油品凝固点/℃	$a_e \times 4186.8/(J/kg)$	油品凝固点/℃	$a_e \times 4186.8/(J/kg)$	油品凝固点/℃	$a_e \times 4186.8/(J/kg)$
-25	45	15	51	55	54.7
-20	46	20	52	60	54.9
-15	47	25	52.3	65	55
-10	47.5	30	52.5	70	55
-5	48.5	35	53	75	55.2
0	49	40	53.5	80	55.4
5	50	45	54		
10	50.5	50	54.5		

表1-11-9 自油料至罐壁的内部对流放热系数 α_1 $\times 1.163 W/(m^2 \cdot K)$

$t_油 - t_壁$	油料的运动黏度 $v(cm^2/s)$								
	0.01	0.1	1	2	5	10	20	30	50
油面高 4m									
10	18.5	8.7	4.1	3.2	2.4	1.9	1.5	1.3	1.1
20	23.4	10.9	5.1	4.1	3.0	2.4	1.9	1.7	1.4
30	26.8	12.6	5.7	4.7	3.4	2.7	2.2	1.9	1.6
40	29.4	13.8	6.4	5.1	3.7	3.0	2.4	2.1	1.7
50	31.5	14.7	6.9	5.5	4.1	3.2	2.6	2.2	1.9
油面高 8m									
10	19.0	8.9	4.2	3.4	2.4	2.0	1.5	1.3	1.2
20	23.9	11.1	5.2	4.2	3.0	2.4	1.9	1.7	1.4
30	26.8	12.5	6.0	4.8	3.5	2.8	2.2	1.9	1.6
40	29.4	13.8	6.6	5.2	4.1	3.0	2.4	2.1	1.8
50	32.3	15.1	7.0	5.5	4.2	3.2	2.6	2.3	1.9
油面高 12m									
10	17.7	8.3	3.9	3.1	2.3	1.8	1.4	1.3	1.0
20	22.3	10.3	4.9	3.9	2.9	2.3	1.8	1.6	1.3
30	25.7	12.0	5.6	4.5	3.2	2.6	2.1	1.8	1.5
40	28.1	13.2	6.2	4.9	3.6	2.9	2.3	2.0	1.7
50	30.0	14.1	6.6	5.3	3.9	3.1	2.4	2.1	1.8

表1-11-10 从罐壁至大气的外部对流放热系数 α_2 (风速为10m/s) $\times 1.163 W/(m^2 \cdot K)$

$\dfrac{t_壁 + t_介}{2}$	油罐直径/m							
	5.4	6.7	8.0	10.7	12.0	15.3	19.1	22.9
10	18.2	17.8	17.1	16.0	15.7	15.0	14.1	14.0
20	17.5	16.6	16.0	15.4	14.9	14.1	13.5	13.1
30	16.8	16.2	15.6	14.5	14.2	13.5	12.8	12.6
40	16.0	15.1	14.7	13.7	13.6	12.7	12.3	12.1

续表

$\dfrac{t_{壁}+t_{介}}{2}$	油罐直径/m							
	5.4	6.7	8.0	10.7	12.0	15.3	19.1	22.9
50	15.4	14.6	14.1	13.3	13.0	12.3	11.8	11.6
60	14.8	14.2	13.7	12.8	12.3	11.8	11.2	10.8

注：当风速 $v=5\text{m/s}$ 时，α_2 应乘以系数 0.58。

表 1-11-11 从罐壁至大气的辐射放热系数 α_3 $\times 1.163\text{W/}(\text{m}^2\cdot\text{K})$

$\dfrac{t_{壁}+t_{介}}{2}$	油罐壁表面的黑度 ε							
	0.2	0.3	0.4	0.5	0.6	0.7	0.8	0.9
10	10.5	15.8	21.0	26.7	31.6	36.9	42.0	47.4
20	11.1	16.7	22.3	27.8	33.4	38.9	44.5	50.0
30	11.7	17.6	23.4	29.3	35.0	41.0	46.8	52.6
40	12.4	18.6	24.8	31.0	37.2	43.5	49.6	55.8
50	13.0	19.4	25.9	32.7	38.8	45.5	51.8	58.2
60	13.6	20.4	27.2	34.0	40.8	47.6	54.4	61.2

表 1-11-12 $\varepsilon_{系}$、n 系数

$(Gr\cdot Pr)/m$	$<10^{-3}$	$1\times10^{-3}\sim 5\times10^2$	$5\times10^2\sim 2\times10^7$	$2\times10^7\sim 1\times10^{13}$
$\varepsilon_{系}$	0.5	1.18	0.54	0.135
n	0	1/8	1/4	1/3

表 1-11-13 油品导热系数 $\lambda_{油}$ 值

$\lambda_{油}/[\text{W/}(\text{m}\cdot\text{K})]$ $\rho_{15油}/(\text{t/m}^3)$ \ $t_{油}/℃$	30	40	50	60	70	80	90	100
0.80	0.123	0.122	0.122	0.121	0.120	0.120	0.119	0.118
0.81	0.122	0.121	0.120	0.119	0.119	0.118	0.117	0.117
0.82	0.120	0.119	0.119	0.118	0.117	0.117	0.116	0.116
0.83	0.119	0.118	0.117	0.116	0.116	0.115	0.115	0.114
0.84	0.117	0.117	0.116	0.115	0.115	0.114	0.113	0.113
0.85	0.116	0.115	0.115	0.114	0.113	0.112	0.112	0.111
0.86	0.114	0.114	0.113	0.112	0.112	0.111	0.111	0.110
0.87	0.113	0.112	0.112	0.111	0.110	0.110	0.109	0.109
0.88	0.112	0.111	0.111	0.110	0.109	0.109	0.108	0.108
0.89	0.111	0.110	0.109	0.109	0.108	0.108	0.107	0.107
0.90	0.109	0.109	0.108	0.108	0.107	0.106	0.106	0.105
0.91	0.108	0.108	0.107	0.106	0.106	0.105	0.105	0.104

续表

$\rho_{15油}/(t/m^3)$ \ $t_{油}/℃$ \ $\lambda_{油}/[W/(m·K)]$	30	40	50	60	70	80	90	100
0.92	0.107	0.106	0.106	0.105	0.105	0.104	0.103	0.103
0.93	0.106	0.105	0.105	0.104	0.103	0.103	0.102	0.102
0.94	0.105	0.104	0.104	0.103	0.103	0.102	0.102	0.101
0.95	0.104	0.103	0.103	0.102	0.101	0.101	0.100	0.099
0.96	0.103	0.102	0.101	0.101	0.100	0.100	0.099	0.099
0.97	0.101	0.101	0.100	0.100	0.099	0.099	0.098	0.098
0.98	0.101	0.100	0.100	0.099	0.098	0.098	0.097	0.097

注:本表根据 $\lambda_{油} = 101(1-0.00054 t_{油})/\gamma_{15油}$ 计算所得。

表 1-11-14 $C_{系}$ 和 n' 系数

$R_{t气}$	5~80	80~5×10²	5×10³~5×10⁴	>5×10⁴
$C_{系}$	0.81	0.625	0.197	0.023
n'	0.40	0.46	0.60	0.80

表 1-11-15 不同涂料的钢材的黑度 ε

材料	黑度 ε	材料	黑度 ε
黑颜色	1	铝色颜料	0.27~0.67
白色珐琅质	0.91	有光泽的镀锌钢材	0.23
暗黑色漆	0.96~0.98	氧化的镀锌钢材	0.28
黑色有光泽的漆	0.88	氧化的钢材	0.82
不同颜色的颜料	0.92~0.96		

表 1-11-16 从油面至罐内气体空间的内部放热系数 $\alpha_{1气}$ ×1.163W/(m²·K)

$t_{油面}-t_{气}$	2	5	10	15	20	25	30	35	40	45	50
$\alpha_{1气}$	1.2	1.7	2.0	2.4	2.7	2.8	3.0	3.2	3.4	3.5	3.6

表 1-11-17 罐内气体空间温度 $t_{气}$ 与油料温度 $t_{油面}$ 的关系

加热时的温度/℃		冷却时的温度/℃	
油料	气体空间	油料	气体空间
50	32	100	74
60	36	90	67
70	39	80	60
80	43	70	54
90	48	60	47
100	52	50	40

注:表中数据为实际经验数据,仅供参考。

表 1-11-18　对流系数 ε_k

气体空间的高度/m	气体空间的温度/℃							
	10	20	30	40	50	60	70	80
12	217	252	272	284	292	297	298	299
8	163	187	194	210	216	218	220	221
4	96	111	119	125	128	130	131	132

表 1-11-19　蒸汽冷凝液的过冷却系数 ψ 值

油品加热终温/℃	蒸汽压力/（表压 ×98kPa）					
	1	2	3	4	5	6
0	1.01	1.02	1.04	1.06	1.07	1.08
10	1.01	1.02	1.04	1.06	1.07	1.08
20	1.01	1.02	1.04	1.06	1.07	1.08
30	1.01	1.02	1.04	1.06	1.08	1.09
40	1.02	1.02	1.05	1.06	1.08	1.09
50	1.02	1.03	1.05	1.07	1.09	1.10
60	1.02	1.03	1.05	1.08	1.10	1.11
70	1.03	1.04	1.06	1.08	1.10	1.12
80	1.03	1.05	1.07	1.09	1.11	1.13
90	1.04	1.06	1.08	1.10	1.12	1.13

表 1-11-20　干饱和蒸汽和液体参数

以压力为基础				以温度为基础			
绝对压力 P_n/（×98kPa）	饱和温度 t_n/℃	饱和液体热焓 i_k/（×4186.8J/kg）	饱和蒸汽热焓 i_n/（×4186.8J/kg）	温度 t_n/℃	绝对压力 P_n/（×98kPa）	饱和液体热焓 i_k/（×4186.8J/kg）	饱和蒸汽热焓 i_n/（×4186.8J/kg）
1.0	99.1	99.12	638.97	100	1.0332	100.0	639.3
1.5	110.8	110.9	646.3	110	1.4609	110.1	643.0
2.0	119.6	119.9	646.5	120	2.0245	120.3	646.6
3.0	132.9	133.3	650.8	130	2.754	130.4	649.6
4.0	142.9	143.6	653.9	140	3.685	140.7	653.1
5.0	151.1	152.1	656.3	150	4.854	150.9	655.9
6.0	158.1	159.3	658.1	160	6.302	161.3	658.6
7.0	164.2	165.6	659.6	170	8.076	171.7	661.0
8.0	169.6	171.3	660.6	180	10.224	182.2	663.1
9.0	174.5	176.4	662.0	190	12.798	192.8	665.0
10.0	179.0	181.2	662.9	200	15.860	203.5	666.5

续表

以压力为基础				以温度为基础			
绝对压力 P_n/ ($\times 98$kPa)	饱和温度 t_n/ ℃	饱和液体热焓 i_k/ ($\times 4186.8$J/kg)	饱和蒸汽热焓 i_n/ ($\times 4186.8$J/kg)	温度 t_n/ ℃	绝对压力 P_n/ ($\times 98$kPa)	饱和液体热焓 i_k/ ($\times 4186.8$J/kg)	饱和蒸汽热焓 i_n/ ($\times 4186.8$J/kg)
11.0	183.2	185.6	664.0	210	19.460	214.4	667.7
12.0	187.1	189.7	664.5	220	23.660	225.4	668.5
13.0	190.7	193.6	665.1	230	28.530	236.5	668.9
14.0	194.1	197.2	665.6	240	34.140	247.9	668.9
15.0	197.4	200.8	666.1	250	40.560	259.5	668.4

表 1-11-21 油品加热温度

油品名称	装卸运输时加热温度/℃	油品名称	装卸运输时加热温度/℃
56~62 号过热汽缸油	50	CA 号柴油机油 30	25
38 号过热汽缸油	30	CA 号柴油机油 40	30
11~24 汽缸油	30~50	低速柴油机油	25
冬用车轴油	10	22~32 号透平油	10
夏用车轴油	20	46~57 号透平油	20
冬用齿轮油	30	1 号重柴油	10
夏用齿轮油	50	2 号重柴油	20
冬用墨机油	40	3 号重柴油	30
夏用墨机油	50	1~3 号页岩重柴油	20
L-AN 全损耗系统用油 15~46	10	20 号燃料油	25~35
L-AN 全损耗系统用油 68~100	20	60 号燃料油	50
6 号车用机油	10	100 号燃料油	50~60
HQB10-15	20~30	200 号燃料油	70
T-8 号柴油机油	20		

表 1-11-22 加热每吨石油产品的有效耗热量参考 $\times 4186.8$J/t

油始温/℃ \ 油终温/℃ 耗热量	10	15	20	25	30	35	40	45	50	60	70	80
-10	8540	10750	12990	15260	17560	19890	22250	24640	27060	31990	37040	42210
-5	6360	8540	10750	12990	15260	17560	19890	22250	24640	29510	34500	39610
0	4210	6360	8540	10750	12990	15260	17560	19890	22250	27060	31990	37040
5	2090	4210	6360	8540	10750	12990	15260	17560	19890	24640	29510	34500
10		2090	4210	6360	8540	10750	12990	15260	17560	22250	27060	31990
15			2090	4210	6360	8540	10750	12990	15260	19890	24640	29510

续表

耗热量 油终温/℃ 油始温/℃	10	15	20	25	30	35	40	45	50	60	70	80
20					2090	4210	6360	8540	10750	12990	17560	22250	27060
25						2090	4210	6360	8540	10750	15260	19890	24640
30							2090	4210	6360	8540	12990	17560	22250
35								2090	4210	6360	10750	15260	19890

表1-11-23　加热每吨石油产品需要蒸汽量参考

加热温度/℃	蒸汽量/(kg/t)	加热温度/℃	蒸汽量/(kg/t)
10	7.7	35	26.8
15	11.5	40	30.6
20	15.4		
25	19.2		
30	23.0		

第三节　黏油管路的加热设计计算

一、黏油管路加热有关计算

（1）黏油管路温降规律计算公式见表1-11-24。

表1-11-24　黏油管路温降规律计算公式

公式名称	公式	符号说明
温降公式（较长管路）	$\ln\dfrac{t_{始}-t_{介}}{t_{终}-t_{介}}=\dfrac{K\pi D}{GC}l=al$ 式中：$a=\dfrac{K\pi D}{GC}$	$t_{始}$——油料在管路起点的加热温度℃ $t_{终}$——油料在管路终点的温度，通常要求 $t_{终}$ 高于油品凝固点3～5℃
较短距离管路（如油库管路）温降公式	$\dfrac{t_{始}-t_{介}}{t_{终}-t_{介}}=1+al$	$t_{介}$——周围介质的温度 K——油料向周围介质的总传热系数，W/(m²·K)
加热站间距 l' 计算公式	$l'=\dfrac{1}{a}\ln\dfrac{t_{始}-t_{介}}{t_{终}-t_{介}}$	D——管路外径，m
加热站数 n 的计算	$n=l/l'$（个）	G——油品的质量流量，kg/h
油料起始加热温度计算公式	$t_{始}=t_{介}+(t_{终}-t_{介})e^{al}$ （注：油库管路的 $t_{始}$ 尽量保持使油料在管中以层流状态流动）	C——油品质量热容，J/(kg·K) l——管路的长度，m
管路沿线任意点的温度计算	$t_x=t_{介}+(t_{始}-t_{介})e^{-ax}$	X——所求点的管段长，m l'——加热站的间距，m
油料在管路终点的温度公式	$t_{终}=t_{介}+(t_{始}-t_{介})e^{-al}$（℃）	n——加热站的个数

(2) 黏油管路传热系数计算公式见表1-11-25。

表1-11-25 黏油管路传热系数计算公式

公式名称	存在条件	公式	符号含义
总传热系数 K	全面考虑	$K = \dfrac{1}{\dfrac{1}{\alpha_1 \pi d_1} + \sum\limits_{i=1}^{n} \dfrac{1}{2\pi\lambda_i}\ln\dfrac{d_i+1}{d_i} + \dfrac{1}{\alpha_2 \pi d_2}}$	d_1—钢管内径 λ_i—钢管、绝缘层及保温层的热导率 d_i、d_{i+1}—钢管、绝缘层的外径 δ/λ—钢管的热阻 v—油品的运动黏度 λ—油品的热导率 β—油品体积膨胀系数 c—油品质量热容 γ—油品重度 v—油品在管中的流速 d_2—管路最外的外径 $t_{油}$—油品温度 $t_{壁}$—管内壁温度 k_0—系数,见表1-11-27
	大、中型管路,如忽略管内、外径差值时	$K = \dfrac{1}{\dfrac{1}{\alpha_1} + \sum\limits_{i=1}^{n}\dfrac{\delta_i}{\lambda_i} + \dfrac{1}{\alpha_2}}$	
	管路无绝缘层和保温层时	$K = \dfrac{1}{\dfrac{1}{\alpha_1} + \dfrac{\delta}{\lambda} + \dfrac{1}{\alpha_2}}$	
	如再忽略钢管的热阻时	$K \approx \dfrac{\alpha_1 \alpha_2}{\alpha_1 + \alpha_2}$	
油品至管内壁的内部放热系数 α_1	层流状态 $Re < 2300$	$\alpha_1 = 0.15\dfrac{\lambda}{d_1} Re_{油}^{0.33} \cdot Pr_{油}^{0.43} \cdot Gr_{油}^{0.1}\left(\dfrac{Pr_{油}}{Pr_{壁}}\right)^{0.25}$	$Re = \dfrac{V_1 d_1}{v}$—雷诺数 $Pr = \dfrac{vc\gamma}{\lambda} = \dfrac{v}{a}$—普朗特数 $Gr = \dfrac{d_1^3 \cdot g \cdot \beta(t_{油}-t_{壁})}{v^2}$—格拉晓夫数 $a = \dfrac{\lambda}{cr}$—油品的热导率
	紊流状态 $Re > 10^4$	$\alpha_1 = 0.021\dfrac{\lambda}{d_1} Re_{油}^{0.8} \cdot Pr_{油}^{0.43}\left(\dfrac{Pr_{油}}{Pr_{壁}}\right)^{0.25}$	
	过渡状态 $2300 < Re < 10^4$	$\alpha_1 = K_0 \dfrac{\lambda}{d_1} \cdot Pr_{油}^{0.43}\left(\dfrac{Pr_{油}}{Pr_{壁}}\right)^{0.25}$	
管路外壁至土壤的放热系数 α_2	直接覆土的地下管路	$\alpha_2 = \dfrac{2\lambda_{土}}{d_2 \ln\left[\dfrac{2h_0}{d_2} + \sqrt{\left(\dfrac{2h_0}{d_2}\right)^2 - 1}\right]}$ 如: $2h_0/d_2 > 2$ 时,$\alpha_2 \approx \dfrac{2\lambda_{土}}{d_2 \ln\dfrac{4h_0}{d_2}}$	$\lambda_{土}$—土壤的热导率 d_2—管外径 h_0—管道埋深(从地面至管中心距离) α_0—土壤表面至空气的放热系数 $Re_{气}^{n}$—按最大风速计算的空气雷诺数 $\lambda_{气}$—空气的热导率 $v_{气}$—空气的黏度 $C_{系n}$—系数 $t_{流}$—管周围空气温度 A—系数,决定于管外径,见表1-11-28
	当埋土很浅的地下管路	$\alpha_2 = \dfrac{2\lambda_{土}}{d_2 \ln_4 \dfrac{h_0+\delta}{d_2}}$ 式中:$\delta = \lambda_{土}/\alpha_0$, $\alpha_0 = 10\sim15$	
	地面管路	$a_2 = C_{系}\dfrac{\lambda_{气}}{d_2} Re_{气}^{n'}$ 式中:$Re_{气}^{n'} = \dfrac{V \cdot d_2}{v_{气}}$	
	对室内或管沟中管路	$\alpha_2 = A\sqrt[4]{t_{壁} - t_{流}}$	

续表

公式名称	存在条件	公式	符号含义
热阻		$\sum \dfrac{\delta_i}{\lambda_i}$	管壁热阻包括钢管、绝缘层、保温层等导热热阻。其中：钢管的导热力强，热阻很小，可忽略；沥青绝缘层热阻随温度和重度的不同而不同，一般取 $\lambda_{绝}=0.1628\text{W}/(\text{m}\cdot\text{K})$	

（3）黏油管路加热计算系数见表 1-11-26 和表 1-11-27。

表 1-11-26 系数 K_0

$Re\cdot 10^{-3}$	2.2	2.3	2.5	3.0	3.5	4.0	5.0	6.0	7.0	8.0	9.0	10
K_0	1.9	3.2	4.0	6.8	9.5	11	16	19	24	27	30	33

表 1-11-27 系数 A

d_2/mm	50	100	≥200
A	1.94	1.80	1.73

（4）热油管路的阻力损失计算

热油管路的阻力损失计算见表 1-11-28。

表 1-11-28 热油管路的阻力损失计算

	(1) 平均温度（黏度）计算法	
适用情况	如果管路不太长，在管路起点与终点温度下油料黏度相差不超过一倍左右，且管路的流态是紊流光滑区，阻力损失仅与黏度的 1/4 次方成正比，则用平均温度下的油品黏度计算热油管阻力损失，与分段计算法比较其差值不大于 5%。计算公式同于等温管路，即为下公式	
计算公式		符号含义
$h_{热}=\dfrac{Q^{2-m}\nu_{cp}^{m}}{d^{5-m}}l$		ν_{cp} 是油品平均温度 t_{cp} 下的黏度，而 $t_{cp}=\dfrac{1}{3}t_{始}+\dfrac{2}{3}t_{终}$

	(2) 近似计算法，如下公式		
计算公式	符号		符号含义
$h_{热}=\beta\dfrac{Q^{2-m}\nu^{m}}{d^{5-m}}l\cdot\Delta l\cdot\Delta r$	$h_{热}$		热油管路的沿程阻力
	$\beta\dfrac{Q^{2-m}\nu^{m}}{d^{5-m}}l$		等温管路的沿程阻力损失（$h_{等}$）
	Δl		考虑轴向温降引起的压力损失增加系数。因该系数计算很繁，且因油库管路很短，故 $\Delta l=1\sim 1.2$
则 $h_{热}=h_{等}\times(1.05\sim 1.4)$	Δr		考虑由于热油管路的热传导，在管路横断面上的温度场、速度场的偏差而引起阻力损失增加的系数 Δr 计算也很复杂，故一般选 $\Delta r=1.05\sim 1.2$

续表

(3)分段计算法

①如管路的流态是层流,且油料的黏度相差较大或管路较长,前段是紊流,经过一段距离后,流态变成层流这两种情况均需要进行分段计算
②每一段的温降不超过3~5℃,一般取5~10km为一段
③每段可按平均温度(黏度)计算法计算,然后将各段阻力损失相加即得管路的总阻力损失
④热油管路的局部阻力不必乘系数

二、黏油管路伴随加热计算

(1)双管伴随加热保温计算见表1-11-29。

表1-11-29 双管伴随加热保温计算

伴随方法	(1)管线伴随加热有内伴随和外伴随两种 (2)前者效率高,但施工困难,不便维修 (3)一般用外伴随,其效率较低,在地面敷设的管路为40%~50%,在地下的为50%~60% (4)外伴随又常采用保温伴随,而很少用干扰伴随		

双管伴随加热保温计算	简介			示意图
	(1)双管伴随即一个热源管和一个吸热管共同保温在一起 (2)计算的基础即热平衡 (3)求热源管管径和热源温度			双管伴随加热保温图
	计算公式: $Q_{d2} + Q_H = K_{12} \cdot F_2 \cdot \Delta t$			
	公式符号	符号含义	单位	
	Q_{d2}	吸热管的总散失热量	J/h	
	Q_H	吸热管内流体被升温所需要的热量	J/h	
	K_{12}	两管间总传热系数,可取 $K_{12}=11.63$	W/(m²·K)	
	F_2	管1、2间假设简化传热面积	m²	
	Δt	换热温差	℃	
	①求 Q_{d2} (J/h)			
	计算公式	符号	符号含义	单位
	$Q_{d2}=K_2 F_{md2}(t_{cp1}-t_0)$	K_2	吸热管的总散热系数,为1.163	W/(m²·K)
	$F_{md2}=(2.57d_2+1.57\delta)L$	F_{md2}	吸热管的散热面积,经简化后得右式	
		L	伴热管长度	m
	$t_{cp1}=\dfrac{1}{3}t_H+\dfrac{2}{3}t_K$	t_{cp1}	吸热管内介质平均温度	℃
	也可由图12-5直接查得	t_H、t_k	被加热介质起终点温度	℃
		t_0	周围介质温度	℃
	②求 Q_H (J/h)			
	$Q_H = CG(t_c - t_{cp1})$	a. C、G—被加热介质的比热容和质量流量 b. 对油库内管线,一般不单独考虑 Q_H,即令 $Q_H=0$,将吸热管内介质是否被加热综合到计算 Q_{d2} 中的 t_{cp1} 考虑		

	③求 Δt			
双管伴随加热保温计算	两种流体流动方向一致时的计算公式	符号	符号含义	单位
	$\Delta t = \dfrac{(t_1' - t_2') - (t_1'' - t_2'')}{\ln \dfrac{t_1' - t_2'}{t_1'' - t_2''}}$ Δt 亦可由图 1-11-4 查得	Δt	单位管长中油温的变化	℃
		$t_1'、t_2'$	两种流体的始点温度	℃
		$t_1''、t_2''$	两种流体的终点温度	℃
	$t_{平均} = \dfrac{t_{始} + t_{终}}{3}$（管线平均温度）	$t_{始}、t_{终}$	为管线起终点温度	℃
		用法	如图 1-11-5 所示，由 $t_{始} \to t_{终} \to t_{均}$。（注：降湿管线与升温管线均适用）	
	$\Delta t_{平均} = \dfrac{\Delta t_a - \Delta t_b}{\ln \dfrac{\Delta t_a}{\Delta t_b}}$ 用法：Δt_a 与 Δt_b 相连得 $\Delta t_{平均}$	顺流时	$\Delta t_a = t_{热始} - t_{油始}$，$\Delta t_b = t_{热终} - t_{油终}$	℃
		逆流时	$\Delta t_a = t_{热始} - t_{油终}$，$\Delta t_b = t_{热终} - t_{油始}$	℃
		$t_{热始}、t_{热终}$	为伴热管起终点温度	℃
		$t_{油始}、t_{油终}$	为油管起终点温度	℃

④求传热面积 F_2

在图 12-4 两管伴随中，吸热管的吸热面为 $a_2 0 b_2$，热源管对吸热管的放热通过 $a_1 0 b_1$。假设两管通过中间的 $a 0 b$ 面进行热交换，并简化下式

计算公式	符号	符号含义	单位
$F_2 \approx d_1 \left(1 + \dfrac{d_2 - d_1}{d_2 + d_1}\right) L$	$d_1、d_2$	热源管和吸热管的直径	m
或 $F_2 \approx d_2 \left(1 - \dfrac{d_2 - d_1}{d_2 + d_1}\right) L$	L	伴热管长	m
利用式：$Q_{d2} = K_{12} \cdot F_2 \cdot \Delta t = K_{12} \cdot d_1 \left(1 + \dfrac{d_2 - d_1}{d_2 + d_1}\right) L \cdot \Delta t$			

在已知吸热管和管内介质状况及热源管内介质性质、温度的情况下，可以求出热源管直径；在已知两管直径和两管内介质性质的情况下，可以用试算的方法确定吸热管内介质的终点温度（起点温度已知）和热源管的起（或终）点温度

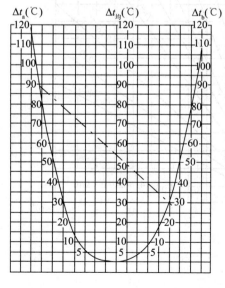

图 1-11-4 换热温差计算图

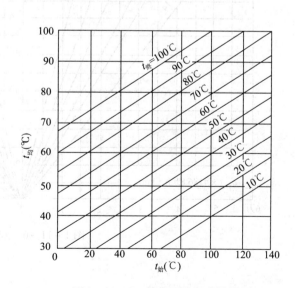

图 1-11-5 管线平均温度计算图

(2)求热源消耗热量和介质流量见表1-11-30。

表1-11-30 求热源消耗热量和介质流量

(1)一般伴随保温热源管消耗的热量 Q_1,用下式计算

计算公式	符号	符号含义	单位
$Q_1 = Q_{d1} + K_{12} \cdot F_2 \cdot \Delta t = Q_{d1} + Q_{d2}$ $Q_{d1} = K_1 F_{md1}(t_{cp1} - t_0)$ $F_{md1} \approx (2.57_{d1} + 1.57\delta)L$ $t_{cp1} = \frac{1}{3}t_H + \frac{2}{3}t_K$	Q_{d1}	热源管散热量	J/h
	K_1	热源管向周围介质总散热系数	W/(m²·K)
	F_{md1}	热源管向周围介质散热面积,可简化为左式计算	m²
	d_1	热源管径	m
	δ	保温层厚	m
	t_{cp1}	热介质平均温度	℃
		其余符号意义同前	

(2)热源介质流量,当采用蒸汽或热水时用下公式计算

计算公式	符号	符号含义	单位
$G = \dfrac{Q_1}{i_1 - i_2}$	G	热源介质流量	kg/h
	Q_1	热源管消耗总热量	J/h
	i_1	蒸汽(或热水)起始温度、压力下的热焓	J/kg
	i_2	蒸汽(或热水)终了温度、压力下的热焓	J/kg

双管伴随保温之 $\dfrac{Q_{d1}}{L}$(即 $q_{1散}$)、$\dfrac{Q_{d2}}{L}$(即 $q_{2散}$)、$\dfrac{K_{12} \cdot F_2 \cdot \Delta t}{L}$(即 $q_{吸}$)的数值亦可直接由图1-11-6与图1-11-7查得

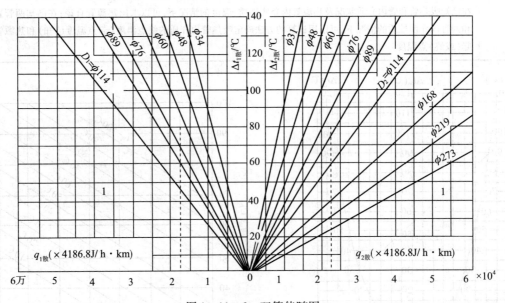

图1-11-6 双管伴随图

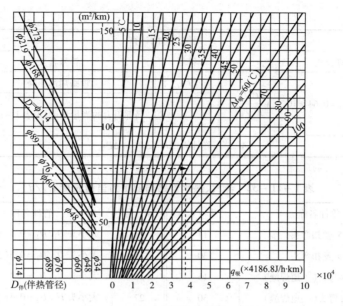

图 1-11-7 油管自伴热管吸热图

第四节 蒸汽管路的设计计算

一、蒸汽管路的水力计算

蒸汽管路的水力计算见表 1-11-31。

表 1-11-31 蒸汽管路的水力计算

1. 特点	(1) 水力计算基本上同输油管路,但因蒸汽管路中流速很大,其流态在极大多数情况处于阻力平方区,而且其密度 γ 随压力和温度而变化,一般可按平均密度计算 (2) 蒸汽管路的压降由沿程压降 $\Delta P_沿$ 和局部压降 $\Delta P_局$ 组成

2. 沿程压降的计算,蒸汽、热水及冷凝水管路都可用下式计算

计算公式	符号	符号含义	单位
$\Delta P_沿 = \lambda \dfrac{l}{d} \cdot \dfrac{V^2}{2g} \gamma_{平均} = 0.64 \times 10^{-12} \lambda \dfrac{G^2 l}{d^5 \gamma_{平均}}$ $\lambda = \dfrac{1}{(1.74 - 2lg\varepsilon)^2}$ λ 决定于雷诺数 Re 和管子内表面的粗糙度,当 $Re = 10^6 \sim 10^8$ 时,λ 与 Re 无关,只决定于粗糙度,而蒸汽管的 Re 值常大于 10^6(小直径、低流速、低压蒸汽管除外),因此对一般蒸汽管路用本式计算	$\Delta P_沿$	管路沿程压降	kPa
	G	蒸汽质量流量	kg/h
	l	管路长度	m
	d	蒸汽管内径	m
	g	重力加速度,9.8	m/s²
	V	蒸汽的流速	m/s
	$\gamma_{平均}$	蒸汽的平均密度	kg/m³
	λ	沿程阻力系数	
	ε	管壁相对粗糙度,$\varepsilon = 2e/d$	
	e	管壁的绝对粗糙度,对饱和蒸汽管路 $e = 0.2$,对冷凝水管路取 $e = 0.5$,对过热蒸汽管 $e = 0.1$	mm

续表

3. 局部压降的计算

计算公式	符号	符号含义	单位
$\Delta P_{局} = \lambda \dfrac{L_{当}}{d} \cdot \dfrac{V^2}{2g}\gamma_{平均} = 0.64 \times 10^{-12} \lambda \dfrac{G^2 L_{当}}{d^5 \gamma_{平均}}$	$\Delta P_{局}$	管路局部压降	kPa
	$L_{当}$	局部阻力的当量长度,见表1-11-32	m

4. 总压降计算:$\Delta P = \Delta P_{沿} + \Delta P_{局}$

表1-11-32　蒸汽、热水管路局部阻力当量长度 $L_{当}/d$

序号	管件名称	$L_{当}/d$	序号	管件名称	$L_{当}/d$
1	45°丝扣弯头	14	24	大小头 $D_1/D_2=0.3$(小→大)	28
2	90°丝扣弯头	30	25	大小头 $D_1/D_2=0.3$(大→小)	14
3	45°焊接弯头(一道焊缝)	15	26	大小头 $D_1/D_2=0.4$(小→大)	24
4	60°焊接弯头(一道焊缝)	30	27	大小头 $D_1/D_2=0.4$(大→小)	13
5	90°焊接弯头(一道焊缝)	60	28	大小头 $D_1/D_2=0.5$(小→大)	19
6	90°焊接弯头(二道焊缝)	20	29	大小头 $D_1/D_2=0.5$(大→小)	12
7	90°焊接弯头(三道焊缝)	15	30	大小头 $D_1/D_2=0.6$(小→大)	14
8	光滑弯头(R=D)	16	31	大小头 $D_1/D_2=0.6$(大→小)	9.3
9	光滑弯头(R=1.5D)	12	32	大小头 $D_1/D_2=0.7$(小→大)	9.3
10	光滑弯头(R=2D)	9	33	大小头 $D_1/D_2=0.7$(大→小)	6.3
11	光滑弯头(R=4D)	7	34	大小头 $D_1/D_2=0.8$(小→大)	4.3
12	光滑弯头(R=6D)	9	35	大小头 $D_1/D_2=0.8$(大→小)	3.3
13	光滑弯头(R=8D)	12	36	大小头 $D_1/D_2=0.9$(小→大)	1.3
14	等径丝扣三通(水流直通)	60	37	大小头 $D_1/D_2=0.9$(大→小)	1.3
15	等径丝扣三通(水流分通)	90	38	法兰连接点	6
16	锻制等径三通(水流直通)	45	39	丝扣连接点、管接头(油任)	4
17	锻制等径三通(水流分通)	70	40	闸阀(全开)	7
18	焊接等径三通(水流直通)	60	41	闸阀(关1/2)	200
19	焊接等径三通(水流分通)	90	42	闸阀(关3/4)	800
20	大小头 $D_1/D_2=0.1$(小→大)	33	43	截止阀(全开)	170
21	大小头 $D_1/D_2=0.1$(大→小)	15	44	旋启式止回阀	83
22	大小头 $D_1/D_2=0.2$(小→大)	31	45	升降式止回阀	150
23	大小头 $D_1/D_2=0.2$(大→小)	15	46	角式截止阀(全开)	170

二、蒸汽管路的热力计算

1. 蒸汽管路热损失计算公式见图1-11-8。蒸汽管路热损失计算公式符号、名称及单位见表1-11-33。

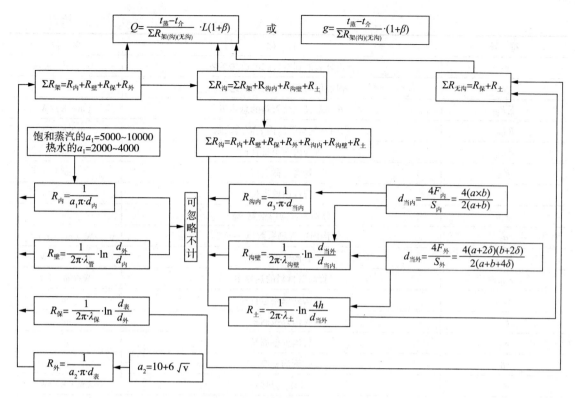

图 1-11-8 蒸汽管路热损失计算框图

表 1-11-33 蒸汽管路热损失计算公式符号、名称及单位

符 号	名 称	单 位
Q	蒸汽管路的热损失	J/h
g	单位长度管路的热损失	J/(m·h)
$t_{蒸}$	管路中蒸汽的平均温度	℃
$t_{介}$	管路中周围介质的平均温度	℃
ΣR	从蒸汽到周围介质的总热阻	(m·K)/W
L	蒸汽管路的长度	m
β	管路附件、阀门、支架等处的附加热损失一般 $\beta=0.25$	m
$\Sigma R_{架}$	架空敷设蒸汽管路的总热阻	(m·K)/W
$R_{内}$	从蒸汽到管内壁的热阻	(m·K)/W
a_1	蒸汽到管内壁的放热系数	W/(m²·K)
$d_{内}$	钢管内直径	m
$R_{壁}$	钢管壁的热阻	(m·K)/W
$d_{外}$	钢管的外径	m
$R_{保}$	保温层的热阻	(m·K)/W
$\lambda_{保}$	保温层材料的热导率	W/(m·K)
$d_{表}$	保温层外表面的直径	m
$R_{外}$	从管道保温层外表面到周围介质间热阻	(m·K)/W

续表

符 号	名 称	单 位
a_2	管道外表面到空气间的放热系数	W/(m²·K)
v	保温层附近空气的流动速度	m/s
$\sum R_{沟}$	管沟敷设蒸汽管路的总热阻	(m·K)/W
$R_{沟内}$	沟内空气至管沟内表面的热阻	(m·K)/W
$d_{当内}$	管沟内壁当量直径	m
$F_{内}$	管沟内截面积	m²
$S_{内}$	管沟内壁周长	m
$a、b$	分别为管沟内壁宽、高	m
a_3	管沟内壁放热系数,$a_3 \approx a_2$	W/(m²·K)
$R_{沟壁}$	管沟壁的热阻	(m·K)/W
$\lambda_{沟壁}$	管沟壁材料的热导率	W/(m·K)
$d_{当外}$	管沟外壁当量直径	m
$F_{外}$	管沟外截面积	m²
$S_{外}$	管沟外壁周长	m
δ	管沟壁厚	m
$R_{土}$	土壤的热阻	(m·K)/W
$\lambda_{土}$	土壤的热导率	W/(m·K)
h	管中心至地表面的距离	m
$\sum R_{无沟}$	无沟敷设蒸汽管路的总热阻	(m·K)/W

2. 蒸汽管路的其他计算

蒸汽管路的其他计算见表1-11-34。

表1-11-34 蒸汽管路的其他计算

(1)管沟中空气温度的计算公式			
$t_{沟} = \dfrac{t_{蒸}(R_{沟内} + R_{沟壁} + R_{土}) + t_{介}(R_{保} + R_{外})}{R_{保} + R_{外} + R_{沟内} + R_{沟壁} + R_{土}}$	符 号	符号含义	单位
^	$t_{沟}$	管沟中空气的温度	℃
^	其余符号含义同前表1-11-33		

(2)饱和蒸汽冷凝水量的计算			
计算公式	符 号	符号含义	单位
$G_{水} = Q/\gamma$	$G_{水}$	蒸汽管中的凝结水量	kg/h
^	Q	蒸汽管路的热损失	J/h
^	γ	蒸汽的汽化潜热	J/kg

(3)蒸汽管路的温度降
①对输送饱和蒸汽的管路,一般可按水力计算所提的压降,算出管路终点的蒸汽压力$P_{终}$,然后按$P_{终}$由水蒸气表上查得管段终点的蒸汽温度

续表

②对于输送过热蒸汽的管路

计算公式	符号	符号含义	单位
$i_2 = i_1 - \dfrac{Q}{G}$	i_2、i_1	管路终点和起点处蒸汽的热焓	J/kg
	Q	管路的热损失	J/h
	G	管路中的流量	kg/h

三、蒸汽管路的管径选择

蒸汽管路的管径选择见表 1-11-35。

表 1-11-35 蒸汽管路的管径选择

1. 决定因素	蒸汽管的直径根据蒸汽的需要量来确定。初算时可根据管路中蒸汽的允许流速来决定			
2. 计算见右边公式	$d = \sqrt{\dfrac{4G}{3600\pi v \gamma}}$	符号	符号含义	单位
		d	蒸汽管内径	m
		G	蒸汽的质量流量	kg/h
		γ	蒸汽的密度	kg/m³
		v	蒸汽的允许流速	m/s
3. 蒸汽在管路中的允许流速 v,见右边表	介质	管径/mm		允许流速/(m/s)
	过热蒸汽	$DN > 200$		40~60
		$DN = 100 \sim 200$		30~50
		$DN < 100$		20~40
	饱和蒸汽	$DN > 200$		30~40
		$DN = 100 \sim 200$		25~35
		$DN < 100$		15~30
	冷凝水			0.5~1.5

四、疏水器的计算和选择

(一)疏水器的种类和性能

疏水器的种类和性能见表 1-11-36。

表 1-11-36 疏水器的种类和性能

1. 种类	疏水器的种类很多,蒸汽管路中常用的有:浮桶式、倒吊桶式以及热动力式等	
	(1)浮桶式疏水器	
2. 性能	性能说明	示意图
	①优点动作稳定,不易被卡住	浮桶式疏水器图 1—浮桶;2—阀;3—可换重块;4—泄水
	②缺点由于阀门多次上下脉动而易产生磨损,需要经常维护和修理	
	③适用性特别适宜于疏水量较多的地方。	

2. 性能	(2) 吊桶式疏水器	
	性能说明	示意图
	①吊桶式疏水器又称钟形浮子式疏水器 ②这种疏水器，若没有一定量的蒸汽进入疏水器，则该疏水器不可能动作。	吊桶式疏水器图 1—吊桶；2—阀；3—孔眼；4—滤网
	(3) 热动力式疏水器	
	性能说明	示意图
	①热动力式疏水器和其他类型疏水器相比具有如下边优点 　a. 使用寿命长，维护检修简便 　b. 能自动排出空气及排出随蒸汽带入的渣滓碎屑 　c. 体积小，重量轻，结构简单，价格便宜 　d. 排水量大，排空气量大，漏气量少	热动力式疏水器图 1—阀帽；2—阀板；3—阀体；4—滤网
	②缺点 　a. 当凝结水量少时，或当疏水器前后压差过低时(小于39.2kPa)，则产生连续漏气现象 　b. 由于阀板的经常上下打动而容易磨损	

(二) 疏水器疏水量计算

疏水器疏水量计算见表 1-11-37。

表 1-11-37　疏水器疏水量计算

	(1) 计算公式	符号	符号含义	单位
1.疏水器的理论疏水量计算	$G = Ad^2\sqrt{\Delta P}$	G	疏水器的理论疏水量	kg/h
		A	排水系数	
		d	疏水器的排水孔直径	mm
		ΔP	疏水器前后的压力差，$\Delta P = P_1 - P_2$	Pa
	(2) 各种疏水器的疏水量与排水孔直径及压力差的关系载于产品样本中			
	(3) 对于采用自流回水的冷凝水管路，疏水器排水口的压力可以近似认为等于大气压力。则上式中的压差，其数值等于疏水器前的压力(表压)			

续表

2. 考虑了各种因素,例如理论计算与实际使用的出入,开始运转时的低压重荷,设备的速热等因素,疏水器的设计疏水能力要大于设备正常运行时的凝结水量

<table>
<tr><td rowspan="5">3. 疏水器的设计疏水量计算</td><td>(1)计算公式</td><td>符号</td><td>符号含义</td><td>单位</td></tr>
<tr><td rowspan="3">$G_设 = KG$</td><td>$G_设$</td><td>疏水器的设计疏水量</td><td>kg/h</td></tr>
<tr><td>G</td><td>设备正常运行时的凝结水量</td><td>kg/h</td></tr>
<tr><td>K</td><td>选用疏水器时的增大倍数</td><td></td></tr>
<tr><td colspan="4">(2)K值与疏水器的型式和工作压力有关,载于疏水器产品样本上,通常疏水器的使用压力$P \geq 98kPa$时,$K \geq 2 \sim 3$;$P < 98kPa$时,$K \geq 4$</td></tr>
</table>

(三)疏水器的选择及安装

疏水器的选择及安装见表 1–11–38。

表 1–11–38 疏水器的选择及安装

<table>
<tr><td>1. 类型选择</td><td colspan="4">(1)油库中的蒸汽压力较低,压力波动也不大,因此适宜于应用浮桶式、倒吊桶式等机械型疏水器,但它们只能安装在水平管路上,并尽可能在室内应用,若设置在室外应予保温以防冻坏
(2)热动力式疏水器具有工作压力范围广、压力变化时不需调整、户外使用不会冻坏、水平或垂直管路上均可使用、不怕水击等许多优点,但热动力式疏水器不能用于有过高背压的管路上。由于油库的热力系统一般无过高的背压,因此热动力式疏水器在油库中也得到广泛使用</td></tr>
<tr><td rowspan="9">2. 大小选择</td><td colspan="4">(1)考虑因素
①疏水器的大小决定于排水阀孔直径,直径是根据压差和排水量选择的
②压差ΔP指疏水器前后的压力差,$\Delta P = P_1 - P_2$,P_1指疏水器进口的蒸汽压力(即蒸汽管排水点或加热器末端的蒸汽压力),P_2指疏水器出口的冷凝水压力,即冷凝水管网的压力(或称疏水器背压)</td></tr>
<tr><td colspan="4">(2)冷凝水管网的压力(或称疏水器背压)P_2的计算见下式</td></tr>
<tr><td>计算公式</td><td>符 号</td><td>符号含义</td><td>单 位</td></tr>
<tr><td rowspan="3">$P_2 = 9.81(\Delta Z + h) + P_3$
若冷凝水直接排入大气,没有回水系统,则$P_2 = 0$,$\Delta P = P_1 - P_2 = P_1$</td><td>$P_2$</td><td>疏水器背压</td><td>Pa</td></tr>
<tr><td>ΔZ</td><td>疏水器以后的系统中冷凝水提升的最大高度</td><td>mm</td></tr>
<tr><td>h</td><td>疏水器以后的系统中的水力摩阻</td><td>mm</td></tr>
<tr><td></td><td>P_3</td><td>回水箱内的压力</td><td>Pa</td></tr>
<tr><td colspan="4">(3)疏水器的设计排量应比实际排量大,按下式计算:</td></tr>
<tr><td>计算公式</td><td>符 号</td><td>符号含义</td><td>单 位</td></tr>
<tr><td></td><td></td><td>G_{sh}</td><td>疏水器的设计排量</td><td>kg/h</td></tr>
<tr><td></td><td>$G_{sh} = KG$
$G = Q/r$</td><td>K</td><td>选择疏水器时考虑的排量倍率。倍率K是考虑到负荷和压力的可能变动以及加热系统开始通汽,低压重荷和要求设备速热等因素而使冷凝水量在短期内超过正常排量所取的系数,常取$K = 2 \sim 4$。对于连续操作或冷凝水量较大时(如油罐加热器的换热器),采用$K = 2 \sim 3$;对于间歇操作或冷凝水量较小时,取$K = 3 \sim 4$</td><td></td></tr>
</table>

续表

	计算公式	符 号	符号含义	单 位
	$G_{sh}=KG$	G	计算求得的疏水器排量	kg/h
	$G=Q/r$	Q	疏水器排水的蒸汽管段或加热器的热损失	kJ/h
		v	蒸汽的汽化潜热,可根据蒸汽压力从水蒸气图表上查得	kJ/kg
2. 大小选择	(4) d 的计算:求得压差 ΔP 和设计排量 G_{sh},就可按下式计算疏水器排水阀孔直径 d (mm) $$d=\sqrt{\frac{G_{sh}}{A}\cdot\frac{1}{\sqrt[4]{\Delta P}}}$$ 此处 A 是排水系数,见表 1-11-39。计算时先根据 ΔP 在表 12-28 中试选 A 值,代入左式求得 d。在表 1-11-39 中根据试选的 A 可查得相应得 d 值,校对计算的 d 值和查表的 d 值是否符合,如不相符合就应重新选择 A 值,直至所选的 A 值使公式计算和查表所得的 d 值相符为止。最后求得的 d 值就是要选的疏水器排水阀孔直径			
	(5)当已知压差 ΔP 和疏水器孔径 d 时,可从表 1-11-39 查得 A 值,代入上式求得疏水器的排水量			
3. 安装	(1)疏水器安装时要注意方向,进出口不能装反。为了排除加热系统开始运行时的大量凝结水,疏水器一般装有旁通管,只是在小型采暖系统中才不设旁通 (2)图 1-11-9 表示疏水器的安装方法,图中疏水器前的短接管是冲洗管,其作用是放气和冲洗管路。疏水器后的短管是检查管,用来检查疏水器的工作情况。当旁通管垂直安装时,应装在疏水器的上面。假如装在下面,有可能在日常工作时疏水器中的水流到旁通管里去			

表 1-11-39 排水系数 A

d/mm \ ΔP/MPa	0.1	0.2	0.3	0.4	0.5	0.6	0.7	0.8	0.9	1.0
2.6	25	24	23	22	21	20.5	20.5	20	20	19.8
3	25	23.7	22.5	21	21	20.4	20	20	20	19.5
4	23.8	23.5	21.6	20.6	19.6	18.7	17.8	17.2	16.7	16
4.5	24.2	21.3	19.9	18.9	18.3	17.7	17.3	16.9	16.6	16
5	23	21	19.4	18.5	18	17.3	16.8	16.3	16	15.5
6	20.8	20.4	18.8	17.9	17.4	16.7	16	15.5	14.9	14.3
7	19.4	18	16.7	15.9	15.2	14.8	14.2	13.8	13.5	13.5
8	18	16.4	15.5	14.5	13.8	13.2	12.6	11.7	11.9	11.5
9	16	15.3	14.2	13.6	12.9	12.3	11.9	11.5	11.1	10.6
10	14.9	13.9	13.2	12.5	12	11.5	11	10.4	10	10
11	13.0	12.61	11.8	11.3	10.9	10.6	10.4	10.2	10	9.7

(a)不带旁通管水平安装　　(b)带旁通管水平安装　　(c)带旁通管垂直安装

图 1-11-9 疏水器的安装

第五节 油罐保温的设计计算

一、油罐保温计算

油罐保温计算见表 1-11-40。

表 1-11-40 油罐保温计算

1. 计算方法的选择	(1) 根据不同的目的和限制条件,可采用不同的计算方法 (2) 例如:为减少散热损失并获得最经济的效果,应采用经济厚度计算方法 (3) 为限定表面散热热流量,应采用最大允许散热损失法计算 (4) 为限定外表面温度,应采用表面温度计算方法 (5) 除经济厚度法外,都是按热平衡方法计算 (6) 根据大量计算,当设备或管道直径等于或大于 1020mm 时,按圆筒面计算的厚度与按平面计算十分接近。油罐的直径多大于 1020mm,因此,可按平面计算保温层厚度
2. 经济厚度计算方法	(1) 我国的国家标准 GB 4272、GB 8175,日本国家标准 JIS A9501,美国的 ANSI/ASHRAE/IES 标准等都是采用经济厚度计算方法 (2) 保温层经济厚度的计算公式如下式 $$\delta = 1.8975 \times 10^{-3} \sqrt{\frac{f_n \lambda \tau (t - t_a)}{P_i S}} - \frac{\lambda}{a}$$ 按复利计息: $$S = \frac{i(n+1)^n}{(1+i)^n - 1}$$

符号	符号含义	单位
δ	保温层厚度	m
t	介质储存温度;	℃
t_a	环境温度;取历年年平均温度的平均值	℃
λ	保温材料及其制品的导热系数	W/(m·℃)
a	保温层外表面向大气的放热系数; $a = 11.6$	W/(m²·℃)
P_i	保温结构单位造价	元/m³
τ	年运行时间	h
S	保温工程投资贷款年分摊率	
f_n	热能价格	元/10⁶kJ
i	年利率	
n	计息年数	

3. 允许热损失法	(1) 本方法是以保温后允许的散热损失量来计算保温层厚度,是用热平衡方法推导的计算式 (2) 本方法主要用于有散热损失量要求、不能应用经济厚度法计算的油罐的保温。按照 GB4272 的规定,其允许最大散热损失见下两表 (3) 允许热损失法计算公式如下: $$\delta = \lambda \left(\frac{t - t_a}{q} - \frac{1}{a} \right)$$ 式中 q——允许最大散热量/(W/m²),其他符号同前

季节运行工况允许最大散热损失表						
设备、管道及附件外表面温度/℃	50	100	150	200	250	300
允许最大散热损失/(W/m²)	116	163	203	244	279	308

续表

3. 允许热损失法	常年运行工况允许最大散热损失												
	设备、管道及附件外表面温度/℃	50	100	150	200	250	300	350	400	450	500	550	600	650
	允许最大散热损失/(W/m²)	58	93	116	140	163	186	209	227	244	262	279	296	314

4. 表面温度法	(1) 本法是按给的隔热表面温度来计算隔热层厚度,是用热平衡方法推导的计算式 (2) 主要用于计算防烫伤隔热层厚度和某些有特殊要求需要给定隔热层表面温度的隔热层厚度 (3) 当油罐内表面热阻及金属壁热阻均可忽略时,介质储存温度与金属壁表面温度是相同的。在忽略金属保护层热阻的情况下,表面温度即为隔热层外表面温度 (4) 表面温度法计算公式如下: $$\delta = \frac{\lambda(t - t_s)}{a(t_s - t_a)}$$ 式中 t_{BS} ——隔热层外表面温度℃,其他符号同前

二、油罐保温结构的种类及选择

油罐保温结构的种类及选择见表 1-11-41。

表 1-11-41 油罐保温结构的种类及选择

1. 保温结构种类	由于保温结构是组合结构,很难划分其种类,一般可按保温层、保护层分别划分,而在使用中根据不同情况加以选择和组合
2. 保温层的种类:根据不同的保温材料和不同的施工方法,大致可分为右边几种	(1) 胶泥结构 ①适用 这是一种较原始的方法,20 世纪 60 年代以后很少应用,现在只偶尔用在临时性保温工程或其他保温结构中的连接部位及接缝处 ②做法 一般将保温材料用水拌成胶泥状,用手团成泥团,然后紧密地黏在罐壁上,一次可达 30~50mm 厚,达到设计厚度后再在上面敷设镀锌钢丝网,并抹面或设置其他保护层 ③材料 此法所用保温材料多为石棉、石棉硅藻土或碳酸钙石棉粉等 (2) 填充结构 ①做法 用钢筋或扁钢作支撑环,套在油罐上,在支撑环外面包上镀锌铁丝网,在中间填充散状保温材料,使之达到要求的厚度 ②材料 填充的保温材料主要有岩棉、矿渣棉、玻璃棉、膨胀珍珠岩、蛭石散料等,外面的保护层需用薄钢板制作 (3) 捆扎结构 ①做法 利用在生产厂将保温材料制成厚度均匀的毡或毯状半成品,在工地上加压并裁剪成所需尺寸,并在罐壁上焊接支撑钉固定附件,然后将其包复在油罐上,外面用镀锌铁丝、镀锌钢带或聚丙烯打包带,缠绕扎紧。捆扎时要求接缝严密 ②材料 捆扎结构所用的保温材料主要有矿渣棉毡或毯、玻璃棉毡、岩棉毡和泡沫石棉毡等 (4) 预制结构 ①做法 把生产厂制成的保温制品硬质或半硬质弧状板或平板等捆扎在油罐壁上 ②材料 预制品用的保温材料主要有矿渣棉、岩棉、泡沫石棉、微孔硅酸钙、硅酸铝纤维等制成的预制品 (5) 缠绕结构 ①做法 把生产厂提供的带状或绳状保温制品,直接缠绕在直径较小的油罐上 ②材料 作为缠绕结构的保温材料有石棉、岩棉、玻璃棉等材料制成的绳或带

续表

2. 保温层的种类:根据不同的保温材料和不同的施工方法,大致可分为右边几种	(6)装配结构保温层材料及外保护层均由厂家供给定型制品,现场施工只需按规格就位,并加以固定即可 (7)涂抹结构保温材料是复合硅酸盐涂料,直接抹在罐壁上,每次涂抹厚度在 10～20mm,达到保温层厚度要求后,在外表面涂防水剂 (8)喷涂结构 ①做法把保温材料用专门设备直接喷涂在油罐罐壁上,材料内混有发泡剂,因而形成泡沫状黏附在罐壁上 ②材料喷涂结构使用的材料主要是聚氨酯塑料 (9)可拆卸式结构 ①形式可拆卸式保温结构又称为活动式保温结构 ②适用主要用于需要经常进行监视、检查焊缝的球形罐
3. 保护层的种类:根据所用材料与施工方法可分为右边几种	(1)涂抹保护层 ①做法有沥青胶泥、石棉水泥砂浆等。用镀锌铁丝网做骨架,把材料调成胶泥状,直接涂抹在保温层外 ②厚度为了使其圆整、光洁,一般沥青胶泥需涂抹 3～5mm,石棉水泥砂浆需涂 10～20mm (2)金属保护层 一般采用镀锌或不镀锌薄钢板、薄铝板或合金铝板,其中镀锌薄钢板和合金铝板是常用的两种 (3)布毡类保护层 ①材料这类保护层主要是用玻璃布,缠绕在保温层外 ②保护膜为了防止雨水入侵延长使用寿命,在外面涂抹各种适合的涂料作为保护膜 (4)新型材料保护层 ①材料近年来新型保护层材料很多,如玻璃钢、各种铝箔、PU 型阻燃防水敷面材料等 ②做法可粘结、扎带、涂抹,施工方便,外形美观 ③要求但用于石油化工企业,必须是阻燃型,氧指数不得小于 30
4. 防潮层的种类	(1)作用油罐保温,其外表必须设置防潮层,以防止大气中水蒸气凝结于保温层外表面上,并渗入保温层内部而产生凝结水或结冰现象,致使保温材料的导热系数增大,保温结构开裂,并加剧金属壁面的腐蚀 (2)材料在保温工程中,常采用石油沥青或改性沥青玻璃布、石油沥青玛蹄脂玻璃布、聚乙烯薄膜及复合铝箔等作防潮层
5. 保温结构的选择原则	保温结构的确定,一般应根据保温材料、保护层材料以及不同条件和要求,选择不同的保温结构。但应注意以下几点 (1)保温结构必须牢固地固定在罐体上,外表整齐美观 (2)保温结构应有严密的防水措施,应能防止雨水渗入 (3)保温结构应有必要的机械强度和刚度,应能经受消防水冲刷及防止风力等外力作用可能造成破坏 (4)经济的保温结构,即由经济的保温材料、厚度、外保护层构成经济的保温结构

三、油罐保温结构材料的种类及选择

1. 保温材料的种类

保温材料的种类见表 1-11-42。

表 1-11-42 保温材料的种类

分类方法	保温材料的分类方法很多,目前国家还没有统一的分类方法标准。一般可按材质、使用温度、形态和结构等分类
种类	(1)按材质分类 ①有机保温材料 ②无机保温材料 ③金属保温材料 (2)按使用温度分类 ①高温保温材料(适用于700℃以上) ②中温保温材料(适用于100~700℃) ③常温保温材料(适用于100℃以下)。 实际上许多材料既可在高温下使用亦可在中、低温下使用,并无严格的使用温度界限 (3)按密度分类 ①重质 ②轻质 ③超轻质 (4)按压缩性分类 ①软质(可压缩30%以上) ②半硬质 ③硬质(可压缩性小于6%) (5)按导热性质分类 ①低导热性 ②中导热性 ③高导热性 (6)按结构分类(见表1-11-43) ①多孔类(固体基本连续而气孔不连续,如泡沫塑料) ②纤维类(固体基质,气孔连续) ③层状(如各种复合制品)

表 1-11-43 保温材料按结构分类

按形态分类	材料名称	制品形状	按形态分类	材料名称	制品形状
多孔类	聚苯乙烯泡沫塑料	板、管	纤维类	超轻陶粒和陶砂	粉、粒
	硬质聚氨酯泡沫塑料	板、管		岩棉、矿渣棉	毡、管、带、板
	酚醛树脂泡沫塑料	板、管		玻璃棉及其制品	毡、管、带、板
	膨胀珍珠岩及其制品	板、管		硅酸铝棉及其制品	板、毡、毯
	膨胀蛭石及其制品	板、管		陶瓷纤维纺织品	布、带、绳
	硅酸钙绝热制品	板、管	层状	金属箔	夹层、蜂窝状
	泡沫石棉	板、管		金属镀膜	多层状
	泡沫玻璃	板、管		有机与无机材料复合制品	复合墙板、管
	泡沫橡塑绝热制品	板、管		硬质与软质材料复合制品	复合墙板、管
	复合硅酸盐绝热涂料	板、管		金属与非金属材料复合制品	复合墙板、管

2. 保温层材料的选择

保温层材料的选择见表 1-11-44。

表 1-11-44　保温层材料的选择

选择时比较项目	一般宜按下述项目进行比较选择:使用温度范围;导热系数;化学性能、机械强度;使用年限;单位体积的造价;对工程现状的适应性;不燃或阻燃性;透湿性;安全性;施工性
保温材料应具有的主要技术性能	(1)导热系数小 (2)密度小 (3)抗压或抗折强度(机械强度)符合国家标准规定 (4)安全使用温度范围符合国家和行业标准规定,并略高于保温油罐的表面温度 (5)非燃烧性 (6)化学性能符合要求 (7)保温工程设计使用年数,一般以 7～10 年为宜 (8)单位体积的材料价格较低 (9)保温材料对工程现场状况的适应性好 (10)安全性能好 (11)施工性能好

3. 保护层材料的选择

保护层材料的选择见表 1-11-45。

表 1-11-45　保护层材料的选择

1. 保护层材料应具有的技术性能	(1)防止外力损坏保温层 (2)防止雨、雪、水的侵袭 (3)对保温结构尚有防潮隔汽的作用 (4)美化保温结构的外观
2. 保护层材料的特性	(1)具有严密的防水、防潮性能 (2)良好的化学稳定性和不燃性 (3)无毒、无恶臭 (4)强度高,不易开裂 (5)防腐蚀不易老化等特性
3. 油罐常用保护层材料的选择	(1)油罐保护层材料,在符合保护保温层要求的同时,还应选择经济的保护层材料。根据综合经济比较和实践经验,推荐下述材料 (2)为保持保温油罐外形美观和易于施工,对软质、半硬质材料的保温层,保护层易选用 0.5mm 镀锌或不镀锌薄钢板;对硬质材料保温层宜选用 0.5～0.8mm 铝或铝合金板,也可选用 0.5mm 镀锌或不镀锌薄钢板 (3)用于储存介质火灾危险性不属于甲、乙、丙类的油罐和不划为爆炸危险区域的非燃性介质油罐的保护层材料可选用 0.5～0.8mm 阻燃型带铝箔玻璃钢板

4. 防潮层材料的选择

防潮层材料的选择见表 1-11-46。

表 1-11-46 防潮层材料的选择

1. 防潮层材料应具有的主要技术性能	(1) 抗透湿性能好,防潮防水性好,吸水率不大于 1% (2) 应具有阻燃性、自熄性 (3) 化学稳定性好,挥发物不大于 30% (4) 应能耐大气腐蚀及生物侵袭,不得发生虫蛀、霉变等现象 (5) 安全使用温度范围大,有一定的耐温性,软化温度不低于 65℃。夏季不软化、不起泡、不流淌。有一定的抗冻性,冬季不脆化、不开裂、不脱落 (6) 黏结及密封性能好,20℃时黏结强度不低于 0.15MPa。干燥时间短,在常温下能使用,施工方便
2. 油罐常用防潮层材料的选择	防潮层材料应具有规定的技术性能,同时还应不腐蚀保温层和保护层,也不应与保温层产生化学反应。一般可选择下述材料: (1) 石油沥青或改性沥青玻璃布 (2) 石油沥青玛碲脂玻璃布 (3) 油毡玻璃布 (4) 聚乙烯薄膜 (5) 复合铝箔 (6) CPU 新型防水防腐敷面材料。CPU 是一种聚氨酯橡胶体,可用作油罐防潮层或保护层

第六节 管路保温的设计计算

一、管路保温层厚度确定

(1) 管路保温层厚度的近似计算公式见表 1-11-47。

表 1-11-47 管路保温层厚度的近似计算公式

计算公式	符号	符号含义	单位
$\delta = 2.75 \dfrac{D^{1.2} \lambda^{1.35} t^{1.73}}{q^{1.5}}$	δ	管路保温层厚度	mm
	D	管路外径	mm
	λ	保温材料的热导率	W/(m·K)
	t	管表面温度	℃
	q	保温后管路允许散热量,一般取 $q = 232 \sim 348$ W/m,或按下表选取	
管路保温之最大允许热损失 q			×1.16W/m

管路外径/mm	流体温度/℃					
	50	70	100	150	200	250
57	24	33	60	80	90	—
108	30	47	85	100	130	165
159	40	56	105	135	165	195
219	50	70	120	160	195	235
273	60	84	135	185	220	265
325	70	98	155	210	245	300

(2) 管路保温层一般厚度见表 1-11-48。

表 1-11-48　管路保温层一般厚度 δ　　　　　　mm

管路外径 D/mm	热导率 λ/ [×1.16W/(m·K)]	输送介质温度/℃			
		50~100	100~150	150~200	200~250
32	0.04	15	25	30	30
	0.06	20	30	35	45
	0.08	20	30	40	50
	0.10	20	35	40	55
	0.14	25	35	45	60
57	0.04	25	30	40	45
	0.06	25	40	45	55
	0.08	30	40	50	60
	0.10	30	45	55	×
	0.14	35	50	60	×
76	0.04	25	35	45	50
	0.06	30	40	50	60
	0.08	35	45	60	65
	0.10	35	50	65	75
	0.14	40	55	75	85
89	0.04	25	40	45	55
	0.06	×	45	×	×
	0.08	35	×	×	×
	0.10	×	×	×	80
	0.14	×	×	80	90
108	0.04	30	×	×	60
	0.06	35	×	60	70
	0.08	35	55	65	75
	0.10	40	60	70	80
	0.14	45	65	80	90
133	0.04	30	45	55	60
	0.06	35	50	60	70
	0.08	40	55	70	80
	0.10	45	60	75	90
	0.14	50	70	85	100
159	0.04	35	45	55	65
	0.06	40	55	65	75
	0.08	45	60	75	85
	0.10	45	65	80	95
	0.14	50	75	85	105

续表

管路外径 D/mm	热导率 λ/ [×1.16W/(m·K)]	输送介质温度/℃			
		50~100	100~150	150~200	200~250
219	0.04	35	50	65	70
	0.06	40	60	75	85
	0.08	45	65	80	95
	0.10	50	75	90	105
	0.14	55	80	95	115
273	0.04	40	55	65	75
	0.06	45	60	75	90
	0.08	50	70	85	95
	0.10	55	75	95	110
	0.14	60	80	110	130

注：①表中有"×"者表示保温层厚度已达临界值,应采用 λ 值小的保温材料。
②本表摘自《工业锅炉房设计手册》。

(3)管路保温层厚度的最大允许值见表 1-11-49。

表 1-11-49　管路保温层厚度的最大允许值 δ　　　　　　　　mm

管子直径 D	57	108	159	219	273	325
最大允许保温层厚度 δ	100	150	160	180	180	190

二、管路保温层结构的要求及结构形式

(一)管道保温结构的要求

管道保温结构的要求见表 1-11-50。

表 1-11-50　管道保温结构的要求

1. 保温结构组成	管道的保温结构由防腐层、保温层、保护壳组成
2. 决定结构的因素	其结构形式取决于保温材料及其制品和管道敷设方法
3. 保温结构的要求	(1)铁锈防腐管道在敷设保温层以前,必须对其外表面的铁锈、污垢等清除干净,并刷上两道防锈漆作为防腐层 (2)保温层外的保护壳 ①目的为了增强保温结构的机械强度及防湿能力和保护保温层,在保温层外都设有保护壳 ②成分保护壳的成分按质量比为： 硅藻土：石棉：水泥 = 1:3:6,密度为 $\gamma = 1700 kg/m^3$ ③其厚度当管径≤100mm 时为 10mm;当管径 > 100mm 时为 15mm ④或者用油纸、油毡等作防水层(保护壳)包扎在保温层外,并涂抹沥青防水 (3)保温结构防腐层干后即可包扎保温材料,按保温材料不同,管道常用的保温结构有下列 4 种： 涂抹式、预制块式、填充式、捆扎式

(二)管道保温结构形式及施工

(1)涂抹式结构及施工见表 1-11-51。

表 1-11-51 涂抹式结构及施工

1. 保温材料	保温材料一般为石棉硅藻土、碳酸镁石棉粉和石棉粉等
2. 涂抹方式	将保温材料用水调和成泥状后,直接涂抹于管道上
3. 涂抹顺序及要求	(1)底层为了增加金属表面与材料的黏合力,常先涂抹较稀的石棉硅藻土或Ⅵ级石棉灰浆作底层(2~3mm) (2)保温层然后涂抹主要的保温层。每层厚度约为10~15mm,必须在第一层干后才能涂抹第二层至达到要求的厚度 (3)覆盖层当保温层外径大于300mm时,在保温层外要用 $d=0.8~2mm$,网孔 $50mm×50mm~100mm×100mm$ 的镀锌铁丝网覆盖 (4)保护壳最后在保温层外涂抹或包扎保护壳
4. 保温结构见右图	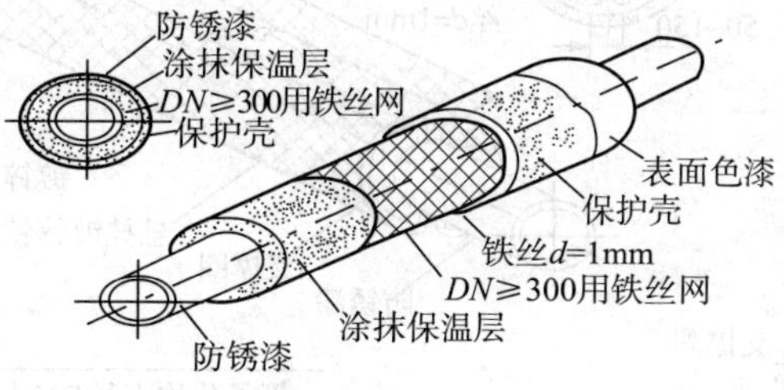 涂抹式保温层结构图

（2）预制块式结构及施工见表 1-11-52。

表 1-11-52 预制块式结构及施工

1. 保温材料	保温材料一般为泡沫混凝土、硅藻土、硅石等
2. 预制	按照管道外径大小,将保温材料在专门场地或工厂预制成半圆形瓦块,长度一般为400~700mm
3. 敷设方法及要求	(1)底层敷设时,先用石棉硅藻土作底层(5~10mm),后将预制块装在管路上 (2)底层成分其底层的成分按重量为:硅藻土70%和石棉30% (3)填实各段瓦块的拼缝应错开,间隙不应大于5mm,瓦块间的结合处要用石棉纤维等干燥的保温材料填实 (4)捆扎当保温层外径≥200mm时,用 $d=1~2mm$,网孔 $30mm×30mm~50mm×50mm$ 的镀锌铁丝网捆扎;当保温层外径<200mm时,用 $d=1.2~2mm$ 的镀锌铁丝捆扎,其间距为150~250mm 每两块预制块至少捆扎两道以上
4. 保温结构见右图	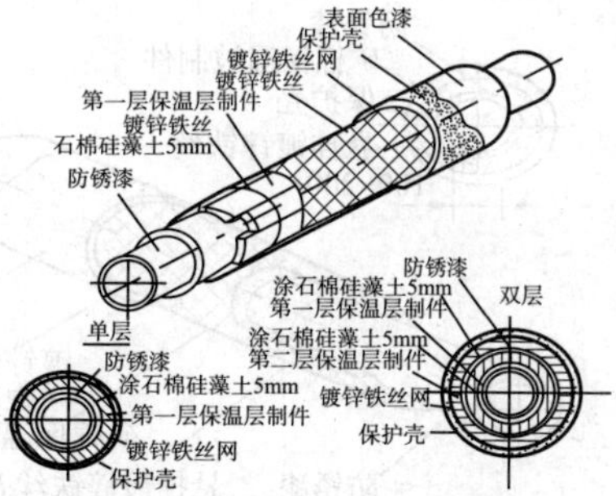 预制块式保温层结构图 注:如保温层厚度超过90mm,保温层结构应做双层的

(3)填充式结构及施工,见表1-11-53。

表1-11-53 填充式结构及施工

保温材料	保温材料常为矿渣棉、玻璃丝、泡沫混凝土等
施工要求	(1)把浆糊状的、松散的或纤维状的保温材料填充于管子四周的特殊套子——铁丝网(或铁皮壳)中 (2)铁丝网支撑在支撑圈上,支撑圈由预制块或钢筋焊成 (3)铁丝网网孔为5mm×5mm~20mm×20mm,用 $\phi 0.8\sim 1.2mm$ 的镀锌铁丝编成

保温结构见下图

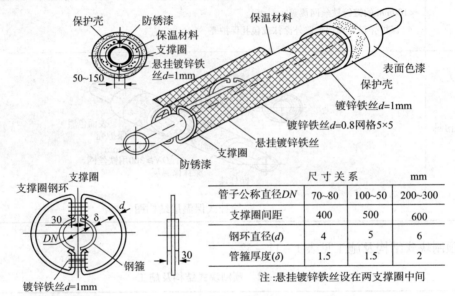

填充式保温结构图

(4)捆扎式结构及施工见表1-11-54。

表1-11-54 捆扎式结构及施工

保温材料	保温材料一般为矿渣棉毡、玻璃棉毡、石棉绳等
施工要求	利用弹性的织物、席状物、绳子、纽带等成件保温制品捆扎在管路上

保温结构见下图

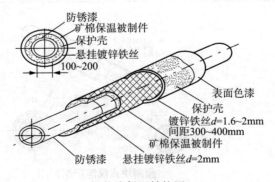

捆扎式保温结构图

三、阀门的保温

阀门保温做法与要求见表 1-11-55。

表 1-11-55 阀门保温做法与要求

1. 结构组成	由于阀门在出厂之前，表面已经进行了防腐处理，所以它的保温结构只由保温层和保护壳（防水层）组成
2. 结构形式	按保温材料的不同，有涂抹式和捆扎式两种
3. 涂抹式	(1) 保温材料一般为石棉硅藻土 (2) 将保温材料用水调和成泥状，再直接涂抹在阀门上 (3) 涂抹时，先涂较稀的石棉硅藻土或Ⅱ级石棉灰浆作底层（5mm 厚） (4) 然后涂主要保温层，每层厚度约为 10mm (5) 第一层干后才能涂第二层，直至要求的厚度 (6) 保温层外罩以 $d=1.2$mm、网孔 100mm×100mm 的镀锌铁丝网，铁丝网需用 12 号铁丝做加强圈 (7) 外层所涂之保护壳，其成分按重量比为：硅藻土∶石棉∶水泥 = 1∶3∶6，厚度为 10mm
4. 捆扎式	(1) 将玻璃丝布或石棉布缝制的软垫捆扎在阀体上 (2) 软垫内装玻璃棉（丝）或优质的矿渣棉，软垫的厚度等于所需保温层厚度 (3) 软垫外用铁丝或玻璃丝带直接绑扎

四、保温层制品规格

保温层制品规格见表 1-11-56 ~ 表 1-11-61。

表 1-11-56 玻璃棉制品规格

名　称	规　格	
沥青玻璃棉毡	宽×厚/mm	(230~250)×(30~80) (450~500)×(30~80) (900~1000)×(30~80)
酚醛玻璃棉毡	宽×厚/mm	(230~250)×(30~80) (450~500)×(30~80) (900~1000)×(30~80)
酚醛玻璃棉管壳	内径/mm	75~250(3^{in}~10^{in})
	厚/mm	50、70
	长/mm	500、1000
淀粉玻璃棉管壳	内径 ϕ/mm	22、27、34、43、49、61、76、89、102、114、140、165、191、216、319

表 1-11-57 矿渣棉制品规格

名 称	规格/mm
普通矿渣棉	长度×直径(5~15)×(3~4)
长纤维矿渣棉	长度×直径(20~50)×(4~10)
沥青矿渣棉毡	长×宽×厚(1000×750)×(30~50)
矿渣棉半硬质板管壳	按需要订货

表 1-11-58 蛭石及蛭石制品规格

名 称		规格/mm
膨胀蛭石	粒径	2.1~4.5,4.6~8.5,8.6~12.5
水泥蛭石管壳	内径×长×厚	φ(25~219)×(250~330)×(40~90)
沥青蛭石管壳	内径×厚	φ(25~549)×(40~120)

表 1-11-59 石棉制品规格

名 称		规格/mm
石棉碳酸镁管壳	内径×长×厚	φ(25~219)×(250~300)×(40~90)
石棉绳	直径	φ3~φ50

表 1-11-60 硅藻土制品规格

名 称		规格/mm
硅藻土绝热砖	长×宽×厚	250×123×65,230×115×65
硅藻土绝热管	内径×宽×厚	φ(16~902)×(200~300)×(60~75)
硅藻土绝热板	长×宽×厚	300×170×(40、50、60、70)

表 1-11-61 泡沫塑料制品规格

名 称		规格/mm
聚苯乙烯泡沫塑料	长×宽×高	580×550×50,590×440×(17、33、50)
聚氯乙烯泡沫塑料	长×宽×高	480×480×50,500×500×75,520×520×75
聚氨基甲酸酯泡沫塑料		按需要加工
脲甲醛泡沫塑料	长×宽×高	1000×500×210

五、管路保温材料用量

管路保温材料用量见表 1-11-62~表 1-11-66。

(1)管线保温表面积及体积计算结果见表 1-11-62。

表 1-11-62 管路保温表面积及体积计算结果

保温或保冷层厚度/mm \ 管径	25	40	50	80	100	150	200	250	300	350	400	450	500	600	700
(上为表面积 m²/m 管长；下为体积 m³/10m 管长)															
30 表面积	0.3	0.32	0.38	0.47	0.55	0.72	0.88	1.05	1.21	1.37					
30 体积	0.07	0.08	0.09	0.11	0.14	0.19	0.24	0.29	0.32	0.39					
40 表面积	0.36	0.39	0.44	0.53	0.61	0.78	0.94	1.11	1.27	1.44	1.59	1.75	1.91		
40 体积	0.10	0.11	0.13	0.16	0.20	0.26	0.33	0.40	0.47	0.53	0.59	0.65	0.71		
50 表面积	0.42	0.45	0.50	0.59	0.67	0.84	1.00	1.17	1.34	1.50	1.65	1.81	1.98	2.26	2.58
50 体积	0.14	0.16	0.17	0.22	0.26	0.35	0.42	0.51	0.60	0.67	0.75	0.83	0.91	1.05	1.21
60 表面积	0.49	0.51	0.57	0.66	0.74	0.91	1.07	1.24	1.40	1.56	1.72	1.87	2.04	2.32	2.64
60 体积	0.19	0.21	0.22	0.28	0.33	0.43	0.53	0.63	0.74	0.83	0.92	1.02	1.11	1.28	1.47
70 表面积	0.55	0.58	0.63	0.72	0.80	0.97	1.13	1.30	1.46	1.62	1.78	1.94	2.1	2.39	2.70
70 体积	0.24	0.27	0.28	0.35	0.41	0.53	0.64	0.76	0.88	0.91	1.10	1.21	1.33	1.52	1.74
80 表面积	0.61	0.63	0.69	0.74	0.86	1.03	1.19	1.36	1.52	1.69	1.84	2.00	2.17	2.45	2.76
80 体积	0.30	0.33	0.34	0.43	0.49	0.63	0.75	0.89	1.03	1.15	1.28	1.41	1.53	1.76	2.01
90 表面积	0.68	0.70	0.75	0.85	0.92	1.09	1.25	1.42	1.59	1.75	1.90	2.06	2.23	2.51	2.82
90 体积	0.37	0.40	0.42	0.51	0.58	0.74	0.88	1.03	1.19	1.32	1.47	1.61	1.75	2.01	2.29
100 表面积	0.74	0.76	0.82	0.91	0.99	1.16	1.32	1.49	1.65	1.81	1.97	2.12	2.29	2.58	2.89
100 体积	0.44	0.47	0.49	0.60	0.68	0.86	1.02	1.18	1.33	1.50	1.67	1.82	2.00	2.26	2.58
110 表面积	0.80	0.83	0.88	0.97	1.05	1.22	1.38	1.55	1.71	1.88	2.03	2.19	2.35	2.64	2.95
110 体积	0.51	0.54	0.59	0.69	0.78	0.98	1.16	1.33	1.50	1.69	1.87	2.04	2.23	2.52	2.78
120 表面积	0.87	0.89	0.95	1.03	1.11	1.28	1.44	1.61	1.78	1.94	2.09	2.25	2.42	2.70	3.01
120 体积	0.59	0.63	0.68	0.79	0.89	1.10	1.30	1.49	1.68	1.88	2.07	2.26	2.45	2.78	3.17
130 表面积	0.93	0.96	1.01	1.10	1.18	1.35	1.51	1.68	1.84	2.00	2.16	2.32	2.48	2.76	3.08
130 体积	0.69	0.73	0.77	0.90	1.01	1.24	1.46	1.66	1.86	2.08	2.29	2.50	2.70	3.06	3.47
140 表面积	0.99	1.02	1.07	1.16	1.24	1.41	1.57	1.74	1.89	2.06	2.21	2.37	2.53	2.83	3.14
140 体积	0.79	0.83	0.88	1.01	1.12	1.37	1.61	1.83	2.05	2.28	2.51	2.73	2.95	3.34	3.87
150 表面积	1.05	1.08	1.13	1.23	1.30	1.47	1.64	1.81	1.96	2.12	2.27	2.44	2.60	2.89	3.20
150 体积	0.89	0.93	0.99	1.13	1.25	1.50	1.74	1.99	2.27	2.46	2.72	2.97	3.21	3.62	4.10
160 表面积		1.15	1.20	1.29	1.37	1.54	1.70	1.87	2.03	2.18	2.32	2.50	2.67	2.95	3.26
160 体积		1.05	1.10	1.25	1.37	1.65	1.90	2.17	2.47	2.71	2.94	3.22	3.47	3.92	4.42
170 表面积				1.35	1.43	1.60	1.76	1.93	2.09	2.25	2.38	2.56	2.73	3.02	3.32
170 体积				1.39	1.52	1.81	2.07	2.36	2.64	2.92	3.18	3.47	3.73	4.21	4.75
180 表面积					1.49	1.66	1.82	2.00	2.16	2.31	2.44	2.62	2.80	3.08	3.39
180 体积					1.66	1.97	2.25	2.56	2.86	3.14	3.42	3.73	4.01	4.51	5.09
200 表面积								2.29	2.43	2.57	2.75	2.92	3.20	3.52	
200 体积								3.30	3.62	3.93	4.27	4.58	5.15	5.78	

（2）管路保温铁皮保护层铁皮用量，见表1-11-63。

表1-11-63 管路保温铁皮保护层铁皮用量　　　　　　　　　　$m^2/10m$ 管长

保温或保冷层厚度/mm	管径 DN													
	25	40	50	80	100	150	200	250	300	350	400	450	500	600	700
30	3.6	4.1	4.5	5.7	6.6	8.6	10.5	—	—	—	—	—	—	—	—
40	4.4	4.8	5.2	6.6	7.4	9.2	11.2	13.3	15.1	17.0	18.7	20.6	22.4	—	—
50	5.1	5.5	6.1	7.4	8.0	9.9	12.0	14.0	15.6	17.8	19.5	21.4	23.2	27.0	30.8
60	5.8	6.3	6.7	8.1	8.8	10.6	12.8	14.7	16.7	18.5	20.3	22.1	23.9	27.7	31.5
70	6.5	7.0	7.6	8.8	9.5	11.3	13.5	15.5	17.3	19.2	21.0	22.8	24.6	28.4	32.2
80	7.2	7.7	8.1	9.5	10.2	12.0	14.2	16.2	18.0	19.9	21.7	23.5	25.4	29.2	33.0
90	8.0	8.5	8.9	10.2	10.9	12.7	14.9	16.9	18.7	20.7	22.4	24.3	26.1	29.9	33.8
100	8.7	9.2	9.6	11.0	11.7	13.5	15.7	17.6	19.4	21.4	23.1	25.0	26.8	30.6	34.4
110	9.4	10.0	10.3	11.7	12.4	14.2	16.3	18.3	20.2	22.1	23.8	25.7	27.5	31.3	35.1
120	10.2	10.7	11.0	12.4	13.1	14.9	17.0	19.0	20.9	22.8	24.6	26.4	28.2	32.0	35.7
130	11.0	11.5	11.7	13.1	13.9	15.6	17.7	19.7	21.6	23.5	25.3	27.3	28.9	32.6	36.3
140	11.7	12.2	12.5	13.9	14.6	16.4	18.5	20.5	22.3	24.2	26.0	27.8	29.6	33.3	37.0
150	12.4	13.0	13.3	14.7	15.4	17.1	19.2	21.2	23.0	24.9	26.7	28.6	30.4	34.0	37.6
160	13.2	13.7	14.0	15.4	16.1	17.8	19.9	21.9	23.7	25.6	27.4	29.3	31.1	34.7	38.3
170	—	—	—	16.1	16.8	18.5	20.6	22.6	24.4	26.3	28.1	30.0	31.8	35.5	39.1
180	—	—	—	16.8	17.6	19.2	21.3	23.3	25.1	27.0	28.8	30.7	32.5	36.2	39.8
200	—	—	—	—	—	—	—	26.7	28.4	30.2	32.1	33.9	37.6	41.3	

注：①镀锌铁皮（或黑铁皮）厚度为0.5mm。
②表中不包括管件用铁皮。

（3）可拆管件保温铁皮保护层铁皮用量见表1-11-64。

表1-11-64 可拆管件保温铁皮保护层铁皮用量　　　　　　　　　　$m^2/个$

管径 DN	管件名称		
	阀	法兰	波型补偿器
40	0.39	0.22	—
50	0.39	0.22	—
80	0.57	0.41	—
100	0.57	0.41	—
150	0.88	0.41	1.6
200	1.2	0.68	2.0
250	1.8	0.81	2.2
300	2.2	0.96	2.5
350	2.7	1.2	2.7
400	3.0	1.3	2.9
450	—	1.4	3.1
500	—	1.6	3.3

注：①可拆管件铁皮保护层用0.5mm镀锌铁皮。
②可拆管件用扎带连接，每个阀用3条扎带，其他管件用2条扎带，扎带截面为0.5mm×20mm。

(4)管路保温结构辅助材料用量,见表 1-11-65。

表 1-11-65 管路保温结构辅助材料用量

序号	材料	单位	用量
(1)	外保护层用铁皮作保护层时		
	0.5mm 厚镀锌铁皮或黑铁皮	m²/10m 管长	见表 1-11-64
	半圆头自攻螺钉 4×16,GB 841—66	kg/100m 管长	0.9
(2)	用玻璃布作保护层时, 细格玻璃布(0.1×250 或 0.1×125)	m²/m² 保温层	2.4
(3)	防潮层:捆扎铁丝,14 号镀锌铁丝	kg/m² 保温材料	0.56
(4)	立管托板,4mm 厚钢板	kg/m² 保温材料	1.0
(5)	伴热管作卡子,6mm 圆钢		
	1 根 DN20~25 伴热管	kg/100m 长伴热管	1.0
	1 根 DN40~50 伴热管	kg/100m 长伴热管	2.0
(6)	勾缝用胶泥	kg/m³ 保温材料	50
(7)	水玻璃(胶泥调料)	kg/m³ 保温材料	50

(5)材料损耗附加量见表 1-11-66。

表 1-11-66 材料损耗附加量

材料名称	附加量/%
玻璃棉制品	15
珍珠岩、硅藻土、蛭石等制品	20
铁丝、自攻螺丝、钢板、铁皮	15
油漆、沥青玛脂、沥青	10
玻璃布、油毡纸	10

六、常用保温材料的物理性能及适用范围

常用保温材料的物理性能及适用范围见表 1-11-67。

表 1-11-67 常用保温材料的物理性能及适用范围

类别	名称	体积质量 γ/(kg/m³)	热导率 λ/[×1.16W/(m·K)]	其他特性	适用温度/℃
玻璃棉制品	沥青玻璃棉毡	50~80	0.03~0.045 (0.03+0.000138t)		250
	酚醛玻璃棉毡	50~80	0.033~0.04		300
	酚醛玻璃管壳	60~150	0.03~0.05		250
	淀粉玻璃棉管壳	70~90	0.033~0.035 (0.03+0.000138t)		350

续表

类别	名称	体积质量 γ/(kg/m³)	热导率 λ/[×1.16W/(m·K)]	其他特性	适用温度/℃
矿渣制品	矿渣棉（长纤维）	70~120	0.035~0.042	适用于填充。当垂直放置时会沉陷	750
	矿渣棉（普通）	110~130	0.037~0.045		750
	沥青矿渣棉毡	100~120	0.035~0.045	适用于填充。当垂直放置时会沉陷，抗拉强度>11.76kPa	250
	矿渣棉半硬质板管壳	200~300	0.045~0.05		
蛭石制品	膨胀蛭石	80~280	0.045~0.06	适用于填充式，保温结构在高温下不变形不龟裂	1000~1150
	水泥蛭石管壳	430~500	0.075~0.12 (0.063+0.000445t)		700~900
	沥青蛭石管壳	350~400	0.07~0.09		−20~+90
石棉制品	石棉绒	35~230	0.047~0.066		≤700
	石棉碳酸镁管壳	360~450	50℃, 0.069~0.09 (0.055+0.00028t)	抗拉强度139.16kPa	300~450
	石棉绳	590~730	0.06~0.18		500
硅藻土制品	硅藻土绝热砖	500~650	67℃, 0.0825; 160℃, 0.094; 110℃, 0.089; 210℃, 0.096; 103℃, 0.0872; 334℃, 0.098	抗压强度(441~1078)kPa	<900~1000
	硅藻土绝热管、板	450~550	106℃, 0.0483; 130℃, 0.0664; 0.0706; 262℃, 0.08	抗压强度(441~6664)kPa	<900~1000
泡沫塑料	聚苯乙烯泡沫塑料	任意控制 16~220	0.0215~0.058	抗压强度(44.1~2940)kPa 一般选用密度(24~30)kg/m³	−160~+75
	聚氯乙烯泡沫塑料	33~220	0.037~0.04	抗压强度(176.4~1470)kPa	−200~+80
	聚氨基甲酸酯泡沫塑料	20~45	0.026~0.036	抗拉强度(98~196)kPa	−40~+140
	脲甲醛泡沫塑料	13~20	0.0119~0.026	吸水率12%，抗压强度(24.5~49)kPa	−190~+500

续表

类 别	名 称	体积质量 γ/(kg/m³)	热导率 λ/[×1.16W/(m·K)]	其 他 特 性	适用温度/℃
多孔混凝土	水泥泡沫混凝土 400号或450号（硅酸盐水泥）	400~450	400号水泥 (0.078+0.00016t) 450号水泥 (0.086+0.00017t)	适用于不受振动的保温	250
	粉煤灰泡沫混凝土	300~700		抗压强度(344~1795)kPa	500
其他	油毛毡	300		动物毛30%,麻70%	
	石棉水泥板	0.3~0.5	0.075~0.093		
	木屑	0.2	0.06~0.05 (20~50℃)		
	草绳	0.2	0.3~0.4		低温
	矿渣混凝土	2.15	0.8		
	钢筋混凝土	2.2	1.33		
	炉渣混凝土	1.5	0.6		
	碎石混凝土	2.0	1.1		
	石灰砂浆	1.6	0.6		
	水泥砂浆	1.8	1.0		
	水泥	1.9	0.26(30℃)		
	红砖	1.9	0.53		
	黏土砖	1.8	0.65		
	橡胶	1.2	0.14(0℃)		
	钢	7.85	39		
	铸铁	7.22	54		
	铜	8.8	330		
	青铜	8.0	55		
	黄铜	8.6	73.5		
	铝	2.67	175		
	锌	7.0	100		

第十二章 油库主要辅属工程设计数据图表

第一节 油库辅属用房建设标准

油库辅属工程是油库辅属设施的建设工程,如:油料更生间(厂)、油桶洗修间(厂)、机修间、油料化验室等,其建筑面积和标准应根据油库性质、规模、业务内容等因素综合考虑确定。根据"油库建设相关规范"的规定,油库业务用房的建筑标准列表1-12-1,供参考。

表1-12-1 油库业务用房建筑标准

序号	项目名称	化验室	消防泵房	机修间	洗修桶间	油料更生间	器材间	危险品间	监控测试中心
1	建筑面积/m²	150~250	100~150	160~230	化学洗300,机械洗500	300~500	300~400	60	40
2	层高/m	3.2~3.5	3.5~4.5	3.2~3.4	3.2~3.6	4.7	3.5	3.5	3.2~3.5
3	耐火等级	一级	二、三级	二、三级	二级	一、二级	三级	一级	二、三级
4	上、下水	设	设	设	设	设	不设	设	设
5	通风设备(排风扇)	操作及油样间、化验间,设	不设	不设	设	设	不设	不设	设
6	采暖设备	采暖地区,设	不设	不设	不设	不设	不设	不设	采暖区设
7	电器设备	操作及油样间一级,其他普通	普通	普通	2级	2级	普通	普通	普通
8	防雷装置	设	设	设	设	设	设	设	设

第二节 油料更生间(厂)设计图表

一、油料更生间(厂)建筑要求

油料更生间(厂)建筑要求见表1-12-2。

表1-12-2 油料更生间(厂)建筑要求

项目	要求
1. 位置	(1)平面布置应满足油库安全距离的有关规定 (2)应交通方便 (3)离洗修桶间、电源、水源较近

续表

项 目	要 求
2. 建材	建筑材料应耐火,耐火等级不能低于二级
3. 设施	有相应的消防、防雷电等设施,以保证安全生产
4. 地面、墙面	室内地面、墙面等应适当作耐酸、耐碱等防腐处理
5. 排水	室内、外排水良好,配有污水处理等环保设施

二、油料更生工艺流程设计

(一)工艺流程设计原则

工艺流程设计原则见表1-12-3。

表1-12-3 工艺流程设计原则

序号	原 则
1	应尽量选用已经成熟的先进工艺方法及设备
2	在满足主要更生任务的前提下,适当考虑处理各种废油的机动性
3	流程中有安全流量、温差报警及安全自控停机系统,以及防静电等设施
4	在满足更生质量要求的前提下,工艺流程尽量简单
5	便于施工
6	工程造价合理
7	管路应按系统进行水力计算和按选泵要求统一考虑,并进行热力补偿及强度计算等

(二)常用几种工艺流程

(1)酸洗-减压带土蒸馏工艺流程见表1-12-4。

表1-12-4 酸洗-减压带土蒸馏工艺流程

主要过程	预处理→酸精制→减压带土蒸馏→过滤→调配
流程特点	适于处理量大的更生间(厂),生产效率高、设备腐蚀严重、质量不够稳定,收率73%

工艺流程见下图

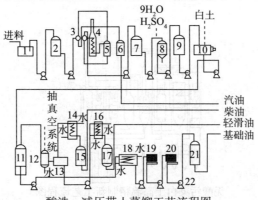

酸洗-减压带土蒸馏工艺流程图

1—沉降罐;2—原料罐;3—换热器;4—加热闪蒸塔;5—闪蒸脱水罐;6—汽油罐;7—中间罐;8—酸精制罐;9—中间罐;10—白土混合罐;11—减压高温带土蒸馏罐;12—减压罐;13—分离罐;14—冷凝器;15—柴油罐;16—冷凝器;17—轻滑油罐;18—釜残油冷却器;19、20—过滤机;21—基础油罐;22—油泵

（2）酸钙土管式炉循环蒸馏工艺流程见表1-12-5。

表1-12-5　酸钙土管式炉循环蒸馏工艺流程

主要过程	沉降→酸洗→混合石灰和白土→管式炉、卧式釜循环蒸馏精制→真空脱水→过滤→调配
流程特点	一次加热省能耗，生产周期短，效率高、收率高，收率可达75%以上，但仍有酸腐蚀

工艺流程见下图

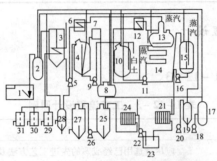

酸钙土管式炉循环蒸馏工艺流程图

1—倒油池；2—真空压力输送罐；3—沉降罐；4—酸洗罐；5、9、11、16、22、26—泵；6—冷凝槽；7—酸计量罐；
8—酸储罐；10—混合罐；12—冷却槽；13—蒸馏釜；14—管式炉；15—真空脱水罐；17—储气罐；18—空压机；19—真空罐；
20—真空泵；21、24—压滤机；23—中间罐；25—储存罐；27—成品罐；28—轻滑油油罐；29~31—油水分离；

（3）无酸污染白土高温精制新工艺见表1-12-6。

表1-12-6　无酸污染白土高温精制新工艺

（1）主要过程	预处理→白土混合→管式炉循环汽提、减压蒸馏	釜残油真空脱水——过滤（高黏度基础油）	调配
		轻滑油白土补充精制后脱水——过滤（低黏度基础油）	
（2）特点	①无酸渣、酸气污染和酸性腐蚀 ②能生产高黏度滑油和轻滑油，能处理各种混杂油和废旧程度深的滑油 ③收率高，可达80%以上 ④虽然升温较高，当余热利用好，能耗并不高 ⑤较传统工艺省煤，无溢锅危险，无结焦，实现了安全自控，提高了生产的安全性 ⑥加温设备材质、加工工艺要求较高		

（3）工艺流程见下图

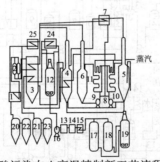

无酸污染白土高温精制新工艺流程图

1—倒油池；2—真空压力输送罐；3—沉降罐；4—白土混合换热闪蒸釜；5—高温精制釜；6—馏分润滑油精制釜；
7—换热器；8—1号热油泵；9—2号热油泵；10—1号管式炉；11—2号管式炉；12—真空脱水罐；13—1号暗流压滤机；
14—2号暗流压滤机；15—急冷器；16—3号热油泵；17—高黏度基础润滑油罐；18—低黏度基础润滑油罐；19—调配罐；
20—洗涤油油水分离罐；21—柴油油水分离罐；22—洗涤油精制罐；23—柴油精制罐；24—冷却槽；25—冷凝器

(4)厂矿企业用小型废油更生间见表1-12-7。

表1-12-7　厂矿企业用小型废油更生间

(1)主要过程	沉降→酸洗→碱洗→水洗→白土接触→过滤→调配
(2)特点	①全部使用蒸汽加热,不用明火 ②用于更生含有少量洗涤汽油的废机油 ③也可更生液压油、冷冻机油、变压器油、汽轮机油等

(3)基本工艺流程见下图

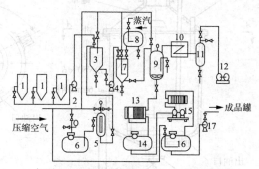

年处理300t废油更生间的工艺流程图

1—沉降槽;2、4、17—泵;3—酸洗槽;5—酸蛋;6—储酸罐;7—碱中和槽;8—热水槽;9—白土釜;10—冷凝槽;
11—真空罐;12—真空泵;13—板框压滤机;14—头滤罐;15—滤油机;16—调配罐

(5)年处理500t的更生间(厂)见表1-12-8。

表1-12-8　年处理500t的更生间(厂)

(1)主要过程	沉降→蒸馏脱水→酸洗→高温带土蒸馏→过滤→调配
(2)特点	①设备简单、紧凑、利用率高,占用人员少 ②可处理各种废机油、废混合油 ③在北方配1t/h锅炉,在南方配0.5t/h锅炉
(3)生产能力	班处理1.7t,年处理:500t

(4)基本工艺流程见下图

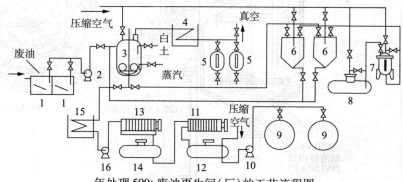

年处理500t废油更生间(厂)的工艺流程图

1—沉降池;2—1号泵;3—带土蒸馏釜;4—冷凝槽;5—油水分离器;6—酸洗槽;7—酸蛋;8—储酸罐;9—成品油罐;
10—2号泵;11—滤油机;12—调配罐;13—板框压滤机;14—头滤罐;15—冷却槽;16—离心泵

477

三、油料更生的主要设备

(1)酸罐见表 1-12-9。

表 1-12-9 酸罐

说明	结构示意图
酸罐为废润滑油更生酸处理的设备,处理量为 2t。罐内装有 DN20 压缩空气管(水煤气管)供酸处理时搅拌油品用	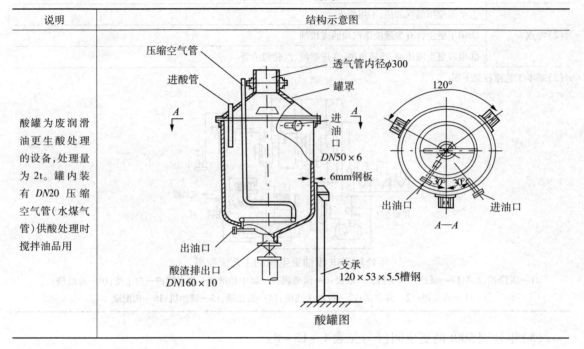 酸罐图

(2)碱罐见表 1-12-10。

表 1-12-10 碱罐

说明	结构示意图
碱罐是废润滑油更生碱处理的设备,处理量为 2t。罐内带有 DN20 压缩空气管(水煤气管)和 DN50 加温蛇管,供碱处理时搅拌油品和加温用	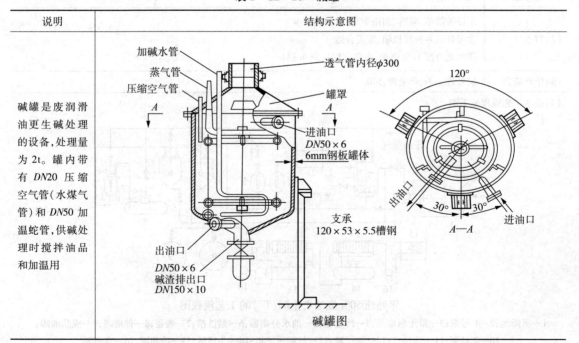 碱罐图

(3)蒸馏釜见表 1-12-11。

表 1-12-11 蒸馏釜

说 明	结构示意图
有立式蒸馏釜和卧式蒸馏釜两种,是蒸馏蒸发轻质成分的设备,最大处理量均为2t。釜内设蒸汽喷管起搅拌作用,由于釜内有蒸汽存在,形成二相蒸馏,油品蒸汽分压较小,能加快整个蒸馏过程	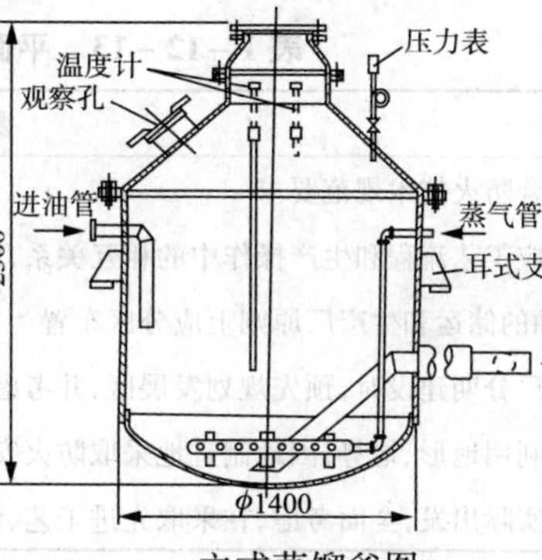 立式蒸馏釜图 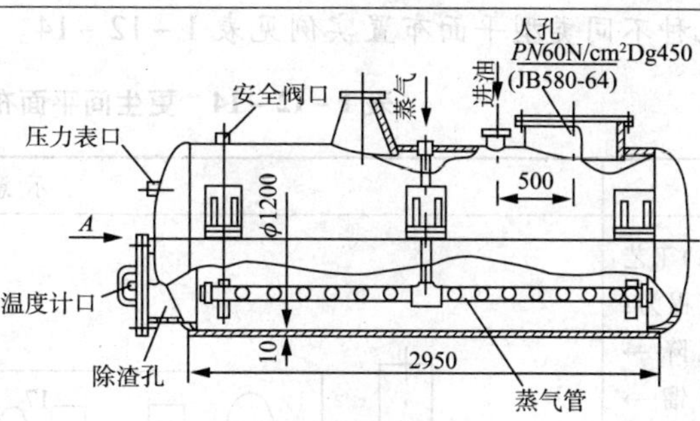 卧式蒸馏釜图

(4)油水分离器见表 1-12-12。

表 1-12-12 油水分离器

说 明	结构示意图
(1)安装在真空管线上 (2)其主要用于抽吸润滑油更生时蒸馏釜内蒸出的轻油成分和蒸汽。润滑油更生时在真空下蒸馏,可缩短油品蒸馏时间和改善蒸馏质量。蒸出的油气和蒸汽冷凝后在此分离器中分层沉淀,然后由放油口和放水口分别放出 (3)本分离器容量为 $1.8m^3$,为保证油水沉淀完全,一般采用2只交替使用 (4)其试验压力为 0.2MPa,可在一般真空压力下进行操作	油水分离器图 1—器体;2—支架;3—液位指示仪

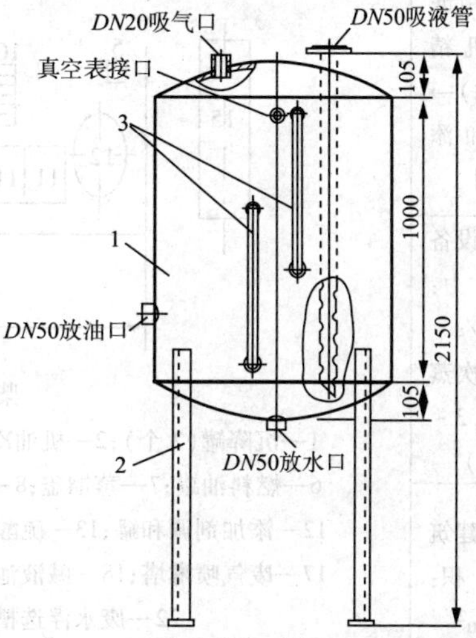

四、油料更生间(厂)设备平面布置

(一)平面布置要求

平面布置要求见表1-12-13。

表1-12-13　平面布置要求

序号	要求
1	平面布置应符合防火技术规范要求
2	平面布置应适应工艺流程和生产操作中的相互关系,以缩短管线长度和方便生产操作
3	原料油、成品油的储运和生产厂原则上应分区布置
4	较大型的更生厂分期建设时,预先规划发展区,并考虑分期建设在施工中的安全和方便
5	布置时应充分利用地形、地势,因地制宜地采取防火安全措施
6	旧厂改造应从实际出发,全面考虑,在采取先进工艺、设备的前提下,充分利用原有厂房、设备、辅助设施等

(二)几种不同类型平面布置实例见表1-12-14。

表1-12-14　更生间平面布置实例

说明	示意图
1. 小型柴油机油更生间平面布置实例	(1)工艺流程为:沉降→蒸馏→硫酸精制→白土吸附→过滤(板框过滤机粗滤、精滤油机精过滤)→调和添加剂 (2)设备能力:300t/a(一次蒸馏2.3~2.5t) (3)建筑面积:300m²

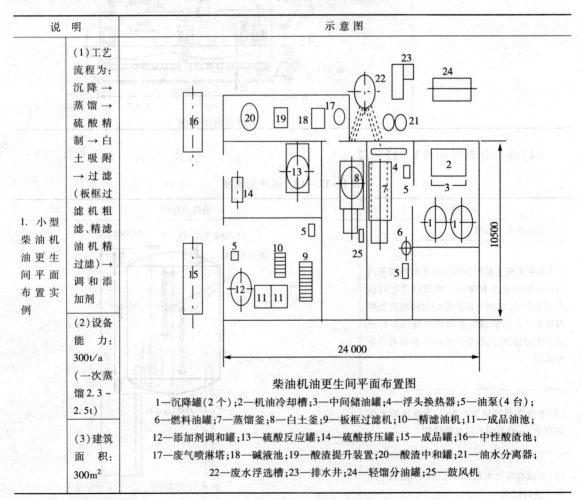

柴油机油更生间平面布置图

1—沉降罐(2个);2—机油冷却槽;3—中间储油罐;4—浮头换热器;5—油泵(4台);6—燃料油罐;7—蒸馏釜;8—白土釜;9—板框过滤机;10—精滤油机;11—成品油池;12—添加剂调和罐;13—硫酸反应罐;14—硫酸挤压罐;15—成品罐;16—中性酸渣池;17—废气喷淋塔;18—碱液池;19—酸渣提升装置;20—酸渣中和罐;21—油水分离器;22—废水浮选槽;23—排水井;24—轻馏分油罐;25—鼓风机

续表

说 明	示 意 图
2. 年处理500t 废油更生间平面布置实例,见右图	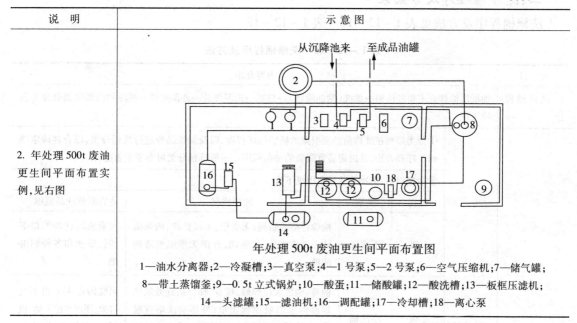 年处理500t废油更生间平面布置图 1—油水分离器;2—冷凝槽;3—真空泵;4—1号泵;5—2号泵;6—空气压缩机;7—储气罐; 8—带土蒸馏釜;9—0.5t立式锅炉;10—酸蛋;11—储酸罐;12—酸洗槽;13—板框压滤机; 14—头滤罐;15—滤油机;16—调配罐;17—冷却槽;18—离心泵

第三节 洗修桶间(厂)设计数据图表

一、"油库设计其他相关规范"规定的摘编

"油库设计其他相关规范"规定的摘编见表1-12-15。

表1-12-15 "油库设计其他相关规范"规定的摘编

项目	内容
1. 设施考虑因素	油桶修洗设施应根据油库的任务、业务性质、油桶发放与回收数量等因素综合考虑确定,并宜相对集中设置
2. 设备组成	修洗桶一般应由洗桶(包括机械洗桶和化学洗桶)、整形、检漏、补焊、烘干、除锈与喷漆等设备组成
3. 配套建设项目	修洗桶厂必须配套建设相应的污水处理设施及空桶堆放场地等
4. 平面布置	修洗桶厂和油桶修洗设备的平面布置,应满足安全防火和操作工序的要求,并避免交叉作业和油桶往返搬运
5. 建筑设计规定	(1)主要操作间的层高不应低于3.6m (2)各房间的门应向外开。进出油桶的门宽不应小于2m,门外应设置斜坡道 (3)锅炉、乙炔发生器、气焊、油冲、喷漆、空气压缩机,应各自单独设置房间,隔墙应为实体墙。锅炉间、乙炔发生器间、喷漆间应各自独立设置对外的出入口
6. 材料要求	采用化学洗桶时,与酸、碱直接或间接接触的设备、管道、器件以及房间的地面、墙面等,应耐酸、碱腐蚀
7. 通风要求	主操作间、乙炔发生器间、除锈及喷漆间等可能产生有害气体和粉尘的房间,除必须满足一定的自然通风要求外,尚应设置机械通风装置

二、洗修桶程序及方法表

洗修桶程序及方法见表1-12-16~表1-12-18。

表1-12-16 洗修桶程序及方法

项 目	内容介绍				
1. 洗修桶程序	油桶洗修作业主要经拣桶→清洗(除油除锈)→整形→检漏焊补→外部除锈→喷漆和内部防锈处理等各项工序				
2. 油桶的分类分级及清洗方法程序	(1)拣桶分类	①分类原则在洗修前必须根据油桶的损坏程度,以及装油品种进行拣桶分类,以合理确定洗修工序和方法,并决定适宜灌装的油品范围。一般拣桶分类可参考下表进行			
		②油桶级别、类别及装油范围见下表			
		级别	类别	油桶状况	适宜灌装油品范围
		1级	不洗桶	检验合格的新桶,无变形,未经整修,内部清洁无锈渣水分,无残油,外部无渗油痕迹的油桶	可灌装闪点28℃以下的轻质油和各种润滑油
		2级	小洗桶	桶身、桶底未经焊修,桶身、桶口接缝处虽经焊修但不影响油桶质量;外部油漆略有脱落,内外锈蚀不严重;外形圆整,虽有少量凹陷,但不显著	可装闪点45℃以下的轻油,还可装锭子油、机械油、车用机油、汽缸油、车轴油、齿轮油等
		3级	中洗桶	油桶接缝及圈均经焊修,桶身修焊不超过4处,修焊处未经重新焊补过;桶外壁油漆脱落部分略有腐蚀,桶内壁有不超过总面积30%的局部锈蚀;桶身局部凹陷处边长不超过25cm	装闪点45℃以上的油品,如轻柴油
		4级	大洗桶	桶身重复修焊,但桶皮尚未脆裂;桶内锈蚀严重(锈蚀面积占总面积50%以上),但尚可洗刷;外形已不圆整	可装闪点120℃及其以上的油品,如重柴油和燃油
		等外		已不符合四级桶要求,但还能修复	灌装各级沥青
	(2)清洗 ①方法。油桶的清洗方法目前采用机械和化学两种方法 ②程序 a. 机械清洗链条除锈→冲洗→烘干→整形修焊→外部除锈→防护涂漆等作业程序 b. 化学清洗酸洗→水冲→中和钝化→乳化和油冲→整形修焊→外部除锈→防护涂漆等步骤				

表1-12-17 化学洗桶的方法介绍

1. 酸洗	(1)目的。清除桶内的铁锈,即氧化铁和氢氧化铁 (2)设备。挂胶泵(FL5/13.5 电机 7kW 4级);塑料阀;酸冲液回流槽;酸冲液喷嘴(塑料);抽液管;储酸池(塑料板自焊);酸液回流管路;控制抽酸液真空回流阀;抽桶底酸液真空塑料罐;接油桶胶管;真空泵管路;抽酸气罩(能防酸腐蚀);抽风机;抽风管

2. 水冲	(1)目的。为了洗去桶内残存的酸液。桶内残存的酸液会造成桶皮的腐蚀,也会增加中和钝化作业的用碱量。为了防止油桶重新生锈 (2)时间。酸洗后用清水冲洗 3~5min (3)水利用。冲洗后的水宜经处理循环使用 (4)时机。酸洗完后应立即用水冲,中间的间隔时间不宜超过 30min
3. 中和钝化	(1)目的。中和钝化又称碱洗,目的是进一步去掉桶皮上残留的酸液 (2)原因。因为水冲不能把酸液彻底清除,还需要用碱液把残留的酸中和掉
4. 乳化	(1)目的。除去桶皮上的水分 (2)时间。5~10min
5. 油冲	(1)目的。除去残留在桶内的乳化液,并可作油桶渗漏检查,油冲后油桶存放一个月不会生锈 (2)油品。用煤油或柴油 (3)时间。冲洗 5~10min (4)不冲条件。如果油桶立刻装油,可以不用油冲,只要把乳化液吸干即可
6. 清洗方法的选择	(1)轻油桶。可直接采用机械或化学方法清洗 (2)黏油桶有两种处理办法 ①用浓度为 25% 的火碱水溶液,再加入铁链条进行机械式滚洗 ②用热碱水冲洗,其速度快,效果也不错

表 1-12-18 油桶的整形修焊

1. 油桶检验	(1)时机。油桶出入库和灌装以前,均应进行质量检验(2)内容。检验项目有外形、桶内质量、渗漏及等级检查
2. 油桶烘干	(1)目的。为了清除油桶内壁残留的酸、水,防止再发生锈蚀,必须对清洗过的油桶进行烘干 (2)方法 ①用热空气烘干 ②也有用蒸汽冲刷油桶内表面,使桶内残油或油蒸汽经蒸洗而溢出,但易残留水分而影响油桶质量
3. 油桶修焊	(1)原因。由于油桶的桶身、底顶、卷边,以及油桶盖口等部位的损伤、残缝造成油桶渗漏 (2)方法 ①为保证油桶质量,一般采用气焊的方法修复 ②因修焊时可能使卷边缝内的耐油防渗胶受热胶化而失效,因此必须整圈修焊 ③油桶顶底圈渗漏,也可用修补剂临时修补
4. 油桶整形	(1)原因。油桶在使用过程中由于撞击等原因,使桶身凹陷变形 (2)目的。为了不影响装油容积和防止渗漏 (3)方法。必须使用整形设备使之复圆

三、油桶洗修作业程序框图

油桶洗修作业程序框图见图 1-12-1。

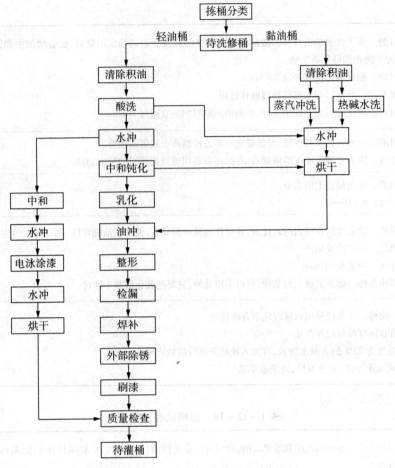

图 1-12-1 油桶洗修作业程序框图

注：①润滑油桶、老锈桶在酸洗前可先用热蒸汽或热烧碱水冲洗；
②酸洗工艺中，有的用暖风吹干代替乳化工序，防锈效果较好

四、洗桶设备及工艺流程图

(1) 酸洗设备及工艺流程见图 1-12-2。

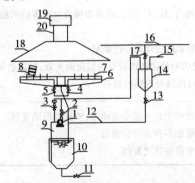

图 1-12-2 酸洗设备及工艺流程

1—挂胶泵(FL5/13.5 电机 7kW4 级)；2、4、5—控制酸冲洗塑料阀；3、17—控制真空塑料阀；6—酸冲液回流槽；
7—酸冲液喷嘴(塑料)；8—被酸液冲洗油桶；9—抽液管；10—储酸池(塑料板自焊)；11—储酸池放废酸液塑料阀；
12—酸液回流管路；13—控制抽酸液真空回流阀；14—抽桶底酸液真空塑料罐；15—接油桶底胶管；16—接真空泵管路；
18—抽酸气罩(能防酸腐蚀)；19—抽风机；20—抽风管

(2)水冲、中和钝化设备工艺流程见图1-12-3。

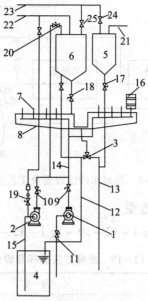

图1-12-3 水洗、中和钝化设备工艺流程图
1—水泵11/2BA-6(1.5kW);2—中和钝化液泵11/2BA-6(1.5kW);3—三通阀门;4—中和钝化液池(钢板焊);5—吸水真空罐;6—中和钝化液真空沉淀罐;7—冲洗喷罐;8—冲洗回液槽;9—水冲控制阀门;10—中和钝化液冲洗控制阀门;11—水冲泵进水控制阀;12—中和钝化液回流管路;13—水冲回流管路;14—水冲中和钝化液冲洗管路;15—中和钝化液进液管路;16—被冲桶;17—吸水真空罐回流阀;18—中和钝化液放底阀;19—中和钝化液抽真空阀;20—水冲中和钝化液抽真空阀;21—吸水冲桶底真空嘴;22—真空灌液泵;23—接真空泵管路;24—抽水真空控制阀;25—抽中和钝化液真空控制阀

(3)乳化、油冲设备及工艺流程见图1-12-4。

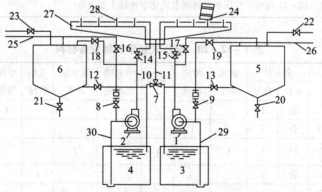

图1-12-4 乳化、油冲设备及工艺流程
1—乳化液泵;2—油冲泵;3—乳化液储存罐;4—油冲液储存罐;5—抽乳化液真空沉淀罐;6—抽油冲液真空沉淀罐;7—乳化油冲液回流三通;8—油冲泵真空阀门;9—乳化液真空阀门;10—油冲管路;11—乳化油冲回流管;12—抽油冲真空泵回流阀;13—抽乳化液回流阀;14—油冲控制阀;15—乳化液冲控制阀;16—真空阀;17—抽乳化液管真空阀;18—抽油冲管漏真空阀;19—真空阀;20—乳化液真空沉淀罐底阀;21—油冲真空沉淀阀;22、23—接真空泵阀;24—被洗桶;25、26—油冲、乳化抽桶底嘴;27—回流槽;28—喷嘴;29、30—油冲、乳化吸入管漏

(4)热碱水冲洗设备及工艺流程见图1-12-5。

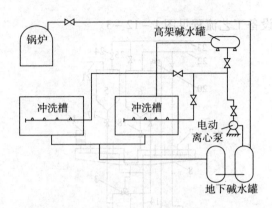

图 1-12-5 热碱水冲洗设备及工艺流程示意图

五、洗桶方法选择及设备选型

洗桶方法选择及设备选型见表 1-12-19~表 1-12-21。

表 1-12-19 洗桶方法选择及设备选型

方 法	内 容
1. 洗桶方法选择	(1) 机械洗桶 ① 是最早的一种洗桶方法,随着油库建设的发展,机械洗桶已基本上被化学洗桶所代替 ② 但由于机械洗桶能较好地清洗油皮桶(桶内胶黏一层胶状物的润滑油桶),是化学洗桶所不具备的优点,且化学洗桶腐蚀和污染较为严重,因此,在军内目前又有用机械洗桶代替化学洗桶的趋势 (2) 化学洗桶 ① 化学洗桶的主要特点是酸洗,而酸对金属设备均有腐蚀作用 ② 因此,化学洗桶设备必须具备耐酸性,即对盐酸有较好的化学稳定性(抗腐蚀性)和足够的机械强度 ③ 实践证明,硬聚氯乙烯塑料是制作酸液容器和管路比较好的耐酸材料
2. 化学洗桶主要设备	(1) 表 1-12-20 列举了泵压式化学洗桶主要设备 (2) 表 1-12-21 列举了气压半自动圆盘式化学洗桶主要设备

表 1-12-20 泵压式化学洗桶设备材料

名 称	规 格	合 计		碱水冲洗	酸液冲洗	水冲	中和钝化冲洗	乳化油冲洗	真空管路	空压管路	备 注
		单位	数量								
整形设备		套	1							1	
挂胶耐酸泵	FL5/13.5	台	1		1						
离心泵	2BA-6$\frac{1}{2}$	台	5	1		1	1	2			配电机 J021-2
真空泵	SZ-2	台	1						1		配电机 10kW
移动式空压机	B-06/7	台	1							1	配电机 4.5kW
气水分离罐	$\phi 500$	个	1						1		真空泵附件
酸真空罐		个	1		1						自加工
真空沉淀罐	100L 桶	个	5	1		1	1	2			可用 100L 桶或自加工
存液罐	$\phi 1000$	个	4	1		1	1	1			罐壁为 4.5mm 厚钢板
储酸池	$\phi 1200$	个	1		1						池壁为 20mm 厚塑料板
酸洗槽		个	2		2						
冲洗槽		个	8	2		2	2	2			
分液器		个	2	1			1				

表1-12-21 气压半自动圆盘式化学洗桶设备

名　称	规　格	单位	数量	备　注
空压机	V-3/8-1型(固定)	台	3	
真空泵	SZ-1	台	2	
塑料泵	102型	台	1	
电动机	JZ-22-65kW	台	1	938(r/min)
整形机		台	1	
真空表	211.12型 0-760	个	4	
压力表	0-10	个	5	
水泵	2BA-6A1台	台	2	2BA-61台

六、洗修桶间(厂)设备平面布置

洗修桶间(厂)设备平面布置见表1-12-22及图1-12-6~图1-12-8。

表1-12-22 洗修桶间(厂)设备平面布置

1. 要求	清洗作业要求按工序有一定行进路线,既紧凑又不乱,无交叉作业,使油桶以最短的路线经历全过程,不发生往返搬运
2. 排位置	链条池、酸洗罐、残油罐、含油污水池、待洗桶场、废桶场、成品桶场等互不干扰,按安全要求分设在适宜的地方
3. 例图	(1)图1-12-26为圆盘气压式化学洗桶间(厂)平面配置 (2)图1-12-27为长条泵压式化学洗桶间(厂)平面配置 (3)图1-12-28为机械洗桶间(厂)平面布置

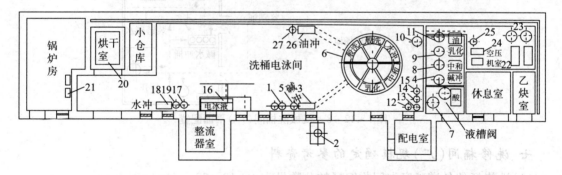

图1-12-6 圆盘气压式化学洗桶厂平面配置

1—抽桶底真空罐;2—整形机;3—碱槽;4—碱冲液槽及压力罐;5—碱冲吸液真空罐;6—转盘洗桶机;
7—酸液槽及压力罐;8—中和液及压力罐;9—乳化液槽及压力罐;10—乳化沉淀罐;11—油冲槽及压力罐;
12—酸洗吸液真空罐;13—水冲吸液真空罐;14—中和吸液真空罐;15—乳化吸液真空罐;16—电泳漆槽及塑料泵;
17—电泳吸液真空罐;18—电泳冰冲槽;19—电泳水冲吸液真空罐;20—电泳干燥车;21—水泵;22—空压机;23—储气罐;
24—真空泵;25—气水分离罐;26—油冲槽;27—油冲吸液真空罐

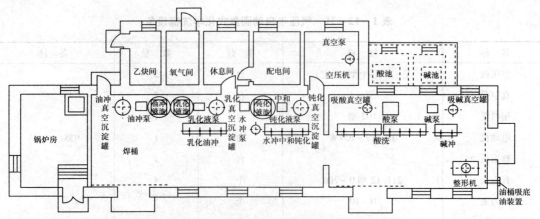

图1-12-7 长条泵压式化学洗桶间(厂)平面配置

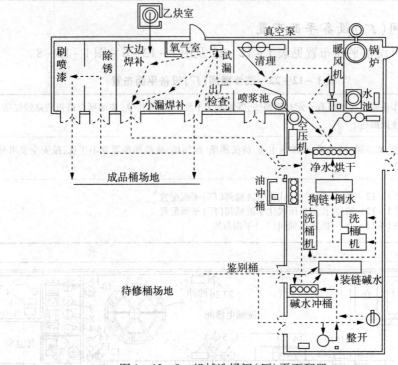

图1-12-8 机械洗桶间(厂)平面配置

七、洗修桶间(厂)规模确定的参考资料

(1)洗修桶的各道工序占回收旧桶的分数见表1-12-23。

表1-12-23 洗修桶的各道工序占回收旧桶的分数

工序类别	占 比	工序类别	占 比
拣桶	100	蒸桶	30
试漏(含轧边和烧焊后的复试)	120~140	焊修(其中整圈烧焊的大修占25%)	26~30
整形	4.5~5	洗桶	50
轧边(其中仍有60%烧焊补漏)	13~15	烘干(油洗不烘干)	15
除锈	10		

(2)油桶整修车间的蒸汽消耗见表1-12-24。

表1-12-24 油桶整修车间的蒸汽消耗

操作设备	每一设备的用汽量/(kg/h)
蒸汽喷头	60
热水洗桶加热用汽	180
热空气烘桶的空气蒸汽换热器	~150

注:蒸汽压力在0.686MPa以下,通常喷嘴压力只有0.294~0.392MPa。

(3)洗修桶间水的消耗量见表1-12-25。

表1-12-25 洗修桶间水的消耗量

操作设备	每一设备的用水量/(kg/h)	备注
热水洗桶	480	未计循环利用
冷水洗桶	480	未计循环利用
碱水洗桶	100	约有80%的循环利用
整形	640	
链条洗桶	100	
其他	960	乙炔发生器、空压机、生活用水等

(4)洗修桶间压缩空气消耗见表1-12-26。

表1-12-26 洗修桶间压缩空气消耗　　　　　　　　　m^3/min

操作设备	每一设备的用气量(常压下)
试漏	0.2
喷射器吸干	0.1
整形	0.25~0.35
调漆与喷漆	0.9

(5)整修桶的几个参考技术数据见表1-12-27。

表1-12-27 整修桶的几个参考技术数据

名称	技术数据
油桶耐压	油桶可承受的内压力0.049MPa(即安全允许的压力)
整形压力	油桶整形可用0.343~0.49MPa的压缩空气
供气压力	供洗桶用的空压机和锅炉压力一般为0.686 MPa
洗修桶的离心水泵	(1)扬程应在30~40mH₂O以上 (2)流量每个洗桶喷头的供油(或供水)量应不小于0.5~0.8kg/s

第四节　机修间设计图表

一、"油库设计其他相关规范"的规定

"油库设计其他相关规范"的规定见表1-12-28。

表 1-12-28 "油库设计其他相关规范"的规定

项目	规定
1. 任务、能力	油库的机修间,应具备完成平时油库设备、管道配件的简单修理与加工和战时对设备的抢修能力
2. 配备设备	(1) 一、二、三级油库宜配备普通车床、钻床、牛头刨床、万能铣床、砂轮机、电焊机、氧气焊、钳工台和锻工台等 (2) 四、五级油库及便于依托外部加工力量的一、二、三级油库可不设车床、刨床等较大的精加工设备
3. 建筑设计要求	(1) 机修间的房间净高不应低于3.2m,并应具备良好的自然通风和采光条件 (2) 除工具间外,各房间宜单独对外开门,并应满足设备和材料的进出要求 (3) 主要工作房间应设洗手盆及污水池等给排水设备
4. 室外场地	机修间的前侧,应留有一定的室外作业场地和停放移动设备及器材的场地

二、机修间平面布置举例

机修间平面布置举例见图 1-12-9。

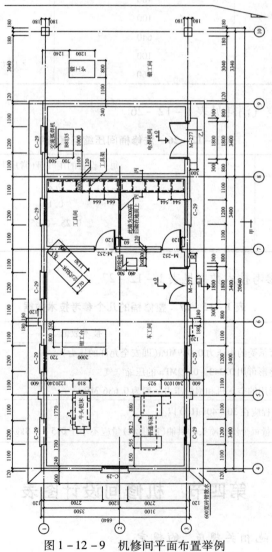

图 1-12-9 机修间平面布置举例

第五节 油料化验室设计图表

一、"油库设计其他相关规范"的规定

"油库设计其他相关规范"对油料化验室的规定,见表1-12-29。

表1-12-29 "油库设计其他相关规范"对油料化验室的规定

项目	规定
1. 油料化验室位置	(1)与有明火作业场所的距离,不应小于30m (2)并应远离震源和噪声等干扰较大的场所
2. 油料化验室建筑要求	(1)建筑面积,应为150~250m² (2)建筑层高宜为3.2~3.5m
3. 化验室配套设置	应按需要配套设置化验操作间、天平室、烟厨间、样品间、试剂间、仪器室、压缩机间、修理间、办公室、资料室等
4. 化验室内各房间的布置应满足右列基本要求	(1)化验操作间 ①宜设前廊 ②化学试验与物理试验间宜分开布置 ③室内采光、通风、照明应良好 ④门窗 a. 应设纱门和纱窗 b. 寒冷或风沙较大的地区,对外门窗应严密,窗上玻璃应采用双层或中空玻璃 ⑤地面应采用水磨石或瓷砖地面 ⑥室内应设化验台及洗涮用的给排水设备 ⑦应设排风设备 (2)烟厨间 ①与物理试验间应毗邻布置 ②烟厨间与其他毗邻房间的隔墙应为防火墙 ③烟厨间的排烟口应避免影响周围环境 ④应设排风设备 (3)天平间 ①宜与化学试验间和物理试验间相邻布置 ②但不应与压缩机间、修理间等有震动的房间邻近布置 ③天平操作台应有防震措施 (4)样品间 ①应避光和通风 ②与其他房间的隔墙应为防火墙 ③应设置单独的对外出入口 ④并符合防爆防火要求 (5)试剂间、仪器室应避光和通风 (6)压缩机间的压缩空气,应用管道送至化验操作间的用气点
5. 化验室供电	(1)应有220V/380V电源 (2)照明用电应与设备等其他用电分开
6. 合建时	化验室与其他用房合建时,化验室应布置在不受其他活动干扰的一侧,并宜采用独立的防火分区和出入口

二、油料化验室的建筑要求

油料化验室,在非商业油库中可分为一、二、三级。不同级别的化验室,其建筑面积、建筑要求及设备配备均有区别,见表1-12-30,仅供参考。

表1-12-30 油料化验室的建筑要求

级 别	建 筑 要 求
1. 一、二级油料化验室的建筑要求	(1)化验操作间。应按油料种类或化验项目分设房间。根据化验项目要求,室内可装通风橱、空调等设施,要求采光、照明、通风好 (2)天平室。房间要避开震源、热源,并尽量设在北面。根据需要室内可装抽湿机和降(升)温设施,墙壁要贴面(或刷涂料),工作台要防震 (3)计量仪器检定室 ①恒温室供小容量仪器检定和恒温操作的化验项目用,室内应安装空调设施 ②温度计检定室可根据检定温度范围分设低温、中温、高温检定室,室内要安装排风设施 ③砝码检定室内要求同天平室,但地面要铺设软垫 ④黏度计、密度计检定室室内要安装空调、排风设施,并有仪器洗涤处 ⑤仪器检定修理室供检定和维修各种秒表、电器仪表用,室内要安装排风设施,地面要铺橡胶板 (4)电化教室。供自学和训练化验人员用,室内采光、照明、通风要好 (5)图书资料室。供存放各种图书、资料、技术档案等用,可根据需要分设房间,室内通风要好 (6)计算机室。室内要防尘,墙壁要贴面(或刷涂料),地面要防潮 (7)库房。供存放各种化验仪器、计量仪器、试剂(药品)、油料样品及仪器配件用。室内要通风、干燥。一般要设化验仪器库房、标准计量仪器库房、试剂(药品)库房和地下室 (8)办公室。供化验人员办公学习用,房间要尽量设在离大门近的位置,室内采光、照明、通风要好 (9)修理间。供修理各种普通仪器用,室内要安装工作台、打孔机、电钻、台钳、砂轮机等 (10)配电间。要设在进出方便的位置,室内要通风、防潮,窗户等通风处要设金属网 (11)洗澡间。供化验人员洗澡用,室内要设喷淋器 (12)另外。化验楼内要有专用的消防设备,符合要求的配电设施,化验楼周围要尽量建围墙,确保安全
2. 三级油料化验室的建筑要求	(1)化验室位置。化验室应建在油库办公区,与明火作业场所的距离不少于30m,如建在作业区,应符合安全规定,并避开震源和噪音较大的场所 (2)化验操作间 ①室内层高不低于3.3m ②水磨石地面 ③双层窗(南方含纱窗) ④采光、照明、通风要好 ⑤设上、下水道,压缩空气管道和取暖设备(北方地区) ⑥电源有380V和220V两种,工作用电和照明用电要分开 ⑦试验台 a. 化学试验台宜为白色瓷砖贴面 b. 物理试验台宜为水磨石台面 ⑧并设烟橱和排风设备 ⑨热区可安装空调设备 (3)天平室 ①房间要设在北面 ②避开震源和热源 ③室内工作台要防震 ④热区可安装空调设备

续表

级别	建筑要求
2. 三级油料化验室的建筑要求	(4)油样 ①室内应避光、通风 ②油样间应符合防爆防火要求 (5)试剂、仪器室。室内应避光、通风 (6)压缩机间、修理间应尽量远离天平室 (7)办公室 ①供化验人员办公学习用 ②应和化验操作间有门隔开 ③室内采光、通风要好

三、油料化验室平面布置举例

(1)油料化验室的平面布置考虑因素,见表 1-12-31。

表 1-12-31　油料化验室的平面布置考虑因素

化验室级别	平面布置考虑因素
(1)一、二级	①应根据化验室担负的工作任务、确定的建筑面积和房间组成 ②所在位置、周围环境、附近已有建筑(构筑)物的形式和层数等因素综合考虑确定 ③一、二级化验室一般应做专门设计
(2)三级	①油库三级化验室的平面布置设计,首先应根据油库性质、储油品种、所担负的任务来确定化验室的建筑面积和应设的房间 ②再根据各房间的关系及当地气候、环境、周围建筑形式来设计平面布置的组合形式

(2)油库化验室的平面布置举例见图 1-12-10,供设计参考。

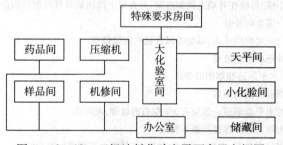

图 1-12-10　三级油料化验室平面布置方框图

第六节　锅炉房设计图表

一、锅炉房位置的选择和建筑要求

锅炉房位置的选择和建筑要求见表 1-12-32。

493

表 1-12-32　锅炉房位置的选择和建筑要求

项　目	内　容
1. 锅炉房位置的选择	(1)位置适当 ①锅炉房的位置既要尽量靠近黏油罐、装卸油站台、修洗桶厂和润滑油更生间等用汽部位 ②又要与油库其他建筑物及设备保持一定的安全距离 ③并宜建在低于供热点的位置便于自流回水 (2)场地够用 ①锅炉房附近有足够的燃料和灰渣堆放场地 ②并且运输方便 (3)水源充足 ①锅炉房附近有足够的水源 ②并且排水方便 (4)注意安全。军用油库的锅炉房宜选在地形隐蔽、便于伪装的地方，缩小对空目标
2. 锅炉房建筑要求	(1)锅炉房面积 ①锅炉房面积一般应包括锅炉操作间、休息室 ②有条件时应考虑储煤库 ③巷道内的燃油锅炉应设油罐间 (2)锅炉房操作间 ①锅炉房操作间的面积应保证烧火与清炉有充分的余地 ②并适当考虑交通及存放少量燃料的需要 ③燃煤锅炉的炉门正面距墙壁不应小于 3m，并设有储煤池 (3)间距要求 ①锅炉与侧墙之间或两锅炉之间的尺寸不应小于 0.7m ②锅炉后部与墙壁之间的距离不应小于 1m ③如有水平烟道时，应按烟道尺寸及烟道位置等具体条件考虑 (4)锅炉房高度。自锅炉上部的主管至屋顶结构底面不应小于 0.7m (5)锅炉房的大门设置要求 ①锅炉房的大门尺寸要根据所选锅炉规格而定 ②门口尺寸不够时，应在外墙上预制过梁，并在梁下留出临时打开洞口的位置 ③锅炉房外门扇要向外开 ④并避免外门正对炉门正面，以免冷风直接吹向燃烧室 ⑤锅炉房门外还应做斜坡道 (6)锅炉房的水平烟道和烟囱的要求 ①锅炉水平烟道应避免逆坡 ②接至烟囱的水平总烟道一般应有 3% 左右的坡度，坡向烟 ③烟道和烟囱施工时要保证严密不漏风 ④烟囱下部须留有 0.6~1.0m 左右的存灰坑(低于水平烟道的底面) ⑤烟道和烟囱应尽量减少局部阻力，转弯和三通等应圆滑平顺，避免死角硬弯 ⑥烟的要求 a. 烟的高度 ⓐ除保证烟气流动的引力需要外 ⓑ还应考虑到目标小 ⓒ环境卫生和防火的要求 b. 烟囱应有良好的避雷接地装置 c. 如有条件，可顺山坡修建，以利隐蔽

二、锅炉的选择

锅炉的选择见表 1-12-33，油库常用锅炉推荐见表 1-12-34。

表 1-12-33 锅炉的选择

项目	内容
1. 锅炉的选择原则	(1)热负荷量选择。油库中一般选用小型锅炉。在选用锅炉时，应先计算油库所需的最大热负荷量。所选用锅炉的蒸发量应当等于或稍大于最大热负荷量 (2)台数选择 ①由于油库的热负荷量随季节和作业情况而不同，因此选用锅炉时宜选用两台同型号同规格的锅炉。两台锅炉的蒸发量总和应等于或稍大于油库最大热负荷量，这样既能满足最大热负荷量的要求（两台锅炉同时使用），也满足了一般要求（不是最冷季节或最大作业量时可烧一台锅炉） ②因为燃油锅炉可调节燃烧器负荷的大小，所以选用一台亦可 (3)环保要求选择 ①锅炉选择应符合所在城镇或地区的环保要求 ②有的大城市要求只允许使用燃油锅炉，不允许选用燃煤锅炉 (4)形式选择 ①锅炉的形式应根据需要的蒸发量和工作压力选择 ②并选择参数适当、性能良好、效率高、耗燃料少、体积小的锅炉
2. 锅炉的选型参考	(1)通常选择。蒸汽锅炉是油库蒸汽热源的产生设备，通常设置 (2)蒸汽锅炉类型较多 ①按燃料分有 a. 燃煤型锅炉 b. 燃气型锅炉 c. 燃油型锅炉等 ②按结构形式分有 a. 立式 b. 卧式 (3)油库常选择。目前油库以使用燃煤型锅炉为主，表 1-12-34 列举了几种油库常用的燃煤型锅炉的主要技术数据，供参考。

表 1-12-34 油库常用锅炉推荐

规格	卧式快装手烧炉		卧式快装条炉链				
型号	KZG0.2-5	KZG0.5-8	KZL0.5-8	KZL1-8	KZL2-8	KZL2-13	KZL4-13
蒸发量/(t/h)	0.2	0.5	0.5	1	2	2	4
工作压力/MPa	0.49	0.78	0.78	0.78	0.78	1.27	1.27
工作压力/(kg/cm^2)	5	8	8	8	8	13	13
蒸发温度/℃	158	174	174	174	174	194	194
传热面积/m^2	12	20	19.2	31.7	56.4	56.2	103
省煤器传热面积/m^2	—	—	—	—	—	13.8	27.8
炉排有效面积/m^2	0.45	0.88	1.09	2	3	—	4.55
炉膛容积/m^2	—	—	2.28	—	4	4.35	8.24
设计热效率/%	—	70	69	74	76	75	80
外形尺寸（长×宽×高）/m	2.4×1.5×2.3	3.1×1.8×2.4	4.5×2×3.8	5.4×2×2.6	5.5×2.5×4.5	7×3×4.4	7×4.9×4.8
锅炉金属重量/t	2.3	4.2	8.5	10.3	13.7	16.4	20.2

第七节 桶装油品库房设计数据图表

一、桶装油品库房大小的确定

(1)在耐火等级为Ⅰ、Ⅱ级的建筑物内,易燃、可燃油品的允许储量可参考表1-12-35。

表1-12-35 耐火等级Ⅰ、Ⅱ级建筑物内易燃、可燃油品的允许储量参考

序号	储存方式	允许储量/m³	
		易燃油	可燃油
1	桶装油品储存在不燃的墙、顶房内,有直接向外出口,且与相邻房隔开	20	100
2	桶装油品储存在丁级、戊级生产的建筑物内不隔成专门房间的	0.1	0.5
3	储罐设在用不燃的墙、顶盖与其相邻的房隔开,且设直接向外出口的地上房间内	30	150
4	储罐设在半地下或地下室内	不允许	300
5	储罐设在丁级、戊级生产的建筑物内,安置在不燃的支柱、托架、平台上	1	5

(2)桶装库房面积确定参考计算见表1-12-36。

表1-12-36 桶装库房面积确定参考计算

计算公式	符号	符号含义				单位
$F=Q/n\gamma HK\alpha$ 或 $F=QD^2/n\gamma Vh\alpha$	F	桶装库房使用面积				m²
	Q	桶装库房容量,《石油库设计规范》要求	重桶的堆放量宜为3d的灌装量 空桶的堆放量宜为1d的灌装量			t
	n	油桶堆放层数(设计一般按一层考虑)				
	γ	油品的密度				t/m³
	H	油桶的高度				m
$F=Q/n\gamma HK\alpha$ 或 $F=QD^2/n\gamma Vh\alpha$	α	库房容积的利用系数。主要根据通道宽度而定				
		取值	一般通道宽为2~3m	可取$\alpha=0.3~0.4$	大中型油库 取$\alpha=0.3~0.36$	
			辅助道宽为1m时		小型油库 取$\alpha=0.45~0.5$	
	D	油桶的最大外径				m
	V	油桶的容积				m³
	K	库房容积充满系数(即油桶圆柱体的体积与油桶所占其六面长立方体的空间体积之比)				
		K值见下表				
	h	油桶容积的充实系数(油桶在库房内为立放的)				
		h值见下表				
		油桶容积的充满(实)系数K、h值				

496

续表

计算公式	符 号		符号含义		单 位
焊接铁桶			衔接铁桶		
桶容积/L	K	h	桶容积/L	K	h
100	0.571	0.96	100	0.635	0.96
200	0.600		200	0.612	
			275	0.647	

(3)桶装油品库房容量与使用面积关系见表1-12-37。

表1-12-37 桶装油品库房容量与使用面积关系

桶装库容量/t	桶装库面积/m²			油桶数量/个			桶装库容量/t	桶装库面积/m²			油桶数量/个		
	汽油	煤油	润滑油	汽油	煤油	润滑油		汽油	煤油	润滑油	汽油	煤油	润滑油
1	6.01	5.26	4.72	7.19	6.29	5.65	55	330	289	260	395	346	311
5	30	26	24	36	31	28	60	360	316	283	431	377	339
10	60	53	47	72	63	57	65	390	342	307	467	409	368
15	90	79	71	108	94	85	70	420	368	330	503	440	396
20	120	105	94	114	126	113	75	450	395	354	539	472	424
25	150	132	118	180	157	141	80	480	421	378	575	503	452
30	180	158	142	216	189	170	85	510	447	401	611	535	481
35	210	184	165	252	220	198	90	540	474	425	647	566	509
40	240	210	189	288	252	226	95	570	500	448	683	598	537
45	270	237	212	323	283	254	100	600	526	472	719	629	565
50	300	263	236	359	315	283							

注:本表系按200L焊接铁桶计算的,表中所列面积为最小值。

二、桶装油品库房(棚)的建筑要求

(一)《石油库设计规范》GB 50074中的有关规定

空桶可露天堆放。重桶应堆放在库房(棚)内,重桶库房的设计应符合表1-12-38要求。

表1-12-38 重桶库房的设计要求

项 目	设 计 要 求
1. 设防火墙	当甲、乙类油品重桶与丙类油品重桶储存在同一栋库房内时,两者之间应设防火墙
2. 建筑形式	甲、乙类油品的重桶库房,不得建地下或半地下式(空桶可露天堆放)
3. 建筑层数	(1)重桶库房应为单层建筑 (2)当丙类油品的重桶库房采用二级耐火等级时,可为双层建筑
4. 大门设置要求	(1)油品重桶库房应设外开门 (2)丙类油品重桶库房,可在墙外侧设推拉门 (3)建筑面积大于或等于100m²的重桶堆放间,门的数量不应少于两个,门宽不应小于2m (4)门槛设置要求 ①应设置斜坡式门槛 ②门槛应选用非燃烧材料 ③且应高出室内地坪0.15m

续表

项 目	设 计 要 求			
5. 重桶库房的单栋建筑面积要求	重桶库房的单栋建筑面积不应大于下表的规定			
	油品类别	耐火等级	建筑面积/m²	防火墙隔间面积/m²
	甲	二级	750	250
	乙	二级	2000	500
		三级	500	250
	丙	二级	4000	1000
		三级	1200	400
6. 重桶库净空高度	(1)单层的重桶库房净空高度不得小于3.5m (2)油桶多层堆码时,最上层距屋顶构件的净距不得小于1m			
7. 通道宽度及间距	(1)运输油桶的主要通道宽度,不应小于1.8m;桶垛之间的辅助通道宽度,不应小于1.0m (2)桶垛与墙柱之间的距离,应为0.25~0.5m			
8. 桶装库重桶堆码、层高要求	(1)空桶。空桶宜卧式堆码。堆码层数宜为3层,且不得超过6层 (2)重桶。重桶应立式堆码 ①机械堆码时 　a. 甲类油品不得超过2层 　b. 乙类和丙A类油品不得超过3层 　c. 丙B类油品不得超过4层 ②人工堆码时各类油品均不得超过2层			

（二）"油库设计其他相关规范"的规定

"油库设计其他相关规范"的规定见表1-12-39。

表1-12-39　"油库设计其他相关规范"的规定

项 目	规 定			
1. 建筑形式	(1)油库的桶装油品库房宜为地上单层建筑 (2)特殊情况下,丙类油品重桶可采用地下或半地下库房储存,但应符合下表的规定			
2. 桶装油品库房的耐火等级及其每栋最大允许建筑面积和防火分区面积表如下				
	油品类别	耐火等级	最大允许建筑面积/m²	防火分区面积/m²
	甲	一、二级	750	250
	乙	一、二级	2 000	500
	丙	一、二级	2 000	1 000
		三级	1 200	400
表注	(1)当丙类油品重桶采用地下或半地下库房存放时,其建筑面积不应大于450m²,防火分区面积不应大于150m² (2)在同一栋库房(间)内,如储存两种或两种以上的火灾危险性不同的油品时,库房最大允许建筑面积及其防火分区面积,应按存放火灾危险性高的油品确定			
3. 净空高度要求	(1)桶装油品库房(棚)的净空高度,不应低于3.5m (2)并使最上层油桶与屋顶构件或吊装设备的净空高度不小于1.0m			

续表

项　目	规　定
4. 大门要求	(1) 建筑面积大于 100 m² 的重桶存放间,门的数量不得少于 2 个 (2) 并应满足搬运设备的进出要求
5. 重桶堆码规定	重桶应立式堆码 (1) 甲、乙类油品重桶不应超过两层 (2) 丙类油品重桶不应超过三层
6. 通道宽度要求	(1) 运输油桶的主要通道宽度不应小于 1.8m (2) 桶垛之间的辅助通道宽度不应小于 1.0m
7. 间距要求	桶垛与墙柱之间的距离不宜小于 0.5m

第八节　灌桶间设计数据图表

一、《石油库设计规范》GB 50074 中的有关规定

《石油库设计规范》GB 50074 中的有关规定,见表 1-12-40。

表 1-12-40　《石油库设计规范》GB 50074 中的有关规定

项　目	规　定
1. 油桶灌装设施组成	油桶灌装设施主要由灌装油罐、灌装油泵房、灌桶间、计量室、空桶堆放场、重桶库房(棚)、油桶装卸车站台以及必要的辅助生产设施和行政、生活设施组成,设计可根据需要设置
2. 油桶灌装设施平面布置	(1) 空桶堆放场、重桶库房(棚)的布置,应避免油桶搬运作业交叉进行和往返运输 (2) 灌装油罐、灌桶操作、收发油桶等场地应分区布置,且应方便操作、互不干扰
3. 油泵房、灌桶间、重桶库房	灌装油泵房、灌桶间、重桶库房可合并设在同一建筑物内
4. 防火墙设置	(1) 对于甲、乙类油品,油泵与灌油栓之间应设防火墙 (2) 甲、乙类油品的灌桶间与重桶库房之间应设无门、窗、孔洞的防火墙
5. 辅助设施	油桶灌装设施的辅助生产和行政、生活设施,可与邻近车间联合设置
6. 油桶灌装方式	(1) 油桶灌装宜采用泵送灌装方式 (2) 有地形高差可供利用时,宜采用油罐直接自流灌装方式
7. 油桶灌装场所设计	(1) 甲、乙、丙 A 类油品宜在灌油棚(亭)内灌装,并可在同一座灌油棚(亭)内灌装 (2) 润滑油宜在室内灌装,其灌桶间宜单独设置
8. 灌装 200L 油桶的时间	(1) 甲、乙、丙 A 类油品宜为 1min (2) 润滑油宜为 3min (3) 灌油枪出口流速不得大于 4.5m/s

二、油桶规格及灌装定量

1. 油桶规格见表 1-12-41 和表 1-12-42。

表 1-12-41 200L、100L 油桶规格

油桶种类	理论容量/L	主要尺寸/mm		桶净重/kg	主要附件	一节 30t 火车装载量
		高	外径			
200L 油桶	208	880	614	桶板厚 1.25mm 的约 24	$d2^{in}$ 桶塞	300 个
	213	900	614	桶板厚 1.5mm 的约 29	$d3/4^{in}$ 桶塞	
200L 滑脂桶	208	880	614	桶板厚 1.25mm 的约 25		280 个
	213	900	614	桶板厚 1.5mm 的约 30		
100L 油桶	105	680	495	桶板厚 1.25mm 的约 15	$d2^{in}$ 桶塞	500 个
				桶板厚 1.5mm 的约 18	$d3/4^{in}$ 桶塞	
100L 滑脂桶	105	680	495	桶板厚 1.25mm 的约 15.5		500 个
				桶板厚 1.5mm 的约 18.5		

表 1-12-42 30L 扁桶规格

项 目	单 位	规 格
公称容量	L	30
理论容量	L	30.2±1
铁皮厚度	mm	0.8
桶的高度	mm	429±1
桶的宽度	mm	416±1
桶的厚度	mm	206±1

2. 油桶灌装定量,见表 1-12-43。

表 1-12-43 油桶灌装定量

油品名称	200L 桶		30L 扁桶	19L 方桶
	夏季	冬季		
汽油	138	140	21	13
120 号溶剂油	136	138	20	12
200 号溶剂油	140	142	21	13
用煤油	158		24	15
轻柴油	160		24	15
重柴油	165		25	16
工业汽油	140	142	21	13
轻质润滑油	165		25	16
中质润滑油	170		26	17
重质润滑油	175		26	17
皂化油	175		26	17
刹车油	165		25	16
润滑脂	180		~	18
凡士林	180		~	18

注:①轻质润滑油包括仪表油、变压器油、冷冻机油、专用锭子油、电容器油、5 号、7 号机械油、稠化机油、软麻油等
②重质润滑油包括 100℃时运动黏度为 20mm²/s 以上的润滑油,如汽缸油、齿轮油等。
③中质润滑油指除上述两类油以外的油料。

三、灌桶方法及设备

(一)灌桶方法及设备见表1-12-44。

表1-12-44 灌桶方法及设备

项 目	内 容			
方法及适用	灌装油品的方法有质量法和容量法两种。质量法适用于灌装黏油;容量法适用于灌装轻油			
质量法介绍	(1)它采用普通转心阀(直径一般为32mm)来灌装油品 (2)一个灌油栓与几根平行的灌桶集油管相连,使几种油品共用同一灌油栓 (3)但有特殊质量要求的油品,如含铅汽油、航空油料或高级润滑油等,必须设专用灌油栓,不得与其他油品共用			
容量法灌桶设备介绍	(1)灌桶设备	容量法灌桶主要利用	标准计量罐或流量表两种设备	由于利用标准计量罐进行计量灌桶速度慢,操作也不方便,所以,已逐渐被流量表代替
	(2)流量表	①优点	利用流量表灌桶具有迅速轻便等优点,并且易于自动控制,目前已得到广泛的推广	
		②常用	最常用的是涡轮流量计等	
		③检修	为了便于检修,流量计应接旁通管	
		④保护	为了保护流量计,在流量计前面应装过滤器	
		⑤准确	为了计量准确,流量表前面的输油管上应装设油气分离器	
	(3)电子定量灌油装置 ①概况。电子定量灌装是目前国内较成功的一种自动控制的灌桶方法。这种方法是利用电子仪表和腰轮流量计等对灌桶作业进行自动控制 ②组成。电子定量灌油装置由涡轮流量变送器(称为一次仪表)和电子定量灌装设备(称为二次仪表)组成,统称"电子定量灌装仪" ③原理。由灌装罐来油经手动闸阀、滤油器进入流量变送器,并通过它把流量转换成电脉冲信号,送给电子定量灌装设备 ④功能。该设备可以测量流体瞬时流量,也能累积总值,并能实施定量控制 ⑤设备 ⓐ稳压元件 a. 包括倍数段、整流段、变送器前直管段和后直管段 b. 其作用是使油品在变送器前后的流线和流态稳定,以提高计量的准确性。倍数段和整流段的长度均应大于或等于2倍管径。变送器前直管段应大于或等于10倍管径;后直管段的长度应大于或等于5倍管径 ⓑ二次表 a. 与一次表配合使用,其作用是将一次表发出的电脉冲信号积算或转换为体积流量数 b. 该表可灌装汽车罐车或灌桶。灌桶时,在仪表上定好每桶容积和需装桶的数量后,可以自动定量灌桶			
专用设备	(1)移动式手动灌油栓。它和流量计联合应用时,就可在火车棚车和汽车上直接向空桶灌油,避免了搬运重桶的繁重劳动 (2)输桶器种类见如下表			

滚筒数	5	6	7	8	10	13	15
排架长度/mm	480	580	680	780	980	1280	1380

(二)灌桶设备示意及技术革新

(1)质量法灌桶示意及技术革新。

图1-12-11为质量法灌桶示意图,如果在磅秤上加装一些简单的附件,(见图1-12-12)即可自动控制灌油。它是利用绳子来操纵转心阀开关的。当油品灌装到预定质量时,秤杆翘起碰到小杠杆1,小杠杆使销子2脱落,此时装在转心阀上的重锤3在重力作用下降落,使转子旋转到关闭位置上,油品即停止流出。

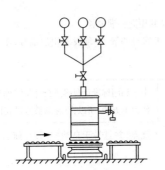 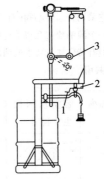

图1-12-11 质量法灌桶示意图　　图1-12-12 质量法灌桶自动控制装置

(2)油气分离器结构示意,见图1-12-13。

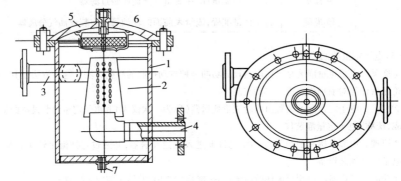

图1-12-13 油气分离器

1—壳体;2—过滤器;3—入口管;4—出口管;5—带有浮标的放气阀门;6—上顶盖;7—排污塞子

(3)"电子定量灌装仪"其系统如图1-12-14所示。

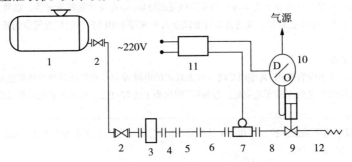

图1-12-14 电子定量灌油系统图

1—灌装罐;2—手动闸阀;3—滤油器;4—倍数段;5—整流器;6—直管段;7—流量变送器;8—直管段;9—气动闸阀;10—电气转换器;11—电子定量灌装设备;12—胶管(灌桶用)

(4)灌桶其他专用设备

①移动式手动灌油栓如图1-12-15所示。

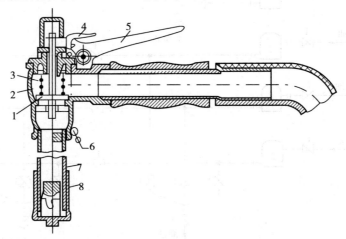

图1-12-15 移动式手动灌油栓
1—阀;2—栓体;3—弹簧;4—掣子;5—手柄;6—链条;7—灌油管;8—防空帽

②输桶器结构如图1-12-16所示。

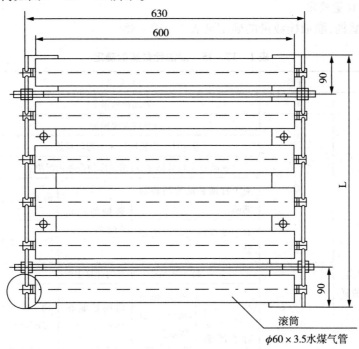

图1-12-16 输桶器

四、灌桶流程及灌油栓数量确定

(一)灌桶流程

灌桶间内的流程如图1-12-17所示。如果使用计量表计量,应在此流程的油气分离器后、转心阀前装设流量计。

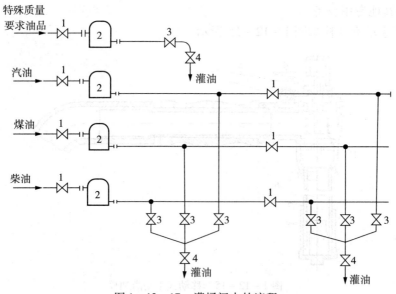

图 1-12-17 灌桶间内的流程
1—闸阀；2—油气分离器；3—球形阀；4—转心阀

(二)灌油栓数量确定

对于重量法灌桶,灌油栓数量的确定见表 1-12-45。

表 1-12-45 灌油栓数量的确定

计算公式	符号	符号含义			单位
$n=Q/qKT\rho$ 注:决定灌油栓数量时,还应适当考虑日后的桶装业务的发展情况	n	灌油栓数量			个
	Q	每日最大灌桶量			t/d
		$Q=$ 日平均装桶量 × 不均匀系数			
		油品日平均装桶量,可按油库的业务情况决定			
		对于有桶装油库周转的油品	装桶的不均匀系数	取 1.1~1.2	
		对于没有桶装油库的油品		取 1.5~1.8	
	q	每个灌油栓每小时的计算生产率			m³/h
		对于灌装 200L 桶	汽油、煤油和轻柴油等油品	时间控制在 1min	流量为 12m³/h	较合适
			润滑油油桶	时间应适当延长,规定为 3min	流量为 4m³/h	比较适宜
	K	灌油栓的利用系数,一般取 $K=0.5$			
	T	灌油栓每日工作时间			h
	ρ	灌装油品的密度			t/m³

五、灌桶间的建筑要求

灌桶间的建筑要求,见表1-12-46。

表1-12-46 灌桶间的建筑要求

项目	建筑要求		
1. 房间设置	(1)润滑油、含铅汽油灌桶间应单独设置 (2)不含铅汽油和煤油、柴油可同设一栋灌桶间 (3)润滑油或含铅汽油与汽、煤、柴油同一栋灌桶间灌桶时,应采用防火墙隔开		
2. 润滑油	(1)润滑油灌桶一般宜在室内 (2)润滑油高架罐可以设在润滑油灌桶间上部		
3. 油泵设置	(1)灌桶用油泵可与灌桶间设在同一栋建筑物内 (2)对于甲、乙类油品,应在油泵和灌油栓之间设防火隔墙		
4. 合建问题	重桶堆放间可与灌桶间设在同一建筑物内,但必须设隔墙		
5. 耐火等级	(1)灌装甲、乙类轻质油品 (2)灌装其余油品	灌桶间耐火等级	不得低于二级 不低于三级
6. 地面	(1)灌桶间一般采用素混凝土地坪 (2)地面应设坡度坡向集油沟及集油井		
7. 采光面积	灌桶间窗户采光面积与地坪面积之比应不小于1:6		
8. 大门设置	(1)灌桶间的门应外开 (2)高宽尺寸不小于2×2.1m		
9. 暖气与通风	(1)灌桶间应装自然通风或机械通风设备 (2)每小时换气次数应不小于8~12次 (3)室内禁止采用明火取暖		
10. 长、宽、高确定	(1)长 ①长度根据灌油栓的数量决定 ②每个灌油栓所占宽度应不小于一辆汽车的宽度 (2)宽度 ①灌桶间的宽度一般取5~6m ②若用流量表在靠近灌桶间外站台旁停的汽车上的油桶直接灌桶时,灌桶间的宽度可取3m左右 (3)净高为3.3~3.5m		
11. 建筑面积	每个灌油栓所需的建筑面积约为12m²		

六、灌桶间的室内布置举例

(一)灌桶间室内布置举例一

例一是灌桶间常布置的方式。空桶重桶分别前面进后面出或后面进前面出,灌桶总管横穿灌桶间的中央,下面装设灌油栓。图1-12-18是这种布置的一个示例。不同油品的灌油管分布在不同的区域并相互连通,平时用阀门相隔,专栓专用。如遇业务变化,可打开中间分段阀,可换栓代灌其他油品。

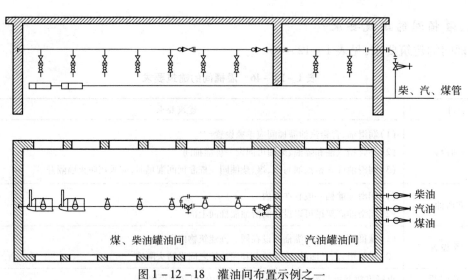

图 1-12-18 灌油间布置示例之一

(二)灌桶间室内布置举例二

例二如图 1-12-19 所示,布置特点及参数见表 1-12-47。

表 1-12-47 布置特点及参数

1. 特 点	是灌桶间另一种布置形式示例,每个灌油栓都与几种油品的灌油总管接通,这种布置可节省灌桶间面积和减少灌油栓数目
2. 布置参数及方法	(1)灌油栓的相互距离应为2m (2)灌油栓上的阀门装在高1~1.5m处以便操作 (3)灌油总管横穿灌桶间中部时应离地2m以上,以不妨碍操作人员通过 (4)采用重量法时,磅秤应设在地槽中,磅秤面应与辊床面保持水平,以便于桶的推上和推下 (5)用流量表进行计量灌时,灌桶间流程更加简单,在流量表后面管路上接软管和移动式手动灌油栓,可利用它直接向汽车上的空油桶灌油 (6)灌桶间有1.1m高的汽车停靠站台,工作人员可拿着移动式灌油栓从站台直接走上汽车对油桶灌油

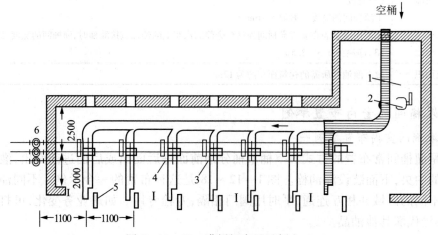

图 1-12-19 灌桶间布置示例之二
1—辊床;2—空桶过秤;3—磅称;4—灌油管道;5—卧倒器(软垫,用以放倒空桶);6—油气分离器

(三) 灌桶间室内布置举例三

例三见图 1-12-20，它是灌桶间室内布置较完整的设计图例，表示出建筑平面和立面，工艺管道和设备布置及支吊架，可供设计参考。

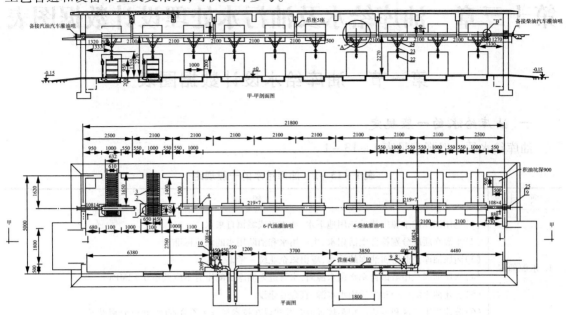

图 1-12-20　灌桶间室内布置举例之三

第十三章 油库给水及油污水处理设计数据图表

第一节 油库给水设计数据图表

一、油库给水的一般规定

油库给水的一般规定见表1-13-1。

表1-13-1 油库给水的一般规定

项 目	规 定
1. 水源确定	(1) 选用油库的水源应就近选用地下水、地表水或城镇自来水 (2) 水源水质应分别符合生活用水、生产用水和消防用水的水质标准 (3) 附属油库企业附属油库的给水，应由该企业统一考虑 (4) 水压油库选用城镇自来水做水源时，水管进入油库处的压力不应低于0.12MPa (5) 合建油库的生产和生活用水水源，宜合并建设 (6) 分建当生产区和生活区相距较远或合并建设在技术经济上不合理时，亦可分别设置。
2. 油库的水源工程供水量的确定	(1) 生产生活合用水量油库的生产用水量和生活用水量(由油库供水的附属居民区的生活用水，宜按当地用水定额计算)应按最大小时用水量计算 (2) 生产用水油库的生产用水量应根据生产过程和用水设备确定 (3) 生活用水标准、用水时间及变化系数 ①生活用水 a. 宜按25~35L/(人·班) b. 用水时间为8h c. 时间变化系数为2.5~3.0 ②洗浴用水 a. 宜按40~60L/(人·班) b. 用水时间为1h计算 (4) 合用水时，水源工程的供水量 ①消防、生产及生活用水采用同一水源时 a. 应按最大消防用水量的1.2倍计算确定 b. 如采用消防水池时，应按消防水池的补充水量、生产及生活用水量总和的1.2倍计算确定 ②当消防与生产采用同一水源，生活用水采用另一水源时 a. 消防与生产用水的水源工程的供水量应按最大消防用水量的1.2倍计算确定 b. 采用消防水池时，应按消防水池的补充水量与生产用水量总和的1.2倍计算确定 c. 生活用水水源工程的供水量应按生活用水量的1.2倍计算确定 (5) 消防用水采用单独水源、生产与生活用水合用另一水源时 ①消防用水水源工程的供水量，应按最大消防用水量的1.2倍计算确定 ②设消防水池时，应按消防水池补充水量的1.2倍计算确定 ③生产与生活用水水源工程的供水量，应按生产用水量与生活用水量之和的1.2倍计算确定

二、油库用水水质标准

(一)地面水水质标准

(1)地表水水质标准见 GB3838《地表水环境质量标准》。

(2)地面水的水质要求见表 1-13-2。

表 1-13-2 地面水的水质卫生要求

编号	指标项目	卫生要求
(1)	悬浮物	含有大量悬浮物质的工业废水不得直接排入地面水体
(2)	色、臭、味	不得呈现工业废水和生活污水所特有的颜色、异臭或异味
(3)	漂浮物质	水面上不得出现较明显的油膜和浮沫
(4)	pH 值	6.5~8.5
(5)	生化需氧量(5 日 20℃)	不超过 3~4mg/L
(6)	溶解氧	不低于 4mg/L(东北地区、渔业水体应不低于 5mg/L)
(7)	有害物质	不超过《地面水中有害物质的最高容许浓度》的规定
(8)	病原体	含有病原体的工业废水和医院污水,必须经过处理和严格消毒,彻底消灭病原体后方准排入地面水体

(3)地面水中有害物质最高允许浓度见表 1-13-3。

表 1-13-3 地面水中有害物质的最高允许浓度表　　　　mg/L

编号	物质名称	最高容许浓度	编号	物质名称	最高容许浓度
1	乙腈	5.00	16	四乙基铅	不得检出
2	乙醛	0.05	17	四氯苯	0.02
3	二硫化碳	2.0	18	石油(包括煤油、汽油)	0.3
4	二硝基苯	0.5	19	甲基对硫磷	0.02
5	二硝基氯苯	0.5	20	甲醛	0.5
6	二氯苯	0.02	21	丙烯腈	2.0
7	丁基黄原酸盐	0.005	22	丙烯醛	0.1
8	三氯苯	0.02	23	对硫磷(E605)	0.003
9	三硝基甲苯(TNT)	0.5	24	乐戈(乐果)	0.08
10	马拉硫磷(4049)	0.25	25	异丙苯	0.25
11	己内先胺	按地面水中生化需氧量计算	26	汞	0.001
12	六六六	0.02	27	吡啶	0.2
13	六氯苯	0.05	28	钒	0.1
14	内吸磷(E059)	0.03	29	松节油	0.2
15	水合肼	0.01	30	苯	2.5

(二)锅炉的水质标准

(1)燃用固体燃料的水管锅炉和水火管组合锅炉及燃油和燃气的水质标准,见表 1-13-4。

表 1-13-4 锅炉水质标准

项目		给水			锅炉水		
工作压力	kPa	≤98×10⁴①	>98×10⁴ ≤156.8×10⁴	>156.8×10⁴ ≤254×10⁴	≤98×10⁴①	>98×10⁴ ≤156.8×10⁴	>156.8×10⁴ ≤254×10⁴
	kgf/cm²	≤10	>10 ≤16	>16 ≤25	≤10	>10 ≤16	>16 ≤25
悬浮物/(mg/L)		≤5	≤5	≤5			
总硬度/(mmol/L)		≤0.015	≤0.015	≤0.015			
总碱度/(mmol/L)	无过热器				≤11	≤10	≤7
	有过热器					≤7	≤6
pH (25℃)		≥7	≥7	≥7	10~12	10~12	10~12
含油量/(mg/L)		≤2	≤2	≤2			
溶解氧②/(mg/L)		≤0.1	≤0.1	≤0.05			
溶解固形物/(mg/L)	无过热器				<4000	<3500	<3000
	有过热器					<3000	<2500
PO_4^{-3}/(mg/L)					③10~30	10~30	10~30
SO_3^{-2}/(mg/L)					10~40	10~40	10~40
相对碱度 游离NaOH/溶解固形物					<0.2	<0.2	<0.2

注：①当锅炉额定蒸发量不大于2t/h，采用锅内加药处理时，锅水溶解固形物应小于4000 mg/L。
②当锅炉额定蒸发量大于2t/h时，均要除氧；额定蒸发量不大于2t/h的锅炉，应尽量除氧和注意防腐。对于供汽轮机用汽的锅炉，给水含氧量均应不大于0.05mg/L。若采用化学除氧时，则应监测锅炉水的亚硫酸根含量。
③仅用于供汽轮机用汽的锅炉。

(2) 热水锅炉水质标准见表 1-13-5。

表 1-13-5 热水锅炉水质标准

项目	供水温度			
	≤95℃，或采用锅内加药处理		>95℃，或采用锅外化学处理	
	补给水	循环水	补给水	循环水
悬浮物/(mg/L)	≤20		≤5	
总硬度/(mmol/L)	≤1.75		≤0.3	
pH (25℃时)	≥7	10~12	≥7	8.5~10
溶解氧/(mg/L)	≤0.1	≤0.1		
含油量/(mg/L)			≤2	≤2

(三) 化验室用水水质标准

化验室用水水质标准见表 1-13-6。

表 1-13-6 化验室用水水质标准

名 称	一级	二级	三级
外 观	无色透明		
pH 值范围(25℃)	—	—	5.0~7.5
电导率(25℃)/(μs/cm)	0.1	1.0	5.0
可氧化物质的限度试验	—	符合	符合
吸光度(254mm,1cm 光程)	>0.001	>0.01	—
二氧化硅/(mg/L)	<0.02	<0.05	

三、油库用水量估算

(一)油库用水量估算,见表 1-13-7。

表 1-13-7 油库用水量估算

	计算公式	符号	符号含义		单位
1. 油库每日最高用水量估算公式	$Q_日 = (Q_{生活} + Q_{生产} + Q_{洒} + Q_{消防} + Q_{其他})K_日$	$Q_日$	油库每日最高用水量		m³/日
		$Q_{生活}$	生活每日最高用水量		m³/日
		$Q_{生产}$	生产每日最高用水量		m³/日
		$Q_{洒}$	浇洒道路、绿地最高日用水量	再分别乘以道路、绿地总面积和每天浇洒次数	m³/日
			浇洒道路场地一般为 2.0~3.0L/m²		
			浇绿地用水一般为 1.0~3.0 L/m²		
		$Q_{消防}$	消防日用水量		m³/日
		$Q_{其他}$	冲洗汽车等其他日最高用水量,参见表 1-13-10		m³/日
		$K_日$	未预见用水量的设计系数(含漏失水量),一般取 $K_日$ = 1.1~1.15		m³/日
2. 最高小时用水量计算公式	$Q_h = \dfrac{Q_日}{T} K_A$	Q_h	每小时最大用水量(选水泵时需用这数据)		m³/h
		$Q_日$	每日最高用水量,由上式计算		m³/日
		T	每天或最大班使用时间		h/日 或 h/班
		K_A	小时变化系数,可查表 1-13-8		

(二)油库用水量参考标准

油库用水量参考标准见表 1-13-8~表 1-13-10。

表 1-13-8 住宅生活用水量标准及小时变化系数

给水卫生器具完善程度	用水量标准/(L/人·日)	小时变化系数 K_h
设有给水排水卫生器具,但无沐浴设备	85~150	3.0~2.5
设有给水排水卫生器具,并有沐浴设备	130~300	2.8~2.3
设有给水排水卫生器具并有沐浴设备和集中热水供应	180~320	2.5~2.0
仅设有给水龙头	40~90	2.5~2.2

表 1-13-9　工业企业建筑淋浴用水量标准

级别	车间卫生特征			用水量/(L/人·班)	每个淋浴器使用人数
	有毒物质	生产粉尘	其他		
1级	极易经皮肤吸收引起中毒的剧毒物质（如有机磷、三硝基甲苯、四乙基铅等）		处理传染性材料，动物原料（如：皮毛、肉类、骨加工、生物制品等）	60	3~4
2级	易经皮肤吸收或有恶臭物质，或高毒物质（如：丙稀腈、吡啶、苯酚等）	严重污染全身或对皮肤有刺激性的粉尘（如：炭黑、玻璃棉等）	高温作业，井下作业	60	5~8
3级	其他毒物	一般粉尘（如棉尘）	重作业	40	9~12
4级	不接触有毒物质或粉尘、不污染或轻度污染身体（如：仪表、机械加工、金属冷加工等）			40	13~14

表 1-13-10　冲洗汽车用水量标准

汽车种类	冲洗水量（L/辆·次）			
	软管冲洗	高压水管冲洗	循环用水冲洗	抹车
小型车	200~300	40~60	20~30	10~15
大型车	400~500	80~120	40~60	15~30

(三)水塔或高位水池容积确定

水塔或高位水池容积确定参考表 1-13-11。

表 1-13-11　水塔或高位水池容积确定参考

最大日用水量 $Q_日$/(m^3/日)	塔(池)容积/m^3
$Q_日 \leq 100$	50~75
$100 < Q_日 \leq 300$	100~150
$300 < Q_日 \leq 1000$	200~300
$1000 < Q_日 \leq 2000$	300~500
$Q_日 > 2000$	>500

注：表中未含消防用水。消防用水及事故用水池可与喷淋水池、水景池或游泳池等合用。但须保证冬季池水不结冻

四、油库水源及供水系统

(一)油库水源及供水系统图

油库水源及供水系统见图 1-13-1。

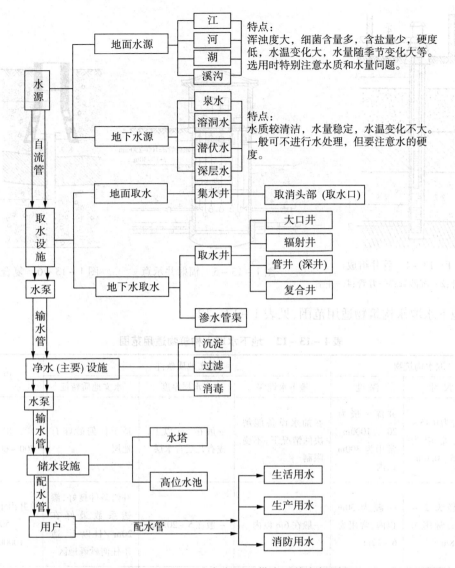

图 1-13-1 油库水源及供水系统方框图

(二)地下水取水构筑物及适用范围

1. 地下水取水构筑物示意图,见图 1-13-2～图 1-13-6。

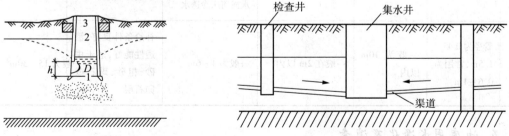

图 1-13-2 大口井构造示意
1—进水部分;2—井筒;3—井头

图 1-13-3 检查井与集水井的位置

513

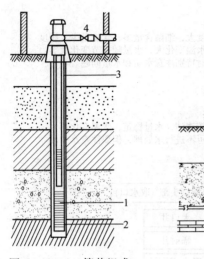
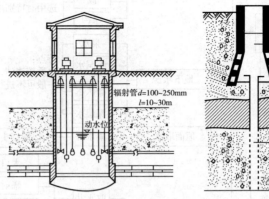

图 1-13-4 管井组成
1—滤水管;2—沉沙管;3—井管;4—井室

图 1-13-5 辐射井示意

图 1-13-6 复合井示意

2. 地下水取水构筑物适用范围,见表 1-13-12。

表 1-13-12 地下水取水构筑物适用范围

取水构筑物			水文地质条件			出水量
型式	尺寸	深度	地下水埋深	含水层厚度	水文地质特征	
管井	井径为 0.15~1m,常用为 0.15~0.6m	井深一般为 20~1000m,常用为 300m 以内	在抽水设备能解决的情况下,不受限制	一般在 5m 以上,或有几层含水层	适于任何砂卵石地层	单井出水量一般 500~6000m³/日
大口井	井径为 2~12m,常用为 4~8m	一般为 30m 以内,常用为 6~12m	一般在 6m 以内	一般在 5~20m	补给条件良好,渗透系数最好在 20m³/日以上,适于任何砂砾地区	单井出水量一般为 500~10000m³/日
辐射井	同大口井	同大口井	同大口井	同大口井,能有效地开采水量丰盈、含水层较薄的地下水或河床渗透水	补给条件良好,含水层最好为中粗砂或砾石层	单井出水量一般为 5000~50000m³/日
渗渠	管径为 0.45~1.5m,常用为 0.6~1m	一般为 10m 以内	一般在 2m 以内	一般 4~6m	补给条件良好,渗透性能好,适于中砂、粗砂、砾石或卵石层	一般为 15~30m³/(日·m)

五、油库用水净化及消毒

(1)净水工艺流程选择参考表 1-13-13。

表 1-13-13 净水工艺流程选择参考

净水水质	净水工艺流程	适用条件
(1)生活用水	①原水→接触→过滤→消毒 ②原水→澄清→消毒	进水浊度一般不大于100~150mg/L 的小型给水,水质较稳定,且无藻类繁殖
	原水→混凝沉淀→过滤→消毒或澄清	进水浊度不大于2000~3000mg/L,短时间内可达5000~10000mg/L
	①原水→混凝沉淀或澄清→过滤→消毒 ②原水→预处理→接触过滤→消毒	山溪河流,水质经常清晰,洪水时含大量泥砂
	①原水→预处理→混凝沉淀或澄清→过滤→消毒 ②原水→悬浮澄清(双层)→过滤→消毒	高浊废水
	原水→一次过滤→二次过滤→消毒	浊度低而色度高(如湖水、水库水)
(2)工业用水	①原水→预处理	对水质要求不高
	②原水→混凝沉淀或澄清	对水质一般要求

(2)常用消毒方法比较见表1-13-14。

表 1-13-14 常用消毒方法比较

药剂	分子式	优缺点		适用条件
漂白粉	$Ca(ClO)_2$	优点	设备简单,价格低廉	生产能力小的水厂
		缺点	漂白粉含量只有20%~30%,因而用量大,设备容积大,溶解调制不便	
液氯	Cl_2	优点	操作简单,投量准确,不需要庞大的设备	液氯供应方便的地方;水量较大的水厂
		缺点	使用时应注意安全,防止漏氯	
氯胺	NH_2Cl 或 $NHCl_2$	优点	能延长管网中剩余氯的持续时间;防止管网中铁细菌的繁殖;可降低加氯量;减轻氯消毒时所产生的氯酚味或减低氯味	原水中有机物多时
		缺点	杀菌作用比液氯及漂白粉慢,要求接触时间长;需增加设备,操作麻烦	

注:白粉精也是漂白粉的一种,其含氯量约60%~70%,消毒效果高,一般在水质突然变坏时使用。

(3)漂白粉用量参考表1-13-15。

表 1-13-15 漂白粉用量参考

水质种类	漂白粉用量 g/m³
沉淀过滤后的河水	4~6
透明洁净的浅井水,凝聚沉淀后的河水	6~8
稍浑的浅井水,自然沉淀后的河水	8~12

六、供水管管径选择

(1)给排水管路允许流速见表1-13-16。

表1-13-16　给排水管路允许流速　m/s

应用场合	管道种类		允许流速
一般给水	主压力管道		2~3
	低压管道		0.5~1
工业用水	离心泵压力管		3~4
	离心泵吸水管	d<250	1~2
		d>250	1.5~2.5
	往复泵压力管		1.5~2
	往复泵吸水管		<1
	给水总管		1.5~3
	排水管		0.5~1.0

（2）上水管管径选择参考表1-13-17。

表1-13-17　上水管管径选择参考

流量Q		管子公称直径　/mm									
L/s	m³/h	15	20	25	32	40	50	70	80	100	125	150
0.1	0.36	0.58										
0.25	0.90	1.46	0.78									
0.40	1.44	2.34	1.24	0.75								
0.56	1.80	2.93	1.55	0.94	0.53							
0.75	2.7		2.33	1.41	0.79	0.60						
1.0	3.6		3.12	1.88	1.05	0.80	0.47					
1.5	5.4			2.88	1.58	1.19	0.71	0.42				
2.0	7.2				2.11	1.69	0.94	0.57				
2.5	9.0				2.64	1.99	1.18	0.71	0.50			
3.0	10.0					2.39	1.41	0.86	0.60			
3.5	12.6					2.78	1.65	0.99	0.70			
4.0	14.4						1.88	1.13	0.80			
5.0	18.0						2.35	1.42	1.01			
6.0	21.6						2.82	1.71	1.21	0.69		
7.0	25.2			管内流动速度 V=1.0~1.5m/s				1.99	1.41	0.81		
8.0	28.8							2.27	1.61	0.92	0.60	
9.0	32.4							2.55	1.81	1.04	0.68	0.48
10.0	36.0							2.84	2.01	1.15	0.75	0.53
11.0	39.6								2.21	1.27	0.85	0.60

第二节 油库的污水处理设计数据图表

一、含油污水的来源及污水量

含油污水的来源及污水量见表1-13-18。清洗油罐的污水量见表1-13-19和表1-13-20。

表1-13-18 含油污水的来源及污水量

含油污水的来源	污水量
1. 储油洞库的油罐渗漏油品与洞内山体渗水混合后产生的污水	(1)这部分污水量与山体渗水量及油罐渗油量的大小有关 (2)可测量排水沟的排水流量得知 (3)其污水中的含油量可通过化验水质确定
2. 清洗油罐及管线产生的污水	(1)这部分污水量与油罐大小、管径管长,冲洗的方法有关 (2)经统计其水量见表1-13-19和表1-13-20
3. 冲洗储油洞库地面及油库内其他设备产生的污水	(1)这部分水量与地面及设备脏的程度及冲洗方法有关 (2)一般可按$1m^2$表面积$1\sim2L/s$来估算。每秒$1\sim2L$,并不能等于每小时$3.6\sim7.2m^3$。因为不可能1小时内不停顿地冲洗,而是冲冲停停,冲停间隔进行
4. 洗修桶间、更生间排出的洗修油桶、更生时产生的含油污水	其污水量可根据油冲、水冲等泵流量及每天工作的时间估算
5. 清洗灌桶间、汽车加油场、桶装油仓库及有油存在的建、构筑物地坪产生的污水	(1)这部分水量与地面及设备脏的程度及冲洗方法有关 (2)一般可按$1m^2$表面积$1\sim2L/s$来估算。每秒$1\sim2L$,并不能等于每小时$3.6\sim7.2m^3$。因为不可能1小时内不停顿地冲洗,而是冲冲停停,冲停间隔进行

表1-13-19 立式油罐清洗污水量　　　　m^3/h

油罐容量/m^3	用水冲洗时产生的污水量	用水和蒸汽冲洗时	
		冲洗水量	总污水量
100	0.23	0.15	0.18
200	0.36	0.24	0.29
300	0.42	0.28	0.34
400	0.53	0.35	0.43
500	0.56	0.37	0.45
700	0.66	0.44	0.54
1000	0.87	0.58	0.71
2000	1.34	0.89	1.09
3000	2.15	1.43	1.74
5000	2.82	1.87	2.29

表 1-13-20 卧式油罐清洗污水量

油罐容量/m³	油罐筒体内径/m	油罐筒体长度/m	总内表面积/m²	污水量/m³	用水量/(L/m²)
10	1.60	5.00	28.05	0.303	11
15	2.00	4.80	34.66	0.374	
20	2.00	6.40	44.71	0.483	
30	2.60	5.60	53.27	0.575	
60	2.60	11.20	99.01	1.069	
60	2.80	9.60	93.15	1.006	

二、含油污水的危害及排放

(一)含油污水危害及排放要求

含油污水危害及排放要求见表 1-13-21。

表 1-13-21 含油污水危害及排放要求

项目		危害及排放要求
1. 含油污水的危害	(1)破坏水体	①如果含油污水不经处理,直接排入水体,则会对水体造成不良影响 ②当水中含有的石油浓度达到 0.3~0.5mg/L 时,即能使水具有石油臭味,不能饮用 ③油类排入水体后,将漂浮在水面,形成一层薄膜,据实测,每滴石油在水面上能够形成 0.25m² 的油膜,每吨石油可覆盖 500 公顷的水面,油膜使大气和水隔绝,破坏正常的复氧条件,导致水体缺氧。据实验,当油膜厚度大于 10^{-3}mm 时,就能够对水面复氧产生影响,从而影响水体的自净作用
	(2)危害渔业	鱼虾长期生活在含油污水中,将使鱼肉含有油味,严重时鱼鳃将被油膜粘附,影响呼吸而造成鱼类死亡。因此我国制订的《渔业水质标准》TJ35 中规定,渔业水域中石油类含量不超过 0.05mg/L
	(3)危害农业	不经处理直接用于农作物灌溉,则会破坏土壤的物理化学性质,会堵塞土壤的孔隙,影响通风,不利于禾苗生长,造成农作物减产,甚至死亡。因此我国制定的《农田灌溉水质标准》TJ24 中规定,农田灌溉用水中,石油类含量不得超过 10mg/L
	(4)污染环境	含油污水还会污染环境,还可能引起火灾,造成损失
2. 含油污水的排放要求	(1)库内含油污水的排放	①油库的含油与不含油污水,必须采用分流制排放 ②含油污水应采用管道排放 ③未被油品污染的地面雨水和生产废水可采用明渠排放,但在排出油库围墙之前必须设置水封装置。水封装置与围墙之间的排水通道必须采用暗渠或暗管
	(2)油罐区	油罐区防火堤内含油污水管道引出防火堤时,应在堤外采取防止油品流出罐区的切断措施
	(3)水封井的设置	①含油污水管道应在下列各处设置水封井 a. 油罐组防火堤或建筑物、构筑物的排水管出口处 b. 支管与干管连接处 c. 干管每隔 300m 处 d. 在通过油库围墙处 ②水封井高水封井的水封高度不应小于 0.25m ③水封井应设沉泥段沉泥段自最低的管底算起,其深度不应小于 0.25m

续表

项目	危害及排放要求
2. 含油污水的排放要求	(4)油库的含油污水(包括接受油船上的压舱水和洗舱水)必须经过处理,达到现行的国家排放标准后才能排放
	(5)油库污水排放处,应设置取样点或检测水质和测量水量的设施
	(6)覆土油罐罐室和人工洞油罐罐室应设排水管,并应在罐室外设置阀门等封闭装置

(二)含油污水排放标准

我国油库污水的水质指标范围和排放水标准见表1-13-22。

表1-13-22 油库含油污水的指标范围与排放标准

项 目		污水成分	排放允许浓度
水 色		混浊,有浮油,呈浅褐色或铁锈色	水中无明显油膜、泡沫、杂物
pH 值		4.5~8.8	6~9
含油量/(mg/L)	轻污染	50~2000	10
	重污染	1500~60000	
悬浮物/(mg/L)		100~1550	500
残渣/(mg/L)		600~850	0
5天生化需氧量/(mg/L)		150~670	60
化学耗氧量/(mg/L)		72~274	100
四乙基铅/(mg/L)		1.0~2.0	0.1
硫化物/(mg/L)		1.0~24	1
挥发酚/(mg/L)		0.5~10.5	0.5

三、油库污水成分及处理方法

(一)油库污水的大体成分

一般油库含油污水大体上的成分见表1-13-23。

表1-13-23 油库污水成分

名 称	数 值
含油量/(mg/L)	400~12000
悬浮物/(mg/L)	100~600
残 渣/(mg/L)	600~850
四乙铅/(mg/L)	1.0~2.0
5日生化需氧量(BOD_5)/(mg/L)	150~670
pH值	7.2~7.8

(二)含油污水的处理方法及选择

含油污水的处理方法及选择见表1-13-24。

表 1-13-24 含油污水的处理方法及选择

项 目	处理方法及选择
1. 处理设施及选择原则	(1)处理设施。含油污水处理,应根据污水的水质和水量,选用相应的调节、隔油、过滤等设施 (2)调节池。对于间断排放的含油污水,宜设调节池 (3)集中布置。调节池、隔油池等设施宜结合总平面及地形条件集中布置。当含油污水中含有其他有毒物质时,尚应采用其他相应的处理措施 (4)密闭加盖。处理含油污水的构筑物或设备,宜采用密闭式或加设盖板
2. 油分在污水中通常以三种状态存在	(1)第一种是浮油 ①它是以较大颗粒存在于水中,处于不稳定状态,重度比水小 ②由于重度差的关系,它易于从水中分离出来,上浮至水面而被撇除 ③此种浮油约占水中总含油量的60%~80% (2)第二种状态是乳化油 ①在油罐和油桶清洗时,就会产生一部分乳化的油品 ②它以较小的颗粒较稳定地分散悬浮在水里,用一般简易隔油方法很难把它们分离出来 (3)第三种状态是溶解油因为石油在水中的溶解度甚小,一般为5~15mg/L

3. 处理方法选择

不同状态的含油污水处理方法

颗粒直径/m	$>10^{-4}$	$10^{-5} \sim 10^{-9}$	$<10^{-9}$
存在状态	浮油	乳化油	溶解油
处理方法	隔油	浮选,絮凝,过滤粗粒化	吸附,化学氧化

说明:因为溶解油含量极少,所以含油污水处理主要是去除污水中的浮油和乳化油,因此下面就浮油和乳化油的去除方法加以介绍

项 目	处理方法及选择
4. 处理方法简介	(1)隔油 ①原理主要是根据油与水的重度差利用物理方法,将污水中的浮油分离出来,其设施称隔油池。它是油库处理含油污水的主要构筑物 ②效率隔油的工作效率决定于石油颗粒的上升速度,而上升速度又和隔油池的水力条件(即隔油池的结构,长、宽、高的比例)有关 (2)浮选 ①原理浮选就是向含油污水中通入空气,使污水的乳化油黏附在空气泡上,随气泡一起浮升至水面而去除乳化油的一种处理方法 ②效率为了提高浮选效果,还可向污水中加少量浮选剂。目前采用的浮选方法有溶气浮选和微孔管浮选 (3)絮凝 ①原理絮凝的基本原理就是向污水中投入电解质(混凝剂),压缩油粒的双电层,使其达到电中性从而使油粒相互凝聚 ②混凝剂常用的混凝剂有硫酸铝、硫酸铁、硫酸亚铁等 ③撇出絮凝体沉淀到池底而被分离。絮凝体也可利用空气漂浮液面,然后用刮板撇出 ④设施絮凝可采用加速澄清或平流式絮凝澄清池 (4)过滤 ①滤池含油污水经过隔油池后,往往采用滤池来处理污水中的残余油分 ②过滤器过滤设备通常有干草过滤器和砂滤池。油库一般采用干草过滤器比较适宜 (5)粗粒化 ①原理采用聚结材料使水中微小油滴聚结成大油珠,再凭借重度差达到油水分离,这就是粗粒化除油或称聚结除油 ②优点粗粒化除油是一种新近发展起来的新技术,它采用的设备简单,效率高、占地面积小,费用低、不投加药剂、不产生废渣,聚结材料可使污水中的油粒径增大数百倍,因而有可能仅一次处理就使污水达到排放标准的要求 ③斜板隔油池也具有粗粒化的作用,只不过粗粒化程度较低

项　目	处理方法及选择
5. 处理级别	(1)一级处理。以上处理称谓一级处理 (2)二级处理 ①方法经过一级处理达不到排放标准时,可进一步采用生物滤池、活性污泥和氧化塘等生化处理,这些称谓二级处理 ②原理生化处理主要是利用微生物来氧化分解污水中的有机物,除去污水中溶解的和胶体状态的有机物 (3)三级处理 ①深度处理在对污水排放有更高要求的地方,还应对污水进行深度处理,即三级处理 ②方法深度处理的方法有活性炭吸附、臭氧氧化法和反渗透法 ③缺点这些方法技术比较复杂,处理成本高,因而生产上未被广泛采用

四、含油污水处理设备及构筑物

(一)含油污水处理设备及构筑物见表1-13-25。

表1-13-25　含油污水处理设备及构筑物

1. 隔油池	(1)形式。隔油池的形式有多种,有普通油水分离池、平流式隔油池、平行波纹板式隔油池和斜板隔油池等 (2)普通油水分离池 ①简介普通油水分离池是目前储油洞库采用的一种简单的隔油构筑物,一般多设在洞外口部,是用砖砌筑的地下池 ②组成它由进污水格、收油格、排除污水的阀门格组成 ③优点这种池施工简单,造价低,占地小,不需专人管理 ④缺点但隔油效果较差,经它处理的污水一般达不到排放标准。所以污水不能直接排放,应与油库其他含油污水汇集,再行统一处理。或者将这污水排到凹坑,曝晒蒸发或点火焚烧 (3)平流式隔油池(API隔油池) ①简介含油污水由进水管进入配水槽,经进水闸流入隔油池,污水在隔油池中缓缓流动,石油从水中分离出来漂浮至水面,固体杂质沉降于池底。水面的浮油由集油管收集起来,输入污油罐 ②链带刮泥机的作用其一将水面浮油刮至集油管,其二将池底淤泥和沉渣刮至排泥管,由排泥阀排除出去 ③集油管集油管常用直径为300mm的钢管,在顶部开有与圆心角成60°的槽口,排油时,把集油管转一角度,使槽口浸入油层面以下,浮油就自动流入管内排出池外 ④坡度坡向隔油池池底设0.01°~0.02°的坡度,坡向污泥斗,污泥斗侧面倾角为45° ⑤加热设备在寒冷地区,为了防止隔油池内浮油的凝结,应加热设备 ⑥缺点平流式隔油池的缺点是生产能力低,占地面积大 (4)平行波纹板式隔油池(PPI隔油池) ①特点它的特点是在隔油池中设置了十多片像百叶窗一样的平行波纹板,板的间距为10cm,倾斜角与水平角成45° ②原理含油污水通过时,油粒上浮碰到平行板,细小的油粒就在板下凝聚成比较大的油膜而汇集到池面,然后污油从这里导向污油罐 ③隔油过程这种隔油池由于设置了平行波纹板,油粒上浮距离与平流式隔油池相比非常短,因此能在比较短的时间内将油滴浮升到板的下表面,污泥沉降至板的上表面,它们分别沿着板面移动,经过波纹板的小沟分别浮上和沉降 ④优点这种隔油池的优点是在层流范围内处理的水量增加,故波纹板凝聚油粒的效率较高

1. 隔油池	(5)斜板隔油池(TPI 隔油池) ①组成 它由进水槽、除油区、沉泥区和出水槽等部分组成 ②原理 进水槽主要起缓冲、调节水流的作用,以保证溢流堰布水均匀。除油区设有安装成45°的倾斜波纹板,波纹板用塑料或玻璃钢制作,板的间距为2~4cm,污水在波纹板中通过,使污水中的油粒和泥渣进行分离 ③优点 波纹板前设有格栅,污水通过格栅时除去其中大的悬浮物,不但可以减轻斜板的负荷,提高布水均匀性,还能防止波纹板被堵塞。 此种隔油池可除去直径为50μm的油粒。其占地面积约为平流式隔油池的1/3~1/6
2. 溶气浮选设备	(1)简介。溶气浮选设备是浮选处理的一种设备。溶气浮选是用水泵将污水送入溶气罐,同时注入空气,在0.294~0.392MPa 压力下停留几分钟,使空气溶解于污水中,成过饱和状态,然后通过减压阀将污水送入浮选池 (2)原理。由于突然减至常压,水中溶解的过饱和空气就形成许多细小气泡,油粒就黏附于气泡上而逸出水面,在水面形成泡沫,用刮板将其连续地排入泡沫收集槽
3. 加速澄清池	(1)简介。加速澄清池是混凝、絮凝形成、沉淀三种过程综合一起设计出的构筑物 (2)原理。含油污水经过一个中心圆筒进入装置,在这里与混凝剂进行快速搅拌(搅拌时间大约30s~5min)。混凝剂可以与污水一起加入,也可直接导入快速搅拌室。污水从混合区出来后进入一个较大的中间地带,在这里它们可以进行缓慢的循环以导致絮凝体的生成和成长。然后水成辐射流出向上进入澄清区,澄清区的型式是由底部到顶部面积逐步增大,当水上升时,它的速度就逐渐降低而使絮凝体沉降并凝聚于装置底部,澄清水经过溢流堰流出
4. CYF、CYF-B 系列油水分离器	(1)适用。CYF 与 CYF-B 系列油水分离器适用于工矿企业、油库及船舶舱底含油污水的处理 (2)效果。经处理的污水,可满足我国含油污水排放标准的要求 (3)组成。整个装置由分离器、专用泵、排油控制箱及其他附件等组成

(二)含油污水处理设备及构筑物结构原理示意图

(1)普通油水分离池结构如图1-13-7所示。

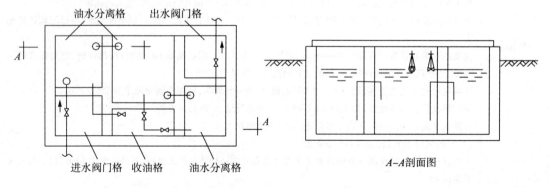

图1-13-7 隔油池结构示意图

(2)平流式隔油池(API 隔油池)结构如图1-13-8所示。

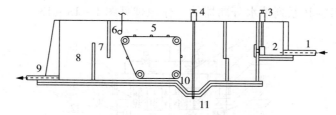

图 1-13-8 平流式隔油池结构示意图
1—进水管;2—配水槽;3—进水闸;4—排泥阀;5—链带刮泥机;6—集油管;7—截油板;
8—出水槽;9—出水管;10—污泥斗;11—排泥管

(3)平行波纹板式隔油池(PPI 隔油池)结构如图 1-13-9 所示。

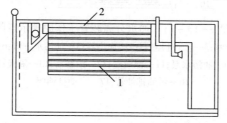

图 1-13-9 平行波纹板隔油池结构示意图
1—平行波纹板;2—浮油

(4)斜板隔油池(TPI 隔油池)结构如图 1-13-10 所示。

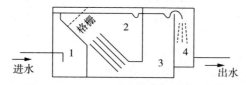

图 1-13-10 斜板隔油池结构示意图
1—进水槽;2—除油区;3—沉泥区;4—出水槽

(5)溶气浮选流程如图 1-13-11 所示。

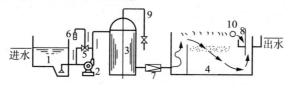

图 1-13-11 溶气浮选设备流程图
1—集水池;2—水泵;3—溶气罐;4—浮选池;5—射水器;6—浮子流量计;7—减压阀;8—泡沫收集槽;
9—放气管;10—刮沫板

(6)加速澄清池结构如图 1-13-12 所示。

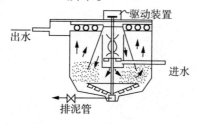

图 1-13-12 加速澄清池结构图

(7)CYF 与 CYF-B 系列油水分离器的工作原理见图 1-13-13。

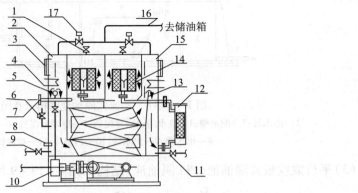

图 1-13-13　油水分离装置工作原理示意图

1—手动排油阀;2—左集油室;3—油位检测器;4—加热器;5—油污水进口;6—安全阀;7—清水排放口;
8—蒸汽冲洗喷嘴;9—泄放阀;10—油污水泵;11—泄放阀;12—细滤器;13—隔板;14—粗粒化元件;15—右集油室;
16—污油排油管;17—自动排油阀

第二篇 汽车加(发)油站设计数据图表

第一章 汽车加油站设计数据图表

第一节 加油站分类分级及各类特点

一、加油站分类

目前国内加油站分类尚无统一的方法，常见的分类方法如图 2-1-1 所示。

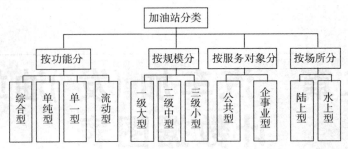

图 2-1-1 国内加油站常见的方类方法

二、加油站分级

按规模划分的加油站级别，不同国家、同一国家的不同时期或不同行业可能有所不同。

我国加油站分级，国家新修订发布的《汽车加油加气站设计与施工规范》GB 50156 与非商业用加油站略有不同。如表 2-1-1 所示。

表 2-1-1 加油站分级区别表

级别	总容积/m³		单罐容积/m³	
	新国标	非商业用标准	新国标	非商业用标准
一级	$150 < V \leq 210$	$120 < V \leq 180$	$V \leq 50$	$V \leq 50$
二级	$90 < V \leq 150$	$60 < V \leq 120$	$V \leq 50$	$V \leq 50$
三级	$V \leq 90$	$V \leq 60$	汽油罐≤ 30，柴油罐≤ 50	$V \leq 30$

注：柴油罐容积可折半计入油罐总容积。

三、各类加油站的特点

不同类别的加油站有不同的特征，相应有不同的优点。按功能、服务对象、场所划分的加油站，其特征和优点，如表 2-1-2 所示。

表 2-1-2 各类加油站特征及优点

类 型		特 征	优 点
1. 按功能分	（1）综合型	规模大；设备全；服务项目多，除加油外，尚有车辆小修、保养、洗车或零售小包装油品，出售饮料等业务	方便客户，经济和社会效益好
	（2）单纯型	规模较综合型小，服务项目单一，只管加油	便于管理，占地和建筑面积较小

续表

类 型	特 征	优 点
1. 按功能分	(3)单一型 规模更小,加注油品单一,一般为单罐、单泵、单油品,类似国外的路边加油站	方便管理,占地小,投资少,便于选址
	(4)流动型 用加油车、加油船流动加油,不设固定点,不建房屋,利用路边空地、插空停靠码头定点定时加油	因地制宜,灵活机动,可送油到点,效益好
2. 按服务对象分	(1)公共型 为社会机动车辆服务的商业性加油站	服务对象广,效益好
	(2)企(事)业型 工矿企业、交通运输等企(事)业单位,为本部门车辆和生产装置加油的加油站	服务对象单一,管理方便
3. 按场所分	(1)陆上型 设在陆地上的加油站,城镇加油站多属这种	便于建设,便于操作管理
	(2)水上型 将加油站设置在码头或船上	解决水上加油的问题

第二节 加油站选址

一、选址的原则

加油站选址应经多方比较,多中取好,好中取优,其选址原则见表2-1-3。

表2-1-3 加油站选址原则

1. 规范要求	按照《汽车加油加气站设计与施工规范》GB 50156的规定	在城市建成区不宜建一级加油站
		在城市中心区不应建一级加油站
2. 城镇、企事业要求	(1)城镇加油站选址应符合城镇建设的总体规划、环境保护和防火安全的要求 (2)企、事业(或军用)附属加油站站址应符合企、事业内部(或军营院)统一规划,宜靠近车库或车辆进出口	
3. 交通安全要求	(1)加油站选在交通便利的地方,但不能影响车辆通行能力 (2)城市市区加油站应靠近城市交通干道或设在出入方便的次要干道上,且不宜选在城市干道的交叉路口附近 (3)郊区加油站应靠近公路或设在靠近市区的交通出入口附近 (4)同时,站址亦应有利交通安全,有良好的视觉条件,使司机能在100m以外看见 (5)站址尚应布置在主要车辆流向的右侧	
4. 避让要求	选址应避开人流密集区、重要建筑物及地下构筑物区。尚应避免在塌陷地区及泄洪道旁	
5. 条件要求	选址应考虑地质良好,水源、电源充足且便于引入的地方	
6. 院内要求	在营区院内选址时,加油站的位置应选在营区较安全和车辆出入较方便的一侧,且应符合营区总体规划的要求	
7. 战备要求	兼作战备的加油站,应选在地形、地貌有利于防护、隐蔽和伪装的地带	
8. 防火安全距离要求	(1)站址选择须满足防火安全的要求,加油站的加油机和油罐与周围建筑物、构筑物、交通线等的安全距离商业与非商业用站有不同要求 (2)商业用站应按照国标《汽车加油加气站设计与施工规范》GB 50156要求,其加油站、加油加气合建站的汽油设备与站外建(构)筑物的安全间距,不应小于表2-1-4的规定;柴油设备与站外建(构)筑物的安全间距,不应小于表2-1-5的规定 (3)非商业用站应按照表2-1-6的规定选址	

表 2-1-4 商业用加油站、加油加气合建站的汽油设备与站外建(构)筑物的安全间距

单位：m

站外建(构)筑物		站内汽油设备											
		埋地油罐						加油机、通气管口					
		一级站		二级站		三级站		一级站		二级站		三级站	
		无油气回收系统	有卸油和加油油气回收系统	无油气回收系统	有卸油和加油油气回收系统	无油气回收系统	有卸油和加油油气回收系统	无油气回收系统	有卸油油气回收系统	无油气回收系统	有卸油油气回收系统	无油气回收系统	有卸油油气回收系统
重要公共建筑物		50	40	50	40	50	35	50	40	50	35	50	35
明火地点或散发火花地点		30	24	25	20	25	17.5	18	14.5	18	12.5	18	12.5
民用建筑物保护类别	一类保护物	25	20	20	16	20	14	16	13	16	11	16	11
	二类保护物	20	16	16	13	16	11	12	9.5	12	8.5	12	8.5
	三类保护物	16	13	12	9.5	11	8.5	10	8	9.5	7	8.5	7
甲、乙类物品生产厂房、库房和甲、乙类液体储罐		25	20	22	17.5	22	15.5	18	14.5	18	12.5	18	12.5
丙、丁、戊类物品生产厂房、库房和丙类液体储罐以及容积不大于50m³的埋地甲、乙类液体储罐		18	14.5	16	13	16	11	15	12	15	10.5	15	10.5
室外变、配电站		25	20	22	18	22	15.5	18	14.5	18	12.5	18	12.5
铁路		22	17.5	22	17.5	22	15.5	22	17.5	22	15.5	22	15.5
城市道路	快速路、主干路	10	8	8	6.5	8	5.5	6	5	6.5	5.5	6	5
	次干路、支路	8	6.5	6	5	6	5	5	5	5	5	5	5

续表

站外建(构)筑物		站内汽油设备									
		埋地油罐								加油机、通气管口	
		一级站		二级站			三级站				
		无油气回收系统	有卸油和加油油气回收系统	无油气回收系统	有油气回收系统	有卸油和加油油气回收系统	无油气回收系统	有油气回收系统	有卸油和加油油气回收系统	无油气回收系统	有油气回收系统	有卸油和加油油气回收系统
架空通信线和通信发射塔	无绝缘层	1.5倍杆(塔)高,且不应小于6.5m		1倍杆(塔)高,且不应小于5m			5				6.5	5
	有绝缘层	1倍杆(塔)高,且不应小于6.5m		0.75倍杆(塔)高,且不应小于5m			5				5	
架空电力线路												

注:①室外变、配电站指电力系统电压为35~500kV,配电站,以及工业企业的变压器总油量大于5t的室外降压变电站。其他规格的室外变、配电站或变压器容量在10MV·A以上的室外变、配电站应按丙类物品生产厂房确定。

②表中道路系指机动车道路。油罐、加油机和油罐通气管管口与郊区公路的安全间距应按城市道路路路确定,高速公路、一级和二级公路按城市快速路、主干路确定;三级和四级公路按城市次干路、支路确定。

③与重要公共建筑物的主要出入口(包括铁路、地铁和二级及以上公路的隧道洞口的实体墙时,油罐、加油机和通气管口与该民用建筑物的距离,不应低于本表规定的安全间距的70%,并不得小于6m。

④一、二级耐火等级民用建筑物面向加油站一侧门窗洞口的实体墙时,油罐、加油机和通气管口与该民用建筑物的距离,不应低于本表规定的安全间距的70%,并不得小于6m。

表2-1-5　商业用柴油设备与站外建(构)筑物的安全间距　　　　　　　　　　　　　　　　　m

站外建(构)筑物		站内柴油设备			
		埋地油罐			加油机、通气管管口
		一级站	二级站	三级站	
重要公共建筑物		25	25	25	25
明火或散发火花地点		12.5	12.5	10	10
民用建筑物保护类别	一类保护物	6	6	6	6
	二类保护物	6	6	6	6
	三类保护物	6	6	6	6
甲、乙类物品生产厂房、库房和甲、乙类液体储罐		12.5	11	9	9
丙、丁、戊类物品生产厂房、库房和丙类液体储罐以及容积不大于50m³的埋地甲、乙类液体储罐		9	9	9	9
室外变配电站		15	15	15	15
铁路		15	15	15	15
城市道路	快速路、主干路	3	3	3	3
	次干路、支路	3	3	3	3
架空通信线和通信发射塔		0.75倍杆(塔)高,且不应小于5m	5	5	5
架空电力线路	无绝缘层	0.75倍杆(塔)高,且不应小于6.5m	0.75倍杆(塔)高,且不应小于6.5m	6.5	6.5
	有绝缘层	0.5倍杆(塔)高,且不应小于5m	0.5倍杆(塔)高,且不应小于5m	5	5

注:①室外变、配电站指电力系统电压为35～500kV,且每台变压器容量在10MV·A以上的室外变、配电站,以及工业企业的变压器总油量大于5t的室外降压变电站。其他规格的室外变、配电站或变压器应按丙类物品生产厂房确定。
②表中道路指机动车道路。油罐、加油机和油罐通气管管口与郊区公路的安全间距应按城市道路确定,高速公路、一级和二级公路应按城市快速路、主干路确定;三级和四级公路应按城市次干路、支路确定。

表2-1-6　非商业用加油站的油罐、加油机和通气管管口与
站外建(构)筑物之间的防火距离　　　　　　　　　　　　m

站外建(构)筑物		埋地油罐、密闭卸油点			通气管管口	加油机
		一级站	二级站	三级站		
重要公共建筑物		50	50	50	50	50
明火或散发火花地点		30	25	18	18	18
民用建筑物保护类别	一类保护物	25	20	16	16	16
	二类保护物	20	16	12	12	12
	三类保护物	16	12	10	10	10

续表

站外建(构)筑物		埋地油罐、密闭卸油点			通气管管口	加油机
		一级站	二级站	三级站		
甲、乙类物品生产厂房、库房和甲、乙类液体储罐		25	22	18	18	18
其他类物品生产厂房、库房和丙类液体储罐以及单罐容积不大于 $50m^3$ 的埋地甲、乙类液体储罐		18	16	15	15	15
室外变配电站		25	22	18	18	18
铁路		22	22	22	22	22
城市道路	快速路、主干路	10	8	8	8	6
	次干路、支路	8	6	6	6	5
架空通信线	国家一、二级	1倍杆高	5	5	5	5
	一般	5	5	5	5	5
架空电力线路		1.5倍杆高	1倍杆高	5	5	5

注：①甲、乙类物品及甲、乙类液体的定义，应符合 GBJ 16—1987 的规定。
②重要公共建筑物及其他民用建筑物保护类别划分，应符合 GJB 2809A—2005 中附录 C 的规定。
③对于柴油本表距离可减少 30%，但不得小于 5m。
④对于汽油，卸油采用油气回收系统的，本表距离(加油机除外)可减少 20%；卸油和加油都采用油气回收系统的，本表的距离可减少 30%，但折减后的距离均不得小于 5m。
⑤油罐、加油机与站外小于或等于 1000kV·A 箱式变压器、杆装变压器的防火距离，可按本表的室外变配电站的防火距离减少 20%。
⑥油罐、加油机与郊区公路的防火距离按城市道路确定：高速公路、Ⅰ级和Ⅱ级公路按城市快速路、主干路确定，Ⅲ级和Ⅳ级公路按照城市次干路、支路确定。
⑦部队加油站与重要军事设施的安全距离，应按军队有关安全防护要求执行。

二、选址的方法步骤

加油站工程虽小，但其站址选择涉及到城镇交通、规划、环保、美观和安全等，所以加油站选址应采取如表 2-1-7 所示的方法步骤。

表 2-1-7 加油站选址的方法步骤

选址步骤	选址方法
1. 在城镇地图上选点	根据对城镇某公路段汽车流量的统计调研，分析汽车加油的需求，评估在这一公路段上选址的必要性，然后在城镇地图上，最好在交通图上根据选址原则选加油站的建设点
2. 现场考察踏勘	对在地图上选的站址，建设单位会同设计单位到站址现场实地考察踏勘，选择建站的具体位置，根据拟加油站的规模，目测站址的地幅，初步评估建站的可行性
3. 局部测绘，初布加油站的平面方案	请测绘单位，对加油站需占地幅进行测绘。然后在测绘图上进行平面方案设计。并评价对此公路段的交通及城镇发展规划有无不良影响，与周围的建筑是否协调，与周围单位是否满足安全距离要求
4. 审批、上报、定点	将加油站平面方案设计及评价，请城镇规划、公安交通、安全消防、城镇环保等部门审批，并取得同意的批件，然后上报业务主管和城镇建设部门批准，取得正式批件后，加油站即正式定点

第三节 加油站规模的确定

一、加油站规模的主要参数确定

加油站规模的主要参数确定见表 2-1-8。

表 2-1-8 加油站规模的主要参数确定

项 目	取 值
1. 任务书确定	(1) 计划任务书应提内容。加油站的规模由批准的计划任务书决定,计划任务书中应提出加油站供油品种、油罐容量及个数、加油机台数及车道数、建筑物名称及面积、占地面积等内容 (2) 决定因素。决定这些参数的因素主要是加油站所处的地理位置和车流量;用地形状和大小;业务性质和经营方式等
2. 加油站总容量及油罐总个数计算	(1) 单种油品容量计算 	参考公式	符号	符号含义	单位
---	---	---	---
$V = \dfrac{G \cdot K}{1000 \times \eta}$	V	油品设计容量	m^3
	G	平均日加油量	L
	K	油品储备天数,取 2~3 天	天
	η	油罐利用系数,一般汽油取 0.90,柴油取 0.85	
	1000	m^3 折算为 L 的系数	L/m^3 | (2) 单种油品油罐个数计算 | 参考公式	符号	符号含义	单位
---	---	---	---
$W = \dfrac{V}{V_0}$	W	单种油品的油罐个数	个
	V	单种油品的设计容量,由上式计算得出	m^3
	V_0	单个油罐的安全容量,由油罐产品系列查得	m^3	 由公式计算得油罐个数 W,可能不是整数,应进位取整 (3) 总数确定 ①加油站总容量等于加油站各单种油品容量相加之和 ②加油站油罐总个数等于加油站各单种油品油罐个数相加之和 ③加油站实际总容量等于油罐总个数能储存的油品总容量
3. 加油车道数确定	(1) 相互关系。加油能力的大小与加油车道数及加油机台数有关。加油车道和加油机台数多,单位时间内加油车次就多,加油能力也就大;加油车道和加油机台数少,单位时间的加油车次就少,因而加油能力也就小 (2) 与级别有关。加油车道数与加油站级别有关,通常情况下,一级加油站不宜少于 4 条,二级加油站一般为 2~4 条,三级加油站一般为 1~2 条

续表

项 目	取 值			
4. 加油机台数确定	(1)原则。加油机台数依据加油站的设计能力而定,并考虑每种油品至少设两台加油机,以保证设备保养时不间断营业。不同性质的加油站加油机台数的计算方法不同 (2)不同性质的加油站加油机台数的计算 ①企(事)业单位加油站加油机台数计算			
	参考公式	符号	符号含义	单位
	$n = \dfrac{N \cdot U \cdot L}{Q} a$	n	加油机台数	台
		N	车辆总数	辆
		U	平均每辆车公里耗油量	L/(km·辆)
		L	平均每辆车每天行驶公里数	km/(d·辆)
		Q	平均每台加油机每天加油量,取 6000~8000	L/(d·台)
		a	不均衡系数,取 0.5	
	②公共加油站加油机台数计算			
	参考公式	符号	符号含义	单位
	$n = \dfrac{G \times 1000}{300 \times Q} \beta$	n	加油机台数	台
		G	加油站年加油	m²
		1000	m³折算为 L 的系数	L/m²
		300	年营业天数,天	
		Q	平均每台加油机每天加油量,取 6000~10000	L/(d·台)
			一般 24h 服务的加油站,取 10000	
			日间服务的加油站取 8000	
		β	加油机利用系数,柴油取 1,汽油取 2	

注:表内提出的参考计算公式和参考数据,是根据国内加油站建设实践和几个参数间关系。

二、加油站建筑面积和占地面积估算

(一)加油站建筑面积估算

1. 加油站建(构)筑物组成及决定建筑面积因素,见表 2-1-9。

表 2-1-9 加油站建(构)筑物组成及决定建筑面积因素

类 型		建(构)筑物组成	决定建筑面积因素
1. 陆上型加油站	单一型单纯型	除了流动型加油站外,一般应设置营业室、值班休息室、卫生间、储藏室、配电间、附油库、雨棚等基本的建(构)筑物	加油站建筑面积主要与加油站的功能、服务项目有关,同一功能而不同容量的加油站其建筑面积相差不多
	综合型	为了开展别的服务项目,尚应增设相应的建(构)筑物,如车辆修理间、汽车配件库、洗车棚;对于企(事)业型加油站可能尚有与单位其他建筑合建的一些建(构)筑物	
2. 水上型加油站		一般不搞固定的建筑物,因为码头上一般不允许有突出码头面的设施	

2. 加油站的建筑面积参考数

加油站的建筑面积,目前国内尚无统一规定标准,参考国内加油站已有建设情况,根据建筑专业的设计要求和一般做法。表2-1-10列出的单体建筑面积,可供设计参考。

表2-1-10 各类加油站单体建筑面积参考

面积/m² \ 加油站类别 \ 建筑名称	陆上型								
	单纯型			单一型			综合型		
	1级	2级	3级	1级	2级	3级	1级	2级	3级
营业室	22	18	12	17	12	10	24	20	13
值班休息室	18	15	11	14	10	8	25	20	15
卫生间	6	4	4	5	4	4	6	6	4
公共厕所	10	9	8	8	8	6	14	12	10
储藏室	10	8	6	8	6	6	12	10	8
配电间	8	6	4	8	5	4	10	8	6
附油库	25	20	15	20	15	10	30	20	15
雨棚	80	50	30	70	30	18	90	60	30
消防间	2						2		
基本建筑小计	181	130	90	150	90	66	213	156	101
修理、配件、洗车间等小计							80	50	30
总计							293	206	131

(二)加油站占地面积估算。

加油站占地面积估算,见表2-1-11。

表2-1-11 加油站占地面积估算

1. 包括建、构筑物	加油站占地包括站内的建筑物、构筑物占地,埋设油罐占地,车辆进出、停放场地占地,以及为满足安全防火距离而拉开的空地			
2. 利用率	土地利用率高的加油站形状为长方形,一般宜将其长边与沿街道路平行,其长边不宜小于40m			
3. 占的比例	加油站内建筑物占地面积占的比例很小,约为总占地面积的7%~14%。已经确定了建筑面积后,则用公式1-2-5即可估算占地面积			
4. 估算占地面积	估算公式	符号	符号含义	单位
	$$S_d = \frac{S_j}{7\% \sim 14\%} \gamma$$	S_d	加油站占地面积	m²
		S_j	加油站内建(构)筑物总面积	m²
		γ	余留面积系数,$\gamma = 1.1 \sim 1.2$	
5. 应遵守当地当时的规定	不同国家,或同一国家的不同城镇,或同一城镇的不同地区,或同一地区的不同时期,根据其土地的紧张程度及发展规划需求,国家或城镇可能都有一些用地政策的具体规定,加油站占地时都应遵守当地当时的规定			
6. 参考数据	目前根据国内加油站建设实践,提供下列占地面积,供参考 (1)综合型一级加油站为3000 m²左右 (2)二级加油站为2000 m²左右 (3)三级加油站为860 m²左右 (4)单一型三级加油站最小占地面积为700 m²左右			

第四节 加油站总平面布置

一、加油站总平面布置原则

平面布置是工程设计重要环节,直接影响工程是否经济合理、安全可靠、使用方便。加油站平面布置应考虑如下原则。

(一)加油站总平面布置原则之一

加油站总平面布置原则之一,见表 2-1-12。

表 2-1-12 加油站总平面布置原则之一

原则1	首先应充分利用站址周围的道路、平场和地形地貌,使过往车辆方便出入
(1)说明	根据站址和道路的位置关系,加油站布置形式常见的有两种。一种是顺路一侧平行布置,如同海港码头,故称港湾式,如下左图。另一种是在交叉路口或道路转弯处布置,故称路口式,如下右图
(2)示意图	港湾式加油站　　　　　　　　　路口式加油站
原则2	尽量与周围环境、建筑形式协调一致,造成城镇整体布局的美观大方,使加油站成为衬托城镇环境的景点
原则3	站内建筑、构筑物尽量分区布置,方便使用,有利安全
(1)分区	①站内一般分为油罐区、加油区和辅助区 ②各区内建、构筑物见下表

区域	油罐区	加油区(作业区)	辅助区(辅助服务区)
各区建构筑物	油罐组、卸油井、卸油场地、油气管塔等	站房、罩棚、加油岛、加油机、停车场、通车道等	附油间、修车间、洗车棚、零售店、办公室、休息室、宿舍、电动汽车充电设施等

(2)具体布置	①大型综合型加油站 a. 在具体布置时,如上表所列的建筑、构筑物较齐全的,一般在大型综合型加油站中才有,对于这种加油站宜采用分散布置,即各区间拉开的距离较大 b. 分区明确,干扰少,较安全,能充分和绿化结合,发挥绿化的防噪、遮阳、避风的作用 c. 但占地多,道路多,投资大 ②中、小型加油站 a. 单纯型、单一型的中、小型加油站,上表中建、构筑物不全,宜采用集中布置,各区间距较小,有些功能相近,但不影响安全的建、构筑物可以合建 b. 这样占地少,布置紧凑,投资省 ③加油站的作业区与辅助服务区之间应有界线标识

(二)加油站总平面布置原则之二

加油站总平面布置原则之二见表 2-1-13。

表 2-1-13　加油站总平面布置原则之二

原则 4	应遵守新国标 GB 50156 中的下列规定
(1)加油站的作业区内,不得有"明火地点"或"散发火花地点"	
(2)加油站的变配电间或室外变压器应布置在爆炸危险区域之外,且与爆炸危险区域边界线的距离不应小于3m。变配电间的起算点应为门窗等洞口	
(3)站房可布置在加油作业区内。当站房的一部分位于加油作业区内时,该站房的建筑面积不宜超过300m²,且该站房内不得有明火设备	
(4)加油站内设置的经营性餐饮、汽车服务等非站房所属建筑物或设施,不应布置在加油作业区内,其与站内可燃液体或可燃气体设备的防火间距,应符合本规范第4.0.4~4.0.9条有关三类保护物的规定。经营性餐饮、汽车服务等设施内设置明火设备时,则应视为"明火地点"或"散发火花地点"。其中,对加油站内设置的燃煤设备不得按设置有油气回收系统折减距离	
原则 5	加油站内各主要建、构筑物之间应保持防火距离
(1)站内各主要建(构)筑物之间的防火距离,商业用与非商业用加油站有不同要求	
(2)商业用加油站应按照新国标《汽车加油加气站设计与施工规范》GB 50156 要求,其防火安全距离不应小于后表 2-1-14 的规定	
(3)非商业用加油站应按照后表 2-1-15 的规定	

表 2-1-14　商业用加油站内的各建筑物、构筑物之间的防火距离　　　　m

设施名称	汽油罐	柴油罐	汽油通气管管口	柴油通气管管口	油品卸车点	加油机	站房	消防泵房和消防水池取水口	自用燃煤锅炉房和燃煤厨房	自用有燃气(油)设备房间	站区围墙
汽油罐	0.5	0.5	—	—	—	—	4	10	18.5	8	3
柴油罐	0.5	0.5	—	—	—	—	3	7	13	6	2
汽油通气管管口	—	—	—	—	3	—	4	10	18.5	8	3
柴油通气管管口	—	—	—	—	2	—	3.5	7	13	6	—
油品卸车点	—	—	3	2	—	—	5	10	15	8	—
加油机	—	—	—	—	—	—	5	6	15(10)	8(6)	—
站房	4	3	4	3.5	5	5	—	—	—	—	—
消防泵房和消防水池取水口	10	7	10	7	10	6	—	—	12	—	—

续表

设施名称	汽油罐	柴油罐	汽油通气管管口	柴油通气管管口	油品卸车点	加油机	站房	消防泵房和消防水池取水口	自用燃煤锅炉房和燃煤厨房	自用有燃气(油)设备房间	站区围墙
自用燃煤锅炉房和燃煤厨房	18.5	13	18.5	13	15	15(10)	—	12		—	—
自用有燃气(油)设备房间	8	6	8	6	8	8(6)	—		—		—
站区围墙	3	2	3	2	—	—					

注：①括号内数值为柴油加油机与自用有燃煤或燃气(油)设备的房间的距离。
②橇装式加油装置的油罐与站内设施之间的防火间距按本表汽油罐、柴油罐增加30%。
③当卸油采用油气回收系统时，汽油通气管管口与站区围墙的距离不应小于2m。
④站房、有燃煤或燃气(油)等明火设备的房间的起算点应为门窗等洞口。站房内设置有变配电间时，变配电间应布置在爆炸危险区域之外，且与爆炸危险区域边界线的距离不应小于3m。
⑤表中"—"表示无防火间距要求，"×"表示该类设施不应合建

表2-1-15 非商业用加油站内设施之间的防火距离　　m

设施名称	埋地油罐	油罐通气管口	密闭卸油点	加油机	站房	变配电间	其他建(构)筑物
埋地油罐	0.5	—	—	—	4.0	5.0	5.0
站房	4.0	4.0	5.0	5.0	—		6.0
变配电间	5.0	5.0	6.0	6.0		—	
燃油(气)热水炉间、厨房	8.0	8.0	8.0	8.0		5.0	5.0
燃煤独立锅炉房	18.5	18.5	15.0	15.0	6.0	5.0	6.0
站区围墙	3.0	3.0	—	5.0	—		
其他建(构)筑物	5.0	7.0	7.0	8.0	6.0	—	

注：①油罐通气管口与密闭卸油点、站内道路的距离不应小于3m；密闭卸油点与油罐、加油机、站内道路的距离以及加油机与站区实体围墙的距离，可不受限制。
②站房和变配电间的起算点为门、窗。
③其他建(构)筑物系指站内根据需要独立设置的汽车洗车房、润滑油储存及加注间等。
④表中"—"表示无防火距离要求。

(三)加油站总平面布置原则之三

加油站总平面布置原则之三见表2-1-16。

表2-1-16 加油站总平面布置原则之三

原则6	合理布置站内停车场、行车道和绿地、空地，尽量节约投资、美化环境
(1)地面设置要求	①停车场和行车道不应采用沥青铺设，需用混凝土浇筑，但造价高。故应尽量控制在确有必要的地面，并应满足站内单车道宽度不小于4m，双车道宽度不小于6m ②不停车、行车的地面不应浇筑混凝土面，应采用土面或铺行人砖道，并应适当搞些花池、绿地，美化站容站貌
(2)有条件的尚应规划出发展场地	
原则7	加油站进出口平面设计
(1)加油站的进、出口应分开设置	

	原则7	加油站进出口平面设计
	(2)进出口道路与城镇交通公路相连,并应与公路车辆行驶方向一致,减少车流交叉矛盾	
	(3)进出口必须保证足够的车辆转弯半径和必要的行车视距	
(4)转弯半径R的要求	①进出口与公路的距离应比转弯半径大1m以上,使车辆通畅进出,如下图(a)所示。如果因受用地条件限制,进出口与公路的距离很近,不能满足以上要求时,必须加大车行进出口的宽度,以满足车辆转弯半径的要求,如下图(b)所示 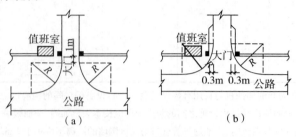 加油站进出口转弯半径 ②进出口的转弯半径取决于车辆的大小和车辆的行驶速度,速度越大则转弯半径越大。进出加油站时的速度不能超过15km/h。进出口转弯半径一般为9~15m。各种机动车辆的最小转弯半径见下图 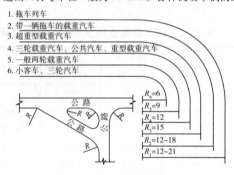 道路最小转弯半径R(m)	
 (5)交叉路口视距要求	①加油站的出口应考虑交叉路口视距,使司机视线看见对面来车的距离"S",如下图 ②在视距范围内不应植树或设置围墙等建、构筑物,一般停车视距为20m,会车视距为40m,交叉口会车视距为20m,在以上视距和1.2m视线高度以下范围内的障碍及遮挡物应全部清除,以确保行车安全 ③视距图  视距图	
(6)转角要求	为方便汽车进出加油站,车行道应有不大于30°的主要道路转角。通过人行的道路转角不得小于45°	
(7)距离要求	加油站的进出口经过人行道,两车行道相距至少不小于16m,人行道上的车行道路转角的起点应距离公路10m以上	
(8)坡度道路宽度不小于6m时,进出口段的最大纵向坡度不得大于5%,最小纵向坡度不得小于3%,其坡长应小于20m		

(四)加油站总平面布置原则之四

加油站总平面布置原则之四见表 2-1-17。

表 2-1-17　加油站总平面布置原则之四

原则 8	加油站内行车道平面布置	
	(1)加油站内道路边缘与建(构)筑物的最小距离	
建(构)筑物名称	相邻建(构)筑物名称	最小距离/m
建筑物外墙面	①当建筑物面向道路一侧无出入口时	1.50
	②当建筑物面向道路一侧有出入口,但无汽车引道时	3.00
	③当建筑物面向道路一侧有出入口和汽车引道时	6.00~8.00
标准轨铁路中心		3.75
窄轨铁路中心		3.00
围　墙	①当围墙有汽车出入口时	6.00
	②当围墙无汽车出入口,但围墙边设有照明灯杆时	2.00
	③当围墙无汽车出入口,且围墙边不设照明灯杆时	1.50
树　木	①乔木	1.00
	②灌木	0.50
	(2)加油站内车行道布置方式	
	车行道,系罩棚下加油机两侧加油作业的场地。布置有单车道、双车道、多车道、环形道等	
车道数	说明	示意图
单车道	①一般用于小型加油站。适用单罐、单机、单品种的业务要求 ②单车道布置要考虑卡车油箱一般在车辆左侧,因此加油机应设在车道的左侧,以利作业,方便加油 ③车道宽度不宜小于 5m ④转弯半径不小于 14m	单车道布置图
双车道	①加油站双车道布置是常见的 ②两个车道,两条加油作业线,互不干扰 ③采用双车道布置方式,加油岛与站房一侧车道不小于 5m ④车道转弯半径依据待加油车型而有所不同,小型车转弯半径不小于 9m;大型车转弯半径不小于 15m	双车道布置图

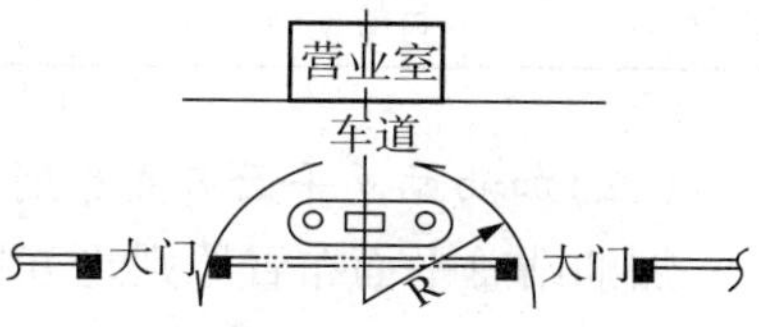

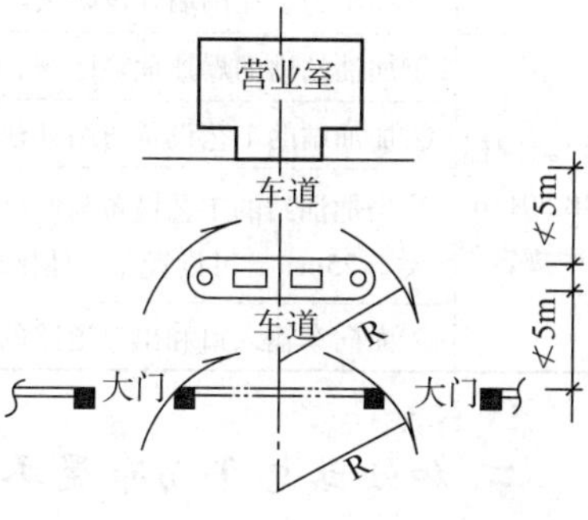

续表

	原则8	加油站内行车道平面布置	
多车道		①多车道是指三条以上的加油作业线车道	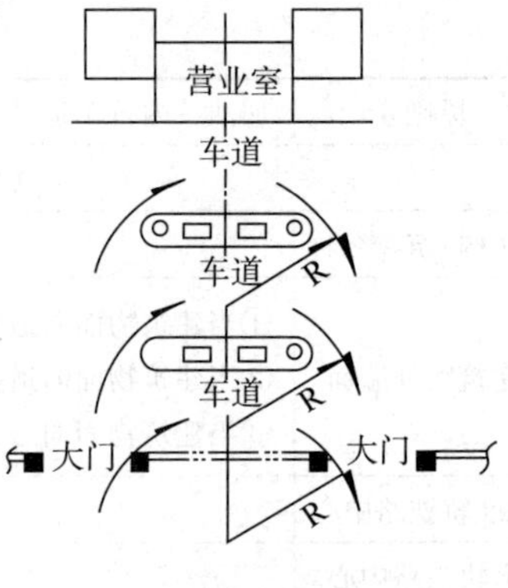 多车道布置图
		②多车道布置适合大型加油站	
		③特点是车辆通过能力强,加油能力大。常见的布置方式如右图	
		④靠站房一侧为单车道时,内侧宽度不宜小于5m,外侧车道不宜小于5m	
		⑤双车道的宽度不宜小于6.5m,转弯半径不小于15m	
环形道		①站房为圆形建筑	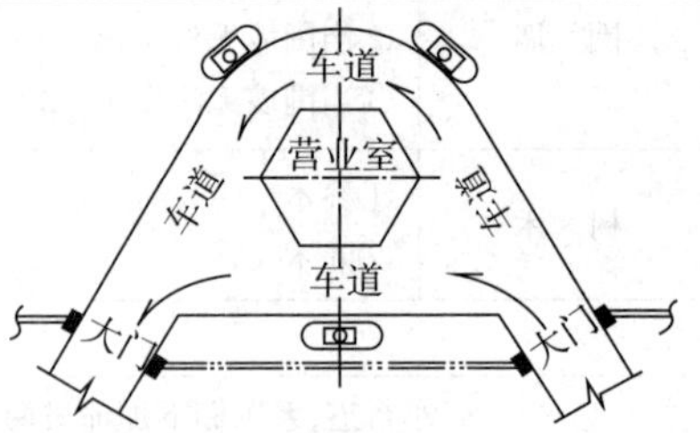 环形道布置图
		②以站房为中心,加油车道围绕站房布置	
		③站房距加油岛不小于5m,其转弯半径不小于14m	
车道布置方式选择		以上四种行车道布置方式,可以根据需要,依据地形进行组合,以满足业务要求,达到方便车辆加油的目的	

(五)加油站总平面布置原则之五

加油站总平面布置原则之五见表 2-1-18。

表 2-1-18 加油站总平面布置原则之五

原则9		加油站围墙设计要求
(1)		①加油站围墙范围除满足站内布置需要和防火安全距离要求外,一般与征地红线一致
		②如果为了在围墙外设防火隔离带,则围墙应缩回隔离带所需距离
(2)新国标 GB 50156 中规定		①加油站内的爆炸危险区域,不应超出站区围墙和可用地界线
		②加油站的工艺设备与站外建(构)筑物之间,宜设置高度不低于2.2m不燃烧体的实体围墙
		③当加油站的工艺设备与站外建(构)筑物之间的距离大于表 1-2-4 和表 1-2-5 中安全间距的 1.5 倍,且大于 25m 时,可设置非实体围墙
		④面向车辆入口和出口道路的一侧可设非实体围墙或不设围墙

二、加油站总平面布置举例

根据上述加油站总平面布置原则,巧妙利用站址周围建筑环境,结合征用土地大小和形状,合理布置加油站总平面,是加油站设计很重要的一步,下面举例见表 2-1-19~表 2-1-28,可供参考。

表 2-1-19　举例 1

1. 特点	①本图为港湾式、双车道、集中布置的典型举例
	②地形为规则的长方形,罐组集中布置在一侧,其他建筑与罩棚连体合建,节省立柱,是常见小加油站的布置形式
	③占地少,图中 A、B、C 长度为最小占地限度

2. 加油站长、宽及面积

加油站级别	C/m	A/m		B/m		占地面积				建筑面积/m^2
						$10m^3$ 罐		$25m^3$ 罐		
		$10m^3$ 罐	$25m^3$ 罐	$10m^3$ 罐	$25m^3$ 罐	m^2	亩	m^2	亩	
一级	7	32	35	19	19	628	0.942	665	0.997	57.8
二级	2	32	35	19	19	628	0.942	665	0.997	57.8
三级	不限	32	35	19	19	628	0.942	665	0.997	57.8

3. 例图 1

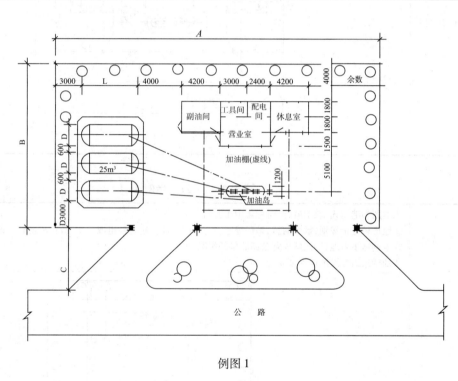

例图 1

表 2-1-20　举例 2

1. 特点	①本图为港湾式、双车道、全对称集中布置的典型举例
	②地形为规则的长方形,罐组对称布置在两侧,站房等建筑与罩棚连体合建位于中间,节省立柱,是常见小加油站的布置形式
	③占地少,图中 A、B、C 长度为最小占地限度

续表

2. 加油站长、宽及面积见下表

加油站级别	C/m	A/m		B/m		占地面积				建筑面积/m²
		10m³罐	25m³罐	10m³罐	25m³罐	10m³罐		25m³罐		
						m²	亩	m²	亩	
一级	10	33	36.5	21	21	693	1.04	766.5	1.15	57.8
二级	5	33	36.5	21	21	693	1.04	766.5	1.15	57.8
三级	不限	33	36.5	21	21	693	1.04	766.5	1.15	57.8

3. 例图2

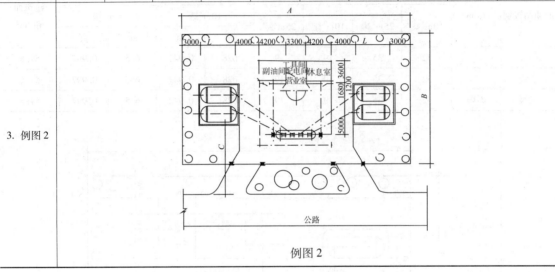

例图2

表 2-1-21 举例3

1. 特点

①本图为港湾式、双车道、全对称集中布置的典型举例
②地形较方正规则,罐组前置,站房等建筑与罩棚连体合建与罐组成一线,故称罐前置一条线布置
③本例适于占地见方、站址背公路后坐的情况
④油罐组需专设围墙保证安全

2. 例图3

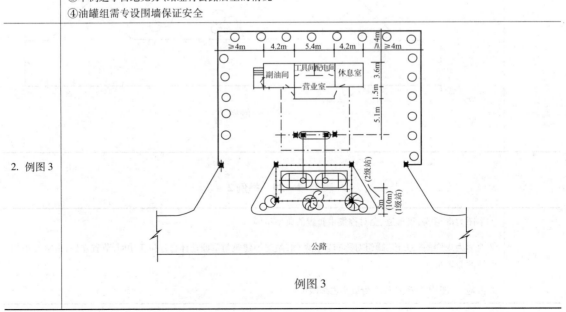

例图3

表 2-1-22 举例 4

1. 特点	①本图为港湾式、双车道、分散集中相结合的混合布置举例。站房及相关建筑和罩棚连体合建,附属用房另地布置 ②地形方正规则,中轴线建筑及花池均成正六边形,构思新颖,造型美观大方
2. 例图 4	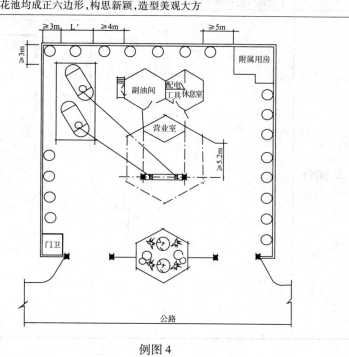 例图 4

表 2-1-23 举例 5

1. 特点	①本图为港湾式、4车道、全对称斜向集中布置的举例 ②地形为规则的长方形,罐组对称斜向布置在两侧,站房等建筑与罩棚连体合建居中斜向布置,绿地随建筑面积相应陪衬 ③留有发展余地较大,便于扩建其他建筑设施,开展其他服务项目
2. 例图 5	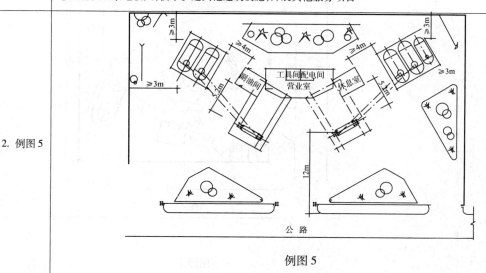 例图 5

表 2-1-24 举例 6

1. 特点	①本图为路口式、双车道、分散布置的举例。加油站利用了交通方便的十字路口,两个站门分别与两条路相连,使车辆进出方便 ②油罐区设在油站后方,增加了安全度,营业厅居中,方便操作,其他附属用房布置在两个门旁,方便营业
2. 例图 6	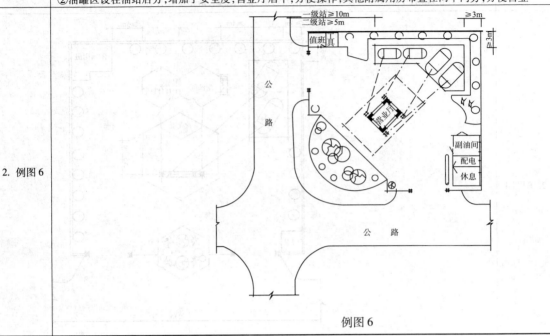 例图 6

表 2-1-25 举例 7

1. 特点	①本图为路口式、四车道、分散集中相结合的混合布置举例。站房及相关建筑和罩棚连体合建,油罐和其他用房分散布置 ②地形方正,以对角线对称布置,中心建筑成六边形辐射布置形式,造型美丽,构思新颖
2. 例图 7	例图 7

表 2-1-26 举例 8

1. 特点	①本图为路口式、多车道、分散布置举例 ②地形不规则,建、构筑物以不同造型占地,并以水池绿地陪衬,尽量造成站内立体的协调美观 ③营业厅和罩棚巧妙配合,似展翅的海鸥,站顶设铁锚标志,又具特色
2. 例图 8	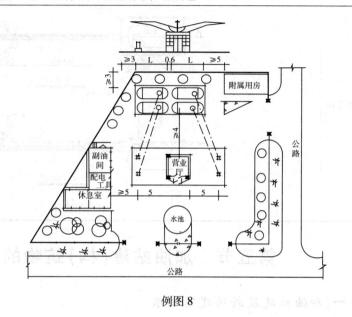 例图 8

表 2-1-27 举例 9

1. 特点	①本图充分利用地形造成自流卸油、自流发油的条件,既不用电又较安全,省经营费用,操作简单可靠 ②为单罐、单管、单枪、单品种加油系统。系统简单,属内部小型单一型加油站
2. 例图 9	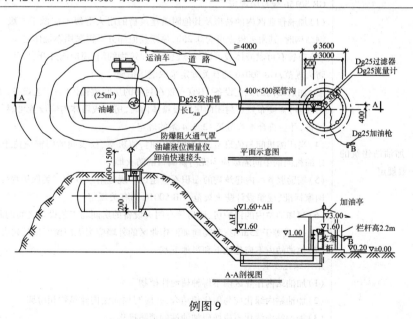 例图 9

545

表 2-1-28 举例 10

1. 特点	本例为埋地罐,卸油可自流,发油靠手摇泵,为单罐、单管、单泵、加单一油品的系统。系统简单,属内部小型单一型加油站
2. 例图 10	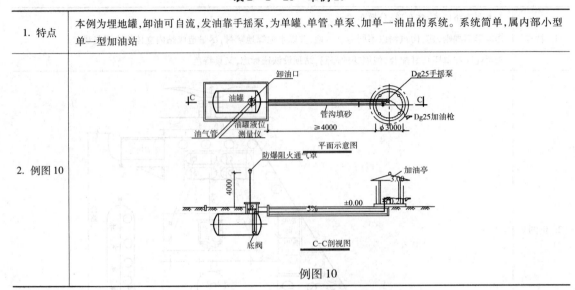 例图 10

第五节　加油站建(构)筑物的建筑要求

一、加油站建筑物的建筑要求

加油站建筑物的建筑要求见表 2-1-29。

表 2-1-29　加油站建筑物的建筑要求

建筑物名称	建筑要求
1. 加油站建筑的一般规定	GB 50156 规范中规定 (1)加油作业区内的站房及其他附属建筑物的耐火等级不应低于二级。当罩棚顶棚的承重构件为钢结构时,其耐火极限可为 0.25h,顶棚其他部分不得采用燃烧体建造 (2)布置有可燃液体或可燃气体设备的建筑物的门、窗应向外开启,并应按现行国家标准《建筑设计防火规范》GB 50016 的有关规定采取泄压措施 (3)加油站内的工艺设备,不宜布置在封闭的房间或箱体内;工艺设备(不包括本规范要求埋地设置的油罐)需要布置在封闭的房间或箱体内时,房间或箱体内应设置可燃气体检测报警器和强制通风设备,并应符合本规范第 12.1.4 条的规定 (4)当压缩机间与值班室、仪表间相邻时,值班室、仪表间的门窗应位于爆炸危险区范围之外,且与压缩机间的中间隔墙应为无门窗洞口的防火墙 (5)辅助服务区内建筑物的面积不应超过本规范附录 B 中三类保护物标准,其消防设计应符合现行国家标准《建筑设计防火规范》GB 50016 的有关规定 (6)当加油站内的锅炉房、厨房等有明火设备的房间与工艺设备之间的距离符合表 1-4-2 的规定但小于或等于 25m 时,其朝向加油作业区的外墙应为无门窗洞口且耐火极限不低于 3h 的实体墙 (7)加油站内不应建地下和半地下室 站内绿化要求 (1)加油站内作业区内不得种植油性植物 (2)加油站内绿化应与美化相结合,并应与加油站内建筑物相协调 (3)加油站内绿化不应妨碍加油站的消防操作

续表

建筑物名称	建筑要求
2. 站房的建筑要求	GB 50156 规范中规定 (1)站房可由办公室、值班室、营业室、控制室、变配电间、卫生间和便利店等组成 (2)站房的一部分位于加油作业区内时,该站房的建筑面积不宜超过 300m²,且该站房内不得有明火设备 (3)站房可与设置在辅助服务区内的餐厅、汽车服务、锅炉房、厨房、员工宿舍、司机休息室等设施合建,但站房与餐厅、汽车服务、锅炉房、厨房、员工宿舍、司机休息室等设施之间,应设置无门窗洞口且耐火极限不低于 3h 的实体墙 (4)站房可设在站外民用建筑物内或与站外民用建筑物合建,并应符合下列规定 ①站房与民用建筑物之间不得有连接通道 ②站房应单独开设通向加油站的出入口 ③民用建筑物不得有直接通向加油站的出入口 其他规定 (1)厨房、热水炉间等有明火的房间,应布置在远离油罐和加油机的一侧 (2)站房与办公、休息、配电、储藏等室合建时,站房应居中、靠前,面向加油机,便于观察来往车辆。站房距加油机最小 5m (3)站房宜建地上式单层建筑。室内地坪一般应高于室外地坪 0.2m,层高不应小于 3.5m。地面应铺非燃材料 (4)站房门应设外开门,窗应宽敞、透明,便于向外观察
3. 润滑油储存间的建筑要求	(1)润滑油储存间不宜与厨房、热水炉毗邻布置 (2)润滑油储存间与站内各工艺设施之间的防火距离,可按《汽车加油加气站设计与施工规范》GB 50156—2012执行 (3)润滑油储存间的门应直接对外,与毗邻房间的隔墙应为实体墙
4. 配电间的建筑要求	(1)配电间与各级爆炸危险场所相邻时,其墙应为非燃烧材料的实体墙,且不得超过两面。配电间不得有工艺管道穿过。所有穿墙的孔洞都应用非燃烧材料严密填实 (2)配电间的门、窗应对外开,且应朝向非爆炸危险场所。当配电间与油泵房毗邻时,配电间的地坪应高出油泵房地坪 0.6m,并且两者的门、窗的路径不应小于 6m,否则应设自动关闭门和固定窗 (3)加油站的低压配电盘可设在站房内。配电盘所在房间的门、窗与加油机、油罐通气管口、密闭卸油口等的距离不应小于 5m
5. 桶装油料仓库的建筑要求	(1)桶装油料库房宜建地上式,净高不应小于 3.5m,储存甲类油料的桶装库房应单独建造,单栋建筑面积不应大于 750m²;隔间面积不应大于 250m²;且隔间应采用防火墙。当甲类桶装油料与乙、丙类桶装油料储存在同一栋库房内时,应采用防火墙隔开 (2)桶装油料库房应设外开门,建筑面积大于 100m² 时,门的数量不得少于两个 (3)桶装油料库房地面和装卸油桶的站台,宜采用混凝土建造,站台宽度、高度应考虑便于油桶装卸和叉车进出 (4)桶装油料库房应在墙体下部和上部设通风口

二、加油站构筑物的建筑要求

加油站构筑物的建筑要求,见表 2-1-30。

表 2-1-30 加油站构筑物的建筑要求

构筑物名称	构筑物的建筑要求
1. 罩棚的建筑要求	(1)加油岛及加油场地宜设罩棚。罩棚应用不燃烧材料建造 (2)罩棚底下的有效高度:在进站口无限高措施时,罩棚的净空高度不应小于 4.5m;在进站口有限高措施时,罩棚的净空高度不应小于限高高度 (3)罩棚边缘与加油机或加油机的平面投影距离不宜小于 2.0m (4)罩棚设计应考虑活荷载、雪荷载、风荷载,其设计标准值应符合现行国家标准《建筑结构荷载规范》GB 50009 的有关规定 (5)罩棚的抗震设计应按现行国家标准《建筑抗震设计规范》GB 50011 的有关规定执行
2. 加油岛的建筑要求	(1)加油岛应高出停车位的地坪 0.15~0.2m (2)加油岛的宽度不应小于 1.2m (3)加油岛上的罩棚支柱边缘距岛端部的距离,不应小于 0.6m
3. 场坪、道路的建筑要求	(1)加油站道路及停车场地宜采用混凝土材料建造,其厚度应根据承载经计算确定 (2)加油站作业区内的停车位和道路不应采用沥青路面 (3)加油站车辆的出口与进口应分开设置。车辆进出口道路的坡度不应大于 8%,且宜坡向站外,站内停车位应平坡设计 (4)站内车道或停车位宽度应按车辆类型确定。单车道或单车停车位宽度不应小于 4m,双车道或双车停车位不应小于 6m (5)站内的道路转弯半径应按行驶车型确定,且不宜小于 9m (6)位于爆炸危险区域内的操作井、排水井,应采取防渗漏和防火花发生的措施

第六节 全封闭加油站与民用建筑合建的技术措施

全封闭加油站与民用建筑合建的技术措施见表 2-1-31。

表 2-1-31 全封闭加油站与民用建筑合建的技术措施

1. 设计思路	(1)全封闭加油站采取了加卸油的油气回收技术,不仅大大减少了对周围环境的污染,而且使加油站的整体安全度大为提高 (2)但由于这类加油站多建于闹市区或与高楼大厦组建在一起,一旦失火,危害很大,所以,建设应坚持"预防为主,防消结合"的指导方针,做到万无一失 (3)国内一些单位在这方面做了一些研究和实际工程上的探索,认为应满足下列技术措施

续表

2. 建设条件及防护措施	(1)条件 加油站不应与锅炉房、无安全屏障的长期有明火作业的工业厂房、易燃易爆的库房、重要的办公用房,以及有保密等特殊环境和安全要求的建筑物合建在一起 (2)防护措施。加油站同其他民用建筑合建时,设计上应考虑整体布局合理,具体应遵守下列技术措施 ①加油场地最好布置在主楼无门窗、无洞孔的实墙一侧,并靠马路或车辆加油通行方便的地方 ②加油站的业务及办公用房可集中镶建于主楼底层之内,但必须采用耐火极限大于2.5h的实体墙和耐火极限大于2h的楼板(梁、柱)与主楼其他部位相隔离,并独立设置专用对外门窗 ③靠近加油站一侧的主楼一层不能采用木材、塑料等易燃材料窗,在加油管理区域内的一层窗户和距加卸油设施(加油机、地下油罐、卸油位置等)水平6m范围内的二层及二层以上的窗户,须采用有效的防外抛引火物的措施 ④主楼的人员出入口不应设在加油站的管理区域之内,其通行路线不应与加油站车流路线相交叉 ⑤主楼内部的厨房、设备用房及经常有明火的房间不宜与加油站管理区域同侧设置 ⑥加油站的地下油罐距主楼外墙应符合现行规范要求,条件受限时可直接敷设在雨棚覆盖的外加油车道之下 ⑦加油机距主楼墙体不宜小于5m ⑧加油站的雨棚可从主楼的外墙直接挑出,两侧边缘覆盖加油机及油罐人孔井等水平距离不宜小于4.50m ⑨油罐通气管口与门窗距离不应小于4.50m ⑩油罐上安装的潜油泵以及液位检测仪表的电控电路,应按1区防爆场所接线。加油机、油罐等应按规范要求做好静电接地
3. 消防技术措施	(1)固定消防措施 ①加油站与大楼合建时必须有足够的消防水源作为保证 ②主楼应依据建筑本身的类型、规模、等级等情况,严格按"建筑设计防火规范"设置自动消防系统和火烟报警系统 ③设立集中消防监控室,实行24h专人值班制 ④对贴建式加油站,其雨棚下面应设固定消防冷却喷水系统及水幕系统,以防火灾事故蔓延 ⑤对加油站场地和油罐直接建于大楼底层的加油站,其顶棚(即大楼上层的地板)除必须采取耐火等级较高的整体浇筑构造外,还应增设固定的顶板冷却喷淋系统,加油站场地的自动灭火喷洒系统及火烟探测系统等连孔设施。因为这种组合方式的加油站,一旦失火,要比贴建式的加油站危害程度更大,因此更须严加防 (2)移动消防器材 ①以往加油站失火多为小火。移动式灭火器材对初期火灾的灭火十分有效 ②因此,加油站必须按规范要求配备有一定数量的移动式灭火器、砂箱、铁锹、灭火被等消防器材

第七节　加油站加油机的选择与安装

一、加油机的选择

(一)加油机选择考虑的因素

加油机选择考虑的因素,见表2-1-32。

表2-1-32 加油机选择考虑的因素

序号	考虑因素
1	加油站建筑形式、规模大小、业务繁忙程度、管理水平、经营性质、隶属关系等有所不同,操作人员的文化程度、业务素质等差异较大,这些因素都对加油机的选择有所影响
2	原有加油站的加油机有的还在使用,其类型较多,故本节除介绍几个厂家的加油机新产品外,亦介绍部分有特殊用途的老产品,供参考
3	本书根据目前收集到的资料,仅介绍几个厂家的产品,不是推荐产品
4	建设单位选购加油机时,应深入调查、根据自己的情况选择适合的产品

(二)北京三盈联合石油技术有限公司生产的加油机

北京三盈联合石油技术有限公司生产的新"三金"SK52、SK56"荣誉"系列加油机,主要用于中石油系统。

(1)产品特点见表2-1-33。

表2-1-33 产品特点

序号	产品特点
1	IC卡一体化主板
2	宽电压设计
3	强抗干扰能力
4	多层电路板工艺
5	适用于汽油、柴油、乙醇汽油
6	可升级为安全专家型加油机
7	FM-500高精度软活塞计量器:300万L以内精度保持±0.2%,500万L以内精度保持±0.25%,运行1000万L无故障
8	GP-50泵组:工作寿命大于1000万L
9	集成数据安全与防爆安全:23项安全技术,油气浓度检测装置、油枪导静电监测装置、人体静电卸载装置(可选配)

(2)产品系列见表2-1-34。

表2-1-34 产品系列

类型		产品名称	型号
SK52型	GF型	单油品单枪(IC卡)税控燃油加油机	SK52GF111K
		单油品双枪(IC卡)税控燃油加油机	SK52GF212K
	QF型	双油品双枪(IC卡)税控燃油加油机	SK52GF222K
		单油品单枪(IC卡)税控燃油潜泵加油机	SK52QF111K
		单油品双枪(IC卡)税控燃油潜泵加油机	SK52QF212K
		双油品双枪(IC卡)税控燃油潜泵加油机	SK52QF222K
SK56型	GF型	双油品四枪(IC卡)税控燃油加油机	SK56GF424K
	QF型	双油品四枪(IC卡)税控燃油潜泵加油机	SK56QF424K
		四油品四枪(IC卡)税控燃油潜泵加油机	SK56QF444K
		三油品六枪(IC卡)税控燃油潜泵加油机	SK56QF666K
		四油品八枪(IC卡)税控燃油潜泵加油机	SK56QF844K

(3)产品机型配置见表2-1-35。

表2-1-35 产品机型配置

序号	SK52标准机型配置	SK56标准机型配置
1	FM—500高精度软活塞计量器	FM—500高精度软活塞计量器
2	自封油枪	自封油枪
3	防爆电机	防爆电机
4	可拆卸清洗过滤器	可拆卸清洗过滤器
5	GP—50泵组	GP—50泵组
6	电磁阀	电磁阀
7	单窗视油器	三窗视油器
8	拉脱阀	拉脱阀
9	防作弊功能	防作弊功能

(4)产品主要技术参数见表2-1-36。

表2-1-36 产品主要技术参数

序号	名称	技术参数
1	环境温度/℃	-40~+55
2	相对湿度/%	20~95
3	电源适应能力	AC220V±20%,50HZ±1Hz AC380V±20%,50HZ±1Hz
4	标准输油流量范围/(L/min)	5~50
5	大流量范围/(L/min)	5~90
6	防爆电机	0.75/1kW
7	最小被测量/L	5
8	最大允许误差/%	±0.3
9	大小流量重复性误差不超过/%	0.15
10	噪声/dB(A)	<70
11	进口真空度/kPa	≥54
12	单价设置范围/(元/L)	0~99.99
13	单次计量累计计数范围/L	0~9999.99
14	单次金额累计计数范围/元	0~9999.99
15	预计范围	1~9999L,0~9999元
16	加油量电脑累计计数范围/L	0~9999999.99
17	金额累计计数范围/元	0~99999999.99

(5)产品外形尺寸图。SK52型见图2-1-2,SK56型见图2-1-3。

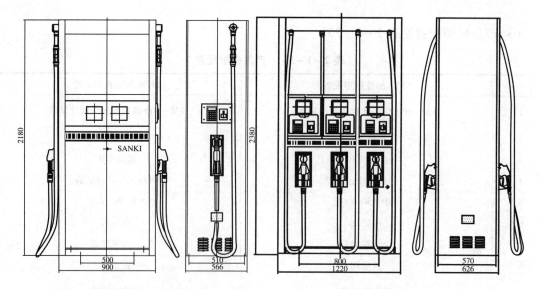

图 2-1-2 SK52 机型外观图　　图 2-1-3 SK56 机型外观图

(三)北京长吉加油设备有限公司生产的加油机

(1)撬装站加油机 IC 卡及非 IC 卡系列见表 2-1-37。

表 2-1-37　撬装站加油机 IC 卡及非 IC 卡系列

(1)概况	①撬装站加油机—IC 卡及非 IC 卡系列,与撬装油罐完美结合,组成撬装加油站 ②撬装加油站是一种集地面防火防爆储油罐、加油机和自动灭火器于一体的撬式加油站,它是一项来自美国的专利技术
(2)撬装加油站的特点	①投资小,见效快 ②申请手续简单 ③油站体积小,占地少 ④安装简便,可整体迁移。迁移后,设备不受损,经济上可保值 ⑤这种油站设置,有许多地埋式加油站所没有的安全部件,如:自动灭火装置、紧急泄压装置、防注油过量装置、报警装置、高温自动断油保护阀、内部燃烧抑制装置 ⑥加油站配备有一级油气回收装置,双壁储罐杜绝了泄漏和污染因素,储罐夹层的监视仪提高了泄漏监测力度
(3)产品使用性能和环境	①标准输油流量　5~50L/min ②计量准确度　±0.25% ③工作环境 a. 相对湿度:20%~95% b. 最高温度:+55℃ c. 最低温度:-35℃ d. 整机噪音:≤72dB ④电脑供电　单相 220V、50Hz ⑤电脑功耗　≤500W ⑥自带泵进油口真空度　≥54kPa ⑦潜泵出油口压力　≥260kPa ⑧动力　自带泵,三相 380V、50Hz、750W

(2)必胜系列加油机性能见表2-1-38,设备型号见表2-1-39。

表2-1-38　必胜系列加油机性能

(1)品种	必胜系列加油机,有标准机和高档机两种
(2)产品特点	①时尚外观,为油站增添风采:美洲流行款式,外形豪华气派,多种机型可供选择,不锈钢侧蒙皮 ②可靠品质,让顾客耳目一新 a. 寿命更长的进口组装CFT流量计,适用各种油质 b. 采用Gilbarco公司成熟的电脑控制技术,加油过程更加安全、舒适 c. 预留足够空间,供用户管理升级(可配中央管理系统/IC卡系统/液位仪及油气回收装置/安装广告显示系统) d. 自带泵标准配置进口组装摆线齿轮泵,运行平稳,低噪音 e. 高档机配进口电磁阀、进口油枪,标准机配优质电磁阀和优质油枪 f. 背光源+液晶显示方式,昼夜明亮清晰 ③安全性能,使运营高枕无忧 a. 独特的防雷击安全保护功能 b. 高强度防爆金属管硬管布线,整机安全性能高 c. 整机设有三道过滤系统,保证输出洁净油质,延长加油机使用寿命
(3)使用性能和环境	①标准输油流量:5~50L/min ②计量准确度:±0.25% ③工作环境 a. 相对湿度:20%~95% b. 最高温度:+55℃ c. 最低温度:-35℃ ④整机噪声:≤72dB ⑤电脑供电:单相220V、50Hz ⑥电脑功耗:≤500W ⑦自带泵进油口真空度:≥54kPa ⑧潜泵出油口压力:≥260kPa ⑨动力 a. 潜泵、自带泵可选 b. 潜泵:单相220V、50Hz、1200W c. 自带泵:三相380V、50Hz、750W ⑩外型尺寸 a. 标准机外型尺寸:1257(长)mm×820(宽)mm×2387(高)mm b. 高档机外型尺寸:946(长)mm×820(宽)mm×2387(高)mm; 1257(长)mm×820(宽)mm×2387(高)mm

表2-1-39　设备型号

	型号	税控设备名称	型号	IC卡税控设备名称
标准机	TB3202	税控潜泵双油品四枪四显示	KB3202	IC卡税控潜泵双油品四枪四显示
	TC3202	税控自带泵双油品四枪四显示	KC3202	IC卡税控自带泵双油品四枪四显示
	TB7202	税控潜泵四油品四枪四显示	KB7202	IC卡税控潜泵四油品四枪四显示
	TO5202	税控潜泵三油品六枪双显示	KO5202	IC卡税控潜泵三油品六枪双显示
	TF5202	税控潜泵四油品六枪四显示	KF5202	IC卡税控潜泵四油品六枪四显示
高档机	T21202	税控潜泵单油品双枪双显示	K21202	IC卡税控潜泵单油品双枪双显示
	T23202	税控潜泵双油品双枪双显示	K23202	IC卡税控潜泵双油品双枪双显示
	T31202	税控自带泵单油品双枪双显示	K31202	IC卡税控自带泵单油品双枪双显示
	T33202	税控自带泵双油品双枪双显示	K33202	IC卡税控自带泵双油品双枪双显示
	TB3202	税控潜泵双油品四枪四显示	KB3202	IC卡税控潜泵双油品四枪四显示
	TC3202	税控自带泵双油品四枪四显示	KC3202	IC卡税控自带泵双油品四枪四显示
	TB7202	税控潜泵四油品四枪四显示	KB7202	IC卡税控潜泵四油品四枪四显示
	T05202	税控潜泵三油品六枪双显示	K05202	IC卡税控潜泵三油品六枪双显示
	TF5202	税控潜泵四油品六枪四显示	KF5202	IC卡税控潜泵四油品六枪四显示

（3）卓越 C 系列税控电脑加油机性能见表 2-1-40；设备型号见表 2-1-41。

表 2-1-40　卓越 C 系列税控电脑加油机性能

(1)品种	卓越 C 系列税控电脑加油机，有标准机和高档机两种
(2)产品特点	①外型美观大方，多种机型可供选择 ②进口组装寿命更长的 CFT 流量计，适用各种油质 ③采用 Gilbarco 公司成熟的电脑控制技术，加油过程更加安全、舒适 ④预置加油或任意加油，容积预置或金额预置可随用户任意选用 ⑤独特的防雷击安全保护功能 ⑥背光源+液晶显示方式，昼夜明亮清晰 ⑦电气部件符合国家防爆标准，整机安全性能高 ⑧标准机。标准配置叶片泵，可选优质摆线齿轮泵或进口潜泵，配高精度电磁阀 高档机。标准配置进口组装摆线齿轮泵，可选进口潜泵，配进口电磁阀、进口优质油枪，防爆金属管硬管布线，整机设有三道过滤系统，保证输出洁净油质，延长加油机使用寿命
(3)使用性能和环境	①标准输油流量　5~50L/min ②计量准确度　±0.25% ③工作环境 　a. 相对湿度　20%~95% 　b. 最高温度　+55℃ 　c. 最低温度　-35℃ ④整机噪音　高档机≤72dB；标准机≤73dB ⑤电脑供电　单相 220V、50Hz ⑥电脑功耗　≤500W ⑦自带泵进油口真空度　≥54kPa ⑧潜泵出油口压力　≥260kPa ⑨动力 　a. 潜泵、自带泵可选 　b. 潜泵　单相 220V、50Hz、1200W 　c. 自带泵　三相 380V、50Hz、750W ⑩外型尺寸　1000(长)mm×520(宽)mm×2090(高)mm

表 2-1-41　设备型号

	标准机		高档机	
	型号	名称	型号	名称
JT 型	JT1000GC	税控自带泵单油品单枪双显示	JT1000GB	税控自带泵单油品单枪双显示
	JT1100GC	税控自带泵单油品双枪四显示	JT1100GB	税控自带泵单油品双枪四显示
	JT1200GC	税控自带泵双油品双枪四显示	JT1200GB	税控自带泵双油品双枪四显示
JTA 型	JTA000GC	税控潜泵单油品单枪双显示	JTA000GB	税控潜泵单油品单枪双显示
	JTA100GC	税控潜泵单油品双枪四显示	JTA100GB	税控潜泵单油品双枪四显示
	JTA200GC	税控潜泵双油品双枪四显示	JTA200GB	税控潜泵双油品双枪四显示
JFK 型	JK1000GC	IC 卡税控自带泵单油品单枪双显示	JK1000GB	IC 卡税控自带泵单油品单枪双显示
	JK1100GC	IC 卡税控自带泵单油品双枪四显示	JK1100GB	IC 卡税控自带泵单油品双枪四显示
	JK1200GC	IC 卡税控自带泵双油品双枪四显示	JK1200GB	IC 卡税控自带泵双油品双枪四显示
JKA 型	JKA000GC	IC 卡税控潜泵单油品单枪双显示	JKA000GB	IC 卡税控潜泵单油品单枪双显示
	JKA100GC	IC 卡税控潜泵单油品双枪四显示	JKA100GB	IC 卡税控潜泵单油品双枪四显示
	JKA200GC	IC 卡税控潜泵双油品双枪四显示	JKA200GB	IC 卡税控潜泵双油品双枪四显示

（四）上海伯莱机械有限公司生产的加油机

1. 赛克车载加油机

(1) 赛克车载加油机主要技术参数见表 2－1－42。

表 2－1－42　赛克车载加油机主要技术参数表

名　　称	技术参数
流量范围/(L/min)	5～50
最小被测量/L	5
计量准确度	①最大允许误差不超过 ±0.30% ②测量的重复性误差不超过 0.15% ③最小被测量的最大允许误差为 ±0.50%，其测量的重复性误差不超过 0.25%
噪音/dB(A 声级)	不大于 80
单次计数范围	①容积　0.00～9999.99L ②金额　0.00～9999.99 元
班累计数范围	①容积　0.00～999999.99 ②金额　0.00～999999.99 元
总累计数范围	①容积　0.00～9999999999.99L ②金额　0.00～9999999999.99 元
单价设置范围	0～99.99 元/L
环境条件	①温度　－40～＋55℃ ②相对湿度　30%～90% ③防爆电气环境符合 GB 3836.1 中的有关规定
加油机最高工作压力/MPa	不大于 0.3
税控存储器容量/kB	≥128
电源	①电压　DC12V/24V(＋20%～10%)(汽车蓄电池) ②功率　25W

(2) 赛克车载加油机 SKDS－2001A 外形图见图 2－1－4；底部安装孔见图 2－1－5。

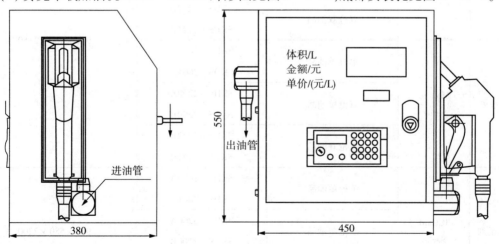

图 2－1－4　赛克车载加油机外形图

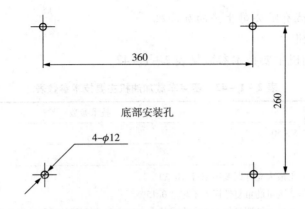

图2-1-5 赛克车载加油机底部安装孔图

2. 上海伯莱机械有限公司生产的其他系列加油机

(1) 产品系列见表2-1-43。

表2-1-43 产品系列

系列名称	系列符号	单机名称	单机型号	单机外形尺寸/mm
标致系列	Comely Series	单枪单油品	SKDS-2000A	900×480×1600
			SKDS-2001A	
		双枪单油品	SKDS-2200A	
			SKDS-2200B	
		双枪双油品	SKDS-2222B	
			SKDS-2221B	
通用系列	General Series	单枪单油品	SKDS-2000A	900×480×2150
			SKDS-2001A	
		双枪单油品	SKDS-2200A	
			SKDS-2200B	
		双枪双油品	SKDS-2222B	
			SKDS-2221B	
现代系列	Modern Series	单枪单油品	SKDS-2000A	
			SKDS-2001A	
		双枪单油品	SKDS-2200A	
			SKDS-2200B	
		双枪双油品	SKDS-2222B	
			SKDS-2221B	
IC卡系列	ICCard Series	单枪单油品	SKDS-3000A	900×580×2200
			SKDS-3001A	
		双枪单油品	SKDS-3200A	
			SKDS-3200B	
		双枪双油品	SKDS-3222B	
			SKDS-3221B	

续表

系列名称	系列符号	单机名称	单机型号	单机外形尺寸/mm
凌志系列	Grand Series	单枪单油品	SKDS-2000A	900×580×2400
			SKDS-2001A	
		双枪单油品	SKDS-2200A	
			SKDS-2200B	
		双枪双油品	SKDS-2222B	
			SKDS-2221B	
		四枪双油品	SKDS-2422B	1200×710×2400
			SKDS-2422C	
			SKDS-2421B	
			SKDS-2421C	
		四枪四油品	SKDS-2441C	
		六枪三油品	SKDS-2633C	
			SKDS-2631C	
			SKDS-2633D	
			SKDS-2631D	
			SKDS-2633F	
			SKDS-2631F	

（2）机型配置见表 2-1-44。

表 2-1-44　机型配置

系列名称	配置名称	机型配置
标致、通用、现代、IC卡、凌志的：单枪单油品；双枪单油品；双枪双油品	①普通型配置	a. 分体泵、硬活塞流量计、铸铝油气分离器、自封油枪、电磁阀、750W 防爆电机、单窗视油器、冷板机壳
		b. 可选配置：组合泵、软活塞流量计
	②豪华型配置	a. 齿轮泵、高精度软活塞流量计、金属软管布线
		b. 可选配置：拉断阀、万向接头、不锈钢侧板
	③潜泵系列配置	a. 软活塞流量计、自封油枪、二级过滤、电磁阀、高架视油器、冷板机壳
		b. 可选配置：拉断阀、万向接头、不锈钢侧板
凌志的：四枪双油品；四枪四油品；六枪三油品	①普通型配置	a. 组合泵、软活塞流量计、自封油枪、电磁阀、750W 防爆电机、三窗视油器、冷板机壳
		b. 可选配置：不锈钢侧板
	②豪华型配置	a. 齿轮泵、高精度软活塞流量计、金属软管布线
		b. 可选配置：拉断阀、万向接头、不锈钢侧板
	③潜泵系列配置	a. 软活塞流量计、自封油枪、二级过滤、电磁阀、高架视油器、冷板机壳
		b. 可选配置：拉断阀、万向接头、不锈钢侧板

(3)主要技术参数见表2-1-45。

表2-1-45　主要技术参数

名　　称	技术参数
环境温度/℃	-35~+45
相对湿度/%	30~90
电源适应范围	AC 220V±20%（50±1）Hz AC 380V±20%（50±1）Hz
标准输油量范围/(L/min)	5~50
大流量范围/(L/min)(柴油)	5~90
防爆电机	0.75kW/1kW
最小被测量/L	5
体积示值最大允许误差/%	±0.30
重复性误差不超过/%	0.15
量小被测量的最大允许误差/%	±0.50
最小被测量的重复性误差不超过/%	0.25
噪音/dB(A声级)	≤80
进口真空度/kPa	≥54
出口压力/kPa	≤0.3
单价设置范围/(元/L)	0.00~99.99
单次计量累计计数范围/L	0.00~9999.99
单次金额累计计数范围/元	0.00~9999.99
加油量电脑累计计数范围/L	0.00~9999999999.99
金额累计计数范围/元	0.00~9999999999.99

(五)合肥中升加油设备制造有限公司生产的加油机

1. 中升车载系列加油机

(1)产品特点见表2-1-46。

表2-1-46　产品特点

序号	产品特点
1	中升车载系列加油机是利用汽车所带油泵为动力进行流动性加油
2	可满足流动售油的需求,具有普通税控加油机的各项功能
3	适用于添加汽油、柴油、乙醇等轻质燃料
4	中升车载加油机具有体积小巧、功能齐全、外观美观等特点

(2)主要技术参数见表2-1-47。

表2-1-47 主要技术参数

名　　称	技　术　参　数
环境温度/℃	-40 ~ +55
相对湿度/%	30 ~ 90
电源适应范围	DC12V、DC24V
额定功率/W	750
噪声/dB(A声级)	≤80
流量范围/(L/min)	5 ~ 55
最小被测量/L	5
最大允许误差/%	±0.3
进口真空度/kPa	≥54
单价设置范围/(元/L)	0.00 ~ 99.99
单次计数范围/(L/元)	体积/金额:0.00 ~ 9999.99
累计计数范围/(L/元)	体积/金额:0.00 ~ 999999.99
单油品单枪机外形尺寸/mm	550×450×380

2. 其他系列加油机

(1)其他系列加油机的系列与特点见表2-1-48。

表2-1-48 其他系列加油机的系列与特点

①产品系列	合肥中升加油设备制造有限公司生产的其他系列加油机,还有"中升鼎峰系列"、"中升中星系列"(可选配潜油泵机)、"中升中华系列"(此机器为外贸机型)
②产品特点	a. 流线型外观设计,简洁、大方 b. 高精度流量计使计量更准确、寿命更长久 c. 大屏液晶显示(采用感光灯开关)及不锈钢的使用 d. 工业级电脑设计,运行更稳定可靠,操作简单方便 e. 可选IC卡机联动功能,可直接与后台计算机联网 f. 优良的电磁兼容和抗干扰性能 g. 防雨、防潮、防沙、防爆性能好

(2)主要技术参数见表2-1-49。

表2-1-49 主要技术参数

名　　称	技　术　参　数
环境温度/℃	-40 ~ +55
相对湿度/%	30 ~ 90
电源	AC220V、AC380V、50Hz
额定功率/W	750
噪音/dB(A声级)	≤80

续表

名　称	技　术　参　数
流量范围/(L/min)	5~55
最小被测量/L	5
最大允许误差/%	±0.3
进口真空度/kPa	≥54
单价设置范围	0.00~99.99 元/L,中华系列为 0~999.9 元/L
单次计数范围	体积/金额　0.00~9999.99L/元,中华系列为 0~99999.9 L/元
累计计数范围	体积/金额　0.00~999999.99L/元,中华系列为 0~9999999.9 L/元
加油机外形尺寸/mm	中升鼎峰系列　960×500×2210 中升中星系列　1185×590×2390 中升中华系列　860×480×1600

（六）正星科技有限公司生产的加油机

1. 正星悬挂式加油系统

（1）产品特点见表 2-1-50。

表 2-1-50　产品特点

序　号	产　品　特　点
1	悬挂式加油系统是正星公司在引进、消化、吸收国外先进技术的基础上,结合中国国情最新研制的一款全新加油设备
2	它的设计理念是从根本上解决中心城市土地日益紧缺,传统加油站占地面积过大,汽车加油通行不畅等问题
3	悬挂式加油系统可使整个加油站的地面空间对车道全面开放,从而大大降低油站建设成本
4	该加油系统所有的设备均可悬挂于油站的顶棚上,彻底改变了传统的油站加油设备布局模式
5	其显示方式采用高亮度大屏液晶,使得加油数据更加一目了然
6	多种颜色的色彩搭配使油站更具现代风格,是加油站提升形象的最理想设备

（2）主要技术参数见表 2-1-51。

表 2-1-51　主要技术参数

名　称	技术参数
环境温度/℃	-40~+55
相对湿度	≤95%
电源适应能力	AC 220V +10%,-15%　50Hz±1Hz AC 380V +10%,-15%　50Hz±1Hz
额定功率(自带泵)/W	750~1100
噪音/dB(A 声级)	≤70
标准输油流量范围/(L/min)	5~60
最小被测量/L	5

续表

名　称	技术参数
加油机最大允许误差/%	≤±0.3,其测量重复性误差不超过±0.15
进口真空度/kPa	≥54
单价设置范围/(元/L)	0.00~99.99
单次计量累计计数范围/L	0.00~999.99
单次金额累计计数范围/(L/元)	0.00~9999.99
预置范围	1~999L,1~9999元
加油量电脑累计计数范围/L	0~9999999.99
加油量机械累计计数范围/L	0~9999999
金额累计计数范围/元	0~99999999.99

2. 正星卡机联接加油机

（1）产品功能及特点见表2-1-52。

表2-1-52　产品功能及特点

序号	功能及特点
1	多种工作模式的混合支持:根据配置轻松实现卡自助模式、非自助普通模式、脱机模式的切换,满足不同类型的加油站使用和机型配置
2	支持新的中国石油加油站零售管理系统:满足中国石油新的加油机管理通讯协议,和卡支付协议规范的要求,完成售油的管理和控制;完成中油加油卡的支付控制
3	支持银联卡(扩充):通过更换读卡器和增加软件模块即可支持银联卡或银行卡的交易支付
4	友好的语音提示信息:语音提示使自助加油变得更轻松、更友好
5	掉电支持:当系统突然掉电后,则可完成当前交易的完整支付及打印
6	友好的人机接口支持:通过大触摸显示屏的采用,使人机交互的信息量更大、更友好
7	采用工业以太网通讯模式:通过一根5类线把卡机联接加油机的所有功能模块挂接在加油站内的以太网内,使各设备模块的通讯接口统一,也使站内系统布线变得简洁有效
8	安全保障:在卡机联接加油机上可加装视频监控装置、语音报警装置等安全保障装置
9	环保装置:在卡机联接加油机上预留有油气回收装置,使加油机符合环保要求

（2）主要技术参数见表2-1-53。

表2-1-53　主要技术参数

名　称	技术参数
环境温度/℃	-40~+55
相对湿度/%	30~90
电源适应能力	AC 220V +10%,-15% 50Hz
	AC 380V +10%,-15% 50Hz
电机额定功率/W	1000
噪声/dB	≤80

续表

名　称	技　术　参　数
流量范围/(L/min)	5~50
最小被测量/L	5
脱机交易存储/笔	10000
进口真空度/kPa	≥54
单价金额范围/(元/L)	0~9.99
单次计数范围	体积　0~9999.99L 金额　0~9999.99 元
累计计数范围	体积　0~999999.99L 金额　0~999999.99 元
密度调节范围	0.00~2.00
大气压力/kPa	86~106
工作压力/MPa	0.5

3. 正星天骄 42 系列加油机

(1) 产品特点及配置见表 2-1-54。

表 2-1-54　产品特点及配置

项　目	产品特点及配置
产品特点	(1) 天骄 42 系列产品源于经典设计,经过多项改进更成熟更完善,是正星的主力产品 (2) 主要面向国家石油公司的城市加油站
产品配置	(1) 主要配置:G. PO3 齿轮泵、LLJ05 流量测量变换器、龙野流量测量变换器 (2) 基本配置:大屏幕液晶显示、自封油枪、胶封型防爆电磁阀、750 W 防爆电机、铸铝枪套、三窗视油器、金属软管布线、冷板机壳、可拆卸清洗过滤器 (3) 豪华配置:进口自封油枪、进口电磁阀、不锈钢内外附板、进口紧急切断阀,其他同标准配置 (4) 多功能配置:语言提示功能、油气监控系统、打印机数量可任意组合、内部加热系统、银行卡 POS、投币系统

(2) 主要技术参数见表 2-1-55。

表 2-1-55　主要技术参数

名　称	技　术　参　数
环境温度/℃	-40~+55
相对湿度/%	≤95
电源适应能力	AC 220V +10%,-15%　50Hz AC 380V +10%,-15%　50Hz
电机额定功率/W	750
噪音/dB(A 声级)	≤80
流量范围/(L/min)	5~50
最小被测量/L	5
进口真空度/kPa	≥54

续表

名称	技术参数
最大允许误差/%	±0.3
单价设置范围/(元/L)	0.00~9.99
单次计量范围	体积 0.00~9999.99L，金额 0.00~9999.99元
累计计数范围	体积 0~999999.99L，金额 0~999999.99元
外形尺寸/mm	1220×820×2370

(七)托肯恒山科技(广州)有限公司生产的加油机

托肯恒山科技(广州)有限公司生产的加油机，主要有昆腾420系列产品。

(1)产品配置见表2-1-56。

表2-1-56 产品配置

序号	产品配置
1	TQM软活塞流量计，内置编码器
2	TQP叶片泵
3	TMC全球通用加油机电脑，支持主通讯协议：UDC、IFSF
4	金额/升数6位数、单价4位数的背光LCD显示屏
5	电磁阀控制的定量和定额设置
6	不同流速的油枪
7	悬挂式油管装置

(2)主要技术参数，见表2-1-57。

表2-1-57 主要技术参数

名称	技术参数
环境温度/℃	-20~+55
相对湿度/%	20~95
电源适应能力	AC 220V +10%~-15%，50Hz±1Hz AC 380V +10%~-15%，60Hz±1Hz
电机额定功率/W	750~1000
噪音/dB(A)	≤70
流量范围/(L/min)	5~60
最小被测量/L	5
进口真空度/kPa	≥54
最大允许误差/%	≤±0.3，大、小流量重复性误差不超过±0.15
单价金额范围/(元/L)	0~99.99
单次计量累计计数范围	体积 0~999.99L，金额 0~9999.99元
预置范围	体积 1~999L，金额 1~9999元
加油量电脑累计计数范围/L	0~9999999.99
加油量机械累计计数范围/L	0~9999999
金额累计计数范围/元	0~99999999.99
加油机外形尺寸/mm	1110×670×2382

（八）SH 型手摇泵

SH 型手摇泵见表 2-1-58。

表 2-1-58 SH 型手摇泵

1. 用途	适用于抽吸汽油、煤油及对铁和铜无腐蚀性液体，不适用含有纤维或其他固体颗粒液体			
2. 特点	结构紧凑，使用方便可靠，价格低，无需动力电源，只需 1~2 人手动往复摇动手柄即可工作			
3. 主要技术数据	性能	型号规格		
		SH-25	SH-38	SH-50
	活塞直径/mm	70	100	120
	活塞行程/mm	70	90	110
	往返次数/(次/s)	0.5~0.75	0.5~0.75	0.42~0.55
	流量/(L/s)	0.25~0.38	0.65~0.98	0.98~1.37
	最大扬程/m	30	30	30
	吸上高度/m	4.5	4.5	4.5
	吐出及吸入口径	25	25	25
	质量/kg	19	27	45
	工作人员	1~2	1~2	1~2
4. 生产厂	浙江水泵厂			

（九）DJG-0.75-500-Ⅰ或Ⅱ型船用电动卷扬式管道加油机

DJG-0.75-500-Ⅰ或Ⅱ型船用电动卷扬式管道加油机见表 2-1-59。

表 2-1-59 DJG-0.75-500-Ⅰ或Ⅱ型船用电动卷扬式管道加油机

1. 用途	(1) 用于水上加油站和加油船只补给油料之用 (2) Ⅰ型用于闪点 60℃ 以上的液体介质场所 (3) Ⅱ型用于闪点 28℃ 以下的液体介质场所
2. 特点	(1) 节省劳动力。使用一个加油器可少用 3~4 名加油工，降低加油工劳动强度 (2) 延长输油胶管寿命 1 倍以上，有明显的经济效益 (3) 操作简单，灵活可靠，维修方便，无爆声，无污染，有利于安全生产 (4) 适应性强，可在潮差较大、距离远的情况下进行作业
3. 主要技术数据	(1) 油管直径 40mm (2) 最大工作压力 1MPa (3) 输油胶管线速度 37m/min (4) 电动机，YB 型防爆电动机 0.75kW/380V，防爆等级 d Ⅱ$_A$T$_3$，转速 1450r/min (5) 整机重量 150kg（不包括胶管）
4. 生产厂	上海石油设备厂

二、加油机的选择与安装要点

（一）新规范对加油机选择与安装的规定

新修订的《汽车加油加气站设计与施工规范》GB 50156 中，对加油机选择与安装的规定，见表 2-1-60。

表 2-1-60　新规范对加油机选择与安装的规定

序号	规定
1	加油机不得设在室内
2	加油枪应采用自封式加油枪,汽油加油枪的流量不应大于 50L/min
3	加油软管上宜设安全拉断阀
4	以正压(潜油泵)供油的加油机,其底部的供油管道上应设剪切阀,当加油机被撞或起火时,剪切阀应能自动关闭
5	采用一机多油品的加油机时,加油机上的放枪位应有各油品的文字标识,加油枪有颜色标识
6	位于加油岛端部的加油机附近应设防撞柱(栏),其高度不应小于 0.5m

(二)加油机选择的原则

加油机选择的原则见表 2-1-61。

表 2-1-61　加油机选择的原则

1. 考虑使用条件	按照用户对加油机的使用要求、 使用环境条件、 输送介质的性质等选择具有相应性能的加油机
2. 考虑人员素质	(1)按照用户操作人员的素质、要求控制的方式和自动控制的程度选择不同档次的加油机 (2)如操作人员文化程度低,加油频率又低,可选用手动的加油机,即手摇泵 (3)如操作人员文化素质高,加油频率高,要求自控程度高,可选用全自动微电脑计量加油机 (4)无特殊要求的加油站多选用自动计量加油机
3. 考虑经济因素	(1)按照经济能力和经济效益的预测选择产品价格可以承受的加油机 (2)一般进口加油机技术上虽然先进,但价格较贵 (3)国产加油机相对比较便宜,因此一般加油站宜选用国内产品
4. 考虑技术因素	(1)按照加油机吸入口至油罐的吸入管长、管径及管路附件,计算吸入管路的摩擦阻力及加油机泵轴中心距吸入管端的高差这两者之和必须小于加油机的吸程,加油机才能正常工作 (2)管路的摩擦阻力计算比较复杂,一般可从油管水力摩阻计算表中查得,详见本书第四章有关部分

(三)加油机的安装

加油机的安装要求见表 2-1-62。

表 2-1-62　加油机的安装要求

加油机的安装位置	1. 在车道的位置	(1)原因。为了方便给汽车加油 (2)要求 ①加油机应安装在单股车道旁边 ②或两股车道的中间
	2. 在加油岛上	(1)原因为了避免加油机被汽车碰撞 (2)要求 ①加油机应安装在加油岛上,并多在两根雨罩立柱的中间 ②几台加油机及加油机与立柱之间应留有便于操作的距离,一般不小于 0.6m ③加油岛地坪标高比周围场地高 0.2m ④除考虑加油机的安全外,还要保证加油机不被雨水浸泡
	3. 安全距离	(1)原因。为了安全防火防爆的需要 (2)要求。规范上要求加油机与站房的最小安全距离为 5m

加油机的安装基础	1. 原因。加油机在运转过程中,有轻微的振动,所以加油机不但安装在加油岛上,而且应在加油岛的加油机机座下浇筑混凝土基础 2. 长、宽。基础的长、宽尺寸应按机座尺寸确定,略大于或等于机座尺寸,但不能小于机座尺寸 3. 厚度。基础厚度应根据加油机的重量和地脚螺钉的长度确定,一般为0.4~0.6m,比地脚螺钉长0.1m即可 4. 预留孔洞。基础中间应预留安装吸油管和电线管的孔洞 5. 地脚螺钉。地脚螺钉预留孔的位置、深度应根据加油机座实际确定 6. 施工时间。为了减少返工、便于安装,加油机的基础浇筑一般应在加油机到安装现场后再行施工为宜
加油机的就位和稳固	1. 原因。为了减少加油机运转中的振动,延长加油机的使用寿命 2. 机身要求。在加油机安装就位时,应使机身垂直、机座水平,不得歪斜 3. 方法。应用重锤线找正、用水平尺找平 4. 顺序。待测量准确、垫好机座后再浇灌地脚螺钉孔,稳固机身
加油机油管和电线的安装	1. 安装时间。待加油机地脚螺钉孔内砂浆凝固后,才可进行加油机油管和电线的安装 2. 安装要求。其安装要求应按相应工种的施工规程进行

第八节 新规范对加油站油(气)管路设计与安装的有关规定

新修订的《汽车加油加气站设计与施工规范》GB 50156,对加油站油(气)管路设计与安装规定,见表2-1-63。

表2-1-63 新规范对加油站油(气)管路设计与安装的有关规定

序号	规定
1	油罐车卸油必须采用密闭卸油方式
2	每个油罐应各自设置卸油管道和卸油接口。各卸油接口及油气回收接口,应有明显的标识
3	卸油接口应装设快速接头及密封盖
4	加油站采用卸油油气回收系统时,其设计应符合下列规定 (1)汽油罐车向站内油罐卸油应采用平衡式密闭油气回收系统 (2)各汽油罐可共用一根卸油油气回收主管,回收主管的公称直径不宜小于80mm (3)卸油油气回收管道的接口宜采用自闭式快速接头,采用非自闭式快速接头时,应在靠近快速接头的连接管道上装设阀门
5	(1)加油站宜采用油罐装设潜油泵的一泵供多机(枪)的加油工艺 (2)采用自吸式加油机时,每台加油机应按加油品种单独设置进油管和罐内底阀
6	加油站采用加油油气回收系统时,其设计应符合下列规定 (1)应采用真空辅助式油气回收系统 (2)汽油加油机与油罐之间应设油气回收管道,多台汽油加油机可共用1根油气回收主管,油气回收主管的公称直径不应小于50mm (3)加油油气回收系统应采取防止油气反向流至加油枪的措施 (4)加油机应具备回收油气功能,其气液比宜设定为1.0~1.2 (5)在加油机底部与油气回收立管的连接处,应安装一个用于检测液阻和系统密闭性的丝接三通,其旁通短管上应设公称直径为25mm的球阀及丝堵

续表

序号	规 定
7	(1)汽油罐与柴油罐的通气管应分开设置 (2)通气管管口高出地面的高度不应小于4m (3)沿建(构)筑物的墙(柱)向上敷设的通气管,其管口应高出建筑物的顶面1.5m及以上 (4)通气管管口应设置阻火器
8	通气管的公称直径不应小于50mm
9	当加油站采用油气回收系统时,汽油罐的通气管管口除应装设阻火器外,尚应装设呼吸阀,呼吸阀的工作正压宜为2~3kPa,工作负压宜为1.5~2kPa
10	加油站工艺管道的选用,应符合下列规定 (1)油罐通气管道和露出地面的管道,应采用符合现行国家标准《输送流体用无缝钢管》GB/T 8163的无缝钢管 (2)其他管道应采用输送流体用无缝钢管或适于输送油品的热塑性塑料管道,所采用的热塑性塑料管道应有质量证明文件。非烃类车用燃料不得采用不导静电的热塑性塑料管道 (3)无缝钢管的公称壁厚不应小于4mm,埋地钢管的连接应采用焊接 (4)热塑性塑料管道的主体结构层应为无孔隙聚乙烯材料,壁厚不应小于4mm,埋地部分的热塑性塑料管道应采用配套的专用连接管件电熔连接 (5)导静电热塑性塑料管道导静电衬层的体电阻率应小于$10^8\Omega \cdot m$,内表面电阻率应小于$10^{10}\Omega$ (6)不导静电热塑性塑料管道主体结构层的介电击穿强度应大于100kV (7)柴油尾气处理液加注设备的管道,应采用奥氏体不锈钢管道或能够满足输送柴油尾气处理液的其他管道
11	油罐车卸油时用的卸油连通软管、油气回收连通软管、应采用导静电耐油软管,其体电阻率应小于$10^8\Omega \cdot m$,其内表面电阻率应小于$10^{10}\Omega$,或采用内附金属丝(网)的橡胶软管
12	(1)加油站内的工艺管道除必须露出地面的以外,均应埋地敷设 (2)当采用管沟敷设时,管沟内必须用中性沙子或细土填满、填实
13	卸油管道、卸油油气回收管道、加油油气回收管道、油罐通气管横管,应坡向埋地油罐。卸油管道的坡度不应小于2‰,卸油油气回收管道、加油油气回收管道、油罐通气管横管坡度,不应小于1%
14	(1)受地形限制,加油油气回收管道坡向油罐的坡度不能满足上面"13"条要求时 (2)可在管道靠近油罐的位置设置集液器,且管道坡向集液器的坡度不应小于1%
15	(1)埋地工艺管道的埋设深度不得小于0.4m (2)敷设在混凝土场地或道路下面的管道,管顶低于混凝土层下表面不得小于0.2m (3)管道周围应回填不小于100mm厚的中性沙子或细土
16	(1)工艺管道不应穿过或跨越站房等与其无直接关系的建(构)筑物 (2)与管沟、电缆沟和排水沟相交叉时,应采取相应的防护措施
17	不导静电热塑性塑料管道的设计和安装,除应符合本节的有关规定外,尚应符合下列规定 (1)管道内油品的流速应小于2.8m/s (2)管道在人孔井内、加油机底槽内和卸油口等处未完全埋地的部分,应在满足管道连接要求的前提下,采用最短的安装长度和最少的接头
18	埋地钢质管道外表面的防腐设计,应符合现行国家标准《钢质管道外腐蚀控制规范》GB/T 21447的有关规定

第九节　加油站油(气)管路的工艺流程图表

一、油(气)管路的工艺流程图表

油(气)管路的工艺流程图表见表2-1-64。

表2-1-64　油(气)管路的工艺流程图

1. 油品管路的工艺流程	加油站油品管路的工艺流程比较简单,主要有两种,一种是"车—罐—机—箱"流程,另一种是"罐—罐—机—箱"流程
(1)"车—罐—机—箱"流程	这种流程是汽车油罐车把油运来,卸入加油站的储油罐内,加油机从储油罐内吸油打入来加油的汽车油箱
①汽车油罐车的油卸入站内油罐方式	a. 因储油罐的安装位置不同而异 b. 若油罐埋入地下、油罐车可以靠近,而且油罐车比油罐顶还高,这就可以靠高差自流卸油 c. 若油罐置于地上、高于油罐车,则应靠油泵卸油。在汽车加油车上一般都自装油泵,不必用别的油泵 d. 现行规范中不允许采用敞口卸油,要求密闭卸油。需在油罐车和油罐两个卸油口接头处,选用快速接头密封连接,避免油气散发

	说　明	布置图
②储油罐至加油机间的流程	a. 单罐单机制 这是常采用的一种流程形式。特点是罐机对应,专罐专机,简单方便,有利管理。如右图	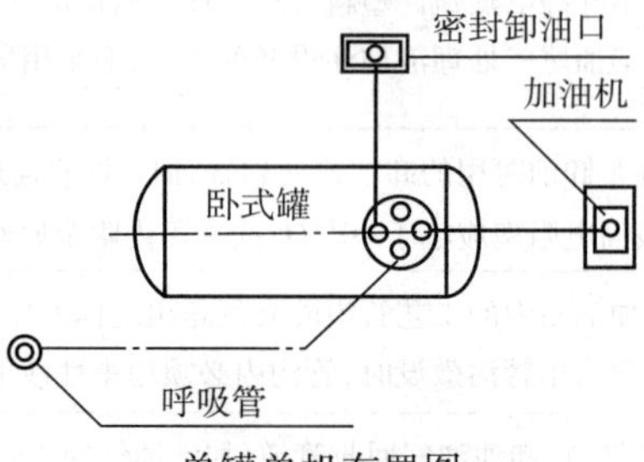 单罐单机布置图
	b. 单罐多机制 一罐配两台以上加油机。每台加油机单独设置供油管。加油能力强,适用加油作业不均衡,瞬时加油量大的加油站,如右图	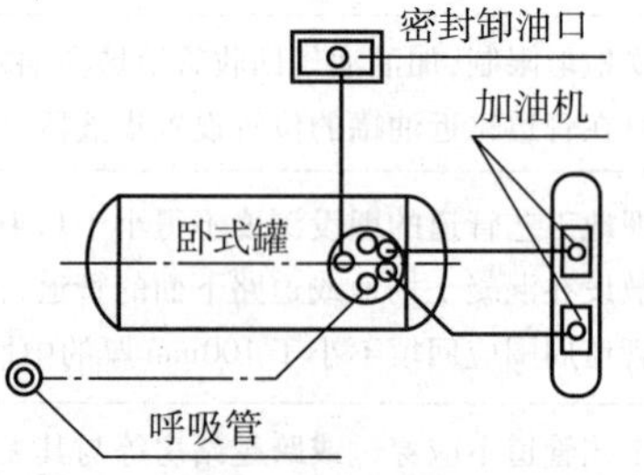 单罐多机布置图
	c. 多罐单机制 单罐储量受到限制,油品储量要求增大时,采用此种布置。为了防止罐与罐之间互相受影响,应设置阀门。当使用某一罐时,将其余罐的进油管阀门关闭。如右图	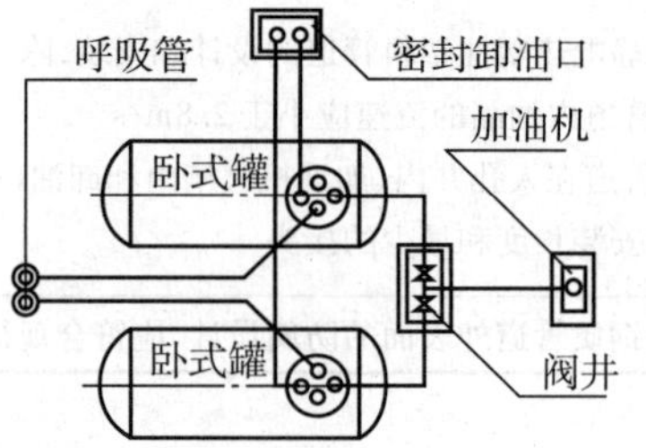 多罐单机布置图

(2)"罐—罐—机—箱"流程
①这种流程适用于库站合一的加油站或油库附近附属的加油站,我国许多县级小油库常采用这种流程
②它的特点是油品不需车辆运输,直接从油库储油罐或高架罐输入加油站储油罐。没有运输成本,费用低,进油及时
③加油机到汽车油箱,过去国产加油机多为一机一枪,即一台加油机,带一条加油胶管、一把加油枪
④目前国产加油机多为一机多枪的。用加油枪给汽车油箱加油

2. 油气管路的工艺流程
(1)加油站油气管路的工艺流程,又称油气呼吸系统
(2)现行规范要求,每个直埋油罐的油气呼吸管宜单独设置
(3)直埋地下的轻油油罐的呼吸管,管口必须安装阻火器,但可不安装呼吸阀
(4)地上轻油油罐除须安装阻火器外,尚应安装呼吸阀

二、加油机吸油管路的选择

(一)加油机吸油管路的选择计算

加油机吸油管路的选择计算见表2-1-65。

表2-1-65 加油机吸油管路的选择计算

1. 计算情况	加油机吸油管路选择有两种情况,一种是油罐和加油机的相对位置和标高已定,即吸油管路长度已知,求吸油管的管径,一种是油罐和加油机的相对高差和吸油管管径已定,求吸油管的管长,即校核油罐的位置是否距加油机太远而加油机吸不上油来
2. 已知管长求吸油管管径:加油站多为埋地卧式油罐,一般埋设方法如右图	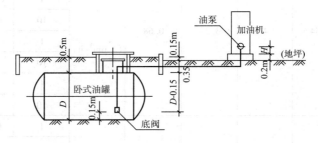 吸油管安装关系图 (1)从上图示可得加油机泵轴中心与油罐最低液面的几何高差为 $H_J = H + D + 0.4$ (2)上式中 H 为加油机泵轴中心高度,D 为卧式罐直径,H、D 均可从样本上查得,或按实物测量求得 (3)加油机样本上给出的吸程 H_X(即允许吸入高度)除了要克服几何高差 H_J 外还要克服吸油管路的摩擦阻力 h (4)也就是说只有 $H_X \geq H_J + h$(即 $h \leq H_X - H_J$)时,加油机才能吸上油而正常工作 (5)管路的摩擦阻力 h 包括管道本身的摩擦阻力和管件的摩擦阻力 (6)管件的摩擦阻力计算比较麻烦,为简便起见,可近似将管件摩擦阻力按总阻力的10%计 (7)则管道本身的摩擦阻力 h' 占总阻力的90%,也就是管道本身摩擦阻力应满足式 $h' \leq (H_X - H_J) \times 90\%$,即可 (8)管长 L 已知则每米管长的摩擦阻力 i(即油管的压降)为:$i = \dfrac{h'}{L} = \dfrac{H_X - H_J}{L} \times 90\%$ (9)加油的品种已知,即油品的黏度 ν 已知,加油机加油流量 Q 一般要求1L/s,则由 i、ν、Q 三个已知数去查油管的水力坡降表,即可查得吸油管的管径 d

3. 已知管径求吸油管管长	(1)同样以上图所示的安装关系为例,如已知几何高差 H_J,加油机允许管道本身的摩擦阻力为 h'
	(2)油品的黏度为 v 与加油的流量为 Q,则只要选择一种管径 d,即可从油管水力坡降表中查得单位管长的摩擦阻力 i
	(3)已知 h' 和 i,即可用公式 $L = h'/i$ 求出相应的管长
	(4)国产加油机泵轴中心高度 H 约为 0.3m;允许吸入高度 H_X 一般为 4m,50 m^3、25m^3 卧式油罐直径 D 一般为 2.54m,20 m^3、10m^3 的一般为 2.1m
	(5)将这些数据分别代入前面相应的公式,以上述方法查表即可得出加油机吸程为 4m、加油量为 1L/s 时,不同油罐直径、不同油品的吸油管管径和管长的关系,列下表 2-1-16 供参考

(二)加油机吸油管管径和管长关系参考表

加油机吸油管管径和管长关系见表 2-1-66。

表 2-1-66 加油机吸油管管径和管长关系

罐容/m^3	罐径 D/m	加油机吸程 H/m	几何高差 H_J/m	管道阻力 h'/m	加油流量 Q/(L/s)	油品黏度 v/(mm^2/s)	压降 i/(m/m)	管内径 d/mm	管长 L/m
50	2.54	4	3.24	0.68	1 (3.6m^3/h)	1	0.0025	63	272
						10	0.0035		194
						1	0.00809	53	84
						10	0.0118		57
25						1	0.02	41	34
						10	0.035		19
						1	0.15	27	4.5
						10	0.23		3
20	2.10	4	2.8	1.08	1 (3.6m^3/h)	1	0.0025	63	432
						10	0.0035		308
						1	0.00809	53	133
						10	0.0118		91
10						1	0.02	41	54
						10	0.035		30
						1	0.15	27	7
						10	0.23		4.7

注:①本表是在诸多假定条件下的结果,假定条件与本表不同时,管长也应相应变化;
②表中油品黏度 1cSt 为汽油 -18℃ 左右的黏度,10cSt 为轻柴油 15℃ 左右的黏度。10cSt = 1mm^2/s。

三、不同用途的管路安装要求

(一)加油管安装要求

加油管安装要求见表 2-1-67。

表 2-1-67 加油管安装要求

序号	加油管安装要求
1	对于埋入地下的油罐至加油机油泵吸入口的管段称加油机的吸油管对于高架或高位罐自流发油的管段称发油管。吸油管和发油管统称为加油管路
2	为了使管线可以放空维修,加油机吸油管应设不小于2‰的坡度,且坡向埋地油罐;高架(高位)罐的发油管应坡向某一最低位置,设放空小阀井
3	为了使加油机吸油管经常处于充满状态,保证随时可发油,须在伸入油罐的吸油管端安装底阀
4	(1)距油罐底约20cm以下的油,水分、杂质较多,不能发出使用。为了控制油罐20cm最低发油高度 (2)高架(高位)罐发油管的出油口和加油机吸油管端底阀,应安装在距卧罐底15~20cm高处

(二)卸油管安装要求

卸油管安装要求见表 2-1-68。

表 2-1-68 卸油管安装要求

项 目	卸油管安装要求
1. 定义	将汽车油罐车拉来的油卸入加油站储油罐的管段称卸油管
2. 自流卸油	对于埋地卧式储油罐或汽车油罐车可以直接开至高位埋置的场地汽车油罐车比油罐顶高,则可利用高差自流卸油,这种卸油管应从罐顶上部连接,伸至罐内
3. 伸至罐底	为了防止油料自流落时飞溅与空气摩擦产生静电,卸油管端应伸至距油罐底 5~10cm 高处
4. 坡度坡向	卸油管应设2‰坡度,坡向油罐
5. 规范要求	现行规范要求密闭卸油,所以在卸油管与汽车油罐车连接的一端需装快速接头,并设卸油井
6. 定位卸油	将不同油品卸油管端都接在卸油井中,使汽车油罐车定位卸油
7. 接头数不同的卸油井安装大样见右图	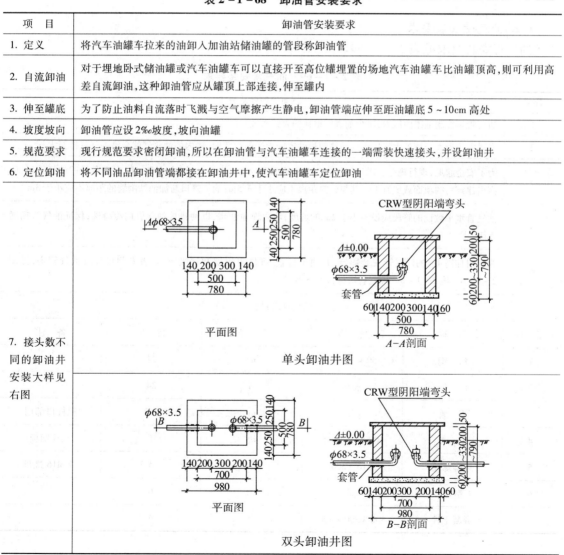

项 目	卸油管安装要求
7. 接头数不同的卸油井安装大样见右图	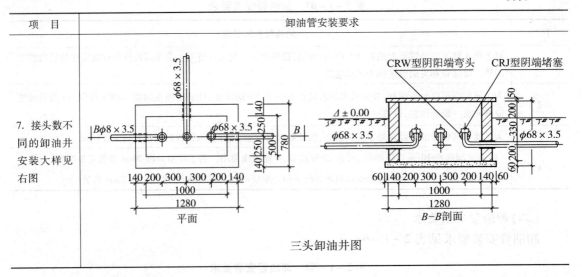 三头卸油井图

(三)油气管安装要求

油气管安装要求见表2-1-69。

表2-1-69 油气管安装要求

序号	油气管安装要求
1	油气管是控制油罐内压力,减少油蒸气损耗的管路系统
2	当罐内压力大于罐外大气压力的差值超过油罐能承受的数值时,罐内的油蒸气就会沿油气管排至大气
3	为了安全起见,现行规范要求油气管口应高出地面至少4m;沿建、构筑物的墙(柱)向上敷设的油气管口,应高出建筑物的顶面或屋脊1m,其与门窗距离不应小于3.5m;油气管口与加油站围墙的距离不应小于3m
4	油气管水平敷设的管段应设不小于2‰的坡度,坡向埋地油罐,以便排放油气管内冷凝液,保证油气管畅通无阻
5	为了对伸高4m的油气管安装固定,并便于检查、维修阻火器和呼吸阀,作者专门设计有油气管塔,见图2-1-6~图2-1-8。油气管塔材料见下表

油气管塔材料

序 号	名 称	规 格	单 位	数 量	备 注
1	角 钢	50×50×5	m	24	
2	钢 筋	$\phi16$	m	24	
3	钢 管	$d25$	m	2.2	栏杆口部用
4	钢 板	1000×600×5	块	1	花纹钢板
5	地脚螺栓	$\phi16\times300$	个	4	带M16螺母
6	Γ型管卡	$\phi8$	个	6	
7	混凝土柱	300×300×500	个	4	

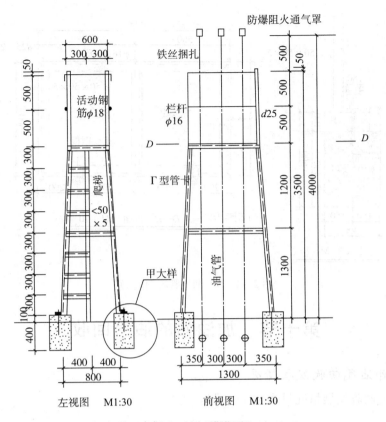

图 2-1-6 油气管塔图(一)

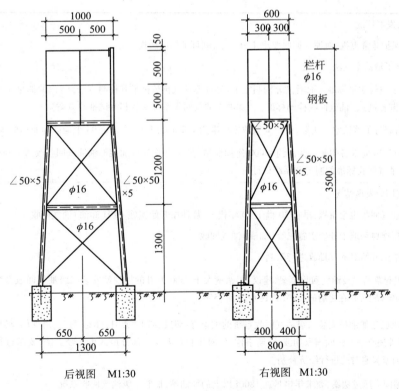

图 2-1-7 油气管塔图(二)

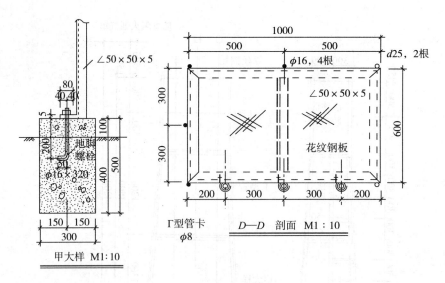

图 2-1-8 油气管塔图(三)

第十节 加油站的油气回收

一、国内外油气回收发展情况

国内外油气回收发展情况见表 2-1-70。

表 2-1-70 国内外油气回收发展情况

1. 美国油气回收发展情况
(1)美国对环境保护非常重视,对油气回收要求十分严格,制订了相应法规
(2)1970年,建立了清洁空气法
(3)1971年建立了空气质量标准。而后又分别制定了《储油库油气排放标准和检测方法》、《汽油油罐车和油气收集系统挥发性有机物泄漏控制》、《油气回收检测标准》、《加油站油气回收系统安装和测试推荐方案》
(4)1990年,重新修订了清洁空气法案,设定臭氧浓度标准为 $1.2\ mg/(L \cdot h)$,认定 98 个地区为非达标区
(5)1994年,美国 EPA 要求各州非达标区约 45000 座加油站,在 10 年内完成加装加油油气回收改造。并由美国加州空气资源委员会负责油气回收标准的制定和系统认证
2. 欧洲国家油气回收发展情况
(1)欧洲国家对油气回收也很重视,早在 20 世纪 70 年代末,加油站开始实施一级(卸油)油气回收
(2)到 80 年代末,瑞典和瑞士开始实施二级(加油)油气回收
(3)到 90 年代,德国开始对油气排放进行限制
(4)1992年,欧盟起草的二级油气回收草案,建议:年销量大于 2500 万升的加油站安装二级油气回收系统。系统的油气回收效率达到 70% 以上,并在之后的 10 年内逐步达到 95%
(5)目前欧洲要求已建加油站安装二级油气回收系统的国家有:瑞典、瑞士、德国、丹麦、荷兰、卢森堡、奥地利、芬兰、意大利和法国等。另外还有一些东欧国家如波兰、斯洛伐克、匈牙利和俄罗斯部分地区也已经立法,要求进行二级油气回收改造,并且东欧国家普遍对此进行经济补贴
(6)2006年,英国国会通过法案,要求年销量在 1800t 以上的加油站,加装二级油气回收系统

3. 截至目前全球已有约150000座加油站完成了一、二级油气回收改造

4. 我国加油站油气回收现状及制定的有关法规

（1）我国加油站的油气回收技术起步比较晚，20世纪90年代初开始引入油气回收技术

（2）最早是1993年在北京双榆树加油站开始试点，采用平衡式二级（加油）油气回收技术

（3）1995年在总后勤部万寿路加油站进行一级（卸油）和二级（加油）油气回收试点，基本成功

（4）1996年北京市环保局要求市内新建和已有的加油站，必须采用一级油气回收，并陆续要求进行二级油气回收改造

（5）2003年北京市颁布了3个有关实施油气回收的地方标准

①《储油库油气排放控制和限制》DB11/206—2003

②《油罐车油气排放控制和检测规范》DB11/207—2003

③《加油站油气排放控制和限制》DB11/208—2003

（6）2007年，国家又颁布了有关实施油气回收的3个国家标准

①《储油库大气污染物排放标准》GB 20950—2007

②《汽油运输大气污染物排放标准》GB 20951—2007

③《加油站大气污染物排放标准》GB 20952—2007

（7）国家三个标准的实施日期

①北京市、天津市、河北省为2008年5月1日

②长江三角洲、珠江三角洲为2010年1月1日

③全国为2012年1月1日

（8）国家要求

①为城市加油站供油的油库，汽车发汽油的设施要进行油气回收改造，为汽车油罐车装油要采用下装方式

②为城市加油站运油的汽车油罐车，要进行下装口改造，罐顶要加装油气回收接口，直径要求均为 DN 100 mm

③加油站汽油卸油和加油要进行油气回收，其中加油要采用真空辅助式油气回收系统，并按规定安装处理装置和在线监测（ISD）系统

二、国内加油站油气回收改造内容

国内加油站油气回收改造的示意图如图2-1-9所示，改造内容见表2-1-71。

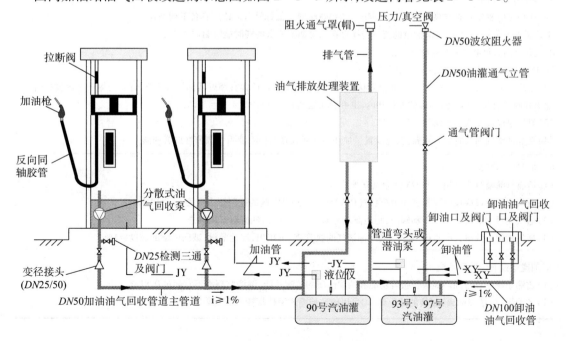

图2-1-9 国内加油站油气回收改造的示意图

表 2-1-71　国内加油站油气回收改造内容

1. 卸油管道改造
(1) 卸油管道要各罐独立设置(包括柴油罐)
(2) 采用 D108×5 无缝钢管,或现有管道不动,变径安装
(3) 横管必须坡向油罐,坡度要 ≥2‰
(4) 卸油口安装 DN100 通用快速接头阳端及阀门

2. 增设汽油卸油油气回收管道
(1) 各汽油罐共用一根油气回收管
(2) 采用 D108×4(5) 或 D89×4 无缝钢管,由油罐顶部接出,埋地引至卸油口附近,坡向油罐的坡度 ≥1%
(3) 与油罐车油气回收胶管的接口处,安装 DN80 通用快速接头阳端(含帽盖)及阀门;快速接头应有明显的标识,以区分卸油口,阀门应有开启标志;当油气回收接口采用自封式快速接头时,也可不设阀门

3. 增设加油油气回收管道
(1) 采用 ≥DN50 的钢管或满足强度和严密性要求的非金属管
(2) 各汽油加油机共用一根油气回收主管,埋地引接到低标号汽油罐的人孔盖上
(3) 坡向低标号汽油罐的坡度 ≥1%;如不满足要求,应设集液装置
(4) 管道在覆土前,宜向管内注入 10 L 的试验液后检测液阻

4. 电子式加油机改造
(1) 改用带封气罩防溢式油气回收加油枪及配套的胶管、拉断阀等外部挂件
(2) 增设气液比(A/L)调节阀
① 美国 Veeder Root 公司为电子式,其余均为机械式
② 美国 Healy 及德国油枪自带气液比(A/L)调节阀
(3) 当油站采用分散式二级油气回收系统时,机内需设油气回收真空泵
(4) 加油机内的油气回收过渡管采用 D12~15mm 的铜管或不锈钢管,壁厚应满足强度及连接要求
(5) 与地坑内油气回收立管的连接处,应设 DN25 丝接检测三通,三通侧口安装球阀和丝堵,位置应方便检测

5. 集中式油气回收真空泵的设置
(1) 采用无电驱动式真空泵时(如 Healy Mini-Jet 9000 型),低标号汽油罐应具备下列条件
① 油罐上安装有潜油泵,且潜油泵的流量与扬程在满足加油要求的同时能够驱动真空泵
② 人孔井内有足够的安装空间
③ 同时加油的车位(或油枪)不多于 4 个(一台泵)
(2) 采用电驱动式真空泵时(如:Healy VP500 型、OPW CVS2 型),位置宜靠近低标号汽油罐,并宜与集液装置设在同一个专用井内或设在低标号汽油罐的人孔井内,也可设在地上
(3) 真空泵应设旁通管及阀门
(4) 在加油油气回收管引入罐盖前,应设置供加油油气回收管道检测液阻和气密性的旁通阀

6. 油罐通气管改造
(1) 所有汽油罐改为共用一个 DN50 通气立管
(2) 通气立管管口应设阻火器和压力/真空(P/V)阀,压力/真空阀的控制压力应为:+750Pa,-2000Pa
(3) 通气立管上要安装一个手动阀门,距地面宜为 1.2~1.5 m,阀柄应有开启标志
(4) 通气横管由油罐人孔盖(或罐顶,或卸油油气回收管道)上接出,埋地敷设,坡向油罐的坡度 ≥1%

7. 油罐增设液位监测系统
(1) 监测系统应具备油罐高液位报警功能和油罐渗漏的监测功能,渗漏监测率不宜超过 0.8L/h
(2) 各油罐(包括柴油罐)安装的液位计,均采用磁致伸缩式液位探棒并宜安装在人孔盖上

8. 按规定装设油气排放处理装置
(1)油气排放处理装置主要用于处理加油过程中回到罐内多出部分的油气和罐内油品自蒸发部分的油气,使之变为液体流回到罐内
(2)处理方法主要有:冷凝法、活性炭吸附法、膜分离法等
(3)处理装置的油气排放浓度要小于等于 $25g/m^3$(北京规定 $20g/m^3$)
(4)首次使用的不同品牌或不同配置的油气回收设备处理装置,应由环保部门指定的机构进行评估并认可
(5)处理装置与站内设施的防火距离同加油机,宜靠近加油站围墙布置,对内、对外的防火距离及其排气管口高度同油罐通气管
(6)处理装置的进口和与油罐连接的出口要设手动阀门;凝析油和特浓油气应返回低标号汽油罐;排气管口应装阻火通气罩(帽)

9. 按规定装设在线监测系统
(1)在线监测系统也称为站内诊断系统(ISD),用于在线监测加油油气回收过程中的气液比、回收系统的密闭性、管线液阻等是否正常的系统,发现异常时报警,并记录、储存、处理和传输监测数据
(2)必备的设备有
①具备监测功能的控制台和加油机接口模板,用于记录、储存、处理和传输监测数据和报警
②油气流量计,装在加油机内,监测气液比和液阻
③压力传感器,一般装在油罐上,用于监测回收系统的密闭性

三、国内加油站油气回收治理改造的技术要求

国内加油站油气回收治理改造的技术要求见表 2-1-72。

表 2-1-72 油气回收治理改造技术要求

改造内容	技术要求
1. 汽油罐通气管改造	(1)压力/真空(P/V)阀采用进口产品,直径 DN50mm,控制压力为: +750Pa, -2000 Pa (2)波纹阻火器 铝合金材质,直径 DN50mm,与压力/真空(P/V)阀组合安装 (3)通气管阀门 采用 DN50mm 的油气球阀或蝶阀,安装高度距地面 1.2~1.5m,应有明显的开启标志,泄油时关闭 (4)通气管横管 直径 DN50mm,由油罐人孔盖、罐顶、泄油气回收管道上接出,横管坡向油罐的坡度应≥1% (5)通气立管 管径为 DN50mm,管口应高出地面 4m 或以上,沿墙(柱)向上敷设的通气管口,应高出建筑物顶面 1.5m 或以上
2. 卸油管道改造	(1)各罐独立设置(包括柴油罐) (2)采用 D108×4 无缝钢管,横管坡向油罐的坡度≥2‰ (3)卸油口处安装直径 DN100mm 的通用快速接头阳端、阀门和帽盖,阀门应有明显的开启标志,快速接头应有明显的识别标志 (4)如使用现有管道,若管道直径与卸油口安装的直径 DN100mm 快速接头直径不同时,须加装变径短管 (5)安装卸油防溢满装置
3. 增设汽油罐卸油油气回收管	(1)各汽油罐共用一根油气回收管 (2)采用直径 D108×4 无缝钢管,由油罐人孔盖或罐顶接出,横管坡向油罐的坡度应≥1% (3)与油罐车油气回收胶管快速接头接口处,安装直径 DN100 通用快速接头阳端、阀门和帽盖,阀门应有明显的开启标志,快速接头应有明显的识别标志

续表

改造内容	技术要求
4. 增设罐液位检测系统	(1)监测系统应具备油罐高液位报警功能 (2)各油罐安装的液位计均采用磁致伸缩式液位探棒(包括柴油罐),并安装在人孔盖上,实现密闭测量 (3)油罐液位监测系统电源和信号电缆的敷设要求见"9. 其他通用标准及要求"
5. 电子式加油机改造	(1)更换加油枪及软管 ①宜采用带封气罩和气液比调节阀的防溢式油气回收加油枪,加油枪如不自带气液比调节阀,须在加油机内加设气液比调节阀 ②加油机加装油气分离器连接汽油管、油气回收管和加油管。位置可在加油机内或加油机外原出油管(视油器)处 ③使用配套的反向同轴软管,其上应设有与之配套的拉断阀 (2)加油机改造 ①增设油气回收过度管,采用直径为12~15mm的铜管或不锈钢管,壁厚≥2mm,并应满足强度及连接要求 ②配置专用油气止回阀等器件 ③加油机底部与油气回收立管的连接处,应设用于检测液阻或系统密闭性的丝接三通接头及阀门,其公称直径为$DN25mm$。三通侧口安装球阀和丝堵,位置应方便检测。不检测时使用丝堵将检测口密封 ④加油机内预留在线监控装置位置和控制线缆
6. 增设真空辅助式加油油气回收管道	(1)增设加油油气回收管道 ①采用直径≥$DN50$的钢管或满足强度和严密性要求的金属或非金属管道 ②各汽油加油机共用一根油气回收主管,埋地敷设,接在低标号汽油罐的人孔盖上,坡向油罐的坡度≥1‰;如不满足要求,应设集液装置 ③管道在覆土前,应向管内注入10L的试验液后检测液阻 (2)分散式油气回收真空泵的设置与安装 ①采用活塞式真空泵(如:DUERR MEX-2100型和MEX-1100型)、位置在加油机内,或加油机外适当的位置(须满足防爆要求) ②采用活塞式真空泵(如DUERR MEX-2100型和MEX-1100型)时,电源线连接须满足防爆要求,加装防爆接线盒 ③活塞式真空泵进气管前端预留监控用油气传感器和真空泵保护装置连接端口($DN15mm$) ④在加油油气回收管引入罐盖前,应设置供加油油气回收管道检测液阻和气密型的旁通阀
7. 按规定装设油气排放处理装置	(1)处理装置的油气排放浓度应小于等于$25g/m^3$,处理效率应达到95%。在非开启时应保持密闭状态 (2)首次使用的不同品牌或不同配置的处理装置,应由环保部门指定的机构进行评估 (3)处理装置与站内设施的防火距离要求同加油机,其排气管口高度和对内、对外的防火距离要求同油罐通气管 (4)处理装置的进口和排液口应设手动阀门,排气管口应设阻火通气罩(帽) (5)处理装置的排液口应按照国家《加油站油气污染物排放标准》(GB 20952—2007)的规定(附录D)预留采样孔 (6)电气系统的敷设要求见"9. 其他通用标准及要求"

续表

改造内容	技术要求
8. 油罐连接管道要求	(1)拆、装油罐人孔盖时,应封闭所有与油罐相连通的管道 (2)油罐上新增的管道或设备接口,均应设在人孔盖上,并应保证人孔井内的设备便于检修和人孔盖的可拆卸性 (3)动火时,将人孔盖拆卸拿至安全场所动火焊接,不得在油罐口部的人井内动火。施工单位应事先预备一定数量的备用人孔盖,用于改造时封闭油罐人孔 (4)拆、装油罐人孔盖、油管、油气管及相关联的设备部件时,必须使用防爆工具进行作业
9. 其他通用标准及要求	(1)加油站油气回收系统、油气排放处理装置以及以后预装的在线监控系统等应能互相匹配,设备、管线应满足标准化连接要求 (2)油气横管应平稳敷设在按1%坡度找平夯实的基础上,在用加油站可在局部地面按管道铺设需要开槽,槽底按1%坡度找平夯实 (3)油气回收管道接头焊缝外观应成型良好,宽度以每道盖过坡口2mm为宜。焊接接头表面不得有裂纹、未熔合、夹渣、飞溅存在,焊缝咬肉深度不应大于0.5mm,连续咬肉长度不应大于100mm,且焊缝两侧咬肉总长不应大于焊缝全长的10%,焊缝表面不得低于管道表面,焊缝余高不应大于2mm (4)管道焊接结束后应用流水清洗或用空气吹扫,用水冲洗时,水流速度不得小于1.5m/s,应冲洗至目测出口水色与透明度与入口一致为止;用空气吹扫时空气流速不得低于25m/s,应吹扫至白色漆靶检查5min内靶上无铁锈及其他杂质颗粒为止 (5)用氮气或压缩空气进行密闭试验,加压至工作压力的1.5倍,保持20min(对于汽油罐在罐内存在油气情况下,不得向罐内充压缩空气) (6)试验合格后撤除封堵物,连接好管道,用黄砂回填沟槽,回复地坪 (7)管道防腐与试压,应符合加油站设计与施工相关规范规定 (8)采用的进口设备和配件,由供货代理商提供配套产品,并向设计和使用单位提供技术评估报告和相关技术资料,指导设备和系统的安装与调试,负责对使用单位的相关人员进行技术培训 (9)加油油气回收系统施工完后,应按照要求做加油枪气液比检测、系统密闭性检测、管线液阻检测等。具体检测方法和程序按照国家《加油站油气污染物排放标准》(GB 20952—2007)的规定进行,检测结果不符合标准要求时应进行维修调试,并重新进行检测,直至合格 (10)电气系统的敷设应符合以下要求 ①爆炸危险场所安装的电气设备、仪表,必须符合加油站设计与施工相关规范的规定 ②所有法兰连接处螺栓少于5个,必须设置2处16mm^{2}的金属跨接导线 ③供电、信号传输电缆应采用铠装电缆或钢管配线,铠装电缆金属外皮和保护钢管的两端均应接地,接地电阻不应大于4Ω ④电气系统穿过墙体进入加油站室内时,必须加装保护套管。套管与电缆周围用非燃材料严密填实,两端填塞密封胶泥,密封胶泥填塞深度不应小于管子内径,且不得小于40mm ⑤供配电系统的电源端应安装与设备耐压水平相适应的过电压保护器 ⑥信息系统线路首末端需与电子器件连接时,应装设与电子器件耐压水平相适应的过电压保护器 (11)按照国家标准《加油站油气污染物排放标准》(GB 20952—2007)中5.5要求,在安装、施工时,将在线监控系统用通讯控制线缆在加油机和管道预埋设。线缆规格为通用超五类四对单屏蔽双绞线

四、国内加油站油气回收的基本方法

(一)国内加油站油气回收分级、回收方式及回收系统流程

国内加油站油气回收分级、回收方式见表2-1-73;回收系统流程见图2-1-10。

表2-1-73 国内加油站油气回收分级、回收方式

1. 油气回收分级	(1)一级油气回收 将油罐汽车卸汽油时产生的油气,通过密闭方式收集进入油罐汽车罐内的系统,称为一级油气回收,又称卸油油气回收。这种油气回收的方法也称平衡法 (2)二级油气回收 将给汽车油箱加汽油时产生的油气,通过密闭方式收集进入埋地油罐的系统,称为二级油气回收,即加油油气回收
2. 二级油气回收的方式	(1)平衡式 20世纪70年代末产生于美国加州。采用带封堵油箱口的油气回收式加油枪及胶管,在给汽车加油的同时,迫使油箱排出的油气,通过加油同轴胶管、回收管线收回到油罐的系统,称为平衡式二级油气回收系统,见图2-1-11 (2)真空辅助式 20世纪90年代初,在平衡式二级油气回收系统的基础上,加装油气回收泵等,即称为真空辅助式二级油气回收系统,见图2-1-12
3. 真空辅助式	按采用的回收泵不同,真空辅助式二级油气回收系统又分为 (1)集中式回收泵安装在油罐与加油油气回收总管上,集中为站内所有汽油加油机提供真空辅助油气回收 (2)分散式各加油机内自带油气回收真空泵及控制装置。系统流程为: 回收式加油枪→加油同轴胶管→油气分离接头→气液比调节阀→油气回收真空泵→止回阀→油气回收管线→低标号汽油埋地油罐,见图2-1-13

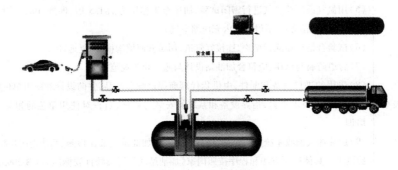

图2-1-10 系统流程图

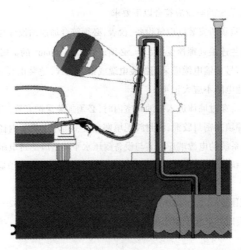

图2-1-11 平衡式二级油气回收系统图

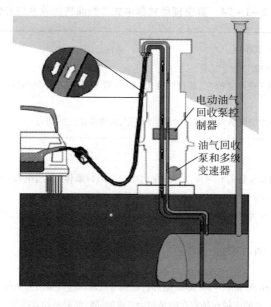

图2-1-12 真空辅助式二级油气回收系统图

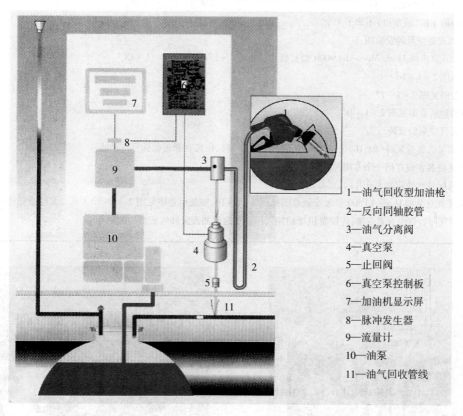

1—油气回收型加油枪
2—反向同轴胶管
3—油气分离阀
4—真空泵
5—止回阀
6—真空泵控制板
7—加油机显示屏
8—脉冲发生器
9—流量计
10—油泵
11—油气回收管线

图2-1-13 分散式二次油气回收系统图

(二)真空辅助式集中式二级油气回收系统介绍

真空辅助式集中式二级油气回收系统介绍见表2-1-74。

表 2-1-74　真空辅助式集中式二级油气回收系统介绍

1. 真空辅助式加装的管件、泵及其作用
（1）采用真空辅助式的专用加油枪
（2）加油机内的油气回收管线上（或加油枪上）装设气液比（A/L）调节阀，用于控制回收油气量，使得回收的油气与加油的体积比例在合理的范围
（3）油气回收真空泵的作用，是为油气从汽车油箱回流至地下汽油储罐提供助动力

2. 集中式油气回收系统
（1）按驱动形式，集中式油气回收泵目前有两种　一种是由潜油泵出口液体（不用电源）驱动的 Healg Mini—Jet 9000 型回收泵另一种是用电驱动的 Healg VP500 型回收泵和 OPW CVS2 型回收泵
（2）这种油气回收系统，近两年在国内应用较多，特别适合于现有加油站油气回收改造，即：加油机不需作大的改动或更换加油机
（3）集中式油气回收真空泵的设置与安装
①无电驱动式真空泵的安装
a. 采用无电驱动式真空泵（如 Healg Mini-Jet 9000 型）时，低标号汽油罐应具备下列条件
ⓐ油罐上安装有潜油泵，且潜油泵的流量与扬程在满足加油要求的同时能够驱动真空泵
ⓑ人孔井内有足够的安装空间
ⓒ同时加油的车位（或油枪）不多于 4 个
b. 无电驱动式真空泵的安装图
ⓐ无电驱动式真空泵 Healg Mini-Jet 9000 型安装总图见图 2-1-14 和图 2-1-15
ⓑ外形图见图 2-1-16
ⓒ安装示意图见图 2-1-17
ⓓ电控制原理示意图见图 2-1-18
②电驱动式真空泵的安装
a. 采用电驱动式真空泵时（如：Healg VP500 型、OPW CVS2 型），位置宜靠近低标号汽油罐
b. 并宜与集液装置设在同一个专用井内
c. 或设在低标号汽油罐的人孔井内，也可设在地上
d. 电驱动式真空泵如 Healg VP500 型泵安装总图见图 2-1-19，安装示意图见图 2-1-20 ③真空泵应设旁通管及阀门
④在加油油气回收管引入罐盖前，应设置供加油油气回收管道检测液阻和气密型的旁通阀

图 2-1-14　Healg Mini-Jet 9000
型泵安装总图（一）

图 2-1-15　Healg Mini-Jet 9000
型泵安装总图（二）

图 2-1-16 Healg Mini-Jet 9000 型泵外形图

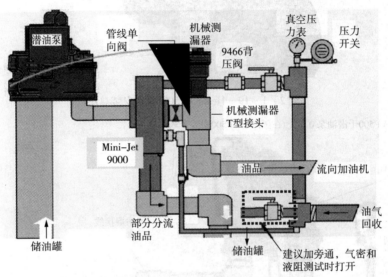

图 2-1-17 Healg Mini-Jet 9000 型泵安装示意图

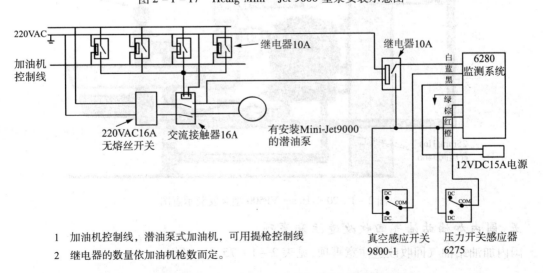

1 加油机控制线，潜油泵式加油机，可用提枪控制线
2 继电器的数量依加油机枪数而定。

图 2-1-18 Healg Mini-Jet 9000 型泵电控原理示意图

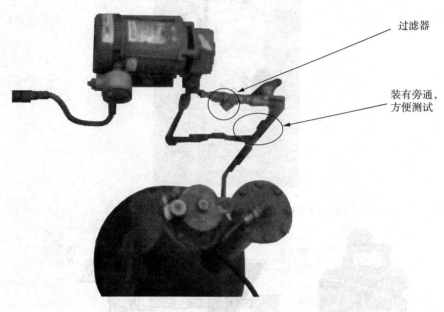

图 2-1-19 Healg VP500 型泵安装总图

安装VP500于潜油泵立管上(在国内,VP500安装于人井壁上)

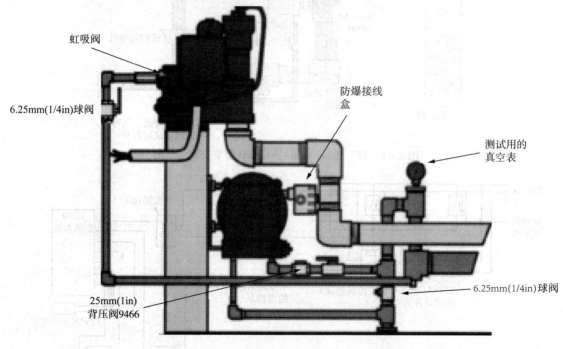

图 2-1-20 Healg VP500 型泵安装示意图

五、国内加油站油气回收改造注意事项

国内加油站油气回收改造注意事项,见表 2-1-75。

表 2-1-75　国内加油站油气回收改造注意事项

序号	注 意 事 项
1	(1) 应严格遵守加油站的安全管理规定 (2) 充分利用现有管道接口,尽量避免在罐体上和油罐区等易燃、易爆地段动火 (3) 必须动火时,应按有关规定腾空罐内和管内油品,具备安全动火条件,且施工现场应配备足够的灭火器材
2	改造时,应封闭所有与油罐相连通的管道
3	(1) 油罐上新增的管道或设备接口,应尽量设在人孔盖上 (2) 并应保证人孔井内的设备便于检修和人孔盖的拆卸 (3) 注:施工单位应事先预备一定数量的备用人孔盖,用于改造时封闭油罐人孔
4	(1) 所有管道上的法兰连接处应做电气跨接 (2) 按规定设置防雷防静电装置,或与现有防雷防静电装置相连通
5	(1) 采用的主要设备应有中文产品说明书和认证资料 (2) 设备和专用配件应由供货代理商配套提供,并指导现场安装和系统调试
6	改造时,无论加油站是否安装油气排放处理装置和在线监测系统,均应同时将通过硬化地面下的各种电气与仪表线路等事先埋设
7	卸油连通软管油气回收连通软管应采用电阻率不大于 $10^8\Omega \cdot m$ 的耐油软管。两端安装的快速接头阴端应分别与油罐车、加油站的卸油接口、油气回收接口相匹配
8	(1) 管道和设备的施工,应严格按照国家标准《汽车加油加气站设计与施工规范》GB 50156—2012 的相关规定执行 (2) 注:油气回收管道的试验压力应不小于 0.2MPa
9	(1) 油气回收改造过程中,应同时对油罐密闭性进行整改 (2) 并在整改完毕后用氮气进行气密性试验 (3) 气密性试验压力应为 3000Pa,以稳压 5~10min 无明显压降为合格
10	(1) 管道和设备安装完后,应采用氮气做系统气密性检测(包括与油罐连通的所有气路管道和呼吸阀等) (2) 应满足压力在 600Pa 或 700Pa 时系统不泄漏

六、汽车油罐车油气回收的改造

(一)汽车油罐车油气回收和底部装油的改造

汽车油罐车油气回收和底部装油的改造,见表 2-1-76。

表 2-1-76　汽车油罐车油气回收和底部装油的改造

1. 汽车油罐车实施油气回收的必要性	(1) 石油产品,特别是汽油挥发出来的有机碳氢化合物,也叫 VOC,已经被视为有害污染物,会引起城市上空烟雾,造成全球温室效应,所含有毒致癌物对人类健康造成损害 (2) 许多国家为了限制 VOC 向大气中的扩散,颁布了严格的环保法规 ①美国加利佛尼亚州最先颁布"净化空气"法规,接着全美的其他州和大城市也纷纷采取行动 ②欧洲共同体于 1996 年在布鲁塞尔颁布法规,限制燃油在储存、装载、运输和卸载过程中的 VOC 排放。这个法规要求共同体国家在未来 9 年内逐步采用油回收系统,减少 VOC 排放 (3) 欧洲共同体的研究显示,仅在共同体国家范围内 ①每年汽油和其他溶剂向大气排放的 VOC 达 1000 万吨 ②其中 50 万吨 VOC 是在燃油的储运、装卸过程中排放的,而且主要集中在城市地区 (4) 由于汽车的充装和卸载造成的 VOC 排放量每年约 20 万吨,所以汽车油罐车实施油气回收是非常必要的

2. 汽车油罐车底部装油的好处	(1)底部灌装是向罐车注入石油制品的一种方法 (2)它的主要特点是通过安装在罐车底部由阀门和管件组成的系统,实现更有利于环保,使用安全,操作快捷 (3)与传统的罐顶充装相比,具有下列优点 ①操作人员不需上罐车高处作业,操作快捷,出现紧急情况时可以做出快速反应 ②装油全密闭,不需打开罐车人孔盖,不易产生火灾,油品不受雨、雪、灰尘污染,操作人员不会吸入高浓度油气而危害健康 ③装油无飞溅,不易发生静电火灾,可提高装油流速 ④油库可不需建设高架发油平台,节省土建费用 ⑤方便油库发油油气回收,利于安全、环保和减少能源浪费	
3. 部分先进国家实施汽车油罐车底部装油历史	(1)鉴于安全因素及污染物问题,20世纪50年代初的汽车油罐车底部灌装系统开始被用于航空工业。特别是喷气发动机油料的污染物是很大的安全隐患。出于同样的原因,美国及欧洲的石油公司开始试验汽车油罐车底部灌装系统。后被美国石油学会所认同和鼓励 (2)根据对当时技术水平的研究,美国石油学会在1967年发布了第一版API标准1004。此标准经不断更新,扩展到涵盖油气回收及防溢流系统。目前已是美国和大部分欧洲国家的汽车油罐车底部灌装标准 (3)随着汽车油罐车底部装油技术的不断完善,目前已经成为北美、欧洲国家汽车油罐车的主要充装方式。分布的国家还有南美、中东、亚洲、远东和澳大利亚	
4. 我国实施汽车油罐车底部装油的现状	(1)我国采取汽车油罐车底部装油比较晚,自2007年年底才开始起步 (2)根据国标《汽车运输大气污染物排放标准》GB 20951—2007的规定,全国地区级以上的城市,以及承担为这些城市运输汽油的汽车油罐车,都要在下列时间实施汽车油罐车底部装油和进行油气回收 ①北京市、天津市、河北省为2008年5月1日 ②长江三角洲、珠江三角洲为2010年1月1日 ③全国为2012年1月1日 ④北京市有汽车油罐车大约1400多辆(不含驻京部队),目前都在紧锣密鼓地进行改造	

(二)汽车油罐车油气回收改造要求具备的功能和改造的具体内容

汽车油罐车油气回收改造要求具备的功能和改造的具体内容见表2-1-77。

表2-1-77 汽车油罐车油气回收改造要求具备的功能和改造的具体内容

1. 汽车油罐车油气回收要求具备的功能
(1)油罐汽车应具备油气回收系统,装油时能够将汽车油罐内排出的油气密闭输入储油库回收系统
(2)卸油时能够将产生的油气回收到汽车油罐内
(3)往返运输过程中能够保证汽油和油气不泄漏
(4)不应因操作、维修和管理等方面的原因发生汽油泄漏
2. 汽车油罐车油气回收改造的具体内容
(1)油气回收系统包括:油气回收快速接头、堵盖、无缝钢管气体管线、弯头、管路箱、防溢流探头、油气回收气动阀、连接胶管等
(2)底部装卸系统:由气动底阀、无缝钢管、API阀门、密封式快速接头以及相关部件组成的从油罐汽车罐体底部装卸油系统

(三) 汽车油罐车油气回收改造主要另部件的功能及特点

汽车油罐车油气回收改造主要另部件的功能及特点见表 2-1-78。

表 2-1-78　汽车油罐车油气回收改造主要另部件的功能及特点

1. 组合式罐车人孔盖内置呼吸阀

(1) 呼吸功能：当罐内正压达到 6~8kPa，或负压达到 2~3 kPa 时，呼吸阀自动开启，使罐内外气体贯通，降低罐内与罐外的压差，起到防止罐内超压的安全保护作用

(2) 紧急通气功能：当油罐车发生意外处于高温环境中，有效释放罐内压力，防止油罐爆炸。当罐内压力达到 21~32 kPa 时紧急排放装置启动，其最大排气量达 7000m^3/h，可有效防止油罐车发生爆炸事故

(3) 倾翻时的密封功能：在正常情况下，铜质半圆重块位于阀底部，在意外汽车倾倒时，呼吸阀中的倾倒防溢阀重块在重量作用下翻动，封住阀口自动密封通道，防止因油料外泄发生危险

2. 油气回收阀 (气动控制)

(1) 油气回收阀安装在人孔盖上，由气压控制，无需另外人工开启或关闭

(2) 油罐充装时打开，上升的液面，将气体向上推，通过油气回收阀和气体回收管路回到库区油罐

(3) 油罐车向加油站卸油时开启，回收的气体进入油罐

3. 油气回收接头 (配防尘盖、变径接头)

(1) 安装于油气回收系统上，可控制油气回收阀的开闭

(2) 气动控制，省力便捷

(3) 阀体结构紧凑轻巧，气体流动性良好

(4) 独特的活塞，设计确保气液量，阀体所受压力将减到最小

(5) 阀杆向油罐内开启，防止油罐车倾翻引起的泄漏

4. 气动海底阀

(1) 气动海底阀又称紧急切断阀，安装于罐车底部，是将罐体与外部管路相隔开和联通的部件，管口用管道与操作箱内的手动 API 阀门相联接

(2) 平常处于关闭状态，罐车装油或卸油时由气动操作打开

(3) 在油罐车倾倒时，能够自动从罐底切断管路，使油罐成为独立封闭的罐体，防止油料外溢

5. 手动式 API (装卸油) 阀门

(1) 是与油库装油接头和加油站卸油接头相对接的阀门

(2) 应用温度：-30~+60℃

(3) 最大工作压力：10^6 Pa

(4) 正常流速：2300~2400 L/min

6. 变径接头及防尘盖

(1) 变径接头 (4 寸变 3 寸)：是与手动 API 阀门相配套的接头，装于卸油胶管的一端，用于罐车卸油时与手动 API 阀门或油气回收接头相连接

(2) 防尘盖：用于平时保护 API 阀门口或油气回收接头口

7. 防溢系统

(1) 罐车防溢系统主要由防溢流探头、防溢流插座及信号连接线组成

(2) 防溢流探头装于油罐车顶部或人孔盖上,通过信号线引至罐车下部操作箱内的防溢流插座

(3) 罐车装油时,油库装油台的防溢插销与防溢流插座相连接,实现在预定的油标显示下报警并停止油泵供油,保证罐车装油时不超装和溢流

8. 气动控制系统

(1) 气控系统的气源来源于车载储气罐

(2) 气控系统的红色控制阀为紧急切断阀,处于常开状态,在黑色控制阀失效时可关闭红色控制阀,使油气回收阀和海底阀也关闭,防止漏油漏气

(3) 调节阀用于调节控制系统气压,推荐在500kPa左右,最低工作压力为250kPa,其最高压力不得高于600 kPa,否则会损坏系统气动原件

(4) 指示灯显示海底阀和油气回收阀的开启状态,灯亮时处于打开状态,灯灭时处于关闭状态

(5) 当气控系统出现无法控制的漏气时,可关闭储气罐上的分离开关,以切断系统气源,保持车辆制动系统压力不下降

第十一节 油气回收后的处理

一、油气回收后处理方法的分类及各类简介

油气回收后处理方法的分类及各类简介见表2-1-79。

表2-1-79 油气回收后处理方法的分类及各类简介

1. 根据油气回收原理,油气回收后处理方法主要有循环回路法、吸附(收)法、冷凝法、冷凝—吸收法、冷凝—压缩法、膜分离法等

2. 循环回路法

(1) 在收发油容器之间连接气体回收管线,使收油容器排出的气体返回发油容器,既防止了收油容器中的含油混合气排入大气,又避免了发油容器吸入空气以及此后发生的回逆呼出

(2) 目前有些加油站使用的套筒式双管加油枪,就是基于这种想法设计制造的。这种加油枪由内外两管组成,汽油经内管流入汽车油箱,混合气经内外管之间的环形通道返回油罐

3. 吸附(收)法

(1) 利用固体吸附剂或液体吸收剂,吸附(收)储油容器排出混合气中的油蒸气,然后被吸附(收)剂解吸、再生,从而回收油品

(2) 这类装置一般设置两台吸附床(或吸收塔),其中一台用来吸附(收)油气,另一台进行解吸,两台交替使用

(3) 以活性炭为吸附剂的油气回收装置说明

①原理。吸附法油气回收装置见右图。由储油容器排出的混合气进入吸附床1,油气被活性炭吸附,空气排入大气。为便于被油气饱和的活性炭吸解吸,将水蒸气输入吸附床2,并携带油蒸气进入凝结器,使油气和水蒸气凝结,再经油水分离器后,汽油返输到储油容器。解吸后的活性炭用热空气干燥,待用。空气经换热器被蒸汽加热,用鼓风机送入吸附床2

②缺点。这种方法设备庞大,操作复杂,处理量不宜过大,而且随着吸附剂中油气饱和度增加,吸附效果减弱

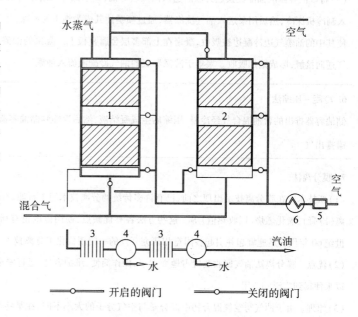

吸收法油气回收装置图

1、2—吸附床;3—油气凝结器;4—油水分离器;
5—鼓风机;6—蒸汽换热器

4. 冷凝法

(1)降低储油容器排出混合气的温度,使油气凝结,以回收油气

(2)考虑到混合气中常含有水分,因而不宜采用间接换热的方式降低混合气温度,以防水分冻结堵塞设备

(3)通常采用低温介质同混合气直接接触的方法使混合气降温

(4)图2-1-21为冷凝法回收油气的一种装置。这种装置以被冷却到-28~4℃的盐水或乙二醇溶液为冷却剂

(5)从储油容器排出的含油混合气首先进入饱和器,用回收的油气冷凝液对其预饱和,以防含油混合气处于爆炸极限范围内发生爆炸

(6)被饱和的混合气用鼓风机送入缓冲分离罐及冷凝塔,与塔顶喷头喷淋的盐水或乙二醇溶液逆流接触

(7)为增加换热面积,冷凝塔内装有若干折流板。接触换热后,凝结的油滴落入塔底,空气从塔顶排入大气

(8)落入塔底的油气冷凝液和盐水(或乙二醇溶液)进入缓冲分离罐,靠重力分离,沉于底部的盐水或乙二醇溶液用泵送入冷却器,制冷后循环使用

(9)浮于上部的凝结液经溢流堰自流到回收罐,然后大部分送入油罐,一部分送往饱和器

5. 冷凝—吸收法

(1)利用对油气具有吸收能力的液体作为冷却剂,使其同储油容器排出的混合气接触,边冷却边吸收,以便更有效地回收油气

(2)用作冷却—吸收剂的液体一般选用储油容器中的油品,最好是先将这种油品进行闪蒸,取其沸点较高的馏分作为冷却—吸收剂,这样将能收到更好的回收效果。图2-1-22为冷凝—吸收法油气回收装置的一种形式

(3)将取油容器的油品经换热升温后送入闪蒸塔分馏,其中低沸点馏分经压缩、冷却后送回储存的油品中;高沸点馏分送入制冷机深冷,然后用泵送入油气洗涤器,通过喷嘴使其成为细小的油珠,并与经排气短管排放的含油混合气同向接触,使其中的油蒸气边冷凝边被吸收,凝聚在上部多层金属叠板上。凝聚的油滴跌落到洗涤器底部的过程中又同含油混合气逆向接触,形成附加吸收。聚集于洗涤器底的油气冷凝液流入油罐

6. 冷凝-压缩法

储油容器排出的含油混合气经冷凝、压缩后生成凝结液,然后返输到储油容器中。这种方法多用于含 $C_1 \sim C_4$ 较多的原油罐排出气

7. 膜分离法

(1)新技术。在膜分离技术出现之前,已有许多传统的分离技术用于石油、石化等领域的油气回收,如吸附、吸收、深冷分离(冷凝)、氧化燃烧(回收热值)等。这些方法各有优缺点,使用范围也有所不同。膜分离技术是在20世纪初出现,20世纪60年代后迅速崛起并引起各国竞相研究开发的一门现代化工分离技术

(2)优点。膜分离法油气回收装置占地面积小、操作简便、维护容易、运行安全、投资回报率高。因此,该方法自投入市场以来便得到广泛的应用

(3)原理。由于油气与空气混合物中烃分子与空气分子的大小不同,在某些薄膜中的渗透速率差异极大,膜分离技术就是利用薄膜这一物理特性来实现烃蒸气与空气分离

(4)机理。膜分离法回收油气时,在混合气进入膜分离器前增加"压缩+冷凝"过程,压缩冷凝后的油气再通过膜将油气与空气分离,分离后的油气返回压缩机入口与装卸产生的油气一起重复上述工艺过程。经膜分离净化后的空气排入大气。膜分离技术油气回收率可达99%以上

(5)膜可以是固相的,也有液相的。目前使用的技术比较成熟的分离膜绝大多数是固相膜。分离膜根据膜材料可分为有机膜(高分子膜)和无机膜

(6)膜法气体分离的基本原理就是根据混合气中各组分在压力的推动下透过膜的传递速率不同,从而达到分离目的

(7)对不同结构的膜,气体通过膜的传递扩散方式不同,因而分离机理也不同。膜组件结构图、装配图见图2-1-23

(8)目前常见的油气通过膜的分离机理包括

①油气通过非多孔膜即致密膜(如高分子聚合物膜)的溶解—扩散的分离机理

②油气通过多孔膜(如多孔性陶瓷膜)的微孔扩散机理,并以毛细管冷凝机理为主,即可凝性气体在膜微孔中发生毛细管冷凝及可能有的多层吸附行为,减少甚至消除气相流动,在膜孔压力差推动力的作用下,发生较高的渗透率及分离度。膜分离法回收油气时,一般在混合气进入膜分离器前增加"压缩+冷凝"过程,其压缩比常为3~4。这时更有利于可凝性气体的油气吸收回收

(9)由于仅使用膜分离装置,投资和运行费用较高,因此常采用膜技术与其他技术耦合的工艺。是典型的吸收回收与膜法回收相结合的联合工艺

空气混合物被压缩机压缩到一定操作压力,压缩后的气体进入喷淋塔,气体在填充式喷淋塔中自下而上前进,吸收剂进入喷淋塔自上而下运动。气体经过反方向吸收剂的淋洗,有机蒸气被吸收,剩余的气体混合物从喷淋塔的顶部排出,进入膜分离系统。真空泵将膜组件的另一侧抽空,使膜两侧存在压力差,在推动力的作用下,芳烃气比空气优先透过膜,因此,膜将有机蒸气/空气混合物分离,渗透侧富集油气,尾气中烃类含量达到排放标准,可直接排放

(10)对于没有安装蒸气返回系统同时排气管直接对大气开放的传统加油站来说,汽车加油时与汽油喷溅可导致汽油蒸气挥发。此外,大气压力变化导致油气通过储罐呼吸排放管也可以造成挥发损失。膜法油气回收系统的核心部分是高透量并有选择性的气体膜组件。其工作流程示意图见图2-1-24

(11)汽车加油时,特制的加油枪将加油时挥发的油气抽回油罐,抽气速率大于发油速率,所以油罐的压力将上升,膜分离装置启动,通过对有机蒸气和空气透过率的不同,排放净化后的空气,同时通过真空泵将富集后的汽油蒸气部分输送回储油罐。当油罐的压力降低到正常水平时,膜分离装置自动停止运行

(12)膜法油气回收系统进行汽油蒸发回收,可以使挥发降低95%~99%。膜法油气回收系统见图2-1-25。表2-1-80列出了各种油气回收装置的技术经济综合比较

表2-1-80 各种油气回收装置经济综合评价

序号	比较项目	吸收法		吸附法	冷凝法	膜分离法
		常压常温	常压低温			
1	进口油气含量	高	较高	低	高	一般
2	安全性	高	较高	低	一般	高
3	占地面积	一般	小	一般	大	较小
4	使用寿命	高	较高	低	较高	较高
5	设备投资	高	低	较高	低	较低
6	运行费用	较高	低	高	低	低

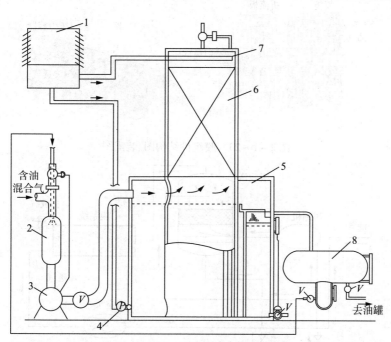

图2-1-21 冷凝法油气回收装置

1—冷却器;2—饱和器;3—鼓风机;4—冷却剂泵;5—缓冲分离罐;6—冷凝塔;7—冷却剂喷头;8—油气凝结液回收罐

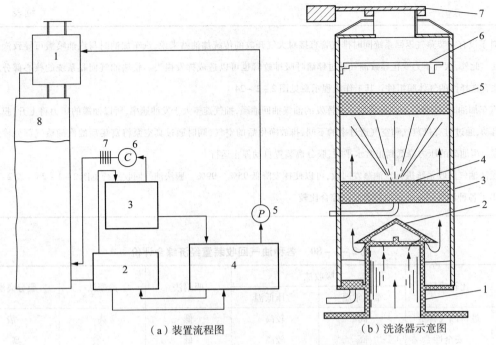

(a) 装置流程图　　　　　　　　　(b) 洗涤器示意图

图 2-1-22　冷凝-吸收法油气回收装置

(a) 1—洗涤器；2—换热器；3—闪蒸塔；4—制冷机；5—离心泵；6—压缩机；7—冷却器；8—储罐；
(b) 1—排气短管；2—伞形折流板；3—下金属叠板；4—冷凝-吸收剂喷嘴；5—上金属叠板；
6—防护板；7—安全活门

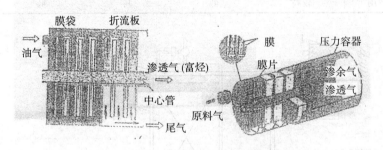

图 2-1-23　膜组件结构图、装配图

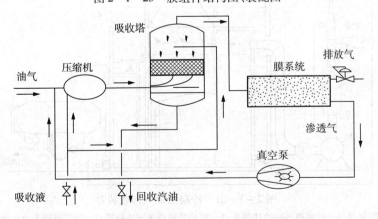

图 2-1-24　膜分离法油气回收工艺流程示意图

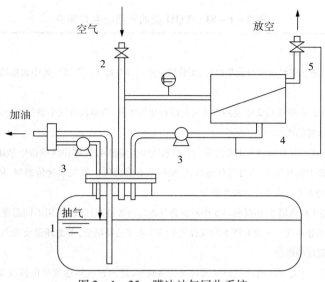

图 2-1-25 膜法油气回收系统
1—储油罐;2—单向阀;3—真空泵;4—膜组件;5—尾气阀

二、国内油气回收后的处理装置

(一)YQH 型油气回收装置

这是在国际现有技术的基础上开发的油气回收成套装置。其装置的流程见图 2-1-26,简介见表 2-1-81。

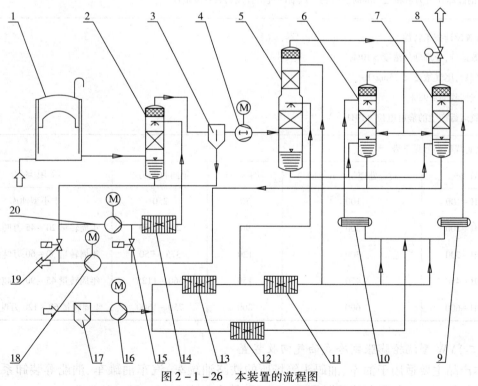

图 2-1-26 本装置的流程图
1—储气罐;2—吸收塔;3—气液分离器;4—气体压缩机;5、6、7—吸收塔;
8—压力控制阀;9、10—管式换热器;11、12、13、14—板式换热器;
15—电磁阀;16—油泵;17—过滤器;18—油泵;19—电磁阀;20—油泵

表 2-1-81　YQH 型油气回收装置简介

1. 本装置的流程见图 2-1-26

(1) 如图 2-1-26 所示,油气在发油栈台收集以后,由管路输送到储气罐 1。当储气罐中收集的油气达到一定量时,系统开始自动运行

(2) 油气首先进入吸收塔 2,在吸收塔 2 中使用汽油对其进行初步喷淋,调整混合气中油气中烃的浓度。吸收塔 2 使用的喷淋汽油来自吸收完回储罐的汽油

(3) 出吸收塔 2 的混合气在气液分离器 3 中除去液滴后进入气体压缩机 4,气体在压缩机中增压后有利于油气的冷凝吸收。在压缩机前后的管路中装有压力、温度等传感器,压缩机前有混合气中氧气浓度传感器,从而保证整个系统的安全运行。压缩机出口气体的压力由压力控制阀 8 调节

(4) 出压缩机的混合气进入吸收塔 5,在吸收塔 5 中对混合气进行两级冷凝回收,使用不同温度的汽油对其喷淋,基本除去混合气中的水气及大部分油气。出吸收塔 5 的混合气中油气浓度已经很低,考虑环保要求需要再进一步降低其浓度。所以必须对其进行更低温度的吸收

(5) 在吸收塔 6、7 中使用零下几十度的冷汽油对其再次喷淋吸收,使出口气体达到环保排放要求。吸收塔 6、7 完全相同,这样做的目的是为了在一路工作的时候另一路进行除霜

(6) 喷淋使用的汽油来自用户储罐或附近管线,以 300m³/h 处理量的系统为例,进口的输油管路采用 $DN50$ 的管子,流量约为 16m³/h

(7) 进来的汽油经过滤器 17、油泵 16 后分成两路,一路经板式换热器 13、11,管式换热器 9、10 对其降温后作为喷淋用。另一路经板式换热器 12 加热后作为除霜用。吸收完的汽油混合以后温度将大于 0℃,由泵 18 打回储罐或附近管线。换热器中的冷却介质为水和乙二醇的混合物。汽油的进出管线均装有流量计

2. 本装置设计技术特性

(1) 有效运行,处理油气浓度 >10%

(2) 处理后,尾气浓度 < 25mg/L

(3) 油气回收率 ≥98%

(4) 装置运行产生的静电电位 <10Ω

3. 本装置规格型号见下表

装置型号	额定处理量/(m³/h)	功耗/km	年回收能力/t	适用场合
YQH-100	100	70	250	中小型油库
YQH-200	200	90	250~550	年周转量 20~45 万吨级油库
YQH-300	300	120	375~750	年周转量 30~60 万吨级油库
YQH-450	450	150	560~1125	年周转量 45~90 万吨级油库
YQH-600	600	200	750~1500	年周转量 60~120 万吨级油库

(二) VW 型涡轮膨胀制冷式油气回收装置

本产品主要适用于油库、油码头等场所的铁路油罐车、汽车油罐车、油船等装卸系统的油品挥发气的回收。其工艺流程见图 2-1-27,简介见表 2-1-82。

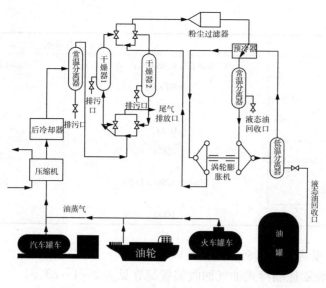

图 2-1-27 本装置系统的工艺流程图

表 2-1-82 VW 型涡轮膨胀制冷式油气回收装置简介

1. 工作原理	回收的油气经本装置压缩、干燥、净化的油气混合气推动涡轮膨胀机工作,迅速等熵膨胀制冷。当制冷温度低于油气的露点时,油气被冷凝为液体,经气液分离器分离
2. 工艺流程	本装置系统的工艺流程,见图 2-1-27
3. 主要性能	(1) 处理量:400、850m³/h (2) 回收率:≥90%~98% (3) 耗电量:40、80kW/h (4) 运行费用:≤10~15 万元/年 (5) 设备投资:150~300 万元 (6) 投资回收期:约 0.5 年 (7) 总质量:5000kg
4. 主要技术性能参数见下表	

	名称	技 术 性 能 参 数	
油气压缩机组橇装	型号	VW—6/6 型	VW—14/6 型
	结构形式	V 型无润滑水冷活塞式	V 型无润滑水冷活塞式
	公称容积量 /(m³/min)	6	14
	吸气压力 /MPa	常压	常压
	排气压力 /MPa	0.6	0.6
	吸气温度 /℃	≤40	≤40
	排气温度 /℃	≤45	≤45
	配备动力	防爆电机 37kW, dⅡBT4,380V/50Hz	防爆电机 75kW, dⅡBT4,380V/50Hz
	噪声声功率级 /dB(A)	≤85	≤85
	振动强度	≤28	≤28
	自动控制	防爆仪表箱、防爆电器控制柜,防爆等级 dIIBT4,油、水压低自动报警、停机,超压自动报警、停机	防爆仪表箱、防爆电器控制柜,防爆等级 dIIBT4,油、水压低自动报警、停机,超压自动报警、停机
	橇装外形尺寸 (长×宽×高)/mm	2800×1800×1500	3200×2000×1800
	质量 /kg	2000	3000
	整机防护	橇装式整机防护罩	橇装式整机防护罩

595

名称		技术性能参数	
油气回收机组橇装	处理量 /m³	360 m³/h, 8640 m³/d	840 m³/h, 20000 m³/d
	油气回收率 /%	≥90~98	≥90~98
	制冷温度 /℃	-45~-85	-45~-85
	能耗 /(kWh/m³)	0.11	0.11
	二次污染	无	无
	橇装外形尺寸(长×宽×高)/mm	2940×1390×1850	3200×1800×2000
	质量 /kg	1000	1500

(三) WPZ-40型涡轮膨胀制冷式油气回收装置

WPZ-40型涡轮膨胀制冷式油气回收装置简介见表2-1-83。

表2-1-83 WPZ-40型涡轮膨胀制冷式油气回收装置简介

1. 概述	WPZ-40型涡轮膨胀制冷式加油站油气回收装置,是北京世纪兴石化设备有限公司最新研发的专利产品。可适用于各种加油站一、二阶段的油气回收,具有创新、高效、环保、节能、安全等突出优点
2. 装置的工作原理	(1) 降温、回收原理 ①空气涡轮低温箱的制冷量是由空气轴承涡轮冷却器产生的,当来自气源的压缩空气,经净化后,流入涡轮冷却器涡壳,在喷咀中膨胀加速,部分焓降变为动能,高速气流推动叶轮。驱动支撑在空气轴承上的转子高速旋转,并在叶轮中继续膨胀和改变气流方向,动能转变为机械功,被轴另一端的压气机吸收,从而使空气温度和压力降低,产生冷量 ②热交换器利用冷室出口的冷气将涡轮入口气流温度降低,从而进一步降低涡轮出口温度,使冷室温度进一步下降,反复循环直到达到所需温度 ③当制冷温度低于油气的露点温度时,油气被冷凝为液体,经气液分离器分离
	(2) 温控原理 ①温度控制仪表通过温度传感器感受冷室温度,当高于给定值时,就输出一个负差值信号给电气转换器,电气转换器输出一个相应的气压信号给气膜阀,使之开度增大,涡轮进口压力升高。冷室温度下降,直至冷室温度与给定温度相等 ②反之,当温度控制仪表感受冷室温度低于给定值时,就输出一个正差值信号给电气转换器,后者输出一个相应的气压信号给气膜阀。使之开度减小,涡轮进口压力降低,冷室温度升高,直至冷室温度与给定温度相等,于是冷室温度自动维持在给定的温度上
3. 本装置突出特点	(1) 技术先进,涡轮膨胀制冷技术属国际先进制冷技术 (2) 结构紧凑,体积小,重量轻 (3) 投资少,造价低 (4) 耗能低,效率高,投资回收期短,耗能 0.1kWh/N·m³ (5) 安全、环保:装置所有配电系统均符合防爆要求,运行过程无任何二次污染

续表

名 称		主要技术性能参数
4. 本装置主要技术性能参数，见右表	空气压缩机组	
	型号	SERIES 504
	结构型式	滑片风冷式
	流量/(m³/min)	0.70
	吸气压力/MPa	常压
	排气压力/MPa	0.70
	吸气温度/℃	常温
	排气温度/℃	不高于环境温度5
	接口尺寸	1/2"
	配备动力	防爆电机4kW,dⅡBT4,380V/50Hz
	防爆等级	防爆等级 dⅡBT4
	防护等级	IP55
	绝缘等级	F
	噪声声功率级/dB(A)	≤65
	自动控制	全自动或手动运转
	撬装外形尺寸(长×宽×高)/mm	1000×510×600
	质量/kg	135
	整机防护	撬装整机防护罩
	涡轮膨胀冷凝机组	
	处理量/(m³/h)	40
	油气回收率/%	≥98
	制冷温度/℃	-90
	能耗/(kW·h/m³)	0.1
	二次污染	无
	撬装外形尺寸(长×宽×高)/mm	1000×510×600
	质量/kg	100

（四）加油站膜式冷凝油气液化装置

这是加油站油气回收及处理装置。配置见图2-1-28，简介见表2-1-84。

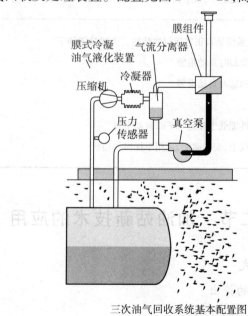

三次油气回收系统基本配置图

图2-1-28 油气回收系统基本配置图

加油站膜式冷凝油气液化装置简介见表2-1-84。

表2-1-84 加油站膜式冷凝油气液化装置简介

1. 工作原理	工作原理如图2-1-28所示:油罐内压力达到+50 Pa时(低于呼吸阀开启压力),系统开始工作,油气被压缩冷凝,一部分转化成液体汽油,经气液分离器分离后回到油罐;没有转化成液体的油气进入膜组件,膜组件将清洁空气分离出排向大气,高浓度的油气再次回到油罐,高浓度的油气在油罐中又会部分产生自然液化;当油罐内的压力低于-130 Pa时,系统停止工作
2. 技术参数	(1)电源:380 V AC 三相 (2)电机功率:1.5 kW (3)启动压力:+50 Pa (4)关闭压力:-130 Pa (5)油气处理能力:90~100 L/min (6)排放气体中烃的含量:<25 mg/L (7)环境温度:-20~50℃ (8)防爆标志:Ex dib Ⅱ AT3
3. 主要特点	(1)采用了压缩、常温冷凝技术和先进的膜分离技术的组合 (2)占地面积小,运行成本低,自动化程度高 (3)自动实现油罐压力的微量波动动态管理 (4)自动有效地回收液相油和高浓度油气 (5)自动监控、分离、排放清洁空气 (6)处理后的液相油回到油罐中,带来良好经济效益
4. 油气回收系统监测装置—站内诊断系统(ISD)	此装置是监测油气回收系统是否正常运行的装置。主要功能如下 (1)油气回收空间出现泄漏时自动报警 (2)油气回收胶管出现问题时自动报警 (3)油气过压报警 (4)油气回收系统总体性能低于额定水平时自动报警 (5)可直接加载在液位仪上,安装简便,适用于任何加油机

第十二节 加油站新技术的应用

一、卧式油罐新结构形式

(一)加油站双层卧式油罐的提出

1. 新规范对加油站油罐选用的要求

最新修定的《汽车加油加气站设计与施工规范》GB 50156中,对加油站油罐的选用要求见表2-1-85。

表 2-1-85　新规范对加油站油罐选用的要求

序号	要　求
1	汽车加油站的储油罐,应采用卧式油罐
2	(1)埋地油罐需要采用双层油罐时,可采用双层钢制油罐、双层玻璃纤维增强塑料油罐、内钢外玻璃纤维增强塑料双层油罐 (2)既有加油站的埋地单层钢制油罐改造为双层油罐时,可采用玻璃纤维增强塑料等满足强度和防渗要求的材料进行衬里改造
3	(1)单层钢制油罐、双层钢制油罐、内钢外玻璃纤维增强塑料、双层油罐的内层罐罐体结构设计,可按现行行业标准《钢制常压储罐 第一部分:储存对水有污染的易燃和不易燃液体的埋地卧式圆筒形单层和双层储罐》AQ3020 的有关规定执行,并应符合(2)~(3)的规定 (2)钢制油罐的设计内压不应低于 0.08MPa (3)钢制油罐的罐体和封头所用钢板的公称厚度,不应小于下表的规定

油罐公称直径/mm	单层油罐、双层油罐内层罐 罐体和封头公称厚度/mm		双层钢制油罐外层罐 罐体和封头公称厚度/mm	
	罐体	封头	罐体	封头
800~1600	5	6	4	5
1601~2500	6	7	5	6
2501~3000	7	8	5	6

序号	要　求
4	双层玻璃纤维增强塑料油罐的内、外层壁厚以及内钢外玻璃纤维增强塑料双层油罐的外层壁厚均不应小于4mm
5	(1)与罐内油品直接接触的玻璃纤维增强塑料等非金属层,应满足消除油品静电荷的要求,其表面电阻率应小于 $10^9\Omega$ (2)当表面电阻率无法满足小于 $10^9\Omega$ 的要求时,应在罐内安装能够消除油品静电荷的物体 (3)消除油品静电电荷的物体可为浸入油品中的钢板、也可为钢制的进油立管、也可为出油管等金属物,其表面积之和不应小于下式的计算值 (4)安装在罐内的静电消除物体应接地,其接地电阻应符合本规范第11.2节的有关规定

计算公式	符号	符号含义	单位
$A=0.04V_t$	A	浸入油品中的金属物表面积之和	m^2
	V_t	储罐容积	m^3

序号	要　求
6	双层油罐内壁与外壁之间应有满足渗漏检测要求的贯通间隙
7	(1)双层钢制油罐、内钢外玻璃纤维增强塑料双层油罐、玻璃纤维增强塑料等非金属防渗衬里的双层油罐应设渗漏检测立管,并应符合(2)~(5)的规定 (2)检测立管应采用钢管,直径宜为80mm,壁厚不宜小于4mm (3)检测立管应位于油罐顶部的纵向中心线上 (4)检测立管的底部管口应与油罐内、外壁间隙相连通,顶部管口应装防尘盖 (5)检测立管应满足人工检测和在线监测的要求并应保证油罐内、外壁任何部位出现渗漏均能被发现
8	油罐应采用钢制人孔盖

2. 双层罐的过渡历程及发展趋势见表2-1-86。

表2-1-86 双层罐的过渡历程及发展趋势

(1)由于环境保护在国内外逐渐被重视,而油罐渗泄漏污染的环保治理费用相当高,所以如何防止油罐渗泄漏受到关注
①双层油罐是目前国外加油站防止地下油罐渗泄漏普遍采取的一种措施
②在北美,加拿大政府规定1993年10月1日之后,加油站必须使用双层油罐,并配有精确的渗漏检测装置。美国EPA规定２００５年起所有加油站的地下储油罐必须使用双层罐系统,并实施精确的渗漏检测

(2)双层油罐的过渡历程与趋势为:单层罐→双层钢罐(也称SS地下储罐)→内钢外玻璃纤维增强塑料(FRP)双层罐(也称SF地下储罐)→双层玻璃纤维增强塑料(FRP)油罐(也称FF地下储罐)

(3)对于加油站在用埋地油罐的改造,北美、欧盟等国家在采用双层油罐的过渡期,为减少既有加油站更换双层油罐的损失,允许采用玻璃纤维增强塑料等满足强度和防渗要求的衬里技术改成双层油罐,我国香港也采用了这种改造技术

(4)双层油罐由于其有两层罐壁,在防止油罐出现渗泄漏方面具有双保险作用,再加上国外标准在制造上要求对两层罐壁间隙实施在线监测和人工检测,无论是内层罐发生渗漏还是外层罐发生渗漏,都能在贯通间隙内被发现,从而可有效地避免渗漏油品进入环境,污染土壤和地下水

(5)内钢外玻璃纤维增强塑料双层油罐,是在单层钢制油罐的基础上外附一层玻璃纤维增强塑料(即:玻璃钢)防渗外套,构成双层罐。这种罐除具有双层罐的共同特点外,还由于其外层玻璃纤维增强塑料罐体,抗土壤和化学腐蚀方面远远优于钢制油罐,故其使用寿命要比直接接触土壤的钢罐要长

(6)双层玻璃纤维增强塑料油罐,其内层和外层均属玻璃纤维增强塑料罐体,在抗内、外腐蚀方面都优于带有金属罐体的油罐。因此,这种罐可能会成为今后各国在加油站地下油罐的主推产品

(7)欧美双层油罐的发展史及国内的技术引进
①20世纪60年代,德国首创SS双层罐(内外均钢制)
②20世纪70~80年代,美国STI推出了一系列经过技术改良的SS双层罐,例如无需现场做阴极保护的STI-P3油罐(内外均钢制)
③1985年,美国推出从最初无中空层的ACT-100、ACT-100-U,到有中空层,且如今还在使用的Permatank,即如今的SF双层罐(内层钢,外层FRP)
④1988年,美国推出FF双层罐(内外均FRP)
⑤1996年,加拿大ZCL公司将3D复合材料技术应用于FF双层油罐
⑥如今,我国河北冀州澳科中意石油设备有限公司,将这种最新技术的3DFF双层罐引入中国,为中国石油行业带来世界领先的加油站油品存储方案

(二)双层玻璃纤维增强塑料卧式油罐介绍

双层玻璃纤维增强塑料卧式油罐介绍见表2-1-87。

表2-1-87 双层玻璃纤维增强塑料卧式油罐介绍

1. 玻璃纤维增强塑料介绍	(1)玻璃纤维增强塑料,是一种由高强度的玻璃纤维和树脂基体复合而成的兼具结构性和功能性的新型复合材料,其英文全称为 FibergassReinforcedPlastics,英文简称为 FRP (2)FRP 最早于20世纪30年代在美国研究、开发成功,40年代广泛用于军事领域,如空军海军武器装备,自50年代初并在其后的半个多世纪,FRP 技术在全球范围内得到了快速的发展和广泛的应用。因部分的 FRP 制品具有类似玻璃的观感和钢的力学性能,国内俗称玻璃钢 (3)其中,玻璃纤维提供 FRP 的强度和刚性,树脂基体提供 FRP 的耐化学性(抗腐蚀性能)和韧性。FRP 作为一种可设计的复合材料,通过选用适当的纤维和树脂,经过优化设计,和先进制作、成型工艺的采用,可获得具有优异耐腐蚀性能的 FRP 制品,在防腐蚀工业领域成为事实上的最佳选择
2. 早期 FRP 地下石油储罐的采用	用 FRP 材料制作地下石油储罐,20世纪60年代已在美国兴起。美国 AMOCO 石油公司于1963年率先采用了第一个 FRP 单壁罐。该罐历经25年的使用后,于1988年挖出,经过鉴定和评估,在重新获取认证后,埋入地下继续使用
3. FRP 双层油罐的市场走向	(1)由于世界各地的地下钢质储罐中,存放的燃料和含有化学成分的液体,在过去几十年变得越来越具有侵蚀性,因此在原有钢质储罐内外表面涂复防腐层或 FRP 材料包覆外,大量的市场走向是采用全复合材料 FRP 双层地下储罐 (2)由于抗渗和抗压的要求,FRP 地下储罐从单壁走向双层壁,由单一的工艺走向多种工艺的组合成型,设计和品质越来越完善,成为二十年来欧美发达国家广泛采用的非常成熟的防腐防渗液体燃料储存系统 (3)截至2006年9月,美国大约有50万个地下储罐是用 FRP 材料制成的,约占全美地下储油罐总量的70% (4)在澳大利亚和新西兰,全复合材料 FRP 地下储罐有20年以上使用历史,据报道超过6000个双壁 FRP 地下储罐投入使用 (5)在亚洲国家如日本、韩国、马来西亚、印度尼西亚、菲律宾、印度、新加坡及我国台湾岛内的各地加油站,FRP 双壁地下储罐也获得了大量采用 (6)最近几年,美国、加拿大等国大力推广使用生物燃料。生物燃料的采用,对燃料的储存提出了新的挑战。全球各大石油公司逐渐认识到 M1c(微生物诱导腐蚀现象)使得传统钢制储罐的腐蚀速率大幅度上升,且难以消除。针对这种问题,2008年,美国 STI(钢制储罐协会)将钢制储罐(包括内层钢质,外层玻璃钢的双层油罐)的担保期缩短至10年 (7)与此同时,全复合材料的 FRP 双层油罐因其对 MIC(微生物诱导腐蚀)没有影响,担保期仍为30年,其性价比和全寿命成本更具优势,因此采用全复合材料的 FRP 双层油罐,2009年度在北美地区获得了更高的采用率
4. 3DFF 双层油罐国内产品介绍	(1)技术引进 ①河北省冀州市中意复合材料有限公司,2009年与加拿大 ZCL 复合材料有限公司,签定了"双壁石油储罐专有技术转让签约",从此将国外 FRP 双壁油罐的先进技术引进中国 ②2011年中意复合材料有限公司与青岛澳科仪器有限责任公司,共同合资组建了"冀州澳科中意石油设备有限公司"(简称"澳科中意"),并引进加拿大 ZCL 复合材料有限公司先进的3DFF 技术,并获得其在中国地区的独家授权,生产销售国际领先的环保型 PREZERVER-rM 全复合材料双壁罐,从原材料到生产过程及检验,均严格执行 ZCL 公司双壁石油储罐专有技术标准和要求,通过 UL 认证,确保产品品质

	(2)3D玻纤织物特性
	①3D玻纤织物具有质轻、刚度强及耐腐蚀等特点,主要应用于飞机机翼、高速火车外壳及内饰、人造器官、航天飞行器等高精尖领域
	②加拿大ZCL公司将该技术引入FF双层罐的制造中,采用3D玻纤织物承接内外壁,使油罐成为一个整体,结合与外壁整体成型的加强筋,有效增加了油罐的结构厚度和综合强度
	③3D玻纤织物在内外层之间形成3.5mm的空隙,使得FF双层罐可以采用液媒测漏系统,该系统为主动测漏方式,预充满的测漏卤水液,实时24小时监控,全方位无死角
	(3)3DFF双层罐简介
	①适用介质
	a. 汽油、柴油、煤油、机油、航空燃油
4. 3DFF双层油罐国内产品介绍	b. 醇、含醇汽油,充氧发动机燃料:乙醇和乙醇混合燃料(100%乙醇,E10、E85);甲醇和甲醇混合燃料(10096甲醇,M85);充氧燃料
	②3DFF双层罐的特点
	a. 本产品加强筋与罐体整体成型,罐体具有高强度、高刚度,覆土埋深可达2.1m及更高
	b. 100%由玻璃纤维和树脂复合而成的双层壁玻璃钢,内外永不锈蚀,无需维护,易于处理,并且不再需要昂贵的阴极防蚀保护
	c. 内外层壁之间的环形空间采用3D玻纤立体织物技术,充满空隙和孔洞,工厂预填充的卤水可在其间贯通,以精确、及时地对内层壁和外层壁进行连续渗漏监测
	d. 允许选用压力法、真空法、干湿法、静水法等4种低成本、高精度的罐体测试和泄漏监测方法
	e. 罐顶部附件提供电子液位计接口及其他接口
	f. 涡轮机封装附件防止潜油泵受到土壤侵蚀,同时为潜油泵或管路可能出现的泄漏提供双极保护
	g. 采用预制式混凝土地锚,消除了现场浇铸混凝土底台的耗时作业,同时地锚具有在洪水条件下能阻止罐体上浮的设计。两边地锚上的钩点之间采用带有镀锌套筒螺母的扁型束带进行紧固,施工便利,安全可靠
	(4)国产3DFF双层罐的型号规格及尺寸,见图2-1-29和表2-1-88

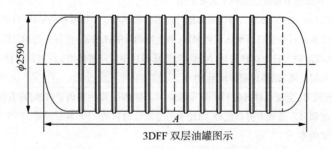

图2-1-29 3DFF双层油罐图

表2-1-88 3DFF双层罐的型号规格及尺寸

3DFF的型号	实际容积/ m^3	尺寸/mm			地锚数量	束带数量
		A	B	C		
3DFF-1-20m^3	20.043	4652	305	305	2	2
3DFF-1-25m^3	25.499	5800	305	305	2	2
3DFF-1-30m^3	30.076	6763	305	305	4	4

续表

3DFF 的型号	实际容积/ m³	尺寸/mm			地锚数量	束带数量
		A	B	C		
3DFF－1－35m³	35.585	7922	305	305	4	4
3DFF－1－40m³	40.053	8862	305	305	4	4
3DFF－1－45m³	45.699	10050	305	305	4	4
3DFF－1－50m³	50.029	10961	305	305	6	6
3DFF－1－55m³	55.324	12075	305	305	6	6
3DFF－1－60m³	60.200	13101	305	305	6	6
3DFF－1－65m³	65.058	14122	305	305	6	6

(三)双层钢质卧式油罐的结构构想

双层钢质卧式油罐的结构构想,见表2－1－89。

表2－1－89　双层钢质卧式油罐的结构构想

1. 概要	(1)双层钢质卧式油罐,目前国内少见,2012年加油加气站新规范提出了这种罐,并且提出了一些具体要求,其结构设计可按国内现行行业标准《钢制常压储罐 第一部分:储存对水有污染的易燃和不易燃液体的埋地卧式圆筒形单层和双层储罐》AQ3020执行 (2)作者参照这个标准及钢质卧式油罐标准设计和2012年加油加气站新规范的要求,对双层钢质卧式油罐的结构提出如下构想,供读者参考
2. 内层罐的设计	(1)双层钢质卧式油罐的内层罐,宜选用钢质卧式油罐的系列标准罐。其直径、长度、加强圈、曲率半径等均应按系列标准罐设计 (2)因为系列标准罐已经过优化设计,是安全可靠、技术经济合理的
3. 外层罐的设计	(1)双层钢质卧式油罐的外层罐,宜参照钢质卧式油罐系列标准设计 (2)其直径、长度、曲率半径等几何尺寸,在对应的标准罐尺寸的基础上加大即可 (3)其加强圈或纵、横向肋的设置,应结合油罐分区检漏的分格统一考虑
4. 油罐内外层钢板厚度选定	(1)油罐内外层钢板厚度,可选用钢质卧式系列标准罐的厚度 (2)且不应小于2012年加油加气站新规范要求的最小厚度
5. 双层钢质卧式油罐的检漏方法	(1)双层卧式油罐对油品的渗漏虽然多了一道防线,但还需要考虑一旦渗漏有检漏的方法 (2)双层钢质卧式油罐的检漏,可借鉴前述双层玻璃纤维增强塑料卧式油罐的渗漏监控方法。即在双层壁间隙内填充3D玻璃纤织物,并充满测漏卤水液,内置传感器实施24h渗漏监控 (3)为了迅速找到渗漏区域及漏点,可利用两层间的纵、横向加强肋的分格分区
6. 双层钢质卧式油罐质量的检查	(1)双层钢质卧式油罐质量的检查,应按照相关规范、规定执行。保证钢板质量合格,无缺陷,钢板成型符合设计要求。保证焊缝结构、焊缝高度符合设计要求,焊接质量、焊缝外观符合规范要求 (2)油罐渗漏检查: 油罐埋地后,不能直观检查渗漏,所以埋地油罐的每道工序都应严格把关,防止渗漏。 内层油罐焊接安装完毕后,应对焊缝逐条逐段检漏,检查方法和手段应按相应规范执行。 外层壁焊接安装完毕后,同内层壁一样严格检漏 (3)油罐整体试压: 油罐内、外层全部焊接安装完毕并渗漏检查合格后,在外壁防腐绝缘之前,即应对油罐进行整体试压。整体试压宜采用水压试验,控制压力、试压方法应按设计要求或相应规范、规定执行

7. 双层钢质油罐的防腐	(1) 双层钢质油罐的罐内表面和罐最外表面的除锈防腐,应按设计要求执行 (2) 值得提出的是两层罐壁间的内、外层钢板表面是否需要防腐值得探讨。两层罐间隙完全密封,再无流通的空气,理论上不会再生锈。但考虑这两层罐壁间钢板表面无法再维护保养,所以作者认为还是有必要用防锈漆做一道防腐为好 (3) 另外还应提醒的是罐最外层的绝缘防腐,最好在油罐整体试压合格后再做。因为这样更容易再次检查油罐是否渗漏
8. 双层钢质油罐的验收	(1) 双层钢质油罐经质量检查合格,防腐绝缘完成后,还需再进行单罐整体验收 (2) 验收应由设计、施工、监理、建设单位的人员参加,并例行验收合格的手续,然后才能对油罐进行继续埋地施工 (3) 因此对单罐整体验收是埋地油罐竣工验收的中间验收

(四) 内钢外玻璃纤维增强塑料双层卧式油罐结构构想

内钢外玻璃纤维增强塑料双层卧式油罐结构构想见表 2-1-90。

表 2-1-90　内钢外玻璃纤维增强塑料双层卧式油罐结构构想

1. 内钢外玻璃纤维增强塑料双层卧式油罐,是钢质油罐和玻璃纤维增强塑料双层油罐两种技术的组合。只是外层玻璃纤维增强塑料只有一层
2. 内层钢质罐与外层玻璃纤维增强塑料之间仍应有 3.5mm 的间隙,在间隙内仍然填充 3D 玻璃纤织物,并充满测漏卤水液,内置传感器对油罐实施 24h 渗漏监控
3. 可见内钢外玻璃纤维增强塑料双层卧式油罐的设计、施工、质量检查验收,均可参照上两种双层油罐的做法实施

二、美国加油站地下油罐及管道泄漏的探测技术

加油站地下油罐及管道泄漏的探测,目前国内尚无规章要求,泄漏探测尚未开展,此处仅介绍美国对加油站地下油罐及管道泄漏探测的部分资料,可供参考。

(一) 泄漏探测的重要性及安装泄漏探测系统的要求

泄漏探测的重要性及安装泄漏探测系统的要求见表 2-1-91。

表 2-1-91　泄漏探测的重要性及安装泄漏探测系统的要求

1. 泄漏探测的重要性	(1) 据介绍,美国到 2005 年 3 月为止,已有几乎 45 万个地下储油罐被证实发生泄漏。在没有泄漏探测的场所,泄漏的污染已经蔓延后才被发现,因而清理很困难、很昂贵 (2) 如果装有有效的泄漏探测,就能够对泄漏迹象进行快速反应,对环境的损害范围以及对人体健康和安全的危害可降到最小。随之也会免受由于清理大量泄漏和相关的第三方索赔所造成的高额费用
2. 美国对安装泄漏探测系统的要求	(1) 美国规定:在 1988 年 12 月后安装的所有地下储油罐,必须安装泄漏探测;在 1988 年 12 月前安装的地下储油罐,必须满足泄漏探测的顺延期限,即在额外的 5 年内逐步安装泄漏探测;到 1993 年 12 月,所有的地下储油罐,必须安装泄漏探测 (2) 各泄漏探测方法要求每月进行一次监测,作为临时方法,可将油罐密封性测试与库存控制相结合,如果是小油罐,也可与手动油罐测量相结合

3. 加油站地下油罐泄漏的探测系统,见右图	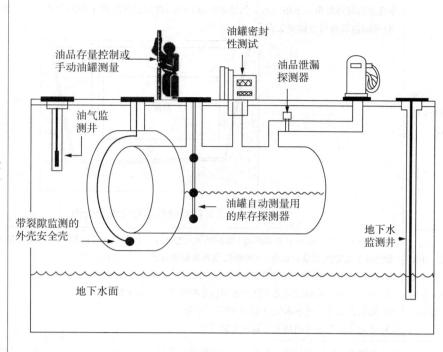

(二)地下油罐及管道泄漏探测的基本原理及方法

地下油罐及管道泄漏探测的基本原理及方法见表2-1-92。

表2-1-92 地下油罐及管道泄漏探测的基本原理及方法

序号	基本原理及方法
1	美国加油站的地下油罐和有些管道,目前有双层壁和单层壁两种
2	对双层壁的泄漏探测的基本原理及方法有3种 (1)对双层壁的空间监测其压力和真空度有无变化 (2)对双层壁的空间充满溶液,并监测液位的变化 (3)将液体传感器安装在双层壁的空间,探测是否有泄漏
3	对单层壁的泄漏探测的基本原理及方法也有3种 (1)通过精确的测量手段,直接监测油罐内的液位和管道内的压力有无变化 (2)通过精确的测量手段,直接测量油罐和管道周围的土壤和水中的油气浓度 (3)在油罐内顶部空间和加油机底部集油槽安装传感器,探测是否有泄漏

(三)泄漏探测装置之一带裂隙监测器的外壳安全壳

带裂隙监测器的外壳安全壳简介见表2-1-93。

表 2-1-93 带裂隙监测器的外壳安全壳简介

1. 装置整体结构	本装置的整体结构如下图所示。其整体结构类似国内加油站防渗采用的防渗罐池。外壳安全壳相当防渗罐池；裂隙监测器相当检测立管 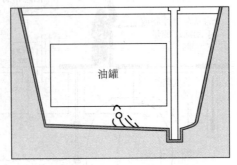 带裂隙监测器的外壳安全壳图
2. 外壳安全壳的结构及功能	(1)外壳安全壳是油罐和外部环境(即回填土)之间的一个隔层。隔层控制着油罐与隔层间的泄漏，隔层的底部设引至裂隙监测器的坡度，在裂隙监测器底设集油槽，以便探测泄漏 (2)隔层必须围绕在油罐周围或在其下方 (3)隔层及外部衬垫层与地下储油罐阴极保护装置的互不干扰 (4)隔层顶总高于地下水位及 25 年的洪泛水位 (5)外壳安全壳不得用黏土及其他土制材料
3. 裂隙监测器的结构及功能	(1)监测器可以简单得像一个用于安全壳最低点的量油计，以观察液态油品是否已经泄漏并且淤积于此。监测器也可以是用于连续检查泄漏的复杂的自动系统 (2)监测器用于检查油罐与隔层间的区域是否泄漏，如果泄漏即刻报警 (3)一些监测器指示实际存在泄漏油品(液态或气态之一)。另一些监测器检查表示油罐有洞(如真空或压力的降低)，或者双层油罐的两壁间液体液位的变化
4. 本装置安装使用要求	(1)只要您按照制造商的说明书安装，并对带裂隙监测器的外壳安全壳进行操作，该设备就能满足联邦政府对地下储油罐泄漏探测的要求 (2)只有在隔层和裂隙监测器正确安装的情况下，本构件才能有效地工作。因此安装者应受过训练，并有丰富的经验 (3)在高地下水位或多降水的地方，选择完全包围油罐的外壳安全壳系统是必要的，以防止潮湿干扰监测器 (4)在油罐的使用期内，至少每月检查该设备一次，以满足联邦政府的要求。带裂隙监测的外壳安全壳也可用于探测管道的泄漏

(四)泄漏探测装置之二自动油罐测量系统(ATGS)

自动油罐测量系统(ATGS)简介见表 2-1-94。

表 2-1-94 自动油罐测量系统(ATGS)简介

1. 本系统对泄漏探测的方法	(1)对油罐内的油品质量和温度连续测量，并由计算机自动分析和记录 (2)在库存模式下，ATGS 替代使用油尺去测量油品液位和执行库存控制。此模式记录包括传输在内的运转中的油罐状态 (3)在测试模式下，油罐应停止运转，而且油品液位和温度要测量至少 1h，但是一些如连续运转的 ATGS 系统，进行测试时，不要求油罐停止运转。这是因为这些系统能够在油罐内没有输入或取出油品的多个短时间内，对数据收集和分析 (4)还有将自动油罐测量与进、销、存管理相结合的一些方法

续表

2. 本系统用于加油站的条件	(1)ATGS 已经主要用在包含汽油或柴油的油罐上。一些系统已经评估容量达 75,000 加仑的油罐；如果考虑使用汽油或柴油以外的其他油品的 ATGS，需要与制造商代表讨论其适用性。核查该方法的评估以确保可满足规章要求与您的需要 (2)油罐周围的水可以临时阻止油品离开油罐，从而可以隐藏泄漏；为探测这种情况下的泄漏，ATGS 应该具有探测油罐底部水的能力 (3)ATGS 必须能够在一定的监测率和错误警告概率下，探测每小时 0.2 加仑的泄漏；有些 ATGS 也能够以要求的概率探测每小时 0.1 加仑(0.37854L)的泄漏
3. 本系统的安装要求及功能	(1)通过油罐顶部的一个开口(不是填充的管道)永久地安装有 ATGS 探头 (2)除已评估的可用于多油管、油罐的一些连续 ATGS 外，加油站现场的每个油罐都需要配置一个独立的探头。请核查该方法的评估，以确定 ATGS 能否用于多油管、油罐 (3)ATGS 探头与一个控制台相连，该控制台显示正在运转的油品液位信息和每月测试的结果。打印机连接到控制台以记录这些信息 (4)ATGS 通常配有报警器，以提示过高或过低的油品液位、过高的水位，以及盗窃油品行为 (5)ATGS 能够与其他位置的计算机相连，由此系统可实现编程或读取 (6)对于非连续运转的 ATGS，在每月测试前至少 6h 内，以及测试过程中(一般 1～6h)不能有油品输入或输出油罐 (7)一些 ATGS 可以对相对较低容量的情况下(如 25% 或 30%)的测试进行评估。虽然在这种容量下，油品液位对于测试设备可能是有效的，但是这可能不适合测试日常装油品的油罐的所有部分。ATGS 测试需要在日常装满油的油罐上进行 (8)只要您按照制造商的说明书安装并操作自动油罐测量系统(ATGS)，该设备就可满足油罐泄漏探测的联邦政府要求(本系统不能探测管道泄漏)。在油罐的使用期内要每月检测该设备一次，以满足联邦政府要求

(五)泄漏探测装置之三油气监测(包含示踪化合物分析)系统

油气监测(包含示踪化合物分析)系统见表 2-1-95。

表 2-1-95 油气监测(包含示踪化合物分析)系统

1. 本系统对泄漏探测的方法	(1)油气监测用于感测和测量油罐周围土壤中泄漏油品发出的气体，以确认油罐是否正在泄漏，见右图 (2)将示踪化合物事先放入油罐或地下管道中，对地下储油罐系统外存在的示踪化合物进行采样分析 (3)全自动油气监测系统已经安装了永久性设备，以连续地或者定期地收集和分析油气样品，并对泄漏进行响应，发出声光警报 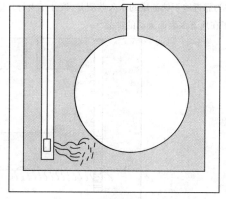 油气监测图 (包含示踪化合物分析)系统

607

1. 本系统对泄漏探测的方法	(4)示踪化合物分析需要在油罐回填土中或沿管道线路处的关键位置安装监测井/采样点,以便在油泄漏发生时能够监视采样点提取的特定的化学制品 (5)监测井的数量及其位置是非常重要的。只有经验丰富的承包商能够设计和建造有效的监测井系统油气监测需要在油罐回填土中安装监测井。双井中较小的建议用于单油罐挖掘。对于三个或更多井,建议用于挖掘两个或更多的油罐美国一州和地方机构已经制定了监测井位置的规章制度。监测井必须保护好并标记明显 (6)手动操作的油气监测系统,包括从能即刻分析所收集油气样品的装置,到收集的样品需送到实验室进行分析的设备手动系统每月必须至少监测一次油站现场。示踪化合物分析可以由有资质的技术员每月执行一次
2. 本监测系统用于加油站的条件	(1)不是所有的加油站都可采用这种监测系统,所以在安装油气监测系统前,要对加油站现场评估,以确认油气监测是否适用于该加油站现场;加油站现场评估通常至少包括确定地下水位、罐底土层污染、存储油品的类型,以及土壤类型。此评估应由经过培训的专业人员进行 (2)地下储油罐内存储的物质必须是容易蒸发的,如汽油,以便油气监测器能够探测泄漏,有一些油气监测系统用于柴油燃料时,就不能很好地工作 (3)地下储油罐周围的回填土,必须是沙子、砂砾,或者其他使得油品气体或示踪化合物容易移向监测器的材料,回填土还应该清理得非常干净,保证以前的污染物不会妨碍当前泄漏的探测 (4)高地下水位、过量的降雨,或者其他潮湿源,不能连续干扰油气监测操作30天以上
3. 本系统安装使用要求	(1)只要您按照制造商的说明书安装,并操作油气监测,该设备就能满足美国对地下储油罐泄漏探测的规章要求;油气监测表明所采油品的碳氢化合物(如汽油)非常不稳定,但能在监测井/采样点上提取。美国规章也认可对地下储油罐系统的示踪化合物的采样;规章要求对于油气监测系统的操作,在其使用期内至少每月一次;油气监测也可以安装用于探测管道的泄漏 (2)在安装用于探测泄漏的油气监测系统前,应评估确定土壤类型、地下水深和流向,以及加油站现场的总体地质。这只能由经过培训的专业人员进行 (3)所有油气监测设备应该按照制造商的说明书定期标定,以确保能够监测

(六)泄漏探测装置之四地下水监测系统

地下水监测系统见表2-1-96。

表2-1-96 地下水监测系统

1. 本系统泄漏探测的方法	(1)地下水监测系统的两个主要组成部分:监测井(典型的井直径为50~100mm)和监测设备,见右图 (2)监测井为靠近地下储油罐的永久监测井,该井至少每月监测一次,判断是否含有从地下储油罐泄漏出来并且正在地下水表面流动的油品 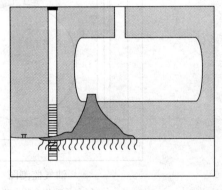 地下水监测系统图

1. 本系统泄漏探测的方法	(3) 监测井的数量及其位置是非常重要的。只有经验丰富的承包商才能设计和建造有效的监测井系统;双井中较小的建议用于单油罐。三个或更多井建议用于两个或更多的油罐;美国一些州和地方机构已经制定了监测井位置的规章制度 (4) 监测井必须合理设计并密封以防止外界的污染,还必须标记明显,并保护好 (5) 监测井应该置于地下储油罐回填土中,以便能够尽可能快地探测泄漏 (6) 探测设备永久地安装于井中,用于自动连续地测量泄漏的油品 (7) 探测设备也可手动进行。手动设备是能插入井中电子显示泄漏油品的设备,手动设备必须至少每月使用一次 (8) 油品探测设备必须能够探测地下水面上 3mm 或更小厚度的泄漏油品
2. 本系统用于加油站条件	(1) 一般情况下,地下水监测能够在地下储油罐场所使用,但监测井需安装在油罐回填土中;并且过去没有油品泄漏,否则将错误显示现在有泄漏 (2) 如果地下水监测是泄漏探测的唯一方法,那么地下水不能低于地面 6.1m(20ft),并且井和地下储油罐间的土壤必须是沙子、砂砾或者其他粗糙材料
3. 本系统安装使用要求	(1) 只要您按照制造商的说明书安装并操作地下水监测系统,该系统就满足地下储油罐泄漏探测的联邦政府要求。在油罐的使用期内,地下水监测系统至少每月运转一次,以满足联邦政府要求。地下水监测也可用于探测管道的泄漏 (2) 安装之前,进行加油站现场评估是必要的,以便确定土壤的类型、地下水深和流向,以及加油站现场的总体地质。此评估只能由经培训的专业人员进行

(七) 泄漏探测手段之一进、销、存管理(SIR)

进、销、存管理(SIR)见表 2-1-97。

表 2-1-97 进、销、存管理(SIR)

1. 进、销、存管理(SIR)的功能	当按照提供商的说明书执行时,进、销、存管理(SIR)可满足联邦政府如下所述地下储油罐探测的要求 (1) 每小时 0.757082L(0.2gal)泄漏探测能力的 SIR,在油罐和管道的使用期内,每月监测一次就可满足联邦政府要求 (2) 每小时 0.378541L(0.1gal)泄漏探测能力的 SIR,等同于油罐密封性测试,也满足联邦政府要求 (3) 如果 SIR 甚至具有探测更小的泄漏能力,那么也就能满足油管密封性测试的联邦政府要求
2. SIR 泄漏探测的方法	(1) SIR 分析一段时间内收集到的库存、传输和加油的数据,以确定油罐系统是否正在泄漏 (2) 每个工作日,都要使用量油尺或者其他油罐液位检测器来测量油品液位。同样还要完整地记录从地下储油罐取出的和输送入油罐的全部数据;经过 SIR 提供商要求的一段时间后,收集齐全部数据,然后可将其提供给 SIR 提供商 (3) SIR 提供商利用复杂的计算机软件对数据进行统计分析,以确定地下储油罐系统是否正在泄漏。SIR 提供商会提供给您一份分析测试报告,同样,您也可购买 SIR 软件执行相同的分析,并从您自己的电脑上获得一份测试报告 (4) 一些方法可将自动油罐测量的多个参数与 SIR 相结合。在这些方法中,有时称为混合方法,测量仪将液体的液位和温度数据提供给运行 SIR 软件的计算机,计算机再进行分析,以查明是否泄漏
3. 相关规章的要求	(1) 为了可用作每月监测,SIR 方法必须能够探测小至每小时 0.757082L(0.2gal)的泄漏,并满足联邦政府制定的关于探测概率和错误警告概率的规章要求,至少每月要将数据递交一次 (2) 为了可用作油罐密封性测试的等效方法,SIR 方法必须能够探测小至每小时 0.378541L(0.1gal)的泄漏,并满足联邦政府制定的关于探测概率和错误警告概率的规章要求,至少每月要将数据递交一次 (3) 单个 SIR 方法必须对测试过程进行评估,以确保其能够在要求的液位探测泄漏,并且符合探测概率和错误报警率的要求

3. 相关规章的要求	(4)对该方法的评估必须反映该方法在加油站现场使用的方式。如果SIR方法不是由SIR提供商执行，那么该方法的评估必须在不包含SIR提供商的情况下进行，这有两种情况：一是SIR方法授权给了设备业主，二是用混合的ATGS/SIR方法，即自动油罐测量系统——进、销、存管理方法 (5)如果测试报告不能确定，必须采取必要措施，查明究竟油罐是否存在泄漏因为SIR方法需要数天，因此可能不得不使用其他方法进行判断 (6)必须保存好测试报告，以及所用SIR方法对于地下储油罐系统有效的证明文件
4. 本方法用于加油站的条件和要求	(1)一些SIR方法已经对容量达227.12m³(60000gal)的油罐的使用进行了评估。如果考虑使用SIR方法，那么请核查一下该方法的评估，以确定它符合规章要求和特殊地下储油罐系统 (2)SIR方法探测泄漏的能力随着储量的增加而下降如果考虑使用SIR方法用于大储量的地下储油罐系统，请核查该方法的评估以确定它可满足规章要求 (3)油罐周围的水可能会隐藏住油罐上的洞或者通过临时防范泄漏而误报数据进行分析，在这种情况下探测泄漏，应该至少每月检查一次水 (4)包括油品液位测量、加油数据和传输数据在内的数据，应该按照SIR提供商的说明书认真地收集。收集数据的欠缺会产生不确定的结果和数据的不符合 (5)SIR提供商一般会提供详细记录数据的表格、液位转换成体积的图表，以及指导测量的说明书 (6)不要将SIR与其他泄漏探测方法相混淆，该方法也是依靠定期对库存、提取和传输的数据进行调节。不同于手动油罐测量或库存控制的是，SIR要对数据进行复杂的统计分析以探测泄漏

(八)泄漏探测手段之二油罐密封性测试和库存控制

油罐密封性测试和库存控制见表2-1-98。

表2-1-98 油罐密封性测试和库存控制

1. 概述	加油站每月的定期油罐密封性测试和库存控制相结合，才能满足油罐泄漏探测的联邦政府要求 这两种泄漏探测方法必须同时使用，因为单独使用任一方法都不能满足联邦政府的油罐泄漏探测要求 下面分别介绍这两种泄漏探测方法
2. 油罐密封性测试	(1)本泄漏探测的方法。密封性测试方法也被称为精密油罐测试，密封性测试包括很多方法。这些方法可分为两类：测定体积的和不测定体积的 ①测定体积的方法 测定体积的测试方法，是非常精密地(以毫米或千分之一米为单位)测量油罐中油品液位随时间的变化。这种油罐密封性测试的要求如下 a. 在进行液位测量的同时，必须非常精密地(千分之一度)测量油品温度的变化，因为温度变化会导致体积变化从而妨碍发现泄漏 b. 油罐中的油品在测试以前，需要位于某一特定液位。这就要求经常从加油站的其他油罐中加入油品 c. 随着测试时间的延续，若油品体积有净减少(减去温度引起的体积变化)，这就表明存在泄漏 ②不测定体积方法 a. 不测定体积的测试方法，即使用声学、真空或压力的降低来确定油罐上是否存在孔洞。声学方法，可用超声信号 b. 还有很多种不测定体积的方法。如：示踪化学制品通过地下储油罐系统散布，在置于重要位置的采样端口进行测试 ③对于测量体积的和不测量体积的(除示踪化合物外)测试方法，以下情况通常都适用 a. 测试设备通过填充管道，临时安装到油罐中 b. 油罐必须停止运转，用于测试 c. 一些密封性测试方法，需要测试者手动完成全部测量和计算。另一些密封性测试方法则自动完成。测试者建好装置后，由计算机控制测量并进行分析 ④ATGS一些自动油罐测量系统，能够满足油罐密封性测试的规章要求，并且可以作为等效方法使用

续表

2. 油 罐 密 封 性 测 试	(2)相关规章的要求 ①密封性测试方法必须能够探测至少小至每小时0.378541L(0.1gal)的泄漏,并满足探测概率和错误报警率的要求;为满足泄漏探测要求,油罐密封性测试必须与库存控制或者手动油罐测量之一相结合 ②地下储油罐系统必须使用这种组合方法。在油罐进行防腐蚀处理、防油品溢出后(不迟于1998年12月),或者在安装了新油罐后不超过10年内,每5年进行一次油罐密封性测试 对于在整个地下储油罐系统满足更新后的标准前已经进行了防腐蚀处理的一些地下储油罐,这种每5年进行一次油罐密封性测试的组合方法在10年内是有效的 ③在油罐系统更新或者新油罐系统安装10年后,必须安装监测方法,并且至少每月监测一次 ④对于绝大多数方法,都由测试公司执行测试。使用者只需观察测试过程即可 ⑤依靠这种方法,油罐密封性测试能够用于不同容量的油罐,既可以是汽油又可以是柴油 许多测试方法受到油罐容量或者油罐中未装满的部分(没有装满油品的油罐中没有湿润的部分)的限制,因此不能超过这些限制 使用示踪化学制品分析的方法没有油罐容量的限制 如果考虑将密封性测试用于汽油或柴油以外的其他油品,那么请与制造商代表讨论该方法的适用性。并请核查该方法的评估结果,以确保它符合规章要求以及特定地下储油罐系统的需要 ⑥多油管油罐通常应该不相连并应分别测试 ⑦成功进行密封性测试的最关键因素通常是测试程序和测试人员,而非测试装置,因此,受过良好训练且经验丰富的测试者是非常重要的。一些州和地方管理机构有测试者认证程序
3. 库 存 控 制	(1)本泄漏探测的方法 ①库存控制需要频繁测量油罐容量并频繁进行数学计算,以便比较您的油尺库存(您的测量值)和您的帐簿库存(您保持的纪录,以表明您应有多少)。人们称这个过程为库存调节。如果您的油尺测量的库存与账簿库存差异太大,那么您的油罐可能正在泄漏 ②使用油尺以及在表格中的记录所测量的数据,获取每日地下储油罐库存。利用校准图表(多由地下储油罐制造商提供),油尺处的液位可以转换成油罐中油品的体积 每个工作日输送到地下储油罐和从地下储油罐提取的油品总量也都应纪录。油尺测量数据与销售和传输的数据要核对,同时确定每月油品是多余还是缺失,至少每月进行一次 如果多余或缺失油品大于或等于流经油罐体积的1.0%,再加492.1033L(130gal)油品,则地下储油罐可能正在泄漏 (2)相关规章的要求 ①使用库存控制必须与定期油罐密封性测试相结合 ②油尺伸至油罐底部并进行标记,这样油品液位可确定到3.175mm(1/8in)。 请每月进行测量,以确定油罐底部是否存在水 ③加油机必须与当地的度量衡进行校准 ④库存控制是一个实用的、通用的管理工具,不需要长时间要求油罐停止运转 ⑤在测量前通过扩展油尺上油品的试油膏(或者使用油罐内油品液位检测设备)可明显提高油罐测量的精度 ⑥如果您的油罐不是水平的,则需要修改库存控制;您需要得到一份修改的油罐图表 (3)使用这种组合方法的时间限制 ①只有在整个地下储油罐系统满足防油品溢出和防腐蚀标准后,使用组合方法进行每5年一次的油罐密封性测试为有效 ②随着整个地下储油罐系统的更新,可以在使用防腐蚀处理且安装或更新油罐之日后10年内使用此组合方法 ③请注意:结束日期以油罐本身是否满足规章要求为基础,而不是整个地下储油罐系统是否满足规章要求。因而一些10年左右的地下储油罐不能使用这种组合方法 ④有效期到期后,必须选择一种每月监测泄漏的方法 (4)对于一些地下储油罐的特殊时间限制 ①对于在整个地下储油罐系统满足更新后的标准以前已经进行防腐蚀处理的一些油罐,这种将库存控制和5年一次的密封性测试相结合的方法,其有效期不长于10年

611

3. 库 存 控 制	联邦政府规章规定以下情况可使用此组合方法 a. 油罐防腐蚀处理后,10 年之内 b. 只有在整个地下储油罐系统满足更新后的标准后,有效期才能开始计算 ②对于在地下储油罐系统满足更新后的标准以前,已经对油罐进行防腐蚀处理的情况下,有效期是少于 10 年的。 相应地,当有效期少于 10 年时,需要缩短密封性测试的周期

(九)泄漏探测手段之三手动油罐测量

手动油罐测量见表 2-1-99。

表 2-1-99 手动油罐测量

1. 手动 油罐测 量限制	(1)手动油罐测量只能用于容量 7.57m^3(2000gal)或 7.57m^3 以下的油罐 (2)3.78541m^3(1000gal)或 3.78541m^3 以下的油罐,可单独使用此方法 (3)3.79~7.57m^3(1001~2000gal)的油罐,只有将其与油罐密封性测试相结合时,才能临时使用手动油罐测量
2. 本泄 漏探测 的方法	(1)美国环保局有《手动测量油罐》手册,全面解释如何正确使用手动油罐测量方法。该手册中也包含记录数据的标准表格 (2)每周必须对油罐含量进行 4 次测量。至少 36h 一个周期,其间油罐不能加减任何油品,两次在此周期开始时进行,两次在此周期结束时进行 (3)此周期开始时测量的两次平均值,减去此周期结束时测量的两次平均值,结果表示了油品体积的变化 (4)计算的油罐体积的变化,要与标准每周相比较一次。如果计算的变化超出了每周的标准,地下储油罐可能正在泄漏。同样,4 周试验结果的每月平均必须以同样方式与每月标准相比较
3. 相关 规章的 要求	(1)液位必须用油尺测量,油尺刻度可分辨 3.175mm(1/8in)的液体 (2)在油罐使用期内,手动油罐探测是容量 3.78541m^3(1000gal)及 3.78541m^3 以下油罐泄漏的唯一方法。 2.08~3.79m^3(551~1000gal)的油罐有测试标准,该标准以其直径或其附加使用的密封测试为标准,见下表。这些油罐可将手动油罐测量和定期油罐密封性检测相结合,可临时使用 (3)手动油罐测量的测试标准见下表 | 油罐大小	最短测试 时间/h	每周标准/gal (1 次测试)	每月标准/gal (4 次测试平均)
---	---	---	---
550gal 以下	36	10	5
551~1000gal(油罐直径 64in)	44	9	4
551~1000gal(油罐直径 48in)	58	12	6
551~1000gal(需要定期测试油罐密封性)	36	13	7
1001~2000gal(需要定期测试油罐密封性)	36	26	13	 注:1gal = 3.78541L,1in = 25.4mm
4. 要求	(1)对于容量 3.79~7.57m^3(1001~2000gal)的油罐,手动油罐测量必须与定期的密封性测试相结合。这种组合方法临时满足联邦政府要求 (2)最终您还必须拥有别的监测方法,进行至少每月一次的监测
5. 不适 用条件	为满足规章要求,容量大于 7.57m^3(2000gal)的油罐不能用这种泄漏探测方法
6. 测量 要求	(1)正确的测量、记录和数学公式对于成功进行油罐测量是最为重要的因素 (2)在测量前通过扩展油尺上的试油膏,可明显提高油罐测量的精度

(十)地下管道的泄漏探测

地下管道的泄漏探测见表2-1-100。

表2-1-100　地下管道的泄漏探测

1. 对于吸油管的规章要求
(1)如果吸油管有如下情况,则无需进行泄漏探测
①管道足够倾斜以至于吸入管泄漏时管道内油品能够流回到油罐
②管道只有一个止回阀,该阀尽可能地靠近位于加油单元的潜油泵的底部
(2)如果吸油管没有满足上述情况,那么必须使用下面的泄漏探测方法之一
①至少每三年一次进行油管密封性测试
②每月进行一次裂隙监测
③每月进行一次油气监测(包括示踪化合物分析)
④每月进行一次地下水监测
⑤每月的进、销、存管理
⑥其他符合性能标准,每月进行一次监测
(3)油管密封性测试必须能够在1.5倍正常工作压力下,探测至少小至每小时0.1gal(0.378541L)的泄漏,并且符合特定的探测概率和错误警告概率
(4)对于管道的裂隙监测、油气监测(包括示踪化合物分析)、地下水监测,以及进、销、存管理,具有与油罐一样的规章要求

2. 对于受压管道的规章要求
(1)每个受压管道线路必须从下列每套方法中使用一种泄漏探测方法
①自动油管泄漏探测器探测:本系统包括自动流量限流器、自动流量阀门、连续报警系统
②每年的油管密封性测试
③每月进行一次裂隙监测
④每月进行一次油气监测(包括示踪化合物分析)
⑤每月进行一次地下水监测
⑥每月进行一次进、销、存管理
⑦其他满足性能标准的每月监测
(2)设计的自动油管泄漏探测器(LLD),必须能够在油管油压为10 lb/in^{2}时,探测小至3gal/h的泄漏,并可关闭油品流动、限制油品流量或触发声光警报
(3)油管密封性测试必须能够在1.5倍正常工作油压下,探测油管小至每小时0.378541L(0.1gal)的泄漏,测试必须每年进行一次,如果测试在低于1.5倍正常工作油压下进行,被探测的泄漏率必须相应下降
(4)自动LLD和油管密封性测试也必须能满足联邦政府关于探测概率和错误报警率的规章要求
(5)对于管道的裂隙监测、油气监测(包括示踪化合物分析)、地下水监测和进、销、存管理,具有与油罐一样的规章要求

3. 本泄漏探测的方法
(1)自动
油管泄漏
探测器
①流量限流器和流量切断器能够以不同方式监测油管内的压力:压力是否随时间而减小;油管达到工作压力所需时间;以及压力的增减结合
②如果探测到可疑的泄漏,那么流量限流器将控制油品以低于正常的流速流过油管,流量切断器完全切断油品在油管中的流量或关闭油泵
③连续报警系统不间断地监测油管状态,并在有可疑泄漏时立刻触发声光报警器。自动化的内部监测系统、油气或者裂隙油路监测系统也能建立起来连续工作,并且在怀疑有泄漏时发出警告声、闪烁工作台上的信号灯、或者拨打管理人员办公室电话

④自动流量限流器和切断器都永久地直接安装在管道内或者油泵罩内

⑤安装油气、裂隙或其他监测系统后,只要监测到泄漏,就可关闭流动、限制流量、或者触发报警器。如果满足适用标准,这种装置就可满足每月进行一次监测的要求和管道泄漏探测器要求

(2)油管密封性测试

①通常在高于正常工作压力时油管停止工作并受压。通常经过一小时或更长时间后压力下降,则暗示可能有泄漏

②在进行密封性测试时,吸油管不会受到很大的压力[48~103kPa(7~15lbf/in^2)]

③大部分油管密封性测试都由测试公司执行。您只需观察测试

④一些油罐密封性测试方法测试时,连同和其相连的管道密封性一起进行测试

⑤对于大多数油管密封性测试,不用安装永久性测试装置

⑥如果发生滞留油气气穴,则不可能进行有效的油管密封性测试。在测试开始前无法明确地告知是否有此类问题,但是对于带有许多立管和堵塞端的复杂的长管道系统,很可能有油气气穴

⑦永久安装的一些电子系统(通常包括 ATGS),能够满足每月监测的要求或油管密封性测试要求

(3)带裂隙监测的外壳安全壳

①隔层置于管道与环境之间,可以使用双层管道或油管槽沟中的防泄漏衬垫

②监测器置于管道与隔层之间,用于测量泄漏是否发生。监测器的类型从一个可以置于槽中观察有无液体的简单油尺,到一个监测有无油液或油气的连续自动系统

③正确安装外壳安全壳是最为重要的,也是这种泄漏探测方法最大的不同点。安装者需要经过培训并要求经验丰富

④对于管道的外壳安全壳、油气监测(包括示踪化合物分析)或者地下水位监测与对于油罐的很相似

⑤油气监测,可探测逸散到土壤中的油品或蒸发的油品

⑥示踪化合物分析,使用示踪化学制品确定油管上是否有洞

⑦地下水监测,检查漂浮于管道附近地下水上的泄漏油品

⑧必须进行加油站现场估价,以确定较经济的监测井位置和间距

⑨带有对油罐油气监测(包含示踪化合物分析)或地下水监测的地下储油罐系统,也适用于使用相同方法监测管道

三、美国加油站地下油罐及管道渗漏规律及防渗漏举措

(一)美国地下油罐及管道渗漏规律

美国通过几起严重的泄漏事件,引起了美国法规制定者的注意,因此于1986年启动了对地下油罐泄漏状况的调查。通过调查发现地下油罐及管道的渗漏情况,进而总结了如下渗漏规律,见表2-1-101。

表2-1-101 美国地下油罐及管道渗漏规律

序号	规律
1	发现在12444起登记在册的泄漏中,约有83%的泄漏涉及到法规范围内的油罐
2	大部分泄漏涉及储存供热用油的油罐
3	(1)政府部门每年接到的泄漏事件数量在不断增加,并且65%的登记泄漏事件来自加油站,包括销售油品的便利店 (2)这种情况可能由多种因素导致 ①加油站是临近人口居住稠密的区域 ②与其他储存物相比,油料的气味更容易识别
4	95%的泄漏事件涉及在用的设备而不是报废的设备
5	登记的表面泄漏的油罐平均泄漏年限为17年,且81%的油罐为钢罐

续表

序号	
6	管线泄漏的平均年限为11年,泄漏的原因 ①不规范的安装导致了最早的管线泄漏 ②管线壁一般来说比罐壁薄,更容易由腐蚀引发泄漏
7	发布的数据显示对泄漏的有效监控需要同时兼顾油罐和管线 (1)满罐溢出事故占15% (2)管线的泄漏占20%～35% (3)其余的事故为油泵和其他原因导致 (4)由于结构因素导致的事故变得越来越多,致使超过10000加仑($37.8541m^3$)的油品流失
8	对于使用年限10年以下的油罐系统来说,连接零件松弛和不规范安装非常普遍
9	(1)对于使用10年或以下以及20年以上的油罐来说,罐体结构的变化更普遍些 (2)而使用年限为11～20年的油罐,罐体结构的问题要好些
10	使用年限超过20年的油罐,腐蚀的问题更严重些
11	泄漏的去向,在所有登记的泄漏中 (1)68%的泄漏流到土壤中 (2)45%到地下水 (3)22%到地上水 (4)泄漏到空气和其他介质(如地基)中的事故占15%和12%

(二)美国地下油罐及管道防渗漏的监测举措

(1)美国针对地下油罐提出的现行法规见表2-1-102。

表2-1-102 美国针对地下油罐提出的现行法规

序号	现行法规
1	EPA1988年颁布的通用法规40 CFR 280.40,规定了如下内容 ①提供了监测地下油罐和相关管线泄漏的不同方法 ②在使用不同生产商提供的方法时,要严格遵照生产商提供的安装、标定及操作方法 ③所选择的方法一定要符合操作要求,检测的可能性要达到95%
2	通用法规40 CFR 280.40要求地下油罐系统 ①业主和运营商要提供油罐和管线的监测报告 ②要求利用法规中提供的方法进行监测,且至少每30天监测一次 ③必须监测地下管线

(2)明确了地下油罐泄漏的监测方法见表2-1-103。

表2-1-103 地下油罐泄漏的监测方法

(1)库存监控及油罐密闭性年检要求每月对至少销售量1%加492L的油品进行检测。到1998年之前可以作为泄漏监测的主要手段

(2)统计性进、销、存管理(SIR)。此方法经认证,可在30天之内完成0.76L/h的月监测

(3)手动油罐液位监测
①在起始和结束阶段测量液位,以手尺的2个连续读数为基准,所使用的设备,其测量精度要接近31.25mm (1/8in)
②适用于少于7572 L的油罐

(4) 分级监测

①一级、二级监测：环保监测；恒定压力或真空监测；液压监测

②三级监测：对双层隔离空间的监测

③四级监测

a. 油罐密闭性测试（年检）要求检测的泄漏率达到 0.38 L/h

b. 自动油罐液位监测（ATG）（月监测）要求检测的泄漏率达到 0.76 L/h

④五级监测油气监测，地下水监测

(5) 其他监测方法需要月监测达到 0.76L/h 或 586L 的泄漏，泄漏监测率需达 95%，失误报警率 5%

(3) 明确了地下管线泄漏监测功能，见表 2-1-104。

表 2-1-104　地下管线泄漏监测功能

(1) 正压管线	①自动管线测漏仪，可以在 1h 内监测 10 个 PSI 下管线 11.4L/h（3gal/h）的泄漏 ②年管线密闭性测试，在 1.5 个运营压力下，可测 0.38L/h 的泄漏速度或每月 0.76L/h 的泄漏速度
(2) 负压管线	如果管线设计施工按照如下方案，将可无监测要求 ①在小于大气压的环境下运营 ②管线倾斜，以使管线内的物质流回罐内 ③单项检测阀要直接安装在泵下

(4) 美国及某些州对地下油罐和管线防渗漏的具体措施。传统的测漏方法能够保护环境，但对于未被监测到的液体和油气的泄漏还是对环境造成影响，因此美国及某些州对地下油罐和管线防渗漏提出了如下具体措施，见表 2-1-105。

表 2-1-105　对地下油罐和管线防渗漏的具体措施

(1) 加利福尼亚州	2004 年 7 月，加利福尼亚州对新建和改建的 3 个加油站实行了一项新的规定：要求安装双壁罐、双壁管线和双层人井。并在所有的双层隔离空间利用持续压力或真空监测（一级或二级），使得内层空间的渗漏在进入环境之前即被监测到
(2) 佛罗里达州	佛罗里达州对地下油罐的一项调查显示，单壁油罐泄漏的可能性是双壁油罐的 10 倍，因此佛罗里达州实行的法规要求所有的单壁罐在 2009 年之前要换成双壁罐
(3) 加油站二层隔离空间环保监测的要求 ①一级泄漏监测，要达到欧洲 CEN 标准 ②在油罐、管线和人井的二层隔离空间，要保持持续稳定的真空状态 ③利用潜油泵或外挂油泵作为抽真空源 ④区分规划监测区域和非监测区域	加油站二层隔离空间图

续表

(4)新能源草案中提出了对地下油罐的更新改造	通过5年的试行期,2005年议会通过了一项新能源草案。 这项新的草案标志着13年来执行的第一个全国性能源政策。它更新了过时的有关油料、燃气、电力、核能、煤炭和更新能源的相关法规,并提供了鼓励性的税收政策 对PEI成员来说,能源草案中最重要的一部分涉及地下油罐的更新改造。特别指出如下新的草案要求 ①所有地下油罐至少要每3年检测一次 ②地下油罐运营商要根据每个人的日常工作责任,进行相应的操作培训 ③所有的州需关闭环保未达标的地下油罐,并拘留向未达标地下油罐注油的个人 ④各州需严格监控方圆304.8m(1000ft)有饮用水系统范围内所有新安装的地下油罐
(5)环保法规对加油站的要求	①美国环保法规对地下水的保护非常严格 a. 从泄漏检测到防护都有严格要求 b. 要求使用双壁罐 c. 双壁罐和管线要求井口宽度在1000in(25.4m)以内 ②现有的法规更加强调 给泄漏的储油罐注油是违法的;1998年之前没有被检测的地下油罐将在两年内被检测;所有这些检测完毕后,每3年在加油站进行抽查 ③泄漏的防止和检测应遵从《40 CFR 265.193法规》的要求 ④必须将双壁油罐设计、建造、安装为防止内部油罐的任何部位发生泄漏,并能检测到内壁的故障 ⑤外部衬垫(包括拱顶)必须设计、构造、安装要求如下 a. 可容纳最大号油罐容量极限值的100% b. 能够抑制或者检测到油品的泄漏,防止沉淀的干扰或者地下水的侵入;能完全包围油罐,防止油品从侧面以及垂直溢出 ⑥地下管线必须配有第二道防泄漏系统(例如,电缆沟衬里、双臂管的外筒)。另外,传输油品的地下管线必须装配自动管线测漏仪 ⑦要采用其他可用的泄漏检测方法,用户和操作员必须向管理机构证明另外的备选方法,可有效地检测到石油泄漏 向管理机构提供如下信息有效的矫正技术、健康风险,以及所存储油品的化学和物理特性,地下储油罐UST站点的特征以及在安装和使用新的地下储油罐系统之前,获得管理机构的同意使用备选泄漏检测方法
(6)地下储油罐与防漏屏障的裂缝监控	可能在地下储油罐系统与二级防漏屏障之间会有裂缝监控,但条件是系统要设计、建造和安装成能够检测到油罐任何部位的泄漏,系统还要满足下面的要求 ①对于双壁地下储油罐系统而言,所使用的测试方法能够检测到油罐内壁的任何部位的泄漏;可以使用钢制油罐协会的《双壁地下储油罐标准》的规定,作为地下双壁储油罐的设计和构造准则 ②在地下储油罐系统周围或者下面的二级防漏屏障,由人工材料组成的垫层,这种垫层材料厚度应足够且不渗漏(对于油品而言至少10^{-6} cm/s),如此可将泄漏导向监测点并进行监测 ③二级防漏设施要与所储存的油品兼容,这样地下储油罐系统的泄漏才不会引起二级防漏设施的老化,导致检测不到泄漏

(6)地下储油罐与防漏屏障的裂缝监控	④对于阴极保护油罐而言，必须安装二级防漏屏障，以便它不会干扰阴极保护系统的正常运转 ⑤地下水、土壤湿气、或者降雨会导致使用的测试方法无效，所以泄漏可能超过30天而不被发现，这应特别注意 ⑥如果二级防漏屏障和监控设备的设计不满足上述条件，则加油站要确保二级防漏屏障总是在地下水之上，而且不应建在25年的泛滥平原上，再者监控井要清楚地做好标记，避免未经许可的人靠近和干预 ⑦对于内部带有合适的衬里的油罐而言，在油罐内壁和衬里之间要有一个能检测到泄漏的自动设备，并且衬垫要和所储存的油品兼容
(7)其他监测方法的采用	任何其他的泄漏检测方法，或者其他方法的组合，如果满足以下内容，则可以使用 ①在一个月之内可以检测到0.757L/h(0.2 gal/h)的泄漏率或者567.8115L(150gal)的泄漏，检测率95%，出错警报率为5% ②或者管理机构可能同意另一种方法 前提是用户和操作员能够证明此方法，可以有效地检测泄漏 管理机构通过比较这些方法，确认这种方法能够检测到泄漏量以及这种方法探测出的频度和可靠性 如果同意这种方法，用户和操作员必须遵从管理机构附加的所有条件，以确保人身和环境的安全
(8)管线系统的泄漏检测方法	满足要求的管线泄漏检测的每一种方法，都必须按照下面的说明进行 ①自动管线测漏仪　只有当所使用的方法能够检测到在10 bl/in^{2}压力下的泄漏率为3gal/h时，才能使用这些方法。且能够通过限制或者关闭油品流经管线系统或者激活声音或者视觉警报，来告诉操作员有泄漏的发生还必须根据生产厂家的要求来对测漏仪进行每年一次的测试 ②管线密闭性测试　只有当在相当于运转压力的1.5倍压力的情况下，泄漏测试为0.1gal/h时，才进行管线的定期测试
(9)泄漏检测记录保存	所有地下储油罐系统的业主和操作员必须根据要求来保存记录。这些记录必须包括下面的内容 ①所有与任何泄漏检测系统相关记录、设备生产厂商或者安装者记录的测试方法都要保存5年或者由管理机构指定一个从安装之日算起的合理的时间 ②任何样品、测试、或者监控的结果必须保存至少1年的时间或者由代理商指定一个合理的时间 ③在维修工作完成后，所有关于泄漏检测设备的校准、维护和维修的资料，都要保存至少1年的时间 或者由管理机构指定一个合理的时间。由泄漏检测设备生产商提供的任何必须的校准和维护的资料，必须保存从安装之日算起5年的时间

第二章 汽车发油站设计数据图表

第一节 汽车油品灌装设计有关规定

汽车油品灌装设计有关规定见表 2-2-1。

表 2-2-1 汽车油品灌装设计有关规定

规范名称	规范中规定的主要内容
1.《石油库设计规范》GB 50074 中规定	(1)向汽车油罐车灌装甲、乙、丙 A 类油品宜在装车棚(亭)内进行。甲、乙、丙 A 类油品可共用一个装车棚(亭) (2)汽车油罐车的油品灌装宜采用泵送装车方式。有地形高差可供利用时,宜采用储油罐直接自流装车方式。 (3)汽车油罐车的油品装卸应有计量措施,计量精度应符合国家有关规定 (4)汽车油罐车的油品灌装宜采用定量装车控制方式 (5)汽车油罐车向卧式容器卸甲、乙、丙 A 类油品时,应采用密闭管道系统。有地形高差可利用时,应采用自流卸油方式 (6)油品装车流量不宜小于 30m³/h,但装卸车流速不得大于 4.5m/s (7)汽油总装车量(包括铁路装车量)大于 20 万 t/a 的油库,宜设置油气回收设施 (8)当采用上装鹤管向汽车油罐车灌装甲、丙 A 类油品时,应采用能插到油罐车底部的装油鹤管
2."油库设计其他相关规范"中规定	(1)甲、乙类油品与丙类油品的汽车灌装设施,宜分开设置 (2)甲、乙类油品的灌桶,不得设置灌桶间。相同油品的灌桶设施宜与汽车油罐车的灌装设施合并设置 (3)汽车油罐车的油品灌装宜在装油棚(亭)内进行,丙类油品的灌桶宜在灌桶间内进行 (4)建筑设计要求 ①装油棚(亭)应为单层建筑,并宜采用通过式 ②装油棚(亭)的承重柱及灌油台,应采用混凝土结构 ③罩棚至地面的净空高度,应满足运油车灌装或灌桶的作业要求,且不得低于 5.0m ④装油棚(亭)内的单车道宽度不得小于 4.0m,双车道宽度不得小于 7.0m ⑤装油停车位的地面应高于周围地面,且不得有积雨水 ⑥装油站台应满足工艺设备的安装和操作要求。其台面高于地面不宜小于 1.8m,台面宽度不应小于 2.0m,台下的空间不得封闭 (5)采用油泵灌装时,灌油泵可设在发油站之下。灌油泵的数量宜按一泵供一鹤位设置 (6)油品灌装应设计量装置,其计量误差不应大于 3.5‰ (7)汽车油罐车的油品灌装,应采用自控定量灌装系统 (8)灌装甲、乙类油品,不宜设置高架罐 (9)汽车油罐车卸油必须采用带快速接头的密闭管道系统 (10)甲、乙类油品灌装设施的供油管道上,应距鹤管 10m 以外设置紧急切断阀 (11)每种油品的装油鹤位数可按下式确定

续表

规范名称	规范中规定的主要内容			
	计算公式	符号	符号含义	单位
2."油库设计其他相关规范"中规定	$N=\dfrac{Q}{qh_r k}$	N	每种油品的装油鹤位数	个
		Q	日设计装油能力	m³/d
		q	一个装油鹤位的额定装油流量	m³/h
		h_r	每日装油作业时间	h/d
		k	装车不均衡系数,一般取 0.65～0.85	

第二节 汽车发油亭(站)形式及平面布局

一、常见汽车发油亭(站)形式

(1)常见汽车发油亭(站)形式见表 2-2-2。

表 2-2-2 常见汽车发油亭(站)形式

常见形式	各形式优缺点	备注
直通式	直通式有几条并列平行的车道,汽车可同时同向并列平行停在各车道上加油,车的进出干扰少,比较安全,加油效率高	直通式发油亭效果图举例见图 2-2-1
圆盘式	圆盘式车道为环形,在车道中心建圆形或多边形的加油亭,多台汽车停靠同时加油,车的头尾相接,车辆进出有所干扰	
倒车式	倒车式的发油亭与直通式相同,但受场地的限制不能直行通过。车辆加油时倒入发油亭,加满后开出发油亭	倒车式发油亭的设计可参考直通式
形式比较	三种形式比较起来,直通式较好,所以有条件者推荐选用直通式	

(2)直通式发油亭效果图举例,见图 2-2-1。

图 2-2-1 直通式发油亭效果图举例

二、直通式汽车发油区平面布局例图

几种最常见的直通式汽车发油站的平面布局见表 2-2-3。

表 2-2-3　几种最常见的直通式汽车发油站的平面布局

平面布局图	对布局的点评
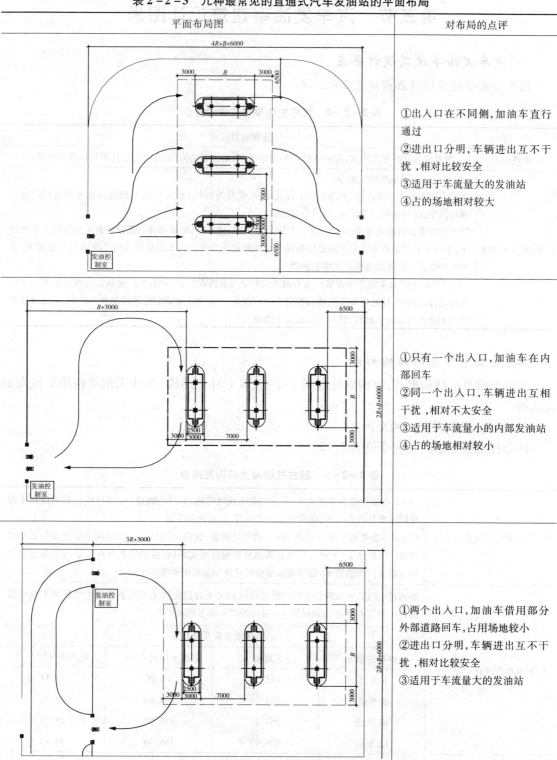	①出入口在不同侧,加油车直行通过 ②进出口分明,车辆进出互不干扰,相对比较安全 ③适用于车流量大的发油站 ④占的场地相对较大
	①只有一个出入口,加油车在内部回车 ②同一个出入口,车辆进出互相干扰,相对不太安全 ③适用于车流量小的内部发油站 ④占的场地相对较小
	①两个出入口,加油车借用部分外部道路回车,占用场地较小 ②进出口分明,车辆进出互不干扰,相对比较安全 ③适用于车流量大的发油站

注:上例图中,尺寸单位为 mm,$B=10m$,R 为汽车转弯半径,$R=9m$。适用于解放、东风、黄河、斯太尔等型运油车安全通过。

第三节　汽车发油亭建筑设计图表

一、汽车发油亭建筑设计要点

汽车发油亭建筑设计要点见表2-2-4。

表2-2-4　汽车发油亭建筑设计要点

项　目	建筑设计要点
1. 建筑形式	发油亭常见的建筑形式,有四立柱混凝土结构、双立柱钢结构、组装式钢结构单货位发油台结构
2. 两种方案简介	(1)四立柱混凝土结构发油亭 ①本方案雨棚为平顶式样,采用混凝土现浇结构,立柱为四柱(也可双柱),装油操作平台可同时灌装两台汽车,阶梯可在一端设置,也可两端设置 ②本方案考虑将输油管道、阀门、消气过滤器、管道泵、流量计、恒流阀等工艺设备置于装油操作平台之下,平台上只安装灌油装置和快速切断阀。灌油装置既可安装汽车灌油鹤管用于灌装汽车油罐车,也可安装灌桶鹤管或加油枪用来灌装油桶 (2)双立柱钢结构发油亭本方案雨棚为钢结构框架与金属板组装顶,由工厂预制运往现场组装。立柱为单支撑式圆柱,柱底带基座以便与混凝土基础联接,作混凝土基础时应预埋螺栓。阶梯、装油操作平台可为金属或混凝土材料,路肩采用混凝土浇筑

二、发油亭常见的结构形式

发油亭常见的结构形式,有四立柱混凝土结构、双立柱钢结构、组装式钢结构单货位发油台结构。

(一)四立柱混凝土结构发油亭

四立柱混凝土结构发油亭见表2-2-5。

表2-2-5　四立柱混凝土结构发油亭

1. 本方案结构特点	(1)本方案雨棚为平顶式样,采用混凝土现浇结构;立柱为四柱(也可双柱);装油操作平台可同时灌装两台汽车;阶梯可在一端设置,也可两端设置 (2)本方案考虑将输油管道、阀门、消气过滤器、管道泵、流量计、恒流阀等工艺设备置于装油操作平台之下;平台上只安装灌油装置和快速切断阀;灌装装置既可安装汽车灌油鹤管用于灌装汽车油罐车,也可安装灌桶鹤管或加油枪来灌装油桶			
2. 建筑面积及耗材量	将雨棚、立柱、装油操作平台等折合后可利用下表确定汽车零发油设施的建筑面积及建筑混凝土用量 G 和耗用钢材量 G_1,常用的四种情况列表如下			
	建筑面积及耗材量			
	停车位数 n	建筑面积/m²	混凝土用量 G/m³	耗用钢材量 G_1/t
	6车道	142.50	93.48	15.11
	8车道	204.98	124.64	21.73
	10车道	267.45	155.80	28.35
	12车道	329.93	186.96	34.83
3. 适用性	适用于解放、东风、黄河、斯太尔等型运油车的安全通过			
4. 图例	本方案如图2-2-2所示,单位以mm计			

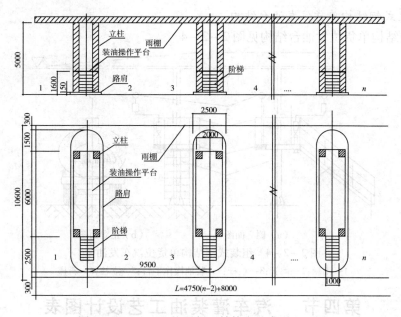

图2-2-2 四立柱混凝土结构发油亭平立面图

(二)双立柱钢结构发油亭

双立柱钢结构发油亭见表2-2-6。

表2-2-6 双立柱钢结构发油亭

1. 本方案结构特点	(1)本方案雨棚为钢结构框架与金属板组装顶,由工厂预制运往现场组装 (2)立柱为单支撑式圆柱,柱底带基座以便与混凝土基础联接,作混凝土基础时应预埋螺栓 (3)阶梯、装油操作平台可为金属或混凝土材料 (4)路肩采用混凝土浇筑
2. 适用性	适用于解放、东风、斯太尔等中型汽车的安全通过
3. 图例	本方案如图2-2-3所示,单位以mm计

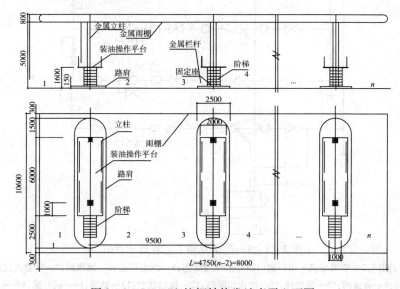

图2-2-3 双立柱钢结构发油亭平立面图

(三)组装式钢结构单货位发油台结构

组装式钢结构单货位发油台结构见图2-2-4。

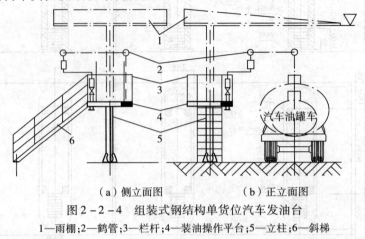

（a）侧立面图　　　（b）正立面图

图2-2-4　组装式钢结构单货位汽车发油台

1—雨棚；2—鹤管；3—栏杆；4—装油操作平台；5—立柱；6—斜梯

第四节　汽车灌装油工艺设计图表

一、汽车灌装油工艺流程设计

(一)总工艺流程设计图例

总工艺流程,包括向汽车油罐车发油及管道放空。一般从油泵出口或油罐(高位油罐)控制阀门算起,到汽车装油鹤管(灌装油桶嘴)接口法兰为止。发油工艺由钢管、阀门、消气过滤器(或过滤器和气体分离器)、恒流阀、流量计、测温探头、电液阀、快速关闭阀等组成,见图2-2-5。

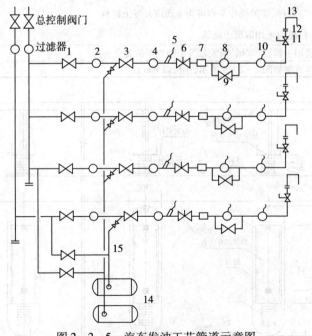

图2-2-5　汽车发油工艺管道示意图

1—进口阀门；2—管道泵；3—出口阀门；4—消气过滤器；5—测温探头；6—恒流阀；7—管道式过滤器；8—电液阀；9—旁通阀；10—流量计；11—快速切断阀；12—接口法兰；13—鹤管；14—回空罐；15—回空管道

(二)汽车灌装油工艺流程设计原则及常见图例

汽车灌装油工艺流程设计原则及常见图例见表2-2-7。

表2-2-7 汽车灌装油工艺流程设计原则及常见图例

1. 工艺流程设计原则	(1)灌装油工艺流程应根据油品种类、发油站和油罐高差等条件来设计 (2)发油站和油罐高差如果能满足自流,则尽量采用自流流程 (3)如发油站和油罐高差较小,不能满足自流发油,则应采用泵送流程 (4)如发油站和油罐高差很小,进泵的负压较大则应将过滤器置于泵后,以免进泵负压太大影响流量 (5)在条件许可时尽量将过滤器置于泵前以保护其后的设备	
	工艺流程设计示意图	方案点评
2. 常见发油工艺流程设计方案	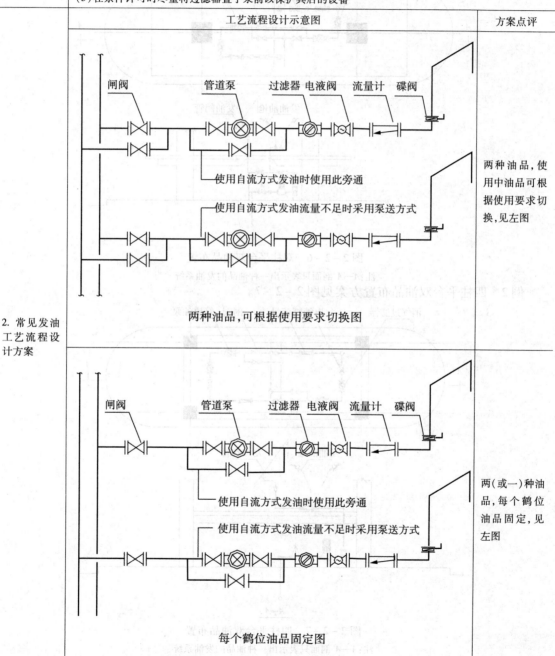 两种油品,可根据使用要求切换图 每个鹤位油品固定图	两种油品,使用中油品可根据使用要求切换,见左图 两(或一)种油品,每个鹤位油品固定,见左图

二、发油工艺设备布置举例

一般情况下多数设备均布置在操作平台下,平台上仅有流量计和快速切断阀。有些情况下流量计也可置于操作平台下,视具体使用要求和操作习惯来定。

常用布置方案举例如下。

例1 双柱平台双油品布置方案见图2-2-6。

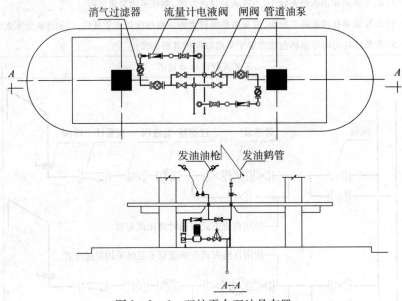

图2-2-6 双柱平台双油品布置
注:A—A剖面只表示出一种油品的发油系统

例2 四柱平台双油品布置方案见图2-2-7。

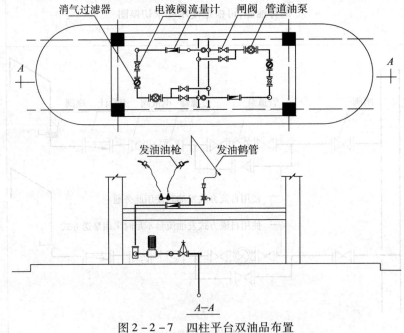

图2-2-7 四柱平台双油品布置
注:A—A剖面只表示出一种油品的发油系统

三、自动控制灌装工艺系统

轻油灌装广泛采用了自动控制技术。目前轻油灌装自控系统种类较多,发展也很快,但其主要构成、原理及功能大同小异,下面以通用型轻油灌装控制工艺系统为例介绍其组成和原理。

(1)自动灌装系统组成见表2-2-8。

表2-2-8 自动灌装系统组成

序号	组 成
1	通用型轻油灌装自控装置为主要设备的油品灌装自控系统,由计算机、打印机、数据远传收发器、开票软件等构成开票机
2	由符合STD总线或PC总线标准的工业控制模板构成通用型轻油灌装自控装置
3	整个测控系统可同时独立控制6~12路发油
4	现场仪表由外部显示器、腰轮流量计、温度计、二段式电动调节阀或电磁阀、油泵、防静电接地钳等构成
5	工艺流程如下所示

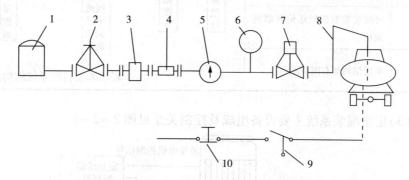

高位罐或气压罐发油系统流程示意图
1—高位罐或气压罐;2—阀门;3—消气过滤器;4—恒流阀;5—流量计;
6—温度计;7—电动或液压阀;8—鹤管;9—静电联锁;10—溢油联锁

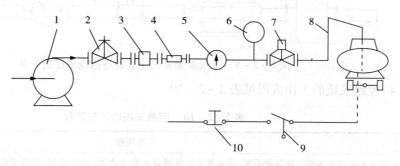

轻油灌装自控系统流程图
1—管道泵;2—阀门;3—消气过滤器;4—恒流阀;5—流量计;
6—温度计;7—电动或液压阀;8—鹤管;9—静电联锁;10—溢油联锁

(2) 自动灌装系统结构见表2-2-9。

表2-2-9 自动灌装系统结构

序号	结构
1	通用型轻油灌装控制工艺系统,其原理是通过现场的一次仪表实时采集油品的体积流量、密度、温度、汽车油罐的接地电阻、液位、最高点状态等参数,并根据间接测量处理方法获得油品质量
2	从而在执行设备的配合下实现对各鹤位的灌装控制
3	并将实发数据回送给开票室微机
4	系统结构如右图所示

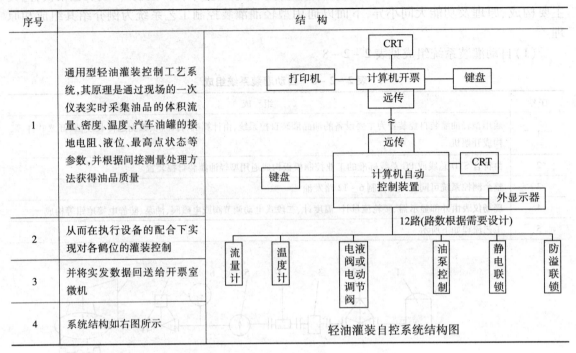

轻油灌装自控系统结构图

(3) 定量灌装系统主要设备组成及控制关系见图2-2-8。

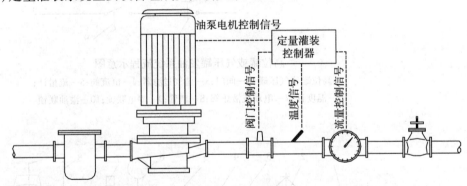

图2-2-8 定量灌装系统主要设备组成及控制关系

(4) 控制系统的工作流程见表2-2-10。

表2-2-10 控制系统的工作流程

序号	工作流程
1	领油人员在业务室办理领油手续,即业务室计算机录入发油数据(领油依据、领油单位、油品、数量、车牌号等),打印出发油凭证
2	并自动将发油数据通过远传收发器送到控制装置
3	领油车到发油现场后,控制室根据发油凭证和控制装置接收到的数据进行自动核对
4	正确无误后,才对到位就绪的领油车进行自动控制发油
5	发油结束后,控制装置将实发数据回传给开票室开票机,开票机接收数据并自动完成存储和账目管理

第五节　汽车灌装工艺设备

此节仅列出专用于汽车灌装的设备。其他如油泵、阀门、粗过滤器等通用设备请查阅有关章节。

一、汽车油罐车装油鹤管

(1) 汽车油罐车顶部装油鹤管见表 2-2-11。

表 2-2-11　汽车油罐车顶部装油鹤管

1. 汽车油罐车顶部鹤管

性　能		示意图
(1)组成	是由接口法兰、回转器、平衡器、外臂、垂直管组成	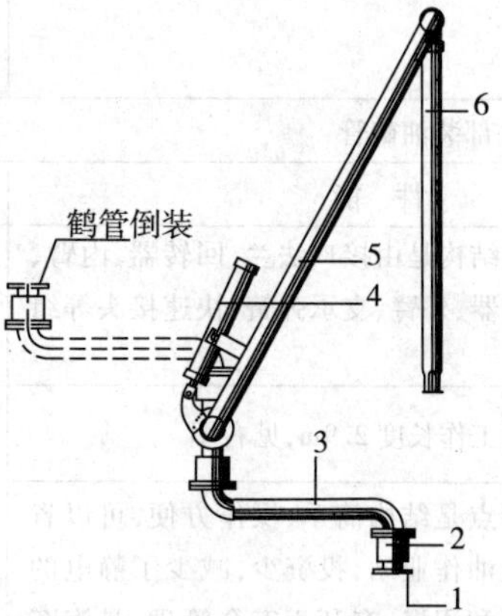
(2)工作长度	最大工作长度 2.7m	
(3)特点	这种鹤管结构简单,操作灵活方便,可以倒装(图中虚线部分),是油库常用汽车装油鹤管	轻质油品汽车油罐车顶部装油鹤管图 1—法兰接口;2—回转器;3—内臂;4—平衡器;5—外臂;6—垂直管

2. 汽车油罐车密闭装油鹤管

性　能		示意图
(1)组成	鹤管的结构是由液位控制箱、气相软管、操纵阀、液面探头、平衡器等组成,见图 8-17	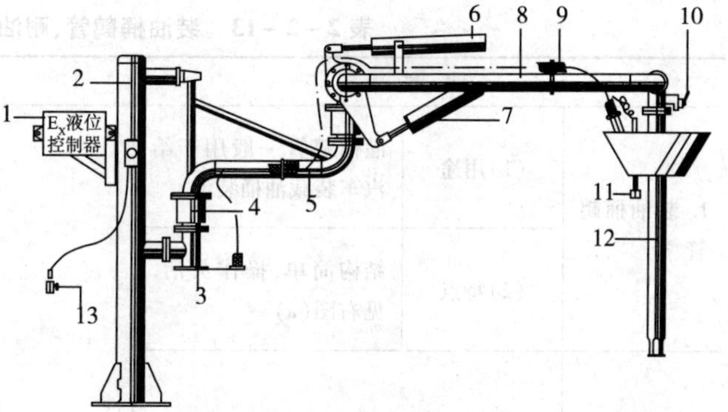
(2)优点	最大优点是减少油气向大气排放,符合环保要求,有利于作业人员的健康,是汽车装油的发展方向	
(3)缺点	但需要增设油气回收装置,投资较大	
(4)适用性	年发油量 200kt 以上的油库,采用密闭装油和油气回收装置有显著的经济效益	汽车油罐车密闭装油鹤管图 1—液位控制箱;2—立柱;3—法兰接口;4—回转器;5—内臂; 6—平衡器;7—气缸;8—外臂;9—气体软管;10—气缸操纵阀; 11—液面探头;12—垂直管;13—气源总阀(带 G1/2in 内螺纹)

（2）汽车油罐车防溢装油和车底部装油鹤管见表2-2-12。

表2-2-12　汽车油罐车防溢装油和车底部装油鹤管

1. 汽车油罐车防溢装油鹤管

性　能		示意图
（1）组成	鹤管的结构是由液位控制箱、回转器、平衡器、液面探头，外臂锁紧机构等组成	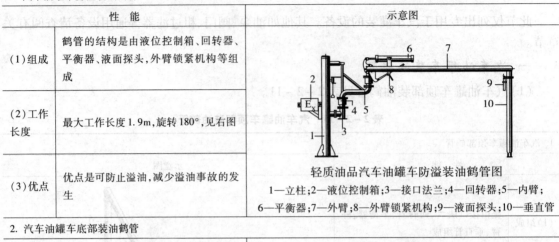
（2）工作长度	最大工作长度1.9m，旋转180°，见右图	
（3）优点	优点是可防止溢油，减少溢油事故的发生	轻质油品汽车油罐车防溢装油鹤管图 1—立柱；2—液位控制箱；3—接口法兰；4—回转器；5—内臂； 6—平衡器；7—外臂；8—外臂锁紧机构；9—液面探头；10—垂直管

2. 汽车油罐车底部装油鹤管

性　能		示意图
（1）组成	鹤管结构是由接口法兰、回转器、内臂、平衡器、外臂、支承弹簧、快速接头等组成	
（2）工作长度	最大工作长度2.9m，见右图	
（3）特点	其特点是结构简单、操作方便，可以省掉装油作业站，投资少，减少了静电的产生和积聚，有利于安全管理，是汽车装油发展方向	汽车油罐车底部装油鹤管图 1—接口法兰；2—回转器；3—内臂；4—平衡器；5—外臂；6—支承弹簧；7—快速接头

二、装油桶鹤管、耐油橡胶管和加油枪

装油桶鹤管、耐油橡胶管和加油枪，见表2-2-13。

表2-2-13　装油桶鹤管、耐油橡胶管和加油枪

性　能			示意图
1. 装油桶鹤管	（1）用途	灌桶鹤管一般用于给汽车装载油桶装油	
	（2）特点	结构简单，操作灵活，见右图(a)	（a）灌桶鹤管　（b）耐油胶管和加油枪 灌桶鹤管图 1—接口法兰；2—回转器；3—平衡器； 4—内臂；5—钢管外臂；6—球阀；7—软管外臂；8—铝管
2. 耐油橡胶管和加油枪		耐油胶管和加油枪可给汽车装载油桶装油，也可用于站台(场地)摆放油桶装油，见右图(b)	

三、GF 型汽车鹤管干式分离阀

GF 型汽车鹤管干式分离阀性能见表 2-2-14。

表 2-2-14　GF 型汽车鹤管干式分离阀性能

项　目	性　能
1. 概况	GF 型汽车鹤管干式分离阀是浙江佳力科技股份有限公司,采用德国先进技术创新研制的一种快速接头式阀门
2. 特点	具有快速结合与快速分离的特点,特别在快速分离的过程中两端都能自动封闭,基本做到零泄漏
3. 用途	该阀主要用于底部装卸油的汽车油罐车的管道连接
4. 安装示意见右图	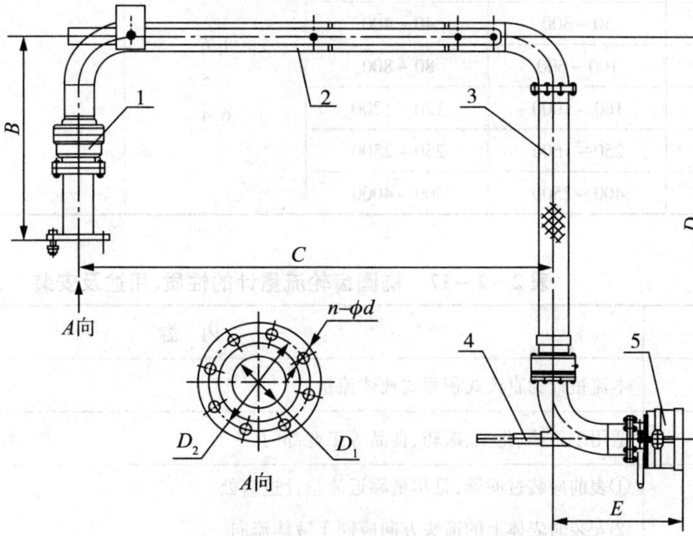 GF 型汽车鹤管干式分离阀安装示意图 1—回转器；2—水平臂；3—金属软管；4—手把；5—干式分离阀

5. 安装尺寸见右表	型号	B	C	D	D_1	D_2	$n-\phi d$	E
	AL2504	750	1700	1500	$\phi100$	$\phi180$	$8-\phi18$	490
	注：B、C、D 尺寸可以根据客户需求加工							

四、流量计

油库常用流量计的分类、规格及适用范围见表 2-2-15～表 2-2-21。

表 2-2-15　油库常用流量计的分类及适用性

分　类	油库常用的流量计大致分为速度式和容积式两大类	
	速度式	容积式
典型流量计	主要有涡轮流量计	主要有椭圆齿轮流量计和腰轮流量计
适用性	它大都用于计量黏度、密度较小的油品	一般用于计量黏度较大的油品

表 2-2-16　涡轮流量变送器的性能及适用范围

公称通径 DN/mm	正常流量范围/(m³/h)	扩大流量范围/(m³/h)	最大工作压力/MPa	工作温度/℃	备注
15	0.6~4	0.6~6	1.6 6.4 16		
25	1.6~10	1~10			
40	3~20	2~20			
50	6~40	4~40			
80	16~100	10~100		-20~+120	流量范围是用常温水标定的
100	25~160	20~200			
150	50~300	40~400			
200	100~600	80~800	1.6 2.5 6.4		
250	160~1000	120~1200			
300	250~1600	250~2500			
400	400~2500	400~4000			

表 2-2-17　椭圆齿轮流量计的性质、用途及安装

项目	内容
(1)性质	本流量计为直读式积累式液体流量计
(2)适用	适用于石油、化工、医药、食品等工业部门
(3)安装要求	①表前应装过滤器,且尽量靠近流量计进口处 ②安装时表体上的箭头方向应同于液体流向 ③椭圆齿轮轴应水平地安装在水平管道上,当流量计装在垂直管道时,则表须装在旁通管路中
(4)其他数据	①技术性能见表 2-2-18 ②规格及适用范围见表 2-2-19 ③主要技术数据见表 2-2-27 ④安装尺寸见表 2-2-28

表 2-2-18　椭圆齿轮流量计的技术性能

厂家 一般规定	国　内	日　本
流量范围	3L/h~540m³/h	0.2L/h~1000m³/h
介质温度/℃	-20~200(通常≤120)	-35~300(通常≤120)
工作压力/MPa	≤6.4	≤9.7
介质黏度/cP	≤2000（可供应>2000）	≤2000（可供应>2000）
精度/%	一般±0.5,可供应±0.2	一般±0.5,可供应±0.2
口径/mm	10~50	10~50

表2-2-19 椭圆齿轮流量计的规格及适用范围

公称通径/mm	流量范围/(m³/h)				
	0.1~0.6 cP	0.6~2 cP	2~8 cP	8~200 cP	200~500 cP
15	0.4~1.2	0.38~1.5	0.15~1.5	0.1~1.5	0.06~1.0
20	0.75~2.25	0.75~3.0	0.3~3	0.2~3	0.12~2.0
25	1.5~4.5	1.5~6.0	0.6~6	0.4~6	0.24~4.0
40	3~11	3~15	1.5~15	1~15	0.6~10
50	4.8~18	4.8~24	2.4~24	1.6~24	1~16
80	12~45	12~60	6~60	4~60	2.4~40
100	20~75	20~100	10~100	6.5~100	4~65
150	38~140	38~190	19~190	12.5~190	7.5~120
200	68~250	68~340	34~340	22.5~340	13.5~210
250	106~390	106~503	53~530	35~530	21~320

表2-2-20 腰轮流量计的技术性能

一般规定 \ 厂家	国 内	日 本
流量范围/(m³/h)	0.1~2500	0.004~1500(可供应3000)
介质温度/℃	<350(通常≤120)	-30~300(通常80~120)
工作压力/MPa	≤6.4	<10.7
介质黏度/cP	0.1~500	0.1~150000
精度/%	一般±0.5,可供应±0.2	一般±0.5,可供应±0.2
口径/mm	16~00	25~00

表2-2-21 腰轮流量计的规格及适用范围

精度等级		0.5 级			0.2 级			
黏度/mPa·s		3.0~150		0.6~3.0		3.0~150		0.6~3.0	
流量/(m³/h)		Q_{min}	Q_{max}	Q_{min}	Q_{max}	Q_{min}	Q_{max}	Q_{min}	Q_{max}
公称直径/mm	15	0.25	2.5	0.5	2.5	0.5	2.5	0.6	2.2
	20	0.25	2.5	0.5	2.5	0.5	2.5	0.6	2.2
	25	0.6	6	1.2	6	1.2	6	1.5	5.5
	40	1.6	16	3.2	16	3.2	16	4	14.4
	50	2.5	25	5	25	5	25	6.5	22.5
	80	6	60	12	60	12	60	15	54
	100	10	100	20	100	20	100	25	90
	150	25	250	50	250	50	250	63	225
	200	40	400	80	400	80	400	100	360
	250	60	600	120	600	120	600	150	540
	300	100	1000	200	1000	200	1000	250	900
	400	160	1600	320	1600	320	1600	400	1440

(一)流量计的选用

流量计的选用见表2-2-22。

表 2-2-22 流量计选用参考表

油品(黏度)	流量计种类	公称直径 /mm											
		15	20	25	40	50	80	100	150	200	250	300	400
汽油、灯油 (0.5~2 cP)	涡轮流量计	△		△	△	△	△	△	△	△	△	△	△
	腰轮流量计	△	△		√	√	√	√	√	√	√	√	
	椭圆齿轮流量计	△	△	△	△	△							
	刮板流量计				√	√	√	√	√	√	√	√	
轻油 (2~5 cP)	涡轮流量计			√	√	√	√	√	△	△	△	△	△
	腰轮流量计	△	△	△	△	△	△	△	△	△	△	△	
	椭圆齿轮流量计	△	△	△	△	△							
	刮板流量计				√	√	√	√	√	√	√	√	
重油、原油 (5~50 cP)	涡轮流量计											√	△
	腰轮流量计	△	△	△	△	△	△	△	△	△	△	√	△
	椭圆齿轮流量计	△	△	△	△	△	△	△					
	刮板流量计				√	√	√	√	√	√	√	√	△
高黏度油品 (750 cP)	涡轮流量计											√	√
	腰轮流量计	△	△	△	△	△	△	△	△	△	△		
	椭圆齿轮流量计	△	△	△	△	△	△	△					
	刮板流量计				△	△	△	△	△	△	△	△	

注：△—推荐使用产品；√—适合使用产品。

(二)油库常用流量计的样本摘编

1. 涡轮流量计

(1)涡轮流量计的组成、用途及系统图见表 2-2-23。

表 2-2-23 涡轮流量计的组成、用途及系统图

组成	由 LW 型涡轮流量变送器、前置放大器、数字积算器、稳流元件、气动闸阀和电气转换器、瞬时或累计式显示仪表组成
用途	这是电子定量灌油的仪表，用来测量流体的瞬时流量或总流量
系统见右图	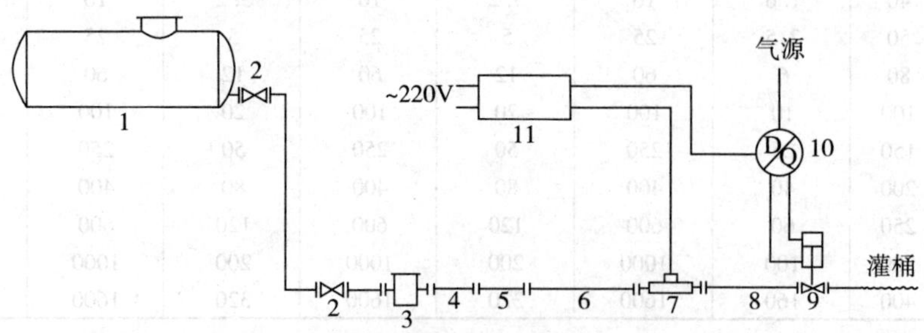 电子定量灌油系统图 1—中继罐；2—手动闸阀；3—滤油器；4—备数段；5—整流器；6—直管段；7—涡轮流量变送器(称一次仪表)；8—直管段；9—气动闸阀；10—电气转换器；11—电子定量灌装设备(称为二次仪表，包括前置放大器和显示仪表)

（2）LW 型涡轮流量变送器的作用、安装要求、技术参数见表 2－2－24；安装尺寸见表 2－2－25。

表 2－2－24　LW 型涡轮流量变送器的作用、安装要求、技术参数

作用	在电子定量灌油系统中，将通过它使流量转换为电脉冲信号，与二次仪表配合使用										
安装要求	①安装时要求变送器应水平										
	②进出口处前后的直管段应不小于 15D 和 5D										
	③变送器与前置放大器间距不得超过 3m										
	④变送器、前置放大器与显示仪表之间用金属屏蔽线联接										
主要技术参数见右表	型号	LW－6	LW－10	LW－15	LW－25	LW－40	LW－50	LW－80	LW－100	LW－150	LW－200
	口径/mm	6	10	15	25	40	50	80	100	150	200
	测量范围（水） 最小流量/(L/s)	0.028	0.069	0.166	0.44	0.889	1.66	4.44	6.94	13.89	27.77
	测量范围（水） 最大流量/(L/s)	0.17	0.44	1.11	2.77	5.55	11.11	27.77	44.44	88.89	166.6
	工作介质温度/℃	－20～＋100									
	环境相对湿度/%	≤80									
	工作压力/MPa	16					6.4			2.5	
	最大流量下压力损失/MPa	≤0.025									
	最小输出信号/mV	＞10									
	最小输出频率/Hz	＞20									
	精度等级	0.5～1.0									

注：①本表系为上海自动化仪表九厂产的变送器；开封、武汉、湛江等都有生产，参数略异。
②介质与常温的水性质不同时，参数应修正，或重新标定。但对黏度在 5mPa·s 以下的液体介质不必重新标定。

表 2－2－25　LW 型涡轮流量变送器的安装尺寸　　　　　　　　　mm

LW 型涡轮流量变送器见右图	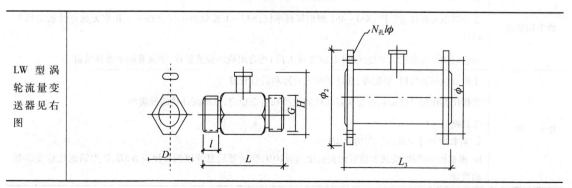

续表

型号	符号				
	L	l	H	G/in	D
LW-6	42	8	62	3/8	20
LW-10	55	8	64	1/2	24
LW-15	80	15	75	1	41.6
LW-25	90	15	88	$1\frac{1}{4}$	53.1
	L_3	ϕ_1	ϕ_2	ϕ	$N_\text{孔}$
LW-40	130	110	145	18	4
LW-50	150	125	160	18	
LW-80	200	160	195	18	8
LW-100	230	180	215		8
LW-150	300	240	280	23	
LW-200	392	295	335	23	12

(3) QZH-1型前置放大器、数字积算器、稳流元件、气动闸阀、电气转换器的主要技术数据见表2-2-26。

表2-2-26　QZH-1型前置放大器、数字积算器、稳流元件、气动闸阀、电气转换器的主要技术数据

设备	数据及其他要求
QZH-1型前置放大器	①工作环境温度：-20~+50℃，户外工作时可以防雨、防潮、防冻、防尘 ②电源电压：9V 直流电源 ③频率放大范围：10~1000周/s ④输入信号电压：有效值为20~500mV ⑤输送距离：500m 以内 ⑥输出信号电压：有效值大于2V ⑦消耗功率：0.11W ⑧质量：0.3kg ⑨生产厂：广东湛江仪表厂
数字积算器	①湛江仪表厂产：LS-10型数字积算器 ②天津东方红仪表厂产：XSJ-461型积算频率仪，XFJ-1流量指示仪，EJS-A、B型无触点计数定值发讯仪 ③它们均可与涡轮流量变送器（及前置放大器）配合组成涡轮流量计，测量管路中液体流量
稳流元件	①组成包括备数段、整流段、变送器前直管段和后直管段 ②作用其作用是使油料在变送器前后的流线和流态稳定，以提高计量的准确性 ③长度 a. 备数段和整流段的长度均为 2D b. 根据使用经验，变送器前管段的长度应≥10D，变送器后直管段的长度应≥5D，D 为涡轮流量变送器的直径

续表

设备	数据及其他要求
气动闸阀、电气转换器	①应有压力稳定的气源(一般为0.4MPa) ②气源应干净、干燥和稳定。为此,在气源上有一套附属装置,包括分水滤气器、过滤器、减压阀等 ③通过电气转换器的控制使气动闸阀动作

2. 椭圆齿轮流量计

主要技术数据见表2-2-27,安装尺寸见表2-2-28。

表2-2-27 椭圆齿轮流量计主要技术数据

型号	公称口径/mm	最大流量/(m³/h)	最小流量/(m³/h)	积累精度(±%)	工作压力/MPa	压力损失/(m水柱)	工作温度/℃	介质黏度/mPa·s
LC-10	10	0.50	0.05	0.5	1.6;6.4	≤2	-10~+60	0.2~500
LC-15	15	1.80	0.18	0.5	1.6;6.4	≤2	-10~+60	0.2~500
LC-20	20	3.00	0.30	0.5	1.6;6.4	≤2	-10~+60	0.2~500
LC-25	25	6.00	0.60	0.5	1.6;6.4	≤2	-10~+60	0.2~500
LC-40	40	15.00	1.50	0.5	1.6;6.4	≤2	-10~+60	0.2~500
LC-50	50	30.00	3.00	0.5	1.6;6.4	≤2	-10~+60	0.2~500
LC-80	80	60.00	6.00	0.5	1.6;6.4	≤2	-10~+60	0.2~500
LC-100	100	120.00	12.00	0.5	1.6;6.4	≤2	-10~+60	0.2~500
LCG-15	15	1.80	0.18	0.5	10	≤2	-10~+60	0.2~500
LCG-20	20	3.00	0.30	0.5	10	≤2	-10~+60	0.2~500
LCG-25	25	6.00	0.60	0.5	10	≤2	-10~+60	0.2~500
LCG-40	40	15.00	1.50	0.5	10	≤2	-10~+60	0.2~500

注:①LC流量计一般的工作压力为1.6MPa,如需6.4MPa时应与生产厂协商。
②超出本表规定的参数范围,用户应与生产厂协商特制。
③LCG型的材料为球墨铸铁。
④另有变型产品LC-100A型,其联接法兰口径为150mm。

表2-2-28 椭圆齿轮流量计安装尺寸 mm

椭圆齿轮流量计外形图

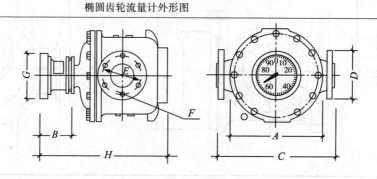

续表

型号	H	B	G	E	F	C	A	D	质量/kg
LC-10	215	78	φ100	φ60	φ14	150	φ100	90	6
LC-15	226	78	φ100	φ65	φ14	160	φ118	95	7
LC-20	238	78	φ100	φ75	φ14	200	φ150	105	11
LC-25	246	78	φ100	φ85	φ14	230	φ180	115	15.5
LC-40	271	78	φ170	φ110	φ18	245	φ180	145	19
LC-50	405	110	φ170	φ125	φ18	378	φ272	160	55
LC-80	462	110	φ170	φ160	φ18	420	φ330	195	110
LC-100	630	110	φ170	φ180	φ18	600	φ480	215	240
LCG-15	297	78	φ100	φ75	φ14	244	φ154	105	17.5
LCG-20	301	78	φ100	φ90	φ18	282	φ188	125	26.5
LCG-25	319	78	φ100	φ100	φ18	326	φ218	135	35
LCG-40	348	78	φ100	φ125	φ23	326	φ218	165	41.5

3. 腰轮(罗茨)流量计

(1) FRA、FRAG 系列流量计安装尺寸见表 2-2-29。

表 2-2-29 腰轮(罗茨)流量计安装尺寸

FRA、FRAG 系列流量计图

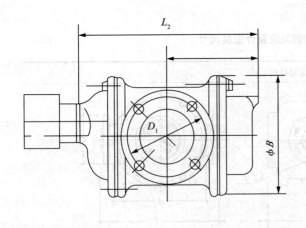
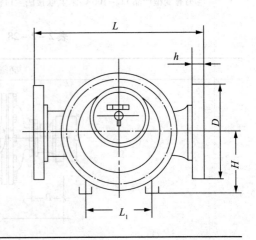

638

续表

公称通径/mm	公称压力/MPa	L	L_1	L_2	ϕB /mm	h	D	D_1	H	质量/kg
25	1	200	78	164	110×110	16	$\phi 115$	$\phi 85$	—	17
	2.5									
	2									
	4	220	81	167	$\phi 155$					19
	1	200	82	182	110×110					18
	2.5									
	2									
	4	220	87	181	$\phi 155$					20
40	1	250	118	237	$\phi 170$	18	$\phi 150$	$\phi 110$		29
	2.5									
	2									
	4			248						50
50	1	320	144	280	$\phi 206$	20	$\phi 165$	$\phi 125$		45
	2.5	360	156	292	$\phi 226$	18				
	2									
	4					20				
80	1	320	177	343	$\phi 206$	22	$\phi 200$	$\phi 160$	—	49
	2.5	360	185	350						
	2									
	4	364		352		24				55
	1	450	260		$\phi 280$	22			145	145
	2.5			513	$\phi 300$		$\phi 195$		155	120
	2									
	4						$\phi 200$		145	125
100	1	600			$\phi 280$	24	$\phi 220$	$\phi 180$	145	145
	2.5		271	524	$\phi 300$		$\phi 235$	$\phi 190$	155	120
	2									
	4		272	525					156	125
	6.4		345	643	$\phi 400$	35	$\phi 250$	$\phi 200$	2520	245
150	1	560	355	695	$\phi 396$	26	$\phi 280$	$\phi 240$	210	250
	2.5					30				
	2						$\phi 300$	$\phi 250$		
	4		238	634	$\phi 360$					260
	6.4	600	345	643	$\phi 400$	37	$\phi 345$	$\phi 280$	220	

(2) LL 系列流量计安装尺寸,见表 2-2-30。

表 2-2-30 LL 系列流量计安装尺寸

LL 系列流量计图

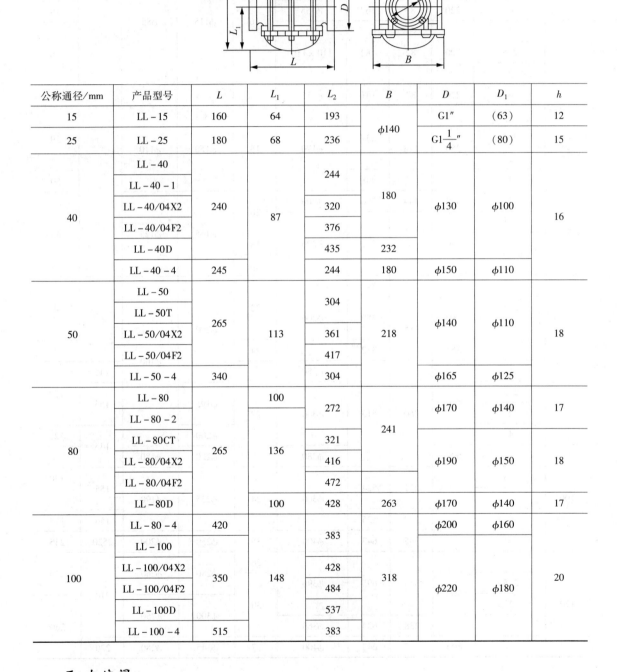

公称通径/mm	产品型号	L	L_1	L_2	B	D	D_1	h
15	LL-15	160	64	193	φ140	G1″	(63)	12
25	LL-25	180	68	236	φ140	G1$\frac{1}{4}$″	(80)	15
40	LL-40	240	87	244	180	φ130	φ100	16
40	LL-40-1	240	87	244	180	φ130	φ100	16
40	LL-40/04X2	240	87	320	180	φ130	φ100	16
40	LL-40/04F2	240	87	376	180	φ130	φ100	16
40	LL-40D			435	232	φ130	φ100	16
40	LL-40-4	245		244	180	φ150	φ110	16
50	LL-50	265	113	304	218	φ140	φ110	18
50	LL-50T	265	113	304	218	φ140	φ110	18
50	LL-50/04X2	265	113	361	218	φ140	φ110	18
50	LL-50/04F2	265	113	417	218	φ140	φ110	18
50	LL-50-4	340		304		φ165	φ125	
80	LL-80	265	136	100 / 272	241	φ170	φ140	17
80	LL-80-2	265	136	272	241	φ170	φ140	17
80	LL-80CT	265	136	321	241	φ190	φ150	18
80	LL-80/04X2	265	136	416	241	φ190	φ150	18
80	LL-80/04F2	265	136	472	241	φ190	φ150	18
80	LL-80D			100 / 428	263	φ170	φ140	17
100	LL-80-4	420		383		φ200	φ160	
100	LL-100	350	148	383	318	φ220	φ180	20
100	LL-100/04X2	350	148	428	318	φ220	φ180	20
100	LL-100/04F2	350	148	484	318	φ220	φ180	20
100	LL-100D			537		φ220	φ180	20
100	LL-100-4	515		383				

五、电液阀

（1）无锡市产电液阀简介见表 2-2-31。

表 2-2-31 无锡市产电液阀简介

项　目	性　能
1. 概况	电液阀是由电磁先导阀控制模片运动的液动阀
2. 特点	(1) 填料密封,密封可靠 (2) 自身压力开启,开启压力小 (3) 分段开闭,有效消除水击 (4) 体内能自动调节,实现输送介质的恒定流量 (5) 制回路简单,维修方便。由于电液阀具有的这些特性,因此尤其适用于用在油库汽车发油系统中
3. 技术参数	(1) 工作介质　油、化学品 (2) 工作温度　$-20 \sim 60℃$ (3) 工作压力/MPa　$0.02 \sim 0.6, 0.02 \sim 1.0, 0.02 \sim 1.6$ (4) 电源　交流 220V +10%,50Hz 或直流 24V +10% (5) 启闭次数　>10000 次

4. 安装尺寸及示意图	安装尺寸表				电液阀示意图
	公称直径	L	A	D	
	DN50	210	120	165	
	DN80	280	155	200	
	DN100	350	180	220	
	注:以上尺寸系由无锡市冠通电器五金厂及无锡市三爱电器厂的产品样本转摘				

(2) DYF 系列多功能电液阀简介,见表 2-2-32。

表 2-2-32 DYF 系列多功能电液阀简介

项　目	简　介	
1. 概况	DYF 系列多功能电液阀,是用电磁先导阀门控制膜片运动的液动阀。该系列电磁阀能手动控制和自动控制。由控制器控制时,能进行自动调节,实现恒流,多级开闭阀门,消除水击现象	
2. 用途	电磁阀适用于石油、化工行业,以实现对输送介质的流量、流速的自动控制	
3. 特点	电磁阀运行稳定可靠,开闭灵活,维修简单,使用寿命大于 10 万次,防爆等级 ExdⅡBT4	
4. 组成	DYF 系列多功能电液阀由主阀、一只常开电磁阀(与 3/8in 的一只小球阀串联)、一只常闭电磁阀(与 3/8in 的一只小球阀联)组成	
5. 电液阀技术数据	项　目	DYF-6	DYF-10
	工作介质	气体、石油产品、化学品	
	介质温度/℃	25~150(50~120)	
	工作压力/MPa	0.01~0.6	0.01~1.0
	电源电压/V	AC:220±10%;DC:24±10%	
	最大电流/mA	AC:50×2;DC:500×2	
	功耗	AC:220V-22W;DC:24V-12W	
	公称通径/DN	40、50、80、100	
	工作寿命/次	>100000	

项 目	简 介
6. 电液阀结构原理图见右图	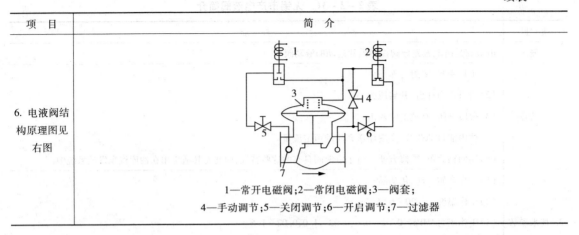 1—常开电磁阀;2—常闭电磁阀;3—阀套; 4—手动调节;5—关闭调节;6—开启调节;7—过滤器

六、恒流阀

恒流阀简介见表2-2-33。

表2-2-33 恒流阀简介

性能简介		恒流阀结构示意图
1. 作用及安装的必要性	恒流阀是在管道内压力波动的情况下,也能保持管道流量恒定的一种自动调节阀。在计量油品的管路中装上恒流阀,能使流量计在稳定的流量下工作,从而使油品计量的精度显著提高,也能防止由于管道内流量突然增大损坏流量计的事故发生。特别是在由一条主管道,供应分别操作的两条支管道的情况下,常常由于一个支管道的关闭引起另一支管道流量剧增,轻则使计量不准,缩短流量计寿命,严重的会使流量计立即损坏或造成溢油事故。在这种情况下应在支路上安装恒流阀。在实际使用中只要保持恒流阀两端压差在"适用压差"范围内,就能保证流体以稳定的"设定流量"通过管道,达到恒流的要求	1—节流孔板;2—弹簧;3—阀
2. 结构组成	恒流阀是由壳体、节流孔板、弹簧、阀等组成,见右图	
3. 安装要点	(1)去掉包装和封口膜,用煤油或汽油(或适当的清洗剂)将恒流阀内外清洗干净	
	(2)清洗过程中用手推节流孔板,应当能感到阻尼作用又能均匀移动,手松开后节流孔板应能平稳地回到原来位置,如有卡涩现象,则可多推动节流孔板几次,一般即可恢复正常,否则应将恒流阀出口端的弹簧挡圈取掉,取出阀芯作进一步检查	
	(3)根据输油压力(或"位差")选择适当型号的恒流阀。一般情况下,只要恒流阀的公称通径、公称压力、介质与所选流量计一致即可,也允许恒流阀的公称压力高于流量计的额定压力	
	(4)安装中应注意恒流阀外壳上的箭头与流体方向一致	
	(5)恒流阀在管线中的安装位置应在流量计入口端(也可安在出口端)	
	(6)应当使用离心泵输油(也可用高位储油罐的位差输油)	

七、消气过滤器

(1) 消气过滤器简介见表 2-2-34。

表 2-2-34 消气过滤器简介

性能简介		消气过滤器结构示意图
1. 用途	消气过滤器是为流量计配套而设计的产品,广泛用于成品油计量系统	1—外筒;2—内筒;3—过滤网; 4—斜板;5—浮球装置
2. 作用	其作用是保证流量计的计量精度,延长其使用寿命	
3. 特点	它将过滤与消气合二为一,既节约了材料,又便于安装	
4. 安装要求	①消气过滤器必须安装在流量计进口的前端,其方向一定要遵照指示铭牌所规定的方向,不得装反 ②安装时不得产生倾斜现象,以免影响浮球装置动作	

XG 消气过滤器技术性能

型 号	XG—40	XG—50	XG—80	XG—100	XG—150
公称通径 /mm	40	50	80	100	150
公称压力 /MPa	0.4	0.6	0.6	1	1
流量范围/(m^3/h)	3.2~16	5~25	12~60	20~100	30~130
介质温度 /℃	-10~+60				
适用介质	汽油、煤油、柴油等				

XG 消气过滤器外形安装尺寸

型号规格	外形总长/mm	外形总高/mm	出口、进口中心高 /mm
XG-40	300	440	170
XG-50			
XG-80	400	590	180
XG-100	500	630	280
XG-150	710	870	

(2) 大排量正负压气液分离装置。大排量正负压气液分离装置是消气过滤器的一种,QY-FL-0.25~1.6 型大排量正负压气液分离装置简介见表 2-2-35。

表2-2-35 大排量正负压气液分离装置简介

性能简介		大排量正负压气液分离装置结构示意图
1. 适用性	它适合于多种工作状况,如闭路打循环、扫底油、负压条件。用于汽油、煤油、柴油、食用油及其他轻质无腐蚀性液体的输送系统	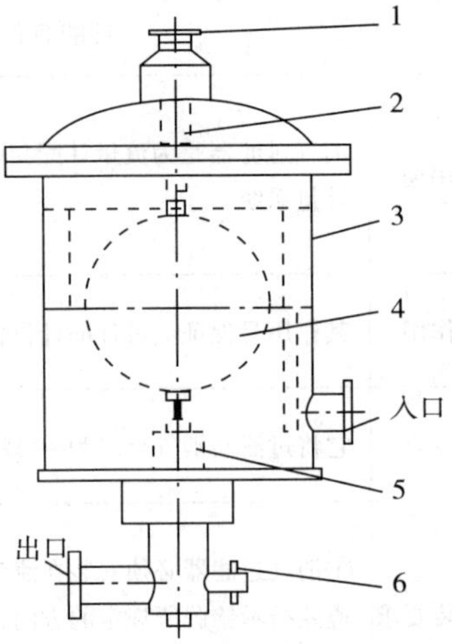 1—排气口;2—排气阻液阀;3—壳体; 4—浮子;5—排液阻气阀;6—底阀
2. 特点	(1)气液分离装置安装完毕后,不需人为的任何操作,它能自动进行排气输液作业 (2)装置排气完毕液体进入装置后,排气器会自动关闭排气阻液阀,使液体不会通过排气阻液阀流出系统外;当装置内液位很低时,排液阻气阀门处于关闭状态,装置出液口后边的系统设备中气体不会进入 (3)该装置的进出口法兰可按用户要求制作 (4)装置动作灵敏,工作可靠	
3. 组成	由排气阻液阀、排液阻气阀、消气泡装置、液位检测机构(浮子及壳体构)等组成,见上图	
4. 技术参数	(1)适用温度 $-41 \sim 121℃$ (2)工作压力 $0.25 \sim 1.6MPa$ (3)公称通径 $DN25、DN60、DN100$	
5. 安装要求	(1)装置的安装位置应处于灌装器的排液、排气口与油泵之间,即装置入口接灌装器的排液、排气口,出口接泵的入口。安装方向一定要垂直排气口向上,并应牢固 (2)在使用过程中,如发现排气阻液阀密封不严有液体溢出和排液阻气阀密封不严有气吸入,应及时与生产厂家联系,更换排气阻液阀或排液阻气阀总成 (3)当使用后或检修时,顺时针转动底油阀手柄至竖直位置即可放空装置内的底油,使用装置前必须检查该手柄是否处于水平状态,否则,应将其逆时针旋转到关闭位置	

八、在线温度计

在线检测油品温度是油库自动计量、监控的一个重要环节,是实现油品精确测量和准确控制的主要内容,其检测仪表就是在线温度计。

(一)各种温度检测仪表的检测方法

各种温度检测仪表的测温范围和特点见表2-2-36。油品在线检测一般采用接触式热电阻,也有采用热电效应仪表的。

表 2-2-36 主要温度检测方法及特点

测温方式	温度计的种类和仪表		测温范围/℃	主要特点
1. 接触式	(1)膨胀式	①玻璃液体	-100~600	结构简单、使用方便、测量精度较高、价格低廉;测量上限和精度受玻璃质量的限制,易碎,不能远传
		②双金属	-80~600	结构紧凑、牢固、可靠;测量精度较低、量程和使用范围有限
	(2)压力式	①液体	-40~200	耐震、坚固、防爆、价格低廉;工业用压力式温度计精度较低、测温距离短、滞后大
		②气体	-100~500	
	(3)热电阻	①铂电阻	-260~850	测量精度高,便于远距离、多点、集中检测和自动控制;不能测高温,须注意环境温度的影响
		②铜电阻	-50~150	
		③半导体热敏电阻	-50~300	灵敏度高、体积小、结构简单、使用方便;互换性较差,测量范围有一定限制
	(4)热电效应	热电偶	-200~1899	测温范围广,测量精度高,便于远距离、多点、集中检测和自动控制;自由端温度需补偿,在低温段测量精度较低
2. 非接触式	辐射式		0~3500	不破坏温度场,测温范围大,可测运动物体的温度;易受外界环境的影响,标定较困难

(二)热电阻温度计

热电阻温度计的简介见表 2-2-37。

表 2-2-37 热电阻温度计的简介

项 目	简 介	热电阻温度计结构图
1. 组成	热电阻温度计通常由电阻体、绝缘子、保护套管和接线盒四部分组成	(a)工业热电阻温度计结构 (b)工业热电阻感温元件结构 1、2、3—接线盒;4—保护套; 5—缘绝子;6—电阻体
2. 热电阻传感器的选用	根据热电阻在油库使用的场合和油库工艺特点来选择热电阻。油库属于易燃易爆的危险场所,在选用热电阻时,一是应考虑防爆要求,即选用隔爆型或本质安全型;二是测量温度精度等级以满足油品计量精度要求为准;三是根据测温点的不同,选择不同的安装形式	
3. 外观和绝缘检查	(1)热电阻的保护管、接线盒、接线端子等应无明显变形和锈蚀,铭牌标志应清晰、完好、正确 (2)玻璃骨架感温元件应无裂痕、无明显变形 (3)接线盒密封面无损、螺钉齐全、无锈蚀、污垢 (4)感温元件与保护管之间、双支感温元件之间的绝缘电阻,不应小于20MΩ	

九、导静电连接器具

导静电连接器具简介(一),见表 2-2-38;导静电连接器具(SLA-SⅡ溢油静电保护器)简介(二),见表 2-2-39。

表 2-2-38　导静电连接器具简介(一)

1. 分类		(1) 导静电接地设施主要由接地极、接地线、接地连接器具等组成。导静电连接器具是其中的重要设备 (2) 导静电连接器具有多种形式,如鳄头接地夹、破漆静电接地夹(普通型和传感型两种)、静电接地报警器、溢油静电保护器等
2. 鳄头型静电接地夹		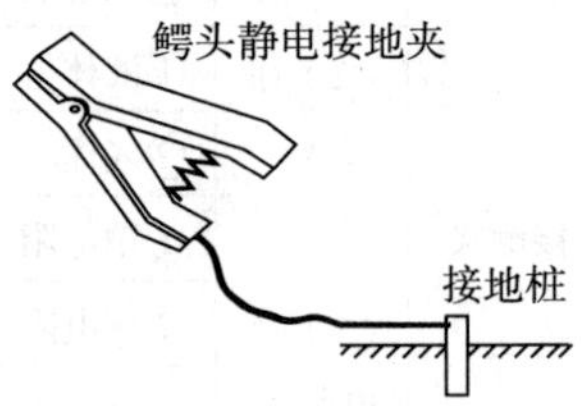 (1) 它是油库使用时间较长的一种接地器具,目前还有少数油库在使用,见右图 (2) 它依靠锯齿形夹口和弹簧张力与汽车油罐连接 (3) 其特点是操作使用方便 (4) 缺点是夹持力小,连接不甚可靠,容易被拉脱 鳄头静电接地夹 接地桩 鳄头型静电接地夹图
3. 破漆静电接地夹	简介	(1) 它是鳄头静电接地夹的改进产品,夹口由锯齿形改为破漆针,克服了鳄头静电接地夹夹持力小的缺点 (2) 特点 ①用整体铸铝材料,防爆设计 ②破漆顶尖采用防爆不锈钢制作,刚性弹簧破漆力大 ③防拉装置对夹子具有一定保护作用 ④夹子安全可靠、有效耐用 (3) 构造 ①由不含镁的铸铝材料压铸而成,弹簧使用强力弹簧 ②为了能够刺破被接地体表面上的油漆、锈蚀等绝缘膜,在夹子头部安装了三个不锈钢制作的钢针,其表面压强达到 $1000kg/mm^2$ 以上,保证了有效电气连接,防止静电事故发生 (4) 种类 破漆型静电接地夹分为普通型静电接地夹和传感型静电接地夹两种
	普通型静电接地夹的安装	(1) 首先将接地电缆(或接地线)与防拉线拧在一起,然后塞入单芯电缆接线端子中,最后上紧紧固螺栓。安装后要用力拉动接地线,确认其确实被固紧即可,见下图(a) (2) 如果所用接地线芯径大于接线端子入孔直径,可以先在接地线端头压上接线鼻子,然后用螺栓把接线鼻子压紧在静电接地夹的接线端子上方,见下图(b) (3) 紧固卡子是夹紧接地、防拉两条线用的。确定卡紧位置时,应使接地线长于防拉线,使接地线形成一段弧线,这样才能保证防拉线起到防拉作用 (a)　　(b) 普通型静电接地夹图 1—坚固螺栓;2—接地端子;3—防拉线;4—坚固卡子;5—接地线;6—接地鼻子

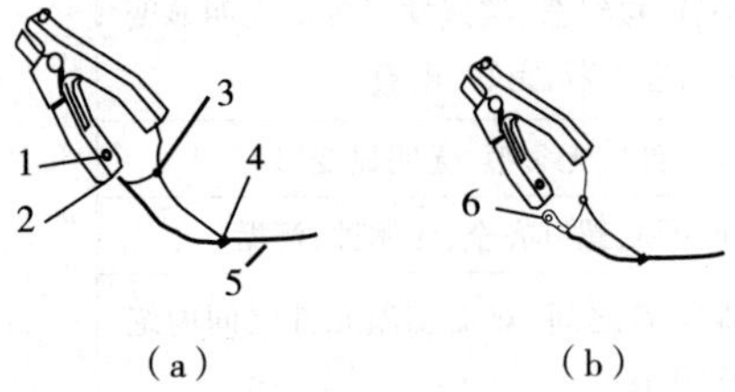

续表

3. 破漆静电接地夹	传感器型静电接地夹的安装 (1) 首先松开接线端子上的压线螺栓,取下压线板,然后从穿线孔中插入接地电缆,在接线端子上拧紧 (2) 两个接线端子没有正负极性,可以任意与外部电缆连接 (3) 最后把防拉线线头放在穿线孔中,放上压线板,上紧螺丝,见右图	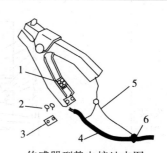 传感器型静电接地夹图 1—接线端子;2—压线螺栓;3—压线板; 4—防拉线;5—坚固卡子;6—接地电缆
4. 报警静电接地器	(1) 它是目前采用比较多的一种,是传统静电接地器具的换代产品 (2) 它由传感器型静电接地夹和报警器两部分组成,见右图 (3) 适用于汽车油罐车、铁路油罐车等移动式油罐的静电接地保护,保证静电接地装置及操作具有更高的可靠性 (4) 其防爆等级为 iaⅡCT6	报警静电接地器图 1—破漆静电接地夹;2—报警器;3—接地桩

表 2 - 2 - 39　导静电连接器具(SLA - SⅡ溢油静电保护器)简介(二)

1. 作用	SLA - SⅡ溢油静电保护器具有防止液体溢出、静电接地电阻超标报警功能						
2. 适用	适用于易燃、易爆等液态石油化工产品灌装作业使用场合。即适用于燃料油装车(含铁路油罐车、汽车油罐车装车),液态苯、烃类密封装车,其他化工产品的罐装系统						
3. 组成及功能	(1) SLA - SⅡ溢油静电保护器系统包括控制器、UZK 系列液位开关、传感器型静电接地夹、接地线、电源、安全栅、工作状态板、报警盒、二通防爆接线盒、三通防爆接线盒及其连接线路等 (2) 控制器由单片机及其他电子器件组成,通过接线端子与外围系统相接 (3) 液体开关、传感器型静电接地夹是检测液位、接地状况的 (4) 隔离变压器是为保护器提供电源的 (5) 安全栅是为本安系统提供本安电源的 (6) 防爆接线盒是把液位开关、静电接地夹、工作状态板、接地线过渡连接到控制器的 (7) 工作状态板是判断报警器是否使用,不工作时将静电接地夹子夹在上面 (8) 报警盒及其面板上的三个 LED 灯连同其侧面的扬声器提供声光报警信息,并显示系统工作状态 (9) 传感器型静电接地夹是保证车体接地良好的 (10) 接地线是将静电导向大地的						
4. 技术参数	工作电压/V(AC)	工作电流/mA	响应时间/s	防爆标志	报警方式	工作环境温度/℃	工作环境湿度/%
	220 ± 10%	15	<2	EXd(ia)ⅡBT4	声光报警	-40 ~ 60	85

5. 安装示意图	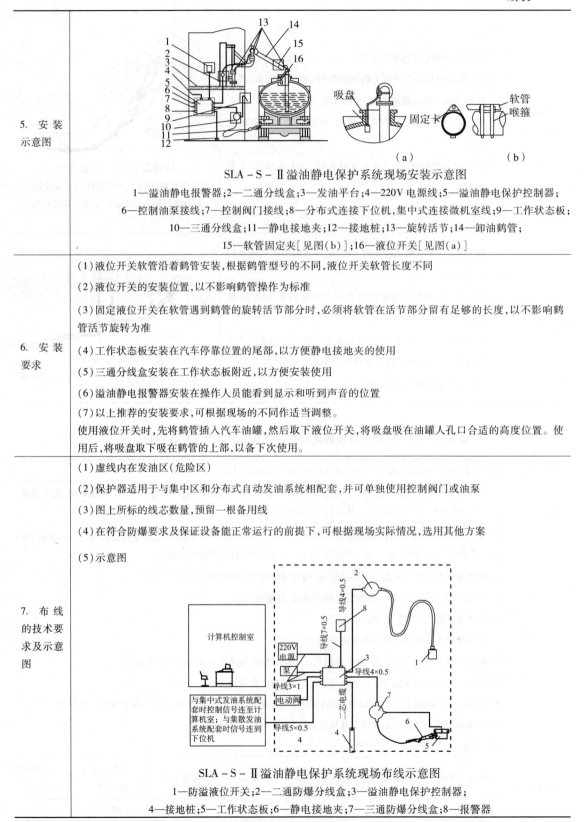
SLA-S-Ⅱ溢油静电保护系统现场安装示意图
1—溢油静电报警器；2—二通分线盒；3—发油平台；4—220V电源线；5—溢油静电保护控制器；
6—控制油泵接线；7—控制阀门接线；8—分布式连接下位机，集中式连接微机室线；9—工作状态板；
10—三通分线盒；11—静电接地夹；12—接地桩；13—旋转活节；14—卸油鹤管；
15—软管固定夹[见图(b)]；16—液位开关[见图(a)]
6. 安装要求	(1)液位开关软管沿着鹤管安装,根据鹤管型号的不同,液位开关软管长度不同 (2)液位开关的安装位置,以不影响鹤管操作为标准 (3)固定液位开关在软管遇到鹤管的旋转活节部分时,必须将软管在活节部分留有足够的长度,以不影响鹤管活节旋转为准 (4)工作状态板安装在汽车停靠位置的尾部,以方便静电接地夹的使用 (5)三通分线盒安装在工作状态板附近,以方便安装使用 (6)溢油静电报警器安装在操作人员能看到显示和听到声音的位置 (7)以上推荐的安装要求,可根据现场的不同作适当调整。 使用液位开关时,先将鹤管插入汽车油罐,然后取下液位开关,将吸盘吸在油罐人孔口合适的高度位置。使用后,将吸盘取下吸在鹤管的上部,以备下次使用。
7. 布线的技术要求及示意图	(1)虚线内在发油区(危险区) (2)保护器适用于与集中区和分布式自动发油系统相配套,并可单独使用控制阀门或油泵 (3)图上所标的线芯数量,预留一根备用线 (4)在符合防爆要求及保证设备能正常运行的前提下,可根据现场实际情况,选用其他方案 (5)示意图 SLA-S-Ⅱ溢油静电保护系统现场布线示意图 1—防溢液位开关；2—二通防爆分线盒；3—溢油静电保护控制器； 4—接地桩；5—工作状态板；6—静电接地夹；7—三通防爆分线盒；8—报警器

第七节 过滤器及其选择

油库常用的过滤器种类通常分为3种：粗过滤器、细过滤器和二级过滤分离器。

一、粗过滤器的技术参数及安装尺寸

（一）粗过滤器的种类、用途、安装位置及作用

粗过滤器的种类、用途、安装位置及作用，见表2-2-40。

表2-2-40 粗过滤器的种类、用途、安装位置及作用

1. 种类	目前油库常用的粗过滤器有 LPG、CLGLY、CLGLJ、JL 型等			
2. 用途	粗过滤器主要用来过滤机械杂质以保护特定设备			
3. 安装位置	通常安装在被保护设备前。如泵、流量计等设备之前以及吸入管路的入口处			
4. 网目选择基准	油品黏度/mPa·s	5以下	5~10	10以上
	网目/(目/in)	80	80	40

（二）LPG型过滤器

主要技术性能见表2-2-41，安装尺寸见表2-2-42。

表2-2-41 主要技术性能

公称通径 /mm		15	20	25	40	50	80	100	150	200	250
型 式		Y						U			
过滤网目/ (目/in)	液体 黏度<50mPa·s	100			80			60	40	40	
	液体 黏度>50mPa·s	20									
最大使用流量/(m³/h)		2.5	4.5	6	16	25	60	100	200	350	450
公称压力/MPa		0.4、0.6、1.0、1.6、2.5、4、6.4									
介质温度/℃		-10~+200									
联接方式		管螺纹、法兰			法兰						

表2-2-42 安装尺寸 mm

结构外形图	U型结构外形图			Y型结构外形图				

型号	公称通径/mm	公称压力/MPa	外壳材料	外形及联接尺寸						
				L	B	H	H_1	D	D_1	D_2
LPG-15	15	1.0	铸铁	266	φ55	114	48	ZG3/4in		
				180		140		φ95	φ65	
LPG-20-1	20	0.4	铝合金	280		114		φ26		

续表

型号	公称通径/mm	公称压力/MPa	外壳材料	外形及联接尺寸						
				L	B	H	H_1	D	D_1	D_2
LPG-25	25	0.4	铸铁	200	φ72	124		φ108	φ80	
LPGB838BAK		1.0		230	φ75	152				
LPGB838DUP LPGB838DPP		2.0	不锈钢	270	φ125	198		φ115	φ85	
LPGB838ENK		2.5	铸钢		φ123					φ65
LPGB838GNK		4.0			φ130	218				—
LPG-40	40	0.6	铸铁	300	φ155	292	143	φ130	φ100	φ80
LPG0441BAK		1.0								φ85
LPG0441DUP LPG0441DPP		2.0	不锈钢					φ150	φ110	
LPG0441ENK		2.5	铸钢							
LPG0441GNK		4.0								φ85
LPG-50-1	50	0.6	铸铁	315	φ190	295	145	φ140		φ90
LPG0545BAK		1.0								
LPG0545DVP DPP		2.0	不锈钢	400				φ165	φ125	
LPG0545ENK		2.5	铸钢							
LPG0545GNK		4.0		396						φ99
LPG-80-3	80	0.6	铸铁		φ250	410	240	φ190	φ150	φ128
LPG0847BAK		1.0		400						
LPG0847DVP LPG0847DPP		2.0	不锈钢							
LPG0847ENK		2.5	铸钢							
LPG0847GNK		4.0		404				φ200	φ160	φ132
LPG0851BAK		1.0	铸铁		φ265					
LPG0851DVP LPG0851DPP		2.0	不锈钢	500	φ285	625	390			
LPG0851ENK		2.5	铸钢							
LPG0851GNK		4.0								
LPG1051BAK	100	1.0	铸铁		φ265	518	283	φ215	φ180	φ155
LPG1051DVP LPG1051DPP		2.0	不锈钢	510	φ285	550	320	φ230	φ190	φ160
LPG1051ENK		2.5	铸钢	500		528	283			
LPG1051GNK		4.0						φ235		φ156
LPG1051KNK		6.4		650	φ400	758	444	φ250	φ200	φ150

续表

型号	公称通径/mm	公称压力/MPa	外壳材料	外形及联接尺寸						
				L	B	H	H_1	D	D_1	D_2
LPG1554BAK	150	1.0	铸铁	592	$\phi350$	715	436	$\phi280$	$\phi240$	$\phi210$
LPG1554DVP LPG1554DPP	150	2.0	不锈钢	592	$\phi350$	730	436	$\phi300$	$\phi250$	$\phi210$
LPG1554ENK	150	2.5	铸钢	592	$\phi350$	725	436	$\phi300$	$\phi250$	$\phi210$
LPG1554GNK	150	4.0	铸钢	592	$\phi350$	725	436	$\phi300$	$\phi250$	$\phi210$
LPG1554KNK	150	6.4		740	$\phi410$	825	433	$\phi345$	$\phi280$	$\phi204$
LPG2057EBK	200	2.5	钢	700	$\phi550$	750	410	$\phi360$	$\phi310$	$\phi278$
LPG2057DVP LPG2057DPP	200	2.0	不锈钢	700	$\phi550$	750	410	$\phi360$	$\phi310$	$\phi278$
LPG2559EBK	250	2.5	钢	820	$\phi655$	887	500	$\phi425$	$\phi370$	
LPG2559DVP LPG2559DPP	250	2.0	不锈钢	820	$\phi655$	887	500	$\phi425$	$\phi370$	

(三)CLGLY、CLGLJ 过滤器

CLGLY、CLGLJ 过滤器简介见表 2-2-43,外形尺寸见表 2-2-44。

表 2-2-43 CLGLY、CLGLJ 过滤器简介

	性能简介	结构示意图
(1)主要技术参数	①公称压力:1.6MPa ②工作温度:≤225℃ ③滤网规格:一般为 8 目/cm²,厚 1.5mm(特殊规格可订制) ④阻力损失:0.2~0.6mH₂O(常规流速下)	CLGLY过滤器图 CLGLJ过滤器图
(2)安装与使用要求	①过滤器安装时,排污口朝下,且应留适当检修空间;安装时应注意外壳上的箭头方向须与流体流动方向一致 ②应安装旁通管路,以便在排污、清洗或更换滤筒时不影响系统的正常运行 ③应定期清洗滤筒 ④CLGLY 型过滤器只能水平安装 ⑤外形尺寸见右两图和表 2-2-44	

表 2-2-44 CLGLY、CLGLJ 过滤器外形尺寸 mm

型号	L	H	型号	L	H
CLGLY-20	101	100	CLGLJ-20	140	110
CLGLY-25	115	115	CLGLJ-25	170	120
CLGLY-32	130	125	CLGLJ-32	180	130
CLGLY-40	135	140	CLGLJ-40	220	150

续表

型号	L	H	型号	L	H
CLGLY-50	170	165	CLGLJ-50	230	160
CLGLY-65	240	252	CLGLJ-65	290	180
CLGLY-80	280	297	CLGLJ-80	310	200
CLGLY-100	325	330	CLGLJ-100	350	230
CLGLY-125	370	375	CLGLJ-125	400	300
CLGLY-150	490	465	CLGLJ-150	480	350
CLGLY-200	550	560	CLGLJ-200	600	400
CLGLY-250	600	620	CLGLJ-250	730	480
CLGLY-300	760	820	CLGLJ-300	850	550
CLGLY-350	772	840	CLGLJ-350	980	650
CLGLY-400	860	900	CLGLJ-400	1100	800

(四) JL 型过滤器

JL 型过滤器见表 2-2-45。

表 2-2-45 JL 型过滤器技术参数及安装尺寸

主要技术参数	外形尺寸示意图
1. 公称压力 1.6MPa	
2. 工作温度 -40~105℃	
3. 滤网规格 通常为 8~40 目	
4. 符合"GB 150—1988 设计及制造标准"	

安装尺寸表/mm

型号	E	F	G	D_1	D_2	D_3	D_4	D_5	d_2	$n_1 \times \phi d$
JL50	180	420	200	$\phi50$	$\phi165$	$\phi125$	$\phi209$	JL50、65 无支座		$4 \times \phi18$
JL65	200	460	200	$\phi65$	$\phi185$	$\phi145$	$\phi209$			$4 \times \phi18$
JL80	240	523	225	$\phi80$	$\phi200$	$\phi160$	$\phi259$	$\phi180$	$8 \times \phi18$	$8 \times \phi18$
JL100	260	580	250	$\phi100$	$\phi220$	$\phi180$	$\phi310$	$\phi210$	$8 \times \phi18$	$8 \times \phi18$
JL150	330	756	305	$\phi150$	$\phi280$	$\phi240$	$\phi410$	$\phi300$	$8 \times \phi22$	$8 \times \phi22$
JL200	450	962	440	$\phi205$	$\phi340$	$\phi295$	$\phi514$	$\phi360$	$12 \times \phi22$	$12 \times \phi22$
JL250	500	1095	475	$\phi259$	$\phi405$	$\phi355$	$\phi616$	$\phi430$	$12 \times \phi26$	$12 \times \phi26$
JL300	650	1470	500	$\phi300$	$\phi460$	$\phi410$	$\phi816$	$\phi600$	$12 \times \phi26$	$12 \times \phi26$
JL350	650	1470	500	$\phi350$	$\phi520$	$\phi470$	$\phi816$	$\phi600$	$16 \times \phi26$	$16 \times \phi26$
JL350	650	1470	500	$\phi350$	$\phi520$	$\phi470$	$\phi816$	$\phi600$	$16 \times \phi26$	$16 \times \phi26$
JL400	725	1620	550	$\phi450$	$\phi640$	$\phi585$	$\phi816$	$\phi600$	$20 \times \phi30$	$20 \times \phi30$

二、细过滤器(轻油过滤器)的技术性能及使用维护

QG 细过滤器(轻油过滤器)的技术性能及使用维护见表 2-2-46。

表 2-2-46 QG 细过滤器(轻油过滤器)的技术性能及使用维护

技术性能及使用维护		结构示意图
1. 细、粗过滤器结构差别	主要差别是,其滤芯带有一层过滤毡套和两层过滤绸套,滤芯通常有几个,过滤通道方式与二级过滤分离器的第一级过滤类似	
2. 细过滤器用途	通常用于过滤水分和机械杂质,在车用汽油、柴油的发油末端安装细过滤器(在没有二级过滤分离器产品时,航空油料发油末端也可用此过滤器),以保证发出油品的质量。对于航空油料,在进入每一种罐前(如使用罐、气压罐进口管)一般都装细过滤器	
3. 使用维护注意事项	(1)装配过滤器时,过滤毡、绸套应捆绑结实,合理紧固各部位螺母。装配后应进行过滤试验,各连接处不得渗漏 (2)初次使用前,过滤器的内部应清洗干净,旋开放油闸阀,排出沉淀物。以后应定期排放污物。通油时应先打开放气阀,充满油料后再关闭。清洗过滤器时,勿损伤镀锌层 (3)过滤前的油料应经过粗滤或沉淀。若用该过滤器做粗滤时,可将毡绸套去掉,换用其他材料代用。使用中当压力差超过允许值时,应清洗外层绸套	

QG 型过滤器的主要技术参数			
型 号	QG-80	QG-100	QG-150
公称直径/mm	80	100	150
公称压力/kPa	600	600	800
过滤表面积/m²	1.2	2.16	4~4.72
额定流量/(m³/h)	60	120	240
进出口最小压差/kPa	30	30	30~50
进出口最大压差/kPa	100	100	100

三、二级过滤分离器

(一)二级过滤分离器的作用、构造及原理,见表 2-2-47。

表 2-2-47 二级过滤分离器的作用、构造及原理

项 目	内 容
1. 作用	二级过滤分离器的作用是进一步过滤水分和杂质,现主要用于飞机的最后一道过滤关口,是确保飞机油料质量的重要设备
2. 形式	现有的二级过滤分离器的形式主要有两种,一种是 LGF 型立式二级过滤分离器,一种是 WGF 型卧式二级过滤分离器。它们的工作原理及使用维护方法基本相同

续表

项　目	内　容
3. 构造	（1）组成　以 LGF 型为例，过滤分离器主要有金属壳体、进出口短管、托盘及一、二级滤芯、放气阀、压力表（或压差表）、放水阀（取样管）等组成 （2）一级滤芯　一级滤芯即过滤聚结滤芯，它是将几层不同性质的玻璃纤维缠绕在一个打孔金属中心管上，在其外部装有折叠后的高精度滤纸，再在外表面套一层棉纱套而成。用长杆螺栓及橡胶密封垫固定在进口托盘上 （3）二级滤芯　二级滤芯即分离滤芯，它是由涂有四氟乙烯的 200 目不锈钢网制成，用长杆螺栓及橡胶密封垫固定在出口托盘上
4. 工作原理	挟带有杂质和水分的燃料油，首先经一级聚结滤芯从里向外流过。一是滤除固体杂质；二是将极其微小的水分聚结成较大的水珠，靠自重从燃料油中分离出来，沉淀到水槽中。 经聚结滤芯过滤后的燃料油经二级分离滤芯从外向内流过，进一步将水分从燃料油中分离出来，由放水阀放出

（二）立式二级过滤分离器技术性能及安装尺寸

（1）技术性能见表 2-2-48。

表 2-2-48　LGF 型二级过滤分离器技术性能

型　号	额定流量		凝结滤芯		分离滤芯	
	m³/h	L/min	规格	数量	规格	数量
80LGF-30/10-K	30	500	100×400	6	100×400	3
100LGF-60/10-K	60	1000	100×500	10	100×500	5
100LGF-90/10-K	90	1500	100×600	12	100×600	6
150LGF-120/10-K 150LGF-120/16-K	120	2000	100×600	16	100×600	8
150LGF-180/10-K 150LGF-180/16-K	180	3000	150×1120	8	150×915	4
200LGF-240/10-K 200LGF-240/16-K	240	4000	150×710	16	150×1120	4
200LGF-300/10-K 200LGF-300/16-K	300	5000	150×1120	12	150×915	5
250LGF-360/10-K 250LGF-360/16-K	360	6000	150×710	24	150×1120	5

（2）安装尺寸见表2-2-49。

表2-2-49　LGF型二级过滤分离器安装尺寸

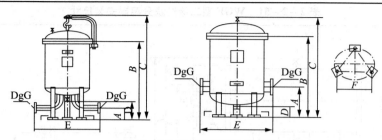

LGF型二级过滤分离器安装尺寸图

型　号	安装尺寸／mm						质量/kg	容量/L
	A	B	C	D	E	F		
80LGF-30/10K	285	770	1030	80	700	360	170	
100LGF-60/10-K	380	1040	1354	140	1128	614	210	
100LGF-90/10-K 100LGF-90/16-K	280	1225	1600	360	1128		360	250
150LGF-120/10-K 150LGF-120/16-K	250	1335	1680	360	1128		410	310
150LGF-180/10-K 150LGF-180/16-K	250	1925	2400	400	1000	785	770	850
200LGF-240/10-K 200LGF-240/16-K	250	2330	2650	450	1000	785	890	1000
200LGF-300/10-K 200LGF-300/16-K	250	2030	2500	440	1220	963	930	1100
250LGF-360/10-K 250LGF-360/16-K	250	2370	2750	465	1220	963	1000	1300

（三）卧式二级过滤分离器技术性能及安装尺寸

（1）技术性能见表2-2-50。

表2-2-50　WGF型二级过滤分离器技术性能

型　号	额定流量		聚结滤芯		分离滤芯	
	m³/h	L/min	规格	数量	规格	数量
150WGF-120/10-K 150WGF-120/16-K	120	2000	100×400	24	100×400	10
150WGF-150/10-K 150WGF-150/16-K	150	2500	100×500	24	100×500	10
150WGF-180/10-K 150WGF-180/16-K	180	3000	150×1120	8	150×915	4
200WGF-240/10-K 200WGF-240/16-K	240	4000	150×710	16	150×1120	4
200WGF-300/10-K 200WGF-300/16-K	300	5000	150×1120	12	150×915	5
200WGF-360/10-K 200WGF-360/16-K	360	6000	150×710	24	150×1120	5

（2）安装尺寸，见表 2-2-51。

表 2-2-51　WGF 型二级过滤分离器安装尺寸

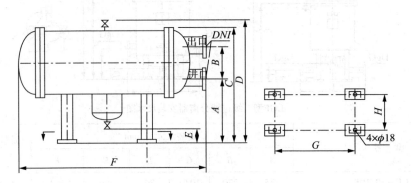

WGF 型二级过滤分离器图

型号	参考安装尺寸/mm								质量/kg	容量/L
	A	B	C	D	E	F	G	H		
150WGF-120/10-K	1030	1630	540	330	1680	450	940	1730	870	500
150WGF-120/16-K	966	440	520	1535	1855	1080	755	1910	1070	21900
150WGF-150/10-K	310	450	370	1600	834	390	780	500	1100	940
150WGF-150/16-K	330	1480	420	1565	900	1730	1040	2431	440	783
150WGF-180/10-K	1535	1655	1030	1630	540	1910	1080	1240	1830	910
150WGF-180/16-K										
200WGF-240/10-K	1600	634	966	440	520	500	390	755	2010	1100
200WGF-240/16-K										
200WGF-300/10-K	1565	700	310	450	380	2126				
200WGF-300/16-K										
200WGF-360/10-K	1100	440	1830	2010	500	2490	1240	830	995	1300
200WGF-360/16-K										

注：为保证工作的安全、有效、可靠，过滤分离器应配备自动放气阀、压差计、放水阀、在线取样接头、安全阀等附件。

第三篇　油库加油站安全设计数据图表

第一章　油库加油站电气安全设计数据图表

第一节　油库加油站危险场所的等级划分

一、三类八级危险场所划分标准

三类八级危险场所划分标准见表3-1-1。

表3-1-1　三类八级危险场所划分标准

类别	等级符号	场所特征
1. 爆炸性混合气体的危险场所	(1)0级	在正常情况下,爆炸性混合气体连续地、短时间频繁地出现或长时间存在的场所
	(2)1级	在正常情况下,爆炸混合气有可能形成、积聚的场所
	(3)2级	在正常情况下,爆炸性混合气体不能出现,但不正常情况下偶尔或短时间出现的场所
2. 爆炸性混合物的危险场所	(4)10级	在正常情况下,粉尘或纤维爆炸性混合物能形成、积聚的场所
	(5)11级	在正常情况下,粉尘或纤维爆炸性混合物不能形成、积聚,但在不正常情况下能形成、积聚爆炸性混合物的场所
3. 火灾危险场所	(6)21级	生产、加工、使用、储存闪点高于环境温度的可燃液体,且在数量和配置上能引起火灾危险的场所
	(7)22级	在生产过程中,悬浮状的可燃粉尘或纤维不能与空气形成爆炸性混合物,在数量和配置上能引起火灾危险的场所
	(8)23级	固体可燃物(煤、木、布、纸等)在数量和配置上能引起火灾的危险场所

注：①正常情况是指设备、设施的正常启动、停止、运行,以及正常的装卸、测量、取样等作业活动。
②不正常情况是指设备、设施发生故障、检修拆卸、检修失误,以及误操作等。

二、油库主要危险场所的等级划分

油库主要危险场所的等级划分见表3-1-2。

表3-1-2　油库主要危险场所的等级划分

序号	场所名称	危险区域等级	备注
1	轻油洞库主巷道、上引道、支巷道、罐室、操作间、风机室	1	
2	洞内汽油罐室以量油口为中心,以半径3m的球形空间以内	0	不得安装固定照明设备
3	洞内柴油、煤油罐间	1	不宜安装固定照明设备
4	轻油覆土罐罐室、巷道	1	不得安装固定照明设备
5	轻油泵房(含地下、半地下、地面泵房)	1	不含敞开式地面泵棚
6	柴油、煤油泵房	2	
7	汽油灌桶间	0	不应安装固定照明设备
8	柴油、煤油灌桶间(含室内、室外)	1	

序号	场所名称	危险区域等级	备注
9	敞开式轻油灌油亭、间、棚	1	
10	轻油铁路装卸油区(含隧道铁路装卸油整条隧道区)	1	
11	汽油泵棚、露天汽油泵站	2	棚是指敞开式,四面无墙
12	地面油罐、半地下油罐、放空罐、高位罐的呼吸阀、量油口等呼吸管道口,以半径为1.5m的球形空间	1	
13	轻油洞库通风、透气管口,以半径为3m的球形空间以内	1	
14	轻油桶装库房及汽车油罐车库	1	
15	码头装卸油区	2	不含专设丙类油品装卸码头
16	阀组间、检查井、管沟	2	有盖板的应为1区
17	修洗桶间、废油回收间及喷漆间	2	
18	乙炔发生器间	1	不宜安装固定电气设备
19	油品试样间	2	
20	乙炔气瓶储存间,氧气瓶储存间	2	
21	废油更生厂(场)的废油储存场	2	
22	露天桶装轻油品堆放场	2	

注:①储存易燃油品的油罐通气口1.5m以内的空间为1区,罐外壁和顶部3m范围内及防火堤内高度等于堤高的空间,应划为2区;储存易燃油品的罐内空间应划为0区。
②以装运易燃油品铁路油罐车、汽车油罐车和油船注入口为中心,以半径为3m的球形空间为1区,3~7.5m和自地面算起高7.5m、半径为15m的圆柱型空间划为2区。
③在爆炸危险场所内,通风不良的死角、沟坑等凹洼处应划为1区。

三、爆炸危险场所相邻场所的等级划分

爆炸危险场所相邻场所的等级划分见表3-1-3。

表3-1-3 爆炸危险场所相邻场所的等级划分

爆炸危险区域等级	用门及墙隔开的相邻区域		
	一道有门的隔墙	两道有门的隔墙	一道无门的隔墙
0区	0区	1区	2区
1区	2区	非爆炸危险场所	非爆炸危险场所
2区	非爆炸危险场所		

注:①门、墙,应当用非燃材料制成。
②隔墙应为实体的,两面抹灰,密封良好。
③两道隔墙、门之间的净距离不应小于2m。
④门应有密封措施,且能自动关闭。
⑤隔墙上不应开窗。
⑥隔墙下不允许有地沟、敞开的管道等连通。

四、油库加油站爆炸危险区域等级范围划分

(一)爆炸危险区域等级范围划分图例

爆炸危险区域等级图例见表3-1-4。

表 3-1-4 爆炸危险区域等级范围划分图例

危险场所名称	0级区域	1级区域	2级区域
图例	(斜线填充)	(交叉网格填充)	(斜线填充)

注：易燃设施的爆炸危险区域内地坪以下的坑、沟划为1区。

(二) 爆炸危险区域等级范围划分

油库加油站爆炸危险区域等级范围划分图表见表 3-1-5。

表 3-1-5 油库加油站爆炸危险区域等级范围划分图表

区域名称	图例	危险区域范围
1. 储存易燃油品的地上固定顶油罐爆炸危险区域划分	(图示：固定顶油罐，通气口R=1.5m，距罐3m，防火堤3m，液体表面)	①油罐内未充惰性气体的油品表面以上空间划为0区 ②以通气口为中心、半径为1.5m的球形空间划为1区 ③距储罐外壁和顶部3m范围内及储罐外壁至防火堤，其高度为堤顶高的空间内划为2区
2. 储存易燃油品的内浮顶油罐爆炸危险区域划分	(图示：内浮顶油罐，通气口3m，R=1.5m，浮盘，3m防火堤)	①浮盘上部空间及以通风口为中心，半径为1.5m范围的球形空间为1区 ②距储罐外壁和顶部3m范围内及储罐外壁至防火堤，其高度为堤顶高的范围内划为2区
3. 储存易燃油品的浮顶油罐爆炸危险区域划分	(图示：浮顶油罐，3m，浮盘，3m防火堤)	①浮盘上部至罐壁顶部空间为1区 ②距储罐外壁和顶部3m范围内及储罐外壁至防火堤，其高度为堤顶高的范围内划为2区
4. 易燃油品的地上卧式油罐爆炸危险区域划分	(图示：卧式油罐，3m，R=1.5m，通气口，液体表面，3m防火堤)	①罐内未充惰性气体的液体表面以上的空间划为0区 ②以通气口为中心、半径为1.5m的球形空间划为1区 ③距储罐外壁和顶部3m范围内及储罐外壁至防火堤，其高度为堤顶高的范围内划为2区
5. 易燃油品泵房、阀室爆炸危险区域划分	(图示：有孔墙或开式墙，L_2，$\geq 3m$，L，封闭墙，释放源，0.6m，L_1)	①易燃油品泵房和阀室内部空间划为1区 ②有孔墙、开式墙外与墙等高、L_2范围以内且不小于3m的空间及距地坪0.6m高、L_1范围以内的空间划为2区 ③危险区边界与释放源的距离应符合下表规定 | 距离 | L_1/m | | L_2/m | | | --- | --- | --- | --- | --- | | 压力/MPa | ≤1.6 | >1.6 | ≤1.6 | >1.6 | | 泵房 | $L+3$ | 15 | $L+3$ | 7.5 | | 阀室 | $L+3$ | $L+3$ | $L+3$ | $L+3$ |

续表

区域名称	图例	危险区域范围
6. 易燃油品泵棚、露天泵站的泵及配管阀门、法兰等为释放源的爆炸危险区域划分	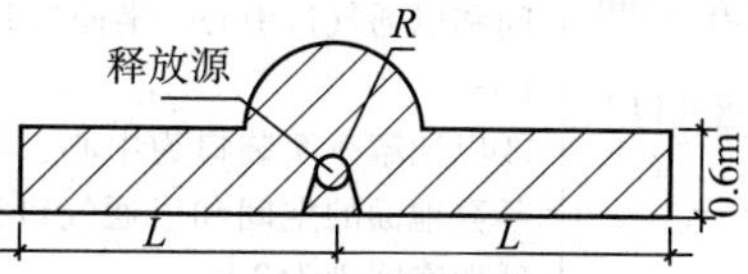	①以释放源为中心、半径为 R 的球形空间和自地面算起高为 0.6m、半径为 L 的圆柱体的范围内划为 2 区 ②危险区边界与释放源的距离应符合下表规定 | 距离	L_1/m		R/m	
---	---	---	---	---
压力/MPa	≤1.6	>1.6	≤1.6	>1.6
泵房	3	15	1	7.5
法兰阀门	3	3	1	1	
7. 易燃油品灌桶间爆炸危险区域划分	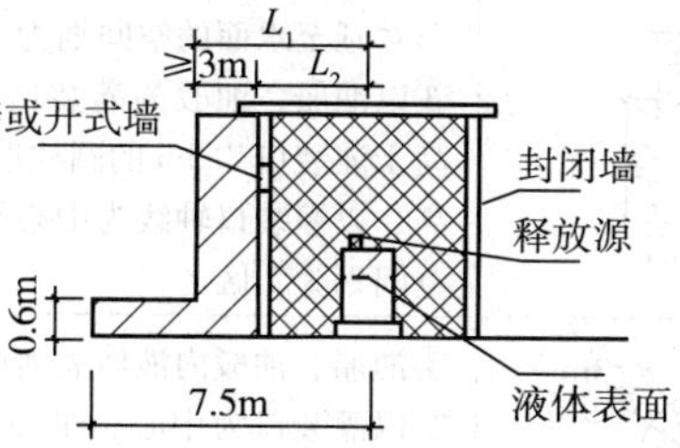	①油桶内液体表面以上的空间划为 0 区 ②灌桶间内空间划为 1 区 ③有孔墙、开式墙外 3m 以内与墙等高,且距释放源 4.5m 以内的室外空间,和自地面算起 0.6m 高、距释放源 7.5m 以内的室外空间划为 2 区 ④图中 $L_2 \leq 1.5$m 时,$L_1 = 4.5$m;$L_2 > 1.5$m 时,$L_1 = L_2 + 3$m
8. 易燃油品灌桶棚或露天灌桶场所爆炸危险区域划分	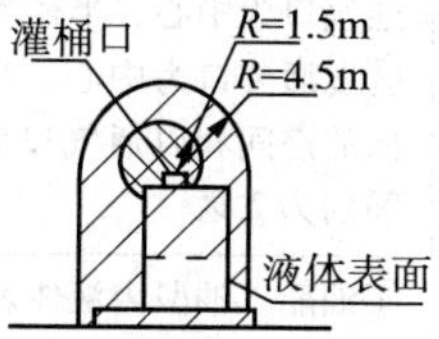	①油桶内液体表面以上的空间划为 0 区 ②以灌桶口为中心、半径为 1.5m 的球形空间划为 1 区 ③以灌桶口为中心、半径为 4.5m 的球形并延至地面的空间划为 2 区
9. 易燃油品汽车油罐车库、易燃油品重桶库房爆炸危险区域划分	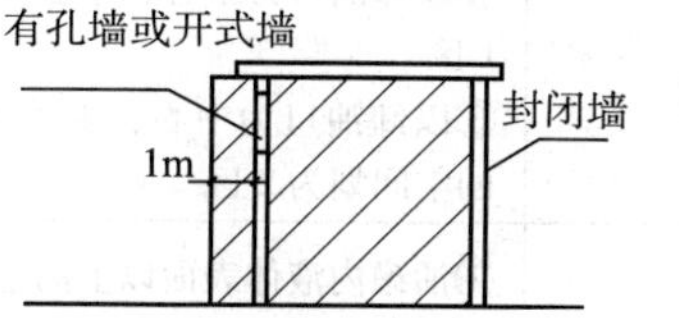	建筑物内空间及有孔或开式墙外 1m 与建筑物等高的范围内划为 2 区
10. 易燃油品汽车油罐车棚、易燃油品重桶堆放棚爆炸危险区域划分	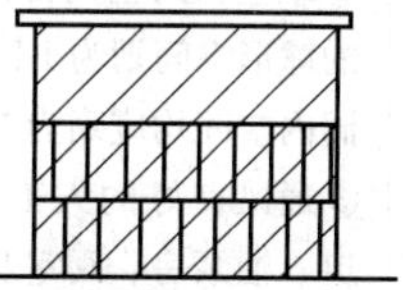	棚的内部空间划为 2 区
11. 铁路、汽车油罐车卸易燃油品时爆炸危险区域划分	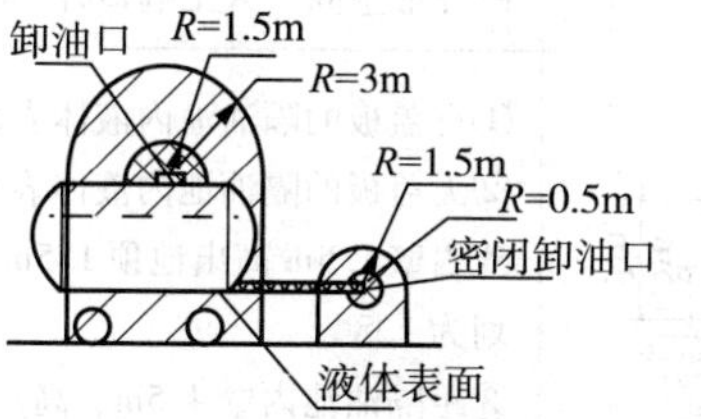	①油罐车内液体表面以上的空间划为 0 区 ②以卸油口为中心、半径为 1.5m 的球形空间和以密闭卸油口为中心、半径为 0.5m 的球形空间划为 1 区 ③以卸油口为中心、半径为 3m 的球形并延至地面的空间和以密闭卸油口为中心、半径为 1.5m 的球形并延至地面的空间划为 2 区
12. 铁路、汽车油罐车灌装易燃油品时爆炸危险区域划分	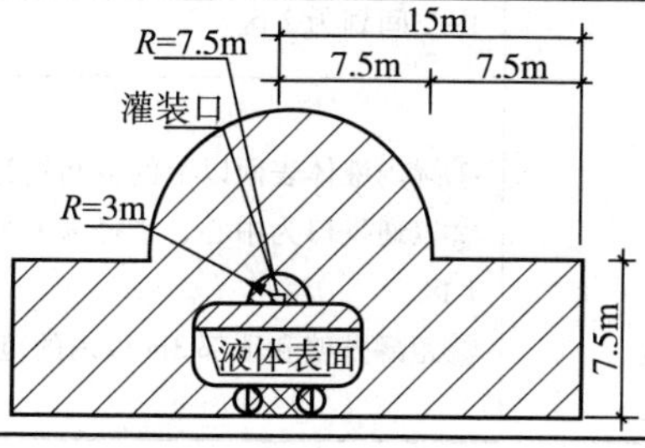	①油罐车内液体表面以上的空间划为 0 区 ②以油罐车灌装口为中心、半径为 3m 的球形并延至地面的空间划为 1 区 ③以灌装口为中心、半径为 7.5m 的球形空间和以灌装口轴线为中心线、自地面算起高为 7.5m、半径为 15m 的圆柱形空间划为 2 区

续表

区域名称	图 例	危险区域范围
13. 铁路、汽车油罐车密闭灌装易燃油品时爆炸危险区域划分		①油罐车内液体表面以上的空间划为0区 ②以油罐车灌装口为中心、半径为1.5m的球形空间和以通气口中心、半径为1.5m的球形空间划为1区 ③以油罐车灌装口为中心、半径为4.5m的球形并延至地面的空间和以通气口为中心、半径为3m的球形空间划为2区
14. 油船、油驳灌装易燃油品时爆炸危险区域划分		①油船、油驳内液体表面以上的空间划为0区 ②以油船、油驳的灌装口为中心、半径为3m的球形并延至水面的空间划为1区 ③以油船、油驳的灌装口为中心、半径为7.5m并高于灌装口7.5m的圆柱形空间和自水面算起7.5m高、以灌装口轴线为中心线、半径为15m的圆柱形空间划为2区
15. 油船、油驳密闭灌装易燃油品时爆炸危险区域划分		①油船、油驳内液体表面以上的空间划为0区 ②以灌装口为中心、半径为1.5m的球形空间及以通气口为中心、半径为1.5m的球形空间划为1区 ③以灌装口为中心、半径为4.5m的球形并延至水面的空间和以通气口为中心、半径为3m的球形空间划为2区
16. 油船、油驳卸易燃油品时爆炸危险区域划分		①油船、油驳内液体表面以上的空间划为0区 ②以卸油口为中心、半径为1.5m的球形空间划为1区 ③以卸油口为中心、半径为3m的球形并延至水面的空间划为2区
17. 易燃油品人工洞石油库爆炸危险区域划分		①油罐内液体表面以上的空间划为0区 ②罐室和阀室内部及以通气口为中心、半径为3m的球形空间划为1区;通风不良的人工洞石油库的洞内空间均应划为1区 ③通风良好的人工洞石油库的洞内主巷道、支巷道、油泵房、阀室及以通气口为中心、半径为7.5m的球形空间、人工洞口外3m范围内空间划为2区
18. 易燃油品的隔油池爆炸危险区域划分		①有盖板的隔油池内液体表面以上的空间划为0区 ②无盖板的隔油池内液体表面以上的空间和距隔油池内壁1.5m高出池顶1.5m至地坪范围以内的空间划为1区 ③距隔油池内壁4.5m、高出池顶3m至地坪范围以内空间划为2区
19. 含易燃油品的污水浮选罐爆炸危险区域划分		①罐内液体表面以上的空间划为0区 ②以通气口为中心、半径为1.5m的球形空间划为1区 ③距罐外壁和顶部3m以内的范围划为2区

续表

区域名称	图例	危险区域范围
20. 易燃油品覆土油罐的爆炸危险区域划分	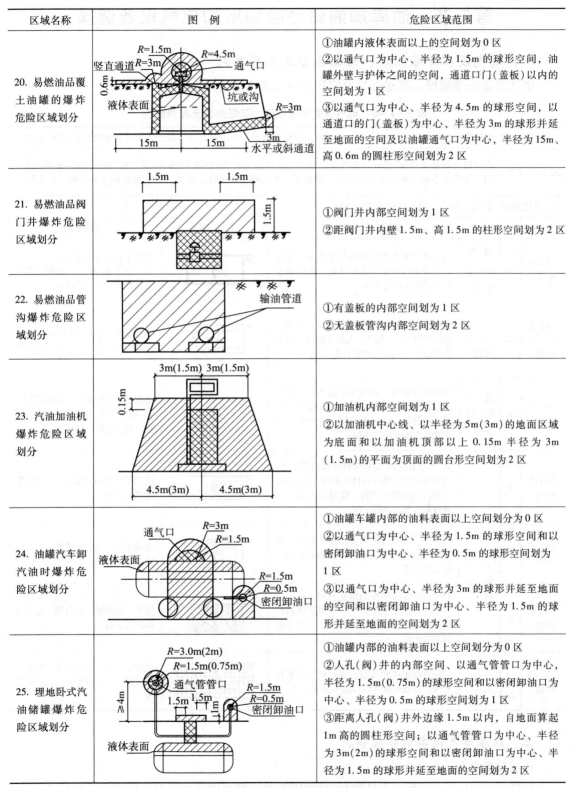	①油罐内液体表面以上的空间划为0区 ②以通气口为中心、半径为1.5m的球形空间,油罐外壁与护体之间的空间,通道口门(盖板)以内的空间划为1区 ③以通气口为中心、半径为4.5m的球形空间,以通道口的门(盖板)为中心、半径为3m的球形并延至地面的空间及以油罐通气口为中心,半径为15m、高0.6m的圆柱形空间划为2区
21. 易燃油品阀门井爆炸危险区域划分		①阀门井内部空间划为1区 ②距阀门井内壁1.5m、高1.5m的柱形空间划为2区
22. 易燃油品管沟爆炸危险区域划分		①有盖板的内部空间划为1区 ②无盖板管沟内部空间划为2区
23. 汽油加油机爆炸危险区域划分		①加油机内部空间划为1区 ②以加油机中心线、以半径为5m(3m)的地面区域为底面和以加油机顶部以上0.15m半径为3m(1.5m)的平面为顶面的圆台形空间划为2区
24. 油罐汽车卸汽油时爆炸危险区域划分		①油罐车罐内部的油料表面以上空间划分为0区 ②以通气口为中心、半径为1.5m的球形空间和以密闭卸油口为中心、半径为0.5m的球形空间划为1区 ③以通气口为中心、半径为3m的球形并延至地面的空间和以密闭卸油口为中心、半径为1.5m的球形并延至地面的空间划为2区
25. 埋地卧式汽油储罐爆炸危险区域划分		①油罐内部的油料表面以上空间划分为0区 ②人孔(阀)井的内部空间、以通气管管口为中心,半径为1.5m(0.75m)的球形空间和以密闭卸油口为中心、半径为0.5m的球形空间划为1区 ③距离人孔(阀)井外边缘1.5m以内,自地面算起1m高的圆柱形空间;以通气管管口为中心、半径为3m(2m)的球形空间和以密闭卸油口为中心、半径为1.5m的球形并延至地面的空间划为2区

注:①本表根据《石油库设计规范》和《汽车加油加气站设计与施工规范》整理。
②图中采用卸油油气回收系统的汽油罐通气管管口爆炸危险区域用括号内数字。

第二节 油库加油站危险场所的电气设备选择

一、电气设备防爆原理、防爆类型及应用举例

电气设备防爆原理、防爆类型及应用举例见表 3-1-6。

表 3-1-6 电气设备防爆原理、防爆类型及应用举例

1. 防爆原理	电气设备防爆原理归纳起来有 4 种,即间隙隔爆原理、不引爆原理、减少能量原理和其他防爆原理四种
2. 防爆类型	电气设备防爆类型按《爆炸性环境用防爆电气设备通用要求》(GB 3836.1)规定有 7 种,即隔爆型、增安型、本质安全型、正压型、充油型、充砂型、浇封型。其代号、含义、基本原理及应用举例,见下表

3. 防爆类型、代号、含义、基本原理及应用举例

类型	代号		基本原理	图例	应用举例
(1)隔爆型	d	间隙隔爆原理	将会点燃爆炸性环境的部件装入一个足以承受壳内爆炸压力的外壳,从而阻止爆炸蔓延至外壳四周		适用于开关与控制设备,指示装置,控制系统,电动机,变压器,加热装置,灯具等
(2)本质安全型	iaib	减少能量原理	在规定的测试条件(包括正常操作与特定故障状况)下,其产生火花或热效应不会引燃爆炸性混合气体的设备(电路)		适用于弱电技术的测量、控制、通讯科技、传感器、执行机构等
(3)增安型	e	减少能量原理	采用额外措施,加强安全防备,从而避免过高的温度、火花、电弧在壳内或在暴露电器器具部件上产生。这些都是不会在正常操作中产生的		适用于端子与接线,安装防爆元件(防护类有别于其他)的控制箱,鼠笼电机,灯具等
(4)正压型	p		在壳体内维持一定的惰性气体内部压力,避免爆炸性环境在箱内形成。必要时,在箱内注入惰性气体,使易燃混合物的浓度始终低于爆炸下限		适用于开关和控制柜、分析器、大型电机等
(5)充油型	o	不引爆原理	将整个或电器的一部分浸在某种防护液体(如变压器油),从而防止器具表面或外层被点燃		适用于变压器、加热器、起动电阻器等
(6)充砂型	q		将电器箱装满细粒的填充材料,避免在某些运作情况下箱内产生电弧点燃箱四周的爆炸性环境;箱体表面的高温不应具有引燃性		适用于变压器、电容器、电热导体的端子箱等
(7)浇封型	m		可能点燃爆炸性环境的部件被装入密封胶中,以确保爆炸性环境不会被点燃		适用于小型的开关设备、控制与信号单位、显示单元、探测设备等

二、防爆电气设备的分级分组

(一)防爆电气设备的分级

防爆电气的分级是根据最大试验安全间隙或最小点燃电流比确定的。其分级见表 3-1-7。

表 3-1-7 防爆电气设备的分级

	GB 3836.1(新标准)			GB 1336(旧标准)
级别	最大试验安全间隙 (MESC)分级 δ_{max}/mm	最小点燃电流比 MICR	级别	最大试验不传外间隙/mm
ⅡA	$\delta_{max} \geq 0.9$	$MICR > 0.8$	1	$1.0 < \delta$
ⅡB	$0.9 > \delta_{max} > 0.5$	$0.8 \geq MICR > 0.45$	2	$0.6 < \delta \leq 1.0$
ⅡC	$0.5 \geq \delta_{max}$	$0.45 \geq MICR$	3	$0.4 < \delta \leq 0.6$
			4	$\delta \leq 0.4$

注：①δ_{max} 是按 IEC79-1A 附录 D 方法测得的最大试验安全间隙。
②MICR 是按 IEC79-3 方法测得的最小点燃电流与甲烷测得的最小点燃电流的比值。
③油库中仍有部分按 GB 1336 制造的防爆电气设备，故列入表，以便对照。

（二）防爆电气设备的分组

防爆电气设备的分组是根据可燃气体自燃温度，确定其允许最高表面温度。其分组见表 3-1-8。

表 3-1-8 防爆电气设备的分组

	GB 3836.1—83(新标准)		GB 1336—77(旧标准)
组别	允许表面最高温度 t /℃	组别	自燃温度 T/℃
T1	$450 < t$	a	$450 < T$
T2	$300 < t \leq 450$	b	$300 < T \leq 450$
T3	$200 < t \leq 300$	c	$200 < T \leq 300$
T4	$135 < t \leq 200$	d	$135 < T \leq 200$
T5	$100 < t \leq 135$	e	$100 T \leq 135$
T6	$80 < t \leq 100$		

注：①Ⅰ类电气设备表面可能堆积粉尘时，允许最高表面温度为 150℃；采取措施防止堆积时，则为 450℃。
②表中组别代号也是设备的组别标志。
③为便于对照，将旧标准 GB 1336—77 列入表中。

三、可燃气体或蒸气分类、分级、分组综合举例

表 3-1-9 系可燃气体或蒸气分类、分级、分组综合举例。从表中看出装卸、输送、加注、储存汽油、柴油、煤油等油品的场所应使用Ⅱ类 A 级 T_3 组的电气设备。

表 3-1-9 可燃气体或蒸气分类、分级、分组综合举例

类和级	最大试验安全间隙 MESC/mm	最小点燃电流比MICR	引燃温度(℃)与组别					
			T_1	T_2	T_3	T_4	T_5	T_6
			$T>450$	$450 \geq T > 300$	$300 \geq T > 200$	$200 \geq T > 135$	$135 \geq T > 100$	$100 \geq T > 85$
Ⅰ	$MESC = 1.14$	$MICR = 1.0$	甲烷					
ⅡA	$0.9 \leq MESC < 1.14$	$0.8 < MICR < 1.0$	乙烷、丙烷、甲苯、苯、氨、甲醇、一氧化碳、丙稀、氯乙烯	丁烷、丁醇、乙酸	戊烷、己烷、庚烷、辛烷、硫化氢、汽油、柴油、煤油、松节油	乙醚、乙醛		亚硝酸乙脂

续表

类和级	最大试验安全间隙 $MESC$/mm	最小点燃电流比 $MICR$	引燃温度(℃)与组别					
			T_1	T_2	T_3	T_4	T_5	T_6
			$T>450$	$450 \geq T>300$	$300 \geq T>200$	$200 \geq T>135$	$135 \geq T>100$	$100 \geq T>85$
ⅡB	$0.5<MESC<0.9$	$0.45<MICR\leq0.8$	二甲醚、民用煤气、环丙烷	乙烯、环氧乙烷、丁二烯		异戊二烯		
ⅡC	$MESC\leq0.5$	$MICR\leq0.45$	水煤气、氨	乙炔			二硫化碳	硝酸乙脂

四、防爆电气设备的标志

防爆电气设备按 GB 3836.1 规定,其外壳明显处必须设置清晰的永久性凸文标志"Ex",小型电气设备及仪器、仪表可采用标志牌铆在或焊在外壳上,也可采用凹文标志。

(一) 防爆电气设备不同的防爆类型标志

不同防爆类型的标志见表 3-1-10。为便于核对,将 GB 3836.1 与 GB 1336 标志的规定同列于表内。

表 3-1-10 防爆电气设备类型标志

GB 3836.1(新标准)			GB 1336(旧标准)		
类型	标志		类型	标志	
	工厂用	煤矿用		工厂用	煤矿用
隔爆型	d	d	隔爆型	B	KB
增安型	e	e	防爆安全型	A	KA
本质安全型	ia; ib	ia; ib	安全火花型	H	KH
正压型	p	p	防爆通风充压型	F	KF
充油型	o	o	防爆充油型	C	KC
充砂型	q	q	—	—	—
无火花型	n	n			
特殊型	s	s	防爆特殊型	T	KT

(二) 铭牌标志主要内容

铭牌标志主要内容见表 3-1-11。

表 3-1-11 铭牌标志主要内容

序号	标 志
1	铭牌右上方有明显的标志:"Ex"
2	防爆标志,并顺次标明防爆类型、类别、级别、温度组别等标志
3	防爆合格证编号(为保证安全,指明在规定条件下者,须在编号之后加符号"X")
4	其他需要标出的特殊条件
5	有关防爆类型专用标准规定的附加标志
6	产品出厂日期或产品编号
7	小型电气设备铭牌,至少应有上述 1、2、3、6 等项内容

(三)防爆标志举例

根据 GB 3836.1 规定,将各型防爆电器设备标志举例列于表 3-1-12。

表 3-1-12 各型防爆电器设备标志举例

举 例	标志
I 类隔爆型	dI
II 类隔爆型 B 级 3 组	dIIBT$_3$
采用一种以上的复合型式,须先标出主体防爆型式,后标出其他防爆型式。如 II 类主体增安型,并具有正压型部件 T$_4$ 组	epIIT$_4$
对只允许使用于一种可燃气体或蒸气环境中的电气设备,其标志可用该气体或蒸气的化学分子式或名称表示,这时可不必注明级别和温度组别。如 II 类用于氨气环境的隔爆型	dII(NH$_3$) 或 dII 氨
对于 II 类电气设备的标志,可以标温度组别,也可标最高表面温度,或二者都标出。如最高表面温度为 125℃的工厂用增安型	eII T$_4$;或 eII(125℃) 或 e(125℃)T$_4$
II 类本质安全型 ia 等级 A 级 T$_5$ 组	(ia)IIAT$_5$
II 类本质安全型 ib 等级关联设备 C 级 T$_5$ 组	(ib)IICT$_5$
I 类特殊型	SI
对使用于矿井中除沼气外,正常情况下还有 II 类 B 级 T$_3$ 组可燃气体的隔爆型电气设备	dI/IIBT$_3$
复合电气设备,须分别在不同防爆类型的外壳上,标出相应的防爆类型	
为保证安全指明在规定条件下使用好电气设备。如指明具有抗冲击能量的电气设备,在其合格证编号之后加符号"X"	XXXX-X
各项标志须清晰、易见,并经久不褪	

五、防爆电气设备选型要点

防爆电气设备选型要点见表 3-1-13。

表 3-1-13 防爆电气设备选型要点

项目	选型要点
1. 选型原则	(1)防爆电气设备选型应根据所在场所的防爆等级、区域范围划分及所在场所内爆炸性混合物的级别、组别等实际情况确定
	(2)所选用的防爆电气设备的级别、组别不应低于该场所内爆炸性混合物的级别和组别
	(3)如场所内有两种以上爆炸性气体混合物,或交替出现时,应以危险程度高的级别、组别选型
	(4)为了经济,应设法减小防爆电气设备的使用量,首先考虑把危险的电气设备安装在危险场所外;如果不得不安装在危险场所内,则应安装在危险性较小的区域内
2. 选型举例 不同类型的防爆电气设备,适合于不同等级的爆炸危险场所	(1)本质安全型 ia 适用于 0 级和 1 级区域
	(2)隔爆型通常适用于 1 级和 2 级区域,但壳体内经常形成引爆源部分的电器设备,即使隔爆结构,也应尽量避免在 1 级区域使用
	(3)充油型和增安型不宜使用于 1 级
	(4)正压型壳体内经常能形成引爆源的部分,必需按照使用场所的危险程度采用可靠的安全措施
	(5)温度不稳定的电器设备用于 1 级时,应采用隔爆型或通风型结构,尽量避免使用增安型电气设备

六、防爆电气设备选型示例

按《爆炸和火灾危险环境电力装置设计规范》(GB 50058)及《军用油库爆炸危险场所电气安全规程》(YLB3001A)对油库电气设备的选型示例如下。表中符号"○"代表适用,"△"代表尽量避免,"×"代表不适用,"-"代表结构不实现。

1. 低压电机类选型示例

低压旋转电机类防爆结构的选型示例见表 3-1-14。

表 3-1-14 低压电机类选型示例

电机类名称	1级区域			2级区域		
	d	p	e	d	p	e
三相鼠笼感应电动机	○	○	△	○	○	○
三相绕线式感应电动机	△	△	—	○	○	○
单相(无接点)鼠笼感应电动机	○	—	×	○	—	○
单相(有接点)鼠笼感应电动机	○	—	—	○	—	○
带制动器的鼠笼感应电动机	△	—	×	△	—	△
屏蔽电动机	○	○	×	○	○	○
三相推斥同步电动机	○	—	×	○	—	○
三相电磁铁同步电动机	○	—	×	○	—	○
单相推斥同步电动机(有接点)	○	—	—	○	—	○
单相推斥同步电动机(无接点)	○	—	×	○	—	○
直流电动机	△	△	—	○	○	—
涡流联轴节(带电刷)		△	—		○	△
涡流联轴节(无电刷)	△	△	×	○	○	○

2. 低压变压器类选型示例

低压变压器类防爆结构的选型示例见表 3-1-15。

表 3-1-15 低压变压器类选型示例

变压器类名称	1级区域			2级区域		
	d	p	e	d	p	e
浸油变压器(含起动用)	—	—	×	—	—	○
浸油电抗线圈(含起动用)	—	—	×	—	—	○
干式变压器(含起动用)	△	△	×	○	○	○
干式电抗线圈(含起动用)	△	△	×	○	○	○
仪表用变压器	△		×	○		○

3. 照明灯具类选型示例

照明灯具类防爆结构的选型示例见表 3-1-16。

表 3-1-16 照明灯具类选型示例

照明灯具类名称	1级区域		2级区域	
	d	e	d	e
固定式白炽灯	○	×	○	○
移动式白炽灯	△	×	○	○
固定式荧光灯	○	×	○	○
固定式高压水银灯	○	×	○	○
携带式电池灯	○	×	○	○
指示灯类	○	×	○	○

4. 低压开关及控制器类选型示例

低压开关及控制器类防爆结构的选型示例见表 3-1-17。

表 3-1-17 低压开关及控制器类选型示例

低压开关及控制器类名称	0级区域	1级区域					2级区域				
	ia	ia 或 ib	d	p	o	e	ia 或 ib	d	p	o	e
空气开关(无自动断路)④	—	—	○	—	—	—	—	○	—	—	—
空气开关(自动断路器)⑤	—	—	○	—	—	—	—	○	—	—	—
空气断路器	—	—	△	—	—	—	—	○	—	—	—
气体型熔断器	—	—	△	—	—	—	—	○	—	—	—
操作用小开关⑥	○	○	○	—	○①	—	○	○	—	○①	○
二次起动空气控制器	—	—	△	—	—	—	—	○	—	—	—
空气型主线控制器	—	—	△	—	—	—	—	○	—	—	—
磁力起动器	—	—	○	—	—	—	○	—	—	—	○②
起动用金属电阻器	—	—	△	△	—	×	—	○	—	—	○
起动用液体电阻器	—	—	—	—	—	×	—	—	—	—	○
电磁阀用电磁铁	—	—	○	—	—	×	—	○	—	—	—
电磁摩擦自动器	—	—	△③	—	—	×	—	○	—	—	△
操作盘	—	—	○	—	—	—	—	○	—	—	—
控制盘	—	—	△	△	—	—	—	○	—	—	—
配电盘	—	—	△	—	—	—	—	○	—	—	—

注：①表示外壳隔爆型防爆结构的充油防爆开关。
②表示将防爆结构的起动运转开关作用部件和增安型防爆结构的电抗线圈或单绕组变压器组成一体的结构。
③表示将制动电滚筒等机械部分也装入隔爆壳内者。
④空气开关(无自动断路器)是指刀形开关等主电路用开关，原则上不用作负载电流的开关。最好能从外部判断开关状态。
⑤自动开关(自动断路器)是指电磁开关、带跳闸的手动开关等。此类开关应尽量避免在1级区域使用。特殊情况下尽量安装在1级区域中危险程度最小的地方。
⑥操作用小型开关，如按钮开关和操作开关等。此外，与控制用小型开关相类似的压力开关、浮动开关、限位开关也同样适用。

5. 计测仪器类选型示例

计测仪器防爆结构的选型示例见表 3-1-18。

表 3-1-18 计测仪器类选型示例

计测仪器类名称	0级区域	1级区域					2级区域				
	ia	ia 或 ib	d	p	o	e	ia 或 ib	d	p	o	e
测温电阻、热电偶	○	○	○	—	—	×	○	○	—	—	○
变送器类(流量、压力、液位)	○	○	○	—	—	×	○	○	—	—	△
电磁流量计、发讯器	—	○①	○	—	—	×	○①	○	—	—	△
液体浓度仪(pH 导电率)	○	○	○	—	—	—	○	○	—	—	—
气体分析仪	—	○①	○	○	—	×	○①	○	○	—	△
气体报警仪	—	○	○	—	—	×	○	○	—	—	—
电动、气体变换器(定位器)	○	○	○	—	—	×	○	○	—	—	○
自动线圈式标示仪、记录仪(含可动铁片型)	○	○	○	—	—	×	○	○	—	—	—
自动平衡指示仪、记录仪	—	○	○	—	—	×	○	○	—	—	—
现场用变换器、运算器	—	—	○	○	—	×	—	○	○	—	—

注：①系指本质安全型防爆结构和其他防爆结构组成一体的结构。

6. 其他类选型示例

其他类防爆结构的选型示例见表 3-1-19。

表 3-1-19 其他类选型示例

其他类名称	0级区域	1级区域				2级区域			
	ia	ia 或 ib	d	P	e	ia 或 ib	d	p	E
信号、报警、通信装置	○	○	○	○	×	○	○	○	○
车辆用蓄电池	—	—	—	—	×	—	—	—	○
半导体整流器	—	—	△	△	×	—	—	○	△
插座式连接器(插销)	—	—	—	○	—	—	—	○	—
接线盒	—	—	—	○	×	—	—	○	—
挠性连接管	—	—	—	○	×	—	—	○	—
操作柱、盘	—	—	○	×	—	—	—	○	—

注：接线盒原则上属于电缆工程中的电缆与电流分路的连接，或电缆与金属管路工程中的电线的连接。

7. YLB3001A 标准选型示例

YLB3001A 标准选型举例见表 3-1-20。

表 3-1-20 YLB3001A 标准选型示例

设备名称	1级区域		2级区域		设备名称	1级区域		2级区域	
	d	e	d	e		d	e	d	e
三相鼠笼感应电机	○	×	○	○	挠性管	○	×	○	○
单相鼠笼感应电机	○	×	○	○	接线盒、管接件	○	×	○	○
固定式白炽灯	○	×	○	○	插销、电磁阀	○	×	○	○

续表

设备名称	1级区域		2级区域		设备名称	1级区域		2级区域	
	d	e	d	e		d	e	d	e
移动式白炽灯	△	×	○	○	热敏电阻热电偶	○	×	○	○
固定式荧光灯	○	×	○	○	传感器类	○	×	○	△
固定式高压水银灯	○	×	○	○	仪表类	○	×	○	△
携带式电池灯(含手电筒)	○	×	○	○	指示灯类	○	×	○	○
空气开关	○	×	○	×	通讯设备类	○	×	○	○
操作用小型开关、按钮	○	×	○	○	操作柱、盘	○	×	○	○
磁力起动器	○	×	○	○					

注：①在0级区域只准使用ia级本质安全型设备。
②在各级场所，不宜使用正压型或充油型设备。
③防爆电气设备的级别、组别不得低于场所内爆炸性气体混合物的级别和组别；当场所内有两种以上爆炸性气体混合物时（同时存在或交替出现），应以危险程度高的级别、组别选型。
④在储存煤油、柴油的洞库内，没有其他爆炸性混合气体情况下，允许用增安型手电筒。在储存汽油的洞库内，在油气浓度不超过爆燃下限的20%情况下，允许用增安型手电筒，但不允许在测量、取样、清洗油罐时使用。

七、防爆电器性能参数

防爆电器性能参数见表3-1-21～表3-1-28。

表3-1-21　防爆插销通用主要技术数据

型号	额定电压/V	额定电流/A	防护等级	防爆标志	进线口螺纹/in
BCX53-15	220/380	15	IP54	ExedⅡBT6	G3/4
BCX53-30		30			G11/2
BCD-40		40		d5	G11/4
BCD-60		60			G11/2
BCD-15		15		edⅡB(c)T6	G3/4
AC-15		15		deⅡBT4	
BCZ		50, 63, 80, 100		ExedⅡB(C)T6	G11/2

表3-1-22　CBY-1系列防爆荧光灯的主要技术数据

型号	额定电压/V	功率/W	防护等级	防腐等级	防爆标志	进线口螺纹	电缆外径/mm
CBY-1	220	1×20, 1×30	IP54	W, WF1, WF2	dⅡ BT5	G15	φ7～φ9
		1×40, 2×20	IP65				
CBY-1	220	2×30, 2×40				G15	φ7～φ9

表3-1-23　CB(C)B-KT型防爆手提灯的主要技术数据

型号	额定电压/V	功率/W	防护等级	防腐等级	防爆标志	进线口螺纹	电缆外径/mm
CBB	220	60, 100	IP54	W, WF1	dⅡBT4	G20	φ8～φ15
CCB			IP65	WF2	dⅡCT4		

表 3-1-24 SGB 型防爆手电筒的主要技术数据

型号	额定电压/V	防护等级	防腐等级	防爆标志
SGB	4，5，6	IP65	F1	eibⅡBT4

表 3-1-25 B(C)BJ 型防爆报警器主要技术数据

型号	额定电压/V	闪光次数/(次/min)	防护等级	防腐等级	防爆标志	进线口螺纹	电缆外径 ϕ/mm
BBJ-B	220	15	IP54	W，WF1	dⅡBT4	G20	8~15
CBJ-P			IP65	WF2	dⅡCT4		

表 3-1-26 B(C)DL 型防爆电铃主要技术数据

型号	额定电压/V	功率/W	防护等级	防爆标志	进线口螺纹	电缆外径 ϕ/mm
BDL-	交流220	≤20	IP54	dⅡBT6	G20	8~15
CDL-	直流36，110，220		IP65	dⅡCT6		

表 3-1-27 BDD 型防爆电笛的主要技术数据

型号	额定电压/V	功率/W	防护等级	防腐等级	防爆标志	进线口螺纹	电缆外径 ϕ/mm
BDD	220	40	IP54，IP65	W，WF1，WF2	dⅡBT6	G20	8~15

表 3-1-28 BSJ 系列防爆摄像机、BYT 系列防爆云台的主要技术参数

型号	摄像机		云台	
BSJ-1A BST-1A BSJ-2型 BST-2型	摄像元素	681(水平)×582(垂直)像素	驱动质量/kg	≤30
	扫描面积	6.6(水平)×4.9(垂直)mm	水平转动速度/(°)	0~350
	扫描方式	2:1 隔行扫描，625 行 50 场 25 帧	俯仰角度	±45°
	水平分辨率	430 线(中心)	转动速度	4°38′/s
	视频输出	IVP—PPAL 复合 75/BNC 接头	电源电压	AC220V，50Hz
	信噪比	46dB(AGC)断开	功率/W	150
	最小照度	0.3 勒，F1.4，AGC 接头时，0.9 勒，F0.75，AGC 接头时	海拔高度/m	≤1000
	增益控制	可选择 AGC 接通(14dB)或断开	环境温度/℃	-20~+40
	镜头安装方式	C 安装或特 C 安装(CS)方式	相对湿度/%	≤95(常温)
	电源电压	AC220V，50Hz	可全天候工作	
防爆标志	BSJ—1A	dⅡBT5	BSJ—2	dⅡCT6
	BST—1A	dⅡBT5	BST—2	dⅡCT6

八、电气仪表技术要求

电气仪表技术要求见表 3-1-29~表 3-1-31。

表 3-1-29 XP-311A 型可燃气体检测仪技术要求

项目名称	使用技术条件
检测范围	0~10%LEL("L"档)及 0~100%LEL("H"档)两种量程转换方式
警报设定浓度	20%LEL
警报方式	气体警报(灯光点灭、蜂鸣器间隙鸣响)电池更换预告(蜂鸣器连续鸣响)
指示精度	满量程的±5%
使用环境温度/℃	-20~+50
电源	5号干电池4只
电池使用时间	使用碱性电池约10h(以无仪表照明和无警报为条件)

表 3-1-30 HCC-16P 超声波测厚仪的使用技术条件

项目名称	使用技术条件
测量范围/mm	1.2~250(45号钢)
示值误差/mm	±(0.5%H+0.1)
声速设置范围/(m/s)	1000~8000
电源(9V)	6F22叠层电池1只
参考试块/mm	5±0.02,45号钢
使用环境温度/℃	0~+40

表 3-1-31 HCC-24 型电脑涂层测厚仪的使用技术条件

项目名称	使用技术条件
测量范围/mm	0~1200
示值误差/μm	±(3%H+0.1)
使用环境温度/℃	0~+40
电源(9V)	6F22叠层电池1只
附件	核准基板1块
	校准箔3块

第三节 油库加油站防雷设计

一、《石油库设计规范》中规定

《石油库设计规范》GB 50074 中有关防雷规定的摘编见表 3-1-32。

表 3-1-32 《石油库设计规范》中有关油库防雷的规定

油库防雷设备设施	油库防雷设计有关规定
1. 油罐防雷的接地	(1)钢油罐必须做防雷接地,接地点不应少于2处 (2)钢油罐接地点沿油罐周长的间距,不宜大于30m,接地电阻不宜大于10Ω
2. 储存易燃油品油罐的防雷	(1)装有阻火器的地上卧式油罐的壁厚和地上立式固定顶钢油罐的顶板厚度等于或大于4mm时,不应装设避雷针

续表

油库防雷设备设施	油库防雷设计有关规定
2. 储存易燃油品油罐的防雷	铝顶油罐和顶板厚度小于4mm的钢油罐,应装设避雷针(网)。避雷针(网)应保护整个油罐 (2)浮顶油罐或内浮顶油罐不应装设避雷针,但应将浮顶与罐体用2根导线做电气连接 浮顶油罐连接导线应选用横截面不小于25mm²的软铜复绞线 对于内浮顶油罐,钢质浮盘油罐连接导线应选用横截面不小于16mm²的软铜复绞线 铝质浮盘油罐连接导线应选用直径不小于1.8mm的不锈钢钢丝绳 (3)覆土油罐的罐体及罐室的金属构件以及呼吸阀、量油孔等金属附件,应做电气连接并接地,接地电阻不宜大于10Ω
3. 储存可燃油品油罐防雷	储存可燃油品的钢油罐,不应装设避雷针(线),但必须做防雷接地
4. 储存易燃油品的人工洞油库的防雷,应采取右列防止高电位引入的措施	(1)进出洞内的金属管道从洞口算起,当其洞口外埋地长度超过$2\sqrt{\rho}$m(ρ为埋地电缆或金属管道处的土壤电阻率Ω·m)且不小于15m时,应在进入洞口处做1处接地。在其洞外部分不埋地或埋地长度不足$2\sqrt{\rho}$m,除在进入洞口处做1处接地外,还应在洞口外做2处接地,接地点间距不应大于50m,接地电阻不宜大于20Ω (2)电力和信息线路应采用铠装电缆埋地引入洞内。洞口电缆的外皮应与洞内的油罐、输油管道的接地装置相连。若由架空线路转换为电缆埋地引入洞内时,从洞口算起,当其洞外埋地长度超过$2\sqrt{\rho}$m时,电缆金属外皮应在进入处做接地。当埋地长度不足$2\sqrt{\rho}$m时,电缆金属外皮除在进入洞口处做接地外,还应在洞外做2处接地,接地点间距不应大于50m,接地电阻不宜大于20Ω。电缆与架空线路的连接处,应装设过电压保护器。过电压保护器、电缆外皮和瓷瓶铁脚,应做电器连接并接地,接地电阻不宜大于10Ω (3)人工洞油库油罐的金属通气管和金属通风管的露出洞外部分,应装设独立避雷针。爆炸危险1区应在避雷针的保护范围以内。避雷针的尖端应设在爆炸危险2区之外
5. 易燃油品泵房(棚)的防雷	(1)油泵房(棚)应采用避雷带(网)。避雷带(网)的引下线不应少于2根,并应沿建筑物四周均匀对称布置,其间距不应大于18m。网格不应大于10m×10m或12m×8m (2)进出泵房(棚)的金属管道、电缆的金属外皮或架空电缆金属槽,在泵房(棚)外侧应做1处接地,接地装置应与保护接地装置及防感应雷接地装置合用
6. 可燃油品泵房(棚)的防雷	(1)在平均雷暴日大于40d/a的地区,油品泵房(棚)宜装设避雷带(网)防直击雷。避雷带(网)的引下线不应少于2根,其间距不应大于18m (2)进出泵房(棚)的金属管道、电缆的金属外皮或架空电缆金属槽,在泵房(棚)外侧应做1处接地,接地装置宜与保护接地装置及防感应雷接地装置合用
7. 装卸易燃油品的鹤管和栈桥(站台)的防雷	(1)露天装卸油作业的,可不装设避雷针(带) (2)在棚内进行装卸油作业的,应装设避雷针(带)。避雷针(带)的保护范围应为爆炸危险1级 (3)进入油品装卸区的输油(油气)管道在进入点应接地,接地电阻不应大于20Ω
8. 输油(油气)管道的防雷	(1)输油(油气)管道的法兰连接处应跨接。当不少于5根螺栓连接时,在非腐蚀环境下可不跨接 (2)平行敷设于地上或管沟的金属管道,其净距小于100mm时,应用金属线跨接,跨接点的间距不应大于30m。管道交叉点净距小于100mm时,其交叉点应用金属线跨接

续表

油库防雷设备设施	油库防雷设计有关规定
9. 油库信息系统的防雷要求	(1) 装于地上钢油罐上的信息系统的配线电缆应采用屏蔽电缆。电缆穿钢管配线时，其钢管上下2处应与罐体做电气连接并接地 (2) 油库内信息系统的配线线路首末端需与电子器件连接时，应装设与电子器件耐压水平相适应的过电压保护(电涌保护)器 (3) 油库内信息系统的配线电缆，宜采用铠装屏蔽电缆，且宜直接埋地敷设。电缆金属外皮两端及在进入建筑物处应接地。当电缆采用穿钢管敷设时，钢管两端及在进入建筑物处应接地 (4) 油罐上安装的信息系统装置，其金属的外壳应与油罐体做电气连接 (5) 油库的信息系统接地，宜就近与接地汇流排连接
10. 油库建筑物内供配电系统的防雷	(1) 当电源采用TN系统时，从建筑物内总配电盘(箱)开始引出的配电线路和分支线路必须采用TN-S系统 (2) 建筑物的防雷区，应根据现行国家标准《建筑物防雷设计规范》GB 50057 划分 (3) 工艺管道、配电线路的金属外壳(保护层或屏蔽层)，在各防雷区的界面处应做等电位连接。在各被保护的设备处，应安装与设备耐压水平相适应的过电压(电涌)保护器

二、油库防雷装置

防雷装置由接闪器、引下线和接地装置三部分组成，其具体要求见表3-1-33。

表3-1-33 油库防雷装置及要求

装置		要 求		
1. 接闪器，主要指避雷针	(1) 材质	宜采用钢管或圆钢制成		
	(2) 直径见右表	针 长	圆 钢	钢 管
		1m 以下	ϕ12mm	DN20mm
		1~2m	ϕ16mm	DN25mm
	(3) 技术要求	①不应采用装有放射性物质的接闪器 ②用钢管时应将尖端打扁并焊接封口 ③几段管段连接时，应有250mm以上的搭接长度，并焊接 ④接闪器应镀锌		
2. 引下线	(1) 材质要求	材 质	规 格	备 注
		圆 钢	直径为8mm	宜采用圆钢或扁钢，优先采用圆钢
		扁 钢	截面为48mm^2，扁钢厚度为4mm	
	(2) 当引下线为多根时	为了便于测量接地电阻及检查引下线、接地线的连接情况，宜在各引下线于距地面1.8m以下处设置断接卡		
	(3) 保护	引下线在易受机械损坏的地方，地下0.3m至地上约1.7m段应加保护设施		
	(4) 防腐	接闪器、引下线应镀锌		
	(5) 技术要求	①当引下线为多根时，为了便于测量接地电阻及检查引下线、接地线的连接情况，宜在各引下线于距地面0.8m以下处设置断接卡 ②引下线在易受机械损坏的地方，地下0.3m至地上约1.7m段应加保护设施		

续表

装 置		要 求			
2. 引下线	(5)技术要求	③引下线应镀锌			
3. 接地装置	(1)材质要求	①垂直埋设的接地体 ②水平埋设的接地体	宜采用角钢、钢管、圆钢等 宜用扁钢、圆钢等		
	(2)人工接地体的尺寸	圆 钢	扁 钢	角 钢	钢 管
		ϕ10mm	截面为100mm²；厚度为4mm	50mm×50mm×4mm	DN50mm×3.5mm
	(3)防腐	在腐蚀性较强的土壤中，应采取热镀锌等防腐措施或加大截面			
	(4)长度	垂直接地体长度宜为2.5m			
	(5)技术要求	①为了减少相邻接地体的屏蔽效应，垂直接地体间的距离及水平接地体间的距离宜5m，接地体距保护物的水平距离不小于3m ②接地体埋深不小于0.5～0.8m			
	(6)降阻措施	①在高土壤电阻率地区，为降低接地装置的接地电阻，可采取深埋接地体于低电阻率土壤中 ②采用降阻剂			
	(7)工频接地电阻和冲击接地电阻的换算	公式		$R=AR_i$	
		工频接地电阻与冲击接地电阻的比值A			
		土壤电阻率/($\Omega \cdot$cm)	≤$1×10^4$	$5×10^4$	$1×10^5$	≥$2×10^5$
		一般接地装置	1.0	1.5	2.0	3.0
		环绕房屋的接地装置	1.0			

三、避雷针的数量、安装高度及总长度

(1)避雷针的数量与安装高度见表3-1-34。

表3-1-34　避雷针的数量与安装高度

	罐容/m³	100～700	1000～3000	5000
1. 安装数量	避雷针数量	1	3	4
	接地连接端子数量	1～2	3	4
2. 安装高度	罐容	1000m³以上罐	5000m³及以下罐	10000m³及以上罐
	避雷针尖需高出呼吸阀顶的高度/m		3	5
3. 安装位置	在罐壁安装避雷针，梯子平台应离避雷针1～4m			

(2)避雷针的总长度见表3-1-35。

表3-1-35　避雷针的总长度　　　　mm

油罐容量/m³	避雷针总长度	避雷针各节长		
	h_2	$L_1(\phi20)$	$L_2(\phi32)$	$L_3(\phi50)$
100	4400	1400	1500	1500
200	5000	1500	1500	2000

续表

油罐容量/m³	避雷针总长度 h_2	避雷针各节长		
		$L_1(\phi 20)$	$L_2(\phi 32)$	$L_3(\phi 50)$
300	5200	1500	1700	2000
400	5500	1500	2000	2000
500	5700	1500	2000	2200
700	6200	1700	2000	2500
1000	5500	1500	2000	2000
2000	6000	1500	2000	2500
3000	6500	2000	2000	2500
5000	7000	2000	2000	3000

注：表中未考虑焊接部分长度。L_1为上段，L_2为中段，L_3为下段。

第四节 油库加油站防静电设计

一、油库静电类型、引燃必备条件及着火规律

油库静电类型、引燃必备条件及着火规律见表3-1-36。

表3-1-36 油库静电类型、引燃必备条件及着火规律

项目	内容		
	类型	形成条件	危害程度
1. 静电放电类型	(1)电晕放电	一般发生在电极相距较远，带电体或接电体表面有突出部分或楞角的地方	放电能量较小而分散，危险性小，引起灾害的几率较小
	(2)刷形放电	两极间的气体因击穿成为放电通路，但又不集中在某一点上，而是有很多分叉，分布在一定的空气范围内。在绝缘体上更易发生	在单位空间内释放的能量也较小，但具有一定的危险性，比电晕放电引起灾害几率高
	(3)火花放电	两极间的气体被击穿成通路，又没有分叉的放电，有明显的放电集中点，伴有短促爆裂声	在瞬时间能量集中释放，危险性较上两类大
2. 静电引燃必须具备的条件	(1)必须有静电电荷的产生 (2)必须有足以产生火花的静电电荷的积聚 (3)必须有合适的火花间隙，使积聚的电荷可以引燃的火花形式放电 (4)在火花间隙中，必须有可燃性液体的蒸气与空气的混合物。对于油库来说，上述条件同时存在的时机很多，所以静电放电是油库发生火灾和爆炸事故的重要引燃源		
3. 静电着火的主要规律	(1)气候干燥(大气湿度15%左右)地区和炎热(气温在37℃以上)季节静电失火事故较多 (2)喷气燃料比航空汽油静电失火事故较多 (3)向加油车、飞机油箱、油罐汽车灌装油料时，静电事故较多，且多发生在灌油开始的1~2min内 (4)明流加油，管口绑有过滤绸套时，容易发生静电失火事故 (5)使用绸毡过滤器比不使用过滤器时容易发生静电失火事故		

二、防止静电失火措施

防止静电失火措施见图3-1-1。

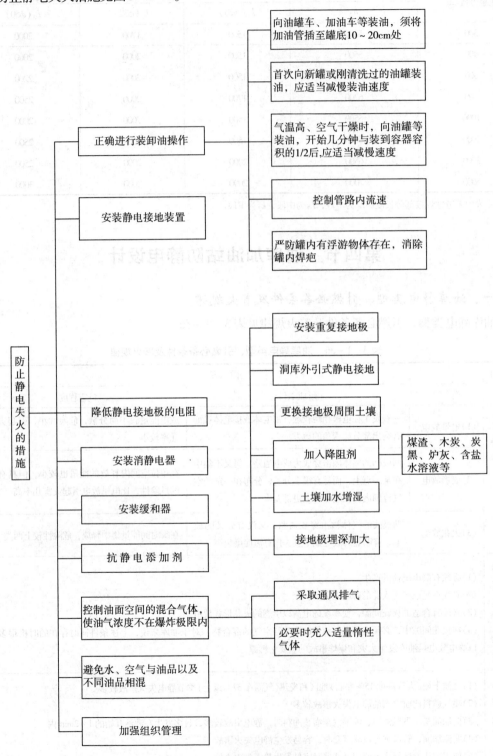

图3-1-1 防止静电失火措施方框图

三、控制油品的流速

油品的流速，小于一定数值后，即不易产生静电灾害。控制油品的流速见表3-1-37。

表3-1-37　控制油品的流速

项目	内容				
1. 计算公式	公式	符号	符号含义	单位	备注
	$v^2D \leqslant 0.64$	v	油品流速	m/s	国内外资料中对油品在管内流速控制的计算
		D	管径	m	
2. 不同管径最大允许流速，见右表。该表基本符合($v^2D \leqslant 0.64$)公式	管径/mm	最大流速/(m/s)		v^2D 值	
	10	8		0.64	
	25	4.9		0.6003	
	50	3.5		0.6125	
	100	2.5		0.625	
	200	1.8		0.648	
	400	1.3		0.676	
	600	1.0		0.600	
3. 国内外有关限制灌装流速的数据，见右表	资料名称	推荐数值		备注	
	《油田防爆、防雷、防静电标准》	在有静电接地的情况下，汽油、苯及同类性质的液体在吸取时，其流速不大于3.5~4.5m/s		大庆油田设计研究院	
	《石油知识与油轮防爆》	装运汽油时，最大流速不应超过4.0m/s		广州航海学会油轮安全经验交流组	
	《石油库管理制度》	灌油、输油最高流速不得超过6.0m/s		原商业部1981年7月	
	《炼油厂预防静电危害的规定》	轻质油品输送流速，对于DN100的输油管，当其入口管浸没以后流速不得超过4.5m/s		原石油部炼油厂防静电技术座谈会1982年4月	
	美国API标准	不论管径如何，流速为4.5~6.0m/s			
	德国标准	电阻率大于$10^9\Omega\cdot cm$的可燃性液体，不论管径如何，流速均应在7.0m/s以下			
4. 油料收发操作控制速度，见右表	操作项目	控制速度			
	向空油罐收油	初速度不大于1m/s，当入口管浸没20cm后可提高速度，但亦不得超过$v^2D \leqslant 0.64$式要求			
	向油船装卸油料	初速度不大于1m/s，油位超过船底纵材后可加速，但亦不得超过$v^2D \leqslant 0.64$式要求			
	向铁路罐车装油	要求满足下式：$v^2D \leqslant 0.8$		鹤管直径为100mm，$v=2.8$m/s	
				鹤管直径为150mm，$v=2.3$m/s	
	向汽车油罐车装卸油	速度不大于4.5m/s			
	灌200t轻油桶	每桶不大于1min			
	油罐测温、采样	上提速度不大于0.5m/s，下落速度不大于1m/s			

四、油品在容器中静置时间

为了减少静电，油品在容器中必须静置一定时间后，才可进行别的作业。

(1) YLB3002A 中规定油品在容器中静置时间，见表 3-1-38。

表 3-1-38　非商业用油库规定油品在容器中静置时间

容　器		静置时间及操作内容			
油　罐	容积/m³	<10	11~50	51~5000	>5000
	静置时间/min	3	5	15	30
铁路油罐车		2min 后才能检尺、测温			
汽车油车		加油后静置 2min 才能提升鹤管			

(2) 日本规定的油品在容器中静置时间见表 3-1-39。

表 3-1-39　日本规定的油品在容器中静置时间

电导率/(S/m)	储罐容积/m³			
	<10	10~50	51~5000	>5000
	静置时间/min			
>10^{-8}	1	1	1	2
10^{-12}~10^{-8}	2	3	10	30
10^{-14}~10^{-12}	4	5	60	120
<10^{-14}	10	15	120	240

五、防静电设备器材

防静电设备器材见表 3-1-40。

表 3-1-40　防静电设备器材

项　目	内　容				
1. 消静电器样品规格	钢管直径/mm	管长/mm	电介质层厚/mm	管线直径/mm	通过流量/(L/min)
	194	1000	41	102	>200
	184	800	36	102	>1000
	159	1000	25	102	>1000
2. 静电缓和管长度及滞留时间	(1) 油品经过滤器产生的静电需要经过多长管段或多长时间可以缓和始得安全				
	日本做过统计试验	管径 d/mm(in)	150(6)	100(4)	75(3)	管线有这样的缓和长度，就安全了
		管长/m	19	43	76	
	(3) 美国设计规范　提出油品经过滤器后必须有 30s 以上的滞留时间(又称散驰时间)，即必须在接地管道中继续流经 30s 以上再入油罐、油车、油船等储油容器内，才能确保安全				
3. 防静电塑料地板	(1) 在聚氯乙烯中加入合成导电剂等制成的防静电塑料地板，厚 1.5mm				
	(2) 表面电阻低于 $10^{10}\Omega$(普通聚氯乙烯地板为 $10^{15}\Omega$)				
	(3) 人在上面走，摩擦产生的微量静电，可能瞬时间导除、消除，不致打出火花。这种地板可供油库(站)0 级场所选用				

续表

项 目	内 容
4. H-83型防静电油品测温采样绳	(1)此绳直径为4mm (2)电阻值每2m小于$10^4\Omega$ (3)断裂强度大于30kg (4)绳长有15、20、25m三种。为推荐选用产品
5. 抗静电添加剂主要理化指标见右表	抗静电添加剂主要理化指标 {见下表}

项 目	英ASA-3	国产T1501
外观	深绿色液体	深绿色液体
密度 ρ_{20}	0.90~0.95	0.93~0.95
25℃黏度(cm^2/s)	30~400	755~2836
0℃黏度(cm^2/s)	50~800	—
机械杂质		痕迹
水分		痕迹
铬含量/%	0.4~0.7	0.61~0.72
钙含量/%	0.4~0.7	0.46~0.72
铬与钙含量比	1:1	1:1
闪点/℃	26	29

六、人体带静电及其导除

(一)人体带静电几项测试数据

(1)所穿鞋袜与人体带电关系见表3-1-41。

表3-1-41 所穿鞋袜与人体带电关系

鞋	袜			
	赤脚	厚尼龙袜(100%)	薄尼龙袜(100%)	导电性袜
橡胶底运动鞋	20.0	19.0	21.0	21.0
皮革鞋(新)	5.0	8.5	7.0	6.0
静电鞋 $10^7\Omega$	4.0	5.5	5.0	6.0
静电鞋 $10^6\Omega$	2.0	4.0	3.5	3.0

(2)穿棉质内衣和其他织物的衣服时,在不同情况下的静电电压见表3-1-42。

表3-1-42 穿棉质内衣和其他织物的衣服在不同情况下的静电电压 V

材料	穿脱时静电电压		
	穿上时	穿后5min	脱下时
棉织品	0	0	-500
涤棉织品			100
羊毛织品	100	10	-4500~4800
合成纤维织品	-100~200	-100~300	0~+40

(3) 穿合成纤维内衣和其他各种织物时不同情况下的静电电压，见表 3-1-43。

表 3-1-43　穿合成纤维内衣和其他织物时不同情况下的静电电压　　　　V

材　料	穿脱时静电电压		
	穿上时	穿后 5min	脱下时
棉织品	10~30	20~30	60~1500
涤棉织品	0~10	-30~-5	600
羊毛织品	50~300	80~150	

注：试验条件：温度均为 20℃，空气相对湿度为 65%。

（二）人体带静电的危险性及其导除

人体带静电的危险性及其导除见表 3-1-44。

表 3-1-44　人体带静电的危险性及其导除

项目	具体要求及做法
1. 人体带静电的危险性	(1) 人体带静电的危险性很大 (2) 当人对地电容为 $C_人=100pF$，人体电位为 $V_人=300V$ 时，则人所带静电能量 $W_人=1/2·C_人·V^2=0.45mJ$，这比石油蒸气混合物的最低点火能量 0.2mJ 高出一倍
2. 防静电措施及静电的导除	(1) 在易燃易爆场合，工作人员均不应穿合成纤维服装 (2) 在储存轻质油洞库门口、油泵房门口，地面储藏梯子的进口处等应设导除静电的手握体 (3) 在 1 级场所，不应在地坪上涂刷绝缘油漆，严禁用橡胶板、塑料板、地毯等绝缘物质铺地 (4) 在 1 级场所及在罐车、储罐上作业时 ①严禁穿泡沫塑料、塑料底鞋，应穿防静电鞋和防静电服 ②且内身不应穿着两件以上涤纶、腈纶、尼龙服装 (5) 在爆炸危险场所，严禁穿脱任何服装，不得梳头、拍打衣服和互相打闹拥抱 (6) 在易燃易爆场所，人员不宜坐用人造革之类的高电阻材料制造的坐椅

七、防静电接地

（一）防静电接地范围和具体做法

油库设备、设施防静电接地在《石油库设计规范》GB 50074 及 YLB3002A 中都有具体要求，现摘编如表 3-1-45。

表 3-1-45　油库主要设备，设施防静电接地具体要求及做法

项　目	具体要求及做法
1. 防静电接地范围	(1) 除已进行防雷电措施的设施、设备无需再静电接地外 (2) 还应考虑防静电接地的设施、设备 金属、非金属地面油罐及洞式、掘开式油罐；输油管线；油泵房、灌桶间、洗修桶间等工艺设备；金属通风管线；铁路装卸油设备设施；码头装卸油设备设施；汽车加油场、加油站工艺设备及加油枪
2. 油库防静电接地要求及具体作法	(1) 地面金属油罐 ①地面金属油罐外壁应设防静电接地点 ②容量大于 50m³ 的罐，其接地点应不少于两处，对称设置，且间距不大于 30m，并连接成环形闭合回路 ③油罐测量孔应设接地端子，以便采样器、测温盒导电绳、检尺工具接地

续表

项 目	要求及做法	
2. 油库防静电接地要求及具体作法	④油罐内壁需涂漆时,应涂比所装介质电导率大的漆,其电阻率应在 $10^{14}\Omega\cdot cm$ 以下 (2)掩体式金属油罐 ①通道内金属管道与罐室内油罐应用导静电引线($\phi 8$ 或 $\phi 10$ 钢筋)连接成接地系统 ②其余同地面金属油罐 (3)非金属油罐 应在罐内设置防静电导体引至罐外接地,并应与油罐的金属管线连接 (4)输油管路 ①地上、管沟中的输油管路其两端、分岔、变径、阀门等处以及较长管道每隔200m左右(GB 50074—2002 中要求 200~300m)都应接地一次 ②防静电接地可与防感应雷接地合用,接地电阻不宜大于 30Ω ③输油胶管的外壁应有金属绕线 ④所有管件、阀门的法兰处都应设导静电跨接。当法兰连接螺栓多于5个时,在非腐蚀环境下可不跨接 ⑤平行敷设的管线之间在管道支架(固定座)处应做跨接 ⑥平行敷设的地上管线之间间距小于100mm时,每隔30m左右应用40mm×4mm扁钢互相跨接 ⑦输油管线已装阴极防护的区段,不应再做静电接地 (5)铁路装卸油场 ①铁路装卸油场的设施设备,如钢轨、钢制装卸油栈桥、集油管、鹤管、油槽车等都应做防静电连接并设接地体。每座装卸油栈桥的两端及中间处各设一组连接线及接地体 ②两组跨接点的间距不应大于20m,每组接地电阻不应大于 10Ω (6)码头装卸油设施设备 ①码头区内的所有输油管线、设备和建(构)筑物的金属体,均应连成电气通路并进行接地 ②码头的装卸船位应设置接地干线和接地体,接地体应至少有一组设置在陆地上 ③在码头(趸船)的合适位置,设置若干个接地端子板,以便与油船(驳)作接地连接 ④码头引桥、趸船等之间应有两处相互连接并进行接地。连接线可选用 $35mm^2$ 多股铜芯电线 (7)自动化计量设备 ①凡使用称重式计量仪表的油罐,其上罐及伸入罐内的气管均应采用金属导管,并安装牢固,罐内钟罩应做好接地连接 ②液位计仪表及部件须与油罐体作可靠的电气连接 ③自动电子计量灌装设备的防静电联锁装置必须可靠、完好	
3. 油库防静电接地的图名图号	图 名	图 号
	(1)洞式油罐、油管防静电系统	图3-1-2
	(2)立式地面油罐接地装置示意	图3-1-3
	(3)立式半地下油罐接地装置示意	图3-1-4
	(4)卧式地面油罐接地装置示意	图3-1-5
	(5)地上管路防静电接地图	图3-1-6
	(6)管沟管路防静电接地图	图3-1-7
	(7)铁路装卸油作业区防静电接地	图3-1-8
	(8)汽车装卸油作业区防静电接地	图3-1-9
	(9)码头装卸油作业区防静电接地	图3-1-10

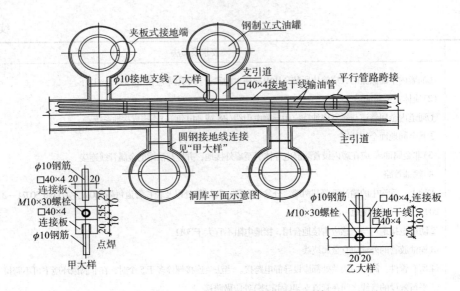

图3-1-2 洞式油罐、油管防静电系统

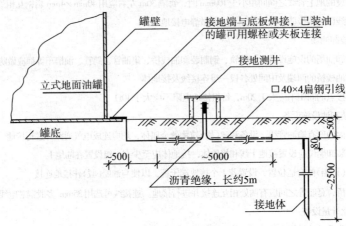

图3-1-3 立式地面油罐接地装置示意图

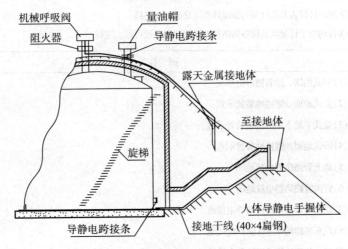

图3-1-4 立式半地下油罐接地装置示意图

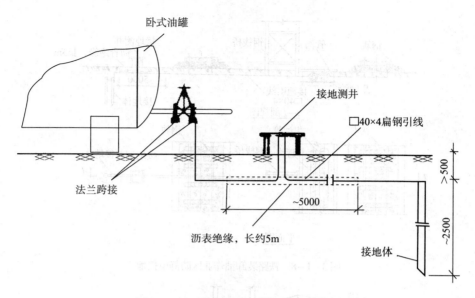

图3-1-5 卧式地面油罐接地装置示意图

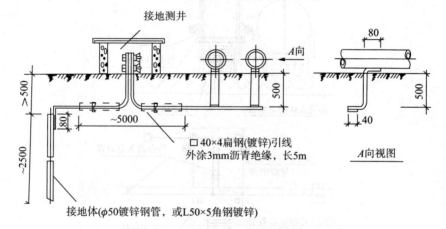

图3-1-6 地上管路防静电接地图

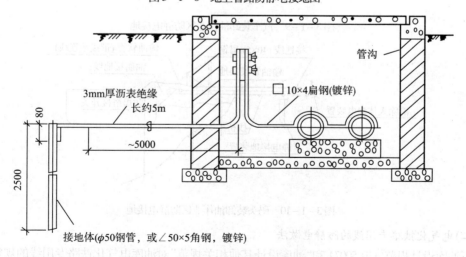

图3-1-7 管沟管路防静电接地图

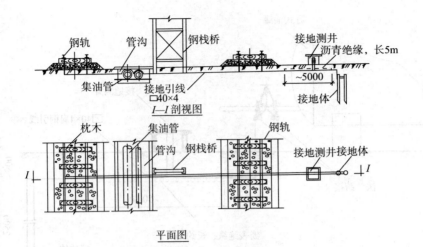

图 3-1-8　铁路装卸油作业区防静电接地

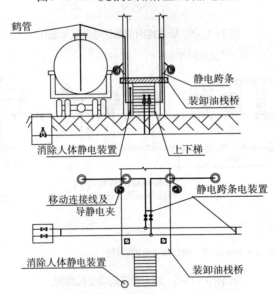

图 3-1-9　汽车装卸油作业区防静电接地

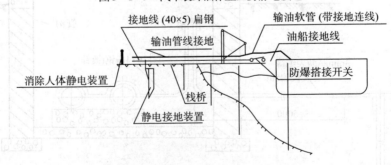

图 3-1-10　码头装卸油作业区防静电接地

(二)电气化铁路专用线的防静电做法

《石油库设计规范》GB 50074 和"油库设计其他相关规范"对油库电气化铁路专用线的规定摘编如表 3-1-46。

表 3-1-46　油库专用铁路线与电气化铁路接轨时的防静电要求

项　目	要　求
1. 总原则及要求	(1)电气化铁路高压电接触网不宜进入油库装卸区 (2)铁路油品装卸设施的钢轨、输油管道、鹤管、钢栈桥等应做等电位跨接并接地，相邻两组跨接点的间距不应大于20m，每组接地电阻不应大于10Ω (3)在可能产生静电危害的爆炸危险场所入口处，如：储油洞库入口处、储油罐间进口处、油泵房及灌油间门口等，应设置导静电手握体。手握体并应用引线与接地体相连
2. 两种情况的不同要求	(1)当铁路高压接触网不进入油库专用铁路线时 ①在油库专用铁路线上，应设置两组绝缘轨缝 a. 第一组设在专用铁路线起始点15m以内 b. 第二组设在进入装卸区前 ②两组绝缘轨缝的距离，应大于取送车列的总长度 ③在每组绝缘轨缝的电气化铁路侧，应设1组向电气化铁路所在方向延伸的接地装置，接地电阻不应大于10Ω (2)当铁路高压电接触网进入油库专用铁路线时 ①进入油库的专用电气化铁路线高压电接触网应设两组隔离开关 a. 第一组隔离开关应设在与专用铁路线起始点15m以内 b. 第二组隔离开关应设在专用铁路线进入装卸油作业区前，且与第一个鹤管的距离不应小于30m 隔离开关的入库端应装设避雷器保护 ②专用线的高压接触网终端距第一个装卸油鹤管，不应小于15m ③在油库专用铁路线上，应设置两组绝缘轨缝及相应的回流开关装置 a. 第一组绝缘轨缝设在专用铁路线起始点15m以内 b. 第二组绝缘轨缝设在进入装卸区前 在每组绝缘轨缝的电气化铁路侧，应设1组向电气化铁路所在方向延伸的接地装置，接地电阻不应大于10Ω ④专用电气化铁路线第二组隔离开关后的高压接触网，应设置供搭接的接地装置

(三)接地装置的具体做法及要求

接地装置具体做法及要求见表3-1-47。

表 3-1-47　接地装置具体做法及要求

项　目	具体做法及要求
1. 接地测井要求	(1)位置确定 ①接地测井的位置应离开易燃易爆部位 ②且选在不受外力伤害，便于检查、维护和测量的地方 (2)防雷接地测井防雷接地测井中的接地干线与接地体之间不设断接螺栓，直接测量接地电阻值 (3)防静电接地测井 ①防静电接地测井中的接地干线与接地体之间应设断接螺栓，测量接地体的电阻时应断开接地干线 ②为保证测量数据的精度，对距测点5m的接地干线应涂以3~5mm厚的沥青绝缘

续表

项 目	具体做法及要求			
2. 接地干线和接地体材料见右表	材料	地上/mm		地下/mm
		室 内	室 外	
	扁钢	25×4	40×4	40×4
	圆钢	$\phi 8$	$\phi 10$	$\phi 16$
	角钢			$\angle 50 \times 50 \times 5$
	钢管			DN50
3. 不同类型接地引线的最小截面积	油库设备的保护接地，在不同位置可用不同类型的接地引线，其最小截面积，见下表			
	接地线	最小截面积/mm²		
		铜	铝	钢
	明敷裸线	4	6	12
	绝缘导线	1.5	2.5	—
	电缆的接地芯线或与相线在同一外壳内的多芯导线的接地芯线	1.0	1.5	—
4. 接地体安装的其他要求	(1) 与建筑构物距离 ①一般接地体与建筑物距离不宜小于1.5m ②独立避雷针及其接地装置与道路或建筑物的出入口等的距离应大于3m (2) 焊接连接及防腐 ①接地体必须采用焊接连接 ②如采用搭接焊，其搭接长度必须是扁钢宽度的2倍或圆钢直径的6倍 ③焊接部位应补刷防腐漆，接地体引出线埋地部分应作防腐处理 (3) 回填土 ①接地体内不应夹有大石块、建筑材料或垃圾等 ②在土壤电阻率较高地区可掺合化学降阻剂，以降低接地电阻 (4) 标桩 ①接地体在地面上必须设立标桩 ②刷白底漆，标以黑色字样，以区别接地体的类别及编号			

(四) 接地测井的图例

接地测量井图的图例见图3-1-11。

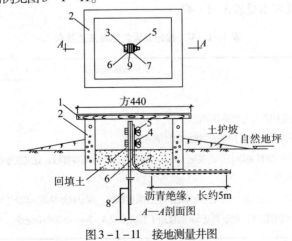

图3-1-11 接地测量井图

1—盖板；2—井壁；3—螺栓；4—蝶形螺母；5—弹簧垫片；6—接地体扁钢；7—接地引线；8—接地体；9—分割条

(五)接地电阻值要求

(1)接地电阻值要求见表3-1-48。

表3-1-48 接地电阻值要求

接地电阻类型	接地体的接地电阻值/Ω
(1)仅作静电接地的接地装置	不大于100
(2)防静电与防感应雷接地装置共同设置	不大于30
(3)防雷保护接地	不大于10
(4)设备保护接地	不大于4

(2)土壤的电阻率

土壤的电阻率是表明导电能力的性能参数,与设计接地体有关,常见土壤的电阻率见表3-1-49。

表3-1-49 土壤的电阻率

序号	名称	近似值	变动范围		
			较湿时(多雨区)	较干时(少雨区)	地下水含盐碱时
1	陶黏土	10	5~20	10~100	3~10
2	泥炭、沼泽地	20	10~30	50~300	3~10
3	捣碎的木炭	40	—	—	—
4	黑土、园田土、陶土、白垩土	50	30~100	50~300	3~10
		60	30~100	50~300	3~10
5	黏土	100			
6	砂质黏土	200	30~300	80~1000	3~10
7	黄土	300	10~200	250	30
8	含砂黏土、砂土	400	100~1000	>1000	30~100
9	多石土壤	500	—	—	—
10	上层红色风化黏土、下层红色页岩(相对湿度30%)	600	—	—	—
11	表层土夹石、下层石子(相对湿度30%)	1000	—	—	—
12	砂子、砂砾	1000	250~1000	1000~2500	—
13	砂层深度大于10m,地下水较深的草原或地面黏土浓度层大于1.5m,底层多岩石的地区	5000	—	—	—
14	砾石、碎石	0.01~1	—	—	—
15	金属矿石	40~50	—	—	—
16	水中的混凝土	100~200	—	—	—
17	在湿土中的混凝土	500~1300			
18	在干土中的混凝土				

(六)降低接地电阻的方法和化学降阻剂简介

降低接地电阻的方法和化学降阻剂简介见表3-1-50。

表3-1-50　降低接地电阻的方法和化学降阻剂简介

项　目	内　　容					
1. 降低接地电阻的方法	(1)加大或加多接地装置 (2)更换土壤 (3)在接地极周围加食盐或木炭等方法 (4)从20世纪80年代初又开始应用化学降阻剂 ①82-Ⅱ型长效化学降阻剂 ②富兰克林-900长效降阻剂					
2. 82-Ⅱ型长效化学降阻剂用量/kg	(1)垂直接地体 100~150 (2)水平接地体 300~400					
3. 富兰克林-900长效降阻剂用量	垂直接地体用量					
	接地体长度/m	0.5	1	1.5	2	2.5	3
	降阻剂用量/kg	2	4	6	8	10	12
	水平接地体用量						
	接地体长度/m	1	2	3	5	10	15	20	25
	降阻剂用量/kg	4~6	8~12	12~18	20~30	40~50	50~66	70~100	100~120

第二章 油库加油站消防设计数据图表

第一节 油库加油站火灾危险性与防火灭火技术

一、火灾危险性分类

(一)《建筑设计防火规范》火灾危险性分类

《建筑设计防火规范》(GB 50016)规定,"储存物品的火灾危险性根据储存物品的性质和储存物品中可燃物数量等因素,分为甲、乙、丙、丁、戊类","同一座仓库或仓库的任一防火分区内储存不同火灾危险性物品时,该仓库或防火分区的火灾危险性应按其中火灾危险性最大的类别确定",其分类见表3-2-1。

表3-2-1 储存物品的火灾危险性分类

仓库类别	项别	储存物品火灾危险性特征
甲	1	闪点小于28℃的液体
	2	爆炸下限小于10%的气体,以及受到水或空气中水蒸气的作用,能产生爆炸下限小于10%气体的固体物质
	3	常温下能自行分解或在空气中氧化能导致迅速自燃或爆炸的物质
	4	常温下受到水或空气中水蒸气的作用,能产生可燃气体并引起燃烧或爆炸的物质
	5	遇酸、受热、撞击、摩擦以及遇有机物或硫磷等易燃的无机物,极易引起燃烧或爆炸的强氧化剂
	6	受撞击、摩擦或与氧化剂、有机物接触时能引起燃烧或爆炸的物质
乙	1	闪点大于等于28℃,但小于60℃的液体
	2	爆炸下限大于等于10%的气体
	3	不属于甲类的氧化剂
	4	不属于甲类的化学易燃危险固体
	5	助燃气体
	6	常温下与空气接触能缓慢氧化,积热不散引起自燃的物品
丙	1	闪点大于等于60℃的液体
	2	可燃固体
丁		难燃烧物品
戊		不燃烧物品

(二)《石油库站设计规范》火灾危险分类

《石油库站设计规范》火灾危险分类见表3-2-2。

表 3-2-2 油库储存油品火灾危险性分类

类 别		油品闪点 F_t/℃	举 例
甲		$F_t < 28$	原油、汽油
乙	A	$28 \leq F_t \leq 45$	喷气燃料、灯用煤油
	B	$45 < F_t < 60$	轻柴油、军用柴油
丙	A	$60 \leq F_t \leq 120$	柴油、重柴油、20号重油
	B	$F_t > 120$	润滑油、100号重油

二、燃烧必要和充分的条件与点火源

燃烧必要和充分的条件与点火源见图 3-2-1。

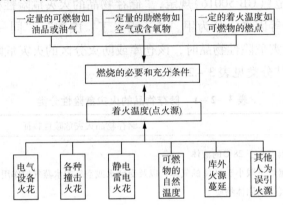

图 3-2-1 燃烧必要和充分的条件与点火源

三、影响燃烧速度的因素

影响燃烧速度的因素见图 3-2-2。

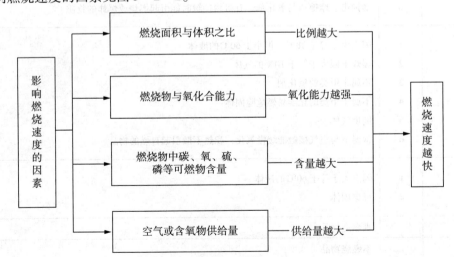

图 3-2-2 影响燃烧速度的因素

四、灭火原理及灭火方法

灭火原理及灭火方法见图 3-2-3。

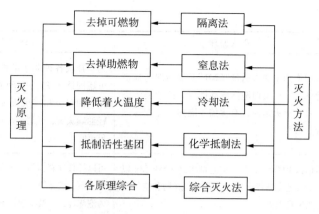

图 3-2-3 灭火原理及灭火方法

五、油库常用灭火物的灭火原理及适用火灾

油库常用灭火物的灭火原理及适用火灾见表 3-2-3。

表 3-2-3 油库常用灭火物的灭火原理及适用火灾

名　称	灭火原理	适用火灾种类
1. 水	(1) 水能吸热，冷却燃烧物，降低温度； (2) 水受热蒸发变为水蒸气，使体积增加到水的 1700 倍，从而隔绝空气，稀释空气中的氧气含量	(1) 不能灭生石灰、电石、电气设备，石油产品火灾 (2) 雾状水可灭闪点在 60℃ 以上的重油和闪点在 120℃ 以上的其他油品火灾，也可救散在地面上的，层厚不超过 3~5cm 的任何油品火灾 (3) 雾状水还可灭液面不超过罐高一半的小直径 (3~5m) 轻油罐和铁路油槽车火灾
2. 水蒸气	冲淡火区内氧的含量，当空气中水蒸气浓度达到 35% 时就能灭火。水蒸气供给强度约为 $0.002 \sim 0.005 \text{kg}/(\text{m}^3 \cdot \text{s})$	(1) 扑灭油泵房、灌桶间和体积小于 500m^3 厂房火灾 (2) 不宜扑救露天地方的火灾
3. 砂	供燃烧物与空气隔绝，并传走燃烧物部分热量，降低温度	适用扑灭小面积的地面火灾
4. 石棉毡	覆盖燃烧物，窒息灭火	适用于容器口、容器缝隙着火，如油罐车、卧式油罐、油罐量油口着火
5. 二氧化碳 (CO_2)	一般以液态灌入钢瓶即成灭火机，灭火时喷出雪花状的固体颗粒(干冰)，可冷却燃烧物，并吸热升华为气态，隔绝空气、冲淡空气中含氧量，当 CO_2 在空气中含量达 12%~15% 时就可灭火	适用于扑灭电器设备、珍贵仪器着火，对燃烧范围不大的油料起火也可扑救
6. 空气泡沫(空气机械泡沫)	由泡沫混合液流经泡沫产生器时，吸入一定比例的空气而成膜状气泡群，比油轻，覆盖油面，隔绝空气，并吸热温降，还可冲淡空气中含氧量	(1) 是当前扑灭油罐火灾的主要灭火物 (2) 不宜扑灭电石、钠、钾等忌水性物质火灾

续表

名 称	灭火原理	适用火灾种类
7. 氟蛋白泡沫（系中倍数泡沫）	在蛋白泡沫中加入适量"6201"预制液即为氟蛋白泡沫，它比蛋白泡沫流动性好，抗油类污染能力强，灭火迅速，有覆盖、隔热、冷却等三种灭火效果	用于扑救各种非水溶性可燃、易燃液体和一般可燃固体火灾。广泛应用于大型储罐、散装仓库、油码头和飞机火灾。特别在液下喷射扑救轻油罐火灾，或与干粉联用扑救大面积油料火灾效果更好
8. 高倍数泡沫	发泡倍数1000倍以上，发泡量可达1000m³/s以上，能迅速充满着火空间，隔绝燃烧物和空气接触，为窒息灭火	可以扑救油料泄漏引起的火灾，以及仓库、机库、地下室、坑道等火灾。不能扑救地面油罐火灾，因为泡沫轻，易被吹散，不易覆盖油面
9. 水成膜泡沫（即"轻水"）	它是靠泡沫和水膜双层作用灭火的，起隔绝空气的作用。灭火作用优于蛋白和氟蛋白泡沫，但价格较贵	适用于扑救一般非水溶性可燃、易燃液体火灾，与干粉联用效果更好，也能用于液下扑救油罐火灾。不适用于水溶性可燃、易燃液体和电气、金属火灾
10. 干粉	它是由小苏打、碳酸氢钾、磷酸钠等灭火基料和少量防潮剂、流动促进剂组成的微细固体颗粒，灭火时形成粉雾，阻止氧气向火焰扩散，降低火焰的辐射，并有窒息灭火、冷却降温作用	适用扑救天然气、易燃液体、电器设备和贵重仪器等火灾。它为同体积泡沫灭火机灭火效率的两倍，灭火时间仅为它们的1/6~1/8

第二节　油库消防水源及水量

一、消防水源及水量的要求

消防水源及水量的要求见表3-2-4。

表3-2-4　消防水源及水量的要求

项目	要　求			
1. 消防水源要求	(1)《建筑设计防火规范》GB 50016—2006中规定，城镇给水管网、天然水源或消防水池可作为消防供水水源 (2)一般情况下，设有给水系统的城镇，消防用水应由城镇给水管网供给 (3)利用消防水池或天然水源供消防用水时，应有可靠的取水设施和通向消防水池、天然水源的消防车道，并保证天然水源在枯水期最低水位时供水的可靠性 (4)消防水池、天然水源不应被易燃、可燃液体所污染，否则不能作为消防水源			
2. 消防水量要求	(1)《石油库设计规范》GB 50074中要求 ①油库的消防用水量，应按油罐区消防用水量计算确定 ②油罐区的消防用水量，应为扑救油罐火灾配置泡沫最大用水量与冷却油罐最大用水量的总和 ③但五级油库消防用水量应按油罐消防用水量与库内建构筑物的消防计算用水量的较大值确定			
	供水设施设备	消防供水量		供水延续时间
	①消防总用水量考虑	油库的消防用水量应按系统保护范围内最大一处的用水量确定		
	②油区消防用水量	应按扑救油罐火灾配置泡沫的最大用水量与冷却油罐最大用水量之和确定		

续表

项目			要　求	
2. 消防水量要求	(2)"油库设计其他相关规范"对消防用水量的要求	③地上卧式油罐消防用水量	当需冷却的相邻油罐超过4座时，可按其中4座较大的相邻油罐计算用水量；当罐组的计算总用水量小于15L/s时，仍应采用15L/s	不应小于1h
		④覆土立式油罐消防用水量	供水强度不应小于0.3L/(s·m)。用水量计算长度为油罐的周长。当计算用水量小于15L/s时，仍应采用15L/s	不应小于4h
		⑤覆土卧式油罐组消防用水量	覆土卧式油罐组的保护用水量，可按同时使用两只移动水枪计，但不得小于15L/s	不应小于1h
		⑥储油洞库　主洞口	不应小于15L/s	计算总用水量时，可只计算主洞口的用水量	不应小于2h
		⑥储油洞库　其余洞口	不宜小于10L/s		
		⑦装卸油码头　>1000t级	消防冷却用水量不应小于30L/s		不宜小于2h
		⑦装卸油码头　≤1000t级	消防冷却用水量不应小于15L/s		
		⑧消防与生活合用的给水管道	应按通过100%的消防用水量和70%的最大小时生活用水量之和确定	

二、消防水池的要求

消防水池的要求见表3-2-5。

表3-2-5　消防水池的要求

项　目			技术要求参数
1. 消防水池的容量分隔			消防水池总容量大于1000m³时，应分隔为两个池。并应用带阀门的连通管连通
2. 消防水池补水时间			消防水池补水时间不应超过96h
3. 供移动消防泵或消防车直接取水的消防水池	保护半径		不应大于150m，并应设取水口或取水井
	取水口或取水井与被保护建筑物的外墙(或罐壁)距离	低层建筑	不宜小于15m
		高层建筑	不宜小于5m
		甲、乙、丙类液体储罐	不宜小于40m 不宜大于100m
4. 消防水池的底标高确定			消防水池应保证移动消防泵或消防车的吸水高度不超过6m
5. 其他要求	(1)消防水池宜设在利用势能压力满足低压供水要求的部位 (2)消防水池(箱)距消防泵站较远时，消防水池(箱)应设液位自动检测装置，并在消防泵站显示与报警 (3)寒冷地区的消防水池应有防冻措施		

注：本表根据《石油库设计规范》GB 50074摘编。

第三节　油库消防给水管网设计

一、油库设计规范对油库消防给水系统的要求

(1)《石油库设计规范》GB 50074中的要求见表3-2-6。

表 3-2-6 《石油库设计规范》GB 50074 中的要求

项　目		要　求
1. 消防给水系统	一、二、三、四级油库	应设独立的消防给水系统
	五级油库	消防给水可与生产、生活给水系统合并设置
	缺水电的山区五级油库	立式油罐可只设烟雾灭火设施,不设消防给水系统
2. 消防给水压力	高压(含临时高压)	给水压力不应小于在达到设计消防水量时最不利点灭火所需要的压力
	低压	应保证每个消火栓出口处在达到设计消防水量时,给水压力不应小于 0.15MPa
3. 消防给水管网	一、二、三级油库油罐区	消防给水管道应环状敷设,消防水环形管道的进水管道不应少于 2 条,每条管道能通过全部消防用水量
	四级、五级油库油罐区	消防给水管道可枝状敷设
	山区油库的单罐容量≤5000m³ 且油罐单排布置的油罐区	消防给水管道可枝状敷设
4. 其他	消防给水系统应保持充水状态。严寒地区的消防水管道,冬季可不充水	

(2)"油库设计其他相关规范"的要求见表 3-2-7。

表 3-2-7 "油库设计其他相关规范"的要求

项　目			要　求
1. 采用移动式消防水枪冷却方式			宜用 19mm 口径的消防水枪。每支消防水枪的充实水柱长度不应小于 15m
2. 消防给水管道的设置	管网形式	油罐区	消防给水管道宜采用环状管网
		山区油罐区	山区采用环状管网布置有困难的,可采用枝状管网,但总容量≥10000m³ 的地上油罐区,其消防给水管道应采用环状管网
	向环状管网输水的供水干管		不得少于两条,当其中一条发生故障时,其余供水干管应能通过全部消防用水量
	环状管网的阀门设置		应采用阀门分成若干独立段,每段内的消火栓数不宜超过 5 个
	消防给水管道的敷设		宜埋地敷设,埋设深度宜在冻土线以下,且不应小于 0.5m
	消防给水管道材质		消防管道应采用钢管或给水铸铁管
3. 储油区和作业区的消火栓设置	地上油罐区采用固定消防冷却水系统消火栓间距		不应大于 60m
	消火栓保护半径	扑救油品场所火灾	不宜大于 80m
		扑救非油品场所火灾	不应大于 120m

续表

项　目		要　求
3. 储油区和作业区的消火栓设置	消火栓的数量	应按其保护半径、灭火场所所需的用水量及消防水枪数进行确定。距着火油罐罐壁15m内的消火栓，不应计算在该罐的数量内
	消火栓出水量　高压消防给水管道	应根据管道内的水压及消火栓出口要求的水压经计算确定
	消火栓出水量　低压消防给水管道	公称直径为100mm、150mm的消火栓出水量，可分别取15L/s、30L/s
	消火栓的其他保护范围	距储油洞库洞口20m范围内的植被；距地上油罐防火堤、覆土立式油罐及铁路油品装卸作业线等油品场所30m范围内的植被，应列入消火栓的保护范围
	消火栓设置位置	消火栓宜沿道路路边设置，与道路路边的距离宜为2~5m；与房屋外墙的距离不应小于5m；与储油洞库洞口和覆土油罐出入通道口的距离不应小于10m，且不应设在口部可能发生流淌火灾时影响消火栓使用的地方
	消火栓其他要求	消火栓应设控制阀门，并应有防冻和放空措施
4. 给水系统	①油库应设独立的消防给水系统 ②山区等采用独立消防给水系统有困难的油库或区域，可采用消防给水与生活给水的合并系统	

(3) 油罐采用固定消防冷却方式时，冷却水管安装要求见表3-2-8。

表3-2-8　冷却水管安装要求

项　目	要　求
1. 冷却喷水环管的设置	油罐抗风圈或加强圈没有设置导流设施时，其下面应设冷却喷水环管
2. 冷却喷头的设置	(1) 冷却喷水环管上宜设置膜式喷头 (2) 喷头布置间距不宜大于2m (3) 喷头的出水压力不应小于0.1MPa
3. 油罐冷却水进水立管清扫口的设置	(1) 油罐冷却水的进水立管下端应设清扫口 (2) 清扫口下端应高于罐基础顶面，其高差不应小于0.3m
4. 冷却水管道上控制阀和放空阀的设置	(1) 控制阀应设在防火堤外 (2) 放空阀宜设在防火堤外 (3) 消防冷却水以地面水为水源时，消防冷却水管道上宜设置过滤器

注：本表根据《石油库设计规范》GB 50074摘编。

二、消防管道供水能力

消防管道供水能力与管网形状、管道压力有关，表3-2-9列出不同情况下可供几辆消防车用水，供参考。

表3-2-9 消防管道供水能力 辆

管道直径/mm	100		125		150		200		250		300	
管网形状	枝状	环状	枝状	环状	枝状	环状	枝状	环状	枝状	环状	枝状	环状
管道压力/MPa 0.1	1	1	1	1	1	1	1	2	2	3~4	3~4	6
0.2	1	1	1	1	1	1~2	1~2	3	2~3	5~6	4~5	7
0.3	1	1	1	1	1	1~2	2	3~4	3~4	6~7	5~6	8
0.4	1	1	1	1~2	1	1~2	2~3	4	4~5	6~7	6	9
0.6	1	1	1	1~2	1~2	2~3	3	4~5	4~5	8	6	>9

注：本表摘自"油库设备设施实用技术丛书"《油库消防设施》。

三、消防给水管道的水力计算

消防给水管道的水力计算公式见表3-2-10。

表3-2-10 消防给水管道的水力计算公式

损失类别		公式名称	公 式	公式中符号	符号含义	单 位
金属管道	沿程水头损失	消防给水管道的单位长度损失计算	$i = 105 \cdot C_h^{-1.85} \cdot d_j^{-4.87} \cdot q_s^{1.85}$	i	管道单位长度的水头损失	kPa/m
				C_h	海澄-威廉系数，钢管或铸铁管 C_h 取100	
				d_j	管道计算内径，钢管或铸铁管按实际内径减去1.0mm	m
				q_s	设计流量	m³/s
	局部损失	消防给水管网的局部水头损失，可按管网沿程水头损失的15%~20%计算				
消防衬胶水带	水头损失	65mm直径消防衬胶水带的水头损失计算	$h_d = 0.0172 q_Q L_d$	h_d	65mm直径消防衬胶水带的水头损失	kPa
				L_d	消防水带长度，取120m	m
消防水枪的射水流量及水枪所需的压力计算		水枪的射水流量	$q_Q = K_L \cdot S_Q$	q_Q	消防水枪的射水流量	L/s
				S_Q	水枪喷嘴造成一定长度的充实水柱	m
				h_Q	消防水枪口所需的水压	kPa
		水枪所需的压力	$h_Q = K_Y \cdot q_Q^2$	水枪口径/mm	K_L—消防水枪的流量系数值	K_Y—消防水枪的压力系数值
				φ16	0.32	12.60
				φ19	0.44	6.30

四、消火栓的种类与设置

(一)消火栓的种类及作用

消火栓的种类及作用见表 3-2-11。

表 3-2-11 消火栓的种类及作用

1. 种类	(1)按室内外分 消火栓分为室内消火栓和室外消火栓两大类 (2)按地上下分 室外又分地上消火栓和地下消火栓两种
2. 作用	(1)室内消火栓 是直接接出水带、水枪进行灭火的设备 (2)室外消火栓 是供消防车用水或直接接出水带、水枪进行灭火的供水设备 (3)油库消防 以室外消火栓为主

(二)室外消火栓的种类和设置

室外消火栓的种类和设置见表 3-2-12。

表 3-2-12 室外消火栓的种类和设置

项 目	要 求			
1. 室外消火栓分类	(1)按设置条件分为地上消火栓和地下消火栓 (2)按压力分 ①低压消火栓 低压消火栓是供火场消防车或其他移动消防泵用水的设备 ②高压消火栓 高压消火栓是直接接出水带、水枪参加灭火的设备			
2. 地上消火栓的结构、性能及安装	地上消火栓结构示意图	优点	缺点	适用地
		具有目标明显、操作方便等特点	易冻结、易损坏,在有些场合妨碍交通	它适于气温较高的地区采用
	地上消火栓安装尺寸/mm			
	H	h		H_m 管道埋深
	1250			550
	1500	250		800
	1750	500		1050
	2000	750		1300
	2250	1000		1550
	2500	1250		1300
	2750	1500		2050
	3000	1750		2300
	3250	2000		2550
	3500	2250		2800
	1—弯管;2—阀体;3—阀座; 4—阀瓣;5—排水阀;6—法兰接管; 7—阀杆;8—本体;9—KWS$_{65}$型接口			
	地上消火栓主要性能参数			
	型 号	公称通径/mm	进水口径/mm	出水口径/mm	公称压力/Pa	外型尺寸(长×宽×高)/mm	质量/kg
	SS100	100	100	100、65×2	$16×10^5$	400×340×1515	135~140
	SS150	150	150	150、65×2	$16×10^5$	335×450×1590	191

续表

项 目	要 求			
3. 地下消火栓的结构、性能及安装	地下消火栓结构示意图	优点	缺点	适用地
	(图示) 1—连接器座；2—KWX型接口；3—阀杆；4—本体；5—法兰接管；6—排水阀；7—阀瓣；8—阀座；9—阀体；10—弯管	具有不易冻结、不易损坏、便利交通等优点	地下消火栓操作不便，目标不明显，因此要求地下消火栓旁设置明显标志	它适用于气温较低的地区采用

主要安装尺寸 /mm

H	h	H_m 管道埋深
750		1300
1000	250	1550
1250	500	1800
1500	750	2050
1750	1000	2300
2000	1250	2550
2250	1500	2800

地下消火栓主要性能参数

型号	进水口		出水口		工作压力/MPa	开启高度/mm	外型尺寸（长×宽×高）/mm	质量/kg
	型式	口径/mm	型式	口径/mm				
SX_{65}	法兰式	100	接扣式	62×2	<16×10^5	50	472×285×1010	≤130
SX_{100}	法兰式	100	连接器式	100	<16×10^5	50	476×285×1050	≤130
SX_{65-100}	承插式	100	接扣式	65×2	<16×10^5	50	472×285×1040	≤115

(三) 室外消火栓的布置

室外消火栓的布置见表3-2-13。

表3-2-13 室外消火栓的布置

1. 消火栓保护半径	(1)低压为150m (2)高压为100m	
2. 消火栓布置间距	(1)考虑因素 应根据消火栓的保护半径和必须保证相邻单位任何部位着火都在两个消火栓的保护半径之内考虑，并考虑火场供水需要 (2)布置间距 ①低压消火栓 为120m ②高压消火栓 不应超过60m 这样可以保证相邻任何处着火时，均在两个消火栓保护范围内。如右图中的 C_1、C_2 点。如 C 点(特殊点)着火，就在 A、B、D 三个消火栓保护范围内	室外消火栓的间距图(单位：m)

3. 消火栓布置要求	(1)位置 ①为便于火场使用和安全，室外消火栓应沿道路两旁设置 ②且应靠近十字路口 (2)距离 ①消火栓距道路边不应大于2m ②距房屋外墙不应小于5m ③地上消火栓距房屋外墙5m有困难时，可适当减小，但最小不应小于1.5m，见右图 (3)储油罐区 ①甲、乙、丙类液体储油罐区的消火栓，应设在防火堤外 ②但距罐壁15m范围内的消火栓，不应计算在该罐可使用的范围内	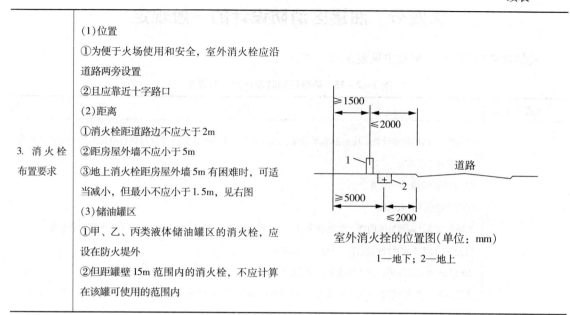 室外消火栓的位置图(单位：mm) 1—地下；2—地上

(四)室内消火栓设置

室内消火栓设置见表3-2-14。

表3-2-14 室内消火栓的设置

名称	具体要求
1. 位置及组成	(1)位置 室内消火栓通常设置在具有玻璃门的专用箱内 (2)组成 由水枪、水带、消火栓三部分组成
2. 水枪	(1)规格 室内水枪喷嘴口径一般为13mm、16mm、19mm (2)选用 应根据流量和充实水柱长度要求，选用水枪的规格 (3)接口选配 ①喷嘴口径13mm的水枪配有50mm的接口 ②喷嘴口径16mm的水枪配有50mm或65mm的接口 ③喷嘴19mm的水枪配有65mm的接口
3. 水带	(1)材质 室内一般采用直径50mm或65mm的麻质水带 (2)规格 水枪喷嘴口径为16mm、19mm时，宜采用65mm水带
4. 消火栓直径选择	(1)最小直径 室内消火栓的直径不应小于所配备的水带的直径 (2)在一般情况下的直径 ①当流量小于3L/s时，可采用直径为50mm的消火栓 ②当流量大于3L/s时，可采用直径为65mm的消火栓 ③室内双出口消火栓的直径不应小于65mm

第四节 油罐区消防设计的一般规定

油罐区消防设计的一般规定见表3-2-15。

表3-2-15 油罐区消防设计的一般规定

规范名称	一般规定
1.《石油库设计规范》GB 50074的规定	(1)油库消防的设施设置。应根据油库等级、油罐型式、油品火灾危险性及与邻近单位的消防协作条件等因素综合考虑确定 (2)油库的油罐 ①应设置泡沫灭火设施 ②缺水少电及偏远地区的四、五级油库中，当设置泡沫灭火设施较困难时，亦可采用烟雾灭火设施 (3)油罐泡沫灭火系统的设置，应符合下列规定 ①地上式固定顶油罐、内浮顶油罐应设低倍数泡沫灭火系统或中倍数泡沫灭火系统 ②浮顶油罐宜设低倍数泡沫灭火系统；当采用中心软管配置泡沫混合液的方式时，亦可设中倍数泡沫灭火系统 ③覆土油罐可设高倍数泡沫灭火系统 (4)油罐的泡沫灭火系统设施的设置方式，应符合下列规定 ①单罐容量大于1000m^3的油罐应采用固定式泡沫灭火系统 ②单罐容量小于或等于1000m^3的油罐可采用半固定式泡沫灭火系统 ③卧式油罐、覆土油罐、丙B类润滑油罐和容量不大于200m^3的地上油罐，可采用移动式泡沫灭火系统 ④当企业有较强的机动消防力量时，其附属油库的油罐可采用半固定式或移动式泡沫灭火系统 ⑤泡沫混合装置宜采用压力比例泡沫混合或平衡比例泡沫混合等流程 ⑥内浮顶油罐泡沫发生器的数量不应少于2个，且宜对称布置 ⑦单罐容量等于或大于50000m^3的浮顶油罐，泡沫灭火系统可采用手动操作或遥控方式；单罐容量等于或大于100000m^3的浮顶油罐，泡沫灭火系统应采用自动控制方式 (5)油罐应设消防冷却水系统。消防冷却水系统的设置应符合下列规定 ①单罐容量不小于5000m^3或罐壁高度不小于17m的油罐，应设固定消防冷却水系统 ②单罐容量小于5000m^3且罐壁高度小于17m的油罐，可设移动式消防冷却水系统或固定式水枪与移动式水枪相结合的消防冷却水系统
2."油库设计其他相关规范"的规定	(1)地上油罐及油品装卸罐车(船) ①应设消防冷却水系统 ②单罐容量大于或等于2000m^3的地上立式油罐及单罐容量大于500m^3并采用双排布置的甲、乙、丙A类地上立式油罐组应设固定式消防冷却水系统 (2)覆土油罐应考虑油罐着火时掩护救火人员和冷却地面及油罐附件的保护用水 (3)洞库内的油罐不设消防冷却水系统，但洞库的口部应设保护洞口和外部设施的消防给水设施

第五节 油罐区低倍数泡沫灭火和冷却水系统设计

一、低倍数泡沫的特性及设计规范的规定

低倍数泡沫的特性及设计规范的规定见表3-2-16。

表3-2-16 低倍数泡沫的特性及设计规范的规定

1. 低倍数泡沫的特性	(1)泡沫发泡倍数小于20倍时称为低倍数泡沫灭火系统 (2)发泡倍数小、泡沫密度大、泡沫射程远、喷射的有效高度也大 (3)油罐液上和液下喷射泡沫灭火系统一般都设计成低倍数泡沫灭火系统			
2. 设计规范对低倍数泡沫灭火系统的一般规定	(1)非水溶性甲、乙、丙类液体 ①固定顶储罐应选用液上喷射、液下喷射或半液下喷射系统 ②外浮顶和内浮顶储罐应选用液上喷射系统 (2)高度大于7m或直径大于9m的固定顶储罐不得选用泡沫枪作为主要灭火设施 (3)储罐区泡沫灭火系统扑救一次火灾泡沫混合液设计用量应按罐内用量、该罐辅助泡沫枪用量和管道内剩余量三者之和最大的储罐确定 (4)采用固定式泡沫灭火系统的储罐区 ①宜沿防火堤外均匀布置泡沫消火栓 ②且泡沫消火栓的间距不应大于60m (5)固定式泡沫灭火系统的设计应满足在泡沫消防水泵或泡沫混合液泵启动后将泡沫混合液或泡沫输送到保护对象的时间不大于5min			
	(6)设置固定式泡沫灭火系统的储罐区，应配置用于扑救液体流散火灾的辅助泡沫枪 ①每支辅助泡沫枪的泡沫混合液流量不应小于240L/min(4L/s) ②泡沫枪的数量及其泡沫混合液连续供给时间不应小于右表数值	储罐直径/m	配备泡沫枪数/支	连续供给时间/min
		≤10	1	10
		>10且≤20	1	20
		>20且≤30	2	20
		>30且≤40	2	30
		>40	3	30

二、规范对固定顶油罐低倍数泡沫灭火系统的规定

(1)规范对固定顶油罐低倍数泡沫灭火系统的要求见表3-2-17。

表3-2-17 规范对固定顶油罐低倍数泡沫灭火系统的要求

1. 保护面积	固定顶储罐低倍数泡沫灭火系统的保护面积应按其横截面积确定				
2. 非水溶性液体储罐液上喷射系统，低倍数泡沫混合液供应强度和连续供应时间，见右表	低倍数泡沫混合液供给强度及连续供给时间				
	系统形式	泡沫液种类	供给强度/(L/min·m²)	连续供给时间/min	
				甲、乙类液体	丙类液体
	固定式、半固定式系统	蛋白	6.0	40	30
		氟蛋白，水成膜、成膜氟蛋白	5.0	45	30

703

	系统形式	泡沫液种类	供给强度/ $(L/min \cdot m^2)$	连续供给时间/min	
2. 非水溶性液体储罐液上喷射系统，低倍数泡沫混合液供应强度和连续供应时间，见右表				甲、乙类液体	丙类液体
	移动式系统	蛋白、氟蛋白	8.0	60	45
		水成膜、成膜氟蛋白	6.5	60	45
	注：①如果采用大于本表规定的混合液供给强度，混合液连续供给时间可按相应的比例缩短，但不得小于本表规定时间的80% ②沸点低于45℃的非水溶性液体，设置泡沫灭火系统的适用性及其泡沫混合液供给强度，应由试验确定				

部位	设置规定
3. 非水溶性液体储罐液下或半液下喷射系统	(1)其泡沫混合液供给强度不应小于5.01L/(min·m²) (2)连续供给时间不应小于40min (3)沸点低于45℃的非水溶性液体及储存温度超过50℃或黏度大于40mm²/s的非水溶性液体，液下喷射系统的适用性及其泡沫混合液供给强度，应由试验确定
4. 液上喷射系统泡沫产生器的设置规定	(1)泡沫产生器的型号及数量，应根据本规范第4.2.1条和第4.2.2条计算所需的泡沫混合液流量确定，且设置数量不应小于下表规定 (2)低倍数泡沫产生器设置数量 产生器设置最少数量 | 序号	储油罐直径 /m	泡沫产生器设置数量 /个
---	---	---
①	≤10	1
②	>10 且 ≤25	2
③	>25 且 ≤30	3
④	>30 且 ≤35	4	 注：对于直径大于35m且小于50m的储罐，其横截面积每增加300m²，应至少增加1个泡沫产生器 (3)当一个储罐所需的泡沫产生器数量大于1个时宜选用同规格的泡沫产生器，且应沿罐周均匀布置

(2)对泡沫混合液管道、泡沫管道的设置的要求

对泡沫混合液管道、泡沫管道设置的要求见表3-2-18。

表3-2-18 对泡沫混合液管道、泡沫管道设置的要求

部位	设置规定
1. 储罐上液上喷射系统泡沫混合液管道的设置	(1)每个泡沫产生器应用独立的混合液管道引至防火堤外 (2)除立管外，其他泡沫混合液管道不得设置在罐壁上 (3)连接泡沫产生器的泡沫混合液立管应用管卡固定在罐壁上，管卡间距不宜大于3m (4)泡沫混合液的立管下端应设置锈渣清扫口
2. 防火堤内泡沫混合液或泡沫管道的设置	(1)地上泡沫混合液或泡沫水平管道应敷设在管墩或管架上，与罐壁上的泡沫混合液立管之间宜用金属软管连接 (2)埋地泡沫混合液管道或泡沫管道距离地面的深度应大于0.3m，与罐壁上的泡沫混合液立管之间应用金属软管或金属转向接头连接 (3)泡沫混合液或泡沫管道应有3%的放空坡度

续表

部位	设置规定
3. 防火堤外泡沫混合液或泡沫管道的设置	(1)固定式液上喷射系统，对每个泡沫产生器，应在防火堤外设置独立的控制阀 (2)半固定式液上喷射系统，对每个泡沫产生器，应在防火堤外距地面0.7m处设置带闷盖的管牙接口 (3)半固定式液下喷射系统的泡沫管道应引至防火堤外，并应设置相应的高背压泡沫产生器快装接口 (4)泡沫混合液管道或泡沫管道上应设置放空阀，且其管道应有2‰的坡度坡向放空阀

三、规范对油库其他场所的低倍数泡沫灭火系统的规定

规范对油库其他场所的低倍数泡沫灭火系统的规定见表3-2-19。

表3-2-19　规范对油库其他场所的低倍数泡沫灭火系统的规定

环境条件	具体规定			
1. 当甲、乙、丙类液体槽车装卸栈台设置泡沫炮或泡沫枪系统时	(1)应能保护泵、计量仪器、车辆及与装卸产品有关的各种设备 (2)火车装卸栈台的泡沫混合液流量不应小于30L/s (3)汽车装卸栈台的泡沫混合液流量不应小于8L/s (4)泡沫混合液连续供给时间不应小于30min			
2. 公路隧道泡沫消火栓箱的设置	(1)设置间距不应大于50m (2)应配置带开关的吸气型泡沫枪，其泡沫混合液流量不应小于30L/min，射程不应小于6m (3)泡沫混合液连续供给时间不应小于20min，且宜配备水成膜泡沫液 (4)软管长度不应小于25m			
3. 设有围堰的非水溶性液体流淌火灾场所，其保护面积应按围堰包围的地面面积与其中不燃结构占据的面积之差计算，泡沫混合液供给强度与连续供给时间见右表	泡沫混合液供给强度与连续供给时间			
	泡沫液种类	供给强度/ (L/min·m²)	连续供给时间/min	
			甲、乙类液体	丙类液体
	蛋白、氟蛋白	6.5	40	30
	水成膜、成膜氟蛋白	6.5	30	20
4. 当甲、乙、丙类液体泄漏导致的室外流淌火灾场所设置泡沫枪、泡沫炮系统时，应根据保护场所的具体情况确定最大流淌面积，泡沫混合液供给强度与连续供给时间见右表	泡沫混合液供给强度和连续供给时间			
	泡沫液种类	供给强度/ (L/min·m²)	连续供给时间/min	液体种类
	蛋白、氟蛋白	6.5	15	非溶性液体
	水成膜、成膜氟蛋白	5.0	15	
	抗溶泡沫	12	15	水溶性液体

四、泡沫灭火系统的水力计算

泡沫灭火系统的水力计算见表3-2-20。

表 3-2-20 泡沫灭火系统的水力计算

1.系统的设计流量	(1)考虑因素	储罐区泡沫灭火系统的泡沫混合液设计流量,应按储罐上设置的泡沫产生器或高背压泡沫产生器与该储罐辅助泡沫枪的流量之和计算,且应按流量之和最大的储罐确定			
	(2)原则	泡沫枪或泡沫炮系统的泡沫混合液设计流量,应按同时使用的泡沫枪或泡沫炮的流量之和确定			
	(3)泡沫产生器、泡沫枪或泡沫炮等,泡沫混合液流量宜按右式计算	公式	符号	符号含义	单位
		$q = k\sqrt{10p}$ 也可按制造商提供的压力—流量特性曲线确定	q	泡沫混合液流量	L/min
			k	泡沫产生器流量特性系数	查产品说明书
			p	泡沫产生器进口压力	MPa
	(4)裕度	系统泡沫混合液与水的设计流量应有不小于5%的裕度			
2.管道水力计算	(1)系统管道输送介质流速的规定	①储罐区泡沫灭火系统水和泡沫混合液流速不宜大于3m/s ②液下喷射泡沫喷射管前的泡沫管道内的泡沫流速宜为3~9m/s ③泡沫液流速不宜大于5m/s			
	(2)系统水管道与泡沫混合液管道的沿程水头损失应按右式计算	公式	符号	符号含义	单位
		①当采用普通钢管时,应按右式计算 $i = 0.0000107V^2/d_j^{1.3}$	i	管道的单位长度水头损失	MPa/m
			V	管道内水或泡沫混合液的平均流速	m/s
			d_j	管道的计算内径	m
		公式	符号	符号含义	单位
		②当采用不锈钢管或铜管时,应按右式计算 $i = 105C_h^{-1.85}d_j^{-4.87}q_g^{1.85}$	i	管道的单位长度水头损失	kPa/m
			q_g	给水设计流量	m³/s
			C_h	海澄-威廉系数,铜管、不锈钢管	取130
	(3)水管道与泡沫混合液管道的局部水头损失	宜采用当量长度法计算			
		泡沫管道上的阀门和部分管件的当量长度见下表			
		管件	闸阀	90°弯头	旋启式逆止阀
		管道公称直径/mm 150	1.25	4.25	12.00
		200	1.50	5.00	15.25
		250	1.75	6.75	20.50
		300	2.00	8.00	24.5

续表

		公式	符号	符号含义	单位
2.管道水力计算	(4)水泵或泡沫混合液泵的扬程或系统入口的供给压力应按右式计算	$H = \sum h + P_o + h_z$	H	水泵或泡沫混合液泵的扬程或系统入口的供给压力	MPa
			$\sum h$	管道沿程和局部水头损失的累计值	MPa
			P_o	最不利点处泡沫产生装置或泡沫喷射装置的工作压力	MPa
			h_z	最不利点处泡沫产生装置或泡沫喷射装置与消防水池的最低水位或系统水平供水引入管中心线之间的静压差	MPa

		公式	符号	符号含义	单位
2.管道水力计算	(5)液下喷射系统中泡沫管道的水力计算应符合右列规定	①泡沫管道的压力损失可按右式计算 $h = CQ_P^{1.72}$	h	每10m泡沫管道的压力损失	Pa/10m
			Q_P	泡沫流量	L/s
			C—管道压力损失系数,见下表		
			管径/mm	100 | 150 | 200 | 250 | 300 | 350	
			C值	12.92 | 2.14 | 0.555 | 0.21 | 0.111 | 0.071	
		②发泡倍数	宜按3计算		

五、不同罐型消防冷却水供水范围、供水强度和时间

根据《石油库设计规范》GB 50074的规定,油罐消防冷却水供水范围、供水强度、供水时间列表3-2-21。

表3-2-21 油罐消防冷却水供水范围、供水强度、供水时间

冷却方式	油罐型式			供水范围	供水强度		供水时间/h	附注
					ϕ16mm水枪	ϕ19mm水枪		
移动式水枪冷却	地上立式罐	着火罐	固定顶罐	罐周全长	0.6L/(s·m)	0.8L/(s·m)	直径大于20m的固定顶罐(含浅盘或易熔料的盘)为6h,其他罐为4h	
			浮顶罐内浮顶罐	罐周全长	0.45L/(s·m)	0.6L/(s·m)		浮盘为浅盘或浮舱用易熔材料制作的内浮顶罐按固定顶罐计算
		相邻罐	不保温罐	罐周半长	0.35L/(s·m)	0.5L/(s·m)		① 距着火罐罐壁1.5倍着火罐直径范围内相邻罐
			保温罐		0.2L/(s·m)			② 相邻罐超过3座时应按3座较大的相邻罐计算

续表

冷却方式	油罐型式		供水范围	供水强度		供水时间/h	附注
				$\phi16mm$ 水枪	$\phi19mm$ 水枪		
移动式水枪冷却	地上卧式罐	着火罐	油罐投影面积	$6L/(min \cdot m^2)$		1	①总消防水量不应小于$50m^3/h$
		相邻罐		$3L/(min \cdot m^2)$			②距着火罐直径与长度之和的一半范围内的相邻罐
	地下覆土罐		最大罐周长	$0.3L/(s \cdot m)$		4	这是人身掩护和冷却地面及罐附件的保护用水量
固定式冷却	地上立式罐	着火罐	固定顶罐	罐壁表面积	$2.5L/(min \cdot m^2)$		径大于20m的固定顶罐(含浅盘或易熔料的盘)6h,其他罐为4h	
			浮顶罐内浮顶罐	罐壁表面积	$2.0L/(min \cdot m^2)$			浮盘为浅盘或浮舱用易熔材料制作的内浮顶罐按固定顶罐计算
		相邻罐	罐壁表面积的一半	$2.0L/(min \cdot m^2)$			按实际冷却面积计算,但不得小于罐壁面积的1/2

注:①着火罐单支水枪保护范围:$\phi16mm$ 为 8~10m, $\phi19mm$ 为 9~11m
②邻近罐单支水枪保护范围:$\phi16mm$ 为 14~20m, $\phi19mm$ 为 15~25m
③油罐消防冷却水供应强度应根据设计所用的设备进行校核。

第六节 油罐区低倍数泡沫灭火和冷却水系统选择及图例

一、"油库设计其他相关规范"中规定

"油库设计其他相关规范"中规定见表3-2-22。

表3-2-22 "油库设计其他相关规范"中规定

项目	规定	
1. 泡沫灭火系统	油库应采用低倍数泡沫灭火系统	
2. 油库的地上立式油罐	应设固定式或半固定式泡沫灭火系统	
	储存甲、乙、丙A类油品的右列地上立式油罐,应设固定式泡沫灭火系统	(1)单罐容量大于$1000m^3$的地上油罐 (2)单罐容量500~$1000m^3$并采用双排布置的地上油罐 (3)消防力量不足,用机动消防设备难以扑救的油罐
3. 储存甲、乙类油品的覆土立式油罐	应配置带泡沫枪的泡沫灭火系统,用于扑救罐室内或罐室外等部位可能发生的油品流淌或流散火灾	(1)油罐直径小于或等于20m的覆土立式油罐,同时使用的泡沫枪数不应少于3只 (2)油罐直径大于20m的覆土立式油罐,同时使用的泡沫枪数不应少于4只。每只泡沫枪的泡沫混合液流量,不应小于240L/min,连续供给时间不应小于1h (3)储存丙类油品的覆土立式油罐,可不设泡沫灭火系统

续表

项 目	规 定
4. 储油洞库	应以灭火器材和窒息灭火为主,可不设泡沫灭火系统
5. 卧式油罐、装卸油码头、铁路及汽车装卸油设施等	可采用泡沫枪、泡沫炮等灭火系统
6. 计算泡沫混合液供给强度时	应按实际选定的泡沫产生器进行校核,并确定泡沫灭火系统的相关计算参数

二、低倍数泡沫灭火和冷却水系统组合模式图例

1. 全固定式消防系统

全固定式消防系统即固定式泡沫和固定式冷却水系统,包括消防泵房(泡沫泵房和冷却水泵房合建)、泡沫管道和冷却水管道、油罐泡沫产生器和油罐冷却水喷淋管、泡沫接口和消火栓,见图3-2-4。

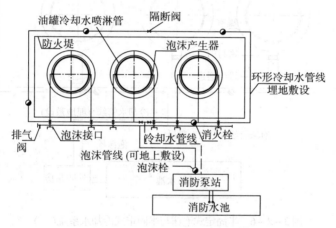

图3-2-4 全固定式消防系统

2. 固定式泡沫与半固定式冷却水系统

固定式泡沫与半固定式冷却水系统,包括消防泵房(泡沫泵房和冷却水泵房合建)、泡沫管道和冷却水管道、油罐泡沫产生器、泡沫接口和消火栓,油罐上不装冷却水喷淋管,见图3-2-5。

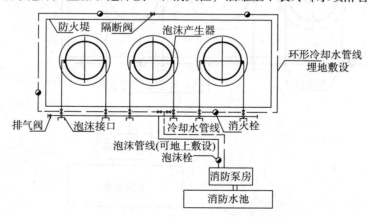

图3-2-5 固定式泡沫与半固定式冷却水系统

3. 半固定式泡沫与半固定式冷却水系统见表3-2-23、图3-2-6和图3-2-7。

表3-2-23 半固定式泡沫与半固定式冷却水系统

形 式	半固定式泡沫与半固定式冷却水系统有两种形式
(1)第一种形式	①包括消防泵房(泡沫泵房和冷却水泵房合建)、泡沫管道和冷却水管道、泡沫接口和消火栓,油罐上不装泡沫产生器和冷落水喷淋管,见图3-2-6 ②灭火时,泡沫栓接水带及泡沫枪或泡沫钩管供泡沫冷却水则由水带接消火栓通过水枪喷淋
(2)第二种形式	①只建冷却水泵房、冷却水管道和泡沫栓,油罐上装泡沫产生器但不装冷落水喷淋管,见图3-2-7 ②灭火时,消防车供给泡沫产生器泡沫,冷却水则由水带接消火栓通过水枪喷淋油罐壁

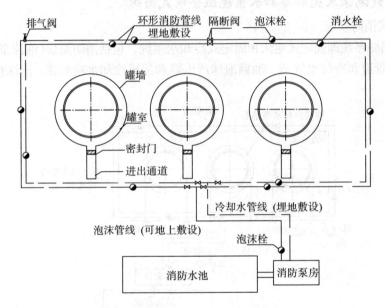

图3-2-6 半固定式泡沫与半固定式冷却水系统(一)

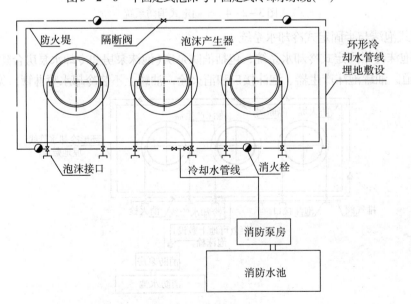

图3-2-7 半固定式泡沫与半固定式冷却水系统(二)

4. 移动式泡沫与半固定式冷却水系统

移动式泡沫与半固定式冷却水系统，只建冷却水泵房、冷却水管道和消火栓，油罐上不装泡沫产生器和冷却水喷淋管，见图3-2-8。灭火时，消防车用水带直接向泡沫钩管或泡沫枪供给泡沫；供水系统可供给消防车用水和人体掩护、冷却地面及油罐附件的用水。

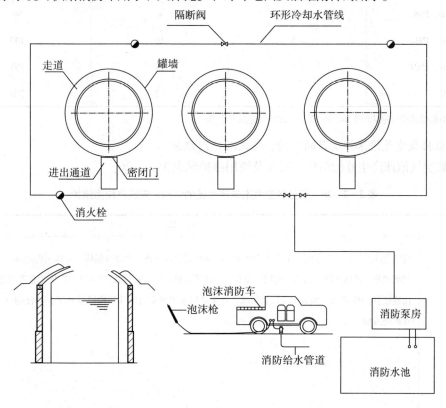

图3-2-8 移动式泡沫与半固定式冷却水系统

三、低倍数空气泡沫产生器的选择、安装与使用维护

(一)《泡沫灭火系统设计规范》GB 50151 对低倍数泡沫产生器的规定

《泡沫灭火系统设计规范》GB 50151 对低倍数泡沫产生器的规定见表3-2-24。

表3-2-24 《泡沫灭火系统设计规范》GB 50151 对低倍数泡沫产生器的规定

编号	情 况	规 定
1	固定顶储罐、按固定顶储罐对待的内浮顶储罐	宜选用立式泡沫产生器
2	泡沫产生器进口的工作压力	应为其额定值±0.1MPa
3	泡沫产生器的空气吸入口及露天的泡沫喷射口	应设置防止异物进入的金属网
4	横式泡沫产生器的出口	应设置长度不小于1m的泡沫管
5	外浮顶储罐上的泡沫产生器	不应设置密封玻璃

(二) 低倍数空气泡沫产生器的规格与性能

低倍数空气泡沫产生器的规格与性能见表3-2-25。

表 3-2-25　低信数空气泡沫产生器主要性能参数

型　号	工作压力/MPa	混合液流量/(L/s)	空气泡沫流量/(L/s)
PC4、PS4	0.5	4	25
PC8、PS8	0.5	8	50
PC16、PS16	0.5	16	100
PC24、PS24	0.5	24	150
PS32	0.5	32	200

注：PC 型是横式空气泡沫产生器，PS 型是竖式空气泡沫产生器。

(三)低倍数空气泡沫产生器的结构、安装及使用维护

低倍数空气泡沫产生器的结构、安装及使用维护见表 3-2-26。

表 3-2-26　低倍数空气泡沫产生器的结构、安装及使用维护

项　目	内　容
1. 构造	空气泡沫产生器见下左图。主要有壳体组、泡沫喷射管和导板三个部分组成。壳体组即泡沫产生器，由密封玻璃片、玻璃压圈、喷嘴、滤网、罩板、壳体等组成。泡沫喷射管(下右图)是空气泡沫动态平衡管段，由连接管、90°弯头、喷管、出口管组成。导板是用来引导空气泡沫流沿罐壁淌下，并使泡沫平稳地覆盖在燃烧液面上 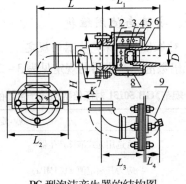 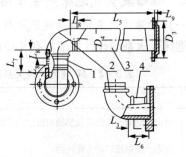 　　PC 型泡沫产生器的结构图　　　　　泡沫喷射管组图 1—密封玻璃；2—玻璃压圈；3—喷嘴；4—滤网；　　1—连接管；2—90°弯头； 5—器组；6—壳体；7—泡沫喷射管组；　　　　　3—喷管；4—出口管 8—壳体组；9—导板组

续表

项　目		内　容								
2. 安装结构参数	（1）PC型泡沫产生器安装结构参数见右表	泡沫产生器安装结构参数　　　　　　　　　　　　　mm								
		型号	L	L_1	L_2	L_3	L_4	H	D	D_1	D_2
		PC4	1000	216	220	160	60	190	ZG2"	160	165
		PC8	1000	228	250	170	66	210	ZG2$\frac{1}{2}$"	185	190
		PC16	1000	230	400	210	98	270	ZG3"	235	260
		PC24	1000	234	550	225	130	302	ZG4"	260	290
	（2）泡沫喷射管配管尺寸参见右表	泡沫喷射管配管尺寸参数　　　　　　　　　　　　　mm								
		型号	D_3	D_4	L_5	L_6	L_7	L_8	L_9	90°弯头
		PC4	130	75.5	952	108	110	30	5	DN65
		PC8	150	88.5	945	111	116	32	5	8"
		PC16	200	140	918	118	122	41	5	5"
		PC24	225	165	907	122	132	45	5	6"
	（3）在储罐壁上开孔位置见右图表	示图			储罐壁上开孔尺寸表　　mm					
		储罐壁上开孔位置图			型号	H_1	D_7	D_8	d/孔数	
					PC4	180	130	80	14/4	
					PC8	200	150	95	16/4	
					PC16	240	210	150	18/8	
					PC24	280	240	180	18/8	
3. 使用条件	(1) 空气泡沫产生器组合安装尺寸应符合表中的要求 (2) 空气泡沫产生器进口标定工作压力为0.5MPa。在0.3～0.5MPa压力范围内使用时，混合液流量和泡沫量将会相应变化 (3) 本产生器配用3%型和6%型普通泡沫液 (4) 密封玻璃片表面刻有易碎裂痕线，此面应朝喷出口方向安装，以防止受压时易被冲碎 (5) 空气泡沫产生器进口管孔径不得小于表中对D_8所对应的尺寸 (6) 为了避免和减轻在储罐发生火灾时罐壁变形对管道破坏，新规范要求空气泡沫产生器进口处的直管段长度不应小于1m。有的设计在产生器进口管道中安装一段相同口径的金属软管									

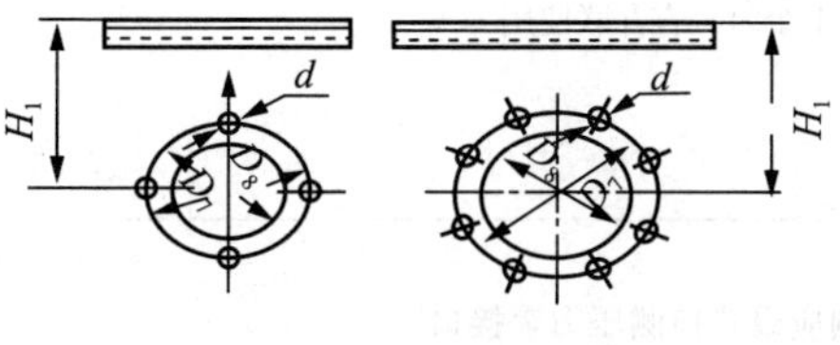

续表

项 目	内 容
4. 维护保养	(1)空气泡沫产生器滤网应定期清除杂物以保证空气通道流畅 (2)应定期检查密封玻璃片,发现破碎应及时调换,以免储罐内气体蒸发使易燃气体外漏 (3)使用后必须用清水冲洗干净,并恢复原来技术状态

四、油罐液下喷射低倍数泡沫灭火系统设置要求

《泡沫灭火系统设计规范》GB 50151 对油罐液下喷射低倍数泡沫灭火系统有明确规定,现摘编见表3-2-27。

表3-2-27 油罐液下喷射低倍数泡沫灭火系统设置要求

项目	情况	要求摘编
1. 液下喷射系统高背压泡沫产生器的设置规定	(1)高背压泡沫产生器	应设置在防火堤外,设置数量及型号应根据本规范第4.2.1条和第4.2.2条计算所需的泡沫混合液流量确定
	(2)一个储罐所需的高背压泡沫产生器	数量大于1个时,宜并联使用
	(3)在高背压泡沫产生器的进、出口	在进口侧应设置检测压力表接口
		在出口侧应设置压力表、背压调节阀和泡沫取样口
2. 液下喷射系统泡沫喷射口的设置规定	(1)泡沫液体的速度	①泡沫进入甲、乙类液体,速度不应大于3m/s
		②泡沫进入丙类液体,速度不应大于6m/s
	(2)泡沫喷射口的口型及设置位置	①口型 宜采用向上斜的口型,其斜口角度宜为45°
		②当设有一个喷射口时,喷射口宜设置在储罐中心
		③当设有一个以上喷射口时,应沿罐周均匀设置,且各喷射口的流量宜相等
	(3)泡沫喷射管长度	泡沫喷射管的长度,不得小于喷射管直径的20倍

续表

项目	情况	要求摘编
2. 液下喷射系统泡沫喷射口的设置规定	(4)泡沫喷射口的安装位置及泡沫喷射口的设置数量	①泡沫喷射口应安装在高于储罐积水层0.3m的位置 ②泡沫喷射口的设置数量不应小于右表的规定 泡沫喷射口设置最少数量 | 储罐直径/m | 喷射口数量/个 | | --- | --- | | ≤23 | 1 | | >23 且 ≤33 | 2 | | >33 且 ≤40 | 3 | 注：对于直径大于40m的储罐，其横截面积每增加400m²，应至少增加一个泡沫喷射口

第七节 油罐区中倍数泡沫灭火系统设计

一、中倍数泡沫灭火系统的特性和泡沫液产品性能

中倍数泡沫灭火系统的特性和泡沫液产品性能见表3-2-28。

表3-2-28 中倍数泡沫灭火系统的特性和泡沫液产品性能

项目	内容
1. 中倍数泡沫灭火系统的特性	(1)定义。泡沫发泡倍数为20～200倍称中倍数泡沫灭火系统 (2)适用性。可用于扑救固体和液体火灾。对扑灭油罐火灾以50倍以下为最佳 (3)发展史。中倍数泡沫灭火系统是20世纪70年代发展起来的一种液上喷射泡沫的灭火装置 (4)优缺点 ①优点 它具有低倍数和高倍数两泡沫的优点，它比低倍数的沉降性小，比高倍数的抗泡沫破坏性好 ②缺点 中倍数泡沫稳定性较差，抗复燃能力较低，受风的影响明显 (5)它的另一个特性。中倍数泡沫灭火系统可以利用它来发射低倍数泡沫，当油库固定式泡沫管道断裂时，可以依靠外来泡沫消防车对中倍数泡沫发生器供给低倍数泡沫 (6)中倍数泡沫发生器的工作压力范围 ①压力范围为0.25～0.4MPa，在这范围内中倍数泡沫发生器可发射中倍数泡沫，即发泡倍数大于21倍 ②当工作压力超过0.4MPa后，其发泡倍数小于21倍，属于低倍数泡沫范围 (7)系统的互换性。低倍数泡沫消防车内装储中倍数泡沫液，混合比可调为8%，可以供手提式中倍数泡沫发生器发射中倍数泡沫。这种系统的互换性，便于目前国内各种泡沫灭火系统并存时灵活应用
2. 中倍数泡沫液产品性能	(1)种类：现有YEZ(8)-A型和YEZ(8)-B型两种 ①YEZ(8)-A型特点流动性好，发泡倍数为25倍左右，价格较高，保存期为二年，是一种氟蛋白泡沫液，其优点是解决了氟碳表面活性剂在蛋白泡沫液中的稳定问题 ②YEZ(8)-B型特点黏度大，发泡倍数也大，约30倍，其价格较便宜，是一种纯蛋白泡沫液，其25%析液时间大于12min，1%复燃时间大于100s，因此是一种灭火后泡沫能持久不易消失的泡沫，克服了国外中倍数泡沫存在的缺点 (2)产地。两种均由安徽省安庆市消防化工厂生产 (3)性能指标。两种中倍数泡沫液均已达到了ISO国际标准灭火性能指标

二、《泡沫灭火系统设计规范》对油罐固定式中倍数泡沫灭火系统要求摘编

《泡沫灭火系统设计规范》GB 50151 中对油罐固定式中倍数泡沫灭火系统要求摘编见表 3-2-29。

表 3-2-29　规范对油罐固定式中倍数泡沫灭火系统要求摘编

项　目	油罐固定式中倍数泡沫灭火系统要求摘编
1. 泡沫灭火系统形式确定	宜为固定式的适用条件 (1) 丙类固定顶与内浮顶油罐、 (2) 单罐容量小于 10000m^3 的甲、乙类固定顶与内浮顶油罐,当选用中倍数泡沫灭火系统时,宜为固定式
2. 喷射形式及保护面积	(1) 喷射形式。油罐中倍数泡沫灭火系统应采用液上喷射形式 (2) 保护面积。保护面积应按油罐的横截面积确定
3. 系统扑救一次火灾泡沫混合液设计用量	应按罐内用量、该罐辅助泡沫枪用量和管道剩余量三者之和最大的油罐确定
4. 供给强度和连续供给时间	系统泡沫混合液 (1) 供给强度不应小于 4L/(min·m^2) (2) 连续供给时间不应小于 30min
5. 泡沫枪的设置	(1) 设置固定式中倍数泡沫灭火系统的油罐区宜设置低倍数泡沫枪,并应符合本规范第 4.1.4 条的规定 (2) 当设置中倍数泡沫枪时,其数量与连续供给时间,不应小于右表的规定 中倍数泡沫枪数量和连续供给时间 | 油罐直径/m	泡沫枪流量/(L/s)	泡沫枪数量/支	连续供给时间/min
---	---	---	---
≤10	3	1	10
>10 且 ≤20	3	1	20
>20 且 ≤30	3	2	20
>30 且 ≤40	3	2	30
>40	3	3	30	
6. 泡沫消火栓的设置	泡沫消火栓的设置应符合本规范第 4.1.8 条的规定
7. 泡沫产生器及管道	(1) 泡沫产生器。泡沫产生器应沿罐周均匀布置 (2) 管道。当泡沫产生器数量大于或等于 3 个时,可每两个产生器共用一根管道引至防火堤外
8. 系统管道布置	可按本规范第 4.2 节的有关规定执行

三、中倍数泡沫灭火系统分类及安装

中倍数泡沫灭火系统分类及安装见表 3-2-30。

表 3-2-30　中倍数泡沫灭火系统分类及安装

项目	内　容
1. 中倍数泡沫灭火系统分类	中倍数泡沫灭火系统分为固定式、半固定式和移动式三类。
2. 固定式中倍数泡沫系统示意图及半固定式和移动式系统的模式	(1)固定式中倍数泡沫系统见下图 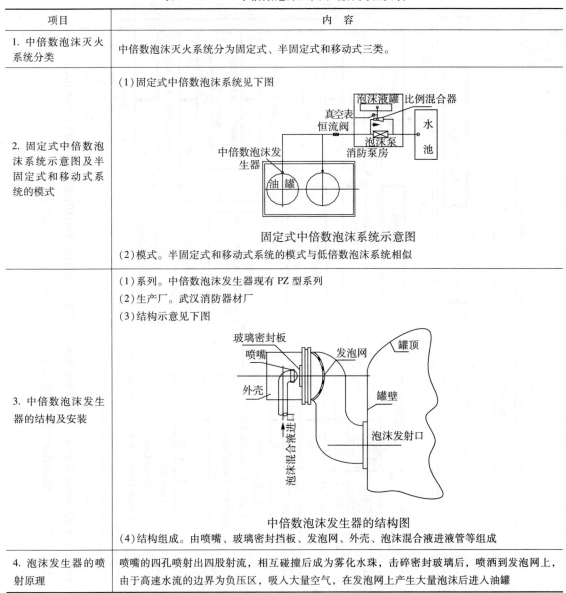 固定式中倍数泡沫系统示意图 (2)模式。半固定式和移动式系统的模式与低倍数泡沫系统相似
3. 中倍数泡沫发生器的结构及安装	(1)系列。中倍数泡沫发生器现有 PZ 型系列 (2)生产厂。武汉消防器材厂 (3)结构示意见下图 中倍数泡沫发生器的结构图 (4)结构组成。由喷嘴、玻璃密封挡板、发泡网、外壳、泡沫混合液进液管等组成
4. 泡沫发生器的喷射原理	喷嘴的四孔喷射出四股射流，相互碰撞后成为雾化水珠，击碎密封玻璃后，喷洒到发泡网上，由于高速水流的边界为负压区，吸入大量空气，在发泡网上产生大量泡沫后进入油罐

第八节　油罐区低、中倍数泡沫灭火和冷却水系统计算

一、低、中倍数泡沫灭火和冷却水系统计算

(1)立式地面油罐区低倍数泡沫灭火和消防水系统计算步骤及计算公式，见方框图 3-2-9。计算步骤共分三步，第一步计算油罐基本数据；第二步为泡沫灭火系统计算；第三步为消防水系统计算。

(2)立式地面油罐区中倍数泡沫灭火和消防水系统计算步骤及计算公式与低倍数相同，但泡沫灭火的参数不同。故中倍数泡沫灭火系统计算，可借用方框图 3-2-9 中的公式，选

用中倍数泡沫混合液的供应强度和连续供应时间及泡沫枪的数量和连续供应时间。

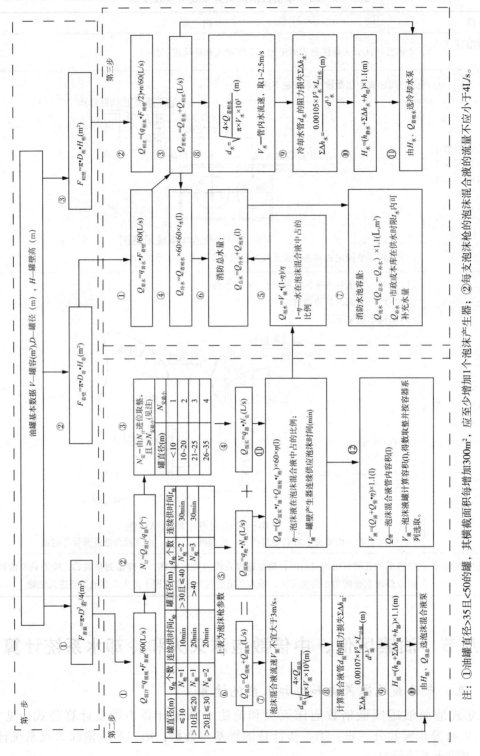

图3-2-9 立式地面油罐区消防水和低倍数泡沫灭火系统计算步骤及公式方框图

(3) 立式油罐区低、中倍数泡沫灭火和消防水系统计算公式符号名称及单位见表3-2-31。

表 3－2－31　立式油罐区低、中倍数泡沫灭火和消防水系统计算公式符号名称及单位

序号	公式符号	符号名称	单　位	序号	公式符号	符号名称	单　位
1	$F_{着截}$	着火罐的横截面积	m^2	20	$d_{混}$	泡沫混合液管管径	m
2	$F_{着壁}$	着火罐壁表面积	m^2	21	$L_{计混}$	泡沫混合液管计算长度	m
3	$D_{着}$	着火罐直径	m	22	$H_{混}$	泡沫混合液系统总相程	m
4	$H_{着}$	着火罐壁高度	m	23	$h_{静}$	泡沫泵轴与最远最高罐产生器的高差	m
5	$F_{相壁}$	相邻罐罐壁表面积	m^2	24	$h_{器}$	产生器入口应有压力	m
6	$D_{相}$	相邻罐直径	m	25	$Q_{液}$	泡沫液灭火需要总量	L
7	$H_{相}$	相邻罐壁高度	m	26	$Q_{着水}$	着火罐冷却水流量	L/s
8	$Q_{混计}$	泡沫产生器混合液计算流量	L/s	27	$q_{着水}$	着火罐冷却水供应强度	L/(min·m^2)
9	$q_{混规}$	泡沫产生器供给强度	L/(min·m^2)	28	$Q_{相水}$	相邻罐冷却水流量	L/s
10	$N_{计}$	泡沫产生器计算的数量	个	29	$q_{相水}$	相邻罐冷却水供应强度	L/(min·m^2)
11	$q_{器}$	泡沫产生器流量	L/s	30	$Q_{着相水}$	着火罐和相邻罐总冷却水流量	L/s
12	$N_{安}$	泡沫产生器实际安装数量	个	31	$Q_{冷水}$	灭火所需冷却水总量	L
13	$N_{安最小}$	泡沫产生器最小应安装数量	个	32	$t_{水}$	冷却水连续供应时间	h
14	$Q_{混实}$	泡沫产生器混合液实际流量	L/s	33	$Q_{泡水}$	配置泡沫液所需水量	L
15	$q_{枪}$	单支泡沫枪的流量	L/s	34	$d_{水}$	消防水管管径	m
16	$N_{枪}$	单支泡沫枪应装数量	个	35	$L_{计水}$	消防水管计算长度	m
17	$Q_{混枪}$	泡沫枪总流量	L/s	36	$H_{水}$	消防水系统总相程	m
18	$t_{枪}$	泡沫枪连续供应时间	min	37	$h_{静水}$	水泵轴与最高最远罐喷水嘴高差	m
19	$Q_{混总}$	泡沫产生器和泡沫枪总流量	L/s	38	$h_{嘴}$	喷嘴出口剩余压力	m

二、立式油罐冷却水计算结果参考表

表 3－2－32 是根据油罐冷却水供给强度和时间规定计算的结果，供参考。

表 3-2-32 立式固定顶油罐系列不同组合消防用水参考 (m³)

罐型	罐容量	用水量项目 / 组合形式	单罐组合	双罐组合	三罐组合	四罐单排组合	四罐双排组合	四罐以上组合
地面立式固定顶油罐	500	配置泡沫用水量	18	18	18	18	18	18
		油罐冷却用水量	139	195	251	251	307	307
		供水时间 /h	4	4	4	4	4	4
		总用水量	157	213	269	269	325	325
	1000	配置泡沫用水量	36	36	36	36	36	36
		油罐冷却用水量	201	281	362	362	442	442
		供水时间 /h	4	4	4	4	4	4
		总用水量	273	317	398	398	478	478
	2000	配置泡沫用水量	72	72	72	72	72	72
		油罐冷却用水量	336	471	605	605	740	740
		供水时间/h	4	4	4	4	4	4
		总用水量	408	543	677	677	812	812
	3000	配置泡沫用水量	72	72	72	72	72	72
		油罐冷却用水量	429	601	772	772	944	944
		供水时间 /h	4	4	4	4	4	4
		总用水量	501	672	844	844	1016	1016
	5000	配置泡沫用水量	108	108	108	108	108	108
		油罐冷却用水量	867	1213	1560	1560	1906	1906
		供水时间 /h	6	6	6	6	6	6
		总用水量	975	1321	1668	1668	2014	2014
	10000	配置泡沫用水量	162	162	162	162	162	162
		油罐冷却用水量	1267	1775	2282	2282	2789	2789
		供水时间 /h	6	6	6	6	6	6
		总用水量	1429	1937	2444	2444	2951	2951
地下立式覆土油罐	500	保护用水量	122	122	122	122	122	122
	1000	保护用水量	163	163	163	163	163	163
	2000	保护用水量	216	216	216	216	216	216
	3000	保护用水量	252	252	252	252	252	252
	5000	保护用水量	309	309	309	309	309	309
	10000	保护用水量	391	391	391	391	391	391

注：①表中配置泡沫用水量系指配置低倍数泡沫用水量。
②着火的及相邻的地下立式覆土油罐均不冷却，表中保护用水量是指人身掩护、冷却地面及油罐附件的保护用水。
③浮盘为浅盘和浮舱用易熔材料制作的内浮顶油罐适用于本表所示消防用水量。
④消防水池的容积等于表中总用水量减去用水时间内市政供水管网及油库自备水源能向池内的补充水量的差值，再乘以 1.1 倍。

第九节 油罐烟雾自动灭火系统设计

一、《石油库设计规范》GB 50074 对油罐烟雾灭火的规定

《石油库设计规范》GB 50074 对油罐烟雾灭火的规定见表 3-2-33。

表 3-2-33 《石油库设计规范》GB 50074 对油罐烟雾灭火的规定

1. 选择条件	(1) 油库的油罐应设置泡沫灭火设施 (2) 缺水少电的偏远地区四、五级油库中,当设置泡沫灭火设施有困难时,亦可采用烟雾灭火设施
2. 采用烟雾灭火设施时,应符合下列规定	(1) 立式油罐不应多于 5 个 (2) 且甲、乙 A 类油品储罐单罐容量不应大于 700m³,乙 B 和丙类油品储罐单罐容量不应大于 2000m³ (3) 当 1 座油罐安装多个发烟器时,发烟器必须联动,且宜对称布置 (4) 烟雾灭火的药剂强度及安装方式,应符合有关产品的使用要求和规定,药剂损失系数为 1.1~1.2

二、烟雾灭火装置型号规格、技术性能及使用范围

烟雾灭火装置型号规格、技术性能及使用范围见表 3-2-34。

表 3-2-34 烟雾灭火装置型号规格、技术性能及使用范围

型号规格 项目	罐内式		罐外式		
	ZW12A	ZW16A	ZWW3	ZWW5	ZWW10
动作温度/℃	110	110	110	110	110
起火至灭火时间/s	68~128	68~128	<40	<40	<40
喷烟至灭火时间/s	10.5~16	10.5~16	<4	<6	<10
烟雾剂重量/kg	61	110	8	20	60
烟雾剂使用有效期	①4年;②加热为2年		4年	4年	4年
油罐人孔直径/mm	≥600	≥720			
适用范围	适用直径≤12m 钢质拱顶柴、重、原油罐	①适用直径≤16m 钢质拱顶柴、重、原油罐;②直径≤12m 钢质航空煤油罐	适用直径≤3m 醇、酯、酮类化工产品及柴、汽、重、原油钢质拱顶罐	①适用直径≤5.3m 醇、酯、酮类化工产品及柴、原、重油钢质拱顶罐;②直径≤5m 汽油钢质拱顶罐	①适用直径≤10m 内浮顶汽油罐;②直径≤10m 柴、煤、原、重油钢质拱顶罐;③容量≤300m³ 汽油钢质拱顶罐

三、烟雾灭火原理及装置安装示意图表

烟雾灭火原理及装置安装示意图表见表 3-2-35。

表 3-2-35 烟雾灭火原理及装置安装示意

项目	内容
1. 罐内式烟雾自动灭火系统	(1)组成。本灭火系统主要由装有烟雾剂的发烟器、扇形组合浮漂及三支定心翼板组成，见下图 (2)原理。发烟器安装在浮漂支架上，浮漂由三支翼板自动定心，并能随油面自由升降。当油罐起火后，罐内温度上升至110℃时，发烟器头盖上的低熔点合金自动脱落，导火索被火焰引燃，使烟雾剂产生燃烧反应，燃烧产生的烟雾达到一定压力时，通过头盖上的喷孔冲破密封薄膜，喷射在油面上部，以稀释覆盖和化学抑制等作用，使火焰熄灭 (3)结构示意见右图 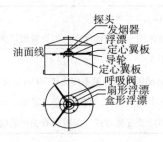 罐内式烟雾自动灭火结构简图
2. 罐外式烟雾自动灭火系统	(1)组成该灭火系统由发烟器、导烟管、喷头、导燃装置四部分构成，见下图 (2)原理发烟器安装在罐外，当储罐起火后，罐内温度达到110℃时，探头的低熔合金外表自动脱落，火焰快速点燃导火索，引燃烟雾灭火剂，瞬间产生大量含有水蒸气、氮气和二氧化碳的烟雾气体，以很高的速度通过导管及喷头上的喷孔，喷射到储罐内，以稀释覆盖和化学抑制作用，使火焰熄灭 (3)安装示意见右图 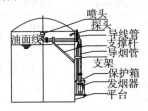 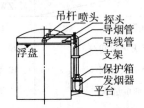 拱顶罐罐外式安装示意图　　内浮顶罐罐外式安装示意图

四、烟雾灭火装置使用和维护注意事项

烟雾灭火装置使用和维护注意事项见表 3-2-36。

表 3-2-36 烟雾灭火装置使用和维护注意事项

项 目	使用和维护
1. 药剂使用	(1)烟雾灭火药剂使用期为4年 (2)罐内式烟雾灭火系统用于需加热的储罐时，若加热温度大于60℃，药剂使用期为2年 (3)到期必须更换药剂、导火索和防潮密封膜
2. 加热储罐	需要加热的储罐，采用罐内式烟雾灭火系统时，油品进罐时必须加温，以防发烟器的翼板浮筒被黏住，而不能自由浮动
3. 罐内式	使用罐内式烟雾灭火系统的储罐，油罐最高液面至罐拱顶中心的高度不得小于1500mm，以防液面过高顶坏发烟器的探头

续表

项目	使用和维护
4. 罐外式	使用罐外式的储罐最高液面应低于水平导烟管，以防油液浸蚀喷头密封
5. 拱顶罐	拱顶罐使用烟雾灭火系统，在透光孔处应设置通径大于400mm的泄压装置
6. 专门设计	(1) 容积大于300m³的钢质拱顶汽油罐 (2) 直径大于10m的钢质拱顶柴、煤、重、原油罐采用罐外式时 (3) 容积大于3000m³的钢质拱顶柴、煤、重、原油罐采用罐内式时 应采用专门设计

第十节 油码头区消防及油库消防的其他规定

一、油码头区消防的规定

油码头消防规定见表3-2-37。

表3-2-37 油码头消防规定

规范	项目		消防要求
1.《石油库设计规范》GB 50074	石油库所属的油品装卸码头	≥5000t级	消防设施可按现行国家标准《石油化工企业设计防火规范》GB 50160中油品装卸码头消防的有关规定执行
		<5000t级	应配置30L/s的移动喷雾水炮1只和500L推车式压力比例混合泡沫装置1台
	四、五级石油库所属的油品装卸码头		应配置7.5L/s喷雾水枪2只和200L推车式压力比例混合泡沫装置1台
2.《石油化工企业设计防火规范》GB 50160	油码头的消防设施考虑原则		应能满足扑救码头装卸区的油品泄漏火灾或当设计中停泊的油船无消防设施时，扑救该船最大一个油舱火灾的消防能力的要求
	扑救码头装卸区油品泄漏火灾	≥1000t船型的河港或≥3000t海港油码头	应设固定或半固定泡沫灭火系统
		≥5000t船型的河港或≥10000t海港油码头	宜设置不少于两个固定搭架式泡沫—水两用炮，其保护半径为40m，混合液的喷射速度不宜小于30L/s
		消防用水量	河港油码头不宜小于30L/s，海港油码头不宜小于45L/s。消防供水延续时间，不应小于2h
	扑救油舱火灾的消防能力	泡沫混合液 供给强度	不应小于6L/(min·m²)
		泡沫混合液 灭火面积	应按最大油舱的投影面积计算
		泡沫混合液 连续供给时间	不应小于30min
		消防冷却水 供给强度	不应小于3.4L/(min·m²)
		消防冷却水 冷却面积	应按不小于与着火油舱邻近的3个油舱的投影面积计算
		消防冷却水 连续供给时间	当着火油舱面积≤300m²时为4h，大于300m²时为6h
	当邻近无消防艇提供协作时	停泊≥1000t船型的河港或≥3000t海港油码头	宜配备消防兼拖轮的两用船

二、油库消防的其他规定

(1) 国内规范对油库消防的其他规定见表 3-2-38。

表 3-2-38　国内规范对油库消防的其他规定

项目	规定
1. 消防值班室	(1) 石油库内应设消防值班室。消防值班室内应设专用受警录音电话 (2) 一、二、三级油库的消防值班室应与消防泵房控制室或消防车库合并设置 (3) 四、五级油库的消防值班室和油库值班室合并设置 (4) 消防值班室和油库值班调度室、城镇消防站之间应设直通电话 (5) 油库总容量≥50000m^3 的油库的报警信号应在消防值班室显示
2. 报警设施	(1) 储油区、装卸区和辅助生产区的值班室内，应设火灾报警电话 (2) 储油区和装卸区内宜设置户外手动报警设施 (3) 单罐容量≥50000m^3 的浮顶油罐应设火灾自动报警系统
3. 泡沫灭火系统	(1) 单罐容量≥50000m^3 的浮顶油罐，泡沫灭火系统可采用手动操作或遥控方式 (2) 单罐容量≥100000m^3 的浮顶油罐，泡沫灭火系统应采用自动控制方式 (3) 当油库采用固定泡沫灭火系统时，尚应配置泡沫钩管、泡沫枪

(2) "油库设计其他相关规范"中对消防报警系统配置要求见表 3-2-39。

表 3-2-39　消防报警系统配置要求

设置场所		报警系统配置要求
消防车库、消防值班室		必须设警铃
消防车库前的场地		应安装车辆出动的警灯和警铃
消防	值班室	应设应急照明装置
	车库	
	值班宿舍	
	通往车库的走道等	
后方库	消防值班室、行政管理区	应设接受和显示各区域发生火灾的报警设施
	分库或保管队	应设本管理区域发生火灾的报警设施
	警卫哨所	应设火灾报警装置
消防值班室		应设专用火灾报警电话
储油区、油品收发区的值班室		应设火灾报警电话
消防值班室与油库总值班室和消防泵房之间，以及与油库联防单位的消防站之间		均应设直通电话

第十一节　油库消防站和消防泵站设计

一、"油库设计其他相关规范"对消防(泵)站规定摘编

"油库设计其他相关规范"对消防(泵)站规定摘编见表 3-2-40。

表 3-2-40　"油库设计其他相关规范"对消防(泵)站规定摘编

名　称	规定摘编
1. 对消防站的有关规定	(1) 设站条件。非商业用大型油库应设消防站 (2) 消防站规模确定。应根据油库的规模、油品火灾危险性、固定消防设施的设置情况，以及消防协作条件等因素确定 (3) 消防站的保护范围应满足接到火灾报警后消防车到达最远着火的地上立式油罐的时间不超过 5min，到达最远着火覆土立式油罐和储油洞库口部的时间不宜超过 10min (4) 消防站的位置 ①应便于消防车迅速通达油品装卸作业区和储油区 ②并应避开可能遭受油品火灾危及和人流较多的场所 (5) 消防站组成。一般由消防车库、值班室、办公室、值勤宿舍、器材库、室外训练场等必要的设施组成 (6) 消防站应设的设备 ①消防车库和值班室必须设置警铃 ②并宜在车库前的场地一侧安装车辆出动的警灯和警铃 ③值班室、车库、值勤宿舍及通往车库走道等处应设应急照明装置 (7) 场、门要求。车库前的场地及大门应满足消防车辆的出入要求 (8) 消防通信设备。站内的消防通信设备宜与消防值班室合并设置 (9) 报警设施设备 ①非商业用大型油库必须设置火灾报警系统 ②消防值班室、行政管理区，应设接受和显示各区域发生火灾的报警设施 ③分库或保管队，应设本管理区域的火灾报警设施 ④电话的设置 a. 消防值班室应设专用火灾受警电话 b. 消防值班室与油库总值班室和消防泵房之间，以及与油库联防单位的消防站之间，均应设置直通电话 c. 储油区和油品收发区的值班室，应设火灾报警电话 ⑤报警装置警卫哨所，应设火灾报警装置
2. 对消防泵站的规定	(1) 消防泵站的位置 ①宜靠近消防水池设置，不应设置在可能遭受油品火灾危及的地方 ②应在接到火灾报警后 5min 内能对着火的地上立式油罐进行冷却，10min 内能对覆土立式油罐和储油洞库口部提供消防用水 (2) 动力源。消防泵站采用内燃机作为动力源时，内燃机的油料储备量应能满足机组连续运转 6h (3) 备用泵的设置 ①消防水泵、泡沫混合液泵，应各设一台备用泵 ②当消防冷却水泵与泡沫混合液泵的输送压力和流量接近时，可共用一台备用泵，但备用泵的工作能力不应小于最大一台工作泵 ③五级后方油库或消防总用水量不大于 25L/s 的油库，可不设备用泵 (4) 吸水管道 ①同时工作的消防泵组不少于两台时，其泵组的吸水管道不应少于两条 ②当其中一条吸水管道检修时，其余吸水管道应能通过全部消防用水量 (5) 出水管道。消防泵的出水管道应有防超压措施

二、消防泵站工艺设计

(一)动力供应及消防泵吸、出水管布置要求

动力供应及消防泵吸、出水管布置要求见表3-2-41。

表3-2-41 动力供应及消防泵吸、出水管布置要求

项 目	布置要求
1. 动力供应：消防泵站应设置备用动力	(1)当具有双电源或双回路供电时，泡沫泵和水泵均可选用电动泵 (2)当采用双电源或双回路供电有困难或不经济时，泡沫泵和水泵均应选用发动机泵
2. 吸水管布置要求	(1)一组消防水泵的吸水管不应少于两条，当其中一条损坏时，其余的吸水管仍能通过全部用水量 (2)高压或临时高压消防给水系统，其每台消防泵(包括工作水泵和备用泵)应独立的吸水管，从消防水池直接取水，保障供应火场用水 (3)当泵轴标高低于水源(或吸水井)的水位时，为自灌式引水。当用自灌式引水时，在水泵吸水管上应设阀门，以便于检查 (4)为了不使吸水管内积聚空气，吸水管应有向水泵渐渐上升坡度，一般采用≥0.5%坡度 (5)吸水管与泵连接，应不使吸水管内积聚空气 (6)吸水管在吸水井内(或池内)与井壁、井底应保持一定距离 (7)管径 ①吸水管直径一般应大于水泵进口直径 ②计算吸水管直径时，流速一般用右列数值 a. 当直径<250mm时，为1.0~1.2m/s b. 当直径≥250mm时，为1.2~1.6m/s
3. 出水管布置要求	(1)为保证环状管网有可靠的水源，当消防水泵出水管与环状管网连接时，其出水管不应少于两条。当其中一条出水管检修时，其余的出水管应仍能供应全部用水量 (2)消防水泵的出水管上应设置单向阀，同时为使水泵机件润滑，启动迅速，在水泵的出水管上应设检查和试验用的放水阀门

(二)泡沫比例混合器的选择

(1)泡沫比例混合器的类型及规格型号见表3-2-42。

表3-2-42 泡沫比例混合器的类型及规格型号

1. 泡沫比例混合器的类型	(1)《石油库设计规范》GB 50074中规定：泡沫混合装置宜采用压力比例泡沫混合或平衡比例泡沫混合等流程 (2)平衡式等压比例混合器，目前国内尚未普遍采用
2. 用途	压力比例混合器适用于单罐容量相接近的油库

3. PH系列环泵式负压泡沫比例混合器的规格和技术数据表

型号	泡沫液量/(L/s)	混合液量/(L/s)	进口工作压力/MPa	出口工作压力/MPa
PH32/PH32C	0.24	4	0.6~1.4	0~0.05
	0.48	8		
	0.96	16		
	1.44	24		
	1.92	32		

续表

型号	泡沫液量/(L/s)	混合液量/(L/s)	进口工作压力/MPa	出口工作压力/MPa
PH48	0.96	16		
	1.44	24		
	1.92	32		
	2.88	48		
PH64/PH64C	0.96	16	0.6~1.4	0~0.05
	1.92	32		
	2.88	48		
	3.84	64		

4. PHY系列压力比例混合器规格和技术数据表

项目	PHY32C	PHY48/55	PHY64/76	PHY72/30C
工作压力/MPa	0.6~1.2	0.6~1.2	0.6~1.2	0.6~1.2
泡沫型号	3%	6%	6%	3%
液合液供给量/(L/s)	32	48	64	72
混合比/%	3~3.5	6~7	6~7	3~3.5
储罐容量/L	700	5500	7600	3000
最大供液时间/min	12	30	30	23
总质量(含泡沫液)/t	0.5	9	11	6

(2)泡沫比例混合器的流程及设备图例和作用。泡沫比例混合器的流程见表3-2-43，压力比例混合器主要设备图例和作用见表3-2-44。

表3-2-43 泡沫比例混合器的流程

说 明	我国油库中常用的压力比例混合器和环泵式负压比例混合器安装流程见下图
1. 压力比例混合器	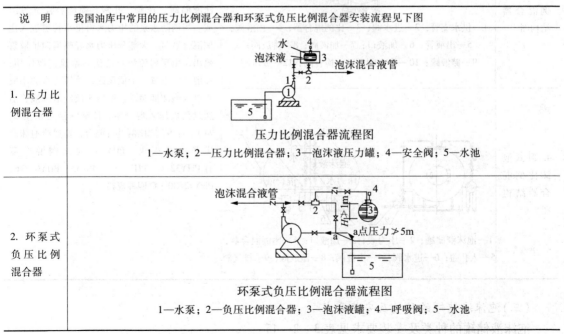 压力比例混合器流程图 1—水泵；2—压力比例混合器；3—泡沫液压力罐；4—安全阀；5—水池
2. 环泵式负压比例混合器	环泵式负压比例混合器流程图 1—水泵；2—负压比例混合器；3—泡沫液罐；4—呼吸阀；5—水池

表 3－2－44　压力比例混合器主要设备图例和作用

名　称	图　例	主要作用
1. PH32型固定式空气泡沫负压比例混合器安装示意图	1—水泵出口管；2—阀门；3—负压比例混合器；4—阀门；5—吸液管；6—泡沫液注入口；7—排气口；8—混合器直液管；9—混合器出液管；10—泡沫液储罐；11—消防泵；12—消防泵进水管；13—泡沫液；14—水源；15—排渣口	当水泵压力水以很高的速度从喷嘴喷出进入混合室时，因射流质点的横向紊动扩散作用，将泡沫液吸入管内的空气带走形成真空，泡沫液被吸入。两股流体混合并进行能量交换，水流速度减小，被吸入的液体速度增加，在喉管出口处趋近一致，压力逐渐增加。混合液进入扩散管后，大部分动能转换为压力能，使压力进一步提高，再进入水泵充分混合并输出
2. PH系列环泵式负压比例混合器	(调节手柄、提示牌、阀体、调节球阀、喷嘴、混合室、扩散管)	PH系列比例混合器主要由调节手柄、指示牌、阀体、调节球阀、喷嘴、混合室和扩散管等部分组成。调节手柄是用来调节混合液流量的；调节球阀有5个或4个口径不等的泡沫液流量控制孔；指示牌用来指示各档混合液的数量；喷嘴是用来产生真空度的混合室，是泡沫液和水的汇合处；扩散管使动能转换为压力能
3. PHY系列立式泡沫压力比例混合器结构图	1—供水支管；2—进水阀；3—比例混合器；4—出液阀；5—出液管；6—加液口；7—加液阀；8—排放阀；9—储液罐；10—检查阀；11—检查阀；12—放水阀	PHY系列比例混合器主要由比例混合器、泡沫液储罐、球阀、孔板、喷嘴、管道等组成。当消防水泵的压力水沿供水管道进入比例混合器时，大部分压力水经喷嘴向扩散管喷出，由于射流质点的横向紊流扩散作用，在混合室形成一个低压区，使压力管的小股水进入泡沫液储罐，将泡沫液经泡沫液管道通过孔板压入混合室，使泡沫液与水按6∶94或3∶97的比例进行混合，输送给泡沫产生器进行灭火。PHY系列比例混合器有PHY32/C、PHY48/55、PHY64/76、PHY72/30·C四种规格
4. 卧式泡沫比例混合器结构图	1—泡沫液储罐；2—压力表；3—加液口；4—比例混合器；5—人孔盖；6—进水阀；7—出液阀；8—泄放阀；9—排气阀	

（三）泡沫液储罐的种类及安装要求

泡沫液储罐的种类及安装要求见表3－2－45。

表 3-2-45　泡沫液储罐的种类及安装要求

项　目	要　求
1. 储罐种类、附件及要求	(1) 常压罐。采用负压比例混合器、平衡等压比例混合器的泡沫液储罐应选常压罐 (2) 压力罐。采用压力比例混合器的应选压力罐 (3) 附件。附件应有进气阀、人孔、出液阀、排污阀、注液口等 (4) 要求。储罐除了强度要求外，其内壁必须考虑防腐蚀措施
2. 常压罐要求	(1) 进液阀要求 ① 常压罐的进液阀为了保证泡沫液罐储存质量，平时应关闭，但灭火时必须打开，因此该阀如采用手动，其安装位置必须便于操作 ② 如果采用自动开关阀可采用天津生产的 XQ741F-DG50 型液动球阀，该阀当输送泡沫混合液时，由于泵的出口压力自动顶开，当停泵后阀门自动关闭 (2) 注入泡沫液方法。向泡沫液储罐注入泡沫液可从排污阀用泵压入，也可从人孔倒入 (3) 出液管要求。出液管上应设球阀、单向阀及环泵式负压比例混合器及真空表
3. 压力罐要求	(1) 压力储罐一般为立式，其高度较高，因此所有阀门必须安装在便于操作的位置 (2) 压力罐内装有胶囊时，罐的上部、下部各装设有出液阀，以免被胶囊堵死 (3) 泡沫液可用泵从注液口压入 (4) 压力水可从排出管排出

三、消防泵房设计举例

(一)消防泵房建筑要求

消防泵房建筑要求见表 3-2-46。

表 3-2-46　消防泵房建筑要求

项　目	要　求
1. 位置	消防泵房的位置宜选择在靠近油罐区，离油罐的距离应满足泵启动后将泡沫混合液送到最远油罐的时间不超过 5min
2. 合建	泡沫和消防水泵房宜合并建设
3. 形式	消防泵房建筑形式宜为一层砖混结构
4. 耐火	耐火等级不应低于二级
5. 标高	地坪标高应有利于水泵吸入

(二)双泵消防水泵房设计举例

双泵消防水泵房设计举例见表 3-2-47 和图 3-2-10 及图 3-2-11。

表 3-2-47　双泵消防水泵房设计举例

项　目	要　求
1. 工艺设计方案	(1) 双泵消防水泵房，工艺平面布置，见图 3-2-10 (2) 两台消防冷却水泵可互为备用 (3) 有双电源时选用带电力启动装置的电动泵机组 (4) 建双电源困难或不经济时选用发动机泵机组。图中尺寸为一般情况下的控制数据 (5) 设计时应具体计算，并应按建筑模数取值 (6) 图 3-2-10 中 L、B 分别为泵基础的长和宽度，其设备名称见下表

续表

		消防水泵房明细表			
2.消防水泵房明细见右表	序号	名称	性能	单位	数量
	1	消防水泵	经计算确定型号	台	2
	2	管道过滤器	DN、PN 依吸入管径定	个	2
	3	真空压力表	YZ150 760-0.1	个	2
	4	闸阀	DN、PN 依吸入管径定	个	3
	5	止回阀	DN、PN 依排出管径定	个	2
	6	闸阀	DN、PN 依排出管径定	个	2
	7	压力表	Y-150 0~1.6MPa	个	2
3.土建设计方案	(1)双泵消防水泵房，建筑设计方案，见图3-2-11 (2)本方案与双泵消防泵房工艺配套使用 (3)泵房为一层砖混结构 (4)窗采用钢结构 (5)室内窗台板均为磨石窗台板 (6)房内地面可铺石板砖 (7)墙裙可贴瓷砖，其余墙面刷涂料 (8)外墙可做水砂石或贴瓷砖，颜色自定				

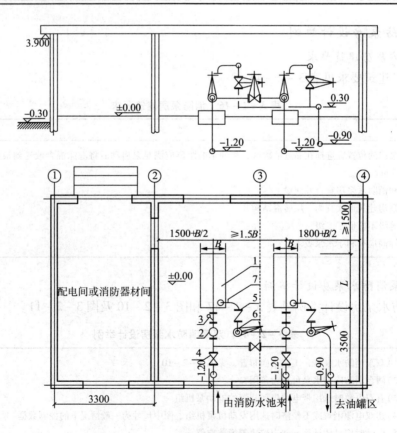

图3-2-10 双泵消防泵房设计方案图

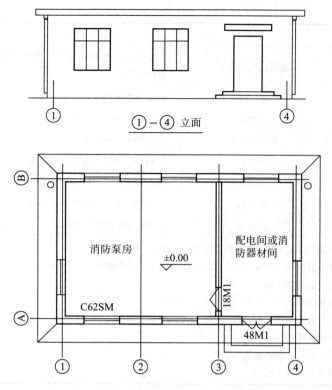

图 3-2-11 双泵消防泵房建筑设计方案

(三)泡沫和消防水三泵合建泵房设计举例

泡沫和消防水三泵合建泵房设计举例见表 3-2-48 和图 3-2-12 与图 3-2-13。

表 3-2-48 泡沫和消防水三泵合建泵房设计举例

1. 工艺设计方案	(1)泡沫和冷却水三泵合建的消防泵房工艺设计,见图 3-2-12 (2)三台泵可互为备用 (3)有双电源或双回路电源时,三台泵均可选用电动泵机组 (4)无双电源或建双电源不经济时,三台泵均应选用发动机泵机组。其中两台泵应配泡沫比例混合器 (5)泡沫液罐可立式或卧式安装,其容量经计算确定,立式安装时罐顶净高不小于 1.2m (6)图 3-2-12 中尺寸为一般情况下的控制数据,设计时应具体计算,并应按建筑模数取值 (7)泡沫和消防水合建泵房设备明细,见下表
2. 消防水泵房明细见右	泡沫和消防水合建泵房设备明细

序号	名称	性能	单位	数量
(1)	消防泡沫泵	经计算确定型号	台	1
(2)	消防冷却水泵	经计算确定型号	台	1
(3)	备用消防泵	经计算确定型号	台	1
(4)	泡沫提升泵	经计算确定型号	台	1
(5)	泡沫液储罐	与 PH 配套时选常压罐, 与 PHY 配套时选压力罐	座	1
(6)	泡沫液池	1200mm×1200mm×1000mm	座	1

续表

序号	名称	性能	单位	数量
(7)	泡沫比例混合器	高位水池选 PHY 系列,其他水池选 PH 系列	个	2
(8)	呼吸阀	压力罐不用	个	1
(9)	压力表	YZ150 0~1.6MPa	只	3
(10)	真空压力表	YZ150 760-0.1	只	3
(11)	闸阀	Z41H,DN、PN 经计算确定	个	5
(12)	闸阀	Z41H,DN、PN 经计算确定	个	6
(13)	止回阀	Z41H,DN、PN 经计算确定	个	3
(14)	过滤器	DN、PN 依吸入管而定	个	3

3. 土建设计方案

(1) 三泵合建的消防泵房,建筑设计方案,见图 3-2-13
(2) 本方案与泡沫和冷却水三泵合建的消防泵房工艺配套使用
(3) 泵房为一层砖混结构
(4) 窗采用钢结构
(5) 室内窗台板均为磨石窗台板
(6) 房内地面可铺石板砖
(7) 墙裙可贴瓷砖,其余墙面刷涂料
(8) 外墙可做水砂石或贴瓷砖,颜色自定

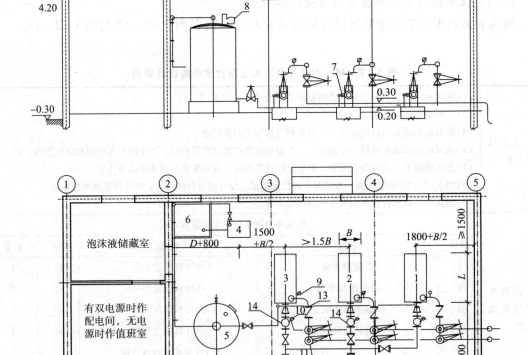

图 3-2-12 泡沫和消防水合建泵房设计方案

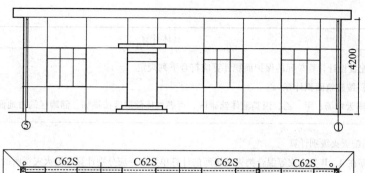
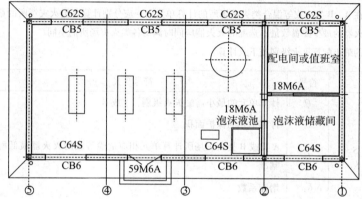

图 3-2-13 泡沫和消防水合建泵房建筑设计方案

第十二节 油库消防灭火器的配置

一、油库灭火器配置的设计计算

灭火器配置设计计算见表 3-2-49。

表 3-2-49 灭火器配置设计计算

项 目	具体计算
1. 灭火器配置计算程序	(1) 确定各灭火器配置场所的场所种类和危险等级 (2) 划分计算单元，并计算各单元的保护面积 (3) 计算各单元的最小配置灭火级别 (4) 确定各单元中的灭火器设置点的位置和数量 (5) 计算每个灭火器设置点的最小配置灭火级别 (6) 确定每个设置点的灭火器的类型、规格、数量 (7) 确定每具灭火器的设置方式和要求，并在平面图上标明灭火器的类型、规格、数量与设置位置 (8) 填写灭火器配置表
2. 灭火器配置计算	(1) 灭火器配置设计计算单元 ①计算单元应按下列规定划分 a. 对危险等级和场所种类均相同的若干相连通的灭火器配置场所，应为一个计算单元。计算单元不得跨越防火分区 b. 对危险等级、场所种类不相同的灭火器配置场所，应将其分别作为一个计算单元

续表

项 目	具体计算
2. 灭火器配置计算	②灭火器配置设计计算单元的保护面积计算应符合下列规定 a. 建筑工程按建筑面积计算 b. 可燃物露天堆场、甲、乙、丙类液体储罐区、可燃气体储罐区按堆场、储罐区的占地面积计算 (2)最小需配灭火级别计算 ①在同时存在 A、B 类火灾等混合类火灾场所的计算单元内,应分别计算各类火灾场所的最小需配灭火级别,然后计算灭火器的最少配置数量。选配的灭火器应同时满足各类火灾场所的不同 ②计算单元的最小配置灭火级别按下式计算 	公式	符号	符号含义	单位
---	---	---	---
$Q = K_1 K_2 \dfrac{S}{U}$	Q	计算单元的最小需配灭火级别,A 或 B	
	S	计算单元的保护面积	m^2
	U	A 类或 B 类火灾场所计算单元相应危险等级的灭火器最低配置基准	m^2/A 或 m^2/B
	K_1	增配系数	
	K_2	减配系数	| 普通建筑计算单元灭火器的增配系数与减配系数 | 普通建筑计算单元	增配系数 K_1	减配系数 K_2
---	---	---
仅设有室外消火栓系统、无室内消防设施的建筑场所	1.0	1.0
设有室内消火栓系统的建筑场所		0.9
设有灭火系统(仅设有水幕系统的除外)的建筑场所		0.7
同时设有室内消火栓系统和灭火系统的建筑场所		0.5 | 特殊建筑计算单元灭火器的增配系数与减配系数 | 普通建筑计算单元	增配系数 K_1	减配系数 K_2
---	---	---
地下建筑(含人民防空工程、地下铁道等)场所	1.5	
一类高层和超高层建筑场所		
古建筑场所		
歌舞娱乐放映游艺网吧建筑场所	2.0	
大型商场、超市等建筑场所		
可燃物露天堆场		
甲、乙、丙类液体储罐区	1.0	0.5
可燃气体储罐区		| (3)灭火器设置点最小灭火级别和数量计算 ①计算单元中每个设置点最小配置灭火级别按下式计算 | 公式	符号	符号含义	单位
---	---	---	---
$Q_e = \dfrac{Q}{N}$	Q_e	计算单元中每个设置点的最小需配灭火级别,A 或 B	
	N	计算单元中设置点的数量	个	

续表

项 目	具体计算				
2. 灭火器配置计算	②计算单元中灭火器最少配置数量计算 在灭火器计算单元中如选用同类型和同规格的灭火器时，其最少配置数量可按下式计算				
	公 式	符 号	符号含义		单 位
	$M = \dfrac{K_1 K_2 S}{U Q_a} = \dfrac{Q}{Q_a}$	M	计算单元中的灭火器最少需配数量		具
		Q_a	计算单元中每具灭火器的灭火级别，A 或 B		
	③在计算单元中如选用不同类型、不同规格的灭火器时，应分别计算各种类型规格灭火器的最少配置数量				
	④每个设置点的灭火器的最少配置数量，至少应等于计算单元最少配置数量除以设置点数的所得值，但设置点配置的所有灭火器的灭火级别之和不得小于设置点最小配置灭火级别				

二、油库灭火器配置的技术要求

《建筑灭火器配置设计规范》(GB 50140—2005) 和《石油库设计规范》(GB 50074) 对油库灭火器材配置提出的要求，摘编如下。

（1）灭火器配置场所火灾种类划分见表 3-2-50。

表 3-2-50 灭火器配置场所火灾种类划分

火灾场所	场所特征及含义
A 类火灾场所	指可能发生固体物质火灾的场所，如木材、棉、毛、麻、纸张等燃烧的火灾场所
B 类火灾场所	指可能发生液体火灾或可熔化固体物质火灾的场所，如汽油、煤油、柴油、原油、甲醇、乙醇、沥青、石蜡等燃烧的火灾场所
C 类火灾场所	指可能发生气体火灾的场所，如煤气、天然气、甲烷、乙烷、丙烷、氢气等燃烧的火灾场所
D 类火灾场所	指可能发生金属火灾的场所，如钾、钠、镁、钛、锆、锂、铝镁合金等燃烧的火灾场所
E（带电）类火灾场所	指可能发生带电物体火灾的场所，如发电机、变压器、仪器仪表和电子计算机等在燃烧时不能及时或不易断电的各种电气设备等燃烧的火灾场所
混合类火灾场所	指可能发生 A 类、B 类、C 类、D 类和 E 类中二种或二种以上火灾的场所。如可能发生 A 类和 B 类二种火灾的木制品油漆车间为 AB 混合类火灾场所

注：在油库中除 D 类火灾场所一般没有外，其他五类火灾都有可能发生

（2）油库火灾场所危险等级划分。根据《建筑灭火器配置设计规范》的要求，油库火灾场所危险等级见表 3-2-51。

表 3-2-51 油库灭火器配置场所危险等级

危险等级	举 例	火灾种类
严重危险级	(1) 甲、乙类油品储罐、高位罐、放空罐	B 类
	(2) 甲、乙类油料洞库、半地下储罐的巷道、罐室、操作间	B 类
	(3) 甲、乙类桶装油品堆场、库房	B 类
	(4) 甲、乙类油品灌桶间	B 类
	(5) 甲、乙类油品泵房	B 类
	(6) 甲、乙类油品的输油管沟、检查井、阀井	B 类
	(7) 控制室、仪表室、计算机室、业务资料室	A 类（带电）
	(8) 乙炔气瓶室、氧气瓶室、乙炔发生气室	C 类

续表

危险等级	举 例	火灾种类
中危险级	(1)丙类油品储罐、高位罐、放空罐	B类
	(2)丙类油品洞库、半地下储罐的巷道、罐室、操作室	B类
	(3)丙类桶装油品库、堆场	B类
	(4)丙类油品泵房	B类
	(5)丙类油品灌桶间	B类
	(6)油料更生间	B类
	(7)油桶洗修间	B、C类
	(8)变压器	B类(带电)
	(9)高、低压配电室、发电机间、发电机油罐间	B类(带电)
	(10)加热燃油、燃气锅炉	B类
	(11)橡胶制品库和木材库	A类
	(12)油料化验室	B类(带电)
	(13)油罐汽车库	B类
	(14)油库自用加油站	B类(带电)
轻危险级	(1)油料装备库	A类
	(2)钢材库	A类
	(3)检修所车间、库房	A类
	(4)消防泵房	A类(带电)
	(5)其他业务用房	A、B类(带电)

注：①未列入本表内的油库灭火器配置场所，可按照GB 50140—2005第3.2.1条的规定确定危险等级。
②本表中的甲、乙、丙类液体的范围，符合现行国家标准《石油库设计规范》的规定。
③火灾种类栏中带"( )"者是场所有可能发生该火灾，选配灭火器时应加以考虑。

(3)灭火器配置最低基准和最大保护距离见表3-2-52。

表3-2-52 灭火器配置最低基准和最大保护距离

项目	数 据				
1.配置最低基准	(1)油库火灾危险场所配置灭火器时，不应低于灭火器最低配置基准				
	(2)灭火器配置最低基准见下表				
	火灾种类	危险等级	严重危险级	中危险级	轻危险级
	A类火灾	单具灭火器最小配置灭火级别	3A	2A	1A
		单位灭火级别最大保护面积/(m²/A)	50	75	100
	B、C类火灾	单具灭火器最小配置灭火级别	8B	4B	2B
		单位灭火级别最大保护面积/(m²/B)	5	7.5	10
	注：此表为《手提式灭火器产品质量标准》(GB 4351)				
2.灭火器最大保护距离	(1)灭火器的设置点的位置应根据灭火器的最大保护距离确定，应保证任何可能着火点至少应得到1具灭火器的保护，不应出现任何未受到保护的空白区				

续表

项 目	数 据			
2. 灭火器最大保护距离	(2)灭火器的最大保护距离进制表　m			
	火灾种类	项目	手提式灭火器	推车式灭火器
	A类火灾	严重危险级	15	30
		中危险级	20	40
		轻危险级	25	50
	B、C类火灾	严重危险级	9	18
		中危险级	12	24
		轻危险级	15	30

(4)灭火器使用温度范围与不相容性

①灭火器使用温度范围。灭火器配置必须注意火灾危险场所的环境温度，使其与场所环境温度相适应。不同类型灭火器使用温度范围见表3-2-53。

表3-2-53　灭火器使用温度范围　　　　　　　　　　　　　　℃

灭火器类型		使用温度范围
水型灭火器	不加防冻剂	+5 ~ +55
	添加防冻剂	-10 ~ +55
机械泡沫灭火器	不加防冻剂	+5 ~ +55
	添加防冻剂	-10 ~ +55
干粉灭火器	二氧化碳驱动	-10 ~ +55
	氮气驱动	-20 ~ +55
二氧化碳灭火器		-10 ~ +55

②不相容灭火剂。不同类型的灭火器其所装灭火剂可能互不相容，同一场所配置的灭火器其灭火剂必须相容。不相容灭火剂见表3-2-54。

表3-2-54　不相容灭火剂

灭火剂类型	不相容的灭火剂	
干粉与干粉 干粉与泡沫 泡沫与泡沫	磷酸铵盐 碳酸氢钠、碳酸氢钾 蛋白泡沫、氟蛋白泡沫	碳酸氢钠、碳酸氢钾 蛋白泡沫 水成膜泡沫

三、油库灭火器的选择

(1)灭火器的适用性见表3-2-55。

表3-2-55　灭火器的适用性

项　目	A类火灾	B类火灾	C类火灾
水型 (清水、酸碱)	适用	不适用	不适用
	水能冷却，并穿透燃烧物而灭火，可有效防止复燃	水流冲击油面，会激溅油火，致使火势蔓延	灭火器喷出的细小水流对立体型的气体火灾作用很小，基本无效

续表

项　目		A类火灾	B类火灾	C类火灾
泡沫型 （化学泡沫）		适用	有选择适用	不适用
		具有冷却和覆盖燃烧物表面隔绝空气的作用	覆盖燃烧物表面，使燃烧物表面与空气隔离，可有效灭火。但由于极性溶剂破坏泡沫，故不适用	泡沫对平面火灾灭火有效，但对立体型气体火灾基本无效
干粉	磷酸铵盐	适用	适用	适用
		粉剂能附着在燃烧物的表面层，具有隔离空气、窒息火焰、防止复燃的作用	干粉灭火剂能快速窒息火焰，具有中断燃烧过程中连锁反应化学活性的作用	喷射干粉灭火剂能快速扑灭气体火焰，具有中断燃烧过程中连锁反应化学活性的作用
	碳酸氢钠	不适用		
		碳酸氢钠对固体可燃物无黏附作用，只能控火不能灭火		
卤代烷 （1211、1301）		适用	适用	适用
		目前世界各国均认为它具有扑灭A类火灾的能力，并经试验证明	卤代烷灭火剂能快速窒息火焰，抑制燃烧连锁反应而中止燃烧。灭火不留残渍，不污染、不损坏设备	卤代烷灭火剂能抑制燃烧连锁反应而中断燃烧。灭火不留残渍，不污染、不损坏设备
二氧化碳		不适用	适用	适用
		灭火器喷出的二氧化碳量少，无液滴，全是气体，对A类火灾基本无效	二氧化碳靠气体堆积在燃烧物表面，稀释并隔绝空气	二氧化碳窒息灭火，不留残渍，不损坏设备

(2) 油库灭火器的选择要求及个例见表3-2-56。

表3-2-56　油库灭火器的选择要求及个例

项　目	选择要求及个例	
1. 灭火器 类型选择	规范要求。《石油设计规范》规定，油库配置灭火器应选用干粉灭火器和二氧化碳火灾器	
	灭火器类型	适用火灾场所
	(1) 水型灭火器	适用于A类火灾场所
	(2) 含有扑灭B类火添加剂的水型灭火器	和适用于A类、B类火灾场所
	(3) 机械泡沫灭火器	
	(4) 抗溶性机械泡沫灭火器	适用于极性溶剂的B类火灾场所。对于车用乙醇汽油和高辛烷值醇醚抗爆添加剂含量大于或等于10%（体积比）的无铅汽油，应按极性溶剂B类火灾配置灭火器
	(5) 磷酸铵盐干粉灭火器	适用于A类、B类、C类和E类火灾场所
	(6) 碳酸氢钠干粉灭火器	适用于B类、C类和E类火灾场所

续表

项　目	选择要求及个例	
1. 灭火器类型选择	(7) 二氧化碳灭火器	适用于 B 类、C 类和 E 类火灾场所
	(8) 应选用能扑救特定的可燃金属火灾的灭火器	D 类火灾场所
	(9) 宜选用洁净气体型灭火器，不宜选用水型、干粉或泡沫灭火器	扑救精密仪器设备火灾
	(10) 不得选用装有金属喇叭口的二氧化碳灭火器	扑救 E 类火灾
2. 灭火器选择应考虑的因素及原则	(1) 考虑的因素 ① 灭火器配置场所内可能发生的火灾种类 ② 灭火器的灭火有效程度 ③ 灭火器喷出的灭火剂对保护物品的污损程度 ④ 灭火器设置点的环境温度 ⑤ 使用灭火器人员的体质和年龄 (2) 考虑的原则 ① 在同一灭火器配置场所，宜选用同一类型和操作方法相同的灭火器 ② 在同一灭火器配置场所，当选用两种或两种以上类型灭火器时，应采用灭火剂相容的灭火器 ③ 油库火灾危险场所中不得再配置以下类型的灭火器： a. 储气瓶式干粉灭火器 b. 酸碱灭火器 c. 化学泡沫灭火器 d. 卤代烷灭火器	

四、油库常用灭火器的类型及规格

(一) 灭火器的类型及型号含义

灭火器的类型及型号含义见表 3-2-57。

表 3-2-57　灭火器的类型及型号含义

1. 类型	(1) 灭火器的类型、规格较多			
	(2) 油库常用的灭火器主要有水型灭火器、泡沫型灭火器、干粉型灭火器、二氧化碳型灭火器			
	(3) 使用最多的是干粉型灭火器，其次是二氧化碳灭火器			
2. 各类灭火器型号和含义	(1) 灭火器型号由类、组、特征代号和主要参数四部分组成			
	(2) 其中类、组、特征代号是用有代表性的汉字拼音字母的字头表示；主要参数是指灭火器中灭火剂的充装量和单位，单位用 kg 或 L			
	M	组	特　征	参　数
	表示灭火器	一般用充装的灭火剂表示	表示手提、推车等特征形式	灭火剂充装量，kg 或 L
3. 举例	(1) MFT8 表示 8kg 的手提式干粉灭火器			
	(2) MFZ35 表示 35kg 的推车式干粉灭火器			
	(3) MT2 表示 2kg 的手提式二氧化碳灭火器			
	(4) MSQ9 表示 9L 的手提式清水灭火器			

(二)常用灭火器的类型、规格、灭火级别

(1)手提式灭火器的类型、规格、灭火等级(灭火级别是定量和定性表证灭火器的灭火能力及其适用扑灭火灾的种类)见表3-2-58。

表3-2-58 手提式灭火器类型、规格、灭火级别

灭火器类型	灭火器类型规格	灭火剂充装量		灭火级别	
		L	kg	A类	B类
水型	MSQ3、MSQZ3 MSQ3A、MSQZ3A	3	—	1A	— 含B则4B
	MSQ6、MSQZ6 MSQ6A、MSQZ6A	6	—	1A	— 含B则8B
	MSQ9、MSQZ9 MSQ9A、MSQZ9A	9	—	2A	— 含B则14B
机械泡沫	MJP3、MJPZ3	3	—	1A	2B
	MJP4、MJPZ4	4	—	1A	2B
	MJP6、MJPZ6	6	—	1A	5B
	MJP9、MJPZ9	9	—	2A	12B
干粉(碳酸氢钠)	MFZ1	—	1		2B
	MFZ2	—	2		3B
	MFZ3	—	3		5B
	MFZ4	—	4		9B
	MFZ5	—	5		14B
	MFZ6	—	6		14B
	MFZ8	—	8		22B
	MFZ10	—	10		22B
干粉(磷酸铵盐)	MFZL1	—	1	1A	2B
	MFZL2	—	2	1A	3B
	MFZL3	—	3	2A	5B
	MFZL4	—	4	2A	9B
	MFZL5	—	5	3A	14B
	MFZL6	—	6	3A	14B
	MFZL8	—	8	4A	22B
	MFZL10	—	10	6A	22B
二氧化碳	MT2	—	2	—	2B
	MT3	—	3	—	3B
	MT5	—	5	—	4B
	MT7	—	7	—	5B

(2)常用推车式灭火器的类型、规格、灭火等级见表3-2-59。

表 3-2-59 推车式灭火器类型、规格和灭火级别

灭火器类型	灭火器类型规格	灭火剂充装量		灭火级别	
		L	kg	A 类	B 类
干粉(碳酸氢钠)	MFTZ20	—	20	—	30B
	MFTZ25	—	25	—	35B
	MFTZ35	—	35	—	45B
	MFTZ50	—	50	—	65B
	MFTZ70	—	70	—	90B
	MFTZ100	—	100	—	120B
干粉(磷酸铵盐)	MFTZL20	—	20	4A	30B
	MFTZL25	—	25	4A	35B
	MFTZL35	—	35	6A	45B
	MFTZL50	—	50	6A	65B
	MFTZL70	—	70	10A	90B
	MFTZL100	—	100	10A	120B
二氧化碳	MTT12	—	12	—	6B
	MTT20	—	20	—	8B
	MTT24	—	24	—	10B

（3）油库已经配置的卤代烷灭火器应用等效灭火器代替见表3-2-60。

表 3-2-60 等效替代卤代烷灭火器

灭火器型式	卤代烷1211灭火器			磷酸铵盐干粉灭火器		
	灭火剂充装量/kg	灭火级别		灭火剂充装量/kg	灭火级别	
		A 类	B 类		A 类	B 类
手提式灭火器	1	—	2B	1	1A	2B
	2	—	3B	2	1A	3B
	3	—	5B	3	2A	5B
	4	1A	5B	3	2A	5B
	6	1A	9B	4	2A	9B
推车式灭火器	20	—	24B	20	4A	30B
	25	—	30B	20	4A	30B
	40	—	35B	25	4A	35B

五、油库常用灭火器的结构和用途

常用灭火器的结构和用途见表3-2-61。

表 3-2-61 灭火器的结构和用途

名 称	图 例	结 构	用 途
手提式清水灭火器		1—保险帽 2—提圈 3—二氧化碳储气瓶 4—喷嘴 5—水位标志 6—虹吸管 7—筒体	水型灭火器主要用于扑救固体物质火灾，如木材、纸张、棉麻、织物等的初起火灾。能够喷雾的灭火器也可用于扑救可燃液体的初起火灾 水型灭火器一般不能用来扑救可燃液体火灾、可燃气体火灾、带电设备火灾和轻金属火灾。水型灭火器也不宜用来扑救图书资料、文物档案、艺术作品、技术文献等物质的火灾，因为水渍损失会使它们失去使用价值
手提式化学泡沫灭火器		1—筒体 2—筒盖 3—喷嘴 4—瓶胆 5—瓶胆盖 6—坚固螺母 7—提环 8—滤网 9—密封垫圈	泡沫灭火器主要用于扑救油品火灾，如汽油、煤油、柴油、甲苯、二甲苯、植物油、动物油脂等的初起火灾；也可用于扑救固体物质火灾，如木材、竹器、棉麻、织物、纸张等的初起火灾。其中抗溶泡沫灭火器还能够扑救水溶性可燃液体火灾，如甲醇、乙醇、丙酮、醋酸乙脂等的初起火灾 泡沫灭火器不能用于扑救带电设备火灾、气体火灾和轻金属火灾。油库加油站使用较少
舟车式化学泡沫灭火器		1—筒体 2—筒盖 3—喷嘴 4—瓶胆 5—瓶胆密封盖 6—坚固螺母 7—偏心扳手 8—瓶盖连杆	泡沫灭火器主要用于扑救油品火灾，如汽油、煤油、柴油、甲苯、二甲苯、植物油、动物油脂等的初起火灾；也可用于扑救固体物质火灾，如木材、竹器、棉麻、织物、纸张等的初起火灾。其中抗溶泡沫灭火器还能够扑救水溶性可燃液体火灾，如甲醇、乙醇、丙酮、醋酸乙脂等的初起火灾 泡沫灭火器不能用于扑救带电设备火灾、气体火灾和轻金属火灾。油库加油站使用较少
推车式化学泡沫灭火器		1—车架 2—筒体 3—瓶胆 4—密封垫圈 5—筒盖 6—安全阀 7—手轮 8—螺杆 9—螺母 10—垫圈 11—阀门手轮 12—喷枪 13—密封盖 14—喷射软管 15—车轮	泡沫灭火器主要用于扑救油品火灾，如汽油、煤油、柴油、甲苯、二甲苯、植物油、动物油脂等的初起火灾；也可用于扑救固体物质火灾，如木材、竹器、棉麻、织物、纸张等的初起火灾。其中抗溶泡沫灭火器还能够扑救水溶性可燃液体火灾，如甲醇、乙醇、丙酮、醋酸乙脂等的初起火灾 泡沫灭火器不能用于扑救带电设备火灾、气体火灾和轻金属火灾。油库加油站使用较少

续表

名　称	图　例	结　构	用　途
储压式空气泡沫灭火器		1—虹吸管 2—压把 3—喷射软管 4—筒体 5—泡沫喷枪 6—筒盖 7—提把 8—加压氮气 9—泡沫混合液	泡沫灭火器主要用于扑救油品火灾，如汽油、煤油、柴油、甲苯、二甲苯、植物油、动物油脂等的初起火灾；也可用于扑救固体物质火灾，如木材、竹器、棉麻、织物、纸张等的初起火灾。其中抗溶泡沫灭火器还能够扑救水溶性可燃液体火灾，如甲醇、乙醇、丙酮、醋酸乙脂等的初起火灾。 　　泡沫灭火器不能用于扑救带电设备火灾、气体火灾和轻金属火灾。油库加油站使用较少
储气瓶式空气泡沫灭火器		1—筒盖 2—压把 3—提把 4—二氧化碳储气瓶 5—筒体 6—虹吸管 7—泡沫混合液 8—空气泡沫喷枪 9—喷射软管	泡沫灭火器主要用于扑救油品火灾，如汽油、煤油、柴油、甲苯、二甲苯、植物油、动物油脂等的初起火灾；也可用于扑救固体物质火灾，如木材、竹器、棉麻、织物、纸张等的初起火灾。其中抗溶泡沫灭火器还能够扑救水溶性可燃液体火灾，如甲醇、乙醇、丙酮、醋酸乙脂等的初起火灾。 　　泡沫灭火器不能用于扑救带电设备火灾、气体火灾和轻金属火灾。油库加油站使用较少
分装式空气泡沫灭火器		1—压力表 2—筒盖 3—混合器 4—吸液管 5—内胆 6—泡沫液 7—清水 8—喷射软管 9—吸水管 10—泡沫喷枪 11—筒体	泡沫灭火器主要用于扑救油品火灾，如汽油、煤油、柴油、甲苯、二甲苯、植物油、动物油脂等的初起火灾；也可用于扑救固体物质火灾，如木材、竹器、棉麻、织物、纸张等的初起火灾。其中抗溶泡沫灭火器还能够扑救水溶性可燃液体火灾，如甲醇、乙醇、丙酮、醋酸乙脂等的初起火灾。 　　泡沫灭火器不能用于扑救带电设备火灾、气体火灾和轻金属火灾。油库加油站使用较少
内装式干粉灭火器		1—压把 2—筒盖 3—框子 4—密封膜片 5—出气管 6—二氧化碳储气瓶 7—出粉管 8—筒体 9—固定带 10—喷嘴 11—防潮堵	碳酸氢钠干粉灭火器适于扑救甲、乙、丙类液体，可燃气体和带电设备的初起火灾，常用于加油站、汽车库、实验室、变配电室、煤气站、液化气站、油库、船舶、车辆、工矿企业及公共建筑等场所。磷酸铵盐干粉灭火器适于扑救可燃固体，甲、乙、丙类液体，可燃气体和带电设备的初起火灾，除适用于上述场所外，还适用于储有木材、竹器、棉麻、织物、纸张等制品的场所。 　　使用时，应注意灭后复燃。储瓶式干粉灭火器已经淘汰，不应再添置此类灭火器

743

续表

名称	图例	结构	用途
手提式储气瓶气粉灭火器		1—出气管 2—出粉管 3—储气瓶 4—开启机构 5—器头 6—筒体 7—喷射软管 8—间歇喷射阀	碳酸氢钠干粉灭火器适于扑救甲、乙、丙类液体，可燃气体和带电设备的初起火灾，常用于加油站、汽车库、实验室、变配电室、煤气站、液化气站、油库、船舶、车辆、工矿企业及公共建筑等场所。磷酸氨盐干粉灭火器适于扑救可燃固体，甲、乙、两类液体，可燃气体和带电设备的初起火灾，除适用于上述场所外，还适用于储有木材、竹器、棉麻、织物、纸张等制品的场所。 使用时，应注意灭后复燃。储瓶式干粉灭火器已经淘汰，不应再添置此类灭火器
储压式干粉灭火器		1—筒盖 2—喷嘴 3—出粉管 4—筒体	碳酸氢钠干粉灭火器适于扑救甲、乙、丙类液体，可燃气体和带电设备的初起火灾，常用于加油站、汽车库、实验室、变配电室、煤气站、液化气站、油库、船舶、车辆、工矿企业及公共建筑等场所。磷酸氨盐干粉灭火器适于扑救可燃固体，甲、乙、两类液体，可燃气体和带电设备的初起火灾，除适用于上述场所外，还适用于储有木材、竹器、棉麻、织物、纸张等制品的场所。 使用时，应注意灭后复燃。储瓶式干粉灭火器已经淘汰，不应再添置此类灭火器
推车式干粉灭火器		1—进气压杆提环 2—进气压管 3—压力表 4—密封胶圈 5—护罩 6—筒体 7—二氧化碳储气瓶 8—出粉口密封胶圈 9—出粉管 10—轮轴 11—车轮 12—车架 13—喷粉枪	碳酸氢钠干粉灭火器适于扑救甲、乙、丙类液体，可燃气体和带电设备的初起火灾，常用于加油站、汽车库、实验室、变配电室、煤气站、液化气站、油库、船舶、车辆、工矿企业及公共建筑等场所。磷酸氨盐干粉灭火器适于扑救可燃固体，甲、乙、两类液体，可燃气体和带电设备的初起火灾，除适用于上述场所外，还适用于储有木材、竹器、棉麻、织物、纸张等制品的场所。 使用时，应注意灭后复燃。储瓶式干粉灭火器已经淘汰，不应再添置此类灭火器

续表

名 称	图 例	结 构	用 途
背负式干粉灭火器		1—干粉收集管 2—单向阀 3—气袋 4—储气瓶 5—筒体 6—安全阀 7—开启拉线 8—顶针 9—枪机 10—干粉枪 11—软管	碳酸氢钠干粉灭火器适于扑救甲、乙、丙类液体，可燃气体和带电设备的初起火灾，常用于加油站、汽车库、实验室、变配电室、煤气站、液化气站、油库、船舶、车辆、工矿企业及公共建筑等场所。磷酸氨盐干粉灭火器适于扑救可燃固体，甲、乙、两类液体，可燃气体和带电设备的初起火灾，除适用于上述场所外，还适用于储有木材、竹器、棉麻、织物、纸张等制品的场所。 使用时，应注意灭后复燃。储瓶式干粉灭火器已经淘汰，不应再添置此类灭火器
1301灭火器		1—压把 2—喷嘴 3—筒盖 4—筒体 5—虹吸管	卤代烷灭火器适用于扑救可燃固体，甲、乙、丙类液体，可燃气体和带电设备的初起火灾。由于卤代烷灭火具有灭火效率高、灭火速度快、灭火时不污损物件、灭火后不留痕迹等特点，所以卤代烷灭火器广泛用于电子计算机房、通讯机房、精密设备间、图书馆、文物档案。 但因其破坏臭氧，卤代烷灭火器已经列入淘汰，2005年1211灭火器淘汰，2010年1301灭火器淘汰，不应再添置此类灭火器
1211灭火器		1—喷嘴 2—压把 3—保险销 4—提把 5—筒盖 6—密封垫 7—筒体 8—虹吸管	卤代烷灭火器适用于扑救可燃固体，甲、乙、丙类液体，可燃气体和带电设备的初起火灾。由于卤代烷灭火具有灭火效率高、灭火速度快、灭火时不污损物件、灭火后不留痕迹等特点，所以卤代烷灭火器广泛用于电子计算机房、通讯机房、精密设备间、图书馆、文物档案。 但因其破坏臭氧，卤代烷灭火器已经列入淘汰，2005年1211灭火器淘汰，2010年1301灭火器淘汰，不应再添置此类灭火器
手轮式二氧化碳灭火器		1—喷筒 2—手轮式启闭阀 3—钢瓶 4—虹吸管	二氧化碳灭火器适用于扑救甲、乙类液体，可燃气体和带电设备的初起火灾，常用于加油站、油泵间、液化气站、实验室、变配电室、柴油发电机房等场所作初期防护。二氧化碳灭火时不污损物件，灭火后不留痕迹，所以二氧化碳灭火器更适于扑救精密仪器和贵重设备的初起火灾，可用于电子计算机房、通讯机房和精密设备间等场所作初期防护

745

续表

名 称	图 例	结 构	用 途
鸭嘴式二氧化碳灭火器		1—压把 2—安全销 3—提把 4—超压安全保护装置 5—启闭阀 6—卡带 7—喷管 8—钢瓶 9—喷筒	二氧化碳灭火器适用于扑救甲、乙类液体，可燃气体和带电设备的初起火灾，常用于加油站、油泵间、液化气站、实验室、变配电室、柴油发电机房等场所作初期防护。二氧化碳灭火时不污损物件，灭火后不留痕迹，所以二氧化碳灭火器更适于扑救精密仪器和贵重设备的初起火灾，可用于电子计算机房、通讯机房和精密设备间等场所作初期防护

六、油库灭火器的设置要求

油库灭火器的设置要求见表 3-2-62。

表 3-2-62 油库灭火器的设置要求

项目	设置要求
1. 设置位置要求	(1)灭火器的设置点应位置明显和便于取用，不得影响日常作业人员通行 (2)灭火器的设置点的位置和数量应根据灭火器的最大保护距离确定，并应保证任何可能着火点至少能得到 1 具灭火器的保护，不应出现任何未受到保护的空白区 (3)灭火器不得设置在超出其使用温度范围的地点。 (4)灭火器不应设置在潮湿或强腐蚀性的地点。必须设置时，应有相应的保护措施。灭火器设置在室外时，亦应有相应的保护措施 (5)灭火器的设置位置应固定，不得随意挪动
2. 设置位置指示	(1)应设置指示灭火器所在位置的醒目标志 (2)油库洞库、半地下油罐配置灭火器的标志应具有发光的性能 (3)灭火器箱的箱体正面和灭火器筒体的铭牌上亦应设置发光标志
3. 其他	(1)灭火器应设置稳固，其铭牌必须朝外 (2)手提式灭火器宜设置在灭火器箱内或挂钩、托架上，其顶部离地面高度不应大于 1.2m，底部离地面高度不宜小于 0.08m (3)灭火器箱不应上锁

第十三节 油库消防器材设备及消防车的配置

一、油库常用消防器材配置标准

(一)消防间消防器材的配置标准

消防间消防器材的配置标准见表 3-2-63。

表 3-2-63 消防间消防器材的配置标准

1. 应设场所	油库储油区、装卸油作业区、零发油作业区、库房区、辅助作业区等，应在其主要设施附近设置消防间。业务场所集中或相对集中布置时，消防间应统一布置				
2. 设置位置	消防间应位置适中、特征明显，并便于应急取用器材				
3. 消防间内消防器材配置参考表					
配置性质	名称	型号	单位	数量	备注
必配消防器材	灭火器	MF8	具	2～5	
	消防锹		把	4	
	消防桶		只	4	
	消防斧		把	1	
	挠钩		把	2	
	水枪	φ19mm	支	2	
	泡沫管枪	PQ8	支	2	宜选用自吸式
	水带	φ65mm	盘	6	宜选用胶衬里水带
	灭火毯		块	2～4	
选配消防器材	泡沫勾管		支	2～3	地上轻质油品油罐区
	泡沫枪		支	2～3	
	灭火器	MF35	具	1～2	

(二)消防沙、灭火毯的配置标准及要求

消防沙、灭火毯的配置标准及要求见表 3-2-64。

表 3-2-64 消防沙、灭火毯的配置标准及要求

1. 应设场所	油库储油区、装卸油作业区、零发油作业区、库房区、辅助作业区等业务场所主要设施设备附近应配置消防沙、灭火毯							
2.《石油库设计规范》规定	(1) 五级油库主要场所消防沙、灭火毯配置见下表							
	项目	油罐区	桶装油品库房	油泵房	灌桶间	铁路油品栈桥	汽车装卸场地	油品装卸码头
	消防沙	2	2	—	3	2	2	—
	灭火毯	2.0	1.0	0.5	1.0	—	1.0	1.0
	(2) 四级及以上油库配备消防沙的数量同五级油库，灭火毯在本表所列各场所配置 4～6 块							
3. 质量要求	灭火毯的材料、厚度、纺织密度和机械强度等技术指标应符合相应标准，灭火毯应大于保护设施孔洞直径 0.5 以上							
4. 管理要求	灭火毯配置位置应明显，叠放整齐，取用方便，保持干净，被污染后应清洗或更换							
5. 室外要求	灭火毯配置在室外时，应有防止风吹、雨淋、日晒的措施							
6. 非商业油库配置标准	(1) 非商业油库消防沙配置见表 3-2-65 (2) 非商业油库石棉被配置见表 3-2-66 (3) 非商业加油站消防器材配置见表 3-2-67							

表 3-2-65 非商业油库消防沙配置

配置场所	建(构)筑物结构、形式		配置标准	配置位置	备注
1. 地面油罐	立式	轻油	1.5m³/组(罐)	防火堤内出入口附近	以一个防火堤为一组。防火堤内建有隔堤的，以一个隔堤为一组
		润滑油	1.0m³/组(罐)		
	卧式	轻油	1.0m³/组(罐)		
		润滑油	0.5m³/组(罐)		
2. 半地下(覆土)油罐	立式	轻油	1.0m³/罐	检查通道出入口附近	指下部或中部设有检查通道的油罐。包括贴壁式油罐
	同罐室卧式	轻油	1.0m³/组	检查通道出入口附近	包括地面房间式卧式罐(组)和半地下(覆土)走廊(操作间)式卧式罐(组)
3. 洞库油罐		轻油	2.0m³/洞口	洞口附近	
		润滑油	1.0m³/洞口		
4. 各类桶装油品库房、棚、堆放场			1.0m³/栋(处)	室内或室外适当位置	
5. 轻油泵房			1.0m³/座	室内或室外适当位置	不分建筑形式
6. 铁路轻油装卸作业区			1.0m³/120m	栈桥下部中间或两端	
7. 铁路润滑油装卸作业区			1.0m³/处	鹤位附近适当位置	
8. 汽车收发油作业区			1.0m³/处	设施附近适当位置	
9. 码头收发油作业区			1.0m³/处	设施附近适当位置	
10. 轻油、润滑油灌桶间			0.3m³/间	室内或室外适当位置	
11. 发电机房储油间			0.3m³/间	室内或室外适当位置	
12. 发动机泵组、消防泵房储油间			0.3m³/间	室内或室外适当位置	

表 3-2-66 非商业油库石棉被配置

配置场所	建(构)筑物结构、形式		配置标准	配置位置	备注
1. 地面油罐	立式	轻油、润滑油	1条/座	测量口附近	
	卧式	轻油	1条/座	测量口附近	
		润滑油	1条/4座	与灭火器一同放置	
	储罐区		每2具灭火器对应配置1条石棉被		
2. 半地下(覆土)油罐	立式	轻油、润滑油	1条/座	测量口附近	包括贴壁式油罐
	油罐室卧式	轻油	1条/座	测量口附近	含地面房间式卧式罐(组)和半地下(覆土)走廊(操作间)式卧式罐(组)
		润滑油	1条/4座	与灭火器一同放置	
	直埋卧式	轻油	1条/2座	与灭火器一同放置	
		润滑油	1条/4座		

续表

配置场所	建(构)筑物结构、形式		配置标准	配置位置	备 注
3. 洞库油罐	洞库上、下坑道口部		1条/处	与灭火器一同放置	
	单一罐室布置的立式、卧式	轻油、润滑油	1条/座	测量口附近	含贴壁式油罐
	油罐室立式	轻油、润滑油	1条/座	测量口附近	
	油罐室卧式	轻油	1条/座	测量口附近	
		润滑油	1条/4座	与灭火器一同放置	
4. 各类桶装油品库房、棚、堆放场			每2具灭火器对应配置1条石棉被		
5. 轻油泵房			2条/座	与灭火器一同放置	
6. 铁路轻油装卸作业区			1条/12m	栈桥上部鹤管附近	有两股或多股作业栈桥的,应分别配置
7. 铁路润滑油装卸作业区			每2具灭火器对应配置1条石棉被		
8. 汽车收发油作业区			1条/车位	与灭火器一同放置	
9. 码头收发油作业区	装卸油鹤位		1条/鹤位	装卸油臂附近适当位置	
	趸船		每2具灭火器对应配置1条石棉被		
10. 轻油、润滑油灌桶间 11. 发电机房储油间 12. 化验室油样间 13. 发动机泵组、消防泵房储油间			1条/间	与灭火器一同放置	

表3-2-67 非商业加油站消防器材配置

项 目	加油机	地上油罐	埋地油罐	业务用房	一、二级加油站	三级加油站
MF4 灭火器	1具/2台	—	—	—	—	—
MP9 灭火器	1具/2台	—	—	—	—	—
MFT35 灭火器	—	2具/罐区	1具/罐区	—	—	—
MF8 灭火器	—	—	—	1具/50m²	—	—
石棉被	—	—	—	—	5块/座	2块/座
砂子	—	—	—	—	2m³/座	2m³/座

注:①加油机不足2台按2台计算。
②当汽油、柴油距离超过15m时应分别设置。
③业务用房包括油泵房、润滑油间等,配置总数不少于2具。
④其他按《建筑灭火器配置设计规范》规定计算配置。

(三)油库灭火器材的综合配置标准

(1)商业油库灭火器材的综合配置参见表3-2-68。

表3-2-68 商业油库灭火器材的综合配置参考表

场所名称	保护面积的确定	灭火器材类型规格和数量	
1. 露天罐区	立式罐区 (1)500m³(70m²) (2)1000m³(120m²) (3)2000m³(200m²) (4)3000m³(280m²) 注:括号内为油罐占地面积	每罐 (1)4kg干粉灭火器1个 (2)4kg干粉灭火器1个 (3)6kg干粉灭火器1个 (4)8kg干粉灭火器1个 另每罐放置石棉被1块	
	卧罐罐区每200m²为一组(200m²系5个50m³卧罐的占地面积)	(1)6kg干粉灭火器1个 (2)石棉被5块 (3)无泡沫灭火设施的增加25kg或35kg干粉手推车式灭火机1台	
2. 露天桶装场地(堆垛)	(1)每100m² (2)每300m²	(1)4kg干粉灭火器1个,石棉被2块 (2)再增加25kg或35kg干粉手推车式灭火机1台;0.5m³砂箱2个;铁锹5把	
3. 桶装仓库简易仓库小油罐仓库	(1)每40m²面积(或每座卧罐)(40m²系1个50m³卧罐的占地面积) (2)另外,每300m²	(1)5kg干粉灭火器1个,石棉被1块 (2)增加25kg或35kg干粉手推车式灭火机1台;0.5m³砂箱2个;铁锹5把	
4. 油泵房	每50m²面积	(1)5kg干粉灭火器1个 (2)真空罐处放置石棉被2块 (3)门口设0.5m³砂箱(桶)1个;铁锹5把	半地下泵房应改为6kg干粉灭火器1个
5. 铁路装卸油区	每组鹤管按50m²计算(即一辆最大铁路罐车的占地面积)	(1)每组配备5kg干粉灭火器1个,石棉被1块 (2)5组及以下,另配25kg或35kg干粉手推车式灭火机1台 (3)5组及以上,每5组增加25kg或35kg干粉手推车式灭火机1台	
6. 汽车装卸油区	(1)每40m²面积[40m²面积系两组装卸油口(两辆最大车辆)的占地面积] (2)每200m²面积	(1)5kg干粉灭火器1个,石棉被1块 (2)增加25kg或35kg干粉手推车式灭火机1台;0.5m³砂箱1~2个;铁锹5把	
7. 码头、趸船	每100m²面积	(1)8kg干粉,石棉被2块 (2)25kg或35kg干粉手推车式灭火机1台	
8. 计量室、化验室	每50m²面积	7kg二氧化碳	

续表

场所名称	保护面积的确定	灭火器材类型规格和数量
9. 变配电间、仪表控制室、机修车间	每50m²面积	7kg二氧化碳
10. 锅炉房	每50m²面积	7kg二氧化碳或9L泡沫灭火器

注：本表摘自中国石化销售公司1992年《石油库管理制度》附录13。

(2) 非商业油库灭火器配置场所、位置及数量参见表3-2-69。

表3-2-69　非商业油库灭火器配置场所、位置及数量

配置场所	建(构)筑物结构、形式		数量	类型规格	位置	备注
1. 地上式油罐	立式	轻油	2具/1座	MF8	量油孔、罐前操作阀附近各1具	—
		润滑油	1具/2座	MF8	2座罐前操作阀之间适当位置	不足2座，按2座配置，以下同
	卧式	轻油	2具/2座	MF8	2座罐量油孔、罐前操作阀之间适当位置各1具	—
		润滑油	1具/4座	MF8	4座罐前操作阀之间适当位置	不足4座，按4座配置，以下同
	储罐区		1具/400m²	MF8	防火堤内、出入口附近	按面积计算的配置数量和按油罐确定的配置数量比较，依据最大数配置，不重复计算配置数量
2. 覆土式油罐	立式	轻油	2具/1座	MF8	量油孔、操作阀(密封门外)附近各1具	不分容量大小，包括贴壁式油罐
		润滑油	1具/1座	MF8	操作阀(密封门外)附近	同上
	同罐室卧式	轻油	2具/4座	MF8	4座罐量油孔、罐前操作阀之间适当位置各1具	包括地面房间式卧式罐(组)和半地下走廊(操作间)式卧式罐(组)
		润滑油	1具/4座	MF8	4座罐罐前操作阀之间适当位置	包括地面房间式卧式罐(组)和半地下走廊(操作间)式卧式罐(组)
	直埋卧式	轻油	2具/8座	MF8	8座罐量油孔、罐前操作阀之间适当位置各1具	—
		润滑油	1具/4座	MF8	4座罐罐前操作阀之间适当位置	—

续表

配置场所	建(构)筑物结构、形式		数量	类型规格	位置	备注
3. 洞库式油罐	洞内配电室、风机间		1具/1处	MT5	房门内侧	—
	洞库上、下坑道口部		2具/1处	MF8	洞口操作间或第一道防护门外侧	—
	单罐室布置(立式、卧式)	轻油	2具/1座	MF8	量油孔、罐室操作阀(密封门外)附近各1具	不分容量大小,包括贴壁式油罐
		润滑油	1具/1座	MF8	室操作阀(密封门外)附近	不分容量大小,包括贴壁式油罐
	同罐室立式	轻油	2具/1座	MF8	量油孔、罐前操作阀附近各1具	不分容量大小
		润滑油	1具/2座	MF8	罐前操作阀之间适当位置	—
	同罐室卧式	轻油	2具/2座	MF8	量油孔、罐前操作阀之间适当位置各1具	—
		润滑油	1具/2座	MF8	操作阀之间适当位置	—
4. 库房	地面库房	轻油桶装	1具/90m²	MF8	各房门内侧	含各种小包装库房
		润滑油桶装	1具/135m²	MF8	各房门内侧	
		油料装备	1具/195m²	MF8	各房门内侧	包括机具库房
	洞库库房	轻油桶装	1具/75m²	MF8	各房门内侧	含各种小包装库房
		润滑油桶装	1具/105m²	MF8	各房门内侧	
		油料装备	1具/150m²	MF8	各房门内侧	
	露天堆桶棚、场		1具/400m²	MF8	出入口适当位置	—
5. 油泵房	地面(地下)泵房	轻油	4具/1座	MF8	各房门内侧	
		润滑油	2具/1座	MF8	各房门内侧	
	露天泵站	轻油、润滑油	2具/1座	MF8	操作区出入口内侧	
6. 铁路轻油装卸作业区	栈桥上部		1具/12m	MF8	鹤管附近	并排有两股或多股装卸油作业栈桥上部应分别配置,下部可按单股配置;下部无操作阀的可不配置
	栈桥下部		1具/12m	MF8	操作阀附近	
7. 铁路润滑油装卸作业区			2具/1座	MF8	鹤管附近	—
8. 汽车收发油作业区			2具/1车位	MF8	操作台上部适当位置	或卸油口附近
9. 码头收发油作业区	装卸油管接口		2具/接口	MF8	装、卸油管,鹤管附近适当位置	—
	趸船		4具/1座	MF8	船上适当位置	—

续表

配置场所	建(构)筑物结构、形式	数量	类型规格	位置	备注
10. 灌桶设施	轻油	1具/桶位	MF8	操作工位附近	—
	润滑油	1具/2桶位	MF8	操作工位之间适当位置	—
11. 洗修桶车间		1具/105m²	MF8	各房门内侧	气焊车间及乙块库或乙瓶库另单独配置1具
12. 检修车间		1具/195m²	MF8	各房门内侧	气焊车间及乙块库或乙瓶库另单独配置1具
13. 发电机房、配电室		1具/每组发动机	MT5	各房门内侧	发电房油罐间单独配置MF8型灭火器1具
14. 控制室、化验室、资料室		1具/20m²	MT5	各房门内侧	化验室油样间单独配置MF8型灭火器1具
15. 消防泵房		1具/1座	MF8	各房门内侧	储油间单独配置真MF8型灭火器1具

注：①有可能发生A类火灾的场所，应选用磷酸铵盐干粉灭火器。
②建筑物面积按使用面积计算。
③场地面积按占地面积计算。
④地面罐区面积按防火堤内面积计算(含油罐占地面积)。

二、部分消防器材设备性能参数

(一)消防水带

消防水带的分类、特点见表3-2-70。

表3-2-70 消防水带的分类、特点

1. 分类	(1)按材质分消防水带按制作选用材料不同，分为亚麻水带、涂胶亚麻水带、涂胶棉织水带、胶水带、尼龙水带等多种				
	(2)按耐压能力分见下表				
	水带分级	甲	乙	丙	丁
	承受最大工作水压 kPa	981	784~882	588~686	588
	kgf/cm²	≥10	8~9	6~7	≤6
	适用性	①用于实际灭火的为甲、乙级水带 ②丙、丁级水带主要作为日常训练使用			
2. 尼龙水带(包括其他化纤织品)	(1)特点。具有易干、耐折盘等特点，使用效果也较好 (2)长度。标准水带每根长20m (3)接口。两端装有接口，使用时可连接延长。国产消防水带及与之相连接的其他消防器材，已统一为65mm的快速接口				

(二)消防水枪

消防水枪分类、用途见表 3-2-71，消防枪的名称、型号、特点和适用范围见表 3-2-72，消防水枪规格见表 3-2-73。

表 3-2-71 消防水枪分类、用途

1. 分类	(1)按用途。消防水枪按用途不同有直流式、开关直流式、雾化直流水枪、多用水枪、带架水枪及开花式多种
	(2)按材质分。按材质不同有铝合金制、铜制、胶木制等
2. 油库常用	油库灭火时用于喷雾隔离和冷却常用的是开花水枪和直流水枪
3. 其他	(1)其名称、型号、特点和适用范围见表 3-2-72
	(2)其规格见表 3-2-73

表 3-2-72 消防枪的名称、型号、特点和适用范围

名称	型号	图例	特点	适用范围
直流水枪	QZ16 QZ19 QZ16A QZ19A	1—本体；2—密封垫；3—密封座； 4—平面垫圈；5—枪体；6—密封圈；7—喷嘴	射程远、冲击力强，但水渍损失大	较远距离火灾扑救，较远距离物体冷却
开关直流水枪	QZG16 QZG19	1—球阀及接口；2—整流器；3—枪体； 4—喷嘴；5—密封圈；6—背带；7—耳环	可间歇直流射水	较远距离火灾扑救，较远距离物体冷却
雾化直流水枪	QW48	1—稳流器；2—枪体；3—球阀； 4—手柄；5—开花圈；6—直流喷雾体	水流呈雾状，冷却效果好，水渍损失小，驱排烟效果好，对水枪手有较好保护作用，但射程较近	扑救电气设备火灾和气体火灾，有的也可扑救油类火灾

续表

名称	型号	图例	特点	适用范围
多用水枪	QD50 QD65	1—喷嘴；2—平面垫圈；3—背带；4—枪体；5—球阀及接口；6—耳环	可实现直流射水和喷雾射水以及直流、开花、喷雾水的组合喷射，一枪多用，操作方便	扑救室内外的一般固体物质火灾和可燃烧体火灾及气体火灾
带架水枪	QJ32		水流量大，射程远	扑救棚户、露天货场等较大面积火灾

表3-2-73　消防水枪规格

名称	型号	进水口径/mm	出水口径/mm	材料	外形尺寸/mm		588kPa(6kgf/cm²) 30°角时射程		开花水流		质量/kg
					外径	长	喷嘴口径/mm	最远/m	开花角度	开花面/m²	
直流水枪	QZ12	50	13/16	铝合金	99	295	13/16	26/32.5			0.85
	QZ14	65	16/19		110	340	19	36			1.35
	QZ16	65	19/25		110	350	25	41			1.45
	QZ22	50	13/16	胶布塑料	99	300	13/16	26/32.5			0.47
	QZ24	65	16/19		110	331	19	36			0.96
	QZ26	65	19/25		110	340	25	41			0.97
开关水枪	QG12	50	13/16	铝合金		420	13/16	25.5/31			1.8
	QG14	65	16/19			450	19	35.5			2.2
开花水枪	QH12	50	13/16			395			0~180°	3.5×5	2
	QH14	65	16/19			450			0~180°	3.5×5	3
高架水枪	QJ12	2×65	25/28/30			1300	可回转360°喷射				

(三)消防水炮、泡沫枪、泡沫炮、泡沫钩管

(1)消防水炮、泡沫枪、泡沫炮、泡沫钩管的型号、特点、适用范围见表3-2-74。

表3–2–74 消防水炮、泡沫枪、泡沫炮、泡沫钩管的型号、特点、适用范围

名称	型号	图例	特点	适用范围
消防水炮	SP40	1—炮筒；2—转塔；3—球阀	喷射水量多、射程远、冲击力大。因此，水炮主要用于强烈的热辐射、热气流、浓烟火场的远距离射水和大风火场的强力射水	消防水炮分为移动式和固定式两种。移动式水炮主要作为消防车的附属装备；固定式水炮则可安装在消防车、油罐区、港口码头等场所
空气泡沫枪	PQ4 PQ8 PQ16	1—喷嘴；2—启动柄；3—手轮；4—枪筒；5—吸管；6—密封圈；7—吸管接头；8—枪体；9—管牙接口；	它兼有泡沫比例混合器和泡沫产生器的作用，泡沫枪可以喷射泡沫灭火，也可喷射清水灭火	用于扑救小型油罐、油罐车以及灌油间、装卸区的地面火灾
泡沫炮	PP32A PP48A	1—泡沫控制阀；2—集水管；3—仰俯机构；4—水控制阀；5—水泡沫；6—泡沫炮；7—水平回转机构	泡沫炮可以使用3%或6%型蛋白泡沫混合液	泡沫炮喷射充实密集的空气泡沫，适用于油罐火灾的扑救
泡沫钩管	PG16		钩管的上端有弯形喷管，用来钩挂在着火的油罐壁上，以便向罐内送入泡沫。其下端装有连接空气泡沫产生器的管牙接口	泡沫钩管用于产生和喷射空气泡沫，扑救没有固定泡沫灭火装置的地下、半地下或小型储油罐火灾

(2) 空气泡沫枪有长筒式和短筒式两种，按泡沫发生量分25L/s、50L/s、100L/s三种规格，其技术性能见表3–2–75。

表 3-2-75 空气泡沫枪技术性能

名称及型号	进口工作压力/ (×10⁵Pa)	进水量/ (L/s)	泡沫液吸入量/ (L/s)	混合液耗量/ (L/s)	泡沫发生量/ (L/s)	射程/m 集中点	射程/m 最远点
25L 空气泡沫枪 PQ4	7	3.76	0.24	4	25	16	24
	5	3.0	0.20	3.2	20		
50L 空气泡沫枪 PQ8	7	7.52	0.48	8	50	17	28
	5	6.0	0.40	6.4	40		
100L 空气泡沫枪 PQ16	7	15.04	0.96	16	100		32
	5	12.2	0.80	13	80		

(3)空气泡沫炮。空气泡沫炮是产生和喷射空气泡沫的灭火器材。它可由消防水泵供给混合液或由水泵供水自吸空气泡沫液产生和喷射空气泡沫。泡沫炮技术性能见表 3-2-76。

表 3-2-76 空气泡沫炮技术性能

型号	工作压力/ (×10⁵Pa)	进水量/ (L/s)	空气泡沫液吸入量/(L/s)	混合液耗量/(L/s)	空气泡沫发生量/(L/s)	射程/m 泡沫	射程/m 水
PP32	10	30.08	1.92	32	200	45	50
PPY32	10	30.08	1.92	32	200	45	50

(4)泡沫钩管。泡沫钩管简介见表 3-2-77。

表 3-2-77 泡沫钩管简介

(1)泡沫钩管是化学泡沫和空气泡沫两用的移动式灭火设备
(2)目前泡沫钩管只有一种,其泡沫发生量为100L/s
(3)它通常配备有两个附件
(4)使用化学泡沫时,在钩管下端装有分支管,以便分别跟甲、乙粉输送管线相接
(5)使用空气泡沫时,在钩管下端装有空气泡沫发生器
(6)钩管上端有弯形喷管,用来钩挂在着火的油罐上,向罐内喷射泡沫
(7)如油罐高度过高或其它原因发生钩挂困难,可借助消防梯
(8)泡沫钩管的技术性能见下表

型号	规格/(L/s)	配用空气泡沫比例混合器		钩管进口压力/(×10⁵Pa)	混合液耗量/(L/s)	泡沫发生量/(L/s)	外形尺寸/m		
PG16	100	PH32	100	5	16	100	3.82	0.58	14

(四)升降式泡沫管架

升降式泡沫管架简介见表 3-2-78。

表 3-2-78 升降式泡沫管架简介

说　明	结构图
(1) 升降式泡沫管架的作用和使用方法与泡沫钩管相同 (2) 是一种借助水的压力自动升起的移动式泡沫灭火设备 (3) 由于其长度范围可以调节，所以可用来扑救高度在 6.5~11.7m 的油罐火灾 (4) 目前升降式泡沫管架只有一种，其泡沫发生量为 100L/s (5) 它适用于扑灭中小型油罐、高架罐火灾 (6) 当油罐上的固定式泡沫产生器损坏后，可代替泡沫产生器的工作	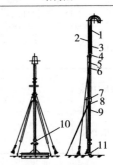 升降式泡沫管架图 1—弯曲喷管；2—空气泡沫产生器；3—连接管； 4—控制阀；5—拉索；6—伸缩管；7—制动装置； 8—撑脚管；9—管架体；10—放水旋塞；11—管架座

(7) 升降式泡沫管架技术性能见下表

| 型号 | 规格/(L/s) | 配用空气泡沫比例混合器 | | 工作压力/(×10⁵Pa) | 混合液耗量/(L/s) | 泡沫发生量/(L/s) | 外形尺寸 | | 质量/kg |
		型号	调节阀指针位置				升起前直立高度/m	升起后直立高度/m	
PJ15	100	PH32	100	5	16	100	9.4	12.85	125

(五) 消防梯

消防梯简介见表 3-2-79。

表 3-2-79 消防梯简介

(1) 消防梯多为可升降活动梯
(2) 分类
① 按形式分有单杠梯、挂钩梯、二节拉梯
② 按材质分为竹制、木制和铝合金制等多种
(3) 消防梯名称、型号性能见下表

名　称	型号	工作高度/m	质量/kg	材　质	外形尺寸/mm(长×宽×高)
单杠梯	TD31	3.1	12	木	105×65×3400
	TDZ31	3.1	8.5	竹	82×42×3390
挂钩梯	TG41	4.1	11.5	木	235×295×4100
	TGZ41	4.1	11	竹	200×290×4100
	TGL41	4.1	11	铝合金	135×295×4165
二节拉梯	TE60	6	33	木	190×440×3734
	TEZ61	6.1	33	竹	160×440×3840
	TEL75	7.5	31.5	铝合金	145×446×4406

(六)石棉被(毯)

有石棉毯成品,也可以用石棉布 1~3 层缝合而成,并按不同情况缝制成圆形或方形,但每块面积应不小于 1.2m²。

(七)常规防护装备

常规防护装备名称和用途见表 3-2-80。

表 3-2-80 常规防护装备名称和用途

名 称	型 号	图 例	用 途
消防头盔	GA-61-21 改进型 84-1 型	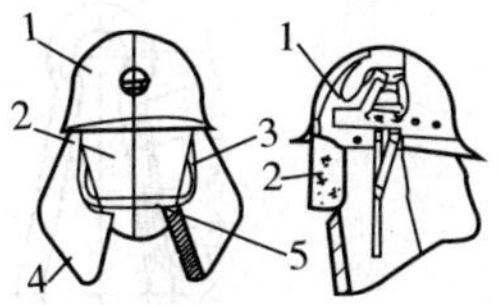 1—帽壳;2—面罩;3—佩戴装置;4—披肩;5—下颊带	用于保护消防员自身头部、颈部免受坠落物的冲击和穿透,以及热辐射、火焰、电击和侧向挤压伤害
消防战斗服	八一型 八五型	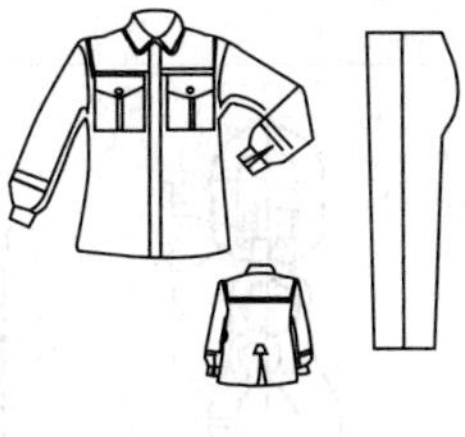	主要用于保护消防员的身体免受火场高温、蒸汽、热水,以及其他危险物的伤害
消防靴		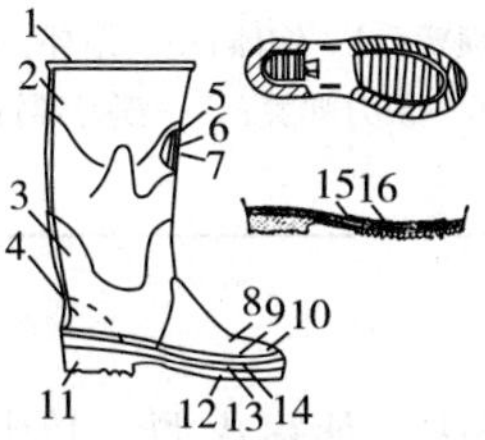 1—上口沿条;2—靴筒上部;3—靴筒跟部;4—后根衬部;5—靴筒中部;6—靴筒身衬部;7—松紧部;8—靴头部;9—靴条衬布;10—靴头衬布衫;11—底后跟;12—底掌;13—六线图条;14—光沿条;15—防刺层;16—中底布	用以保护消防员足部和腿部免受伤害;具有防滑、防穿刺性能
消防手套		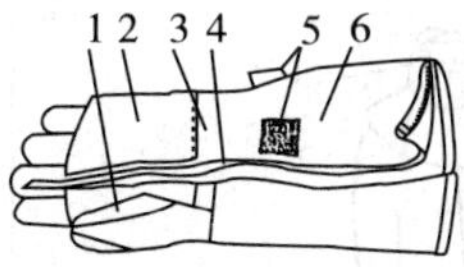 1—大拇指贴皮;2—手心贴皮;3—猪皮手心;4—浸塑棉布里层;5—尼龙搭扣;6—细帆布手套	用于保护消防员手部免受高温、摩擦、碰撞等伤害;它具有穿戴柔软舒适,耐磨性强,防水性好

名　称	型　号	图　例	用　途
消防安全带	EDA	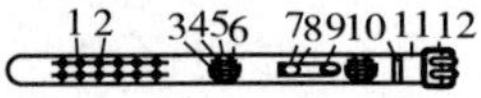 1—带体；2—蓬围；3—半圆环；4—弓形板；5—平头铆钉；6—垫圈；7—空心铝铆钉；8—锁扣；9—攀带；10—套圈；11—扣头包布；12—大方扣	消防安全带是消防员登高灭火的安全保护装备之一，可与安全绳、安全钩配合使用，进行救人和自救
消防安全钩	GX-12	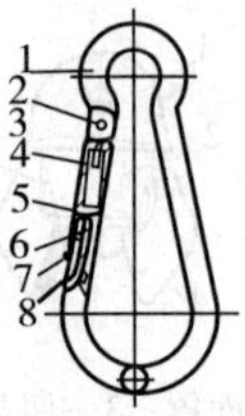 1—钩体；2—销钉；3—簧舌；4—复位弹簧；5—锁臂；6—压缩弹簧；7—板钉；8—保险锁	消防安全钩与消防安全带配合使用，用于消防员滑绳自救和救人作业
保险钩	GX	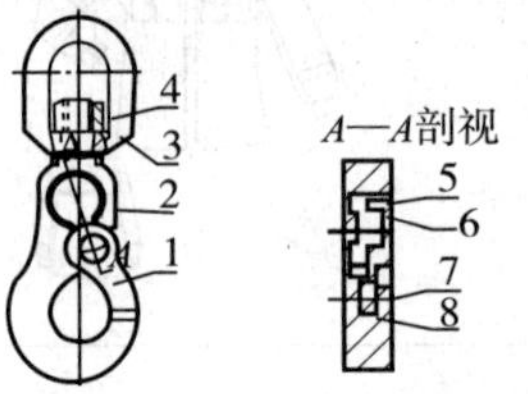 1—锁臂；2—钩体；3—吊环；4—螺帽；5—锁轮；6—顶力弹簧；7—锁臂螺钉；8—扭力弹簧	保险钩是消防员在高空训练时使用的安全保护装具

(八) 消防员特种防护装备

特种防护装备是消防员在火场中，侦察火源、救生抢险、扑救火灾和自身防护所需的各种技术装备的总称。如探测器具、救生器具、照明器具、破拆机具等。这些技术设备在地下工程、船舶、石油化工、高层建筑、寒冷地区等火场使用较多，它是扑救火灾、抢险救生和保护消防员自身安全的重要技术设备。几种特种防护装备见表3-2-81。

表3-2-81　几种特种消防装备

名　称	型　号	图　例	图例说明	用　途
1. 隔热服	夹衣、棉衣和单衣三种	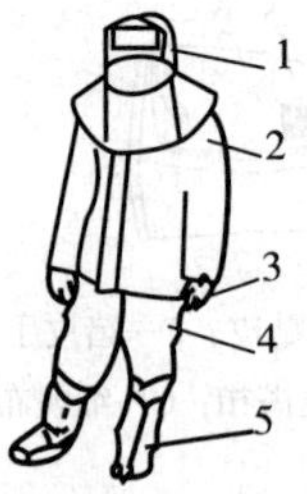	1—头罩；2—上衣；3—手套；4—长裤；5—护脚	隔热服是消防员在火场中靠近或接近火源，进行灭火战斗时穿着的一种特种防护服，主要由隔热头罩、上衣、长裤、手套、护脚等组成

续表

名 称	型 号	图 例	图例说明	用 途
2. 防水灯具	GX-A		1—支架；2—弹性导电片；3—电池压板；4—底片；5—弹簧片；6—高能碱性电池；7—灯身；8—灯座；9—灯泡；10—开关；11—反光罩；12—头盖；13—橡胶圈；14—橡胶套	用于火场进行侦察和灭火时，辨认前进道路上的障碍物、寻找受难人和物的个人携带灯具
3. 隔爆型防爆灯	SLD-2		开关、背带、反光碗、灯泡、防护圈、盖子、壳体	用于爆炸危险场所，并具有防潮能力和亮度高、射程远、牢固耐用的优点
4. 红外线探测仪			1—光学头；2—开关；3—电路部分；4—电池	用于火场探测水源，特别是探测阻燃火源位置的手持式探测器具
5. 正压式消防空气呼吸器①	RHXK4、5、6型		1—气瓶；2—气瓶开关；3—减压器；4—快速插头；5—正压型空气供给阀；6—正压型全面罩；7—气源压力表；8—气瓶余压警报器；9—中压安全阀；10—背托；11—腰带；12—肩带；13—正压型呼气阀；14—中压软导管；15—钢瓶胶套	
	RHZK、3、3A		1—气瓶；2—气瓶开关；3—减压器；4—快速插头；5—正压型空气供给阀；6—正压型全面罩；7—压力表导管；8—气瓶余压警报器；9—气源压力表；10—挎带；11—正压型呼气阀；12—中压软导管；13—中压安全阀；14—钢瓶胶套	
	RHZK4、5、6型		1—气瓶；2—气瓶开关；3—减压器；4—快速插头；5—正压型空气供给阀；6—正压型全面罩；7—气源压力表；8—气瓶余压警报器；9—中压安全阀；10—背托；11—腰带；12—肩带；13—正压型呼气阀；14—中压软导管；15—钢瓶胶套	

注：RHZK 正压式消防空气呼吸器是一种正压型呼吸保护装置。它配备有视野广阔、明亮、与面部贴合良好气密的全面罩，使用过程中，全面罩内的压力始终大于周围环境的大气压力，因此佩戴 RHZK 正压式消防空气呼吸器安全可靠。它具有体积小、重量轻、操作简单、安全可靠、维护方便的特点。是从事抢险救灾、灭火工作防护器具。

三、柴(汽)油机驱动的消防泵机组简介

(一)BDC50型固定式消防泵组

BDC50型固定式消防泵组见表3-2-82。

表3-2-82 BDC50型固定式消防泵组

项 目		内 容					
机组	外型尺寸(长×宽×高)/mm	3700×1200×1360					
	机组质量/kg	2400					
水泵参数	型号	扬程/m	流量/(L/s)	转速/(r/min)	最大引水深度/m	引水时间/s	额定输送泡沫混合液量/(L/s)	进水口径 150mm
	ED50型单级离心泵	130	50	1900	7	(吸深7m时)<30	48	出水口径 100mm
配套动力	型号	最大功率/kW	最大功率时转速/(r/min)	燃油消耗率(额定功率时)/[g/(kW·h)]	燃油箱容积/L		起动电瓶	
	6135Q型柴油机	117.6	1800	224	166		24V×2	
配套空气泡沫比例混合器	型号	PH64型						
	混合液输出量/(L/s)	16、32、48、64						
	混合比/%	6						

(二)FB系列消防泵

(1)FB系列消防泵的构造见表3-2-83。

表3-2-83 FB系列消防泵的构造

部 件	构造特点
1.电动机	(1)选型 电动机消防泵选用新型Y系列节能电动机驱动,并且配套提供XJ系列启动柜 (2)特点 性能可靠,配套合理,使用方便
2.消防泵	(1)选型 汽油机和柴油机驱动的消防泵,均选用国产定型发动机产品 (2)特点 性能良好,通用性强,使用、维护、保养十分方便,机组均设置闭式冷却系统、燃油系统及进排气系统、电启动系统为一体,为用户安装使用创建便利条件
3.泵机组底座	(1)构造 为大型槽钢结构,进出口法兰为钢法兰 (2)特点 按标准尺寸生产,安装时可以直接与各种阀门及管件连接组成供水系统
4.引水装置	(1)选型 新研制成功自动补偿式 (2)特点 用于泵机组引水时优于真空泵引水性能,可靠性好
5.其他	(1)按照消防作业要求迅速可靠的特点,FB系列消防泵在设计制造上特别注重产品的可靠性,例如为保证消防泵能在启动后迅速引水运行,水泵采用特种密封装置,水泵密闭真空度不小于-0.085MPa (2)按用户要求为使消防管网不出现超压现象,水泵可设置泄压恒流装置

(2)FB系列消防泵主要技术性能见表3-2-84和表3-2-85。

表 3-2-84 FBQ 系列汽油机驱动消防泵主要技术性能表(99kW 汽油机组)

型号	基本性能			水 泵			泡沫比例混合器型号	外形尺寸(长×宽×高)/cm
	流量/(L/s)	扬程/m	允许吸上真空高/m	型号	进水口径/mm	出水口径/mm		
FBQ30	30	100	7	BS30	100	80	PH32	280×84×125
FBQ40	40	100	6	BD40	125	100	PH64	290×84×125
FBQ45	45	80	6.5	IS125 BD50A	125	100	PH64	290×84×125
FBQ50	50	100	6.5	IS125	125	100	PH64	290×84×125
FBQ55	55	80	6.5	IS125	125	100	PH64	290×84×125
FBQ70	70	70	5	200S-1	200	125	PH64	290×84×125
FBQ80-I	80	63	5	200S-2	200	125		290×84×125

表 3-2-85 FBC 系列柴油机驱动消防泵主要技术性能(99kW 柴油机组)

型号	基本性能			水 泵			泡沫比例混合器型号	外形尺寸(长×宽×高)/cm
	流量/(L/s)	扬程/m	允许吸上真空高/m	型号	进水口径/mm	出水口径/mm		
FBC30	30	100	7	BS30	100	80	PH32	280×84×125
FBC40	40	100	6	BD40	125	100	PH64	290×84×125
FBC45	45	80	6.5	IS125 BD50A	125	100	PH64	290×84×125
FBC50	50	100	6.5	IS125	125	100	PH64	290×84×125
FBC55-II	55	80	6.5	IS125	125	100	PH64	290×84×125
FBC70	70	70	5	200S-1	200	125	PH64	290×84×125
FBC80-I	80	63	5	200S-2	200	125		290×84×125

四、油库消防车数量的确定

根据《石油库设计规范》GB 50074 的规定，油库消防车的数量确定见表 3-2-86。

表 3-2-86 油库消防车的数量确定

情 况		消防车车台数确定		
1. 当采用水罐消防车对油罐进行冷却时		水罐消防车的台数应按油罐最大需要水量进行配备		
2. 当采用泡沫消防车对油罐进行灭火时		泡沫消防车的台数应按着火油罐最大需要泡沫液量进行配备		
3. 设有固定消防系统时	(1) 油库总容量≥50000m³ 的二级油库中	①固定顶罐单罐容量≥10000m³ ②浮顶罐单罐容量≥20000m³	应配备一辆泡沫消防车	或 1 台泡沫液储量不小于 7000L 的机动泡沫设备
	(2) 设有固定消防系统的一级油库中	①固定顶罐单罐容量≥10000m³ ②浮顶罐单罐容量≥20000m³	应配备两辆泡沫消防车	或 2 台泡沫液储量不小于 7000L 的机动泡沫设备

续表

情　况		消防车车台数确定
4.油库应和临近企业或城镇消防站协商组成联防	联防企业或城镇消防站的消防车辆符合下列要求时，可作为油库的消防计算车辆	①在接到火灾报警后5min内能对着火罐进行冷却的可使用的消防车辆 ②在接到火灾报警后10min内能对相邻油罐进行冷却的可使用的消防车辆 ③在接到火灾报警后20min内能对着火罐提供泡沫的可使用的消防车辆

第十四节　油库消防工程检查验收

油库消防工程检查验收结果见表3-2-87。

表3-2-87　消防工程检查验收结果

工程名称		施工单位	
项目名称		建设单位	
验收日期		设计单位	

验收类别	验收项目	验收结果
1.技术资料验收	(1)系统验收表 (2)施工图、设计说明书、设计变更文件、建筑防火审核意见书 (3)泡沫液储罐的强度和严密性试验记录表、阀门的强度和严密性试验记录表、隐蔽工程验收记录表、管道试压记录表、管道冲洗记录表 (4)系统调试记录表 (5)系统及设备的使用说明书 (6)主要设备及泡沫液的国家质量监督检验测试中心的检测报告和产品出厂合格证，阀门、压力表、管道过滤器、金属软管、管子及管件等出厂检验报告或合格证 (7)与系统相关的电源、备用动力、电气设备以及火灾自动报警系统和联动控制设备等验收合格的证明 (8)管理、维护人员登记表	
2.施工质量验收	(1)消防泵或固定式消防泵组、泡沫比例混合器、泡沫液储罐、泡沫液、泡沫发生装置、消火栓、阀门、压力表、管道过滤器，金属软管等的规格、型号、数量、安装位置及安装质量 (2)管道及管件的规格、型号、位置、坡向、坡度、连接方式及安装质量 (3)固定管道的支、吊架，管墩的位置、间距及牢固程度 (4)管道穿防火堤、楼台板、墙等处的处理 (5)管道和设备的防腐 (6)以给水管网为系统供水水源时，应复查进水管管径及管网压力；水池或水罐的容量及补水设施 (7)当采用天然水源为系统供水水源时，应复查水量、水质和枯水期最低水位时确保系统用水量的措施 (8)泡沫液宜现场封样送验	
3.系统功能验收	(1)主电源和备用电源切换试验 (2)工作与备用消防泵或固定式消防泵组运行试验 (3)系统喷泡沫试验	
4.验收结论		验收组组长(签名)：　年　月　日

续表

	工作单位	姓　名	职务（职称）	签　名
5. 验收组人员	建设主管部门			
	建设单位			
	公安消防监督机构			
	设计单位			
	施工单位			

第三章 油库加油站金属设备防腐设计数据图表

第一节 金属腐蚀分类分级

一、金属腐蚀分类

金属腐蚀的分类方法尚无统一的意见,表3-3-1分类供参考。

表3-3-1 金属腐蚀的分类

分类依据	类 别	主要特征
按环境分类	大气腐蚀	金属在大气中或潮湿气体中的腐蚀
	气体腐蚀	完全没有湿气凝结于金属表面,一般是在高温下的腐蚀
	电解质溶液腐蚀	酸、碱、盐类溶液或天然水的水溶液对金属的腐蚀
	非电解质溶液腐蚀	有机物作用于金属时发生的腐蚀
	土壤腐蚀	金属与土壤接触时发生的腐蚀
	海水腐蚀	金属与海水接触时发生的腐蚀
	盐溶液腐蚀	金属与盐溶液的盐类接触时发生的腐蚀
按腐蚀破坏形式分类	全面腐蚀	腐蚀分布于整个金属表面上,分为均匀和不均匀腐蚀
	局部腐蚀	腐蚀集中于金属表面的一定区域,而其他区域则几乎不腐蚀或轻微腐蚀。如坑点腐蚀、晶间腐蚀、斑蚀、腐蚀破裂、氢鼓泡、氢脆等
按腐蚀破坏机理分类	化学腐蚀	金属与周围介质直接发生化学反应而引起破坏,主要有在干燥气体中和非电解质溶液中的腐蚀。如铸造、轧制、热处理中的氧化。化学腐蚀中没有电流产生
	电化学腐蚀	金属与周围介质发生电化学作用而因起破坏。腐蚀过程中有电流产生
	电化学和机械作用共同产生腐蚀	如应力腐蚀破裂、腐蚀疲劳、冲击腐蚀、磨损腐蚀、气穴腐蚀等
	电化学和环境因素共同作用产生腐蚀	如大气腐蚀、水和水蒸气腐蚀、土壤腐蚀、杂散电流腐蚀、细菌腐蚀等

注:油库加油站设备腐蚀90%以上属电化学及化学和环境因素共同作用产生的。

二、金属腐蚀分级

土壤和大气等对金属都有腐蚀作用,其腐蚀的分级在《钢质管道及储罐腐蚀控制工程设计规范》sy0007中都有标准,见表3-3-2~表3-3-5。

表3-3-2 一般地区土壤腐蚀性分级标准

等 级	强	中	弱
土壤电阻率/(Ω·m)	<20	20~50	>50

注:表中电阻率采用全年的最小值。

表 3-3-3　土壤对金属的腐蚀性分级标准

指　标	等级				
	极轻	较轻	轻	中	强
电流密度/($\mu A/cm^2$)（原位极化法）	<0.1	0.1~3	3~6	6~9	>9
平均腐蚀速率/[$g/(dm^2 \cdot a)$]（试片失重法）	<1	1~3	3~5	5~7	>7

表 3-3-4　大气对金属的腐蚀性分级标准

等　级	弱	中	较强	强
第一年的腐蚀速率/($\mu m/a$)	1.28~25	25~51	51~83	>83

表 3-3-5　管道及储罐内介质腐蚀性分级标准

项　目	等级			
	低	中	高	严重
平均腐蚀速率/(mm/a)	<0.025	0.025~0.125	0.126~0.254	>0.254
点腐蚀速率/(mm/a)	<0.305	0.305~0.610	0.611~2.438	>2.438

三、影响腐蚀的因素

影响金属腐蚀的因素较多，现举例说明见表 3-3-6。

表 3-3-6　影响金属腐蚀的因素

影响因素	影响的一般规律
1. 金属成分	两相或多相合金比单相金属一般来说易于造成腐蚀
2. 金属表面状态	粗糙的金属表面比光滑的表面容易腐蚀
3. 设备结构	设备结构设计安装不合理，易于创造腐蚀条件
4. 变形影响	金属冷、热加工(如拉伸、冲压、焊接等)而变形会加快腐蚀，甚至产生应力腐蚀破裂
5. 压力影响	压力增加常常会使金属的腐蚀速度加快
6. 温度影响	(1)一般来说温度升高会使电化学腐蚀加速 (2)但氧在80℃以上溶解度降低，对于开口设备有减少腐蚀趋势
7. 湿度影响	(1)湿度增大腐蚀加快 (2)相对湿度60%~80%时腐蚀增加较快 (3)80%以上变化不大 (4)60%以下腐蚀较轻
8. 溶液成分和浓度	(1)不同的溶液和浓度对金属腐蚀快慢不同 (2)一般来说浓度大腐蚀快 (3)另外，腐蚀速度还与溶液阴离子个性有关，如铁在一些盐溶液中生成不溶性物质或在表面形成氧化物而使腐蚀减慢
9. 溶液运动速度	溶液运动速度增加会使腐蚀加快

续表

影响因素	影响的一般规律
10. 介质 pH 值影响	(1) pH 值对腐蚀影响较大，影响结果也复杂 (2) 介质不同，材料不同，pH 值的影响也不同 (3) 一般来讲铁在非氧化性酸液中，pH 值降低加速腐蚀，而在氧化性酸中 pH 值降低，会使金属钝化，腐蚀减慢
11. 杂散电流影响	地下金属设备因为杂散电流的影响腐蚀加快

四、钢材表面除锈等级

(1) 除锈等级表示和除锈等级标准见表 3-3-7。

表 3-3-7 除锈等级表示和除锈等级标准

项目	表示方法		
1. 依据	按照 GB 8923—88 规定，钢材表面除锈等级因除锈方法不同，其表示方法也不同		
2. 除锈等级表示	除锈等级用"字母"加"数字"表示	(1) "字母"	表示除锈方法
		(2) "数字"	表示清除表面氧化皮、铁锈和油漆涂层等附着物的程度等级

3. 三种除锈方法的除锈等级标准见下表

除锈方法	代号	除锈等级及其符号	标准定义（要求）
喷射或抛射除锈	Sa	Sa1 轻度的喷射或抛射除锈	钢材表面应无可见的油脂和污垢，并且没有附着不牢的氧化皮、铁锈和油漆涂层等附着物
		Sa2 彻底的喷射或抛射除锈	钢材表面应无可见的油脂和污垢，并且氧化皮、铁锈和油漆涂层等附着物已基本清除，其残留物应是牢固附着的
		Sa2 1/2 非常彻底的喷射或抛射除锈	钢材表面应无可见的油脂、污垢、氧化皮、铁锈和油漆涂层等附着物，任何残留的痕迹应仅是点状或条纹状的轻微色斑
		Sa3 使钢材表面洁净的喷射或抛射除锈	钢材表面应无可见的油脂、污垢、氧化皮、铁锈和油漆涂层等附着物，该表面应显示均匀的金属色泽
手工或动力工具除锈（如铲刀、手动式或电动式钢丝刷、动力砂轮或砂轮等）	St	St2 彻底的手工和动力工具除锈	钢材表面应无可见的油脂和污垢，并且没有附着不牢的氧化皮、铁锈和油漆涂层等附着物
		St3 非常彻底的手工和动力工具除锈	钢材表面应无可见的油脂和污垢，并且没有附着不牢的氧化皮、铁锈和油漆涂层等附着物。除锈应比 St2 更彻底，底材显露部分的表面应具有金属光泽
火焰除锈	Fl		钢材表面应无氧化皮、铁锈和油漆涂层等附着物，任何残留的痕迹应仅是表面变色（不同颜色的暗影）

注：① Sa 和 St 除锈前，厚的锈蚀层应当铲除，可见油脂和污垢也应清除；除锈后，钢材表面应清除浮灰和碎屑。
② 锈蚀等级和除锈等级在 GB 8923 中有典型照片 28 张，以便对照钢材表面状况，评定锈蚀等级和除锈等级标准。

(2)钢材表面锈蚀等级、除锈方法和除锈等级标准符号见表3-3-8。

表3-3-8 钢材表面锈蚀等级、除锈方法和除锈等级标准符号

	锈蚀等级		A	B	C	D
1.除锈方法	喷射或抛射除锈	Sa1	—	BSa1	CSa1	DSa1
		Sa2	—	BSa2	Csa2	DSa2
		Sa21/2	ASa21/2	BSa21/2	Csa21/2	DSa21/2
		Sa3	ASa3	BSa3	CSa3	DSa3
	手工和动力工具除锈	St2	—	BSt2	CSt2	DSt2
		St3	—	BSt3	CSt3	DSt3
	火焰除锈FI		AFI	BFI	CFI	DFI
2.油库防腐工程除锈方法选择	(1)新建、扩建工程使用的钢材通常采用喷射或抛射除锈方法,也有使用手工和动力工具除锈方法的 (2)在役油罐除锈一般采用手工和动力工具除锈方法 (3)油库设备不允许使用火焰除锈方法					
3.钢材表面锈蚀和除锈等级评定	(1)评定条件 ①应在良好散射日光下或照度相当的照明条件下进行 ②检查评定人员应具有正常视力 (2)评定方法。采用目视比较法评定,即将待检查评定钢材表面与GB 8923标准中的典型照片目视比较 (3)评定要求。照片应靠近钢材表面 (4)评定结果 ①锈蚀等级。以相应锈蚀较严重的照片所标示锈蚀等级作为评定结果 ②除锈等级。以与钢材表面外观最接近的照片所标示的除锈等级作为评定结果					

第二节 防腐涂料的组成和分类

一、防腐涂料的组成

防腐涂料的组成及作用见表3-3-9。

表3-3-9 防腐涂料的组成及作用

组 成			常用品种	作用
1.液体原料	成膜物质(也称黏结剂)	油类	(1)干性油—桐油、梓油、亚麻籽油 (2)半干性油—豆油 (3)不干性油—蓖麻油	它是油料或树脂在有机溶剂中的溶液;它可将填料和颜料黏合在一起,形成能牢固附着在物体表面的漆膜。漆膜的性能主要决定于成膜物质的性能
		天然树脂	生漆、虫胶(漆片)、沥青(天然石油、煤焦、硬脂)、松香	
		树脂类 人造树脂	(1)松香衍生物—松香钙脂、松香甘油酯(酯胶)等 (2)纤维衍生物—硝酸纤维、醋酸—丁酸纤维等 (3)橡胶衍生物—氯化橡胶、环化橡胶等	
		合成树脂	(1)缩合型合成树脂—酚醛树脂、醇酸树脂、氨基树脂、环氧树脂、聚胺酯、聚酯树脂 (2)聚合型合成树脂—乙烯基树脂、丙烯酸树脂、元素有机化合物(有机硅树脂、有机钛树脂)	

续表

组成		常用品种	作用
1. 液体原料	稀释剂(溶剂)	松节油、汽油、松香油、苯、甲苯、二甲苯、醋酸已酯、酒精、丁醇、丙酮、乙烯、乙二醇单乙基醚、含氯溶剂	它是一些挥发性的液体，能稀释或溶解树脂和油料，以便于施工。不同的树脂应选用不同的稀释剂(溶剂)
2. 固体原料	填料	瓷粉、石英粉、石墨粉、辉绿岩粉、锌钡白、铝粉等	提高漆膜的机械强度、耐腐蚀性、耐磨性、耐热性，降低热膨胀系数、收缩率及成本等。根据涂料要求不同，选用不同的填料
	颜料 着色颜料	(1)红(甲苯胺红、立索尔红) (2)黄(铅铬黄、耐晒黄) (3)兰(铁兰酞青兰) (4)白(钛白、锌钡白、氧化锌) (5)黑(炭黑)	使漆膜有一定的遮盖力和颜色
	防锈颜料	红丹、氧化铁红、锌铬黄、铝粉、铝酸钙等	
3. 辅助原料	固化剂	对甲苯磺酰氯、苯磺酰氯、硫酸己脂、乙二胺、间苯二胺等	促进漆膜固化
	增韧剂	苯二甲酸二丁酯、胶泥改进剂等	增加漆膜的韧性和弹性，改善漆膜的脆性
	催干剂	钴、锰、铅、锌、钙五种金属的氧化物、盐类有机酸皂类	大大缩短漆膜的干燥时间
	其它	润湿剂、悬浮剂、稳定剂等	

二、防腐涂料的分类

防腐涂料分类见表3-3-10。

表3-3-10 防腐涂料分类

涂料类别		分类名称
1. 清油		(1)加热油 (2)氧化油 (3)聚合油
2. 清漆		(1)油基清漆，如钙脂清漆，酯胶清漆，醇酸清漆，酚醛清漆等 (2)树脂清漆 ①天然树脂清漆，如：达麦清漆，山达拉克清漆，虫胶清漆(泡立水) ②合成树脂清漆，如：胺基清漆，酚醛树脂液，过氯乙烯清漆，硅有机树脂清漆等 (3)水乳化清漆
3. 色漆	打底漆	(1)腻子分为：磁性(即油性)腻子及挥发性(包括水乳系)腻子 (2)头度底漆及二度底漆分为：磁性底漆及挥发性(包括沥青系及水乳系)底漆 (3)防锈漆分为：油性、磁性及挥发性(包括沥青系)防锈漆

续表

涂料类别		分 类 名 称
3. 色漆	面漆	(1)油基漆 ①油性漆分为：厚漆，调色漆，油性调和漆 ②磁性漆分为：磁性调和漆及油基磁漆(如钙脂磁漆，酚醛磁漆，醇酸磁漆，胺基磁漆，环氧磁漆等) (2)挥发性磁漆 ①合成树脂磁漆如：酚醛树脂磁漆，聚氯乙烯磁漆，过氯乙烯磁漆，无油沥青色漆，橡胶漆等 ②纤维磁漆如：硝基纤维磁漆，醋酸纤维磁漆等 (3)水乳性漆分为：油基乳化漆，树脂或挥发性乳化漆
	特种漆	(1)美术漆如：皱纹漆，晶纹漆，锤纹漆，裂纹漆，结晶漆等 (2)绝缘漆依其所用原料分为绝缘清漆、黑绝缘漆、各色绝缘漆三类，依其使用方法的不同可分为自干和烘干两种类型 (3)船舶漆，车辆漆 (4)防火漆及耐高温漆 (5)其他专用油漆如：防霉漆，灭虫漆，变色漆等

第三节 防腐技术及方法

一、各种防腐涂料对钢材表面除锈质量等级要求

各种防腐涂料对钢材表面除锈质量等级要求见表3-3-11。

表3-3-11 各种防腐涂料对钢材表面除锈质量等级要求

序号	防腐涂料种类	要求除锈质量等级	序号	防腐涂料种类	要求除锈质量等级
1	环氧沥青漆	St2	11	氯磺化聚乙烯漆	Sa2
2	酚醛树脂漆	St2	12	导静电特种防腐涂料	Sa21/2
3	醇酸树脂漆	St2	13	聚氨脂漆	Sa2
4	环氧树脂漆	Sa2 或 St3	14	环氧带锈防腐漆	Sa2 或 St3
5	有机硅树脂漆	Sa1 或 St3	15	特种氰凝涂料	St3
6	环氧富锌漆	Sa2 或 St3	16	气柜专用防腐涂料	Sa2
7	无机富锌漆	Sa21/2	17	沥青底漆	St2
8	环氧红丹漆	St2	18	橡胶合成树脂	Sa2
9	乙烯磷化底漆	Sa2	19	含硅富锌漆	Sa21/2
10	过氯乙烯树脂漆	Sa2	20	抗静电专用漆	Sa21/2

二、防腐前金属表面处理

(一)防腐前金属表面处理方法比较

防腐前金属表面处理方法比较见表3-3-12。

表 3-3-12　防腐前金属表面处理方法比较

方　法		主要设备及工具	原理及技术数据	优缺点	
1. 手工方法		刮刀、铲、锤、锉、钢丝刷、铜刷、钢丝束、砂布	靠人工操作，每人每天约除锈 1~3m²	优点	方法简单，适用于边、角处除锈
				缺点	劳动量大、功效低，质量较差
2. 机械方法		风动刷、除锈枪、电动刷、电动砂轮、针束除锈器等	利用机械冲击与摩擦的作用去除锈蚀及污物	优点	效率较高，质量较好
				缺点	不易去除边、角、凹处锈污
3. 机械喷射处理法	干喷砂处理	喷砂器，分单室喷砂器和双室喷砂器两种；眼罩、呼吸面具、特殊盔罩；空压机	利用0.35~0.6MPa的压缩空气将砂由喷嘴喷射至金属表面，可去除表面氧化皮、铁锈、旧漆膜	优点	处理效果好，效率高
				缺点	砂尘飞扬，必须劳动保护
	湿喷砂处理	湿喷砂装置，有砂罐、水罐、空压机	除锈原理同上，砂罐工作压力0.5MPa，水罐0.1~0.35MPa。需加入1%~1.5%的防锈剂	优点	减少了砂尘飞扬，处理效果好，效率高，约除锈3.5~4m²/h
				缺点	在零下温度时不能用
	真空喷射处理	真空喷射除锈装置，空压机	利用压缩空气喷砂除锈，又靠真空吸回砂粒，这样循环喷射	优点	除锈效率高，劳动条件好
				缺点	不适于形状不规则的零件、型材及曲率很大的制件

续表

方法	主要设备及工具	原理及技术数据	优缺点	
4.化学处理	化学处理习惯称酸洗,其方法有浸渍酸洗、喷射酸洗、酸洗膏等。浸渍酸洗即把金属件浸泡在洗槽内,喷射酸洗即像化学洗油罐法,酸洗膏是涂抹法	利用酸和金属氧化物(锈)起化学反应而达到除锈;再用碱中和来保护金属;再经水冲去除液、烘干等工序。为防止钢板再生锈,有时加纯化处理	优点	除锈干净彻底,效率高
			缺点	各个步骤掌握要求高,溶液配制要求严,否则反会使金属被腐蚀

(二)化学除锈法

化学除锈法简介见表3-3-13。

表3-3-13 化学除锈法简介

1.除锈原理	钢铁表面化学除锈、除氧化皮是用各种无机酸或有机酸的水溶液,采用浸渍、涂刷、喷射的方法,使其与铁锈和氧化皮发生化学反应而达到除锈的目的		
2.注意事项	由于酸洗除锈时,酸清除与钢铁表面氧化物发生作用外,还会对钢铁基体腐蚀、渗氢。因此,除在酸液中添加微量缓蚀剂外,还应严格控制酸液浓度和温度		
3.除锈程序	化学除锈的程序是酸液冲洗→冷水冲洗→热水冲洗→5%的碳酸钠水溶液中和→磷化和钝化处理		
4.钢铁表面除锈几种酸溶液配方表(供参考)			
项 目	配方一	配方二	配方三
配方组成 $H_2SO_4(d=1.84)$	20%	5g	—
NaCl	5%	200g	—
HCl	—	110g	40g
硫脲	0.4%	—	—
乌洛托品	—	10g	2g
H_2O	75%	1000g	58g
木屑、耐火土	—	—	适量
5.处理温度/℃	65~80	20~60	20~30
6.处理时间/min	25~40	5~50	20
7.注意事项	酸液中铁浓度不应大于70g/L,注意发生氢脆	酸液中铁浓度不大于60g/L	先配酸液,再加入木屑及耐火土,涂层厚1~3mm

(三)钢铁表面油污清除

钢铁表面油污清除方法见表3-3-14。

表3-3-14 钢铁表面油污清除方法

1. 清除方法	钢铁表面油污常用的清除方法有:溶剂法、碱液法、电化法、乳化法等					
2. 溶剂法	用洗涤汽油、煤油、酒精、丙酮等有机溶剂,或者清洗剂(液)清洗、擦拭金属表面的油污					
3. 碱液法(常用的几种清洗油污的碱液配方参考右表)	几种清洗油污的碱液配方					
	项目		配方一	配方二	配方三	配方四
	配方组成%	氢氧化钠	3	5	—	2
		磷酸三钠	5	—	10	5
		硅酸钠	3	10	—	3
		碳酸钠	—	10	—	—
		水	89	75	90	90
	清洗温度/℃		90	90	90	60
	清洗时间/min		40	40	40	5
	适用范围		用于清除钢铁上的少量油污	用于清除钢铁上的大量油污	用于清除铜及钢合金的油污	用于清除铝及铝合金的油污
4. 电化法除油污法(见右表)	电化法除油污					
	溶液名称	氢氧化钠	磷酸三钠	硅酸	碳酸钠	水配制碱液
	加入浓度/%	5	2	4	4	85
	清洗温度及时间	液温85℃,清洗5min				
	通入电流	通3~12V、电流密度3~10A/(min·m²)				
	通电时间	项目	阴极化处理		阳极化处理	
		时间/min	4		1	
	用途	主要用于清除钢及镍合金上的油污				
	注:电化法实际是碱液法清洗,再通电极化处理					
5. 乳化法除油污法(见右表)	乳化法除油污					
	溶液名称	平平加	聚乙二醇	油酸	三乙醇胺	亚硝酸钠	水97%配制乳化液
	加入浓度/%	0.6	0.4	0.4	1	0.6	97
	清洗温度	常温					
	清洗时间	视情况而定					
	用途	用于钢铁精加工之后或成品除油污					

(四)钢铁表面清除旧漆

钢铁表面旧漆清除方法有机械法、喷灯烧掉法、碱液溶解法、有机溶剂脱漆法等。表3-3-15系碱液及溶剂脱漆方法举例,供参考。

表 3-3-15 碱液及溶剂脱漆方法举例

项 目		碱液法		有机溶剂法	
1. 配方组成（质量比）		（1）磷酸三钠25份，硅酸钠12份，重铬酸钾3份，水1800份	（2）氢氧化钠16份，生石灰水18份，碳酸钙22份，水34份	（1）T-1、T-2脱漆剂。主要成分有醋酸乙酯、乙醇、丙酮、纯苯、甲苯、石蜡等	（2）二氯甲烷78份，石蜡3份，甲基纤维3份，乙二醇一乙醚4份，甲醇6份，乙醇胺5份，烷基苯磺酸钠5份，水3份
2. 工作条件	温度/℃	100	常温	常温	常温
	时间/min	180	180	120	120
3. 适用范围		钢角及铝表面脱漆	脱钢铁表面油基漆及油改性树脂调和漆	脱各种油基、酚醛、环氧氨、胺基、醇酸、硝基等漆，有机硅等漆	
4. 施工方法		浸入碱液中煮3h，脱漆后用热水和冷水冲洗擦干	将各组分混合调膏状物，涂于旧漆上，漆膜破裂后刮掉，用水冲洗干净、擦干	将脱漆剂均匀涂于旧漆膜上，漆膜软化后刮掉，用水冲洗干净、擦干	
5. 注意事项		碱液pH值不能低于7	不能用于铝件	表面的蜡质除净，否则影响新漆膜干燥和附着力	
6. 优缺点	碱液溶解法 优点	成本低，较安全，对身体影响小			
	碱液溶解法 缺点	不加热效果差，使用不方便，且对耐碱腐蚀的漆膜效果不好			
	有机溶剂法 优点	常温脱漆效果较高，施工方便			
	有机溶剂法 缺点	溶剂有毒、易燃，安全性差，成本较高			

（五）钢铁表面磷化和钝化处理

钢铁表面磷化和钝化处理见表3-3-16。

表 3-3-16 钢铁表面磷化和钝化处理

1. 磷化处理	（1）原理 钢铁表面磷化是利用磷酸或磷酸的锰、铁、锌盐作磷化液，对钢铁表面进行处理，使其表面形成磷化膜（成分是磷酸氢铁、磷酸铁、磷酸氢锰、磷酸锰）				
	（2）作用 磷化膜具有防止钢铁腐蚀及增加涂层附着力的作用，而对钢铁的物理机械性能没有影响				
	（3）方法 磷化处理分为浸渍、喷射、电化学磷化，按磷化温度分冷法和热法				
2. 钝化处理	钢铁表面钝化是用铬酸或铬酸盐来封闭磷化膜的孔隙，以提高磷化膜的防腐能力				
3. 钢铁表面磷化和钝化工艺见右表	钢铁表面磷化和钝化处理表				
	项目	热法		冷法	
		磷化	钝化	磷化	钝化
	（1）配方组成/(g/L)	马日夫盐（磷酸二氢铁锰）40，硝酸锌20	重铬酸钾30	马日夫盐60，硝酸锌84，氟化钠6，氢化锌8	重铬酸钾100
	（2）工作条件 温度/℃	98	80~95	18~23	18~23
	时间/min	30	10	40~50	10
	（3）冷热水源	先热后冷冲洗	先冷后热冲洗	冷水冲洗	
	（4）注意事项	被磷化表面无锈、无油污、无氧化皮，无残存酸碱液；磷化液应控制酸度、游离酸			

(六)钢铁表面"四合一"处理

近年来,研究使用了"二合一"、"三合一"、"四合一"的处理工艺。即除油、除锈、磷化、钝化等处理工艺合并进行。这种处理方法主要是简化了工艺过程。钢铁表面除油、除锈、磷化、钝化等"四合一"的处理工艺列于表3-3-17,供参考。

表3-3-17　钢铁表面"四合一"处理工艺

项目	内容摘要	注意事项
1. 处理液组成/(g/L)	磷酸(80%)　110 氧化锌　30 硝酸锌　150 氯化镁　20 酒石酸　5 重铬酸钾　0.3 钼酸铵　1 烷基磺酸钠　30mg/L	①锈蚀较重,氧化皮、固体、泥砂、油垢等,此法不能用 ②亚铁盐含量必须控制在5g/L以上,以免产生大量沉淀 ③如有二氧化氮气体产生,有白色块状浮于液面,表示有硝酸根分解,应降到常温,插入铁板,补充亚铁量 ④处理液停用时间最好不超过两星期 ⑤处理液温度不能超过70℃,加热管不能用铜管 ⑥槽底的沉淀物要及时清除 ⑦每日测定游离酸和总酸度,及时加以调整,硝酸只能提高游离酸,必须同时加入磷酸,要在常温下加酸,以免硝酸根分解 ⑧油污较重时,多加烷基磺酸钠和OP乳化液
2. 配制方法	用清水将氧化锌调成糊状,慢慢加入磷酸,再加入硝酸锌、氯化镁、酒石酸,用水稀释到总体积的2/3,搅拌溶解。 重铬酸钾、钼酸铵另用容器溶解后加入。最后加入烷基磺酸钠,也可加少量OP乳化剂。 配制好的溶液,在室温下插入足够量的铁板(约100cm²/L),溶液变成深棕色,即亚铁含量5g/L以上即可使用	
3. 工作条件	总酸度　170~220点 游离酸　17~25点 总酸度:游离酸=1:(7~10) 温度/℃　55~60 处理时间/min　5~15	

三、钢材表面除锈后的除锈等级

钢材表面除锈后的除锈等级表见表3-3-18。

表3-3-18　钢材表面除锈后的除锈等级

除锈方法	除锈等级	除锈后的质量要求	除锈后的典型样板照片代号
喷射或抛射除锈	Sa1 轻度的喷射或抛射除锈	钢材表面应无可见的油脂和污垢,并且没有附着不牢的氧化皮、铁锈和油漆涂层等附着物	BSa1 CSa1 DSa1
	Sa2 彻底的喷射或抛射除锈	钢材表面应无可见的油脂和污垢,并且氧化皮、铁锈和油漆涂层等附着物已基本清除,其残留物应是牢固附着的	BSa2 CSa2 DSa2
	Sa21/2 非常彻底的喷射或抛射除锈	钢材表面应无可见的油脂、污垢、氧化皮、铁锈和油漆涂层等附着物,任何残留的痕迹应仅是点状或条纹的轻微色斑	ASa21/2 BSa21/2 CSa21/2 DSa21/2

续表

除锈方法	除锈等级	除锈后的质量要求	除锈后的典型样板照片代号
手工和动力工具除锈	St2 彻底的手工和动力工具除锈	钢材表面应无可见的油脂和污垢,并且没有附着不牢的氧化皮、铁锈和油漆涂层等附着物	BSt2 CSt2 DSt2
	St3 非常彻底的手工和动力工具除锈	钢材表面应无可见的油脂和污垢,并且没有附着不牢的氧化皮、铁锈和油漆涂层等附着物	BSt3 CSt3 DSt3

注:①"附着物"包括焊渣、焊接飞溅物、可溶性盐类等。
②当氧化皮、铁锈或油漆涂层能用金属腻子刮刀从钢材表面剥离时,均应看成附着不牢。

四、防腐涂料的涂装施工

(一)钢铁表面涂装施工要点

钢铁表面涂装施工要点见表3-3-19。

表3-3-19 钢铁表面涂装施工要点

1. 钢铁表面处理应符合不同涂料对表面处理的要求,且涂装前必须进行认真检查,符合要求后才能进行涂装施工
2. 底漆、腻子、面漆,每涂一道应按产品要求,干燥后才能进行下道工序。各种防锈底漆自干参考时间见下表
3. 各种防锈底漆自干参考时间/h

防锈底漆	红丹防锈漆	锌黄防锈漆	铁红防锈漆	铁红醇酸防锈漆	头道底漆	环氧底漆
18~25	24~48	12~24	24	24	24	24

(二)防腐涂料涂敷方法比较

防腐涂料涂敷方法比较见表3-3-20。

表3-3-20 防腐涂料涂敷方法比较

方法	主要设备工具	涂敷原理	优缺点比较
1.人工刷涂	刷子、刮刀、砂纸、搅拌工具、细铜丝筛、棉纱头等	利用人工力量将涂料刷在金属表面	优点 设备工具简单,使用于大部分涂料施工 缺点 功效低;质量取决于操作技术;劳动强度大
2.空气喷涂	空压机、油水分离器、橡皮管、喷漆室、喷枪(现有PQ-1、PQ-2型吸上式喷枪,压下式喷枪,无雾喷枪)	以压缩空气的气流,将涂料从喷嘴喷出成雾状,涂敷在金属表面	优点 喷吐均匀,膜薄,工效比人工高,可涂在凹凸不平或缝隙等地方 缺点 损耗涂料多;对人有损害,需劳保;雾状涂料易燃易爆;每次涂层薄
3.高压无空气喷涂	空压机、油水分离器,高压无空气喷漆机	利用0.4~0.6MPa压缩空气驱动高压泵,使涂料增压到15MPa左右,再经特殊喷嘴喷出,遇到大气立即剧烈膨胀雾化成极细小的漆粒喷到金属表面	生产效率高,每分钟喷涂3.5~5.5m²以上;漆膜质量好;改善了劳动条件;可提高涂料喷涂的黏度。是涂漆施工的新工艺

777

续表

方法	主要设备工具	涂敷原理	优缺点比较
4. 静电喷涂	我国目前生产并广泛使用的有 GDD-100 型静电喷漆设备;还有手提式 SJP-67 型静电喷枪	是借助高压电场的作用,使喷枪喷出的漆雾更细,且由于漆雾带电,通过静电引力使漆沉积在带异电的工件表面上	优点 效率高;节约涂料;改善劳动条件 缺点 需直流电压高达 100kV,必须严格按操作规程工作,以免发生事故;设备与仪器复杂;涂漆均匀度较差

第四节 金属油罐涂料防腐

一、金属油罐腐蚀情况

金属油罐腐蚀情况见表 3-3-21。

表 3-3-21 金属油罐腐蚀情况

腐蚀部位	油罐类型		腐蚀类型	主要影响因素
1. 油罐外部腐蚀(含罐顶、罐身、罐底)	(1) 坑道内、掩体内油罐		大气腐蚀(属电化学腐蚀)	①与温度、湿度、大气成分、腐蚀产物的性质有关 ②湿度越大,腐蚀越快。大气中含有 SO_2、NaCl、灰尘时腐蚀快
			渗漏水腐蚀(属化学电化学腐蚀)	
	(2) 地上油罐		大气腐蚀	①与温度、湿度、大气成分、腐蚀产物的性质有关 ②湿度越大,腐蚀越快。大气中含有 SO_2、NaCl、灰尘时腐蚀快
			雨、露、霜、雪等自然水的腐蚀	
	(3) 土中掩埋油罐		土壤腐蚀(属电化学腐蚀)	①油罐各部充气不均会引起氧浓差电池腐蚀 ②土壤中的杂散电流及土壤中的微生物都会引起油罐腐蚀
2. 油罐内部腐蚀	(1) 储油部分罐身	各类油罐	化学腐蚀	因油料中的腐蚀性物质引起的
			电化学腐蚀	因油料中不同部位的充气量不同而形成腐蚀原电池
	(2) 气体空间部分内壁及罐顶	各类油罐	化学腐蚀	①此部位腐蚀较严重 ②与油料中挥发出不稳定的气态烃类有关 ③与随空气进入罐内的潮气有关 ④如有二氧化碳、氮、硫氧化物的气体进入罐内,更会加速化学腐蚀
	(3) 罐底内表面	各类油罐	化学、电化学两种腐蚀	①罐底内表面腐蚀最严重 ②这主要是因为沉淀水,且水中常有油料氧化生成的酸性物质 ③同时罐顶、罐壁的锈渣落入罐底也会加速罐底腐蚀

注:油管路外部、内部的腐蚀与油罐腐蚀相似。

二、油罐防腐对涂层性能要求

油罐防腐对涂层性能要求见表3-3-22。

表3-3-22 油罐防腐对涂层性能要求

项 目	要 求
1. 电性能	(1)通常要求材料绝缘电阻高,绝缘性能好 (2)轻油罐内壁表面涂层,还要求具有导静电性能
2. 化学性能	化学性质稳定,耐油、耐水,在介质的作用下不宜变质失效
3. 机械性能	机械强度高,黏结力大,抗冲击、抗剪力大
4. 抗阴极剥离性能	抗阴极剥离性能好,能与电法保护长期配合使用
5. 抗微生物侵蚀	能抗微生物侵蚀
6. 寿命	耐老化,寿命长久
7. 对生态环境影响	对生态环境无污染
8. 施工	方法简便,易施工易修补
9. 造价	经济、价廉,节省投资

三、金属油罐内壁防腐涂料及结构选择

(一)金属油罐内壁防腐涂料的选择

金属油罐内壁防腐涂料的选择见表3-3-23。

表3-3-23 金属油罐内壁防腐涂料的选择

项 目		分类、性能及厂家
1. 大体种类		金属油罐内壁防腐涂料大体有三类,即聚氨基甲酸酯类、环氧树脂漆类和天然树脂漆类
2. 常用涂料	(1)036系列防腐涂料,属双组分环氧涂料	①036-1、036-2型 为耐油防腐涂料 ②036-3、036-4型 具有耐油、导静电防腐涂料 ③生产厂 北京银帆涂料有限责任公司
	(2)环氧涂料	①环氧富锌底漆 ②环氧云铁漆为中间层 ③环氧钛白漆为面漆 ④北京东化防腐技术有限公司
	(3)弹性聚氨酯	生产厂 总后西安建筑工程研究所研制

(二)金属油罐内壁防腐结构选择

(1)036系列涂料防腐结构见表3-3-24。

表 3-3-24 036 系列涂料防腐结构

项 目	涂层结构	道 数	每道干膜厚/mm	用量/(kg/m²)	适用部位
方案一	036-1	2	0.04	0.3~0.36	不需导静电的罐壁和罐顶
	036-2	2	0.04	0.3~0.36	
方案二	036-1	1	0.04	0.15~0.18	不需导静电的罐壁和罐顶
	036-2	1	0.04	0.15~0.18	
	036-1	1	0.04	0.15~0.18	
	036-2	1	0.04	0.15~0.18	
方案三	036-3	4	0.04	0.6~0.72	需导静电的罐壁和罐顶
方案四	036-3	2	0.04	0.3~0.36	需导静电的罐壁和罐顶
	036-4	2	0.04	0.3~0.36	

注：罐底钢板每个方案均需涂 5 道。

(2) 环氧涂料防腐结构见表 3-3-25。

表 3-3-25 环氧涂料防腐结构

项 目	涂层结构	道 数	每道干膜厚/mm	用量/(kg/m²)	适用情况
方案一	环氧富锌涂料	1	>0.04	0.2	不需导静电的罐内壁
	环氧云铁漆	2	>0.08	0.6	
	环氧钛白漆	1	>0.06	0.2	
合计		4	>0.26	1.0	
方案二	环氧富锌底漆	1	>0.04	0.2	不需导静电的罐内壁
	环氧钛白漆	3	>0.06	0.6	
合计		4	>0.22	0.8	

(3) 弹性聚氨酯涂料防腐结构见表 3-3-26。

表 3-3-26 弹性聚氨酯涂料防腐结构

序 号	涂层结构	道 数	用量/(kg/m²)	备 注
1	涂第一道底漆	1	0.1	
2	刮腻子			(1) 腻子只在焊缝的凹凸不平部位使用；
3	涂第二道底漆	1	0.1	(2) 灰、白面漆应交替涂刷 2~4 道，最后一道面漆为白色面漆
4	涂灰色面漆	1	0.1	
5	涂白色面漆	1	0.1	

四、金属油罐外壁防腐涂料及结构选择

金属油罐外壁防腐涂料及结构选择见表 3-3-27。

表 3-3-27　金属油罐外壁防腐涂料及结构选择

1. 地面油罐外壁防腐涂料及结构选择	（1）底漆。外壁选用环氧富锌底漆 （2）面漆 ①氯化橡胶面漆。表层氯化橡胶漆 2~3 年重涂一遍 ②为了对空隐蔽，地面油罐的面漆有的选用氟碳迷彩漆 ③为了反光，有的常选用银粉漆作面漆 （3）设计使用寿命 30 年				
	序号	涂层结构	遍数	每遍干膜数/μm	用量/(kg/m²)
	1	环氧富锌底漆	1	>40	0.2
	2	环氧玻璃鳞片涂料	2	>150	1.0
	3	氯化橡胶面漆	2	>40	0.4
	合计		5	>420	1.6
	（4）设计使用寿命 20 年				
	序号	涂层结构	遍数	每遍干膜数/μm	用量/(kg/m²)
	1	无机富锌或环氧富锌底漆	1	>40	0.2
	2	环氧云铁中层漆	2	>80	0.6
	3	氯化橡胶面漆	2	>40	0.4
	合计		5	>280	1.2
	（5）设计使用寿命 10 年				
	序号	涂层结构	遍数	每遍干膜数/μm	用量/(kg/m²)
	1	无机富锌或环氧富锌底漆	1	>40	0.2
	2	环氧云铁中层漆	1	>40	0.3
	3	氯化橡胶面漆	2	>40	0.4
	合计		4	>160	0.9
2. 洞式和掩体油罐外壁防腐涂料及结构选择	（1）条件。洞式和掩体油罐处于阴暗、潮湿的环境 （2）底漆。罐外壁多选用 830 铝粉沥青船底漆作底漆 （3）面漆。选用 831 沥青船底漆作为罐外壁的面漆				
3. 埋土卧式油罐外壁防腐涂料及结构选择	（1）种类。埋地卧式油罐外壁防腐涂料常用石油沥青和环氧煤沥青两种 （2）等级。防腐结构根据土址的腐蚀情况，选择普通级、加强级、特别加强级等 （3）贴布。在每刷一道涂料后应贴一层玻璃布 （4）消耗。埋地卧式油罐防腐绝缘材料消耗，参见表 3-3-28				

表 3-3-28　埋地卧式油罐防腐绝缘材料消耗

油罐				普通绝缘			加强绝缘			极强绝缘		
容量/m³	直径/m	长度/m	绝缘面积/m²	土沥青/kg	石油沥青/kg	高岭土/kg	土沥青/kg	油毡/m²	石油沥青/kg	高岭土/kg	土沥青/kg	油毡/m²	石油沥青/kg	高岭土/kg
1	0.97	1.50	6.04	1.2	30.8	5.4	1.2	6.7	46.5	8.5	1.2	13.4	63.4	11.5
2	1.10	2.632	11.0	2.2	56.1	9.9	2.2	12.1	84.7	15.4	2.2	24.2	116	20.9
3	1.10	3.763	14.9	3.0	76.0	13.4	3.0	16.4	115	20.9	3.0	32.8	157	28.3
5	1.50	3.132	18.3	3.7	93.4	16.5	3.7	20.1	141	25.6	3.7	40.2	192	34.8

续表

油罐				普通绝缘			加强绝缘				极强绝缘			
容量/m³	直径/m	长度/m	绝缘面积/m²	土沥青/kg	石油沥青/kg	高岭土/kg	土沥青/kg	油毡/m²	石油沥青/kg	高岭土/kg	土沥青/kg	油毡/m²	石油沥青/kg	高岭土/kg
10	1.80	4.244	29.1	5.8	148	26.2	5.8	32.0	224	41.7	5.8	64.0	306	55.3
16	1.80	6.546	42.1	8.4	215	37.9	8.4	46.3	324	59.0	8.4	92.6	442	80.0
24	2.60	4.844	50.1	10.0	256	45.0	10.0	55.1	386	70.1	10.0	110.2	526	95.1
30	2.60	6.246	61.6	12.3	314	55.5	12.3	67.8	475	86.3	12.3	135.6	647	117
50	2.60	9.950	91.8	18.4	468	82.6	18.4	101	706	129	18.4	202.0	964	175

注：高岭土可用石棉灰代替，石棉灰的质量可取高岭土的50%。

第五节 金属管路涂料防腐

一、地上管路防腐结构及材料用量

地上管路防腐结构及材料用量见表3-3-29。

表3-3-29 地上管路防腐结构及材料用量

管路类别	结构形式		材料用量		
			名称	单位	用量
不保温管路	红丹漆二遍		红丹	kg/m²管	0.24
			清油		0.12
			汽油		0.024
	醇酸磁漆二遍		醇酸磁漆	kg/m²管	0.18
			醇酸磁漆稀料		0.02
保温或保冷管路	玻璃布或镀锌铁皮保护层	管外壁红丹底漆二遍（保冷也可用冷底子油）	红丹	kg/m²管	0.24
			清油		0.12
			汽油		0.024
		醇酸磁漆二遍	醇酸磁漆	kg/m²管	0.18
			醇酸磁漆稀料		0.02
	黑铁皮保护层	管外壁红丹底漆二遍（保冷也可用冷底子油）	红丹	kg/m²管	0.24
			清油		0.12
			汽油		0.024
		铁皮内外表面红丹漆二遍	红丹	kg/m²保护层	0.48
			清油		0.24
			汽油		0.048
		铁皮外表面刷醇酸磁漆二遍	醇酸磁漆	kg/m²铁皮	0.18
			醇酸磁漆稀料		0.02
		冷底子油	汽油	kg/m²管	2.4
			4号沥青		1.0

二、地下管路防腐结构、防腐施工及材料用量

（一）石油沥青防腐结构及防腐施工

（1）石油沥青防腐结构及防腐施工见表3-3-30。

表3-3-30　石油沥青防腐结构及防腐施工

(1)地下管路石油沥青防腐结构					
防腐涂层等级	土壤电阻/Ω	防腐涂层结构	每层沥青厚度/mm	涂层总厚度/mm	用料量
普通防腐	>50	沥青底漆→沥青→玻璃布→沥青→玻璃布→沥青→聚乙烯工业膜	约1.5	>4.0	沥青每道1.5kg/m²；汽油0.35kg/m²；玻璃布每道1.2m²/m²；聚乙烯工业膜每道1.2m²/m²
加强防腐	20~50	沥青底漆→沥青→玻璃布→沥青→玻璃布→沥青→玻璃布→沥青→聚乙烯工业膜	约1.5	>5.5	
特强防腐	<20	沥青底漆→沥青→玻璃布→沥青→玻璃布→沥青→玻璃布→沥青→玻璃布→沥青→聚乙烯工业膜	约1.5	>7.0	

(2)管路石油沥青防腐施工要点	
底漆（冷底子油）配制及涂刷	①将沥青加热至160~180℃脱水 ②待冷却到60℃左右时，按汽油：沥青=3:1（重量）将汽油倒入沥青内，边倒边搅拌 ③然后将配制好的底漆涂刷到需要防腐的输油管路上，其厚度应为0.1~0.2mm，涂刷要均匀，防止流挂、空白、凝块、斑点等缺陷
(3)沥青防腐涂料（沥青玛碲脂）配制及涂刷	①配制方法 a. 配制时将沥青加热至160~180℃（不超过200℃）脱水 b. 沥青脱水后，将温度降至120~140℃，然后将填充料逐渐加入搅拌，防止填充料沉底或产生疙瘩 c. 填充料加完后再升温，加入增韧剂搅拌均匀，则成沥青防腐涂料 d. 这里要特别注意掌握加热温度，防止焦化，影响涂层质量 ②涂刷方法　趁热将沥青防腐涂料涂刷到刷过底漆的输油管路上，并缠足保护加强材料 ③沥青防腐涂料配方表（一）　　　　　　　　　　　　　　　　　　　　　　　　　　　　% | 材料 | 沥青 | 红土或白土 | 再生废机油 | |---|---|---|---| | 夏季施工用 | 80~86 | 11~17 | 3 | | 冬季施工用 | 82~86 | 9~13 | 5 | ④沥青防腐涂料配方表（二）　　　　　　　　　　　　　　　　　　　　　　　　　　　　% | 材料 | 春秋季施工 || 冬季施工 || 潮湿地管路用 || | | 配方一 | 配方二 | 配方一 | 配方二 | 配方一 | 配方二 | |---|---|---|---|---|---|---| | 4号沥青 | — | 35 | 83 | 83 | — | 81 | | 5号沥青 | 80 | 44 | — | — | 73 | — | | 高岭土 | 15 | 15 | 12.5 | 14.5 | — | — | | 车轴油 | — | 3 | 4.5 | 2.5 | — | — | | 汽缸油 | 5 | — | — | — | 1.8 | 2 | | 石棉灰 | — | 3 | — | — | — | — | | 松香 | — | — | — | — | 15.2 | 17 | | 矿渣硅酸盐水泥 | — | — | — | — | 10 | — |

（2）地下管路石油沥青防腐材料消耗见表3-3-31。

表 3-3-31 地下管路石油沥青防腐材料消耗参考表

无缝钢管		绝缘面积/m²	普通绝缘						加强绝缘						特别加强绝缘					
公称直径/mm	外径/mm		5号沥青/kg	4号沥青/kg	汽油/kg	高岭土/kg	牛皮纸/m²	玻璃布/m²	5号沥青/kg	4号沥青/kg	汽油/kg	高岭土/kg	牛皮纸/m²	玻璃布/m²	5号沥青/kg	4号沥青/kg	汽油/kg	高岭土/kg	牛皮纸/m²	玻璃布/m²
40	48	0.1508	0.226	0.136	0.078	0.090	0.15	0.15	0.452	0.271	0.157	0.181	0.15	0.18	0.678	0.407	0.241	0.271	0.15	0.36
50	57	0.1791	0.269	0.161	0.093	0.107	0.18	0.18	0.537	0.322	0.186	0.215	0.18	0.21	0.779	0.483	0.286	0.322	0.18	0.43
50	60	0.1885	0.283	0.170	0.098	0.113	0.19	0.19	0.565	0.339	0.196	0.226	0.19	0.23	0.848	0.509	0.302	0.339	0.19	0.45
70	76	0.2388	0.358	0.215	0.124	0.143	0.24	0.24	0.716	0.430	0.248	0.286	0.24	0.29	1.074	0.645	0.382	0.430	0.24	0.57
80	89	0.2796	0.419	0.252	0.145	0.168	0.28	0.28	0.839	0.503	0.291	0.335	0.28	0.33	1.258	0.755	0.447	0.503	0.28	0.67
100	108	0.3393	0.509	0.305	0.176	0.200	0.34	0.34	1.018	0.610	0.352	0.408	0.34	0.41	1.509	0.916	0.543	0.611	0.34	0.81
100	114	0.3581	0.537	0.322	0.186	0.215	0.36	0.36	1.074	0.644	0.372	0.430	0.36	0.43	1.611	0.967	0.573	0.644	0.36	0.86
125	140	0.4398	0.660	0.396	0.229	0.264	0.44	0.44	1.319	0.792	0.457	0.568	0.44	0.57	1.979	1.187	0.704	0.791	0.44	1.05
150	159	0.4995	0.749	0.449	0.260	0.299	0.50	0.50	1.498	0.899	0.519	0.599	0.50	0.60	2.248	1.343	0.799	0.899	0.50	1.20
150	168	0.5278	0.792	0.475	0.274	0.316	0.53	0.53	1.583	0.950	0.549	0.633	0.53	0.63	2.375	1.425	0.844	0.950	0.53	1.27
200	219	0.6880	1.032	0.619	0.358	0.413	0.69	0.69	2.064	1.238	0.615	0.826	0.69	0.83	3.096	1.858	1.100	1.238	0.69	1.65
250	273	0.8577	1.286	0.772	0.446	0.434	0.86	0.86	2.573	1.304	0.892	1.029	0.86	1.03	3.859	2.316	1.292	1.544	0.86	2.06
300	325	1.0210	1.531	0.909	0.531	0.612	1.02	1.02	3.063	1.834	1.062	1.045	1.02	1.04	4.594	2.757	1.633	1.838	1.02	2.09

(二)煤焦油瓷漆防腐

煤焦油瓷漆防腐见表3-3-32。

表3-3-32 煤焦油瓷漆防腐

1. 应用历史	(1)煤焦油瓷漆防腐在国际上已有100多年的应用历史 (2)在我国使用已有60多年寿命的事例			
2. 优点	具有成本低、比石油沥青吸水率小、防腐性能优异等特点,特别突出的是它具有抗细菌腐蚀、抗植物根系穿入的性能			
3. 适用性	特别适用于腐蚀性强、细菌繁殖发达的地区			
4. 煤焦油瓷漆防腐层等级及结构				
	(1)防腐层等级	普通级	加强级	特强级
	(2)防腐层厚度/mm	≥3.0	≥4.0	≥5.0
(3)防腐层结构	1层	底漆一层	底漆一层	底漆一层
	2层	瓷漆一层(厚2.4mm+1.0mm)	瓷漆一层(厚2.4mm+1.0mm)	瓷漆一层(厚2.4mm+1.0mm)
	3层	外缠带一层	内缠带一层	内缠带一层
	4层		瓷漆一层(厚≥1mm)	瓷漆一层(厚≥1.0mm)
	5层		外缠带一层	内缠带一层
	6层			瓷漆一层(厚≥1.0mm)
	7层			外缠带一层

(三)环氧煤沥青防腐

环氧煤沥青涂料是一种将环氧树脂优良的物理性能与煤焦沥青优良的耐水、抗微生物性能结合起来的一种涂料,它易于施工,能获得厚涂膜,在石油工业中获得广泛应用。

(1)环氧煤沥青防腐等级结构见表3-3-33。

表3-3-33 环氧煤沥青防腐等级结构

防腐层等级	结 构	干膜厚度/mm	用料量参考指标
普通级	底漆-面漆-面漆	≥0.2	底漆每道0.18kg/m²面漆每道0.18kg/m²玻璃布每道1.2m/m²
加强级	底漆-面漆-玻璃布-面漆-面漆	≥0.4	
特强级	底漆-面漆-玻璃布-面漆-玻璃布-面漆-面漆	≥0.6	

(2)环氧煤沥青涂料质量指标见表3-3-34。

表3-3-34 环氧煤沥青涂料质量指标

序号	项 目	指标		检验方法
		底漆	面漆	
1	漆膜外观	红棕色、半光	黑色有光	GB 1723
2	黏度(涂4黏度计)(25℃±1℃)/s	80~150	80~150	GB 1723
3	细度(刮板)/μm	≤80	≤80	GB 1724

续表

序号	项目		指标		检验方法
			底漆	面漆	
4	干燥时间（25℃±1℃）/h	表干	≤1	≤6	GB 1728
		实干	≤6	≤24	
5	冲击强度/[J/(kgf·cm)]		≥4.9(50)	≤3.9(40)	GB 1732
6	柔韧性(曲率半径)/mm		≤1.5	≤1.5	GB 1731
7	附着力		1	1	GB 1720
8	硬度		≥0.3	≥0.3	GB 1730
9	固体含量/%（质量）		≥70	≥70	GB 1725
10	耐化学介质浸泡	10% NaOH	—	浸泡72h漆膜无变化	GB 1763
		30% NaCl		浸泡72h漆膜无变化	
		10% H_2SO_4		浸泡72h漆膜完整不脱落	

(3) 玻璃布

①环氧煤沥青涂料所用的玻璃布应用中碱、无捻、无脂玻璃布，其性能及规格见表3-3-35。

表3-3-35 玻璃布的性能及规格

项目	含碱量/%	原纱号数×股数（公制支数股数）		单纤维公称直径		厚度/mm	密度/(根/cm)		布边	长度/m	组织
		经纱	纬纱	经纱	纬纱		经纱	纬纱			
性能及规格	≤12	22×2 (45.5/2)	22±2 (45.4/2)	7	8	0.12 ±0.01	12±1 / 12±1	12±1 / 12±1	两边封边	200～250（带轴芯 ϕ40mm×3mm）	平纹

注：试验方法：按《玻璃纤维制品试验方法》JC176的规定进行。

②玻璃布的宽度及适用管径见表3-3-36。

表3-3-36 玻璃布的宽度及适用管径　　　　mm

宽度	适用管径	宽度	适用管径
120	ϕ60～ϕ89	400	ϕ377
150	ϕ114～ϕ159	500	ϕ426
200～250	ϕ219	600～700	ϕ720
350	ϕ273		

(四)胶黏带防腐

(1)胶黏带防腐的历史、特点及适用性见表3-3-37。

表3-3-37 胶黏带防腐的历史、特点及适用性

1. 历史	胶黏带防腐已有几十年的历史
2. 特点	它施工方便,所需准备工作简单,能在现场实现机械化施工,所以获得了广泛应用
3. 分类及适用性	常用的胶黏带分为两类,一类是聚氯乙烯胶黏带,主要用于异形构件的防腐;另一类是聚乙烯胶黏带,主要用于管道的防腐

(2)胶黏带的等级及结构见表3-3-38。

表3-3-38 胶黏带的等级及结构

防腐等级	防腐层结构		总厚度/mm
普通级	一层底漆-一层内带(防腐带)-一层外带(保护带)		≥0.7
加强级	一层底漆-一层内带(防腐带)-一层外带(保护带)		≥1.0
特强级	一层底漆-一层内带(防腐带)-一层外带(保护带)		≥1.4
备 注	胶带宽度	≤75mm时	10
		=100mm时	搭接宽度/mm 15
		≥100mm时	19

(3)聚乙烯胶黏带的性能,见表3-3-39。

表3-3-39 聚乙烯胶黏带的性能

序号	项目	防腐胶带(内带)	保护胶带(外带)	测试方法
1	颜色	黑	黑或白色	
2	基膜厚度/mm	0.15~0.4	0.25~0.5	
3	胶层厚度/mm	0.1~0.7	0.1	
4	胶带厚度/mm	0.25~1.1	0.25~0.6	
5	基膜拉伸强度/MPa	≥12	≥12	GB 1040
6	基膜断裂伸长率/%	≥175	≥175	GB 1040
7	剥离强度(对有底漆不锈钢)/(N/cm)	≥8	≥8	GB 2792
8	体积电阻率/(Ω·cm)	$>1 \times 10^{12}$	$>1 \times 10^{12}$	GB 1048
9	击穿电压/(kV/mm)	>30	>30	GB 1048
10	使用温度/℃	-30~70	-30~70	
11	耐老化试验/%	<35	≥35	SYJ4014

注:耐老化试验是指试件在100℃条件下,经2400h热老化后,测得基膜拉伸强度、基膜断裂伸长率、剥离强度的降低率。

(4)底胶性能。为提高胶带与钢管的剥离强度,应在钢管上涂刷底胶。底胶的用量为80~100g/m²,其性能要求见表3-3-40。

表 3-3-40 底胶性能

序号	项目	指标	序号	项目	指标
1	材料	橡胶合成树脂	4	与胶带相容性	不破坏胶层的黏性、弹性
2	总固体组分/%	15~30	5	使用温度/℃	-30~70
3	表干时间/min	3~5			

(五) 三 PE 外防腐技术

三 PE 外防腐技术见表 3-3-41。

表 3-3-41 三 PE 外防腐技术

项目	内容
1. 结构	三 PE 系指底层为熔结环氧，中间层为聚合物胶黏剂，外层为挤塑聚乙烯的复合式覆盖层
2. 原理	防腐层体系的原理是将环氧树脂的优良的防腐蚀性能同聚乙烯的机械保护性结合起来，提高覆盖层防腐蚀性能和使用寿命
3. 优点	三层 PE 防腐技术是目前国内外埋地管道外防腐的一项新技术，具有防腐性能好、机械强度高、吸水率低等性能，可降低安装和维修费用
4. 适用性	适用于复杂地域、丘陵地区、多石地区及沼泽地区等

第六节 地下金属管路强制阴极保护

一、强制阴极保护的依据、原理、结构组成及示意图

强制阴极保护的依据、原理、结构组成及示意图见表 3-3-42。

表 3-3-42 强制阴极保护的依据、原理、结构组成及示意图

项目	内容
1. 依据	管路强制阴极保护，又称外加电流阴极保护，其设计应符合现行标准《埋地钢质管道强制阴极保护设计规范》SYJ36 的规定
2. 强制阴极保护原理	强制阴极保护是利用外加直流电源，将被保护的管路与直流电源的负极相连，使管路相对于阳极装置(辅助阳极)变成一个大阴极，以防管路电化学腐蚀
3. 强制阴极保护的结构组成	(1) 强制阴极保护需设阴极保护站 ①设备 其主要设备有自动恒电位保护仪等电源设备和站外配套设施 ②位置 阴极保护站一般选在被保护管路的中间，保护长度由计算确定，20~60km 设一站 ③电源 保护站应有可靠的电源，距管路 300m 左右的地方有可供埋设辅助阳极的地方 ④辅助阳极 a. 材质：辅助阳极可采用旧钢管等自加工材料，也可购买石墨或高硅等成品 b. 位置：应选在潮湿低洼地点，土层厚且无沙石的土壤，土壤电阻率在 100Ω·m 以下 c. 埋深：埋深 1~3m (2) 参比电极：用于检测管路保护电位，距保护站 10m 左右

项 目	内 容
3. 强制阴极保护的结构组成	（3）检查桩和检查片：用于测试被保护管路的管——地电位，以便评价保护效果。距管路1.5m （4）绝缘法兰 ①作用将被保护管路和未保护管路或设备从导电性上分开，以减少电源功率输出，并防止干扰其他设备加重腐蚀 ②位置安装在被保护管路的起点、终点和管路中间的泵站、计量站等地点 （5）跨接线。当多条管路平行敷设且需要共同保护以及检查（设备）井用绝缘法兰隔断处时应采用跨接线将其连为一个电气系统
4. 防腐	地下管路应做良好的绝缘防腐层
5. 强制阴极保护的示意图见右图	管路阴极保护示意图

二、阴极保护基本参数的选择

阴极保护基本参数的选择见表3-3-43。

表3-3-43 阴极保护基本参数的选择

参数名称	选 值			经验选值
1. 管路绝缘层电阻经验值 $R_{绝}$ 见右表	管路绝缘层电阻经验值 $R_{绝}/(\Omega \cdot m^2)$			据我国经验，施工质量较好时，大直径管路 $R_{绝}$ 能达到 $10000\Omega \cdot m^2$，小直径的管路低一些。$DN80$以下小管径管路，设计时可按中等级选取为宜
	绝缘层表面状况	绝缘层质量评价	$R_{绝}$	
	无损伤	极好	10000~15000	
	个别地方有极小损伤	好	5000~10000	
	有些地方有小损伤	中等	500~5000	
	有显著损伤	劣	50~500	
	严重损伤	极劣	50以下	
2. 管路自然电位	（1）定义。管路自然电位即管路在不通电保护时管路对地的电位，简称管地电位，又称开路电位 （2）一般值。一般绝缘管在 $-0.4 \sim -0.7V$ 之间 （3）中间值。设计时如无实测数据，可取一个中间值 （4）多数值。钢管在大多数土壤中自然电位为 $-0.55V$			
3. 最小保护电位	（1）定义。使管路停止腐蚀时，管路必须达到的最低电位称为最小保护电位 （2）决定因素。其数值与金属的种类、土壤腐蚀性质、温度等因素有关，一般应由长期实践和实验室试验而确定 （3）目前多数采用的标准 ①管路在土壤及海水中最小保护电位为 $-0.85V$（以饱和硫酸铜电极为接地的参比电极） ②土壤中有硫酸盐还原菌活动时为 $-0.95V$			

续表

参数名称	选 值						
4. 最大保护电位	一般选 -1.2~1.5V						
5. 最小保护电流密度	(1)定义。最小保护电流密度是指金属得到完全保护时，所需要的电流密度 (2)不同钢管埋在土壤中所需的最小保护电流密度见下表						
	序号	管路表面状况	土壤性质	电流密度/(mA/m²)	序号	管路表面状况	土壤性质	电流密度/(mA/m²)
	1	裸管	一般中性土壤	5~15	5	沥青涂层	一般土壤	1~10
	2	裸管	透气性中性土壤	20~30	6	环氧煤焦油涂层	一般土壤	0.05~0.3
	3	裸管	湿润土壤	25~60	7	6~9mm厚沥青玻璃布	一般土壤	0.06
	4	裸管	酸性或硫酸盐还原菌繁殖土壤	50以上	8	12~13mm厚沥青玻璃布	一般土壤	0.01~0.05

三、阴极保护的设计计算

(一)保护长度和保护电流的计算

保护长度和保护电流的计算见表 3-3-44。

表 3-3-44 保护长度和保护电流的计算

1. 公式假设条件	(1)管路的绝缘层均匀一致 (2)土壤电阻忽略不计，并设土壤电位为零		
2. 计算公式	无限长管段(一侧)	有限长管段(一侧)	每个保护站整个保护长和保护电流
3. 保护长度	$L = \frac{L}{a} L_0 \frac{\Delta E_汇}{\Delta E_保}$（一侧保护长度）	$L = \frac{L}{a} L_n 2 \frac{\Delta E_汇}{\Delta E_保}$（一侧保护长度，近似公式）	$L_全 = 2L$
4. 保护电流	$I_0 = \frac{\Delta E_汇}{\sqrt{R \cdot r}}$（一侧保护电流）	$I_0 = \frac{\Delta E_汇}{\sqrt{R \cdot r}} th(aL)$（一侧保护电流）	$I = 2I_0$
5. 公式中符号含义及单位	符号	符号含义	单 位
	$\Delta E_汇$	汇流点的外加电位 $\Delta E_汇$ = 最大保护电位 - 自然电位 若代入前面数值，则 $\Delta E_汇$ = -1.2 - (-0.55) = -0.65V	
		$\Delta E_保$ = 最小保护电位 - 自然电位；若代入前面数值，则 $\Delta E_保$ = -0.85 - (-0.55) = -0.3V	

续表

5. 公式中符号含义及单位	R	电流从土壤流至单位长管路的过渡电阻（含绝缘层电阻），$R=\dfrac{R_绝}{\pi D}$；$R_绝$由表 3-3-43 查得，D—管外径，m	$\Omega \cdot$ m
	r	单位长管路的电阻，$r=\rho_T \dfrac{1}{\pi(D-\delta)\delta}$	
	ρ_T	钢管电阻率，$\rho_T = 0.135$	$\Omega \cdot$ mm^2/m
	D	管外径	mm
	δ	管壁厚	mm
	th	双曲正切函数符号，$thX = \dfrac{e^x - e^{-x}}{e^x + e^{-x}}$，可查有关数学手册求得	
	a	衰减因素，$a = \sqrt{\dfrac{r}{R} \cdot L}$	m
6. 在非商业油库应用	（1）采用阴极保护站时，大都在管路的始端用绝缘法兰与泵站隔开，在末端进入洞库前也用绝缘法兰与洞内设备隔开 （2）因此，在设计时可按有限长管计算		

（二）阳极接地装置的选用

阳极接地装置的选用见表 3-3-45。

表 3-3-45 阳极接地装置的选用

1. 阳极接地装置材料要求	（1）具有良好的导电性 （2）阳极本身不受介质腐蚀，采用抗腐蚀性好的材料 （3）有较高的机械强度 （4）尺寸小，成本低，来源方便

2. 阳极材料特性见下表

阳极材料	一般使用电密度 I/[A/m^2]	消耗率 g/[kg/(A·a)]		备注
		土壤	海水	
（1）软钢	10	9.1	10	
（2）石墨	50	0.45	0.7~0.9	
（3）高硅铸铁	50~100	0.113~0.435	0.14~0.66	含硅 14.5%
（4）铅银合金	100~150		0.1~0.2	含银 2%
（5）铅银嵌铂丝	500		<0.1	含银 2%，嵌铂丝其面积比 $\dfrac{P_t}{P_b}=\dfrac{1}{100}$~$\dfrac{1}{200}$
（6）镀铂钛	1000		几 mg/(A·a)	使用时电压小于 12V

（三）阳极接地电阻的计算

阳极接地电阻的计算见表 3-3-46。

表 3-3-46　阳极接地电阻的计算

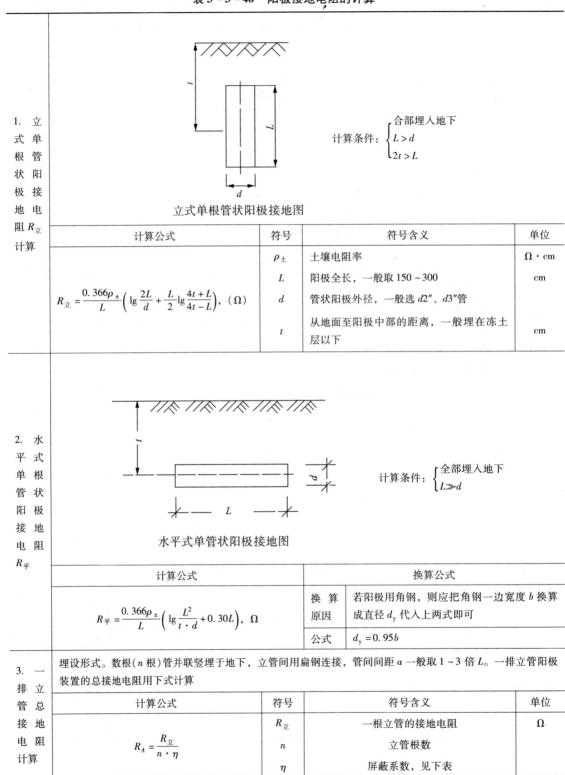

1. 立式单根管状阳极接地电阻 $R_立$ 计算	立式单根管状阳极接地图 计算条件：$\begin{cases} 全部埋入地下 \\ L > d \\ 2t > L \end{cases}$	

计算公式	符号	符号含义	单位
$R_立 = \dfrac{0.366\rho_\pm}{L}\left(\lg\dfrac{2L}{d} + \dfrac{L}{2}\lg\dfrac{4t+L}{4t-L}\right)$，$(\Omega)$	$\rho_\pm$	土壤电阻率	$\Omega \cdot cm$
	L	阳极全长，一般取 150～300	cm
	d	管状阳极外径，一般选 $d2''$、$d3''$ 管	
	t	从地面至阳极中部的距离，一般埋在冻土层以下	cm

2. 水平式单根管状阳极接地电阻 $R_平$	水平式单管状阳极接地图 计算条件：$\begin{cases} 全部埋入地下 \\ L \gg d \end{cases}$	

计算公式	换算公式	
$R_平 = \dfrac{0.366\rho_\pm}{L}\left(\lg\dfrac{L^2}{t \cdot d} + 0.30L\right)$，$\Omega$	换算原因	若阳极用角钢，则应把角钢一边宽度 b 换算成直径 d_y 代入上两式即可
	公式	$d_y = 0.95b$

3. 一排立管总接地电阻计算	埋设形式。数根（n 根）管并联竖埋于地下，立管间用扁钢连接，管间间距 a 一般取 1～3 倍 L。一排立管阳极装置的总接地电阻用下式计算

计算公式	符号	符号含义	单位
$R_A = \dfrac{R_立}{n \cdot \eta}$	$R_立$	一根立管的接地电阻	Ω
	n	立管根数	
	η	屏蔽系数，见下表	

屏蔽系数 η

续表

$\frac{a}{L}$	n	η	$\frac{a}{L}$	n	η
1	2	0.84~0.87	1	10	0.56~0.62
2	2	0.90~0.92	2	10	0.72~0.77
3	2	0.93~0.95	3	10	0.79~0.83
1	3	0.76~0.80	1	15	0.51~0.56
2	3	0.85~0.88	2	15	0.66~0.73
3	3	0.90~0.92	3	15	0.76~0.80
1	5	0.67~0.72	1	20	0.47~0.50
2	5	0.79~0.83	2	20	0.65~0.70
3	5	0.85~0.88	3	20	0.74~0.79

(四)阳极装置使用年限 T 的计算

阳极装置使用年限 T 的计算，见表 3-3-47。

表 3-3-47 阳极装置使用年限 T 的计算

要求年限	在设计中，一般要求 $T=4~5$ 年，则代入下式可求出阳极质量 G			
	计算公式	符号	符号含义	单位
使用年限 T 计算	$T=\dfrac{KG}{g \cdot I}$	K	阳极利用系数，一般取 0.7~0.75	
		G	阳极质量	kg
阳极质量 G 计算	$G=\dfrac{T \cdot g \cdot I}{K}$	g	阳极消耗率	kg/A·a
		I	保护电流	A

(五)电源的计算和选择

(1)电源计算见表 3-3-48。

表 3-3-48 电源计算

计算项目	直流电源(整流器)应由保护系统来选择，应由总电流 I 和总电压 V 确定。因此电源计算主要是计算总电压 V 和阴极保护站电源的功率 W			
	计算公式	符号	符号含义	单位
(1)总电压 V 的计算	$V=I(r_D+R_A+R_O)$ (式 17-19)	I	保护电流	A
		r_D	流经阳极导线的电阻	Ω
		R_A	阳极接地电阻	Ω
		R_O	电流通过绝缘层和管路的电阻	Ω
(2) R_O 的计算	对无限长管段		对有限长管段	
	$R_O=\dfrac{\sqrt{R \cdot r}}{2}$ (式 17-20)		$R_O=\dfrac{\sqrt{R \cdot r}}{2th(a \cdot L)}$ (式 17-21)	

续表

		符号	符号含义		单位
（3）阴极保护站电源的功率 W	$W = \dfrac{I \cdot V}{\eta}$ （式17-22）	W	阴极保护站电源的功率		W
		η 电源效率	硅整流器时	$\eta = 80\%$	
			硒整流器时	$\eta = 60\% \sim 70\%$	
			可控硅恒电位仪时	$\eta = 70\%$	

（2）国产恒电位仪规格见表3-3-49。

表3-3-49　国产恒电位仪规格

名称	型号	电压/V	电流/A	生产厂
可控硅恒电位仪	KKG-3	12,24；24,36	0~30	福建三明市无线电厂
晶体管恒电位仪	HDV-4	12,24；24,36	0~20；0~30	福建三明市无线电厂
SF系列恒电位仪（自动防腐仪）	SF	0~16；0~100	0~10；0~150	上海新康玩具厂

注：为了使设备在运转中留有充分余地，一般设计时按计算功率的2~3倍来选电源设备。

（六）阴极保护接线图

阴极保护接线见图3-3-1。

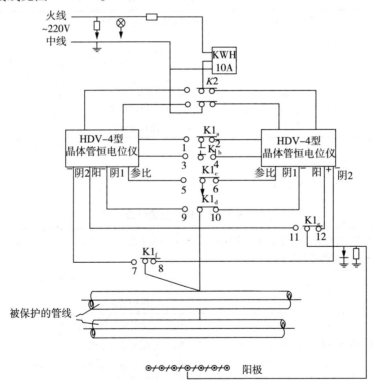

图3-3-1　阴极保护站接线图

四、站址及阳极区的选择

站址及阳极区的选择见表3-3-50。

表 3-3-50　站址及阳极区的选择

项目	要　求
1. 站址选择应考虑的条件	(1)尽量选在被保护管段的中间 (2)电源应方便 (3)便于安装阳极接地 (4)在满足上述条件下,有中间泵房时尽量与泵房合建
2. 阳极区的选择	(1)要求。阳极区选在站址处管路的一侧,距离通电点300~500m(垂直水平距离) (2)阳极区应具备以下条件 ①土壤电阻率在30Ω·m以下 ②地下水位较高,或潮湿低洼地 ③土层厚、石方少,便于施工

五、阴极保护的设备设置、结构示意图及其他注意事项

设备设置、结构示意图及其他注意事项见表 3-3-51。

表 3-3-51　设备设置、结构示意图及其他注意事项

设备	内　容
1. 绝缘法兰	(1)作用。设置绝缘法兰是将被保护管路和不应受保护的管路、设备分开,防止电流流失 (2)举例。如在泵房的进出口及管路进洞前均应加绝缘法兰。在泵房进出口绝缘法兰间应加跨条,以保证被保护管路导电的连续性 (3)安装位置及要求 ①绝缘法兰应安装在室内或干燥的阀井内,以便维修 ②绝缘法兰严禁装在管道补偿器附近 ③当绝缘法兰安装在有防爆要求的室内时,应用玻璃布缠包及涂漆以防火灾 ④安装后的绝缘法兰外面应涂防腐层,在绝缘法兰前后各10m内的埋地管段应做特别加强级防腐 ⑤绝缘法兰严禁埋地或侵入水中,以免失去作用 (4)绝缘法兰的结构示意见下图 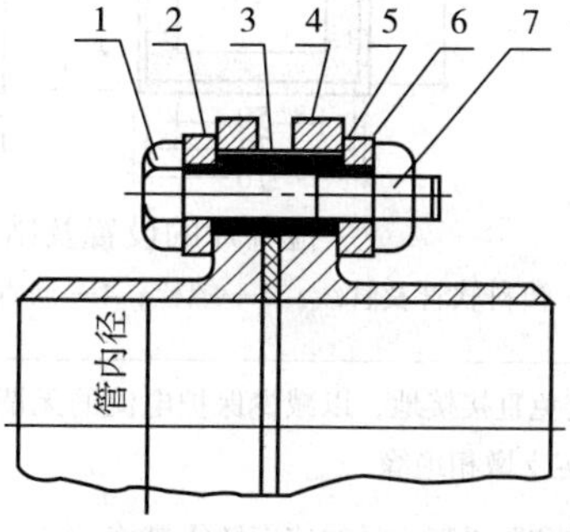 1—螺栓；2—酚醛板垫片；3—酚醛绝缘套管；4—法兰盘； 5—酚醛板法兰绝缘垫片；6—钢垫片；7—螺母

续表

设 备	内 容	
2. 测试桩（检查桩）	(1)作用。测试桩(检查桩)是为了解管路阴极保护电位情况而在沿线设置的永久装置 (2)距离。测试桩的距离一般在靠近保护站通电点时密一些，为200～500m；以后每公里设一个(可和里程桩结合) (3)埋设。测试桩露出地面高度0.5m左右为宜	测试桩结构示意图 1—桩体；2—铜导线；3—盖板固定螺栓；4—盖板；5—酚醛布板绝缘垫
3. 检查片	(1)作用。检查片是为了定量了解阴极保护的保护效果，以便及时调整保护装置系统和有关参数，使被保护管路得到完全保护 (2)计算 | 公 式	符号	符号含义	单位
---	---	---	---
$\text{保护度} = \dfrac{\dfrac{G_1}{S_1} - \dfrac{G_2}{S_2}}{\dfrac{G_1}{S_1}} \times 100\%$	G_1	不通电的检查片失重	g
	S_1	不通电的检查片的裸露面积	cm^2
	G_2	通电的检查片失重	g
	S_2	通电的检查片的裸露面积	cm^2 | (3)检查片的设置及结构示意见下图 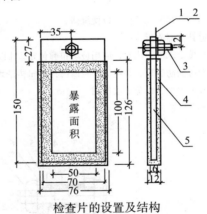 检查片的设置及结构 1、2—塑料软管及管线；3—螺栓；4—沥青绝缘层；5—被保护金属	
4. 其他注意事项	(1)被保护的管路系统应避免直接接地，以减少保护电流的无谓消耗。因此管路不应有静电接地，并应与穿越工程的外保护套管、固定支墩相绝缘 (2)在雷区，阴极保护电源和阳极架空导线应有防雷措施 (3)被保护管路全线电性上应是连续的，如有些接头或其他连接处有一定电阻时，应用导线联通	

六、控制干扰腐蚀

控制干扰腐蚀见表3-3-52。

表 3-3-52 控制干扰腐蚀

项目	内　　容
1. 直流电干扰的控制	(1) 是否存在直流电干扰的判断方法 ①直流电气化铁路、阴极保护系统、及其他直流干扰源附近的管道，其任意点上的管地电位较该点自然电位偏移 20mV 或管道邻近土壤中直流地电位梯度大于 0.5mV/m 时，可确认该管道存在直流电干扰 ②按下表所列指标判断直流干扰腐蚀程度 	杂散电流程度	小	中	大	 |---|---|---|---|
土壤电位梯度 <0.5mV/m	0.5~5.0	>5.0	| 注：上表引自《钢质管道及储罐腐蚀控制工程设计规范》SY0007 (2) 直流干扰的防护原则、措施及方式 ①原则。以排流保护为主，综合治理、"共同防护"为原则 ②措施。当管道上任意点管地电位较该点自然电位正向偏移 100mV，或者该点管道邻近土壤直流地电位梯度大于 2.5mV/m 时应采取防护措施 ③方式。应根据干扰程度、状态，干扰源与管道的关系，场地环境等条件选择直流排流、极性排流、强制排流、接地排流等保护方式 (3) 直流干扰防护的综合治理要点 ①干扰源侧应采取措施，减少泄漏电流数量，使其对外部系统的干扰降至最小 ②在受到干扰的管道系统中，适当合理地装设绝缘法兰，以缓解或解决干扰问题 ③采用电连接（包括串入可调电阻）可以调整或改变管道干扰电流流向分布，有助于提高排流效果 ④加强和保护管道防腐层，可限制流入或流出管道的干扰电流，有利于缓解干扰和提高排流保护效果 ⑤改变预定的管道走向或阴极保护的阳极地床的位置 ⑥调节阴极保护电流的输出，或采用牺牲阳极保护代替外加电流保护 ⑦设置屏蔽栅极或电场屏蔽，有助于改变杂散电流流向和流入被干扰体的数量 (4) 直流干扰保护应达到右边要求 ①受干扰影响的管道的管地电位恢复到未受干扰前的状态 ②排流保护效果评定指标 | 排流类型	干扰时管地电位/V	正电位平均值比/%	排流类型	干扰时管地电位/V	正电位平均值比/% | |---|---|---|---|---|---|
直接向干扰源排流（直接、极性、强制排流方式）	>10	>95	间接向干扰源排流（接地排流方式）	>10	>95
	10~5	>90		10~5	>85	 ③测试规定。采取的排流保护措施和直流干扰影响的测试应符合国家现行标准《埋地钢质管道直流排流保护技术标准》SY/T 0017 规定
2. 交流电干扰的控制	(1) 交流电干扰的判断。埋地钢质管道交流电干扰判断指标见下表 	土壤类别	严重性程度（级别）			 |---|---|---|---|
	弱	中	强
	判断指标 /V		
碱性土壤	<10	10~20	>20
中性土壤	<8	8~15	>15
酸性土壤	<6	6~10	>10	

续表

项目	内容
2. 交流电干扰的控制	(2)交流电干扰防护的要求 ①交流电排流保护效果评价指标见下表 	土壤类别	酸性	中性	碱性
---	---	---	---
排流后电位/V	<6	<8	<10 | ②交流电力系统的各种接地装置与埋地管道之间的水平距离不应小于下表规定 | 接地形式	电力等级/kV			
---	---	---	---	---
	10	35	110	220
	安全距离/m			
临时接地	0.5	1.0	3.0	5.0
铁塔或电杆接地	1.0	3.0	5.0	10.0
电站变电所接地	5.0	10.0	15.0	30.0	 备注：上表引自《钢质管道及储罐腐蚀控制工程设计规范》SY000 (3)测试规定。采取交流电干扰的排流保护措施和交流电干扰影响的测试应符合国家现行标准《埋地钢质管道交流排流保护技术标准》SY/T 0032 的规定

第七节 地下金属管路牺牲阳极保护

一、牺牲阳极保护的特点、要求及系列选择与应用

牺牲阳极保护的特点、要求及系列选择与应用见表3-3-53。

表3-3-53 牺牲阳极保护的特点、要求及系列选择与应用

项目	内容
1. 依据	油管的牺牲阳极保护应符合国家现行标准《埋地钢质管道牺牲阳极保护设计规范》SY/T0019的规定
2. 特点	(1)牺牲阳极不需要外电源，不用专人管理，不干扰邻近设备和装置 (2)安装简单、保护效果好而被广泛应用于地下管路的保护 (3)因牺牲阳极具有泄流、防腐、防雷、防静电等多种功能，故油库短距离管线应用可将静电接地与防雷接地同牺牲阳极一并考虑
3. 要求	(1)埋设位置。应埋设在地势低洼、土壤潮湿、透气性好、土层厚、无化学污染、施工方便的地点 (2)防腐涂层。质量必须良好，不应有破损等管路裸露。涂料层的绝缘性能应大于$5000\Omega/m^2$ (3)布置要求。牺牲阳极应成组布置，安装距离应满足管路获得完全保护的要求。新建或改造的管路安装牺牲阳极时，应在现场边测试边安装，并作适当调整 (4)埋设要求。牺牲阳极应采用填包料包裹后再埋土，距离管路1.5~3.0m，埋深一般为1.5~2.0m。在冻土地区应埋在冻土层以下 (5)多根管路。当多根管路需共同被保护时，各管路之间应用导线连成等电位 (6)极管之间。在阳极与管道之间不得有其他金属构筑物
4. 阳极选择	(1)选型原则。应根据介质电阻率的大小等因素，选择阳极的类型、规格和大小 (2)牺牲阳极有镁、铝、锌三个系列，如下表所示

续表

项目	内容		
4. 阳极选择	阳极名称	适用情况	注意事项
	镁阳极	适用于电阻率较高的环境,通常在 30~100Ω·m 时采用。当土壤(或水)电阻率<10Ω·m,pH 值≤4 时不宜采用	在交流干扰区域应用镁阳极时应注意其电位的稳定性,防止极性逆转
	铝阳极	一般不在土壤中使用,当土壤中氯离子浓度较高时,或在油田污水环境可以使用	
	锌阳极	一般用在土壤电阻率 15Ω·m 以下的环境。当技术经济合理时,锌阳极应用范围可扩大到土壤电阻率约 30Ω·m 的地点	当环境温度高于 65℃时严禁采用锌阳极,这时可能产生阳极极性逆转
5. 应用	(1)牺牲阳极的应用应采用适合阳极工作的填包料 (2)填包料要求 ①厚度一般不要小于 100mm ②填包料的电阻率不要大于 1.5Ω·m ③宜选用袋装法埋设		

二、镁阳极的性能及要求

(1)镁阳极的化学成分见表 3-3-54。

表 3-3-54 镁阳极化学成分 %

合金元素				杂质不大于			
Al	Zn	Mn	Mg	Fe	Ni	Cu	Si
5.3~6.7	2.5~3.5	0.15~0.6	余量	0.005	0.003	0.02	0.1

(2)镁阳极的电化学性能要求见表 3-3-55。

表 3-3-55 镁阳极电化学性能

项目	数值	测试方法	项目	数值	测试方法
开路电位/V 理论电容量/(A·h/kg)	≥ -1.52310	SYJ23 按化学成分计算	电流效率/%	≥55	GB 4948 附录 C

(3)镁阳极在使用时,为取得较好的效果,都应配有专用的化学填包料,其配方及要求见表 3-3-56。

表 3-3-56 镁阳极常用填包料配方及要求

	填包料成分/%				使用条件
填包料配方	石膏粉	工业硫酸钠	工业硫酸镁	膨润土	
	50			50	电阻率≤20Ω·m
	25		25	50	电阻率<20Ω·m
	75	5		20	电阻率>20Ω·m
	15	15	20	50	电阻率>20Ω·m
	15		35	50	电阻率>20Ω·m
填包料要求	(1)填包料按配比调拌均匀 (2)不要混入石块、杂草等物 (3)填包料必需采用天然纤维织品的袋装,阳极居中,填包料厚度一致、密实。厚度不应小于 50mm				

(4)镁阳极布置安装要求见表3-3-57。

表3-3-57 镁阳极布置安装要求

项目	要　　求
1. 镁阳极连接电缆要求	(1)镁阳极连接电缆应满足地下敷设条件的要求,耐电压500V,并带有绝缘护套 (2)通常使用铜芯电缆。推荐型号为: 　　　VV-500/1×10, XV500/1×10, VV-1000/1×10 (3)电缆敷设时,长度要留有一定裕量
2. 用作阳极导线的铜芯要求	(1)采用直径不小于6mm钢筋制成 (2)其表面应镀锌 (3)外露长度为100mm (4)阳极与铜芯的接触电阻小于0.001Ω
3. 镁阳极的布置要求	(1)阳极在管道沿线的分布分单支和集中成组两种方式 (2)同组阳极宜选用同批号产品 (3)形式。埋设分立式与卧式两种 (4)位置。埋设位置有轴向和径向 (5)距离。阳极与管道外壁的距离一般为3~5m,最小不宜小于0.3m 阳极间距以3m左右为宜 (6)埋深。以阳极顶部距地面不小于1m为好
4. 阳极安装	(1)表面处理。镁阳极使用前应清除表面的氧化膜及油污,使其呈金属光泽 (2)施工方法 ①立式阳极宜采用钻孔法施工 ②阳极电缆与管道的连接应采用加强板上焊铜鼻子的方法,加强板的材质应与管体一致;四周角焊,焊接采用铝热焊,焊缝长度应不小于100mm;铜鼻子与加强板采用铜焊连接;焊接处露铁部分要采用比管体防腐涂层高的要求进行防腐绝缘

三、锌阳极的性能及要求

(1)锌阳极的化学成分见表3-3-58。

表3-3-58 锌阳极化学成分　　　　　　　　　　　%

合金元素		杂　质			
Al	Zn	Fe	Pb	Cu	Si
0.3~0.6	余量	<0.005	<0.006	<0.005	<0.125

(2)锌阳极的电化学性能要求见表3-3-59。

表3-3-59 锌阳极电化学性能

项目	指标或要求	测试方法
开路电位/V	≥-1.10	SYJ23
理论电量/(A·h/kg)	820	按化学成分计算
电流效率(土壤)/%	≥90	GB 4950 附录C
腐蚀状况	腐蚀均匀,腐蚀产物疏松,易脱落	GB 4950 附录C

(3) 埋地锌阳极必须使用填包料，常用填包料配方见表3-3-60。

表3-3-60 锌阳极填包料配方　　　　　　　　　　　　　　　　　　　　%

生石膏粉 $CaSO_2 \cdot 2H_2O$	膨润土	元明粉(工业硫酸钠)
50	45	0.5
75	20	0.5

注：锌阳极的其他要求与镁阳极相同。

四、铝阳极的性能及要求

(1) 铝阳极的化学成分见表3-3-61。

表3-3-61 铝阳极化学成分　　　　　　　　　　　　　　　　　　　　　　%

型号	合金成分						杂质含量不大于			资料来源
	Al	Zn	In	Mg	S_n	Cd	Fe	Cu	Si	
AZI-1	余量	2.5~4.5	0.018~0.020			0.005~0.020	0.16	0.02	0.13	重庆有色金属研究所
AZI-2	余量	2.5~5.2	0.020~0.045		0.018~0.035		0.16	0.02	0.13	
AZI-3	余量	2.5~7.0	0.025~0.035				0.16	0.02		
AZI-4	余量	2.5~4.0	0.020~0.050	0.5~1.0	0.025~0.075				0.10~0.15	
AZI	余量	0.5~3.0	0.01~0.10				0.16	0.01	0.13	抚顺铝厂
AZIS	余量	0.5~3.0	0.01~0.10	0.5~1.0	0.01~0.10		0.16	0.01	0.13	
AZIC	余量	0.5~3.0	0.01~0.10			0.01~0.10	0.16	0.01	0.13	

(2) 铝阳极的电化学性能要求见表3-3-62。

表3-3-62 铝阳极电化学性能

开路电位 (SCE参比电极)/V	理论电量/ $(A \cdot h/g)$	海水中水消耗量/ $[kg/(A \cdot a)]$	电流效率/%		执行标准
			海水	土壤	
1.18~-1.10	2.89	3.9~6.1	≥85	>50	GB 4948~4949

注：以上数表引自中石油编《油田地面工程设计手册》，石油大学出版社，1995。

(3) 铝阳极应用与填包料见表3-3-63。

表3-3-63 铝阳极应用与填包料

项目	内容
1. 铝阳极应用条件	(1) 铝阳极主要用于海洋及油田的污水系统 (2) 目前国外如美国NA.E和日本等国都不主张将铝阳极用于土壤环境 (3) 但普遍认为在土壤电阻率小于 $5\Omega \cdot m$，且含氯离子浓度较高时也可以应用

续表

项 目	内 容
2. 填包料	(1)铝阳极在土壤中应用时必须使用填包料 (2)目前常用的填包料：NaCl60%；Ca(OH)$_2$20%；膨润土20% (3)对铝阳极在土壤中应用时，更好的填包料正处在研究中
3 其他	铝阳极的其他要求与镁阳极相同

五、牺牲阳极设计计算

设计计算任务是在规定的阳极尺寸下确定阳极数量及其使用期限。或者在规定的使用期限内确定阳极尺寸及数量。计算步骤及公式见表3-3-64。

表3-3-64 牺牲阳极计算步骤及公式

计算步骤	计算公式			
	公 式	符 号	符号含义	单 位
1. 计算保护电流	$I = \dfrac{E_K - E_A - 0.35}{R_A}$	E_K E_A R_A	埋地管道的自然电位 牺牲阳极的自然电位 牺牲阳极的接地电阻	V V Ω
	公 式	符 号	符号含义	单 位
2. 计算牺牲阳极接地电阻 (1)垂直式圆柱形牺牲阳极	① $R = \dfrac{\rho_r}{2\pi L_a}(\ln\dfrac{2L_a}{D} + \dfrac{1}{2}\ln\dfrac{4t+L_a}{4t-L_a} + \dfrac{\rho_a}{\rho_r}\ln\dfrac{D}{d})$ ② 上式的适用条件是：$L_a \geq d$ 和 $t \geq \dfrac{L_a}{4}$	ρ_r ρ_a L_a d D t	土壤电阻率 填料层电阻率 填料层高度 阳极直径（等效） 填料层直径 阳极立柱中心至地面距离	Ω·m Ω·m m m m m
(2)水平式圆柱形牺牲阳极	$R = \dfrac{\rho_r}{2\pi L_a}(\ln\dfrac{2L_a}{D} + \ln\dfrac{L_a}{2t} + \dfrac{\rho_a}{\rho_r}\ln\dfrac{D}{d})$ 适用条件同②	L_a t 其余符号含义同式①	填料层水平长度 阳极中心至地面距离	m m
	公 式	符 号	符号含义	单 位
3. 计算衰减因素 a	① $a = \sqrt{\dfrac{r_T}{R_T}}$ ② $r_T = \dfrac{\rho_T}{\pi(D-\delta)\delta}$，(Ω/m) ③ $R_T = \dfrac{R_C}{\pi D}$，(Ω/m)	a r_T ρ_T D δ R_T R_C	计算衰减因素 单位长度管道电阻 钢管的电阻率 钢管直径 钢管壁厚 单位长度管道过渡电阻 涂层电阻	— Ω/m Ω·mm^2/m m mm Ω·m Ω·m^2
	公 式	符 号	符号含义	单 位
4. 计算保护长度 L	$L = 2/a \operatorname{arcsh} E_0/E_{\min}$	L E_0 $E_{\min}$	计算保护长度 汇流点外加电位 两组牺牲阳极间的外加电位	m V V

续表

计算步骤	计算公式			
4. 计算保护长度 L	计算条件	牺牲阳极沿管道均匀分布		
5. 计算牺牲阳极工作年限 T/a	公 式	符 号	符号含义	单 位
	$T=\dfrac{GA\eta}{8760I}$	G	牺牲阳极重量	kg
		A	牺牲阳极理论电化当量	A·h/kg
		I	牺牲阳极给出的电流	A
		η	牺牲阳极电流效率	

六、牺牲阳极保护的测试

牺牲阳极保护的测试要求见表3-3-65。

表3-3-65 牺牲阳极保护的测试要求

项 目	要 求
1. 测试点设置	测试点设在牺牲阳极安装处和两组阳极的中间处
2. 测试桩要求	(1)必须坚固、耐久、易于检测 (2)按一定方向顺序排列编号
3. 测试导线要求	(1)应有足够强度 (2)长度应留有一定的裕量,防止拉断 (3)导线与被测体的连接必须坚固,且导电性好 (4)导线必须用良好的防腐绝缘材料包扎,且其包扎材料与管道的防腐材料具有良好的相容性和亲和性

第八节 油罐的阴极保护设计

油罐的阴极保护,又称牺牲阳极保护。

一、牺牲阳极类型的选择

选择牺牲阳极的类型主要依据土壤电阻率、土壤含盐类型以及被保护油罐外防腐绝缘层的状况。一般可按表3-3-66选用。

表3-3-66 土壤中牺牲阳极的适用类型

土壤的电阻率/(Ω·m)	推荐使用的牺牲阳极类型	土壤的电阻率/(Ω·m)	推荐使用的牺牲阳极类型
>100	不宜采用牺牲阳极	<15	镁铝锌锰系镁阳极或锌合金阳极
60~100	高电位的纯镁或镁锰系的镁阳极	<10(含Cl^-)	锌合金或铝锌铟合金系阳极
15~60	镁铝锌锰系镁阳极		

二、牺牲阳极设计计算

牺牲阳极设计计算见表3-3-67。

表 3-3-67 牺牲阳极设计计算

项目		内 容
1. 设计前期		进行油罐阴极保护设计时，首先应对油罐的结构、防腐层状况、土壤环境等基本参数调查取值，了解阳极安装位置的个体情况
2. 设计计算	(1) 被保护油罐所需总的保护电流强度计算	① 计算 $I = S \cdot j = \dfrac{\pi D^2 j}{4}$ 公式中符号含义： I — 被保护储罐所需的保护电流，A S — 被保护储罐的底板面积，m² D — 被保护储罐的底板直径，m j — 罐底板所需的最小保护电流密度，A/m² ② 选择 j 值 a. 重要性 最小保护电流密度 j 值的选择是阴极保护的关键 b. 影响因素 此值的变化很大，随防腐绝缘覆盖层的材质、施工质量、土壤的参数变化而变化。如碳钢在含氧的自然土壤中最小保护电流密度为 35mA/m²。防腐层绝缘性能不同，所需的保护电流密度值也就不同，防腐层绝缘电阻值越高，所需的保护电流密度值越小 c. 防腐层电阻和所需保护电流密度通常按下表取值 防腐层面电阻/(Ω·m²) | 保护电流密度/(mA/m²) | 防腐层面电阻/(Ω·m²) | 保护电流密度/(mA/m²) 1000000 | 0.0003 | 3000 | 0.1 300000 | 0.001 | 1000 | 0.3 100000 | 0.003 | 300 | 1.0 30000 | 0.01 | 100 | 3.0 10000 | 0.03 | 30 | 10.2 d. 实际工程中可通过安装临时电源和接地极，做馈电试验，再根据达到保护电位时对应的极化电流强度，推算出最小保护电流密度的取值范围 e. 无条件做试验时也可取经验值
	(2) 计算每根阳极的发生电流	① 选用公式。利用理论公式进行计算较为复杂，可采用美国 HARCO 防腐公司提供的经验公式来计算 ② 计算公式见下表 镁阳极的输出电流 | 锌阳极的输出电流 $I_{Mg} = \dfrac{150000 fY}{\rho}$ | $I_{Zn} = \dfrac{50000 fY}{\rho}$ ③ 公式内符号含义见下表 符号 | 符号含义 | 单位 I_{Mg} | 镁阳极的输出电流 | mA I_{Zn} | 锌阳极的输出电流 | mA ρ | 土壤电阻率 | Ω·cm ④ f 系数取值见下表 阳极重量/kg | f | 阳极重量/kg | f 1.4 | 0.53 | 9.0 | 1.60 2.3 | 0.60 | 14.5 | 1.06 4.1 | 0.71 | 23.0 | 1.09 7.7 | 1.00 | | ⑤ Y 系数取值见下表

续表

项 目	内 容						
(2)计算每根阳极的发生电流	对地电位/V	Y		对地电位/V	Y		
		镁阳极	锌阳极		镁阳极	锌阳极	
	-0.70	1.14	1.60	-1.00	0.79	0.40	
	-0.80	1.07	1.20	-1.10	0.64		
	-0.85	1.00	1.00	-1.20	0.50		
	-0.90	0.93	0.80				
	备 注：当防腐层质量较好时，②计算公式中的系数 f、Y 可分别减小20%						

项 目		内 容			
2.设计计算	(3)阳极支数量计算	公 式	符号	符号含义	单 位
			N	所需阳极支数	支
		$N = \dfrac{2I}{I_0}$	I	所需总保护电流	A
			I_0	单支阳极输出电流	A
		备注		一般在设计时将所得支数再乘以2，留出裕量	
	(4)所需阳极的质量计算	公 式	符号	符号含义	单 位
			W	所需阳极的质量	g
			I_0	阳极发生电流	A
			T	设计保护年限	a
		$W = \dfrac{8760 I_0 T}{Q \eta \eta_1}$	η	阳极的电流效率，通常镁合金阳极取40%~50%，锌合金阳极取65%~90%，铝合金阳极取40%~85%	
			η_1	阳极的利用率，一般取0.8~0.85	
			Q	阳极的理论发电量，通常镁合金阳极取2.21，锌合金阳极取0.82，铝合金阳极取2.88	A·h/g

三、牺牲阳极应注意的问题

牺牲阳极应注意的问题见表3-3-68。

表3-3-68 牺牲阳极应注意的问题

项 目	注意的问题
1.阴极保护电位的确定	(1)在实际工程中常根据现场试验或实践经验选取保护电位 (2)合理范围 一般保护电位的合理范围为 -0.85~-1.50V(Cu/CuSO₄) (3)最小保护电位 与土壤的性质密切相关，通常受微生物的影响，保护电位要偏移 -100mV，即为 -0.95V (4)最大保护电位 受防腐层影响较大，电位过负会发生析氢反应而造成防腐层阴极剥离
2.绝缘装置	(1)作用 阴极保护中的绝缘装置具有非常重要的地位，它将被保护部位与其他部分绝缘隔离开来，保证阳极输出电流最大程度地利用于保护油罐 (2)形式 建议采用整体埋地型绝缘接头，其与传统法兰相比，具有绝缘性能好、维护方便、使用寿命长等特点
3.管理	在阴极保护系统运行以后，管理人员要按时对系统进行相关测试、检修，确保整个系统处于良好的工作状态
4.总效果	要使该系统达到应有的保护效果，需要设计、施工、运行管理人员的通力合作才能达到

四、牺牲阳极设计例图

按上述设计计算方法，对新建储罐和已建储罐区进行了阴极保护设计，见图3-3-2和图3-3-3。多年的检测结果表明，防腐效果良好，达到了预期的防腐目的。

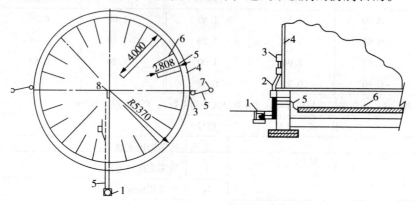

图3-3-2 新罐线状镁阴极保护设计实例
1—连接箱；2—聚乙烯管；3—接点；4—罐壁；5—聚乙烯电缆；
6—线状镁阳极；7—防雷接地；8—标准电源

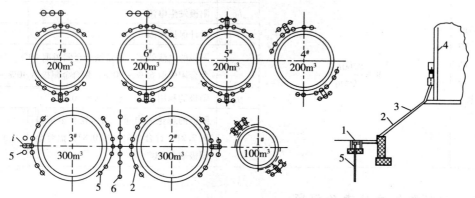

图3-3-3 油罐区阴极保护设计实例
1—接线箱；2—电缆；3—PVC管；4—罐体；5—镁阳极；6—锌阳极

参考文献

1. 总后油料部. 油库技术与管理手册[M]. 上海:上海科技出版社,1997
2. 杨进峰. 油库建设与管理手册[M]. 北京:中国石化出版社,2007
3. 樊宝德、朱焕勤. 油库设计手册[M]. 北京:中国石化出版社,2007
4. 许行. 油库设计与管理[M]. 北京:中国石化出版社,2009
5. 税爱社,方卫红. 油料储运自动化系统[M]. 北京:中国石化出版社,2008
6. 马秀让. 油库设计实用手册(第二版)[M]. 北京:中国石化出版社,2014
7. 马秀让. 油库工作数据手册[M]. 北京:中国石化出版社,2011
8. 马秀让. 石油库管理与整修手册[M]. 北京:金盾出版社,1992
9. 马秀让. 钢板贴壁油罐的建造[M]. 北京:解放军出版社,1988
10. 马秀让. 加油站建设与管理手册[M]. 北京:中国石化出版社,2013

编后记

在手册的最后，作者再次感谢本书所列参考文献的作者及对本书给以支持的单位和同行；真诚欢迎读者对本书提出宝贵意见；在此还想对使用本书提点注意事项。

一、对本书所列规范、标准使用时的注意事项

对规范、标准，使用时应严格遵守。不但应遵守国家的规范、标准，而且应遵守本行业的规范、标准，军用油库还应遵守国军标。

如规范、标准有所修订或又发布同类新的规范、标准，则应以修订后的或又发布的同类新规范、标准为准执行。

二、对书中所列材料设备的资料使用时的注意事项

书中所列材料设备是根据部分已出版的书籍和厂家的产品样本收集、筛选、整理的，不可能将同类优秀产品全部编入，故本书所列产品不作为唯一推荐产品。设计时可根据自己的考察调研，选择更优、更合理的产品。同时应注意旧产品的改进和被同类新产品替代，以及产品规格尺寸的变化和市场价格的变动，选择技术更先进、安全更可靠、经济更合理的产品。

三、对书中所列计算公式和技术数据使用时的注意事项

使用计算公式和技术数据时，应注意它的特定使用条件和其真实含意。有些经验公式和数据，若目前有新的公式和数据更加适用合理时，则应以新替旧。

四、对书中所提的设计原则、思路、方法、技巧、图例等使用时的注意事项

书中所提的设计原则、思路、方法、技巧、图例及计算结果等，是作者多年实践中的体会，提出来与同行探讨，不是非遵守不可的规定，设计时仅供参考。